I0874882

LEHRBUCH

DER

TECHNISCHEN PHYSIK.

VON

PROF. Dr. HANS LORENZ
INGENIEUR.

ERSTER BAND

TECHNISCHE MECHANIK STARRER SYSTEME.

MÜNCHEN UND BERLIN.
DRUCK UND VERLAG VON R. OLDENBOURG.
1902.

TECHNISCHE MECHANIK
STARRER SYSTEME.

VON

HANS LORENZ.

MIT 254 IN DEN TEXT EINGEDRUCKTEN ABBILDUNGEN.

MÜNCHEN UND **BERLIN.**
DRUCK UND VERLAG VON R. OLDENBOURG.
1902.

Reprinted with the permission of R. Oldenbourg Verlag

JOHNSON REPRINT CORPORATION
111 Fifth Avenue, New York, N.Y. 10003

JOHNSON REPRINT COMPANY LIMITED
Berkeley Square House, London, W. 1

Reprinted from a copy in the collections of
The New York Public Library
Astor, Lenox and Tilden Foundations

Classics in the History of Engineering

Editor in Chief: Gunhard Æ. Oravas
Chairman
Department of Civil Engineering and Engineering Mechanics
McMaster University, Hamilton, Ontario

First reprinting, 1968, Johnson Reprint Corporation

Printed in the United States of America

Vorwort.

Das höhere technische Unterrichtswesen hat im vergangenen Jahrzehnt eine tiefgreifende Umwälzung mit Rücksicht auf die erweiterten Aufgaben der ausführenden Praxis erfahren, wie ein Vergleich der heutigen Studienpläne und Prüfungsordnungen der technischen Hochschulen mit den früheren, auf die Bedürfnisse der Staatsbaubeamten fast ausschliefslich zugeschnittenen, sofort erkennen läfst. Dafs den neuen Verhältnissen die Behandlung einzelner grundlegender Fächer noch nicht hinreichend entspricht, erscheint zwar aus der Tradition begreiflich, ist aber gleichwohl hinsichtlich der harmonischen Ausbildung der Ingenieure sehr zu bedauern. Die damit zusammenhängenden Kämpfe zwischen den Vertretern der Mathematik und der Technik sind zu bekannt, um hier weiter ausgeführt zu werden. Sie werden ihr Ende nicht eher finden, als bis die ersteren in weit gröfserem Umfange als bisher mit den Methoden und Zielen der Technik vertraut geworden sind. Nach dem Vorgange der Göttinger Universität auch anderwärts getroffene Einrichtungen bieten jetzt hinreichend Gelegenheit hierzu, wenn auch die abstrakte Richtung der modernen Mathematik noch zahlreiche ihrer Jünger von der Würdigung und Benutzung derselben abhält.

Scheinbar ganz unberührt hat die Physik alle diese Stürme überdauert; sie wird mit wenigen Ausnahmen an den Universitäten und technischen Hochschulen als elementare Experimentalvorlesung in der alten Weise fortgeführt und hat nur bezüglich der Elektrizität einige praktische Konzessionen gemacht. Den ganzen Umfang des Lehrgebäudes lernt der Studierende dann im Laboratorium und aus den von Franz Neumann in den Universitätsunterricht eingefügten Vorträgen über theoretische Physik kennen, welche indessen meist ein stark mathematisches Gepräge tragen und jedenfalls technischen Bedürfnissen nicht entgegenkommen. Das an und für sich vollkommen berechtigte Ziel dieser Methode ist die Gewinnung einer relativ geringen Zahl möglichst allgemeiner, scharf formulierter Gesetze, während für den Ingenieur sowohl wie für den praktischen Physiker die Bewältigung konkreter Probleme im Vordergrunde des Interesses steht. Dies aber kann meiner Ansicht nach nur erreicht werden durch eine Darstellung der Physik in unmittelbarem Zusammenhang mit ihren wichtigsten technischen Anwendungen, an denen der Studierende zugleich den Gebrauch der vorgetragenen Methoden kennen lernt und soweit geführt wird, um selbständig auch an schwierige praktische Aufgaben heranzutreten. Probleme von rein wissenschaftlicher Bedeutung brauchen darum durchaus nicht ganz ausgeschlossen zu werden; ihre Heranziehung ist sogar gelegentlich unvermeidlich, um einzelne Hauptlehren möglichst einfach mit der Erfahrung vergleichen zu können, bezw. um festzustellen, ob gewisse Einwirkungen, z. B. kosmischer Natur, für technische Vorgänge vernachlässigt werden dürfen oder nicht. Dazu kommt, daſs dem Physiker sowohl, wie dem wissenschaftlich arbeitenden Ingenieur die wichtigsten Tatsachen der Himmelsmechanik schon vom Standpunkte der allgemeinen Bildung vertraut sein sollten, während allerdings weitergehende Untersuchungen, wie die Bahnberechnung und Störungstheorie, speziellen Studien vorbehalten bleiben müssen.

Als ich vor einigen Jahren den Plan faſste, ein »Lehrbuch der technischen Physik« mit solchen Zielen zu schreiben, beabsichtigte ich ursprünglich, die Mechanik auszuschlieſsen, und zwar mit Rücksicht auf eine Anzahl zweifellos sehr brauchbarer Schriften über diesen Gegenstand. Die groſse Verschiedenheit derselben in der Form, wie auch bezüglich ihres Inhaltes, worüber ich mich im letzten Paragraphen des vorliegenden Bandes näher ausgelassen habe, hätte es dann mit sich gebracht, jeweils auf mehrere derselben zurückzugreifen, bezw. rein mechanische Betrachtungen an solchen Stellen der Hydraulik, Wärmelehre u. s. w. einzuflechten, wo sie den Zusammenhang der Darstellung zu stören scheinen. Ich hielt es darum nach reiflicher Überlegung für richtiger, die technische Physik durch einen Band über »Technische Mechanik starrer Systeme« einzuleiten, der nach seiner ganzen Anlage nicht nur den Bedürfnissen höher strebender Techniker, sondern auch denen solcher Mathematiker angepafst ist, welche eine vorwiegend praktische Lehrtätigkeit im Auge haben.

Die Behandlung des Stoffes in demselben weicht in mancher Beziehung von der bisher üblichen ab, während die vorausgesetzten Kenntnisse sich wie bei andern Autoren mit längerer Lehrerfahrung auf die Elemente der analytischen Geometrie sowie der Differential- und Integralrechnung beschränken. Die für das Studium zusammengesetzter Schwingungen nicht wohl zu umgehende Theorie periodischer Reihen [1]) ist bei dieser Gelegen-

[1]) Die hiermit innig zusammenhängende harmonische Analyse hat in technischen Lehrbüchern bisher nirgends Beachtung gefunden, obwohl ihre Bedeutung von selbständig arbeitenden Ingenieuren in der Neuzeit wohl erkannt wird. Ich bin der Überzeugung, dafs diese Methode sich in der Zukunft als mächtigstes Hilfsmittel zur Erklärung zahlreicher, noch nicht vollkommen erschlossener Erscheinungen erweisen und uns befähigen wird, mit gröfserer Sicherheit als bisher Maschinenteile mit Rücksicht auf ihre dynamische Beanspruchung zu berechnen. Hierin liegt ein deutlicher Fingerzeig für die Dozenten der Mathematik an technischen Hochschulen, denen die Ausrüstung der studierenden Techniker mit den für die modernen Probleme geeigneten Angriffswaffen obliegt. Dabei scheint es mir wesentlich auf eine durch Lösen zahlreicher tunlichst konkreter Aufgaben zu erreichende Vertrautheit mit den Elementen der Analysis einschliefslich der Grundzüge periodischer Reihen anzukommenr während die in der modernen Mathematik mit Vorliebe behandelten Fragen nach der Konvergenz dieser Reihen sowie der Existenz von Integralen der etwa auftretenden Differentialgleichungen für Technike, und praktische Physiker gleichgültig sind.

Nach dieser Bemerkung brauche ich wohl kaum noch zu betonen, dafs ich dem gelegentlich sogar von mathematischer Seite gestellten

heit in dem für praktische Zwecke notwendigen Umfange aufgenommen worden, ebenso die Integration von Differentialgleichungen, während die Methode der Variationsrechnung nicht im Texte selbst, sondern nur in einem historischen Schlufskapitel kurz erläutert wurde, um Lesern mit weitergesteckten Zielen den Übergang zur analytischen Theorie der Prinzipien der Mechanik zu erleichtern. Zur Aufnahme der jetzt häufig genannten Vektoranalysis konnte ich mich allerdings nicht entschliefsen, da ihre formell zwar recht übersichtlichen Ergebnisse sich nicht unmittelbar zahlenmäfsig verwenden lassen, sondern ein Zurückgreifen auf die allgemein geläufige Koordinatenmethode erfordern.

Dafs mathematische Gesichtspunkte überhaupt für mich als Ingenieur nirgends mafsgebend waren, geht schon daraus hervor, dafs überall ohne Rücksicht auf die Allgemeinheit und Eleganz der Rechnungen elementare Aufgaben den schwierigeren vorausgeschickt und neue Begriffe nicht eher eingeführt wurden, bis die vorhandenen durch zahlreiche Anwendungen gründlich verarbeitet sind. Dadurch erklärt sich auch die Einteilung des Buches, bei der ich auf die Trennung der Mechanik in Statik und Dynamik vollkommen verzichtete, um die Bewegungserscheinungen recht in den Vordergrund zu heben. Diese werden im ersten Kapitel zunächst einer rein geometrischen Betrachtung unterworfen, deren Umfang streng durch das technische Bedürfnis beschränkt ist, während weitergehende Untersuchungen in die speziellen Lehrbücher der Kinematik zu verweisen sind. Das Studium der §§ 6 und 7 kann sich der Leser überdies bis nach der Bewältigung von Kapitel IV aufsparen.

Im zweiten Kapitel wird dann der zeitliche Verlauf einer gröfseren Anzahl von Bewegungserscheinungen an Hand der

---

Verlangen nach einer Behandlung technischer Fragen lediglich mit Hilfe elementar-mathematischer Methoden nicht zustimmen kann, da hierdurch der studierende Techniker sicher keine Entlastung erfahren, dagegen wahrscheinlich ein noch gröfserer Prozentsatz, als es leider jetzt schon der Fall ist, der selbständigen Lösung exakter Probleme in der Praxis gänzlich entfremdet werden dürfte.

Begriffe der Geschwindigkeit und Beschleunigung untersucht, wobei die Voraussetzungen der Erfahrung entnommen wurden. Das dritte Kapitel ist der Relativbewegung gewidmet, deren Darstellung mich in anderen Schriften fast nirgends befriedigt hat, weshalb ich auf dasselbe besondere Sorgfalt auch in Bezug auf die Auswahl der Anwendungen verwandte. Im vierten Kapitel erst habe ich die Begriffe der Kraft und der Masse gleichzeitig eingeführt und vor allem die empirische Grundlage des Satzes vom Kräfteparallelogramm, welche noch immer gelegentlich übersehen wird, betont. Hier haben auch die in der Neuzeit für die Technik so wichtigen erzwungenen und gedämpften Schwingungen eine ausführliche Darstellung gefunden. Dieses Kapitel, welches als Mechanik des materiellen Punktes bezeichnet werden könnte, gipfelt in der Gewinnung des Arbeitsbegriffes, von dem in der Folge ein umfassender Gebrauch gemacht wird.

Die sich hieran anschliefsende Mechanik starrer Systeme glaubte ich aus pädagogischen Rücksichten in zwei Teile zerlegen zu müssen, deren erster, das Kapitel V, die für praktische Ziele weitaus wichtigsten ebenen Systeme umfafst. Für diese lassen sich leicht die Begriffe des Momentes und Kräftepaares aufstellen und daraus die Bewegungsgleichungen von D'Alembert ableiten, aus denen dann das sog. Prinzip der virtuellen Verschiebungen als Grundlage für die Statik hervorgeht. Die graphischen Methoden derselben, welche in technischen Hochschulen einen selbständigen Unterrichtsgegenstand bilden, werden mit Rücksicht auf vorhandene treffliche Lehrbücher nur in ihren Grundzügen kurz erörtert. Dagegen wurde eine reiche Auswahl von Bewegungsproblemen starrer Körper von physikalischer und technischer Wichtigkeit ausführlicher behandelt, als es in anderen Schriften über Mechanik üblich ist, wobei die für die Beanspruchung der Körper selbst und ihrer Unterlagen (Stützen) massgebenden dynamischen Reaktionen besonders hervortreten. In diesem Kapitel konnte ich auch einige selbständige Untersuchungen bringen, zu denen ja ein so durchgearbeitetes Feld wie die Mechanik nur selten

Gelegenheit bietet, wenn man sich nicht zu weit von einer elementaren Darstellung entfernen will.

Die Verallgemeinerung der für ebene Systeme aufgestellten Bewegungsgleichungen auf räumliche Systeme läfst sich nunmehr im Kapitel VI leicht ohne verwickelte Rechnungen durchführen. Die Hauptanwendungen bilden hier die freie und gezwungene Bewegung starrer Körper, letztere wieder unter Hervorhebung der dynamischen Auflagereaktionen, wodurch z. B. das Kräftespiel am Regulator und das Problem des Massenausgleichs mehrerer Kurbelgetriebe an einer Welle vollkommen verständlich werden. Den Schlufs dieses Kapitels bildet eine kurze Theorie der Dimensionen und Modelle in der von Bertrand gegebenen Form.

Soweit deckt sich der Inhalt des vorliegenden Bandes ungefähr mit den Vorlesungen und Übungen, welche ich in den Jahren 1899—1902 an den Universitäten Halle und Göttingen gehalten habe; einzelne schwierigere Paragraphen wurden aufserdem noch mit reiferen Studierenden sowie den Assistenten und Praktikanten meines Laboratoriums in zwangloser Weise durchgesprochen, wodurch ich manchmal zu eingreifenden Änderungen formaler Natur veranlafst wurde. Jedenfalls bin ich diesen fast ausnahmslos aus der Technik hervorgegangenen Herren für ihr verständnisvolles Eingehen auf meine Darlegungen zum besten Danke verpflichtet. Aufserdem nahm ich öfters die Gelegenheit wahr, bei Niederschrift des Buches Originalwerke hervorragender Forscher der Vergangenheit einzusehen und den mit solcher Lektüre verbundenen eigenartigen Reiz zu empfinden. Ich entschlofs mich daher, um auch dem Leser nach dieser Richtung hin anzuregen und den nur wenig ausgebildeten historischen Sinn unserer Studierenden etwas zu wecken, diesem Bande im Schlufskapitel eine kurze Übersicht über die Entwicklung der Mechanik anzufügen, in welcher ich besonders auf die Richtung derselben zu verschiedenen Zeiten Wert legte und die Ursachen der noch heute vorhandenen Gegensätze zwischen Ingenieuren und Mathematikern klarzustellen suchte. Die historische Übersicht enthält zugleich die Angabe der von mir benutzten Schriften, wodurch ich der Notwendigkeit zahlreicher Zitate enthoben wurde. Aufserdem aber konnte ich an dieser Stelle einige über das Ziel des Buches hinausgehende Methoden, welche meist von Lagrange herrühren, in aller Kürze kennzeichnen, was manchem Leser vielleicht nicht ganz unwillkommen sein dürfte.

So hoffe ich denn, dafs die vorliegende Mechanik für Ingenieure, Mathematiker und technische Physiker, welche bis zur selbständigen Lösung schwieriger konkreter Probleme vordringen wollen, sich als Führer auf diesem Wege nützlich erweisen und eine solide Grundlage für das Studium des ganzen Lehrgebäudes der technischen Physik bilden möge. Was die folgenden, analog dem vorliegenden in sich geschlossenen und daher selbständigen Bände betrifft, so gedenke ich den dritten, welcher die Wärmelehre im vollen Umfang behandeln soll, Ende des Jahres 1903, den zweiten Band, die Mechanik der deformierbaren Körper (Elastizitäts- und Festigkeitslehre, Hydromechanik) dagegen im Jahre 1904 veröffentlichen zu können. Zwei weitere Bände, der technischen Elektrizitätslehre und Optik gewidmet, sollen das ganze Werk abschliefsen.

Schliefslich habe ich die angenehme Pflicht, für die Ausführung der Figuren nach meinen Skizzen und die Beihilfe bei der Korrektur meinen Assistenten, den Herren Ingenieuren G. Cattaneo und W. Hort, sowie meinem Bruder, cand. techn. R. Lorenz, an dieser Stelle bestens zu danken.

Göttingen, im Juli 1902.

H. Lorenz.

Inhaltsverzeichnis.

Kap. II. Geschwindigkeit und Beschleunigung.

Kap. V. Mechanik ebener Systeme.

Kapitel I.

Geometrische Bewegungslehre.

§ 1. Grundbegriffe der Bewegung.

Ruhe und Bewegung, Bahn eines Punktes, Bahngleichung, ebene Bewegung, absolute oder wahre und relative oder scheinbare Bewegung, freie und gezwungene oder bedingte Bewegung.

Die Beobachtung eines Gegenstandes gibt uns zunächst Aufschlufs über die Lage desselben gegenüber anderen Gegenständen. Finden wir diese Lage, welche wir durch die Abstände einzelner Punkte des beobachteten Gegenstandes von anderen, am einfachsten von drei aufeinander senkrechten Ebenen anzugeben imstande sind, bei aufeinander folgenden Beobachtungen unverändert, so bezeichnen wir den Gegenstand als ruhend, im anderen Falle als in Bewegung begriffen. Um diese letztere Erscheinung zu untersuchen, beschränken wir unsere Beobachtung vorläufig auf einen Punkt des Gegenstandes und halten die in ihrer Aufeinanderfolge beobachteten Lagen $A\,B\,C$ dieses Punktes durch Aufzeichnung ihrer Koordinaten in dem System $O\,X\,Y\,Z$ der drei Ebenen fest (Fig. 1). Die Verbindungslinie aller dieser Punkte nennen wir dann die Bahn des Punktes. Dieselbe wird im allgemeinen eine (doppelt gekrümmte) Raumkurve sein und kann demnach, unter x, y, z die veränderlichen Koordinaten verstanden, als Schnittlinie zweier Oberflächen

$$f_1(x, y, z) = O, \qquad f_2(x, y, z) = O$$

aufgefafst werden. Wenn es gelingt, durch Kombination dieser beiden Formeln eine lineare Gleichung zwischen den drei

Koordinaten zu erhalten, welche bekanntlich eine Ebene darstellt, so kann die Bahn des Punktes auch als Schnitt dieser Ebene mit einer der beiden Oberflächen $f_1(x, y, z)$ oder $f_2(x, y, z)$ betrachtet werden. In diesem Falle sprechen wir von einer ebenen Bewegung und können die ganze Untersuchung dadurch vereinfachen, dafs wir die Bahn auf zwei in ihrer Ebene gelegene Achsen beziehen. Die alsdann zwischen den Koordinaten x und y der Bahnpunkte bestehende Beziehung heifst die Bahngleichung. Wir werden diesen Fall später als ganz besonders wichtig für technische Probleme kennen lernen. Einstweilen erscheint es indessen zweckmäfsig, noch eine letzte Vereinfachung ins Auge zu fassen, welche sich dann ergibt, wenn es gelingt, durch Kombination der beiden oben erwähnten Oberflächengleichungen zwei lineare Gleichungen zwischen den Koordinaten x, y, z abzuleiten. Alsdann stellt die Bahn den Schnitt zweier Ebenen dar und ist folglich eine Gerade. Auf derselben ist der Ort des betrachteten Punktes vollständig durch den Abstand von einem beliebig gewählten Anfangspunkt bestimmt, sodafs es nicht einmal notwendig erscheint, die Bahn bei geradliniger Bewegung auf ein ebenes Koordinatensystem zu beziehen.

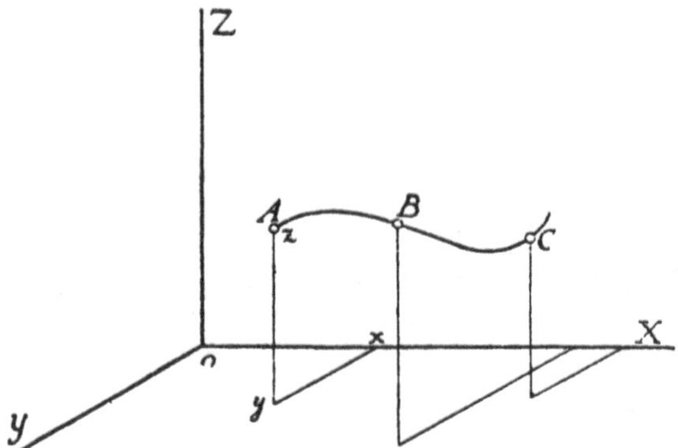

Fig. 1.

Die somit festgestellte Bewegung eines Punktes genügt indessen durchaus noch nicht zur Kenntnis der Gesamtbewegung des Gegenstandes. Hierzu ist vielmehr die Verfolgung der Ortsveränderung aller Körperpunkte notwendig, von denen jeder im allgemeinen eine andere Raumkurve beschreiben wird, welche im speziellen Falle wieder in eine ebene Kurve bezw. eine Gerade übergehen kann. Nur in dem Falle, dafs die ursprünglichen Koordinatendifferenzen beliebiger Körperpunkte gegenüber dem zuerst betrachteten Punkte, die sog. relativen Koordinaten in Bezug auf diesen Punkt, während der Bewegung des letzteren sich nicht ändern, genügt das Studium dieser einen Bewegung für diejenige des ganzen Körpers, da hierbei alle einzelnen Bahnen kongruent werden. Ändern sich dagegen die relativen Koordinaten, so haben wir es mit einer relativen Bewegung einzelner Bestandteile des beobachteten Gegenstandes gegen einander neben der absoluten Bewegung des Bezugspunktes zu tun. Derartige Relativbewegungen treten naturgemäfs auch bei der Bewegung zweier Körper im allgemeinen auf; wir werden ihre grofse Bedeutung für physikalisch-technische Probleme noch öfters hervortreten sehen und für ihre Untersuchung besondere Methoden ausbilden. Die Wichtigkeit der Relativbewegungen erhellt übrigens schon daraus, dafs wir die Ortsveränderungen aller irdischen Gegenstände nur in Bezug auf die zunächst als fest gedachte Erdoberfläche untersuchen können, während wir doch wissen, dafs diese sich nicht nur dreht, sondern auch ihren Ort im Weltenraume ändert. Auch die Bewegungen der Gestirne treten uns direkt nur als relative Bewegungen gegenüber derjenigen der Erdoberfläche, bezw. des Standpunktes des Beobachters auf derselben entgegen. Die Astronomen sprechen alsdann wohl auch von der scheinbaren und wahren Bewegung der Himmelskörper.

Schliefslich ist es wichtig, zu beachten, ob beobachtete Körper bei einer Bewegung mit einem oder mehreren anderen Körpern in Verbindung bezw. Berührung bleiben oder nicht. Während im letzteren Falle die Bewegung des beobachteten Körpers eine freie ist, wird sie im ersteren durch die Verbindung bezw. Berührung insofern beschränkt oder unfrei, als hierdurch Bedingungsgleichungen gegeben sind, denen die Bahnen der Körperpunkte genügen müssen. Auch diese sog. gezwungene oder bedingte Bewegung, welche ihrerseits absolut oder relativ sein kann, je nachdem die anderen Körper, mit denen die Verbindung besteht, in Ruhe oder in Bewegung sich befinden, werden wir später als bedeutungsvoll erkennen. Als Beispiel mag hier der Hinweis auf die Bewegung eines Eisenbahnzuges genügen, welche durch die Lage der Schienen, deren Steigung und Krümmung insofern bedingt ist, als sie nur längs derselben, nicht aber senkrecht zu ihnen stattfinden kann.

§ 2. Einfache und zusammengesetzte Bewegung.

Starre Gebilde, Drehung oder Rotation, Cardanische Aufhängung. Verschiebung oder Translation, Theorie des Polarplanimeters.

Wir wollen uns im folgenden zunächst nur mit solchen Körpern beschäftigen, deren Einzelteile unveränderliche Abstände voneinander besitzen. Einen solchen Körper, der mithin keine Formänderungen erleiden kann, bezeichnen wir als starr, wobei noch besonders zu betonen ist, dafs es in Wirklichkeit vollkommen starre Körper nicht gibt, unsere Annahme mithin eine Abstraktion enthält, wie man sie in der Physik häufig einzuführen gezwungen ist, um eine angenäherte Übersicht über die sonst zu verwickelten Verhältnisse zu gewinnen.

Die relative Lage jedes Punktes eines starren Gebildes ist nun durch seine Abstände von drei nicht in einer Geraden liegenden Punkten vollständig bestimmt. Daher genügt es für die Bewegung eines starren Körpers, diejenige von drei nicht in einer Geraden liegenden Körperpunkten zu untersuchen. Sind drei derartige Punkte festgehalten, so gilt dies auch für das ganze Gebilde, welches sich alsdann in Ruhe befindet. Hält man zwei der drei Punkte fest, so kann der Körper um die Gerade durch beide Punkte, welche wir alsdann als eine Achse bezeichnen, eine Drehung oder Rotation derart vollziehen, dafs jeder Punkt aufserhalb der Achse einen Kreis um diese beschreibt. Geben wir einen zweiten Punkt frei, so kann auch noch die ursprüngliche Achse selbst und mit ihr der ganze Körper sich beliebig um den letzten festgehaltenen Punkt drehen, wobei jeder Punkt auf einer Kugelfläche um den festgehaltenen als Mittelpunkt bleibt. Da man nun von jedem Punkte der Kugelfläche zu einem anderen auf einem Hauptkreise gelangen kann, so hat man, um die Drehung eines Körpers aus einer Lage in eine andere zu vollziehen, nur nötig, einen der freien Punkte durch eine einfache Drehung in seine neue Lage überzuführen und alsdann das ganze Gebilde um die durch die neue Lage des einen Punktes und den festen Punkt (sog. Fixpunkt) gedachte Achse zu drehen. Die allgemeine Drehung eines starren Gebildes kann demnach in zwei Drehungen zerlegt werden.

Dieser Satz liegt der sog. Cardanischen Aufhängung der Uhren und Kompasse an Bord der Schiffe zu Grunde, Fig. 2.

Bei derselben ist der Körper *K* durch eine Achse *a a* in einem Ringe *R* und dieser wieder durch *b b* senkrecht zu dieser drehbar aufgehängt, so daſs der Körper selbst beliebige Drehungen um den Schnittpunkt beider Achsen vollziehen kann.

Gibt man schlieſslich noch den letzten Punkt frei, so kann der Körper auſser den erwähnten Drehungen noch eine fortschreitende Bewegung, die man auch als Verschiebung oder Translation bezeichnet, vollziehen. Bei derselben können alle Körperpunkte zunächst parallele Bahnen beschreiben, worauf in der Endlage die Drehungen erfolgen oder umgekehrt. Zu demselben Ergebnis kommt man natürlich auch, wenn die Drehungen allmählich während der Translation vor sich gehen. Daraus folgt aber, daſs die allgemeine Bewegung eines Körpers aus Translationen und Drehungen zusammengesetzt werden kann, deren Aufeinanderfolge für die Endlage gleichgültig ist. Die Bestandteile dieser sog. zusammengesetzten Bewegung, d. h. die Drehungen und Verschiebungen bezeichnet man wohl auch als einfache Bewegungen.

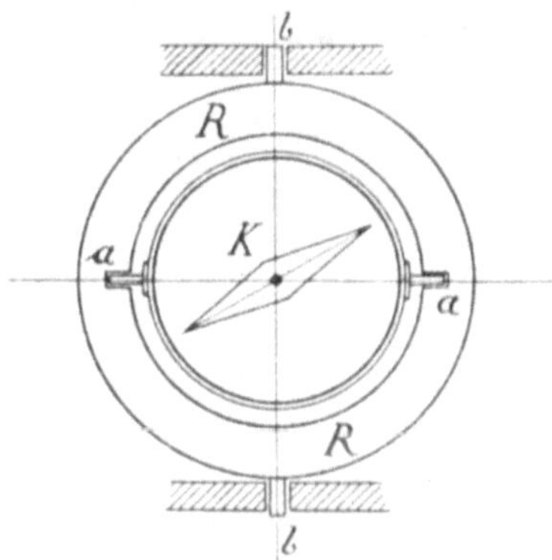

Fig. 2.

Die Drehung eines Körpers ist nun nicht notwendig an eine Achse gebunden, welche durch ihn selbst hindurchgeht, sie kann auch durch eine beliebige äuſsere Achse erfolgen. Alsdann aber ändern auch alle Punkte des Körpers ihren Ort im Raume, so daſs der Körper selbst neben einer Drehung auch eine Verschiebung erfährt. Hiernach erscheint die Verschiebung selbst als ein spezieller Fall der Drehung und insbesondere die geradlinige Verschiebung als eine Drehung um eine unendlich ferne Achse.

Den Übergang eines Körpers aus einer Lage in eine beliebige andere kann man sich demnach durch eine Anzahl aufeinanderfolgender Drehungen vollzogen denken. Mit der wirklichen Bewegung wird dieser Vorgang allerdings im allgemeinen nicht übereinstimmen, da wir nur die Endlagen ins Auge gefaſst haben. Es steht aber gar nichts im Wege, statt dieser immer je zwei benachbarte Lagen des Körpers durch unendlich kleine Drehungen herzustellen, wodurch man sich dem tatsächlichen Vorgange beliebig anschlieſsen kann. Eine der wichtigsten Anwendungen der Zusammensetzung von Drehungen und Verschiebungen bietet die Theorie des weitverbreiteten **Polarplanimeters** von **Amsler**. Dasselbe besteht aus zwei Armen OA und AP, welche in A miteinander gelenkig verbunden sind, während O festgehalten wird (siehe Fig. 3). Auf der Fortsetzung von AP befindet sich etwa in B eine Rolle, durch deren Drehungswinkel man den Flächeninhalt einer geschlossenen ebenen Figur, welche ein Stift in P beschreibt, unmittelbar ablesen kann.

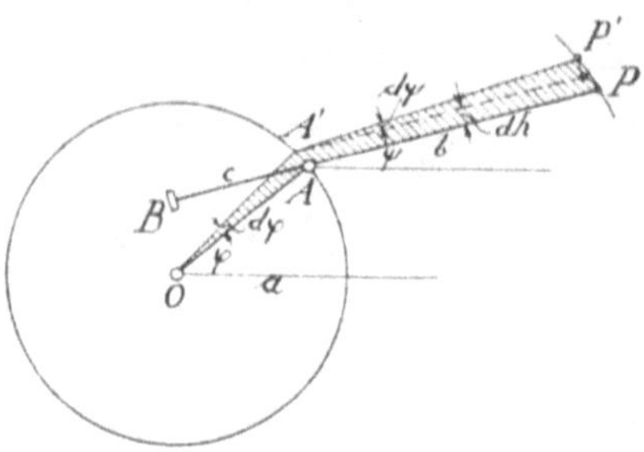

Fig. 3.

Von den hierbei auftretenden Bewegungen ist diejenige des Armes $OA = a$ offenbar eine einfache Drehung, während der Arm $AP = b$ neben einer Drehung noch eine Parallelverschiebung erleidet. Diese Parallelverschiebung kann ihrerseits wieder in zwei Bestandteile zerlegt werden, nämlich eine Verschiebung der Geraden in sich selbst und eine solche senkrecht zu ihrer momentanen Richtung. Wir wollen den Drehwinkel von OA gegen eine bestimmte Anfangslage OX mit φ, denjenigen von AP gegen dieselbe Richtung mit ψ und schlieſslich die Parallelverschiebung von AP ihrer Gröſse nach mit h bezeichnen. Alsdann ist der Inhalt der von beiden Armen bei einer unendlich kleinen Bewegung PP' beschriebenen elementaren Fläche $OAPP'A'$ gegeben durch

$$dF = \frac{a^2}{2}\,d\varphi + \frac{b^2}{2}\,d\psi + b\,dh \quad . \quad . \quad . \quad . \quad (1)$$

Die im Abstande $AB = c$ auf dem Arm b befindliche Rolle vom Radius r möge sich hierbei um den Winkel $d\chi$ gedreht haben. Diese Drehung, der ein Weg $r\,d\chi$ entspricht, kann nun, da Verschiebungen in der Richtung von AP hierauf ohne

Einfluſs sind, nur das Resultat der auf AP senkrechten Verschiebung dh und der Drehung $d\psi$ sein, so daſs wir erhalten

$$dh - c\,d\psi = r\,d\chi \quad \ldots \ldots \quad (2)$$

An dieser Formel ändert sich auch nichts, wenn das Rädchen nicht in der Fortsetzung von AP in B, sondern, wie bei manchen Planimetern seitlich befestigt ist, so lange nur seine Achse parallel AP bleibt. Alsdann erleiden nämlich die in unsere Gleichung eintretenden Bewegungen senkrecht zu AP keine Änderungen.

Setzen wir also diesen Wert in die erste Gleichung ein, so wird aus dieser

$$dF = \frac{a^2}{2}\,d\varphi + \frac{b^2 + 2bc}{2}\,d\psi + br\,d\chi \quad \ldots \quad (1\text{a})$$

Beschreibt nun der Punkt P entsprechend Fig. 4 eine geschlossene Kurve, so haben wir zwei Fälle zu unterscheiden. Im ersten liegt der von A beschriebene Kreis vollständig innerhalb der Kurve von P, so daſs er von A beim Umfahren ganz in einer Richtung durch laufen wird. Dabei wächst der Winkel φ von einem Anfangswerte φ_0 bis zu $\varphi_0 + 2\pi$ und ebenso ψ von ψ_0 bis $\psi_0 + 2\pi$, so daſs die Gesamtfläche durch

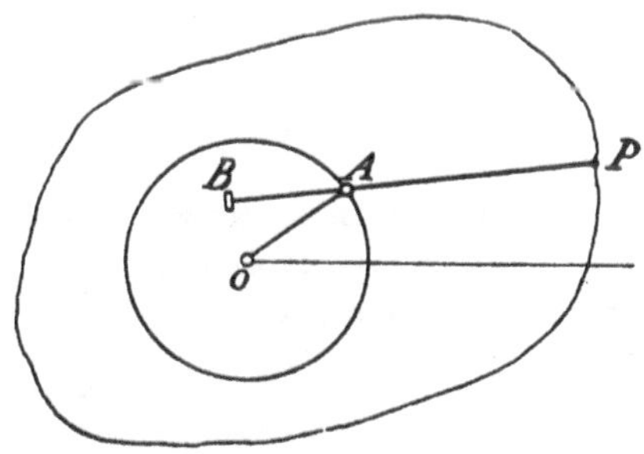

Fig. 4.

$$F = (a^2 + b^2 + 2bc)\,\pi + br\,(\chi - \chi_0) \quad \ldots \quad (3)$$

gegeben ist, wobei χ_0 den anfänglichen, χ den endlichen Drehwinkel des Meſsrädchens gegen eine feste Marke bedeutet. Genauere Ablesungen werden hierbei durch einen Nonius bis auf Tausendstel einer vollen Umdrehung ermöglicht.

Liegt im zweiten Falle, wie in Fig. 5, die zu umfahrende Figur ganz auſserhalb des Kreises OA, so werden sowohl φ, wie auch

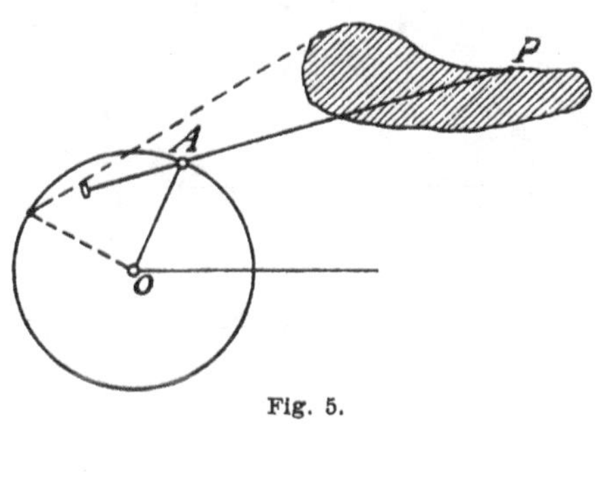

Fig. 5.

ψ von ihren Anfangswerten ausgehend erst wachsen und dann umgekehrt wieder abnehmen, oder umgekehrt, so dafs jedenfalls die von den Armen AO und AP durch Drehung beschriebenen Flächen sich aufheben. Es bleibt demnach nur noch

$$F = br(\chi - \chi_0) \quad \ldots \ldots \ldots \quad (4)$$

als unmittelbares Mafs für die nur einmal vom Arm AP überstrichene Fläche übrig, so dafs in diesem Falle die Ablesungen am Mefsrädchen des Planimeters nicht erst durch eine Konstante, wie oben, modifiziert zu werden brauchen.

Beim Gebrauche des Planimeters darf übrigens nicht übersehen werden, dafs beim Durchlaufen gewisser Kurven seitens des Stiftes P das Mefsrädchen sich nicht dreht. Dies tritt natürlich dann ein, wenn $d\chi = O$ oder in Gl. (2)

$$dh = c\,d\psi \quad \ldots \ldots \ldots \quad (2a)$$

wird. Da nun (siehe die obige Figur 3) andererseits

$$dh = AA' \sin BAA' = a\,d\varphi \cos(\varphi - \psi)$$

ist, so ergibt die Elimination von dh für diesen Fall

$$d\psi = \frac{a}{c}\,d\varphi \cos(\varphi - \psi) \quad \ldots \ldots \quad (5)$$

Die Integration dieser Formel führt auf einen sehr verwickelten Ausdruck für den Zusammenhang zwischen φ und ψ, der mit den beiden Gleichungen für die Koordinaten von P, nämlich

$$\left.\begin{aligned} x &= a\cos\varphi + b\cos\psi \\ y &= a\sin\varphi + b\sin\psi \end{aligned}\right\} \quad \ldots \ldots \quad (6)$$

die gesuchte Kurve bestimmt. Man erkennt, dafs Gl. (5) auch durch den Spezialfall

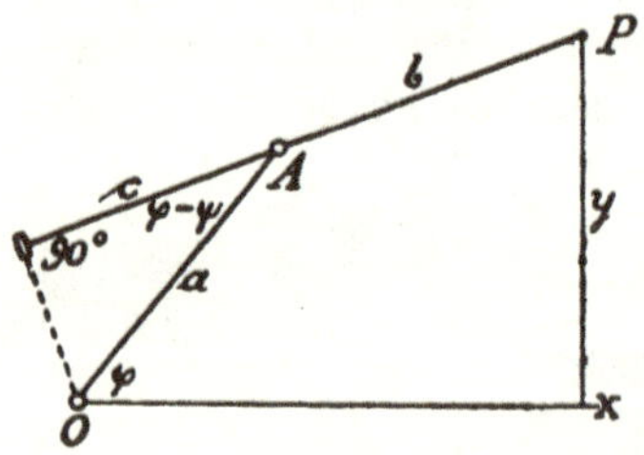

Fig. 6.

$$\cos(\varphi - \psi) = \frac{c}{a}$$

erfüllt wird, d. h. für einen konstanten Winkel $\varphi - \psi$ in dem alsdann rechtwinkligen Dreieck OAB (Fig. 6). Die von P beschriebene Kurve ist ein Kreis um O, dessen Inhalt mit $\chi = \chi_0$ das konstante Glied in Gl. (3) ergibt, weshalb er auch als G r u n d k r e i s bezeichnet wird. Auch der Punkt B beschreibt einen Kreis, auf dessen Umfang das Rädchen senkrecht steht, sich aber nicht drehen kann.

Diesen beiden Kreisen, welche in Fig. 7 mit $K_1 K'$ und $K_2 K''$ bezeichnet sind, nähern sich nun die vom Stifte P bezw. vom Rädchen B beschriebenen der Gl. (5) genügenden Kurven asymptotisch. Dieselben lassen sich angenähert leicht konstruieren, wozu die Überlegung führt, dafs beim Übergange von einer Lage $B A P$ in die benachbarte $B' A' P'$ nur dann keine Drehung des Rädchens eintreten kann, wenn diese Bewegung in eine Drehung

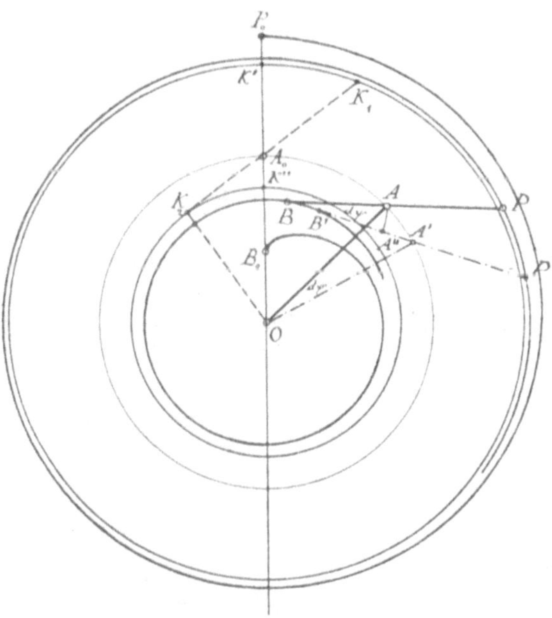

Fig. 7.

des Armes $B P$ um B und eine darauffolgende Verschiebung desselben in seiner eigenen Richtung zerfällt. Ist aber A' die neue benachbarte Lage des Endes des um den Pol O drehbaren Planimeterarmes, so verbinde man A' mit B, mache alsdann auf dieser Linie $A' B' = A B$ und $A' P' = A P$. Auf diese Weise ergeben sich die beiden gesuchten Kurven $B_0 B B'$ des Rädchens und $P_0 P P'$ des Stiftes, welche in Fig. 7 zur Hälfte eingezeichnet sind. Die andere Hälfte ist natürlich vollkommen symmetrisch hierzu.

Daſs diese Konstruktion der Gl. (5) entspricht, ergibt sich aus dem Vergleich der beiden Bogenelemente

$$A A' = O A \cdot d\varphi = a\, d\varphi$$
$$A A'' = B A \;\; d\psi = c\, d\psi,$$

von denen das erstere der Drehung von A um O, das letztere der Drehung von A um B zugehört. Da nun

$$\sphericalangle A' A A'' = \sphericalangle O A B = \varphi - \psi,$$

so ist auch

$$A A'' = A A' \cos(\varphi - \psi)$$

oder

$$c\, d\psi = a\, d\varphi \cos(\varphi - \psi)$$

in Übereinstimmung mit Gl. (5).

§ 3. Ebene Bewegung.

Pol oder Momentanpol einer Bewegung, Polbahn und Punktbahn, Polhodie und Herpolhodie, Rollbewegung und Rollkurven, Gleitbewegung und Leitkurven.

Bewegt sich ein starrer Körper so, daſs alle seine Punkte ebene und einander parallele Bahnen beschreiben, so sind die Bahnen aller in demselben Lote zu den Ebenen liegenden Punkte notwendigerweise einander kongruent und es genügt, die Bewegung in einer dieser Ebenen zu untersuchen. Es sei in Fig. 8 AB der Schnitt dieser mit der Bildebene übereinstimmenden Ebene durch den Körper in seiner Anfangslage und $A'B'$ der entsprechende (kongruente) Schnitt in der Endlage. Errichtet man dann auf den Mitten der Verbindungslinien $A'A$ und $B'B$ der entsprechenden Lagen zweier Punkte Lote, so schneiden dieselben sich im Punkte P, den wir als den Pol der Bewegung bezeichnen wollen. Durch ihn geht offenbar senkrecht zur Bildebene eine Achse, um welche man sich den Körper beim Übergange aus der Lage AB in $A'B'$

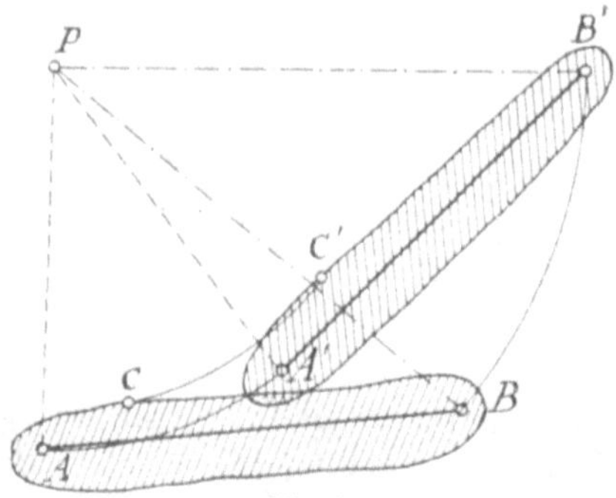

Fig. 8.

gedreht denken kann, da die Dreiecke $PAB \cong PA'B'$ werden und man dasselbe für die beiden Lagen CC' eines beliebigen anderen Punktes sofort beweisen kann.

Würde man nun den Körper um eine zweite Achse P' gedreht haben, so würde eine neue Lage $A''B''$ resultieren, welche man sich auch unmittelbar aus AB durch die Drehung um einen Pol P'' hervorgebracht denken kann. Setzt man diese Überlegung fort, so gelangt man zu dem wichtigen Satze, dafs eine beliebige Anzahl von Drehungen eines Körpers um parallele Achsen durch eine einzige Drehung ersetzt werden kann.

Über die wirkliche Bahn des Körpers haben wir damit allerdings noch nichts ausgesagt. Fassen wir aber in Fig. 9 zwei unendlich benachbarte Lagen AB und $A'B'$ bei der wirklichen Bewegung einer Geraden des Körpers ins Auge, so können wir unsere Konstruktion wiederholen und erhalten einen Pol P, zu dem für den Übergang von $A'B'$ in $A''B''$ ein zweiter, dem ersten benachbarter Pol P' u. s. w. tritt. Daraus geht hervor, dafs wir die beliebige ebene Bewegung eines Systems als eine Aufeinanderfolge unendlich kleiner Drehungen um parallele Achsen auffassen dürfen, wobei die Gesamtdrehung als Summe der Einzeldrehungen erscheint. Den Schnittpunkt P der einer unendlich kleinen Bewegung zugehörigen Achse mit der Bildebene nennen wir den Momentanpol oder das Momentanzentrum der Bewegung, die bei stetiger Bewegung ebenfalls stetige Aufeinanderfolge der Momentanpole die Polbahn der Bewegung.

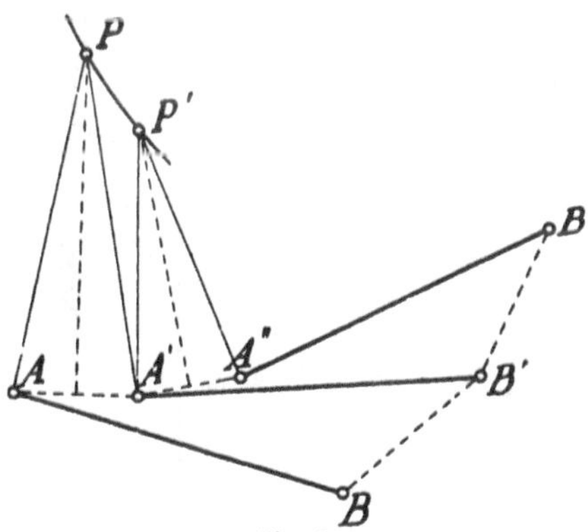

Fig. 9.

Die aufeinander folgenden Lagen des Körpers selbst werden durch die Bahnen zweier seiner Punkte vollständig bestimmt.

Die entsprechende Polbahn des Körpers ergibt sich daraus als Ort der Schnittpunkte der Normalen dieser sog. Punktbahnen in zwei zugehörigen Punkten. Sind die beiden Punktbahnen parallel und kongruent, d. h. verschiebt sich der Körper immer parallel zu sich selbst, so schneiden sich diese Normalen nicht, d. h. das Momentanzentrum liegt im Unendlichen. In diesem Fall können wir uns aber auch die Bewegung durch zwei gleiche entgegengesetzte Drehungen um zwei beliebige Pole in der Ebene ersetzt denken.

Die oben erhaltene Polbahn ist eine in der Ebene feste Kurve, welche indessen zur vollständigen Bestimmung der Bewegung aller Körperpunkte ebensowenig genügt, wie die Angabe einer einzigen Punktbahn. Denken wir uns aber, wie es in Fig. 10 geschehen ist, welche die Bewegung eines in A auf dem festen Kreise um O, in B auf der durch O gehenden festen Geraden geführten Körpers (der Schubstange eines Kurbelgetriebes) darstellt, nicht nur die feste Polbahn H und H_1 für das Durchlaufen des oberen Kreisbogens um O gezeichnet, sondern auch alle aufeinander folgenden Pole mit AB fest verbunden, so erhalten wir eine zweite mit AB bewegliche Kurve, die sogenannte bewegliche Polbahn CPC, auch Polhodie (nach Poinsot) genannt, welche auf der festen Polbahn, die man dann als Herpolhodie bezeichnet, wälzt. In dem vorliegenden Falle ergibt sich der Momentanpol sofort als Schnittpunkt der normal auf dem Kreisbogen stehenden Linie OA mit dem Lote auf der Geraden OB in B. Die feste Polbahn H nähert sich einer senkrechten Asymptote durch diejenige Lage von B, welche der senkrechten Stellung von OA entspricht und kommt dann

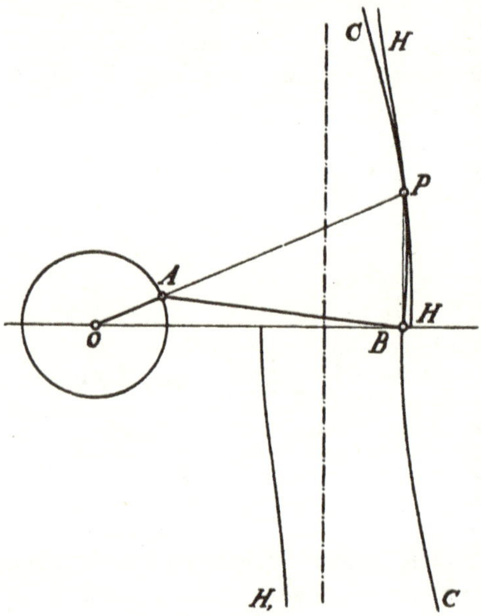

Fig. 10.

auf der negativen Seite H_1 aus dem Unendlichen zurück, wobei der untere Zweig der Polhodie CB auf der Herpolhodie H_1 abrollt. Für die andere Hälfte der Kreisbewegung von A ergeben sich symmetrische, in die Figur nicht eingetragene Zweige sowohl der Polhodie, wie auch der Herpolhodie, durch deren Wälzen mithin die Bewegung des Körpers AB in der Ebene vollständig gegeben ist. Da die vorstehende Überlegung auch auf einen in A und B ganz beliebig geführten Körper anwendbar ist, so haben wir den Satz, dafs die ebene Bewegung eines Körpers ganz allgemein durch eine feste Kurve, die Herpolhodie, und eine mit dem Körper bewegliche auf der festen abrollenden Kurve, die Polhodie, bestimmt ist. Die Herpolhodie hüllt hierbei sämtliche Lagen der Polhodie ein und wird deshalb auch bisweilen als die Hüllbahn oder Hüllbahnkurve bezeichnet.

Sind umgekehrt für die Bewegung eines ebenen Gebildes dessen Polhodie und Herpolhodie etwa in der Art gegeben, dafs die Polhodie die Begrenzung desselben darstellt, während die Herpolhodie die Begrenzung eines festgehaltenen Körpers bildet, so haben wir es schon mit einer bedingten bezw. gezwungenen Bewegung zu tun, die man auch als Rollbewegung bezeichnet. Die Bahnen einzelner Punkte des bewegten Systems heifsen jetzt Rollkurven und nehmen besonders einfache und technisch wichtige Formen an, wenn die Begrenzungen der beiden Körper Kreise bezw. Gerade sind.

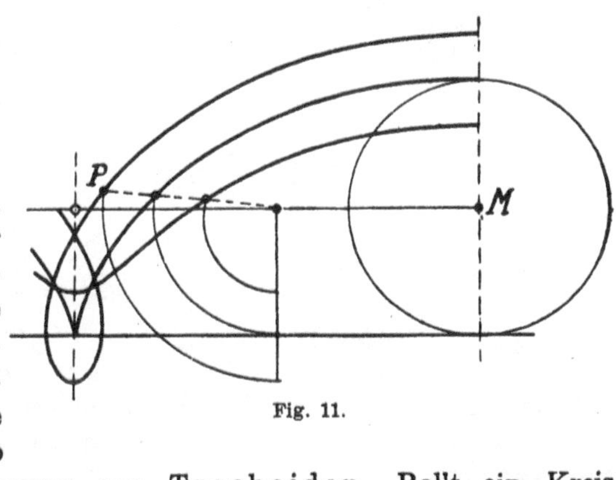

Fig. 11.

Rollt z. B. ein Kreis auf einer festen Geraden, so beschreiben die Punkte des Kreisumfanges Cycloiden (Fig. 11), die Punkte innerhalb und aufserhalb dagegen sog. Trochoiden. Rollt ein Kreis auf einem festen anderen Kreise, dem sog. Grundkreis, so bezeichnet man die Bahnkurven als Epicycloiden (Fig. 12), bezw. als Epitrochoiden, wenn die beiden Kreise im Berührungspunkte entgegengesetzte Krümmungen besitzen. Bei gleicher Krümmung dagegen spricht man von Hypocycloiden (Fig. 13) bezw. Hypotrochoiden. Rollt schliefslich

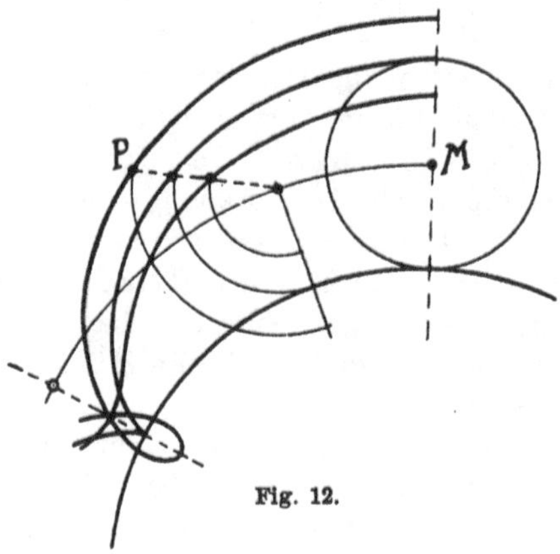

Fig. 12.

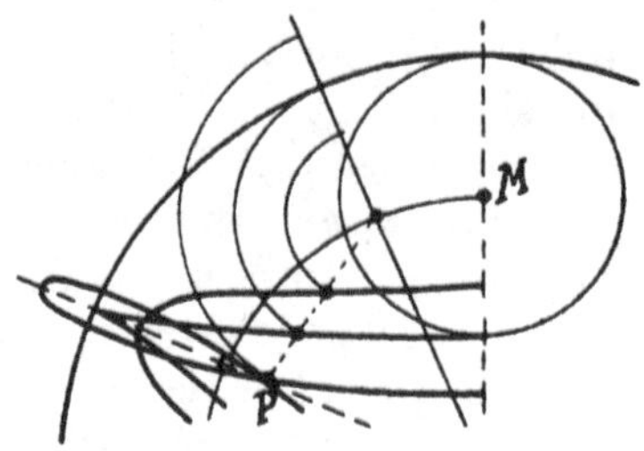

Fig. 13.

eine Gerade auf einem festen Kreise ab, so beschreiben die Punkte der Geraden Kreisevolventen (Fig. 14).

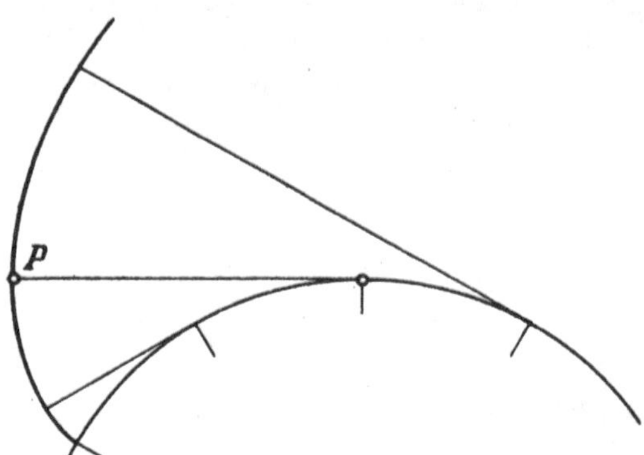

Fig. 14.

Da der Berührungspunkt den Momentanpol während der Bewegung bildet, so mufs die Normale in einem beliebigen Punkte A einer Rollkurve durch den diesem Punkte A entsprechenden Berührungspunkt der beiden aufeinander rollenden Gebilde hindurchgehen. Diese Eigenschaft ist besonders für die Verwendung der Rollkurven bei Zahnrädern von Bedeutung, worauf wir noch zurückkommen werden.

Da wir diesen Kurven noch als Bahnen freibewegter Körper in der Folge mehrfach begegnen werden, so erscheint es nützlich, ihre Gleichungen kennen zu lernen. Wir bezeichnen zu diesem Zwecke in Fig. 15 den Radius des festen Kreises um O_1 mit a_1, den des Rollkreises um O_2 mit a_2 und den Winkel der Verbindungslinie der Zentren von der Anfangslage $O_1 X$ aus gemessen mit φ_1. Bedeutet dann r den Abstand des mit dem Rollkreise fest verbundenen Punktes P von dessen Mittelpunkt O_2 und φ_2 den Neigungswinkel von r gegen OX, so ist die Bahn von P gegeben durch

$$\left.\begin{aligned} x &= (a_1 + a_2)\cos\varphi_1 + r\cos\varphi_2 \\ y &= (a_1 + a_2)\sin\varphi_1 + r\sin\varphi_2, \end{aligned}\right\} \quad . \; . \; . \; . \quad (1)$$

worin wegen des Abrollens der beiden Kreise aufeinander

$$(a_1 + a_2)\,\varphi_1 = a_2(\varphi_2 - \alpha) \quad . \; . \; . \; . \; . \quad (2)$$

sein wird. Die Konstante α bedeutet hierin die Anfangsrichtung von r für $\varphi_1 = 0$. Für die Cycloiden, bei denen P auf dem Umfang des Rollkreises liegt, ist $r = a_2$ zu setzen, für die Trochoiden dagegen wird $r \gtrless a_2$.

Für die gemeine Cycloide und Trochoide werden die Formeln (1) wegen $a_1 = \infty$ und $\varphi_1 = O$ unbrauchbar, ebenso für Kreisevolvente wegen $a_2 = \infty$ und $r = \infty$. Die Gleichungen beider Kurvengattungen ergeben sich indessen leicht auf direktem

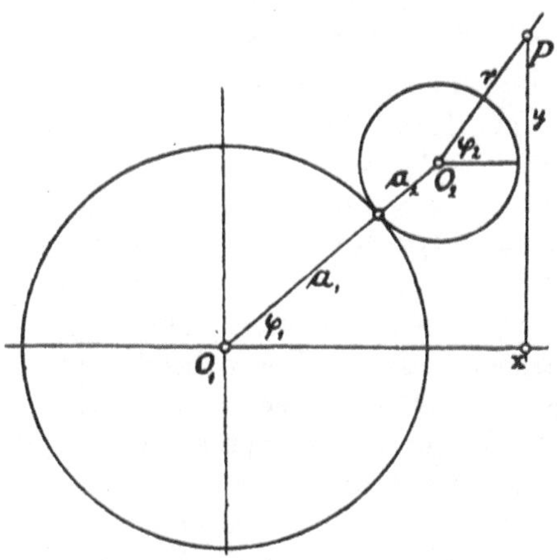

Fig. 15.

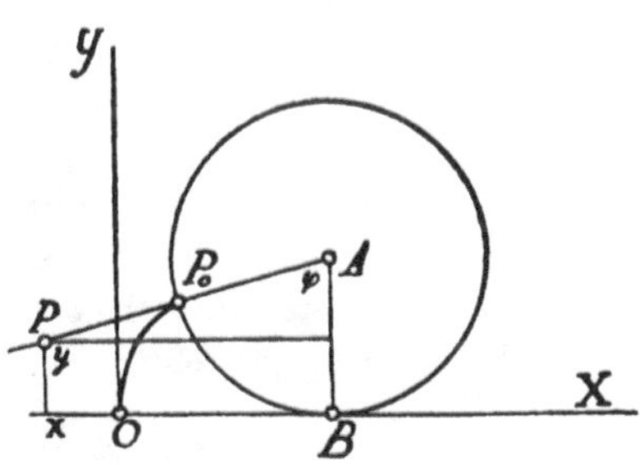

Fig. 16.

Wege. Bezeichnet man in Fig. 16 mit x_0, y_0 die Koordinaten des Rollkreiszentrums A, mit a dessen Radius, r den Abstand des Punktes P von A, und mit φ den Auslenkungswinkel von r aus der Vertikalen AB, so folgt sofort für die Koordinaten von P

$$x = x_0 - r \sin \varphi$$
$$y = y_0 - r \cos \varphi.$$

Rollt der Kreis nun auf der Abscissenachse selbst, und wählen wir als Anfang die Stellung $\varphi = o$, so ist

$$x_0 = a\varphi \text{ und } y_0 = a,$$

so dafs die Trochoidengleichung die Form

$$x = a\varphi - r \sin \varphi$$
$$y = a - r \cos \varphi$$

annimmt und für $r = a$ in diejenige der gemeinen Cycloide übergeht.

Für die Kreisevolvente haben wir, unter a den Kreisradius verstanden, dessen Zentrum O als Koordinatenanfang dient, in Fig. 17 mit dem Drehwinkel φ des Fahrstrahls im Berührungspunkte B der Tangente mit der Vertikalen $PB = a\varphi$, also sind die Koordinaten von P

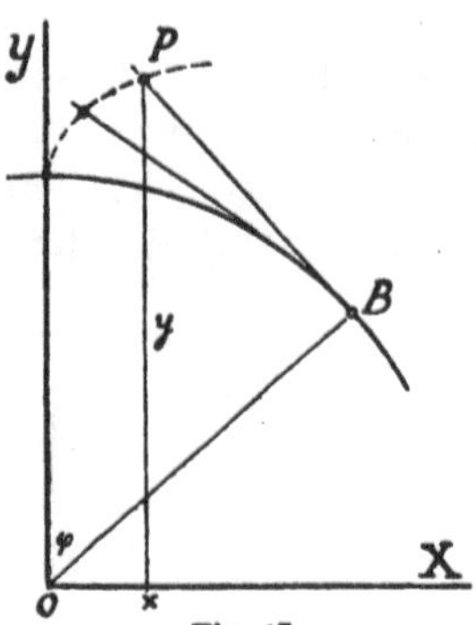

Fig. 17.

$$x = a \sin \varphi - a\varphi \cos \varphi$$
$$y = a \cos \varphi + a\varphi \sin \varphi.$$

Die Bewegung ebener Gebilde längs einer festen Kurve braucht nun nicht notwendig durch Abrollen allein sich zu vollziehen, sie kann auch mit Verschiebungen längs der Kurve verbunden sein. Alsdann spricht man von einem mit dem Abrollen verbundenen Gleiten. Zeichnet man sich z. B. die bewegte ebene Figur nacheinander in ihren sämtlichen Lagen auf, Fig. 18, so werden dieselben durch zwei Kurven eingehüllt, welche ihrerseits die Bewegung des Systems vollständig bestimmen, wenn eine Anfangslage gegeben ist. Wir wollen diese Kurven, an denen der Figurenumfang gleichzeitig abrollt und sich verschiebt, als Leitkurven bezeichnen.

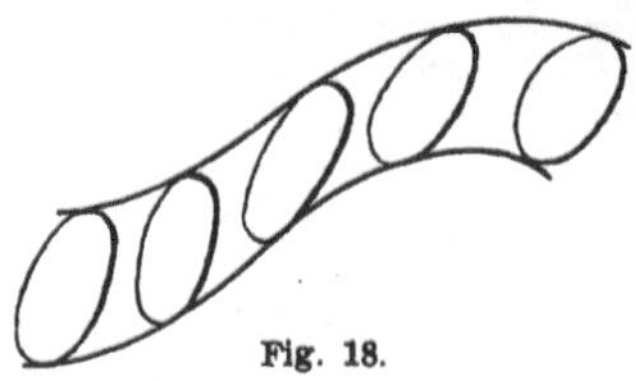
Fig. 18.

Man erkennt übrigens sofort, dafs man eine dieser Leitkurven auch stets durch eine beliebige Punktbahn ersetzen kann, um die Bewegung zu charakterisieren, und braucht dabei nur an das Schleifen eines Körpers auf der Erdoberfläche zu denken, der an irgend einem anderen Punkte, z. B. von einem Menschen oder Zugtier, getragen wird.

Ist das ebene bewegte Gebilde kreisförmig, so werden die beiden Leitkurven stets denselben Abstand besitzen und können demnach keine Auskunft über etwaige Drehungen des bewegten Kreises um seinen Mittelpunkt geben.

§ 4. Räumliche Bewegung.

Zurückführung auf zwei Drehungen, Schraubenbewegung, Präcession oder vorrückende Rotation, Leitfläche und Bahnprofile, kinematische Paare.

Die vorstehend erhaltenen Sätze über die ebene Bewegung gestatten uns nun eine anschauliche Darstellung der Bewegung eines starren Körpers im Raume. Wir denken uns zu dem Zwecke durch den Körper in der Anfangslage eine Ebene gelegt, deren Schnitt mit der Körperoberfläche eine geschlossene Kurve mit einem Durchmesser AB in Fig. 19 ergibt. In einer beliebigen anderen Lage wird die Schnittebene die ursprüngliche Ebene in OO schneiden, aufserdem aber erscheint die Schnittfigur gegen die Spur OO, welche auch der neuen Ebene zugehört, verdreht, so dafs der Durchmesser jetzt die Lage $A'B'$ hat. Den Übergang aus der ersten in die zweite Lage können wir nun aber auch so bewerkstelligen, dafs wir zunächst das ganze System um OO drehen, wodurch die Schnittfigur $A''B''$ in der neuen Schnittebene entsteht, und schliefslich durch die Drehung des Körperquerschnitts in der neuen Schnittebene

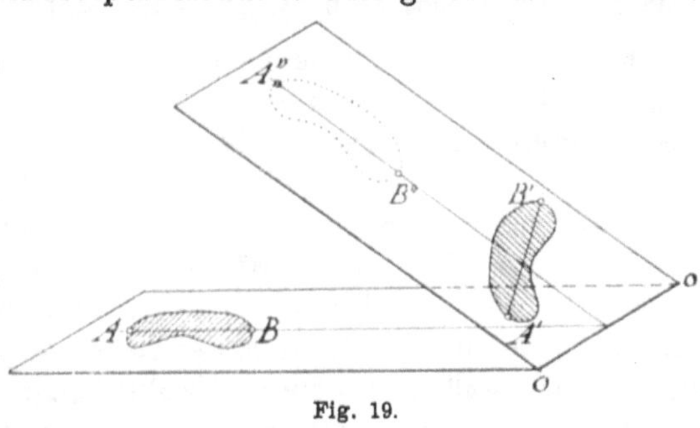

Fig. 19.

um einen Pol P die Lage $A'' B''$ in $A' B'$ überführen. Damit aber haben wir die Bewegung der Schnittfigur AB und mit ihr diejenige des ihr zugehörigen Körpers auf zwei Drehungen um zwei im Raume aufeinander senkrechte Achsen zurückgeführt.

Um nun die Bewegung des Körpers mit der tatsächlichen in Übereinstimmung zu bringen, brauchen wir dieses Verfahren nur auf je zwei benachbarte Lagen anzuwenden, wobei natürlich sowohl die Achse $O O$, wie auch die durch den Pol P gehende stetig ihre Lage wechseln werden. In jedem Augenblicke können wir also die Bewegung als die Kombination einer in der Richtung der Achse durch P stattfindende Verschiebung mit einer Drehung um dieselbe auffassen. Einen solchen Vorgang bezeichnet man aber allgemein als eine Schraubenbewegung oder kürzer als Schraubung. Die gewöhnliche, in der Technik auftretende Schraubenbewegung, von der diese allgemeinere ihren Namen erhalten hat, ist ein ganz spezieller Fall derselben insofern, als die Achse durch P ihre Lage nicht ändert, die Achse $O O$ mithin in unendliche Ferne rückt, und aufserdem die Drehung um P proportional der Verschiebung verläuft. Jeder Körperpunkt beschreibt demnach eine cylindrische Schraubenlinie um P.

Mit unserer verallgemeinerten Schraubenbewegung kann man sich ein klares Bild von der Bewegung der Projektile verschaffen, deren Studium Gegenstand der Ballistik ist. Diese Projektile erhalten im Laufe des Geschützes oder des Gewehres neben ihrer fortschreitenden Bewegung auch eine drehende, deren Achse aber während des Durchlaufens der Bahn eigentümliche Bewegungen vollzieht. Es bietet keine Schwierigkeiten, die oben für die Polhodie und Herpolhodie entwickelten Sätze auf diesen allgemeinen Fall anzuwenden, wobei man zu entsprechenden Regelflächen gelangt, welche nicht allein aufeinander wälzen, sondern auch noch entsprechend der mit der Schraubung verbundenen momentanen Verschiebung in der Achsenrichtung sich längs der Berührungslinie verschieben.

Für den Fall eines in einem Punkte festgehaltenen Körpers, eines sog. Kreisels, gehen diese Flächen in Kegel über, deren gemeinschaftliche Spitze naturgemäfs im Fixpunkte liegt. Da hier die fortschreitende Bewegung längs der momentanen Drehachse fortfällt, so wälzen die entsprechenden Kegel ebenso aufeinander, wie die Polhodie auf der Herpolhodie bei der ebenen Bewegung. Wenn man um den Fixpunkt eine Kugelfläche konstruiert, so kann man die Bewegung des Körpers auch an derjenigen der Schnittfigur der Körperoberfläche mit der festen Kugel geradeso studieren wie die ebene Bewegung. Man überzeugt sich leicht, daſs eine beliebige Anzahl von Verschiebungen der Schnittfigur auf der Kugeloberfläche auf eine Drehung um eine durch den Fixpunkt gehende Achse zurückgeführt werden kann, so daſs in diesem Falle je zwei Lagen des Körpers stets eine gemeinsame Gerade, eben diese Achse, besitzen. Auf der Kugel um den Fixpunkt können wir dann wieder die Polhodie und Herpolhodie bestimmen und gelangen zu besonders einfachen und praktisch wichtigen Fällen, wenn dieselben in Kreise, die entsprechenden Kegel also in Kreiskegel (Fig. 20) übergehen. Die Bewegung der Ebene durch die Achsen der beiden Kegel bezeichnet man als das Vorrücken oder die Präcession, die Gesamtbewegung des Körpers dagegen als eine vorrückende Rotation.

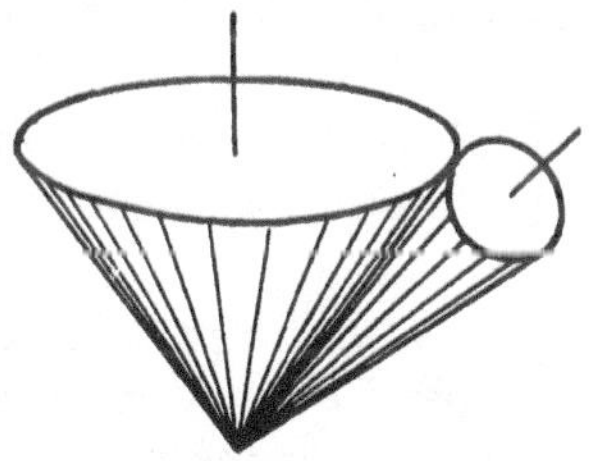

Fig. 20.

Die allgemeine räumliche Bewegung eines Körpers kann man auch durch eine Fläche (Leitfläche) beschreiben, welche seine sämtlichen Lagen einhüllt, wobei die Bewegung in einem mit Gleiten verbundenen Abrollen der Körperoberfläche an der Leitfläche besteht. Ebenso wie bei der ebenen Bewegung von Kreisscheiben versagt diese Fläche zur vollständigen Bestimmung bei Rotationskörpern insbesondere dann, wenn während der Rotation deren Achse keine Drehungen erleidet. Die Leitfläche kann man auch durch ihre Querschnitte darstellen, von denen diejenigen mit kleinstem Flächeninhalt als Bahnprofile bezeichnet werden und u. a. im Eisenbahnwesen zur Einschränkung des Ladevolumens der Fahrzeuge Verwendung finden.

Denkt man sich die Leitfläche selbst als Oberflächenbestandteil eines starren Körpers, so bildet dieser mit dem umhüllten Körper nach Reuleaux' Bezeichnung ein sog. kinematisches Paar. Da man nun auch den umhüllten Körper festhalten und den die Leitfläche tragenden gegen den ersteren bewegen, die

Elemente des Paares also vertauschen kann, so braucht man nur die Relativbewegung derselben ins Auge zu fassen.

In der Technik spielt nun eine beschränkte Zahl solcher Elementenpaare als Bestandteile von Maschinen eine wichtige Rolle, nämlich das sog. Drehkörperpaar (Zapfen und Lager), das Prismenpaar (Gleitbahn und Gleitstück) und schliefslich das Schraubenpaar (Schraubenspindel und Mutter). Diese drei Paare, von denen das erstere nur relative Drehungen, das zweite nur Verschiebungen und das dritte zwar beide Bewegungsformen, aber in gegenseitiger Abhängigkeit zuläfst, haben die weitere Eigentümlichkeit, dafs eines der Elemente das andere umschliefst. Man nennt sie darum auch Umschlufspaare im Gegensatz zu solchen Paaren, bei denen nur eine Berührung der Oberflächen der beiden Elemente stattfindet.

§ 5. Gegenseitig bedingte Bewegung mehrerer Körper.

Begriff der Zwangläufigkeit und des Mechanismus, Hookescher Schlüssel oder Universalgelenk, Zahnräder.

Bewegen sich zwei oder mehrere Körper so, dafs sie miteinander in der vorstehend erläuterten Weise gepaart bleiben, so ist ihre Bewegung eine gegenseitig bedingte. Die einzelnen Körper bilden alsdann die Glieder einer sog. kinematischen Kette oder eines Mechanismus, dessen Bewegung dann als zwangläufig bezeichnet wird, wenn durch die Relativbewegung von je zweien gegeneinander die Relativbewegungen aller anderen eindeutig gegeben sind. Stehen die einzelnen Glieder durch Umschlufspaare miteinander in Verbindung, so bietet, wie schon das in § 3 behandelte Beispiel des hierfür typischen Kurbelgetriebes zeigt, die Untersuchung keine Schwierigkeiten, so lange es sich um ebene Bewegungen handelt.

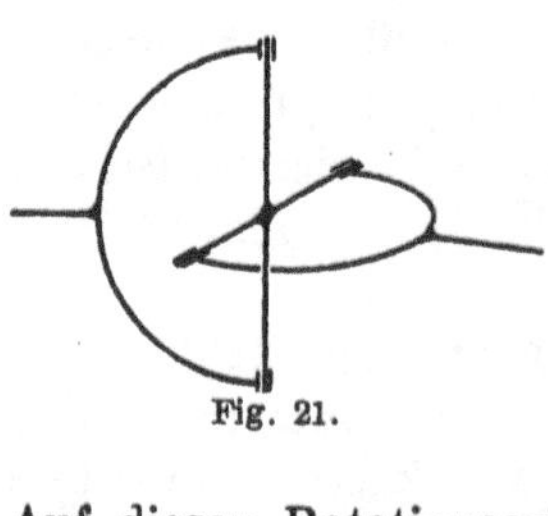

Fig. 21.

Ein praktisch wichtiges Beispiel für die räumliche Bewegung ist der Hookesche Schlüssel oder das Universalgelenk, welches zur Übertragung der Rotation zwischen zwei einander schiefwinklig schneidenden festen Achsen dient. Auf diesen Rotationsachsen sitzt je ein Bügel, der die gegenüberliegenden Zapfen eines ebenen Achsenkreuzes fafst (Fig. 21). Je zwei Zapfen dieses Achsenkreuzes beschreiben demnach Kreise, welche normal zu den Rotationsachsen stehen, während die Ebene des Achsenkreuzes sich so bewegt, dafs zwei ihrer Geraden (d. s. die Verbindungslinien zweier gegenüberliegender Zapfen) in zwei durch die erwähnten Kreise bestimmten festen Ebenen bleiben.

In Figur 22 seien OX und OY die beiden Rotationsachsen, welche sich in O schneiden. Derselbe Punkt ist zugleich Schnittpunkt des der Einfachheit halber rechtwinklig gedachten Achsenkreuzes AOA_1 und BOB_1 zwischen den Bügeln AXA_1 und BYB_1. In ihrer Anfangslage liegen die beiden Halbachsen OA_0 und OB_0 in der Ebene des zu OY senkrechten Hauptkreises OA_0BB_0 einer um O mit ihnen beschriebenen Kugel, in dem laut

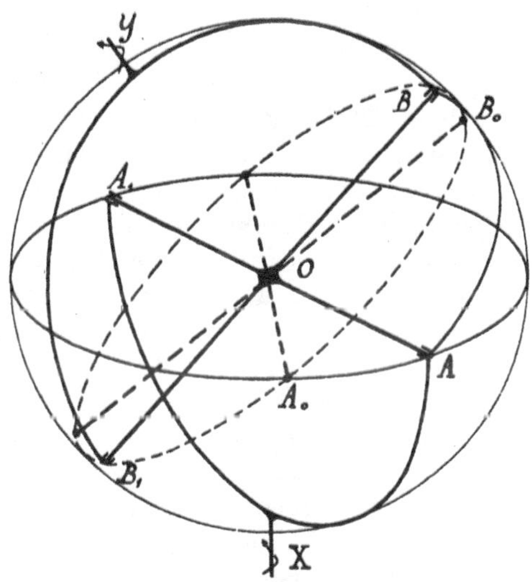

Fig. 22.

Voraussetzung der Winkel A_0OB_0 ein rechter ist. Nach einer bestimmten Drehung sei das Bügelende A_0 nach A, B_0 nach B gekommen, wobei $A_0OA = \varphi$ und $B_0OB = \psi$, also $A_0OB = 90 + \psi$ gesetzt werde. Der Winkel AOB ist wegen der Starrheit des Achsenkreuzes mit $A_0OB_0 = 90^0$ identisch. Der spitze Neigungswinkel der beiden Achsen OX und OY und damit derjenige der beiden Hauptkreise OA_0B und OA_0A sei α. Dann haben wir in dem sphärischen Dreieck A_0AB nach dem sphärischen Cosinussatze

$$\cos AB = \cos A_0A \cdot \cos A_0B + \sin A_0A \cdot \sin A_0B \cdot \cos \alpha$$

oder

$$\cos 90^0 = \cos \varphi \cdot \cos(90 + \psi) + \sin \varphi \cdot \sin(90 + \psi) \cos \alpha$$

$$tg\,\psi = tg\,\varphi \cdot \cos \alpha.$$

Die von den beiden Bügelenden A und B gleichzeitig zurückgelegten Bogen sind mithin nicht gleich, sondern weichen um so mehr voneinander ab, je gröfser der Neigungswinkel α der beiden Rotationsachsen ist.

Der Zuwachs des Bogens ψ in seiner Abhängigkeit von demjenigen φ ergibt sich durch Differentiation der erhaltenen Gleichung zu

$$\frac{d\psi}{d\varphi} = \frac{\cos^2\psi}{\cos^2\varphi}\cos\alpha = \frac{(1+\operatorname{tg}^2\varphi)\cos\alpha}{1+\operatorname{tg}^2\varphi\cos^2\alpha}.$$

Dieser Differentialquotient wird in Übereinstimmung mit dem vorstehenden Satze zu 1, wenn $\alpha = 0$, $\cos\alpha = 1$ wird.

Die Bewegung des mittleren Achsenkreuzes kann man natürlich auch als Drehung um eine durch O gehende Momentanachse auffassen, deren augenblickliche Lage sich sofort als Schnitt der durch die beiden Bügel in ihren zu einander gehörigen Stellungen konstruierten Hauptkreise ergibt. Man kann sich den ganzen Vorgang auch als die Bewegung eines sphärischen Gebildes vorstellen, welches in den Punkten A und B auf zwei Hauptkreisen geführt wird und hat so ein vollkommenes Seitenstück zu dem einfachen Beispiele der ebenen Bewegung längs zweier sich schneidender Geraden.

Die durch die obige Formel ausgedrückte Ungleichförmigkeit der Bewegungsübertragung kann man übrigens durch Verbindung mehrerer Universalgelenke beseitigen.[1]) Denkt man sich die zwischen zwei solchen Gelenken befindlichen Achsenstücke sehr kurz und die Winkel α sehr klein, so kann man schliefslich jede Kurve durch eine unendliche Folge von Universalgelenken mit unendlich kleiner gegenseitiger Neigung erzeugen. Ein solches Gebilde, z. B. ein spiralförmig gewundener dünner Draht, kann dann, ohne seine äufsere Form zu ändern, in sich rotieren und ist imstande, die Bewegungen des einen Endes gleichförmig und unabhängig von seiner Lage auf das andere zu übertragen. Gewöhnlich allerdings bedient man sich in der Technik zur Übertragung von Rotationen der Zahnräder, deren gegenseitig bedingte Bewegung wir ihrer grofsen Wichtigkeit halber an dieser Stelle kurz untersuchen wollen.

---

[1]) Näheres hierüber siehe z. B. Weisbach-Hermann, Lehrbuch der Ingenieur- und Maschinenmechanik. III. 1. 2. Aufl. 1876. § 26—28.

Die ebene Bewegung stellt auch hier den einfachsten Fall dar. Wir denken uns zunächst zwei um parallele Achsen, deren Spuren in der Bildebene O_1 und O_2 sein mögen, zwei beliebig geformte Körper K_1 und K_2, Fig. 23, derart gedreht, dafs sie sich während der Bewegung stets berühren, wobei sie im Berührungspunkte die Normale und die Tangente gemeinsam haben. Der momentane Berührungspunkt der betrachteten Körperprofile sei A, r_1 sein Abstand von O_1, r_2 derjenige von O_2 und $d\varphi_1$ der Zuwachs des Drehwinkels von K_1 um O_1 bezw. $d\varphi_2$ derjenige von K_2 um O_2. Dann beschreibt der Punkt A um O_1 den Bogen $r_1 d\varphi_1$, um O_2 den Bogen $r_2 d\varphi_2$. Diese Elementarbogen zerlegen wir in je zwei Komponenten durch Projektion auf die gemeinsame Normale und die Tangente. Ist α_1 der Winkel von r_1 mit der Normalen, α_2 derjenige von r_2, so sind die Tangentialkomponenten der Bogen $r_1 d\varphi_1$ und $r_2 d\varphi_2$

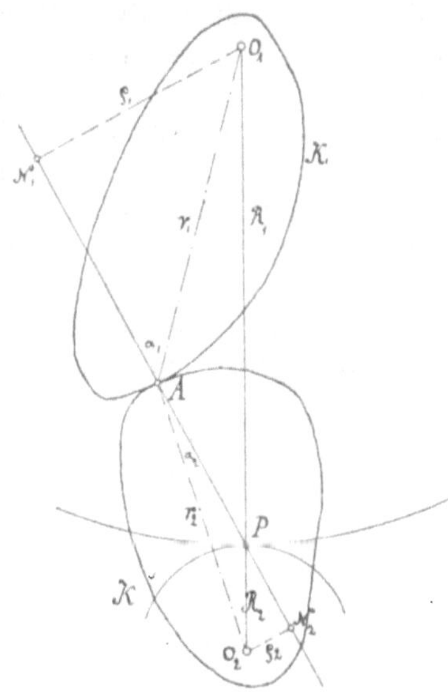

Fig. 23.

$$r_1 \cos \alpha_1 \, d\varphi_1 \text{ und } r_2 \cos \alpha_2 \, d\varphi_2.$$

Ihre Differenz $r_1 \cos \alpha_1 \, d\varphi_1 - r_2 \cos \alpha_2 \, d\varphi_2$ gibt die Gleitung der beiden Körper während der ins Auge gefafsten Elementardrehung um $d\varphi_1$ und $d\varphi_2$ an. Die beiden Normalkomponenten dagegen müssen, damit die Berührung aufrechterhalten bleibt, einander gleich und gleich gerichtet sein, so dafs wir haben

$$r_1 \sin \alpha_1 \, d\varphi_1 = r_2 \sin \alpha_2 \, d\varphi_2.$$

Fällen wir nunmehr die Lote ϱ_1 und ϱ_2 von O_1 und O_2 auf die gemeinsame Normale, so ist $\varrho_1 = r_1 \sin \alpha_1$ und $\varrho_2 = r_2 \sin \alpha_2$, mithin

$$\varrho_1 \, d\varphi_1 = \varrho_2 \, d\varphi_2 \text{ oder } \frac{\varrho_1}{\varrho_2} = \frac{d\varphi_2}{d\varphi_1}.$$

Mit dieser Gleichung ist die Abhängigkeit der beiden Drehungen voneinander bei gegebener Form beider Körper vollständig bestimmt. Von praktischer Bedeutung ist indessen vor allem der Fall eines konstanten Verhältnisses der beiden Verdrehungen, des sog. Übersetzungsverhältnisses, der mit unserer Gleichung sofort auf ein konstantes Verhältnis der beiden Lote $\varrho_1 : \varrho_2$ führt. Da nun die von der gemeinsamen Normale, den beiden Loten und der Verbindungslinie der Drehachsen $O_1 O_2$ gebildeten Dreiecke $O_1 P N_1$ und $O_2 P N_2$ einander ähnlich sind, so bedingt die Unveränderlichkeit von $\varrho_1 : \varrho_2$ auch diejenige von $O_1 P : O_2 P = R_1 : R_2$, d. h. die Normale schneidet bei konstantem Übersetzungsverhältnisse die Verbindungslinie der Achsen stets in demselben Punkt P. Damit aber ist die Bewegung der beiden Körper K_1 und K_2 auf das Abrollen zweier sich stets im Punkte P schneidender und die Mittellinie $O_1 O_2$ im konstanten Verhältnis der Verdrehungen teilender sog. Teilkreise zurückgeführt.

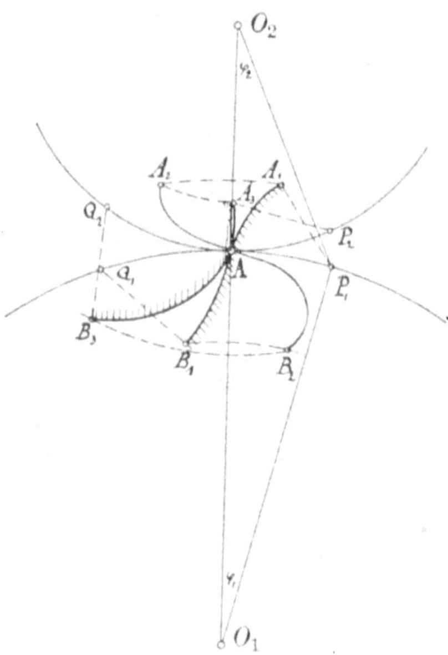

Fig. 24.

Die vorstehend geschilderte Bewegung mit konstantem Verdrehungsverhältnis läſst sich nun nicht etwa mit zwei beliebigen Profilen K_1 und K_2 durchführen, von denen vielmehr das eine die Form des anderen bedingt, wie schon aus unserer Gleichung für die Normalen ϱ_1 und ϱ_2 hervorgeht. Wir wollen uns darum zunächst ein Profil $A_1 A B_1$, welches dem um O_1 drehbaren Körper zugehört, gegeben denken und daraus das zugehörige für O_2 ableiten. In unserer Figur 24 haben wir das gegebene Profil so gezeichnet, daſs A auf der Mittellinie $O_1 O_2$ mit dem Teilkreisberührungspunkte zusammenfällt. Bei der Drehung bewegt sich A_1 in einem Kreise um O_1, wobei die Normale auf dem Profile in A_1, welche den Teilkreis um O_1 in P_1

schneidet, nach Zurücklegung des Bogens φ_1 in die Lage $A A_2$ gelangt. Der durch Abtragen der Länge $A_1 P_1$ von A aus auf den Kreisbogen gewonnene Punkt A_2 stellt demnach den Berührungspunkt von A_2 mit dem entsprechenden Punkte des Gegenprofils dar. Diesen selbst erhält man sofort durch Rückführung des Punktes A_2 auf dem Kreise um O_2 bis A_3, so daſs $A_3 P_2 = A_1 P_1$ ($= A_2 A$) wird, wenn die Bogen $A P_1 = A P_2$ sind. Durch dieselbe Konstruktion, welche übrigens von Reuleaux herrührt, erhält man z. B. auch für B_1 den Berührungspunkt B_2, der hier rückwärts liegt und den Punkt B_3 des Gegenprofils, so daſs dieses durch die Linie $A_3 A B_3$ gegeben ist. Beiden Profilen entspricht der geometrische Ort der momentanen Berührungspunkte $A_2 A B_2$, die sog. Eingriffslinie. In der Praxis geht man für die Konstruktion von Zahnprofilen fast immer von dieser Kurve aus; setzt sich dieselbe aus zwei Kreisbogen (Rollkreisen) zusammen, so erhält man für die Zahnprofile cyklische Kurven, welche dem Wälzen dieser Rollkreise auf den Teilkreisen entsprechen. Hieraus erkennt man die groſse Bedeutung der schon oben kurz besprochenen Rollkurven für die Technik.[1])

Die bislang behandelte bedingte Drehung um parallele Achsen führt auf kongruente Profile der beiden Körper K_1 und K_2 in allen Ebenen senkrecht zu den Drehachsen. Schneiden sich diese Achsen dagegen in einem Punkte, so treten an Stelle der für das Übersetzungsverhältnis maſsgebenden Teilkreise zwei aufeinander wälzende Kreiskegel; die Konstruktion der Profile dieser Kegelräder hat demnach, streng genommen, auf konzentrischen Kugelflächen stattzufinden. Bei windschiefen, sich also nicht mehr schneidenden Achsen wird die Bewegung durch das Abrollen zweier Rotationshyperboloide, die sich längs einer ihrer Erzeugenden berühren, bestimmt, weshalb die auf diese Weise erzeugten Räder in der Technik kurz als Hyperbelräder bezeichnet werden.

Hiermit nicht zu verwechseln ist das Schneckengetriebe einer Schraube (auch Schnecke genannt) und eines in die

---

[1]) Das Studium der Zahnräder und ihrer Bewegung wird in hohem Grade erleichtert durch die schönen von Prof. Schilling (Göttingen) bearbeiteten und im Verlage von Schilling in Halle erschienenen kinematischen Modelle.

Gänge derselben eingreifenden Zahnrads, dessen Achse senkrecht zur Schraubenachse steht. Das Profil der Schraubengänge mufs hier demjenigen des Zahnrades entsprechen. Durch Drehen der Schraube wird das Zahnrad ebenso bewegt wie eine auf der Schraube sitzende Mutter.

Allen diesen Rädern gemeinsam ist die Berührung der im Eingriff befindlichen Oberflächen entweder längs einer Geraden oder, wie im letzten Falle, nur in einem Punkte; man bezeichnet die hierin liegende gegenseitige Bedingtheit der beiden Körper, welche sehr mannigfaltig sein kann, als eine höhere Paarung im Gegensatz zu der die Umschlufspaare allein umfassenden niederen Paarung.

§ 6. Die ebene Drehung eines starren Gebildes in analytischer Behandlung.

Zusammensetzung von Drehungen um mehrere Pole, Drehpaare.

Die grofse praktische Wichtigkeit der Drehbewegungen oder Rotationen veranlafst uns, dieselben noch einmal rechnerisch zu verfolgen. Die so erhaltenen Beziehungen werden wir später nützlich verwerten können. Wir betrachten zuerst die unendlich kleine ebene Bewegung eines starren Gebildes und erinnern uns des Satzes, dafs man die Verschiebung derselben als eine Aufeinanderfolge von Drehungen um bestimmte Pole auffassen kann, wobei die schliefsliche Neigung einer Geraden des Gebildes gegen die anfängliche Lage derselben gleich der Summe der einzelnen Drehungswinkel war.

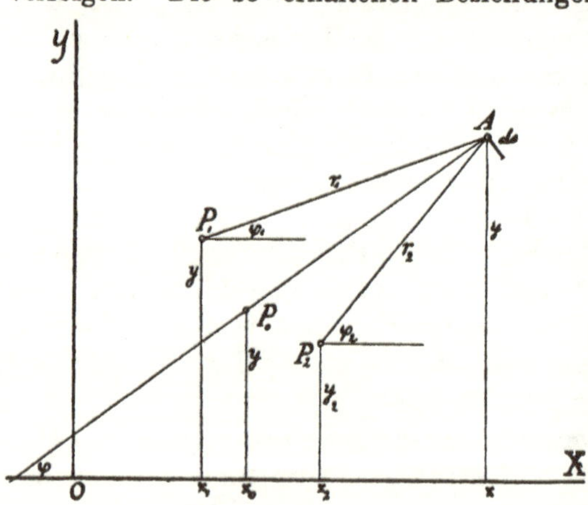

Fig. 25.

Die Koordinaten der einzelnen Pole $P_1\, P_2 \ldots P_n$ seien in Bezug auf ein festes rechtwinkliges System $x_1 y_1,\ x_2 y_2 \ldots x_n y_n$, diejenigen eines Punktes des bewegten Gebildes xy, und die Entfernungen desselben von den Polen $r_1 r_2 \ldots r_n$, mit den Neigungswinkeln $\varphi_1\, \varphi_2 \ldots \varphi_n$ gegen die x-Achse (Fig. 25). Die Projektionen des wirklichen Bahnelementes ds von A müssen dann mit der Summe der Projektionen der unendlich kleinen Drehungen $r_1\, d\varphi_1,\ r_2\, d\varphi_2 \ldots r_n\, d\varphi_n$ übereinstimmen; also, wenn φ die Richtung der Normale auf ds bedeutet,

$$\left.\begin{aligned} ds \cos\varphi &= r_1 \cos\varphi_1 d\varphi_1 + r_2 \cos\varphi_2 d\varphi_2 + \ldots + r_n \cos\varphi_n d\varphi_n \\ ds \sin\varphi &= r_1 \sin\varphi_1 d\varphi_1 + r_2 \sin\varphi_2 d\varphi_2 + \ldots + r_n \sin\varphi_n d\varphi_n \end{aligned}\right\} \quad . . (1)$$

Nun ist aber

$$\begin{aligned} r_1 \cos\varphi_1 &= x - x_1, & r_1 \sin\varphi_1 &= y - y_1 \\ r_2 \cos\varphi_2 &= x - x_2, & r_2 \sin\varphi_2 &= y - y_2 \\ &\vdots & &\vdots \\ r_n \cos\varphi_n &= x - x_n, & r_n \sin\varphi_n &= y - y_n \end{aligned}$$

Führen wir weiter die resultierende Drehung

$$d\varphi = d\varphi_1 + d\varphi_2 + \ldots + d\varphi_n = \Sigma\, d\varphi_k \quad . \quad . \quad . \quad (2)$$

und den ihr zugehörigen Radius r durch

$$ds = r\, d\varphi$$

ein, so ergibt sich aus unseren beiden Gleichungen

$$r \cos\varphi\, d\varphi = \Sigma\,(x - x_k)\, d\varphi_k,\quad r \sin\varphi\, d\varphi = \Sigma\,(y - y_n)\, d\varphi_k.$$

Sind nun $x_0 y_0$ die Koordinaten des Poles P_0 der resultierenden Drehung, also

$$r \cos\varphi = x - x_0, \qquad r \sin\varphi = y - y_0, \quad . \quad . \quad . \quad (3)$$

so folgt weiter wegen (2)

$$x_0\, d\varphi = \Sigma\, x_k\, d\varphi_k, \qquad y_0\, d\varphi = \Sigma\, y_k\, d\varphi_k \quad . \quad . \quad . \quad (4)$$

Hierin treten aber die Koordinaten des Punktes A selbst nicht mehr auf, so dafs durch (4) in Gemeinschaft mit (2) die Lage des resultierenden Poles für alle Punkte des starren Gebildes festgelegt ist.

Heben sich die einzelnen Elementardrehungen gegenseitig auf, verschwindet also $d\varphi = \Sigma\, d\varphi_k$, so bleibt offenbar nur eine fortschreitende Bewegung des ganzes Gebildes übrig. Dies drückt sich analytisch dadurch aus, dafs in (4) die Koordinaten des Poles ∞ werden. Man kann diesen Fall bequemer als Drehung um zwei Pole P' und P'' mit gleichen aber entgegengesetzten Drehwinkeln $d\varphi' = -d\varphi''$ auffassen, wie schon oben in § 3 bemerkt wurde. Sind in Fig 26 r' und r'' die entsprechenden

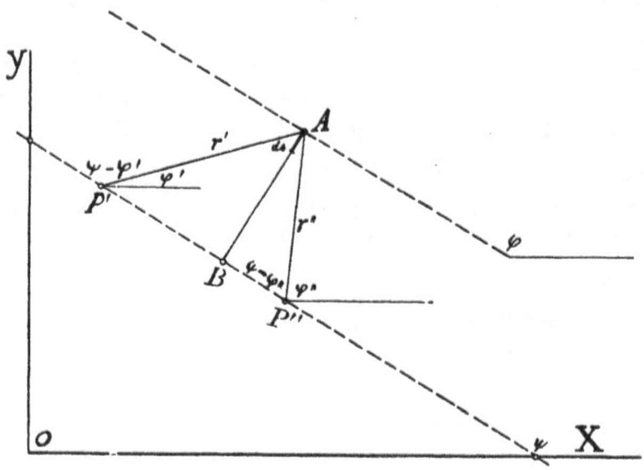

Fig. 26.

Radien von A mit den Neigungswinkeln φ' und φ'', so kann man aus

$$\left.\begin{aligned} ds \cos\varphi &= r' \cos\varphi'\, d\varphi' + r'' \cos\varphi''\, d\varphi'' \\ ds \sin\varphi &= r' \sin\varphi'\, d\varphi' + r'' \sin\varphi''\, d\varphi'' \end{aligned}\right\} \quad . \; . \; (1a)$$

mit $d\varphi' + d\varphi'' = 0$ die Bogendifferentiale und das Wegelement ds des Punktes A eliminieren und erhält

$$r' \sin(\varphi - \varphi') = r'' \sin(\varphi - \varphi''), \quad . \; . \; . \; . \; . \; (5)$$

worin φ laut unserer Festsetzung die Richtung der Normalen auf ds angibt. Bezeichnen wir nun die Neigung der Verbindungslinie der beiden Pole $P'P''$ mit ψ, so erhalten wir durch Projektion der beiden Radien r' und r'' auf die Höhe AB des $\Delta\, AP'P''$

$$r' \sin(\psi - \varphi') = r'' \sin(\psi - \varphi''),$$

also durch Vergleich mit der früheren Formel $\psi = \varphi$, d. h. die Bewegungsrichtung aller Punkte eines ebenen Gebildes, welches um zwei Pole gleichzeitig mit entgegengesetztem Drehsinne, aber mit derselben Winkelgröfse rotiert, steht senkrecht auf der Verbindungslinie beider Pole; die Bewegung ist also geradlinig. Umgekehrt kann man auch jede geradlinige Bewegung aller Punkte eines ebenen Gebildes als die Resultierende aus zwei gleichen oder entgegengesetzten Rotationen um zwei Pole betrachten, deren Verbindungslinie bei sonst beliebiger Lage der Pole senkrecht zur Bewegungsrichtung steht. Diese beiden Rotationen bezeichnet man nach Poinsot als ein Drehpaar oder Rotationspaar.

Auf den Raum übertragen, ergibt dieses Resultat den Satz: Die geradlinige Bewegung eines starren Systems kann stets auf zwei gleiche und entgegengesetzte Drehungen um parallele Achsen, deren Ebene senkrecht zur Bewegungsrichtung steht, zurückgeführt werden.

Der quantitative Zusammenhang zwischen diesen beiden auseinander hervorgehenden Bewegungsarten ergibt sich leicht, indem man die beiden Gleichungen (1a) bezw. mit $\cos\varphi$ und $\sin\varphi$ multipliziert und addiert. Dadurch erhält man

$$ds = r' \cos(\varphi - \varphi')\, d\varphi' + r'' \cos(\varphi - \varphi'')\, d\varphi''$$

oder, mit $d\varphi' + d\varphi'' = 0$

$$\begin{aligned} ds &= \{ r' \cos(\varphi - \varphi') - r'' \cos(\varphi - \varphi'') \}\, d\varphi' \\ &= - \{ r' \cos(\varphi - \varphi') - r'' \cos(\varphi - \varphi'') \}\, d\varphi''. \end{aligned}$$

Der Klammerausdruck ist aber, da nach Gl. (5) $\psi = \varphi$ war, nichts anderes als der Abstand $P'P''$ der beiden Pole in Fig. 26. Bezeichnen wir denselben der Kürze halber mit r, so erhalten wir

$$ds = - r\, d\varphi' = + r\, d\varphi'' \quad . \; . \; . \; . \; . \quad (6)$$

d. h. die Gröfse der aus zwei gleichen und entgegengesetzten Drehungen entstandenen Verschiebung entspricht der Drehung eines Poles um den anderen.

Dieser Satz über die Drehpaare gibt uns noch über die Wirkung der Verlegung eines Poles nach einem anderen Punkte Auskunft. Ist z. B. P' der resultierende Pol der Bewegung mit der Rotation $d\varphi'$, so können wir statt dessen einen anderen Pol P'' wählen, wenn wir um denselben die sich aufhebenden Rotationen $d\varphi'$ und $-d\varphi'$ vollziehen. Die letztere setzt sich aber mit der Rotation $d\varphi'$ um P' zu einer geradlinig fortschreitenden Bewegung $r\,d\varphi'$ senkrecht zu $P'P''$ zusammen, welche zu der übrigbleibenden Rotation $d\varphi'$ um P'' hinzutritt. Wir können also durch Verlegung des Poles in der Ebene oder durch Parallelverschiebung der Drehachse im Raume jede Drehung auf eine solche um einen anderen Pol bezw. eine andere Achse und auf eine geradlinige Bewegung senkrecht zur Verbindungslinie beider Pole bezw. zur Ebene der ursprünglichen und neuen Achse zurückführen.

§ 7. Die räumliche Drehung eines starren Körpers in analytischer Behandlung.

Allgemeine Verschiebung im Raume, resultierende Drehung.

Die allgemeine Verschiebung ds eines Punktes im Raume ist nun durch je zwei ihrer Projektionen ds_x, ds_y, ds_z auf die drei Koordinatenebenen bestimmt, ebenso wie man ein Raumgebilde überhaupt durch zwei Projektionen darstellen kann. Jede der drei Verschiebungsprojektionen kann man aber als Teil einer ebenen Bewegung für sich betrachten und nach den obigen Sätzen als eine Drehung $d\varphi$, $d\psi$ und $d\chi$ um je eine Parallele zur x-, y- bezw. z-Achse auffassen. Diese drei Achsen schneiden sich nun im allgemeinen nicht. Wir verlegen sie deshalb nach einem Punkte $x_0\, y_0\, z_0$, wodurch wir an der Drehung selbst nach dem zuletzt gewonnenen Satze nichts ändern, sondern nur dem ganzen Körper eine Parallelverschiebung erteilen, die wir bei ihrer Gemeinsamkeit auch dem Punkte $x_0\, y_0\, z_0$ zuschreiben und mit dx_0, dy_0, dz_0 bezeichnen dürfen. Damit haben wir die Bewegung des Punktes A auf drei Drehungen um die Achsen eines sich in O_0 schneidenden und mit diesem Punkte parallel verschiebbaren Koordinatensystems zurückgeführt.

Zerlegen wir nunmehr in Fig. 27 die relative Verschiebung von A in Bezug auf das Achsensystem O_0 in ihre drei Komponenten, so werden diese $d(x - x_0)$, $d(y - y_0)$ und $d(z - z_0)$, und jede derselben läſst sich wiederum als die Differenz zweier Elementarbogen ausdrücken, welche durch die Drehung $d\varphi$, $d\psi$ und $d\chi$ mit den Abständen von den Ebenen des beweglichen Koordinatensystems O_0 als Radien entstehen.

Wir erhalten somit für die allgemeine Verschiebung von A die Formeln

$$\left.\begin{aligned} d(x-x_0) &= (z-z_0)\,d\psi-(y-y_0)\,d\chi \\ d(y-y_0) &= (x-x_0)\,d\chi-(z-z_0)\,d\varphi \\ d(z-z_0) &= (y-y_0)\,d\varphi-(x-x_0)\,d\psi \end{aligned}\right\} \quad . \; . \; . \quad (1)$$

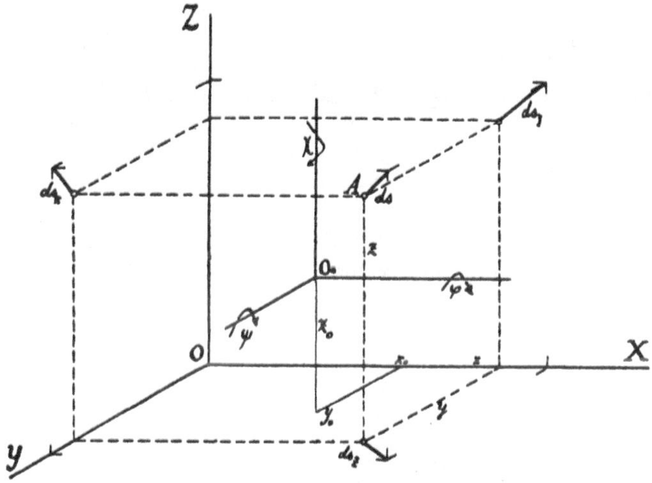

Fig. 27.

Multipliziert man diese Gleichungen der Reihe nach mit $(x-x_0)$, $(y-y_0)$ und $(z-z_0)$ addiert, so heben sich die Glieder der rechten Seite auf und es bleibt

$$(x-x_0)\,d(x-x_0)+(y-y_0)\,d(y-y_0)+(z-z_0)\,d(z-z_0)=0$$

oder

$$(x-x_0)^2+(y-y_0)^2+(z-z_0)^2=\text{Konst.},$$

womit nur ausgedrückt wird, dafs sich jeder Punkt des Körpers auf einer Kugelfläche um den beweglichen Mittelpunkt $x_0\,y_0\,z_0$ bewegt, d. h. um diesen Punkt Drehbewegungen ausführt. Diese Bewegung auf der Kugel können wir aber, wie schon früher erläutert, als Drehung um eine durch das Kugelzentrum gehende Achse auffassen, deren Lage sich leicht durch unsere Formeln (1) festlegen läfst, wenn wir dieselben für den Schnittpunkt $x_1\,y_1\,z_1$ mit der Kugelfläche in der Form

$$\left.\begin{aligned} d\,(x_1 - x_0) &= \left(\frac{z_1 - z_0}{d\chi} - \frac{y_1 - y_0}{d\psi}\right) d\psi \cdot d\chi \\ d\,(y_1 - y_0) &= \left(\frac{x_1 - x_0}{d\varphi} - \frac{z_1 - z_0}{d\chi}\right) d\varphi \cdot d\chi \\ d\,(z_1 - z_0) &= \left(\frac{y_1 - y_0}{d\psi} - \frac{x_1 - x_0}{d\varphi}\right) d\varphi \cdot d\psi \end{aligned}\right\} \quad . \; . \; (1a)$$

schreiben. Die relativen Verschiebungen, welche durch die linke Seite dieser Formeln gegeben sind, verschwinden nämlich, d. h. der Punkt $x_1\, y_1\, z_1$ ändert seine Lage auf der Kugel nicht, wenn

$$\frac{x_1 - x_0}{d\varphi} = \frac{y_1 - y_0}{d\psi} = \frac{z_1 - z_0}{d\chi} \quad . \; . \; . \; . \; . \; (2)$$

wird. Dies ist aber die räumliche Gleichung einer Geraden durch das Kugelzentrum, welche die Kugeloberfläche in dem relativ ruhenden Pole P auf derselben schneidet. Die den

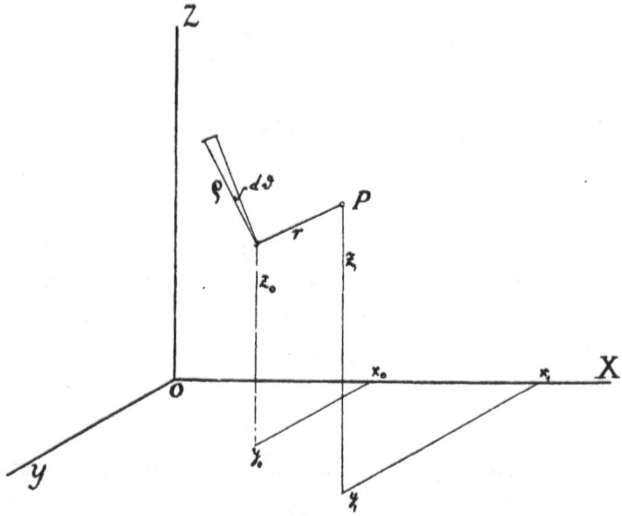

Fig. 28.

elementaren Verdrehungswinkeln $d\psi$, $d\varphi$ und $d\chi$ proportionalen Richtungscosinus $\cos\varkappa$, $\cos\lambda$, $\cos\mu$ dieser Geraden ergeben sich mit Fig. 28 aus

$$x_1 - x_0 = r\cos\varkappa,\; y_1 - y_0 = r\cos\lambda,\; z_1 - z_0 = r\cos\mu$$

zu

$$\cos \varkappa = \frac{d\varphi}{\sqrt{d\varphi^2 + d\psi^2 + d\chi^2}}$$
$$\cos \lambda = \frac{d\psi}{\sqrt{d\varphi^2 + d\psi^2 + d\chi^2}}$$
$$\cos \mu = \frac{d\chi}{\sqrt{d\varphi^2 + d\psi^2 + d\chi^2}}$$

Es bleibt nun bloſs noch übrig, den **Verdrehungswinkel $d\vartheta$ um die Achse r** in den drei Verdrehungswinkeln $d\varphi$, $d\psi$ und $d\chi$ auszudrücken. Zu diesem Zwecke errichten wir in $x_0 y_0 z_0$ ein Lot ϱ auf der Achse r, und betrachten die Bewegung des Lotendes auf unserer Kugel. Die Bedingung für den rechtwinkligen Schnitt dieser beiden Geraden ist

$$(x - x_0) \cos \varkappa + (y - y_0) \cos \lambda + (z - z_0) \cos \mu = 0$$

oder

$$(x - x_0)\, d\varphi + (y - y_0)\, d\psi + (z - z_0)\, d\chi = 0 \quad . \quad (3)$$

und die Länge des Lotes selbst

$$\varrho^2 = (x - x_0)^2 + (y - y_0)^2 + (z - z_0)^2 \quad . \;.\; . \quad (4)$$

also gleich dem Kugelradius. Nun ist aber eie Relativbewegung des Lotendes identisch mit $\varrho\, d\vartheta$, also

$$\varrho^2 d\vartheta^2 = d(x - x_0)^2 + d(y - y_0)^2 + d(z - z_0)^2.$$

Setzen wir hiefür die Ausdrücke aus (1) ein, so folgt

$$\varrho^2 d\vartheta^2 = \Big((x - x_0)^2 + (y - y_0)^2 + (z - z_0)^2\Big)(d\varphi^2 + d\psi^2 + d\chi^2)$$
$$- \Big((x - x_0)\, d\varphi + (y - y_0)\, d\psi + (z - z_0)\, d\chi\Big)^2$$

mithin wegen (3) und (4)

$$d\vartheta^2 = d\varphi^2 + d\psi^2 + d\chi^2 \quad . \;.\; .\; .\; . \quad (5)$$

Die resultierende Drehung setzt sich also genau so aus den Drehungen um drei rechtwinklige Achsen zusammen, wie eine Strecke aus ihren drei Pojektionen auf diese Achsen. Bei der Willkürlichkeit der Lage von O_0 können wir diesen Punkt auch so wählen, daſs seine Verschiebung mit der Achse $O_0 P$ selbst zusammenfällt, d. h. daſs

$$\frac{dx_0}{d\varphi} = \frac{dy_0}{d\psi} = \frac{dz_0}{d\chi}$$

wird. Alsdann haben wir es mit einer unendlich kleinen Schraubung zu tun, durch welche, wie schon früher bemerkt wurde, jede allgemeine Elementarbewegung eines starren Körpers ersetzt werden kann.

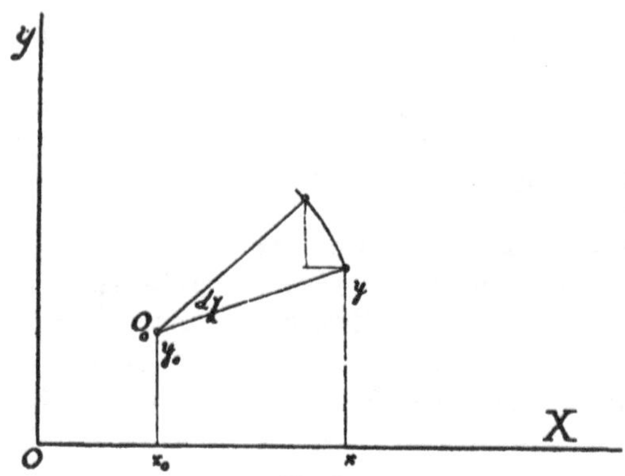

Fig. 29.

Dieselbe reduziert sich auf eine bloſse Verschiebung aller Körperpunkte, wenn die rechten Seiten von (1) verschwinden. Alsdann bezeichnen wir die Bewegung als **rotationsfrei**.

Der vorstehend geschilderte Vorgang wird besonders anschaulich in der **Ebene**, z. B. XY, siehe Fig. 29 Alsdann reduzieren sich unsere Formeln (1) durch Verschwinden der z, $d\varphi$ und $d\psi$ auf

$$\left.\begin{aligned} d\,(x - x_0) &= -\,(y - y_0)\,d\chi \\ d\,(y - y_0) &= +\,(y - x_0)\,d\chi \end{aligned}\right\} \quad \ldots\ldots \quad (1b)$$

welche zwei gleiche aber entgegengesetzte Elementardrehungen andeuten.

Kapitel II.

Geschwindigkeit und Beschleunigung.

§ 8. Einführung der Zeit.

Die Sekunde als Zeiteinheit; die Wegkurve, gleichförmige, asymptotische und periodische Bewegungen.

Unsere bisherigen Untersuchungen erstreckten sich ausschliefslich auf Änderungen der Lage von Körpern, welche wir stets durch Längen- und Winkelmafse, also rein geometrische Gröfsen ausdrücken und mit einander vergleichen konnten. Das Wesen der Bewegung ist damit indessen durchaus nicht erschöpft, sondern erfordert zur Untersuchung der Aufeinanderfolge der bisher betrachteten Erscheinungen noch die Einführung des Begriffes der Zeit. Wir entnehmen denselben unmittelbar der Erfahrung mit dem Wechsel der Tages- und Jahreszeiten und wählen als Einheit der Zeit den 86164sten Teil[1]) des durch zwei

[1]) Zu diesem Werte gelangt man auf einem Umwege über den sog. Sonnentag, d. h. den Zeitabstand zwischen zwei Meridiandurchgängen der Sonne, der in 24 Stunden zu je 3600 Sekunden, zusammen also 86400 Sekunden eingeteilt wird, wegen der nicht vollkommen kreisförmigen Erdbahn indessen nicht ganz konstant ist. Da das Sonnenjahr aus 365 solcher Tage besteht, so hat die Erde infolge des Hinzutretens ihrer Bewegung um die Sonne $365 + 1 = 366$ Umdrehungen vollzogen, deren Dauer wir durch Meridiandurchgänge an Fixsternen bestimmen und als Sterntag bezeichnen. Die Länge eines Sterntages im Vergleich zu der mittleren eines Sonnentages verhält sich demnach wie $365 : 366$, wodurch die obige Sekundenzahl sich ergibt.

aufeinanderfolgende Meridiandurchgänge eines Fixsternes definierten Tages. Diese Einheit, die wir als Sekunde bezeichnen, setzen wir dabei zunächst als unveränderlich in der Folge der Erscheinungen voraus und behalten uns die Prüfung dieser Annahme durch den Vergleich der daraus gezogenen Schlüsse mit der Erfahrung vor.

Der Einfachheit halber beginnen wir mit der Untersuchung der Bewegung eines Punktes, dessen Lagenveränderungen wir in § 1 schon studiert haben und messen die von demselben in bestimmten, am bequemsten gleichen Zeitintervallen zurückgelegten Wege. Tragen wir diese Wegstrecken als Ordinaten an die zugehörigen, die Zeit darstellenden Abszissen an, so erhalten wir, da die gleichzeitige Einnahme zweier Lagen unmöglich ist, in Fig. 30 eine stetige Aufeinanderfolge von Punkten, die sog. Wegkurve. Dieselbe besagt uns, dafs der von dem Punkte zurückgelegte Weg s eine stetige[1]) Funktion der verflossenen Zeit t ist, also

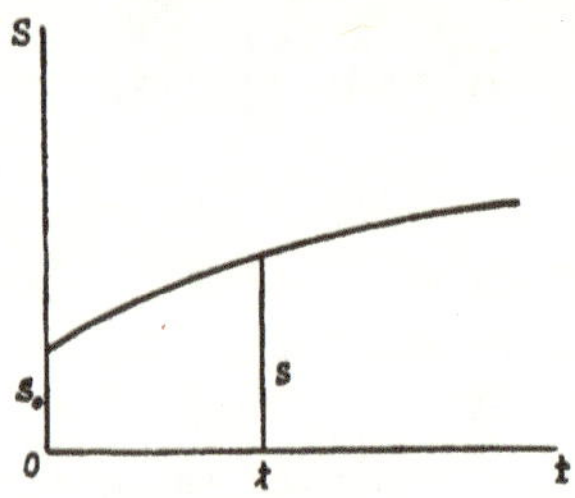

Fig. 30.

$$s = f(t) \quad . \quad . \quad . \quad . \quad . \quad . \quad . \quad . \quad . \quad (1)$$

gesetzt werden kann. Die Wegkurve kann man sich auch rückwärts, d. h. über die beiden Achsen hinaus, fortgesetzt denken, wobei unter negativen Zeiten und Wegstrecken einfach die bis zum Anfang der Zeitzählung verflossenen Zeiträume bezw. bis zum Ausgangspunkt der Wegmessung zurückgelegten Wege verstanden werden. Meistens verlegt man den Anfang der Wegmessung in die dem Anfang der Zeitzählung entsprechende Lage des beobachteten Punktes, wodurch der in Fig. 30 mit s_0 bezeichnete Abschnitt der Wegkurve auf der Ordinatenachse verschwindet.

---

[1]) Unstetige Bewegungen, bei denen einer bestimmten Zeit zwei verschiedene Werte von s entsprechen, lassen sich z. B. hervorrufen durch Wanderung eines Lichtreflexes auf einer gebrochenen Wand infolge stetiger Bewegung eines Spiegels. Da indessen der wandernde Lichtfleck keine körperlichen Eigenschaften hat, so erleidet unsere obenstehende für Körperpunkte gültige Festsetzung keine Einschränkung.

Die Funktion $f(t)$, welche die Gestalt der Wegkurve bestimmt, kann nun sehr verschiedenartige analytische Formen annehmen, von denen praktisch nur solche ausgeschlossen sind, bei denen einem bestimmten Werte von t mehrere Werte von s, also gleichzeitig verschiedene Lagen, entsprechen. Die Wegkurve darf mithin weder in sich zurücklaufen, noch Schleifen enthalten. Die einfachste Form der Wegkurve ist nun offenbar die Gerade

$$s = s_0 + ct \quad . \quad . \quad . \quad . \quad . \quad . \quad . \quad . \quad (2),$$

welche ein mit der Zeit proportionales Wachstum des Weges darstellt. Wir nennen die Bewegung in diesem Falle eine gleichförmige. Neben dieser sind eine grofse Zahl von Formen möglich, welche mit der gleichförmigen Bewegung das unbegrenzte Wachstum des Weges mit der Zeit gemeinsam haben.

Nähert sich dagegen der bewegte Punkt immer mehr einer bestimmten Lage s_0, ohne sie doch in endlicher Zeit wirklich zu erreichen, bezw. entfernt er sich von dieser Lage, die er vor einer unendlichen Zeit einnahm, immer weiter, so besitzt die Wegkurve eine der t-Achse parallele Asymptote, und wir können diese asymptotische Bewegung in ihrer einfachsten Form darstellen durch

$$s = s_0 + ce^{\mp \alpha t} \quad . \quad . \quad . \quad . \quad . \quad . \quad (3),$$

worin e die Basis des natürlichen Logarithmensystems, c und α dagegen andere beliebige Konstante bedeuten.

Schliefslich kann der Punkt nach Ablauf bestimmter, unter sich gleicher Zeiträume immer wieder in seine ursprüngliche Lage s_0 zurückkehren. Alsdann geht die Wegkurve in eine Wellenlinie über, und die Bewegung selbst wird als periodisch bezeichnet. Ihre einfachste Form ist

$$s = s_0 + a \sin \alpha t = s_0 + a \sin 2\pi \frac{t}{t_0} \quad . \quad . \quad . \quad . \quad (4),$$

worin s_0 die Mittellage des Punktes, a seine gröfste Abweichung von derselben, die sog. Amplitude und

$$t_0 = \frac{2\pi}{\alpha} \quad . \quad . \quad . \quad . \quad . \quad . \quad . \quad . \quad (5)$$

die zwischen zwei äufsersten gleichen Lagen verflossene Zeit, die sog. Periode angibt.

Durch Zusammensetzung dieser wenigen Bewegungsarten lassen sich nun fast alle in der Natur und Technik vorkommenden Erscheinungen analytisch wiedergeben. So werden wir der asymptotischen Bewegung bei der Untersuchung des Einflusses widerstehender Mittel, der periodischen in der technisch überaus wichtigen Lehre von den Schwingungen wieder begegnen, die Zusammensetzung beider wird uns die Berechnung des Einflusses der Dämpfung auf derartige Schwingungen ermöglichen.

Wir haben bisher vorausgesetzt, daſs die Messung des Weges in der Bahn des Punktes selbst erfolgt und brauchten darum keine Rücksicht darauf zu nehmen, ob diese Bahn geradlinig, einfach gekrümmt (d. h. in der Ebene verlaufend) oder doppelt gekrümmt war.

Bei der Schwierigkeit der Messung auf einer gekrümmten Linie erscheint es nun zweckmäſsig, unsere Formeln auf die Koordinaten des bewegten Punktes anzuwenden. Wir erhalten so für eine allgemeine ebene Bewegung die beiden Gleichungen:

$$x = f_1(t), \qquad y = f_2(t) \quad . \quad . \quad . \quad . \quad . \quad . \quad (6),$$

aus denen durch Elimination der Zeit t die Gleichung der Bahnkurve resultiert. Ebenso ergibt die Elimination der Zeit aus den für die räumliche Bewegung gültigen Formeln

$$x = f_1(t), \qquad y = f_2(t), \qquad z = f_3(t) \quad . \quad . \quad . \quad . \quad (7)$$

zwei Gleichungen zwischen x, y, z, also zwei Oberflächen, deren Schnitt, wie wir schon in § 1 gesehen haben, die Bahn des Punktes bestimmt.

Handelt es sich schlieſslich um Rotationen, auf die wir nach früherem gewisse Bewegungserscheinungen zurückführen konnten, so empfiehlt es sich, die Abhängigkeit des Drehwinkels von der Zeit ebenso auszudrücken wie oben die der zurückgelegten Wege bezw. deren Projektionen. So erhält man z. B. die einfachste Form der Schraubenbewegung, wenn man eine der Zeit proportionale Verschiebung in der z-Achse mit einer gleichförmigen Drehung kombiniert. Aus den beiden Formeln

$$z = ct, \qquad \varphi = \alpha t \quad . \quad . \quad . \quad . \quad . \quad . \quad . \quad (8)$$

folgt dann durch Elimination der Zeit

$$z = \frac{c}{\alpha} \varphi \quad . \quad . \quad . \quad . \quad . \quad . \quad . \quad . \quad (8a),$$

worin der Quotient $c : \alpha$ die Steigung der Schraube heiſst.

§ 9. Geschwindigkeit und Beschleunigung.

Definition der Geschwindigkeit; mittlere Geschwindigkeit, Geschwindigkeitskurve, Beschleunigung erster und höherer Ordnung, Zusammensetzung und Zerlegung von Geschwindigkeiten und Beschleunigungen, Tangential- und Normalbeschleunigung.

Die im vorigen Paragraph durch Gl. (2) definierte gleichförmige Bewegung zeichnet sich dadurch aus, dafs der Quotient des zurückgelegten Weges durch die dazu gebrauchte Zeit

$$\frac{s - s_0}{t} = c \quad . \quad . \quad . \quad . \quad . \quad . \quad . \quad . \quad (1)$$

eine Konstante ist. Wir bezeichnen dieselbe als die Geschwindigkeit des Punktes. Bilden wir denselben Quotienten für eine andere Bewegungsform, z. B. die asymptotische oder periodische Bewegung, so erhalten wir für jede durchlaufene Strecke einen anderen Wert und nennen ihn die mittlere Geschwindigkeit des Punktes auf der durchlaufenen Strecke. Die Angabe einer mittleren Geschwindigkeit hat demnach nur dann einen Sinn, wenn die dazu gehörige Strecke mit angegeben wird. Lassen wir diese durchlaufene Strecke immer kleiner werden, so gilt dies auch von der dazu gebrauchten Zeit, mithin nähert sich für jede Stelle s der Bahn, bezw. für jeden Zeitpunkt t die Formel (1) einem Grenzwerte, der nichts anderes als der relative Zuwachs des Weges während des Zeitelementes dt

$$\frac{ds}{dt} = f'(t) = v \quad . \quad . \quad . \quad . \quad . \quad . \quad . \quad . \quad (2)$$

ist, und den wir als die momentane Geschwindigkeit des Punktes bezeichnen. In unserer Wegkurve Fig. 30 wird diese im allgemeinen mit der Zeit (bezw. dem Wege) veränderliche Gröfse sofort durch den trigonometrischen Tangens des Neigungswinkels τ der Tangente an die Kurve im fraglichen Punkte gegen die Zeitachse dargestellt, dessen geometrische Konstruktion keine Schwierigkeiten bietet. Trägt man die einzelnen Werte der Geschwindigkeit in geeignetem, im übrigen aber willkürlichen Mafsstabe als Funktion der Zeit graphisch auf, so erhält man zu jeder Wegkurve eine Geschwindigkeitskurve.

Da auch die Geschwindigkeit nach Gl. (2) eine Zeitfunktion ist, so können wir auf sie dasselbe Verfahren anwenden, welches von der Wegkurve zu ihr geführt hat und gelangen so zu dem relativen Zuwachs der Geschwindigkeit während des Zeitelementes dt

$$\frac{dv}{dt} = \frac{d^2 s}{dt^2} = f''(t) \quad \ldots \ldots \quad (3),$$

der sog. Beschleunigung. Für die gleichförmige Bewegung verschwindet dieser Wert und mit ihm alle folgenden Ableitungen der Funktion $s = f(t)$, die wir als Beschleunigungen höherer Ordnung bezeichnen können.

Einen sehr bequemen Überblick über den Zusammenhang aller dieser Werte gewährt die von Möbius vorgeschlagene Anwendung des Taylorschen Satzes auf den als stetige Zeitfunktion gegebenen Weg s. Man erhält, indem man mit dem Index o alle diejenigen Werte bezeichnet, welche einer bestimmten, dem Anfang der Zeitrechnung entsprechenden Lage s_0 zugehören, auf diese Weise für den Weg s die Potenzreihe

$$s = s_0 + t\left(\frac{ds}{dt}\right)_0 + \frac{t^2}{2!}\left(\frac{d^2 s}{dt^2}\right)_0 + \frac{t^3}{3!}\left(\frac{d^3 s}{dt^3}\right)_0 + \ldots \quad (4),$$

aus der unmittelbar der Satz hervorgeht, dafs die Lage eines bewegten Punktes in seiner Bahn für alle Zeiten bestimmt ist, wenn wir in einer gegebenen Anfangslage die Werte der Geschwindigkeit und der Beschleunigungen aller Ordnungen kennen.

Dasselbe gilt natürlich auch, wenn man die Geschwindigkeit v selbst zu jeder Zeit kennt oder auch ihren Wert am Ausgangspunkte und die Beschleunigung zu jeder Zeit. In Wirklichkeit liegt der Fall indessen meist so, dafs diese letztere Gröfse für jede Stelle der Bahn oder als Funktion von s gegeben ist, während man die Geschwindigkeit v_0 nur am Ausgangspunkte kennt. Wir haben demnach

$$\frac{d^2 s}{d t^2} = \frac{d v}{d t} = \varphi(s) \quad \ldots \ldots \quad (5)$$

woraus sich sofort

$$\left(\frac{d^2 s}{d t^2}\right)_0 = \left(\frac{d v}{d t}\right)_0 = \varphi(s_0)$$

ergibt. Durch Differentiation von (5) erhalten wir weiter

$$\frac{d^3 s}{d t^3} = \varphi'(s) \frac{d s}{d t} \quad \text{also} \quad \left(\frac{d^3 s}{d t^3}\right)_0 = v_0 \varphi'(s_0)$$

$$\frac{d^4 s}{d t^4} = \varphi''(s) \left(\frac{d s}{d t}\right)^2 + \varphi'(s) \left(\frac{d^2 s}{d t^2}\right)$$

$$\text{also} \quad \left(\frac{d^4 s}{d t^4}\right)_0 = v_0^2 \varphi''(s_0) + \varphi'(s_0) \varphi(s_0)$$

u. s. w.

Die Kenntnis der Geschwindigkeit am Ausgangspunkte, sowie der Beschleunigung als Funktion des Weges genügt demnach vollkommen zur Verfolgung der Bewegung des beobachteten Punktes. Wir brauchen alsdann die Beschleunigungen höherer Ordnung überhaupt nicht weiter in Rechnung zu ziehen, was für die Vereinfachung der späteren Untersuchungen von grofser Bedeutung ist. Hierbei ist natürlich die Bahn selbst als gegeben vorausgesetzt, so dafs die zurückgelegten Wege im allgemeinen auf einfach oder doppelt gekrümmten Kurven abgemessen werden müssen. Die damit verbundenen Schwierigkeiten haben wir schon im vorigen Paragraphen dadurch umgangen, dafs wir statt der Bahn selbst ihre Koordinaten einführten. Es fragt sich nun, ob wir in ähnlicher Weise auch mit der Geschwindigkeit und der Beschleunigung verfahren dürfen. Zu diesem Zwecke betrachten wir ein Bahnelement ds mit den Neigungswinkeln φ, ψ und χ gegen drei zueinander senkrechte Achsen eines Koordinatensystems. Aus den geometrischen Beziehungen

$$dx = \cos\varphi\, ds, \qquad dy = \cos\psi\, ds, \qquad dz = \cos\chi\, ds$$

folgt dann unmittelbar durch Division mit dt

$$\frac{dx}{dt} = \frac{ds}{dt}\cos\varphi, \qquad \frac{dy}{dt} = \frac{ds}{dt}\cos\psi, \qquad \frac{dz}{dt} = \frac{ds}{dt}\cos\chi$$

oder abgekürzt

$$\left.\begin{aligned} v_x &= v\cos\varphi \\ v_y &= v\cos\psi \\ v_z &= v\cos\chi \end{aligned}\right\} \quad . \quad (6)$$

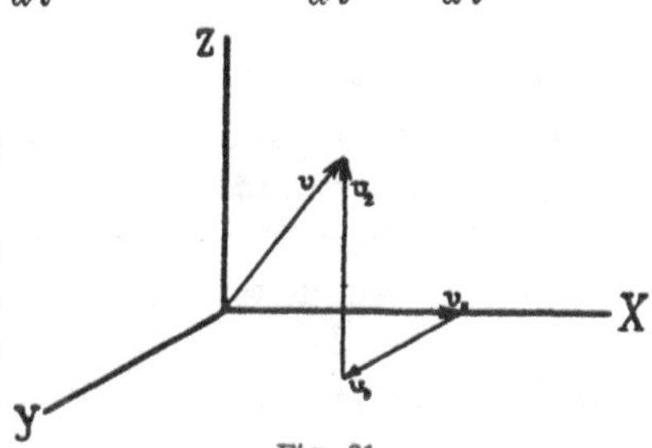

Fig. 31.

Wir dürfen also, wie in Fig. 31 angedeutet, eine beliebige Geschwindigkeit in drei zueinander senkrechte Komponenten zerlegen, bezw. *diese Komponenten zu einer resultierenden Geschwindigkeit vereinigen*, welche durch die Diagonale des aus den drei Komponenten als Seitenlängen gebildeten Parallelepipedons wegen

$$v_x^2 + v_y^2 + v_z^2 = v^2 \quad \ldots \ldots \quad (6a)$$

$$v_x \cos\varphi + v_y \cos\psi + v_z \cos\chi = v \quad \ldots \quad (6b)$$

dargestellt ist. In derselben Weise können wir auch zwei beliebig gerichtete Geschwindigkeiten v' und v'' zusammensetzen, indem wir jede derselben in ihre Komponenten v'_x, v'_y v'_z, v''_x v''_y v''_z zerlegen und diese für sich addieren. Wir erhalten alsdann für die resultierende Geschwindigkeit

$$v = (v'_x + v''_x)^2 + (v'_y + v''_y)^2 + (v'_z + v''_z)^2$$

oder nach Einführung der Neigungswinkel φ' ψ' χ', φ'' ψ'' χ''

$$v^2 = v'^2 + v''^2 + 2\,v'\,v''\,(\cos\varphi' \cos\varphi'' + \cos\psi' \cos\psi'' + \cos\chi' \cos\chi'').$$

Der Klammerausdruck in dieser Formel ist aber nichts anderes als der Kosinus des Winkels ϑ der beiden Geschwindigkeitsrichtungen v' und v'' und damit besagt die Gleichung

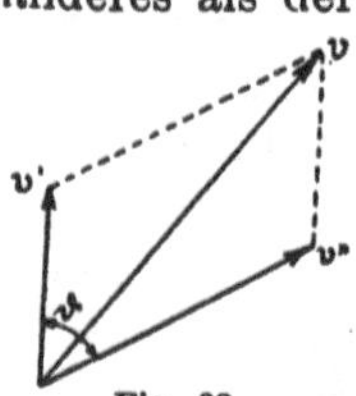

Fig. 32.

$$v^2 = v'^2 + v''^2 + 2\,v'\,v'' \cos\vartheta \quad . \; . \quad (7)$$

daſs *die Resultante zweier beliebig geneigter Geschwindigkeiten sich als Diagonale des aus diesen Geschwindigkeiten gebildeten Parallelogramms ergibt.* Bemerkenswert ist noch, daſs die Vereinigung einer beliebigen Anzahl von Geschwindigkeiten zu einer resultierenden nur eine Lösung zuläſst, während man die Zerlegung in eine gegebene Anzahl von Komponenten auf unendlich verschiedene Weise durchführen kann. Diese Aufgabe wird erst eindeutig, wenn man z. B. bei drei Komponenten deren Richtungen angibt. Schlieſslich lehren die Gl. (6), daſs *die Richtung der Geschwindigkeit mit derjenigen der Bahn in jedem Punkte übereinstimmt.*

Die Möglichkeit der *Zerlegung der Beschleunigung* in Einzelkomponenten ergibt sich durch Differentiation der Gleichung für das Bogenelement $ds^2 = dx^2 + dy^2 + dz^2$ einer beliebigen *Raumkurve*. Dieselbe führt auf

$$ds\,d^2s = dx\,d^2x + dy\,d^2y + dz\,d^2z$$

oder nach Division mit $ds\,dt^2$ auf

$$\frac{d^2 s}{dt^2} = \frac{d^2 x}{dt^2}\frac{dx}{ds} + \frac{d^2 y}{dt^2}\frac{dy}{ds} + \frac{d^2 z}{dt^2}\frac{dz}{ds}.$$

Führen wir in diese Formel noch die Winkel φ, ψ und χ des Elementes ds mit den Achsen ein, so folgt analog der Gl. (6b) für die Tangential- oder Bahnbeschleunigung

$$\frac{d^2 s}{dt^2} = \frac{d^2 x}{dt^2}\cos\varphi + \frac{d^2 y}{dt^2}\cos\psi + \frac{d^2 z}{dt^2}\cos\chi \quad . \quad . \quad (8)$$

Für eine ebene Kurve, den technisch weitaus wichtigsten Fall, vereinfacht sich die Formel durch Wegfall des letzten Gliedes sowie mit $\psi = 90 - \varphi$ in

$$\frac{d^2 s}{dt^2} = \frac{d^2 x}{dt^2}\cos\varphi + \frac{d^2 y}{dt^2}\sin\varphi \quad . \quad . \quad . \quad . \quad (9)$$

Weiterhin besteht für dieselbe die Gleichung

$$dx\,\mathrm{tg}\,\varphi = dy,$$

welche nichts anderes als die Definition des Differentialquotienten darstellt. Differenzieren wir dieselbe nochmals, so folgt

$$d^2 x\,\mathrm{tg}\,\varphi + \frac{dx\,d\varphi}{\cos^2\varphi} = d^2 y$$

oder nach Elimination von $\mathrm{tg}\,\varphi$ und $\cos\varphi$, sowie Einführung des Krümmungsradius ϱ der Bahn durch $ds = \varrho\,d\varphi$

$$dy\,d^2 x - dx\,d^2 y = -\frac{ds^3}{\varrho}.$$

Dividieren wir auch diese Formel mit $ds\,dt^2$, so geht sie über in

$$-\frac{1}{\varrho}\left(\frac{ds}{dt}\right)^2 = \frac{d^2 x}{dt^2}\frac{dy}{ds} - \frac{d^2 y}{dt^2}\frac{dx}{ds}$$

oder auch

$$-\frac{v^2}{\varrho} = \frac{d^2 x}{dt^2}\sin\varphi - \frac{d^2 y}{dt^2}\cos\varphi \quad . \quad . \quad . \quad . \quad (10)$$

Dies ist aber der Ausdruck für eine Normalbeschleunigung, welche nach dem Krümmungsmittelpunkte der Bahn zu gerichtet ist (siehe Fig. 33). Quadrieren und addieren wir die beiden Gl. (9) und (10), so ergibt sich

$$\left(\frac{d^2 s}{dt^2}\right)^2 + \frac{v^4}{\varrho^2} = \left(\frac{d^2 x}{dt^2}\right)^2 + \left(\frac{d^2 y}{dt^2}\right)^2 = p^2 \quad . \quad . \quad . \quad . \quad (11)$$

woraus man erkennt, dafs sowohl die Bahnbeschleunigung, wie auch die Normalbeschleunigung Komponenten einer resultierenden Beschleunigung p sind, deren Richtung im allgemeinen von derjenigen der Bahn im fraglichen Punkte abweicht. Nur bei geradliniger Bewegung fällt die Normalbeschleunigung wegen $\varrho = \infty$ fort, und die Bahnbeschleunigung wird alsdann mit der resultierenden Beschleunigung identisch. Im Falle der Bewegung auf einer Raumkurve haben wir statt (11) natürlich wieder drei Komponenten, so dafs die resultierende Beschleunigung p aus

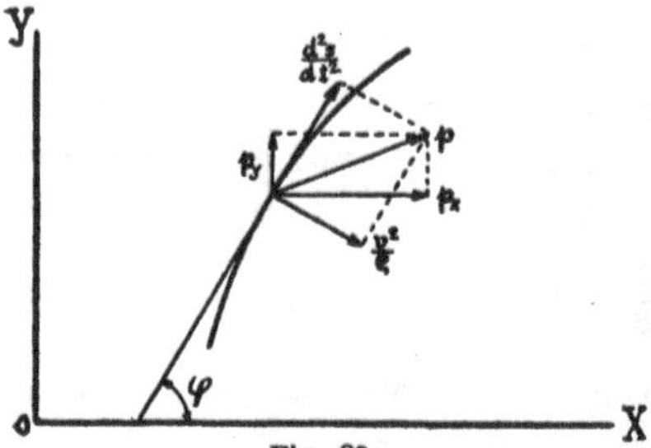

Fig. 33.

$$p^2 = \left(\frac{d^2 x}{d t^2}\right)^2 + \left(\frac{d^2 y}{d t^2}\right)^2 + \left(\frac{d^2 z}{d t^2}\right)^2 \quad . \quad . \quad . \quad . \quad (11\text{a})$$

zu berechnen ist. Nennen wir die Neigungswinkel von p mit den Achsen $\varkappa\ \lambda\ \mu$, so können wir auch schreiben

$$\frac{d^2 x}{d t^2} = p \cos \varkappa, \quad \frac{d^2 y}{d t^2} = p \cos \lambda, \quad \frac{d^2 z}{d t^2} = p \cos \mu.$$

Führen wir dann diese Werte in die Gl. (8) ein und berücksichtigen, dafs

$$\cos \varkappa \cos \varphi + \cos \lambda \cos \psi + \cos \mu \cos \chi = \cos \nu$$

wird, wenn ν den Neigungswinkel von ds mit p bedeutet, so erhalten wir

$$\frac{d^2 s}{d t^2} = p \cos \nu \quad . \quad . \quad . \quad . \quad . \quad . \quad . \quad . \quad (8\text{a})$$

eine Formel, die natürlich auch für die ebene Bewegung gültig bleibt. Auch die Gl. (10) läfst sich auf die räumliche Bewegung ausdehnen und ergibt

$$\frac{v^2}{\varrho} = p \sin \nu \quad . \quad . \quad . \quad . \quad . \quad . \quad . \quad . \quad (12)$$

wobei ϱ in der durch zwei benachbarte Elemente ds gegebenen Schmiegungsebene der Kurve zu messen ist. Die resultierende Beschleunigung fällt demnach selbst in diese, durch den Krümmungsradius und das Bahnelement definierte Ebene. Wegen der eingehenden Begründung dieses Satzes sei auf die Lehrbücher der analytischen Mechanik verwiesen.

Wir kehren nunmehr zu unserer allgemein gültigen Formel (4) zurück und wenden dieselbe, indem wir uns die Geschwindigkeiten und Beschleunigungen erster sowie höherer Ordnung des bewegten Punktes in ihre Komponenten zerlegt denken, auf die Koordinaten an. Dadurch ergeben sich allgemein drei Formeln

$$\left.\begin{aligned} x &= x_0 + t\left(\frac{dx}{dt}\right)_0 + \frac{t^2}{2!}\left(\frac{d^2x}{dt^2}\right)_0 + \ldots \\ y &= y_0 + t\left(\frac{dy}{dt}\right)_0 + \frac{t^2}{2!}\left(\frac{d^2y}{dt^2}\right)_0 + \ldots \\ z &= z_0 + t\left(\frac{dz}{dt}\right)_0 + \frac{t^2}{2!}\left(\frac{d^2z}{dt^2}\right)_0 + \ldots \end{aligned}\right\} \quad . \; . \; . \quad (4\,\mathrm{a})$$

Kennen wir nun im Anfangspunkte $x_0\, y_0\, z_0$ die Geschwindigkeit v_0 nach Gröfse und Richtung, sowie auch für jeden anderen Punkt im Raume die resultierende Beschleunigung nach Gröfse und Richtung, so sind auch die Komponenten beider bekannt. Sind diese letzteren insbesondere als Funktionen der Koordinaten gegeben, so folgt z. B.

$$\frac{d^2x}{dt^2} = \varphi\,(x\,y\,z)$$

$$\frac{d^3x}{dt^3} = \frac{\partial\varphi}{\partial x}\frac{dx}{dt} + \frac{\partial\varphi}{\partial y}\frac{dy}{dt} + \frac{\partial\varphi}{\partial z}\frac{dz}{dt}$$

und daraus ergeben sich die Koeffizienten der Reihen (4a) zu

$$\left(\frac{d^3x}{dt^3}\right)_0 = \left(\frac{\partial\varphi}{\partial x}\right)_0\left(\frac{dx}{dt}\right)_0 + \left(\frac{\partial\varphi}{\partial y}\right)_0\left(\frac{dy}{dt}\right)_0 + \left(\frac{\partial\varphi}{\partial z}\right)_0\left(\frac{dz}{dt}\right)_0 \quad \text{u. s. w.}$$

d. h. Die Kenntnis der Geschwindigkeit in einem bestimmten Bahnpunkte nach Gröfse und Richtung, sowie diejenige der Beschleunigungskomponenten als Funktionen der Koordinaten genügt vollkommen zur Bestimmung der Bahn.

§ 10. Die Wurfbewegung.

Gleichförmig beschleunigte oder verzögerte Bewegung; die Erdbeschleunigung; Elevationswinkel, Wurfparabel, Wurfweite, Kern- und Bombenschufs, Schufsbereich und Steighöhe.

Ist im besonderen Falle die Beschleunigung konstant, so verschwinden alle ihre Ableitungen, d. h. die Beschleunigungen höherer Ordnung und Gl. (4) des vorigen Paragraphen geht mit

$$\left(\frac{ds}{dt}\right)_0 = c \text{ und } \frac{d^2s}{dt^2} = \left(\frac{d^2s}{dt^2}\right)_0 = a$$

über in

$$s = s_0 + ct + \frac{a}{2} t^2 \quad . \quad . \quad . \quad . \quad . \quad . \quad . \quad (1)$$

Die Bahngeschwindigkeit ergibt sich hieraus durch Differentiation zu

$$v = \frac{ds}{dt} = c + at \quad . \quad . \quad . \quad . \quad . \quad . \quad . \quad (2)$$

wächst also proportional mit der Zeit, und zwar in der Zeiteinheit um den Betrag der Beschleunigung. Wegen des analogen Baues dieser Formel mit derjenigen für den Weg bei der gleichförmigen Bewegung (Gl. [2] in § 8) bezeichnet man darum die durch (1) gegebene Bewegung als eine gleichförmig beschleunigte bezw. verzögerte, je nachdem die Beschleunigung $a \gtrless 0$ ist, d. h. je nachdem die Geschwindigkeit zu- oder abnimmt.

Die grofse Wichtigkeit dieser Bewegungsform, welche wir als Beispiel für die Verwendung der im vorigen Paragraphen abgeleiteten Sätze hier untersuchen wollen, beruht hauptsächlich in der von Galilei ermittelten Erfahrungstatsache, dafs an einem und demselben Punkte der Erdoberfläche alle Körper einer und derselben und zwar vertikal nach unten gerichteten Beschleunigung im Betrage von

$$g = 9{,}81\,^{\mathrm{m}} \text{ pro Sekunde}$$

unterworfen sind. Wenn wir auch später sehen werden, dafs dieser Wert sowohl von Ort zu Ort, wie auch in der Vertikalen gewisse Veränderungen erleidet, so spielen dieselben doch wegen ihrer Kleinheit für praktische Zwecke keine Rolle. Jedenfalls setzen uns die oben entwickelten einfachen Formeln (1) und (2) in den Stand, den freien Fall, die aufsteigende Bewegung und den beliebig gerichteten schiefen Wurf der Körper in unmittelbarer Nähe der Erdoberfläche zu verfolgen, so lange der Einflufs der umgebenden Luft, den wir später studieren werden, vernachlässigt werden darf.

Wir betrachten in der Folge einen Körper, der mit der anfänglichen Geschwindigkeit

$$\left(\frac{ds}{dt}\right)_0 = c$$

von einem Punkte aus, dessen Koordinaten $x_0 = 0$, $y_0 = 0$ sind, unter einem Winkel α gegen die horizontale x-Achse, dem sog. Elevationswinkel emporgeworfen wird. Da keine Horizontalbeschleunigung vorhanden ist, so wird die Bewegung in dieser Richtung eine gleichförmige sein, also mit der konstanten Horizontalkomponente der Anfangsgeschwindigkeit

$$\frac{dx}{dt} = c \cos \alpha$$

verlaufen. Deshalb verschwinden auch die weiteren Ableitungen dieser Gröſse, und wir haben nach Gl. (4) des vorigen Paragraphen

$$x = ct \cos \alpha \quad \ldots \ldots \ldots \quad (3)$$

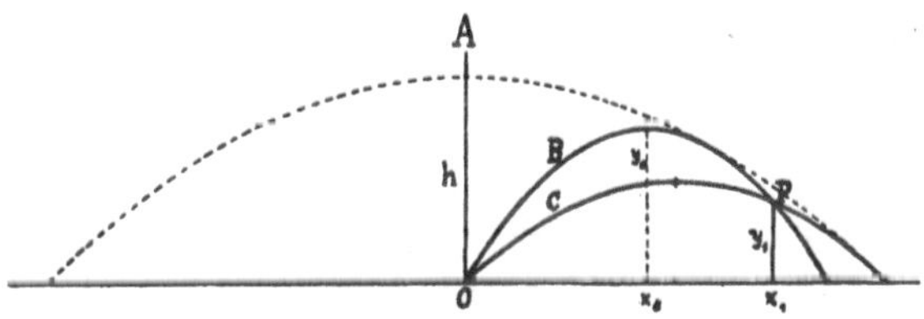

Fig. 34.

Die vertikal nach oben gerichtete Ordinate der Bahn, der eine gleichgerichtete Anfangsgeschwindigkeit von

$$\left(\frac{dy}{dt}\right)_0 = c \sin \alpha$$

entspricht, während die konstante Beschleunigung die entgegengesetzte Richtung hat, ergibt sich demnach zu

$$y = ct \sin \alpha - \frac{g}{2} t^2 \quad \ldots \ldots \ldots \quad (4)$$

Durch die beiden Formeln (3) und (4) ist die Wurfbewegung schon vollkommen bestimmt; nach Elimination der Zeit folgt aus ihnen die Bahngleichung

$$y = x \, tg \, \alpha - \frac{g}{2c^2} \frac{x^2}{\cos^2 \alpha} \quad \ldots \ldots \ldots \quad (5)$$

welche eine Parabel mit vertikaler Achse darstellt (Fig. 34). Für $y = 0$, d. i. den Schnitt mit dem Horizont geht (5) über in die Gleichung

$$x\left(tg \, \alpha - \frac{g}{2c^2} \frac{x}{\cos^2 \alpha}\right) = 0,$$

welche die beiden Wurzeln $x'_0 = 0$, d. i. den Ausgangspunkt und

$$x''_0 = \frac{2\,c^2}{g}\,tg\,\alpha\cos^2\alpha = \frac{c^2}{g}\sin 2\,\alpha$$

besitzt, von denen die letztere auch als die Wurfweite bezeichnet wird. Dieselbe wird bei veränderlichem Elevationswinkel α, aber konstanter Anfangsgeschwindigkeit c ein Maximum für $\sin 2\,\alpha = 1$, also für $\alpha = 45^0$. Die gröſste Wurfhöhe für eine gegebene Elevation erhält man durch Differentiation von (4) nach der Zeit für

$$t = \frac{c\sin\alpha}{g}$$

Ihre Koordinaten sind

$$x_0 = \frac{c^2}{2g}\sin 2\alpha, \quad y_0 = \frac{c^2}{2g}\sin^2\alpha,$$

die Abszisse ist demnach gleich der halben Wurfweite, so daſs der höchste Punkt mit dem Parabelscheitel identisch ist. Eliminiert man aus diesen Formeln den Winkel α, so ergibt sich als geometrischer Ort aller Wurfparabelscheitel mit gleicher Anfangsgeschwindigkeit c eine Ellipse mit der Gleichung

$$x_0^2 + 4\left(y_0 - \frac{c^2}{4g}\right)^2 = \frac{c^4}{4g^2} \quad \ldots\ldots \quad (6)$$

Eliminiert man dagegen den Winkel α aus den Formeln (3) und (4), so erhält man als Ort aller Punkte, welche zur Zeit t von einem mit der Anfangsgeschwindigkeit c emporgeworfenen Körper passiert werden, einen Kreis mit der Gleichung

$$x^2 + \left(y + \frac{g}{2}t^2\right)^2 = c^2\,t^2 \quad \ldots\ldots \quad (6a)$$

Die Bahngeschwindigkeit v bestimmt sich aus

$$v^2 = \left(\frac{ds}{dt}\right)^2 = \left(\frac{dx}{dt}\right)^2 + \left(\frac{dy}{dt}\right)^2$$

mit Hilfe der durch Differentiation aus (3) und (4) folgenden Gleichungen

$$\frac{dx}{dt} = c\cos\alpha, \quad \frac{dy}{dt} = c\sin\alpha - gt$$

zu

$$v^2 = c^2 - 2\,cgt\sin\alpha + g^2t^2.$$

Eliminiert man hieraus die Zeit durch Gl. (3), so geht diese Gleichung wegen (4) über in

$$v^2 = c^2 - 2gx\,\mathrm{tg}\,\alpha + \frac{g^2 x^2}{c^2 \cos^2\alpha} = c^2 - 2gy \quad . \quad . \quad . \quad (7)$$

d. h. die Bahngeschwindigkeit hat für alle in derselben Höhe y liegenden Punkte bei gleicher Anfangsgeschwindigkeit denselben Wert. Für die Ballistik, welcher die Theorie der Wurfbewegung als Grundlage dient, ist schliefslich noch die Frage nach dem Elevationswinkel von Bedeutung, unter dem ein Körper mit gegebener Anfangsgeschwindigkeit geworfen werden mufs, um ein durch die Koordinaten $x_1 y_1$ gegebenes Ziel zu erreichen. Zur Beantwortung derselben setzen wir diese Koordinaten in die Bahngleichung (5) ein und lösen dieselbe, nachdem wir noch

$$\frac{1}{\cos^2\alpha} = 1 + \mathrm{tg}^2\alpha$$

gesetzt haben, nach $\mathrm{tg}\,\alpha$ auf. Dies führt auf

$$\mathrm{tg}\,\alpha = \frac{c^2}{gx_1} \pm \frac{1}{gx_1}\sqrt{c^4 - 2c^2 g y_1 - g^2 x_1^2} \quad . \quad . \quad . \quad (8)$$

also im allgemeinen auf zwei Werte von α. Man hat demnach zur Erreichung des Zieles zwei Flugbahnen zur Verfügung, von denen die flachere OCP einen sog. Kernschufs, die steilere OBP einen Bombenschufs ergibt. Die beiden Werte von α sind indessen nur so lange reell, als

$$c^4 - 2c^2 g y_1 - g^2 x_1^2 > o$$

bleibt. Ziele, welche aufserhalb der durch die Kurve

$$c^4 - 2c^2 g y_1 - g^2 x_1^2 = 0 \quad . \quad . \quad . \quad . \quad . \quad . \quad (9)$$

umschlossenen Fläche liegen, sind folglich mit der Anfangsgeschwindigkeit c überhaupt nicht erreichbar. Die auf dieser Kurve, einer in Fig. 34 punktiert eingezeichneten Parabel mit vertikaler Achse durch den Ausgangspunkt, liegenden Punkte können nach Gl. (8) nur mit je einem Elevationswinkel erreicht werden. Diese Kurve hüllt somit alle durch die Anfangsgeschwindigkeit c gegebenen Flugbahnen ein.

Dreht man die Ebene der Flugbahnen um die Vertikale OA durch den Ausgangspunkt, so dreht sich die einhüllende Parabel um ihre Achse, und das von ihr beschriebene Rotationsparaboloid umgrenzt mit der Erdoberfläche das gesamte räumliche Schufsbereich. Ein sehr anschauliches Bild hiervon gewährten die sog. Fontainen, deren einzelne Wasserteilchen sämtlich aus Gründen, auf die wir noch zurückkommen, mit nahezu gleicher Anfangsgeschwindigkeit die Mündung verlassen. Die Bahnen der einzelnen Wasserteilchen sind in der Tat sehr angenähert parabolisch, und die Umhüllungsfläche tritt bei etwa aus einer Brause entweichenden zahlreichen Strahlen deutlich hervor.

Die Scheitelhöhe dieser Fläche ist gleichzeitig mit der Steighöhe h des senkrecht emporgeworfenen Körpers identisch, ihren Wert erhält man aus (9) für $x_1 = 0$ zu

$$h = \frac{c^2}{2g}.$$

Durch Vergleich mit (7) erkennt man sodann, dafs in diesem Punkte die Geschwindigkeit v des Körpers gleich Null geworden ist.

§ 11. Winkelgeschwindigkeit und Winkelbeschleunigung. Zentralbewegung.

Einführung von Polarkoordinaten, Radial- und Winkelgeschwindigkeit, Radial- und Drehbeschleunigung, Flächengeschwindigkeit und Flächenbeschleunigung; Kepplers Gesetz für die Zentralbewegung, Abhängigkeit der Bahngeschwindigkeit allein vom Radius-Vektor, Beschleunigungsfunktion.

Schon am Schlusse des § 8 erwähnten wir die gelegentliche Zweckmäfsigkeit der Einführung von Drehwinkeln als Funktionen der Zeit. Dies tritt ganz besonders deutlich hervor, wenn die Bahn des betrachteten Punktes in sog. Polarkoordinaten gegeben ist. Bedeutet in Fig. 35 r den veränderlichen Radius-Vektor der Bahn, gemessen von einem festen Punkte, dem Pole O aus, und φ den variabeln Neigungs-

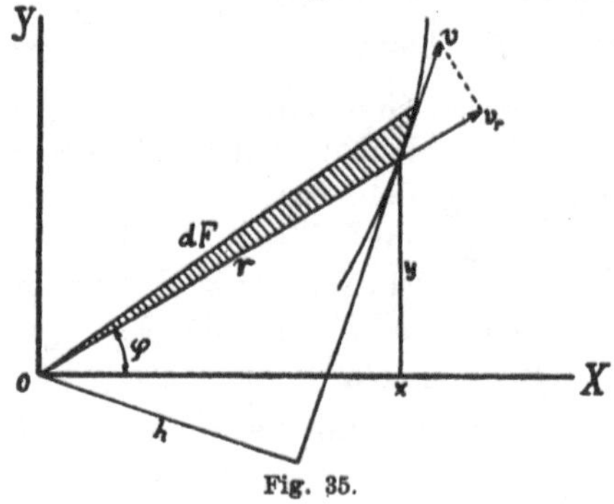

Fig. 35.

winkel von r gegen eine feste Gerade durch O, so kann man eine ebene Bewegung vollständig durch die Zeitfunktionen

$$r = f(t), \quad \varphi = \varphi(t) \quad \ldots \ldots \quad (1)$$

beschreiben.

Durch Differenzieren der ersten dieser Formeln erhält man die sog. Radialgeschwindigkeit, aus der zweiten Formel dagegen die Winkelgeschwindigkeit. Durch Elimination der Zeit aus (1) folgt schliefslich die Polargleichung der Bahn.

Aus der Gleichung für das Wegelement ds

$$ds^2 = dr^2 + r^2 d\varphi^2$$

ergibt sich dann sofort die Zerlegung der Bahngeschwindigkeit in zwei zueinander senkrechte Komponenten

$$\left(\frac{ds}{dt}\right)^2 = \left(\frac{dr}{dt}\right)^2 + r^2\left(\frac{d\varphi}{dt}\right)^2$$

oder, unter Einführung der Abkürzungen v für die Bahngeschwindigkeit, v_r für die Radialgeschwindigkeit und ω für die Winkelgeschwindigkeit

$$v^2 = v_r^{\,2} + r^2\omega^2 \quad \ldots \ldots \quad (2)$$

Im speziellen Falle der Kreisbewegung um den Pol O verschwindet die Radialgeschwindigkeit v_r und es bleibt $v = r\omega$. Ist dann noch die Winkelgeschwindigkeit konstant, so spricht man von einer gleichförmigen Drehbewegung und setzt, unter t_0 die Dauer einer ganzen Umdrehung bezw. unter n die Zahl der Umdrehungen pro Minute, die sog. Tourenzahl verstanden, auch

$$\omega = \frac{2\pi}{t_0} = \frac{\pi n}{30}$$

Die im ersten Kapitel über die Drehungen und ihre Zusammensetzung erhaltenen Sätze lassen sich nunmehr sofort nach Division der Bogenelemente durch dt auf die Winkelgeschwindigkeit ausdehnen. Wir erfahren so aus § 6 Gl. (2), dafs sich mehrere Winkelgeschwindigkeiten in der Ebene einfach algebraisch addieren, d. h. dafs die resultierende Winkelgeschwindigkeit ω

$$\omega = \frac{d\varphi}{dt} = \Sigma\frac{d\varphi}{dt} = \Sigma\omega \quad \ldots \ldots \quad (3)$$

und weiter aus § 6 Gl. (5) und (6), dafs man zwei gleiche, aber entgegengesetzte Winkelgeschwindigkeiten ω und $-\omega$ zu einer geradlinig fortschreitenden senkrecht zur Verbindungslinie r der beiden Pole und von der Gröfse

$$v = r\omega \quad \ldots \ldots \ldots \quad (4)$$

vereinigen bezw. jede fortschreitende Geschwindigkeit in zwei gleiche, aber entgegengesetzte Winkelgeschwindigkeiten auflösen darf, deren Gröfse durch den Abstand der Pole sich mit (4) sofort ergibt. Die einzige Bedingung für die Zerlegung ist die senkrechte Lage der Geschwindigkeit zur Verbindungslinie der beiden Pole, deren Lage im übrigen ganz willkürlich bleibt.

Aus § 7 Gl. (5) folgern wir dann, dafs man eine beliebige Winkelgeschwindigkeit um eine Achse im Raume in drei Komponenten, d. h. Winkelgeschwindigkeiten um drei zueinander senkrechte Achsen zerlegen und mit dieser Zerlegung eine beliebige Zahl von Winkelgeschwindigkeiten um irgend welche, sich in einem Punkte schneidende Achsen miteinander vereinigen darf. Schneiden sich die einzelnen Achsen nicht, so kann man sie unter Hinzufügung je einer fortschreitenden Geschwindigkeit parallel zu sich selbst verschieben und die fortschreitenden Geschwindigkeiten dann für sich vereinigen.

Um alle diese Operationen graphisch durchzuführen, schlug Poinsot vor, die Winkelgeschwindigkeit ebenso wie die fortschreitende durch einen Vektor, d. h. eine Linie von bestimmter Richtung und einer als Mafs für die Gröfse dienenden Länge darzustellen. Als Richtung bietet sich im vorliegenden Falle zwanglos diejenige der Achse dar, in der man nach der einen bezw. anderen Seite von dem betrachteten Punkte aus fortschreitend auch dem Drehsinne gerecht wird.

Zwei gleich grofse, aber entgegengesetzte Winkelgeschwindigkeiten erscheinen hierbei als entgegengesetzte Fahrstrahlen von demselben Punkte aus, die sich ihrer gleichen Gröfse wegen bei der Aneinanderreihung aufheben.

Zur Berechnung der Beschleunigungskomponenten gehen wir von den die rechtwinkligen und Polarkoordinaten verbindenden Gleichungen

$$x = r \cos \varphi\,, \qquad y = r \sin \varphi$$

aus, welche durch Differentiation nach t auf die Geschwindigkeitskomponenten

$$\left.\begin{aligned} v_x &= \frac{dr}{dt} \cos \varphi - r \sin \varphi \frac{d\varphi}{dt} = v_r \cos \varphi - r\omega \sin \varphi \\ v_y &= \frac{dr}{dt} \sin \varphi + r \cos \varphi \frac{d\varphi}{dt} = v_r \sin \varphi + r\omega \cos \varphi \end{aligned}\right| \quad . \quad (5)$$

führen. Durch Quadirieren und Addieren dieser Formeln kommt man mit $v_x{}^2 + v_y{}^2 = v^2$ auf die schon oben angeschriebene Formel (2), während die abermalige Differentiation

$$\left.\begin{aligned} \frac{dv_x}{dt} &= \frac{d^2x}{dt^2} = \left(\frac{dv_r}{dt} - r\omega^2\right) \cos \varphi - \left(\frac{d(r\omega)}{dt} + v_r\,\omega\right) \sin \varphi \\ \frac{dv_y}{dt} &= \frac{d^2y}{dt^2} = \left(\frac{dv_r}{dt} - r\omega^2\right) \sin \varphi + \left(\frac{d(r\omega)}{dt} + v_r\,\omega\right) \cos \varphi \end{aligned}\right| \quad . \quad (6)$$

ergibt, worin die beiden Ausdrücke

$$\left.\begin{aligned} p_r &= \frac{dv_r}{dt} - r\omega^2 = \frac{d^2r}{dt^2} - r\omega^2 \\ p_n &= \frac{d(r\omega)}{dt} + v_r\,\omega = r\frac{d\omega}{dt} + 2\omega\frac{dr}{dt} \end{aligned}\right| \quad . \quad . \quad . \quad (7)$$

die Radial- und Drehbeschleunigung bedeuten, welche ersichtlich nicht mit den Ableitungen

$$\frac{d^2r}{dt^2} \text{ und } \frac{d(r\omega)}{dt}$$

übereinstimmen, wie man vielleicht erwarten könnte.

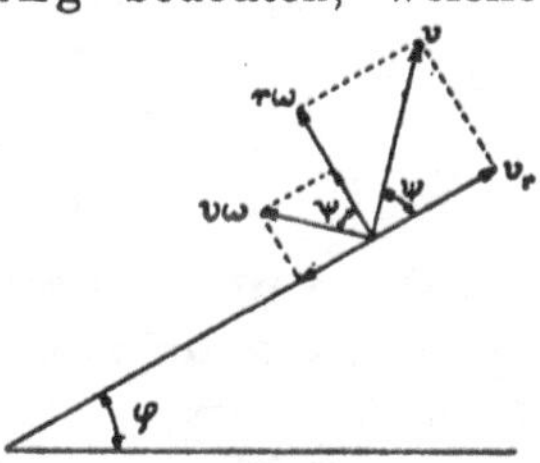

Fig. 36.

Bezeichnet man nun in Fig. 36 den Winkel der momentanen Bewegungsrichtung mit dem Radius-Vektor mit ψ, so kann man für die beiden Geschwindigkeitskomponenten v_r und $r\omega$ auch schreiben

$$v_r = v \cos \psi\,, \quad r\omega = v \sin \psi,$$

woraus sich durch Multiplikation mit ω sofort die beiden Zusatzglieder zu $\frac{dv_r}{dt}$ und $\frac{d(r\omega)}{dt}$ in (7) zu

$$v_r\,\omega = v\cdot\omega\cdot\cos\psi, \qquad -r\,\omega^2 = -v\,\omega\sin\psi$$

ergeben. Die Zusatzglieder erscheinen hienach als Komponenten einer auf der Bewegungsrichtung senkrechten Zusatzbeschleunigung vom Betrage $v\,\omega$, der wir vor allem in der Lehre von der Relativbewegung wieder begegnen werden.

Multipliziert man weiter die zweite Gl. (7) mit r, so kann man die rechte Seite derselben in ein vollständiges Differential zusammenfassen

$$r\,p_n = r^2\frac{d\omega}{dt} + 2\,r\,\omega\frac{dr}{dt} = \frac{d(r^2\omega)}{dt} = \frac{d\,(r^2\,d\,\varphi)}{dt^2}.$$

Die Gröfse $r^2 d\varphi$ ist aber nichts anderes als das doppelte Element der vom Radius-Vektor während der Bewegung überstrichenen Fläche F (siehe Fig. 35), so dafs wir auch schreiben dürfen

$$r\,p_n = 2\frac{d^2 F}{dt^2} \qquad \ldots\ldots\ldots \quad (8)$$

Die rechte Seite dieser Gleichung bezeichnet man wohl auch als die Flächenbeschleunigung, der eine Flächengeschwindigkeit $dF:dt$ entsprechen würde. Für diese erhalten wir aber durch Multiplikation der Formeln (5) mit $y = r\sin\varphi$ bezw. $x = r\cos\varphi$ und Subtraktion

$$x\,v_y - y\,v_x = r^2\,\omega \qquad \ldots\ldots\ldots \quad (9)$$

oder

$$x\frac{dy}{dt} - y\frac{dx}{dt} = r^2\frac{d\varphi}{dt} = 2\frac{dF}{dt} \qquad \ldots\ldots \quad (9a)$$

Das Verhalten dieser Gröfse ist besonders wichtig für die sog. Zentralbewegung, welche dadurch gekennzeichnet ist, dafs die resultierende Beschleunigung stets nach einem und demselben festen Punkt gerichtet ist. Wählen wir hiefür den Anfangspunkt O, so ergibt sich aus den Definitionsgleichungen

$$\frac{d\,v_x}{dt} = p\cos\varphi, \quad \frac{d\,v_y}{dt} = p\sin\varphi$$

im Verein mit

$$y = r \sin \varphi, \qquad x = r \cos \varphi$$

$$\frac{dv_x}{dt} : \frac{dv_y}{dt} = x : y$$

oder

$$y \frac{dv_x}{dt} - x \frac{dv_y}{dt} = 0 \quad . \quad . \quad . \quad . \quad . \quad . \quad . \quad . \quad (10)$$

Die linke Seite dieser Formel ist aber identisch mit dem Differentialquotienten der Gleichung (9a), also mit der Flächenbeschleunigung, welche damit für die Zentralbewegung verschwindet. Dann aber wird mit $p_n = 0$

$$dF = C dt, \quad F = Ct + C_0 \quad . \quad . \quad . \quad . \quad . \quad (11)$$

unter C und C_0 Konstante verstanden, und wir erhalten den vor allem für die Astronomie wichtigen Satz, dafs bei der Zentralbewegung der Radius-Vektor aus dem Zentrum in gleichen Zeiten gleiche Flächen überstreicht. Dieser Satz ist schon von Keppler aus seinen Beobachtungen speziell für die Planetenbahnen abgeleitet worden. Das mit der Centralbewegung somit verbundene Verschwinden der Drehbeschleunigung p_n führt mit (9a) auch auf die einfache Bezeichnung

$$r^2 \omega = r_0^2 \omega_0 = 2\, C \quad . \quad . \quad . \quad . \quad . \quad . \quad (12)$$

wobei r_0 ein bestimmter Radius-Vektor und ω_0 die entsprechende Winkelgeschwindigkeit sein mögen, d. h. die Winkelgeschwindigkeit bei der Zentralbewegung ist dem Quadrate des Radius-Vektors umgekehrt proportional.

Fällt man schliefslich (siehe Fig. 35) vom Zentrum O ein Lot h auf die Bahntangente, so ist die doppelte Fläche dF auch gegeben als Produkt aus diesem Lote und dem Bahnelement ds, also

$$\frac{r^2 d\varphi}{dt} = h \frac{ds}{dt} = hv \quad . \quad . \quad . \quad . \quad . \quad . \quad . \quad (13)$$

Bei der Centralbewegung ist demnach die Bahngeschwindigkeit umgekehrt proportional dem Lote vom Zentrum auf die Bahntangente.

Für die Bahngeschwindigkeit können wir indessen noch einen anderen Ausdruck aus Gl. (2) dadurch ableiten, dafs wir die Zeit und die Winkelgeschwindigkeit mit Hilfe der aus (9a) und (12) gezogenen Folgerungen

$$dt = \frac{r^2}{2C} d\varphi \text{ und } \omega = \frac{r_0^2 \omega_0}{r^2} = \frac{2C}{r^2}$$

eliminieren. Wir erhalten so

$$v^2 = \frac{4C^2}{r^4}\left(\frac{dr}{d\varphi}\right)^2 + \frac{r_0^4 \omega_0^2}{r^2} = 4C^2\left\{\left(\frac{d\left(\frac{1}{r}\right)}{d\varphi}\right)^2 + \frac{1}{r^2}\right\} \quad . \quad (14)$$

Bei der Umformung der Gl. (7) für die Radialbeschleunigung ist zu beachten, daſs

$$\frac{d^2r}{dt^2} = \frac{d}{dt}\left(\frac{dr}{d\varphi}\frac{d\varphi}{dt}\right) = \frac{d^2r}{d\varphi^2}\omega^2 + \frac{dr}{d\varphi}\frac{d\omega}{dt} = \frac{d^2r}{d\varphi^2}\omega^2 + \left(\frac{dr}{d\varphi}\right)^2 \frac{d\omega}{dr}\omega.$$

Aus (12) folgt aber

$$\frac{d\omega}{dr} = -\frac{4C}{r^3}, \quad \omega^2 = \frac{4C^2}{r^4}$$

also

$$\frac{d^2r}{dt^2} = \frac{4C^2}{r^4}\frac{d^2r}{d\varphi^2} - \frac{8C^2}{r^5}\left(\frac{dr}{d\varphi}\right)^2 = -\frac{4C^2}{r^2}\frac{d^2\left(\frac{1}{r}\right)}{d\varphi^2}$$

und damit geht (7) über in

$$p_r = -\frac{4C^2}{r^2}\left\{\frac{d^2\left(\frac{1}{r}\right)}{d\varphi^2} + \frac{1}{r}\right\} \quad . \ . \ . \ . \ . \ . \quad (15)$$

Die Differentialquotienten in (14) und (15) sind aber durch die **Bahngleichung gegeben, sodaſs durch diese bei bekannter Flächengeschwindigkeit sowohl die Bahngeschwindigkeit, wie auch die Radialbeschleunigung der Zentralbewegung bestimmt ist.**

Eliminiert man schlieſslich noch mit Hilfe der Polargleichung der Bahn den Winkel φ aus dem Differentialquotienten in (14) und (15), so erkennt man, **daſs sowohl die Bahngeschwindigkeit, wie auch die Radialbeschleunigung nur Funktionen des Radius-Vektors sind.**

Zwischen der Bahngeschwindigkeit und der Radialbeschleunigung besteht übrigens noch eine bemerkenswerte Beziehung, es ist nämlich, wie man durch Differentiation von (14) auch sofort feststellen kann

$$\frac{d(v^2)}{dr} = 2p_r \quad . \ . \ . \ . \ . \ . \ . \quad (16)$$

oder auch

$$v\,dv = p_r\,dr \quad . \ . \ . \ . \ . \ . \ . \quad (16a)$$

Die rechte Seite ist hierin nur dann ein vollständiges Differential, wenn p_r lediglich eine Funktion von r ist, was für die Zentralbewegung in der Tat zutrifft. Da alsdann die Formel (16) bezw. (16a) sofort integrabel wird, so erkennt man, dafs die Geschwindigkeit bei gegebener Abhängigkeit der Radialbeschleunigung vom Radius-Vektor sofort bis auf eine Konstante bestimmt ist, bezw. in allen Punkten in gleichem Abstand vom Zentrum denselben Wert besitzt.

Es ist dies offenbar eine Verallgemeinerung des in § 10 gefundenen Satzes, dafs die Geschwindigkeit bei der Wurfbewegung in gleichen Höhen über der Erdoberfläche denselben Wert annahm.

Das Integral von (16a)

$$U = \int p_r\, dr = \frac{1}{2}\left(v^2 - v_0^2\right) \quad \ldots \quad (17)$$

welches ersichtlich wieder nur eine Funktion von r ist, erlaubt uns nun, die Beschleunigung in einer beliebigen Richtung, etwa x und y, zu berechnen. Wir erhalten nämlich mit Rücksicht auf $x^2 + y^2 = r^2$ durch partielle Differentiation

$$\left.\begin{aligned} \frac{\partial U}{\partial x} &= \frac{\partial U}{\partial r}\frac{\partial r}{\partial x} = p_r \frac{x}{r} = p_r \cos\varphi = \frac{d^2 x}{d^2 t} \\ \frac{\partial U}{\partial y} &= \frac{\partial U}{\partial r}\frac{\partial r}{\partial y} = p_r \frac{y}{r} = p_r \sin\varphi = \frac{d^2 y}{d^2 t} \end{aligned}\right\} \quad . \; . \quad (18)$$

und daraus wieder die mit (10) identische Formel

$$\frac{1}{x}\frac{d^2 x}{dt^2} = \frac{1}{y}\frac{d^2 y}{dt^2} = \frac{p_r}{r} \quad \ldots\ldots \quad (19)$$

Wir erhalten also die in eine bestimmte Richtung fallende Beschleunigung bei der Zentralbewegung durch partielle Differentiation einer Beschleunigungsfunktion nach dieser Richtung. Eine solche Beschleunigungsfunktion, durch welche die Bahngeschwindigkeit bis auf eine Konstante für jeden Punkt festgelegt wird, kann aber nur dann bestehen, wenn nirgends eine Drehbeschleunigung existiert.

§ 12. Die Planetenbewegung.

Die Bewegung in Kegelschnitten. Newtons Gesetz für die Zentralbeschleunigung. Das dritte Keppler'sche Gesetz. Ableitung der Bahngleichung aus der Beschleunigung.

Aus vieljährigen Beobachtungen schloſs Keppler, dem wir schon das oben erwähnte Gesetz für die Flächengeschwindigkeit bei der Zentralbewegung verdanken, daſs die Planeten Ellipsen beschreiben, in deren einem Brennpunkte die Sonne steht. Newton ermittelte hieraus die nach der Sonne gerichtete Beschleunigung, zu der wir durch die Formeln des letzten Paragraphen auf sehr einfache Weise gelangen können. Wir wollen dabei sogar noch allgemeiner verfahren und die Bahn als Kegelschnitt voraussetzen, dessen Polargleichung bekanntlich, bezogen auf den Brennpunkt und die groſse Achse lautet

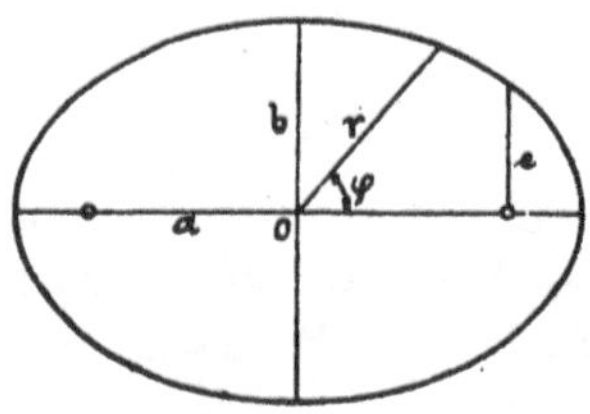

Fig. 37.

$$r = \frac{e}{1 + \varepsilon \cos \varphi} \quad . \quad . \quad . \quad (1)$$

Hierin bedeutet e die im Brennpunkte auf der groſsen Achse senkrechte halbe Sehne, den sog. Parameter und ε das Verhältnis der linearen Exzentrizität d. h. des Brennpunktabstandes zur groſsen Achse. Dieses Verhältnis ist gröſser oder kleiner als Eins, je nachdem es sich um eine Hyperbel oder um eine Ellipse handelt. Für die Parabel wird $\varepsilon = 1$.

Nach diesen Vorbemerkungen können wir statt (1) sofort schreiben

$$\frac{1}{r} = \frac{1}{e} + \frac{\varepsilon}{e} \cos \varphi \quad . \quad . \quad . \quad . \quad . \quad . \quad . \quad (1a)$$

und erhalten hieraus durch zweimalige Differentiation

$$\frac{d^2\left(\frac{1}{r}\right)}{d\varphi^2} = -\frac{\varepsilon}{e} \cos \varphi$$

Addieren wir diese beiden Ausdrücke, so ergibt sich

$$\frac{d^2\left(\frac{1}{r}\right)}{d\varphi^2} + \frac{1}{r} = \frac{1}{e} \quad . \quad . \quad . \quad . \quad . \quad . \quad . \quad . \quad . \quad (2)$$

und die Gleichung für die Radialbeschleunigung (15) des letzten Paragraphen vereinfacht sich in

$$p_r = -\frac{4\,C^2}{e}\frac{1}{r^2} \quad . \quad . \quad . \quad . \quad . \quad . \quad . \quad (3)$$

Da das Vorzeichen negativ ist, so heifst dies: die Planeten bewegen sich unter dem Einflusse einer nach der Sonne gerichteten Zentralbeschleunigung, welche dem Quadrate ihres Sonnenabstandes umgekehrt proportional ist. Dies ist das berühmte, von Newton zuerst in seiner Allgemeinheit erkannte Wirkungsgesetz.

Zur Berechnung der Geschwindigkeit können wir uns entweder der Formel (14) oder (16) des vorigen Paragraphen bedienen. Beide führen auf

$$v^2 = \frac{8\,C^2}{e}\left(\frac{1}{r} - \frac{1-\varepsilon^2}{4\,C^2 e}\right) \quad . \quad . \quad . \quad . \quad . \quad . \quad (4)$$

bezw. wenn wir die einem Abstande r_0 entsprechende Geschwindigkeit mit v_0 bezeichnen,

$$v^2 - v_0^2 = \frac{8\,C^2}{e}\left(\frac{1}{r} - \frac{1}{r_0}\right) \quad . \quad . \quad . \quad . \quad . \quad (4a)$$

Schliefslich können wir noch die Konstante C, die Flächengeschwindigkeit, durch die Umlaufszeit ersetzen. Ist dieselbe t_0, so haben wir nach Gl. (11) des vorigen Paragraphen für die ganze Ellipsenfläche mit den beiden Halbachsen a und b

$$F = \pi\,a\,b = C\,t_0$$

Berücksichtigen wir dann noch, dafs der Ellipsenparameter

$$e = \frac{b^2}{a}$$

ist, so können wir statt Gl. (3) auch schreiben

$$p_r\,r^2 = -4\,\pi^2\frac{a^3}{t_0^2} \quad . \quad . \quad . \quad . \quad . \quad . \quad . \quad . \quad (5)$$

Eine ganz entsprechende Gleichung gilt nun aber auch für jeden anderen Planeten, also

$$p_r'\,r'^2 = -4\,\pi^2\frac{a'^3}{t'^2_0} \quad . \quad . \quad . \quad . \quad . \quad . \quad . \quad (5a)$$

Ist nun die Radialbeschleunigung im ganzen Sonnensystem nur eine Funktion des Sonnenabstandes und insbesondere dem Quadrate derselben indirekt proportional, so mufs $p_r\,r^2 = p_r'\,r'^2 =$ Konst. und damit auch die rechte Seite von (5) bezw. (5a) eine

Konstante sein. Wir erhalten also durch Gleichsetzen von (5) und (5a) die einfache Formel

$$\left(\frac{t_0}{t'_0}\right)^2 = \left(\frac{a}{a'}\right)^3 \quad \text{. . . . . (6)}$$

d. h. die Quadrate der Umlaufszeiten verhalten sich wie die Kuben der halben grofsen Achsen der elliptischen Bahnen zweier Planeten. Dies ist das dritte der von Keppler durch sorgfältige Beobachtungen gefundenen Gesetze, es gilt, wie wir später sehen werden, nicht ganz streng, indessen sind die Abweichungen von der Wirklichkeit, die einesteils von dem Einflusse der Planeten aufeinander, andernteils davon herrühren, dafs diese selbst gegenüber der Sonne nicht als verschwindend klein angesehen werden dürfen, sehr gering.

Newton sprach übrigens sein Wirkungsgesetz erst aus, nachdem er sich überzeugt hatte, dafs die Beschleunigung des Mondes in seiner Bahn zu derjenigen g beliebiger Körper an der Erdoberfläche zueinander in verkehrtem Verhältnisse der Quadrate der Mondentfernung und des Erdradius r_0 stehen. Alsdann haben wir für die Beschleunigung im Abstande r vom Erdmittelpunkte, nach welchem die Beschleunigung gerichtet ist,

$$p_r = g\frac{r_0^2}{r^2} \quad \text{. . . . . (7)}$$

Denken wir uns die Beschleunigung g am Meeresufer gemessen, dem auch der Radius r_0 entsprechen möge, so erhalten wir für eine Höhe h darüber mit $r = r_0 + h$

$$p_r = g\frac{r_0^2}{(r_0 + h)^2} = g\frac{1}{1 + 2\frac{h}{r_0} + \frac{h^2}{r_0^2}}$$

Nun sind aber auch die gröfsten irdischen Höhen so klein gegen den Erdradius, dafs man das Quadrat $h^2 : r_0^2$ ohne weiteres gegen $h : r_0$ vernachlässigen, und der letzten Gleichung die einfachere Gestalt

$$p_r = \frac{g}{1 + 2\frac{h}{r_0}} \quad \text{. . . . . (7a)}$$

geben darf. In dieser Form wird sie in der Tat häufig von den Geodäten zum Vergleiche der in verschiedenen Höhen gemessenen Beschleunigungen g benutzt.

Die Veränderlichkeit von p_r mit der Höhe würde natürlich auch bei einer genauen Theorie der Wurfbewegung zu berücksichtigen sein. Man geht hiebei zweckmäſsig nicht von der Näherungsformel (7a), sondern von der genaueren Gleichung (7) aus und erkennt alsdann, da die Beschleunigung erfahrungsgemäſs immer nach dem Erdmittelpunkt gerichtet ist, daſs diese Wurfbewegung nur ein spezieller Fall der Planetenbewegung sein kann. Statt der früher abgeleiteten Wurfparabeln erhalten wir nunmehr sehr langgestreckte Ellipsen, in denen ein Brennpunkt mit dem Erdmittelpunkt zusammenfällt. Da indessen die Abweichung der beiden Kurven infolge der auſserordentlich groſsen Exzentrizität der Ellipsen, und der stets nur geringen Wurfhöhen direkt kaum meſsbar ist, so erscheint die genauere Wurfbewegung praktisch um so bedeutungsloser, als wir später noch Einflüsse kennen lernen werden, welche viel gröſsere und für ballistische Zwecke durchaus zu berücksichtigende Abweichungen hervorrufen.

Die Aufgabe der Ableitung der genauen Wurfbahn ist übrigens identisch mit derjenigen der Planetenbahnen aus dem Newtonschen Gesetze, welches wir oben auf umgekehrtem Wege aus der Bahngleichung berechnet haben. Diese zuerst von Joh. Bernouilli, nicht von Newton selbst gelöste Aufgabe läſst sich ohne weiteres wieder mit Hilfe der Formel (15) des vorigen Paragraphen für die Radialbeschleunigung erledigen, wenn wir für dieselbe den Wert $p_r = -\frac{p_1}{r^2}$ einsetzen, unter p_1 die negative Radialbeschleunigung im Abstande $r = 1$ verstanden.

Alsdann ergibt sich als Differentialgleichung der gesuchten Bahnkurve

$$\frac{d^2\left(\frac{1}{r}\right)}{d\varphi^2} + \frac{1}{r} = \frac{p_1}{4\,C^2} \quad \ldots \ldots \ldots (8)$$

Das allgemeine Integral derselben ist

$$\frac{1}{r} - \frac{p_1}{4\,C^2} = A \cos\varphi + B \sin\varphi.$$

Wir wählen nun die Anfangslage des Fahrstrahls so, daſs demselben ein Minimalwert von r zukommt, den wir mit r_0 bezeichnen. Alsdann wird für $\varphi = o$

$$\frac{1}{r_0} - \frac{p_1}{4\,C^2} = A.$$

Um die Konstante B zu bestimmen, differenzieren wir das allgemeine Integral nach φ und setzen für $\varphi = 0$ auch $\frac{d\left(\frac{1}{r}\right)}{d\varphi} = 0$. Dann aber wird auch $B = 0$, und die Gleichung der Bahnkurve lautet einfacher

$$\frac{1}{r} - \frac{p_1}{4C^2} = \left(\frac{1}{r_0} - \frac{p_1}{4C^2}\right) \cos \varphi$$

oder

$$r = \frac{\frac{4C^2}{p_1}}{1 + \left(\frac{4C^2}{r_0 p_1} - 1\right) \cos \varphi} = \frac{e}{1 + \varepsilon \cos \varphi} \quad . \quad . \quad . \quad (9)$$

Dies ist aber die Polar-Gleichung eines Kegelschnittes in Bezug auf einen Brennpunkt, in welcher

$$e = \frac{4C^2}{p_1} \quad . \quad . \quad . \quad . \quad . \quad . \quad . \quad . \quad . \quad (9a)$$

den Parameter und

$$\varepsilon = \frac{4C^2}{r_0 p_1} - 1 \quad . \quad . \quad . \quad . \quad . \quad . \quad . \quad . \quad (9b)$$

die numerische Exzentrizität bedeutet. Das Newtonsche Gesetz führt uns demnach nicht notwendig auf elliptische Bahnen, sondern gestattet ebenso hyperbolische bezw. parabolische Kurven, wofür lediglich der Wert von ε mafsgebend ist. Man erhält so

für $\varepsilon = 0$ oder $4C^2 = r_0 p_1$ einen Kreis,
» $\varepsilon < 1$ » $2C^2 < r_0 p_1$ eine Ellipse,
» $\varepsilon = 1$ » $2C^2 = r_0 p_1$ » Parabel,
» $\varepsilon > 1$ » $2C^2 > r_0 p_1$ » Hyperbel.

Nun ist die Gröfse C durch die Bahngeschwindigkeit in einem beliebigen Punkte gegeben, folglich erkennt man, dafs durch diese Geschwindigkeit auch die Form der Bahn eindeutig bestimmt wird, solange nur ein Beschleunigungszentrum vorliegt. Da nun in Wirklichkeit nicht nur die Sonne auf die sie umkreisenden Himmelskörper eine Beschleunigung ausübt, sondern auch diese unter sich derartigen Wirkungen unterworfen sind, so wird die Bestimmung der wirklichen Bahnen aufserordentlich verwickelt. Trotz der hohen mathematischen Vollendung der mit diesen Problemen sich beschäftigenden Störungstheorie ist es bisher noch nicht einmal gelungen, das sog. Problem der drei Körper, d. h. die Feststellung der Bewegung des Mondes unter dem Einflusse der Erd- und Sonnenbeschleunigung mit aller Strenge zu lösen, so dafs man sich mit Näherungsformeln begnügen mufs.

§ 13. Die Schwingungsbewegung.

Die Periode oder Schwingungsdauer, Amplitude und Phase, Schwingungszahl, Superposition von Schwingungen. Allgemeine periodische Bewegung und Darstellbarkeit derselben durch Fouriersche Reihen. Koeffizientenbestimmung derselben, Analysatoren, Schwebungserscheinungen. Die elliptische Bewegung als Ergebnis zweier einfacher Schwingungen.

Wenn ein Punkt sich um eine Mittellage auf einer Geraden oder Kurve so hin- und herbewegt, dafs er immer nach Verlauf einer und derselben Zeit irgend eine Lage im Abstande x von der Mittellage in derselben Richtung wieder passiert, so sprechen wir von einer Schwingungsbewegung und bezeichnen den eben erwähnten Zeitraum als die Periode oder die Schwingungsdauer. In ihrer einfachsten Gestalt erhalten wir diese für die Physik und die Technik gleich bedeutungsvolle Bewegungsform durch lotrechtes Aufhängen eines Körpers an einen Gummifaden MS, der sich abwechselnd verlängert oder verkürzt. Führen wir in horizontaler Richtung eine berufste Platte mit der konstanten Geschwindigkeit $c = \alpha$ an dem so bewegten Körper vorbei, so beschreibt ein mit derselben verbundener Stift S auf der Rufsschicht sofort die Wegkurve, welche, wie die Beobachtung (siehe Fig. 38) zeigt, mit einer Sinuslinie identisch ist, deren Achse OO durch die Mittellage C von S hindurchgeht. Befand sich der Stift zur

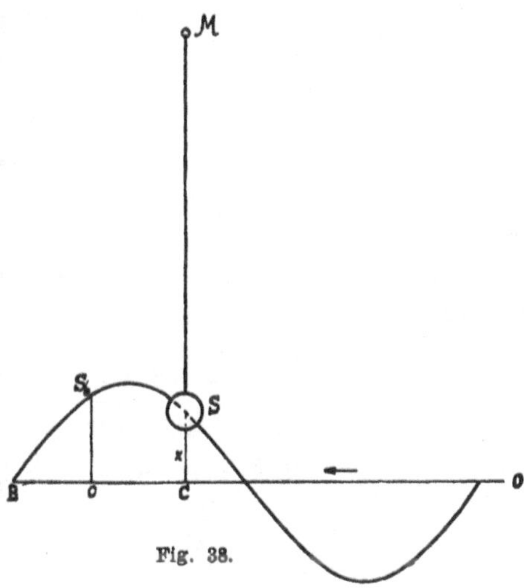

Fig. 38.

Zeit $t = 0$, entsprechend der Lage von O im Punkte S_0, so hat die Platte inzwischen den Weg $OC = \alpha t$ zurückgelegt, und wir haben unter $BO = \beta$ den seit dem letzten Passieren der Mittellage bis zum Beginn der Zeitrechnung verflossenen Weg verstanden, für den momentanen Ausschlag des Stiftes aus der Mittellage die Gleichung

$$x = a \sin(\alpha t + \beta) = a \sin\left(2\pi \frac{t}{t_0} + \beta\right) \quad . \quad . \quad . \quad (1)$$

Hierin bedeutet a ersichtlich den gröfsten Ausschlag, die sog. Amplitude der Schwingung, t_0 ist die Schwingungsdauer, während man β als deren Phase bezeichnet. Dieselbe verschwindet, wenn man die Zeitrechnung mit dem Passieren von S durch die Mittellage beginnt. Statt der Schwingungsdauer führt man zuweilen auch die Schwingungszahl in der Zeiteinheit ein, und bezeichnet dieselbe dann als die Frequenz der Schwingungen.

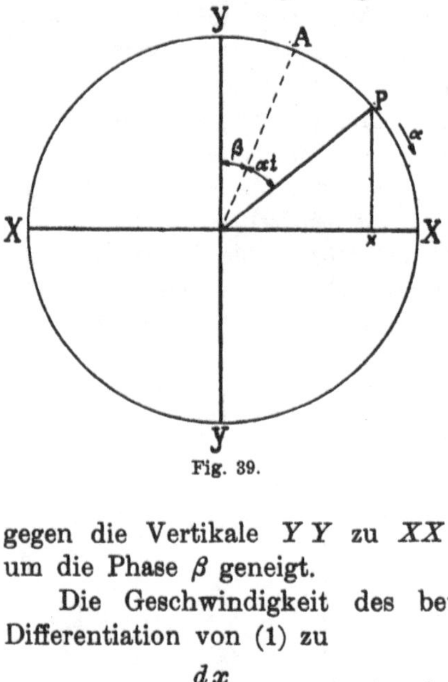

Fig. 39.

Weiter geht aus (1) hervor, dafs wir die Bewegung des Stiftes als die Projektion eines mit konstanter Winkelgeschwindigkeit α sich um O drehenden Peripheriepunktes P auf einen Durchmesser XX deuten können (Fig. 39). Der Radius OA der Anfangslage dieses Punktes ist hierbei gegen die Vertikale YY zu XX im Sinne der Drehrichtung um die Phase β geneigt.

Die Geschwindigkeit des bewegten Punktes folgt durch Differentiation von (1) zu

$$v_x = \frac{dx}{dt} = a\alpha \cos(\alpha t + \beta) = \pm a\alpha \sqrt{1 - \left(\frac{x}{a}\right)^2} \quad . \quad (2)$$

Sie verschwindet ersichtlich für $x = \pm a$, d. h. für die Punkte gröfsten Ausschlages und erreicht für $x = 0$, d. h. in der Mittellage ihren gröfsten Wert

$$(v_x)_0 = \pm a\alpha = \pm \frac{2\pi a}{t_0}.$$

Schließlich ergibt sich noch die Beschleunigung

$$p_x = \frac{d^2 x}{dt^2} = -a\alpha^2 \sin(\alpha t + \beta) = -\alpha^2 x \quad . \quad . \quad (3)$$

also proportional mit dem Abstande wechselnd und nach der Mittellage zu gerichtet. Daraus folgt, daſs die Geschwindigkeit mit wachsendem Absolutwerte des Ausschlages abnimmt und umgekehrt.

Die Formel (1) können wir auch als das allgemeine Integral der aus (3) hervorgehenden Differentialgleichung zweiter Ordnung

$$\frac{d^2 x}{dt^2} + \alpha^2 x = 0 \quad . \quad . \quad . \quad . \quad . \quad . \quad . \quad . \quad (3a)$$

betrachten, wobei die Amplitude a und die Phase β als Integrationskonstanten erscheinen. Dieselben sind in der Tat ganz willkürlich, d. h. nur davon abhängig, wie weit wir im Anfang den an der Gummischnur hängenden Körper aus seiner Mittellage auslenken, bezw. in welcher Lage desselben wir die Zeitrechnung beginnen. Lösen wir die Winkelfunktion in (1) auf, so folgt auch

$$x = a \sin\beta \cos\alpha t + a \cos\beta \sin\alpha t$$

oder mit

$$a \sin\beta = A, \quad a\cos\beta = B \quad . \quad . \quad . \quad . \quad . \quad (4)$$

$$x = A \cos\alpha t + B \sin\alpha t \quad . \quad . \quad . \quad . \quad . \quad . \quad . \quad (4a)$$

eine ebenfalls sehr häufig gebrauchte Formel zur Darstellung einfacher Schwingungen. Daſs dieselbe die Differentialgleichung (3a) erfüllt, erkennt man sofort durch Einsetzen in dieselbe, wobei die willkürlichen Integrationskonstanten A und B herausfallen. Auſserdem aber ergibt sich aus (4a), daſs einfache Sinus- und Kosinusschwingungen von derselben Periode sich stets zu einer resultierenden Schwingung zusammensetzen, wobei die resultierende Amplitude a und die Phase β durch (4) gegeben sind.

Eine solche resultierende Schwingung entsteht auch, wenn wir in Fig. 38 die Bildebene für sich in derselben Richtung in Schwingungen versetzen würden, welche nach der Formel

$$x' = a' \sin(\alpha' t + \beta')$$

verläuft, während der Körper S die durch (1) gegebene Schwingung relativ zur Bildebene weiter vollführt. Die absolute Bewegung von S ergibt sich alsdann durch Addition oder, wie man häufiger sagt, durch Superposition beider Schwingungen, wird also durch

$$x + x' = a \sin(\alpha t + \beta) + a' \sin(\alpha' t + \beta')$$

dargestellt. Läfst man auch noch die Grundlage der Bildebene schwingen u. s. w., so gelangt man zuletzt für S zu einer resultierenden oder Gesamtschwingung

$$\Sigma x = \Sigma a \sin(\alpha t + \beta) \quad . \quad . \quad . \quad . \quad . \quad . \quad (5)$$

Haben alle diese Einzelschwingungen dieselbe Periode, d. h. dasselbe α, so können wir sie zu einer einzigen Schwingung nach Gl. (4a) vereinigen, wobei

$$A = \Sigma a \sin \beta \text{ und } B = \Sigma a \cos \beta \quad . \quad . \quad . \quad . \quad (4b)$$

wird. Dies geht übrigens ohne weiteres aus der Differentialgleichung (3a) hervor, welche für diesen Fall

$$\frac{d^2 \Sigma x}{dt^2} + \alpha^2 \Sigma x = 0$$

lauten und sofort auf (4a) führen würde. Im allgemeinen stellt indessen die Formel (5) gar keine periodische Bewegung mehr dar, da diese an die fortwährende Wiederkehr derselben Werte von Σx für gleiche Zeitabschnitte gebunden ist. Dies findet aber nur dann statt, wenn alle Werte von α ganzzahlige Vielfache einer kleinsten Zahl α_0 sind, mithin durch $\alpha = k\alpha_0$ dargestellt werden können, wobei

$$t_0 = \frac{2\pi}{\alpha_0} = \frac{2k\pi}{\alpha} \quad . \quad . \quad . \quad . \quad . \quad . \quad . \quad . \quad (6)$$

die Periode der Gesamtschwingung angibt. Liegt demnach eine Bewegung vor, von der man etwa durch die Beobachtung nur weifs, dafs sie periodisch ist, so mufs sich dieselbe durch

$$x = a_0 + a_1 \sin(\alpha_0 t + \beta_1) + a_2 \sin(2\alpha_0 t + \beta_2) + \ldots . \quad (7)$$

oder auch nach Auflösung der Winkelsummen

$$x = A_0 + A_1 \cos \alpha_0 t + A_2 \cos 2\alpha_0 t + \ldots$$
$$+ B_1 \sin \alpha_0 t + B_2 \sin 2\alpha_0 t + \ldots \quad . \quad . \quad . \quad (7a)$$

darstellen lassen. Die Zahl der Glieder dieser Reihe kann sowohl endlich, wie auch unendlich sein; im letzteren Falle müssen die Koeffizienten a bezw. A und B von irgend einem etwa dem k-ten Gliede ab mit wachsendem k ständig abnehmen, damit die Reihe konvergiert. Die von den Mathematikern angestellten scharfsinnigen Untersuchungen über die Konvergenzbedingungen dieser Reihe, welche nach dem Franzosen Fourier, der sie zuerst in umfassender Weise zur analytischen Wiedergabe physikalischer Vorgänge benutzte, meist als Fouriersche Reihe bezeichnet wird, haben für die Physik und Technik keine große Bedeutung, da wir die Reihe nur dann anwenden, wenn nach der Erfahrung sowohl über die Periodizität, wie auch über den endlichen Verlauf der Bewegung Gewißheit vorliegt. Der große Nutzen der Fourierschen Reihe beruht hauptsächlich in der Möglichkeit, beliebige, meist graphisch gegebene Funktionen, vor allem Bewegungserscheinungen, in einfache periodische Bewegungen zu zerlegen, deren Amplituden durch die Koeffizienten der Reihe bestimmt sind. Diese sog. Analyse erfordert natürlich in erster Linie die Ermittelung der Koeffizienten aus dem Verlaufe der ganzen Funktion, für die wir unter Einführung der Abkürzung $\alpha_0 t = \varphi$

$$\begin{aligned} x = f(\varphi) = A_0 + A_1 \cos\varphi + A_2 \cos 2\varphi + \ldots \\ + A_k \cos k\varphi + \ldots \\ + B_1 \sin\varphi + B_2 \sin 2\varphi + \ldots + B_k \sin k\varphi \quad . \quad . \quad \text{(7b)} \end{aligned}$$

setzen, so daß die Periode 2π wird. Multiplizieren wir diese Gleichung beidseitig mit $d\varphi$ und integrieren in den Grenzen von 0 bis 2π, so werden alle Integrale von der Form

$$A_k \int_0^{2\pi} \cos k\varphi \, d\varphi = 0 \qquad B_k \int_0^{2\pi} \sin k\varphi \, d\varphi = 0$$

und es bleibt lediglich

$$2\pi A_0 = \int_0^{2\pi} f(\varphi)\, d\varphi \quad \text{oder} \quad A_0 = \frac{1}{2\pi}\int_0^{2\pi} x \, d\varphi \quad . \quad . \quad . \quad (8)$$

Ist die Funktion $x = f(\varphi)$ graphisch, d. h. durch eine Kurve im Intervalle von 0 bis 2π gegeben, so ist A_0 demnach nichts anderes als der Mittelwert derselben, der sofort durch Planimetrieren gefunden werden kann. Die anderen Koeffizienten, z. B. A_k und B_k, ergeben sich durch Multiplikation von (7b) mit $\cos k\varphi\, d\varphi$ und $\sin k\varphi\, d\varphi$ und abermalige Integration. Für die h-ten Glieder rechts erhalten wir dabei

$$A_h \int_0^{2\pi} \cos h\varphi \cos k\varphi \, d\varphi = \frac{A_h}{2} \int_0^{2\pi} \Big\{ \cos (h-k)\varphi + \cos (h+k)\varphi \Big\} d\varphi = 0$$

$$A_h \int_0^{2\pi} \cos h\varphi \sin k\varphi \, d\varphi = \frac{A_h}{2} \int_0^{2\pi} \Big\{ \sin (h+k)\varphi + \sin (h+k)\varphi \Big\} d\varphi = 0$$

$$B_h \int_0^{2\pi} \sin h\varphi \cos k\varphi \, d\varphi = \frac{B_h}{2} \int_0^{2\pi} \Big\{ \sin (h+k)\varphi + \sin (h-k)\varphi \Big\} d\varphi = 0$$

$$B_h \int_0^{2\pi} \sin h\varphi \sin k\varphi \, d\varphi = \frac{B_h}{2} \int_0^{2\pi} \Big\{ \cos (h-k)\varphi - \cos (h+k)\varphi \Big\} d\varphi = 0$$

und es bleiben nur die mit A_k und B_k behafteten übrig, welche aus den vorstehenden durch $h = k$ hervorgehen. Dadurch aber wird $h - k = 0$, also unter dem Integralzeichen $\cos (h - k)\varphi = +1$, so dafs wir mit der ersten und vierten dieser Formeln aus der Reihe (7b) schliefslich erhalten

$$\left.\begin{aligned} A_k &= \frac{1}{\pi} \int_0^{2\pi} f(\varphi) \cos k\varphi \, d\varphi = \frac{1}{\pi} \int_0^{2\pi} x \cos k\varphi \, d\varphi \\ B_k &= \frac{1}{\pi} \int_0^{2\pi} f(\varphi) \sin k\varphi \, d\varphi = \frac{1}{\pi} \int_0^{2\pi} x \sin k\varphi \, d\varphi \end{aligned}\right\} . \qquad (9)$$

Auch diese Werte lassen sich bei bekanntem Verlauf von $f(\varphi)$ stets durch Planimetrieren der Kurvenzüge $f(\varphi) \cos k\varphi$ und $f(\varphi) \sin k\varphi$ ermitteln, so dafs die Analyse einer allgemeinen periodischen Funktion keine Schwierigkeiten mehr bietet. Leider ist das Verfahren, wegen der Notwendigkeit für jeden Koeffizienten aus der gegebenen Funktion eine Kurve abzuleiten und diese noch zu planimetrieren, sehr zeitraubend, so dafs es trotz der Übersichtlichkeit seiner Resultate nur selten angewandt wird. Man hat darum Instrumente konstruiert, welche durch einfache Bewegung eines Stiftes längs der empirisch gegebenen Kurve $x = f(\varphi)$ sofort die Integralwerte der Koeffizienten A_k und B_k der den einfachen Schwingungen entsprechenden Glieder liefern. Da man die Winkelfunktion sin und cos häufig als h a r m o n i s c h e bezeichnet, so nennt man diese Apparate auch harmonische Analysatoren, von denen der von Henrici[1]) eine gewisse Verbreitung gewonnen hat. Die nähere Besprechung dieses sinnreich erdachten Apparates würde uns allerdings hier zu weit führen; außerdem werden wir später ein Näherungsverfahren zur Auflösung beliebig gegebener periodischer Funktionen in ihre einzelnen Wellenzüge kennen lernen, welches praktischen Bedürfnissen in weitem Umfange gerecht wird.

Wir haben nun noch den allgemeinen Fall zu untersuchen, daß die Perioden der Einzelschwingungen nicht miteinander übereinstimmen, so daß keine einfache Gesamtschwingung resultiert und auch die α nicht zueinander in rationalen Verhältnissen stehen. Wir wollen unsere Betrachtung dieses nicht durch eine Fouriersche Reihe darstellbaren Falles auf die Superposition zweier Schwingungen

$$\left.\begin{aligned} x' &= a' \sin(\alpha' t + \beta') = a' \cos\beta' \sin\alpha' t + a' \sin\beta' \cos\alpha' t \\ x'' &= a'' \sin(\alpha'' t + \beta'') = a'' \cos\beta'' \sin\alpha'' t + a'' \sin\beta'' \cos\alpha'' t \end{aligned}\right\} \quad (10)$$

beschränken und weiterhin festsetzen, daß

$$\alpha'' - \alpha' = \delta \quad \text{also} \quad \alpha'' = \alpha' + \delta$$

sein möge. Dann ergibt die Zusammenfassung von (10) nach Auflösung der Winkelfunktionen $\sin\alpha'' t = \sin(\alpha' + \delta)\, t$ und $\cos\alpha'' t = \cos(\alpha' + \delta)\, t$

$$\left.\begin{aligned} x = x' + x'' = &\{a' \cos\beta' + a'' \cos\beta'' \cos\delta t - a'' \sin\beta'' \sin\delta t\} \sin\alpha' t \\ &+ \{a' \sin\beta' + a'' \cos\beta'' \sin\delta t + a'' \cos\beta'' \cos\delta t\} \cos\alpha' t \end{aligned}\right| \quad (11)$$

Die hierdurch beschriebene Bewegung können wir aber offenbar als eine einzige periodische ansehen, deren Amplitude a_0 und Phase β_0 selbst wieder periodisch sind. Setzen wir hierfür

$$x = a_0 \sin(\alpha' t + \beta_0) = a_0 \cos\beta_0 \sin\alpha' t + a_0 \sin\beta_0 \cos\alpha' t \quad (12)$$

so kann dieser Ausdruck nur dann mit (11) übereinstimmen, wenn

$$\begin{aligned} a_0 \cos\beta_0 &= a' \cos\beta' + a'' \cos\beta'' \cos\delta t - a'' \sin\beta'' \sin\delta t \\ a_0 \sin\beta_0 &= a' \sin\beta' + a'' \cos\beta'' \sin\delta t + a'' \cos\beta'' \cos\delta t \end{aligned}$$

---

[1]) Näheres hierüber siehe den Katalog mathematischer Instrumente, herausgegeben von Dyck (1893), sowie in der Broschüre des mechanischen Institutes von G. Coradi in Zürich, welches den Henricischen Analysator anfertigt.

wird. Dies führt aber durch Quadrieren und Addieren für die *resultierende Amplitude* auf die periodische Funktion

$$a_0^2 = a'^2 + a''^2 + 2a'a'' \cos(\beta' - \beta'' - \delta t) \quad . \quad . \quad (13)$$

Die Amplitude schwankt demnach zwischen dem absoluten Maximalwert

$$a_1 = \pm (a' + a'') \text{ für die Zeit } t_1 = \frac{\beta' - \beta''}{\delta} .$$

und dem Minimalwert

$$a_2 = \pm (a' - a'') \text{ für die Zeit } t_2 = \frac{\beta' - \beta''}{\delta} - \frac{\pi}{\delta}.$$

Die Zeitdifferenz zwischen zwei derartigen aufeinanderfolgenden Werten ist somit konstant und zwar

$$t_1 - t_2 = \frac{\pi}{\delta} = \frac{\pi}{\alpha'' - \alpha'} = \frac{1}{2} \frac{t_0' t_0''}{t_0' - t_0''}$$

unter $t_0' = \frac{2\pi}{\alpha'}$ und $t_0'' = \frac{2\pi}{\alpha''}$ die Schwingungszeiten der beiden gegebenen Einzelschwingungen verstanden.

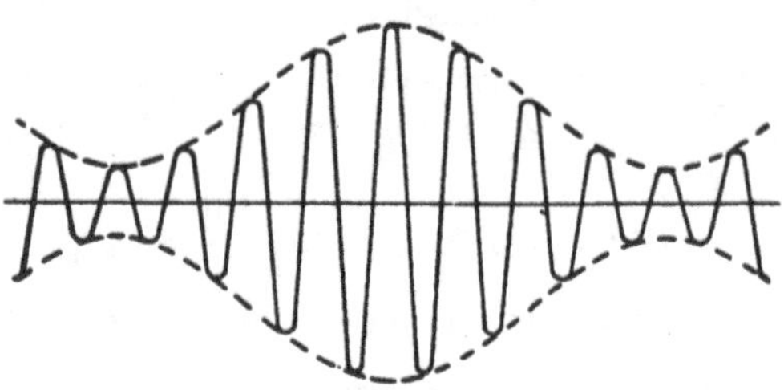

Fig. 40.

Die durch dieses Zusammenwirken zweier einfacher Schwingungen mit verschiedener Periode resultierende Bewegung nennen wir nun wegen des Auf- und Abschwebens der Werte der Schwingungsamplitude, welches durch Fig. 40 verdeutlicht wird, eine *Schwebung*, und die zwischen je zwei Maximal- oder Minimalwerten der Amplitude verflossene Zeit

$$t_0 = 2(t_1 - t_2) = \frac{t_0' t_0''}{t_0' - t_0''} \quad . \quad . \quad . \quad . \quad . \quad (14)$$

die *Dauer der Schwebung* oder kürzer die *Schwebungsdauer. Dieselbe wird ersichtlich um so gröfser sein, je gröfser die einzelnen Schwingungszeiten und je kleiner deren Differenz ist.* Wir werden später sehen, dafs diese Erscheinung vor allem für das Verhalten elastischer Körper von grofser Bedeutung ist.

Außer der Zusammensetzung von Schwingungen in derselben Geraden kommen nun auch häufig solche vor mit verschiedener Bewegungsrichtung. Man braucht in Anknüpfung an die oben zur Veranschaulichung benutzte Gummischnur sich nur das ganze System in horizontale Schwingung versetzt zu denken, die sich alsdann mit den Vertikalschwingungen des an der Schnur befestigten Körpers vereinigen. Bezeichnen wir wieder die Amplitude der Schwingung in der x-Richtung mit a, die Winkelgeschwindigkeit mit α, und die Phase mit γ, während die entsprechenden Werte für die y-Richtung b, β und δ sein mögen, so erhalten wir die beiden gleichzeitig bestehenden Formeln

$$\left.\begin{aligned} x &= a \sin(\alpha t + \gamma) = a \cos\gamma \sin\alpha t + a \sin\gamma \cos\alpha t \\ y &= b \sin(\beta t + \delta) = b \cos\delta \sin\beta t + b \sin\delta \cos\beta t \end{aligned}\right\} \quad (15)$$

aus denen sich die Bahngleichung des beiden Schwingungen unterworfenen Punktes durch Elimination von t ergibt. Soll die resultierende Bewegung wieder periodisch sein, so mufs die so erhaltene Kurve nach einem oder mehreren Umläufen des Radius-Vektors wieder in sich zurückkehren, d. h. es müssen für zwei bestimmte Zeitpunkte t_1 und t_2, deren Differenz dieser Wiederkehr entspricht, sowohl x wie auch y dieselben Werte wieder annehmen. Dies führt aber auf die Formeln

$$\sin(\alpha t_1 + \gamma) - \sin(\alpha t_2 + \gamma) = 2 \cos\left(\alpha \frac{t_1 + t_2}{2} + \gamma\right) \sin \alpha \frac{t_1 - t_2}{2} = 0$$

$$\sin(\beta t_1 + \delta) - \sin(\beta t_2 + \delta) = 2 \cos\left(\beta \frac{t_1 + t_2}{2} + \delta\right) \sin \beta \frac{t_1 - t_2}{2} = 0$$

welche bei der Willkürlichkeit der Phasen γ und δ nur bestehen können, wenn $\frac{1}{2}\alpha(t_1 - t_2)$ und $\frac{1}{2}\beta(t_1 - t_2)$ ganzzahlige Vielfache von π oder, was auf dasselbe hinausläuft, wenn α und β ganzzahlige Vielfache einer und derselben Winkelgeschwindigkeit $\alpha_0 = \frac{2\pi}{t_1 - t_2}$ sind.

Wir wollen hier vor allem den Fall ins Auge fassen, in dem $\alpha = \beta$ ist, da er sich als praktisch bedeutungsvoll ergeben wird. Die beiden Formeln (15) können wir alsdann auch schreiben

$$\left.\begin{aligned} \frac{x}{a} &= \cos\gamma \sin\alpha t + \sin\gamma \cos\alpha t \\ \frac{y}{b} &= \cos\delta \sin\alpha t + \sin\delta \cos\alpha t \end{aligned}\right\} \quad . \quad . \quad . \quad . \quad (15\text{a})$$

woraus sich ergibt

$$\cos\alpha t = \frac{\dfrac{x\cos\delta}{a} - \dfrac{y\cos\gamma}{b}}{\sin(\gamma - \delta)}$$

$$\sin\alpha t = \frac{\dfrac{x\sin\delta}{a} - \dfrac{y\sin\gamma}{b}}{\sin(\delta - \gamma)}$$

Die hieraus folgende Bahngleichung

$$\left(\frac{x\cos\delta}{a} - \frac{y\cos\gamma}{b}\right)^2 + \left(\frac{x\sin\delta}{a} - \frac{y\sin\gamma}{b}\right)^2 = \sin^2(\gamma - \delta) \quad (16)$$

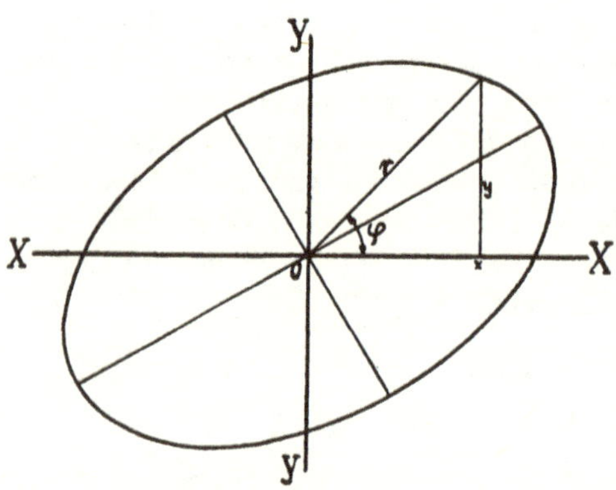

Fig 41.

stellt nun offenbar eine Ellipse mit schräg liegender großer Achse dar (Fig. 4). Bezeichnen wir den nach dem Mittelpunkt O gerichteten Radius-Vektor für eine beliebige Lage des bewegten Punkte mit r und seinen Neigungswinkel gegen die x-Achse mit φ, so erhalten wir für die Beschleunigungskomponenten aus (15)

$$\left.\begin{aligned} \frac{d^2x}{dt^2} &= -\alpha^2 x = -\alpha^2 r \cos\varphi \\ \frac{d^2y}{dt^2} &= -\alpha^2 y = -\alpha^2 r \sin\varphi \end{aligned}\right\} \quad . \quad . \quad . \quad . \quad (17)$$

und damit für die nach O gerichtete Beschleunigung

$$p_r = -\alpha^2 r \quad . \quad . \quad . \quad . \quad . \quad . \quad . \quad . \quad . \quad (17\text{a})$$

d. h. der in einer Ellipse bewegte Punkt unterliegt einer nach dem Mittelpunkte gerichteten und dem

Abstande von demselben proportionalen Beschleunigung oder umgekehrt, da die Formeln (15) allgemeine Integrale von (17) sind: jede nach einem Punkte gerichtete und dem Abstande von demselben proportionale Beschleunigung hat eine elliptische Bahn zur Folge. Die Bewegung selbst ist in diesem Falle eine Zentralbewegung, so dafs der Radius-Vektor hierbei in gleichen Zeiten gleiche Flächen überstreicht.

Haben insbesondere die beiden zueinander senkrechten Schwingungen dieselbe Amplitude, also $b = a$, und unterscheiden sich ihre Phasen gerade um 90^0, so wird mit $\cos\delta = -\sin\gamma$ und $\sin\delta = \cos\gamma$, aus (16)

$$x^2 + y^2 = a^2 \quad \text{(16a)}$$

Aus dieser speziellen Kreisbewegung, für welche der Ausdruck (17a) mit der in § 9 und 11 näher untersuchten Normalbeschleunigung identisch wird, hätten wir uns die obige allgemeine elliptische auch durch Projektion auf eine geneigte Ebene entstanden denken können, wobei je zwei zueinander senkrechte Kreisdurchmesser in konjugierte Ellipsendurchmesser übergehen.

Sind schliefslich die miteinander zu vereinigenden Schwingungen nicht senkrecht zueinander, sondern beliebig gegeneinander geneigt, so können wir jede derselben durch Projektion auf zwei zueinander senkrechte Achsen in zwei Komponenten zerlegen. Wir erhalten so z. B. für den Neigungswinkel φ

$$x = a\cos\varphi\sin(\alpha t + \beta), \qquad y = a\sin\varphi\sin(\alpha t + \beta)$$

und durch Superposition aller in einer Richtung sich vollziehenden Schwingungen

$$\Sigma x = \Sigma a\cos\varphi\sin(\alpha t + \beta), \qquad \Sigma y = \Sigma a\sin\varphi\sin(\alpha t + \beta).$$

Auf diese Summen können wir nun wieder die schon oben angestellten Betrachtungen anwenden, welche uns zu der Erkenntnis führen, dafs eine periodische, also durch eine geschlossene Kurve darstellbare Bewegung nur dann möglich ist, wenn die in den einzelnen Gliedern jeder dieser beiden Komponenten Σx und Σy vorkommenden Winkelgeschwindigkeiten α ganzzahlige Vielfache einer und derselben Gröfse α_0 sind, so dafs die Komponenten selbst in Fouriersche Reihen entwickelt werden können.

§ 14. Die Bewegungen im Kurbelgetriebe.

Kurbel, Gleitstück und Schubstange, Bewegungsgleichungen eines beliebigen Schubstangenpunktes, Näherungsformeln dafür. Geschwindigkeits- und Beschleunigungsdiagramm des Gleitstückes bei konstanter Winkelgeschwindigkeit der Kurbel.

Eine der wichtigsten Anwendungen der Lehre von den Schwingungen bieten die Bewegungserscheinungen im Kurbelgetriebe, welches zur Vermittlung rotierender und hin- und hergehender Bewegungen in der Maschinentechnik fast ausschließlich benutzt wird. Wir haben auf diesen Mechanismus schon im § 3 als Beispiel einer ebenen Bewegung Bezug genommen und wollen dieselbe nunmehr analytisch verfolgen, wobei wir uns die einzelnen Glieder einfach als starre Gerade vorstellen. Das Getriebe besteht, wie aus Fig. 42 hervorgeht, aus einer um den

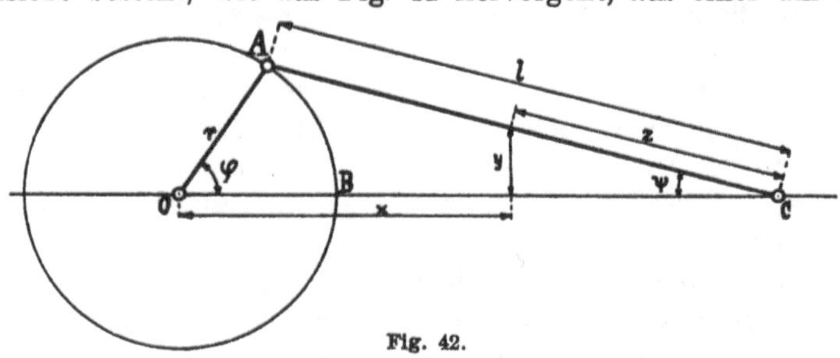

Fig. 42.

Punkt O rotierenden Kurbel OA von der Länge r, einem geradlinig in der Richtung durch O hin- und hergehenden Gleitstück C und einer sog. Schubstange AC, welche durch Gelenke mit A und C verbunden sein und die Länge l haben möge. In einem gegebenen Momente bildet die Kurbel mit ihrer Anfangslage OB den Winkel φ, welchem ein Auslenkungswinkel ψ der Schubstange gegen ihre Mittellage entsprechen möge. Die beiden Winkel sind offenbar miteinander durch die Beziehung

$$r \sin \varphi = l \sin \psi \quad . \quad . \quad . \quad . \quad . \quad . \quad . \quad . \quad (1)$$

verknüpft, aus welcher hervorgeht, daß der Winkel ψ auf um so engere Grenzen beschränkt bleibt, je kleiner das Verhältnis $r : l$ ist. Um nun die Bewegung eines im Abstande z vom Gleitstücke auf der Schubstange befindlichen Punktes zu untersuchen, führen wir die Koordinaten x und y derselben in Bezug auf die Achse OC und das Zentrum O des Kurbelkreises ein. Dieselben genügen alsdann den Gleichungen

$$x = r \cos \varphi + (l - z) \cos \psi$$
$$y = z \sin \psi.$$

Durch Elimination des Winkels ψ mit Hilfe der Gl. (1) gehen dieselben über in

$$\left.\begin{aligned} x &= r \cos \varphi + (l - z)\left(1 - \frac{r^2}{l^2} \sin^2 \varphi\right)^{\frac{1}{2}} \\ y &= z \frac{r}{l} \sin \varphi \end{aligned}\right\} \quad . \quad . \quad (2)$$

Für $z = l$ erhält man daraus die Koordinaten des lediglich rotierenden Punktes A, nämlich $x = r \cos \varphi$ und $y = r \sin \varphi$, während für $z = 0$, also den Punkt C, die Vertikalbewegung wegen $y = 0$ verschwindet und nur eine durch die erste Formel (2) gegebene Hin- und Herbewegung in der x-Richtung übrig bleibt. Die Bahngleichung eines beliebigen Punktes auf der Schubstange ergibt sich schliefslich durch Elimination von φ aus den Gleichungen (2) als eine Kurve vierten Grades, welche für $z = 0$ in eine Gerade, für $z = l$ in den Kurbelkreis übergeht, im allgemeinen aber eine eiförmige, nach dem Gleitstück zu stärker gekrümmte Gestalt besitzt. Man übersieht den Verlauf derselben am raschesten in der Form

$$\left(\frac{x - (l - z) \cos \psi}{r}\right)^2 + \left(\frac{y\, l}{r\, z}\right)^2 = 1,$$

welche eine Ellipse mit einem in der x-Richtung hin- und herbeweglichem Mittelpunkt darstellt. Die Konstruktion der Kurve geschieht übrigens am einfachsten durch Aufzeichnen des Mechanismus für verschiedene Kurbelwinkel.

Viel wichtiger als das Studium der Eigenschaften dieser Kurve ist für den Ingenieur die bequeme Übersicht der Abhängigkeit der Bewegung der einzelnen Getriebepunkte vom Kurbelwinkel. Zu diesem Zwecke entwickeln wir den Wurzelausdruck des zweiten Gliedes in Gl. (2) in eine Potenzreihe und erhalten so

$$\begin{aligned} x = r \cos \varphi + (l - z)\Big\{1 - \frac{1}{2} \frac{r^2}{l^2} \sin^2 \varphi - \frac{1}{2^2\, 2!} \frac{r^4}{l^4} \sin^4 \varphi \\ - \frac{1 \cdot 3}{2^3\, 3!} \frac{r^6}{l^6} \sin^6 \varphi \ldots\Big\} \quad . \quad . \quad . \quad . \quad . \quad . \quad (2a) \end{aligned}$$

Ersetzen wir schliefslich hierin die Potenzen von $\sin \varphi$ in der Klammer durch gleichwertige Ausdrücke mit dem Vielfachen von φ, also

$$\sin^2\varphi = \frac{1}{2}(1 - \cos 2\varphi)$$

$$\sin^4\varphi = \frac{1}{2^3}(3 - 4\cos 2\varphi + \cos 4\varphi)$$

$$\sin^6\varphi = \frac{1}{2^5}(10 - 15\cos 2\varphi + 6\cos 4\varphi - \cos 6\varphi),$$

u. s. w.

so ergibt sich

$$\begin{aligned} x = {} & (l-z)\left\{1 - \frac{1}{4}\frac{r^2}{l^2} - \frac{3}{64}\frac{r^4}{l^4} - \frac{5}{256}\frac{r^6}{l^6} - \ldots\right\} \\ & + r\cos\varphi \\ & + (l-z)\cos 2\varphi\left\{\frac{1}{4}\frac{r^2}{l^2} + \frac{1}{16}\frac{r^4}{l^4} + \frac{15}{512}\frac{r^6}{l^6} + \ldots\right\} \\ & - (l-z)\cos 4\varphi\left\{\;.\;\;.\;\; \frac{1}{64}\frac{r^4}{l^4} + \frac{3}{256}\frac{r^6}{l^6} + \ldots\right\} \\ & + (l-z)\cos 6\varphi\left\{\;.\;\;.\;\;.\;\;.\;\;.\;\; \frac{1}{512}\frac{r^6}{l^6} + \ldots\right\} \\ & + \;.\;\;.\;\;.\;\;.\;\;.\;\;.\;\;.\;\;.\;\;.\;\;.\;\;.\;\;.\;\;.\;\;.\;\;.\;\;. \qquad (3) \end{aligned}$$

während der Ausdruck für y in Gl. (2) seine einfache Form beibehält. Wir erkennen also, dafs sich das Bewegungsgesetz, wie nach der geschlossenen Form der Bahnkurve ja schon erwartet werden konnte, in eine Fouriersche Reihe entwickeln läfst, deren Koeffizienten selbst wieder Potenzreihen sind, welche für Werte von $r : l < 1$ sehr rasch konvergieren. In der Praxis begnügt man sich darum stets mit der Beibehaltung der Glieder mit $r^2 : l^2$ unter Vernachlässigung aller höheren Potenzen, deren Einflufs noch durch die sehr rasch abnehmenden Zahlenfaktoren auf ein Minimum herabgedrückt wird. Alsdann lautet die Näherungsformel

$$\begin{aligned} x &= (l-z) + r\cos\varphi - \frac{(l-z)}{2}\frac{r^2}{l^2}\sin^2\varphi \\ &= (l-z)\left(1 - \frac{1}{4}\frac{r^2}{l^2}\right) + r\cos\varphi + \frac{(l-z)}{4}\frac{r^2}{l^2}\cos 2\varphi\,. \qquad (3a) \end{aligned}$$

In die vorstehenden Formeln tritt die Zeit zunächst gar nicht ein, sodafs dieselben einen rein geometrischen Charakter tragen. Die Geschwindigkeits- und Beschleunigungskomponenten können demnach aus denselben nur berechnet werden, nachdem der Kurbelwinkel φ als Funktion der Zeit gegeben ist. Wir werden später erkennen, dafs streng genommen hierüber eine Annahme unzulässig ist, und begnügen uns daher vorläufig mit der Einführung der als variabel betrachteten Winkelgeschwindigkeit der Kurbel

$$\omega = \frac{d\varphi}{dt} \quad . \quad . \quad . \quad . \quad . \quad . \quad . \quad . \quad (4)$$

Prinzipiell ist es natürlich gleichgiltig, ob wir uns diese Gröfse mit der Zeit oder mit dem Kurbelwinkel veränderlich vorstellen wollen, doch wird sich das Letztere weiter unten als zweckmäfsiger herausstellen. Alsdann aber haben wir für die Geschwindigkeits- und Beschleunigungskomponenten

$$v_x = \frac{dx}{dt} = \omega \frac{dx}{d\varphi}, \quad v_y = \frac{dy}{dt} = \omega \frac{dy}{d\varphi} \quad . \quad . \quad . \quad (5)$$

$$\frac{d^2x}{dt^2} = \omega^2 \frac{d^2x}{d\varphi^2} + \frac{dx}{d\varphi}\frac{d\omega}{dt}, \quad \frac{d^2y}{dt^2} = \omega^2 \frac{d^2y}{d\varphi^2} + \frac{dy}{d\varphi}\frac{d\omega}{dt} \quad . \quad (6)$$

oder wegen

$$\frac{d\omega}{dt} = \frac{d\omega}{d\varphi}\frac{d\varphi}{dt} = \omega \frac{d\omega}{d\varphi} = \frac{1}{2}\frac{d(\omega^2)}{d\varphi}$$

$$\frac{d^2x}{dt^2} = \omega^2 \frac{d^2x}{d\varphi^2} + \frac{1}{2}\frac{dx}{d\varphi}\frac{d(\omega^2)}{d\varphi}, \quad \frac{d^2y}{dt^2} = \omega^2 \frac{d^2y}{d\varphi^2} + \frac{1}{2}\frac{dy}{d\varphi}\frac{d(\omega^2)}{d\varphi} \quad (6a)$$

Bei konstanter Winkelgeschwindigkeit, wie sie für kinematische Betrachtungen häufig vorausgesetzt wird, fallen natürlich die zweiten Glieder der Formeln (6a) von selbst weg.

Führt man nun die in (5) angedeutete Differentiation an dem Ausdrucke (3) durch, so verwandeln sich unter Wegfall des konstanten Gliedes alle cos in sin. Aufserdem aber kehren sich die Vorzeichen um, und die Faktoren vergröfsern sich entsprechend den Zahlenfaktoren von φ in den davorstehenden Winkelfunktionen. Dies wiederholt sich dann noch einmal bei der Berechnung der Beschleunigung. An der Konvergenz der in den Klammern von (3) stehenden Potenzreihen wird indessen durch das Davortreten konstanter Zahlen nichts geändert, und wir können innerhalb der praktisch eingehaltenen Grenze $r : l < 1 : 3$ wieder die Reihen mit $r^2 : l^2$ abbrechen. Alsdann erhalten wir für die Geschwindigkeits- und Beschleunigungskomponente dieselben Ausdrücke, wie aus der Näherungsformel (3a), während für die y-Richtung keine Näherungsgleichung notwendig ist. Die entsprechenden Formeln lauten für die Geschwindigkeitskomponente

$$\left.\begin{aligned} v_x &= \frac{dx}{dt} = -r\,\omega\left(\sin\varphi + \frac{l-z}{2l}\,\frac{r}{l}\sin 2\varphi\right) \\ v_y &= \frac{dy}{dt} = +z\,\frac{r}{l}\,\omega\cos\varphi \end{aligned}\right\} \quad . \; . \; (5a)$$

woraus sich die resultierende Bahngeschwindigkeit ergibt

$$v^2 = \left(\frac{ds}{dt}\right)^2 = z^2\,\frac{r^2}{l^2}\,\omega^2 + (l^2 - z^2)\,\frac{r^2}{l^2}\,\omega^2\sin^2\varphi$$
$$\left(1 + \frac{2r}{l+z}\cos\varphi + \frac{l-z}{l+z}\,\frac{r^2}{l^2}\cos^2\varphi\right) \quad . \; . \; . \; (5b)$$

Auch diesen Ausdruck bezw. die Wurzel aus demselben könnten wir in eine periodische Reihe entwickeln, ohne indessen dadurch wesentlich Neues zu erhalten. Schliefslich folgen noch die angenäherten Beschleunigungskomponenten aus (5a) und (6a) zu

$$\left.\begin{aligned} \frac{d^2x}{dt^2} &= -r\,\omega^2\left(\cos\varphi + \frac{l-z}{l}\,\frac{r}{l}\cos 2\varphi\right) - \frac{r}{2}\,\frac{d(\omega^2)}{d\varphi} \\ &\qquad \left(\sin\varphi + \frac{l-z}{2l}\,\frac{r}{l}\sin 2\varphi\right) \\ \frac{d^2y}{dt^2} &= -z\,\frac{r}{l}\,\omega^2\sin\varphi + \frac{z}{2}\,\frac{r}{l}\,\frac{d(\omega^2)}{d\varphi}\cos\varphi \end{aligned}\right\} \quad (6b)$$

Handelt es sich, wie häufig bei technischen Problemen, nur um kleine Änderungen der Winkelgeschwindigkeit, so kann man unter Einführung eines Mittelwertes ω_m setzen

$$\omega = \omega_m + \Delta\omega = \omega_m\left(1 + \frac{\Delta\omega}{\omega_m}\right) \quad . \; . \; . \; . \; (7)$$

Quadriert man dann diesen Ausdruck und vernachlässigt das Quadrat des sehr kleinen zweiten Klammergliedes, so wird

$$\omega^2 = \omega^2_m\left(1 + 2\,\frac{\Delta\omega}{\omega_m}\right) \quad . \; . \; . \; . \; . \; . \; (7a)$$

oder

$$\frac{d(\omega^2)}{d\varphi} = 2\,\omega_m\,\frac{d\Delta\omega}{d\varphi} \text{ also } \frac{d\omega}{dt} = \omega_m\,\frac{d\Delta\omega}{d\varphi} \quad . \; . \; . \; (7b)$$

Wir werden später noch Gelegenheit haben, von dieser Vereinfachung Gebrauch zu machen. Für den Fall, daſs man diese Änderung der Winkelgeschwindigkeit ganz vernachlässigen darf, lassen sich die durch (5a) und (6b) gegebenen Komponenten sehr leicht graphisch darstellen. Am meisten interessiert in der Praxis die Bewegung des Gleitstückes C, für welche unter dieser vereinfachenden Annahme die obigen Formeln mit $z = 0$ als auch $v_y = 0$, $\frac{dy^2}{dt^2} = 0$ übergehen in

$$v_x = -r\omega\left(\sin\varphi + \frac{r}{2l}\sin 2\varphi\right) \quad (5c)$$

$$\frac{d^2x}{dt^2} = -r\omega^2\left(\cos\varphi + \frac{r}{l}\cos 2\varphi\right) \quad (6c)$$

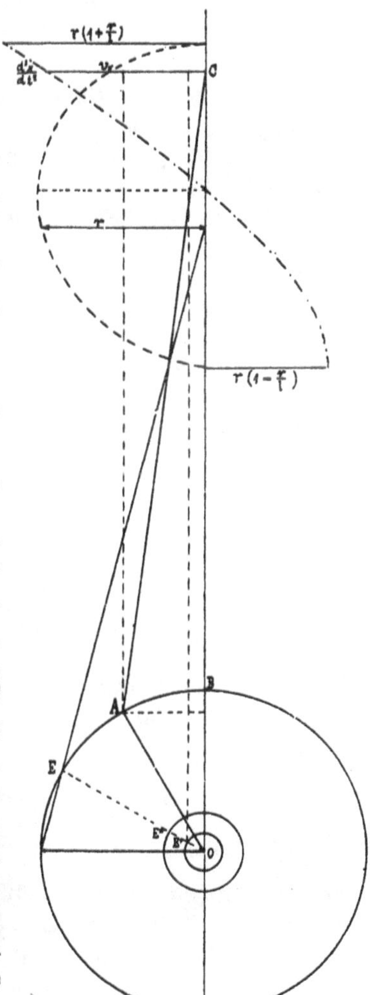

Fig. 43.

Man übersieht alsdann den Verlauf der Geschwindigkeit und der Beschleunigung in ihrer Abhängigkeit vom Kurbelwinkel φ am besten, indem man die Werte derselben, z. B. für $\omega = 1$ als Ordinaten bei C aufträgt. Zu diesem Zwecke braucht man nur auſser dem Kurbelkreis, dessen Radius sofort den Wert von v_x für $\varphi = 90^0$ angibt, die beiden Kreise mit den Radien $r^2 : 2l$ und $r^2 : l$ einzuzeichnen, jedem Strahle OA mit dem Winkel $BOA = \varphi$ einen Strahl OE mit dem Winkel $BOE = 2\varphi$ zuzuordnen und die entsprechenden Projektionen der Radien OE' bezw. OE'' den Projektionen von OA algebraisch hinzuzufügen. Auf diese Weise ergeben sich die beiden Kurven in Fig. 43.

Es bietet natürlich keine weiteren Schwierigkeiten, diese Konstruktion auch für beliebige Punkte der Schubstange durchzuführen, deren jedem alsdann andere Hilfskreise um O entsprechen.

§ 15. Die einfache Pendelbewegung.

Abhängigkeit der Fallgeschwindigkeit allein von der durchlaufenen Höhe auch bei gezwungener Bewegung. Ermittlung der Fallzeit auf der schiefen Ebene und der vertikalen Kreisbahn (Pendel). Schwingungsdauer des Pendels bei endlichem und unendlich kleinem Ausschlag. Methode der Koinzidenzen. Kontinuierliche Rotation in der Vertikalebene unter dem Einflufse der Erdbeschleunigung. Stabile und labile Ruhelagen.

Wir wollen uns jetzt einen Punkt unter dem Einflusse einer konstanten und stets in derselben Richtung wirkenden Beschleunigung, z. B. derjenigen der Schwere, an einem bestimmten Orte der Erdoberfläche auf einer festen Bahn bewegt denken. Die Bewegung ist also ebenso wie diejenige der einzelnen Punkte im Kurbelgetriebe eine gezwungene.

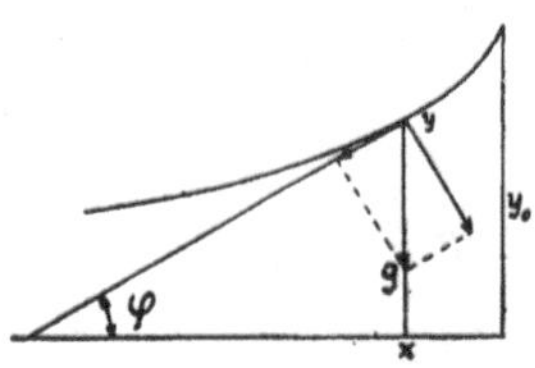

Fig. 44.

Sind in Fig. 44 x, y die Koordinaten des Punktes zur Zeit t auf der Bahn, und φ der Neigungswinkel der Bahntangente in xy gegen den Horizont, so haben wir, nach Zerlegung der vertikal gedachten Erdbeschleunigung g in eine Normal- und Tangentialkomponente für die letztere den Ausdruck

$$\frac{d^2 s}{d t^2} = g \sin \varphi \quad . \quad . \quad . \quad . \quad . \quad . \quad . \quad . \quad (1)$$

Multiplizieren wir diese Formel beiderseits mit $\frac{ds}{dt} = v$ und berücksichtigen, dafs mit wachsendem s die Höhe y abnimmt, also $ds \sin \varphi = - dy$ wird, so dürfen wir sie auch schreiben

$$\frac{ds}{dt} d\left(\frac{ds}{dt}\right) = v\,dv = - g\,dy \quad . \quad . \quad . \quad . \quad . \quad (1a)$$

In dieser Form ist sie sofort integrabel und ergibt unter v_0 die dem Bahnpunkte $x_0 y_0$ entsprechende, bezw. ihm dort erteilte Geschwindigkeit verstanden

$$v^2 - v_0^2 = 2\,g\,(y_0 - y) \quad . \quad . \quad . \quad . \quad . \quad . \quad . \quad (2)$$

Die Koordinate x und damit die Form der Bahn kommt aber in dieser Gleichung gar nicht vor, so dafs wir den Satz aussprechen dürfen, dafs die Geschwindigkeit bei der gezwungenen Bewegung unter dem Einflusse der Erdbeschleunigung nur von der zurückgelegten Fallhöhe und der Anfangsgeschwindigkeit, nicht aber von der Gestalt der Bahn abhängt.

Es ist dies übrigens derselbe Satz, dem wir schon bei der Untersuchung der Wurfbewegung in § 10 Gl. (7) begegnet sind. Da diese Bewegung als frei anzusehen war, so erkennen wir, dafs überhaupt die Geschwindigkeit unter dem Einflusse der Erdbeschleunigung nur von ihrem anfänglichen Werte und der durchlaufenen Höhendifferenz abhängig ist, gleichgültig, ob die Bewegung frei oder in irgend welcher Weise gezwungen sich vollzieht.

Fragen wir nun nach der zum Durchlaufen dieser Fallhöhe gebrauchten Zeit, so müssen wir auf die Definition der Geschwindigkeit

$$\frac{ds}{dt} = v, \text{ also } dt = \frac{ds}{v} \quad \ldots \ldots \ldots \quad (3)$$

zurückgreifen. Nach derselben ist aber, wenn wir mit t_0 den Zeitpunkt markieren, in dem der Punkt von $x_0 y_0$ mit der Geschwindigkeit v_0 ausgeht

$$t - t_0 = \int_{v_0}^{v} \frac{ds}{v} = \int_{y_0}^{y} \frac{ds}{\sqrt{v_0^2 + 2g(y_0 - y)}} \quad \ldots \quad (4)$$

Der Ausdruck unter den Integralzeichen stellt aber nur dann ein vollständiges Differential dar, bezw. die Integration ist hierin nur dann ausführbar, wenn wir den Zusammenhang zwischen s und y oder mit anderen Worten, die Bahngleichung kennen. Die Fallzeit eines Körpers an der Erdoberfläche ist demnach für verschiedene Bahnen auch bei gleicher Fallhöhe und Anfangsgeschwindigkeit verschieden.

Ist z. B. die Bahn geradlinig mit einer konstanten Neigung φ gegen den Horizont, so haben wir aus (4) mit $ds = -\frac{dy}{\sin\varphi}$

$$t - t_0 = \frac{1}{\sin\varphi}\int\limits_{y_0}^{y} \frac{-d(y-y_0)}{\sqrt{v_0^2 + 2g(y_0 - y)}}$$

$$= \frac{1}{g \sin\varphi}\left(\sqrt{v_0^2 + 2g(y_0 - y)} - v_0\right) = \frac{v - v_0}{g \sin\varphi} \quad . \quad . \quad (5)$$

d. h. die Geschwindigkeitszunahme auf der Bahn ist eine gleichförmige und die unveränderliche Bahnbeschleunigung, wie man schon aus der Zerlegung der Erdbeschleunigung in zwei unveränderliche Komponenten hätte schliefsen können, konstant $= g \sin\varphi$. Man bezeichnet diese Bewegung gewöhnlich als Fall auf der schiefen Ebene.

Weitaus wichtiger ist dagegen die Bewegung auf einer vertikalen Kreisbahn, die man sehr leicht durch Auslenken eines an einem unausdehnbaren Faden aufgehängten Körpers aus der Vertikalen erzielen kann. Alsdann beobachtet man, dafs dieses sog. Pendel zu beiden Seiten seiner vertikalen Ruhelage auf und abschwingt und immer wieder in derselben Höhe umkehrt. Wir bezeichnen nunmehr in Fig. 45 den Aufhängepunkt des Pendels mit O, den beobachteten Punkt des aufgehängten Körpers mit P, den äufsersten und den momentanen Auslenkungswinkel mit α bezw. φ, dann ist, wenn wir die Ordinaten y nach unten zu positiv rechnen und die Pendellänge $OP = l$ setzen:

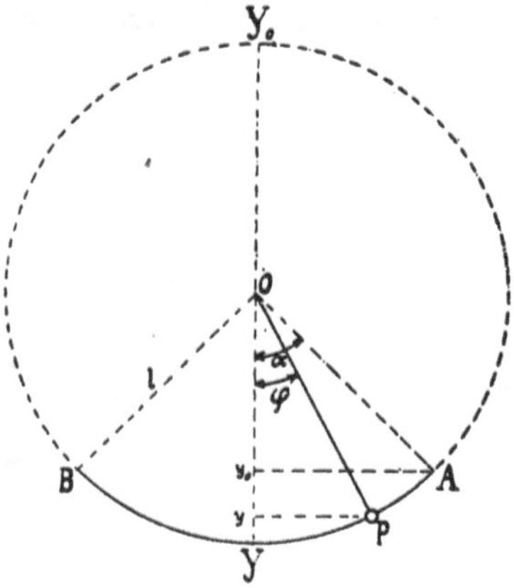

Fig. 45.

$$y = l \cos\varphi \qquad y_0 = l \cos\alpha.$$

Die Formel (4) geht alsdann, wenn wir noch berücksichtigen, dafs in den Umkehrpunkten A und B die der Zeit t_0 entsprechende Geschwindigkeit $v_0 = 0$ und

$$s = l(\alpha - \varphi) \qquad ds = -l\,d\varphi$$

ist, über in

$$t - t_0 = -\int\limits_{\alpha}^{\varphi} \frac{l\,d\varphi}{\sqrt{2gl(\cos\varphi - \cos\alpha)}} = \sqrt{\frac{l}{2g}}\int\limits_{\varphi}^{\alpha} \frac{d\varphi}{\sqrt{\cos\varphi - \cos\alpha}} \quad (6)$$

Für den bei weiterer Ausführung der Rechnung höchst unbequemen Ausdruck unter der Wurzel können wir aber auch schreiben

$$\cos\varphi - \cos\alpha = 2\left(\sin^2\frac{1}{2}\alpha - \sin^2\frac{1}{2}\varphi\right)$$

$$= 2\sin^2\frac{1}{2}\alpha\left(1 - \frac{\sin^2\frac{1}{2}\varphi}{\sin^2\frac{1}{2}\alpha}\right)$$

Führt man dann noch eine neue Variabele ψ durch

$$\sin\frac{1}{2}\varphi = \sin\frac{1}{2}\alpha \cdot \sin\psi$$

ein, welche mit $\varphi = 0$ verschwindet, mit $\varphi = \alpha$ dagegen $\psi = \frac{\pi}{2}$ wird, so haben wir statt (6)

$$t - t_0 = \sqrt{\frac{l}{g}}\int_{\psi}^{\frac{\pi}{2}} \frac{d\psi}{\sqrt{1 - \sin^2\frac{1}{2}\alpha \cdot \sin^2\psi}} \quad . \; . \; . \quad (7)$$

Das in (6) enthaltene Integral war aber ein elliptisches, welches wir durch diese, den Mathematikern wohlbekannte Umformung in seine sog. Normalform übergeführt haben. Wenn auch dieselbe naturgemäſs nicht die Ausführung des Integrals in geschlossener Form ermöglicht, so erlaubt sie uns doch, den Integranden in eine rasch konvergierende Potenzreihe zu entwickeln und an dieser die Integration zu vollziehen. Uns interessiert nun vor allem die ganze Schwingungsdauer des Körpers, d. i. die Zeit, welche das Pendel zu einem vollen Hin- und Hergange gebraucht. Diese Zeit ist aber offenbar gleich dem vierfachen Betrage der Fallzeit von $\varphi = \alpha$ bis $\varphi = 0$, bezw. $\psi = \frac{\pi}{2}$ bis $\psi = 0$, also gegeben durch

$$t_0 = 4\sqrt{\frac{l}{g}}\int_0^{\frac{\pi}{2}} \frac{d\psi}{\sqrt{1 - \sin^2\frac{1}{2}\alpha \cdot \sin^2\psi}} \quad . \; . \; . \quad (7a)$$

oder nach Entwicklung in einer Potenzreihe

$$t_0 = 4\sqrt{\frac{l}{g}} \cdot \int_0^{\frac{\pi}{2}} d\psi \left(1 + \frac{1}{2} \sin^2\frac{1}{2}\alpha \sin^2\psi \right.$$
$$\left. + \frac{1 \cdot 3}{2 \cdot 4} \sin^4\frac{1}{2}\alpha \cdot \sin^4\psi + \ldots\right) \quad . \; . \; . \; . \quad (7b)$$

Mit Hilfe der im vorigen Paragraphen schon verwendeten Transformation der Potenzen von sin ψ in Winkelfunktionen des Vielfachen von ψ können wir aber diese Reihe in eine Fouriersche überführen und alsdann die Integration leicht vollziehen, da die bestimmten Integrale über cos 2ψ, cos 4ψ u. s. w. zwischen den Grenzen $\frac{\pi}{2}$ und 0 sämtlich verschwinden. Das Ergebnis ist daher

$$t_0 = 2\pi \sqrt{\frac{l}{g}} \left\{1 + \left(\frac{1}{2}\right)^2 \sin^2\frac{1}{2}\alpha + \left(\frac{1 \cdot 3}{2 \cdot 4}\right)^2 \cdot \sin^4\frac{1}{2}\alpha \right.$$
$$\left. + \left(\frac{1 \cdot 3 \cdot 5}{2 \cdot 4 \cdot 6}\right)^2 \sin^6\frac{1}{2}\alpha + \ldots\right\} \quad . \; . \; . \; . \; . \quad (8)$$

oder indem wir die Reihe kurz mit $f(\alpha)$ bezeichnen

$$t_0 = 2\pi \sqrt{\frac{l}{g}} f(\alpha) \quad . \; . \; . \; . \; . \; . \quad (8a)$$

Zur bequemen Übersicht über das Wachstum der Schwingungsdauer des einfachen Pendels mit dem Auslenkungswinkel α seien nachstehend einige Werte von $f(\alpha)$ tabellarisch zusammengestellt.

Tabelle des $f(\alpha)$.

α	$f(\alpha)$	α	$f(\alpha)$
0°	1,00000	45°	1,0400
2°	1,00005	60°	1,0732
5°	1,00048	90°	1,1800
10°	1,00194	120°	1,3753
15°	1,00430	150°	1,7600
30°	1,01741	180°	∞

Daraus geht hervor, daſs für sehr kleine Winkel α die Unterschiede in der Schwingungsdauer fast unmerklich werden, so daſs man für diese in erster Annäherung $f(\alpha) = 1$ und damit nach Huygens Vorgang

$$t_0 = 2\pi\sqrt{\frac{l}{g}} \quad . \; . \; . \; . \; . \; . \; . \; (8b)$$

setzen darf. Praktisch ist also die Schwingungsdauer eines wenig ausgelenkten Pendels unabhängig vom Auslenkungswinkel. Will man noch etwas genauer verfahren, so gelangt man durch Hinzunahme des zweiten Gliedes von $f(\alpha)$, in dem für kleine Ausschläge unbedenklich der Sinus mit dem Bogen vertauscht werden darf, zu der zweiten Näherungsformel

$$t_0 = 2\pi\sqrt{\frac{l}{g}}\left(1 + \frac{1}{16}\alpha^2\right) \quad . \; . \; . \; . \; . \; (8c)$$

Diese Formel ist durch ihre einfache Gestalt besonders geeignet, den Einflufs kleiner Abweichungen der Schwingungsweite auf die Schwingungsdauer zu ermitteln, der sich im Laufe der Zeit bei Uhren infolge der äufserst zahlreichen Wiederholung der Schwingungen naturgemäfs bemerkbar machen mufs. Zu diesem Zwecke schreibt man unter Einführung der Winkel in Graden statt des in (8c) angewandten Bogenmafses

$$t_0 = 2\pi\sqrt{\frac{l}{g}}\,(1 + \mu\alpha^2) \quad . \; . \; . \; . \; . \; (8d)$$

wobei

$$\mu = \frac{1}{16}\left(\frac{\pi}{180}\right)^2 = 0{,}00001904$$

ist. Für einen anderen Ausschlagswinkel α' ergibt sich dann die Schwingungsdauer zu

$$t_0' = 2\pi\sqrt{\frac{l}{g}}\,(1 + \mu\alpha'^2)$$

mithin das Verhältnis beider angenähert

$$\frac{t_0}{t_0'} = \frac{1 + \mu\alpha^2}{1 + \mu\alpha'^2} \backsim 1 + \mu(\alpha^2 - \alpha'^2).$$

Schwingt ein Pendel demnach bei dem Ausschlage $\alpha' = 7^0$ gerade eine Sekunde, so wird es bei $\alpha = 8^0$ mit $t_0' = 1$

$$t_0 = 1 + 0{,}00001904\,(64 - 49)$$
$$t_0 = 1{,}0002856''$$

schwingen. Eine durch das Pendel bei 7° Ausschlag regulierte Uhr wird demnach bei $\alpha = 8^0$ im Tage (entsprechend 3600 · 24 = 86400 Sekunden) um

$$86400\,(t_0' - t_0) = 24{,}7''$$

nachgehen.

Zu der Gleichung (8b) hätten wir auch direkt auf Grund der Differentialgleichung (1a) gelangen können, wenn wir in derselben entsprechend der sehr kleinen Auslenkung $\sin\varphi = \varphi$ gesetzt hätten. Da nun aufserdem $ds = -l\,d\varphi$ war, so haben wir statt (1a)

$$\frac{d^2\varphi}{dt^2} + \frac{g}{l}\varphi = 0 \quad \ldots \ldots \ldots \quad (1c)$$

Dies ist aber, wie der Vergleich mit Gl. (3a) des § 13 lehrt, die Differentialgleichung einer einfachen Schwingung mit der durch (8b) gegebenen Periode und auf dem Bogen φ gemessenen Ausschlag. Denkt man sich also das Pendel nur ein wenig aus seiner Ruhelage ausgelenkt und mit einer seitlichen, d. h. nicht nach der Ruhelage zu gerichteten Geschwindigkeit fortgestofsen, so wird es sich gerade so bewegen, wie ein Punkt unter dem Einflusse einer dem Abstande von der Ruhelage proportionalen Beschleunigung. Die infolge der kleinen Auslenkung in einer horizontalen Ebene verlaufende Bahn wird demnach (siehe § 13, Gl. 16) im allgemeinen eine Ellipse sein, wovon man sich durch den Versuch leicht überzeugen kann.

Ein Pendel, dessen halbe Schwingungsdauer gerade eine Sekunde beträgt, nennen wir ein Sekundenpendel, seine Länge berechnet sich aus (8b) mit $\frac{1}{2}\,t_0 = 1$ Sek. und $g = 9{,}81^m$ für unendlich kleine Ausschläge zu

$$l = \frac{g}{\pi^2} = 0{,}994^m$$

Lassen wir dann dasselbe Pendel an einem anderen Orte der Erdoberfläche schwingen, so beobachten wir im allgemeinen eine andere Schwingungsdauer und schliefsen daraus auf einen anderen Wert der Erdbeschleunigung g. Dies ist in der Tat der von den Geodäten eingeschlagene Weg zur Bestimmung der Erdbeschleunigung, der uns auch über deren Veränderlichkeit mit der Höhe (siehe § 12 Gl. 7a) Auskunft gibt. Zur Bestimmung der Schwingungsdauer eines Pendels bedient man sich hierbei zweier Methoden, deren erste auf diese Zählung der Schwingungen während einer möglichst langen, anderweitig genau bestimmten Zeit hinausläuft, während die andere, viel genauere Mairan-Bordasche Methode der Koinzidenzen auf der Beobachtung des Zusammentreffens gröfster Ausschläge mit einem Pendel von genau bekannter Schwingungsdauer t_0' beruht. Die Differenz der Pendelausschläge wird nämlich in diesem Falle abwechselnd ein Maximum und ein Minimum erreichen, hat also genau den Verlauf einer Schwebung. Wir können demnach, wenn wir die Zeit t_0 zwischen zwei aufeinander folgenden Minima, den sog. Koinzidenzen der Pendel, welche mit der Schwebungsdauer identisch ist, bestimmt haben, aus Gl. (14) in § 13 sofort die gesuchte Schwingungsdauer t_0'' des einen Pendels berechnen und finden

$$t_0'' = \frac{t_0\, t_0'}{t_0 + t_0'} \quad \ldots\ldots\ldots \quad (9)$$

Unsere vorstehende Untersuchung beruhte wesentlich darauf, dafs der im Kreisbogen schwingende Punkt in der durch den Bogen $\pm\,\alpha$ gegebenen Anfangslage keine Geschwindigkeit besafs. Mit dieser Annahme gilt die Formel (8) für die Schwingungsdauer auch dann, wenn das Pendel in den über dem Aufhängepunkt gelegenen Halbkreis hinausschwingt, wobei nur statt des Fadens eine starre Gerade als Verbindung zwischen O und P vorausgesetzt werden mufs. Wie die Tabelle für $f(\alpha)$ zeigt, fanden wir alsdann eine unendlich grofse Schwingungsdauer, wenn der Punkt P bis in die Vertikale über O gelangen konnte, wobei die Geschwindigkeit erst in dieser Lage verschwindet. Es entsteht nun die Frage, was geschieht, wenn die Geschwindigkeit an keiner Stelle des Kreises verschwindet? Zur Beantwortung derselben kehren wir zu der Gl. (4) zurück, welche wir, wenn die Ordinaten nach unten wieder positiv gerechnet werden, in der Form

$$t - t_0 = \int_y^{y_0} \frac{ds}{\sqrt{v_0^2 + 2g\,(y - y_0)}} \quad \ldots\ldots \quad (4a)$$

schreiben müssen. Wir setzen nunmehr fest, dafs v_0 die Geschwindigkeit im tiefsten Punkte, also für $y_0 = l$ sein soll und haben dann mit $y = l\cos\varphi$ und $ds = -\,l\,d\varphi$

$$t - t_0 = \int\limits_{\varphi}^{0} \frac{-l\, d\varphi}{\sqrt{v_0^2 - 2gl(1 - \cos\varphi)}}$$

$$= \frac{l}{v_0} \int\limits_{0}^{\varphi} \frac{d\varphi}{\sqrt{1 - \frac{4gl}{v_0^2} \sin^2 \frac{1}{2}\varphi}} \quad . \quad . \quad . \quad . \quad . \quad (4b)$$

Dieses Integral ist aber identisch mit dem in (7a), wenn wir nur die obere Grenze $\varphi = \frac{\pi}{4}$ und aufserdem $\cdot \frac{4gl}{v_0^2}$ statt $\sin^2 \frac{1}{2}\alpha$ setzen. Dem entsprechend ergibt sich auch eine der Gl. (8) ganz analoge Reihe für die ganze Umdrehungsdauer durch Integration von (4b) zwischen $\varphi = 0$ und 2π

$$t_0 = \frac{2l\pi}{v_0} \left\{ 1 + \left(\frac{1}{2}\right)^2 \frac{4gl}{v_0^2} + \left(\frac{1 \cdot 3}{2 \cdot 4}\right)^2 \left(\frac{4gl}{v_0^2}\right)^2 + \ldots \right\} \quad . \quad . \quad (10)$$

Da die Geschwindigkeit in einer beliebigen Tiefe y unter dem Aufhängepunkt

$$v^2 = v_0^2 + 2g(y - l) \quad . \quad . \quad . \quad . \quad . \quad . \quad (2a)$$

war, so folgt für die Geschwindigkeit im höchsten Punkte, welche zugleich den kleinsten Wert von v darstellt, mit $y = -l$

$$v_0' = \sqrt{v_0^2 - 4gl} \quad . \quad . \quad . \quad . \quad . \quad . \quad . \quad (11)$$

Dieser Wert ist aber nur dann reell, wenn

$$\frac{4gl}{v_0^2} < 1.$$

bleibt, eine Bedingung, welcher der obigen Behandlung des Integrals (4b) implicite zu Grunde lag. Verschwindet die Geschwindigkeit v_0' gerade im höchsten Punkte, so wird $v_0^2 = 4gl$ und die Umdrehungsdauer t_0 wird mit dem Klammerausdruck in (10) ebenso unendlich grofs, wie die Schwingungsdauer (8) für $\alpha = 180^0$. Wir werden auf die Bewegungsvorgänge in der Umgebung des höchsten Punktes in diesem sehr interessanten Spezialfalle weiter unten noch näher einzugehen haben.

Die ganze Erscheinung läfst sich leicht durch einen Draht verfolgen, der an einem Ende ein kleines Gewicht trägt, während er mit dem anderen, zu einer Öse zusammengebogenen Ende um einen Finger vertikal herumgeschwungen wird. Man kann dabei ungefähr die Geschwindigkeit abschätzen, welche das Gewicht im tiefsten Punkte haben mufs, um noch über den höchsten hinwegzukommen, wobei man natürlich die störenden Einflüsse (Widerstände), auf die wir noch zu sprechen kommen, nicht aufser acht lassen darf. Jedenfalls erkennt man, dafs wir es mit einer ungleichförmigen Bewegung zu tun haben, deren mittlere Geschwindigkeit durch

$$v_m = \frac{2\pi l}{t_0}$$

gegeben ist. Den echten Bruch

$$\delta = \frac{v_0 - v_0'}{v_m} \quad \ldots \ldots \ldots \quad (12)$$

worin v_0 die gröfste, v_0' die kleinste Peripheriegeschwindigkeit bedeutet, bezeichnet man dann als den Ungleichförmigkeitsgrad der Bewegung, eine Gröfse, von der man in der Technik zur Beurteilung von Drehungen vielfach Gebrauch macht. Statt der Peripheriegeschwindigkeiten hätte man natürlich in (12) auch die entsprechenden Winkelgeschwindigkeiten $\omega = v : l$ einführen können. Für den vorliegenden Fall berechnet sich der Ungleichförmigkeitsgrad mit Gl. (10) zu

$$\delta = \frac{4gl}{v_0^2}\left(1 + \frac{v_0'}{v_0}\right)^{-1}\left\{1 + \left(\frac{1}{2}\right)^2 \frac{4gl}{v_0^2} + \left(\frac{1 \cdot 3}{2 \cdot 4}\right)^2 \cdot \left(\frac{4gl}{v_0^2}\right)^2 + \ldots\right\} \quad (12a)$$

Schon aus (12) erkennt man daraus, dafs bei sehr grofser mittlerer Geschwindigkeit der Ungleichförmigkeitsgrad sehr klein wird. Wegen der Kleinheit des Verhältnisses $4gl : v_0^2$ kann man hierbei die Reihe mit dem zweiten Gliede abbrechen und aufserdem nach (11) angenähert setzen

$$\frac{v_0'}{v_0} = \sqrt{1 - \frac{4gl}{v_0^2}} \sim 1 - \frac{2gl}{v_0^2}$$

also

$$\left(1 + \frac{v_0'}{v_0}\right)^{-1} = \frac{1}{2}\left(1 + \frac{gl}{v_0^2}\right)$$

oder

$$\delta = \frac{2gl}{v_0^2}\left(1 + \frac{gl}{v_0^2}\right)^2 \sim \frac{2gl}{v_0^2}\left(1 + \frac{2gl}{v_0^2}\right) \quad \ldots \quad (12b)$$

ein Wert, der sich nur wenig von $2gl : v_0^2$ unterscheiden wird.

Die vorstehenden Untersuchungen kann man natürlich auch auf die Bewegung in anderen geschlossenen und offenen Bahnen ausdehnen, ohne dafs die daraus gezogenen Resultate von mehr als mathematischem Interesse wären. Aus diesem Grunde wollen wir auch die so häufig im Anschlufs an das Kreispendel untersuchte Bewegung eines Punktes auf einer umgekehrten Cycloide (Cycloidenpendel) übergehen und uns mit dem Hinweise begnügen, dafs hierbei die Schwingungsdauer unabhängig von dem Ausschlagswinkel ist. Man bezeichnet darum die Cycloide auch als Tautochrone. Die auf dieser Eigenschaft basierten Versuche, Cycloidenpendel für die Zeitmessung zu konstruieren, sind sämtlich an praktischen Schwierigkeiten gescheitert.

Für unendlich kleine Pendelschwingungen ist die Form der Kurve, auf welcher der bewegte Punkt geführt ist, überdies ganz gleichgültig, da hierfür ganz allgemein die Gl. (1c) mafsgebend ist, wenn man unter l nur den Krümmungsradius im tiefsten Punkte versteht. In diese Lage kehrt der Punkt, nachdem er eine unendlich kleine Auslenkung erfahren hat, stets wieder zurück, weshalb wir sie auch als seine stabile Lage bezeichnen.

Ganz anders ist das Verhalten des Punktes in der obersten Stellung des Kreises, oder, was auf dasselbe hinausläuft, einer beliebigen, nach oben konvexen Kurve (Fig. 46). Denken wir uns denselben unendlich wenig davon entfernt, so können wir die Erdbeschleunigung wieder in zwei Komponenten zerlegen, von denen die eine $g \cos \varphi \sim g$ in die Normale zur Bahn fällt und daher keine Bewegung zur Folge hat, während die andere die Bahnbeschleunigung selbst darstellt. Wir erhalten demnach aus (1a), da der Weg s mit dem Bogen φ zunimmt, also $ds = l\,d\varphi$ wird, sowie $\sin \varphi$ mit φ vertauscht werden kann,

Fig. 46.

$$\frac{d^2 \varphi}{dt} - \frac{g}{l} \varphi = 0 \quad . \quad . \quad . \quad . \quad . \quad . \quad . \quad . \quad (13)$$

eine Formel, die sich von (1c) nur durch das Vorzeichen des zweiten Gliedes unterscheidet. Als allgemeines Integral können wir daher ebenso wie in § 13 für (3a) den mit zwei willkürlichen Konstanten A und B behafteten Ausdruck

$$\varphi = A \cos \alpha t + B \sin \alpha t \quad . \quad . \quad . \quad . \quad . \quad (14)$$

benutzen, wobei nur zu berücksichtigen ist, dafs hier

$$\alpha = \sqrt{-\frac{g}{l}} \quad . \quad . \quad . \quad . \quad . \quad . \quad . \quad (14a)$$

imaginär wird. Damit verliert die Lösung (14) nicht etwa ihren Sinn, wie man vielleicht anzunehmen geneigt wäre, wohl aber ändert sich der Charakter der Bewegung vollständig gegenüber dem einer einfachen, durch die Formel (1c) dargestellten Schwingung. Man braucht sich nur zu erinnern, dafs sich trigonometrische Funktionen mit imaginärem Argument jederzeit in reelle Exponentialfunktionen überführen lassen, deren Einführung von vornherein übrigens gar nichts im Wege steht. Wir setzen demnach, da wir wissen, dafs (13) durch eine solche Exponentialfunktion, die durch zweimalige Differentiation bis auf einen konstanten Faktor sich selbst wieder erzeugt, befriedigt wird,

$$\varphi = A e^{kt}, \text{ also } \frac{d^2\varphi}{dt^2} = A k^2 e^{kt} \quad . \quad . \quad . \quad . \quad (15)$$

in (13) ein, wodurch diese Gleichung übergeht in

$$A e^{kt}\left(k^2 - \frac{g}{l}\right) = 0.$$

Da φ selbst im allgemeinen nicht verschwinden kann, so mufs der Klammerausdruck zu Null werden, d. h. die Konstante k hat die beiden Werte

$$k = \pm \sqrt{\frac{g}{l}} \quad . \quad . \quad . \quad . \quad . \quad . \quad . \quad . \quad (16)$$

während A willkürlich bleibt. Da weiterhin diesen beiden Wurzeln zwei verschiedene Exponentialgröfsen entsprechen, welche im allgemeinen Integral von (13) erscheinen müssen, so lautet dieses selbst statt (14)

$$\varphi = A e^{+t\sqrt{\frac{g}{l}}} + B e^{-t\sqrt{\frac{g}{l}}} \quad . \quad . \quad . \quad . \quad . \quad (17)$$

Dafs es in dieser Form die Differentialgleichung (13) erfüllt, erkennt man schon aus dem Auftreten zweier willkürlicher Konstanten A und B, welche sich beim Einsetzen des Ausdruckes (17) und seiner zweiten Differentialquotienten in Gl. (13) wieder wegheben.

Mit der Schwingungsbewegung hat die durch (17) gegebene Erscheinung die Zusammensetzung aus zwei Einzelbewegungen gemein, und zwar sind dies zwei entgegengesetzt verlaufende a s y m p t o t i s c h e B e w e g u n g e n,

$$\varphi_1 = A e^{+t\sqrt{\frac{g}{l}}} \text{ und } \varphi_2 = B e^{-t\sqrt{\frac{g}{l}}} \quad . \quad . \quad . \quad (17a)$$

wie aus der Wegkurve, Fig. 47, deutlich hervortritt. Die Konstanten A und B sind hiernach nichts anderes als die Abschnitte der beiden Kurven (17a) auf der Ordinatenachse, durch welche dann der weitere Verlauf vollkommen eindeutig bestimmt ist. Die resultierende Wegkurve schneidet die durch $t=0$ gegebene Ordinatenachse im Abstande $A+B$. Die Winkelgeschwindigkeit während der Bewegung folgt durch Differentiation von (17) zu

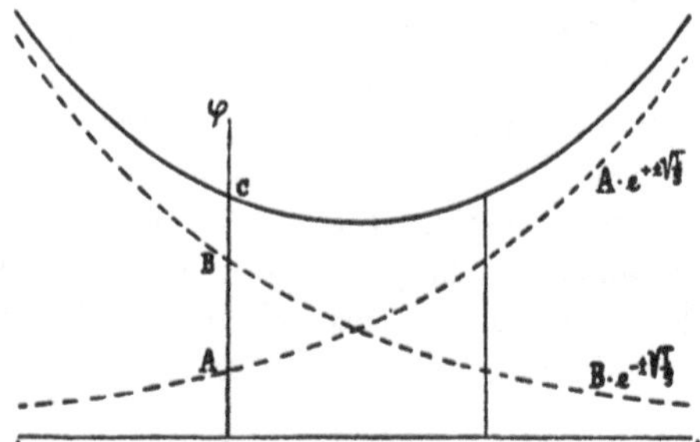

Fig. 47.

$$\frac{d\varphi}{dt} = \sqrt{\frac{g}{l}}\left(A e^{+t\sqrt{\frac{g}{l}}} - B e^{-t\sqrt{\frac{g}{l}}}\right) \quad . \quad . \quad . \quad . \quad (18)$$

sie verschwindet für

$$t_0 = \frac{1}{2}\sqrt{\frac{l}{g}} \ \mathrm{lgn}\ \frac{B}{A} \quad \text{bezw.} \quad \varphi_0 = 2\sqrt{A \cdot B} \quad . \quad (18\text{a})$$

Der durch φ_0 gegebene Punkt spielt demnach die Rolle dieses Beschleunigungszentrums, welches sich von dem bisher betrachteten nur dadurch unterscheidet, dafs die Beschleunigung hier auf Vergröfserung des Abstandes hinwirkt.

Um die soeben abgeleiteten Formeln auf den Fall der Bewegung unseres Pendels in der Nachbarschaft seiner höchsten Lage, von der wir ja ausgegangen sind, anzuwenden, dürfen wir nun nicht etwa für dieselbe $\varphi_0 = 0$ und $\frac{d\varphi}{dt} = 0$ setzen, da sich hieraus sofort $A = 0$ und $B = 0$, d. h. gar keine Bewegung ergeben würde. Wir müssen uns vielmehr den Punkt zunächst unendlich wenig aus der Nulllage ausgelenkt, also φ_0 beliebig klein, aber doch nicht verschwindend, vorstellen und erkennen alsdann sowohl aus den Gleichungen, wie auch aus der Figur, dafs er, freigelassen, sofort mit einer wachsenden Geschwindigkeit sich weiter entfernt, bis er für $t = +\infty$ formell ins Unendliche rückt. Umgekehrt, können wir uns auch denken, dafs er, aus dem Unendlichen (für $t = -\infty$) kommend, vor Beginn der Bewegung mit einer abnehmenden und schliefslich verschwindenden Geschwindigkeit im Punkte φ_0 eingetroffen sei. Dadurch erklärt sich auch zwanglos die unendlich grofse Schwingungsdauer, welche für eine Auslenkung von 180° aus der untersten Lage die Formel (8) bezw. die Tabelle für $f(\alpha)$ ergab, sowie die unendliche Umdrehungsdauer nach Gl. (10) für $v_0' = 0$.

Da hiernach der unendlich wenig aus seiner obersten Lage ausgelenkte Punkt niemals wieder in dieselbe zurückkehrt, so ist die Bewegung jedenfalls nicht mehr als periodisch zu bezeichnen. Im Einklang mit Gl. (3) in § 8 wollen wir sie eine asymptotische Bewegung nennen und darunter allgemein eine solche verstehen, deren Differentialgleichung mit derjenigen einer periodischen Bewegung bis auf das Vorzeichen der Konstanten α^2 übereinstimmt. Die oberste Lage selbst bezeichnet man, da der Punkt im Gegensatz zur tiefsten Lage nach der Auslenkung nicht wieder in dieselbe zurückkehrt, sondern sich sogar immer weiter entfernt, als eine labile.

Erteilt man dem in dieser Lage ausgelenkten Punkt noch eine elementare seitliche Geschwindigkeit, so wird er darum auch nicht, wie in der untersten Lage eine unendlich kleine Ellipse oder sonst eine geschlossene Kurve beschreiben, sondern in eine endliche ungeschlossene Bahn übergehen. In der Technik interessiert ein derartiges Verhalten fast immer nur insofern, als man bei demselben die Herrschaft über die Bewegung verliert und folglich labile Lagen überhaupt ganz zu vermeiden sucht.

§ 16. Allgemeine Theorie der gezwungenen Bewegung.

Einführung der Zwangsbeschleunigung, das Vorzeichen derselben. Werte der Zwangsbeschleunigung auf der schiefen Ebene und der Kreisbahn. Allgemeine Gleichungen der ebenen und räumlichen gezwungenen Bewegung.

Die Betrachtung der Beschleunigung und ihrer Komponenten in § 9 führte uns auf den Satz, dafs die Bewegung eines Punktes vollkommen bestimmt sei, wenn aufser der Gröfse und Richtung der Anfangsgeschwindigkeit die Beschleunigung für alle möglichen Lagen des Punktes nach Gröfse und Richtung bekannt ist. Insbesondere kann hieraus die Bahn des Punktes abgeleitet werden, wovon wir in § 10 alsdann für die Wurfbewegung Gebrauch machten. Dabei war stillschweigend vorausgesetzt, dafs der bewegte Punkt dem Einflusse der Beschleunigung uneingeschränkt Folge leisten konnte, so daſs die Bewegung als eine freie zu bezeichnen war. Für die beiden zuletzt behandelten Bewegungsformen trifft diese Voraussetzung indessen schon nicht mehr zu, da hier die von den einzelnen Punkten beschriebenen Bahnen von vornherein gegeben waren. Im Falle der Pendelbewegungen gingen wir allen daraus etwa entstehenden Schwierigkeiten einfach dadurch aus dem Wege, daſs wir unter alleiniger Berücksichtigung der Tangentialkomponente der Beschleunigung eine von der besonderen Bahnform unabhängige Gleichung für die Geschwindigkeit aufstellten. Die Normalkomponenten brauchten wir hierfür gar nicht ins Auge zu fassen.

Und doch ist gerade diese ganz bezeichnend für den Unterschied zwischen der freien und der gezwungenen Bewegung.

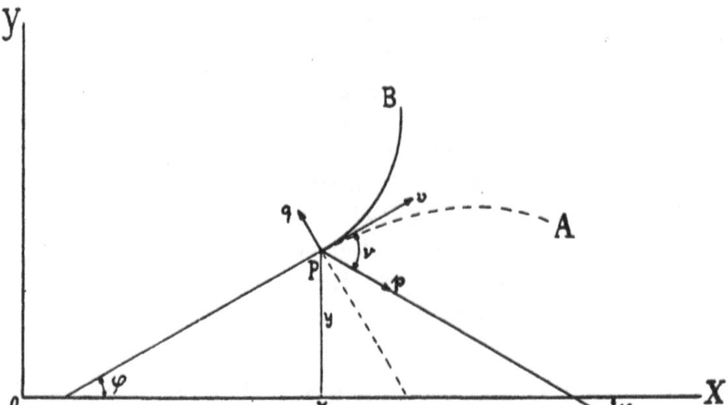

Fig. 48.

Denkt man sich nämlich in Fig. 48 einen Punkt P mit der Anfangsgeschwindigkeit v in der Richtung φ gegen die X-Achse eines ebenen Systems bewegt und gleichzeitig der Wirkung einer Beschleunigung p in der Richtung $\varkappa$ ausgesetzt, so würde derselbe frei die Bahn PA beschreiben. Ist er nun gezwungen, in der Bahn PB zu bleiben, so kann man sich auch die Bewegung im ersten Zeitelemente so vorstellen, daſs er durch eine auf PB in P normale Beschleunigung q aus der natürlichen Bahn PA abgelenkt wird. Nach Einführung dieser Zwangsbeschleunigung können wir dann die Bewegung selbst ganz wie eine freie

Bewegung weiter verfolgen. Wir erhalten für die beiden Beschleunigungskomponenten in den Koordinatenrichtungen

$$\left.\begin{aligned}\frac{d^2x}{dt^2} &= +p\cos\varkappa - q\sin\varphi\\ \frac{d^2y}{dt^2} &= -p\sin\varkappa + q\cos\varphi\end{aligned}\right\} \quad \ldots\ldots \quad (1)$$

und daraus durch Multiplikation mit

$$\frac{dx}{ds} = \cos\varphi, \qquad \frac{dy}{ds} = \sin\varphi$$

sowie Addition (unter Einführung des Winkels ν zwischen p und v) wegen $ds\,d^2s = dx\,d^2x + dy\,d^2y$ die Bahnbeschleunigung

$$\frac{d^2s}{dt^2} = p\cos(\varkappa + \varphi) = p\cos\nu \quad \ldots\ldots \quad (2)$$

für welche demnach die Zwangsbeschleunigung nicht in Betracht kommt. Es ist dies dieselbe Formel, von der wir bei der Untersuchung der Pendelbewegung ausgegangen sind. Multiplizieren wir dagegen die erste Gl. (1) mit $\sin\varphi$, die zweite mit $\cos\varphi$ und subtrahieren beide voneinander, so folgt

$$\frac{dx\,d^2y - dy\,d^2x}{ds\,dt^2} = p\sin(\varkappa + \varphi) - q$$

oder, wenn ϱ den Krümmungsradius der Bahn im Punkte P bedeutet, nach § 9

$$\frac{v^2}{\varrho} = p\sin\nu - q \quad \ldots\ldots \quad (3)$$

Für eine freie Bewegung wird $q = o$ und die Gleichung mit der Formel (12) in § 9 identisch, da die Normalbeschleunigung bei freier Bewegung $n = p\sin\nu$ ist. Die Gl. (3) stellt demnach ein Kriterium für die Existenz einer gezwungenen Bewegung insofern dar, als hierfür die Differenz $p\sin\nu - \frac{v^2}{\varrho}$ nicht verschwindet.

Die einzige Schwierigkeit, welche der Anwendung von Gl. (3) entgegensteht, ist die Wahl der Vorzeichen. Man kann dieselbe indessen immer dadurch bewältigen, daſs man neben der gezwungenen Bahn ein Stück der freien aufzeichnet, welche stets nach der Beschleunigungsrichtung zu konkav sein muſs. Die Zwangsbeschleunigung wird dann dieselbe Richtung und dasselbe Vorzeichen besitzen wie die Normalkomponente n, so lange die gezwungene Bahn wie in Fig. 49 nach derselben Seite und stärker gekrümmt ist wie die freie Bahn, während sie bei schwächerer oder entgegengesetzter Krümmung auch eine entgegengesetzte Richtung und ein entsprechendes Vorzeichen annimmt. Besonders klar erscheint diese Regel, wenn wir statt der Normalbeschleunigung $-p \sin \nu$ mit Hilfe von Gl. (12) in § 9 den Krümmungsradius ϱ_0 der freien Bahn einführen, wodurch (3) übergeht in

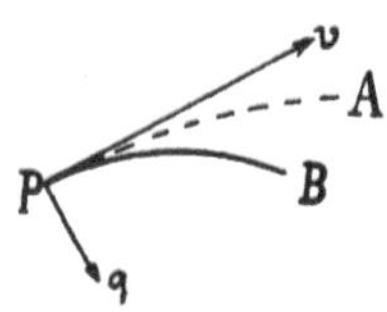

Fig. 49.

$$q = v^2 \left(\frac{1}{\varrho} - \frac{1}{\varrho_0}\right) \quad . \quad . \quad . \quad . \quad . \quad . \quad (3a)$$

und kein Zweifel mehr über die Vorzeichen übrig bleibt. Wenn wir auch die grofse Wichtigkeit der Zwangsbeschleunigung, insbesondere für technische Probleme, erst später eingehend kennen lernen werden, so wollen wir sie doch in den uns schon vertrauten Fällen der schiefen Ebene und des Pendels hier berechnen.

Ist ein Punkt gezwungen, sich unter dem Einflusse der Erdbeschleunigung g, für welche $\varkappa = -90^0$ ist, auf einer Geraden mit dem konstanten Neigungswinkel φ gegen den Horizont zu bewegen, so ist zunächst für diese Gerade $\varrho = \infty$, und es bleibt als Zwangsbeschleunigung nach (3)

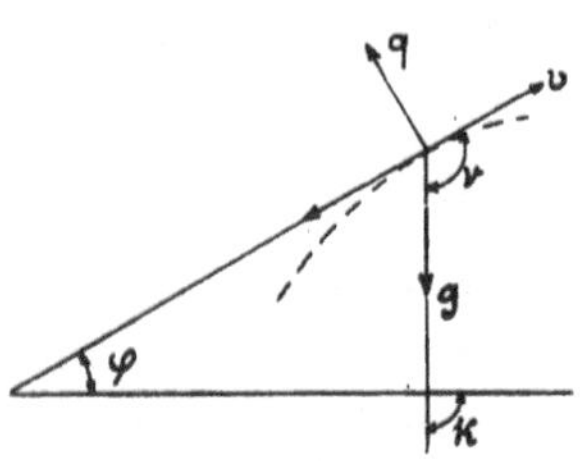

Fig. 50.

$$q = g \sin \nu = - g \cos \varphi \qquad (4)$$

welche, wie sich aus der in Fig. 50 punktiert eingezeichneten freien Bahn, der Wurfparabel, ergibt, senkrecht auf der Zwangsbahn nach oben gerichtet ist und zwar gleichgültig, ob der Punkt auf der Geraden emporsteigt oder herabfällt.

Zu einem ganz ähnlichen Resultate gelangt man für die Bewegung des Pendels im unteren Teile des Kreises, für den der Krümmungsradius $\varrho = l$ konstant ist. Wir erhalten aus (3) die Zwangsbeschleunigung

$$q = - g \cos \varphi - \frac{v^2}{l} \quad . \quad . \quad . \quad . \quad . \quad . \quad (5)$$

also absolut gröfser als die Radialkomponente der Erdbeschleunigung, da die derselben entsprechende Wurfparabel stets die entgegengesetzte Krümmung besitzt wie die Kreisbahn des Punktes. In den Umkehrpunkten ist $v = 0$, so dafs dort dieselbe Zwangsbeschleunigung wie auf der schiefen Ebene herrscht.

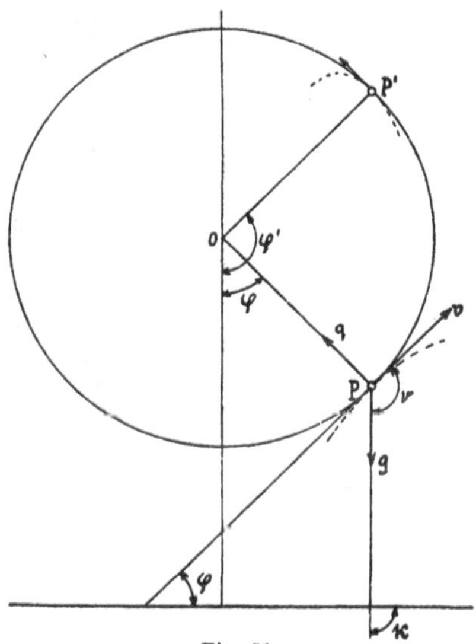

Fig. 51.

In der oberen Hälfte der Bahn dagegen haben wir ebenso zwei Fälle zu unterscheiden wie schon früher, nämlich den der vollständigen Rotation von dem der Schwingung. Im letzteren Falle verläuft die Wurfparabel, welche im fraglichen Punkte P' die Kreisbahn berührt, innerhalb derselben, so dafs die Zwangsbeschleunigung nach aufsen gerichtet ist. Gelangt der Punkt in der oberen Lage gerade zur Ruhe, wird also $v = 0$ für $\varphi = 180^0$, so hebt die nach aufsen gerichtete Zwangsbeschleunigung $q = g$ gerade die Erdbeschleunigung auf.

Verschwindet die Geschwindigkeit dagegen nicht in der oberen Lage, so kann, wenn die sich dort an die Kreisbahn anschliefsende Wurfparabel ganz aufserhalb liegt, die Zwangsbeschleunigung sehr wohl wieder nach innen gerichtet sein. Die Bedingung hierfür ergibt sich sofort aus (4) mit $\varphi = 180^0$ zu

$$v^2 > g\,l,$$

und dann ist auch, da stets $\cos\varphi < 1$ bleibt, q während der ganzen Rotation nach innen gerichtet. Der Richtungswechsel findet somit nur dann statt, wenn q für irgend eine Lage φ_0 verschwindet, die sich sofort aus (5) zu

$$-\cos\varphi_0 = \frac{v^2}{g\,l} \quad \ldots \ldots \quad (4a)$$

berechnet. An diesen Punkten stellt der Bahnkreis zugleich den Krümmungskreis der Wurfparabel dar.

Ist nun der Neigungswinkel φ der Zwangsbahn gegen die X-Achse, und ihr Krümmungsradius nicht unmittelbar gegeben, liegt vielmehr die Bahngleichung nur implicite in der Form

$$f(x, y) = 0 \quad \ldots\ldots\ldots \quad (5)$$

vor, so ergibt sich doch sofort mit der ohne weiteres verständlichen Abkürzung λ

$$\cos\varphi = \frac{\frac{\partial f}{\partial y}}{\sqrt{\left(\frac{\partial f}{\partial x}\right)^2 + \left(\frac{\partial f}{\partial y}\right)^2}} = \frac{1}{\lambda}\frac{\partial f}{\partial y}$$

$$\sin\varphi = \frac{\frac{\partial f}{\partial x}}{\sqrt{\left(\frac{\partial f}{\partial x}\right)^2 + \left(\frac{\partial f}{\partial y}\right)^2}} = \frac{1}{\lambda}\frac{\partial f}{\partial x} \quad \ldots\ldots \quad (6)$$

und man schreibt alsdann unter Einführung der Beschleunigungskomponenten p_x und p_y

$$\left.\begin{aligned} \frac{d^2x}{dt^2} &= p_x + \frac{q}{\lambda}\frac{\partial f}{\partial x} \\ \frac{d^2y}{dt^2} &= p_y + \frac{q}{\lambda}\frac{\partial f}{\partial y} \end{aligned}\right\} \quad \ldots\ldots \quad (7)$$

Hierzu tritt noch die durch zweimalige Differentiation von (5) erhaltene Gleichung

$$\frac{\partial^2 f}{\partial x^2}\left(\frac{dx}{dt}\right)^2 + \frac{\partial^2 f}{\partial y^2}\left(\frac{dy}{dt}\right)^2 + 2\frac{\partial^2 f}{\partial x \partial y}\frac{dx}{dt}\frac{dy}{dt} + \frac{\partial f}{\partial x}\frac{d^2x}{dt^2}$$
$$+ \frac{\partial f}{\partial y}\frac{d^2y}{dt^2} = 0 \quad \ldots\ldots\ldots \quad (8)$$

in welcher die Geschwindigkeitskomponenten $\frac{dx}{dt}$ und $\frac{dy}{dt}$ für den fraglichen Punkt als bekannt anzusehen sind. Alsdann genügen die Gleichungen (7) und (8) zur vollständigen Bestimmung der wahren Beschleunigungskomponenten $\frac{d^2x}{dt^2}$, $\frac{d^2y}{dt^2}$, sowie der Zwangsbeschleunigung q, womit das Problem auf die freie Bewegung zurückgeführt ist.

Diese Formeln lassen sich sofort auch auf drei Dimensionen ausdehnen und damit die Bewegung auf einer gegebenen Oberfläche

$$f(x, y, z) = 0 \quad \ldots\ldots\ldots \quad (5a)$$

verfolgen. Man erhält, unter φ, ψ und χ die Richtungswinkel der Normalen im betrachteten Punkte gegen die drei Achsen verstanden,

$$\left.\begin{aligned} \cos\varphi = \frac{1}{\lambda}\frac{\partial f}{\partial x} \quad \cos\psi = \frac{1}{\lambda}\frac{\partial f}{\partial y} \quad \cos\chi = \frac{1}{\lambda}\frac{\partial f}{\partial z} \\ \lambda = \sqrt{\left(\frac{\partial f}{\partial x}\right)^2 + \left(\frac{\partial f}{\partial y}\right)^2 + \left(\frac{\partial f}{\partial z}\right)^2} \end{aligned}\right\} \quad (6a)$$

und

$$\left.\begin{aligned} \frac{d^2x}{dt^2} = p_x + \frac{q}{\lambda}\frac{\partial f}{\partial x} \\ \frac{d^2y}{dt^2} = p_y + \frac{q}{\lambda}\frac{\partial f}{\partial y} \\ \frac{d^2z}{dt^2} = p_z + \frac{q}{\lambda}\frac{\partial f}{\partial z} \end{aligned}\right\} \quad \ldots\ldots (7a)$$

sowie durch zweimalige Differentiation von (5a) eine letzte Gleichung, welche mit (7a) zusammen zur Bestimmung der Komponenten der Bahnbeschleunigung und der Zwangsbeschleunigung ausreicht, wenn die Geschwindigkeitskomponenten gegeben sind.

Ist schliefslich eine Raumkurve vorgelegt, auf welcher der beobachtete Punkt sich bewegen soll, so kann man sich dieselbe als Schnitt zweier Oberflächen denken, deren jede eine Gleichung analog (5a) besitzt und eine Zwangsbeschleunigung ausübt, deren Komponenten sich naturgemäfs superponieren. Man erhält alsdann zu jeder der Gl. (7a) noch ein weiteres Zusatzglied und zwei weitere Differentialgleichungen der Flächen. Die weitere Behandlung wird natürlich hierfür schon recht verwickelt, so dafs wir von ihr um so eher absehen können, als sie uns zu keinerlei neuen, insbesondere praktisch wichtigen Sätzen führt.

Kapitel III.

Die Relativbewegung.

§ 17. Die freie Relativbewegung ohne Rotation.

Aufstellung der Gleichungen, Messung der Schiffsgeschwindigkeit, die Aberration des Lichtes. Wahre und scheinbare Planetenbahnen, Venusdurchgang. Beschleunigung auf einem Fördergestell.

Schon bei der Erörterung der Grundbegriffe der Lehre von der Bewegung wurde darauf hingewiesen, dafs wir es, streng genommen, auf der Erdoberfläche niemals mit absoluten, sondern stets mit relativen Bewegungen zu tun haben. Wenn es auch gestattet ist, in vielen Fällen nicht nur von der fortschreitenden Bewegung der Erde selbst, sondern auch von ihrer Rotation abzusehen, so treten doch, sowohl in der Physik, wie auch in der Technik gelegentlich Probleme auf, welche die Berücksichtigung dieser Erscheinungen verlangen, ganz abgesehen davon, dafs wir auch in den anderen Fällen erst die Berechtigung der erwähnten Vernachlässigung zu erweisen haben. Aber auch auf der vorläufig als ruhend gedachten Erdoberfläche selbst treten uns oft genug Relativbewegungen entgegen; wir brauchen hier nur an die Bewegung der Insassen eines Fahrzeuges bezw. diejenige der Räder eines solchen zu denken, von denen die erstere als freie, die andere als gezwungene Relativbewegung anzusehen ist. Wenn auch die letztere technisch von gröfserer Bedeutung ist, so empfiehlt es sich doch, zunächst die freie Relativbewegung, bei der die Verhältnisse infolge des Wegfalles der Zwangsbeschleunigung einfacher liegen, ins Auge zu fassen.

Dabei haben wir wiederum zwei wichtige Fälle zu unterscheiden, nämlich die Relativbewegung gegen ein nur in Parallelverschiebung begriffenes Achsensystem von derjenigen, bei welcher dieses System gleichzeitig rotiert. Die letztere Bewegung ist, wie wir schon früher gesehen haben, die allgemeinere; aus ihr kann die erstere leicht durch Vernachlässigung der Rotation abgeleitet werden.

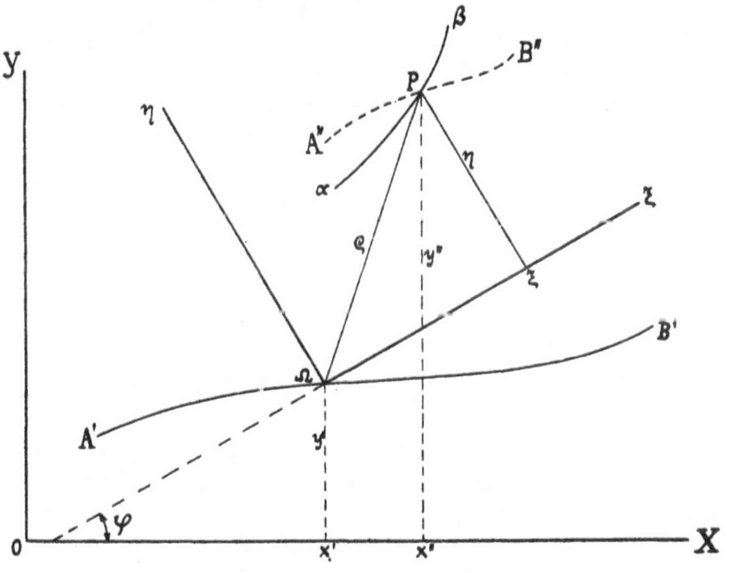

Fig. 52.

Wir wollen uns nun in Fig. 52 das Achsensystem $\xi \Omega \eta$ mit dem der Einfachheit halber nur in ebener Bewegung begriffenen Fahrzeuge fest verbunden denken, sein Anfangspunkt beschreibe die Kurve $A' B'$, deren Koordinaten $x' y'$ sich auf ein absolut festes Achsensystem $x O y$ beziehen mögen. Wenn dann ein Punkt P in derselben Ebene die auf dieses feste System bezogene absolute Bahn $A'' B''$ mit den Koordinaten $x'' y''$ beschreibt, so erscheint es von dem bewegten Anfang Ω aus gesehen, als wenn er auf der scheinbaren bezw. relativen Bahn $\alpha\beta$ mit den auf das bewegliche System $\xi \Omega \eta$ bezogenen relativen Koordinaten $\xi \eta$ fortschreiten würde. Ist φ der augenblickliche Winkel der ξ-Achse des beweglichen, gegen die x-Achse des festen Systems, so bestehen zwischen den absoluten Koordinaten der Punkte P und Ω, sowie den relativen von P die einfachen Beziehungen

$$\left.\begin{aligned}\xi &= (x'' - x')\cos\varphi + (y'' - y')\sin\varphi \\ \eta &= (y'' - y')\cos\varphi - (x'' - x')\sin\varphi\end{aligned}\right\} \quad . \; . \; . \quad (1)$$

oder umgekehrt

$$\left.\begin{aligned}x'' - x' &= \xi\cos\varphi - \eta\sin\varphi \\ y'' - y' &= \eta\cos\varphi + \xi\sin\varphi\end{aligned}\right\} \quad . \; . \; . \; . \quad (1a)$$

Erleidet das Achsensystem Ω nur eine Parallelverschiebung, so ändert sich der Winkel φ nicht während der Bewegung. Wir können dann das bewegliche System willkürlich parallel dem festen wählen, wodurch $\varphi = 0$ wird und die Formeln die einfache Gestalt

$$\xi = x'' - x', \qquad \eta = y'' - y' \quad . \; . \; . \; . \; . \quad (2)$$

annehmen, aus denen man sofort für die Geschwindigkeits- und Beschleunigungskomponenten

$$\frac{d\xi}{dt} = \frac{dx''}{dt} - \frac{dx'}{dt}, \qquad \frac{d\eta}{dt} = \frac{dy''}{dt} - \frac{dy'}{dt} \quad . \; . \; . \quad (3)$$

$$\frac{d^2\xi}{dt^2} = \frac{d^2x''}{dt^2} - \frac{d^2x'}{dt^2}, \qquad \frac{d^2\eta}{dt^2} = \frac{d^2y''}{dt^2} - \frac{d^2y'}{dt^2} \quad . \; . \; . \quad (4)$$

erhält. **Bei der rotationsfreien Relativbewegung sind demnach die absoluten Koordinaten, die Geschwindigkeits- und Beschleunigungskomponenten des bewegten Punktes gleich der Summe der entsprechenden relativen Gröfsen und der absoluten Werte des Bezugspunktes Ω.** Wir können folglich diese Gröfsen geometrisch genau so zusammensetzen, wie wir es früher für die Verschiebungen, Geschwindigkeiten und Beschleunigungen kennen gelernt haben.

Um z. B. die Relativbewegung eines absolut ruhenden Punktes zu ermitteln, brauchen wir nur für denselben $x'' = 0$, $y'' = 0$ zu setzen und haben alsdann

$$\xi = -x', \qquad \eta = -y' \quad . \; . \; . \; . \; . \quad (2a)$$

$$\frac{d\xi}{dt} = -\frac{dx'}{dt}, \qquad \frac{dy}{dt} = -\frac{dy'}{dt} \quad . \; . \; . \; . \quad (3a)$$

$$\frac{d^2\xi}{dt^2} = -\frac{d^2x'}{dt^2}, \qquad \frac{d^2y}{dt^2} = -\frac{d^2y'}{dt^2} \quad . \; . \; . \; . \quad (4a)$$

Der feste Punkt O befindet sich demnach von einem bewegten Ω aus beobachtet, in einer der absoluten Bewegung von Ω entgegengesetzt verlaufenden Relativbewegung mit entgegengesetzt gleicher Geschwindigkeit und Beschleunigung.

Von diesem Satz macht man z. B. Gebrauch bei der Bestimmung der Geschwindigkeit eines Schiffes auf hoher See. Die relative Geschwindigkeit eines ausgeworfenen Schwimmers, des sog. Logs, welches in Wirklichkeit im ruhenden Wasser nahezu unbeweglich bleibt, wird hierbei durch Beobachtung der Ablaufszeit einer durch Knoten markierten Länge des mit dem Log verbundenen Fadens von einer auf dem Schiffe befindlichen Rolle ermittelt. Diese Relativgeschwindigkeit ist, wenn das Schiff während der Messung keine Drehung erfährt, der wirklichen Schiffsgeschwindigkeit entgegengesetzt gleich. Daran ändert sich auch nichts, wenn das Schiff etwa durch den Wind aus seinem Kurse abgetrieben wird. In diesem Falle erreicht nach t Sekunden der Faden die Länge s und bildet mit der Schiffsachse AA den Winkel α, so daſs die mittlere fortschreitende Geschwindigkeit des Schiffes selbst während dieser Zeit durch

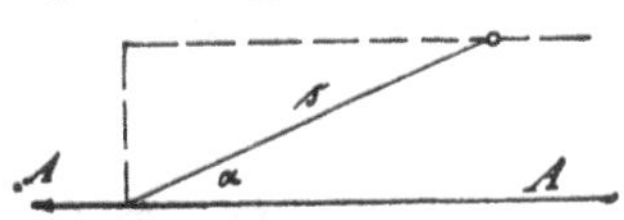

Fig. 53.

$$c = \frac{s}{t} \cos \alpha \quad \ldots \ldots \quad (5)$$

gegeben ist, Fig. 53.

Eine andere, sehr schöne Anwendung der Lehre von der rotationslosen Relativbewegung ergibt sich aus der von dem englischen Astronomen Bradley entdeckten Aberration des Lichtes der Fixsterne. Bradley beobachtete nämlich, daſs alle Fixsterne im Verlaufe eines Jahres Ellipsen beschreiben, deren Längsachsen sämtlich von gleicher Gröſse (40,5″) und parallel der Ekliptik, d. h. der Ebene der Erdbahn waren, während die kleinen Achsen vom Pole der Erdbahn bis zur Ekliptik abnahmen. Schon die übereinstimmende Richtung und scheinbare Gröſse aller dieser Längsachsen lieſs eine Eigenbewegung als ausgeschlossen erscheinen, während die durchgehends mit der Umdrehungsdauer der Erde um die Sonne zusammenfallende Periode darauf hindeutete, daſs man es mit einer durch die Ortsveränderung der Erde im Weltenraume bedingten Erscheinung zu tun habe. Dieselbe erklärt sich sofort, wenn wir dem Lichtstrahle selbst eine bestimmte Geschwindigkeit c_1 zuschreiben, welche sich mit derjenigen c_2 der Erde in ihrer Bahn zu einer Resultanten zusammensetzt. Um dies durchzuführen, denken wir uns durch den in der Richtung EF unendlich entfernten Fixstern an die Erdbahn in dem Punkte E, welchen augenblicklich die Erde selbst einnimmt, eine Tangentialebene gelegt und dieselbe als Bildebene gewählt. Der in F ankommende Lichtstrahl (Fig. 54) wird nun die Erde, welche während des Durchlaufens der Strecke $FE = c_1$ den Weg $EH = c_2$ zurückgelegt hat, nicht mehr antreffen. Wir müssen demnach, um den Stern zu beobachten, einem auf der Erde befindlichen Fernrohr die Richtung EG der Diagonale des Parallelogramms $EFGH$ geben, welche von $EF // HG$ um den sog. Aberrationswinkel δ abweicht. Bezeichnen wir ferner die scheinbare Neigung des Lichtstrahles gegen die Erdbahn EH mit α, so folgt

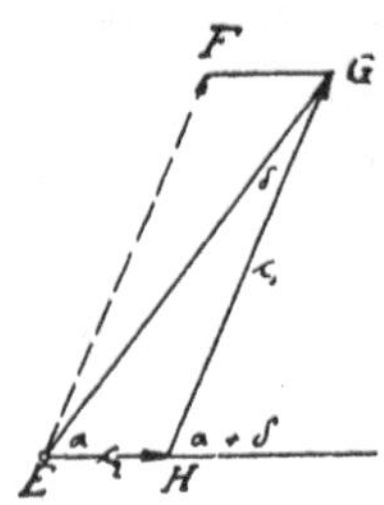

Fig. 54.

$$\sin \delta = \frac{c_2}{c_1} \sin \alpha \quad . \quad . \quad . \quad . \quad . \quad . \quad . \quad . \quad . \quad (6)$$

Für $\alpha = 90^0$ wird der Winkel zu einem Maximum und zwar, wenn wir die Erdgeschwindigkeit mit etwa $c_2 = 31$ km pro Sekunde, die Lichtgeschwindigkeit dagegen mit $c_1 = 310000$ km pro Sekunde einführen, zu $\delta = 20{,}25''$. Da dieser Winkel nun auf der anderen Seite der Erdbahn, d. h. nach Verlauf eines halben Jahres, wegen der entgegengesetzten Erdgeschwindigkeit $-20{,}25''$ beträgt so ist die gröſste Differenz in der Tat $40{,}5''$. Die Aberration des Lichtes, welche bei bekannter Erdgeschwindigkeit uns einen Schluſs auf die Gröſse der Lichtgeschwindigkeit gestattet, erscheint hiernach als eine Folge der Relativbewegung des Fixsternhimmels gegen die bewegte Erdkugel. Da deren Bahn nahezu kreisförmig ist, so sind ihre Projektionen auf Ebenen senkrecht zu den Verbindungslinien des Kreismittelpunktes mit beliebigen Fixsternen stets Ellipsen mit nahezu gleichen groſsen Achsen, womit auch die Übereinstimmung der groſsen Achsen der scheinbaren Fixsternbahnen erklärt ist.

Mitunter empfiehlt sich auch die Einführung von Polarkoordinaten, z. B. bei der Behandlung der Relativbewegung zweier Körper P_1 und P_2 gegeneinander, welche beide Zentralbewegungen um ein gemeinsames Zentrum O vollführen. Auf diese Weise gelangen wir z. B. zur Übersicht des Zusammenhangs der wahren und scheinbaren Planetenbahnen. Nehmen wir in Fig. 55 der Einfachheit halber dieselben als kreisförmig mit den Radien a_1 und a_2 in derselben Ebene liegend an und setzen dementsprechend auch ihre absoluten Winkelgeschwindigkeiten α_1 und α_2 konstant, so erhalten wir, unter β den Winkel des einen Radius-Vektor bei der Nulllage des anderen verstanden, für die absoluten Koordinaten

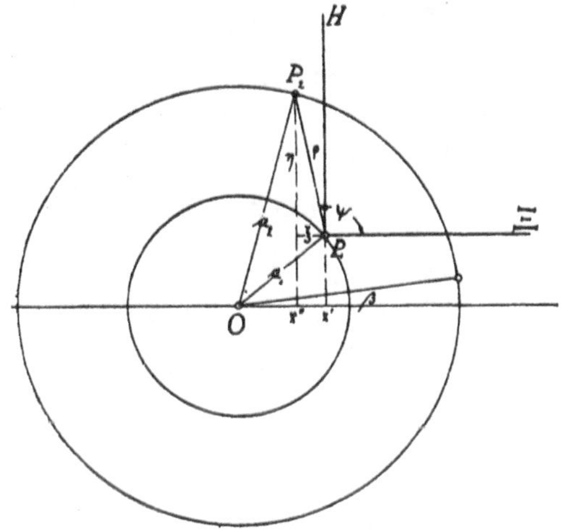

Fig. 55.

$$x' = a_1 \cos \alpha_1 t, \qquad y' = a_1 \sin \alpha_1 t \quad . \quad . \quad . \quad . \quad (7)$$

$$x'' = a_2 \cos (\alpha_2 t + \beta), \qquad y'' = a_2 \sin (\alpha_2 t + \beta) \quad . \quad . \quad (8)$$

und damit für die relativen Koordinaten

$$\left.\begin{aligned} \xi &= a_2 \cos (\alpha_2 t + \beta) - a_1 \cos \alpha_1 t \\ \eta &= a_2 \sin (\alpha_2 t + \beta) - a_1 \sin \alpha_1 t \end{aligned}\right\} \quad . \quad . \quad . \quad (9)$$

Der relative Radius-Vektor ϱ bestimmt sich demnach aus $\varrho^2 = \xi^2 + \eta^2$ zu

$$\varrho^2 = a_1^2 + a_2^2 - 2\,a_1 a_2 \cos \big((\alpha_2 - \alpha_1) t + \beta\big) \quad . \quad . \quad (10)$$

Man erkennt, dafs er eine periodische Funktion der Zeit ist und die Periode

$$t_0 = \frac{2\pi}{\alpha_1 - \alpha_2} \quad . \quad . \quad . \quad . \quad . \quad . \quad . \quad . \quad . \quad . \quad (11)$$

besitzt. Es ist dies auch die Zeit, welche von einem Minimum ($\varrho = a_2 - a_1$) bis zum folgenden verläuft. Die diesem Minimum entsprechenden Stellungen eines Planeten bezeichnet man als

Opposition, wenn der innere Kreis die Erdbahn bedeutet, im anderen Falle dagegen als untere Konjunktion, während die dem Maximum $\varrho = a_1 + a_2$ entsprechende Stellung die obere Konjunktion heißt. Die Beobachtung von der bewegten Erde gibt uns nur lediglich Werte des relativen Drehwinkels des Planeten gegen eine durch Fixsternbeobachtungen festgelegte Richtung $P_1\xi$ an. Dieser Winkel ergibt sich aus der Fig. 55 zu

$$\operatorname{tg}\psi = \frac{\eta}{\xi} = \frac{a_2 \sin(\alpha_2 t + \beta) - a_1 \sin \alpha_1 t}{a_2 \cos(\alpha_2 t + \beta) - a_1 \cos \alpha_1 t} \quad . \quad . \quad (12)$$

Aus dieser Formel kann man mit Hilfe des dritten Kepplerschen Gesetzes die Radien a_1 und a_2 eliminieren. Dasselbe führt, wenn $t_1 = \frac{2\pi}{\alpha_1}$, $t_2 = \frac{2\pi}{\alpha_2}$ die beiden Umlaufszeiten bedeuten, auf

$$\frac{a_1}{a_2} = \left(\frac{t_1}{t_2}\right)^{\frac{2}{3}} = \left(\frac{\alpha_2}{\alpha_1}\right)^{\frac{2}{3}},$$

wodurch (12) in eine lediglich die absoluten Winkelgeschwindigkeiten α_1 und α_2, sowie die Phase β enthaltende Gleichung

$$\operatorname{tg}\psi = \frac{\alpha_1^{\frac{2}{3}} \sin(\alpha_2 t + \beta) - \alpha_2^{\frac{2}{3}} \sin \alpha_1 t}{\alpha_1^{\frac{2}{3}} \cos(\alpha_2 t + \beta) - \alpha_2^{\frac{2}{3}} \cos \alpha_1 t} \quad . \quad . \quad . \quad (12\text{a})$$

übergeht, welche man zur Bestimmung von α_1, α_2 und β aus wenigstens drei Beobachtungen von ψ benutzen kann. Die Rechnung selbst ist angesichts der unbequemen Form (12a) schon recht verwickelt. Über die Änderung des scheinbaren Drehwinkels ψ gibt nun die scheinbare Winkelgeschwindigkeit $\frac{d\psi}{dt}$ am besten Auskunft, für die wir aus (12)

$$\frac{1}{\cos^2\psi} \frac{d\psi}{dt} = \frac{1}{\xi^2}\left(\xi \frac{d\eta}{dt} - \eta \frac{d\xi}{dt}\right)$$

bezw. nach Elimination von ψ und Einführung von $\xi^2 + \eta^2 = \varrho^2$ mit (12)

$$\varrho^2 \frac{d\psi}{dt} = \xi \frac{d\eta}{dt} - \eta \frac{d\xi}{dt} \quad . \quad . \quad . \quad . \quad . \quad . \quad (13)$$

erhalten. Führen wir die rechts angedeuteten Differentiationen und Multiplikationen mit (9) aus, so folgt

$$\varrho^2 \frac{d\psi}{dt} = a_1^2 \alpha_1 + a_2^2 \alpha_2 - a_1 a_2 (\alpha_1 + \alpha_2) \cos([\alpha_2 - \alpha_1] t + \beta) \quad (13\text{a})$$

Dies ist aber nichts anderes als die doppelte Flächengeschwindigkeit des relativen Radius-Vektors, welche somit als periodische Funktion der Zeit erkennen läfst, dafs die *Relativbewegung hier nicht als Zentralbewegung* aufgefafst werden kann. Die relative Flächen-, bezw. Winkelgeschwindigkeit kann in diesem Falle sogar zeitweilig verschwinden und danach das Vorzeichen ändern. Es geschieht dies für alle Zeitpunkte, welche die aus (13) hervorgehende und durch Elimination der Radien α_1 und α_2 durch das dritte Kepplersche Gesetz vereinfachte Bedingung

$$\cos\left[(\alpha_2 - \alpha_1)\, t + \beta\right] = \frac{(\alpha_1 \alpha_2)^{\frac{1}{3}} (\alpha_1^{\frac{1}{3}} + \alpha_2^{\frac{1}{3}})}{\alpha_1 + \alpha_2} = \frac{(t_1 t_2)^{\frac{1}{3}} (t_1^{\frac{1}{3}} + t_2^{\frac{1}{3}})}{t_1 + t_2} \qquad (14)$$

erfüllen. Nennen wir den hierdurch bestimmten Winkel γ, so ergibt sich für den Eintritt solcher *Rückkehrpunkte*

$$t = \frac{\beta \pm \gamma}{\alpha_1 - \alpha_2} \quad . \quad . \quad . \quad . \quad . \quad . \quad . \quad (14a)$$

worin statt β auch $2k\pi + \beta$ stehen kann. Es gehören demnach immer je zwei solcher Rückkehrpunkte zusammen, zwischen denen die scheinbare Bahn eines Planeten, mit Rücksicht auf die in unserer Rechnung vernachlässigte Neigung der Bahnebene derselben gegen die Erdbahn, eine Schleife enthält, wie es auch die Beobachtungen ergeben. Die Exzentrizität der beiden Bahnen modifiziert das Ergebnis noch ein wenig, ohne indessen das Gesamtbild, auf das es uns hier allein ankommt, zu beeinträchtigen. Jedenfalls erkennt man, dafs die scheinbaren Planetenbahnen sehr verwickelte Gebilde sind, deren richtige Deutung so lange auf unüberwindliche Schwierigkeiten stofsen mufste, als man ihren Charakter als Relativbewegungen noch nicht erkannt hatte. Aber auch dann war man im Grunde genommen auf Gl. (12) beschränkt, welche, allerdings auf mehrere Beobachtungen angewandt, aus der Phase β das Abstandverhältnis $\alpha_1 : \alpha_2$, sowie die Umlaufszeit liefert, und so auf empirischem Wege zum dritten Kepplerschen Gesetze führt. Für die Messung der absoluten Entfernungen a_1 und a_2 war damit indessen noch nichts gewonnen, da diese nur mit Hilfe einer bekannten Länge trigonometrisch durchführbar ist. Man bedient sich z. B. zur Bestimmung der Entfernung der Sonne von der Erde der sog. Venusdurchgänge, d. h. solcher unterer Konjunktionen des Planeten Venus, welche in unmittelbarer Nachbarschaft der Schnittgeraden der Venus- und Erdbahn (der Knotenlinie der Venusbahn) so stattfinden, dafs die Venus V als kleine schwarze Scheibe auf der Sonnenscheibe sichtbar wird. Beobachtet man dann von zwei möglichst weit voneinander auf der Erde liegenden Punkten A und B aus diesen

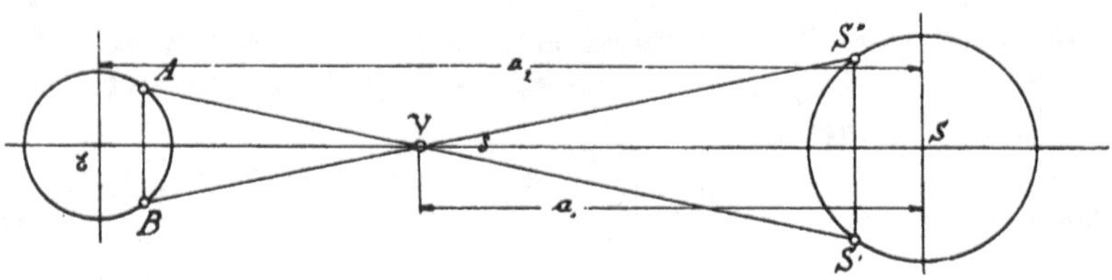

Fig. 56.

Schatten, so wird man, wie aus Fig. 56 hervorgeht, ihn an zwei Stellen $S' S''$ erblicken, deren scheinbaren Abstand, d. h. den sehr kleinen Winkel δ man messen kann. Damit aber ergibt sich sofort ein Dreieck ABV, z. B. für eine symmetrische Lage von A und B um die Verbindungslinie EVS mit $AB = e$ angenähert

$$a_2 - a_1 = \frac{e}{2 \operatorname{tg} \frac{\delta}{2}} \sim \frac{e}{\delta} \quad . \quad . \quad . \quad . \quad . \quad (15)$$

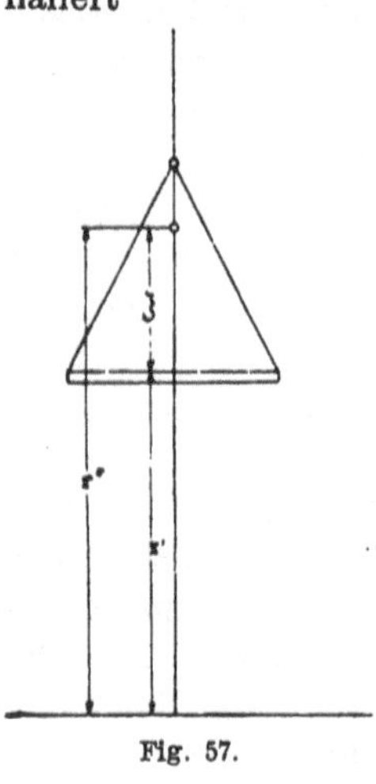

Fig. 57.

wobei die Entfernungen der Geraden AB vom Erdmittelpunkte, bezw. $S' S''$ vom Sonnenzentrum gegenüber den absoluten Werten der Entfernungen a_1 und a_2 bedeutungslos sind. Da man nun e durch geodätische Messungen und das Verhältnis $a_1 : a_2$ aus Formel (12) kennt, so steht der Berechnung von a_1 und a_2 nichts mehr im Wege.

Um den Zusammenhang zwischen der relativen und absoluten Beschleunigung zu studieren, wollen wir uns einmal in das Fördergestell (Fig. 57) eines Bergwerksschachtes versetzt denken. Dasselbe habe von der Schachtsohle den momentanen Abstand x', die augenblickliche, aufwärts gerichtete Geschwindigkeit betrage v'. Dann unterliegt ein im Gestell von der relativen Höhe $\xi = x'' - x'$ herabfallender Körper der absoluten Erdbeschleunigung

$$\frac{d^2 x''}{d t^2} = - g,$$

so dafs wir für die Relativbeschleunigung

$$\frac{d^2 \xi}{d t^2} = - g - \frac{d^2 x'}{d t^2}$$

erhalten. Wir können demnach aus der Beobachtung der relativen Beschleunigung auf die absolute des Fördergestelles schliefsen. Finden wir z. B. durch einen Fallversuch auf dem Gestell die relative Beschleunigung in Übereinstimmung mit der Erdbeschleunigung, so wird

$$\frac{d^2 x'}{d t^2} = 0,$$

d. h. das Gestell bewegte sich zur Zeit dieser Beobachtung gerade gleichförmig. Wird das Gestell z. B. in der tiefsten Lage angehoben, nachdem es vorher in Ruhe war, so wird ihm eine absolute Beschleunigung

$$\frac{d^2 x'}{d t^2} = p$$

erteilt. Infolgedessen ergibt sich eine Relativbeschleunigung

$$\frac{d^2 \xi}{d t^2} = - (g + p),$$

also absolut gröfser als die Erdbeschleunigung. Der auf dem nach oben beschleunigten Gestell fallende Körper wird daher rascher den Boden desselben erreichen als bei gleichförmiger Bewegung des Gestelles. Umgekehrt wird bei verzögerter Bewegung etwa gegen Ende des Hubes nach der obersten Lage eine Verzögerung von

$$\frac{d^2 x'}{d t^2} = - p$$

die Relativbeschleunigung

$$\frac{d^2 \xi}{d t^2} = - (g - p)$$

sich absolut kleiner als die Erdbeschleunigung herausstellen. Bei der Abwärtsbewegung, welche aber mit einer nach unten zu gerichteten Beschleunigung beginnt und mit einer Verzögerung endet, liegen die Verhältnisse gerade umgekehrt.

§ 18. Die freie Relativbewegung mit Rotation.

Zusammensetzung der Geschwindigkeiten und Beschleunigungen, Auftreten der Coriolisschen Beschleunigung. Bewegung auf der rotierenden Erdoberfläche, relative Erdbeschleunigung und Lotabweichung. Gleichungen für die Wurfbewegung, Rechtsabweichung der Bahn.

Erheblich verwickelter gestaltet sich die Zusammensetzung der Geschwindigkeiten und Beschleunigungen, wenn das bewegliche System $\Xi \Omega H$ rotiert, d. h. wenn in den Formeln (1) bezw. (1a) des vorigen Paragraphen der Winkel φ mit der Zeit sich ändert. Wir wollen hier zunächst den Fall ins Auge fassen, in dem Ω mit O zusammenfällt, so dafs also das rotierende System keine fortschreitende Bewegung vollzieht. Alsdann verschwinden in den Gleichungen (1) bezw. (1a) des § 17 die Koordinaten x' und y' von Ω, und wir können einfacher mit $x'' = x$, $y'' = y$ setzen:

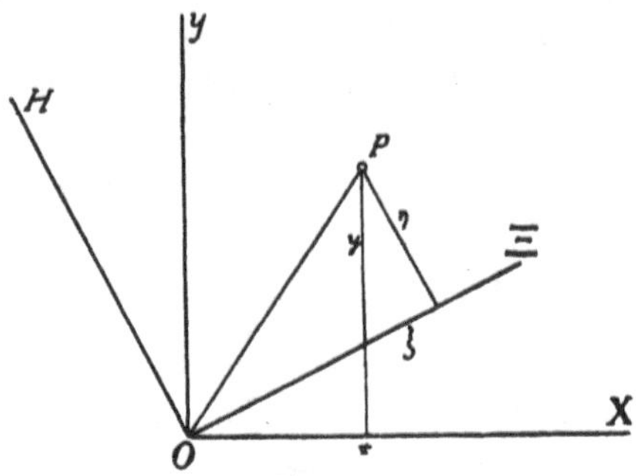

Fig. 58

$$\xi = x \cos \varphi + y \sin \varphi , \quad \eta = y \cos \varphi - x \sin \varphi \quad . \ (1)$$

bezw.

$$x = \xi \cos \varphi - \eta \sin \varphi , \quad y = \eta \cos \varphi + \xi \sin \varphi \quad . \ (1a)$$

Durch Differentiation dieser Formeln nach der Zeit erhalten wir ferner unter Einführung der Winkelgeschwindigkeit $\frac{d\varphi}{dt} = \omega$ für den Zusammenhang zwischen den Komponenten der relativen Geschwindigkeit

$$\frac{d\xi}{dt} = v_\xi, \quad \frac{d\eta}{dt} = v_\eta \quad . \ . \ . \ . \ . \ . \ . \ (2)$$

und denen der absoluten Geschwindigkeit

$$\frac{dx}{dt} = v_x, \quad \frac{dy}{dt} = v_y \quad . \ . \ . \ . \ . \ . \ . \ (2a)$$

die Beziehungen

$$\left. \begin{aligned} v_\xi - \eta\,\omega &= v_x \cos \varphi + v_y \sin \varphi \\ v_\eta + \xi\,\omega &= v_y \cos \varphi - v_x \sin \varphi \end{aligned} \right\} \quad . \ . \ . \ . \ (3)$$

Die rechten Seiten dieser Gleichungen sind nichts anderes als die in den Richtungen ξ und η genommenen wahren Geschwindigkeitskomponenten. Löst man dagegen die Formeln nach den Komponenten v_x und v_y der absoluten Geschwindigkeit auf, so erhält man

$$\left.\begin{aligned} v_x &= (v_\xi - \eta\,\omega)\cos\varphi - (v_\eta + \xi\,\omega)\sin\varphi \\ v_y &= (v_\eta + \xi\,\omega)\cos\varphi + (v_\xi - \eta\,\omega)\sin\varphi \end{aligned}\right\} \quad . \quad . \quad (3a)$$

oder auch wegen (1a)

$$\left.\begin{aligned} v_x + y\,\omega &= v_\xi\cos\varphi - v_\eta\sin\varphi \\ v_y - x\,\omega &= v_\eta\cos\varphi + v_\xi\sin\varphi \end{aligned}\right\} \quad . \quad . \quad . \quad . \quad (3b)$$

Hier stehen auf der rechten Seite im Gegensatze zu den ganz analog gebauten Gleichungen (3) die in den Richtungen x und y genommenen Komponenten der relativen Geschwindigkeit, während auf der linken Seite zur absoluten Geschwindigkeit des Punktes P noch die Komponenten der absoluten Drehgeschwindigkeit hinzutreten. Daraus geht aber hervor, daſs die absolute Geschwindigkeit eines Punktes P nach den bekannten Regeln die Resultante der relativen und der Drehgeschwindigkeit ist. Die Drehgeschwindigkeit bezieht sich hierbei auf denjenigen Punkt des rotierenden Systems, mit dem der in demselben bewegte Punkt P momentan zusammenfällt; sie steht darum auch senkrecht zum Radius-Vektor $OP = \varrho$ und hat den Wert

$$\varrho\,\omega = \sqrt{x^2\omega^2 + y^2\omega^2} = \sqrt{\xi^2\omega^2 + \eta^2\omega^2} \quad . \quad . \quad . \quad . \quad (4)$$

Besitzt das rotierende System auſserdem noch eine fortschreitende Bewegung, so haben wir, unter $x''\,y''$ bezw. $x'\,y'$ die absoluten Koordinaten des Punktes P sowie des Rotationszentrums Ω verstanden, nach Gl. (1) des vorigen Paragraphen in unseren Formeln

$$x = x'' - x', \qquad y = y'' - y'$$

und dementsprechend

$$v_x = v_x'' - v_x', \qquad v_y = v_y'' - v_y'$$

zu setzen. Dadurch ergibt sich für diesen allgemeinen Fall an Stelle von (3a)

$$\left.\begin{aligned} v_x'' - v_x' &= (v_\xi - \eta\,\omega)\cos\varphi - (v_\eta + \xi\,\omega)\sin\varphi \\ v_y'' - v_y' &= (v_\eta + \xi\,\omega)\cos\varphi + (v_\xi - \eta\,\omega)\sin\varphi \end{aligned}\right\} \quad . \quad (5)$$

so dafs sich die absolute Geschwindigkeit v'' des Punktes P zusammensetzt aus der absoluten Geschwindigkeit v' des Rotationszentrums Ω, der relativen Geschwindigkeit v in bewegtem System und der Drehgeschwindigkeit $\varrho\,\omega$ des mit P momentan zusammenfallenden Punktes dieses Systems. Man hat also nur, wie es in Fig. 59 geschehen ist, alle diese Einzelgeschwindigkeiten nach P zu verlegen und dort nach der Parallelogramm- bezw. Polygonregel zusammenzusetzen, wobei es durchaus nicht notwendig ist, sie vorher in ihre Komponenten zu zerlegen. In der Figur bildet alsdann $\Omega\,v'$ die Tangente in Ω an die Bahn des Rotationszentrums, Pv die Tangente in P an die relative oder scheinbare Bahn dieses Punktes in Bezug auf das rotierende System und schliefslich Pv'' die Tangente an die absolute oder wahre Bahn des Punktes P.

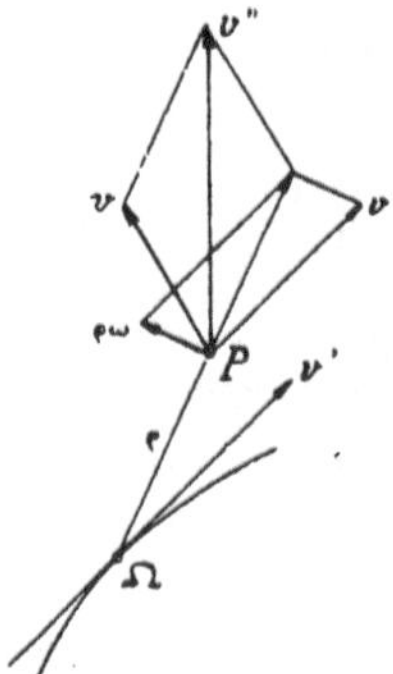

Fig. 59.

Es liegt nun nahe, in genau derselben Weise mit den Beschleunigungen zu verfahren. Wenn wir uns dagegen des Auftretens der zur momentanen Bewegungsrichtung senkrechten Zusatzbeschleunigung erinnern, deren Komponenten bei der Einführung von Polarkoordinaten in § 11 Gl. (7) Bestandteile der Radial- und Drehbeschleunigung bildeten, so erscheint es zweckmäfsiger, diese Frage durch weitere Differentiation der Formeln für die Geschwindigkeitskomponenten zu beantworten. Wir sehen auch hier zunächst von der Eigenbewegung des Rotationszentrums ab und erhalten so aus Gl. (3)

$$\left.\begin{aligned}\frac{dv_\xi}{dt} - \frac{d(\eta\omega)}{dt} &= \frac{dv_x}{dt}\cos\varphi + \frac{dv_y}{dt}\sin\varphi + \omega\,(v_y\cos\varphi - v_x\sin\varphi)\\ \frac{dv_\eta}{dt} + \frac{d(\xi\omega)}{dt} &= \frac{dv_y}{dt}\cos\varphi - \frac{dv_x}{dt}\sin\varphi - \omega\,(v_x\cos\varphi + v_y\sin\varphi)\end{aligned}\right\}\quad(6)$$

Hierin bedeuten die Summen der beiden ersten Glieder der rechten Seiten

$$\left.\begin{aligned}\frac{dv_x}{dt}\cos\varphi + \frac{dv_y}{dt}\sin\varphi &= \left(\frac{dv_\xi}{dt}\right)\\ \frac{dv_y}{dt}\cos\varphi - \frac{dv_x}{dt}\sin\varphi &= \left(\frac{dv_\eta}{dt}\right)\end{aligned}\right\}\quad .\;.\;.\;.\quad(7)$$

die in die momentane ξ- und η-Richtung fallenden **Komponenten der absoluten Beschleunigung**, welche, wie hier angedeutet, durch Klammern von den relativen Beschleunigungen in denselben Richtungen unterschieden sein mögen. Die im letzten Gliede stehenden Klammerausdrücke der rechten Seite von (6) haben wir schon oben als die ξ- und η-Komponenten der wahren Geschwindigkeit kennen gelernt; wir wollen sie hier der Kürze halber

$$\left.\begin{aligned} v_y \cos\varphi - v_x \sin\varphi &= (v_\eta) \\ v_x \cos\varphi + v_y \sin\varphi &= (v_\xi) \end{aligned}\right\} \quad . \quad . \quad . \quad . \quad . \quad (8)$$

setzen. Dann aber können wir statt (6) einfacher schreiben

$$\left.\begin{aligned} \frac{d v_\xi}{dt} - \frac{d(\eta\omega)}{dt} &= \left(\frac{d v_\xi}{dt}\right) + \omega\,(v_\eta) \\ \frac{d v_\eta}{dt} + \frac{d(\xi\omega)}{dt} &= \left(\frac{d v_\eta}{dt}\right) - \omega\,(v_\xi) \end{aligned}\right\} \quad . \quad . \quad . \quad (6a)$$

Die wahre Beschleunigung setzt sich demnach nicht nur aus der relativen und der Drehbeschleunigung, welche beide auf den linken Seiten dieser Formeln vereinigt **sind, zusammen, sondern enthält noch eine auf der wahren Geschwindigkeit senkrechte Komponente** ωv, welche wir die **Zusatzbeschleunigung der Relativbewegung** nennen wollen. Dieselbe wurde von dem Franzosen **Coriolis** 1832 entdeckt und ist in der Tat vollständig mit der schon bei der Zerlegung einer beliebigen Beschleunigung nach Polarkoordinaten in § 11 gefundenen identisch. Man erkennt dies sofort, wenn man in unseren Formeln $\xi = r$, $v_\xi = \frac{dr}{dt}$, $\eta = 0$, $v_\eta = 0$ setzt, wodurch unsere Gleichungen (6) in die Reduktionsformeln (6) in § 11 für Polarkoordinaten übergehen. Wir können demnach die in Polarkoordinaten gegebene Bewegung eines Punktes als die Relativbewegung auf dem rotierenden Radius-Vektor ansehen.

Zur weiteren Verwendung der vorstehenden Resultate führen wir zweckmäſsig an Stelle der durch (8) definierten Komponenten der wahren Geschwindigkeit deren Werte aus (3) ein und erhalten unter Zerlegung von $\frac{d(\eta\omega)}{dt}$ und $\frac{d(\xi\omega)}{dt}$ die Formeln

$$\left.\begin{aligned}\left(\frac{dv_\xi}{dt}\right) &= \frac{dv_\xi}{dt} - \eta\frac{d\omega}{dt} - \xi\omega^2 - 2\omega v_\eta \\ \left(\frac{dv_\eta}{dt}\right) &= \frac{dv_\eta}{dt} + \xi\frac{d\omega}{dt} - \eta\omega^2 + 2\omega v_\xi\end{aligned}\right\} \quad . \quad . \quad (6b)$$

welche sich bei konstanter Winkelgeschwindigkeit ω des rotierenden Systems noch durch Wegfall der Glieder $\eta\,\frac{d\omega}{dt}$ und $\xi\,\frac{d\omega}{dt}$ vereinfachen.

Die vorstehenden Formeln lassen sich auch auf den allgemeineren Fall mit bewegtem Rotationszentrum Ω ausdehnen. Wir haben alsdann nur, wie schon für die Ableitung der Gl. (5) überall

$$v_x = v_x'' - v_x' \text{ und } v_y = v_y'' - v_y'$$

entsprechend der Gl. (1) des vorigen Paragraphen einzuführen, um die hierfür gültigen Gleichungen zu erhalten, welche indessen zu weiteren Bemerkungen keinen Anlafs bieten.

Als praktisch wichtiges Beispiel für den Einflufs der Rotation auf die Relativbewegung betrachten wir die Bewegung eines Punktes an der Oberfläche der rotierenden Erde.

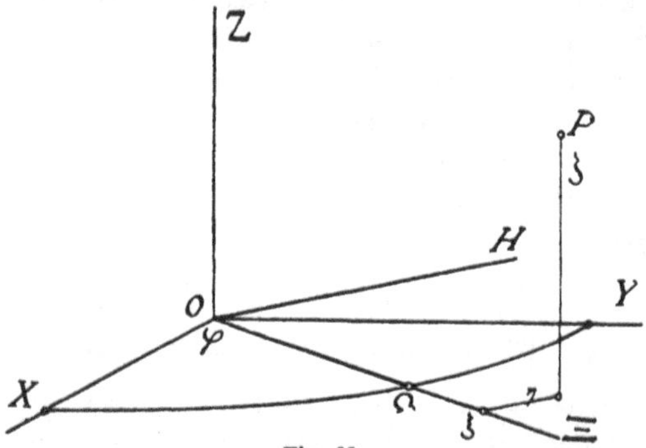

Fig. 60.

Wir denken uns in Fig. 60 durch den Oberflächenpunkt Ω, von dem aus wir diese Relativbewegung beobachten, eine Ebene senkrecht zur Erdachse OZ und in derselben zwei Achsen OX und OY festgelegt. Die Koordinaten in diesem System bezeichnen wir mit x, y, z. Mit der rotierenden Erde fest verbunden sei alsdann ein zweites System, dessen z-Achse mit der Erdachse zusammenfällt, während das $\xi\,\eta$ Achsenkreuz in der zu OZ senkrechten Ebene durch Ω rotiert, wobei im gegebenen Augenblick die als ξ-Achse gewählte Linie $O\Omega$ mit OX den Winkel φ bildet. Da der Abstand r des Punktes Ω von der Erdachse sich nicht ändert, so können wir in diesem System die ξ-Koordinate statt vom Rotationszentrum O auch von Ω aus nach aufsen rechnen und haben dann, unter η und ζ die beiden anderen Koordinaten irgend eines relativ zur Erde bewegten Punktes verstanden

$$\begin{aligned} r + \xi &= x \cos\varphi + y \sin\varphi \\ \eta &= y \cos\varphi - x \sin\varphi \\ \zeta &= z. \end{aligned}$$

Daraus geht aber hervor, dafs wir die allgemeine Bewegung eines Punktes in eine zur Erdachse OZ und eine zweite zur Ebene OXY parallele Komponente zerlegen dürfen, von denen die erstere, da

$$\left. \frac{d\zeta}{dt} = \frac{dz}{dt}, \quad \frac{d^2\zeta}{dt^2} = \frac{d^2z}{dt^2} \right\} \quad \ldots \ldots \quad (9)$$

ist, von der Rotation gänzlich unbeeinflufst bleibt. Wir können uns demnach mit der Untersuchung der anderen Komponente begnügen, auf welche unsere Gleichung (6b) unmittelbar anwendbar ist, wenn wir $\xi + r$ statt ξ einsetzen. Da die Winkelgeschwindigkeit der Erdrotation erfahrungsgemäfs konstant ist, so fallen in diesen Gleichungen die mit der Winkelbeschleunigung behafteten Glieder weg, und wir haben statt (6 b)

$$\left. \begin{aligned} \left(\frac{dv_\xi}{dt}\right) &= \frac{dv_\xi}{dt} - (r + \xi)\,\omega^2 - 2\,\omega v_\eta \\ \left(\frac{dv_\eta}{dt}\right) &= \frac{dv_\eta}{dt} - \quad \eta\,\omega^2 \quad + 2\,\omega v_\xi \end{aligned} \right\} \quad \ldots \quad (10)$$

wozu noch mit Rücksicht auf (9)

$$\left(\frac{dv_\zeta}{dt}\right) = \frac{dv_\zeta}{dt} \quad \ldots \ldots \ldots \ldots \quad (9a)$$

tritt. Auf der linken Seite dieser Formeln stehen nun die Komponenten der wahren Erdbeschleunigung, von der wir aus astronomischen Beobachtungen (siehe oben § 12) wissen, dafs sie nach dem Mittelpunkte der Erde, die wir mit grofser Annäherung als kugelförmig ansehen dürfen, gerichtet ist. Daraus folgt aber, dafs senkrecht zu dieser Richtung keine Komponente existiert, also

$$\left(\frac{dv_\eta}{dt}\right) = 0$$

wird. Wir fassen nun ausschließlich solche Bewegungen ins Auge, welche sich in der Nachbarschaft von Ω abspielen, deren Ortsveränderungen also verschwindend klein sind gegen die Dimensionen des Erdkörpers. Alsdann aber dürfen wir die Erdbeschleunigung, welche, wie wir ja in § 12 erkannt haben, mit der Entfernung vom Erdmittelpunkte abnimmt, als konstant mit ihrem Werte g_0 an der Oberfläche in unsere Formeln einführen. Legen wir, wie es in Fig. 61 geschehen ist, durch den Punkt Ω einen Meridianschnitt und bezeichnen die geographische Breite dieses Punktes, von deren Veränderung bei der Bewegung wir ebenfalls absehen dürfen, mit ϑ, so haben wir für die beiden anderen Komponenten der wahren Beschleunigung

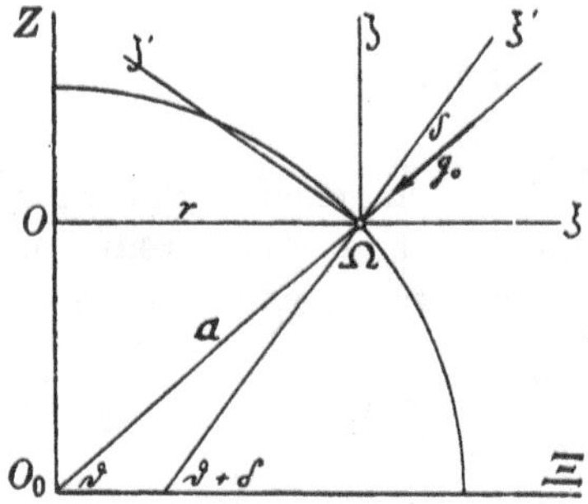

Fig. 61.

$$\left(\frac{dv_\xi}{dt}\right) = -g_0 \cos\vartheta, \quad \left(\frac{dv_\zeta}{dt}\right) = -g_0 \sin\vartheta.$$

Drücken wir dann noch den Abstand des Punktes Ω von der Erdachse, durch den Erdradius a und die geographische Breite aus, setzen also $r = a \cos\vartheta$, und vernachläſsigen gegen diesen Wert die relativ kleinen Verschiebungen ξ und η, so gehen die Formeln (10) und (9a) über in

$$\left.\begin{aligned} \frac{dv_\xi}{dt} &= -(g_0 - a\omega^2)\cos\vartheta + 2\omega v_\eta \\ \frac{dv_\eta}{dt} &= -2\omega v_\xi \\ \frac{dv_\zeta}{dt} &= -g_0 \sin\vartheta \end{aligned}\right\} \quad . \quad . \quad (10a)$$

Befindet sich der beobachtete Körper in relativer Ruhe, so verschwinden hierin die relativen Geschwindigkeitskomponenten v_ξ und v_ζ und es bleiben als K o m p o n e n t e n d e r r e l a t i v e n E r d b e s c h l e u n i g u n g g

$$\left.\begin{aligned}\frac{dv_\xi}{dt} &= -(g_0 - a\,\omega^2)\cos\vartheta \\ \frac{dv_\eta}{dt} = 0\,, \qquad \frac{dv_\zeta}{dt} &= -g_0 \sin\vartheta\end{aligned}\right\} \quad . \; . \; . \; (11)$$

Daraus geht hervor, daſs die scheinbare Erdbeschleunigung nicht mit der wahren Beschleunigung g_0 identisch ist und auch, obwohl in der Meridianebene gelegen, eine von der Linie $O_0\Omega$ abweichende Richtung besitzt. Dieselbe wird durch ein **frei herabhängendes Lot** angegeben, dessen Abweichung von $O_0\Omega$ wir mit δ bezeichnen wollen. Alsdann haben wir

$$\left.\begin{aligned} g\cos(\vartheta + \delta) &= (g_0 - a\,\omega^2)\cos\vartheta \\ g\sin(\vartheta + \delta) &= g_0 \sin\vartheta \end{aligned}\right\} \quad . \; . \; (12)$$

und daraus

$$g^2 = g_0{}^2 - (2\,g_0 - a\,\omega^2)\,a\,\omega^2 \cos^2\vartheta \quad . \; . \; . \; (13)$$

$$\sin\delta = \frac{a\,\omega^2}{g}\sin\vartheta \cdot \cos\vartheta \quad . \; . \; . \; . \; . \; . \; . \; (14)$$

Da nun die Beschleunigung g negativ nach unten zu gerichtet ist, so ist δ, d. h. die Lotabweichung von der Vertikalen nach dem Äquator zu gerichtet. Infolge der auſserordentlich geringen Winkelgeschwindigkeit der Erde, welche bei einer Umdrehungsdauer von $t_0 = 86\,164$ Sekunden nur

$$\omega = \frac{2\pi}{t_0} = 0{,}000073$$

beträgt, wird trotz des bedeutenden Wertes des Erdradius von $a = 6\,370\,000$ m im Mittel mit $g = 9{,}81$ m der Faktor

$$\frac{a\,\omega^2}{g} = 0{,}0034,$$

so daſs sein Quadrat gegen die Einheit vernachlässigt werden darf. Dann aber kann man statt (13) und (14) mit genügender Annäherung schreiben

$$g = g_0\left(1 - \frac{a\,\omega^2}{g_0}\cos^2\vartheta\right) = g_0\,(1 - 0{,}0034\,\cos^2\vartheta) \; (13a)$$

$$\delta = \frac{a\,\omega^2}{g}\sin\vartheta\cos\vartheta = 0{,}0017\sin 2\,\vartheta \quad . \; . \; . \; . \; . \; (14a)$$

d. h. **infolge der Erdrotation nimmt die scheinbare Erdbeschleunigung von den Polen nach dem Äquator zu ab, während ihre Richtung nach dem Äquator zu** aus der Vertikalen abgelenkt erscheint.[1]) Diese Ablenkung verschwindet sowohl an den Polen wie auch auf dem Äquator; sie erreicht für $\sin\vartheta\cos\vartheta = \frac{1}{2}$, also in einer Breite von

$$\vartheta = \pm 45^0$$

ihr Maximum im Betrage von

$$\delta_{max} = 0{,}0017 \backsim 0{,}1^0.$$

Um nun die Bewegung an der Erdoberfläche weiter zu verfolgen, erscheint es zweckmäfsig, ein die natürlich gegebene Lotrichtung $\vartheta + \delta$ als Achse enthaltendes Koordinatensystem mit dem Anfangspunkte Ω einzuführen. Hierzu gelangen wir einfach durch Drehung des in der vorstehenden Fig. 61 angedeuteten Achsenkreuzes $\xi\Omega\zeta$ um den Winkel

$$\vartheta + \delta = \vartheta',$$

wobei die senkrecht zur Meridianebene (Bildfläche) stehende Linie durch Ω zur η'-Achse wird. Die scheinbare Vertikale wählen wir als ξ'-Achse, die scheinbare Horizontale in der Nordrichtung als ζ'-Achse und haben demnach

$$\left.\begin{aligned} \xi' &= \xi\cos\vartheta' + \zeta\sin\vartheta' \\ \zeta' &= \zeta\cos\vartheta' - \xi\sin\vartheta' \\ \eta' &= \eta \end{aligned}\right\} \quad \ldots\ldots \quad (15)$$

und daraus

$$\left.\begin{aligned} \frac{d\xi'}{dt} &= v_\xi\cos\vartheta' + v_\zeta\sin\vartheta' \\ \frac{d\zeta'}{dt} &= v_\zeta\cos\vartheta' - v_\xi\sin\vartheta' \\ \frac{d\eta'}{dt} &= v_\eta \end{aligned}\right\} \quad \ldots \quad (15a)$$

[1]) Vergleicht man die Formel (13a) mit der Erfahrung, so ergibt diese einen nicht unbeträchtlich gröfseren Koeffizienten von $\cos^2\vartheta$. Dies rührt von der Abplattung der Erde an den Polen her, infolge deren die Erdoberfläche in höheren Breiten dem Zentrum näher, die Erdbeschleunigung g_0 dort also gröfser ist als in der Nähe des Äquators. So einfach sich diese Tatsache übersehen läfst, so schwierig gestaltet sich doch ihre mathematische Formulierung, da die Erde wenigstens für Punkte an ihrer Oberfläche nicht ohne weiteres so aufgefafst werden kann, als wäre ihre Anziehung nur nach dem Zentrum gerichtet. Näheres hierüber gehört in die Lehrbücher der höheren Geodäsie bezw. der Potentialtheorie.

bezw.

$$\left.\begin{aligned} \frac{d^2 \xi'}{dt^2} &= \frac{d v_\xi}{dt} \cos \vartheta' + \frac{d v_\zeta}{dt} \sin \vartheta' \\ \frac{d^2 \zeta'}{dt^2} &= \frac{d v_\zeta}{dt} \cos \vartheta' - \frac{d v_\xi}{dt} \sin \vartheta' \\ \frac{d^2 \eta'}{dt^2} &= \frac{d v_\eta}{dt} \end{aligned}\right\} \quad . \quad . \quad (15b)$$

Führen wir nun zunächst die scheinbare Erdbeschleunigung g durch Gl. (12) in die Formeln (10a) ein, so gehen diese über in

$$\left.\begin{aligned} \frac{d v_\xi}{dt} &= -g \cos \vartheta' + 2 \omega v_\eta \\ \frac{d v_\eta}{dt} &= -2 \omega v_\xi, \qquad \frac{d v_\zeta}{dt} = -g \sin \vartheta' \end{aligned}\right\} \quad . \quad (10b)$$

und ergeben mit (15b), nachdem noch die nicht in das neue System passende Gröfse v_ξ in der Gleichung für $\frac{d v_\eta}{dt}$ durch (15a) eliminiert wurde

$$\left.\begin{aligned} \frac{d^2 \xi'}{dt^2} &= -g + 2 \omega \frac{d \eta'}{dt} \cos \vartheta' \\ \frac{d^2 \zeta'}{dt^2} &= -2 \omega \frac{d \eta'}{dt} \sin \vartheta' \\ \frac{d^2 \eta'}{dt^2} &= 2 \omega \frac{d \zeta'}{dt} \sin \vartheta' - 2 \omega \frac{d \xi'}{dt} \cos \vartheta' \end{aligned}\right\} \quad . \quad . \quad (16)$$

Aus diesen Gleichungen folgt aber sofort durch Integration unter Einführung der Komponenten c_1, c_2, c_3 der willkürlichen relativen Anfangsgeschwindigkeit des beobachteten Punktes als Konstante

$$\left.\begin{aligned} \frac{d \xi'}{dt} &= c_1 - g t + 2 \omega \eta' \cos \vartheta' \\ \frac{d \zeta'}{dt} &= c_3 - 2 \omega \eta' \sin \vartheta' \\ \frac{d \eta'}{dt} &= c_2 + 2 \omega (\zeta' \sin \vartheta' - \xi' \cos \vartheta') \end{aligned}\right\} \quad . \quad . \quad . \quad (17)$$

Es bietet nun gar keine Schwierigkeit, nach Einsetzen dieser Werte in (16) diese Gleichungen in voller Strenge zu integrieren. Bei der Kleinheit der Winkelgeschwindigkeit ω ist indessen die Vernachlässigung von ω^2 um so eher gerechtfertigt, als die an der Erdoberfläche beobachteten Bewegungen, von denen wir zunächst Fall- und Wurferscheinungen im Auge haben, durchweg nur wenige Sekunden andauern. Wir haben somit nach Einführung der beiden ersten Gleichungen (17) in die letzte von (16) angenähert

$$\frac{d^2\eta'}{dt^2} = 2\omega(c_3 \sin\vartheta' - c_1 \cos\vartheta' + gt\cos\vartheta')$$

und daraus

$$\frac{d\eta'}{dt} = c_2 + 2\omega t(c_3 \sin\vartheta' - c_1 \cos\vartheta') + \omega g t^2 \cos\vartheta'.$$

Durch Integration dieser Gleichung und Einführung des Ergebnisses derselben in die beiden ersten Formeln (17) erhalten wir schliefslich wieder unter Vernachlässigung von ω^2, die Anfangskoordinaten (zur Zeit $t = 0$) willkürlich gleich Null gesetzt,

$$\left.\begin{aligned} \xi' &= c_1 t - \frac{g}{2}t^2 + \omega c_2 t^2 \cos\vartheta' \\ \zeta' &= c_3 t - \omega c_2 t^2 \sin\vartheta' \\ \eta' &= c_2 t + \omega t^2 (c_3 \sin\vartheta' - c_1 \cos\vartheta') + \frac{\omega g}{3} t^3 \cos\vartheta' \end{aligned}\right\} . \quad (18)$$

Für den freien Fall eines Körpers ohne Anfangsgeschwindigkeit folgt hieraus somit $c_1 = 0$, $c_2 = 0$, $c_3 = 0$

$$\xi' = -\frac{g}{2}t^2, \quad \zeta' = 0, \quad \eta' = \frac{\omega g}{3} t^3 \cos\vartheta' \qquad (18a)$$

woraus eine Ablenkung des fallenden Körpers im Sinne der Erdrotation, d. h. nach Osten zu resultiert, während die scheinbare Vertikalbewegung (ξ) nur insofern durch die Rotation beeinflufst wird, als die Beschleunigung g den durch (13) bezw. (13a) gegebenen Wert besitzt. Eliminiert man die Zeit t aus (18a), so folgt als Bahn eine semikubische Parabel.

Die hier auf theoretischem Wege ermittelte Seitenabweichung ist nun auch durch Versuche mehrfach konstatiert worden. So fand Reich (1833) im Dreibrüderschachte von Freiberg (Sachsen) beim Durchfallen einer Höhe von $\xi' = 158{,}5$ m eine östliche Abweichung von 28,4 mm. Aus unseren Formeln (18a) würde mit $g = 9{,}81$ m und $\vartheta' = 50^0\,53'$, also $\cos\vartheta' = 0{,}63$ hieraus eine Fallzeit von $t = 5{,}68$ Sekunden und eine Seitenabweichung von

$$\eta' = \frac{0{,}000073 \cdot 9{,}81}{3} \cdot 5{,}68^3 \cdot 0{,}63 \backsim 0{,}0274\,^{\mathrm{m}} = 27{,}4\,_{\mathrm{mm}}$$

folgen. Angesichts einiger störender Nebeneinflüsse mufs diese Übereinstimmung als ganz vorzüglich angesehen werden, womit zugleich ein schlagender Beweis für die Erdrotation selbst erbracht ist. Die erhaltenen Resultate sind indessen auch technisch von Bedeutung und zwar in erster Linie für die **Ballistik.** Die Formeln (18) stellen nämlich offenbar eine Verallgemeinerung der in § 10 entwickelten Gleichungen für die Wurfbewegung dar, welche infolge der Erdrotation nicht mehr als eine ebene Bewegung aufgefafst werden kann.

Aus der ersten Gl. (18) folgt zunächst die Gesamtdauer der Wurfbewegung mit $\xi = 0$, entsprechend dem Aufschlagen auf den Erdboden eines zur Zeit $t = 0$ in beliebiger Richtung emporgeworfenen Körpers

$$t_0 = \frac{2 c_1}{g - 2 \omega c_2 \cos \vartheta}.$$

Dieser Wert wird für positive c_2, d. h. für eine nach Osten zu gerichtete Bewegung gröfser, für negative c_2, also für westliche Richtung, kleiner als $\frac{2 c_1}{g}$. Für rein nördliche bezw. südliche Anfangsrichtung stimmt dagegen wegen $c_2 = 0$ diese Dauer mit $\frac{2 c_1}{g}$ überein, ebenso wird hierfür, wie aus der zweiten Gl. (18) hervorgeht, die Wurfweite $\zeta' = c_3 t$ genau wie bei der absoluten Bewegung. Dagegen verschwindet auch hierfür η' nicht, so dafs eine Seitenabweichung bestehen bleibt. Dieselbe findet in allen Fällen auf der nördlichen Halbkugel nach der rechten Seite, vom Ausgangspunkte der Bewegung gesehen, statt, wie man sofort erkennt, wenn man in die zweite Gl. (18) aus der dritten Gleichung angenähert $c_2 t = \eta'$ einsetzt. Dadurch erhält man als Näherungsgleichung für die Horizontalspur der Bahn

$$\zeta' = \frac{c_3}{c_2} \eta' - \frac{\omega}{c_2} \eta'^2 \sin \vartheta',$$

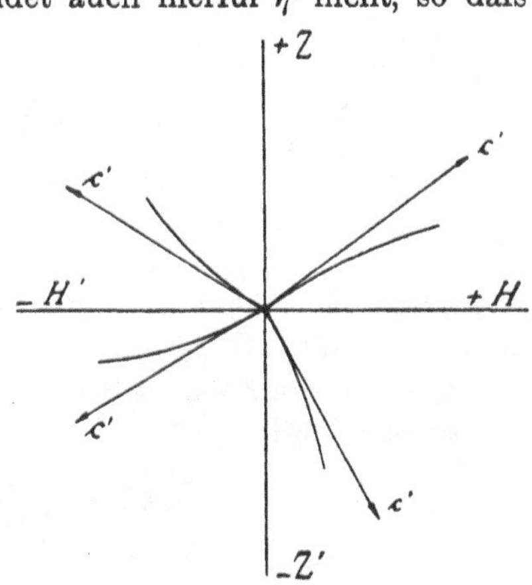

Fig. 62.

also eine Parabel, welche die Richtung der Horizontalgeschwindigkeit $c' = \sqrt{c_2^2 + c_3^2}$ im Ausgangspunkte berührend rechts von derselben abweicht, so lange sin ϑ' positiv ist (siehe Fig. 62). Infolgedessen hat man auch auf der südlichen Halbkugel umgekehrt eine Linksabweichung zu erwarten.

An diese Erscheinung schliefst sich eine Reihe interessanter artilleristischer Probleme, auf die in den Schriften über Ballistik[1]) näher eingegangen wird.

§ 19. Die gezwungene ebene Relativbewegung.

Einführung der Zwangsbeschleunigung in die Gleichungen der Relativbewegung. Horizontalbewegung auf der Erdoberfläche. Bewegung auf ebenen, fortschreitenden und rotierenden Kurven. Schwingungen eines rotierenden Systems (Federregulator).

Ist der beobachtete Punkt gezwungen, sich auf einer Bahn zu bewegen, welche ihrerseits fortschreitet und rotiert, so haben wir nur analog § 16 die Bahn- oder Zwangsbeschleunigung in die Bewegungsgleichungen einzuführen, wonach wir dieselben ebenso weiter behandeln können, als wenn eine freie Bewegung vorliegen würde. Das Bahnelement, welches der Punkt in einem gegebenen Momente gerade durchläuft, sei nun um den Winkel τ gegen die x-Achse geneigt, alsdann haben wir mit Fig. 63, wenn

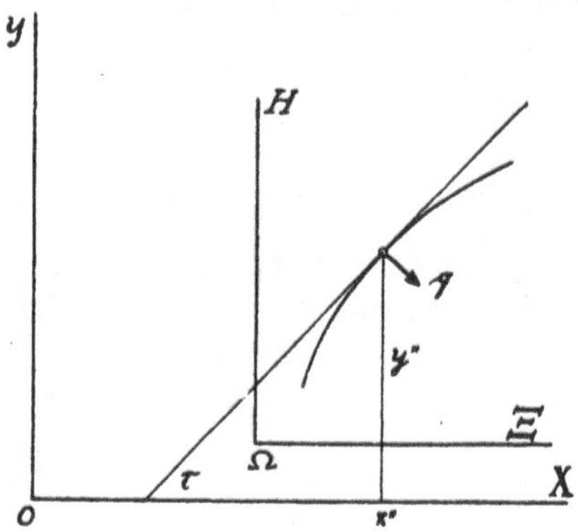

Fig. 63.

p_x und p_y die beiden Komponenten der wahren Beschleunigung in der Ebene und q die auf dem Bahnelemente senkrechte Zwangsbeschleunigung bedeutet, die auf das feste Achsensystem bezogenen Gleichungen

$$\left.\begin{aligned} \frac{d^2x''}{dt^2} &= p_x + q \sin\tau \\ \frac{d^2y''}{dt^2} &= p_y - q \cos\tau \end{aligned}\right\} \quad \ldots\ldots \quad (1)$$

[1]) Siehe besonders das »Kompendium der theoretischen äufseren Ballistik« von C. Cranz, Leipzig 1896.

welche sich formell nicht von den Gl. (7) des § 16, wo wir es mit festen Bahnen zu tun hatten, unterscheiden. Hierzu treten, wenn das bewegte System nur **Verschiebungen**, **nicht aber Rotationen** erleidet, noch die beiden Gleichungen

$$\frac{d^2x''}{dt^2} = \frac{d^2\xi}{dt^2} + \frac{d^2x'}{dt^2}, \quad \frac{d^2y''}{dt^2} = \frac{d^2\eta}{dt^2} + \frac{d^2y'}{dt^2} \quad . \quad (2)$$

worin x' und y' die veränderlichen Koordinaten des bewegten Systems und ξ und η diejenigen der Bahn des Punktes in denselben bedeuten. Durch Vereinigung dieser Formeln mit (1) ergeben sich die Gleichungen

$$\left.\begin{aligned} \frac{d^2\xi}{dt^2} &= p_x - \frac{d^2x'}{dt^2} + q \sin\tau \\ \frac{d^2\eta}{dt^2} &= p_y - \frac{d^2y'}{dt^2} - q \cos\tau \end{aligned}\right\} \quad . \quad . \quad . \quad . \quad (3)$$

welche wir unter Einführung der **relativen Beschleunigungskomponenten**

$$p_\xi = p_x - \frac{d^2x'}{dt^2}, \quad p_\eta = p_y - \frac{d^2y'}{dt^2} \quad . \quad . \quad . \quad (4)$$

auch in der Form

$$\left.\begin{aligned} \frac{d^2\xi}{dt^2} &= p_\xi + q \sin\tau \\ \frac{d^2\eta}{dt^2} &= p_\eta - q \cos\tau \end{aligned}\right\} \quad . \quad . \quad . \quad . \quad . \quad . \quad (1a)$$

schreiben dürfen. Hierzu tritt noch die Gleichung der im bewegten System festen Bahn, welche darum die Koordinaten ξ, η enthält und den Winkel τ bestimmt.

Eine sehr schöne Anwendung dieser letzten Formeln bildet die gezwungene **Horizontalbewegung auf der Erdoberfläche**. Für dieselbe kennen wir die relativen Beschleunigungskomponenten aus Gl. (16) des letzten Paragraphen, so dafs wir dort die scheinbare Vertikalgeschwindigkeit

$$\frac{d\xi'}{dt} = 0$$

und aufserdem

$$\zeta' = \xi, \quad \eta' = \eta$$

$$\frac{d^2\zeta'}{dt^2} = p_\xi, \quad \frac{d^2\eta'}{dt^2} = p_\eta$$

setzen. Wir erhalten alsdann aus diesen Gleichungen

$$p_\xi = -2\,\omega\,\frac{d\eta}{dt}\sin\vartheta', \qquad p_\eta = +2\,\omega\,\frac{d\xi}{dt}\sin\vartheta' \quad . \quad . \quad (5)$$

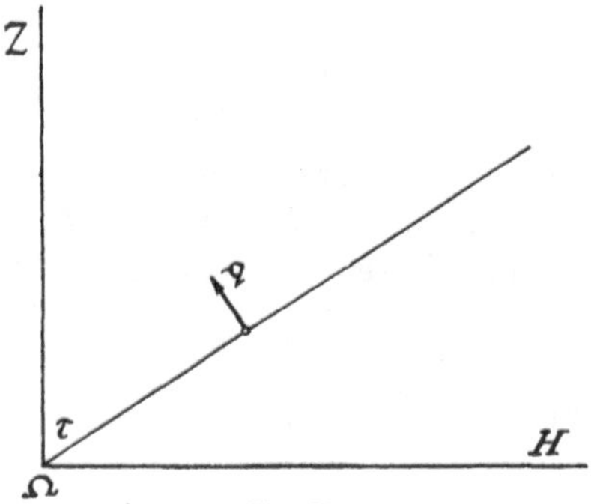

Fig. 64.

als relative Beschleunigung nach Norden (ξ) bezw. Osten (η). Bewegt sich nun z. B. ein Eisenbahnzug, für den das Geleise die Zwangsbahn darstellt, nach Fig. 64 in einer Richtung, welche um τ von Norden nach Osten zu abweicht, mit konstanter Geschwindigkeit, so verschwinden zunächst die Beschleunigungskomponenten $\frac{d^2\xi}{dt^2}$ und $\frac{d^2\eta}{dt^2}$ in Gl. (1a) und diese gehen nach Einführung von (5) über in

$$\left.\begin{aligned} 2\,\omega\,\frac{d\eta}{dt}\sin\vartheta' &= q\sin\tau \\ 2\,\omega\,\frac{d\xi}{dt}\sin\vartheta' &= q\cos\tau \end{aligned}\right\} \quad . \quad . \quad . \quad . \quad . \quad . \quad (6)$$

Daraus folgt aber die Zwangsbeschleunigung

$$q = 2\,\omega\sin\vartheta'\sqrt{\left(\frac{d\xi}{dt}\right)^2 + \left(\frac{d\eta}{dt}\right)^2} = 2\,\omega\,v\sin\vartheta' \quad . \quad . \quad . \quad (7)$$

unter v die Bahngeschwindigkeit verstanden. Diese Zwangsbeschleunigung verhindert hier die im letzten Paragraphen ermittelte Rechtsabweichung des auf der Nordhalbkugel frei bewegten Körpers, mithin ist dieselbe stets für den in der Bewegungsrichtung nach vorn schauenden Beobachter nach links gerichtet. Hat der Eisenbahnzug eine Geschwindigkeit von $v = 20$ m pro Sekunde, und bewegt er sich in der Breite von $\vartheta' = 51^0$, wofür $\sin\vartheta' = 0{,}777$ ist, so ergibt sich mit $\omega = 0{,}000073$

$$q = 2 \cdot 0{,}000073 \cdot 20 \cdot 0{,}777 = 0{,}00227 \text{ m/sek}^2$$

ein zwar sehr geringer, immerhin aber doch merkbarer Wert.

Handelt es sich um sehr rasche, aber mit geringen Ortsveränderungen verbundene Bewegungen, wie sie sich in stationären Maschinen abspielen, so kann man von dieser Zusatzbeschleunigung, d. h. vom Einflusse der Erdrotation überhaupt absehen. Bewegt sich z. B. der beobachtete Körper **auf einer Kurve in einer Vertikalebene, welche in sich selbst verschoben wird,** so wirkt auf denselben in vertikaler Richtung die Erdbeschleunigung $p_y = -g$, während in horizontaler Richtung bei Vernachlässigung der Erdrotation keine wahre Beschleunigungskomponente übrig bleibt, also $p_x = 0$ zu setzen ist. Die Bewegung der Rinne selbst ist durch diejenige des Anfangs Ω des mit ihr fest verbundenen Koordinatensystems bestimmt, mithin haben wir, wenn keine Bewegung der Rinne in vertikaler Richtung stattfindet, $\frac{d^2 y'}{d t^2} = 0$. Die Beschleunigung von Ω in horizontaler Richtung setzen wir $\frac{d^2 x'}{d t^2} = p'$ und haben dann nach Gl. (3) für die Bewegung auf der Kurve selbst

$$\left.\begin{aligned} \frac{d^2 \xi}{d t^2} &= -p' + q \sin \tau \\ \frac{d^2 \eta}{d t^2} &= -g - q \cos \tau \end{aligned}\right\} \quad . \quad . \quad . \quad . \quad . \quad . \quad (8)$$

Daraus folgt aber nach Elimination von q

$$\frac{d^2 \xi}{d t^2} \cos \tau + \frac{d^2 \eta}{d t^2} \sin \tau = -p' \cos \tau - g \sin \tau$$

oder nach Einführung des Bahnelementes $d\sigma$ der Kurve im bewegten ξ-η-System durch

$$\cos \tau = \frac{d \xi}{d \sigma}, \qquad \sin \tau = \frac{d \eta}{d \sigma}$$

die **relative Tangentialbeschleunigung**

$$\frac{d^2 \sigma}{d t^2} = -\left(p' \frac{d \xi}{d \sigma} + g \frac{d \eta}{d \sigma}\right) \quad . \quad . \quad . \quad . \quad . \quad (9)$$

Ist c die relative Anfangsgeschwindigkeit im Punkte $\xi_0 \, \eta_0$ der Kurve, so folgt diejenige $\frac{d \sigma}{d t} = v$ in einem beliebigen Punkte bei konstanter Beschleunigung p' aus (9) durch Integration

$$\frac{v^2 - c^2}{2} = -p' (\xi - \xi_0) - g (\eta - \eta_0) \quad . \quad . \quad . \quad (10)$$

Anderseits erhalten wir für die **Zwangsbeschleunigung** q aus (8)

$$\frac{d^2 \xi}{d t^2} \sin \tau - \frac{d^2 \eta}{d t^2} \cos \tau = -p' \sin \tau + g \cos \tau + q$$

oder unter Einführung des Krümmungsradius ϱ der Bahnkurve im ξ-η-System

$$q = -\frac{v^2}{\varrho} + p' \sin \tau - g \cos \tau \quad . \quad . \quad . \quad . \quad . \quad (11)$$

Bewegt sich die Kurve mit **gleichförmiger Horizontalgeschwindigkeit**, so verschwindet p' und wir haben

$$\frac{v^2 - c^2}{2} = -g(\eta - \eta_0) = g(\eta_0 - \eta) \quad . \quad . \quad . \quad (10a)$$

$$q = -\frac{v^2}{\varrho} - g \cos \tau \quad . \quad . \quad . \quad . \quad . \quad . \quad . \quad . \quad . \quad (11a)$$

Diese Ergebnisse sind von Bedeutung für die Bewegung des Wassers in sog. **Achsialturbinen** mit vertikaler Achse, in deren Laufrad demnach die Relativgeschwindigkeit des oben ein- und unten austretenden Wassers ebenso zunimmt wie beim freien Falle. Die Gröfse der Zwangsbeschleunigung ist allerdings nur bei bekannter Kurvenform, durch die auch deren Krümmungsradius ϱ an jeder Stelle gegeben ist, nach (11a) zu ermitteln. Der Umstand, dafs hier eine Rotation um eine Vertikalachse und nicht blofs eine horizontal fortschreitende Bewegung der als Vertikalschnitt durch eine Turbinen-Schaufel anzusehenden Führungskurve stattfindet, ist übrigens für unsere Lösung so lange bedeutungslos, als wir nur Bewegungen senkrecht zur Rotationsebene berücksichtigen.

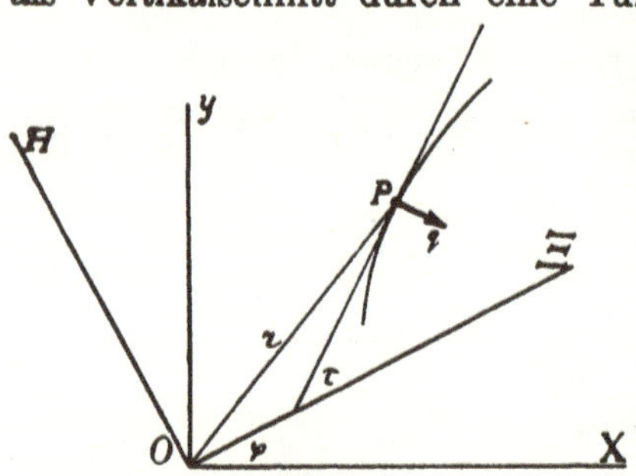

Fig. 65.

Um die **gezwungene Relativbewegung auf einer rotierenden ebenen Kurve** (Fig. 65) um eine senkrecht zu ihrer Ebene stehende Achse zu studieren, greifen wir auf die Gl. (6b) des vorigen Paragraphen zurück und fügen den wahren Beschleunigungskomponenten in der ξ- und η-Richtung auf der linken Seite die Komponenten der Zwangsbeschleunigung q hinzu. Wir erhalten alsdann unter Beibehaltung der übrigen Bezeichnungen

$$\left.\begin{aligned} \left(\frac{d v_\xi}{d t}\right) + q \sin \tau &= \frac{d^2 \xi}{d t^2} - \eta \frac{d \omega}{d t} - \xi \omega^2 - 2 \omega \frac{d \eta}{d t} \\ \left(\frac{d v_\eta}{d t}\right) - q \cos \tau &= \frac{d^2 \eta}{d t^2} + \xi \frac{d \omega}{d t} - \eta \omega^2 + 2 \omega \frac{d \xi}{d t} \end{aligned}\right\} \quad (12)$$

Hierin bestimmt sich der Neigungswinkel τ der Bahntangente an die Zwangskurve aus deren Gleichung im $\xi\,\eta$-System. Bei den in der Praxis vorkommenden Fällen ist nun die Winkelgeschwindigkeit ω stets konstant, so daſs die mit der Winkelbeschleunigung $\frac{d\,\omega}{d\,t}$ behafteten Glieder in (12) wegfallen. Verschwinden dann noch, wie z. B. bei der Rotation um eine Vertikalachse die Komponenten der wahren Beschleunigung, so haben wir statt (12)

$$\left.\begin{aligned} q \sin \tau &= \frac{d^2 \xi}{d t^2} - \xi\,\omega^2 - 2\,\omega\,\frac{d\eta}{d t} \\ -q \cos \tau &= \frac{d^2 \eta}{d t^2} - \eta\,\omega^2 + 2\,\omega\,\frac{d\xi}{d t} \end{aligned}\right\} \quad . \; . \; . \; . \; (12a)$$

Diese Formeln sind für die Bewegung des Wassers in sog. Radialturbinen mit vertikaler Achse von Bedeutung, für welche unsere Leitkurve den Horizontalschnitt durch die Schaufeln darstellt. Durch Elimination der Zwangsbeschleunigung ergibt sich aus (12a)

$$\begin{aligned} 0 = \frac{d^2 \xi}{d t^2} \cos \tau + \frac{d^2 \eta}{d t^2} \sin \tau - \omega^2 (\xi \cos \tau + \eta \sin \tau) \\ - 2\,\omega \left(\frac{d\eta}{d t} \cos \tau - \frac{d\xi}{d t} \sin \tau\right) \end{aligned}$$

Nach Einführung des Bahnelementes $d\sigma$ und des Radius-Vektors $OP = r$ durch

$$\cos \tau = \frac{d\xi}{d\sigma}, \qquad \sin \tau = \frac{d\eta}{d\sigma}$$

$$\xi^2 + \eta^2 = r^2, \quad \xi\,d\xi + \eta\,d\eta = r\,d r$$

wird hieraus unter Wegfall des letzten Klammerausdruckes

$$\frac{d^2 \sigma}{d t^2} - r\,\omega^2 \frac{d r}{d\sigma} = 0 \; . \; . \; . \; . \; . \; . \; . \; . \; (13)$$

oder, da $\frac{d\sigma}{d t} = v$

$$v\,d v = \omega^2 r\,d r$$

Durch Integration findet man hieraus unter Einführung einer dem Radius-Vektor r_0 entsprechenden scheinbaren Anfangsgeschwindigkeit v_0

$$v^2 - v_0^2 = \omega^2 (r^2 - r_0^2) \; . \; . \; . \; . \; . \; (13a)$$

so daſs die relative Geschwindigkeit nur durch den augenblicklichen Abstand des Punktes P von der Drehachse bestimmt und vom Sinne der Drehrichtung (da in Gl. (13) nur ω^2 vorkommt) sowie von der besonderen Gestalt der Bahn unabhängig ist. Dies gilt indessen nicht von der absoluten Geschwindigkeit v'' von P, die sich nach dem im vorigen Paragraphen gegebenen Satze aus v und $r\omega$ nach der Polygonregel (siehe Fig. 66) zusammensetzt. Nennen wir μ den Winkel der Bahn mit dem Radius-Vektor im rotierenden $\xi\eta$-System, so ist

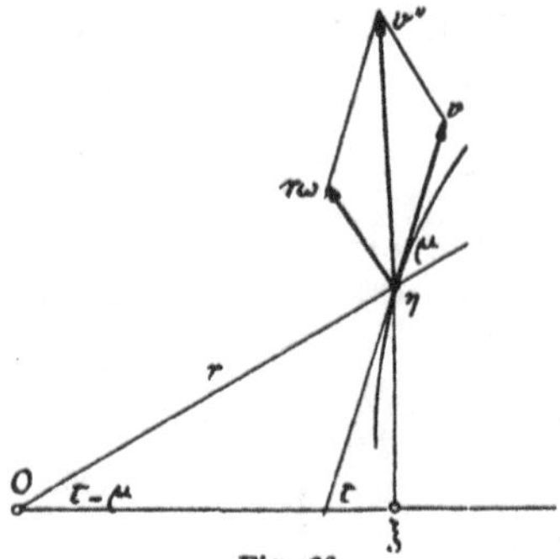

Fig. 66.

$$v''^2 = v^2 \cos^2\mu + (v \sin\mu + r\omega)^2$$

oder

$$v''^2 = v^2 + 2r\omega v \sin\mu + r^2\omega^2 \quad . \quad . \quad . \quad . \quad . \quad (14)$$

Mit Rücksicht auf (13a) kann man statt dessen auch schreiben

$$v''^2 = v_0^2 - r_0^2\omega^2 + 2r\omega(v\sin\mu + r\omega) \quad . \quad . \quad (14a)$$

Schlieſslich kann man aus (12a) auch noch die **Zwangsbeschleunigung** durch Multiplikation der ersten Gleichung mit $\sin\tau$, der zweiten mit $\cos\tau$ und Subtraktion berechnen und erhält

$$q = \frac{d^2\xi}{dt^2}\sin\tau - \frac{d^2\eta}{dt^2}\cos\tau - \omega^2(\xi\sin\tau - \eta\cos\tau)$$
$$- 2\omega\left(\frac{d\eta}{dt}\sin\tau + \frac{d\xi}{dt}\cos\tau\right)$$

Führt man hierin wieder die oben schon benutzten Werte von $\sin\tau$ und $\cos\tau$ ein, und berücksichtigt ferner, daſs wegen

$$\xi = r\cos(\tau - \mu) \text{ und } \eta = r\sin(\tau - \mu)$$
$$\xi d\eta - \eta d\xi = r\, d\sigma \sin\mu$$

wird, so ergibt sich

$$q = -\frac{v^2}{\varrho} - r\omega^2\sin\mu - 2\omega v \quad . \quad . \quad . \quad . \quad (15)$$

Da hierin der von der Bahnform abhängige Krümmungsradius ϱ sowie der Winkel μ vorkommt, so kann die Zwangsbeschleunigung nur bei gegebener Bahnform zahlenmäſsig berechnet werden.

Ist z. B. die Bahn in Fig. 67 eine **Gerade** mit dem kürzesten Abstand r_0 vom Rotationszentrum, so entspricht demselben die relative Geschwindigkeit v_0 nach Gl. (13a).

Rechnen wir aufserdem die Zeit t und den relativen Weg σ von dieser Stelle aus, so wird $r^2 = r_0^2 + \sigma^2$, also $r\,dr = \sigma\,d\sigma$ und damit geht Gl. (13) selbst über in

$$\frac{d^2\sigma}{dt^2} = \omega^2\sigma \quad . \quad . \quad (16)$$

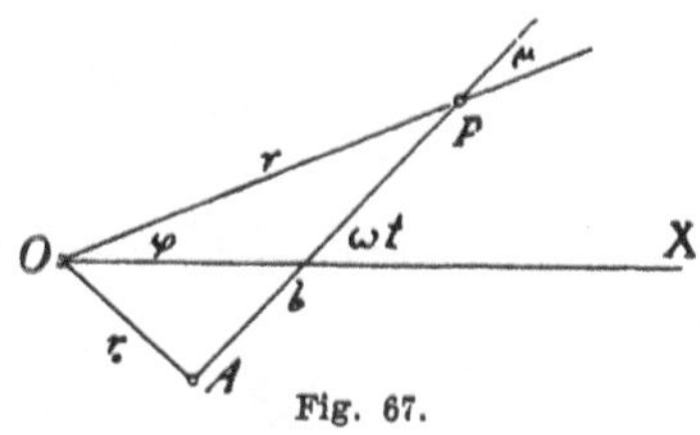

Fig. 67.

Das allgemeine Integral derselben ist aber (siehe § 15)

$$\sigma = a_1 e^{\omega t} + a_2 e^{-\omega t} \quad . \quad . \quad . \quad . \quad . \quad . \quad (17)$$

worin die Konstanten a_1 und a_2 durch die Geschwindigkeit im Ausgangspunkte sich bestimmen lassen. Wir erhalten nämlich durch Differentiation aus (17)

$$v = \frac{d\sigma}{dt} = a_1 \omega e^{\omega t} - a_2 \omega e^{-\omega t} \quad . \quad . \quad . \quad . \quad (18)$$

folglich für die Zeit $t = 0$, also $\sigma = 0$

$$a_1 + a_2 = 0$$

$$a_1 - a_2 = \frac{v_0}{\omega}$$

d. h. also

$$a_1 = \frac{1}{2}\frac{v_0}{\omega}, \qquad a_2 = -\frac{1}{2}\frac{v_0}{\omega}$$

Damit gehen die Formeln (17) und (18) über in

$$\sigma = \frac{1}{2}\frac{v_0}{\omega}\left(e^{\omega t} - e^{-\omega t}\right) \quad . \quad . \quad . \quad . \quad . \quad (17a)$$

$$v = \frac{1}{2} v_0 \left(e^{\omega t} + e^{-\omega t}\right) \quad . \quad . \quad . \quad . \quad . \quad (18a)$$

Auch die Zwangsbeschleunigung ergibt sich leicht aus (15) mit $\varrho = \infty$ und $r \sin\mu = r_0$ zu

$$q = -r_0\omega^2 - v_0\omega\left(e^{\omega t} + e^{-\omega t}\right) \quad . \quad . \quad . \quad (19)$$

Um schliefslich die absolute Bahn des Punktes zu bestimmen, setzen wir fest, dafs für $t = 0$, d. h. im Momente des Passierens der Lage $\sigma = 0$ die Gerade, auf welcher der Punkt läuft, der

X-Achse parallel sein möge. Alsdann ist der momentane Winkel der Geraden mit der X-Achse ωt und wir haben, unter φ den augenblicklichen Winkel des Radius-Vektors r verstanden

$$r \cos \varphi = \sigma \cos \omega t + r_0 \sin \omega t$$
$$r \sin \varphi = \sigma \sin \omega t - r_0 \cos \omega t$$

Daraus folgt aber

$$r^2 = r_0^2 + \sigma^2 = r_0^2 + \frac{v_0^2}{4\omega^2}\left(e^{2\omega t} + e^{-2\omega t} - 2\right) \quad (20)$$

$$\operatorname{tg}(\varphi - \omega t) = -\frac{r_0}{\sigma} = -\frac{2 r_0 \omega}{v_0\left(e^{\omega t} - e^{-\omega t}\right)} \quad . \quad . \quad (21)$$

woraus hervorgeht, daſs mit wachsendem Radius-Vektor r der Winkel $\varphi - \omega t$, welcher für $t = 0$ noch 90^0 betrug, immer mehr abnimmt. Besonders einfach gestalten sich die Formeln für $r_0 = 0$, d. h. für die Gerade durch das Rotationszentrum, da alsdann auch $\sigma = r$ und $\varphi = \omega t$ wird. Aus (17a) ergibt sich somit die Polargleichung für diesen Fall

$$r = \frac{1}{2}\frac{v_0}{\omega}\left(e^{\varphi} - e^{-\varphi}\right) \quad . \quad . \quad . \quad . \quad . \quad (20a)$$

Wir wollen nun zum Schluſs noch den für die Theorie gewisser Federregulatoren wichtigen Fall untersuchen, daſs der auf der gleichförmig um eine Vertikalachse rotierenden Geraden $O\xi$ durch den Anfang O bewegte Punkt einer Beschleunigung unterworfen ist, welche nach einem auf der Geraden festen Punkte A gerichtet und dem Abstande vom Zentrum proportional sein mag. Es entspricht dies, wie in Fig. 68 angedeutet, etwa der Verbindung des Anfangs O mit einem auf der Geraden $O\xi$ bewegten Gleitstück P durch einen Gummifaden oder eine Spiralfeder. Befindet sich das ganze System im Ruhezustande, so möge $OA = a$ der normale Abstand des beobachteten Punktes P von O sein. Lenken wir den Punkt P aus dieser Lage aus, ohne indessen die Rotation der Geraden einzuleiten, so wird er nach § 13 Schwingungen um die Ruhelage vollziehen etwa nach der Gleichung

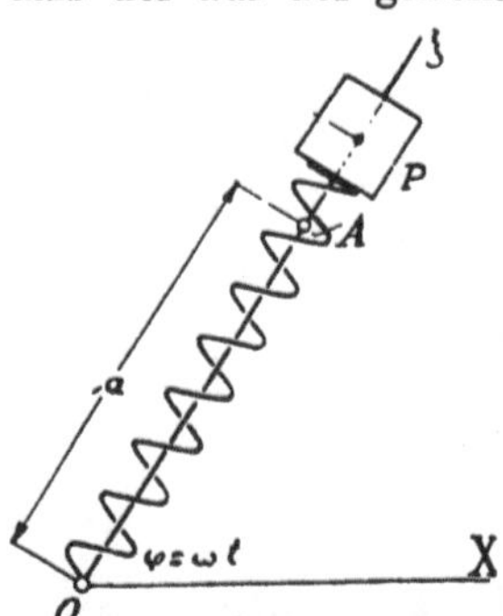

Fig. 68.

$$\xi = a + a_1 \sin(\alpha t + \beta),$$

worin $\xi - a = AP$ die momentane Auslenkung aus der Ruhelage, a_1 die willkürliche Amplitude und β die vom Beginn der Zeitrechnung abhängige, also ebenso willkürliche Phase bedeutet. Die nach dem Punkte A gerichtete Beschleunigung ergibt sich hieraus zu

$$\frac{d^2\xi}{dt^2} = -a_1\alpha^2 \sin(\alpha t + \beta) = -\alpha^2(\xi - a)$$

so daſs α^2 den Proportionalitätsfaktor der von der Feder bezw. dem Gummifaden auf P ausgeübten Beschleunigung bedeutet.

Lassen wir nunmehr die Gerade $O\xi$ rotieren, so stellt der vorstehende Ausdruck zwar nicht mehr die relative Beschleunigung $\frac{d^2\xi}{dt^2}$, wohl aber die wahre nach A gerichtete Beschleunigung dar, die wir in Gl. (12) mit $\left(\frac{dv_\xi}{dt}\right)$ bezeichnet haben. Wir dürfen demnach unter Einführung dieses Wertes in Gl. (12) sowie unter Berücksichtigung, daſs infolge des Ausschlusses von Relativbewegungen senkrecht zu ξ

$$\eta = 0\,, \quad \frac{d\eta}{dt} = 0\,, \quad \frac{d^2\eta}{dt^2} = 0\,, \quad \left(\frac{dv_\eta}{dt}\right) = 0$$

wird, mit $\tau = 0$ für unser Problem setzen

$$\left.\begin{aligned} -\alpha^2(\xi - a) &= \frac{d^2\xi}{dt^2} - \xi\omega^2 \\ -q &= \xi\frac{d\omega}{dt} + 2\omega\frac{d\xi}{dt} \end{aligned}\right\} \quad \ldots\ldots \quad (21)$$

Schreiben wir die erste dieser Gleichungen in der Form

$$\frac{d^2\xi}{dt^2} + (\alpha^2 - \omega^2)\,\xi = \alpha^2 a \quad \ldots\ldots \quad (21\text{a})$$

so erkennen wir, daſs sie für eine unveränderliche Winkelgeschwindigkeit ω befriedigt wird durch das allgemeine Integral

$$\xi = a_0 + a_1 \sin(kt + \beta_1)$$

worin a_1 und β_1 neue willkürliche Integrationskonstanten bedeuten, während a_0 und k sich durch Einsetzen dieses Ausdruckes und seines zweiten Differentialquotienten in (21a) bestimmen lassen. Wir erhalten so

$$a_0 = \frac{\alpha^2 a}{\alpha^2 - \omega^2} \quad \text{und} \quad k^2 = \alpha^2 - \omega^2,$$

wodurch das allgemeine Integral übergeht in

$$\xi = \frac{\alpha^2 a}{\alpha^2 - \omega^2} + a_1 \sin(t\sqrt{\alpha^2 - \omega^2} + \beta_1) \quad . \quad . \quad (22)$$

und für $\omega = 0$ mit dem oben angeschriebenen Ausdruck für Schwingungen auf der ruhenden Geraden identisch wird. So lange $\alpha > \omega$ bleibt, d. h. so lange die Umdrehungsdauer der Geraden $\frac{2\pi}{\omega}$ gröfser als die Dauer dieser Schwingungen $\frac{2\pi}{\alpha}$ auf der ruhenden Geraden ist, stellt (22) ebenfalls Schwingungen dar, aber um eine Ruhelage

$$a_0 = \frac{\alpha^2 a}{\alpha^2 - \omega^2} > a.$$

Je geringer der Unterschied der beiden Werte α und ω ist, um so gröfser wird der Abstand dieser Ruhelage von A nach aufsen hin; für $\alpha = \omega$ würde sogar $a_0 = \infty$, d. h. der Zusammenhang von P mit O durch die Feder zerstört werden. Steigern wir die Winkelgeschwindigkeit der Rotation noch weiter, so wird in (22) wegen $\alpha^2 < \omega^2$ die Schwingungsdauer imaginär. Wir gelangen indessen für die Auslenkung ξ in diesem Falle zu einem reellen Ausdrucke, wenn wir (ganz ebenso wie bei der Pendelbewegung um die labile Lage) dem allgemeinen Integral von (21a), analog (17), die Form geben

$$\xi = a_0 + a_1 e^{kt} + a_2 e^{-kt}$$

worin

$$a_0 = -\frac{\alpha^2 a}{\omega^2 - \alpha^2} \qquad k^2 = \omega^2 - \alpha^2$$

wird, während a_1 und a_2 wieder willkürliche Konstanten bedeuten. Für $\omega > \alpha$ lautet demnach die Gleichung für die relative Bewegung auf der rotierenden Geraden

$$\xi = -\frac{\alpha^2 a}{\omega^2 - \alpha^2} + a_1 e^{t\sqrt{\omega^2 - \alpha^2}} + a_2 e^{-t\sqrt{\omega^2 - \alpha^2}} \qquad (23)$$

Dieselbe ist also asymptotisch, d. h. die Auslenkung wird während der Bewegung im allgemeinen über jedes Mafs hinaus wachsen. Wir können sie praktisch dadurch realisieren, dafs wir bei der Einleitung der Rotation zunächst den Körper P so lange auf der Gleitbahn $O\xi$ in der Ruhelage A festhalten, bis $\omega > \alpha$ geworden ist und ihn erst dann bei gleichbleibender

Winkelgeschwindigkeit sich selbst überlassen. Rechnen wir von diesem Momente ab die Zeit, so ist für $t = 0$, $\xi = a$ und aufserdem $\frac{d\xi}{dt} = 0$, so dafs für die Bestimmung der beiden Konstanten a_1 und a_2 die beiden Gleichungen

$$a = -\frac{\alpha^2 a}{\omega^2 - \alpha^2} + a_1 + a_2$$

$$0 = a_1 - a_2$$

resultieren. Aus ihnen erhalten wir

$$a_1 = a_2 = \frac{a}{2} \frac{\omega^2}{\omega^2 - \alpha^2}$$

und damit aus (21)

$$\xi = -\frac{\alpha^2 a}{\omega^2 - \alpha^2} + \frac{a}{2} \frac{\omega^2}{\omega^2 - \alpha^2}\left(e^{t\sqrt{\omega^2 - \alpha^2}} + e^{-t\sqrt{\omega^2 - \alpha^2}}\right) \quad (23a)$$

Man erkennt jedenfalls aus diesen Ergebnissen, dafs man bei derartigen rotierenden elastischen Verbindungen sich innerhalb bestimmter Winkelgeschwindigkeiten bewegen mufs bezw. im Falle dafs ein Überschreiten derselben praktisch nicht ausgeschlossen ist, für eine Begrenzung des Ausschlages des auf der Gleitbahn beweglichen Körpers zu sorgen hat, wenn man nicht eine Zerstörung des Systems, wie sie durch das Unendlichwerden, bezw. unbegrenzte Anwachsen von ξ angedeutet ist, riskieren will.

Mit der Abhängigkeit der Auslenkung ξ von der Zeit ist dann auch die senkrecht zur Bahn gerichtete Zwangsbeschleunigung q aus der zweiten Formel (21) gegeben. Dieselbe nimmt für konstantes ω, wie wir es hier durchaus voraussetzten, die einfache Form

$$q = -2\omega \frac{d\xi}{d} \quad . \quad . \quad . \quad . \quad . \quad . \quad . \quad (24)$$

an. Vollzieht sich die Relativbewegung mit $\omega < \alpha$ nach (22) in Form von Schwingungen, so wird auch q eine periodische Funktion der Zeit, wie man durch Bildung des Differentialquotienten von (22) findet. Anderseits wird mit ξ auch q asymtotisch im Falle $\omega > \alpha$, so dafs bei unbegrenztem Wachstum von ξ und q die Gleitbahn, welche diese Beschleunigung aufzunehmen hat, dem Zerbrechen ausgesetzt ist.

§ 20. Die gezwungene räumliche Relativbewegung.

Zwangsbeschleunigung normal zu den bewegten Oberflächen. Rotation einer ebenen Zwangsbahn um eine Achse in ihrer Ebene. Anwendung auf das Zentrifugalpendel, stabile und labile Ruhelagen desselben. Kleine Schwingungen um die Ruhelagen. Offene und gekreuzte Tachometer, astatische Tachometer.

Die allgemeine räumliche Bewegung eines Punktes kann in doppelter Weise einem Zwange unterworfen sein. Einmal kann nämlich der Punkt an eine selbst in Bewegung begriffene ebene oder Raumkurve, anderseits aber auch an eine bewegte Oberfläche gebunden sein. Vom mathematischen Standpunkte ist der letztere Fall einfacher insofern, als hierbei nur eine Zwangsbeschleunigung senkrecht zur Oberfläche einzuführen ist, während bei der Relativbewegung auf einer Raumkurve, welche als Schnitt zweier miteinander bewegter Oberflächen aufgefaſst werden kann, für jede derselben eine Zwangsbeschleunigung in die Bewegungsformeln eintritt. Daran ändert sich auch nichts, wenn die Zwangsbahn in eine ebene Kurve übergeht, da auch hierbei auſser einer in ihrer Ebene liegenden Zwangsbeschleunigung eine senkrecht dazu stehende auftritt. Diese letztere fällt nur dann fort, wenn bei ihrer Bewegung die Zwangsbahn nicht aus ihrer eigenen Ebene heraustritt.

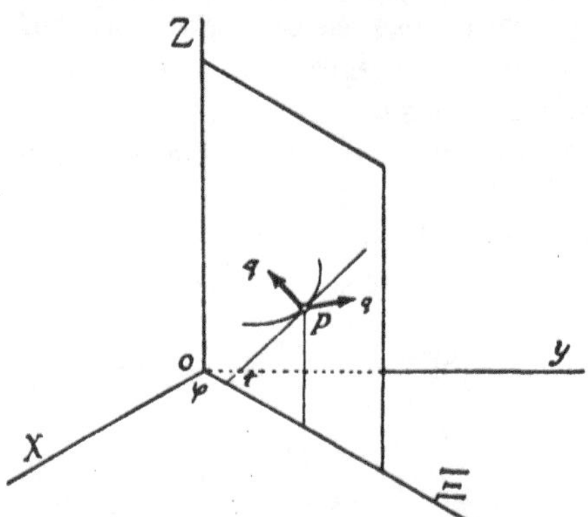

Fig. 69.

Wir wollen uns hier zunächst mit dem technisch wichtigen Falle der Bewegung auf einer ebenen Kurve beschäftigen, welche selbst um eine in ihrer Ebene gelegene Achse, die wir zur Z-Achse wählen, rotiert (Fig. 69). Die Projektion der Zwangsbahn auf die x-y-Ebene ist demnach eine Gerade $O\Xi$, deren Winkel mit der festen X-Achse wir mit φ bezeichnen wollen. Die zur Ebene $\Xi O Z$ im Punkte P der Zwangsbahn senkrechte Zwangsbeschleunigung sei q, die auf dem Kurvenelement ds in dieser Ebene senkrechte dagegen q'. Alsdann entfällt auf die Richtung $O\Xi$ (die Horizontalprojektion der Zwangsbahn) keine Komponente von q (siehe Fig. 70 und 71), wohl aber von q' die Komponente — $q' \sin \tau$, wenn τ den Winkel des Bahnelementes $d\sigma$ mit der Achse $O\Xi$ bezeichnet.

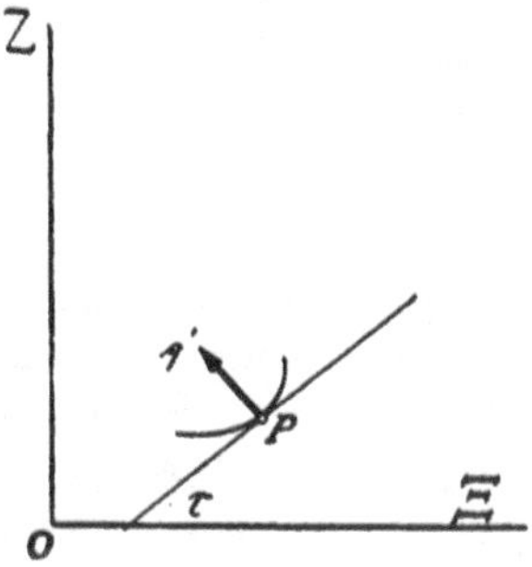

Fig. 70.

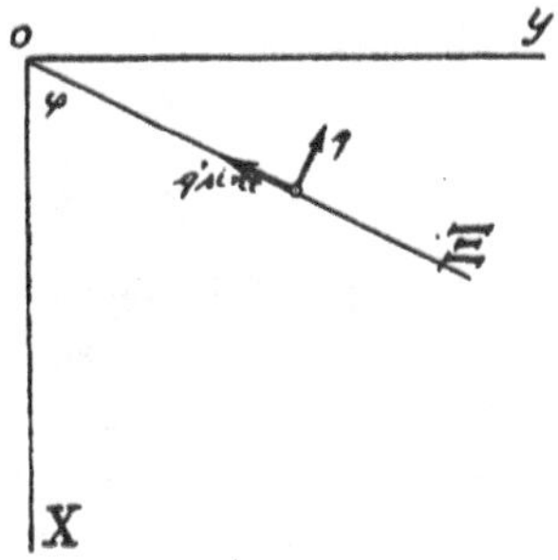

Fig. 71.

Die andere Komponente $q' \cos \tau$ dieser Zwangsbeschleunigung kommt nur für die Bewegung in der Z- bezw. ζ-Richtung in Betracht, für welche übrigens auch q keinen Beitrag liefert.

Bezeichnen wir nun die wahren Beschleunigungskomponenten in der Richtung $O\xi$ und OZ mit $\left(\frac{dv_\xi}{dt}\right)$ und $\left(\frac{dv_\zeta}{dt}\right)$, sowie senkrecht zur Ebene mit $\left(\frac{dv_\eta}{dt}\right)$, so erhalten wir, unter $\omega = \frac{d\varphi}{dt}$ die Winkelgeschwindigkeit der Ebene der Zwangsbahn verstanden, analog den Gl. (12) des vorigen Paragraphen mit $\eta = 0$, $\frac{d\eta}{dt} = 0$, $\frac{d^2\eta}{dt^2} = 0$, da senkrecht zur Ebene $\Xi O Z$ keine früher mit η bezeichnete Relativbewegungen stattfinden,

$$\left.\begin{aligned} \left(\frac{dv_\xi}{dt}\right) - q' \sin \tau &= \frac{d^2\xi}{dt^2} - \xi\omega^2 \\ \left(\frac{dv_\eta}{dt}\right) + q \quad &= \xi\frac{d\omega}{dt} + 2\omega\frac{d\xi}{dt} \\ \left(\frac{dv_\zeta}{dt}\right) + q' \cos \tau &= \frac{d^2\zeta}{dt^2} \end{aligned}\right\} \quad . \quad . \quad . \quad (1)$$

Hat nun die zweite Achse die Richtung der Erdbeschleunigung g, so wird unter Wegfall anderer seitlicher Beschleunigungen

$$\left(\frac{dv_\xi}{dt}\right) = 0, \quad \left(\frac{dv_\eta}{dt}\right) = 0, \quad \left(\frac{dv_\zeta}{dt}\right) = -g$$

und die Gleichungen gehen für konstante Winkelgeschwindigkeit ω über in

$$\left.\begin{aligned} -q' \sin\tau &= \frac{d^2\xi}{dt^2} - \xi\omega^2 \\ q &= 2\omega\frac{d\xi}{dt} \\ -g + q'\cos\tau &= \frac{d^2\zeta}{dt^2} \end{aligned}\right\} \quad \ldots\ldots (1a)$$

Für die Relativbewegung in der rotierenden Ebene $\Xi O Z$ kommt nun die zweite dieser Formeln nicht weiter in Betracht, da sie nur Auskunft über die Gröfse der senkrecht zu dieser Ebene stehenden Zwangsbeschleunigung q gibt. Die erste und dritte dieser Gleichungen ergeben dagegen nach Elimination von q'

$$-g\sin\tau = \frac{d^2\xi}{dt^2}\cos\tau + \frac{d^2\zeta}{dt^2}\sin\tau - \omega^2\xi\cos\tau$$

oder, da τ den Tangentenwinkel der Zwangsbahn im Punkte P mit der ξ-Achse darstellt, also

$$\cos\tau = \frac{d\xi}{d\sigma}, \quad \sin\tau = \frac{d\zeta}{d\sigma}$$

$$\frac{d^2\xi}{dt^2}\cos\tau + \frac{d^2\zeta}{dt^2}\sin\tau = \frac{d^2\sigma}{dt^2}$$

ist,

$$-g\sin\tau = \frac{d^2\sigma}{dt^2} - \omega^2\xi\cos\tau \quad \ldots\ldots (2)$$

Ebenso folgt aus der ersten und letzten Formel (1a) für q'

$$q' = g\cos\tau + \frac{d^2\zeta}{dt^2}\cos\tau - \frac{d^2\xi}{dt^2}\sin\tau + \omega^2\xi\sin\tau$$

oder nach Einführung des Krümmungsradius ϱ der Zwangsbahn

$$q' = g\cos\tau + \frac{1}{\varrho}\left(\frac{d\sigma}{dt}\right)^2 + \omega^2\xi\sin\tau \quad \ldots (3)$$

Die weitere Behandlung der beiden Gleichungen (2) und (3), von denen die erstere noch zu integrieren ist, kann naturgemäfs erst auf Grund der Gleichung der Zwangsbahn in den Koordinaten ξ und ζ erfolgen.

Für den praktisch wichtigsten Fall des sog. Zentrifugalpendels (Fig. 72) ist nun die Zwangsbahn ein Kreis, um einen von der Achse um a entfernten Punkt Ω, dessen Radius wir mit l bezeichnen wollen. Der Tangentenwinkel τ stimmt alsdann mit der Auslenkung der Geraden ΩP aus der Vertikalen überein, so dafs wir haben

$$\xi = a + l \sin \tau\,, \quad \sigma = l\tau \quad . \quad . \quad . \quad . \quad . \quad (4)$$

womit die Gleichung (2) übergeht in

$$\frac{d^2\tau}{dt^2} = \omega^2 \frac{a}{l} \cos \tau + \omega^2 \cos \tau \sin \tau - \frac{g}{l} \sin \tau \quad . \quad (5)$$

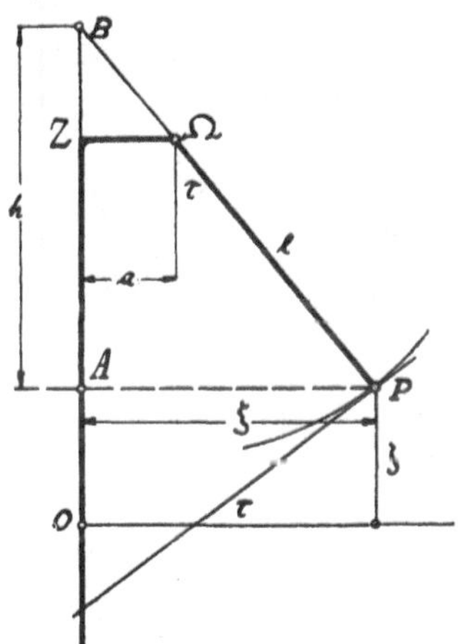

Fig. 72.

Für $\omega = 0$, d. h. im Falle einer ruhenden Zwangsbahn würden wir wieder auf die einfache Pendelformel

$$\frac{d^2\tau}{dt^2} = -\frac{g}{l} \sin \tau$$

geführt werden. Da diese eine einfache Schwingung darstellte, so können wir auch für (5) ein ähnliches Resultat erwarten. Da eine Schwingung, wie wir früher gesehen haben, nur um eine Ruhelage möglich ist, so haben wir zunächst zu prüfen, ob derartige Ruhelagen, welche hier naturgemäfs relativ, d. h. in Bezug auf die bewegte Ebene zu verstehen sind, existieren. Die Bedingung für die Möglichkeit einer solchen Ruhelage ist das Verschwinden der Beschleunigung, so dafs der dieser Lage entsprechende Winkel τ_0 nach (5) die Gleichung

$$\omega^2 a \cos \tau_0 + \omega^2 l \cos \tau_0 \sin \tau_0 - g \sin \tau_0 = 0$$

zu erfüllen hat. Dieselbe ist für $\sin \tau_0$ bezw. $\cos \tau_0$ vom vierten Grade, ihre weitere Behandlung somit recht umständlich. Schreibt man sie dagegen in der Form

$$a + l \sin \tau_0 = \frac{g}{\omega^2} \operatorname{tg} \tau_0 \quad . \quad . \quad . \quad . \quad . \quad . \quad (6)$$

und konstruiert, wie es in Fig. 73 geschehen ist, die der linken Seite entsprechende Kurve $a + l \sin \tau_0$ getrennt von der der rechten Seite entsprechenden $\frac{g}{\omega^2}\, tg\, \tau_0$, so ergeben die Schnittpunkte beider sofort die gesuchten vier Wurzeln der Gl. (6).

Die Verteilung der denselben entsprechenden Ruhelagen über die ganze kreisförmige Zwangsbahn ist aus Fig. 74 ersichtlich. Verschwindet, wie bei dem gewöhnlichen Zentrifugalpendel, die Exzentrizität a des Aufhängepunktes Ω, d. h. liegt dieser auf der Rotationsachse selbst, so rücken die Ruhelagen II und IV in die Vertikale durch Ω, während ΩIII und ΩI zu derselben

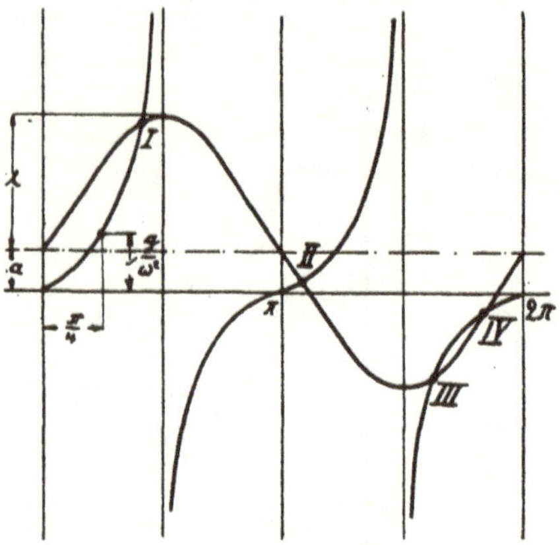

Fig. 73.

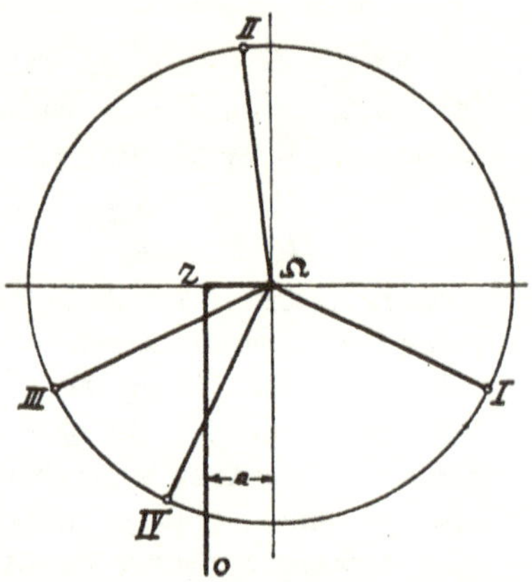

Fig. 74.

symmetrisch liegen. Man erkennt hierbei sofort, dafs diese letzteren stabile, die beiden anderen, II und IV dagegen, labile Lagen des Pendels darstellen, was auch für die unsymmetrische Anordnung, d. h. bei exzentrischer Lage von Ω, zutrifft.

Um dies besser zu übersehen und zugleich über den Charakter der Schwingungen näheren Aufschlufs zu gewinnen, betrachten wir nunmehr die Bewegung in unmittelbarer Nähe eines der soeben erhaltenen Ruhepunkte und setzen, indem wir unter $\Delta\tau$ eine sehr kleine Abweichung von τ_0 verstehen,

$$\tau = \tau_0 + \Delta\tau \quad . \; . \; . \; . \; . \; . \; . \; . \quad (7)$$

Infolge der Kleinheit von $\Delta\tau$ dürfen wir die Quadrate davon gegen τ_0^2 vernachlässigen und

$$\cos\tau = \cos\tau_0 - \Delta\tau\sin\tau_0$$
$$\sin\tau = \sin\tau_0 + \Delta\tau\cos\tau_0$$
$$\cos\tau\cdot\sin\tau = \cos\tau_0\sin\tau_0 + \Delta\tau\cos 2\tau_0$$

in die Bewegungsgleichung (5) einführen. Mit

$$\frac{d^2 \tau}{d t^2} = \frac{d^2 \Delta \tau}{d t^2}$$

geht dieselbe alsdann über in

$$\frac{d^2 \Delta \tau}{d t^2} = \frac{1}{l} (\omega^2 a \cos \tau_0 + \omega^2 l \cos \tau_0 \sin \tau_0 - g \sin \tau_0)$$
$$- \frac{1}{l} (\omega^2 a \sin \tau_0 - \omega^2 l \cos 2 \tau_0 + g \cos \tau_0) \Delta \tau.$$

Hierin verschwindet aber das konstante erste Glied der rechten Seite wegen (6), und das zweite vereinfacht sich mit Hilfe derselben Formel, so dafs wir jetzt haben

$$\frac{d^2 \Delta \tau}{d t^2} + \left(\frac{g}{l} \frac{1}{\cos \tau_0} - \omega^2 \cos^2 \tau_0\right) \Delta \tau = 0 \quad . \quad . \quad . \quad (8)$$

oder auch

$$\frac{d^2 \Delta \tau}{d t^2} + \frac{\omega^2}{l} \left(\frac{a}{\sin \tau_0} + l \sin^2 \tau_0\right) \Delta \tau = 0 \quad . \quad . \quad . \quad (8a)$$

Dies ist aber die Differentialgleichung einer einfachen Schwingung um eine stabile Ruhelage, so lange der Klammerausdruck des zweiten Gliedes positiv ist, was immer stattfindet, wenn $l \sin^2 \tau_0$, entsprechend den Stellungen I und III, gröfser als der Absolutwert von $\frac{a}{\sin \tau_0}$ bleibt. In den Stellungen II und IV dagegen ist $\sin \tau_0 < 0$ und wegen der Kleinheit von τ_0 das Glied $l \sin^2 \tau_0$ so unerheblich, dafs das Vorzeichen des Klammerausdruckes durch $\frac{a}{\sin \tau_0}$ bestimmt, also negativ wird. Die Differentialgleichung (8a) führt damit auf eine asymptotische Bewegung, deren Ausgangspunkte wir schon bei der Untersuchung des Pendels als labile Ruhelagen bezeichnet haben. Die Schwingungsdauer ergibt sich aus (8) analog derjenigen einer einfachen Schwingung zu

$$t_0 = 2 \pi \sqrt{\frac{l \cos \tau_0}{g - \omega^2 l \cos^3 \tau_0}} \quad . \quad . \quad . \quad . \quad . \quad (9)$$

Entspricht τ_0 einer labilen Ruhelage, so wird der Ausdruck unter der Wurzel negativ, die Schwingungsdauer mithin imaginär, d. h. es können um derartige Ruhelagen überhaupt keine Schwingungen entstehen. Fällt der Drehpunkt Ω in die Achse OZ, so wird aus (6) mit $a = 0$

$$\cos \tau_0 = \frac{g}{\omega^2 l} \quad \text{(6a)}$$

und die Schwingungsdauer (9) für diesen Spezialfall

$$t_0 = \frac{2\pi l \omega}{\sqrt{l^2 \omega^4 - g^2}} \quad \text{(9a)}$$

Die Gl. (6) für die Ruhelagen bietet nun auch Gelegenheit, die Umdrehungsdauer $t_1 = \frac{2\pi}{\omega}$ des Zentrifugalpendels für die relativen Ruhelagen von P zu bestimmen. Der Ausdruck hierfür wird besonders einfach, wenn wir die Vertikalprojektion AB der Pendellänge (siehe Fig. 72) bis zu ihrem Schnitt mit der Drehachse einführen. Setzen wir dieselbe gleich h, so wird

$$AB = \frac{a + l \sin \tau_0}{\operatorname{tg} \tau_0} = h$$

und damit aus (6) die Umdrehungsdauer

$$t_1 = \frac{2\pi}{\omega} = 2\pi \sqrt{\frac{h}{g}} \quad \text{(10)}$$

Dieser Wert entspricht vollkommen der für das einfache Pendel gültigen Schwingungsdauer, gilt aber im Gegensatz zu dieser nur für kleine Ausschläge angenähert richtigen Formel ganz streng für beliebige Winkel τ_0 bezw. beliebige Werte von h. Dieser Umstand läfst das Zentrifugalpendel, welches man bei relativer Ruhe des Punktes P in der Zwangsbahn wegen des von ΩP beschriebenen Kreiskegels auch als konisches Pendel bezeichnet, als Geschwindigkeitsmesser oder Tachometer geeignet erscheinen. In der Praxis verwendet man hierzu aus Gründen, die erst in der Lehre von den Kräften hervortreten werden, stets Verbindungen von zwei symmetrisch zur Drehachse angeordneten Pendeln (Fig. 75 und 76), welche durch Vermittlung eines Gestänges CH die Hülse H auf der Drehachse selbst verschieben. Der Ausschlag des Pendels ΩP aus der Ruhelage wird dann durch Stellringe SS auf der Achse derart begrenzt, dafs der etwaige Übergang in eine andere Ruhelage in P unmöglich wird und nur Pendelungen um die so umschriebene stets stabile Ruhelage übrig bleiben. Wählt man für diese die in Fig. 74 mit I bezeichnete Lage (Fig. 75), so spricht man von einem Tachometer mit offenem Gestänge, bei Verwendung der Lage III dagegen, (Fig. 76), von einem solchen mit gekreuztem Gestänge.

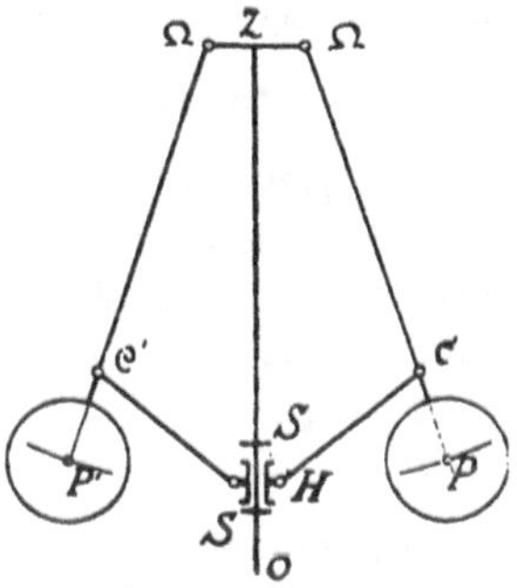

Fig. 75.

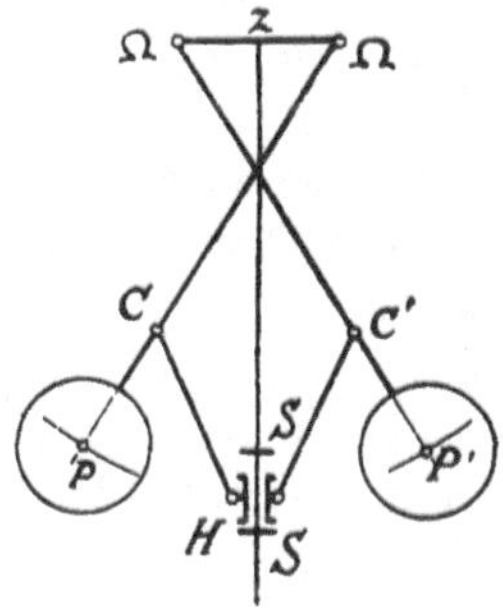

Fig. 76.

Es sei übrigens noch erwähnt, dafs man die vorstehend geschilderten Apparate auch mit horizontaler Drehachse verwendet, wobei man allerdings statt der Erdbeschleunigung, welche durch die Gestängeverbindung CH hierbei wirkungslos wird, elastische Federn einführen mufs, deren Beschleunigung proportional der Hülsenverschiebung ist. Die Verfolgung der hierdurch bedingten Bewegungserscheinungen, die natürlich wieder von unseren Grundformeln (1) auszugehen hat, gehört in die Theorie der Regulatoren.

Wenn auch die von uns bisher betrachteten Schwingungen um stabile Ruhelagen das Verhalten der praktisch ausgeführten Zentrifugalpendel genügend kennzeichnen, so ist es doch nützlich, daran zu erinnern, dafs allgemein Schwingungen nur dann eintreten, wenn die relative Geschwindigkeit von P in der Zwangsbahn für irgend eine Lage auch wirklich verschwindet. Dafs dies nicht unter allen Umständen notwendig ist, erkennt man sofort durch Integration der Gl. (5), welche für die relative Winkelgeschwindigkeit $\frac{d\tau}{dt} = \varepsilon$ auf

$$\frac{1}{2}(\varepsilon^2 - \varepsilon_1^2) = \frac{\omega^2 a}{l}(\sin\tau - \sin\tau_1) - \frac{1}{4}\omega^2(\cos 2\tau - \cos 2\tau_1)$$
$$+ \frac{g}{l}(\cos\tau - \cos\tau_1) \quad . \quad . \quad . \quad . \quad . \quad . \quad (11)$$

führt, worin ε_1 die irgend einer Auslenkung τ_1 entsprechende gegebene Winkelgeschwindigkeit bedeutet. Die Gröfse ε^2 kann nun aber niemals kleiner als 0 werden, so dafs $\varepsilon^2 = 0$ den möglichen Minimalwert von ε^2 darstellt. Die ausgezeichneten Werte von ε^2 sind also an solche Lagen gebunden, welche sich durch Verschwinden von $\frac{d(\varepsilon^2)}{dt}$ ergeben und darum mit den durch (6) erhaltenen Ruhelagen für die Schwingungen übereinstimmen. Daraus geht hervor, dafs die stabilen Lagen stets mit gröfster, die labilen mit kleinster relativer Winkelgeschwindigkeit passiert werden, und dafs eine volle Rotation in der Zwangsbahn stets dann eintritt, wenn für die labilen Lagen ε^2 nicht verschwindet.

Das bisher von uns eingehend untersuchte Zentrifugalpendel mit kreisförmiger Zwangsbahn besitzt die Eigenschaft, dafs jeder Winkelgeschwindigkeit der Achse OZ ganz bestimmte stabile Ruhelagen von P zugeordnet sind. Es wird demnach bei Veränderungen der Winkelgeschwindigkeit ω die vorher eingenommene Ruhelage verlassen und um die neue Schwingungen vollzogen, welche im Laufe der Zeit infolge von Verzögerungen, auf die wir noch zu sprechen kommen, erlöschen.

Man kann nun auch die Frage nach derjenigen Zwangsbahn stellen, auf welcher P für eine gegebene Winkelgeschwindigkeit ω der Drehachse nirgends eine relative Tangentialbeschleunigung erfährt. Wir haben hierfür nur in Gl. (2)

$$\frac{d^2\sigma}{dt^2} = 0, \text{ also } \sigma = ct \quad . \quad . \quad . \quad . \quad . \quad . \quad (12)$$

zu setzen und erhalten dann

$$g \sin \tau = \omega^2 \xi \cos \tau$$

oder, da $\operatorname{tg} \tau = \frac{d\zeta}{d\xi}$ ist

$$\frac{d\zeta}{d\xi} = \frac{\omega^2}{g} \xi.$$

Daraus folgt aber durch Integration

$$\zeta - l_0 = \frac{\omega^2}{2g} (\xi^2 - \xi_0^2),$$

d. h. die Zwangsbahn ist eine Parabel (Fig. 77). Da für $\xi = 0$, $\operatorname{tg} \tau = 0$ wird, so verschwindet auch ξ_0, wenn wir mit ξ_0 die Ordinate des Parabelscheitels bezeichnen, der mithin in die Achse fällt. Die Gleichung der zur Achse symmetrischen Zwangsbahn lautet demnach

$$\zeta - l_0 = \frac{\omega^2}{2g} \xi^2 \quad . \quad . \quad . \quad . \quad (13)$$

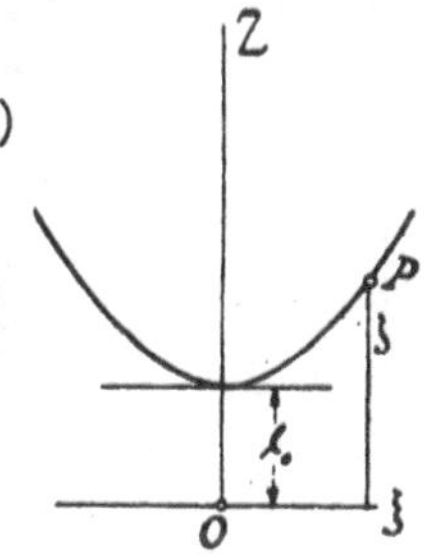

Fig. 77.

Da der Punkt P auf dieser Kurve, wenn ihm in irgend einer Lage eine Geschwindigkeit c erteilt wurde, überhaupt nicht wieder zur Ruhe gelangt, sondern immer weiter bis ins Unendliche fortschreitet, so bezeichnet man die ganze für die Regulierung von Maschinen ungeeignete Vorrichtung als ein astatisches Tachometer.

§ 21. Das Foucaultsche Pendel.

Ableitung der vereinfachten Bewegungsgleichungen für kleine Ausschläge. Zurückführung der Bewegung auf eine kombinierte Schwingung in einer mit konstanter, von der geographischen Breite abhängiger Winkelgeschwindigkeit rotierenden Horizontalebene.

Als Beispiel für die Relativbewegung auf einer selbst in Bewegung begriffenen Oberfläche wollen wir schliefslich den Einflufs der Erdrotation auf die Schwingungen eines Pendels untersuchen. Denken wir uns dasselbe durch einen starren Faden von der Länge l mit dem Aufhängepunkt verbunden, so ist das Pendelende gezwungen, sich auf einer Kugelfläche mit dem Radius l um den Aufhängepunkt unter dem Einflusse der Erdbeschleunigung zu bewegen. Diese Kugelfläche, die wir uns selbst als starr denken können, rotiert nun mit der gesamten Erdoberfläche um deren Achse, eine Bewegung, an welcher der Beobachter ebenfalls teilnimmt. Infolge dieser Rotation haben wir zunächst statt der wahren Beschleunigungskomponenten, wie sie für die ruhende Erde gelten würden, die in § 18 durch Gl. (16) gegebenen Werte einzuführen. Dabei wollen wir uns daran erinnern, dafs wir dort die scheinbare Vertikalrichtung mit ξ', die Ostrichtung mit η' und die Nordrichtung mit ζ' bezeichnet haben. Die Ruhelage des frei herabhängenden Pendels wird demnach mit der scheinbaren Vertikalrichtung ξ' zusammenfallen.

Denken wir uns das Pendel nur sehr wenig aus dieser Lage ausgelenkt, so wird sich die scheinbare Bewegung des in Frage stehenden Punktes auf ein so kleines Stück der Kugelfläche um die Ruhelage beschränken, dafs wir dieses unbedenklich als eben und senkrecht zur scheinbaren Vertikalen auffassen dürfen. Von dieser Vereinfachung machten wir übrigens schon im § 15 Gebrauch und wurden dort auf eine unendlich kleine horizontale Ellipse als Bahn des Punktes geführt. Zerlegten wir die wirksame Beschleunigung in drei Komponenten, von denen zwei in die Bahnebene fielen, während die dritte senkrecht dazu stand, so brauchten wir nur mehr die beiden ersteren zu berücksichtigen, da die letzte Komponente nur für die Zwangsbeschleunigung einen Beitrag lieferte. Verfahren wir im vorliegenden Falle ebenso, so erhalten wir, wie aus Fig. 78 hervorgeht, in der η' und ζ'-Richtung als Horizontalkomponenten der scheinbaren Vertikalbeschleunigung $\frac{d^2\xi'}{dt^2}$ mit Rücksicht auf die erste Gl. (16) des § 18

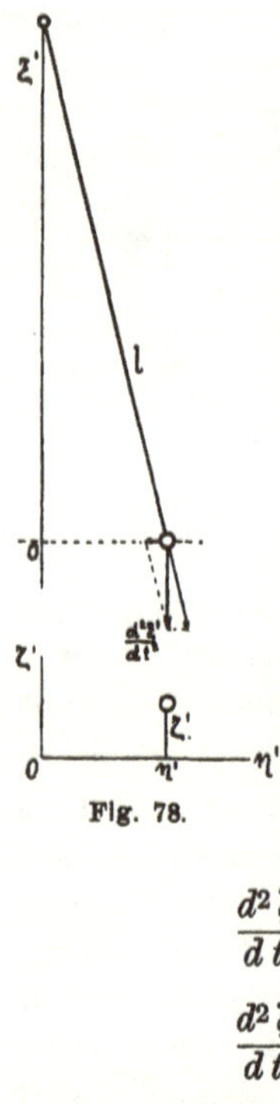

Fig. 78.

$$\left.\begin{aligned}\frac{d^2\xi'}{dt^2}\frac{\eta'}{l} &= -\frac{\eta'}{l}\left(g - 2\,\omega\,\frac{d\eta'}{dt}\cos\vartheta'\right)\\ \frac{d^2\xi'}{dt^2}\frac{\zeta'}{l} &= -\frac{\zeta'}{l}\left(g - 2\,\omega\,\frac{d\eta'}{dt}\cos\vartheta'\right)\end{aligned}\right\}\quad . \quad . \quad . \quad (1)$$

wenn ω die Winkelgeschwindigkeit der Erdrotation, ϑ' die scheinbare (d. i. schon mit der Lotablenkung infolge der Erdrotation behaftete) geographische Breite und g die ebenfalls scheinbare Erdbeschleunigung bedeutet.

Zu diesen Werten treten nun noch die horizontalen Beschleunigungskomponenten, welche von der Erdrotation herrühren und bei der freien Bewegung auf der Nordhalbkugel eine Rechtsabweichung hervorrufen. Sie sind durch die zweite und dritte der Formeln (16) des § 18 bestimmt und ergeben, mit den vorstehenden Gleichungen vereinigt,

$$\frac{d^2\zeta'}{dt^2} = -\frac{\zeta'}{l}\left(g - 2\,\omega\,\frac{d\eta'}{dt}\cos\vartheta'\right) - 2\,\omega\,\frac{d\eta'}{dt}\sin\vartheta'$$

$$\frac{d^2\eta'}{dt^2} = -\frac{\eta'}{l}\left(g - 2\,\omega\,\frac{d\eta'}{dt}\cos\vartheta'\right) + 2\,\omega\,\frac{d\zeta'}{dt}\sin\vartheta'$$
$$- 2\,\omega\,\frac{d\xi'}{dt}\cos\vartheta'.$$

Sollen diese Formeln, wie wir oben festgesetzt haben, sich nur auf sehr kleine, streng genommen unendlich kleine Auslenkungen ζ' und η' beziehen, so lassen sie sich noch weiter vereinfachen durch Vernachlässigung der Vertikalbewegung, sowie mit Rücksicht auf die Kleinheit der Winkelgeschwindigkeit ω der Erdrotation. Infolge des ersteren Umstandes fällt nämlich das mit $\frac{d\xi'}{dt}$ behaftete letzte Glied der zweiten Gleichung weg, während die Kleinheit von ω zur Folge hat, dafs auch die Glieder

$$2\,\frac{\zeta'}{l}\,\omega\,\frac{d\eta'}{dt}\cos\vartheta' \text{ und } 2\,\omega\,\frac{\eta'}{l}\,\omega\,\frac{d\eta'}{dt}\cos\vartheta'$$

gegen $\frac{\zeta'}{l}\,g$ und $\frac{\eta'}{l}\,g$ bezw. $2\,\omega\,\frac{d\eta'}{dt}\sin\vartheta'$ und $2\,\omega\,\frac{d\zeta'}{dt}\sin\vartheta'$ vernachlässigt werden können. Es entspricht dies vollständig dem Abbrechen einer Potenzreihe mit dem quadratischen Gliede, da die vernachlässigten Ausdrücke das Produkt dreier sehr kleiner Gröfsen enthalten. Setzen wir nun noch zur Abkürzung

$$\omega \sin\vartheta' = \omega' \quad \ldots\ldots\ldots \quad (2)$$

so gehen die obigen Gleichungen in die Näherungsformeln

$$\left.\begin{aligned}\frac{d^2\zeta'}{dt^2} &= -\frac{\zeta'}{l}\,g - 2\,\omega'\,\frac{d\eta'}{dt}\\ \frac{d^2\eta'}{dt^2} &= -\frac{\eta'}{l}\,g + 2\,\omega'\,\frac{d\zeta'}{dt}\end{aligned}\right\} \quad \ldots\ldots \quad (3)$$

über, welche bei schliefslicher Vernachlässigung von ω', entsprechend einer kurzen Beobachtungsdauer, auf die einfachen Schwingungsformeln mit elliptischer Bahn führen würden. Denken wir uns indessen den Versuch so lange ausgedehnt, dafs der Einflufs der kleinen scheinbaren Winkelgeschwindigkeit hervortritt, so dürfen wir mit derselben die zweiten Glieder der rechten Seite von (3) nicht mehr unterdrücken. Wir erkennen aber schon aus dem Vergleich etwa mit der Gl. (6b) des § 18, dafs die durch unsere Näherungsformeln gegebene Bewegung sich aus der Drehung einer Ebene und einer Relativbewegung in derselben zusammensetzt. In dieser Ebene wählen wir nun ein Achsensystem $\zeta\eta$ (Fig. 79), welches mit dem scheinbar festen System $\zeta'\eta'$ den momentanen Winkel φ bilden möge, so zwar, daſs

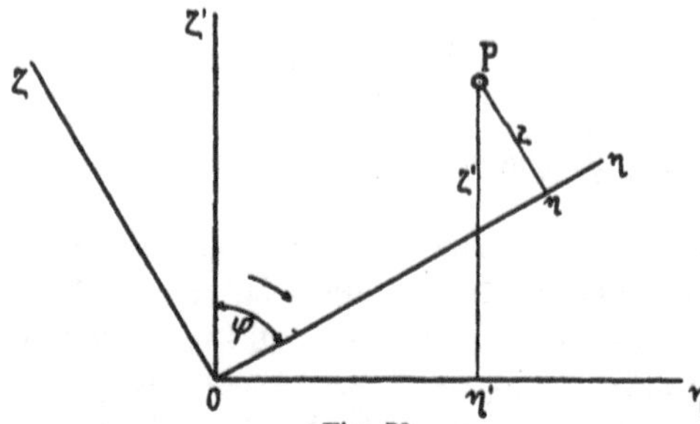

Fig. 79.

$$\frac{d\varphi}{dt} = \omega' = \omega \sin \vartheta' \quad (4)$$

Alsdann stehen die Koordinaten der beiden Systeme mit einander in den schon früher benutzten Beziehungen (siehe § 17)

$$\left.\begin{aligned} \zeta' &= \zeta \sin\varphi + \eta\cos\varphi \\ \eta' &= \eta\sin\varphi - \zeta\cos\varphi \end{aligned}\right\} \quad \ldots\ldots \quad (5)$$

Differenzieren wir dieselben nach t, so wird mit Rücksicht auf (4)

$$\left.\begin{aligned} \frac{d\zeta'}{dt} &= \frac{d\zeta}{dt}\sin\varphi + \omega'\zeta\cos\varphi + \frac{d\eta}{dt}\cos\varphi - \omega'\eta\sin\varphi \\ \frac{d\eta'}{dt} &= \frac{d\eta}{dt}\sin\varphi + \omega'\eta\cos\varphi - \frac{d\zeta}{dt}\cos\varphi + \omega'\zeta\sin\varphi \end{aligned}\right\} \quad . \quad (6)$$

und schlieſslich mit konstantem ω', also $\frac{d\omega'}{dt} = 0$

$$\left.\begin{aligned} \frac{d^2\zeta'}{dt^2} &= \frac{d^2\zeta}{dt^2}\sin\varphi + 2\omega'\frac{d\zeta}{dt}\cos\varphi - \omega'^2\zeta\sin\varphi \\ &\quad + \frac{d^2\eta}{dt^2}\cos\varphi - 2\omega'\frac{d\eta}{dt}\sin\varphi - \omega'^2\eta\cos\varphi \\ \frac{d^2\eta'}{dt^2} &= \frac{d^2\eta}{dt^2}\sin\varphi + 2\omega'\frac{d\eta}{dt}\cos\varphi - \omega'^2\eta\sin\varphi \\ &\quad - \frac{d^2\zeta}{dt^2}\cos\varphi + 2\omega'\frac{d\zeta}{dt}\sin\varphi + \omega'^2\zeta\cos\varphi \end{aligned}\right\} \quad . \quad (7)$$

Führen wir nunmehr diese Ausdrücke in die Gl. (3) ein, so gehen diese über in

$$\left.\begin{aligned} \frac{d^2\eta}{dt^2}\cos\varphi + \frac{d^2\zeta}{dt^2}\sin\varphi &= -\left(\omega'^2 + \frac{g}{l}\right)(\eta\cos\varphi + \zeta\sin\varphi) \\ \frac{d^2\eta}{dt^2}\sin\varphi - \frac{d^2\zeta}{dt^2}\cos\varphi &= -\left(\omega'^2 + \frac{g}{l}\right)(\eta\sin\varphi - \zeta\cos\varphi) \end{aligned}\right\} \quad (3a)$$

Diese Formeln aber zerfallen sofort in

$$\left.\begin{aligned}\frac{d^2\zeta}{dt^2}+\left(\omega'^2+\frac{g}{l}\right)\zeta=0\\ \frac{d^2\eta}{dt^2}+\left(\omega'^2+\frac{g}{l}\right)\eta=0\end{aligned}\right\}\quad\ldots\ldots\quad(8)$$

so dafs die Relativbewegung in der $\zeta\eta$-Ebene, welche um die scheinbar feste Horizontalebene mit der konstanten Winkelgeschwindigkeit $\omega'=\omega\sin\vartheta'$ rotiert, sich aus zwei einfachen, geradliniger Schwingungen von derselben Periode zusammensetzt, als Bahn aber, wie wir schon in §§ 13 und 15 erkannten, eine Ellipse ergibt.

Die Dauer einer einzelnen relativen Schwingung ist übrigens, da wir in unserer ganzen angenäherten Entwicklung die Produkte aus drei sehr kleinen Gröfsen vernachlässigten und deshalb auch in (8) das Quadrat der Winkelgeschwindigkeit ω unterdrücken, also statt dieser Gleichungen

$$\frac{d^2\zeta}{dt^2}+\frac{g}{l}\zeta=0\,,\quad\frac{d^2\eta}{dt^2}+\frac{g}{l}\eta=0\quad\ldots\quad(8a)$$

setzen müssen, unabhängig von der Rotation der Schwingungsebene. Die relativen Koordinaten ergeben sich hieraus zu

$$\zeta=a_1\sin\left(t\sqrt{\frac{g}{l}}+\beta_1\right),\quad\eta=a_2\sin\left(t\sqrt{\frac{g}{l}}+\beta_2\right)\quad.\quad(9)$$

sind also von 4 Integrationskonstanten $a_1\,a_2\,\beta_1\,\beta_2$ abhängig.

Führen wir die Werte (9) in die Formeln (5) ein, so erhalten wir für die scheinbaren Absolutkoordinaten

$$\left.\begin{aligned}\zeta'=a_1\sin\left(t\sqrt{\frac{g}{l}}+\beta_1\right)\sin\omega' t+a_2\sin\left(t\sqrt{\frac{g}{l}}+\beta_2\right)\cos\omega' t\\ \eta'=a_2\sin\left(t\sqrt{\frac{g}{l}}+\beta_2\right)\sin\omega' t-a_1\sin\left(t\sqrt{\frac{g}{l}}+\beta_1\right)\cos\omega' t\end{aligned}\right\}(10)$$

Dieselben nehmen zur Zeit $t=0$ die Werte

$$\zeta'_0=a_2\sin\beta_2\,,\quad\eta'_0=-a_1\sin\beta_1\quad\ldots\quad(10a)$$

an, während für Anfangsgeschwindigkeit

$$\left.\begin{aligned}\left(\frac{d\zeta'}{dt}\right)_0=a_1\omega'\sin\beta_1+a_2\sqrt{\frac{g}{l}}\cos\beta_2\\ \left(\frac{d\eta'}{dt}\right)_0=a_2\omega'\sin\beta_2-a_1\sqrt{\frac{g}{l}}\cos\beta_1\end{aligned}\right\}\quad\ldots\quad(10b)$$

folgt. Sind nun die Koordinaten (10a) der Anfangslage und die Komponenten (10b) der Anfangsgeschwindigkeit gegeben, so bestimmen sich hieraus die vier Integrationskonstanten $a_1\ a_2\ \beta_1\ \beta_2$. Wird z. B. das Pendel zuerst genau nach Norden zu abgelenkt und dann ohne Anfangsgeschwindigkeit losgelassen, so hat man mit $\eta'_0 = 0$.

$$a_2 = \zeta'_0, \qquad a_1 = \zeta'_0\,\omega'\sqrt{\frac{g}{l}}$$

$$\beta_2 = 90^0, \qquad \beta_1 = 0$$

Wegen der Kleinheit der Winkelgeschwindigkeit der Erde kann ihr Einfluſs auf die Schwingungen eines Pendels natürlich nur bei länger andauernder Bewegung festgestellt werden. Der Franzose Foucault, welcher zuerst 1852 derartige Beobachtungen zum Zwecke des objektiven Nachweises der Erdrotation anstellte und die Erscheinung im Pantheon zu Paris demonstrierte, bediente sich daher eines sehr langen Fadenpendels mit einer schweren Metallkugel am Ende, dessen Aufhängepunkt der freien Beweglichkeit halber nach Art der Kompasse sich in einer Cardanischen Aufhängung befand. Seitdem ist dieser Versuch häufig wiederholt worden und neuerdings sogar mit relativ kurzen Pendeln gelungen.

Da die in unsere Formeln eintretende Winkelgeschwindigkeit $\omega' = \omega \sin \vartheta'$ die geographische Breite ϑ des Beobachtungsortes enthält, so erkennt man, daſs an den Polen wegen $\vartheta' = 90^0$ $\sin \vartheta' = 1$, $\omega' = \omega$ wird, daſs das Pendel scheinbar eine der Erddrehung entgegengesetzte Rotation vollführt. Am Äquator verschwindet dagegen mit $\vartheta' = 0$ auch die scheinbare Winkelgeschwindigkeit ω', so daſs dort die Beobachtung kein Ergebnis liefert.

Kapitel IV.

Treibende Kräfte und Widerstandskräfte.

§ 22. Treibende Kraft und Masse.

Einführung der Masse und Kraft. Einheit der Kraft. Proportionalität von Kraft und Beschleunigung. Dichte, spezifisches Gewicht, spezifisches Volumen. Trägheit der Masse. Angriffsort und Richtung der Kraft. Zusammensetzung und Zerlegung von Kräften. Wirkung und Gegenwirkung. Verschiebbarkeit einer Kraft in ihrer eigenen Richtung.

Bei unseren bisherigen Untersuchungen der Bewegungserscheinungen gingen wir von gegebenen Geschwindigkeiten und Beschleunigungen aus, ohne auf die Gröfse der in Bewegung befindlichen Körper irgend welche Rücksicht zu nehmen. Dafs dieser Gesichtspunkt für die Erkenntnis des Zusammenhangs der Naturvorgänge nicht vollkommen ausreicht, erkennt man sofort, wenn man den Verlauf der Bewegung zweier verschiedener Körper unter sonst gleichen Umständen verfolgt. Wir wollen zu diesem Zwecke die horizontale, geradlinige Schwingung eines an einem vertikalen, dünnen, elastischen Stabe befindlichen Körpers betrachten, welcher, unter α eine Konstante verstanden, bei der Auslenkung x aus der Ruhelage eine Beschleunigung

$$\frac{d^2x}{dt^2} = -\alpha^2 x \quad \ldots\ldots\ldots \quad (1)$$

erleidet. Die Schwingungsdauer des Körpers folgt hieraus nach § 13 zu

$$t_1 = \frac{2\pi}{\alpha} \quad \ldots\ldots\ldots \quad (2)$$

Befestigen wir nun an dem elastischen Stabe statt dieses Körpers einen solchen von doppeltem Volumen, aber aus demselben Materiale, so beobachten wir ebenfalls Schwingungen, aber in einer Periode, $t_2 = t_1 \sqrt{2}$. Wiederholen wir den Versuch mit einem Körper von 3fachem, 4fachem, m-fachen Volumen, aber demselben Materiale, so werden wir die Schwingungsdauer

$$t_3 = t_1 \sqrt{3}\,, \quad t_4 = t_1 \sqrt{4}\,, \quad \ldots \quad t_m = t_1 \sqrt{m} \quad . \; . \; (2a)$$

beobachten. Setzen wir den letzten allgemeinen Wert in die Gl. (2) ein, so ergibt sich mit $\alpha_m = \frac{2\pi}{t_m}$ eine Beschleunigung von

$$\frac{d^2x}{dt^2} = -\alpha_m^2 x = -\frac{\alpha^2}{m} x$$

oder

$$m\frac{d^2x}{dt^2} = -\alpha^2 x \quad . \; . \; . \; . \; . \; . \; . \; . \; (3)$$

Wir werden also der Vergröfserung des schwingenden Körpers durch Hinzufügung eines derselben proportionalen Faktors zur Beschleunigung gerecht, während die auf der rechten Seite der Gleichung stehende Bewegungsursache — im vorliegenden Falle die momentane Auslenkung und ein nur von den Eigenschaften des elastischen Stabes abhängiger Faktor — unter sonst gleichen Verhältnissen für alle Körper dieselbe bleibt. Die Bewegungsursache bezeichnen wir nun allgemein als die den Körper treibende Kraft, den zur Beschleunigung hinzutretenden Faktor m dagegen als seine Masse.

Zur Messung der Gröfse der Kraft bedienen wir uns zweckmäfsig der wenigstens für jeden Ort der Erdoberfläche konstanten Erdbeschleunigung g, deren Produkt mit der Körpermasse wir das Gewicht des Körpers nennen und in der Folge mit G bezeichnen wollen. Diese Definition setzt allerdings schon voraus, dafs die Masse eine dem Körper selbst eigentümliche Konstante ist. Für unseren Schwingungsversuch, dem die Gl. (3) entspricht, trifft dies in der Tat zu, da die Kraft nur von der Auslenkung abhängig, dieser wieder die Beschleunigung proportional war, so dafs der Quotient aus der so definierten Kraft und der Beschleunigung konstant blieb; für andere Erscheinungen müfsten wir diesen Nachweis, streng genommen, erst erbringen.

Als Einheit der Kraft wählen wir dabei den von einem Liter (d. i. 1 cdm) Wasser bei 4° C., welches wir uns in ein Gefäſs von 1 qdm Bodenfläche eingeschlossen denken, auf diese Fläche ausgeübten Druck und nennen denselben 1 Kilogramm (kg). Ein Körper von G kg Gewicht übt demnach auf einer Unterlage im Ruhezustande einen ebenso groſsen Druck aus, wie G Liter Wasser in einem prismatischen Gefäſse mit einem horizontalen konstanten Querschnitt von 1 qdm auf die Bodenfläche von derselben Gröſse. Verhindern wir einen Körper von G kg Gewicht durch Befestigung an einem Faden, der Erdbeschleunigung zu folgen, so übt er auf diesen Faden, der in der Ruhelage zugleich die Richtung der Beschleunigung angibt, einen Zug von G kg aus. Hängen wir schlieſslich diesen Faden an das Ende unseres jetzt horizontal eingespannten elastischen Stabes (Fig. 80), so können wir die einer Auslenkung x entsprechende Kraft direkt in Kilogramm messen und

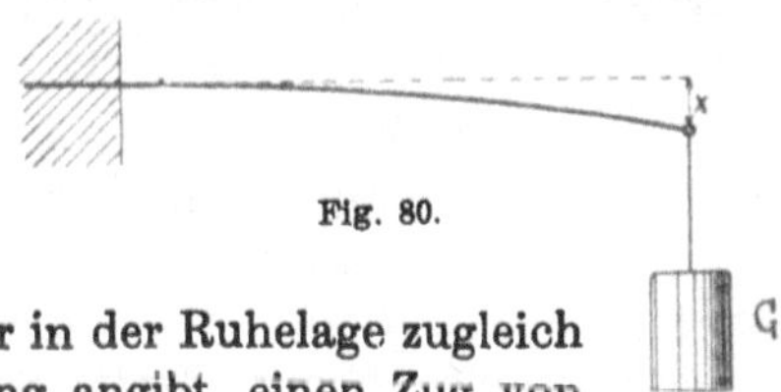

Fig. 80.

$$a^2 x = G$$

setzen. In derselben bezw. analogen Weise können wir aber alle anderen in der Natur auftretenden Kräfte mit Gewichten vergleichen und so die Richtigkeit der Proportionalität zwischen der auf einen Körper wirkenden Kraft P und seiner augenblicklichen Beschleunigung p nachweisen und allgemein, unter m die Masse dieses Körpers vom Gewichte G verstanden,

$$m = \frac{P}{p} = \frac{G}{g} \quad . \; . \; . \; . \; . \; . \; . \; . \; . \quad (4)$$

setzen. Das Gewicht der Masseneinheit $m = 1$ folgt hieraus zu $G_1 = g$, also, wenn wir die Erdbeschleunigung in Metern pro Sekunde ausdrücken, zu $G_1 = 9{,}81$ kg.

An den Begriff der Masse eines Körpers schlieſst sich derjenige seiner Dichte oder Dichtigkeit δ an, welche nichts anderes als die in der Volumeneinheit, d. i. einen Liter des Körpervolumens V enthaltene Masse bedeutet. In der Technik benutzt man statt dessen lieber den Begriff des spezifischen Gewichtes γ, d. i. des in der Volumeneinheit enthaltenen Gewichtes, sowie seines reziproken Wertes, des spezifischen

Volumens v. Danach bestehen zwischen diesen Gröfsen die leicht übersichtlichen Beziehungen

$$m = V\delta\,, \quad G = V\gamma\,, \quad V = Gv \quad . \quad . \quad . \quad . \quad (5)$$

von denen wir in der Folge öfters Gebrauch zu machen haben. Führen wir statt des Gewichtes die Erdbeschleunigung durch $G = mg$ ein, so erhalten wir die Formeln

$$\gamma v = 1\,, \quad g\delta = \gamma\,, \quad g\delta v = 1 \quad . \quad . \quad . \quad . \quad (5a)$$

in denen nur noch Werte vorkommen, welche von der Masse und dem Volumen des Körpers unabhängig sind.

Lassen wir dieselbe Kraft P, wie in dem Beispiel am Eingang dieses Paragraphen nacheinander auf verschiedene Massen einwirken, so beobachten wir nach Gl. (4) um so kleinere Beschleunigungen. je gröfser die Massen sind und zwar gleichgültig, ob die Körper vorher im Zustande der Bewegung oder der Ruhe waren. Wir schreiben darum der Masse die Eigenschaft der Trägheit zu, vermöge deren sie das Bestreben hat, in gleichförmiger, geradliniger Bewegung bezw. in der Ruhe, für welche beide die Beschleunigung $p = 0$ wird, zu verharren. Beobachten wir also an einem Körper eine Veränderung der Geschwindigkeit oder der Bewegungsrichtung, so werden wir stets nach einer Ursache hierfür, d. h. nach einer Kraft zu fragen haben. In diesem Sinne ist das Gewicht eines frei herabfallenden Körpers die Ursache der Beschleunigung desselben, weshalb man es auch als die von der Erde auf dem Körper ausgeübte Kraft, die Schwerkraft bezeichnen kann. Da nun die Masse eines Körpers unveränderlich, die Erdbeschleunigung dagegen, wie wir früher sahen, eine Funktion des Ortes ist, so stellt auch das Gewicht des Körpers kein absolutes Kraftmafs dar. Würde man z. B. den in Fig. 80 angedeuteten Versuch der Auslenkung eines federnden Stabes durch das Gewicht G einmal in unseren Breiten und dann am Äquator wiederholen, so würde man in letzterem Falle eine etwas geringere Auslenkung beobachten wie in ersterem. Wenn man sich trotzdem nicht nur in der Technik, sondern auch in der Physik häufig mit der Kraftmessung durch Gewichte begnügt, so geschieht dies wesentlich aus Bequemlichkeit. Überdies bietet es keine Schwierigkeit, die an verschiedenen Orten erhaltenen Gewichte nach Division mit den zugehörigen Werten der Erdbeschleunigung miteinander zu vergleichen.

Aufser der Gröfse einer Kraft haben wir noch zwei andere ihrer Elemente zu untersuchen, nämlich ihren Angriffsort und ihre Richtung. Den Angriffsort des Gewichtes eines Körpers, welcher auf einer Unterlage ruht, bilden alle diejenigen Stellen, in denen der Körper die Unterlage berührt. Ist der Körper eine Flüssigkeit, so berührt dieselbe die ganze darunter befindliche Bodenfläche gleichmäfsig, so dafs diese den Angriffsort des Gewichtes bildet. Wir werden später sehen, dafs auch der Angriffsort des Gewichtes fester Körper sich stets auf eine oder mehrere Flächen verteilt, in denen die Berührung mit der Unterlage stattfindet. Ist der Körper an einem Faden aufgehängt, so bildet die Verbindungsstelle des Fadens mit dem Körper den Angriffsort des Gewichtes; man erkennt, dafs er auch in diesem Falle stets eine Fläche sein wird.

Teilen wir den Körper in beliebig viele Teile, so finden wir, dafs jedem derselben, so klein wir ihn auch wählen mögen, ein Gewicht zukommt. Wir schliefsen daraus, dafs der Angriffsort der Schwerkraft sich auf die ganze Masse eines Körpers kontinuierlich verteilt, d. h. dafs er in diesem Falle mit dem vom Körper eingenommenen Volumen zusammenfällt. Wir können demnach mit Thomson und Tait zweierlei Kräfte unterscheiden, von denen wir diejenigen mit Flächenangriff als Druckkräfte, diejenigen mit räumlichem Angriffsort als Massenkräfte bezeichnen wollen. Bisweilen spricht man auch unter Vernachlässigung der Flächen und Raumausdehnung von einem punktförmigen Angriff oder kürzer dem Angriffspunkt einer Kraft, in den man sich auch die Masse des der Kraft unterworfenen Körpers konzentriert denken kann. Ein solcher sogen. materieller Punkt ist natürlich ebenso wie der Angriffspunkt einer Kraft nur eine Abstraktion, durch welche die Untersuchung gewisser Vorgänge erleichtert wird.

Die Richtung einer Kraft identifizieren wir nun mit der Richtung der von ihr aus geübten Beschleunigung. Handelt es sich demnach um die Bewegung eines materiellen Punktes unter dem Einflusse einer Kraft, so kann man dieselbe als eine von demselben als Angriffspunkt ausgehende Strecke, einen sogen. Vektor, darstellen. Dieses Verfahren haben wir aber schon auf die Geschwindigkeiten und Beschleunigungen angewandt und gelangten dadurch zu den bekannten Regeln über die graphische Zusammensetzung dieser Gröfsen. Die Übertragbarkeit derselben auf Kräfte läfst sich nun leicht durch einen Versuch nachweisen. Wir befestigen (Fig. 81) an zwei Punkten A und B unter Zwischenschaltung zweier sogen. Spiralfedern $A A_1$ und $B B_1$ einen Faden $A_1 C B_1$ und hängen im Punkte C desselben ein Gewicht G auf. Danach beobachten wir die Ausdehnung der beiden Federn sowie die Winkel α und β des Fadens mit der Vertikalen durch C, welche zugleich die Richtung der Kraft G angibt. Bestimmen wir schliefslich durch besondere Belastung die beiden Gewichte G_1 und G_2, welche an den beiden Federn die vorher beobachteten Ausdehnungen hervorgerufen haben, so zeigt sich, dafs für alle Lagen des Punktes C, d. h. für alle in unserer Anordnung möglichen Winkel α und β

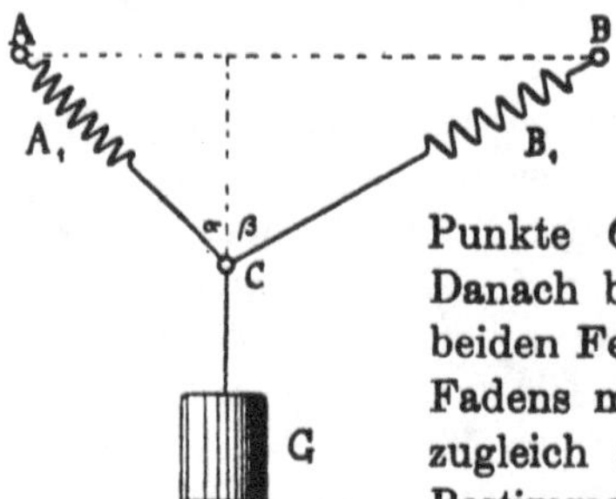

Fig. 81.

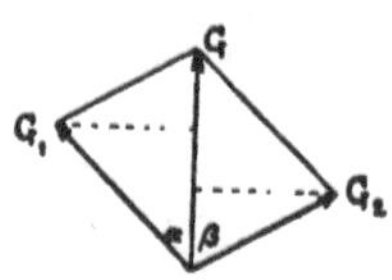

Fig. 81a.

$$\left.\begin{aligned} G_1 \cos \alpha + G_2 \cos \beta &= G \\ G_1 \sin \alpha + G_2 \sin \beta &= 0 \end{aligned}\right\} \quad . \quad . \quad . \quad . \quad (6)$$

sein wird. Dies entspricht aber einer Zusammensetzung der beiden Kräfte G_1 und G_2 nach der Parallelogrammregel (siehe Fig. 81a) zu einer resultierenden Kraft, welche dem Gewichte G gleich und entgegengesetzt gerichtet ist bezw. der Zerlegung dieser Kraft G in zwei Kräfte G_1 und G_2. Die sog. Resultante kann man dann wiederum mit einer weiteren Kraft nach derselben Regel zusammensetzen u. s. w., oder jede der Kräfte G_1 und G_2 weiter zerlegen. Für die analytische Behandlung ist allerdings die Zerlegung jeder Kraft in zwei sog. Komponenten nach den Achsenrichtungen eines ebenen, bezw. in drei Komponenten nach den Richtungen eines räumlichen Systems analog der Gl. (6) bequemer, wobei man nur zu beachten hat, dafs das System nicht notwendigerweise, wie dort, eine mit der Resultante oder irgend einer Kraft gleichgerichtete Achse zu besitzen braucht.

Greift demnach an einem Punkte A, dem gemeinsamen Angriffspunkt, eine beliebige Anzahl von Kräften $P_1 P_2 \,..\, P_n$ mit den Richtungswinkeln $\alpha_1 \beta_1 \gamma_1 \,..$

$\alpha_n\ \beta_n\ \gamma_n$ gegen die drei Achsen eines rechtwinkligen Systems an, so bestimmt sich die Resultante P derselben und ihre Richtungswinkel $\alpha\,\beta\,\gamma$ durch die Gleichungen

$$\left.\begin{aligned} P\cos\alpha &= P_1\cos\alpha_1 + P_2\cos\alpha_2 + \ldots + P_n\cos\alpha_n \\ P\cos\beta &= P_1\cos\beta_1 + P_2\cos\beta_2 + \ldots + P_n\cos\beta_n \\ P\cos\gamma &= P_1\cos\gamma_1 + P_2\cos\gamma_2 + \ldots + P_n\cos\gamma_n \end{aligned}\right\} \quad (7)$$

Dieselben schreibt man, unter Einführung der Buchstaben X, Y, Z für die Projektionen der Kräfte P auf die 3 Achsen auch wohl in der Form

$$X = \Sigma X\,, \quad Y = \Sigma Y\,, \quad Z = \Sigma Z \quad \ldots \quad (7a)$$

Sie besagen jedenfalls nichts anderes, als dafs man die Vektoren einer beliebigen Anzahl von Kräften mit gemeinsamem Angriffspunkt direkt aneinander zu reihen hat, um den Vektor der Resultante als Verbindungslinie des Ausgangspunktes mit dem Endpunkte des letzten Kraftvektors zu erhalten (siehe Fig. 82).

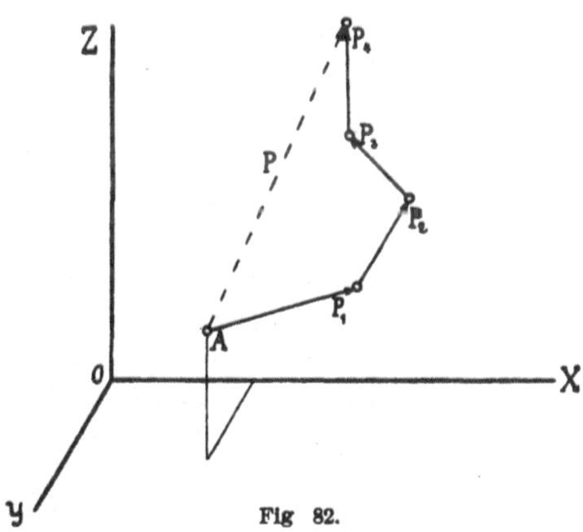

Fig. 82.

Dieser für die Folge überaus wichtige Satz ist, wie hier besonders betont werden soll, lediglich ein Ergebnis der Erfahrung (also z. B. des oben geschilderten Versuches mit dem am Faden ACB aufgehängten Gewicht) und kann auf keine Weise etwa selbst deduktiv abgeleitet werden. Aus ihm folgt rückwärts mit der Festsetzung, dafs die Kraftrichtung mit der Richtung der von ihr hervorgerufenen Beschleunigung zusammenfällt, eine ganz analoge Zusammensetzung verschiedener Beschleunigungen zu einer resultierenden Beschleunigung. Zu diesem Satze waren wir aber schon in § 9 auf rein deduktivem Wege gelangt, womit indessen nur unsere Festsetzung über die Gröfse und Richtung der Kraft ihre Bestätigung findet.

Denken wir uns jetzt die sämtlichen an einem materiellen Punkte mit der Masse m angreifenden Kräfte zu einer Resultante mit den Koordinaten X, Y, Z vereinigt, so ergibt die Verbindung unserer Definitionsformeln für die Kraft mit den Sätzen über die Zerlegung, sowie die Zerlegung der Beschleunigung in drei Komponenten nach den Koordinatenrichtungen eines räumlichen Systems die Fundamentalgleichungen der Bewegung

$$m\frac{d^2x}{dt^2} = X\,,\quad m\frac{d^2y}{dt^2} = Y\,,\quad m\frac{d^2z}{dt^2} = Z\;.\;.\;.\quad (8)$$

In derselben erkennt man, da die zueinander senkrechten Komponenten X, Y, Z auch als voneinander ganz unabhängige Kräfte angesehen werden können, dafs die Wirkungen dieser Kräfte auf einen materiellen Punkt voneinander unabhängig sind. Dieser Satz dient nicht selten statt der von uns benutzten Beobachtung als empirische Grundlage für die Theorie der Kräfte, aus der man dann umgekehrt die Regel für diese Zusammensetzung herleiten kann.

Verschwinden die Komponenten der Beschleunigung in Gl. (8), d. h. befindet sich der betrachtete materielle Punkt im Zustande der Ruhe oder der gleichförmigen Bewegung, so verschwinden auch die Komponenten X, Y, Z der resultierenden Kraft

$$P = \sqrt{X^2 + Y^2 + Z^2}\;.\;.\;.\;.\;.\;.\;.\quad (9)$$

Das aus den Einzelkräften $P_1\,P_2 \ldots P_n$ gebildete räumliche Polygon wird in diesem Falle insofern geschlossen, als der Endpunkt des letzten Kraftvektors (P_n) mit dem Anfangspunkte des ersten (P_1) zusammenfällt. Die Einzelkräfte befinden sich alsdann nach dem Sprachgebrauch miteinander im sog. Gleichgewicht oder auch, jede Einzelkraft hebt die Wirkung aller anderen zusammengenommen auf.

Erfolgt die Einwirkung einer Kraft auf einen Körper durch Vermittlung eines anderen, so bildet die Berührungsfläche beider den Angriffsort der Kraft. Dieselbe wirkt dann erfahrungsgemäfs auf beide Körper in gleicher Stärke aber entgegengesetzter Richtung. Dieser Satz von der Gleichheit der Wirkung und Gegenwirkung gilt auch für solche Kräfte zwischen zwei Körpern, deren Übertragung ohne materielle Verbindung erfolgt, z. B. für die zwischen den Himmelskörpern wirksamen Anziehungskräfte bezw. die Anziehung und Abstofsung von Magnetpolen oder elektrisch geladenen Körpern. Derartige Kräfte bezeichnete man früher, ohne sich von ihrer Übertragung durch den Raum eine Vorstellung zu bilden, als Fernkräfte, während man in der modernen Physik bestrebt ist, sie ebenfalls auf Nahewirkungen durch Vermittelung eines den Raum erfüllenden Mediums, des sog. Äthers zurückzuführen.

Um sich den Satz von der Gleichheit der Wirkung und Gegenwirkung klar zu machen, braucht man blofs an einen schweren Körper zu denken, der auf einer Unterlage ruht, so dafs er der Erdbeschleunigung nicht folgen kann. Sein Gewicht ist hier die auf die Unterlage wirkende Kraft, mit welcher die Gegenwirkung der Unterlage auf den Körper im Gleichgewichte steht. Die Resultante einer Anzahl von Kräften an einem materiellen Punkte ist darum von derselben Gröfse, aber umgekehrter Richtung, wie die Gegenwirkung dieses Punktes, welche die Resultante aufhebt. Für die Gegenwirkung ist es nun offenbar gleichgültig, ob die Kraft unmittelbar oder erst durch Vermittlung eines weiteren Körpers, z. B. eines starren Stabes oder eines Fadens angreift, sofern sie uns in ihrer eigenen Richtung durch den vermittelnden Körper fortgeleitet wird. So könnte man z. B. bei der Anordnung, Fig. 81, welche uns auf die Zusammensetzung von Kräften führte, unbedenklich das Gewicht G unmittelbar im Punkte C aufhängen oder durch einen dünnen Stab von oben auf C drücken lassen, ohne dafs sich am Gesamtergebnis etwas ändern würde, wenn man von dem Gewichte des Fadens bezw. des Stabes als unerheblich gegen G absehen darf. Eine Kraft kann demnach in ihrer eigenen Richtung von einem Angriffspunkt nach einem anderen verschoben werden, sofern die beiden Punkte miteinander in einer solchen Verbindung stehen, dafs die Fortleitung oder die Übertragung der Kraft möglich ist.

§ 23. Die allgemeine Schwere.

Das Gewicht als Resultante der Elementaranziehungen. Wirkung einer Kugelschale auf einen äufseren und einen inneren Massenpunkt. Bestimmung der mittleren Dichte der Erde und Berechnung der Gaufsschen Zahl Anziehung zweier kugelförmiger Weltkörper. Relative Beschleunigung derselben gegen einander. Theorie von Ebbe und Flut. Das dritte Kepplersche Gesetz und die Massen der Himmelskörper.

Die Schwerkraft ist unstreitig die wichtigste aller treibenden Kräfte, mit denen wir in der Natur und Technik zu rechnen haben. Dafs die ihr entsprechende Beschleunigung umgekehrt proportional dem Quadrate der Entfernung vom Anziehungszentrum war, haben wir schon früher aus den Gesetzen der Planetenbewegung abgeleitet, wobei wir infolge der Kleinheit der Dimensionen der einander anziehenden Körper gegenüber ihren Entfernungen diese Körper als punktförmig ansehen konnten. Gilt nun das Newtonsche Gesetz ganz allgemein, so ziehen z. B. alle Elemente des Erdballes alle Elemente eines an der Erdoberfläche befindlichen Körpers derart an, dafs das Gewicht desselben die Resultante aller dieser Einzelkräfte darstellt. Die elementare Anziehungskraft dP ist demnach auch proportional dem Produkte je zweier in Wechselwirkung stehender Massenelemente dm und dm', so dafs wir dafür auch schreiben können

$$dP = f\frac{dm \cdot dm'}{r^2}, \quad \ldots\ldots\ldots \quad (1)$$

worin r die gegenseitige Entfernung der Massenelemente und f eine Konstante, die sog. Gaufs'sche Zahl bedeutet, deren Wert von der Wahl der Mafseinheiten für P, m, m' und r abhängt. Sie ist also nichts anderes als die Kraft, mit der zwei Masseneinheiten (von je 9,81 kg Gewicht an der Erdoberfläche) im Abstande von 1 m einander anziehen. Handelt es sich um die Schwere eines irdischen Körpers, so kann derselbe gegenüber den gewaltigen Dimensionen des Erdballes stets als so klein angesehen werden, dafs seine Masse m' in einem Punkte konzentriert zu denken ist. Dies hat für die weiteren Betrachtungen den grofsen Vorteil, dafs wir für die Ermittelung der Resultante nicht mehr über beide Körper, wie Gl. (1) vorschreibt, zu integrieren haben, sondern uns mit der Näherungsgleichung

$$dP = fm'\frac{dm}{r^2} \quad \ldots\ldots\ldots \quad (1a)$$

begnügen dürfen. Die Erde selbst wollen wir uns aus lauter konzentrischen Kugelschalen zusammengesetzt denken, deren Dichte sich nur in radialer Richtung ändern möge. Jede einzelne dieser unendlich dünnen Kugelschalen besitzt demnach eine homogene Massenverteilung. Ist m die Gesamtmasse einer solchen Schale vom Radius a_0, so kommt einem Flächenelemente dF nur noch die Masse

$$dm = \frac{dF}{4\pi a_0^2} m$$

zu. Dieses Element übt nun auf einen im Abstande r davon befindlichen punktförmigen Körper m' die Anziehungskraft

$$dP = f\frac{m'm}{r^2}\,\frac{dF}{4\pi a_0^2} \quad . \; . \; . \; . \; . \; . \; . \; . \quad (1b)$$

aus.

Um hieraus die Resultante zu ermitteln, verbinden wir zunächst m' mit dem Kugelzentrum; der Abstand beider sei $AO = r_0$ (Fig. 83). Alsdann ist evident, daſs die Resultante nur in die Richtung dieser Zentrale fallen kann, so daſs wir lediglich die entsprechenden Elementarkomponenten zu bilden und zu summieren haben. Bedeutet nun φ den Winkel des veränderlichen Abstandes r mit der Zentrale AO, so ergibt sich sofort die gesuchte Elementarkomponente der Anziehungskraft R in der Richtung AO durch Multiplikation von (1b) mit $\cos\varphi$, also zu

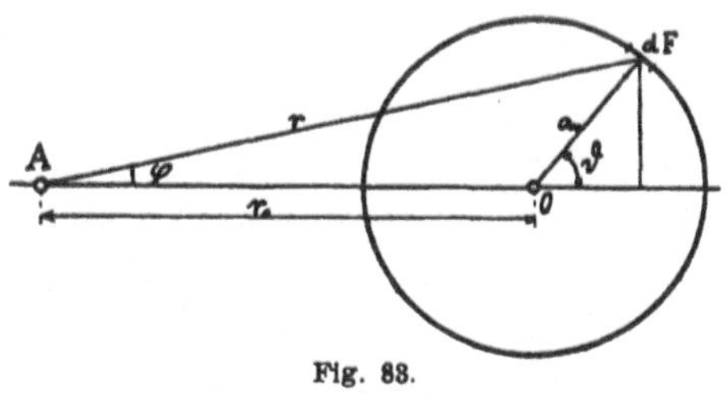

Fig. 83.

$$dR = f\frac{m'm}{r^2}\,\frac{dF}{4\pi a_0^2}\cos\varphi \quad . \; . \; . \; . \; . \; . \quad (2)$$

und daraus die Resultante

$$R = f\frac{m'm}{4\pi a_0^2}\int\frac{dF\,.\cos\varphi}{r^2} \quad . \; . \; . \; . \; . \; . \quad (3)$$

Die hierin angedeutete Integration ist über alle Flächenelemente, d. h. über die ganze Kugelschale zu erstrecken. Sie gelingt am einfachsten, wenn wir sowohl dF wie auch $\cos\varphi$ durch die veränderliche Entfernung r ausdrücken. Bezeichnen wir noch mit ϑ den Winkel des dem Flächenelemente dF zugehörigen Radius mit der Zentrale AO, so können wir, da derselbe Winkel allen Elementen mit demselben r zukommt, unter dF auch die mit dem Bogenelemente $a_0\, d\vartheta$ durch Rotation um AO beschriebene Zone verstehen, und setzen

$$dF = 2\pi a_0^2 \sin \vartheta\, d\vartheta.$$

Anderseits ist aber auch

$$r^2 = r_0^2 + a_0^2 + 2 a_0 r_0 \cos \vartheta$$

oder

$$r\,dr = -\, a_0 r_0 \sin \vartheta\, d\vartheta,$$

so daſs wir für unser Flächenelement haben

$$dF = -\frac{2\pi a_0 r}{r_0} dr \quad . \quad . \quad . \quad . \quad . \quad . \quad . \quad . \quad (4)$$

Den Winkel φ eliminieren wir durch die Gleichung

$$r \cos \varphi - a_0 \cos \vartheta = r_0$$

und erhalten wieder unter Zuhilfenahme der Formel $r^2 = r_0^2 + a_0^2 + 2 a_0 r_0 \cos \vartheta$

$$\cos \varphi = \frac{r_0 + a_0 \cos \vartheta}{r} = \frac{r^2 + r_0^2 - a_0^2}{2 r_0 r} \quad . \quad . \quad . \quad (5)$$

Führen wir jetzt die Ausdrücke (4) und (5) in die Gl. (3) für die Resultante ein, so nimmt diese die Form an

$$R = -f \frac{m' m}{4 a_0 r_0^2} \int \left(1 + \frac{r_0^2 - a_0^2}{r^2}\right) dr \quad . \quad . \quad . \quad . \quad (3a)$$

Ob die Masse m' innerhalb oder auſserhalb der Kugelschale lag, war für unsere bisherige Ableitung ganz gleichgültig. Für die Auswertung des Integrals (3a) ist jedoch darauf Rücksicht zu nehmen, da hierdurch die als Integrationsgrenzen dienenden Maximal- und Minimalwerte von r bestimmt werden. Liegt die Masse m' auſserhalb der Kugelschale, d. h. ist $r_0 > a_0$, so sind die Integrationsgrenzen $r_0 - a_0$ und $r_0 + a_0$, durch deren Einführung man aus (3a) erhält

$$R_a = -f \frac{m' m}{r_0^2} \quad . \quad . \quad . \quad . \quad . \quad . \quad . \quad . \quad (6)$$

Für eine innen liegende Masse m' also mit $r_0 < a$ sind dagegen als Integrationsgrenzen $a_0 - r_0$ und $a_0 + r_0$ zu setzen, womit (3a) übergeht in

$$R_i = 0 \quad . \quad . \quad . \quad . \quad . \quad . \quad . \quad . \quad . \quad . \quad (7)$$

Wir erkennen also, dafs eine homogene Kugelschale auf einen äufsern Massenpunkt ebenso wirkt, als wenn ihre eigene Masse im Zentrum vereinigt wäre, während sie auf einen innen liegenden Massenpunkt überhaupt keine Wirkung ausübt. Demnach wird auch eine aus lauter konzentrischen, in sich homogenen Kugelschalen bestehende Vollkugel nach aufsen hin ebenso wirken, als wäre ihre Masse im Mittelpunkte vereinigt, während ein im Innern der Vollkugel befindlicher Punkt nur von derjenigen Masse angezogen wird, welche in der durch diesen Punkt um den Mittelpunkt beschriebenen Kugel enthalten ist.

Die Anziehungskraft des Erdballes an seiner Oberfläche und damit die Beschleunigung der Schwere ebenda ist somit unabhängig von der darüber befindlichen Atmosphäre, sofern wir nur in ungefährer Übereinstimmung mit der Erfahrung voraussetzen, dafs deren Dichte sich nur in radialer Richtung ändert. Dürfen wir auch die ganze Erde uns aus konzentrischen homogenen Kugelschalen zusammengesetzt denken, was angenähert wohl zuzugeben ist, so können wir die oben erhaltenen Sätze zur Bestimmung ihrer Masse bezw. ihres mittleren spezifischen Gewichtes benutzen. Dazu bieten sich zwanglos zwei verschiedene Methoden. Die erste, von Cavendish (1798) ausgebildete läuft auf den Vergleich der Erdanziehung mit derjenigen einer bekannten grofsen Masse, z. B. einer Bleikugel hinaus, während die zweite von Airy (1856) angegebene auf dem Unterschiede der Anziehung und damit der Erdbeschleunigung g an der Erdoberfläche und in einer Tiefe h beruht.

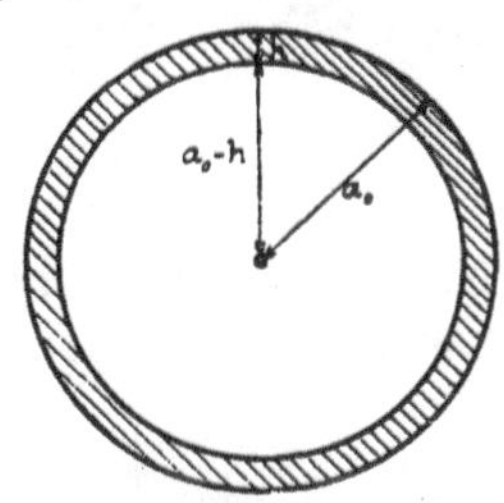

Fig. 84.

Nennen wir die letztere g', das mittlere spezifische Gewicht der Kugel mit dem Radius $a_0 - h$, worin a_0 entsprechend Fig. 84 den Erdradius bedeutet, γ, so ist die Masse dieser Kugel $\frac{4}{3}\pi(a_0 - h)^3 \frac{\gamma}{g}$, und daher die Anziehungskraft in der Tiefe h

$$mg' = \frac{4}{3}\pi \frac{(a_0 - h)^3}{(a_0 - h)^2} \frac{\gamma}{g} fm = \frac{4}{3}\pi (a_0 - h) \frac{\gamma}{g} fm \quad . \quad (8)$$

Die Anziehungskraft an der Erdoberfläche auf dieselbe Masse m ist mg; dieselbe setzt sich anderseits zusammen aus der Anziehung der inneren Kugel vom spezifischen Gewichte γ und der eben abgeleiteten Masse, sowie aus derjenigen der Kugelschale von der Dicke h. Deren Masse ist aber, wenn wir ihr mittleres spezifisches Gewicht mit γ' bezeichnen, $4\pi a^2 h \frac{\gamma'}{g}$, und daher ist die Gesamtanziehungskraft auf die an der Erdoberfläche, also im Abstande a_0 vom Zentrum befindliche Masse m

$$mg = \left\{\frac{4}{3}\pi \frac{(a_0 - h)^3}{a_0^2}\frac{\gamma}{g} + \frac{4\pi a_0^2 h}{a_0^2}\frac{\gamma'}{g}\right\} mf$$

oder auch unter Vernachlässigung der höheren Potenzen des sehr kleinen Verhältnisses $h : a_0$

$$g = \left\{\frac{4}{3}\pi (a_0 - 3h)\frac{\gamma}{g} + 4\pi h \frac{\gamma'}{g}\right\} f \quad . \; . \quad (9)$$

Eliminieren wir aus (8) und (9) den Faktor f, so folgt

$$\frac{\gamma'}{\gamma} = \frac{1}{3}\left(\frac{a_0 - h}{h}\frac{g}{g'} - \frac{a_0 - 3h}{h}\right)$$

oder mit Vernachlässigung des Produktes $\left(1 - \frac{g}{g'}\right) h$ als kleiner Wert höherer Ordnung gegenüber dem Produkte $\left(1 - \frac{g}{g'}\right) a_0$

$$\frac{\gamma'}{\gamma} = \frac{2}{3} + \frac{a_0}{3h}\left(\frac{g}{g'} - 1\right) \quad . \; . \; . \; . \; . \; . \quad (10)$$

Nun fand Airy durch Pendelbeobachtungen an der Erdoberfläche und in einem Schachte von $h = 383$ m Tiefe

$$1 - \frac{g}{g'} = \frac{1}{19\,200},$$

woraus mit $a_0 = 6\,370\,000$ m

$$\gamma' = 0{,}38\,\gamma$$

folgt. Das spezifische Gewicht γ' der Gesteine in der Nähe der Erdoberfläche schwankt zwischen 2 und 2,5, wonach γ zwischen 5,2 und 6,6 liegen würde. In der Tat haben noch genauere Versuche nach der anderen Methode, z. B. von Reich, einen mittleren Wert von $\gamma = 5{,}58$ ergeben.

Damit aber sind wir auch imstande, die Gaufssche Zahl zu bestimmen. Die Masse der ganzen Erde ist nämlich

$$m = \frac{4}{3}\pi a_0^3 \frac{\gamma}{g},$$

also die Beschleunigung an der Oberfläche

$$g = f\frac{m}{a_0^2} = \frac{4}{3}\pi a_0 \frac{\gamma}{g} f \quad \ldots \ldots \quad (11)$$

Setzen wir hierin $g = 9{,}81$ m/sek², $a_0 = 6\,370\,000$ m, $\gamma = 5\,580$ kg/cbm, so folgt

$$f = \frac{3g^2}{4\pi a_0 \gamma} = 648 \cdot 10^{-12} \text{ kg}.$$

also ein aufserordentlich kleiner Wert für die Anziehungskraft zweier Masseneinheiten im Abstande von 1 m. Daher kommt es auch, dafs wir die gegenseitige Anziehungskraft von Körpern an der Erdoberfläche nur mit den feinsten Beobachtungsmitteln feststellen können, und von ihrer Berücksichtigung gegenüber der Erdschwere selbst für praktische Zwecke gänzlich absehen dürfen. Für die Technik ist dieses Ergebnis von gröfster Wichtigkeit, da sich sonst die an sich schon verwickelten Bewegungserscheinungen und Kraftwirkungen kaum noch überblicken, geschweige denn rechnerisch verfolgen lassen würden.

Anders liegt die Sache bei der Anziehung der Himmelskörper, vor allem der Planeten und der Sonne, welche, wie die Beobachtung lehrt, durchweg nahezu kugelförmig sind. Unter der auch hier wohl zulässigen Annahme, dafs dieselben aus konzentrischen in sich homogenen Kugelschalen bestehen, dürfen wir die Wirkung einer jeden solchen Kugel auf einen äufseren Massenpunkt mit der in ihrem Mittelpunkt konzentrierten eigenen Masse m identifizieren. Dies gilt auch für eine beliebige Anzahl unter sich zusammenhängender äufserer Massenpunkte. Bilden dieselben ebenfalls eine Kugel von der Masse m', so wirkt dieselbe auf die erste Kugel mit derselben Kraft zurück, wie diese auf die Summe ihrer einzelnen Massenelemente. Wir können uns demnach die Massen beider Kugeln in ihrem Mittelpunkte vereinigt denken, und haben schliefslich für die gegenseitige Anziehung bei einem Zentralabstand r

$$P = f\frac{mm'}{r^2} \quad \ldots \ldots \ldots \quad (12)$$

Unter dem Einflusse dieser Kraft erleidet die Masse m die absolute Beschleunigung

$$p = \frac{P}{m} = f\frac{m'}{r^2} \quad . \quad . \quad . \quad . \quad . \quad . \quad . \quad (13)$$

die Masse m' dagegen

$$p' = -\frac{P}{m'} = -f\frac{m}{r^2} \quad . \quad . \quad . \quad . \quad . \quad . \quad (13a)$$

welche infolge der Anziehung der Beschleunigung p entgegengesetzt gerichtet ist. Da keine Drehbeschleunigung vorliegt, so ist die relative Beschleunigung der Masse m in Bezug auf m' und umgekehrt lediglich durch die Differenz

$$p - p' = f\frac{m + m'}{r^2} \quad . \quad . \quad . \quad . \quad . \quad . \quad (13b)$$

gegeben. Von dieser Formel geht die ganze Theorie der Bewegung der Himmelskörper aus, da es sich bei dieser nur um Relativbewegungen, z. B. in Bezug auf das Sonnenzentrum, niemals aber um absolute Bewegungen handeln kann. Bevor wir hieraus in Anknüpfung an die schon in § 12 entwickelte Planetenbewegung einige weitere Schlüsse ziehen, wollen wir noch mit Hilfe der oben erhaltenen Sätze den Einfluſs eines Himmelskörpers auf die Beschleunigung an der Oberfläche eines anderen, im speziellen Falle den Einfluſs von Sonne und Mond auf die Erdbeschleunigung untersuchen, wie er vor allem in der Erscheinung von Ebbe und Flut zu tage tritt. Wir denken uns in Fig. 85 auſser der Erde A mit dem Radius a_0 und der Masse m einen anderen Himmelskörper B mit der Masse m' im Zentralabstande $AB = r$. Danach ist die Beschleunigung der Erde in der Richtung auf B durch (13) gegeben. Ein an der Erdoberfläche in C befindlicher Körper erleidet nun einerseits nach B hin eine Beschleunigung $f\frac{m'}{(r - a_0)^2}$, nach der Erde aber eine solche von $f\frac{m}{a_0^2}$, während diese selbst mit $f\frac{m'}{r^2}$ nach B hin beschleunigt wird. Die relative Be-

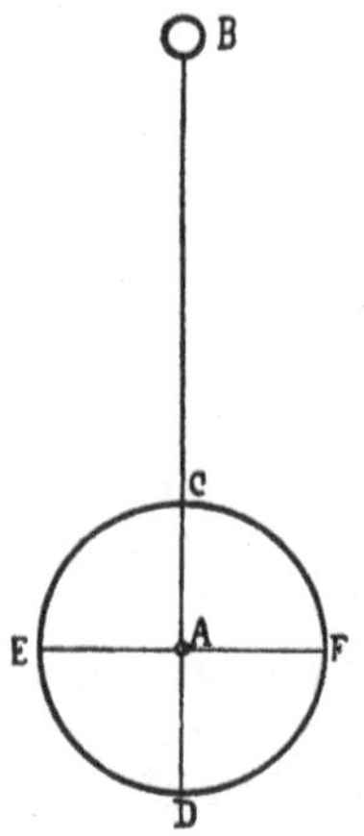

Fig. 85.

schleunigung des Körpers nach der Erde ist demnach, da sich die letzten beiden Beträge absolut addieren, gegeben durch

$$g' = f\frac{m}{a_0^2} + f\frac{m'}{r^2} - f\frac{m'}{(r-a_0)^2}$$

Setzt man hierin die von der Einwirkung der Masse m' unabhängige Erdbeschleunigung wieder gleich g und macht mit Rücksicht auf die Kleinheit des Verhältnisses $a_0 : r$ von der Vereinfachung

$$\frac{1}{(r-a_0)^2} - \frac{1}{r^2} = \frac{1}{r^2}\left(1 + 2\frac{a_0}{r}\right) - \frac{1}{r^2} = 2\frac{a_0}{r^3}$$

Gebrauch, so ergibt sich die gesuchte Relativbeschleunigung zu

$$g' = g\left(1 - 2\frac{a_0^3}{r^3}\frac{m'}{m}\right) \quad . \quad . \quad . \quad . \quad . \quad . \quad (14)$$

Genau denselben Ausdruck erhalten wir auch für einen in D, d. h. auf der entgegengesetzten Seite von m' befindlichen Körper, da hier in der Richtung auf die Erde

$$g' = f\frac{m}{a_0^2} - f\frac{m'}{r^2} + f\frac{m'}{(r+a_0)^2}$$

ist. Durch die obige Vereinfachung geht auch diese Formel in (14) über. In den senkrecht zu AB liegenden Punkten E und F findet keine Veränderung der Erdbeschleunigung durch den Einfluſs von m' statt, während den zwischenliegenden Punkten auch Werte zwischen g und g' entsprechen. Rotiert nun die Erde um eine ganz oder doch nahezu senkrechte Achse zur Bildebene, so wird während der Umdrehungsdauer an jedem Punkte der Oberfläche die Erdbeschleunigung zweimal ihren Maximalwert g und ihren Minimalwert g' annehmen. Infolgedessen tritt auch an jedem Punkte der freien Meeresoberfläche zweimal täglich der Wechsel von Ebbe und Flut ein. Dabei ist nicht zu übersehen, daſs hierauf nicht allein die Sonne, sondern auch der Mond seinen Einfluſs ausübt; durch Zusammenwirken beider wird die Beschleunigung der Schwere mehr oder weniger geschwächt. Für den M o n d hat man in runden Zahlen zu setzen

$$r = 60 \cdot a_0\,, \qquad m' = \frac{1}{88}\,m,$$

wenn a den Erdradius und m die Erdmasse bedeutet, und erhält so aus (14) rund

$$g' = g\left(1 - \frac{1}{9\,500\,000}\right).$$

Für die Sonne ist dagegen

$$r = 23\,700\, a_0 \qquad m' = 355\,000\, m.$$

folglich

$$g' = g\left(1 - \frac{1}{18\,800\,000}\right).$$

Der Einfluſs des Mondes ist demnach trotz seiner Kleinheit gegen die Sonne gröſser als der Einfluſs der letzteren. Immerhin sind die Änderungen der Erdbeschleunigung durch diese Himmelskörper so auſserordentlich gering, daſs sie für praktische Zwecke nicht entfernt in Frage kommen.

Die oben abgeleitete Formel (13b) für die relative Beschleunigung zweier Himmelskörper gegeneinander gestattet uns nun, wie schon angedeutet, einige bisher noch nicht gezogene Schlüsse und zwar über die Masse der Körper. Wir müssen, um diese abzuleiten, auf den Ausdruck (5) in § 12 für die Beschleunigung eines Planeten, der sich in einer elliptischen Bahn um die Sonne bewegt, zurückgreifen. Dieselbe lautete

$$p_r = -\frac{4\pi^2}{r^2}\frac{a^3}{t^2} \quad \ldots\ldots\ldots \quad (15)$$

wobei a die halbe groſse Achse der Ellipse und t die Umlaufszeit des Planeten bedeutete. Verbinden wir diese Formel mit der obigen (13b) durch $p_r = p' - p$, so folgt

$$(m + m')\frac{f}{4\pi^2} = \frac{a^3}{t^2}. \quad \ldots\ldots\ldots \quad (16)$$

Ist darin m' die Sonnenmasse und m diejenige eines Planeten, so erhalten wir für einen anderen Planeten mit der Masse m_1 und den Bahnelementen a_1 und t_1

$$(m_1 + m')\frac{f}{4\pi^2} = \frac{a_1^3}{t_1^2} \quad \ldots\ldots\ldots \quad (16a)$$

Durch Verbindung der beiden Formeln (16) und (16a) ergibt sich nun

$$\frac{m + m'}{m_1 + m'}\left(\frac{t}{t_1}\right)^2 = \left(\frac{a}{a_1}\right)^3 \quad \ldots\ldots\ldots \quad (17)$$

Vergleichen wir dieses Ergebnis mit der Formel (6) in § 12 für das sog. dritte Kepplersche Gesetz, so erkennen wir, dafs dieses nur eine Annäherung insofern darstellt, als wir die Masse der Planeten m und m_1 gegen die Sonnenmasse vernachlässigen dürfen. Handelt es sich darum, diese Massen selbst zu bestimmen, so wird man von dieser Vernachlässigung allerdings keinen Gebrauch machen. Um z. B. das Verhältnis der Sonnenmasse zu derjenigen der Erde zu bestimmen, setzen wir in Gl. (16) zunächst nach (11) $f\,m = g\,a_0^2$, wo g die Erdbeschleunigung und a_0 wieder den Erdradius bedeutet. Damit erhalten wir

$$\frac{m'}{m} = \frac{4\,\pi^2}{g\,a_0^2}\,\frac{a^3}{t^2} - 1 \quad \ldots \ldots \quad (18)$$

worin, wenn $g = 9{,}81$ m gesetzt wird, auch die Umlaufszeit in Sekunden eingesetzt werden mufs. Mit $a_0 = 6\,370\,000$ m, $a = 23\,700\,a_0$, $t = 86\,400 \cdot 365$ wird hieraus

$$m' = 355\,000\,m.$$

Die Genauigkeit dieser Rechnung ist nicht sehr grofs, da die Länge der grofsen Achse der Erdbahn nur sehr unvollkommen bekannt ist, Abweichungen von der Wahrheit aber in der Formel (18), welche a^3 enthält, sehr stark ins Gewicht fallen. Etwas exakter verfährt man schon, wenn man die Gl. (17) auf die Mondbewegung um die Erde einerseits und diejenige der Erde um die Sonne anderseits ins Auge fafst. Ist dann m' die Sonnenmasse, m die der Erde und m_1 die des Mondes, so hat man statt (17)

$$\frac{m' + m}{m + m_1}\left(\frac{t}{t_1}\right)^2 = \left(\frac{a}{a_1}\right)^3,$$

worin das Verhältnis der Bahnradien

$$\frac{a}{a_1} = \frac{23\,700}{60} = 395$$

zu setzen ist.

Vernachlässigt man dann die Erdmasse m gegen die Sonnenmasse m_1 und setzt $m_1 = \frac{m'}{88'}$ so folgt mit $t = 365{,}26$ Tagen, $t_1 = 27{,}32$ wieder $m' = 355\,000\,m$.

§ 24. Widerstandskräfte.

Das Wesen der Widerstandskraft. Gleitende Reibung oder Reibungswiderstand, Reibungskoeffizient, Reibungswinkel und Reibungskegel. Luftwiderstand. Innere Reibung.

Ein auf horizontaler Unterlage ruhender Körper K steht unter dem Einfluſs der Schwerkraft und der Gegenwirkung der Unterlage, deren Gleichheit die Ursache seines Ruhezustandes ist. In horizontaler Richtung, also parallel der Unterlage, wirken offenbar keine Kräfte auf ihn, da der Ruhezustand auch horizontale Beschleunigungen ausschlieſst. Lassen wir nun, wie in Fig. 86 angedeutet, eine horizontale Kraft P auf ihn wirken, so beobachten wir, daſs dieselbe erst von einer bestimmten Gröſse P_0 an imstande ist, dem Körper eine Beschleunigung in ihrer Richtung zu erteilen. Wir schlieſsen daraus, daſs durch den Angriff der treibenden Horizontalkraft eine ihr entgegengesetzte Kraft P_0 geweckt worden ist, welche vorher überhaupt nicht vorhanden war. In der Tat beobachten wir auch, daſs die dem Körper von der Masse m durch die Kraft P erteilte Beschleunigung sich aus

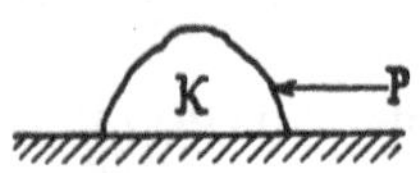

Fig. 86.

$$\frac{d^2x}{dt^2} = \frac{P - P_0}{m}$$

bestimmt. Nach dem Aufhören der Kraft P gelangt der vorher in Bewegung begriffene Körper unter dem Einflusse der Verzögerung

$$\frac{d^2x}{dt^2} = -\frac{P_0}{m}$$

bald in den Ruhezustand zurück, womit die Wirkung der Kraft P_0 ebenfalls aufhört. Eine solche Kraft, welche von sich aus keine Bewegung hervorzurufen vermag, wohl aber stets eine Verzögerung vorhandener Bewegungen bedingt, wollen wir im Gegensatze zu den bisher betrachteten treibenden Kräften als eine Widerstandskraft bezeichnen.

Um über den Angriffsort unserer Kraft P_0 Aufschluſs zu erhalten, bringen wir den Körper nacheinander auf Unterlagen von verschiedener Beschaffenheit, z. B. erst auf eine glatte, dann auf eine rauhe Fläche und wiederholen den vorstehend geschilderten Versuch. Wir finden alsdann, daſs die Widerstandskraft P_0 in beiden Fällen verschiedene Werte besitzt, also von der Beschaffenheit der Unterlage abhängig ist. Da nun die Unterlage auf den bewegten Körper ersichtlich nur in der Berührungsfläche einwirken kann, so kann der Angriffsort der der Bewegungsrichtung entgegengesetzten Widerstandskraft auch nur in die Berührungsfläche selbst fallen.

Belasten wir nun den Körper K vom Gewichte G durch Auflegen eines zweiten Körpers K' mit dem Gewichte G', so finden wir durch erneute Anstellung des Versuches, daſs auf einer und derselben Unterlage die Widerstandskraft P_0' sich zur ursprünglichen P_0 verhält wie die Summe der beiden Gewichte G und G' zum Gewichte des ersten Körpers, also

$$\frac{P_0'}{P_0} = \frac{G + G'}{G}.$$

Daraus folgt aber, daſs die Widerstandskraft, die wir in unserem speziellen Falle auch als Reibungswiderstand bezw. kürzer als Reibung bezeichnen, dem auf der horizontalen Berührungsfläche, auf welcher die Bewegung von statten geht, lastenden Drucke proportional ist, d. h. daſs mit einem konstanten Faktor f

$$P_0 = f \cdot G \quad . \; . \; . \quad (1)$$

gesetzt werden kann. Geben wir der Unterlage und mit ihr der Berührungsfläche eine Neigung φ gegen den Horizont (siehe Fig. 87), so finden wir bei der Bewegung, und zwar gleichgültig ob dieselbe aufwärts oder abwärts erfolgt, einen Widerstand von

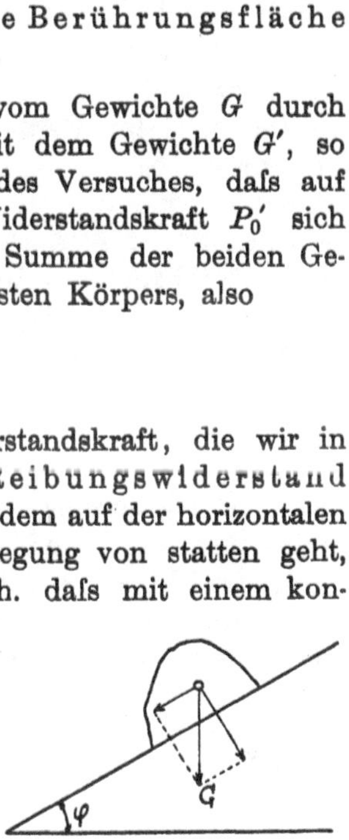

Fig. 87.

$$P_\varphi = f\, G \cos\varphi \quad . \; . \; . \; . \; . \; . \; . \quad (1a)$$

Da nun $G \cos\varphi$ in diesem Falle diejenige Komponente des Körpergewichtes darstellt, welche auf der Berührungsfläche senkrecht steht, so ergibt sich aus unseren Beobachtungen, daſs der Reibungswiderstand zwischen zwei Körpern allgemein der senkrecht zur Berührungsfläche dieser Körper wirkenden Kraft, die wir auch als den Druck der Körper aufeinander bezeichnen können, direkt proportional ist. Den Proportionalitätsfaktor, der, wie genauere, indessen noch nicht zum Abschlufs gebrachte Untersuchungen ergeben haben, auch etwas von der Geschwindigkeit in der Berührungsfläche und von deren Gröfse abhängt, nennen wir den Reibungskoeffizienten. Der schon oben gefundenen Verschiedenheit des Reibungswiderstandes bei Unterlagen verschiedener Beschaffenheit werden wir dadurch gerecht, dafs wir je zwei einander berührenden Körpern einen durch die Beschaffenheit der Berührungsfläche und der Körpersubstanzen empirisch gegebenen Reibungskoeffizienten zuschreiben. Der Umstand, dafs der so definierte Zahlenfaktor durch die Eigenschaften zweier Körper und zwar vor allem durch deren Oberflächenbeschaffenheit bedingt ist, erschwert naturgemäfs das Studium der einschlägigen Verhältnisse ungemein, so dafs die Lehre von der Reibung z. Z. noch zu den am wenigsten abgeschlossenen Gebieten der Mechanik, bezw. der Physik gerechnet werden mufs.

Wir wollen aus diesem Grunde an der einfachen Proportionalität des Reibungswiderstandes mit der Normalkraft in der Folge festhalten und erhalten damit als Bedingung für das Gleichgewicht eines Körpers unter dem Einflusse einer resultierenden Kraft P (in der u. a. auch das Gewicht desselben enthalten ist), welche mit der Normale an der Berührungsstelle mit einem anderen Körper den Winkel φ bildet, die Ungleichung

$$P \sin \varphi \leqq f P \cos \varphi$$

oder

$$\operatorname{tg} \varphi \leqq f \quad \ldots \ldots \ldots \ldots (2)$$

Hieraus erkennt man, dafs so lange der Winkel φ nicht einen Grenzwert ϱ, gegeben durch

$$\operatorname{tg} \varrho = f \quad \ldots \ldots \ldots (2a)$$

überschreitet, die treibende Kraft P unabhängig von ihrer Gröfse keine beschleunigende Wirkung auszuüben vermag. Den Winkel ϱ bezeichnet man nun als den Reibungswinkel der beiden Körper; derselbe definiert offenbar einen Rotationskegel (Fig. 88) um die Normale an der Berührungsstelle, der alle Richtungslinien der treibenden Kraft für den Fall des Gleichgewichts einschliefst. Es ist also für eine unendliche

Anzahl von Kraftrichtungen ein Gleichgewichtszustand möglich, der mithin durch das Auftreten der Reibung nicht mehr eindeutig bestimmt ist. Fällt dagegen die Resultante der treibenden Kraft aufserhalb des sog. Reibungskegels, so bleibt stets eine beschleunigende Komponente tangential zur Berührungsstelle übrig.

Dieselbe ergibt sich mit (2a) zu

$$P \sin \varphi - f P \cos \varphi = P \frac{\sin(\varphi - \varrho)}{\cos \varrho} \quad . \quad . \quad . \quad (3)$$

ist also durch die resultierende treibende Kraft, deren Richtung und den Reibungswinkel eindeutig bestimmt. Dadurch wird es uns möglich, den Einflufs des Reibungswiderstandes auf die Bewegung eines Körpers rechnerisch zu verfolgen, während wir uns für den Fall des Gleichgewichtes im allgemeinen mit Grenzbedingungen begnügen müssen.

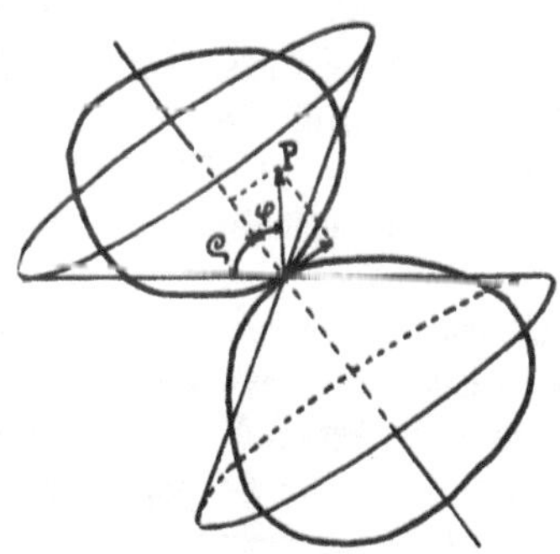

Fig. 88.

Durch diese letztere Eigenschaft unterscheidet sich die Reibung an der Berührungsfläche fester Körper wesentlich von anderen Widerstandskräften, deren Gröfse fast ausschliefslich durch die momentane Geschwindigkeit bedingt ist. Beobachten wir z. B. die Schwingungen eines Pendels unter dem Einflusse der Erdbeschleunigung, so bemerken wir, im Widerspruche mit den Ergebnissen des § 15, eine stetige Abnahme der Schwingungsweite, bis schliefslich das Pendel in seiner tiefsten Lage zur Ruhe gelangt. Da nun diese Lage stets wieder erreicht wird und zur Auslenkung aus derselben schon eine kaum mefsbare Kraft genügt, sofern ihre Richtung nur nicht mit der Vertikalen zusammenfällt, so kann der Grund der Verzögerung und des schliefslichen Aufhörens nicht ein Reibungswiderstand von der oben untersuchten Art sein. Wir müssen den Grund für diese Erscheinung vielmehr in dem bei der früheren Behandlung der Pendelbewegung aufser acht gelassenen Einflufs der Luft suchen, welche der Bewegung eines Körpers einen lediglich von der Geschwindigkeit v abhängigen Widerstand entgegenstellt.

Mangels näherer Kenntnis dieser Abhängigkeit behelfen wir uns zunächst mit einer Potenzreihe und setzen den Luftwiderstand

$$W = k_1 v + k_2 v^2 + k_3 v^3 + \ldots \quad (4)$$

indem wir uns die Bestimmung der Koeffizienten $k_1\, k_2 \ldots$ durch den Versuch vorbehalten. Sind die Schwingungsausschläge nur sehr klein, so gilt dies auch von der Geschwindigkeit v, so dafs, gleiche Gröfsenordnung für die Koeffizienten k vorausgesetzt, die Glieder mit wachsenden Potenzen rasch abnehmen werden. In der Tat genügt es in vielen Fällen, vor allem für kleine Pendelschwingungen, nur das erste Glied beizubehalten und für den Luftwiderstand

$$W = k_1 v \quad (4a)$$

zu schreiben. Bei sehr grofsen Geschwindigkeiten, wie sie bei der Bewegung der Geschosse auftreten, überwiegt erfahrungsgemäfs das zweite Glied alle übrigen, woraus man schliefsen darf, dafs die Koeffizienten $k_3\, k_4 \ldots$ der höheren Potenzen des Ausdruckes (4), welche andernfalls mit zunehmender Geschwindigkeit immer stärker ins Gewicht fallen müfsten, bedeutend kleinere Absolutwerte besitzen als diejenigen der ersten beiden Glieder. Man begnügt sich darum auch meistens bei grofsen Geschwindigkeiten mit der Beibehaltung des zweiten Gliedes und setzt für den Luftwiderstand unter diesen Verhältnissen

$$W = k_2 v^2 \quad (4b)$$

Neben dieser empirischen Formel sind noch andere, z. B.

$$W = k_n v^n \quad (4c)$$

gelegentlich zur Anwendung gelangt.

Was den Angriffsort des Luftwiderstandes betrifft, so kann derselbe nur an der Berührungsstelle des bewegten Körpers mit der umgebenden Luft liegen, wird also in der Oberfläche zu suchen sein, wobei wir es zunächst unentschieden lassen wollen, welche Teile derselben hierfür vorwiegend in Betracht kommen. Da auch der Angriffsort der Reibung fester Körper an deren Oberfläche, d. h. an ihrer Berührungsstelle sich befand, so könnte man vermuten, dafs dies eine Eigenschaft sämtlicher Widerstandskräfte ist. Man braucht indessen nur die abnehmenden Schwingungen eines elastischen Stabes im Vakuum zu beobachten, um sich davon zu überzeugen, dafs auch Widerstandskräfte mit innerem Angriffsort existieren. In diesem, übrigens noch wenig erforschten Falle sprechen wir von einer inneren Reibung der Körper.

§ 25. Die Bewegung eines materiellen Punktes auf der Horizontalebene mit Reibung.

Einführung der Reibung in die Gleichungen für gezwungene Bewegung. Einfache Horizontalschwingungen mit Reibung. Schwingungen eines in Bewegung begriffenen Systems zweier elastisch verbundener Körper mit Reibung. Schwingungen senkrecht zur Bewegungsrichtung des Systems unter dem Einflusse der Reibung.

In § 16 haben wir die Formeln für die Bewegung eines Punktes auf einer festen Oberfläche, deren Gleichung wir uns gegeben dachten, aufgestellt. Dieselben enthielten aufser den Komponenten der wahren Beschleunigung p auch diejenigen der Zwangsbeschleunigung q. Um an deren Stelle die auf den Punkt, in dem wir uns jetzt eine Masse m konzentriert denken wollen, wirkenden Kräfte einzuführen, haben wir die Gleichungen (7a) des § 16 nur mit m beidseitig zu multiplizieren. Dann erhalten wir, unter $p \cdot m = P$ die resultierende treibende Kraft mit den Komponenten X, Y, Z, sowie unter $q\,m = Q$ den der Zwangsbeschleunigung entsprechenden Gegendruck der Oberfläche verstanden, ohne Rücksicht auf die Reibung an der Oberfläche die Formeln

$$\left.\begin{aligned} m\frac{d^2x}{dt^2} &= X + Q\cos\varphi \\ m\frac{d^2y}{dt^2} &= Y + Q\cos\psi \\ m\frac{d^2z}{dt^2} &= Z + Q\cos\chi \end{aligned}\right\} \quad . \; . \; . \; . \; . \quad (1)$$

worin φ, ψ und χ die Neigungswinkel der Normalen zur Fläche, in deren Richtung der Gegendruck derselben auf den Punkt fällt, mit den drei Achsen bedeuten. Ist ds das Bahnelement des Punktes mit den drei Projektionen dx, dy, dz auf die Achsen, so stellen $\frac{dx}{ds}, \frac{dy}{ds}, \frac{dz}{ds}$ die Richtungskosinus der augenblicklichen Bewegung dar, welcher die Reibung an der Oberfläche entgegenwirkt. Deren Komponenten sind mithin, da sie dem

Normaldrucke Q proportional sind, mit einem Reibungskoeffizienten f gegeben durch

$$-Qf\frac{dx}{ds}, \qquad -Qf\frac{dy}{ds}, \qquad -Qf\frac{dz}{ds},$$

so dafs die Bewegungsgleichungen (1) durch Hinzufügung dieser Widerstandskomponenten übergehen in

$$\left.\begin{aligned} m\frac{d^2x}{dt^2} &= X + Q\left(\cos\varphi - f\frac{dx}{ds}\right) \\ m\frac{d^2y}{dt^2} &= Y + Q\left(\cos\psi - f\frac{dy}{ds}\right) \\ m\frac{d^2z}{dt^2} &= Z + Q\left(\cos\chi - f\frac{dz}{ds}\right) \end{aligned}\right\} \quad . \; . \; . \quad (2)$$

Soll sich der Punkt im Gleichgewichte auf der Oberfläche befinden, so müssen die Widerstandskomponenten gröfser als diejenigen der treibenden Kraft und des positiven Normaldruckes zusammen sein, so dafs wir unter Wegfall der Beschleunigungen auf der linken Seite von (2) statt dieser Formeln die Ungleichungen

$$\left.\begin{aligned} Qf\frac{dx}{ds} &> X + Q\cos\varphi \\ Qf\frac{dy}{ds} &> Y + Q\cos\psi \\ Qf\frac{dz}{ds} &> Z + Q\cos\chi \end{aligned}\right\} \quad . \; . \; . \; . \; . \quad (3)$$

erhalten.

Als einfachstes Beispiel behandeln wir zunächst die geradlinige Bewegung eines Körpers auf einer Horizontalebene unter dem Einflusse der Reibung. Der Körper von der Masse m sei mit einer festen Wand durch eine Spiralfeder verbunden, deren normale, d. h. spannungslose Länge x_0 zugleich den Abstand des Körpers von der festen Wand in der Ruhelage bezeichnet (Fig. 89). Die Masse der Feder und damit ihr Gewicht sei verschwindend gegen die des Körpers. Bringen wir nun den Körper in die Entfernung x, so dehnen wir zugleich die Feder um $x - x_0$, wodurch eine elastische

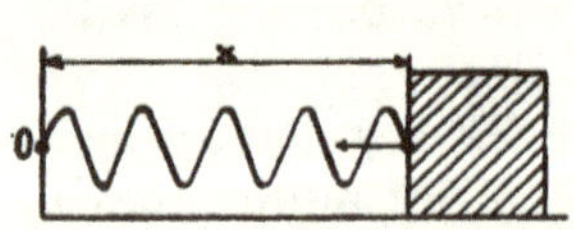

Fig. 89.

Gegenkraft vom Betrage $X = a^2 (x - x_0)$ geweckt wird. Auf die Reibung auf der Unterlage ist diese Kraft, da sie derselben parallel wirkt, ohne Einfluſs. Hat nun der Körper in der Lage x schon eine Geschwindigkeit v nach der Ruhelage hin, so wirkt die Reibung dieser Bewegung entgegen, also scheinbar so, daſs sie die Entfernung zu vergröſsern strebt, und wir haben als Grundgleichung für den ganzen Vorgang

$$m \frac{d^2 x}{d t^2} = - a^2 (x - x_0) + m g f \quad . \quad . \quad . \quad (4)$$

Aus den Formeln (2) hätten wir diese Gleichung sofort dadurch ableiten können, daſs wir z. B. in die erste derselben $X = - a^2 (x - x_0)$, $\varphi = 90^0$ und $dx = - ds$ einsetzten, wobei nur zu bemerken ist, daſs der Reibungswiderstand mit der Bewegungsumkehr ebenfalls das Vorzeichen wechselt, so daſs unsere Formel (4) nur für eine Bewegungsrichtung gültig bleibt. Wir können dieselbe nun auch schreiben

$$m \frac{d^2 x}{d t^2} = - a^2 \left(x - x_0 - \frac{m g f}{a^2}\right) \quad . \quad . \quad . \quad . \quad (4a)$$

woraus wir erkennen, daſs für die Bewegungsrichtung nach O hin die Beschleunigung, siehe Fig. 90, schon im Punkte

$$x_0' = x_0 + \frac{m g f}{a^2} \quad . \quad . \quad . \quad . \quad . \quad . \quad . \quad . \quad (5)$$

verschwindet und bei weiterer Annäherung an O das umgekehrte Vorzeichen annimmt. Durch Einführung von x_0' in (4a) vereinfacht sich diese Gleichung in

$$m \frac{d^2 x}{d t^2} = - a^2 (x - x_0') \quad . \quad . \quad . \quad . \quad . \quad . \quad . \quad (4b)$$

welche eine einfache Schwingung um die Lage $x = x_0'$ darstellen würde, wenn nicht bei der Bewegungsumkehr auch das Vorzeichen von mgf in (5) wechseln und x_0' daher für den Rückgang einen anderen Wert annehmen würde. Aus diesem Grunde gilt das die Gl. (4b) befriedigende allgemeine Integral

$$x - x_0' = a \sin\left(\frac{a\, t}{\sqrt{m}} + \beta\right) \quad . \quad . \quad . \quad . \quad . \quad (6)$$

mit den beiden willkürlichen Konstanten a und β nur für die Bewegung in einer Richtung. Rechnen wir die Zeit vom Verlassen der äufsersten Lage $x = x_1$ ab, in welcher die Geschwindigkeit $\frac{dx}{dt} = 0$ ist, so erhalten wir für die Bestimmung der Konstanten die Gleichungen

$$x_1 - x_0' = a \sin \beta$$
$$0 = a \frac{\alpha}{\sqrt{m}} \cos \beta,$$

woraus

$$\cos \beta = 0 \text{ und } a = x_1 - x_0'$$

folgt. Wir dürfen demnach statt (6) auch schreiben

$$x - x_0' = (x_1 - x_0') \cos \frac{\alpha t}{\sqrt{m}} \quad . \quad . \quad . \quad . \quad (6\,a)$$

und erkennen, dafs die Geschwindigkeit wieder verschwindet für $\frac{\alpha t}{\sqrt{m}} = \pi$, also $\cos \frac{\alpha t}{\sqrt{m}} = -1$ entsprechend einer neuen Lage $x = x_2$ gegeben durch

$$x_2 - x_0' = -(x_1 - x_0')$$

oder

$$x_1 + x_2 = 2\,x_0' = 2\left(x_0 + \frac{m g f}{\alpha^2}\right) \quad . \quad . \quad . \quad . \quad (7)$$

Für die umgekehrte Bewegung aus der Lage x_2 können wir wieder auf die Gl. (4) zurückgreifen, indem wir nur das Vorzeichen des Gliedes mit den Reibungskoeffizienten ändern. Wir erhalten alsdann wieder analog der Gl. (4b)

$$m \frac{d^2 x}{d t^2} = -\alpha^2 (x - x_0'') \quad . \quad . \quad . \quad . \quad . \quad (4\,c)$$

worin also die Schwingungsmittellage durch

$$x_0'' = x_0 - \frac{m g f}{\alpha^2} \quad . \quad . \quad . \quad . \quad . \quad . \quad (5\,a)$$

dargestellt ist. Mit diesem Werte statt x_0' folgt aus (6a) die Gleichung für die neue Bewegungsrichtung

$$x - x_0'' = (x_2 - x_0'') \cos \frac{\alpha t}{\sqrt{m}} \quad . \quad . \quad . \quad (6\,b),$$

wenn wir aufserdem die Zeitrechnung von der Lage $x = x_2$, in der ja die Geschwindigkeit zu Null wurde, beginnen, also in (6a) x_1 durch x_2 ersetzen. Die durch (6b) dargestellte Bewegung erreicht ihr Ende in der Lage $x = x_3$, welche mit $\frac{dx}{dt} = 0$ durch

$$x_2 + x_3 = 2\, x_0'' = 2\left(x_0 - \frac{m g f}{\alpha^2}\right) \quad . \quad . \quad . \quad (7\text{a})$$

gegeben ist und der Ausgangslage x_1 entspricht, so dafs mit ihr eine ganze Schwingung vollendet ist. Da nun die Zeit für den Hin- und Rückgang, wie aus den Gl. (6a) und (6b) hervorgeht, dieselben Werte, nämlich

$$t_0 = \frac{2\,\pi\,\sqrt{m}}{\alpha}$$

besafs, so haben wir zunächst den Satz, dafs die Schwingungsdauer durch die Reibung nicht beeinträchtigt wird. Vergleichen wir dann noch die Formeln (7) und (7a), so folgt

$$x_3 = x_1 - 4\,\frac{m g f}{\alpha^2},$$

woraus wir erkennen, dafs der Körper nach Vollendung der ersten Schwingung bei weitem nicht mehr die Ausgangslage x_1 erreicht, sondern um so weiter von derselben schon wieder zur

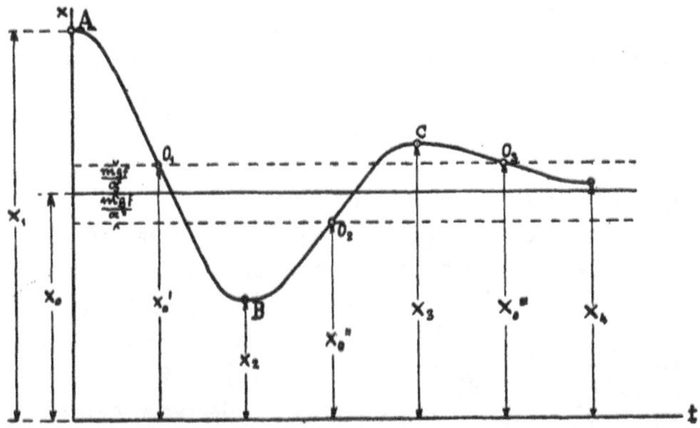

Fig. 90.

Ruhe gelangt, je gröfser der Reibungswiderstand mgf im Vergleich zu α^2 ausfällt. Über den ganzen Verlauf der Erscheinung gibt nun am klarsten die Wegkurve (Fig. 90) Auskunft, die wir auf Grund der vorstehenden Ergebnisse sofort entwerfen können. Dieselbe zerfällt in eine Reihe von einfachen Sinuslinien AO_1B, BO_2C, CO_3D, welche in den Scheiteln A, B, C, D entsprechend den Abständen $x_1\ x_2\ x_3\ x_4$ ineinander übergehen. Die Schwingungsmittelpunkte $O_1\ O_2\ O_3$ liegen abwechselnd auf den Geraden in den Abständen

$$x_0' = x_0''' = x_0 + \frac{mgf}{\alpha^2} \text{ und } x_0'' = x_0 - \frac{mgf}{\alpha^2},$$

worin x_0 der reibungsfreien Ruhelage des Körpers entspricht. Die Bewegung erlischt, sobald eine der äufsersten Schwingungslagen zwischen diese beiden Geraden fällt, im vorliegenden Falle also bei D. Dieser Punkt braucht durchaus nicht auf der Geraden mit der Ordinate x_0 zu liegen, so dafs also — in Übereinstimmung mit der Erfahrung — die Bewegung im allgemeinen nicht in der reibungsfreien Ruhelage des Körpers erlischt. Diese Bemerkung ist besonders wichtig für die Prüfung der Indikatoren durch Gewichtsbelastung, wobei der in Schwingung versetzte Schreibstift des Instrumentes eine der Fig. 90 entsprechende Kurve bei bewegter Papiertrommel aufzeichnet. Die reibungsfreie Ruhelage ergibt sich daraus vermittelst der Ordinaten dreier aufeinanderfolgender äufserster Lagen zu

$$x_0 = \frac{x_0' + x_0''}{2} = \frac{x_1}{2} + x_2 + \frac{x_3}{2}$$

und der Reibungswiderstand bei bekannter Federkonstante α^2 aus

$$\frac{mgf}{\alpha^2} = \frac{x_0' - x_0''}{2} = \frac{x_1 - x_3}{2},$$

so dafs ein derartiger Versuch eine bequeme Ermittelung der Reibungskoëffizienten ermöglicht.

Wesentlich anders gestaltet sich der Verlauf der Schwingungen, wenn wir das ganze System so rasch vorwärts bewegen, dafs der schwingende Körper absolut nur in einer Richtung fortschreitet, so dafs die als Relativbewegung auftretenden Schwingungen lediglich die Gröfse der fortschreitenden Geschwindigkeit modifizieren. Wir denken uns zur Untersuchung dieses Vorganges, bei dem der Reibungswiderstand im Gegensatz zu dem vorstehenden Beispiele seine Richtung nicht ändert, in Fig. 91 zwei Körper

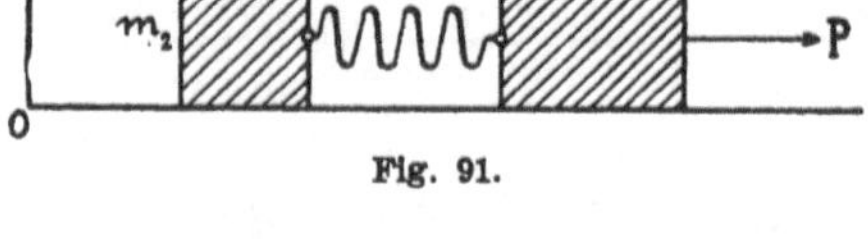

Fig. 91.

von den Massen m_1 und m_2 durch eine Spiralfeder mit vernachlässigbarer Masse verbunden, deren normale, d. h. spannungsfreie Länge x_0 sein möge. Am Körper m_1 greife eine Kraft P an; sein Reibungskoeffizient mit der Unterlage sei f_1; derjenige des zweiten Körpers dagegen f_2. In einem gegebenen Augenblicke sei das mit dem ersten Körper verbundene Ende der Spiralfeder um x_1, das am zweiten befestigte dagegen um x_2 von einem willkürlichen Ausgangspunkte O entfernt. Die momentane Federlänge ist alsdann

$$x = x_0 + \Delta x = x_1 - x_2 \quad . \; . \; . \; . \; . \quad (8)$$

unter Δx ihre augenblickliche Dehnung verstanden, der eine Spannkraft $\alpha^2 \Delta x$ entspricht, welche nach dem Gesetze der Wirkung und Gegenwirkung auf den vorderen Körper als Widerstand, auf den hinteren dagegen als treibende Kraft wirkt. Fassen wir die an jedem Körper in derselben Richtung wirkenden Kräfte zusammen, so erhalten wir als Resultante für den ersten $P - m_1 g f_1 - \alpha^2 \Delta x$, für den zweiten dagegen $\alpha^2 \Delta x - m_2 g f_2$, so dafs wir zwei Bewegungsgleichungen

$$\left.\begin{aligned} P - m_1 g f_1 - \alpha^2 \Delta x &= m_1 \frac{d^2 x_1}{d t^2} \\ - m_2 g f_2 + \alpha^2 \Delta x &= m_2 \frac{d^2 x_2}{d t^2} \end{aligned}\right\} \quad . \; . \; . \; . \quad (9)$$

haben. Durch Addition derselben würde man auf

$$P - g\,(m_1 f_1 + m_2 f_2) = m_1 \frac{d^2 x_1}{d t^2} + m_2 \frac{d^2 x_2}{d t^2} \quad . \; . \quad (10)$$

geführt, eine Formel, welche nichts weiter aussagt, als dafs die Resultante aller äufseren Kräfte, hier die Kraft P und die entgegengesetzt wirkende Reibung, die beiden Massen m_1 und m_2 beschleunigt. Dividiert man dagegen die erste der Formeln (9) mit m_1, die zweite mit m_2 und subtrahiert unter Berücksichtigung von (8), d. h. von

$$\frac{d^2 x_1}{d t^2} - \frac{d^2 x_2}{d t^2} = \frac{d^2 (x_1 - x_2)}{d t^2} = \frac{d^2 \Delta x}{d t^2} \quad . \; . \; . \quad (8a)$$

so ergibt sich

$$\frac{P}{m_1} - g\,(f_1 - f_2) - \alpha^2 \left(\frac{1}{m_1} + \frac{1}{m_2}\right) \Delta x = \frac{d^2 \Delta x}{d t^2} \quad . \quad (11)$$

als Differentialgleichung für die Relativbewegung der Masse m_2 gegen die Masse m_1. Dieselbe gilt, wie ausdrücklich hervorgehoben werden möge, nur unter der Voraussetzung, dafs die absolute Bewegungsrichtung keinen Wechsel erfährt und ist alsdann sofort integrabel, wenn die Kraft P sich nicht ändert. Bemerkenswert ist überdies, dafs bei gleichen Reibungskoeffizienten f_1 und f_2 deren Einflufs auf die Relativbewegung überhaupt verschwindet.

Setzen wir nun abkürzungsweise

$$a^2\left(\frac{1}{m_1}+\frac{1}{m_2}\right)=a^2\,\frac{m_1+m_2}{m_1\,m_2}=k^2 \quad . \quad . \quad . \quad . \quad (12)$$

$$\varDelta x-\frac{P}{m_1\,k^2}+g\,\frac{f_1-f_2}{k^2}=\varDelta x' \quad . \quad . \quad . \quad (13)$$

so geht unsere Gl. (11) in die einfache Schwingungsgleichung

$$\frac{d^2\,\varDelta x'}{d\,t^2}+k^2\,\varDelta x'=0 \quad . \quad . \quad . \quad . \quad . \quad . \quad . \quad (11a)$$

über, deren allgemeines Integral mit zwei willkürlichen Konstanten a und β

$$\varDelta x'=a\sin\left(k\,t+\beta\right)$$

bezw.

$$\varDelta x=\frac{1}{k^2}\left(\frac{P}{m_1}-g\,(f_1-f_2)\right)+a\sin\left(k\,t+\beta\right) \quad . \quad . \quad (14)$$

lautet. Der Mittelpunkt der diesem Ergebnis entsprechenden Schwingung ist gegen die reibungslose Ruhelage um

$$x_0'=\frac{1}{k^2}\left(\frac{P}{m_1}-g\,(f_1-f_2)\right)$$

verschoben, während ihre Dauer

$$t_0=\frac{2\,\pi}{k}=\frac{2\,\pi}{a}\sqrt{\frac{m_1\,m_2}{m_1+m_2}}$$

durch die Massen beider Körper bedingt und von der Reibung nicht beeinflufst wird. Da auch die anfänglich willkürliche Amplitude a im Verlaufe der Bewegung keine Veränderung erfährt, so können die einmal erregten Schwingungen in diesem Falle überhaupt nicht erlöschen.

Um schliefslich die absolute Bewegung der beiden Körper zu erhalten, haben wir nur unser Ergebnis (14) in die Grundgleichungen (9) einzuführen und erhalten so

$$\left.\begin{aligned} \frac{d^2 x_1}{d t^2} &= \frac{P - g\,(f_1 m_1 + f_2 m_2)}{m_1 + m_2} - \frac{\alpha^2 a}{m_1} \sin (k t + \beta) \\ \frac{d^2 x_2}{d t^2} &= \frac{P - g\,(f_1 m_1 + f_2 m_2)}{m_1 + m_2} + \frac{\alpha^2 a}{m_2} \sin (k t + \beta) \end{aligned}\right\} \quad (9\text{a})$$

deren Vereinigung uns wieder auf (10) führen würde. Wir dürfen darum die Gröfse

$$\frac{P - g\,(f_1 m_1 + f_2 m_2)}{m_1 + m_2} = p_0$$

als die **mittlere Beschleunigung** der Bewegung beider Körper bezeichnen. Mit dieser Abkürzung sowie mit Rücksicht auf (12) ergibt die Integration der Formeln (9a)

$$\left.\begin{aligned} x_1 &= b_1 + c_1 t + p_0 \frac{t^2}{2} + \frac{m_2 a}{m_1 + m_2} \sin (k t + \beta) \\ x_2 &= b_2 + c_2 t + p_0 \frac{t^2}{2} - \frac{m_1 a}{m_1 + m_2} \sin (k t + \beta) \end{aligned}\right\} \quad (15)$$

worin die Abstände b und die Geschwindigkeiten c neue Integrationskonstanten bedeuten, deren Werte sich aus den Anfangsbedingungen der Bewegung, d. h. der anfänglichen Lage und Geschwindigkeit beider Massen m_1 und m_2 bestimmen lassen. Die Ordinaten der Wegkurven, welche den Gleichungen (15) entsprechen und von denen eine in Fig. 92 dargestellt ist, kann man sofort in zwei Teile zerlegen, von denen der erste mit den Gliedern $b_1 + c_1 t + \frac{p_0}{2} t^2$ eine Parabel bezeichnet, welche durch die dem zweiten Teile entsprechende Schwingung **gestört** wird. Würden wir von der Reibung gänzlich absehen, so würde nur die mittlere Beschleunigung p_0 eine Änderung erfahren, während der Gesamtcharakter der Bewegung und damit auch die allgemeine Form der Wegkurven dieselben bleiben.

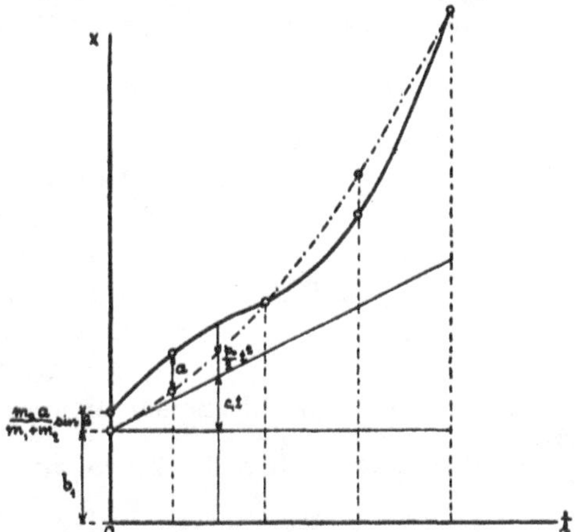

Fig. 92.

Als letztes Beispiel wollen wir noch die **Bewegung des Punktes auf einer horizontalen Kurve** betrachten. Da hier die Normalkraft Q wieder mit dem Gewichte identisch ist, so wird in den beiden ersten Formeln von (2) $\cos\varphi = 0$, $\cos\psi = 0$ wegen $\varphi = 90^0$ und $\psi = 90^0$, und wir haben für diesen Fall

$$\left.\begin{aligned} m\frac{d^2x}{dt^2} &= X - mgf\frac{dx}{ds} \\ m\frac{d^2y}{dt^2} &= Y - mgf\frac{dy}{ds} \end{aligned}\right\} \quad \ldots\ldots \quad (2a)$$

Diese Formeln sind sofort integrabel, wenn die Bewegung auf der Kurve mit gleichförmiger Geschwindigkeit c erfolgt, also $ds = c\,dt$ gesetzt werden kann und aufserdem die beiden Kraftkomponenten X und Y als Funktionen der Koordinaten x und y gegeben sind. Da nun die Bahn im allgemeinen nicht bekannt ist, so wird die Bedingung konstanter Bahngeschwindigkeit praktisch bedeutungslos. In allen anderen Fällen ist dagegen die Integration der Gleichungen (2) nicht durchführbar, so dafs man sich damit begnügen mufs, über den allgemeinen Verlauf des Vorganges Aufschlufs zu erhalten. Wir wollen als Beispiel einen Körper wählen, der in der X-Richtung mit **konstanter Geschwindigkeit** $\frac{dx}{dt} = c$ **an einem federnden Stabe** AB vorwärts bewegt wird (Fig. 93). Lenkt man ihn dann unter Erteilung einer senkrecht hierzu gerichteten Geschwindigkeit seitlich aus, so wird er unter dem Einflufs der Federspannung $Y = -\alpha^2 y$ Schwingungen in der Y-Richtung vollziehen, im ganzen aber eine schlangenförmige Kurve beschreiben. Setzen wir wegen der gleichförmigen Bewegung in der x-Richtung $\frac{d^2x}{dt^2} = 0$ und aufserdem der Kürze halber

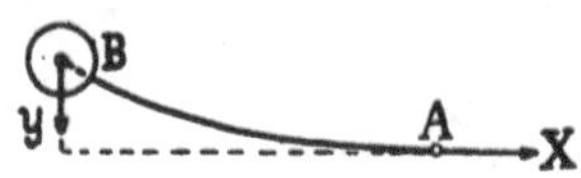

Fig. 93.

$$\frac{dy}{dt} = v_y\,, \qquad \frac{d^2y}{dt^2} = \frac{dv_y}{dt}\,,$$

so erhalten wir zunächst

$$\frac{ds}{dt} = \sqrt{c^2 + v_y^2}$$

also statt (2a)

$$X = m g f \frac{c}{\sqrt{c^2 + v_y^2}} \quad \ldots \ldots \quad (16)$$

$$\frac{d v_y}{d t} + \frac{\alpha^2}{m} y = - g f \cdot \frac{v_y}{\sqrt{c^2 + v_y^2}} \quad \ldots \quad (17)$$

Da die erste dieser Formeln lediglich zur Bestimmung der Kraft zur Fortbewegung in der X-Richtung dient, deren Änderungen vollständig durch v_y gegeben sind, so brauchen wir uns nur noch mit der Gl. (17), aus welcher der Zusammenhang zwischen v_y und y bezw. y und t hervorgeht, zu befassen. Multiplizieren wir dieselbe mit dy, so folgt

$$v_y \, d v_y + \frac{\alpha^2}{m} y \, d y = - g f \frac{v_y \, d y}{\sqrt{c^2 + v_y^2}} \quad . \; . \quad (17a)$$

Hierin ist die linke Seite sofort integrabel, so dafs sich zwischen den Grenzen y und y_1, welchen die Geschwindigkeiten v_y bezw. v_1 entsprechen,

$$\frac{1}{2} (v_y^2 - v_1^2) + \frac{\alpha^2}{2m} (y^2 - y_1^2) = - g f \int_{y_1}^{y} \frac{v_y \, d y}{\sqrt{c^2 + v_y^2}} \quad (18)$$

ergibt. Statt dessen dürfen wir aber auch, unter C eine Konstante verstanden,

$$v_y^2 + \frac{\alpha^2}{m} y^2 = C - 2 g f \int_{t_1}^{t} \frac{v_y^2 \, d t}{\sqrt{c^2 + v_y^2}} \quad . \; . \quad (18a)$$

schreiben. Das auf der rechten Seite stehende Integral stellt in dieser Form eine Summe aus lauter positiven Gröfsen dar, mufs also mit der Zeit stetig wachsen, so dafs die linke Seite stetig abnehmen wird. Gehen wir im besonderen Falle von einer äufsersten Lage y_1 aus, für welche $v_1 = 0$ wird und denken uns die Integration bis zur nächsten Lage y_2 mit $v_2 = 0$ ausgedehnt, so erhalten wir für diese beiden Ausschläge

$$\frac{\alpha^2}{2m} y_2^2 = \frac{\alpha^2}{2m} y_1^2 - g f \int_{t_1}^{t_2} \frac{v_y^2 \, d t}{\sqrt{c^2 + v_y^2}} \quad . \; . \quad (18b)$$

d. h. die Schwingungsausschläge nehmen mit der Zeit stetig ab. Da die Schwingungen offenbar erlöschen, wenn der Ausschlag $y_2 = 0$ geworden ist, so erkennt man, dafs das Integral der rechten Seite sich mit der Zeit dem Grenzwerte

$$\frac{\alpha^2}{2\,m\,g\,f}\,y_1^2 = \int\limits_{t_1}^{\infty} \frac{v_y^2\,d\,t}{\sqrt{c^2 + v_y^2}} \quad . \quad . \quad . \quad . \quad (18\text{c})$$

nähern wird. Bestimmen wir schliefslich noch diejenigen Ausschläge y_0, für welche die Geschwindigkeit v_y Höchstwerte v_0 annimmt und welche somit die einzelnen Schwingungsmittelpunkte darstellen, so ergibt sich aus (17) mit $dv_y : dt = 0$

$$\frac{\alpha^2}{m}\,y_0^2 = -\,g\,f\,\frac{v_0}{\sqrt{c^2 + v_0^2}} \quad . \quad . \quad . \quad . \quad (17\text{b})$$

Daraus folgt, dafs für negative Geschwindigkeiten der Schwingungsmittelpunkt auf der positiven Seite und für positive Geschwindigkeiten auf der negativen Seite der X-Achse um so näher liegt, je kleiner der Absolutwert der Geschwindigkeit v_0 ausfällt. Führen wir noch (17b) in (18a) ein, so erkennen wir eine stetige Abnahme der Geschwindigkeit in den zeitlich aufeinanderfolgenden Schwingungsmittelpunkten in Übereinstimmung mit der Abnahme der Schwingungsausschläge. Da nun die fortschreitende Geschwindigkeit c des Systems in der X-Richtung ein für allemal gegeben war, so wird v_y bald so klein geworden sein, dafs man im Nenner der Gl. (17), das Quadrat $v_y{}^2$ gegen c^2, vernachlässigen darf. Alsdann aber ist der weitere Verlauf der Schwingungen durch die aus (17) hervorgehende Gleichung

$$\frac{d^2\,y}{d\,t^2} + \frac{\alpha^2}{m}\,y + \frac{g\,f}{c}\,\frac{d\,y}{d\,t} = 0 \quad . \quad . \quad . \quad . \quad (17\text{c})$$

bestimmt, auf deren Integration wir später noch eingehend zurückkommen werden. Hier sei nur soviel bemerkt, dafs die Schwingungen zwar immer weiter abnehmen, niemals aber vollständig verschwinden werden. Aus diesem Grunde waren wir berechtigt, als obere Grenze in das Integral (18c) die Zeit $t = \infty$ einzuführen.

Wenn nun auch die vorstehende Diskussion nicht gestattet, die Bewegung in allen Einzelheiten zu verfolgen, uns insbesondere in Bezug auf die Schwingungsdauer im Stiche läfst, so bietet es doch keine Schwierigkeit, die Form der Wegkurve im allgemeinen festzulegen. Erleichtert wird dies durch den Umstand, dafs die Bewegung in der Richtung der X-Achse mit konstanter Geschwindigkeit erfolgt, so dafs wir diese Achse selbst als Zeitachse ansehen und die vom Körper wirklich beschriebene Linie gleichzeitig als Wegkurve für die Schwingungen in der Y-Achse deuten

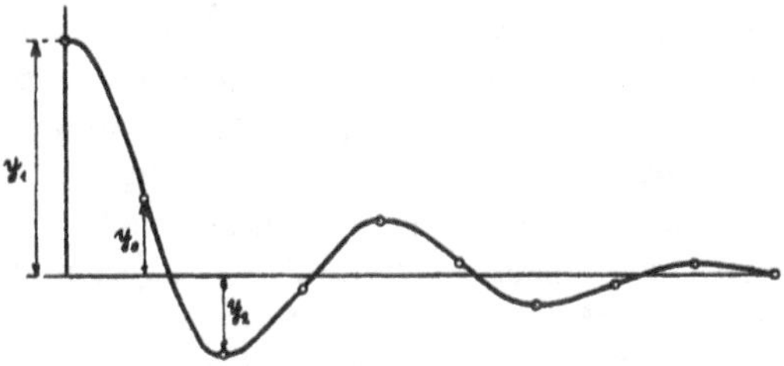

Fig. 94.

dürfen. Wir erhalten auf diese Weise die in Fig. 94 dargestellte Schlangenlinie, welche der Zeitachse immer näher kommt, ohne doch vollständig mit derselben zusammenzufallen. Praktisch werden natürlich die Schwingungen sehr bald erlöschen, da aufser der hier angeführten Reibung sich in Wirklichkeit noch mancherlei Hindernisse geltend machen.

Die ganz allgemein für die Bewegung auf einer horizontalen Ebene gültigen Formeln (2a) lassen übrigens noch einen Schlufs von grofser praktischer Tragweite zu. Besitzt nämlich ein Körper, z. B. der Steuerschieber einer Dampfmaschine, eine Bewegung in der X-Richtung, so genügt zur Verschiebung senkrecht dazu schon eine beliebig kleine Kraft Y, auch wenn zu dem Gewicht mg bezw. an Stelle desselben ein beliebig grofser Dampfdruck tritt. Es liegt dies einfach daran, dafs diese seitliche Bewegung mit einer unendlich kleinen Geschwindigkeit ansetzt, so dafs für den Beginn derselben mit $v_{y'} = 0$ dieBeschleunigung aus

$$m \frac{d^2 y}{d t^2} = Y$$

sich ebenso bestimmt, als wenn gar keine Reibung vorhanden wäre. Daher kommt es, dafs ein schwerer, noch dazu unter Dampfdruck stehender Steuerschieber verhältnismäfsig leicht durch den Regulator seitlich verschoben werden kann.

§ 26. Gleichgewicht und Bewegung auf der schiefen Ebene.

Die Bewegungsgleichungen auf der schiefen Ebene. Die Bedingungen für das Gleichgewicht und die gleichförmige Bewegung. Allgemeine Bewegung eines materiellen Punktes auf der rauhen schiefen Ebene.

Das Problem des Gleichgewichtes und der Bewegung eines materiellen Punktes auf einer schiefen, d. h. gegen den Horizont geneigten Ebene mit Rücksicht auf die Reibung unterscheidet sich nur dadurch von den im vorigen Paragraphen behandelten Fällen, dafs einerseits das Gewicht G des Punktes hier nicht mehr in seiner vollen Gröfse zur Normalbelastung Q hinzutritt, anderseits aber eine konstante, überall gleichgerichtete Kraft in der Ebene selbst wirkt. Ist α der Neigungswinkel der schiefen Ebene gegen den Horizont, so ist die Normalkomponente des Gewichtes $G \cos \alpha$, die in die Ebene selbst fallende Komponente dagegen $G \sin \alpha$, siehe Fig. 95.

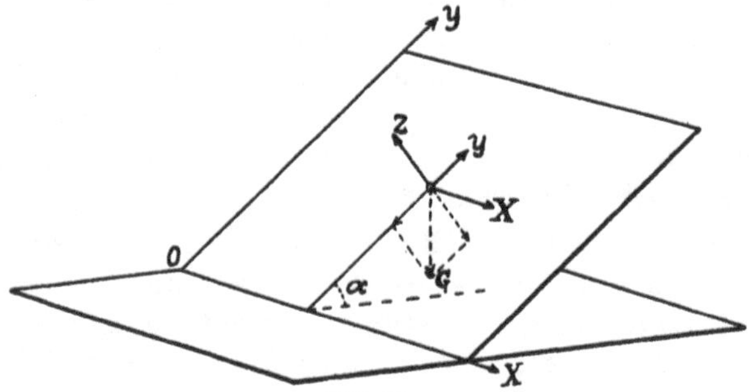

Fig. 95.

Legen wir dann in der schiefen Ebene selbst ein rechtwinkliges System fest, dessen x-Achse mit ihrer Spur auf der Horizontalebene zusammenfällt und lassen dann die Kraft P mit den Komponenten X, Y und Z, wovon Z senkrecht zur schiefen Ebene steht, auf den Punkt einwirken, so lauten die Bewegungsgleichungen

$$\left.\begin{aligned} m\frac{d^2 x}{d t^2} &= X + (Z - G\cos\alpha) f \frac{d x}{d s} \\ m\frac{d^2 y}{d t^2} &= Y - G\sin\alpha + (Z - G\cos\alpha) f \frac{d y}{d s} \end{aligned}\right\} \quad . \quad . \quad (1)$$

Wir hätten dieselben auch aus den beiden ersten Formeln (2) des vorigen Paragraphen dadurch herleiten können, dafs wir dort wegen der normalen Stellung der Komponente $G \cos \alpha - Z$ auf X und Y die Richtungswinkel $\varphi = 90$, $\psi = 90$, also $\cos \varphi = 0$, $\cos \psi = 0$ setzten und von Y noch die abwärts gerichtete Komponente des Gewichtes $G \sin \alpha$ abzogen. Die dritte Gleichung (2) des vorigen Paragraphen wird, da keine Bewegung in der Z-Richtung eintreten soll, durch

$$Q = G \cos \alpha - Z \quad . \quad . \quad . \quad . \quad . \quad . \quad (2)$$

ersetzt.

Der Punkt soll sich nun zunächst mit gleichförmiger Geschwindigkeit auf der schiefen Ebene bewegen. Die Bewegungsrichtung bilde mit der X-Achse den Winkel τ; dann ist

$$\frac{d^2 x}{d t^2} = 0, \quad \frac{d^2 y}{d t^2} = 0, \quad \frac{dx}{ds} = \cos \tau, \quad \frac{dy}{ds} = \sin \tau \quad (3)$$

und wir erhalten aus (1) für die Komponenten der treibenden Kraft

$$\left. \begin{array}{l} X = (G \cos \alpha - Z) f \cos \tau \\ Y = (G \cos \alpha - Z) f \sin \tau + G \sin \alpha \end{array} \right\} \quad . \quad . \quad (1\text{a})$$

Eliminiert man daraus den Winkel τ, so ergibt sich als Bedingung für die Möglichkeit einer gleichförmigen Bewegung auf der schiefen Ebene in beliebiger Richtung die Beziehung zwischen den Komponenten X, Y, Z der treibenden Kraft

$$X^2 + (Y - G \sin \alpha)^2 = (G \cos \alpha - Z)^2 f^2 \quad . \quad . \quad (4)$$

Der Punkt bleibt schließlich in Ruhe, bezw. die Bewegung erlischt, wenn

$$X^2 + (Y - G \sin \alpha)^2 < (G \cos \alpha - Z)^2 f^2 \quad . \quad . \quad (4\text{a})$$

wird. Diese Ungleichung stellt demnach die allgemeinste Bedingung für das Gleichgewicht auf der schiefen Ebene dar, sofern der Punkt sich auf derselben unter dem Einflusse auf ihn wirkender Kräfte überhaupt frei bewegen kann. Sind keine äußeren Kräfte vorhanden, so verschwinden X, Y, Z, und es ist, da infolgedessen in (1a) auch $\cos \tau = 0$, $\tau = 90$ sein muß, nur noch eine gleichförmige Bewegung in der Y-Richtung, d. h. in der Richtung des größten Gefälles möglich, welche nach der zweiten Gleichung (1a) an die Bedingung

$$- G \sin \alpha = G f \cos \alpha$$

oder

$$- \operatorname{tg} \alpha = f = \operatorname{tg} \varrho$$

geknüpft ist, worin ϱ den Reibungswinkel bedeutet (siehe oben § 24). Das Verschwinden von $\cos \tau$ tritt aber schon ein, wenn nur $X = 0$ wird, so dafs wir für die **gleichförmige Bewegung in der Richtung** des gröfsten Gefälles an Stelle von (4) erhalten

$$Y - G \sin \alpha = \pm (G \cos \alpha - Z) f \quad . \quad . \quad . \quad . \quad (4b)$$

Führen wir den Reibungswinkel ϱ ein und ersetzen aufserdem in Fig. 96 die beiden Komponenten Y und Z der Kraft P mit Hilfe des Winkels β derselben gegen die schiefe Ebene durch ihre Werte

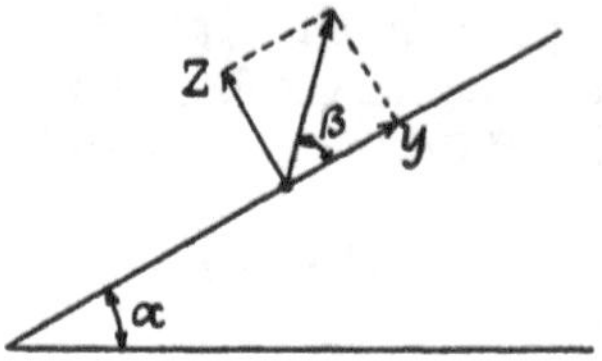

Fig. 96.

$$Y = P \cos \beta , \qquad Z = P \sin \beta ,$$

so wird aus (4b)

$$P \cos \beta - G \sin \alpha = \pm (G \cos \alpha - P \sin \beta) \operatorname{tg} \varrho \quad . \quad . \quad (4c)$$

Daraus folgt aber der Wert derjenigen Kraft P, welche den Punkt gerade noch in gleichförmiger Aufwärtsbewegung zu erhalten bezw. im Ruhezustande am Abwärtsgleiten zu verhindern imstande ist, zu

$$P_1 = G \frac{\sin (\alpha + \varrho)}{\cos (\beta - \varrho)} = G \frac{\sin \alpha + f \cos \alpha}{\cos \beta + f \sin \beta} .$$

Für diejenige Kraft dagegen, welche gerade noch eine gleichförmige Abwärtsbewegung aufrecht erhalten könnte, folgt mit dem anderen Vorzeichen von f

$$P_2 = G \frac{\sin (\alpha - \varrho)}{\cos (\beta + \varrho)} = G \frac{\sin \alpha - f \cos \alpha}{\cos \beta - f \sin \beta}$$

oder allgemein für die Gleichgewichtslage unter dem Einflusse einer Kraft P mit dem Winkel β

$$P_1 > P > P_2 .$$

Für $f = \operatorname{tg} \varrho = \operatorname{tg} \alpha$, d. h. $\alpha = \varrho$ verschwindet P_2, während für $\cos (\beta - \varrho) = 1$, also $\beta = \varrho$, die Kraft P_1 zu einem Minimum wird, d. h. **die geringste zur gleichförmigen Aufwärtsbewegung nötige Kraft ist unter dem Reibungswinkel gegen die schiefe Ebene geneigt.**

Wird schliefslich $\cos (\beta - \varrho) = 0$, so wird $P_1 = \infty$, d. h. der Punkt kann durch keine, noch so grofse Kraft aufwärts bewegt werden. Der Winkel β für diesen Fall ergibt sich, da $\beta = \varrho + \frac{\pi}{2}$

selbstverständlich keine Aufwärtsbewegung zur Folge haben kann, zu $\beta = \varrho + \frac{3\pi}{2}$.

Wir gehen nun zur Untersuchung der freien Bewegung eines materiellen Punktes auf der schiefen Ebene über und zwar unter der Voraussetzung, daſs keine äuſseren Kräfte auſser der Schwere auf denselben einwirken. Alsdann verschwinden in unseren Formeln (1) die Komponenten X, Y, Z und es bleibt, wenn wir noch das Gewicht $G = mg$ setzen und die Masse beidseitig wegheben,

$$\left.\begin{aligned} \frac{d^2x}{dt^2} &= -gf\frac{dx}{ds}\cos\alpha \\ \frac{d^2y}{dt^2} &= -gf\frac{dy}{ds}\cos\alpha - g\sin\alpha \end{aligned}\right\} \quad . \; . \; . \quad (5)$$

Multiplizieren wir diese Gleichungen mit dx bezw. dy und addieren, so folgt mit $ds : dt = v$ und $dx^2 + dy^2 = ds^2$

$$v\,dv = -gf\,ds\cos\alpha - g\,dy\sin\alpha \quad . \; . \; . \; . \quad (6)$$

Die Bewegung wird demnach gleichförmig verlaufen, wenn

$$dy = -\frac{f}{\operatorname{tg}\alpha}\,ds \quad . \; . \; . \; . \; . \; . \; . \quad (6a)$$

Da nun der Weg s nur zunehmen kann, so muſs y stetig abnehmen, d. h. ohne Einwirkung äuſserer Kräfte ist nur eine geradlinig abwärts gerichtete gleichförmige Bewegung auf der schiefen Ebene möglich. Mit Rücksicht auf Gl. (3) haben wir aber auch für den Neigungswinkel τ der Bewegungsrichtung gegen die Horizontalspur

$$\sin\tau = -\frac{f}{\operatorname{tg}\alpha} = -\frac{\operatorname{tg}\varrho}{\operatorname{tg}\alpha} \quad . \; . \; . \; . \; . \quad (6b)$$

eine Gleichung, welche für $f = \operatorname{tg}\varrho > \operatorname{tg}\alpha$ ihren Sinn verliert, da $\sin\tau$ absolut niemals gröſser als 1 werden kann. Eine gleichförmige Bewegung kann demnach nur stattfinden, wenn die Neigung der schiefen Ebene gröſser als der Reibungswinkel ist.

Die Gl. (6) ist nun allgemein integrabel und gestattet uns somit die Verfolgung einer beliebigen Bewegung des materiellen Punktes auf der schiefen Ebene, wenn auſser der Schwere und dem Reibungswiderstande keine weiteren Kräfte vorhanden sind[1]). Bedeutet v_0 die Anfangsgeschwindigkeit im Punkte $x = 0$, $y = 0$, dem $s = 0$ entspricht, so ergibt die Integration sofort

$$v^2 = v_0^2 - 2\,g\,(y \sin\alpha + f\,s \cos\alpha) \quad \ldots \quad (7)$$

deren weitere Behandlung indessen erst auf Grund einer weiteren Beziehung zwischen den Koordinaten und der Geschwindigkeit möglich ist. Zu derselben gelangen wir nun sofort durch Elimination der Reibungsglieder aus (5), nämlich

$$\frac{dy\,d^2x - dx\,d^2y}{dt^2} = g\,dx \sin\alpha \quad \ldots \quad (8)$$

Nun folgt aber aus der Definition des Tangentenwinkels τ der Bahn mit der als X-Achse gewählten Spur der schiefen Ebene

$$\operatorname{tg}\tau = \frac{dy}{dx} \text{ oder } dx \operatorname{tg}\tau = dy$$

durch Differentiation

$$d^2x \operatorname{tg}\tau + \frac{d\tau}{\cos^2\tau}\,dx = d^2y$$

und wegen

$$dx = ds\cos\tau, \qquad dy = ds\sin\tau$$

$$dy\,d^2x - dx\,d^2y = -\,d\tau\,ds^2$$

oder da

$$d\tau = \frac{d^2y}{dx^2}\cos^2\tau\,dx = \frac{d^2y}{dx^2}\,\frac{dx}{1 + \left(\frac{dy}{dx}\right)^2},$$

$$dy\,d^2x - dx\,d^2y = -\frac{d^2y}{dx^2}\,\frac{dx\,ds^2}{1 + \left(\frac{dy}{dx}\right)^2}$$

Führen wir diesen Wert in (8) ein und setzen noch abkürzungshalber

$$\frac{dy}{dx} = y', \qquad \frac{d^2y}{dx^2} = y''.$$

so ergibt sich

$$\left(\frac{ds}{dt}\right)^2 = v^2 = -\,g\sin\alpha\,\frac{1 + y'^2}{y''} \quad \ldots \quad (8a)$$

---

[1]) Siehe Jellet, Theorie der Reibung, deutsch von Lüroth und Schepp, Leipzig 1890.

Wir hätten natürlich in diese Entwicklung auch den Krümmungsradius wie früher in § 9 einführen können; indessen empfiehlt es sich davon abzusehen, da wir den Krümmungsradius doch wieder durch den ersten und zweiten Differentialquotienten ausdrücken müssen, um zu weiteren Ergebnissen zu gelangen. Wir eliminieren nunmehr die Geschwindigkeit v aus den Formeln (7) und (8a) und gelangen so zu

$$v_0^2 - 2\,g\,(y \sin \alpha + f\,s \cos \alpha) = -\,g \sin \alpha \,\frac{1 + y'^2}{y''} \qquad (7\,\text{a})$$

durch deren weitere Differentiation wir unter Einführung von

$$d\,s = \sqrt{d\,x^2 + d\,y^2} \quad \text{und} \quad \frac{d^3\,y}{d\,x^3} = y'''$$

$$-\,\frac{2\,f}{\operatorname{tg}\alpha}\,y''^2 = y'''\sqrt{1 + y'^2} \quad . \quad . \quad . \quad . \quad . \quad . \qquad (9)$$

erhalten. Mit

$$-\,\frac{2\,f}{\operatorname{tg}\alpha} = \mu \quad . \quad . \quad . \quad . \quad . \quad . \quad . \quad . \qquad (10)$$

und

$$d\,y' = y''\,d\,x\,, \quad d\,y'' = y'''\,d\,x, \quad \text{also} \quad y''' = y''\,\frac{d\,y''}{d\,y'},$$

folgt aber aus (9)

$$\frac{\mu\,d\,y'}{\sqrt{1 + y'^2}} = \frac{d\,y''}{y''} \quad . \quad . \quad . \quad . \quad . \quad . \quad . \qquad (9\,\text{a})$$

sowie nach Ausführung der Integration unter Zusatz einer willkürlichen Konstanten a

$$y'' = \frac{d\,y'}{d\,x} = a\left(y' + \sqrt{1 + y'^2}\right)^{\mu} = a\,z^{\mu} \quad . \quad . \qquad (11)$$

worin $z = y' + \sqrt{1 + y'^2}$ eine neue Veränderliche bedeutet, welche den ersten Differentialquotienten y' durch

$$y' = \frac{1}{2}\left(z - \frac{1}{z}\right) = \frac{z}{2}\left(1 - \frac{1}{z^2}\right) \quad . \quad . \quad . \quad . \qquad (12)$$

bestimmt und auf

$$y'' = \frac{d\,y'}{d\,x} = \frac{d\,y'}{d\,z} \cdot \frac{d\,z}{d\,x} = \frac{1}{2}\left(1 + \frac{1}{z^2}\right)\frac{d\,z}{d\,x} \quad . \quad . \qquad (12\,\text{a})$$

führt. Durch Verbindung von (12a) mit (11) folgt aber

$$\left.\begin{aligned} dx &= \frac{z^{-\mu}}{2a}\left(1+\frac{1}{z^2}\right)dz \\ dy = y'\,dx &= \frac{z^{1-\mu}}{4a}\left(1-\frac{1}{z^4}\right)dz \end{aligned}\right\} \quad . \quad . \quad . \quad (13)$$

und daraus durch Integration die Gleichungen für die Bahnkoordinaten

$$\left.\begin{aligned} 2\,a x &= b + \frac{1}{z^{\mu}}\left(\frac{z}{1-\mu} - \frac{1}{1+\mu}\,\frac{1}{z}\right) \\ 4\,a y &= c + \frac{1}{z^{\mu}}\left(\frac{z^2}{2-\mu} + \frac{1}{2+\mu}\,\frac{1}{z^2}\right) \end{aligned}\right\} \quad . \quad . \quad . \quad (14)$$

Die beiden neuen Konstanten b und c sind leicht zu deuten. Sind nämlich x_1 und y_1 die Koordinaten des höchsten Punktes der Bahnkurve bezw. der rückwärtigen Verlängerung derselben, so ist hierfür $y' = \operatorname{tg} \tau = 0$, also $z = 1$, und man hat aus (14)

$$\left.\begin{aligned} b &= 2\left(a x_1 - \frac{\mu}{1-\mu^2}\right) \\ c &= 4\left(a y_1 - \frac{1}{4-\mu^2}\right) \end{aligned}\right\} \quad . \quad . \quad . \quad . \quad . \quad (15)$$

Aus diesen Formeln geht schon hervor, dafs der Verlauf der Bewegung wesentlich durch den Wert von μ bedingt ist, sowie, dafs die Werte $\mu = \pm 1$ und $\mu = \pm 2$ besonders ausgezeichnet sind. Für $\mu > 2$ d. h. $\operatorname{tg} \alpha < f$ nähern sich in der Tat die Koordinaten x und y Grenzwerten, welche sie mit $z = \pm \infty$, d. h. $y' = \operatorname{tg} \tau = \pm \infty$ erreichen. Dieselben sind bestimmt durch

$$\left.\begin{aligned} x_2 &= \frac{b}{2a} = x_1 - \frac{\mu}{1-\mu^2}\,\frac{1}{a} \\ y_2 &= \frac{c}{4a} = y_1 - \frac{1}{4-\mu^2}\,\frac{1}{a} \end{aligned}\right\} \quad . \quad . \quad . \quad . \quad (16)$$

und geben den Endpunkt der Bewegung an, in welchem die Kurve eine der y-Achse parallele Tangente besitzt (Fig. 97).

Für $1 < \mu < 2$ erreicht nur x den Grenzwert x_2 mit $z = \infty$, während y bis ins Unendliche weiter abnimmt, so dafs die Kurve für diesen Fall eine Asymptote parallel der y-Achse besitzt (Fig. 98). Der Punkt gelangt alsdann — eine unendliche Ausdehnung der schiefen Ebene nach unten vorausgesetzt — überhaupt nicht zur Ruhe.

Für $\mu < 1$ nimmt sowohl x wie auch y unbegrenzt mit z ab, so daſs bei dieser steilen Lage der schiefen Ebene auch keine Asymptote mehr existiert. Einen Grenzfall bildet hier der Wert $\mu = 0$, d. h. $\operatorname{tg} \alpha = \infty$ oder die vertikale Stellung der Ebene. Die Gl. (14) gehen damit über in

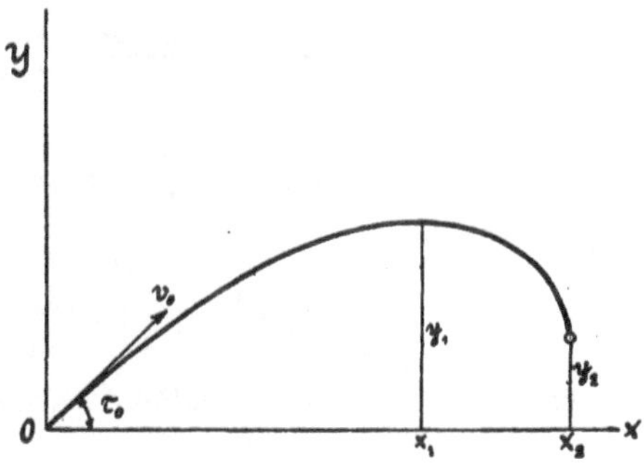

Fig. 97.

$$\left.\begin{aligned} 2\,a x &= b + \left(z - \frac{1}{z}\right) \\ 4\,a y &= c + \left(z^2 + \frac{1}{z^2}\right) \end{aligned}\right\} (14a)$$

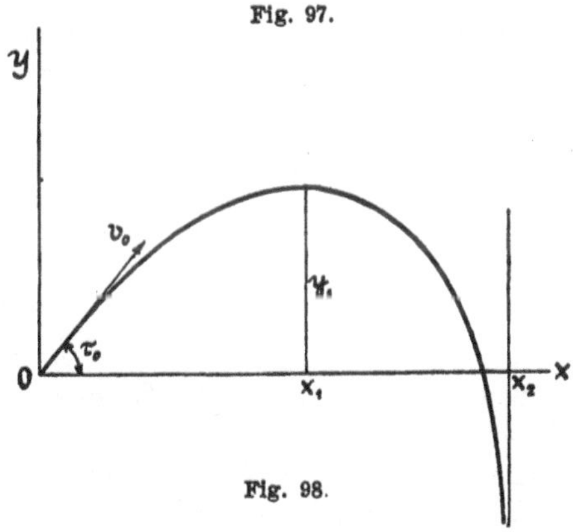

Fig. 98.

aus denen nach Elimination von z die Gleichung der Wurfparabel hervorgeht.

Dieselbe lautet hier, da für $x = 0$, auch $y = 0$ sein muſs,

$$y = (a x^2 - b x)$$

Für die Bahngeschwindigkeit erhalten wir eine sehr übersichtliche Formel durch Verbindung von Gl. (8a) mit (11), nämlich

$$v^2 = -\frac{g \sin \alpha}{a} \frac{1 + y'^2}{(y' + \sqrt{1 + y'^2})^\mu}.$$

Setzen wir hierin

$$y' = \operatorname{tg} \tau\,, \qquad 1 + y'^2 = 1 + \operatorname{tg}^2 \tau = \frac{1}{\cos^2 \tau}.$$

so geht dieselbe über in

$$v^2 = -\frac{g \sin \alpha}{a} \frac{(\cos \tau)^{\mu - 2}}{(\sin \tau + 1)^\mu} \quad . \; . \; . \; . \; . \; (17)$$

Bedeutet nun τ_0 den anfänglichen Elevationswinkel, so ist die Anfangsgeschwindigkeit

$$v_0^2 = -\frac{g \sin \alpha}{a} \frac{(\cos \tau_0)^{\mu - 2}}{(\sin \tau_0 + 1)^\mu} \quad . \quad . \quad . \quad . \quad (17\text{a})$$

wodurch sich die bisher noch nicht definierte Konstante a bestimmt. Durch Verbindung der beiden Formeln (17) und (17a) folgt aber auch

$$v^2 = v_0^2 \left(\frac{\cos \tau}{\cos \tau_0}\right)^{\mu - 2} \left(\frac{\sin \tau_0 + 1}{\sin \tau + 1}\right)^\mu \quad . \quad . \quad . \quad (17\text{b})$$

Unter Einführung der beiden Geschwindigkeitskomponenten

$$v_x = v \cos \tau\,, \qquad v_y = v \sin \tau$$

sowie der Geschwindigkeit v_1 im höchsten Punkte entsprechend $\tau = 0$

$$v_1^2 = -\frac{g \sin \alpha}{a} \quad . \quad . \quad . \quad . \quad . \quad . \quad . \quad (17\text{c})$$

dürfen wir schließlich schreiben

$$(v_y + v)^\mu = v_1^2 \, v_x^{\mu - 2} \quad . \quad . \quad . \quad . \quad . \quad . \quad (18)$$

Für $\mu = 2$, d. h. $\operatorname{tg} \alpha = f$, folgt dann hieraus

$$v_y + v = v_1 = \text{konst.}$$

d. h. **die algebraische Summe der absoluten und der Vertikalgeschwindigkeit auf einer schiefen Ebene, deren Neigung mit dem Reibungswinkel übereinstimmt, ist konstant.** Ebenso ergibt sich für $\mu = 0$, d. h. für die vertikale Stellung der Ebene $v_x = v_1$ d. h. konstante Horizontalgeschwindigkeit in Übereinstimmung mit unserer früheren Behandlung des freien Wurfes.

Differentiieren wir schließlich die Gl. (17b) nach τ, so erhalten wir als Bedingung für ausgezeichnete Werte von v

$$2 \sin^2 \tau + (2 - \mu) \sin \tau = \mu$$

mit den beiden Wurzeln

$$\sin \tau_1 = -1\,, \qquad \sin \tau_2 = \frac{\mu}{2} = -\frac{f}{\operatorname{tg} \alpha} \quad . \quad . \quad (19)$$

von denen die erste der Endgeschwindigkeit parallel der Y-Achse, die zweite dagegen dem **Übergange von einer verzögerten in eine beschleunigte Bewegung** entspricht. Man erkennt, daß dieser Übergang nur für Werte $\mu < 2$, d. h. für größere Neigungen der Ebene als der Reibungswinkel beträgt, eintreten kann.

§ 27. Die Relativbewegung mit Reibungswiderstand.

Einführung der Reibungsverzögerung, Zusammenhang derselben mit der Zwangsbeschleunigung. Näherungsformel von Poncelet. Allgemeine Gleichungen für eine rotierende Zwangsbahn; Spezialfall einer kreisförmigen und einer geradlinigen Rinne.

Da der Reibungswiderstand seinen Sitz in der Berührungsfläche der aufeinander gleitenden Körper hat, so wirkt er im Falle, daſs beide Körper sich in Bewegung befinden, im entgegengesetzten Sinne der Relativbewegung, während seine Gröſse wieder der auf der Berührungsfläche senkrechten Kraftkomponente proportional ist. Wenn es nun auch keine Schwierigkeiten bietet, die allgemeinen Formeln für die Relativbewegung unter dem Einflusse der Reibung aufzustellen, so wollen wir doch angesichts der geringen praktischen Bedeutung der Probleme darauf verzichten und uns mit der Erörterung einiger besonderer Fälle an dieser Stelle begnügen.

In der Technik handelt es sich, wie wir schon mehrfach erkannten, fast immer um die Bewegung von Körpern längs gegebener ebener Kurven, welche ihrerseits in Bewegung begriffen sein können. Wir wollen darum hier zunächst den Fall einer Relativbewegung längs einer in ihrer horizontal gedachten Ebene rotierenden Zwangsbahn betrachten, von einer fortschreitenden Bewegung des Systems also absehen. Die Drehachse ist demnach vertikal. Das Problem selbst ist offenbar eine Verallgemeinerung der in § 19 auf Grund der Formeln (12) behandelten Aufgabe. Behalten wir die dort gebrauchten Bezeichnungen bei, d. h.

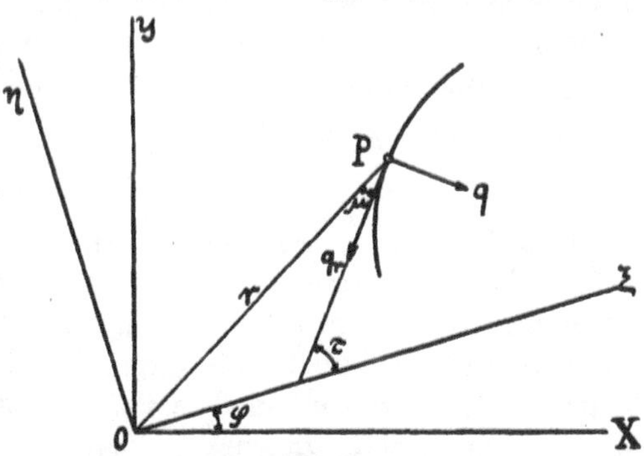

Fig. 99.

die Koordinaten ξ und η für das rotierende System, ω für die Winkelgeschwindigkeit desselben, τ für den Neigungswinkel der Tangente an die Zwangsbahn mit der ξ-Achse, so erhalten wir unter Einführung der Reibungsverzögerung q_r, welche in die Tangentenrichtung fällt, also senkrecht zur Zwangsbeschleunigung steht, siehe Fig. 99, die Gleichungen

$$\left.\begin{aligned}\left(\frac{dv_\xi}{dt}\right) + q \sin\tau - q_r \cos\tau &= \frac{d^2\xi}{dt^2} - \eta\frac{d\omega}{dt} - \xi\omega^2 - 2\omega\frac{d\eta}{dt}\\ \left(\frac{dv_\eta}{dt}\right) - q\cos\tau - q_r\sin\tau &= \frac{d^2\eta}{dt^2} + \xi\frac{d\omega}{dt} - \eta\omega^2 + 2\omega\frac{d\xi}{dt}\end{aligned}\right\} \quad (1)$$

Die weitere Verwendung derselben setzt nun die Kenntnis der Gröfse q_r voraus, welche offenbar dem auf die Kurve ausgeübten und mit der Reaktion derselben gleichen Drucke proportional sein wird. Hierbei sind nun zwei wichtige Fälle zu unterscheiden. Denken wir uns nämlich die Zwangsbahn in Form einer horizontalen Rinne, deren Querschnitt eine stetig

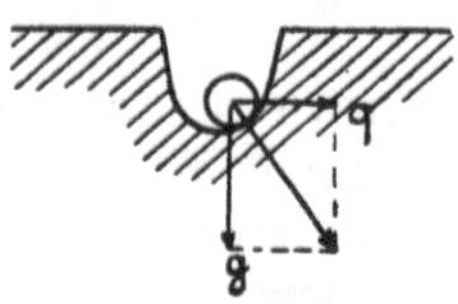

Fig. 100.

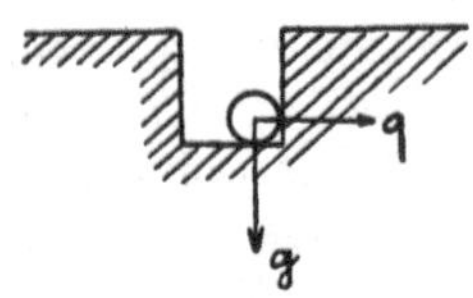

Fig. 101.

gekrümmte Begrenzungslinie hat (Fig. 100), so wird sich die Beschleunigung der Schwere g mit der Zwangsbeschleunigung q zu einer resultierenden Beschleunigung $\sqrt{g^2 + q^2}$ vereinigen, so dafs mit dem Reibungskoeffizienten

$$q_r = f\sqrt{g^2 + q^2} \quad \ldots \ldots \quad (2)$$

wird. Führt man diesen Wert in die Gl. (1) ein, so erkennt man sofort, dafs die Elimination von q auf recht verwickelte und ohne besondere Annahmen schwerlich integrabele Formeln führen wird. Es steht indessen nichts im Wege, der Rinne einen rechteckigen Querschnitt zu geben, so dafs der materielle Punkt m während der Bewegung stets gleichzeitig den Boden und eine Seitenwand berühren mufs (Fig. 101). Alsdann ist die Reibung am Boden einfach proportional dem Gewichte, diejenige an der Seitenwand dagegen proportional der Zwangsbeschleunigung, so dafs wir, für beide besondere Reibungskoeffizienten vorausgesetzt, durch Superposition

$$q_r = f_1\, g + f_2\, q \quad \ldots \ldots \quad (3)$$

erhalten. Da man nun den Ausdruck (2) mit Hilfe eines von Poncelet angegebenen Satzes[1]) stets angenähert auf die Form (3)

---

[1]) Poncelet setzt unter α und β zwei noch zu bestimmende Zahlen verstanden

$$\sqrt{x^2 + y^2} = \alpha x + \beta y.$$

Der relative Fehler bei dieser Annahme

$$z = \frac{\alpha x + \beta y - \sqrt{x^2 + y^2}}{\sqrt{x^2 + y^2}} = \frac{\alpha x + \beta y}{\sqrt{x^2 + y^2}} - 1$$

oder mit $\frac{x}{y} = u$

$$z = \frac{\alpha u + \beta}{\sqrt{u^2 + 1}} - 1$$

wird nun zu einem Maximum für $u = \frac{\alpha}{\beta}$. Sein Wert ist alsdann

$$z_1 = \sqrt{\alpha^2 + \beta^2} - 1.$$

Für $u = 1$, d. h. $x = y$ erhält man den Fehler

$$z_2 = \frac{\alpha + \beta}{\sqrt{2}} - 1$$

und für $u = \infty$, d. h. $y = 0$ oder $x = \infty$

$$z_3 = \alpha - 1.$$

Damit nun der Fehler im ganzen Gebiete von $u = 1$ bis $u = \infty$ so klein wie möglich sei, verlangt Poncelet, daſs gleichzeitig

$$z_2 = z_3$$
$$z_1 + z_2 = z_1 + z_3 = 0.$$

Dies führt aber auf zwei Gleichungen für α und β, nämlich

$$\beta = \alpha\left(\sqrt{2} - 1\right)$$
$$\beta^2 = 4 - 4\alpha,$$

aus denen man

$$\alpha = 0{,}961 \text{ und } \beta = 0{,}398$$

erhält. Man hat somit angenähert

$$\sqrt{x^2 + y^2} = 0{,}961\, x + 0{,}398\, y$$

mit einem gröſsten relativen Fehler (für $\frac{x}{y} = u = \frac{\alpha}{\beta} = 2{,}41$) von

$$z_m = 1{,}04 - 1 = 0{,}04.$$

Die Annäherung ist also zulässig, so lange man Ungenauigkeiten bis zu 4 %, wie im Falle der Einführung von Reibungskoeffizienten ohnehin nicht vermeiden kann.

bringen kann, so steht der allgemeinen Verwendung der letzteren für praktische Zwecke nichts entgegen. Man hat nur zu beachten, dafs in derselben die Gröfse q das entgegengesetzte Vorzeichen der ebenso bezeichneten Zwangsbeschleunigung, welche die Rinnenwand auf den Körper ausübt, besitzt, so dafs wir, um nicht in Gl. (3) immer nur den Absolutwert von q einführen zu müssen,

$$q_r = f_1 g - f_2 q \quad . \; . \; . \; . \; . \; . \; . \; . \quad (3a)$$

setzen wollen, wobei nunmehr unter q die Zwangsbeschleunigung selbst zu verstehen ist. Alsdann erhalten wir, wenn wir noch voraussetzen, dafs einerseits die Rotation gleichförmig verlaufen, anderseits aber keine treibenden Kräfte, d. h. keine wahren Beschleunigungen auftreten sollen, mit

$$\frac{d\omega}{dt} = 0, \qquad \left(\frac{dv_\xi}{dt}\right) = 0, \qquad \left(\frac{dv_\eta}{dt}\right) = 0$$

aus (1) und (3a)

$$\left.\begin{aligned} q(\sin\tau + f_2\cos\tau) - gf_1\cos\tau &= \frac{d^2\xi}{dt^2} - \xi\omega^2 - 2\omega\frac{d\eta}{dt} \\ -q(\cos\tau - f_2\sin\tau) - gf_1\sin\tau &= \frac{d^2\eta}{dt^2} - \eta\omega^2 + 2\omega\frac{d\xi}{dt} \end{aligned}\right\} \quad (1a)$$

Multiplizieren wir die erste dieser Formeln mit $\cos\tau - f_2\sin\tau$, die zweite mit $\sin\tau + f_2\cos\tau$ und addieren, so ergibt sich unter Wegfall von q

$$\begin{aligned} -gf_1 = \frac{d^2\xi}{dt^2}\cos\tau + \frac{d^2\eta}{dt^2}\sin\tau - \omega^2(\xi\cos\tau + \eta\sin\tau) \\ -2\omega\left(\frac{d\eta}{dt}\cos\tau - \frac{d\xi}{dt}\sin\tau\right) \\ -f_2\left(\frac{d^2\xi}{dt^2}\sin\tau - \frac{d^2\eta}{dt^2}\cos\tau\right) + \omega^2 f_2(\xi\sin\tau - \eta\cos\tau) \\ +2\omega f_2\left(\frac{d\eta}{dt}\sin\tau + \frac{d\xi}{dt}\cos\tau\right). \end{aligned}$$

Führen wir nunmehr das Element $d\sigma$ der Zwangsbahn durch

$$\cos\tau = \frac{d\xi}{d\sigma}, \qquad \sin\tau = \frac{d\eta}{d\sigma}, \qquad d\xi^2 + d\eta^2 = d\sigma^2,$$

den Krümmungsradius ϱ der Bahn (nicht zu verwechseln mit dem früher ebenso bezeichneten Reibungswinkel) und die Relativgeschwindigkeit $\frac{d\sigma}{dt} = v$ ein, welche miteinander durch

$$\frac{d^2\xi}{dt^2}\sin\tau - \frac{d^2\eta}{dt^2}\cos\tau = -\frac{v^2}{\varrho}$$

verknüpft sind und schliefslich den Radius-Vektor $OP = r = \sqrt{\xi^2 + \eta^2}$ mit seinem Winkel μ gegen das Bahnelement, der sich (siehe § 19) aus

$$r\,d\sigma \sin\mu = \xi\,d\eta - \eta\,d\xi$$

bestimmt, so vereinfacht sich unsere Formel in

$$-gf_1 = \left(\frac{dv}{dt} - \omega^2 r\frac{dr}{d\sigma}\right) + f_2\left(\frac{v^2}{\varrho} + \omega^2 r\sin\mu + 2\omega v\right) \quad . \quad (4)$$

Ganz ebenso erhalten wir nach Multiplikation der ersten Gl. (1a) mit $\sin\tau + f_2\cos\tau$, der zweiten mit $\cos\tau - f_2\sin\tau$ und Subtraktion

$$q\,(1 + f_2^2) - gf_1f_2 - f_2\left(\frac{dv}{dt} - \omega^2 r\frac{dr}{d\sigma}\right)$$
$$-\left(\frac{v^2}{\varrho} + \omega^2 r\sin\mu + 2\omega v\right) \quad . \; . \; . \; . \; . \quad (5)$$

Eliminiert man aus diesen beiden Formeln die Gröfse $\frac{dv}{dt} - \omega^2 r\frac{dr}{d\sigma}$, so ergibt sich

$$q = -\frac{v^2}{\varrho} - \omega^2 r\sin\mu - 2\omega v \quad . \; . \; . \; . \; . \quad (6)$$

wie früher Gl. (15) § 19. Man erkennt also, dafs die Reibung auf die Zwangsbeschleunigung keinen Einflufs ausübt.

Wir wählen nun als erstes Beispiel eine kreisförmige Rinne vom Radius r mit dem Rotationszentrum als Mittelpunkt. Alsdann ist $\varrho = r$, $dr = 0$ und $\mu = 90$, womit (4) und (6) übergehen in

$$-gf_1 = \frac{dv}{dt} + f_2\frac{(v + r\omega)^2}{r} \quad . \; . \; . \; . \; . \quad (4a)$$

$$q = -\frac{(v + r\omega)^2}{r} \quad . \; . \; . \; . \; . \; . \; . \quad (6a)$$

Hierin ist aber

$$v + r\omega = v' \quad . \; . \; . \; . \; . \; . \; . \; . \quad (7)$$

nichts anderes als die absolute Geschwindigkeit des Punktes in der Rinne, von der mithin allein die Zwangsbeschleunigung abhängt. Setzen wir noch der Kürze halber

$$\frac{f_2}{g f_1 r} = c^2 \quad . \quad . \quad . \quad . \quad . \quad . \quad . \quad . \quad . \quad . \quad (8)$$

so haben wir statt (4a)

$$g f_1 \, d t = -\frac{d v'}{1 + \frac{v'^2}{c^2}} \quad . \quad . \quad . \quad . \quad . \quad . \quad (4b)$$

Durch Integration folgt hieraus mit einer absoluten Anfangsgeschwindigkeit $v' = v'_0$

$$\frac{g f_1}{c} t = \operatorname{arctg} \frac{v_0'}{c} - \operatorname{arctg} \frac{v'}{c} \quad . \quad . \quad . \quad . \quad . \quad (9)$$

eine Formel, welche nur bis zum Erlöschen der relativen Geschwindigkeit, d. h. bis $v' = r\omega$ gültig bleibt, da in diesem Momente auch der Reibungswiderstand vollständig aufhört. Die Gesamtdauer t_0 der Relativbewegung ist demnach gegeben durch

$$\frac{g f_1}{c} t_0 = \operatorname{arctg} \frac{v_0'}{c} - \operatorname{arctg} \frac{r \omega}{c} \quad . \quad . \quad . \quad . \quad . \quad (9a)$$

Nach Ablauf dieser Zeit bewegt sich der Punkt in der Rinne mit derselben Geschwindigkeit, wie diese selbst, befindet sich also zu ihr in relativer Ruhe.

Erteilen wir dem Punkte anfänglich eine negative, d. h. dem Drehsinne entgegengesetzte Relativgeschwindigkeit, so erhalten wir wegen $v' = r\omega - v$ statt (4a)

$$\frac{d v'}{d t} = g f_1 + f_2 \frac{v'^2}{r} \quad . \quad . \quad . \quad . \quad . \quad . \quad (4c)$$

d. h. eine absolute Beschleunigung unter dem Einflusse der Reibung. Die Formeln (9) und (9a) bleiben nach Vertauschen der Vorzeichen der Glieder auf der rechten Seite ebenfalls gültig, so daſs die Relativbewegung auch hierbei mit dem Erlöschen von v, bezw. mit $v' = r\omega$ ihr Ende erreicht.

Aus (9) ergibt sich noch durch eine einfache Umformung

$$v' = c \, \frac{v_0' - c \operatorname{tg} \frac{g f_1}{c} t}{c + v_0' \operatorname{tg} \frac{g f_1}{c} t} = c \, \frac{v_0' \cos \frac{g f_1}{c} t - c \sin \frac{g f_1}{c} t}{c \cos \frac{g f_1}{c} t + v_0' \sin \frac{g f_1}{c} t} \quad . \quad (10)$$

und daraus durch Integration der durchlaufene Weg

$$s = \int_0^t v' \, d t = \frac{c^2}{g f_1} \lg \left(\frac{v_0'}{c} \sin \frac{g f_1}{c} t + \cos \frac{g f_1}{c} t \right) \quad . \; . \quad (11)$$

Multipliziert man dagegen die Gl. (4a) bezw. (4b) beiderseitig mit

$$\frac{ds}{dt} = v',$$

so folgt

$$\frac{g f_1}{c^2} \, ds = \mp \frac{v' dv'}{c^2 + v^2}$$

und daraus durch Integration zwischen den Grenzen v' und v_0'

$$s = \pm \frac{c^2}{2 g f_1} \operatorname{lgn} \frac{c^2 + v_0'^2}{c^2 + v'^2} \quad . \; . \; . \; . \; . \quad (11a)$$

Der relative Weg bestimmt sich damit leicht zu

$$\sigma = s - r \omega t \quad . \; . \; . \; . \; . \; . \; . \; . \quad (12)$$

womit das Problem vollständig gelöst erscheint.

Als zweites Beispiel betrachten wir die Bewegung in einer geradlinigen Rinne (Fig. 102) mit dem kürzesten Abstand r_0 vom Rotationszentrum. Es wird alsdann in unseren Formeln (4) und (5)

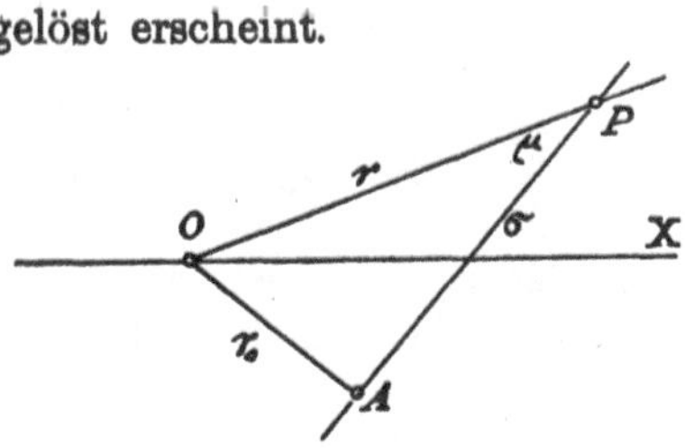

Fig. 102.

$$\varrho = \infty, \qquad r \sin \mu = r_0.$$

Rechnen wir die Zeit und auch den relativen Weg von dem Passieren des Punktes A mit dem kürzesten Abstande r_0 aus, so folgt noch

$$r^2 = r_0^2 + \sigma^2, \text{ also } r dr = \sigma d \sigma$$

und wir erhalten aus Gl. (4) mit $v = \frac{d\sigma}{dt}, \; \frac{dv}{dt} = \frac{d^2 \sigma}{dt^2}$

$$\frac{d^2 \sigma}{dt^2} + 2 \omega f_2 \frac{d\sigma}{dt} - \omega^2 \left(\sigma - f_2 r_0 + \frac{g f_1}{\omega^2} \right) = 0 \quad . \quad (4c)$$

Dieser Gleichung wird genügt durch die Lösung

$$\sigma - f_2 r_0 + \frac{g f_1}{\omega^2} = a e^{kt} \quad . \; . \; . \; . \; . \quad (13)$$

Setzen wir diesen Ausdruck mit seinem ersten und zweiten Differentialquotienten in (4c) ein, so ergibt sich für k die Bedingungsgleichung

$$k^2 + 2\omega f_2 k - \omega^2 = 0,$$

mit den beiden Wurzeln

$$k = -\omega f_2 \pm \omega\sqrt{1 + f_2^2}.$$

Da jeder dieser Wurzeln eine Lösung von der Form (13) entspricht, so lautet das allgemeine, mit zwei willkürlichen Konstanten a_1 und a_2 behaftete Integral von (4c)

$$\sigma - f_2 r_0 + \frac{g f_1}{\omega^2}$$

$$= e^{-f_2 \omega t}\left(a_1 e^{+\omega t\sqrt{1+f_2^2}} + a_2 e^{-\omega t\sqrt{1+f_2^2}}\right) \quad . \quad . \quad (13a)$$

Die Relativgeschwindigkeit v folgt hieraus durch Differentiation zu

$$v = \frac{d\sigma}{dt} = -e^{-f_2\omega t}\left\{a_1\left(f_2\omega - \omega\sqrt{1+f_2^2}\right)e^{+\omega t\sqrt{1+f_2^2}}\right.$$

$$\left. + a_2\left(f_2\omega + \omega\sqrt{1+f_2^2}\right)e^{-\omega t\sqrt{1+f_2^2}}\right\} \quad . \quad . \quad . \quad (14)$$

Bedeutet v_0 die Geschwindigkeit für $t = 0$, $\sigma = 0$, d. h. im Punkte A, so sind die beiden Konstanten a_1 und a_2 aus

$$a_1 + a_2 = \frac{g f_1}{\omega^2} - f_2 r_0$$

$$(a_1 + a_2) f_2 \omega - (a_1 - a_2)\omega\sqrt{1 + f_2^2} = -v_0$$

zu bestimmen. Da nun stets $\sqrt{1 + f_2^2} > f_2$ sein wird, so setzt sich sowohl der relative Weg Gl. (13a) als auch die Relativgeschwindigkeit aus je zwei Gliedern zusammen, von denen das eine, absolut genommen, mit der Zeit unbegrenzt wächst, während das andere immer weiter abnimmt. Infolgedessen wird auch die Zwangsbeschleunigung

$$q = -\omega^2 r_0 + 2\omega v \quad . \quad . \quad . \quad . \quad . \quad . \quad (6b)$$

mit der Zeit immer mehr wachsen. An diesem Verhalten ändert sich auch nichts für den Fall, dafs die Rinne durch das Rotationszentrum selbst hindurchgeht.

§ 28. Gedämpfte Schwingungen.

Begriff der Dämpfung. Integration der Differentialgleichung gedämpfter Schwingungen. Aperiodische Bewegung. Schwingungsdauer und logarithmisches Dekrement gedämpfter Schwingungen. Übertragbarkeit der Schlüsse auf kleine Schwingungen mit gleitender Reibung.

Wie schon in § 24 hervorgehoben wurde, treten neben der Reibung fester Körper noch andere Widerstandskräfte auf, deren Stärke vorwiegend von der Geschwindigkeit abhängt. Handelt es sich nur um kleine Geschwindigkeiten, wie z. B. bei der Schwingung eines Pendels, so genügt es vollkommen, den Bewegungswiderstand direkt proportional der Geschwindigkeit zu setzen, d. h. in der Reihenentwicklung für das Widerstandsgesetz alle höheren Glieder zu vernachlässigen. Da nun die Geschwindigkeit bei der Bewegungsumkehr ihr Vorzeichen von selbst wechselt, so gilt dies auch ohne weiteres von dem ihr proportionalen Widerstande, den wir als »Dämpfung« bezeichnen wollen. Wir haben deshalb hier nicht wie bei den Reibungsvorgängen in § 25 mit Unstetigkeiten im Bewegungswiderstande zu rechnen. Auf welche Ursache die hier in Frage stehende Dämpfung zurückzuführen ist, brauchen wir zunächst gar nicht zu erörtern; es sei nur bemerkt, daſs neben dem schon in § 24 erwähnten Luftwiderstand bei elastischen Schwingungen die innere Reibung, bei Schwingungen von Magnetnadeln in Gegenwart eines Kupferkörpers die in demselben geweckten elektrischen Ströme angenähert derartige Wirkungen hervorzurufen imstande sind. Die Ergebnisse der nachstehenden Untersuchung werden demnach einer sehr weitgehenden praktischen Anwendung fähig sein, so daſs die Theorie der gedämpften Schwingungen sowohl für die Physiker, als auch für die Ingenieure und Elektrotechniker eine groſse Bedeutung besitzt.

Die Ausschläge x der von uns betrachteten Schwingung seien nun stets so klein, daſs wir die Beschleunigung $\frac{d^2x}{dt^2}$ wie in § 13 ihnen proportional setzen können. Wenn dann auſserdem nur noch die Dämpfung, welche für die Geschwindigkeit 1 den Wert $-\varepsilon$ haben möge, wirkt, so gilt für den ganzen Vorgang die Beziehung

$$m\frac{d^2x}{dt^2} = -\alpha^2 x - \varepsilon\frac{dx}{dt}$$

oder

$$\frac{d^2x}{dt^2} + \frac{\varepsilon}{m}\frac{dx}{dt} + \frac{\alpha^2}{m}x = 0 \quad . \quad . \quad . \quad . \quad . \quad . \quad (1)$$

Diese Gleichung ist uns schon zweimal begegnet; das erste Mal in § 25 Gl. (17c) bei der Erörterung von Schwingungen eines horizontal bewegten Körpers unter dem Einflusse von Reibungswiderständen, das zweite Mal im letzten Paragraph Gl. (4c), allerdings mit anderem Vorzeichen des dem Ausschlage proportionalen Gliedes, so dafs dort gar keine Schwingungen entstanden. Die zuletzt angewandte Lösungsmethode wird darum auch hier zum Ziele führen. Setzen wir nämlich

$$x = a e^{kt}, \qquad \frac{dx}{dt} = a k e^{kt}, \qquad \frac{d^2x}{dt^2} = a k^2 e^{kt}$$

in Gl. (11) ein, so ergibt sich für die Bestimmung von k die Gleichung

$$k^2 + \frac{\varepsilon}{m}k + \frac{\alpha^2}{m} = 0$$

mit den beiden Wurzeln

$$k = -\frac{\varepsilon}{2m} \pm \sqrt{\frac{\varepsilon^2}{4m^2} - \frac{\alpha^2}{m}} \quad . \quad . \quad . \quad . \quad . \quad (2)$$

Dieselben sind so lange reell, als

$$\frac{\varepsilon^2}{4m^2} > \frac{\alpha^2}{m} \quad \text{oder} \quad \varepsilon < 2\alpha\sqrt{m}$$

bleibt. Dann aber werden wegen

$$\sqrt{\frac{\varepsilon^2}{4m^2} - \frac{\alpha^2}{m}} = k_0 < \frac{\varepsilon}{2m}$$

beide Wurzeln (2) **negativ**, so dafs wir für das allgemeine Integral von (1) unter Einführung zweier Konstanten a_1 und a_2 haben

$$x = a_1 e^{-\left(\frac{\varepsilon}{2m} - k_0\right)t} + a_2 e^{-\left(\frac{\varepsilon}{2m} + k_0\right)t} \quad . \quad . \quad . \quad (4)$$

oder auch

$$x = e^{-\frac{\varepsilon}{2m}t}\left(a_1 e^{+k_0 t} + a_2 e^{-k_0 t}\right) \quad . \quad . \quad . \quad . \quad (4a)$$

Durch Differentiation folgt hieraus die Geschwindigkeit

$$v = -\left(\frac{\varepsilon}{2m} - k_0\right) a_1 e^{-\left(\frac{\varepsilon}{2m} - k_0\right)t}$$
$$-\left(\frac{\varepsilon}{2m} + k_0\right) a_2 e^{-\left(\frac{\varepsilon}{2m} + k_0\right)t} \quad . \; . \; . \; . \; . \; (5)$$

oder

$$v = -\frac{\varepsilon}{2m} x + k_0 e^{-\frac{\varepsilon}{2m}t} \left(a_1 e^{+k_0 t} - a_2 e^{-k_0 t}\right) \quad . \; (5\text{a})$$

Zur Bestimmung der beiden Konstanten a_1 und a_2 nehmen wir nun an, daſs der bewegte Punkt bei Beginn der Zeitrechnung, also für $t = 0$ die Lage $x = x_0$ mit der Geschwindigkeit $v = v_0$ passieren möge. Dies führt mit (4a) und (5a) auf die beiden Gleichungen

$$\left.\begin{aligned} 2 k_0 a_1 &= + v_0 + \left(\frac{\varepsilon}{2m} + k_0\right) x_0 \\ 2 k_0 a_2 &= - v_0 - \left(\frac{\varepsilon}{2m} - k_0\right) x_0 \end{aligned}\right\} \quad . \; . \; . \; . \; (6)$$

Die hieraus folgenden Werte von a_1 und a_2 haben hiernach dasselbe Vorzeichen, wenn v_0 und x_0 verschiedene Vorzeichen besitzen und der Absolutwert ihres Verhältnisses $\left[\frac{v_0}{x_0}\right]$ der Bedingung

$$\frac{\varepsilon}{2m} - k_0 < \left[\frac{v_0}{x_0}\right] < \frac{\varepsilon}{2m} + k_0 \quad (7)$$

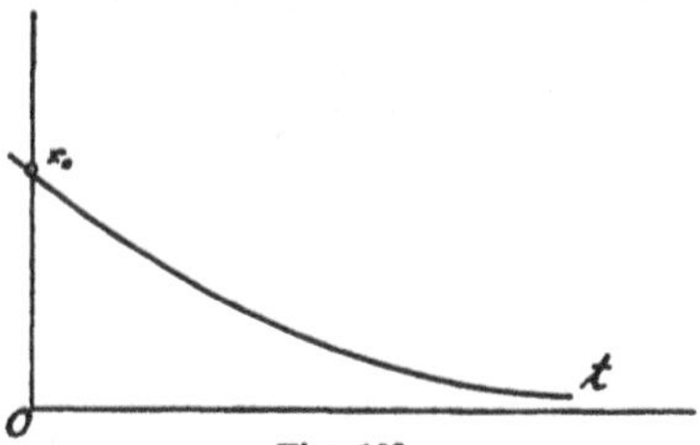

Fig. 103.

genügt. Alsdann kann weder x noch v im Verlaufe der Bewegung das Vorzeichen ändern, noch auch in endlicher Zeit verschwinden, so daſs die Wegkurve vollständig auf der einen Seite der t-Achse verlaufend sich derselben asymptotisch nähert, siehe Fig. 103.

Ist die Bedingung (7) dagegen nicht erfüllt, so kann der Punkt die Lage $x = 0$ in endlicher Zeit passieren. Wir werden darum zweckmäſsig in diesem Augenblicke die Zeitrechnung beginnen und erhalten dann aus Gl. (6) mit $x_0 = 0$ für die Konstanten a_1 und a_2

$$a_1 = + \frac{v_0}{2\,k_0}, \qquad a_2 = - \frac{v_0}{2\,k_0} \quad . \; . \; . \; . \quad (6\,\mathrm{a})$$

womit unsere Formeln (4a) und (5a) übergehen in

$$x = \frac{v^0}{2\,k_0} e^{-\frac{\varepsilon}{2m} t} \left(e^{+k_0 t} - e^{-k_0 t}\right) \quad . \quad (4\,\mathrm{b})$$

$$v + \frac{\varepsilon}{2\,m} x = \frac{v_0}{2} e^{-\frac{\varepsilon}{2m} t} \left(e^{+k_0 t} + e^{-k_0 t}\right) \quad . \; . \quad (5\,\mathrm{b})$$

Da nun für alle positiven Werte von t, d. h. vom Momente des Passierens der Nulllage stets $e^{+k_0 t} > 1$ bleibt, so muſs $e^{-k_0 t} < 1$ werden, also $e^{+k_0 t} - e^{-k_0 t} > 0$ sein, d. h. bei positiver Geschwindigkeit v_0 in der Nulllage wird die ganze weitere Bewegung sich auf der positiven, bei negativem v_0 dagegen auf der anderen Seite abspielen. Schwingungen, deren Wesen im periodischen Wechsel positiver und negativer Ausschläge beruht, kommen demnach hier ebensowenig zustande, wie in dem durch Fig. 103 dargestellten, oben besprochenen Falle, so daſs man diese Vorgänge als a p e r i o d i s c h e B e w e g u n g e n bezeichnet. Von dem obigen Falle unterscheidet sich die durch Gl. (4b) und (5b) dargestellte Bewegung indessen durch die Möglichkeit des Vorzeichenwechsels der Geschwindigkeit. Dieselbe verschwindet, d. h. der Ausschlag erreicht bei positivem v_0 ein Maximum (bei negativem ein Minimum) für

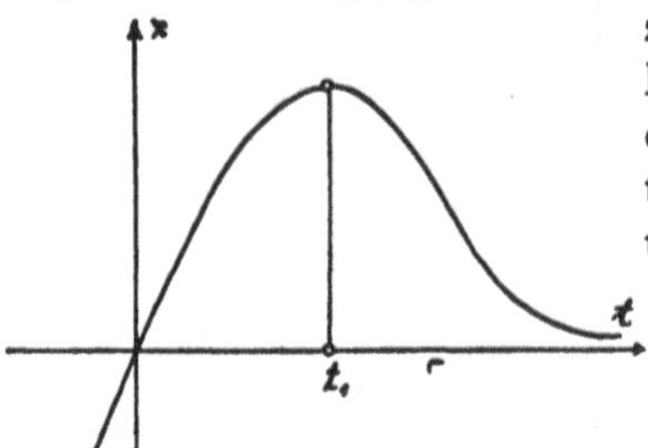

Fig. 104.

$$t_1 = \frac{1}{2\,k_0} \lg n \frac{\frac{\varepsilon}{2\,m} + k_0}{\frac{\varepsilon}{2\,m} - k_0} \quad . \quad (8)$$

während die Nulllage erst wieder nach Verlauf einer unendlich fernen Zeit erreicht wird. Die Wegkurve besitzt demnach die in Fig. 104 dargestellte Form, aus der man die rasche Abnahme des Ausschlages bis zur Unmerklichkeit deutlich erkennt. Ganz analog verläuft die Bewegung auch noch, wenn die beiden Wurzeln (2) einander gleich werden, bezw. wenn k_0 verschwindet.

Die Lösung (4b) ist allerdings hierfür nicht mehr brauchbar, da sie für $k_0 = 0$ den unbestimmten Wert $\frac{0}{0}$ ergibt. Durch Differentiation von Zähler und Nenner dieser Formel nach k_0 und nachträgliches Einsetzen von $k_0 = 0$ erhalten wir dagegen das diesem Spezialfalle entsprechende Integral

$$x = v_0\, t\, e^{-\frac{\varepsilon}{2m}t} \quad \text{. . . . . (4c)}$$

mit der Geschwindigkeit

$$v = v_0\, e^{-\frac{\varepsilon}{2m}t}\left(1 - \frac{\varepsilon\, t}{2\, m}\right) \quad \text{. . . . . (5c)}$$

worin wiederum v_0 die Anfangsgeschwindigkeit in der Nulllage $x_0 = 0$ bedeutet. Das Maximum des Ausschlages wird demnach zur Zeit

$$t_1 = \frac{2\, m}{\varepsilon} \quad \text{. . . . . (8a)}$$

erreicht.

Der Charakter der Bewegung ändert sich dagegen sofort, wenn die Wurzeln (2) konjugiert komplex werden. Dies tritt ein für

$$\frac{\alpha^2}{m} > \frac{\varepsilon^2}{4\, m^2}$$

so dafs wir, mit $i = \sqrt{-1}$

$$k_0 = \sqrt{\frac{\varepsilon^2}{4\, m^2} - \frac{\alpha^2}{m}} = i\sqrt{\frac{\alpha^2}{m} - \frac{\varepsilon^2}{4\, m^2}} = i\, k_1 \quad \text{. . (9)}$$

setzen und statt (4b)

$$x = \frac{v_0}{k_1}\, e^{-\frac{\varepsilon}{2m}t}\, \frac{e^{+i k_1 t} - e^{-i k_1 t}}{2\, i}$$

schreiben dürfen. Da nun bekanntlich

$$\frac{1}{2\, i}\left(e^{+i k_1 t} - e^{-i k_1 t}\right) = \sin k_1\, t$$

ist, so erhalten wir als Integral von (1) den einfachen Ausdruck

$$x = \frac{v_0}{k_1}\, e^{-\frac{\varepsilon}{2m}t} \sin k_1\, t \quad \text{. . . . . (10)}$$

welcher ersichtlich eine **Schwingung mit veränderlicher und mit wachsendem t stetig abnehmender Amplitude** darstellt. Die Geschwindigkeit

$$v = \frac{v_0}{k_1} e^{-\frac{\varepsilon}{2m}t}\left(k_1 \cos k_1 t - \frac{\varepsilon}{2m} \sin k_1 t\right) \quad . \quad . \quad . \quad (12)$$

verschwindet nun im Momente des Passierens eines gröfsten positiven oder negativen Ausschlages, also für Zeitpunkte, welche durch

$$\operatorname{tg} k_1 t = \frac{2 k_1 m}{\varepsilon} \quad . \quad . \quad . \quad . \quad . \quad . \quad . \quad . \quad (13)$$

gegeben sind, oder, unter n eine beliebige ganze Zahl verstanden, für

$$t = \frac{1}{k_1} \operatorname{arctg} \frac{2 k_1 m}{\varepsilon}, \quad \frac{\pi}{k_1} + \frac{1}{k_1} \operatorname{arctg} \frac{2 k_1 m}{\varepsilon} \quad . \quad . \quad . \quad \frac{n\pi}{k_1} + \frac{1}{k_1} \operatorname{arctg} \frac{2 k_1 m}{\varepsilon}.$$

Die von irgend einem bis zum nächsten auf derselben Seite der Nulllage befindlichen Maximum verflossene Zeit, welche wir analog wie bei den freien Schwingungen als die **Schwingungsdauer** bezeichnen können, folgt hieraus mit Rücksicht auf (9)

$$t_0 = \frac{2\pi}{k_1} = \frac{4\pi m}{\sqrt{4 a^2 m - \varepsilon^2}} \quad . \quad . \quad . \quad . \quad . \quad . \quad (14)$$

Die gedämpften Schwingungen verlaufen also isochron, wenn auch um so langsamer, je gröfser der sog. Dämpfungsfaktor ε ist.

Ist nun x der Ausschlag des bewegten Punktes nach der Zeit t, siehe Gl. (10), so wird nach weiterem Ablaufe einer vollen Schwingungsdauer, also nach der Zeit $t + t_0$ der Punkt sich in

$$x' = \frac{v_0}{k_1} e^{-\frac{\varepsilon}{2m}(t + t_0)} \sin k_1 (t + t_0)$$

befinden. Lösen wir die Winkelfunktion auf und berücksichtigen, dafs wegen (14) $\sin k_1 t_0 = 0$, $\cos k_1 t_0 = 1$ ist, so wird

$$\sin k_1 (t + t_0) = \sin k_1 t \cos k_1 t_0 + \cos k_1 t \sin k_1 t_0 = \sin k_1 t$$

und damit der Ausschlag zur Zeit $t + t_0$

$$x' = \frac{v_0}{k_1} e^{-\frac{\varepsilon}{2m}(t + t_0)} \sin k_1 t \quad . \quad . \quad . \quad . \quad . \quad (10a)$$

Durch Division von (10a) und (10) fällt der periodische Faktor $\sin k_1 t$ heraus, und es ergibt sich das Verhältnis der beiden Ausschläge

$$\frac{x}{x'} = e^{\frac{\varepsilon}{2m} t_0} = \text{konst.}$$

oder auch

$$\lg n\, x - \lg n\, x' = \frac{\varepsilon t_0}{2m} \quad . \quad . \quad . \quad . \quad . \quad . \quad (15)$$

Die Differenz der natürlichen Logarithmen je zweier um die Schwingungsdauer zeitlich auseinander liegender Ausschläge ist demnach eine Konstante; man bezeichnet sie nach Gaufs wohl auch als das logarithmische Dekrement.

Dieser Satz bietet nun im Verein mit der Gl. (14) für die Schwingungsdauer eine einfache Aufzeichnung der Wegkurve der gedämpften Schwingung. Konstruiert man nämlich sowohl für die positive wie auch die negative Seite von einem Ausschlag x ausgehend die beiden logarithmischen Kurven nach Gl. (15), so geben die Ordinaten für t_0, $2t_0$ u. s. w. sofort die entsprechenden Ausschläge der folgenden Schwingungen an, deren rasche Abnahme in Fig. 105 deutlich hervortritt. In der Praxis bestimmt man gewöhnlich durch Beobachtung der Erscheinung die Schwingungsdauer und die Gröfse zweier um ein bekanntes ganzes Vielfaches von t_0 auseinanderliegender Maximalausschläge, um daraus mit Hilfe der Gl. (14) und (15) sowohl die Werte von α und des Dämpfungsfaktors ε zu berechnen.

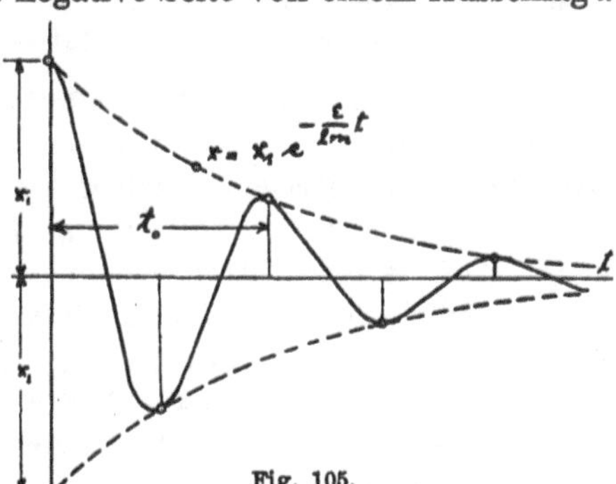

Fig. 105.

Die vorstehenden Betrachtungen lassen sich nun vollständig auf den in § 25 behandelten Fall der Schwingungen eines auf einer Ebene mit Reibung fortbewegten Körpers übertragen, so lange die Schwingungsausschläge sehr klein sind.

Die hierfür, bezw. für das sog. Abklingen der Schwingungen gültige Gl. (17c) § 25 ist mit unserer Formel identisch, wenn wir

$$\varepsilon = \frac{m g f}{c}, \text{ bezw. } k_0 = \sqrt{\frac{g^2 f^2}{4 c^2} - \frac{\alpha^2}{m}}$$

setzen. Daraus geht hervor, daſs auch bei dieser Erscheinung die oben behandelten Unterfälle sämtlich eintreten können. Der Dämpfungsfaktor ist hierbei dem Reibungskoeffizienten f direkt, der fortschreitenden Geschwindigkeit c dagegen umgekehrt proportional und kann somit zur Bestimmung des ersteren verwendet werden.

§ 29. Erzwungene Schwingungen ohne Dämpfung.

Einführung einer periodischen Störungsfunktion in die Schwingungsgleichung. Zerfall derselben in zwei Gleichungen für die Eigenschwingung und die erzwungene Schwingung. Ermittlung des Ausschlages der letzteren durch die Methode der unbestimmten Koeffizienten. Näherungsverfahren zur Bestimmung der Einzelwellen der Störungsfunktion. Eintreten der Resonanz.

Überläſst man einen aus seiner Ruhelage ausgelenkten, nach derselben aber vermöge einer Anziehungs- oder Spannkraft zurückstrebenden Körper sich selbst, so wird er, wie wir gesehen haben, Schwingungen vollziehen, die man als freie bezeichnen kann, da das betrachtete System von auſsen keine Einwirkung erfährt. Infolge der Dämpfung, deren Einfluſs wir im letzten Paragraphen untersuchten, werden die Schwingungsausschläge rasch bis zur Unmerklichkeit abnehmen und zwar ohne Hinzutritt äuſserer Kräfte, so daſs auch die gedämpften Schwingungen noch als freie angesehen werden können, deren ganzer Verlauf durch die Anfangsbedingungen (d. h. anfänglichen Ausschlag und Geschwindigkeit) gegeben ist. Diese Anfangsbedingungen denken wir uns hierbei durch eine unmittelbar darauf erloschene, also während des Vorgangs nicht mehr wirksame äuſsere Kraft, z. B. einen Stoſs hervorgerufen.

Im Anschluſs an diese Vorstellung entsteht nun die Frage nach dem Verlauf der ganzen Erscheinung, wenn diese Kraft auch nach der anfänglichen Auslenkung wirksam bleibt, d. h. wenn sich die Schwingungen dauernd unter einem gewissen

Zwange[1]) vollziehen. Diesen Fall der erzwungenen Schwingungen werden wir als praktisch sehr wichtig erkennen; wir wollen ihn der Übersichtlichkeit halber zunächst ohne Rücksicht auf eine etwa vorhandene Dämpfung behandeln. Es kommt dies im wesentlichen auf die Annahme langsamer Schwingungen hinaus, da ja das mit dem Dämpfungsfaktor behaftete Glied der Geschwindigkeit direkt proportional war.

Bezeichnen wir wieder den Ausschlag aus der Ruhelage mit x, die Masse des schwingenden Körpers mit m und die nach dem Schwingungsmittelpunkt beim Ausschlage 1 wirkende Anziehungskraft mit α^2, so ergibt sich als Differentialgleichung der Schwingung unter dem Einflusse der äufseren Kraft P

$$m\frac{d^2x}{dt^2}+\alpha^2 x = P \quad . \quad . \quad . \quad . \quad . \quad . \quad . \quad (1)$$

Die Kraft P kann nun entweder als Funktion des Ausschlages selbst oder aber als Funktion der Zeit gegeben sein. Den ersteren Fall der Bewegung unter dem Einflusse einer durch die momentane Lage gegebenen Kraft wollen wir hiermit ausdrücklich ausschliefsen.

Hier interessiert uns vor allem die periodische Veränderlichkeit der manchmal auch als Störungsfunktion bezeichneten Kraft P. Wir denken uns dieselbe darum durch eine Fouriersche Reihe gegeben (siehe § 13) und setzen

$$\left.\begin{aligned} P = A_0 &+ A_1 \cos \alpha_0 t + A_2 \cos 2\alpha_0 t + \ldots \\ &+ B_1 \sin \alpha_0 t + B_1 \sin 2\alpha_0 t + \ldots \end{aligned}\right\} \quad . \quad . \quad (2)$$

oder auch unter Zusammenfassung je zweier Glieder mit demselben Argument

$$\left.\begin{aligned} P = A_0 &+ a_1 \sin(\alpha_0 t + \beta_1) + a_2 \sin 2(\alpha_0 t + \beta_2) \\ &+ a_3 \sin 3(\alpha_0 t + \beta_3) + \ldots \end{aligned}\right\} \quad . \quad (2a)$$

Den Ausschlag x können wir nun in zwei Teile x' und x'' zerlegen, also

$$x = x' + x'' \quad . \quad . \quad . \quad . \quad . \quad . \quad . \quad . \quad . \quad (3)$$

[1]) Dieser Zwang ist nicht zu verwechseln mit dem durch eine feste Bahn hervorgerufenen Zwange, dem die früher eingeführte Zwangsbeschleunigung entsprach. War diese und mit ihr der Bahnzwang insofern fiktiv, als sie nur bei der Berührung des bewegten Körpers und der Bahn eintraten, so haben wir es hier mit einer wirklichen Bewegungsursache zu tun.

setzen und haben damit statt (1)

$$\left(m\frac{d^2x'}{dt^2}+\alpha^2x'\right)+\left(m\frac{d^2x''}{dt^2}+\alpha^2x''-P\right)=0\ . \quad . \quad (1a)$$

Bestimmen wir die beiden Teile x' und x'' so, daſs jeder der Klammerausdrücke in (1a) für sich verschwindet, so zerfällt diese Gleichung in

$$m\frac{d^2x'}{dt^2}+\alpha^2x'=0 \quad . \quad . \quad . \quad . \quad . \quad . \quad . \quad (4)$$

$$m\frac{d^2x''}{dt^2}+\alpha^2x''=P \quad . \quad . \quad . \quad . \quad . \quad . \quad (5)$$

von denen die erste eine einfache freie Schwingung, die sog. Eigenschwingung des Körpers darstellt, welche sich über die durch die zweite gegebene erzwungene Schwingung nach (3) in derselben Weise lagert, wie wir dies schon in § 13 für mehrere beliebige Schwingungen kennen gelernt haben. Die Gl. (4) wird nun ebenfalls nach § 13 befriedigt durch

$$x'=A\cos\frac{\alpha}{\sqrt{m}}t+B\sin\frac{\alpha}{\sqrt{m}}t=a\sin\left(\frac{\alpha}{\sqrt{m}}t+\beta\right) \quad . \quad (6)$$

worin A und B, bezw. a und β willkürliche Konstante bedeuten. Die Gl. (5) schreiben wir dagegen unter Einführung des Ausdruckes (2) für die Kraft P

$$\left.\begin{aligned} m\frac{d^2x''}{dt^2}+\alpha^2x''=A_0+A_1\cos\alpha_0t+A_2\cos 2\alpha_0t+\ldots\\ +B_1\sin\alpha_0t+B_2\sin 2\alpha_0t+\ldots\end{aligned}\right\} \quad (5a)$$

und setzen probeweise

$$\left.\begin{aligned} x''=C_0+C_1\cos\alpha_0t+C_2\cos 2\alpha_0t+\ldots\\ +D_1\sin\alpha_0t+D_2\sin 2\alpha_0t+\ldots\end{aligned}\right\} \quad . \quad . \quad (7)$$

worin die Koeffizienten C und D einer nachträglichen Bestimmung vorbehalten bleiben. Durch zweimalige Differentiation erhalten wir daraus

$$\left.\begin{aligned} -\frac{d^2x''}{dt^2}=\alpha_0^2\,(C_1\cos\alpha_0t+4\,C_2\cos 2\alpha_0t+\ldots\\ +D_1\sin\alpha_0t+4\,D_2\sin 2\alpha_0t+\ldots)\end{aligned}\right\} \quad (7a)$$

Durch Einführung von (7) und (7a) wird nun die Gl. (5a) für alle Werte von t befriedigt, wenn die Koeffizienten derselben Winkelfunktionen auf beiden Seiten übereinstimmen, d. h. wenn

$$\left.\begin{array}{ll} \multicolumn{2}{c}{C_0 = \dfrac{A_0}{\alpha^2},} \\ C_1 = \dfrac{A_1}{\alpha^2 - m\alpha_0^2}, & D_1 = \dfrac{B_1}{\alpha^2 - m\alpha_0^2} \\ C_2 = \dfrac{A_2}{\alpha^2 - 4m\alpha_0^2}, & D_2 = \dfrac{B_2}{\alpha^2 - 4m\alpha_0^2} \\ C_3 = \dfrac{A_3}{\alpha^2 - 9m\alpha_0^2}, & D_3 = \dfrac{B_3}{\alpha^2 - 9m\alpha_0^2} \\ \ldots\ldots & \ldots\ldots \end{array}\right\} \quad (8)$$

Mit diesen Koeffizienten stellt demnach der Ausdruck (7) das Integral der Differentialgleichung (5) dar, so daſs nunmehr die vollständige Lösung der Gl. (1) durch Zusammenfassen von (6) und (7) lautet

$$\left.\begin{array}{l} x = A\cos\dfrac{\alpha}{\sqrt{m}}t + B\sin\dfrac{\alpha}{\sqrt{m}}t + \dfrac{A_0}{\alpha^2} \\ + \dfrac{A_1}{\alpha^2 - m\alpha_0^2}\cos\alpha_0 t + \dfrac{A_2}{\alpha^2 - 4m\alpha_0^2}\cos 2\alpha_0 t + \ldots \\ + \dfrac{B_1}{\alpha^2 - m\alpha_0^2}\sin\alpha_0 t + \dfrac{B_2}{\alpha^2 - 4m\alpha_0^2}\sin 2\alpha_0 t + \ldots \end{array}\right\} \quad (9)$$

Die Werte der beiden allein noch zu bestimmenden Konstanten A und B ergeben sich hierin zwanglos aus den Anfangsbedingungen, z. B. durch dem der Zeit $t = 0$ entsprechenden anfänglichen Ausschlag x_0 und die Geschwindigkeit v_0 in dieser Lage.

Fassen wir analog (2a) wieder je zwei Glieder mit demselben Argument zusammen, so erhalten wir statt (9) die Gleichung

$$\left.\begin{array}{l} x = a\sin\left(\dfrac{\alpha}{\sqrt{m}}t + \beta\right) + \dfrac{A_0}{\alpha^2} \\ + \dfrac{a_1}{\alpha^2 - m\alpha_0^2}\sin(\alpha_0 t + \beta_1) + \dfrac{a_2}{\alpha^2 - 4m\alpha_0^2}\sin 2(\alpha_0 t + \beta_2) + \ldots \end{array}\right\} \quad (9a)$$

in der die Konstanten a und β sich ebenso bestimmen lassen wie oben A und B.

Hieraus erkennt man, daſs die erzwungene Schwingung sich aus einfachen Einzelschwingungen zusammensetzt, welche zeitlich genau den Schwankungen der Störungsfunktion entsprechen. Die

Gröfse und das Vorzeichen der Amplituden dieser Einzelschwingungen hängen dagegen, aufser von den durch Gl. (2) bew. (2a) gegebenen Werten von A, B bezw. a noch von einem Faktor ab, der für das k-te Glied durch die Differenz $\alpha^2 - k^2 m \alpha_0^2$ gegeben ist und daher absolut sehr kleine Werte annehmen kann. Wird für irgend eines der Glieder diese Differenz gleich Null, so wird die entsprechende Schwingungsamplitude unendlich grofs, womit nur gesagt ist, dafs alsdann der Zusammenhang des Systems zerstört werden würde. Es tritt dies immer dann ein, wenn z. B. für das k-te Glied

$$\alpha^2 = k^2 m \alpha_0^2 \text{ oder } \frac{\alpha}{\sqrt{m}} = k \alpha_0 \quad . \quad . \quad . \quad . \quad (10)$$

wird, d. h. wenn die Periode irgend einer der erzwungenen Einzelschwingungen mit derjenigen der Eigenschwingung des Körpers übereinstimmt. Diesen kritischen Fall bezeichnet man als Resonanz; man kann das überaus gefährliche Eintreten desselben in der Technik stets durch geeignete Wahl der für die Eigenschwingungen mafsgebenden Werte von α und m vermeiden, vorausgesetzt, dafs der Verlauf der Störungsfunktion (2) bezw. (2a) vollständig bestimmt ist. Ist derselbe, wie häufig bei praktischen Problemen, nur graphisch gegeben, so hätte man zunächst die Koeffizienten der Fourierschen Reihe nach der in § 13 angedeuteten Methode bezw. mit Hilfe eines harmonischen Analysators zu bestimmen. Neuerdings hat jedoch Fischer-Hinnen[1]) ein Näherungsverfahren veröffentlicht, welches gestattet, die einzelnen Wellenzüge, aus denen sich die empirisch vorgelegte Störungsfunktion zusammensetzt, mit ziemlicher Genauigkeit direkt zu konstruieren, und insbesondere für die Wellen höherer Ordnung recht brauchbar erscheint. Gerade deren Verlauf läfst sich aber ohne weiteres nicht aus der Gestalt der Kurve übersehen, während die Bestimmung ihrer Koeffizienten nach dem früher angegebenen Verfahren sehr umständlich wird. Es erscheint darum nützlich, das Fischer-Hinnensche Annäherungsverfahren in seinen Hauptzügen kennen zu lernen.

Es sei in Fig. 106 ein sich periodisch wiederholender Kurvenzug gegeben, der die um das konstante Glied verminderte

[1]) Elektrotechnische Zeitschrift 1901. S. 396.

Störungsfunktion darstellen möge. Derselbe kann, wenn wir $a_0 t = \varphi$ setzen, durch die Reihe

$$x = a_1 \sin(\varphi + \beta_1) + a_2 \sin 2(\varphi + \beta_2) + \ldots + a_k \sin k(\varphi + \beta_k) + \ldots \quad (11)$$

analytisch definiert werden, worin jedes der einzelnen Glieder einen Wellenzug darstellt, dessen Nullpunkt um die Phase β gegen den Nullpunkt der Figur verschoben ist. Um nun den Punkt der k-ten Welle zu bestimmen, welcher dem beliebigen Winkel φ zugehört, teile man, von der entsprechenden Ordinate $A_1 B_1 = x_1$ ausgehend, die gesamte Periode $OO = 2\pi$ in k Teile (in der Figur sind 3 Teile gewählt), wodurch man die Ordinaten $A_2 B_2 = x_2$, $A_3 B_3 = x_3$ u. s. w. erhält. Analytisch sind diese Ordinaten gegeben durch

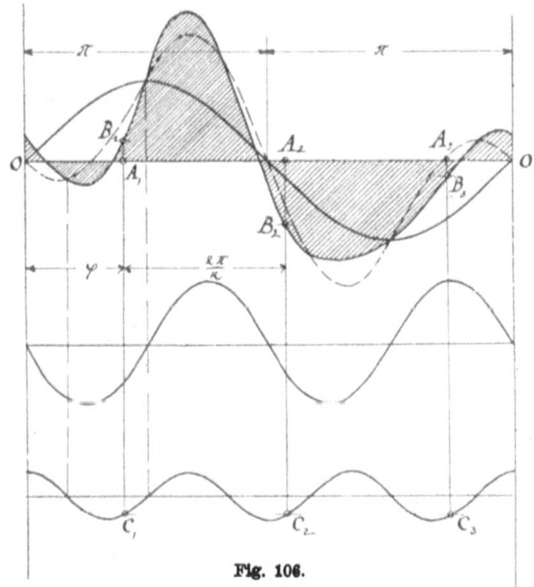

Fig. 106.

$$x_1 = a_1 \sin(\varphi + \beta_1) + a_2 \sin 2(\varphi + \beta_2) + \ldots + a_k \sin k(\varphi + \beta_k) + \ldots$$

$$x_2 = a_1 \sin\left(\varphi + \beta_1 + \frac{2\pi}{k}\right) + a_2 \sin 2\left(\varphi + \beta_2 + \frac{2\pi}{k}\right) + \ldots + a_k \sin k\left(\varphi + \beta_k + \frac{2\pi}{k}\right) +$$

$$\vdots$$

$$x_k = a_1 \sin\left(\varphi + \beta_1 + (k-1)\frac{2\pi}{k}\right) + \ldots + a_k \sin k\left(\varphi + \beta_k + (k-1)\frac{2\pi}{k}\right) + \ldots$$

Addiert man diese Formeln, so ergibt sich die Summe

$$\left.\begin{aligned}\Sigma x = a_1 \Big\{ & \sin(\varphi + \beta_1) + \sin\left(\varphi + \beta_1 + \frac{2\pi}{k}\right) + \ldots \\ & + \sin\left(\varphi + \beta_1 + (k-1)\frac{2\pi}{k}\right)\Big\} \\ + a_2 \Big\{ & \sin 2(\varphi + \beta_2) + \sin 2\left(\varphi + \beta_2 + 2\frac{2\pi}{k}\right) + \ldots \\ & + \sin 2\left(\varphi + \beta_2 + (k-1)\frac{2\pi}{k}\right)\Big\} \\ + & \ldots\ldots\ldots\ldots\ldots\ldots \\ + a_k \Big\{ & \sin k(\varphi + \beta_k) + \ldots\ldots \\ & + \sin k\left(\varphi + \beta_k + (k-1)\frac{2\pi}{k}\right)\Big\} \\ + & \ldots\ldots\ldots\ldots\ldots\ldots\end{aligned}\right\} \quad (11a)$$

Wir greifen nun aus dieser Doppelreihe das n-te Glied heraus, welches den Wert besitzt

$$\left.\begin{aligned}S_n = a_n \Big\{ & \sin n(\varphi + \beta_n) + \sin n\left(\varphi + \beta_n + \frac{2\pi}{k}\right) + \ldots \\ & + \sin n\left(\varphi + \beta_n + (k-1)\frac{2\pi}{k}\right)\Big\}\end{aligned}\right\} \quad (12)$$

Nach Zerlegung der Winkelfunktionen dürfen wir aber dafür auch schreiben

$$\left.\begin{aligned}\frac{S_n}{a_n} = \sin n(\varphi + \beta_n) \Big\{ & 1 + \cos 2\pi\frac{n}{k} + \cos 2\cdot 2\pi\frac{n}{k} + \ldots \\ & + \cos(k-1)\,2\pi\frac{n}{k}\Big\}\ldots \\ + \cos n(\varphi + \beta_n) \Big\{ & \cdot \sin 2\pi\frac{n}{k} + \sin 2\cdot 2\pi\frac{n}{k} + \ldots \\ & + \sin(k-1)\,2\pi\frac{n}{k}\Big\}\ldots\end{aligned}\right\} \quad (12a)$$

Ist nun $\frac{n}{k}$ eine ganze Zahl, so wird

$$\cos 2\pi\frac{n}{k} = \cos 2\cdot 2\pi\frac{n}{k} = \ldots = \cos(k-1)\,2\pi\frac{n}{k} = 1$$

$$\sin 2\pi\frac{n}{k} = \sin 2\cdot 2\pi\frac{n}{k} = \ldots = \sin(k-1)\,2\pi\frac{n}{k} = 0,$$

so daſs wir haben

$$S_n = k a_n \sin n\,(\varphi + \beta_n) \quad \ldots \quad (13)$$

also für $n = k$: $S_k = k a_k \sin k\,(\varphi + \beta_k)$

$n = 2k$: $S_{2k} = k a_{2k} \sin 2k\,(\varphi + \beta_{2k})$ . . . . (13a)

u. s. w.

Ist dagegen $\frac{n}{k}$ keine ganze Zahl, so verschwinden die beiden in Klammern eingeschlossenen Reihen[1]) in (12a) und

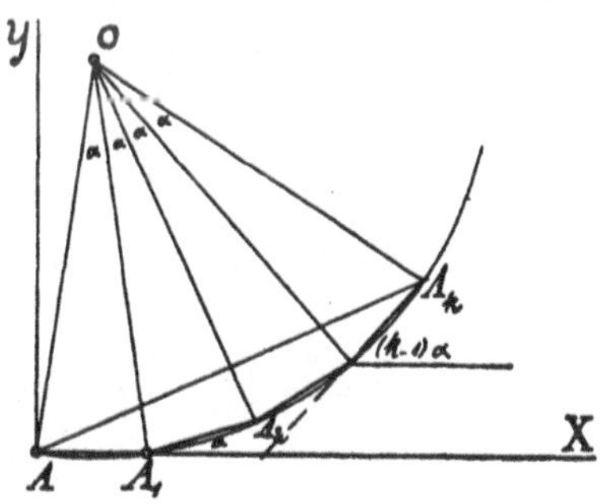

Fig. 107.

[1]) Der Beweis hierfür kann in folgender Weise geführt werden: Setzt man zunächst der Einfachheit halber $\pi\frac{n}{k} = \alpha$, so stellen in Fig. 107 die Reihen

$$1 + \cos\alpha + \cos 2\alpha + \ldots + \cos(k-1)\alpha$$
$$\sin\alpha + \sin 2\alpha + \ldots + \sin(k-1)\alpha$$

die Projektionen eines Polygons $A A_1 A_2 \ldots A_k$ von gleich langen Seiten

$$A A_1 = A_1 A_2 = \ldots A_{k-1} A_k = 1$$

auf die zueinander rechtwinkligen Achsen AX und AY dar. Diese Projektionen sind aber identisch mit denen der Strecke $A A_k$. Infolge der Gleichheit der Polygonseiten liegen die Ecken auf einem Kreise mit dem Zentrum O und dem Radius

$$OA = \frac{A A_1}{2\sin\frac{1}{2}\alpha} = \frac{1}{2\sin\frac{1}{2}\alpha}.$$

Damit aber wird

$$A A_k = 2\,OA \sin\frac{1}{2}(A O A_k) = \frac{\sin\frac{1}{2}k\alpha}{\sin\frac{1}{2}\alpha}$$

damit auch alle zugehörigen S_n. Es bleiben demnach überhaupt nur die Ausdrücke (13a) übrig, womit sich die Summe (11a) reduziert auf

$$\Sigma x = k\, a_k \sin k\,(\varphi + \beta_k) + k\, a_{2k} \sin 2k\,(\varphi + \beta_{2k}) + \ldots$$

oder auch

$$\frac{x_1 + x_2 + \ldots + x_k}{k} = a_k \sin k\,(\varphi + \beta_k) + a_{2k} \sin 2k\,(\varphi + \beta_{2k}) + \ldots \quad . \quad . \quad . \quad . \quad . \quad (14)$$

Das arithmetische Mittel der k-Ordinaten im Abstande $\frac{2\pi}{k}$ stellt demnach die Summe der Ordinaten der dem Punkte φ entsprechenden Ordinaten der k-ten, $2k$-ten, $3k$-ten u. s. w. Welle dar. Nehmen nun, wie es in der Wirklichkeit stets der Fall ist, die Amplituden a_k, a_{2k} .. rasch ab, so darf man die höheren Glieder vernachlässigen und erhält näherungsweise für die Ordinate ξ der k-ten Welle in den Punkten φ, $\varphi + \frac{2\pi}{k}$, $\varphi + 2\frac{2\pi}{k} \ldots$ das arithmetische Mittel

$$\xi = \frac{x_1 + x_2 + \ldots + x_k}{k} = a_k \sin k\,(\varphi + \beta_k) \quad . \quad (14a)$$

---

und da $\sphericalangle\, X A A_k = \frac{1}{2}(k-1)\,\alpha$, so folgt

$$1 + \cos\alpha + \cos 2\alpha + \ldots + \cos(k-1)\,\alpha = \frac{\sin\frac{1}{2}k\alpha}{\sin\frac{1}{2}\alpha} \cos\frac{1}{2}(k-1)\,\alpha$$

$$\sin\alpha + \sin 2\alpha + \ldots + \sin(k-1)\,\alpha = \frac{\sin\frac{1}{2}k\alpha}{\sin\frac{1}{2}\alpha} \sin\frac{1}{2}(k-1)\,\alpha$$

Setzen wir nun wieder

$$\alpha = 2\pi\frac{n}{k},$$

so wird, da n eine ganze Zahl bedeutet,

$$\sin\frac{1}{2}k\alpha = \sin\pi n = 0$$

und damit verschwinden in der Tat beide Reihen. Es heifst dies natürlich nichts anderes, als dafs die Figur $A A_1 A_2 \ldots A_k$ in unserem Falle ein geschlossenes und wegen der gleichen Seitenlänge reguläres Polygon bildet, was wiederum darin begründet ist, dafs sowohl n wie auch k ganze Zahlen bedeuten.

der k-Ordinaten der ursprünglichen Störungsfunktion. Bestimmt man dann noch eine weitere, um $\frac{\pi}{2k}$ gegen ξ verschobene Ordinate ξ', so ist für diese

$$\xi' = \frac{x_1' + x_2' + \ldots x_k'}{k} = a_k \sin k\left(\varphi + \beta_k + \frac{\pi}{2k}\right)$$

$$= a_k \cos k(\varphi + \beta_k) \quad \ldots \ldots \quad (14b)$$

Mit diesen beiden Werten ξ und ξ' folgt aber sofort der Wert der Amplitude der gesuchten Welle

$$a_k = \sqrt{\xi^2 + \xi^{2\prime}} \quad \ldots \ldots \quad (15)$$

während man damit für $\varphi = 0$ aus

$$\xi_0 = a_k \sin k\beta_k \quad \ldots \ldots \quad (15a)$$

die Phase β_k dieser Welle bestimmen kann.

Das Verfahren führt für die erste Welle mit $k = 1$ natürlich wieder auf die Gl. (11) zurück, so dafs es für die Ermittelung derselben unbrauchbar wird. Beginnt man aber rückwärts mit der Bestimmung irgend einer höheren, z. B. der k-ten Welle und zieht die Ordinaten dieser dann von der ursprünglichen ab, so kann man aus dem so erhaltenen Diagramm leicht die $(k - 1)$-te Welle ableiten und auf diese Weise bis zur ersten Welle fortschreiten.

In der Praxis wird man sich allerdings meistens mit der Bestimmung der Amplitude derjenigen Welle begnügen, deren Periode derjenigen der Eigenschwingung, siehe Gl. (10), am nächsten kommt, weil gerade für diese ein unzulässiges Anwachsen der Ausschläge infolge von Resonanz zu befürchten steht. Um dieses Anwachsen zu untersuchen, müssen wir noch einmal auf das allgemeine Integral Gl. (9) zurückgreifen und in demselben die Koeffizienten A und B der Eigenschwingung aus den Anfangsbedingungen des Systems bestimmen. Wir nehmen an, dafs für $t = 0$ der Ausschlag $x = \frac{A_0}{\alpha^2}$ und die Geschwindigkeit $\frac{dx}{dt} = v_0$ sei, und erhalten damit die Bedingungsgleichungen

$$O = A + \frac{A_1}{\alpha^2 - m\alpha_0^2} + \frac{A_2}{\alpha^2 - 4m\alpha_0^2} + \ldots + \frac{A_2}{\alpha^2 - k^2 m\alpha_0^2} + \ldots$$

$$v_0 = B\frac{\alpha}{\sqrt{m}} + \frac{\alpha_0 B_1}{\alpha^2 - m\alpha_0^2} + \frac{2\alpha_0 B_2}{\alpha^2 - 4m\alpha_0^2} + \ldots + \frac{k\alpha_0 B_k}{\alpha^2 - k^2 m\alpha_0^2} + \ldots$$

Setzen wir die hieraus folgenden Werte von A und B in das allgemeine Integral (9) ein, so nimmt dieses die Form an

$$
\begin{aligned}
x = \frac{A_0}{\alpha^2} + \frac{A_1}{\alpha^2 - m\alpha_0^2} & \left(\cos \alpha_0 t - \cos \frac{\alpha}{\sqrt{m}} t\right) \\
& + \frac{B_1}{\alpha^2 - m\alpha_0^2} \left(\sin \alpha_0 t - \sqrt{m}\, \frac{\alpha_0}{\alpha} \sin \frac{\alpha}{\sqrt{m}} t\right) \\
+ v_0 \frac{\sqrt{m}}{\alpha} \sin \frac{\alpha}{\sqrt{m}} t & + \frac{A_2}{\alpha^2 - 4m\alpha_0^2} \left(\cos 2\alpha_0 t - \cos \frac{\alpha}{\sqrt{m}} t\right) \\
& + \frac{B_2}{\alpha^2 - 4m\alpha_0^2} \left(\sin 2\alpha_0 t - 2\sqrt{m}\, \frac{\alpha_0}{\alpha} \sin \frac{\alpha_0}{\sqrt{m}} t\right) \\
& + \ldots\ldots\ldots\ldots \\
& + \frac{A_k}{\alpha^2 - k^2 m\alpha_0^2} \left(\cos k\alpha_0 t - \cos \frac{\alpha}{\sqrt{m}} t\right) \\
& + \frac{B_k}{\alpha^2 - k^2 m\alpha_0^2} \left(\sin k\alpha_0 t - k\sqrt{m}\, \frac{\alpha_0}{\alpha} \sin \frac{\alpha}{\sqrt{m}} t\right) \\
& + \ldots\ldots\ldots\ldots
\end{aligned}
$$

Wir wollen nun annehmen, dafs $k\alpha_0 = \frac{\alpha}{\sqrt{m}}$ wird, d. h. dafs die Dauer der k-ten erzwungenen Schwingung mit der Eigenschwingungsdauer übereinstimmt. Alsdann würden die mit k behafteten Glieder in der Reihe zunächst $\frac{0}{0}$, also unbestimmt. Wir setzen daher abkürzungsweise

$$
k\alpha_0 = \beta, \qquad \frac{\alpha}{\sqrt{m}} = \beta_1
$$

und dürfen damit für den k-ten Teilausschlag x_k schreiben

$$
-x_k = \frac{\frac{1}{m} A_k}{\beta^2 - \beta_1^2} (\cos \beta t - \cos \beta_1 t) + \frac{\frac{\alpha_0 k}{m} B_k}{\beta^2 - \beta_1^2} \left(\frac{\sin \beta t}{\beta} - \frac{\sin \beta_1 t}{\beta_1}\right)
$$

$$
= \frac{A_k}{m(\beta + \beta_1)} \, \frac{\cos \beta t - \cos \beta_1 t}{\beta - \beta_1} + \frac{\alpha_0 k}{m} \, \frac{B_k}{\beta + \beta_1} \, \frac{\frac{\sin \beta t}{\beta} - \frac{\sin \beta_1 t}{\beta_1}}{\beta - \beta_1}
$$

Gehen wir nunmehr zur Grenze über, so wird daraus mit $\beta = \beta_1$

$$-x_k = \frac{A_k}{2m\beta}\frac{d(\cos\beta t)}{d\beta} + \frac{\alpha_0 k B_k}{2m\beta}\frac{d\left(\frac{\sin\beta t}{\beta}\right)}{d\beta}$$

oder mit Rücksicht auf die Werte von $\beta = k\alpha_0$

$$x_k = \frac{t}{2mk\alpha_0}(A_k \sin k\alpha_0 t - B_k \cos k\alpha_0 t) + \frac{B_k}{2mk^2\alpha_0^2}\sin k\alpha_0 t \quad \ldots\ldots \quad (17)$$

Man erkennt hieraus, dafs die Amplitude im Falle der Resonanz ein mit der Zeit proportional wachsendes Glied besitzt, also auch die Ausschläge unbegrenzt anwachsen müssen. Den Wert unendlich erreichen sie allerdings erst nach unendlich langer Zeit, so dafs im Falle der Resonanz ohne Dämpfung ein periodischer Beharrungszustand überhaupt nicht existiert.

§ 30. Erzwungene Schwingungen mit Dämpfung.

Bestimmung der Schwingungsamplituden nach der Methode der unbestimmten Koeffizienten. Die Phasenverschiebung. Diskussion der Abhängigkeit der Schwingungsamplituden von der Periode der Eigenschwingungen.

Mit Berücksichtigung der Dämpfung schreibt sich die Gl. (1) des vorigen Paragraphen

$$m\frac{d^2x}{dt^2} + \varepsilon\frac{dx}{dt} + \alpha^2 x = P \quad \ldots\ldots \quad (1)$$

worin wir uns die Störungsfunktion P wiederum als periodische Funktion denken wollen. Wir zerlegen, wie im vorigen Paragraphen, den Ausschlag x wieder in zwei Teile $x = x' + x''$ und erhalten in derselben Weise die beiden Formeln

$$m\frac{d^2x'}{dt^2} + \varepsilon\frac{dx'}{dt} + \alpha^2 x' = 0 \quad \ldots\ldots \quad (2)$$

$$m\frac{d^2x''}{dt^2} + \varepsilon\frac{dx''}{dt} + \alpha^2 x'' = P \quad \ldots\ldots \quad (3)$$

von denen die erste auf Eigenschwingungen, die zweite auf die erzwungenen Schwingungen führt, welche sich aufeinander lagern. Den Verlauf der ersteren, welcher durch das Integral von (2) gegeben ist, dürfen wir nach den im § 28 vorgetragenen Untersuchungen als bekannt voraussetzen und wollen uns daher nur noch mit der Gl. (3) beschäftigen, welche, unter Einführung einer Fourierschen Reihe für P die Form

$$\left.\begin{aligned} m\frac{d^2x''}{dt^2}+\varepsilon\frac{dx''}{dt}+\alpha^2x'' = A_0 + A_1\cos\alpha_0 t + A_2\cos 2\alpha_0 t + \ldots \\ B_1\sin\alpha_0 t + B_2\sin 2\alpha_0 t + \ldots \end{aligned}\right\}\quad(3\text{a})$$

annimmt. Analog der früheren Entwicklung wenden wir auch hierauf die probeweise eingeführte Lösung

$$\left.\begin{aligned} x'' = C_0 + C_1\cos\alpha_0 t + C_2\cos 2\alpha_0 t + \ldots \\ + D_1\sin\alpha_0 t + D_2\sin 2\alpha_0 t + \ldots \end{aligned}\right\}\ .\ .\quad(4)$$

die Methode der unbestimmten Koeffizienten an, indem wir ihren ersten und zweiten Differentialquotienten in (3a) einsetzen. Dadurch erhalten wir

$$\left.\begin{aligned}
&-m\,(\alpha_0^2 C_1\cos\alpha_0 t + 4\,\alpha_0^2 C_2\cos 2\,\alpha_0 t + \ldots \\
&\qquad\qquad + k^2\alpha_0^2 C_k\cos k\alpha_0 t + \ldots) \\
&-m\,(\alpha_0^2 D_1\sin\alpha_0 t + 4\,\alpha_0^2 D_2\sin 2\,\alpha_0 t + \ldots \\
&\qquad\qquad + k^2\alpha_0^2 D_k\sin k\alpha_0 t + \ldots) \\
&+\varepsilon\,(\alpha_0 D_1\cos\alpha_0 t + 2\,\alpha_0 D_2\cos 2\,\alpha_0 t + \ldots \\
&\qquad\qquad + k\alpha_0 D_k\cos k\alpha_0 t + \ldots) \\
&-\varepsilon\,(\alpha_0 C_1\sin\alpha_0 t + 2\,\alpha_0 C_2\sin 2\,\alpha_0 t + \ldots \\
&\qquad\qquad + k\alpha_0 C_k\sin k\alpha_0 t + \ldots) \\
&+\alpha^2\,(C_1\cos\alpha_0 t + C_2\cos 2\,\alpha_0 t + \ldots \\
&\qquad\qquad + C_k\cos k\alpha_0 t + \ldots) \\
&+\alpha^2\,(D_1\sin\alpha_0 t + D_2\sin 2\,\alpha_0 t + \ldots \\
&\qquad\qquad + D_k\sin k\alpha_0 t + \ldots) \\
&+\alpha^2 C_0 = A_0 + A_1\cos\alpha_0 t + A_2\cos 2\,\alpha_0 t + \ldots \\
&\qquad\qquad + A_k\cos k\alpha_0 t + \ldots \\
&\qquad + B_1\sin\alpha_0 t + B_2\sin 2\,\alpha_0 t + \ldots \\
&\qquad\qquad + B_k\sin k\alpha_0 t + \ldots
\end{aligned}\right\}\ .\ (5)$$

Diese Gleichung kann aber für beliebige Werte von t nur bestehen, wenn nach Zusammenziehen der mit gleichen Winkelfunktionen behafteten Glieder die einzelnen Koeffizienten der Winkelfunktionen für sich verschwinden, d. h. wenn allgemein

$$(\alpha^2 - k^2 m\alpha_0^2)\,C_k + k\alpha_0\varepsilon D_k = A_k$$

$$(\alpha^2 - k^2 m\alpha_0^2)\,D_k - k\alpha_0\varepsilon C_k = B_k,$$

worin k der Reihe nach jede ganze positive Zahl bedeuten kann. Damit aber ergeben sich die Koeffizienten

$$\left.\begin{aligned} C_k &= \frac{(a^2 - k^2 m \alpha_0^2)\, A_k - k \alpha_0 \varepsilon B_k}{(a^2 - k^2 m \alpha_0^2)^2 + k^2 \alpha_0^2 \varepsilon^2} \\ D_k &= \frac{(a^2 - k^2 m \alpha_0^2)\, B_k + k \alpha_0 \varepsilon A_k}{(a^2 - k^2 m \alpha_0^2)^2 + k^2 \alpha_0^2 \varepsilon^2} \end{aligned}\right\} \quad . \; . \; . \quad (6)$$

Da die Nenner in diesen Formeln die Summe zweier Quadrate darstellen, so können dieselben niemals gänzlich verschwinden, d. h. es können die Koeffizienten C_k und D_k auch im Falle der Resonanz, nicht unendlich grofs werden. Ein gefährliches Anwachsen ist in diesem Falle nur dann zu befürchten, wenn der Dämpfungsfaktor sehr klein ausfällt.

Aus (6) erkennt man weiter, dafs die beiden Koeffizienten der k-ten erzwungenen Welle infolge der Dämpfung nicht aus denen der entsprechenden Welle der Störungsfunktion, der sog. erregenden Welle durch Multiplikation mit einem und demselben Faktor hergeleitet werden können, wie bei der dämpfungsfreien erzwungenen Schwingung, obwohl auch hier die Perioden vollkommen übereinstimmen. Um die Folgen dieser Tatsache zu übersehen, wollen wir die Ausdrücke für beide Schwingungen so umformen, dafs man die Amplituden und Phasen direkt entnehmen kann. Wir setzen zu diesem Zwecke

$$\begin{aligned} A_k \sin k \alpha_0 t + B_k \sin k \alpha_0 t &= a_k \sin k\,(\alpha_0 t + \beta_k) \\ C_k \cos k \alpha_0 t + D_k \sin k \alpha_0 t &= b_k \sin k\,(\alpha_0 t + \delta_k), \end{aligned}$$

worin

$$a_k = \sqrt{A_k^2 + B_k^2},$$

$$\cos k\beta_k = \frac{B_k}{\sqrt{A_k^2 + B_k^2}}, \qquad \sin k\beta_k = \frac{A_k}{\sqrt{A_k^2 + B_k^2}} \quad . \quad (7)$$

$$b_k = \sqrt{C_k^2 + D_k^2},$$

$$\cos k\delta_k = \frac{D_k}{\sqrt{C_k^2 + D_k^2}}, \qquad \sin k\delta_k = \frac{C_k}{\sqrt{C_k^2 + D_k^2}} \quad . \quad (8)$$

ist. Die Gröfsen a_k und b_k sind hier, wie schon in § 13 bemerkt wurde, die Amplituden, $k\beta_k$ und $k\delta_k$ die Phasen der beiden

Schwingungen. Setzen wir in die Ausdrücke (8) die Werte (6) ein, so erhalten wir für die Amplitude der erzwungenen Schwingung

$$b_k = \frac{\sqrt{A_k^2 + B_k^2}}{\sqrt{(\alpha^2 - k^2 m \alpha_0^2)^2 + k^2 \alpha_0^2 \varepsilon^2}} \quad \ldots \quad (8a)$$

also in Übereinstimmung mit der obigen Bemerkung einen Wert, der niemals unendlich grofs werden kann. Die Phase $k\delta_k$ ist bestimmt durch

$$\left.\begin{aligned} \cos k\delta_k &= \frac{(\alpha^2 - k^2 m \alpha_0^2) B_k + k \alpha_0 \varepsilon A_k}{\sqrt{(A_k^2 + B_k^2)((\alpha^2 - k^2 m \alpha_0^2)^2 + k^2 \alpha_0^2 \varepsilon^2)}} \\ \sin k\delta_k &= \frac{(\alpha^2 - k^2 m \alpha_0^2) A_k - k \alpha_0 \varepsilon B_k}{\sqrt{(A_k^2 + B_k^2)((\alpha^2 - k^2 m \alpha_0^2)^2 + k^2 \alpha_0^2 \varepsilon^2)}} \end{aligned}\right\} . \quad (8b)$$

und offenbar von $k\beta_k$ um so mehr verschieden, je gröfser der Dämpfungsfaktor ε ist. Die Dämpfung hat demnach eine Phasenverschiebung der erzwungenen Schwingung gegen die erregende im Betrage von $k(\beta_k - \delta_k)$ zur Folge, welche sich aus

$$\left.\begin{aligned} \cos k(\beta_k - \delta_k) &= \frac{\alpha^2 - k^2 m \alpha_0^2}{\sqrt{(\alpha^2 - k^2 m \alpha_0^2)^2 + k^2 \alpha_0^2 \varepsilon^2}} \\ \sin k(\beta_k - \delta_k) &= \frac{k \alpha_0 \varepsilon}{\sqrt{(\alpha^2 - k^2 m \alpha_0^2)^2 + k^2 \alpha_0^2 \varepsilon^2}} \end{aligned}\right\} . \; . \quad (9)$$

berechnen läfst. Für $\varepsilon = 0$, d. h. für dämpfungsfreie Schwingungen wird $\cos k(\beta_k - \delta_k) = 1$, die Phasenverschiebung also $\beta_k - \delta_k = 0$, während im Falle der Resonanz, d. h. für $\alpha^2 - k^2 m \alpha_0^2 = 0$

$$\cos k(\beta_k - \delta_k) = 0, \quad \sin k(\beta_k - \delta_k) = 1, \quad k\delta_k = k\beta_k + 90^0$$

wird, und die Amplitude (8a) den Wert

$$b_k = \frac{1}{k \alpha_0 \varepsilon} \sqrt{A_k^2 + B_k^2} = \frac{a_k}{k \alpha_0 \varepsilon} \quad \ldots \quad (10)$$

annimmt. Derselbe kann bei gegebenem ε nur dann eine gefährliche Gröfse erreichen, wenn das Produkt $k \alpha_0 \varepsilon$ klein ist, also im allgemeinen bei kräftiger Dämpfung nur für niedere Werte von k, oder Schwingungen mit relativ grofser Schwingungsdauer. Da nun die Amplituden der Errregerwellen höherer Ordnung, d. h. für gröfsere Werte von k in der Praxis fast stets sehr klein sind, so genügt es nahezu immer, nur den Einflufs der ersten Erregerwellen, z. B. diejenigen von $k = 1$ bis $k = 4$ auf die Amplitude der entsprechenden erzwungenen Wellen zu untersuchen, bezw. zu vermeiden, dafs für diese Wellen Resonanz eintritt.

Weiterhin verdient hervorgehoben zu werden, dafs die Formel (10) weder die Konstante α für die Eigenschwingungen, noch auch die Masse m enthält und daher eine bequeme Bestimmung des Dämpfungsfaktors ε ermöglicht. Besonders geeignet erscheint hiefür der Fall einer einzigen Erregerwelle, deren Periode man so lange verändern kann, bis Resonanzschwingungen sich einstellen. Die Phasenverschiebung nimmt hierbei, wenn man zunächst langsame Erregerwellen anwendet und allmählich deren Frequenz steigert, zu, erreicht im Falle der Resonanz den Wert 90° und wächst schliefslich für unendlich rasche

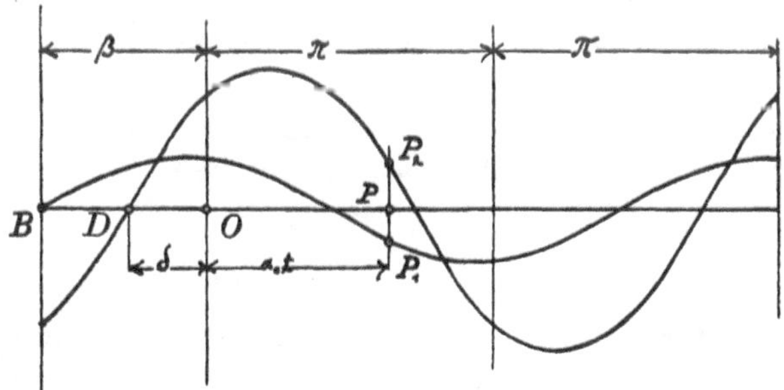

Fig. 108.

Erregerschwingungen bis auf 180°. Da $\sin k(\beta_k - \delta_k)$ nach Gl. (9) niemals negativ werden kann, so gilt dies auch für die Phasenverschiebung, d. h. die den Ordinaten einer Erregerwelle entsprechenden Schwingungsausschläge werden stets verspätet eintreten. Dieses Verhalten tritt besonders deutlich bei Aufzeichnung zweier derartiger Wellenzüge hervor (siehe Fig. 108). Hierin bedeutet O den der Zeit $t = 0$ entsprechenden Punkt auf der Abszissenachse der Wegkurve. Ist dann PP_1 eine Ordinate der Erregerwelle, so ist PP_2 der gleichzeitige Schwingungsausschlag. Da nun, wenn a und b die Amplituden, β und δ die Phasen bedeuten,

$$PP_1 = a \sin(\alpha_0 t + \beta), \quad PP_2 = b \sin(\alpha_0 t + \delta)$$

ist, so hat man die Phasen

$$OB = \beta, \qquad OD = \delta$$

von O aus nach links abzutragen. Man erkennt hieraus, dafs wegen $\beta > \delta$ der dem Punkte B der Erregerwelle entsprechende Anfang D der erzwungenen Schwingung stets nach rechts, d. h. im Sinne der positiven Zeitrichtung liegt, also verspätet erreicht wird.

Für diese einzige Erregerwelle kann man in den Gleichungen (6) bezw. (8a) $k = 1$ setzen, bezw. die Index weglassen und hat dann für die Amplitude der erzwungenen Schwingung

$$b = \frac{\sqrt{A^2 + B^2}}{\sqrt{(\alpha^2 - m\alpha_0^2)^2 + \varepsilon^2\alpha_0^2}} \quad . \quad . \quad . \quad . \quad . \quad (11)$$

Diese Formel erscheint besonders geeignet, bei gegebener Eigenschwingungsdauer, also auch vorgelegtem α und m die Abhängigkeit der Amplitude der erzwungenen Schwingung von α_0 zu verfolgen und graphisch darzustellen. Wir wollen dies im Zusammenhang mit der dämpfungsfreien Schwingung tun, für welche mit $\varepsilon = 0$ nach (11) übergeht in

$$b_0 = \frac{\sqrt{A^2 + B^2}}{\alpha^2 - m\alpha_0^2} \quad . \quad . \quad . \quad . \quad . \quad . \quad . \quad . \quad (11\text{a})$$

Tragen wir dann diesen Ausdruck als Funktion von $m\alpha_0^2$ auf, so ergibt sich für b_0 eine gleichseitige Hyperbel, deren vertikale Asymptote bei $m\alpha_0^2 = \alpha^2$ liegt. Gehen wir mit $m\alpha_0^2$ über diesen der Resonanz entsprechenden Wert hinaus, so wechselt b_0 sein Vorzeichen. Da indessen für die Amplitude infolge gleicher Ausschläge zu beiden Seiten der Ruhelage nur der Absolutwert in Frage kommt, so können wir auch die den Asymptoten entsprechenden beiden anderen Hyperbeläste unserem Diagramm (punktiert) einverleiben.

Die Amplitude b der gedämpften Schwingung (11) stimmt nun zunächst für $\alpha_0^2 = 0$, d. h. für den Wegfall der Erregerwelle mit derjenigen b_0 der ungedämpften Schwingung überein. Ihren Maximalwert erreicht sie, wie man durch Differentiation von (11) nach α_0^2 leicht erhält, für

$$OA = m\alpha_0^2 = \alpha^2 - \frac{\varepsilon^2}{2m}.$$

Weiterhin besitzt die Kurve der b zwei Wendepunkte zu beiden Seiten dieses Maximums und zwar in gleichen Abständen, nämlich für

$$m\alpha_0{}^2 = \alpha^2 - \frac{\varepsilon^2}{2m} \pm \sqrt{3\frac{\varepsilon^2}{m}\left(\alpha^2 + \frac{\varepsilon^2}{4m}\right)}$$

und nähert sich mit weiter wachsendem α_0 asymptotisch der Abszissenachse. Daraus geht hervor, dafs mit wachsender

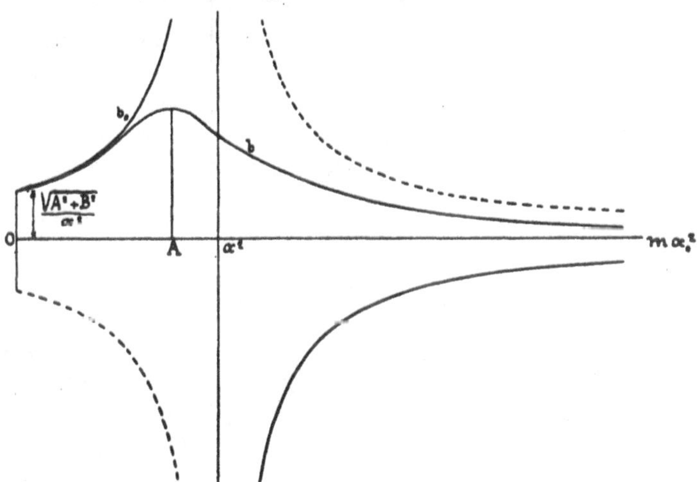

Fig. 109.

Frequenz der Erregerschwingung die Ausschläge der erzwungenen Schwingung zunächst bis zu einem Maximum ansteigen und dann wieder unbegrenzt abnehmen.

Man kann sich die Schwingungserscheinungen auch rückwärts aus dem Verlauf der Wegkurve recht gut verdeutlichen. Wir denken uns dieselbe gewonnen durch eine, von einem Uhrwerk gleichförmig gedrehte Papiertrommel, zu deren Bewegungsrichtung senkrecht ein mit der schwingenden Masse verbundener Schreibstift die Ausschläge x aufzeichnet. Der Einfachheit halber sei die so erhaltene Wegkurve eine Sinuslinie, deren Ordinaten x wir nur mit α^2 zu multiplizieren brauchen, um die elastische Kraft zu erhalten. Die erste Linie in Fig. 110 stelle nun schon diese Produkte $\alpha^2 x$ dar. Aus dem Verlaufe

15*

derselben ergibt sich durch Ableitung die **Geschwindigkeitskurve**, deren Ordinaten mit dem Dämpfungsfaktor ε, d. h. dem der Geschwindigkeit $v = 1$ entsprechenden Bewegungswiderstand, welchen wir uns experimentell ermittelt denken können, multipliziert die Widerstandskurve, darstellen. Aus der Geschwindigkeitskurve folgt schliefslich die Beschleunigungskurve $\frac{d^2 x}{d t^2}$, deren Ordinaten mit der schwingenden Masse selbst zu multiplizieren sind. Addiert man die Ordinaten aller drei Kurven gemäfs der Gl. (1) algebraisch, so ergibt sich die Störungsfunktion P, welche ebenfalls in die Figur aufgenommen wurde. Ist nun keine Dämpfung vorhanden, d. h. $\varepsilon = 0$, so erkennt man

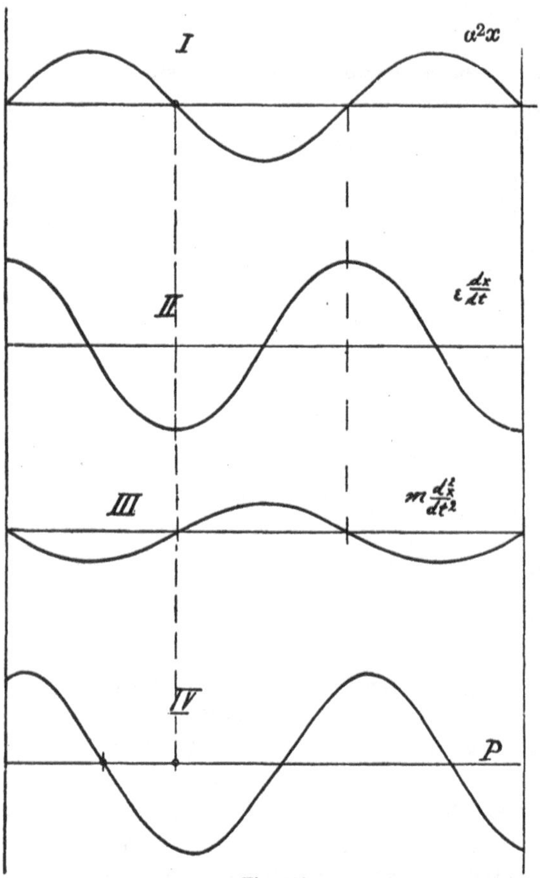

Fig. 110.

sofort, dafs sich P nur aus I und III zusammensetzen kann, also sich von der Wegkurve nur durch die Höhe der Ordinaten unterscheiden kann, ohne dafs eine Phasenverschiebung eintritt. Ebenso übersieht man sofort aus der Figur, dafs die Phasenverschiebung zwischen IV und I nur von der Dämpfungskurve II herrührt. Resonanz tritt ein, wenn die Kurven II und IV sich gerade decken, d. h. wenn die äufsere Kraft in jedem Moment genau dem Bewegungswiderstand gleich ist. Alsdann müssen auch die Ordinaten von *I* und *III* einander entgegengesetzt gleich sein, genau wie bei der freien ungedämpften Schwingung, für welche *II* und *IV* wegfallen.

§ 31. Die Wurfbewegung mit Luftwiderstand.

(Das ballistische Problem.)

Beschränkung auf das quadratische Widerstandsgesetz. Vertikale Auf- und Abwärtsbewegung und Bestimmung des Widerstandskoeffizienten. Die Gesetze des schiefen Wurfes. Die Gleichung flacher Flugbahnen. Berechnung eines Zahlenbeispiels mit Rücksicht auf die Unstetigkeit des Widerstandskoeffizienten.

Das Problem des schiefen Wurfes lediglich unter dem Einflufs der Erdbeschleunigung haben wir schon im § 10 erschöpfend behandelt und dann in § 18 festgestellt, dafs diese Bewegung durch die Erdrotation eine, wenn auch nur geringe Modifikation erfährt. Durch das Hinzutreten des Luftwiderstandes wird der ganze Verlauf der Erscheinung dagegen in so erheblicher Weise verändert, dafs eine vollständige Neubehandlung angebracht erscheint. Bei derselben wollen wir, wie schon in § 10, von dem nur geringen Einflusse der Erdrotation wiederum absehen und als Widerstandsgesetz die der Erfahrung entnommene Formel (siehe § 24 Gl. 4b)

$$W = k v^2 \quad \ldots \ldots \ldots \quad (1)$$

zu Grunde legen.

Der Untersuchung des schiefen Wurfes, also des eigentlichen ballistischen Problems, möge im Gegensatze zu § 10 eine Betrachtung des Verlaufes des freien Falles bezw. der Bewegung eines vertikal aufwärts geworfenen Körpers vorausgeschickt werden, da dieselbe einige bemerkenswerte Resultate ergibt und auf Analogien mit einer schon früher in § 26 behandelten Aufgabe führt. Auf den in vertikaler Richtung bewegten Körper von der Masse m wirkt stets nach unten die Erdbeschleunigung g, also die Kraft mg, dagegen in der der Bewegung entgegengesetzten Richtung der Luftwiderstand W, dessen Ausdruck (1) mit der Bewegungsumkehr sein Vorzeichen ebensowenig ändert wie etwa der Reibungswiderstand. Wir müssen daher ebenso wie bei der Behandlung des Schwingungsproblems mit gleitender Reibung die Auf- und Abwärtsbewegung für sich untersuchen. Für die **Aufwärtsbewegung** gilt alsdann die Gleichung

$$m\frac{dv}{dt} = -mg - kv^2 \quad \dots\dots \quad (2)$$

und für die **Abwärtsbewegung**

$$m\frac{dv}{dt} = -mg + kv^2 \quad \dots\dots \quad (3)$$

wobei wir den Weg sowohl wie auch die Geschwindigkeit nach oben positiv rechnen. Beide Formeln lassen sich durch die Substitution

$$\frac{k}{mg} = \frac{1}{k_0^2}$$

vereinfachen in

$$\frac{dv}{dt} = -g\left(1 + \frac{v^2}{k_0^2}\right) \quad \dots\dots \quad (2a)$$

$$\frac{dv}{dt} = -g\left(1 - \frac{v^2}{k_0^2}\right) \quad \dots\dots \quad (3a)$$

von denen die erste formell genau der Gl. (4c) in § 27 entspricht. Durch Integration von (2a) erhalten wir darum auch, unter c_1 die Anfangsgeschwindigkeit für $t = 0$ verstanden, wie dort

$$\frac{gt}{k_0} = \operatorname{arctg}\frac{c_1}{k_0} - \operatorname{arctg}\frac{v}{k_0} \quad \dots\dots \quad (4)$$

oder umgekehrt

$$v = k_0 \frac{c_1 - k_0 \operatorname{tg}\frac{gt}{k_0}}{k_0 + c_1 \operatorname{tg}\frac{gt}{k_0}} = k_0 \frac{c_1 \cos\frac{gt}{k_0} - k_0 \sin\frac{gt}{k_0}}{c_1 \sin\frac{gt}{k_0} + k_0 \cos\frac{gt}{k_0}} \quad . \quad (5)$$

Dieser Ausdruck verschwindet, d. h. der Körper kommt im höchsten Punkte zur Ruhe für

$$\operatorname{tg}\frac{gt}{k_0} = \frac{c_1}{k_0} \quad \dots\dots \quad (4a)$$

woraus sich die **Steigzeit** zu

$$t_1 = \frac{k_0}{g}\operatorname{arctg}\frac{c_1}{k_0} \quad \dots\dots \quad (4b)$$

ergibt. Der vom Körper zurückgelegte Weg y folgt aus (5) durch Integration

$$y = \frac{k_0^2}{g} \lg n \left(\frac{c_1}{k_0} \sin \frac{g\,t}{k_0} + \cos \frac{g\,t}{k_0} \right) \quad . \quad . \quad . \quad . \quad . \quad (6)$$

Multipliziert man andererseits Gl. (2a) beidseitig mit

$$v = \frac{d\,y}{d\,t},$$

so geht dieselbe über in

$$d\,y = -\frac{v\,d\,v}{g\left(1 + \frac{v^2}{k_0^2}\right)}$$

und führt durch Integration mit $v = c_1$ für $y = 0$ auf

$$y = \frac{k_0^2}{2\,g} \lg n \left(\frac{k_0^2 + c_1^2}{k_0^2 + v^2} \right) \quad . \quad . \quad . \quad . \quad . \quad . \quad (6a)$$

Für die Steighöhe $y = h$ ergibt sich hieraus mit $v = 0$

$$h = \frac{k_0^2}{2\,g} \lg n \left(\frac{k_0^2 + c_1^2}{k_0^2} \right) \quad . \quad . \quad . \quad . \quad . \quad (6b)$$

Eliminiert man schliefslich aus (4a) und (6b) die nicht direkt zu beobachtende Anfangsgeschwindigkeit c_1, so erhält man eine Formel

$$\cos \frac{g\,t_1}{k_0} = e^{-\frac{g\,h}{k_0^2}} \quad . \quad . \quad . \quad . \quad . \quad . \quad . \quad (7)$$

welche die Bestimmung des Widerstandskoeffizienten k_0 aus der Steighöhe h und der Steigzeit t_1 durch Probieren gestattet. Dabei wird man am bequemsten so verfahren, dafs man die Kosinuslinie und die Exponentialkurve für verschiedene Werte von k_0 punktweise konstruiert und die Schnitte beider ermittelt (Fig. 111). Deren Zahl ist dem transzendenten Charakter der Gl. (7) entsprechend unendlich grofs, so dafs also eine ebensolche Anzahl von Werten für k_0 der Steighöhe h und Steigzeit t_1 genügt. Diese scheinbar paradoxe Tatsache erklärt sich leicht dadurch, dafs jedem dieser Werte eine andere Anfangsgeschwindigkeit c_1 entspricht.

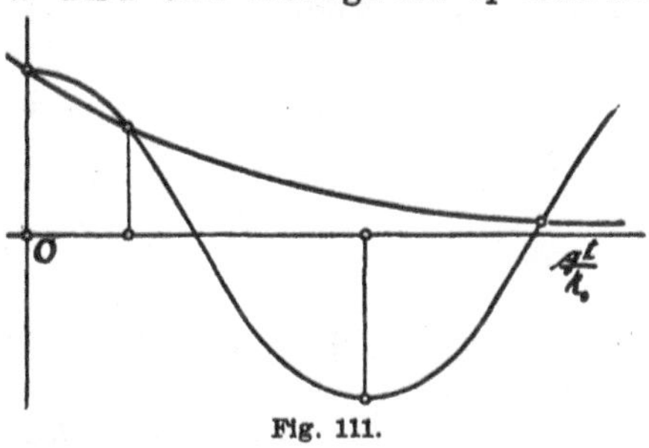

Fig. 111.

Für das Herabfallen des Körpers gilt nunmehr die Gl. (3) bezw. (3a), deren Integration durch Partialbruchzerlegung gelingt und auf

$$\frac{2gt}{k_0} = \lg n\left(\frac{k_0+c_2}{k_0-c_2}\cdot\frac{k_0-v}{k_0+v}\right) \quad \ldots\ldots \quad (8)$$

führt, worin c_2 die vertikal nach unten gerichtete Anfangsgeschwindigkeit bedeutet. Daraus folgt aber auch durch Umkehrung

$$v = k_0\frac{1-\frac{k_0-c_2}{k_0+c_2}e^{\frac{2gt}{k_0}}}{1+\frac{k_0-c_2}{k_0+c_2}e^{\frac{2gt}{k_0}}} = k_0\frac{(k_0+c_2)\,e^{-\frac{gt}{k_0}}-(k_0-c_2)\,e^{+\frac{gt}{k_0}}}{(k_0+c_2)\,e^{-\frac{gt}{k_0}}+(k_0-c_2)\,e^{+\frac{gt}{k_0}}} \quad (8a)$$

War h die Fallhöhe, welcher zur Zeit $t=0$ die Anfangsgeschwindigkeit c_2 entsprach, so ergibt sich durch Integration hieraus der Abstand y vom Boden zu

$$y-h = \frac{k_0^2}{g}\lg n\left\{\frac{2k_0}{(k_0-c_2)\,e^{+\frac{gt}{k_0}}+(k_0+c_2)\,e^{-\frac{gt}{k_0}}}\right\} \quad . \quad (9)$$

und daraus die Fallhöhe selbst für $y=0$

$$h = \frac{k_0^2}{g}\lg n\left\{\frac{(k_0-c_2)\,e^{+\frac{gt}{k_0}}+(k_0+c_2)\,e^{-\frac{gt}{k_0}}}{2k_0}\right\} \quad . \quad (9a)$$

Multipliziert man dagegen wieder die Gl. (3a) beidseitig mit $v=\frac{dy}{dt}$, so ergibt die Integration direkt

$$h-y = \frac{k_0^2}{2g}\lg n\left(\frac{k_0^2-c_2^2}{k_0^2-v^2}\right) \quad \ldots\ldots \quad (9b)$$

bezw. für die Fallhöhe h mit $y=0$ und der Endgeschwindigkeit v_0

$$h = \frac{k_0^2}{2g}\lg n\left(\frac{k_0^2-c_2^2}{k_0^2-v_0^2}\right) \quad \ldots\ldots \quad (9c)$$

Um an den vorher behandelten Fall des Aufsteigens anzuknüpfen und die Abwärtsbewegung desselben Körpers zu untersuchen, haben wir nur in diesen Formeln die Anfangsgeschwindigkeit $c_2=0$ zu setzen. Wir erhalten sodann für die Fallzeit

$$t_2 = \frac{k_0}{2g} \lg n \left(\frac{k_0 - v_0}{k_0 + v_0}\right) \quad . \quad . \quad . \quad . \quad . \quad . \quad . \quad (8b)$$

und für die Fallhöhe

$$h = \frac{k_0^2}{2g} \lg n \left(\frac{k_0^2}{k_0^2 - v_0^2}\right) \quad . \quad . \quad . \quad . \quad . \quad . \quad (9d)$$

Eliminiert man aus diesen beiden Formeln die Endgeschwindigkeit, so gelangt man zur Bestimmung von k_0 auf die Gleichung

$$e^{+\frac{g t_2}{k_0}} + e^{-\frac{g t_2}{k_0}} = 2 e^{\frac{g h}{k_0^2}} \quad . \quad . \quad . \quad . \quad . \quad . \quad (10)$$

Trägt man die rechte und linke Seite derselben als getrennte Kurven auf (Fig. 113), so ergeben sich zwei Schnittpunkte, von denen der dem Werte $\frac{1}{k_0} = 0$ entsprechende unbrauchbar ist, während der andere den gesuchten Wert für k_0 ergibt.

Aus der Formel (8a) folgt weiter, dafs die beim Fallen stets als negativ zu betrachtende Geschwindigkeit sich mit unbegrenzt wachsender Zeit dem Werte $v = k_0$ nähert, aber erst für $t = \infty$ denselben erreicht. Dieser Wert stellt auch das absolute Maximum der Geschwindigkeit v dar, da für denselben in (3a) die Beschleunigung verschwindet. Die Fallbewegung geht demnach bei sehr grofser Fallhöhe in eine nahezu gleichförmige Bewegung über. Von der Richtigkeit dieser Schlufsfolgerungen kann man sich durch Versuche mit Fallschirmen überzeugen, welche von Luftballons aus bedeutender Höhe herabgelassen werden.

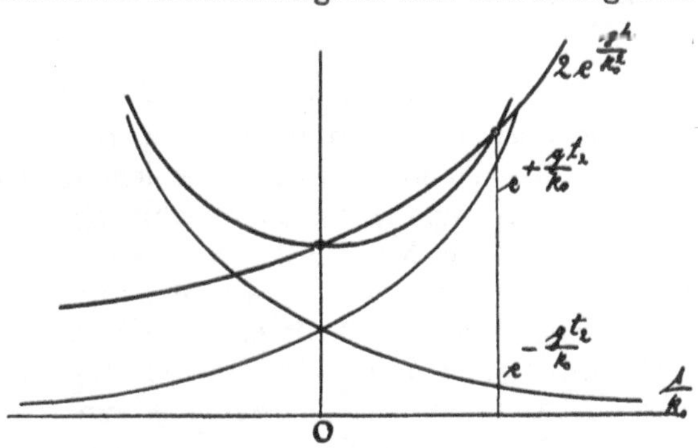

Fig. 112.

Unsere Formeln müssen natürlich auch für die Vertikalbewegung ohne Luftwiderstand gültig bleiben, d. h. für $k = 0$ oder $k_0 = \infty$ in die entsprechenden Gleichungen übergehen. Würde man diesen Grenzwert in die Gl. (6a) bezw. (9b) direkt einführen, so würde man zu unbestimmten Ausdrücken von der Form 0 : 0 gelangen. Setzt man dagegen zunächst für sehr grofse k^2_0

$$e^{\frac{2gy}{k_0^2}} = 1 + \frac{2gy}{k_0^2},$$

so folgt aus (6a) für die aufsteigende Bewegung

$$c_1^2 - v^2 = 2gy\left(1 + \frac{v^2}{k_0^2}\right)$$

und schliefslich für $k_0 = \infty$ die bekannte Elementarformel

$$c_1^2 - v^2 = 2gy.$$

Auf dieselbe Weise gelangt man für die Fallbewegung von der Höhe h bis y von der Gl. (9b) zu

$$v^2 - c_2^2 = 2g(h - y)\left(1 - \frac{v^2}{k_0^2}\right)$$

bezw. für $k_0 = \infty$ zu

$$v^2 - c_2^2 = 2g(h - y).$$

Wir gehen nunmehr zur Untersuchung des schiefen Wurfes über. Da es sich hier um eine krummlinige Bewegung im Gegensatze zu der eben besprochenen geradlinigen handelt, so haben wir für die Komponenten der Beschleunigung zwei Gleichungen anzusetzen. Welches Koordinatensystem wir diesen Komponenten zu Grunde legen wollen, ist natürlich gleichgültig, ja wir dürfen sogar, wenn sich daraus eine Vereinfachung ergibt, zwei nicht zueinander senkrechte Beschleunigungskomponenten benutzen. Man erkennt nun sofort, dafs zunächst in der Horizontalrichtung, in die wir die x-Achse der Bewegung uns gelegt denken, lediglich eine Komponente des Luftwiderstandes und zwar verzögernd wirkt, so zwar, dafs, unter k den Widerstandskoeffizienten und τ den Neigungswinkel der Bahn gegen den Horizont verstanden, die Gleichung

$$m\frac{d^2x}{dt^2} = -kv^2\cos\tau \quad \ldots \ldots \ldots \quad (11)$$

besteht. Führen wir in dieser Formel das Bahnelement ds und die Horizontalkomponente v_x der Bahngeschwindigkeit v ein,

$$v_x = \frac{dx}{dt} = \frac{dx}{ds} \cdot v = v\cos\tau$$

so können wir statt (11) auch schreiben

$$\frac{d v_x}{v_x} = -\frac{k}{m} d s,$$

woraus sich durch Integration

$$v_x = c e^{-\frac{k}{m} s} \quad . \quad . \quad . \quad . \quad . \quad . \quad . \quad . \quad (12)$$

ergibt, wenn c die Horizontalkomponente der Anfangsgeschwindigkeit entsprechend $s = 0$ bedeutet. Nach dieser Gleichung kann v_x nur für $s = \infty$ verschwinden, d. h. **die gesuchte Bahn besitzt eine vertikale Asymptote,** deren Abstand vom Ausgangspunkte O allerdings aus unserem Resultat (12) noch nicht zu entnehmen ist. Wir müssen vielmehr zur weiteren Verfolgung unseres Problems eine zweite Differentialgleichung zu Hilfe nehmen und wählen hiezu der einfachen Form wegen den Ausdruck für die Normalbeschleunigung (Fig. 113)

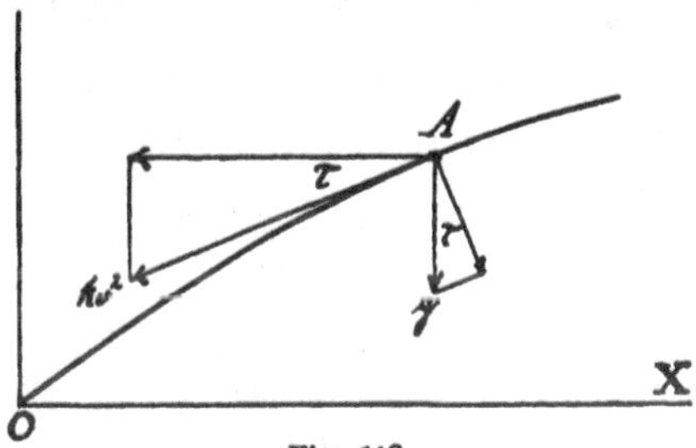

Fig. 113.

$$\frac{v^2}{\varrho} = g \cos \tau \quad . \quad . \quad . \quad . \quad . \quad . \quad . \quad . \quad . \quad (13)$$

worin ϱ den Krümmungsradius bedeutet. Damit haben wir auch die Beschleunigung der Schwere g eingeführt, die zu der Horizontalbeschleunigung (11) naturgemäfs keinen Beitrag lieferte. Den Krümmungsradius ersetzen wir weiterhin durch den Differentialquotienten

$$\varrho = -\frac{d s}{d \tau},$$

dessen negatives Vorzeichen durch die Abnahme des Neigungswinkels der Bahn auf dem ansteigenden Aste der Kurve bedingt ist und erhalten alsdann aus (13)

$$v^2 = -g \frac{d s}{d \tau} \cos \tau \quad . \quad . \quad . \quad . \quad . \quad . \quad (13a)$$

oder nach Multiplikation mit $\cos^2 \tau$ und Einführung der Horizontalgeschwindigkeit $v \cos \tau = v_x$

$$v_x^2 = -g \frac{ds}{d\tau} \cos^3 \tau \quad . \quad . \quad . \quad . \quad . \quad . \quad (13b)$$

Mit (12) geht diese Gleichung über in

$$c^2 \frac{d\tau}{\cos^3 \tau} = -g e^{\frac{2k}{m}s} ds \quad . \quad . \quad . \quad . \quad . \quad (14)$$

deren Integration von $s = 0$ bis s

$$\frac{c^2}{g} \left\{ \frac{\sin \tau}{\cos^2 \tau} + \lg n \operatorname{tg} \left(\frac{\pi}{4} + \frac{\tau}{2} \right) - C \right\} = \frac{m}{k} \left(1 - e^{2\frac{k}{m}s} \right) \quad (15)$$

ergibt. Die Konstante C ist hierin für $s = 0$ durch den **Elevationswinkel** τ_0 bestimmt, so zwar, daſs

$$C = \frac{\sin \tau_0}{\cos^2 \tau_0} + \lg n \operatorname{tg} \left(\frac{\pi}{4} + \frac{\tau_0}{2} \right) \quad . \quad . \quad . \quad . \quad (15a)$$

wird. Denkt man sich übrigens die Bahn über den Anfangspunkt hinaus rückwärts festgesetzt, so erkennt man, daſs für $s = -\infty$ in Gl. (15) die Exponentialgröſse verschwindet und der Neigungswinkel der Bahn einem durch

$$\frac{\sin \tau_1}{\cos^2 \tau_1} + \lg n \operatorname{tg} \left(\frac{\pi}{4} + \frac{\tau_1}{2} \right) = C + \frac{mg}{kc^2} \quad . \quad . \quad . \quad (15b)$$

bestimmten Winkel τ_1 sich nähert, d. h. also, **daſs auch dieser Zweig der Bahn eine — allerdings schräg liegende — Asymptote besitzt.** Erinnert man sich nun der vertikalen Asymptote des absteigenden Astes der Bahn, so erkennt man, daſs die beiden Äste analog der Bahn auf der schiefen Ebene (§ 26) jedenfalls nicht symmetrisch zu einer vertikalen Geraden liegen können (Fig. 114). Eliminiert man ferner aus den Gl. (13a) und (14) das Verhältnis $ds : d\tau$, so ergibt sich die **Bahngeschwindigkeit**

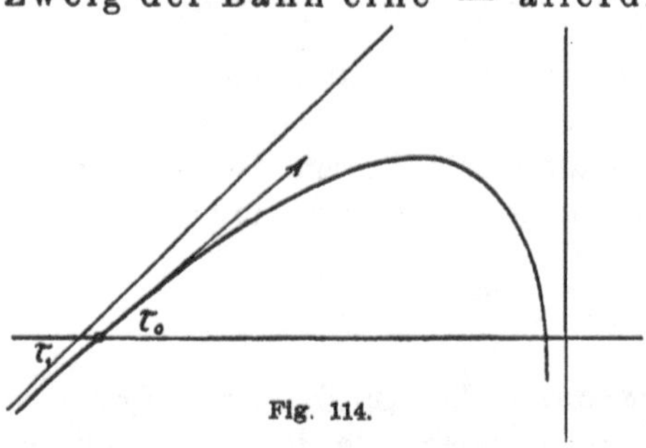

Fig. 114.

$$v = \frac{c}{\cos \tau} e^{-\frac{ks}{m}} \quad . \quad . \quad . \quad . \quad . \quad . \quad . \quad (16)$$

Dieser Ausdruck wird für $\tau = -90^0$ und $s = \infty$ unbestimmt. Differenziert man ihn jedoch in Zähler und Nenner nach τ und entfernt schliefslich vor dem Einsetzen der Grenzwerte den Exponentialausdruck durch Gl. (14), so ergibt sich die Grenzgeschwindigkeit zu

$$v_\infty = \sqrt{\frac{mg}{k}} \quad \ldots \ldots \ldots \quad (16a)$$

ein Wert, der mit dem oben für den freien Fall eingeführten k_0 identisch ist. Wir haben also auch hier einen Übergang zur gleichförmigen Bewegung vor uns, bei der der Luftwiderstand kv^2_∞ dem Körpergewichte mg das Gleichgewicht hält.

Um schliefslich noch die Bahn selbst beschreiben zu können, müssen wir auf die Elementarformeln

$$dx = ds \cos\tau\,, \qquad dy = ds \sin\tau$$

zurückgreifen und das Bogendifferential ds durch $d\tau$ aus (14) ersetzen. Dies führt auf die beiden Formeln

$$\left.\begin{aligned} dx &= -\frac{c^2}{g}\,\frac{e^{-\frac{2ks}{m}}}{\cos^2\tau}\,d\tau \\ dy &= -\frac{c^2}{g}\,\frac{e^{-\frac{2ks}{m}}\sin\tau}{\cos^3\tau}\,d\tau \end{aligned}\right\} \quad \ldots \ldots \quad (19)$$

welche nach Einsetzen der Exponentialgröfse aus (15) graphisch, d. h. mit Hilfe des Planimeters integriert werden können. Auch die jedem Punkte xy bezw. jedem Winkel τ zugehörige Zeit ergibt sich mit (16) aus

$$dt = \frac{ds}{v} = \frac{1}{c}\,e^{\frac{ks}{m}} \cos\tau\,\frac{ds}{d\tau}\,d\tau$$

oder wegen (14)

$$dt = -\frac{c}{g}\,\frac{e^{-\frac{ks}{m}}}{\cos^2\tau}\,d\tau \quad \ldots \ldots \ldots \quad (18)$$

auf dieselbe Weise. Die weitere Verfolgung des Problems erstreckt sich nun vorwiegend auf Näherungsmethoden zur Berechnung und Konstruktion der ballistischen Kurve, deren Ergebnisse in sog. Schufstafeln für verschiedene Zielweiten und

Anfangsgeschwindigkeiten zusammengefaſst sind. Hierüber gibt das schon früher zitierte »Kompendium der äuſseren Ballistik« von Cranz eingehende Auskunft.

Wir wollen die Bahnbestimmung nur für den praktisch wichtigsten Fall flacher Flugbahnen durchführen, bei denen sich die Bogenlänge s nur wenig von der zugehörigen Abszisse x unterscheidet. Alsdann dürfen wir statt Gl. (12) auch schreiben

$$v_x = c\,e^{-\frac{kx}{m}} \quad \ldots\ldots\ldots \quad (12a)$$

Setzen wir hierin $v_x = dx : dt$ und integriert, so folgt sofort

$$\frac{kc}{m}\,t = e^{\frac{kx}{m}} - 1$$

oder

$$x_1 = \frac{m}{k} \lg n \left(1 + \frac{kc}{m}\,t\right) \quad \ldots\ldots\ldots \quad (19)$$

bezw. mit (12a)

$$v_x = \frac{c}{1 + \frac{kc}{m}\,t} \quad \ldots\ldots\ldots \quad (20)$$

Der vernachlässigbare Unterschied zwischen x und s hat nun weiter zur Folge, daſs der Neigungswinkel der Bahn überall als klein betrachtet und

$$\cos\tau \sim 1$$

gesetzt werden darf. Damit wird zunächst aus (13) mit Rücksicht auf $ds = dx$

$$v_x^2 = \varrho g = -g\,\frac{dx}{d\tau} \quad \ldots\ldots\ldots \quad (13c)$$

Andererseits folgt aber aus $dy = dx \operatorname{tg} \tau$

$$\frac{d^2y}{dx^2} = \frac{1}{\cos^2\tau}\,\frac{d\tau}{dx} \sim \frac{d\tau}{dx}$$

so daſs (13c) mit (12a) übergeht in

$$\frac{d^2y}{dx^2} = -\frac{g}{v_x^2} = -\frac{g}{c^2}\,e^{\frac{2k}{m}x} \quad \ldots\ldots\ldots \quad (21)$$

Diese Gleichung ist nunmehr sofort integrabel. Sie ergibt zunächst den Neigungswinkel der Bahn als Funktion der Abszisse

$$\frac{dy}{dx} = \operatorname{tg}\tau = \operatorname{tg}\tau_0 + \frac{g}{c^2}\,\frac{m}{2k}\left(1 - e^{\frac{2k}{m}x}\right) \quad \ldots \quad (22)$$

wobei die Integrationskonstante $\operatorname{tg} \tau_0$ dem Elevationswinkel (für $x = 0$) entspricht. Eine zweite Integration ergibt dann die Bahngleichung

$$y = x \operatorname{tg} \tau_0 - \frac{g}{c^2} \frac{m^2}{4k^2} \left(e^{\frac{2kx}{m}} - 1 - \frac{2k}{m} x \right) \quad . \quad . \quad (23)$$

welche es erlaubt, aus den Koordinaten $x_1 y_1$ des Zieles bei gegebener Anfangsgeschwindigkeit den Elevationswinkel τ_0 zu berechnen. Wenn man im Gegensatz zu der widerstandsfreien Wurfbewegung [§ 10, Gl. (8)] hier nur einen Wert für τ_0 erhält, so liegt das daran, dafs die soeben entwickelte Näherungsformel nur für den Kernschufs gilt, während der Bombenschufs ausdrücklich durch die Annahme, dafs $\cos \tau \backsim 1$ wird, ausgeschlossen bleibt.

Für kleine Werte des Quotienten $k : m$ kann man die Formel (23) noch weiter vereinfachen und zwar durch Entwicklung der Exponentialgröfse in eine Potenzreihe und Vernachlässigung der höheren Potenzen. Man erhält so

$$e^{\frac{2kx}{m}} - 1 - \frac{2k}{m} x = \frac{1}{2!} \left(\frac{2kx}{m} \right)^2 + \frac{1}{3!} \left(\frac{2kx}{m} \right)^3 + \ldots$$

also

$$y = x \operatorname{tg} \tau_0 - \frac{g}{2c^2} x^2 - \frac{g}{3c^3} \frac{k}{m} x^3 - \ldots \quad . \quad . \quad . \quad (23a)$$

Mit $k = 0$ wird hieraus wieder die Gleichung der Wurfparabel (§ 10), wenn in derselben $\cos \tau_0 = 1$ gesetzt wird. Bricht man die Reihe (23a) mit dem dritten Gliede ab, so stellt die Gleichung die Differenz der Ordinaten y_1 eine gewöhnliche und y_2 eine kubische Parabel dar, aus denen mithin leicht die gestreckte Flugbahn angenähert konstruiert werden kann (Fig. 115).

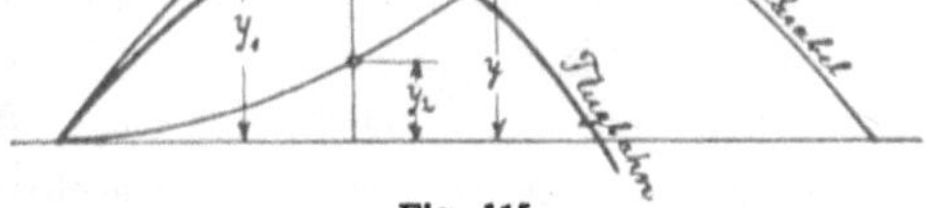

Fig. 115.

Die zahlenmäfsige Verwertung der vorstehenden Resultate setzt naturgemäfs die Kenntnis des Widerstandskoeffizienten k voraus, der seinerseits aus Schiefsversuchen mit Hilfe unserer Formeln zu bestimmen ist. Die Zahl der hierauf bezüglichen Untersuchungen ist recht umfassend, wie man aus dem schon erwähnten Werke von Cranz ersehen kann. Besonders bemerkenswert erscheint noch der Umstand, dafs der Koeffizient k beim Überschreiten der Schallgeschwindigkeit (ca. 333 m) ein starkes Anwachsen[1]) zeigt und erst dann wieder als konstant betrachtet werden darf. Aufserdem ist derselbe noch abhängig von dem zur Bewegungsrichtung senkrechten Querschnitt des Körpers und der Dichte der Luft. Bezeichnet man das spezifische Gewicht derselben, d. h. das Gewicht von 1 cbm mit γ, den Querschnitt in Quadratmetern mit F, so hat man (da für eine normale Temperatur von $+15^{\circ}$ und einen Barometerstand von 750 mm Quecksilbersäule das spezifische Gewicht der Luft 1,206 kg beträgt) zu setzen

$$k_1 = 0{,}014 \frac{\gamma}{1{,}206} F \text{ für } v < 333 \text{ m/sek}$$

$$k_2 = 0{,}039 \frac{\gamma}{1{,}206} F \text{ für } v > 333 \text{ m/sek.}$$

Diese Ausdrücke bestehen übrigens, da auch die Form des bewegten Körpers von Einflufs ist, nur für moderne Geschosse, welche aus einem zylindrischen und einem zugespitzten Teile bestehen. Wird ein solches Projektil mit einer anfänglichen Geschwindigkeit $c < 333$ m/sek abgefeuert, so gelten, da die Geschwindigkeit nur abnehmen kann, mit k_1 unmittelbar die oben entwickelten Gleichungen. Bei gröfserer Anfangsgeschwindigkeit ist dagegen mit k_2 erst der Punkt zu ermitteln, für welchen $v = 333$ m/sek geworden ist, und von da ab mit k_1 weiter zu rechnen. Bei flacher Bahn geht man darum von Gl. (20) aus, bestimmt mit dieser die Zeit innerhalb welcher die Schallgeschwindigkeit erreicht wurde, darauf aus (19) die zugehörige Abszisse, aus (22) die Neigung der Bahn und schliefslich aus (23) die Ordinate dieses Übergangspunktes.

Es werde z. B. eine Granate vom Gewichte 98,1 kg, also der Masse $m = 10$ und dem Durchmesser von 20 cm abgefeuert. Ist dann das spez. Gewicht der Luft $\gamma = 1{,}206$, so ergeben sich für dieses Projektil die beiden Koeffizienten

$$k_1 = 0{,}00044 \text{ und } k_2 = 0{,}00123.$$

Wir wollen nun zunächst eine Anfangsgeschwindigkeit von $c = 666$ m/sek voraussetzen und erhalten sodann für die bis zur Abnahme auf die Schallgeschwindigkeit verflossene Zeit bei flacher Flugbahn aus Gl. (20) mit k_2 und $v_x = 333$ m

$$t_1 = 12{,}77 \text{ Sek.}$$

---

[1]) Siehe Cranz a. a. O. S. 39.

Weiter ergibt sich aus (19) die zugehörige Abszisse

$$x_1 = \frac{m}{k} \lg n\, 2 = 5635 \text{ m}$$

Der Neigungswinkel τ_1 der Bahn in dem betrachteten Punkte folgt damit aus (22) zu

$$\operatorname{tg} \tau_1 = \operatorname{tg} \tau_0 - 0{,}27.$$

Da $0{,}27 = \operatorname{tg} 14^0$ ist, so würde die Abszisse x_1 dem Bahnscheitel (d. i. $\operatorname{tg} \tau_1 = 0$) zugehören, wenn das Geschofs mit einer Elevation von $\tau_0 = 14^0$ abgefeuert worden wäre. Die zugehörige Ordinate folgt dann noch aus (23) durch Einsetzen der bisher erhaltenen Werte

$$y_1 = x_1 \operatorname{tg} \tau_0 - 590 \text{ m}$$

Mit $\operatorname{tg} \tau_0 = 0{,}27$ ergibt sich somit die Scheitelhöhe der Flugbahn

$$y_1 = 5635 \cdot 0{,}27 - 590 = 931 \text{ m}.$$

Die weitere Behandlung der Aufgabe, insbesondere die Ermittelung der Schufsweite, würde die Auflösung der Gl. (23) nach x und zwar unter Benutzung des Koeffizienten k_1 erfordern, was am bequemsten auf graphischem Wege durch Aufzeichnen der Wurflinie selbst erfolgt. Dies gilt auch für den Verlauf des mit höherer Geschwindigkeit ent sprechend k_2 durchlaufenen Zweiges.

§ 32. Der Antrieb und die Bewegungsgröfse.

Entstehung von Bewegungen. Das Zeitintegral der Kraft, Antrieb oder Impuls. Die Bewegungsgröfse. Der Stofs und die Momentankraft; Rückstofs. Anwendung auf Geschütze und das ballistische Pendel.

Bei einigen von uns untersuchten Bewegungsproblemen gingen wir von einer Anfangsgeschwindigkeit des betrachteten Körpers aus, ohne indessen die Frage nach dem Entstehen dieser Geschwindigkeit zu stellen. Handelt es sich um eine Erscheinung von begrenzter Dauer, z. B. um die im vorigen Paragraphen besprochene Wurfbewegung, bei welcher das Geschofs den Ruhezustand verläfst und, wenn auch an einem anderen Orte, wieder in denselben übergeht, so bleibt unsere Lösung ohne die Untersuchung dieser beiden Übergänge unvollständig. Jedenfalls haben wir es beim ersten Übergang mit einer beschleunigenden Kraft, beim zweiten dagegen mit einem (verzögernden) Widerstande zu tun, welche beide während des eigentlichen Bewegungsvorganges unwirksam sind. Nennen wir die Kraft P, die gleichgerichtete Geschwindigkeit v, und die Masse des Körpers wieder m, so besteht zunächst die Definitionsgleichung

$$P = m\frac{dv}{dt} \quad . \quad . \quad . \quad . \quad . \quad . \quad . \quad . \quad (1)$$

Aus derselben folgt aber sofort, wenn bei Beginn der Zeitrechnung, d. h. für $t = 0$ der Körper in Ruhe war,

$$\int_0^t P\,dt = mv \quad . \quad . \quad . \quad . \quad . \quad . \quad . \quad . \quad (2)$$

In dieser Formel bezeichnet man nun die linke Seite, welche ein Zeitintegral der Kraft darstellt, als den Antrieb oder den Impuls derselben, während die rechte Seite die Bewegungsgröſse des Körpers heiſst. Hatte der Körper vor der Einwirkung der Kraft P schon eine Geschwindigkeit v_0, so haben wir statt (2)

$$\int_0^t P\,dt = m(v - v_0) \quad . \quad . \quad . \quad . \quad . \quad . \quad (2a)$$

worin die rechte Seite die Änderung der Bewegungsgröſse angibt. Der Wert dieser Gleichungen tritt nun besonders im Falle der zeitweiligen Berührung zweier Körper hervor, wobei die an einem Körper wirksame Kraft P der von diesem auf den andern ausgeübten P' nach dem Satze von der Wirkung und Gegenwirkung in jedem Momente gerade entgegengesetzt gleich ist. Haben wir aber für den zweiten Körper m' die Gleichung

$$\int_0^t P'\,dt = m'(v' - v_0'),$$

worin v_0' die anfängliche und v' die Geschwindigkeit nach Aufhören der Kraftwirkung P' bedeutet, so ergibt deren Addition zu (2a) wegen $P + P' = 0$

$$m(v - v_0) + m'(v' - v_0') = 0 \quad . \quad . \quad . \quad . \quad (3)$$

Diese Beziehung gilt auch dann noch uneingeschränkt, wenn die Zeitdauer der Berührung von m und m' eine so kurze ist, daſs sie sich unserer Beobachtung entzieht. In diesem Falle spricht man von einem Stoſse der beiden Körper und bezeichnet die hierbei wirksame Kraft, deren Zeitintegral nach Gl. (2) bezw. (2a) für $t = 0$ den rechtsstehenden Grenzwert annimmt, wohl auch als eine Momentankraft. Dieser Begriff spielt vorwiegend in mathematischen Schriften eine Rolle, während die Physiker und Techniker davon keinen Gebrauch machen. Mit

Hilfe der Beziehung (3) können wir nunmehr leicht die Entstehung der Bewegung eines Körpers, z. B. eines Geschosses, verfolgen. Dasselbe befindet sich zunächst im Geschütze und mit diesem im Ruhezustande. Infolge der Explosion wird es hinausgeschleudert und möge beim Verlassen des Rohres die Geschwindigkeit v besitzen. Da aber derselbe Pulverdruck, welcher das Geschoſs in Bewegung setzt, in gleicher Gröſse auf das verschlossene Rohrende und damit auf das ganze Geschütz als sogenannter Rückstoſs wirkt, so unterliegt auch dieses einer Bewegung, welche durch (3) gegeben ist, wenn wir dort $v_0 = 0$, $v_0' = 0$ setzen nnd mit m die Geschoſsmasse, mit m' die des Geschützes und mit v' dessen Endgeschwindigkeit bezeichnen. Wir erhalten für die letztere

$$v' = -\frac{m}{m'} v \quad \ldots\ldots\ldots \quad (3a)$$

Setzen wir beispielsweise das Geschoſsgewicht $m g = 10$ kg, dasjenige des Geschützes $m'g = 1000$ kg und nehmen eine Geschwindigkeit des ersteren beim Verlassen des Rohres von $v = 500$ m/sek. an, so folgt eine Geschützgeschwindigkeit von $v' =$ 5 m/sek., welche auch auf rauhem Boden ausreichend ist, den Standort des Geschützes erheblich zu verschieben. Um diese Ortsveränderung zu vermeiden bezw. herabzumindern, wird die Lafette gewöhnlich mit einem Sporn in der Erde verankert und damit ein Reibungswiderstand eingeschaltet, welcher das Geschütz rasch zum Stehen bringt. In ganz ähnlicher Weise gelangt auch das Projektil nach dem Aufschlagen zur Ruhe, indem es andere Massen nach Gl. (3) in Bewegung setzt, z. B. beim Eindringen in den Boden eine Erdmasse vor sich hertreibt. Dringt überhaupt beim Stoſse zweier Körper m und m' einer derselben in den anderen derart ein, daſs beide danach wie ein einzelner Körper von der Gesamtmasse $m + m'$ erscheinen, so werden auch ihre Endgeschwindigkeiten v und v' übereinstimmen, so daſs wir statt (3) hiefür schreiben dürfen

$$(m + m')\, v = m v_0 + m' v_0' \quad \ldots\ldots \quad (3b)$$

Diese Formel hat eine praktische Anwendung im ballistischen Pendel zur Messung von Geschoſsgeschwindigkeiten gefunden. Denkt man sich nämlich eine sehr groſse, aber weiche Masse m' (z. B. einen Kasten mit Sand gefüllt) drehbar aufgehängt (Fig. 116) und schieſst in dieselbe ein Projektil von der

Masse m so hinein, dafs es stecken bleibt, so gilt, wenn v_0 die Geschofsgeschwindigkeit bedeutet, unmittelbar die Gl. (3b) mit $v_0' = 0$, also

$$(m + m')\, v = m v_0.$$

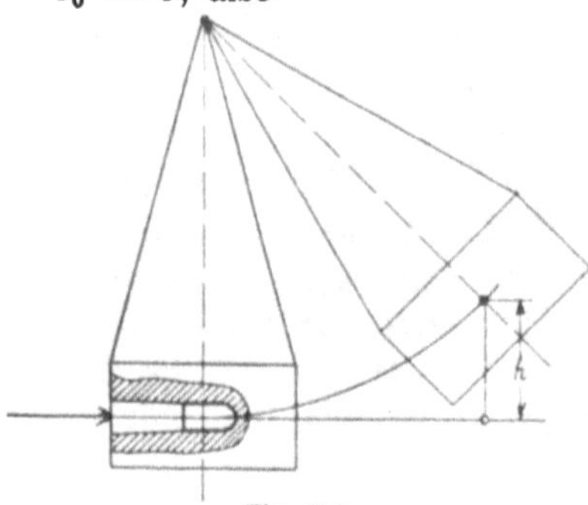

Fig. 116.

Beobachtet man nun die Steighöhe h der aufgehängten Masse, welche durch den Stofs des Geschosses in Pendelschwingungen versetzt wird, so ist andererseits

$$v = \sqrt{2\,g\,h}$$

und damit die Geschofsgeschwindigkeit vor dem Auftreffen

$$v_0 = \left(1 + \frac{m'}{m}\right) \sqrt{2\,g\,h} \quad . \quad (4)$$

Wir werden später sehen, dafs diese Formel nur angenähert gilt, da in diesem Falle die aufgehängte Masse m nicht mehr als mathematisches Pendel aufgefafst werden darf. Immerhin erkennt man aus Gl. (4) die Möglichkeit, momentane fortschreitende Geschwindigkeiten direkt durch den Versuch zu bestimmen[1]), eine Aufgabe, die wir bisher nur mit Hilfe der Wegkurve. d. h. nach Ermittelung der Abhängigkeit der Koordinaten des Körpers von der Zeit lösen konnten.

Die Gültigkeit des Satzes vom Antriebe erstreckt sich bei räumlicher Bewegung naturgemäfs auch auf die Kraft- bezw. Geschwindigkeitskomponenten, wie man sofort erkennt, wenn man in Gl. (1) für P und v die entsprechenden Komponenten X, Y, Z, bezw. $v_x\ v_y\ v_z$ einsetzt. Alsdann ergibt sich durch Integration

$$\left.\begin{aligned} \int_0^t X\,dt &= m\,(v_x - v_{x0}) \\ \int_0^t Y\,dt &= m\,(v_y - v_{y0}) \\ \int_0^t Z\,dt &= m\,(v_z - v_{z0}) \end{aligned}\right\} \quad . \quad . \quad . \quad . \quad . \quad . \quad (5)$$

[1]) Zur Bestimmung von Winkelgeschwindigkeiten dient dagegen das in § 20 besprochene Zentrifugalpendel, welches darum auch als Tachometer bezeichnet wird.

Beim Zusammentreffen zweier Körper m und m', die wir uns zunächst als materielle Punkte denken wollen, finden demnach Geschwindigkeitsänderungen statt, welche durch:

$$\left.\begin{aligned} m(v_x - v_{x0}) + m'(v'_x - v'_{x0}) &= 0 \\ m(v_y - v_{y0}) + m'(v'_y - v'_{y0}) &= 0 \\ m(v_z - v_{z0}) + m'(v'_z - v'_{z0}) &= 0 \end{aligned}\right\} \quad . \; . \; . \; (6)$$

gegeben sind, wenn die Bewegungen als freie angesehen werden dürfen.

§ 33. Die mechanische Arbeit.

Das Linienintegral der Kraft. Arbeit der treibenden Kraft und des Widerstandes. Kinetische Energie. Kraft- und Widerstandskurve. Potentielle und Gesamtenergie. Das Arbeitsmafs, Meterkilogramm, Arbeitsfähigkeit und Leistung, Sekundenmeterkilogramm und Pferdestärke. Die Arbeit bei freier und gezwungener Bewegung. Kräftefunktion, Niveauflächen, Kraftfelder und Kraftlinien. Gefälle der Kräftefunktion. Das Potential.

Betrachten wir wieder eine in geradliniger Bewegung begriffene Masse m, auf welche einerseits eine Kraft P, andererseits ein Widerstand W, beide in der Bewegungsrichtung wirken, so besteht zwischen diesen Gröfsen und der Beschleunigung p der Masse die einfache Beziehung

$$P - W = mp = m\frac{d^2 s}{dt^2} \quad . \; . \; . \; . \; . \; . \; (1)$$

Multiplizieren wir diese Gleichung beiderseitig mit dem Wegelement ds, so geht dieselbe unter gleichzeitiger Einführung der Bahngeschwindigkeit $v = \frac{ds}{dt}$ über in

$$(P - W)\,ds = m\,ds\frac{d^2 s}{dt^2} = m\frac{ds}{dt}d\left(\frac{ds}{dt}\right) = m\,v\,dv, \; . \; . \; (1a)$$

woraus durch Integration folgt

$$\int_{s_0}^{s} (P - W)\,ds = \frac{m}{2}(v^2 - v_0^2) \quad . \; . \; . \; . \; . \; (2)$$

Die auf der linken Seite dieser Formel stehenden **Linienintegrale**

$$\int_{s_0}^{s} P\,ds \text{ und } \int_{s_0}^{s} W\,ds$$

bezeichnet man nun als die Arbeiten der treibenden Kraft P bezw. des Widerstandes W und die auf der rechten Seite von (2) stehenden Werte

$$\frac{m v^2}{2} \text{ und } \frac{m v_0^2}{2}$$

die kinetische Energie der Masse m beim Passieren der Stellen s und s_0. Kennt man also die treibende Kraft und den Widerstand in ihrer Abhängigkeit vom zurückgelegten Wege s, so kann man ihre Arbeiten sofort bestimmen und daraus den Zuwachs der Geschwindigkeit berechnen. Sind die Funktionen

$$P = P(s) \ , \quad W = W(s)$$

nur empirisch gegeben, wie es in der Maschinentechnik die Regel ist, so ergibt die Planimetrierung der Fläche zwischen den ihnen entsprechenden Kurven, der Kraft- und der Widerstandskurve (Fig. 117), sofort ein Mafs für die Änderung der kinetischen Energie. Aus dieser Figur erkennt man weiter, dafs die kinetische Energie und mit ihr die Geschwindigkeit so lange zunimmt, als die Kraftkurve über der Widerstandskurve liegt, dafs sie beim ersten Schnitte derselben, also z. B. im Punkte A, ein Maximum erreicht, und beim zweiten Schnitte auf ein Minimum herabsinkt.

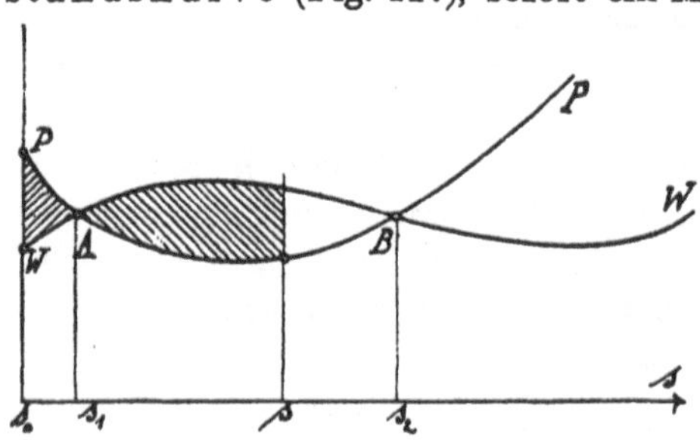

Fig. 117.

Dafs schliefslich im Falle der Übereinstimmung von P und W, also für $P - W = 0$ die rechte Seite von (2) unverändert bleibt, die Bewegung also gleichförmig verläuft, ist ebenfalls nur eine unsere früheren Darlegungen bestätigende Folgerung des Arbeitsbegriffes.

Da das Arbeitselement $(P - W)\, ds$ das Produkt einer Kraft (in diesem Falle die Resultante einer treibenden Kraft und eines Widerstandes) in eine Strecke darstellt, so ist sein Vorzeichen durch diejenigen der beiden Faktoren in dem Sinne bestimmt, dafs es als positiv bezeichnet werden mufs, wenn die Resultante dasselbe Vorzeichen hat wie das Wegelement, d. h. wenn die Richtung der Kraft mit derjenigen der Bewegung übereinstimmt und umgekehrt, wenn die Kraft der Bewegung entgegen. wirkt. Bewegt sich z. B. die Masse m lediglich unter dem Einflusse der Beschleunigung der Schwere g, so ist das Gewicht mg die einzige wirksame Kraft, deren Richtung der vertikalen Aufwärtsbewegung entgegenwirkt. Rechnen wir demnach das Wegelement nach oben positiv, so folgt aus (2) mit

$$P = 0 \quad \text{und} \quad W = mg$$

$$-mg(s - s_0) = \frac{m}{2}(v^2 - v_0^2),$$

worin $s - s_0 = h$ die Hubhöhe bedeutet. Diese Formel können wir aber auch schreiben

$$mgs_0 + \frac{mv_0^2}{2} = mgs + \frac{mv^2}{2} \quad . \quad . \quad . \quad . \quad . \quad (3)$$

oder

$$v^2 = v_0^2 - 2gh \quad . \quad . \quad . \quad . \quad . \quad . \quad . \quad (3a)$$

Die Gl. (3) besagt aber, dafs dem in vertikaler Bewegung begriffenen Körper aufser seiner kinetischen Energie noch ein lediglich von der Lage s abhängiger Arbeitsbetrag mgs innewohnt, den man auch als potentielle Energie oder Energie der Lage bezeichnet. Da nun die linke Seite von (3) einen durch die Anfangsbedingungen festgelegten, also konstanten Wert besitzt, so gilt dies auch für die rechte Seite dieser Gleichung, und wir erhalten so den praktisch wichtigen Satz: Die Summe der kinetischen und potentiellen Energie eines widerstandsfrei in vertikaler Richtung bewegten Körpers ist konstant. Diese Summe wollen wir als die Gesamtenergie des Körpers bezeichnen.

Der Umstand, dafs die Arbeit bei konstanter Kraftwirkung durch das Produkt derselben in den zurückgelegten Weg gegeben ist, erlaubt uns nunmehr sofort die Aufstellung einer Mafseinheit. Wir bezeichnen unter Zugrundelegung des bisherigen Längenmafses des Meters und des Kilogramms als Kraftmafs mit einem Meterkilogramm (mkg) diejenige Arbeit, welche nötig ist, um ein Kilogramm einen Meter hoch ohne Änderung der Geschwindigkeit zu heben.

Wenn auch in unseren Formeln (2) und (3) die Zeit nicht vorkommt, d. h. die beim Durchlaufen eines Weges $s - s_0$ geleistete oder gewonnene Arbeit unabhängig von dem zugehörigen Zeitaufwande erscheint, so können wir denselben doch nicht für den Vergleich verschiedener Arbeitsgröfsen entbehren. Man braucht hierzu nur daran zu denken, dafs z. B. ein kräftiger Mann zur Leistung von 1 mkg vielleicht nur die halbe Zeit braucht als ein schwacher, um einzusehen, dafs der erstere in derselben Zeit das Doppelte des letzteren zu leisten im stande ist Um dieser Arbeitsfähigkeit gerecht zu werden, haben wir nur die Arbeit L selbst durch die Zeit t zu dividieren und bezeichnen den Quotienten beider

$$L : t$$

als die Leistung. Die Einheit dieser Leistung ist nun offenbar das Meterkilogramm in der Sekunde oder auch kürzer das Sekundenmeterkilogramm. Bei den sehr erheblichen Leistungen von Maschinen würde man indessen mit dieser Einheit stets sehr grofse Zahlen erhalten, deren letzte Dezimalen sich bei der geringen Feinheit der maschinellen Mefsmethoden nicht hinreichend genau bestimmen lassen. Man hat sich deshalb nach dem Vorgange von James Watt entschlossen, hiefür als Einheit die Pferdestärke zu wählen, welche in unserem Mafssystem durch die Leistung von 75 Sekundenmeterkilogramm definiert wird.

Bildet die resultierende Kraft $P - W = R$ mit der Bewegungsrichtung ds den Winkel ν, so leistet offenbar nur die Komponente $R \cos \nu$ eine Arbeit, nicht aber die senkrecht dazu stehende Komponente $R \sin \nu$. Infolgedessen haben wir in diesem Falle für das Arbeitselement

$$dL = R\,ds \cos \nu \quad . \quad . \quad . \quad . \quad . \quad . \quad . \quad (4)$$

Es möge sich nun die Masse m auf einer Kurve frei im Raume bewegen. Das Kurvenelement ds bilde (wie in § 9) mit den drei Achsen die Winkel φ, ψ und χ. Die auf die Masse m wirkenden Kräfte seien zu einer Resultante R vereinigt, deren Winkel mit den Achsen durch $\varkappa$, λ und μ bezeichnet werden sollen. Dann sind die drei Komponenten der Resultante

$$X = R \cos \varkappa, \quad Y = R \cos \lambda, \quad Z = R \cos \mu \quad . \quad . \quad (5)$$

und die Projektionen des Kurvenelementes

$$dx = ds \cos \varphi, \quad dy = ds \cos \psi, \quad dz = ds \cos \chi \quad . \quad (6)$$

Bilden wir nun die Arbeitselemente dieser drei Kraftkomponenten durch Multiplikation mit den ihnen entsprechenden

Projektionen dx, dy und dz, so folgt für die Summe dieser Produkte

$$X\,dx + Y\,dy + Z\,dz = R(\cos\varkappa\cos\varphi + \cos\lambda\cos\psi + \cos\mu\cos\chi)\,ds$$

oder, wenn ν wieder den Neigungswinkel von R gegen ds bedeutet, so daſs

$$\cos\varkappa\cos\varphi + \cos\lambda\cos\psi + \cos\mu\cos\chi = \cos\nu \quad . \quad (7)$$

wird, auch

$$X\,dx + Y\,dy + Z\,dz = R\,ds\cos\nu \quad . \; . \; . \; . \quad (8)$$

d. h. aber, da auf der rechten Seite jetzt die durch (4) definierte Arbeit der Resultante steht, und die Gleichung auch nach der Integration gültig bleibt:

Die Summe der Arbeiten der Komponenten einer Kraft ist bei beliebiger Bewegung einer Masse gleich der Arbeit dieser Kraft selbst.

Um nun schlieſslich noch die Änderungen der Geschwindigkeit v bezw. ihrer Komponenten v_x v_y v_z zu berücksichtigen, greifen wir auf die Definitionsformeln für die Kraftkomponenten

$$X = m\frac{dv_x}{dt}, \quad Y = m\frac{dv_y}{dt}, \quad Z = m\frac{dv_z}{dt} \quad . \; . \quad (9)$$

zurück, multiplizieren sie beidseitig mit dx, dy, dz und erhalten durch Addition

$$X\,dx + Y\,dy + Z\,dz = m\left(dx\frac{dv_x}{dt} + dy\frac{dv_y}{dt} + dz\frac{dv_z}{dt}\right),$$

oder wegen

$$\frac{dx}{dt} = v_x, \quad \frac{dy}{dt} = v_y, \quad \frac{dz}{dt} = v_z,$$

$$v_x^2 + v_y^2 + v_z^2 = v^2,$$

$$X\,dx + Y\,dy + Z\,dz = m\,v\,dv, \quad . \; . \; . \; . \quad (10)$$

wofür wir auch wegen (8) schreiben dürfen

$$dL = R\,ds\cos\nu = m\,v\,dv \quad . \; . \; . \; . \; . \quad (11)$$

oder nach Ausführung der Integration

$$L = \frac{m}{2}(v^2 - v_0^2) \quad . \; . \; . \; . \; . \; . \; . \quad (11a)$$

d. h. also: die Gesamtarbeit der äuſseren Kräfte ist zur Erhöhung der kinetischen Energie verwendet worden.

Bei der Ableitung dieses wichtigen Satzes, der ersichtlich eine Verallgemeinerung der für ein geradliniges Fortschreiten gültigen Gl. (2) in sich schliefst, haben wir eine freie Bewegung der Masse m vorausgesetzt. Würde dieselbe — als materieller Punkt gedacht — dagegen gezwungen sein, auf einer Kurve oder Fläche zu bleiben, so hätten wir in (5) noch die Komponenten des Bahndruckes Q zu berücksichtigen und, wenn dessen Winkel mit den Achsen φ' ψ' χ' sind

$$X = R\cos\varkappa + Q\cos\varphi', \quad Y = R\cos\lambda + Q\cos\psi',$$
$$Z = R\cos\mu + Q\cos\chi'$$

zu schreiben. Bilden wir wieder die Arbeitselemente durch Multiplikation mit dx, dy, dz und addieren, so folgt mit Rücksicht auf (7)

$$X\,dx + Y\,dy + Z\,dz = R\,ds\cos\nu$$
$$+ Q\,ds\,(\cos\varphi\cos\varphi' + \cos\psi\cos\psi' + \cos\chi\cos\chi').$$

Da nun aber die Richtung des Bahndruckes Q senkrecht zu ds steht, so verschwindet der letzte Klammerausdruck, und es bleibt wieder die Gl. (8) übrig. Es heifst dies nichts anderes, als dafs die Bahndrücke bei gezwungener Bewegung keine Arbeit leisten, mithin bei Aufstellung der Energiegleichung (11a) nicht in Rechnung gestellt zu werden brauchen, so dafs dieser Ansatz auch für gezwungene Bewegungen uneingeschränkt gültig bleibt.

Die Berechnung der Arbeit einer auf den bewegten Massenpunkt m wirkenden Kraft aus Gl. (8) ist nun immer möglich, wenn sowohl die Komponenten derselben, wie auch die Koordinaten des Massenpunktes als Funktionen der Zeit gegeben sind. Die Integration von (8) gelingt auch dann noch, wenn die Kraftkomponenten als Funktionen der Koordinaten und aufserdem die Bahn des Massenpunktes bekannt sind. Die letztere läfst sich nämlich, wie in der Bewegungslehre bemerkt wurde, als Schnitt zweier Oberflächen

$$f_1(x, y, z) = 0 \quad \text{und} \quad f_2(x, y, z) = 0$$

darstellen, so dafs man immer in der Lage ist, zwei Koordinaten durch die dritte auszudrücken. Setzt man dann diese Werte in die Formeln für X, Y, Z ein und eliminiert ebenso zwei der Differentiale dx, dy, dz, so bleibt auf der linken Seite eine

Funktion von nur einer der Koordinaten, multipliziert mit deren Element, d. h. also ein vollständiges Differential übrig.

Ist die Bahn von m dagegen nicht von vornherein bekannt, so wird der Ausdruck

$$X\,dx + Y\,dy + Z\,dz = dL$$

nur dann zu einem vollständigen Differential, d. h. integrabel, wenn die Komponenten selbst partielle Differentialquotienten einer gemeinsamen Funktion $F(x, y, z)$ der Koordinaten sind, d. h. wenn

$$X = \frac{\partial F}{\partial x}, \quad Y = \frac{\partial F}{\partial y}, \quad Z = \frac{\partial F}{\partial z} \quad . \; . \; . \quad (12)$$

Dies wiederum trifft nach den Regeln der Differentialrechnung nur dann zu, wenn

$$\left.\begin{aligned} \frac{\partial X}{\partial y} - \frac{\partial Y}{\partial x} = 0 \\ \frac{\partial Y}{\partial z} - \frac{\partial Z}{\partial y} = 0 \\ \frac{\partial Z}{\partial x} - \frac{\partial X}{\partial z} = 0 \end{aligned}\right\} \quad . \; . \; . \; . \; . \; . \quad (12a)$$

wird. Die Arbeit selbst ergibt sich somit, wenn x_0, y_0, z_0 die Anfangslage und $x_1\, y_1\, z_1$ die Endlage bezeichnen, zu

$$L = F(x_1\, y_1\, z_1) - F(x_0\, y_0\, z_0) \quad . \; . \; . \; . \quad (13)$$

ist also bis auf eine Konstante mit der von uns eingeführten sog. Kräftefunktion $F(x, y, z)$ identisch. Bezeichnen wir den Wert dieser Funktion für $x_0\, y_0\, z_0$ mit F_0 und für $x_1\, y_1\, z_1$ mit F_1, so stellen die Gleichungen

$$\left.\begin{aligned} F(x, y, z) = F_0 \\ F(x, y, z) = F_1 \end{aligned}\right\} \quad . \; . \; . \; . \; . \; . \quad (14)$$

zwei Flächen dar, welche nach (13) dadurch gekennzeichnet sind, dafs die Masse m beim Übergange von einer zur anderen unabhängig von dem Wege immer denselben Arbeitsaufwand erfordert bezw. Arbeitsgewinn ergibt. Derartige Flächen nennen wir allgemein Niveauflächen. Auf denselben ist natürlich

$$\frac{\partial F}{\partial x}\,dx + \frac{\partial F}{\partial y}\,dy + \frac{\partial F}{\partial z}\,dz = 0$$

oder wegen (12)

$$X\,dx + Y\,dy + Z\,dz = 0,$$

d. h. die Bewegung auf einer Niveaufläche erfordert keine Arbeit. Dies aber ist nur dann möglich, wenn die Resultante der drei Komponenten X, Y, Z auf der Niveaufläche überall senkrecht steht. Weiter erkennt man, dafs sich zwei Niveauflächen mit verschiedenen Konstanten F_0 bezw. F_1 (die man wohl auch als ihre Parameter bezeichnet) weder schneiden noch berühren können, da alsdann zum Übergang von einer zur anderen im Widerspruche mit dem obigen Satze bezw. Gl. (13) durch die Schnittkurve bezw. den Berührungspunkt keine Arbeit erforderlich wäre.

Man kann sich somit nach dem Vorgange Faradays den ganzen von der Kraft R beherrschten Raum, der dann als Kraftfeld bezeichnet wird, von lauter Niveauflächen und senkrecht zu ihnen verlaufenden Richtungslinien der Kraft, den sog. Kraftlinien durchsetzt denken, eine Vorstellung, welche sich besonders für die moderne Entwicklung der Elektrizitätstheorie überaus fruchtbar erwiesen hat. Infolge der Unabhängigkeit der Arbeit von der Bahn kann man den bewegten Körper auch auf einer Kraftlinie von einer Niveaufläche F_0 zur anderen F_1 übertreten lassen und ihn schliefslich auf dieser ohne weitere Arbeitsleistung bis zu dem wirklichen Endpunkte verschieben. Ist demnach dn das Bogenelement dieser Kraftlinie, so ergibt sich für die Arbeit

$$L = F_1 - F_0 = \int_{n_0}^{n_1} R\, dn \qquad (15)$$

und damit für die Kraft

$$R = \frac{dL}{dn} = \frac{dF}{dn} \qquad (15a)$$

Diese Differentialquotienten der Kräftefunktion nach der Normalen der Niveaufläche, welcher direkt ein Mafs für die Gröfse der Kraft an jeder Stelle bildet, bezeichnet man nun als das Gefälle der Kräftefunktion. Sind demnach die Niveauflächen derart eingetragen, dafs für je zwei aufeinanderfolgende die Differenzen der Parameter $F_1 - F_0 = L$ denselben Wert besitzen, so erkennt man schon aus ihrem Abstande die Gröfse der Kraftwirkung.

Führen wir schliefslich noch die potentielle Energie mit dem Buchstaben V ein und beachten, dafs auf ihre Kosten die Arbeitsleistung der Masse m vor sich ging, so stimmt dieselbe bis auf das entgegengesetzte Vorzeichen mit F überein und wir erhalten aus (11a) als Verallgemeinerung von (3) die einfache Gleichung

$$V + \frac{mv^2}{2} = V_0 + \frac{mv_0^2}{2} \quad . \quad . \quad . \quad . \quad . \quad (11\text{b})$$

d. h. **beim Vorhandensein einer Kräftefunktion ist die Summe der potentiellen und kinetischen Energie einer im Kraftfelde bewegten Masse konstant.**

Besonders einfach gestalten sich diese Verhältnisse für Kräfte, welche von einem Zentrum ausgehend anziehend oder abstoſsend derart wirken, daſs ihre Gröſse nur von der Entfernung vom Zentrum, dem Radius-Vektor, abhängt. Die Existenz einer Kräftefunktion für diesen Fall haben wir schon früher in § 11 erkannt, wir nannten sie dort, da der Begriff der Kraft noch nicht eingeführt war, Beschleunigungsfunktion. Ihre Niveauflächen sind naturgemäſs konzentrische Kugeln um das Kraftzentrum, die Kraftlinien gerade von diesem Zentrum ausgehende Strahlen. Dieser Fall ist auch der einzige, in dem eine sich selbst überlassene, ohne Anfangsgeschwindigkeit in das Kraftfeld gebrachte Masse den Kraftlinien bei ihrer Bewegung folgt, während bei gekrümmten Kraftlinien dies nur für den ersten Augenblick zutrifft. Dies ist besonders wichtig für die Mechanik irdischer Körper, da alle Bewegungen derselben sich im Kraftfelde der Erdanziehung mit dem Erdmittelpunkte als Kraftzentrum abspielen. Wir haben schon früher aus den Gesetzen der Planetenbewegung abgeleitet, daſs die Erdbeschleunigung dem Quadrate der Entfernung vom Erdmittelpunkte umgekehrt proportional und nach demselben gerichtet ist. Die Anziehungskraft auf eine Masse m ergibt sich mithin zu

$$R = -k\frac{m}{r^2} \quad . \quad . \quad . \quad . \quad . \quad . \quad . \quad (16)$$

und daraus die Arbeit bei der Bewegung zwischen den Abständen r_0 und r zu

$$L = -\int_{r_0}^{r} \frac{km}{r^2}\,dr = km\left(\frac{1}{r} - \frac{1}{r_0}\right) \quad . \quad . \quad . \quad (17)$$

Danach ist der Ausdruck für die **Kräftefunktion**, welche für diesen Fall meist als **Potential** bezeichnet wird,

$$F = -V = \frac{km}{r} \quad \ldots\ldots \quad (18)$$

Setzt man in (17) $r = \infty$, so ergibt sich für die Arbeit, welche nötig ist, um die Masse m vom Abstande r_0 in die Unendlichkeit zu schleudern, die Arbeit

$$L_0 = -\frac{km}{r_0} \quad \ldots\ldots\ldots \quad (17a)$$

Bedeutet r_0 den Erdradius, so ist die Anziehungskraft an der Erdoberfläche selbst

$$-mg = -k\frac{m}{r_0^2},$$

woraus sich der Faktor

$$k = gr_0^2 \quad \ldots\ldots\ldots \quad (19)$$

ergibt. Damit aber dürfen wir statt (17a) auch schreiben

$$L_0 = -g r_0 m \quad \ldots\ldots\ldots \quad (17b)$$

Diese Arbeit wird in kinetische Energie verwandelt, wenn die ursprünglich ruhende Masse m aus dem Unendlichen auf die Erdoberfläche gelangt. Alsdann berechnet sich wegen $v = 0$ die Aufschlaggeschwindigkeit v_0 aus

$$L_0 + \frac{m v_0^2}{2} = 0$$

mit (17b) zu

$$v_0 = \sqrt{2 g r_0}.$$

Setzt man in dieser Gleichung $g = 9{,}81$ m und $r_0 = 6\,370\,000$ m ein, so erhalten wir

$$v_0 = 11\,190 \text{ m/sek.}$$

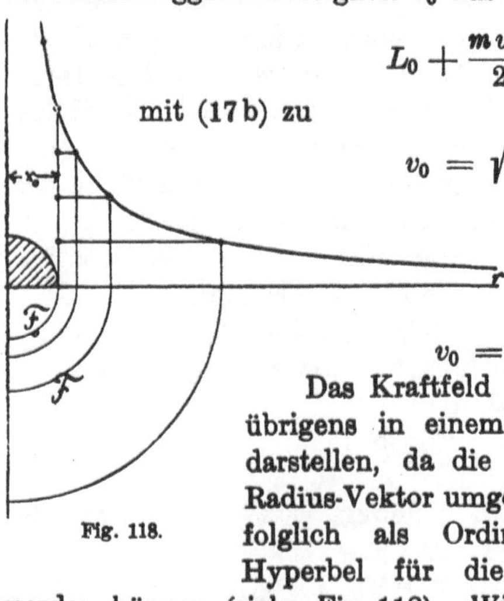

Fig. 118.

Das Kraftfeld der Erdanziehung läſst sich übrigens in einem Hauptschnitte sehr leicht darstellen, da die Werte von F bezw. V dem Radius-Vektor umgekehrt proportional sind und folglich als Ordinaten einer gleichseitigen Hyperbel für die Abszissen r entnommen werden können (siehe Fig. 118). Wir erhalten auf diese Weise die in unteren Quadranten eingetragenen Kreise, denen gleiche Potentialdifferenzen entsprechen.

Kapitel V.

Mechanik ebener Systeme.

§ 34. Kräfte mit verschiedenen Angriffspunkten in der Ebene.

Die Wirkung der Schwerkraft am ebenen Pendel. Statisches Moment und Hebelarm der Kraft; das Hebelgesetz. Ermittlung der Resultante von Kräften mit verschiedenen Angriffspunkten. Kräftepaare und ihre Zusammensetzung.

Im vorigen Kapitel haben wir eingehend die Wirkung von Kräften untersucht, welche an einem Punkte angreifen und dort sich zu einer Resultante zusammensetzen lassen. Diese Einschränkung zwang uns zu der teils stillschweigend gemachten, teils auch ausdrücklich hervorgehobenen Annahme, daſs die der Kraftwirkung unterworfene Masse in diesem Angriffspunkte konzentriert zu denken sei, wodurch wir zu dem abstrakten Begriffe eines materiellen Punktes gelangten. Um nun unsere Betrachtungen auf körperliche Gebilde auszudehnen, müssen wir zunächst die Wirkungsweise von Kräften untersuchen, welche nicht sämtlich denselben Angriffspunkt besitzen. Hängen die verschiedenen Angriffspunkte in keiner Weise zusammen, so bietet die Anwendung unserer früheren Sätze auf jeden derselben nichts Neues, so daſs wir diesen Fall nicht wieder ins Auge zu fassen brauchen. Ist dagegen ein Zusammenhang vorhanden, so wird die eventuelle Bewegung eines der Punkte auf diejenige der anderen eine Wirkung ausüben, welche verschieden ausfällt, je nachdem die Angriffspunkte unter sich verschiebbar oder starr verbunden sind. Wir sprechen deshalb im ersten Falle von einem beweglichen oder losen, im zweiten von einem starren System von Angriffspunkten.

Der Einfachheit halber wollen wir zunächst ein starres, ebenes Gebilde betrachten und wählen hiefür, um an schon Bekanntes anzuknüpfen, das in einer Vertikalebene unter dem Einflusse der Schwerkraft bewegliche, reibungslose Pendel OA (Fig. 119). Die am Ende A desselben befindliche, immer noch punktförmig gedachte Masse habe das Gewicht G, welches wir uns in zwei Komponenten P und Q senkrecht und in der Richtung von OA zerlegen können. Da die Gerade OA starr ist, so kann man die gleichgerichtete Kraft Q längs derselben bis zum Drehpunkt O verschieben, wo sie von der Befestigung aufgenommen wird und — da keine Reibung vorhanden — wirkungslos bleibt. Wir könnten uns demnach auch die Komponente P allein als treibende Kraft vorstellen. Zwischen ihr und dem Gewichte G besteht nun, wenn τ den Ausschlagswinkel des Pendels und x den linearen Abstand des Pendelendes A von der Vertikalen bedeutet, die einfache Beziehung

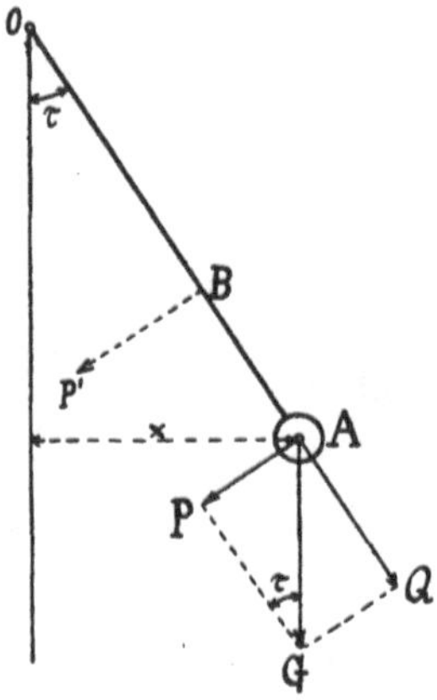

Fig. 119.

$$P = G \sin \tau = G \frac{x}{l},$$

für die wir auch schreiben dürfen

$$P \cdot l = G \cdot x \quad \ldots \ldots \ldots \quad (1)$$

Die Wirkung der beiden Kräfte P und G ist also in unserem System dieselbe, wenn ihre Produkte mit den Loten vom Drehpunkte auf ihre Richtungslinien übereinstimmen. Diese Produkte bezeichnen wir als die (statischen) Momente der Kräfte, die Lote selbst als ihre Hebelarme. Allerdings greift in diesem Beispiel die Ersatzkraft P an demselben Punkte A an wie G; man erkennt aber, daſs an der Gl. (1) gar nichts geändert wird, wenn wir P durch eine etwa im Punkte B wieder senkrecht zu OA angreifende Kraft P' ersetzen, wenn nur wieder ihr Produkt mit dem Lote $OB = l'$ gleich dem statischen Momente von G ist, wenn also

$$P' l' = P \cdot l = G \cdot x \quad . \quad . \quad . \quad . \quad . \quad . \quad (2)$$

bleibt. Dieser Schlufs läfst sich auch leicht experimentell bestätigen, wenn man z. B. erst in A und dann in B eine Federwage befestigt, deren Ausdehnung für denselben Pendelausschlag ein Mafs für die Kräfte bildet. **Der Satz von der Gleichwertigkeit von Kräften mit demselben statischen Moment in Bezug auf einen festen Drehpunkt** — gewöhnlich das **Hebelgesetz** genannt — ermöglicht uns nunmehr die Zusammenfassung von Kräften mit verschiedenen Angriffspunkten und damit den Übergang von der bisher allein behandelten Mechanik des materiellen Punktes zu derjenigen von Körpern mit endlicher Ausdehnung.

Um dieses Problem zunächst für die Ebene zu lösen, betrachten wir in Fig. 120 eine am Punkte A mit den Koordinaten x und y angreifende Kraft P, deren Richtungslinie mit der Abszissenachse den Winkel α bilden möge. Dann ist das vom Anfang O auf diese Linie gefällte Lot l, d. h. der Hebelarm der Kraft in Bezug auf den Anfangspunkt gegeben durch

$$l = y \cos \alpha - x \sin \alpha.$$

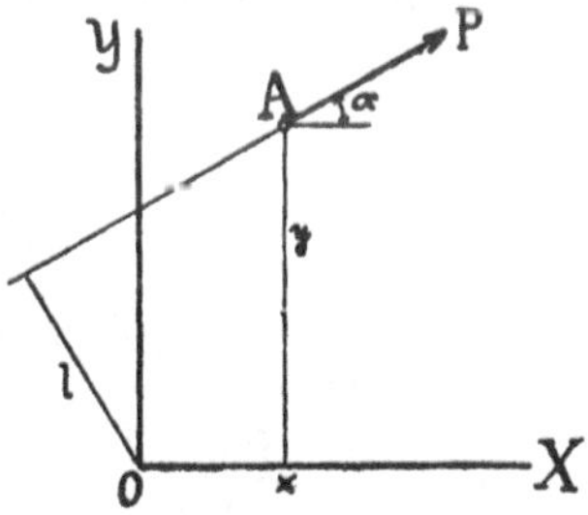

Fig. 120.

Durch Multiplikation mit P ergibt sich hieraus unter Einführung der Komponenten $P \cos \alpha = X$ und $P \sin \alpha = Y$ für das Moment der Kraft P in Bezug auf den Anfang der Ausdruck

$$Pl = yX - xY \quad . \quad . \quad . \quad . \quad . \quad . \quad . \quad . \quad (3)$$

Bei einer Reihe von Kräften $P_1\ P_2 \ldots P_n$ mit verschiedenen Angriffspunkten in der Ebene $x_1\ y_1,\ x_2\ y_2 \ldots x_n\ y_n$ können wir die Resultante graphisch leicht durch Verschiebung je zweier Kräfte in ihrer eigenen Richtungslinie bis zum Schnitte und darauffolgende Vereinigung nach dem Parallelogrammsatze nach Gröfse und Richtung bestimmen. Analytisch gelangt man hierzu durch Aufstellung der Gleichungen für die Richtungslinien

$$\begin{aligned}(y - y_1) \cos \alpha_1 &= (x - x_1) \sin \alpha_1 \\ (y - y_2) \cos \alpha_2 &= (x - x_2) \sin \alpha_2 \\ \vdots \qquad & \qquad \vdots \\ (y - y_n) \cos \alpha_n &= (x - x_n) \sin \alpha_n\end{aligned}$$

oder

$$\begin{aligned} y \cos \alpha_1 - x \sin \alpha_1 &= y_1 \cos \alpha_1 - x_1 \sin \alpha_1 \\ y \cos \alpha_2 - x \sin \alpha_2 &= y_2 \cos \alpha_2 - x_2 \sin \alpha_2 \\ \vdots \qquad & \qquad \vdots \\ y \cos \alpha_n - x \cos \alpha_n &= y_n \cos \alpha_n - x_n \cos \alpha_n \end{aligned}$$

Multipliziert man jede derselben mit der ihr zugehörigen Kraft und beachtet wieder, dafs z. B. $P_1 \cos \alpha_1 = X_1$, $P_1 \sin \alpha_1 = Y_1$ u. s. w., die Komponenten von P_1 darstellen, so ergibt sich nach Addition sämtlicher Gleichungen

$$y \Sigma X - x \Sigma Y = \Sigma (y X - x Y) \quad . \quad . \quad . \quad . \quad (4)$$

Bedeuten nun die Summen

$$\Sigma X = X \text{ und } \Sigma Y = Y \quad . \quad . \quad . \quad . \quad . \quad . \quad (5)$$

wie früher bei gemeinsamem Angriffspunkt die Komponenten der Resultante R aller Einzelkräfte, so dafs wir unter Einführung des Lotes l_r von O auf dieselbe auch statt (4) mit Rücksicht auf (3) schreiben dürfen

$$R l_r = \Sigma (y X - x Y) = \Sigma P l \quad . \quad . \quad . \quad . \quad . \quad (4a)$$

d. h. **die Summe der Momente von Einzelkräften mit verschiedenen Angriffspunkten ist gleich dem Momente der Resultante dieser Kräfte, wobei die letztere in ihrer Gröfse und Richtung genau so zu bestimmen ist wie bei Kräften mit gemeinsamem Angriffspunkt.**

Schreibt man die Gl. (4) in der Form

$$y X - x Y = R l_r \quad . \quad . \quad . \quad . \quad . \quad . \quad . \quad . \quad (4b)$$

so erkennt man, dafs sie für x und y bei gegebenem Momente $R l_r$ und bekannten Komponenten X und Y der Resultante eine Gerade darstellt. Diese Gerade ist aber, wie der Vergleich mit der für eine beliebige Einzelkraft gültigen Formel (3) zeigt, nichts anderes als die Gleichung der **Richtungslinie der Resultante, welche somit, ohne dafs ihr Angriffspunkt angegeben werden kann, in ihrer Lage durch die Momentengleichung (4) bestimmt ist.** Verschwindet das Moment der Resultante, so geht dieselbe wegen

$$\frac{y}{x} = \frac{Y}{X} \quad . \quad . \quad . \quad . \quad . \quad . \quad . \quad . \quad . \quad . \quad (4c)$$

durch den Anfangspunkt, besitzt also keinen Hebelarm. Verschwinden dagegen beide Komponenten der Resultante, so braucht nicht auch das Moment Rl_r zu verschwinden, da dieses Produkt für $R = 0$ einen endlichen Wert bei unendlich grofsem Hebelarm l_r behalten kann. Dieser scheinbar gesuchte Fall ist nun von gröfster praktischer Wichtigkeit. Man kann sich nämlich in demselben das ganze System von Kräften in zwei Gruppen mit entgegengesetzt gleichen, aber nicht in eine Richtungslinie fallenden Resultanten R' und R'' zerlegt denken

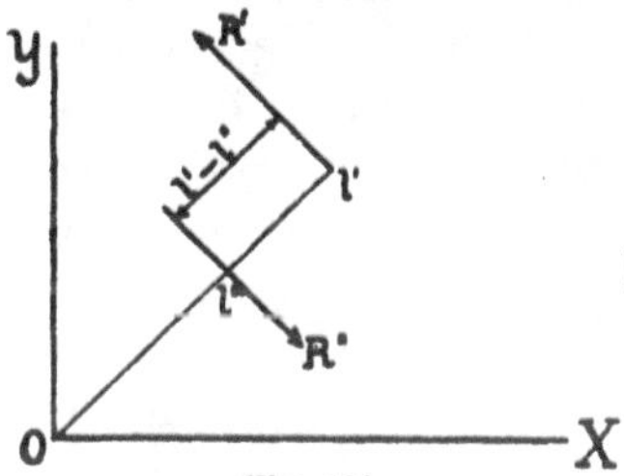

Fig. 121.

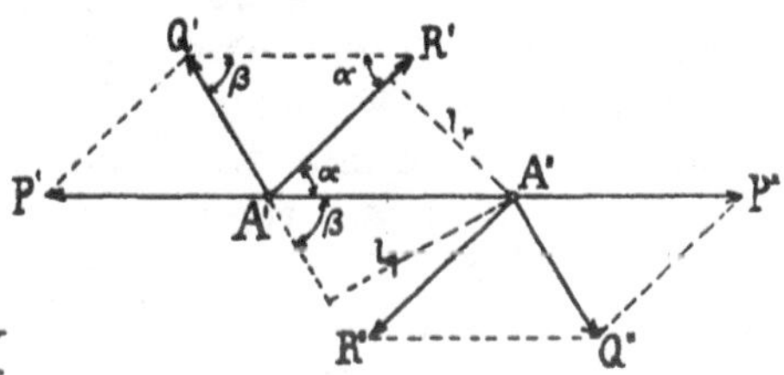

Fig. 122.

(Fig. 121), welche nach Poinsots Ausdrucksweise ein Kräftepaar bilden. Alsdann ist $R' + R'' = 0$, und es werden auch die Komponenten

$$X = X' + X'' = 0, \qquad Y = Y' + Y'' = 0,$$

so dafs eine Gesamtresultante in der Tat nicht existiert. Dagegen behält das resultierende Moment der beiden Resultanten nach (4a)

$$R'l' + R''l'' = R'(l' - l'') = R''(l'' - l')$$

immer noch einen endlichen Wert, da es das Produkt einer derselben mit ihrem Abstand von der anderen darstellt. Dieses endliche Produkt heifst darum auch das Moment des Kräftepaares. Für die Gröfse desselben ist die Lage der Angriffspunkte der beiden Kräfte R' und R'' wegen ihrer Verschiebbarkeit in sich selbst ganz gleichgültig. Legt man in Fig. 122 durch ein Kräftepaar eine Gerade und läfst an den Schnittpunkten A' und A'' derselben mit R' und R'' zwei gleiche und entgegengesetzte Kräfte P' und P'' angreifen, so kann man dieselben mit den beiden Kräften R' und R'' in zwei neue Resultanten Q' und Q'' vereinigen, welche wiederum ein Kräftepaar bilden. Wenn nun α den Winkel der Kräfte R, β denjenigen der Q mit $A' A''$ bezeichnet, so ist in dem Dreieck $A' Q' R'$ bezw. $A'' Q'' R''$

$$Q' \sin \beta = R' \sin \alpha$$

oder, da

$$A' A'' = \frac{l_r}{\sin \alpha} = \frac{l_q}{\sin \beta},$$

so ist auch

$$Q' l_q = R' l_r,$$

so dafs das neue Kräftepaar dasselbe Moment wie das ursprüngliche besitzt. Daraus folgt aber, dafs man Kräftepaare, ohne ihre Momente zu verändern, beliebig in ihrer Ebene verschieben und verdrehen kann. Dieser Satz ist schon darum einleuchtend, weil man in dem System von Kräften, aus dem das Kräftepaar hervorging, auf sehr verschiedene Weise zwei Gruppen mit entgegengesetzt gleichen Resultanten bilden kann. Sind mehrere Kräftepaare in der Ebene vorhanden, so braucht man blofs von einem Punkte, z. B. dem Ursprung des Koordinatensystems aus Lote auf dieselben zu fällen, um zu erkennen, dafs ihre Momente sich einfach algebraisch addieren.

Um eine Kraft oder die Resultante R eines Systems von Einzelkräften parallel zu sich selbst nach einem anderen Angriffspunkt, also in Fig. 123, etwa von A nach B, zu verschieben, könnten wir auch, ohne sonstige Änderungen, in B zwei entgegengesetzt gleiche Kräfte $R' = R$ anbringen. Eine derselben bildet aber mit der in A angreifenden ein Kräftepaar mit dem Lote l von B auf R als Hebelarm.

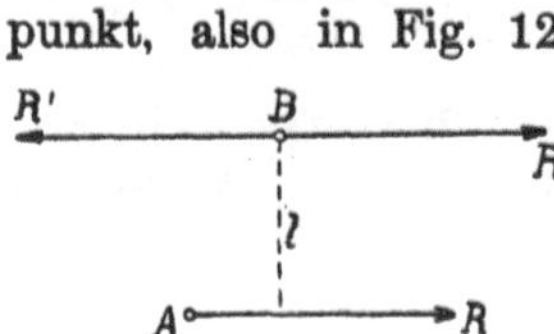

Fig. 123.

Ein Kräftepaar kann man sich demnach durch Parallelverschiebung einer Einzelkraft erzeugt denken.

Ist umgekehrt eine Einzelkraft und ein Kräftepaar vorhanden, so kann man durch Verschiebung der ersteren ein neues Kräftepaar mit entgegengesetzt gleichem Moment zu den vorhandenen erzeugen. Da sich alsdann die Momente der beiden Paare aufheben, so haben wir den Satz, dafs ein Kräftepaar sich mit einer Einzelkraft immer zu einer Resultante, welche der Einzelkraft gleich und parallel gerichtet ist, vereinigen läfst.

§ 35. Die Bewegungsgleichungen eines ebenen Systems.

Die Bewegungsgleichungen zweier starr verbundener materieller Punkte. Hilfskräfte oder innere Kräfte. Verallgemeinerung auf beliebige ebene Systeme. Lineare und Flächenbelegung. Das D'Alembertsche Prinzip der verlorenen Kräfte. Der Flächensatz und das Moment der Bewegungsgröfse. Mittelpunkt der Kräfte und Schwerpunkt. Das Trägheitsmoment. Gleichgewichtsbedingungen. Die Arbeit der äufseren und inneren Kräfte (Formänderungsarbeit). Die kinetische Energie der fortschreitenden Bewegung und der Rotation. Beispiel der herabrollenden Walze. Das Prinzip der virtuellen Verschiebungen. Die potentielle Energie im stabilen und labilen Gleichgewicht.

Nach diesen vorbereitenden Bemerkungen über die Zusammensetzung von Kräften mit verschiedenen Angriffspunkten gehen wir zur Untersuchung ihrer Wirkung an einem ebenen System über. Wir wählen als einfaches Beispiel zwei in einer Ebene bewegliche Massenpunkte m_1 und m_2 mit den augenblicklichen Koordinaten $x_1\, y_1$ bezw. $x_2\, y_2$, welche durch eine an sich masselose Stange starr miteinander verbunden sein mögen (Fig. 124), während an ihnen die Kräfte P_1 bezw. P_2 mit den Komponenten $X_1\, X_2$, $Y_1\, Y_2$ angreifen. Die starre Verbindung der Punkte hat nun zur Folge, dafs ihre Bewegung eine gegenseitig bedingte ist, die wir genau wie bei der Bewegung eines Punktes auf einer Oberfläche oder auf einer Kurve durch Hinzufügung von Hilfskräften Q in eine freie verwandeln können. Diese Hilfskräfte Q_1 und Q_2, die wir im Gegensatze zu den äufseren Kräften P als innere bezeichnen, können einerseits nur in der Richtung der Verbindungslinie $m_1\, m_2$ liegen und müssen andererseits infolge des Satzes von Wirkung und Gegenwirkung einander entgegengesetzt gleich sein. Alsdann haben wir, unter β die Neigung der Verbindungslinie mit der X-Achse verstanden, die Gleichungen

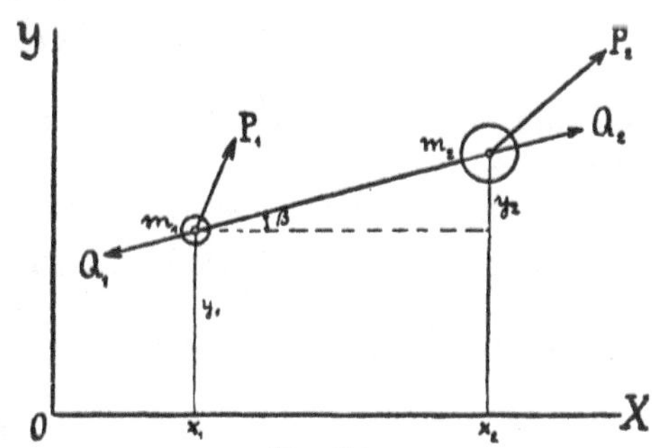

Fig. 124.

$$\left.\begin{aligned} X_1 + Q_1 \cos\beta &= m_1 \frac{d^2 x_1}{dt^2}, \quad & Y_1 + Q_1 \sin\beta &= m_1 \frac{d^2 y_1}{dt^2} \\ X_2 + Q_2 \cos\beta &= m_2 \frac{d^2 x_2}{dt^2}, \quad & Y_2 + Q_2 \sin\beta &= m_2 \frac{d^2 y_2}{dt^2} \end{aligned}\right\} \quad (1)$$

Die Addition der gleichgerichteten Komponenten ergibt nunmehr mit $Q_1 + Q_2 = 0$

$$\left.\begin{aligned} X_1 + X_2 &= m_1 \frac{d^2 x_1}{dt^2} + m_2 \frac{d^2 x_2}{dt^2} \\ Y_1 + Y_2 &= m_1 \frac{d^2 y_1}{dt^2} + m_2 \frac{d^2 y_2}{dt^2} \end{aligned}\right\} \quad . \quad . \quad . \quad (2)$$

Bilden wir nunmehr die Momente der Kraftkomponenten (1), indem wir dieselben mit ihren Hebelarmen in Bezug auf O multiplizieren, so folgt für die beiden Angriffspunkte

$$y_1 X_1 - x_1 Y_1 + Q_1 (y_1 \cos\beta - x_1 \sin\beta) = m_1 \left(y_1 \frac{d^2 x_1}{dt^2} - x_1 \frac{d^2 y_1}{dt^2}\right)$$

$$y_2 X_2 - x_2 Y_2 + Q_2 (y_2 \cos\beta - x_2 \sin\beta) = m_2 \left(y_2 \frac{d^2 x_2}{dt^2} - x_2 \frac{d^2 y_2}{dt^2}\right)$$

Addieren wir auch diese Gleichungen und beachten $Q_1 = -Q_2$ sowie

$$(y_2 - y_1) \cos\beta = (x_2 - x_1) \sin\beta,$$

so fallen die Hilfskräfte wieder heraus und es bleibt

$$\begin{aligned} y_1 X_1 - x_1 Y_1 + y_2 X_2 - x_2 Y_2 &= m_1 \left(y_1 \frac{d^2 x_1}{dt^2} - x_1 \frac{d^2 y_1}{dt^2}\right) \\ &+ m_2 \left(y_2 \frac{d^2 x_2}{dt^2} - x_2 \frac{d^2 y_1}{dt^2}\right) \quad . \quad . \quad . \quad . \quad . \quad . \quad (3) \end{aligned}$$

Durch die Formeln (2) und (3), auf deren linken Seiten lediglich die Summen der Komponenten bezw. der Momente der äußeren Kräfte P stehen, ist die Bewegung des untersuchten Systems vollständig bestimmt. Hätten wir mehr als zwei Massenpunkte, so würden wir für jeden derselben zwei Gleichungen von der Form (1) anschreiben können, in denen nur ebenso viel innere Kräfte vorkommen, als Verbindungen mit anderen Punkten bestehen. Jeder dieser Kräfte entspricht indessen eine entgegengesetzt gleiche an einem anderen Punkte, so daß dieselben bei der Bildung der Komponenten- und Momentensumme wieder herausfallen. Wir haben demnach ganz allgemein für ein ebenes starres System materieller Punkte die drei Gleichungen

$$\Sigma X = \Sigma m \frac{d^2 x}{d t^2}, \qquad \Sigma Y = \Sigma m \frac{d^2 y}{d t^2}, \quad . \quad . \quad . \quad (4)$$

$$\Sigma (y X - x Y) = \Sigma m \left(y \frac{d^2 x}{d t^2} - x \frac{d^2 y}{d t^2}\right), \quad . \quad . \quad . \quad (5)$$

in denen keine auf die Verbindung der einzelnen Massenpunkte bezüglichen Gröfsen mehr auftreten. Sie behalten daher, da alle derartigen Verbindungen entsprechenden inneren Kräfte (zu denen u. a. auch die Anziehung getrennter Massen gehört) paarweise auftreten, auch ihre Gültigkeit für den Fall, dafs die Massenpunkte unmittelbar nebeneinander liegen bezw. kontinuierlich längs einer Linie oder auch auf der Ebene verteilt sind. Alsdann spricht man wohl auch von einer linearen bezw. von einer Flächenbelegung. Selbstverständlich hat man in diesen Fällen statt der endlichen Massen deren Differentiale einzuführen, denen dann auch Integrale statt der Summen entsprechen. Der den Gl. (4) und (5), auf denen infolge ihrer allgemeinen Gültigkeit die ganze Dynamik ebener Systeme sich aufbauen läfst, zu Grunde liegende Gedanke des Verschwindens der inneren oder verlorenen Kräfte heifst wohl auch das Prinzip von D'Alembert.

Um die Wirkung des auf der linken Seite von (5) stehenden resultierenden Momentes der äufseren Kräfte leichter zu erkennen, wollen wir die rechte Seite umformen, indem wir von der Identität

$$y \frac{d^2 x}{d t^2} - x \frac{d^2 y}{d t^2} = \frac{d}{d t}\left(y \frac{d x}{d t} - x \frac{d y}{d t}\right)$$

Gebrauch machen. Führen wir dann noch die Polarkoordinaten r und φ vom Anfangspunkt 0 aus durch

$$x = r \cos \varphi, \qquad y = r \sin \varphi$$

ein, so ergibt sich leicht

$$y\, dx - x\, dy = - r^2 d\varphi,$$

und damit wird aus (5)

$$\Sigma (x Y - y X) = \Sigma m \frac{d}{d t}\left(r^2 \frac{d \varphi}{d t}\right) \quad . \quad . \quad . \quad . \quad (5a)$$

Nun ist aber $r^2 d\varphi$ nichts anderes als das doppelte Element der vom Fahrstrahl r bestrichenen Fläche F (siehe auch § 11), so dafs wir auch schreiben dürfen

$$\Sigma(xY - yX) = 2\Sigma m \frac{d^2F}{dt^2} \quad . \quad . \quad . \quad . \quad . \quad (5b)$$

Unsere Momentengleichung hat damit dieselbe Form erhalten wie die Gl. (4) für die Kräfte, nur dafs hier statt der linearen Beschleunigungskomponenten jedes einzelnen Massenpunktes die doppelten Flächenbeschleunigungen auf der rechten Seite erscheinen. Man bezeichnet darum auch die Momentengleichung als den Flächensatz der Mechanik. Die Existenz einer Flächenbeschleunigung haben wir aber schon in § 11 als gleichbedeutend mit einer Drehbeschleunigung kennen gelernt, welche somit als Wirkung eines Momentes von Kräften, bezw. eines Kräftepaares erscheint.

Eine weitere Umformung der Gl. (5) erhält man durch Einführung der wirklichen Geschwindigkeit v jedes Massenpunktes. Ist α deren Neigung gegen die x-Achse, so hat man

$$y \frac{dx}{dt} - x \frac{dy}{dt} = (y \cos \alpha - x \sin \alpha)\, v.$$

Hierin ist aber der Klammerausdruck nichts anderes als die Länge des Lotes l vom Koordinatenanfang O auf die Bewegungsrichtung (siehe z. B. Fig. 120), so dafs wir auch statt (5) schreiben dürfen

$$\Sigma(xY - yX) = \Sigma m \frac{d(lv)}{dt}$$

oder auch

$$\Sigma(xY - yX) = \frac{d}{dt} \Sigma m l v \quad . \quad . \quad . \quad . \quad . \quad (5c)$$

Die auf der rechten Seite stehende Summe bezeichnet man wohl auch analog der Bewegungsgröfse mv als das Moment der Bewegungsgröfsen des Systems, dessen Änderung mit der Zeit dem Momente der äufseren Kräfte gleich zu setzen ist.

Ganz besonders einfach gestalten sich unsere Formeln, wenn wir die Resultante so lange verschieben, bis sie durch einen ausgezeichneten Punkt des Systems hindurchgeht. Hierzu gelangen wir durch folgende Überlegung. Vereinigen wir nämlich sowohl sämtliche Komponenten der X- wie der Y-Richtung getrennt für sich zu zwei Kräften ΣX und ΣY, so schneiden sich deren Richtungslinien in einem Punkte, dessen Koordinaten $x_0\, y_0$ nach Gl. (4) des vorigen Paragraphen durch

$$x_0 = \frac{\Sigma x Y}{\Sigma Y}, \quad y_0 = \frac{\Sigma y X}{\Sigma X} \quad \ldots \ldots \quad (6)$$

gegeben sind. Diesen Punkt nennen wir den **Mittelpunkt der Kräfte**, er liegt, wie aus Gl. (4) hervorgeht, naturgemäfs auf der Richtungslinie der Resultanten. Fassen wir nun von vornherein blofs parallele Kräfte ins Auge, z. B. die Schwerkraft, so ist deren Wirkung auf einen Massenpunkt unseres Systems durch das Gewicht mg, unter g die als konstant zu betrachtende Beschleunigung der Schwere verstanden, dargestellt. Die Richtung der Schwerkraft möge weiter um den Winkel α gegen die Abszissenachse des gewählten Koordinatensystems geneigt sein. Damit folgt für die einzelnen Kraftkomponenten

$$X = mg \cos \alpha\,, \quad Y = mg \sin \alpha$$

und wegen der allen Massenpunkten gemeinsamen Faktoren $g \cos \alpha$ bezw. $g \sin \alpha$ für den **Mittelpunkt der Schwerkraft**, den man der Kürze halber auch als **Schwerpunkt** bezeichnet,

$$x_0 = \frac{\Sigma x m}{\Sigma m}, \quad y_0 = \frac{\Sigma y m}{\Sigma m} \quad \ldots \ldots \quad (6a)$$

Die hierin auftretenden Produktsummen $\Sigma x m$ und $\Sigma y m$ heifsen die **statischen Momente des Massensystems** in Bezug auf die x- und y-Achse.

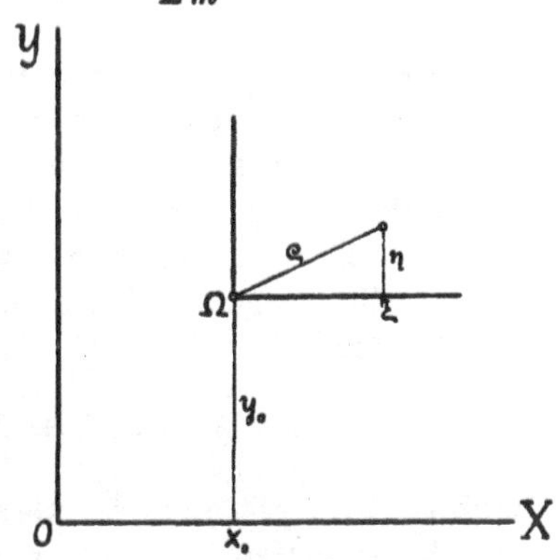

Fig. 125.

Die Verlegung der Resultante eines Kräftesystems nach dem Schwerpunkte geschieht nun einfach durch Einführung eines neuen beweglichen Koordinatensystems $\xi \eta$, dessen Anfang Ω mit dem Schwerpunkt zusammenfällt (Fig. 125). Wir haben alsdann, wenn dieses neue System dem ursprünglichen fest gedachten stets parallel bewegt wird,

$$\left.\begin{array}{ll} x = x_0 + \xi\,, & y = y_0 + \eta \\ \dfrac{d^2 x}{d t^2} = \dfrac{d^2 x_0}{d t^2} + \dfrac{d^2 \xi}{d t^2}\,, & \dfrac{d^2 y}{d t^2} = \dfrac{d^2 y_0}{d t^2} + \dfrac{d^2 \eta}{d t^2} \end{array}\right\} \quad . \quad (7)$$

und wegen (6a)

$$\left.\begin{array}{ll} \Sigma m \xi = 0\,; & \Sigma m \eta = 0 \\ \Sigma m \dfrac{d^2 \xi}{d t^2} = 0\,; & \Sigma m \dfrac{d^2 \eta}{d t^2} = 0 \\ \Sigma m \dfrac{d^2 x}{d t^2} = \dfrac{d^2 x_0}{d t^2} \Sigma m\,; & \Sigma m \dfrac{d^2 y}{d t^2} = \dfrac{d^2 y_0}{d t^2} \Sigma m \end{array}\right\} \quad . \quad (8)$$

Damit aber gehen die Formeln (4) über in

$$\Sigma X = \frac{d^2 x_0}{d t^2} \Sigma m\,, \qquad \Sigma Y = \frac{d^2 y_0}{d t^2} \Sigma m \quad . \; . \; . \quad (9)$$

d. h. also, **der Schwerpunkt eines ebenen Systems von Massenpunkten bewegt sich so, als wenn die Gesamtmasse und alle Angriffspunkte der Kräfte des Systems in ihm vereinigt wären.** Sind insbesondere keine äußeren Kräfte vorhanden, bezw. heben sich dieselben vollständig auf, so wird

$$\frac{d^2 x_0}{d t^2} \Sigma m = 0\,, \qquad \frac{d^2 y_0}{d t^2} \Sigma m = 0 \quad . \; . \; . \; . \quad (9a)$$

oder, da Σm nicht verschwinden kann,

$$x_0 = a + c_1 t\,, \qquad y_0 = b + c_2 t \quad . \; . \; . \; . \quad (9b)$$

d. h. **der Schwerpunkt eines ebenen, keinen äußeren Kräften unterworfenen Systems bewegt sich gleichförmig und geradlinig fort.** Führt man die Schwerpunktskoordinaten $x_0\, y_0$, sowie die Relativkoordinaten $\xi\eta$ der Massenpunkte auch in die Momentengleichung (5) ein, so vereinfacht sich dieselbe wegen der Beziehungen (8), sowie mit Rücksicht auf (9) sofort in

$$\Sigma(\eta X - \xi Y) = \Sigma m \left(\eta \frac{d^2 \xi}{d t^2} - \xi \frac{d^2 \eta}{d t^2}\right) \quad . \; . \; . \quad (10)$$

In dieser Formel treten im Gegensatz zu (5) nur mehr die relativen Koordinaten auf, während die absoluten, bezw. Schwerpunktskoordinaten verschwunden sind. **Das durch unsere Verlegung der Resultante nach dem Schwerpunkt erzeugte, bezw. modifizierte Kräftepaar, dessen Moment** durch die linke Seite von (10) gegeben ist, hat mithin lediglich eine Drehung des Systems um den Schwerpunkt zur Folge, welche unabhängig von der durch (9) gegebenen Fortbewegung verläuft.

Nach Einführung von Polarkoordinaten ϱ und φ in Bezug auf den Schwerpunkt dürfen wir analog (5a) und (5b) auch statt (10) schreiben

$$\Sigma(\xi Y - \eta X) = \Sigma m \frac{d}{dt}\left(\varrho^2 \frac{d\varphi}{dt}\right) = 2\Sigma m \frac{d^2 \Phi}{dt^2} \quad (10a)$$

worin Φ die vom Fahrstrahl ϱ beschriebene Fläche bedeutet. Verschwindet das auf der linken Seite stehende Kräftepaar, so geht nach (4c) des § 34 die Resultante durch den Schwerpunkt und es folgt

$$\Sigma m \Phi = A + Ct \quad \ldots\ldots \quad (10b)$$

d. h. lassen sich die auf ein ebenes System wirkenden Kräfte zu einer Resultante durch den Schwerpunkt vereinigen, so dafs kein Kräftepaar auftritt, so wächst die Summe der von den Fahrstrahlen der einzelnen Punkte beschriebenen, mit den zugehörigen Massen multiplizierten Flächen proportional mit der Zeit.

Ist das System von Punkten ein starres Gebilde, so kommt, wie wir in der Bewegungslehre gesehen haben, jedem Elemente oder Massenpunkte gleichzeitig derselbe Drehwinkel φ zu, während andererseits die Abstände ϱ vom Schwerpunkte unveränderlich sind. Infolgedessen dürfen wir in Gl. (10a) die Gröfse ϱ^2 vor den Differentialquotienten und die noch übrig bleibende Winkelbeschleunigung vor das Summenzeichen setzen, wodurch die Formel in

$$\Sigma(\xi Y - \eta X) = \frac{d^2\varphi}{dt^2}\Sigma m \varrho^2 \quad \ldots\ldots \quad (10c)$$

übergeht. In dieser Gleichung tritt die drehende Wirkung des Kräftepaares der linken Seite besonders deutlich hervor. Auch ist sie für den praktischen Gebrauch sehr bequem, sobald es gelingt, den Summenausdruck $\Sigma m \varrho^2$, den man als Trägheitsmoment des starren Gebildes bezeichnet, zu berechnen. Ist die Form des Gebildes sowie die Massenverteilung analytisch gegeben, so bietet diese Ermittelung eventuell unter Zuhilfenahme der Integralrechnung keine Schwierigkeiten, während wir für nur empirisch bezw. graphisch vorgelegte Formen und Massenverteilungen noch besondere Methoden kennen lernen werden.

Die Frage nach den **Bedingungen des Gleichgewichtes** eines ebenen Systems unter dem Einflusse von Kräften mit verschiedenen Angriffspunkten läfst sich nunmehr leicht beantworten. Gleichgewicht besteht offenbar dann, wenn keiner der Massenpunkte des Systems einer Beschleunigung unterworfen ist. Damit verschwinden in den Gl. (4) und (5) die rechten Seiten, und es bleiben als Gleichgewichtsbedingungen

$$\Sigma X = 0\,, \qquad \Sigma Y = 0, \quad \ldots\ldots \quad (11)$$

$$\Sigma(yX - xY) = 0. \quad \ldots\ldots\ldots \quad (12)$$

Die Gl. (11) sind aber **identisch mit den Bedingungen des Gleichgewichtes von Kräften mit gemeinsamem Angriffspunkt**, für den wir in unserem Falle den Schwerpunkt uns denken können. Wir dürfen also auch hier die sämtlichen Kräfte nach der Polygonregel zusammensetzen und haben, wenn die Figur geschlossen ist, nur noch zu untersuchen, ob auch die Momentensumme (12) verschwindet. Dafs die inneren, stets paarweise auftretenden Kräfte untereinander im Gleichgewichte stehen, geht schon daraus hervor, dafs sie in den Formeln (4) und (5) nicht mehr auftreten. Aufserdem aber erkennt man aus den Gl. (1), dafs **im Falle des Verschwindens der Beschleunigungen die äufseren und inneren Kräfte zusammen genommen an jedem Systempunkte sich das Gleichgewicht halten müssen**, ein Satz, von dem wir bei der Behandlung deformierbarer Körper öfters Gebrauch machen werden.

Die Formeln (1) gestatten uns schliefslich, noch die Arbeit bei der Bewegung des ebenen Systems zu berechnen. Multiplizieren wir nämlich jede X- und Y-Komponente mit dem zugehörigen Wegelemente dx bezw. dy, und addieren, so erhalten wir für den Fall zweier Massenpunkte m_1 und m_2 im momentanen Abstande l

$$\left.\begin{aligned} & X_1 dx_1 + X_2 dx_2 + Y_1 dy_1 + Y_2 dy_2 \\ & + Q_1(\cos\beta\, dx_1 + \sin\beta\, dy_1) \\ & + Q_2(\cos\beta\, dx_2 + \sin\beta\, dy_2) \end{aligned}\right\} = \begin{aligned} & m_1\left(\frac{d^2x_1}{dt^2}dx_1 + \frac{d^2y_1}{dt^2}dy_1\right) \\ & + m_2\left(\frac{d^2x_2}{dt^2}dx_2 + \frac{d^2y_2}{dt^2}dy_2\right) \end{aligned}$$

Wegen $Q_2 = - Q_1 = Q$ können wir aber die beiden, den inneren Kräften entsprechenden Glieder der linken Seite zusammenziehen in

$$- Q \left\{ \cos \beta \, d (x_1 - x_2) + \sin \beta \, d (y_1 - y_2) \right\}.$$

Hierin vereinfacht sich der Klammerausdruck durch Einführung des Abstandes l der beiden Massen

$$(x_1 - x_2)^2 + (y_1 - y_2)^2 = l^2$$

bezw.

$$(x_1 - x_2) \, d (x_1 - x_2) + (y_1 - y_2) \, d (y_1 - y_2) = l \, d l$$

mit

$$x_2 - x_1 = l \cos \beta, \qquad y_2 - y_1 = l \sin \beta$$

in

$$\cos \beta \, d (x_1 - x_2) + \sin \beta \, d (y_1 - y_2) = - d l.$$

Setzen wir dies in unsere obige Gleichung ein und beachten ferner, dafs

$$\frac{d^2 x}{d t^2} d x + \frac{d^2 y}{d t^2} d y = v_x \, d v_x + v_y \, d v_y = v d v,$$

so geht dieselbe über in

$$X_1 d x_1 + X_2 d x_2 + Y_1 d y_1 + Y_2 d y_2 + Q d l = m_1 v_1 \, d v_1 + m_2 v_2 d v_2.$$

Sind mehr als zwei Massenpunkte vorhanden, so läfst sich die vorstehende Überlegung auf jede vorhandene Verbindung l zwischen zweien derselben anwenden und wir erhalten die Arbeitsgleichung durch Summierung über das ganze System in der Form

$$\Sigma (X \, dx + Y \, dy + Q \, dl) = \Sigma m v \, dv \quad . \; . \; . \quad (13)$$

Hierin bedeutet $Q d l$ die von der inneren Kraft Q bei der Veränderung des Abstandes l geleistete Arbeit, welche wir, da die Veränderung $d l$ einer Formänderung des Systems entspricht, als Formänderungsarbeit bezeichnen und damit den Satz aussprechen können: Die bei der Bewegung eines ebenen Systems von den äufseren Kräften geleistete Arbeit dient einerseits zur Formänderung, andererseits zur Erhöhung der kinetischen Energie des Systems. Für starre Gebilde vereinfacht sich unter Wegfall der Formänderungsarbeit unsere Gleichung in

$$\Sigma (X \, dx + Y \, dy) = \Sigma m v d v \; . \; . \; . \; . \; . \quad (13a)$$

welche mit der Arbeitsgleichung eines in der Ebene bewegten Systems freier materieller Punkte identisch ist.

Die kinetische Energie des Systems, deren Element auf der rechten Seite dieser Gleichung steht, läßt sich nun sofort in zwei Teile zerlegen. Zu diesem Zwecke gehen wir, unter φ die Neigung des vom Schwerpunkte ausgehenden Fahrstrahles gegen die x-Achse verstanden, von den beiden Gleichungen

$$x = x_0 + \varrho \cos \varphi$$
$$y = y_0 + \varrho \sin \varphi$$

aus, deren Differentiation nach der Zeit, da ϱ hierbei wegen der Starrheit sich nicht ändert,

$$\frac{dx}{dt} = \frac{dx_0}{dt} - \varrho \frac{d\varphi}{dt} \sin \varphi$$
$$\frac{dy}{dt} = \frac{dy_0}{dt} + \varrho \frac{d\varphi}{dt} \cos \varphi$$

oder nach Einführung der Geschwindigkeitskomponenten $v_x\, v_y$, $v_{x0}\, v_{y0}$ sowie der Winkelgeschwindigkeit ω

$$v_x = v_{x0} - \varrho\, \omega \sin \varphi$$
$$v_y = v_{y0} + \varrho\, \omega \cos \varphi$$

ergibt. Quadrieren wir beide Formeln und addieren, so folgt, unter v bezw. v_0 die Geschwindigkeiten eines beliebigen und des Schwerpunktes verstanden,

$$v^2 = v_0^2 + \varrho^2 \omega^2 + 2\, \omega\, (v_{y0}\, \varrho \cos \varphi - v_{x0}\, \varrho \sin \varphi).$$

Hierin ist aber (siehe die vorige Figur 125)

$$\varrho \cos \varphi = \xi \quad , \quad \varrho \sin \varphi = \eta,$$

so dafs wir für die kinetische Energie eines Massenpunktes

$$\frac{m v^2}{2} = \frac{m v_0^2}{2} + \frac{m \varrho^2 \omega^2}{2} + \omega\, (v_{y0}\, m\, \xi - v_{x0}\, m\, \eta)$$

schreiben dürfen. Summieren wir schliefslich über das ganze System von Punkten, so wird, da ξ und η Relativkoordinaten in einem Achsenkreuz durch den Schwerpunkt sind, nach Gl. (8)

$$\Sigma m \xi = 0, \quad \Sigma m \eta = 0,$$

und es bleibt für die kinetische Energie

$$\Sigma \frac{m v^2}{2} = \frac{v_0^2}{2} \Sigma m + \frac{\omega^2}{2} \Sigma m \varrho^2 \quad . \quad . \quad . \quad . \quad (14)$$

Wir können demnach die kinetische Energie eines starren ebenen Systems stets in zwei Teile zerlegen, von denen der erste der fortschreitenden Bewegung der im Schwerpunkt konzentrierten Gesamtmasse, der zweite dagegen der Rotation des Systems um den Schwerpunkt entspricht. Mit dieser Zerlegung dürfen wir nun auch statt (13a) schreiben

$$\Sigma(X dx + Y dy) = v_0 dv_0 \Sigma m + \omega d\omega \Sigma m \varrho^2 \quad . \quad . \quad (13b)$$

Diese Gleichung führt besonders dann rasch zu einer Übersicht der Bewegungserscheinungen, wenn einerseits sich leicht das vollständige Integral der linken Seite angeben läfst, andererseits aber der Zusammenhang zwischen der Rotation und der fortschreitenden Bewegung explicite gegeben ist.

Als einfachstes Beispiel wollen wir das Herabrollen einer Walze auf einer schiefen Ebene unter dem Einflufs der Schwere betrachten. Der Halbmesser der Walze sei a, die Masse sei homogen im Volumen derselben verteilt. Dann erhalten wir beim Herabsinken des Schwerpunktes um die Höhe h, unter v_0 die Anfangsgeschwindigkeit und v die Endgeschwindigkeit des Schwerpunktes verstanden, denen die Winkelgeschwindigkeiten ω und ω_0 entsprechen mögen, aus (13b) durch Integration die einfache Beziehung

$$g h \Sigma m = \frac{v^2 - v_0^2}{2} \Sigma m + \frac{\omega^2 - \omega_0^2}{2} \Sigma m \varrho^2.$$

Ist die Ebene vollkommen rauh, d. h. jedes Gleiten ausgeschlossen, so mufs die Umfangsgeschwindigkeit der Walze mit der fortschreitenden ihres Schwerpunktes übereinstimmen, d. h. es mufs sein

$$\omega a = v, \qquad \omega_0 a = v_0,$$

und damit geht die vorige Gleichung über in

$$2gh = (v^2 - v_0^2)\left(1 + \frac{\Sigma m \varrho^2}{a^2 \Sigma m}\right),$$

welche die Endgeschwindigkeit v und damit auch die entsprechende Winkelgeschwindigkeit aus dem Anfangswerte bei bekanntem Trägheitsmoment und bekannter Gesamtmasse zu berechnen gestattet. Man erkennt, dafs infolge des Hinzutretens der Rotationsenergie die lineare Endgeschwindigkeit geringer ausfällt als beim freien Falle eines materiellen Punktes.

Sind, wie z. B. an einem Fahrzeug die Räder, mehrere rotierende Teile vorhanden, so tritt jedes derselben mit seinem Trägheitsmoment und seiner Winkelgeschwindigkeit in die Formel (14) ein, während an dem ersten Gliede, falls nur keine Relativbewegungen der Räder gegeneinander stattfinden, sich nichts ändert. Wir haben alsdann, unter Σm die Gesamtmasse des ganzen Systems, sowie unter $m_1\, m_2\, ..$ die den einzelnen rotierenden Teilen entsprechenden Massenelemente mit ihren Schwerpunktsabständen $\varrho_1\, \varrho_2 \ldots$ und Winkelgeschwindigkeiten $\omega_1 \cdot \omega_2 \ldots$ verstanden, statt (14)

$$\Sigma \frac{m v^2}{2} = \frac{v_0^2}{2} \Sigma m + \frac{\omega_1^2}{2} \Sigma m_1 \varrho_1^2 + \frac{\omega_2^2}{2} \Sigma m_2 \varrho_2^2 + \ldots \quad (14a)$$

wozu eventuell noch Gleichungen über den Zusammenhang zwischen den Rotationen und der fortschreitenden Bewegung treten.

Befindet sich das ebene System im Gleichgewichte, so ist eine Vermehrung der kinetischen Energie ausgeschlossen und wir haben statt (13)

$$\Sigma (X\, dx + Y\, dy + Q\, dl) = 0, \quad \ldots \quad (15)$$

welche sich für ein starres Gebilde in

$$\Sigma (X\, dx + Y\, dy) = 0 \quad \ldots \quad (15a)$$

vereinfacht. Da nun im Falle des Gleichgewichts das Gebilde ohnehin keine Formänderungen erleidet, so kann man es hiebei stets als starr ansehen und deshalb die letzte Formel (15) ganz allgemein verwenden. Die in derselben auftretenden Verschiebungen dx und dy treten natürlich in Wirklichkeit nicht ein, sie sind nur möglich, wenn das Gleichgewicht unendlich wenig gestört wird. Man bezeichnet sie darum auch als **virtuelle Verschiebungen** und den durch die Gleichung ausgedrückten Satz, der nichts als einen speziellen Fall des sog. D'Alembertschen Prinzipes darstellt, als das **Prinzip der virtuellen Verschiebungen**. Für die inneren Kräfte, welche, wie wir schon erkannten, sich selbst das Gleichgewicht halten, gilt natürlich infolge der gleichzeitigen Existenz von (15) und (15a) die Formel

$$\Sigma Q\, dl = 0 \quad \ldots \quad (15b)$$

Die linke Seite von (15a) stellt nun den negativen Zuwachs der potentiellen Energie V bei einer elementaren Lageveränderung des ebenen Systems dar (siehe § 33). Beim Verschwinden dieses Zuwachses im Falle des Gleichgewichts müssen wir demnach auf ein Maximum oder Minimum der potentiellen Energie schliefsen. Nun sei V diese potentielle Energie des Systems in irgend einer Lage, der die kinetische Energie $\Sigma m \frac{v^2}{2}$ entsprechen möge. Für den Fall des Gleichgewichts verschwindet die letztere und die demselben entsprechende potentielle Energie wird

$$V_0 = V + \Sigma m \frac{v^2}{2}.$$

Da die kinetische Energie nur aus positiven Gliedern besteht, so mufs auch die Differenz

$$V_0 - V = \Sigma m \frac{v^2}{2} > 0$$

sein. War demnach V_0 ein Minimum, so ist der Übergang in die andere Lage nur durch Energiezufuhr möglich. Bei einem Maximalwerte von V_0 bleibt dagegen stets ein Überschufs zur Erzeugung der kinetischen Energie in einer neuen Lage verfügbar. Den ersten Fall haben wir z. B. vor uns bei einem ruhig herabhängenden Pendel, den zweiten beim Pendel in seiner oberen Vertikalstellung. Wir nennen darum die Gleichgewichtslage eines Systems stabil, wenn seine potentielle Energie hierbei ein Minimum, und labil, wenn sie ein Maximum ist.

§ 36. Statische und Trägheitsmomente ebener Gebilde.

Verschwinden der statischen Momente für Schwerachsen. Achsiale und polare Trägheitsmomente. Steinerscher Satz. Zentrifugalmomente, Hauptachsen und Hauptträgheitsmomente. Trägheitsradien und Trägheitsellipse. Anwendungen auf ebene Kurven und Flächen: Gerade, Kreisbogen, Rechteck, Kreisring. Verfahren von Vojaček für beliebig gestaltete Flächenstücke.

Die im vorigen Paragraphen eingeführten Begriffe des statischen und des Trägheitsmomentes sind für die praktische Anwendung der gewonnenen Sätze von so grofser Bedeutung, dafs wir uns noch etwas eingehender mit ihnen beschäftigen müssen. Für ein ebenes Massensystem wurden wir zunächst auf zwei statische Momente geführt, welche durch

$$\mathfrak{M}_x = \Sigma xm\,, \qquad \mathfrak{M}_y = \Sigma ym \quad . \quad . \quad . \quad . \quad . \quad (1)$$

definiert waren. Die hierin auftretenden Koordinaten x und y bezogen sich auf ein rechtwinkliges Achsenkreuz, dessen Lage zu den Massen selbst ganz willkürlich blieb. Hätten wir andere Achsen gewählt, so würden auch die demselben entsprechenden statischen Momente andere Werte angenommen haben, so dafs wir bei Angabe derselben auch die Bezugsachsen nennen müssen. Da wir z. B. die statischen Momente auch als Produkte der Gesamtmasse mit der entsprechenden Schwerpunktskoordinate darstellen konnten, so folgt sofort, dafs für jede durch den Schwerpunkt selbst gehende Achse (eine sog. Schwerpunktsachse oder Schwerachse) das statische Moment verschwinden mufs, wie auch aus der ersten Gl. (8) des vorigen Paragraphen ersichtlich war.

Wesentlich anders verhält sich das ebenfalls im vorigen Paragraphen für einen speziellen Fall definierte Trägheitsmoment. Wir gelangten zu demselben in Gl. (15c) als Produktensumme $\Sigma m\varrho^2$, worin ϱ den Abstand eines Massenpunktes vom Schwerpunkte bedeutete. Da nun

$$\varrho^2 = \xi^2 + \eta^2 \quad . \quad . \quad . \quad . \quad . \quad . \quad . \quad . \quad . \quad (2)$$

ist, so dürfen wir auch setzen

$$\Sigma m\varrho^2 = \Sigma m\xi^2 + \Sigma m\eta^2 \quad . \quad . \quad . \quad . \quad . \quad . \quad (3)$$

und wollen die beiden rechts stehenden Produktsummen als Trägheitsmomente des Massensystems in Bezug auf zwei zu einander senkrechte Schwerpunktsachsen bezeichnen. Im Gegensatz hierzu heifst der links stehende Ausdruck das polare Trägheitsmoment in Bezug auf den Schwerpunkt.

Alle drei Summenausdrücke können nun offenbar niemals verschwinden, da sie aus lauter positiven Gliedern bestehen. Dasselbe gilt auch für achsiale und polare Trägheitsmomente in Bezug auf ein anderes paralleles Koordinatensystem. Setzen wir nämlich, unter $x_0 y_0$ wieder die Schwerpunktskoordinaten verstanden,

$$\xi = x - x_0\,, \qquad \eta = y - y_0,$$

so wird

$$\Sigma m \xi^2 = \Sigma m x^2 - 2 x_0 \Sigma m x + x_0^2 \Sigma m$$
$$\Sigma m \eta^2 = \Sigma m y^2 - 2 y_0 \Sigma m y + y_0^2 \Sigma m$$

oder, da $\Sigma m x = x_0 \Sigma m$, $\Sigma m y = y_0 \Sigma m$,

$$\left.\begin{aligned} \Sigma m \xi^2 &= \Sigma m x^2 - x_0^2 \Sigma m \\ \Sigma m \eta^2 &= \Sigma m y^2 - y_0^2 \Sigma m \end{aligned}\right\} \quad \ldots \ldots \quad (4)$$

Man erhält also das Trägheitsmoment eines ebenen Systems in Bezug auf eine beliebige Achse als Summe des Produktes aus der Gesamtmasse in das Quadrat des Schwerpunktsabstandes von derselben und des Trägheitsmomentes für die parallele Schwerpunktsachse (Satz von Steiner). Daraus folgt weiterhin, daſs von allen achsialen Trägheitsmomenten dasjenige in Bezug auf eine parallele Schwerpunktsachse den kleinsten Wert besitzt.

Addieren wir schlieſslich die beiden Formeln (4) und setzen:

$$x^2 + y^2 = r^2, \qquad x_0^2 + y_0^2 = r_0^2,$$

so folgt für die polaren Trägheitsmomente um den Schwerpunkt und einen um r_0 davon entfernten Pol

$$\Sigma m \varrho^2 = \Sigma m r^2 - r_0^2 \Sigma m \quad \ldots \ldots \quad (4a)$$

woraus hervorgeht, daſs auch das polare Trägheitsmoment um den Schwerpunkt ein Minimum ist.

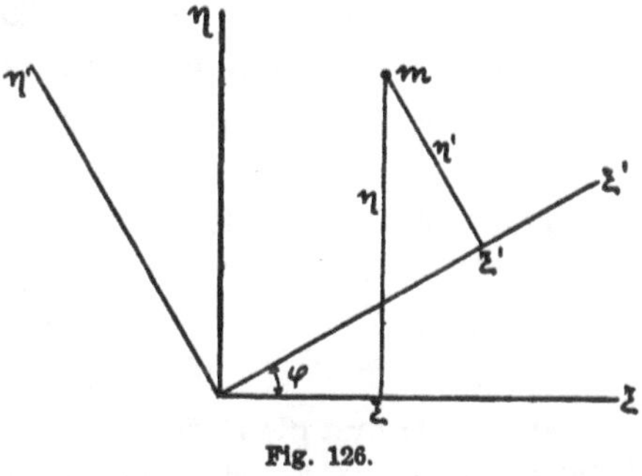

Fig. 126.

Wir wollen nunmehr die Beziehungen zwischen den Trägheitsmomenten für die Achsen $\xi' \eta'$ des um den Winkel φ gegen das ursprüngliche, durch den Schwerpunkt gehende System $\xi \eta$ geneigten Kreuzes untersuchen. Hierzu gelangen wir einfach durch Gleichungen zwischen den neuen und ursprünglichen Koordinaten (Fig. 126)

$$\left.\begin{aligned} \xi' &= \xi \cos \varphi + \eta \sin \varphi \\ \eta' &= \eta \cos \varphi - \xi \sin \varphi \end{aligned}\right\} \quad \ldots \ldots \quad (5)$$

Multiplizieren wir diese Formeln mit m und summieren über das ganze System, so folgt wegen $\Sigma m\xi = 0$, $\Sigma m\eta = 0$ auch

$$\Sigma m\xi' = 0, \qquad \Sigma m\eta' = 0,$$

ein Satz, der nur eine Bestätigung des schon oben gefundenen über das Verschwinden der statischen Momente in Bezug auf beliebige Schwerpunktsachsen liefert. Bilden wir dagegen die Quadrate der Koordinaten (5), multiplizieren mit m und summieren, so folgt

$$\begin{aligned} \Sigma m\xi'^2 &= \cos^2\varphi\, \Sigma m\xi^2 + 2\cos\varphi \sin\varphi\, \Sigma m\, \xi\eta + \sin^2\varphi\, \Sigma m\eta^2 \\ \Sigma m\eta'^2 &= \cos^2\varphi\, \Sigma m\eta^2 - 2\cos\varphi \sin\varphi\, \Sigma m\, \xi\eta + \sin^2\varphi\, \Sigma m\xi^2 \end{aligned}$$

Die Berechnung der achsialen Trägheitsmomente für das um φ geneigte System erfordert hiernach aufser der Kenntnis der beiden ursprünglich gegebenen Trägheitsmomente $\Sigma m\xi^2$ und $\Sigma m\eta^2$ noch diejenige der Summe $\Sigma m\xi\eta$, welche man als das Zentrifugalmoment für die Achsen $\xi\eta$ bezeichnet.

Da die rechnerische Ermittelung dieser Gröfse vor allem bei kontinuierlicher Massenverteilung recht unbequem ist, so erscheint es erwünscht, hierzu auf indirektem Wege zu gelangen. Wir wollen zu diesem Zwecke zunächst die Abkürzungen

$$\left.\begin{aligned} \Sigma m\xi^2 &= \Theta_\xi, \qquad \Sigma m\eta^2 = \Theta_\eta \\ \Sigma m\xi'^2 &= \Theta_\xi', \qquad \Sigma m\eta'^2 = \Theta_\eta' \\ \Sigma m\xi\eta &= \Psi_{\xi\eta} \end{aligned}\right\} \quad . \quad . \quad . \quad . \quad (6)$$

einführen, wodurch unsere letzten beiden Gleichungen die Form

$$\left.\begin{aligned} \Theta_\xi' &= \Theta_\xi \cos^2\varphi + \Theta_\eta \sin^2\varphi + \Psi_{\xi\eta} \sin 2\varphi \\ \Theta_\eta' &= \Theta_\xi \sin^2\varphi + \Theta_\eta \cos^2\varphi - \Psi_{\xi\eta} \sin 2\varphi \end{aligned}\right\} \quad . \quad (7)$$

annehmen. Aufserdem folgt für das Zentrifugalmoment in Bezug auf die neuen Achsen $\xi'\eta'$ mit Hilfe von (5)

$$\begin{aligned} \Psi'_{\xi\eta} &= \Sigma m (\xi \cos\varphi + \eta \sin\varphi)(\eta \cos\varphi - \xi \sin\varphi) \\ \Psi'_{\xi\eta} &= -(\Theta_\xi - \Theta_\eta) \sin\varphi \cos\varphi + \Psi_{\xi\eta} \cos 2\varphi \quad . \quad . \quad (8) \end{aligned}$$

Setzen wir nun die Differentialquotienten der beiden achsialen Trägheitsmomente Θ_ξ' und Θ_η' nach φ gleich Null, so ergibt sich in beiden Fällen als Bedingungsgleichung für den Maximal- bezw. Minimalwert derselben

$$-(\Theta_\xi - \Theta_\eta) \sin\varphi \cos\varphi + \Psi_{\xi\eta} \cos 2\varphi = 0 \quad . \quad . \quad (9)$$

Für den diese Gleichung befriedigenden Winkel φ_0 verschwindet aber, wie der Vergleich mit (8) sofort ergibt, das

Zentrifugalmoment $\Psi'_{\xi\eta}$, so dafs wir also für jedes ebene Massensystem zwei Achsen angeben können, für welche das eine Trägheitsmoment ein Maximum, das andere dagegen ein Minimum wird, während das Zentrifugalmoment verschwindet. Diese beiden zu einander senkrechten Achsen, welche gegen die ursprünglich gegebenen $\xi\eta$ um den Winkel φ_0, der sich mit (9) zu

$$\operatorname{tg} 2\varphi_0 = \frac{2\Psi_{\xi\eta}}{\Theta_\xi - \Theta_\eta} \quad . \quad . \quad . \quad . \quad . \quad . \quad (9a)$$

berechnet, geneigt sind, heifsen die Hauptachsen des ebenen Massensystems, die ihnen entsprechenden Trägheitsmomente die Hauptträgheitsmomente desselben. Hat man einen Winkel φ_0 gefunden, welcher der Gl. (9a) genügt, so erkennt man, dafs dies auch für den Winkel $\varphi_0 + \frac{\pi}{2}$ gilt, womit indessen nur gesagt ist, dafs eines der beiden Hauptträgheitsmomente ein Maximum, das andere dagegen ein Minimum darstellt. Besitzt das Massensystem eine Symmetrieachse, welche, wie leicht nachzuweisen, durch den Schwerpunkt gehen mufs, so läfst sich von vornherein einsehen, dafs dieselbe eine Hauptachse bildet. Jedem Term $m\xi\eta$ entspricht nämlich in diesem Falle ein entgegengesetzt gleicher, von dem symmetrisch gelegenen Massenpunkte herrührender Term, so dafs das Zentrifugalmoment verschwindet. Durch eine Symmetrieachse und den Schwerpunkt sind demnach die Hauptachsen in ihrer Lage gegeben.

Kennt man nunmehr die Hauptträgheitsmomente Θ_a und Θ_b des Systems, so lassen sich, für ein um den Winkel φ gegen die Hauptachsen geneigtes Kreuz sofort die Trägheitsmomente und das Zentrifugalmoment anschreiben. Man hat, da für die Hauptachsen a und b das Zentrifugalmoment Ψ_{ab} verschwindet, aus (7) und (8)

$$\left.\begin{aligned} \Theta_\xi &= \Theta_a \cos^2\varphi + \Theta_b \sin^2\varphi \\ \Theta_\eta &= \Theta_a \sin^2\varphi + \Theta_b \cos^2\varphi \\ \Psi_{\xi\eta} &= (\Theta_b - \Theta_a) \sin\varphi \cos\varphi \end{aligned}\right\} \quad . \quad . \quad . \quad (10)$$

Für die spätere Verwendung der Formeln erscheint es nützlich, die Massen m aus denselben zu eliminieren. Dies gelingt durch Einführung von den Schwerpunktsabständen analog gebildeten Strecken, den sogenannten **Trägheitsradien.** Bezeichnen wir dieselben mit k_ξ k_η für die Achsen ξ und η, mit a und b für die Hauptträgheitsachsen, so haben wir

$$\left.\begin{array}{ll} k_\xi^2 \Sigma m = \Theta_\xi = \Sigma m \xi^2, & k_\eta^2 \Sigma m = \Theta_\eta = \Sigma m \eta^2 \\ a^2 \Sigma m = \Theta_a, & b^2 \Sigma m = \Theta_b \end{array}\right\} . \quad (11)$$

Damit aber schreiben sich die ersten beiden Formeln (10)

$$\left.\begin{array}{l} k_\xi^2 = a^2 \cos^2\varphi + b^2 \sin^2\varphi \\ k_\eta^2 = a^2 \sin^2\varphi + b^2 \cos^2\varphi \end{array}\right\}, \quad . \quad . \quad . \quad . \quad (10a)$$

tragen also einen rein geometrischen Charakter. Denken wir uns a und b als Halbmesser einer Ellipse, so stellt k_η das im Mittelpunkt gefällte Lot auf die unter den Winkel φ gegen a geneigte Tangente dar, k_ξ dagegen das auf die hierzu senkrechte Tangente gefällte Lot.[1]) Die so definierte Ellipse Fig. 127, welche in be-

---

[1]) Der Beweis dieses Satzes ergibt sich folgendermaſsen: Ist

$$\frac{x^2}{a^2} + \frac{y^2}{b^2} = 1$$

die Mittelpunktsgleichung der Ellipse, so lautet die Gleichung der Tangente durch den Punkt $x_0 y_0$

$$\frac{x x_0}{a^2} + \frac{y y_0}{b^2} = 1.$$

Diese Tangente schneidet die groſse und kleine Achse in den Punkten

$$x_1 = \frac{a^2}{x_0} \text{ bezw. } y_1 = \frac{b^2}{y_0}.$$

Das von 0 auf die Tangente gefällte Lot l_1 ergibt sich alsdann, wenn φ den Tangentenwinkel bedeutet, zu

$$l_1 = x_1 \sin\varphi = \frac{a^2}{x_0} \sin\varphi$$

$$l_1 = y_1 \cos\varphi = \frac{b^2}{y_0} \cos\varphi.$$

Da nun der Punkt $x_0 y_0$ selbst die Ellipsengleichung befriedigt, so hat man hieraus

$$\frac{x_0^2}{a^2} + \frac{y_0^2}{b^2} = \frac{a^2 \sin^2\varphi}{l_1^2} + \frac{b^2 \cos^2\varphi}{l_1^2} = 1$$

oder

$$l_1^2 = a^2 \sin^2\varphi + b^2 \cos^2\varphi.$$

Ebenso erhält man auch für das Lot l_2 auf die dem ersten Lote parallele Tangente

$$l_2^2 = a^2 \cos^2\varphi + b^2 \sin^2\varphi,$$

so daſs die Quadratsumme beider Lote $l_1^2 + l_2^2 = a^2 + b^2$ konstant ist.

quemster Weise die Ermittelung beliebiger achsialer Trägheitsmomente bei bekannten Hauptträgheitsmomenten gestattet, heifst die Trägheitsellipse.

Da man nun jeder Ellipse ein Quadrat umschreiben kann, so gibt es für jedes ebene System zwei zueinander senkrechte Achsen mit gleich grofsen Trägheitsmomenten. Dieselben bilden mit den Hauptachsen Winkel von 45°.

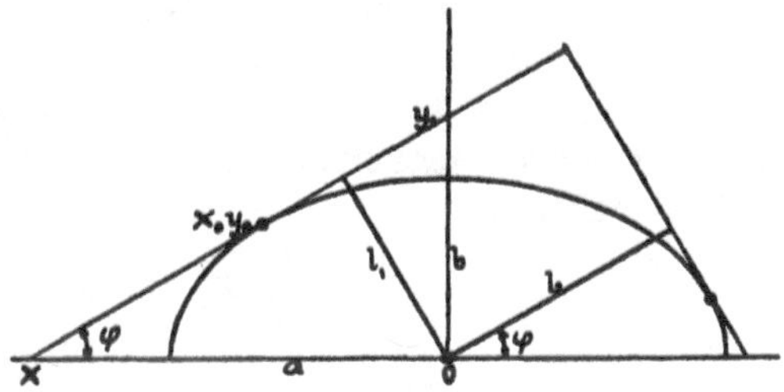

Fig. 127.

Für $a = b$ geht übrigens die Trägheitsellipse selbst in einen Kreis über, woraus wir den Schlufs ziehen können, dafs, wenn die beiden Hauptträgheitsmomente einander gleich sind, dies auch für alle Trägheitsmomente in Bezug auf Schwerpunktsachsen gilt.

Ist die Massenverteilung homogen, so können wir auch von statischen bezw. Trägheitsmomenten geometrischer Figuren sprechen. An Stelle der Massen treten bei linearer Verteilung alsdann die Bogenlängen, bei der Flächenverteilung die Inhalte der entsprechenden Gebilde. Bei Einführung des Schwerpunktsabstandes und des Trägheitsradius fallen alle diese Gröfsen naturgemäfs ebenso aus den Gleichungen heraus, wie oben die Massen.

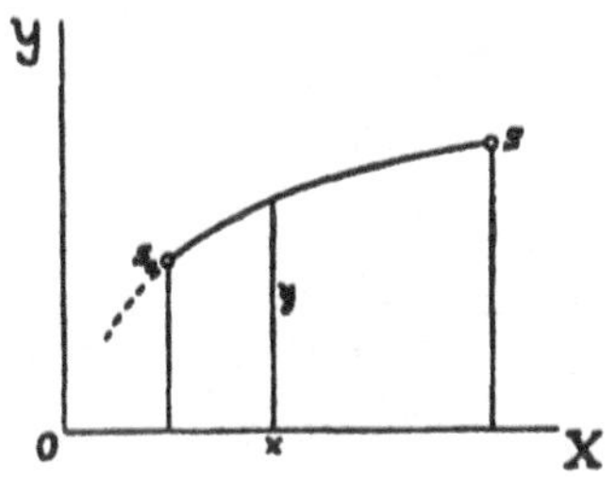

Fig. 128.

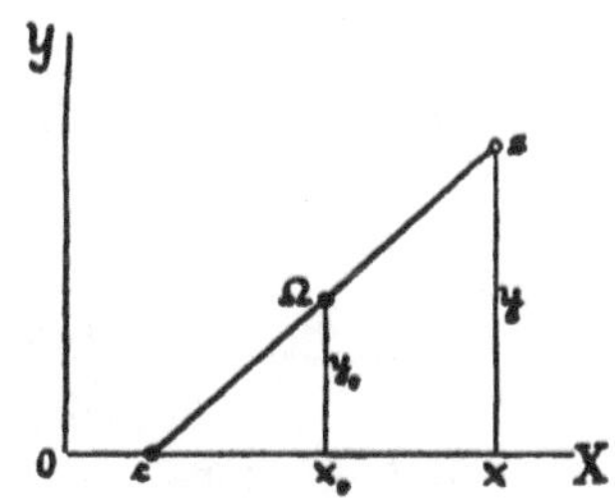

Fig. 129.

Auf diese Weise erhalten wir für eine ebene Kurve (Fig. 128) $y = f(x)$ mit dem Bogen $s - s_0$ für die statischen und Trägheitsmomente in Bezug auf die Achsen die Werte

$$\left.\begin{aligned}\mathfrak{M}_x &= \int_{s_0}^{s} x\,ds = x_0\,(s-s_0); \quad \mathfrak{M}_y = \int_{s_0}^{s} y\,ds = y_0\,(s-s_0)\\ \Theta_x &= \int_{s_0}^{s} x^2 ds = k_x^2(s-s_0); \quad \Theta_y = \int_{s_0}^{s} y^2 ds = k_y^2(s-s_0)\end{aligned}\right\} . \quad (12)$$

Es handle sich beispielsweise um eine Gerade (Fig. 129), welche mit der x-Achse den Winkel α bildet und sie im Abstande c von Anfang schneidet. Von diesem Schnittpunkt aus möge die Länge s gerechnet werden, so dafs $s_0 = 0$ wird. Alsdann ergeben sich mit

$$s = \frac{x-c}{\cos\,\alpha} = \frac{y}{\sin\,\alpha}$$

$$ds = \frac{dx}{\cos\,\alpha} = \frac{dy}{\sin\,\alpha}$$

die statischen Momente:

$$\mathfrak{M}_x = \int_0^s x\,ds = \int_c^x \frac{x\,dx}{\cos\,\alpha} = \frac{x^2-c^2}{2\cos\,\alpha};$$

$$\mathfrak{M}_y = \int_0^s y\,ds = \int_0^y \frac{y\,dy}{\sin\,\alpha} = \frac{y^2}{2\sin\,\alpha}.$$

Daraus folgt weiter für die Schwerpunktsabstände

$$x_0 = \frac{\mathfrak{M}_x}{s} = \frac{x+c}{2}, \quad y_0 = \frac{\mathfrak{M}_y}{s} = \frac{y}{2}.$$

Für die Trägheitsmomente erhalten wir ebenso

$$\Theta_x = \int_0^s x^2 ds = \int_c^x \frac{x^2 dx}{\cos\,\alpha} = \frac{x^3-c^3}{3\cos\alpha}$$

$$\Theta_y = \int_0^s y^2 ds = \int_0^y \frac{y^2 dy}{\sin\,\alpha} = \frac{y^3}{3\sin\alpha}$$

mithin sind die Trägheitsradien durch

$$k_x^2 = \frac{\Theta_x}{s} = \frac{x^2+cx+c^2}{3}, \quad k_y^2 = \frac{\Theta_y}{s} = \frac{y^2}{3}$$

gegeben. Legen wir nun ein dem ursprünglichen paralleles Achsenkreuz durch den Schwerpunkt Ω der Linie, so ergeben sich die demselben zugeordneten achsialen Trägheitsradien, wenn wir nach dem Steinerschen Satze von den vorstehenden Werten die Quadrate der Schwerpunktsabstände abziehen. Wir erhalten so

$$k_\xi^2 = k_x^2 - x_0^2 = \frac{(x-c)^2}{12} = \frac{s^2 \cos^2 \alpha}{12}$$

$$k_\eta^2 = k_y^2 - y_0^2 = \frac{y^2}{12} = \frac{s^2 \sin^2 \alpha}{12}.$$

Da nun sowohl $\sin^2 \alpha$ wie auch $\cos^2 \alpha$ für alle Werte von α zwischen 0 und $+1$ liegen, so erkennt man, daſs die beiden Hauptträgheitsradien die Werte

$$a^2 = \frac{s^2}{12}, \quad b^2 = 0$$

haben müssen, daſs also die Trägheitsellipse in die Gerade hineinfällt.

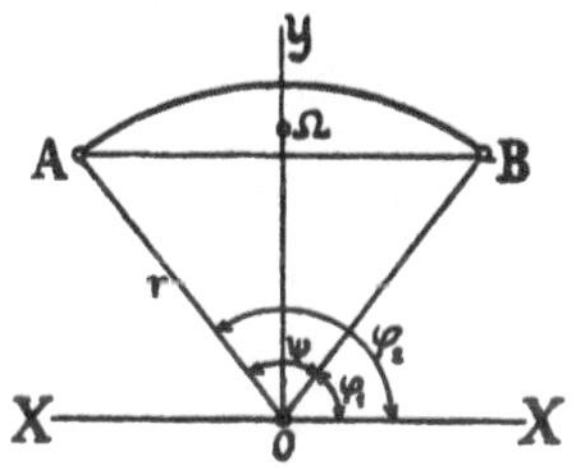

Fig. 130.

Sehr einfach gestalten sich auch die Ergebnisse der Rechnung für einen Kreisbogen (Fig. 130). Der Radius desselben sei r, dann ist zunächst, wenn φ den Winkel eines beliebigen Fahrstrahls bedeutet

$$x = r \cos \varphi, \quad y = r \sin \varphi, \quad ds = r d\varphi.$$

Daraus folgt aber

$$\mathfrak{M}_x = \int_{s_0}^{s} x ds = \int_{\varphi_1}^{\varphi_2} r^2 \cos \varphi \, d\varphi = r^2 (\sin \varphi_2 - \sin \varphi_1)$$

$$\mathfrak{M}_y = \int_{s_0}^{s} y ds = \int_{\varphi_1}^{\varphi_2} r^2 \sin \varphi \, d\varphi = r^2 (\cos \varphi_1 - \cos \varphi_2),$$

so daſs wir für die Schwerpunktsabstände haben:

$$x_0 = \frac{\mathfrak{M}_x}{s} = r \frac{\sin \varphi_2 - \sin \varphi_1}{\varphi_2 - \varphi_1}, \quad y_0 = \frac{\mathfrak{M}_y}{s} = r \frac{\cos \varphi_1 - \cos \varphi_2}{\varphi_2 - \varphi_1}.$$

Liegt der Kreisbogen symmetrisch zur y-Achse, so ist $\varphi_2 + \varphi_1 = \pi$, folglich

$$\mathfrak{M}_x = 0, \qquad x_0 = 0$$

$$\mathfrak{M}_y = 2 r^2 \cos \varphi_1, \quad y_0 = r \frac{2 \cos \varphi_1}{\varphi_2 - \varphi_1}.$$

Nun ist aber $2r\cos\varphi$ identisch mit der Länge der Sehne AB, so dafs der Schwerpunktsabstand des Bogens sich zum Radius verhält wie die Sehne zum Bogen selbst. Infolge der Willkürlichkeit des Koordinatensystems gilt dieser Satz für jede Lage des Bogens und erlaubt sofort eine bequeme geometrische Ermittelung des Schwerpunktes. Für die Trägheitsmomente folgt nunmehr weiter

$$\Theta_x = \int_{s_0}^{s} x^2 ds = \int_{\varphi_1}^{\varphi_2} r^3 \cos^2\varphi \, d\varphi$$

$$= \frac{r^3}{2}\left\{\varphi_2 - \varphi_1 + \frac{1}{2}(\sin 2\varphi_2 - \sin 2\varphi_1)\right\}$$

$$\Theta_y = \int_{s_0}^{s} y^2 ds = \int_{\varphi_1}^{\varphi_2} r^3 \sin^2\varphi \, d\varphi$$

$$= \frac{r^3}{2}\left\{\varphi_2 - \varphi_1 - \frac{1}{2}(\sin 2\varphi_2 - \sin 2\varphi_1)\right\}$$

und damit für die Trägheitsradien

$$k_x^2 = \frac{r^2}{2}\left(1 + \frac{\sin 2\varphi_2 - \sin 2\varphi_1}{2(\varphi_2 - \varphi_1)}\right)$$

$$k_y^2 = \frac{r^2}{2}\left(1 - \frac{\sin 2\varphi_2 - \sin 2\varphi_1}{2(\varphi_2 - \varphi_1)}\right).$$

Bei symmetrischer Lage zur y-Achse ist $\sin 2\varphi_2 = -\sin 2\varphi_1$, also, wenn $\psi = \varphi_2 - \varphi_1$ den Zentriwinkel des Bogens bedeutet, auch $\sin 2\varphi_1 = \sin\psi$, so dafs wir für diesen Fall haben

$$k_x^2 = \frac{r^2}{2}\left(1 - \frac{\sin\psi}{\psi}\right), \quad k_y^2 = \frac{r^2}{2}\left(1 + \frac{\sin\psi}{\psi}\right).$$

Von diesen Werten stellt der erstere der Symmetrie wegen schon einen Hauptträgheitsradius dar, während wir zum anderen durch Abzug des Quadrates des Schwerpunktsabstandes y_0 vom zweiten gelangen. Alsdann steht dem Entwurfe der Trägheitsellipse nichts mehr im Wege.

Ganz analog gestaltet sich die Bestimmung der statischen und Trägheitsmomente von begrenzten Flächenstücken. Bezeichnen wir den Gesamtinhalt einer solchen Fläche mit F, mit dF ein Element derselben, so haben wir nur die Integrale

$$\left.\begin{array}{ll} \mathfrak{M}_x = \int x\,dF = x_0 F, & \mathfrak{M}_y = \int y\,dF = y_0 F \\ \Theta_x = \int x^2 dF = k_x^2 F, & \Theta_y = \int y^2 dF = k_y^2 F \end{array}\right\} \quad (13)$$

über die gesamte Fläche auszuwerten.

Unter den in der Praxis auftretenden Fällen ist das Rechteck (Fig. 131) wohl am häufigsten. Sind b_1 und b_2 die Seitenlängen, so ergibt sich mit $F = b_1 b_2$ und $dF = b_1\,dy$ das statische und Trägheitsmoment für eine Seitenlinie

$$\mathfrak{M}_y = \int_0^{b_2} b_1\, y\, dy = \frac{b_1 b_2^2}{2}, \text{ also } y_0 = \frac{b_2}{2}$$

$$\Theta_y = \int_0^{b_2} b_1\, y^2\, dy = \frac{b_1 b_2^3}{3}, \text{ oder } k_y^2 = \frac{b_2^2}{3}.$$

Ganz analog erhält man natürlich auch für die andere Seite

$$\mathfrak{M}_x = \frac{b_1^2 b_2}{2}, \qquad x_0 = \frac{b_1}{2}$$

$$\Theta_x = \frac{b_1^3 b_2}{3}, \qquad k_x^2 = \frac{b_1^2}{3}.$$

Der Schwerpunkt liegt also im geometrischen Mittelpunkte der Figur. Die Trägheitsradien in Bezug auf ein paralleles, durch

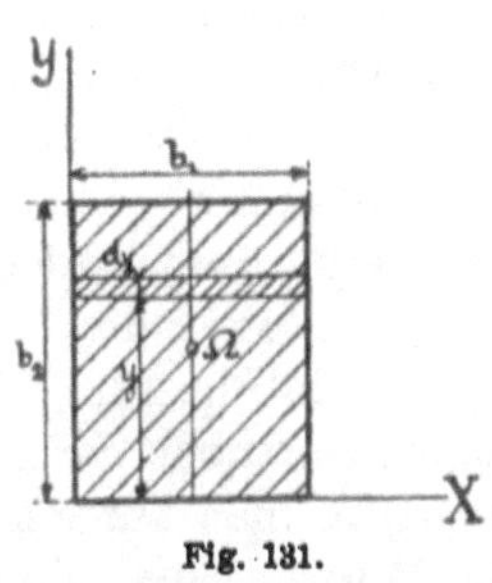

Fig. 131.

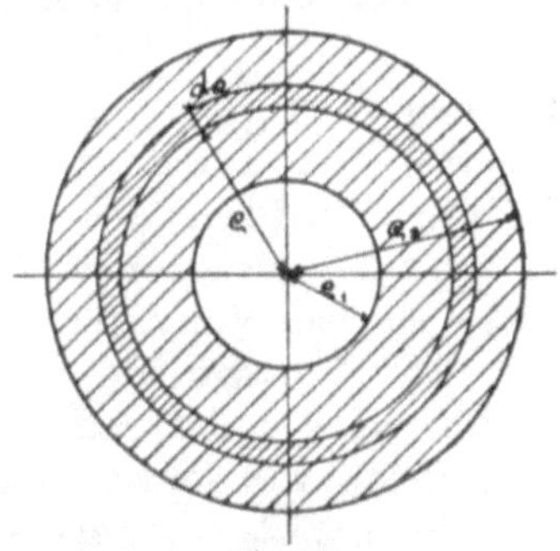

Fig. 132.

denselben geführtes Achsensystem, welche der Symmetrie halber mit den Hauptträgheitsradien identisch sein müssen, ergeben sich alsdann mit Hilfe des Steinerschen Satzes zu

$$a^2 = k_x^2 - x_0^2 = \frac{b_1^2}{12}, \quad b^2 = k_y^2 - y_0^2 = \frac{b_2^2}{12},$$

womit auch die Trägheitsellipse gegeben ist.

Bei einer Kreisringfläche (Fig. 132), deren Schwerpunkt, wie sofort ersichtlich, im Zentrum liegt, geht man am bequemsten vom polaren Trägheitsmomente aus und führt als Flächenelement das Ringelement $dF = 2\pi\varrho\, d\varrho$ ein. Man erhält so

$$\Theta = \int_{\varrho_1}^{\varrho_2} 2\pi\varrho^3 d\varrho = \frac{\pi}{2}(\varrho_2^4 - \varrho_1^4),$$

und da die Trägheitsmomente für alle Schwerpunktsachsen einander gleich sein müssen,

$$\Theta_x = \Theta_y = \frac{\pi}{4}(\varrho_2^4 - \varrho_1^4).$$

Die Trägheitshalbmesser folgen daraus zu

$$k_x^2 = k_y^2 = \frac{\Theta}{2F} = \frac{\varrho_2^4 - \varrho_1^4}{4(\varrho_2^2 - \varrho_1^2)} = \frac{\varrho_2^2 + \varrho_1^2}{4}.$$

Die entsprechenden Werte für den vollen Kreis erhalten wir aus den vorstehenden mit $\varrho_1 = 0$. Da die Durchführung der Rechnung an weiteren Figuren nichts Neues bietet, so wollen wir uns mit den vorstehenden Beispielen um so eher begnügen, als in den verbreiteten technischen Taschenbüchern (z. B. der »Hütte«) ein reichhaltiges Material tabellarisch zusammengestellt ist.

Hat man es dagegen mit unregelmäfsigen, bezw. nur graphisch gegebenen und daher analytisch nicht exakt definierten Gebilden zu tun, so wird man zweckmäfsig die statischen und Trägheitsmomente ebenfalls auf graphischem Wege zu ermitteln suchen. Von den zahlreichen hierfür vorgeschlagenen Methoden, hat diejenige von Vojaček oder Nehls den Vorzug grofser Einfachheit und Anschaulichkeit. Ist in Fig. 133 XX die Achse, für welche das statische und Trägheitsmoment der schraffierten Fläche ermittelt werden soll, so zieht man zunächst im Abstande 1 eine Parallele X_1X_1. Das Moment des Flächenstreifens $AB \cdot dy$ ist alsdann

$$d\mathfrak{M}_y = \overline{AB} \cdot y\, dy,$$

wofür wir auch setzen dürfen

$$\frac{d\mathfrak{M}_y}{y} = \frac{\overline{AB} \cdot dy}{1}.$$

Projizieren wir die Länge AB auf die Linie X_1X_1, so ist, wenn wir von einem beliebig gewählten Pol O auf XX die Strahlen

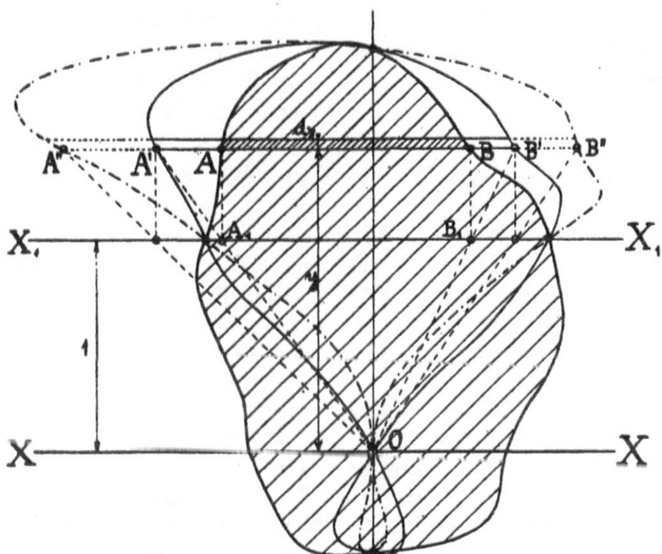

Fig. 133.

OA_1 bezw. OB_1 bis zu den Schnitten A' und B' mit den beidseitigen Verlängerungen von AB fortsetzen, $\Delta OA_1B_1 \sim \Delta OA'B'$, also auch

$$\frac{\overline{A'B'}}{y} = \frac{\overline{AB}}{1}$$

oder

$$\frac{\overline{A'B'} \cdot dy}{y} = \frac{\overline{AB} \cdot dy}{1}.$$

Daraus folgt aber, daſs

$$\overline{A'B'} \cdot dy = d\mathfrak{M}_y$$

oder

$$\mathfrak{M}_y = \int \overline{A'B'}\, dy,$$

d. h. das statische Moment wird durch eine Fläche dargestellt, deren Umfang durch das vorstehende Verfahren aus der gegebenen Kontur abgeleitet ist. Der Inhalt dieser Fläche ergibt sich alsdann leicht mit Hilfe des Planimeters, wobei der auf der unteren Seite von XX liegende Teil infolge einer Schleifenbildung ohnehin negativ erscheint.

Wendet man dasselbe Verfahren nochmals auf die so gewonnene Momentenfläche an, so ergeben sich die Punkte $A''B''$ der Fläche des Trägheitsmomentes, welche ebenfalls lediglich zu planimetrieren ist Für die Ausrechnung hat man nur darauf zu achten, dafs die Flächen sämtlich mit demjenigen Einheitsmafse gemessen werden, welches man als Abstand der beiden Parallelen X_1X_1 und XX gewählt hat.

§ 37. Das Gleichgewicht ebener starrer Systeme.

Der gerade Stab auf zwei Stützen mit Reibung und ohne Reibung. Auflagedruck und Auflagereaktion. Die Bockleiter. Der einfache Träger mit konzentrierter und kontinuierlicher Belastung; spezifische Belastung und Belastungskurve. Transversalkraft und Biegungsmoment. Theorie des Fachwerks, Ermittlung der Stabspannungen durch Kräftepläne, Ritters Methode der Momente. Notwendige und überzählige Stäbe, statisch bestimmte und unbestimmte Fachwerke. Analytische Berechnung der Stabspannungen.

Die am Schlusse des vorletzten Paragraphen abgeleiteten Bedingungen für das Gleichgewicht eines ebenen starren Systems, können wir in den Satz zusammenfassen, dafs die an demselben angreifenden äufseren Kräfte bei ihrer Zusammensetzung weder eine Resultante noch ein Kräftepaar ergeben dürfen, sich also an einem Punkte zu einem geschlossenen Polygon zusammensetzen lassen müssen. Die in dem System verteilten Massen treten als solche gar nicht mehr in den Formeln für das Gleichgewicht auf; sie spielen nur insofern eine Rolle, als sie, mit der Erdbeschleunigung multipliziert, Gewichte angeben, welche ebenso wie andere äufsere Kräfte zu behandeln sind.

Den einfachsten Fall des Gleichgewichtes stellt offenbar ein gerader, an irgend einer Stelle C durch eine äufsere Kraft P oder ein Gewicht belasteter Stab dar, welcher an seinen beiden Enden A und B sich gegen feste Unterlagen stützt (Fig. 134). Sieht man vom Einflusse der Reibung an diesen Stellen zunächst ab, so ist das Gleichgewicht nur möglich, wenn an den Enden A und B senkrecht zu den Unterlagen Kräfte angreifen, deren Resultante die Kraft P gerade aufhebt, d. h. ihr entgegengesetzt gleich ist und dieselbe Richtungslinie besitzt. Diese zur Herstellung des Gleichgewichts nötigen Kräfte bezeichnet man als die **Auflagereaktionen**; sie sind ebenso wie die Kraft P als äufsere am System angreifende, den **Auflagedrucken** entgegengesetzt gleiche Kräfte zu betrachten. Man erkennt

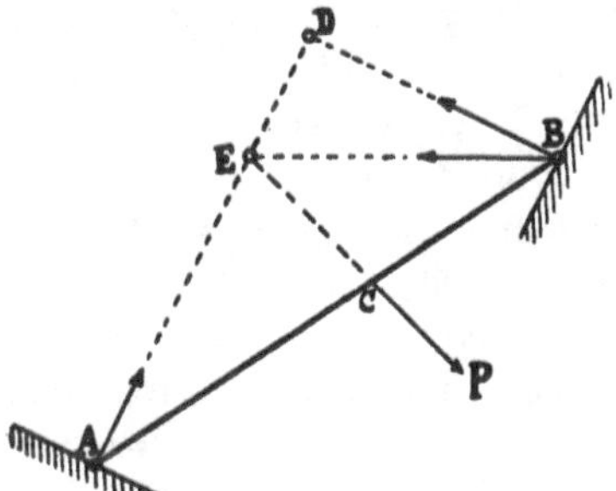

Fig. 134.

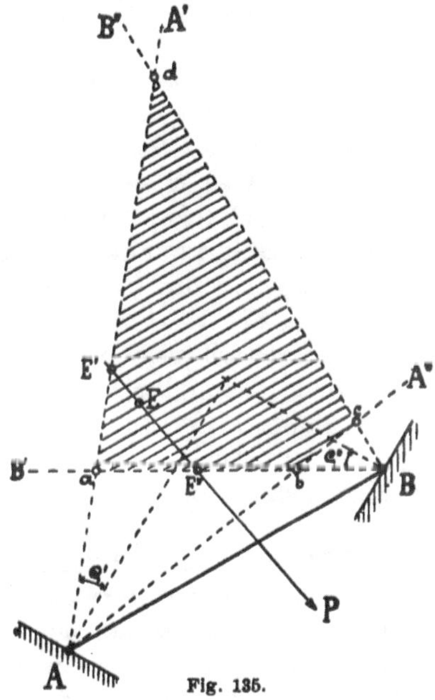

Fig. 135.

übrigens, dafs in unserem Beispiele die geforderte Zusammensetzung der Auflagedrucke nur möglich ist, wenn die Richtungslinie von P durch den Schnittpunkt D der Lote in A und B hindurchgeht, was im allgemeinen nicht zutrifft. Der Stab wird demnach nur in ganz bestimmten Lagen sich im Gleichgewichte befinden. Verhindern wir ihn dagegen an einem der beiden Enden am Gleiten, indem wir etwa bei B ein Gelenk anbringen, so ist dort die Richtung des Auflagedruckes nicht mehr von vornherein gegeben, sondern erst durch den Schnitt E von P mit dem Lote in A, also durch die Linie BE bestimmt. Die Gröfse der Auflagedrucke ergibt sich dann sofort durch Zerlegung der Kraft P in zwei von E nach A und B gerichtete Komponenten.

Anders gestalten sich die Verhältnisse bei Berücksichtigung **der Reibung**. Gehen wir wieder von dem Stabe aus, der an den Auflagepunkten nicht festgehalten ist, so wissen wir, dafs dort Gleichgewicht herrscht, so lange der Winkel der Richtung des Auflagedruckes mit der Normalen kleiner als der **Reibungswinkel** ist. Wir können demnach in Fig. 135 sowohl von A wie auch von B aus je zwei Strahlen AA, AA'' bezw. BB', BB'' ziehen, welche, mit den Reibungswinkeln ϱ' bezw. ϱ'' gegen die Normalen in A und B geneigt, die Auflagedrucke für den Fall des Gleichgewichts zwischen sich einschliefsen müssen. Dies ist aber nur dann für beide Punkte A und B möglich, wenn die Kraftrichtung von P das Viereck $abcd$ der vier Strahlen schneidet. Alsdann kann man an jedem Punkte E der Kraftrichtung innerhalb dieses Vierecks eine Zerlegung von P nach A und B vornehmen, welche den Gleichgewichtsbedingungen genügt. Da die Wahl des Punktes E selbst willkürlich bleibt, so gilt dies auch für die Auflagedrucke wenigstens innerhalb zweier Grenzwerte, welche den Schnittpunkten E' und E'' der Kraftrichtung mit den Strahlen AA' und BB' entsprechen. Die Aufgabe ist also nicht eindeutig bestimmt. Sie wird es aber sofort, wenn die Kraftrichtung, ohne das Viereck zu schneiden, durch einen seiner Eckpunkte hindurchgeht. Alsdann genügen z. B. für den Punkt a nur die beiden Richtungen Aa und Ba für die Auflagedrucke den Bedingungen des Gleichgewichtes. Schneidet die Kraftrichtung das Viereck $abcd$ überhaupt nicht, so kann, da immer einer der Auflagedrucke aufserhalb der Strahlen AA', AA'' bezw. BB', BB'' fällt, überhaupt kein Gleichgewicht bestehen.

Der hier geschilderte Fall entspricht vollkommen dem Gleichgewichte eines Mannes auf einer Leiter, welche in A sich auf den Boden stützt und in B an eine Wand anlehnt. Die Kraft P ist hierbei die Resultante aus dem im Schwerpunkte der Leiter angreifenden Gewichte derselben und dem des Mannes. Kennt man also aufser den Gewichten die Reibungskoeffizienten und damit die Reibungswinkel zwischen der Leiter und dem Boden, sowie der Wandfläche, so ergeben sich sofort alle Stellungen des Mannes, welche mit dem Gleichgewichte verträglich sind. Die Unbestimmtheit der Lösung des Problems ist natürlich ein um so gröfserer Nachteil, als man auch über die Reibungskoeffizienten praktisch kaum jemals Genaues aussagen kann. Deshalb zieht man es vor, die Aufgabe durch Anbringung von Haken bei B, welche dieselbe Wirkung wie Gelenke besitzen, zu einer eindeutig bestimmten zu machen.

Sehr nahe verwandt mit dem vorstehenden Beispiel ist der Fall der sog. Bockleiter, d. h. zweier in der Vertikalebene (Zeichenebene) durch ein reibungsloses Gelenk C miteinander verbundener Stäbe, welche in A und B sich auf eine horizontale Unterlage stützen (Fig. 136). Die Stäbe seien vertikal durch die in D und E angreifenden Gewichte G_1 und G_2 (die sich aus den Eigengewichten und eventuellen zusätzlichen Lasten zusammensetzen mögen) belastet, welche eine Resultante

$$G = G_1 + G_2$$

mit der Richtungslinie FF_1 ergeben mögen. In diesem System können wir jeden der Stäbe für sich betrachten, wenn wir die Reaktion des Gelenkes bei C nach Gröfse und Richtung kennen würden. Dieselbe mufs sich für den Stab AC mit der Richtung des Auflagedruckes in A und derjenigen der Last G_1 in einem Punkte D_1 treffen. Ebenso mufs die gleich grofse und entgegengesetzt gerichtete Reaktion in C für den Stab BC sich mit dem Auflagedruck in B und dem Stabgewichte G_2 in einem Punkte E_1 schneiden, während schliefslich die Gesamtresultante G mit den beiden Auflagedrücken in A und B in einem Punkte F_1 zusammentrifft, der gleichzeitig in der Fortsetzung der Linien AD_1 und BE_1 liegt. Um aber für eine gegebene Stellung AB der Stäbe mit den Lasten G_1 und G_2 die Richtung der Auflagedrücke zu bestimmen, hat man nur die Punkte D_1 und E_1 auf den Richtungen von G_1 und G_2 so festzulegen, dafs der Schnittpunkt F_1 von AD_1 und BE_1 in die Richtung der Resultante G fällt. Am raschesten und genauesten kommt man hierbei durch Probieren zum Ziele, indem man zunächst den Punkt D_1' willkürlich auf DG_1 festlegt, womit durch die Gerade $D_1'C$ auch E_1' und F_1' als Schnitt von AD_1' mit BE_1' gegeben ist. Liegt nun F_1' nicht auf der Kraftrichtung von G, so wiederholt man das Verfahren mit einem Punkte D_1''

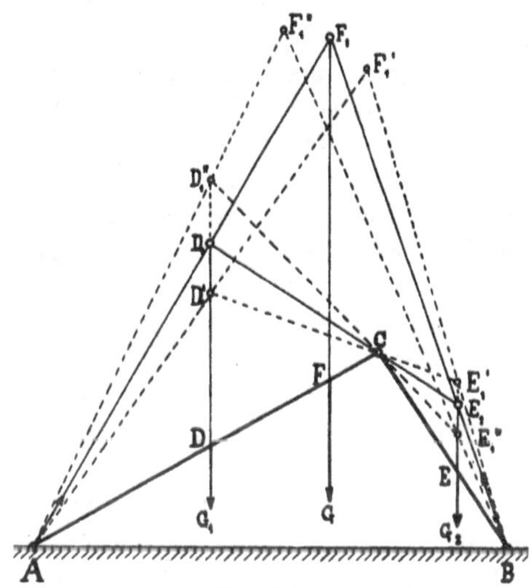

Fig. 136.

und erhält F_1''. Liegen F_1' und F'' der Geraden FG hinreichend nahe, so kann man den gesuchten Punkt in erster Annäherung als Schnitt von $F_1'F_1''$ mit G festlegen, und dann durch Verbindung von D_1 mit E_1, welche durch C hindurchgehen mufs, die Richtigkeit des Verfahrens kontrollieren.

Hat man so die Lage der Auflagedrücke in A und B bestimmt, so ergibt sich sofort, dafs Gleichgewicht nur bestehen kann, wenn die Linien $A D_1 F_1$, bezw. $B E_1 F_1$ innerhalb der Reibungswinkel mit den Normalen zur Unterlage in A und B liegen. Tritt eine der beiden Auflagedruckrichtungen aus diesem Gebiete heraus, so wird dort das System ins Gleiten geraten. Um diese, bei unserer unzureichenden Kenntnis der Reibungskoeffizienten fast stets vorhandene Gefahr zu umgehen, verbindet man daher in der Praxis die beiden Stäbe AC und BC durch einen dritten Stab oder auch eine Kette miteinander.

Ein solches System von starren Stäben, welche gelenkig miteinander verbunden sind, bezeichnet man als ein F a c h w e r k. Bei der Untersuchung des Gleichgewichtes dieser Fachwerke werden wir der Bestimmtheit der Aufgabe wegen immer voraussetzen, dafs in den Gelenken, den sog. K n o t e n p u n k t e n (oder auch kurz Knoten genannt) keine Reibung stattfindet. Alsdann bietet die Bestimmung der in den Stäben selbst wirksamen Kräfte, sowie der Auflagedrucke keine Schwierigkeit, wenn die Belastung des Fachwerkes gegeben ist. Das einfachste Fachwerk bildet naturgemäfs der gerade, auf zwei Stützen ruhende horizontale gewichtslose Stab l (Fig. 137), den man wohl auch als e i n f a c h e n T r ä g e r bezeichnet. Wirken auf denselben die vertikalen Kräfte $P_1 P_2 \ldots P_n$ in den Abständen $a_1 a_2 \ldots a_n$ von der linken Stütze aus gerechnet, so ergeben sich sofort die beiden Auflagereaktionen A und B durch die Gleichungen für das Verschwinden der Resultante und des Kräftepaares. Da die Kräfte sämtlich in einer Richtung wirken, so brauchen wir nur eine Formel für die Zusammensetzung der Kräfte selbst anzusetzen, haben also

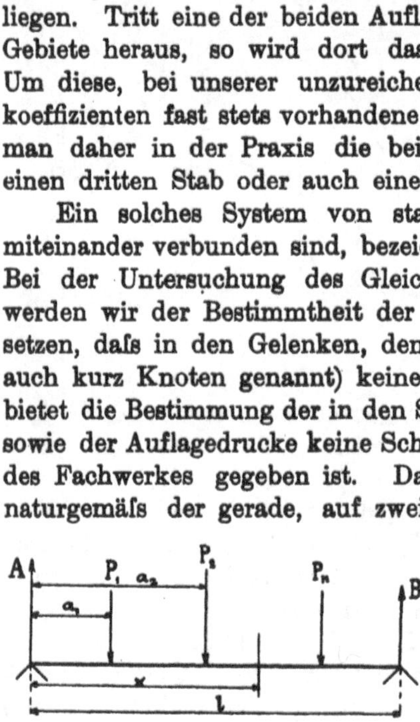

Fig. 137.

$$A + B + \Sigma P = 0 \quad . \quad . \quad . \quad . \quad . \quad . \quad . \quad (1)$$

Alsdann verschwindet aber auch das Kräftepaar, wenn die Momentensumme aller Kräfte für irgend einen Punkt zu Null wird. Wählen wir als Bezugspunkt für die Momente wieder die linke Stütze, so folgt als weitere Gleichung

$$lB + \Sigma aP = 0 \quad \ldots \ldots \ldots \quad (2)$$

Aus (1) und (2) ergeben sich dann die Auflagereaktionen

$$B = -\frac{\Sigma aP}{l}, \quad A = \frac{\Sigma aP}{l} - \Sigma P \quad \ldots \ldots \quad (3)$$

Die Auflagedrucke selbst sind natürlich den Gröfsen A und B entgegengesetzt gleich.

Denken wir uns nun den Stab an irgend einer Stelle, etwa im Abstand x von der linken Stütze durchschnitten, so mufs die Resultante der Kräfte auf der linken Seite derjenigen der Kräfte rechts von der Schnittstelle das Gleichgewicht halten. Dies folgt auch schon aus Gl. (1), da man die Summe auf der linken Seite derselben stets in zwei entgegengesetzt gleiche Teile zerlegen kann. Ebenso kann man aber auch mit den Momenten der Kräfte verfahren, da im Falle des Gleichgewichts der Bezugspunkt willkürlich ist. Die Momentensummen rechts und links von der Schnittstelle müssen einander demnach entgegengesetzt gleich sein. Bei diesen Zerlegungen ist ausdrücklich darauf zu achten, dafs die Auflagereaktionen genau wie äufsere Kräfte wirken.

In dem vorstehenden Beispiel ist vom Eigengewicht des Stabes abgesehen worden. Dasselbe kann aber auch als eine stetig über die ganze Länge des Stabes verbreitete Last angesehen werden, die man im Gegensatz zu den oben behandelten sog. konzentrierten Lasten P als eine kontinuierliche Belastung bezeichnet. Ist dx ein Längenelement des Stabes, so ist, unter q die auf die Längeneinheit entfallende Belastung an der Stelle x verstanden, die auf der Strecke x ruhende Last gegeben durch

$$Q_x = \int_0^x q\,dx \quad \ldots \ldots \ldots \ldots \quad (4)$$

Eine bequeme Übersicht ergibt die Aufzeichnung der sog. spezifischen Belastung q als Funktion von x auf dem Stabe selbst (siehe Fig. 138), da hierbei der Ausdruck (4) einfach als

Inhalt der von der Belastungskurve $q = f(x)$ und dem Stabe, bezw. dessen Endordinaten eingeschlossenen Fläche erscheint und, im Falle die erstere empirisch gegeben ist, durch Planimetrieren sofort ermittelt werden kann. Dasselbe gilt auch von dem Momente der kontinuierlichen Last, dessen Element in Bezug auf die linke Stütze sich zu

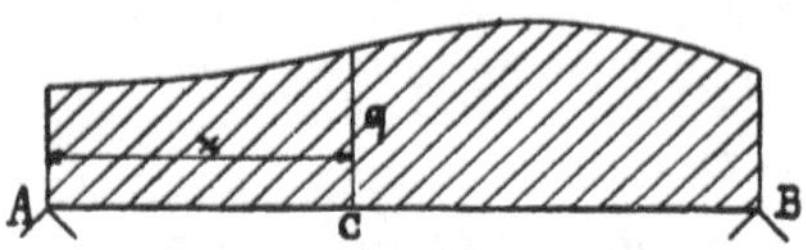

Fig. 138.

$$d\mathfrak{M} = qx\,dx$$

berechnet, so dafs sich für das ganze Stück von A bis C

$$\mathfrak{M}_x = \int_0^x qx\,dx \quad . \quad . \quad . \quad . \quad . \quad . \quad . \quad . \quad (5)$$

ergibt. Befindet sich der Träger nur unter dem Einflusse einer kontinuierlichen Belastung, so berechnen sich die Auflagereaktionen A und B, indem wir in den Formeln (1) und (2) die Summe für die Kräfte P und deren Momente durch die über die ganze Trägerlänge l erstreckten Integrale (4) und (5) ersetzen, also aus

$$A + B + \int_0^l q\,dx = 0 \quad . \quad . \quad . \quad . \quad . \quad . \quad (6)$$

$$lB + \int_0^l qx\,dx = 0 \quad . \quad . \quad . \quad . \quad . \quad . \quad (7)$$

Ist die kontinuierliche Last nur über einen Teil von l verbreitet, so braucht man auch nur die Integration hierüber auszudehnen. Die den unbelasteten Strecken entsprechenden Bestandteile der Integrale in (6) und (7) verschwinden überdies, so dafs es nicht notwendig ist, die Gleichungen für diesen Fall noch besonders anzuschreiben. Weitaus am häufigsten tritt dagegen die gleichförmige Belastung auf, für welche $q =$ konst. und damit die Integration in (6) und (7) sofort ausführbar wird. Man erhält alsdann

$$A + B + ql = 0 \quad . \quad . \quad . \quad . \quad . \quad . \quad . \quad (6a)$$

$$lB + \frac{q}{2}l^2 = 0 \quad . \quad . \quad . \quad . \quad . \quad . \quad . \quad (7a)$$

Bei gleichzeitiger Wirkung konzentrierter und kontinuierlicher Belastung hat man einfach die von beiden herrührenden

Kräfte und Momente zu summieren, wodurch wir für die Auflagereaktionen auf die Formeln

$$A + B + \Sigma P + \int_0^l q\,dx = 0 \quad . \; . \; . \; . \; . \quad (8)$$

$$lB + \Sigma aP + \int_0^l qx\,dx = 0 \quad . \; . \; . \; . \; . \quad (9)$$

geführt werden. Auch in diesem allgemeineren Falle können wir den Stab an jeder Stelle x uns durchschnitten und das Gleichgewicht durch Anbringen der am weggeschnittenen Teile wirkenden Summe der Kräfte und Momente in der Schnittstelle erhalten denken. Wir erhalten so die Ausdrücke

$$Q_x = \sum_0^x P + \int_0^x q\,dx + A \quad . \; . \; . \; . \; . \; . \; . \quad (8a)$$

$$\mathfrak{M}_x = \sum_0^x P(x-a) + \int_0^x qx\,dx + Ax \quad . \; . \; . \quad (9a)$$

und bezeichnen für die vorliegende Belastung die Resultante Q_x als die Transversalkraft an der Stelle x, das Moment $\mathfrak{M}_x$ dagegen, da es den Stab zu biegen sucht, als das Biegungsmoment an dieser Stelle. Differenzieren wir dasselbe partiell nach x, so folgt

$$\frac{\partial \mathfrak{M}_x}{\partial x} = \sum_0^x P + \int_0^x q\,dx + A = Q_x, \quad . \; . \; . \quad (10)$$

eine für die Theorie der belasteten Träger überaus wichtige Beziehung, welche man übrigens auch leicht durch eine rein geometrische Betrachtung der Kräfte zu beiden Seiten des Trägerelementes dx verifizieren kann. Aus derselben geht weiter hervor, daſs an Stellen, wo die Transversalkraft verschwindet, das Moment ein Maximum oder ein Minimum wird. Es sind dies die sog. gefährlichen Punkte des Trägers.

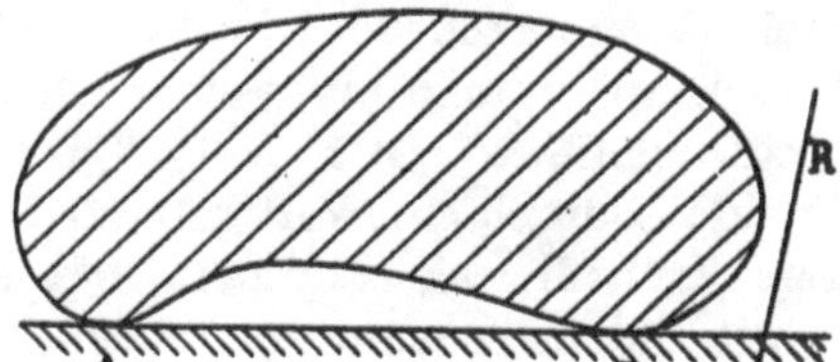

Fig. 139.

Stützt sich im allgemeineren Falle ein ebenes Gebilde von beliebiger Form (Fig. 139) ohne Reibung auf eine Gerade, so ist

Gleichgewicht nur möglich, wenn die Resultante sämtlicher äufserer Kräfte P senkrecht zu dieser Geraden steht und aufserdem dieselbe zwischen den beiden Stützpunkten A und B trifft. Würde die Resultante R aufserhalb AB die Gerade schneiden, so bliebe stets ein Kräftepaar übrig, welche das Gebilde um den der Resultante nächstliegenden Stützpunkt zu drehen oder, wie man sich in der Praxis ausdrückt, zu kippen sucht. Im übrigen bietet die Untersuchung dieses Gebildes gegenüber derjenigen des geraden Stabes nichts Bemerkenswertes.

Für die Wirkung des starren Stabes nach aufsen sind die in demselben auftretenden Biegungsmomente und Vertikalkräfte natürlich belanglos, so dafs wir hierfür nur die Auflagedrücke bezw. deren Reaktionen an den Stützen ins Auge zu fassen haben. In der Theorie der Fachwerke denkt man sich darum auch alle Lasten zunächst in den Knoten konzentriert, so dafs im Falle des Gleichgewichts überhaupt keine Biegungsmomente und Vertikalkräfte auftreten und als innere Kräfte des Systems nur die in die Stabrichtungen fallenden Zug- oder Druckkräfte übrig bleiben. Die Ermittelung dieser Stabspannungen aus den Bedingungen des Gleichgewichts bildet nun das Endziel der Fachwerkstheorie.

Diese Theorie gründet sich auf den einfachen Satz, dafs an jedem Knotenpunkte die Spannungen der dort zusammenlaufenden Stäbe mit der äufseren Kraft im Gleichgewichte stehen, sich also mit dieser zu einem geschlossenen Polygon zusammensetzen lassen müssen. Laufen in einem Knoten nur zwei Stäbe zusammen, so sind deren Spannungen sofort durch ein Kräftedreieck zu ermitteln. Daher bietet die Spannungsermittelung in einem aus drei Stäben bestehenden Fachwerk nicht die geringsten Schwierigkeiten, wenn man nur wieder die Auflagereaktionen als äufsere Kräfte einführt. Ist z. B. in Fig. 140 das Stabdreieck $l_1 l_2 l_3$ im Punkte C durch eine Vertikalkraft P belastet, so ergeben sich aus dem Kräftedreieck (Fig. 140a) mit $12 = P$ und $O1 \parallel l_1$, $O2 \parallel l_2$ sofort die Stabspannungen S_1 und S_2 in l_1 und l_2. Zieht man darauf noch die Linie $O3 \parallel l_3$, so erhalten wir in den Abschnitten 13 und 23 die Auflagedrucke A und B, sowie in $O3$ die Spannung S_3, im dritten Stabe l_3. Die Figur, welche die einzelnen Kräftedreiecke in sich vereinigt und dadurch eine bequeme Ermittelung sowohl der Stabspannungen wie auch der Auflagedrucke ermöglicht, heifst der Kräfteplan des Fachwerks.

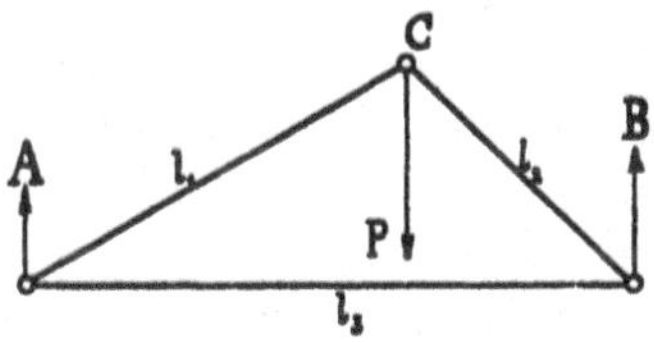

Fig. 140.

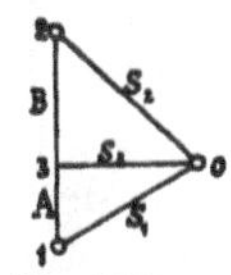

Fig. 140a.

Aus derartigen dreieckigen Stabverbindungen kann man nun durch fortgesetztes Hinzufügen von zwei Stäben an zwei Knotenpunkten beliebig viele Fachwerke ableiten, welche alle die Eigenschaft der Starrheit besitzen. Ist die Zusammensetzung in der Weise erfolgt, dafs, wie in Fig. 141 angedeutet, mehr als zwei Stabdreiecke eine Seite gemeinsam besitzen, so kann man genau

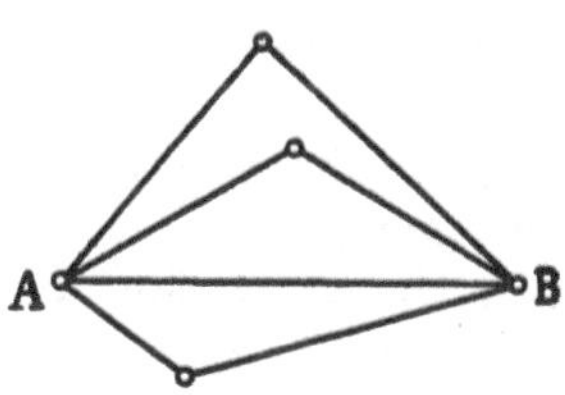

Fig. 141.

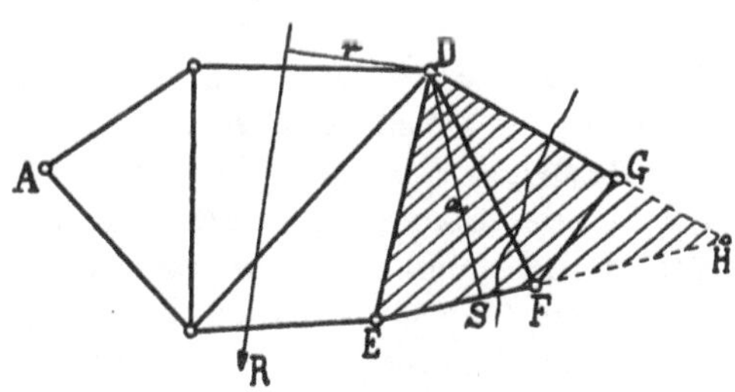

Fig. 142.

nach der oben beschriebenen Methode verfahren, indem man die Kräfte an den Knotenpunkten mit nur je zwei Stäben auf diese verteilt. Nachdem dies geschehen, kann man auch sofort die Spannung des mehreren Dreiecken gemeinsamen Stabes ermitteln. Praktisch von weitaus gröfserer Bedeutung sind Fachwerke, in denen kein Stab mehr als zwei Dreiecken angehört. Die Bestimmung der Spannung in einem Stabe EF geschieht nach dem Vorschlage Ritters hier am einfachsten, indem man ihn durchschnitten und das Gleichgewicht durch Anbringen der beiden entgegengesetzt gleichen Spannkräfte in E und F erhalten denkt (Fig. 142). Fällt man dann von dem gegenüberliegenden Punkte D ein Lot a auf EF, so stimmt das Produkt aS mit dem Momente aller äufseren Kräfte (einschliefslich der Auflagereaktion) in Bezug auf D auf einer Seite des Schnittes überein. Genau so verfährt man zur Bestimmung der Spannung in DG, wobei man nur den Punkt F als Ausgangspunkt des Lotes wählt. Um schliefslich die Spannung in DF zu finden, verlängere man sowohl EF wie DG bis zu ihrem Schnitte H, von dem aus man auf DF das Lot zu fällen hat, dessen Produkt mit der gesuchten Stabspannung dem Momente der äufseren Kräfte auf einer Seite des Schnittes durch die drei Stäbe in Bezug auf H gleich ist. Die Einfachheit dieses Verfahrens ist darin begründet, dafs beim gleichzeitigen Schnitte dreier nicht in einem Knoten zusammentreffender Stäbe für den Schnittpunkt je zweier derselben nur die gegenüberliegende Seite mit ihrer Spannung in Betracht kommt, während die beiden anderen Spannungen in Bezug auf diesen Punkt keine Momente besitzen. Besonders bequem gestaltet sich die Ermittelung der Momente der äufseren Kräfte auf einer Seite des Schnittes durch das Fachwerk, wenn man ihre Resultante R sogleich einzeichnet. Man hat alsdann nur von den Punkten D, F bezw. H Lote r auf R zu fällen und die Produkte rR und aS einander gleich zu setzen.

Bezüglich zahlreicher anderer Methoden, welche demselben Zwecke der Spannungsermittelung in Fachwerken dienen, mufs auf die Lehrbücher der graphischen Statik verwiesen werden. In denselben findet man auch eingehende Anleitungen zum Entwurfe von Kräfteplänen. Für unsere Zwecke erscheint hier nur noch eine Bemerkung wichtig. Verbindet man in einem aus Dreiecken bestehenden Fachwerke zwei nicht direkt miteinander zusammenhängende Knoten, z. B. E und G in der letzten Figur, durch einen weiteren Stab, so versagt die oben auseinandergesetzte Methode der Spannungsermittelung, und die Spannungen in diesem neuen Stabe, wie auch in den drei anderen EF, DF, DG bleiben unbestimmt. Derartige Fachwerke sind alsdann statisch unbestimmt im Gegensatz zu der nur aus einseitig zusammenhängenden Dreiecken statisch bestimmten Konfiguration, und solche Stäbe, welche die Unbestimmtheit hervorgerufen haben, und daher unbeschadet der Starrheit entfernt werden können, überzählig. Sind im ganzen k Knoten in der Ebene vorhanden, so können wir offenbar die gröfste Zahl von Verbindungen herstellen, wenn wir jeden Knoten mit jedem anderen durch einen Stab verbinden. Die Zahl s der Stäbe wird in einem solchen Fachwerk ein Maximum sein und zwar

$$s_{\max} = \frac{k(k-1)}{2}.$$

Sind nun $x_1 y_1$, $x_2 y_2 \ldots x_k y_k$ die Koordinaten der Knoten in einem rechtwinkligen festen Achsensystem, so ergeben sich für die Stablängen l des Fachwerkes die Gleichungen

$$\left.\begin{array}{l}(x_1 - x_2)^2 + (y_1 - y_2)^2 = l_{12}{}^2 \\ (x_2 - x_3)^2 + (y_2 - y_3)^2 = l_{23}{}^2 \\ \quad \vdots \\ (x_h - x_i)^2 + (y_h - y_i)^2 = l_{hi}{}^2 \\ \quad \vdots \\ (x_{k-1} - x_k)^2 + (y_{k-1} - y_k)^2 = l^2{}_{k-1,k}\end{array}\right\} \quad \ldots \quad (11)$$

deren Zahl mit derjenigen der Stäbe s übereinstimmen mufs. Halten wir nun das Fachwerk an einem Knoten fest, d. h. nehmen wir die beiden Koordinaten, z. B. $x_1 y_1$ desselben als gegeben an, so kann sich immer noch das ganze System um diesen Knoten drehen, wobei alle anderen Punkte Kreise beschreiben. Um diese Drehung zu verhindern, brauchen wir nur noch eine weitere Knotenpunktskoordinate vorzuschreiben, so dafs im ganzen durch unsere Gleichungen (11) nur mehr $2k-3$ Knotenpunktskoordinaten durch drei derselben und s Stablängen bestimmt werden. Soll diese Bestimmung eindeutig sein, so mufs die Zahl der Unbekannten mit derjenigen der unabhängig voneinander bestehenden Gleichungen übereinstimmen, d. h. es mufs

$$s = 2k - 3 \quad \ldots \ldots \ldots \quad (12)$$

sein. Wären weniger Stäbe vorhanden, so würde die Zahl der Gleichungen nicht zur Bestimmung der Knotenpunktskoordinaten hinreichen, d. h. einzelne Knoten würden Bahnen beschreiben und das Fachwerk nicht in Ruhe verharren. Die Gl. (12) bestimmt demnach für k Knoten die Mindestzahl der Stäbe, welche man darum auch als notwendige Stäbe bezeichnet. Hat man zwei voneinander unabhängige, statisch bestimmte Fachwerke mit den Knoten- und Stabzahlen $k_1 k_2$ bezw. $s_1 s_2$, so gelten hierfür die Gleichungen

$$s_1 = 2k_1 - 3, \qquad s_2 = 2k_2 - 3.$$

Sollen dieselben zu einem Fachwerk durch Hinzufügung von Stäben verbunden werden, so ergibt sich für eine Knotenzahl von $k_1 + k_2$ die Zahl der notwendigen Stäbe

$$s = 2(k_1 + k_2) - 3 = s_1 + s_2 + 3,$$

so dafs also zur Vereinigung drei Stäbe hinzugefügt werden müssen. Soll dagegen ein Fachwerk von der Knotenzahl k_1 und der Stabzahl s_1 durch einen Knoten erweitert werden, so besitzt das neue

$$s = 2(k_1 + 1) - 3 = s_1 + 2,$$

also zwei notwendige Stäbe mehr als das ursprüngliche. Derartige Verbindungsstäbe dürfen natürlich nur so angebracht werden, dafs die ihnen entsprechenden Gl. (11) unabhängig voneinander sind, da andernfalls wenigstens elementare Verschiebungen der Knoten möglich bleiben. Dies trifft z. B. zu, wenn wir den neuen Knoten D, welcher in der Fortsetzung von AB liegt, durch einen Stab mit A und durch einen andern mit B verbinden, da zwischen diesen beiden Stäben die Beziehung

$$AD - BD = AB$$

besteht (Fig. 143). In der Tat kann hierbei eine elementare Verschiebung von D senkrecht zu AB eintreten, welche mit der Starrheit des Gebildes nicht verträglich ist.

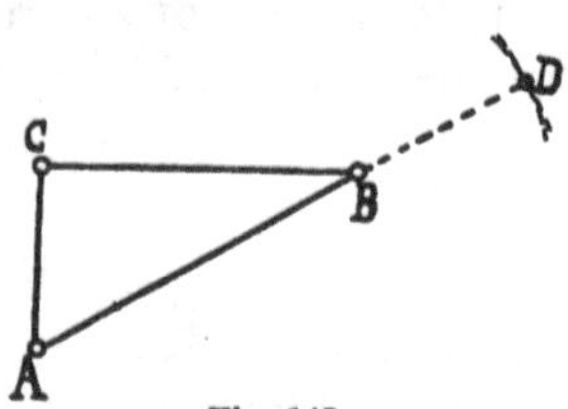

Fig. 143.

Auf die oben durch rein geometrische Betrachtungen gewonnene Zahl Gl. (12) der notwendigen Stäbe werden wir übrigens auch durch die Gleichgewichtsbedingungen geführt. Wir zerlegen zu diesem Zwecke die an jedem Knoten angreifenden äufseren Kräfte (ebenso auch die Auflagereaktionen) in ihre Komponenten X_i und Y_i nach den Achsenrichtungen eines festen, rechtwinkligen Koordinatensystems. Der Stab l_{hi}, welcher die Punkte h und i mit den Koordinaten $x_h\, y_h$, $x_i\, y_i$ verbindet, und dessen Spannung mit S_{hi} bezeichnet werden möge, bildet dann mit den Achsen den Winkel α, gegeben durch

$$\cos\alpha = \frac{x_h - x_i}{l_{hi}}, \quad \sin\alpha = \frac{y_h - y_i}{l_{hi}},$$

so dafs die beiden Komponenten der Stabspannung sich zu

$$S_x = S_{hi} \frac{x_h - x_i}{l_{hi}}, \quad S_y = S_{hi} \frac{y_h - y_i}{l_{hi}}$$

berechnen. An jedem Knotenpunkte besteht demnach Gleichgewicht, wenn für denselben die Bedingungen

$$\left.\begin{array}{l} X_i + \Sigma S_{hi} \frac{x_h - x_i}{l_{hi}} = 0 \\ Y_i + \Sigma S_{hi} \frac{y_h - y_i}{l_{hi}} = 0 \end{array}\right\} \quad . \quad . \quad . \quad . \quad (13)$$

erfüllt sind, in denen die Summierung sich über alle im Punkte i zusammenlaufenden Stäbe zu erstrecken hat. Da nun für jeden Knoten sich diese beiden Formeln anschreiben lassen, so hat man im ganzen für die Ermittelung der unbekannten Stabspannungen $2k$ Gleichungen. Dieselben sind indes nicht ganz unabhängig voneinander, da im Falle des Gleichgewichts nicht nur die äufseren Kräfte einschliefslich der Auflagereaktionen sich aufheben, aufserdem aber auch ihre Momentensumme verschwinden mufs. Wir haben demnach noch die drei weiteren Formeln

$$\left.\begin{array}{l} \Sigma X_i = 0, \quad \Sigma Y_i = 0 \\ \Sigma (X_i y_i - Y_i x_i) = 0 \end{array}\right\} \quad . \quad . \quad . \quad . \quad . \quad (14)$$

Kombiniert man dieselben mit den $2k$ Gleichungen (13), so bleiben nur mehr $2k - 3$ unabhängige Gleichungen in Übereinstimmung mit Gl. (12) zur Bestimmung von ebenso viel unbekannten Stabspannungen übrig. Man übersieht schon aus dieser Betrachtung, dafs die analytische Berechnung der Stabspannungen, trotzdem es sich nur um Auflösung linearer Gleichungen handelt, im Vergleich mit der früher gegebenen graphischen Ermittelung recht umständlich ausfällt, so dafs die Bevorzugung der letzten durch die ausführende Technik nicht Wunder nehmen kann. Wegen der weiteren Untersuchung ebener Fachwerke müssen wir auf Spezialwerke verweisen, von denen sich die »Technische Mechanik«, Bd. I von Henneberg sowie die »Theorie des Fachwerkes« von Foeppl, der wir in unseren letzten Betrachtungen gefolgt sind, durch Vollständigkeit und Strenge besonders auszeichnen.

§ 38. Das einfache materielle ebene Pendel.

Unterschied zwischen dem materiellen oder physischen und dem mathematischen Pendel. Aufstellung der Bewegungsgleichungen mit Hilfe der Auflagereaktionen. Die reduzierte Pendellänge und der Schwingungsmittelpunkt. Ermittlung von Trägheitsmomenten durch Schwingungsversuche. Berechnung der Auflagereaktionen. Das Reversionspendel von Bohnenberger und Kater. Das Zeunersche Pendel mit drei festen Achsen. Der Temperaturausgleich materieller Pendel.

In § 15 haben wir die Bewegung eines starren, mit einem festen Drehpunkte verbundenen materiellen Punktes betrachtet, also eines Gebildes, welches sich, streng genommen, nicht realisieren läfst und darum als mathematisches Pendel bezeichnet wird. Die Sätze über die Wirkung von Kräften mit verschiedenen Angriffspunkten ermöglichen uns nunmehr auch die Verfolgung der Bewegungserscheinungen des wirklichen Pendels, welches im Gegensatze zu dem mathematischen das materielle oder physische Pendel heifst. Dasselbe ist ganz allgemein ein starrer Körper, der nur um eine durch ihn hindurchgehende Horizontalachse O sich derart drehen kann, dafs alle Elemente desselben kongruente vertikale Kreisbogen um O beschreiben. Da dies auch für die nicht in derselben Ebene liegenden Elemente zutrifft, so können wir das ganze System uns als ein ebenes vorstellen, wie wir uns nur in jedem Punkte des ins Auge gefafsten Körperschnittes (Fig. 144) die vor und hinter demselben liegenden Massenelemente konzentriert denken. Auf diese Weise erhalten wir im allgemeinen ein ebenes System mit ungleichförmiger Flächenbelegung.

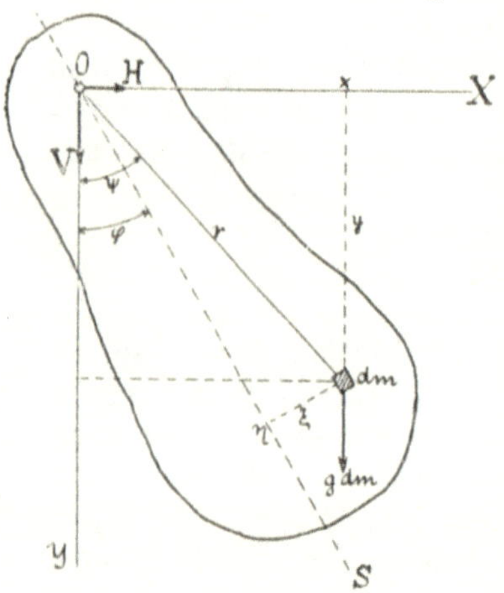

Fig 144.

Auf jedes Element dm dieses Systems wirkt nun als äufsere Kraft lediglich die Schwere $g\,dm$. Wir legen durch die Bewegungsebene ein rechtwinkliges Achsensystem mit dem Ursprung im Drehpunkte O und wählen als Abscissenachse die Horizontale, als positive Ordinatenachse die nach unten gerichtete Vertikale durch O. Bezeichnen wir alsdann die Komponenten der Auflagereaktion in O in horizontaler und vertikaler Richtung mit H und V, so erhalten wir durch Summierung aller Komponenten in einer Richtung zunächst die beiden Gleichungen

$$\left.\begin{aligned} H &= \int dm \frac{d^2x}{dt^2} \\ V + \int g\,dm &= \int dm \frac{d^2y}{dt^2} \end{aligned}\right\}, \quad \ldots \ldots \quad (1)$$

welche zur Bestimmung des Auflagedruckes dienen können, wenn die rechts stehenden Integrale ausgewertet sind. Verlegen wir dann alle Kräfte nach dem Drehpunkt O, so rufen die an jedem Elemente wirkenden äußeren Kräfte ein Kräftepaar hervor, welches im Bewegungszustande nach § 35 Gl. (5a) eine Flächenbeschleunigung zur Folge hat. Bedeutet r den Abstand des Elementes dm von O und ψ den momentanen Auslenkungswinkel dieses Fahrstrahles aus der Vertikalen, so haben wir die Momentengleichung für das ganze System, da $\Sigma\,(x\,Y - y\,X) = \int g\,x\,dm$ ist,

$$\int g\,x\,dm = -\int dm \frac{d}{dt}\left(r^2 \frac{d\psi}{dt}\right), \quad \ldots \ldots \quad (2)$$

worin wir rechts das negative Vorzeichen eingeführt haben, weil durch die Wirkung des Kräftepaares der Winkel ψ verkleinert wird. Diese Gleichung läßt sich nun leicht vereinfachen unter der Voraussetzung, daß das Pendel ein **starres** System darstellt. Alsdann ist nämlich zunächst der Abstand r von der Zeit unabhängig, so daß wir schreiben dürfen

$$g \int x\,dm = -\int r^2\,dm \frac{d^2\psi}{dt^2} \quad \ldots \ldots \quad (2a)$$

Legen wir nunmehr von O aus eine Schwerachse OS durch das Pendel, welche mit der Vertikalen im betrachteten Moment den Winkel φ bilden möge, so erkennen wir, daß infolge der Starrheit des ganzen Systems die Änderungen dieses Winkels φ mit denjenigen von ψ übereinstimmen müssen, d. h. daß

$$\frac{d\varphi}{dt} = \frac{d\psi}{dt}, \qquad \frac{d^2\varphi}{dt^2} = \frac{d^2\psi}{dt^2} \quad \ldots \ldots \quad (3)$$

wird. Dadurch aber sind wir in den Stand gesetzt, die dem ganzen System gemeinschaftliche Winkelbeschleunigung vor das Integralzeichen zu setzen und statt (2a) zu schreiben

$$g\int x\,dm = -\frac{d^2\varphi}{dt^2}\int r^2\,dm \quad . \quad . \quad . \quad . \quad . \quad (2b)$$

Beziehen wir nunmehr die Lage des Elementes dm auf die Schwerachse selbst, so zwar, daſs wir seinen Abstand von derselben mit ξ, die Projektion von r auf dieselbe dagegen mit η bezeichnen, so haben wir

$$x = \xi \cos\varphi + \eta \sin\varphi,$$

mithin, da der Drehwinkel φ der Schwerachse wiederum dem ganzen System gemeinsam ist,

$$g\int x\,dm = g\cos\varphi\int \xi\,dm + g\sin\varphi\int \eta\,dm \quad . \quad . \quad . \quad (4)$$

Hierin verschwindet aber, da OS eine Schwerachse bildet, das erste Integral der rechten Seite und wir erhalten unter gleichzeitiger Einführung von (4) in Gl. (2b)

$$g\sin\varphi\int \eta\,dm = -\frac{d^2\varphi}{dt^2}\int r^2\,dm \quad . \quad . \quad . \quad . \quad . \quad (5)$$

Die in dieser Gleichung auf der linken und rechten Seite stehenden Integrale sind nun nichts anderes als das statische Moment des ebenen Systems in Bezug auf eine durch O gehende Normale zur Schwerachse OS bezw. das polare Trägheitsmoment um O selbst. Setzen wir dieselben der Kürze halber analog den Bezeichnungen in § 36

$$\int \eta\,dm = \mathfrak{M} \text{ und } \int r^2\,dm = \Theta,$$

so haben wir statt (5)

$$g\sin\varphi = -\frac{\Theta}{\mathfrak{M}}\frac{d^2\varphi}{dt^2} \quad . \quad . \quad . \quad . \quad . \quad . \quad (5a)$$

Die Differentialgleichung der Bewegung des mathematischen ebenen Pendels von der Länge l können wir hieraus sofort wieder ableiten, wenn wir beachten, daſs, unter m dessen punktförmige Masse verstanden, für dasselbe

$$\mathfrak{M} = l \cdot m, \qquad \Theta = l^2 m$$

wird, so daſs wir erhalten

$$g \sin \varphi = - l \frac{d^2 \varphi}{d t^2} \quad \ldots \ldots \quad (5\text{b})$$

Die Integration dieser formell mit (5a) übereinstimmenden Gleichung haben wir schon in § 15 durchgeführt und insbesondere dort die Abhängigkeit der Schwingungsdauer vom Ausschlagswinkel bestimmt. Aus dem Vergleich von (5a) und (5b) geht nun unmittelbar hervor, daſs ein materielles Pendel sich genau so wie ein mathematisches verhält, wenn einerseits die Länge desselben durch

$$l = \frac{\Theta}{\mathfrak{M}} \quad \ldots \ldots \ldots \quad (6)$$

gegeben und andererseits die Ausschläge — für das materielle Pendel auf die Schwerpunktsachse bezogen — übereinstimmen. Die durch die Gl. (6) definierte Länge des gleichwertigen mathematischen Pendels heiſst die reduzierte Länge des materiellen Pendels; trägt man dieselbe vom Drehpunkte aus auf der Schwerachse OS ab, so nennt man ihren Endpunkt den Schwingungsmittelpunkt des Systems.

Der praktische Wert der Formel (6) beruht nun vor allem in der durch sie gebotenen Möglichkeit, Trägheitsmomente unregelmäſsig gestalteter Körper in Bezug auf bestimmte Achsen durch Schwingungsversuche empirisch zu ermitteln. Zu diesem Zwecke bestimmt man zuerst das statische Moment in Bezug auf die gewünschte Achse, indem man den Körper in dieser Achse stützt und in einem beliebigen Abstande a auf eine Wage drücken läſst. Ist G das von derselben angezeigte Gewicht, so hat man sofort

$$\mathfrak{M} = a G.$$

Man läſst ihn alsdann um die Achse Schwingungen vollziehen, deren Dauer bei sehr kleinen Ausschlägen

$$t_0 = 2 \pi \sqrt{\frac{l}{g}}$$

direkt gemessen (siehe § 15) werden kann und so auf die reduzierte Pendellänge l führt. Durch Einsetzen der gefundenen Werte von $\mathfrak{M}$ und l in Gl. (6) ergibt sich schlieſslich das gesuchte polare Trägheitsmoment.

Nachdem wir lediglich aus der Betrachtung der Momentengleichung die Bewegung des materiellen Pendels abgeleitet haben, kehren wir zu den Formeln (1) für die Komponenten der Auflagereaktion zurück, deren Berechnung insbesondere dann von praktischer Wichtigkeit ist, wenn wir es mit sehr schweren Pendeln zu tun haben. Die in den Gl. (1) auf der rechten Seite stehenden Integrale lassen sich mit Hilfe der gewonnenen Ergebnisse leicht umformen. Bezeichnen wir nämlich die Koordinaten des Schwerpunktes mit $x_0\, y_0$ und seinen Abstand von O mit s, so haben wir aus

$$x_0 = s \sin\varphi\,, \qquad y_0 = s\cos\varphi$$

sofort

$$\frac{d^2 x_0}{dt^2} = s\left\{\frac{d^2\varphi}{dt^2}\cos\varphi - \left(\frac{d\varphi}{dt}\right)^2 \sin\varphi\right\}$$

$$\frac{d^2 y_0}{dt^2} = -s\left\{\frac{d^2\varphi}{dt^2}\sin\varphi + \left(\frac{d\varphi}{dt}\right)^2 \cos\varphi\right\}$$

Da nun nach dem Schwerpunktssatze

$$\int \frac{d^2 x}{dt^2}\, dm = m\,\frac{d^2 x_0}{dt^2}\,, \qquad \int \frac{d^2 y}{dt^2}\, dm = m\,\frac{d^2 y_0}{dt^2}$$

ist, so folgt mit $ms = \mathfrak{M}$ auch

$$\left.\begin{aligned}\int dm\,\frac{d^2 x}{dt^2} &= \frac{d^2\varphi}{dt^2}\,\mathfrak{M}\cos\varphi - \left(\frac{d\varphi}{dt}\right)^2 \mathfrak{M}\sin\varphi\\ \int dm\,\frac{d^2 y}{dt^2} &= -\frac{d^2\varphi}{dt^2}\,\mathfrak{M}\sin\varphi - \left(\frac{d\varphi}{dt}\right)^2 \mathfrak{M}\cos\varphi\end{aligned}\right\}\,. \qquad (7)$$

Die Winkelbeschleunigung können wir nun hieraus mit Hilfe von (5a) bezw. (5b) eliminieren. Die Integration der Formel

$$\frac{d^2\varphi}{dt^2} = -\frac{g}{l}\sin\varphi = -g\,\frac{\mathfrak{M}}{\Theta}\sin\varphi$$

liefert uns schließlich für die Winkelgeschwindigkeit unter Einführung des größten Ausschlagswinkels α

$$\left(\frac{d\varphi}{dt}\right)^2 = \frac{2g}{l}(\cos\varphi - \cos\alpha)\,,$$

und damit gehen die Gleichungen (7) über in

$$\left.\begin{aligned}\int dm\,\frac{d^2 x}{dt^2} &= -\frac{\mathfrak{M}g}{l}\sin\varphi\,(3\cos\varphi - 2\cos\alpha)\\ \int dm\,\frac{d^2 y}{dt^2} &= \frac{\mathfrak{M}g}{l}\left\{\sin^2\varphi - 2(\cos\varphi - \cos\alpha)\cos\varphi\right\}\end{aligned}\right\} \qquad (7a)$$

Die beiden Komponenten der Auflagereaktion ergeben sich nunmehr durch Einsetzen dieser Ausdrücke in die Gl. (1). Dieselben nehmen dann eine einfache Form an, wenn wir, unter G das Gewicht des Pendels und s seinen Schwerpunktsabstand von O verstanden,

$$\int g\,dm = G \text{ und } \mathfrak{M} g = G s$$

setzen. Alsdann haben wir für die gesuchten Komponenten

$$\left.\begin{aligned} H &= -G\frac{s}{l}\sin\varphi\,(3\cos\varphi - 2\cos\alpha) \\ V &= -G\left\{1 + \frac{s}{l}(2\cos^2\varphi - \sin^2\varphi - 2\cos\varphi\cdot\cos\alpha)\right\} \end{aligned}\right\} \quad . \quad (8)$$

Der Auflagedruck ist demnach in seiner Gröfse und Richtung abhängig vom momentanen Ausschlagswinkel des Pendels. Die Horizontalkomponente erreicht ihr absolutes Maximum für $\cos\varphi = \frac{1}{6}(\cos\alpha \pm \sqrt{\cos^2\alpha + 18})$, die Vertikalkomponente dagegen für $\varphi = 0$, so zwar, dafs

$$V_{max} = -G\left(1 + 4\frac{s}{l}\sin\frac{2\alpha}{2}\right) \quad . \quad . \quad . \quad . \quad (8a)$$

Die Gl. (6) für die reduzierte Pendellänge gestattet weiterhin noch eine Umformung mit Hilfe des Steinerschen Satzes. Mit dem soeben eingeführten Schwerpunktsabstand s des Pendels von der Drehachse O schreiben wir zunächst $\mathfrak{M} = s m$; aufserdem aber folgt aus Gl. (4a) § 36, wenn wir für das polare Trägheitsmoment um den Schwerpunkt $\Theta_0 = k_0^2 m$ setzen, worin k_0 den zugehörigen polaren Trägheitshalbmesser bedeutet,

$$\Theta = \Theta_0 + s^2 m,$$

folglich

$$l = \frac{\Theta}{\mathfrak{M}} = \frac{k_0^2}{s} + s \quad . \quad . \quad . \quad . \quad . \quad . \quad . \quad . \quad (9)$$

Durch diese Gleichung ist der einer gegebenen reduzierten Pendellänge, also auch einer vorgeschriebenen Schwingungsdauer zugeordnete Schwerpunktsabstand der Drehachse bestimmt. Sie hat ersichtlich die beiden Wurzeln

$$s = \frac{l}{2} \pm \sqrt{\frac{l^2}{4} - k_0^2}, \quad . \quad . \quad . \quad . \quad . \quad . \quad . \quad (9a)$$

welche nur so lange reell sind, als $l > 2k_0$ oder, wenn die Schwingungsdauer

$$t_0 > 2\pi\sqrt{\frac{2k_0}{g}}.$$

Daraus ergibt sich, dafs ein materielles Pendel eine geringste Schwingungsdauer besitzt; dieselbe wird dann erreicht, wenn der Schwerpunktsabstand der Drehachse mit dem polaren Trägheitshalbmesser um den Schwerpunkt übereinstimmt. Im allgemeinen aber befinden sich nach Gl. (9) auf jeder Schwerachse zu beiden Seiten des Schwerpunktes je zwei Drehpunkte in den Abständen s_1 und s_2, denen dieselbe Schwingungsdauer t_0 zukommt, und welche durch die Gleichung

$$s_1 + s_2 = l = \frac{t_0^2}{4}\frac{g}{\pi^2} \quad \ldots\ldots \quad (10)$$

verknüpft sind. Mit diesen beiden Abständen ist demnach die reduzierte Pendellänge selbst gegeben. Liegen die Endpunkte dieser beiden Abstände s_1 und s_2 auf verschiedenen Seiten des Schwerpunktes, so kann man folglich einen derselben als Drehpunkt wählen, während der andere den zugehörigen Schwingungsmittelpunkt ergibt und umgekehrt. Auf dieser Tatsache beruht die Verwendung des Bohnenberger-Katerschen Reversionspendels, welches zwei zu beiden Seiten des Schwerpunkts verschiebbare Achsen (Schneiden) besitzt und die Bestimmung der reduzierten Pendellänge, bezw. aus derselben diejenige der Erdbeschleunigung ohne Zuhilfenahme des Trägheitsmomentes ermöglicht. Allerdings ist hierzu eine äufserst genaue Messung der Schwerpunktsabstände s_1 und s_2 erforderlich.

Durch die Einstellung der beiden Achsen wird naturgemäfs das Arbeiten mit dem Reversionspendel aufserordentlich mühsam und zeitraubend. Zeuner[1]) hat darum vorgeschlagen, statt desselben ein Pendel mit drei auf der Schwerachse in beliebigen Abständen festen Achsen O, A, B zu verwenden, denen die reduzierten Pendellängen l_0, l_a, l_b, sowie die Schwingungszeiten

[1]) Die obenstehende bisher nicht veröffentlichte Ableitung ist einer Vorlesung über technische Mechanik am Polytechnikum zu Dresden im Wintersemester 1886/87 mit freundlicher Genehmigung des Herrn Geh.-Rat Prof. Dr. Zeuner entnommen.

t_0, t_a, t_b entsprechen (Fig. 145). Dann sind die Längen $OA = a$ und $OB = b$ bekannt, nicht aber der Schwerpunktsabstand der ersten Achse $OS = s$ und der polare Trägheitshalbmesser k_0 für den Schwerpunkt. Läßt man das Pendel um jede der Achsen schwingen, so hat man für die Schwingungszeiten und die zugehörigen reduzierten Pendellängen die Gleichungen

$$\left.\begin{aligned} t_0 &= 2\pi\sqrt{\frac{l_0}{g}}, & l_0 &= \frac{s^2 + k_0^2}{s} \\ t_a &= 2\pi\sqrt{\frac{l_a}{g}}, & l_a &= \frac{(a-s)^2 + k_0^2}{a-s} \\ t_b &= 2\pi\sqrt{\frac{l_b}{g}}, & l_b &= \frac{(b-s)^2 + k_0^2}{b-s} \end{aligned}\right\} \quad . \quad (11)$$

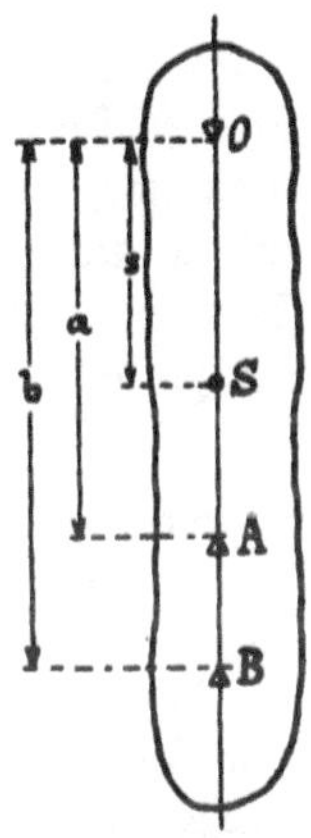

Fig. 145.

und daraus durch Elimination der l die beiden Formeln

$$\left.\begin{aligned} \frac{(a-s)^2 + k_0^2}{s^2 + k_0^2} \cdot \frac{s}{a-s} &= \left(\frac{t_a}{t_0}\right)^2 \\ \frac{(b-s)^2 + k_0^2}{s^2 + k_0^2} \cdot \frac{s}{b-s} &= \left(\frac{t_b}{t_0}\right)^2 \end{aligned}\right\} \quad . \quad (12)$$

zur Bestimmung der Unbekannten s und k_0, mit denen dann aus den rechtsstehenden Gl. (11) auch die reduzierten Pendellängen für alle drei Achsen gegeben sind. Aus den linksstehenden Formeln (11) folgt schließlich die gesuchte Erdbeschleunigung. Bei dem von Zeuner in der technischen Hochschule zu Dresden untersuchten Pendel ergab die Messung

$$a = 850{,}728 \text{ mm}, \qquad b = 492{,}831 \text{ mm},$$

die halben Schwingungszeiten dagegen fanden sich zu

$$\frac{1}{2} t_0 = 0{,}810125'', \qquad \frac{1}{2} t_a = 0{,}860288'', \qquad \frac{1}{2} t_b = 0{,}879350''$$

und damit

$$s = 312{,}185 \text{ mm}, \qquad l_a = 652{,}52 \text{ mm},$$

$$g = 9{,}8127 \text{ m/sek}^2,$$

entsprechend einer für Dresden gültigen Sekundenpendellänge von

$$l_1 = \frac{g}{\pi^2} = 994{,}24 \text{ mm}.$$

Bei der grofsen praktischen Bedeutung des materiellen Pendels als Zeitregulator genau gehender Uhren erscheint es wichtig, den vor allem störenden Einflufs der Temperatur kennen zu lernen. Derselbe äufsert sich im allgemeinen in der Veränderung aller Längen; wenn wir es mit einem aus durchgehends gleichem Materiale bestehenden (sog. homogenen) Pendel zu tun haben, so werden alle Strecken bei einer bestimmten Temperaturänderung im gleichen Verhältnis geändert. Bezeichnen wir dieses Verhältnis für 1^0 des hundertteiligen Thermometers (Celsius), den sog. linearen Ausdehnungskoeffizienten mit α und betrachten diesen für alle in Frage kommende Temperaturen als konstant, so nimmt ein Stab, der bei O^0 die Länge x_0 besafs, bei ϑ^0 die Länge

$$x = x_0 (1 + \alpha \vartheta)$$

an. Daraus folgt aber durch Differentiation

$$\frac{dx}{d\vartheta} = \alpha x_0, \qquad \frac{d^2 x}{d\vartheta^2} = 0.$$

Für die Schwingungsdauer des materiellen Pendels ist nun allein dessen reduzierte Länge mafsgebend, deren Änderung mit der Temperatur wir demnach festzustellen haben. Wir setzen dabei eine Temperatursteigerung um $\varDelta\vartheta^0$ voraus und haben alsdann nach dem Taylorschen Lehrsatze die Längenänderung

$$\varDelta l = l - l_0 = \frac{dl}{d\vartheta} \varDelta\vartheta + \frac{1}{2} \frac{d^2 l}{d\vartheta^2} \varDelta\vartheta^2 + \ldots \qquad (13)$$

wobei l_0 die ursprüngliche Länge bedeutet. Führen wir die hierin angedeuteten Differentiationen unter Zugrundelegung der Formel (6) aus, so folgt

$$\left.\begin{aligned} \frac{dl}{d\vartheta} &= \frac{1}{\mathfrak{M}^2}\left(\mathfrak{M}\frac{d\Theta}{d\vartheta} - \Theta\frac{d\mathfrak{M}}{d\vartheta}\right) \\ \frac{d^2 l}{d\vartheta^2} &= \frac{1}{\mathfrak{M}}\frac{d^2\Theta}{d\vartheta^2} - \frac{\Theta}{\mathfrak{M}^2}\frac{d^2\mathfrak{M}}{d\vartheta^2} - \frac{2}{\mathfrak{M}^3}\left(\mathfrak{M}\frac{d\Theta}{d\vartheta} - \Theta\frac{d\mathfrak{M}}{d\vartheta}\right)\frac{d\mathfrak{M}}{d\vartheta} \end{aligned}\right\} \quad (13a)$$

u. s. w.

u. s. w. Soll infolge der Temperaturänderung $\varDelta\vartheta$ keine Änderung von l eintreten, so müssen alle diese Ausdrücke verschwinden. Da es sich meist um kleine Temperaturänderungen handelt, so werden die Glieder mit höheren Potenzen von $\varDelta\vartheta$ jedenfalls ohnehin klein gegen das erste Glied der Taylorschen Reihe ausfallen, so dafs man das Hauptaugenmerk auf das Verschwinden des ersten Differentialquotienten $\frac{dl}{d\vartheta}$ richten wird. Dies tritt aber immer dann ein, wenn

$$\mathfrak{M}\frac{d\Theta}{d\vartheta} - \Theta\frac{d\mathfrak{M}}{d\vartheta} = 0 \quad . \quad . \quad . \quad . \quad . \quad . \quad (14)$$

wird. Wäre diese Gleichung für alle Werte von ϑ erfüllt, so würde das Pendel schon vollständig kompensiert sein, da sich durch Integration desselben sofort $\Theta = l\mathfrak{M}$, unter l die konstante reduzierte Pendellänge verstanden, ergeben würde. Da dies nun im allgemeinen nicht durchführbar ist, so müssen wir uns begnügen, die obige Bedingung für irgend eine mittlere Temperatur zu erfüllen. Dazu ist es indessen schon notwendig, das Pendel aus einzelnen Teilen mit verschiedenen Ausdehnungskoeffizienten zusammenzusetzen, da für ein homogenes Pendel

$$\Theta_\vartheta = \int r^2 (1 + \alpha\vartheta)^2 dm = (1 + \alpha\vartheta)^2 \Theta, \quad \frac{d\Theta_\vartheta}{d\vartheta} = 2\alpha(1 + \alpha\vartheta)\Theta$$

$$\mathfrak{M}_\vartheta = \int \eta (1 + \alpha\vartheta)\, dm = (1 + \alpha\vartheta)\,\mathfrak{M}, \quad \frac{d\mathfrak{M}_\vartheta}{d\vartheta} = \alpha\mathfrak{M}$$

wird und damit der Ausdruck

$$\mathfrak{M}_\vartheta \frac{d\Theta_\vartheta}{d\vartheta} - \Theta_\vartheta \frac{d\mathfrak{M}_\vartheta}{d\vartheta} = \alpha(1 + \alpha\vartheta)^2 \Theta\mathfrak{M}$$

auch bei kleinen Werten von α innerhalb praktisch in Frage kommender Temperaturen nicht verschwinden kann. Man setzt darum die Pendelstangen aus mehreren Stäben von verschiedenem Materiale (z. B. Eisen und Zink) so zusammen, dafs die Ausdehnungen der einen Stabgruppe OAB und EF von denen der anderen verschieden langen CD kompensiert werden (Fig. 146), oder aber man verhindert die Senkung des Schwingungsmittelpunktes durch die nach oben gerichtete Ausdehnung einer

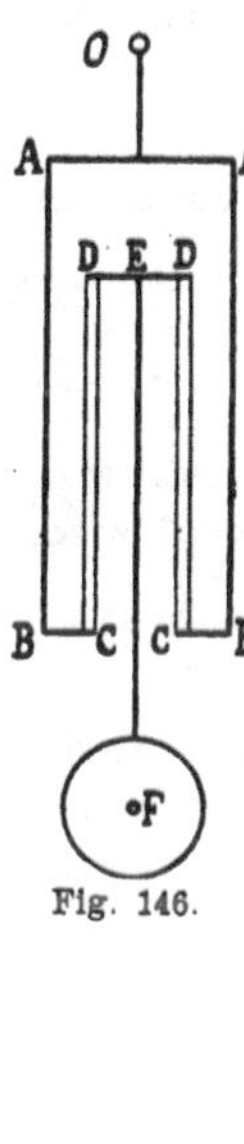

Fig. 146.

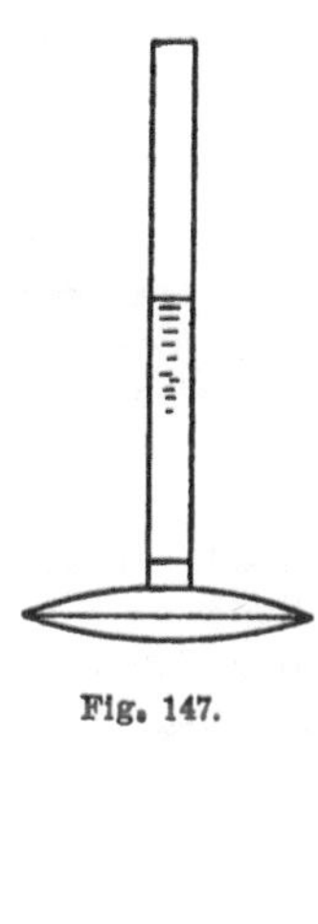
Fig. 147.

Quecksilberfüllung in der hohlen Stange (Fig. 147), ein Verfahren, welches von dem Ingenieur Riefler in München zu hoher Vollendung gebracht wurde. In beiden Fällen werden die genauen Rechnungen, auf welche die Erfüllung der obigen Bedingungsgleichung führt, recht umständlich[1]), so dafs wir an dieser Stelle darauf verzichten und die Gl. (14) durch geeignete Zusammensetzung des Pendels uns erfüllt denken wollen. Damit vereinfacht sich aber auch der zweite Differentialquotient in Gl. (13a) und wir erhalten für die Änderung der reduzierten Pendellänge durch die Temperatur unter Beibehaltung des quadratischen Gliedes der Taylorschen Reihe

$$\varDelta l = \left(\frac{1}{\mathfrak{M}} \frac{d^2\Theta}{d\vartheta^2} - \frac{\Theta}{\mathfrak{M}^2} \frac{d^2\mathfrak{M}}{d\vartheta^2}\right) \varDelta \vartheta^2 \quad . \quad . \quad . \quad . \quad (15)$$

Bleiben wir wie oben bei linearer Abhängigkeit der Längen r und η von der Temperatur, setzen also

$$\frac{d^2 r}{d\vartheta^2} = 0, \qquad \frac{d^2\eta}{d\vartheta^2} = 0,$$

[1]) Für das in Fig. 146 dargestellte sog. Rostpendel begnügt man sich häufig mit folgender Überschlagsrechnung. Ist F der Schwingungsmittelpunkt des in O aufgehängten Systems, so ist $OF = l$ die reduzierte Pendellänge. Setzt man nun die Längen der Eisenstäbe $OA + AB = a_1$, $EF = a_2$ und ihren Ausdehnungskoeffizienten $= \alpha$, die Längen der Zinkstäbe $CD = b$ mit dem Ausdehnungskoeffizienten β, so hat man zunächst

$$l = a_1 + a_2 - b$$

und die Längenänderung von l für eine Temperatursteigerung $\varDelta\vartheta$

$$\varDelta l = (a_1 + a_2)\,\alpha\,\varDelta\vartheta - b\,\beta\,\varDelta\vartheta$$

oder

$$\varDelta l = \left\{(l + b)\,\alpha - b\,\beta\right\} \varDelta\vartheta.$$

Dieselbe verschwindet, wenn die Länge b des Zinkstabes, welche darum einstellbar angeordnet wird, die Bedingung

$$\frac{b}{l} = \frac{\alpha}{\beta - \alpha}$$

erfüllt. Hierbei ist auf die Änderung der Trägheits- und statischen Momente der Stangen selbst keine Rücksicht genommen, weshalb dieses Rechnungsverfahren für genaue z. B. astronomische Uhren nicht hinreichend ist.

so wird

$$\frac{d^2\mathfrak{M}}{d\vartheta^2} = \int \frac{d^2\eta}{d\vartheta^2}\, dm = 0$$

$$\frac{d^2\Theta}{d\vartheta^2} = 2\int r\frac{d^2 r}{d\vartheta^2}\, dm + 2\int\left(\frac{dr}{d\vartheta}\right)^2 dm = 2\int\left(\frac{dr}{d\vartheta}\right)^2 dm$$

und (15) geht über in

$$\varDelta l = 2\,\frac{\varDelta\vartheta^2}{\mathfrak{M}}\int\left(\frac{dr}{d\vartheta}\right)^2 dm \quad . \quad . \quad . \quad . \quad . \quad (15a)$$

Hierin treten aber nur positive Gröfsen auf, so dafs auch $\varDelta l$ nur positiv sein kann. Wir kommen also mit Riefler[1]) zu dem überraschenden Schlusse, dafs ein für eine bestimmte Temperatur kompensiertes, im übrigen aber beliebig gestaltetes und zusammengesetztes Pendel sowohl beim Steigen wie auch beim Sinken der Temperatur eine Zunahme seiner reduzierten Pendellänge und damit der Schwingungsdauer erfährt.

§ 39. Das zusammengesetzte materielle Pendel.

Identität mit dem Problem von Glocke und Klöppel. Aufstellung der Gleichungen für die Auflagereaktionen und die Bewegung. Bedingung des Versagens der Glocke. Unmöglichkeit der Aufrechterhaltung einer festen Richtung auf einem schwingenden Schiff. Untersuchung kleiner Schwingungen. Bedingung für das richtige Zusammenwirken von Glocke und Klöppel. Theorie der Pendelregulatoren.

Im Anschlufs an die Bewegung des einfachen Pendels wollen wir noch diejenige eines Systems von zwei aneinander gehängten Pendeln untersuchen, wie sie z. B. bei der Glocke und dem in derselben drehbaren Klöppel sich vollzieht. Da die Glocke stets in zwei horizontalen Zapfen gelagert, selbst also nur in einer Vertikalebene drehbar ist, so hat auch der Klöppel, vorausgesetzt, dafs keine seitlichen Kräfte auf ihn wirken, keinen Anlafs, aus dieser Bewegungsebene herauszutreten. Wir sind demnach berechtigt, dieses seit dem Versagen der Kaiserglocke des Kölner Domes wichtig gewordene Problem als ein ebenes zu behandeln, wobei wir, wie beim einfachen

[1]) Siehe Anding: Bericht über den Gang einer Rieflerschen Pendeluhr, Astronomische Nachrichten Bd. 133.

Pendel von der Reibung der Zapfen und dem Luftwiderstande absehen wollen. Außerdem setzen wir voraus, daß der Drehpunkt A des Klöppels auf der Schwerachse der Glocke liegen möge. Die beiden Schwerachsen sind in Fig. 148 mit $OA = r$ und AB bezeichnet, auf ihnen liegen die Schwerpunkte S_1 und S_2 mit den Koordinaten $x_1 y_1$ bezw. $x_2 y_2$ und den Abständen $OS_1 = s_1$, $AS_2 = s_2$. Die Neigungswinkel der Schwerachsen gegen die vertikal nach unten gerichtete y-Achse seien φ_1 und φ_2, die Massen der beiden Pendel m_1 und m_2, sowie ihre polaren Trägheitsmomente in Bezug auf O und A bezw. Θ_1 und Θ_2.

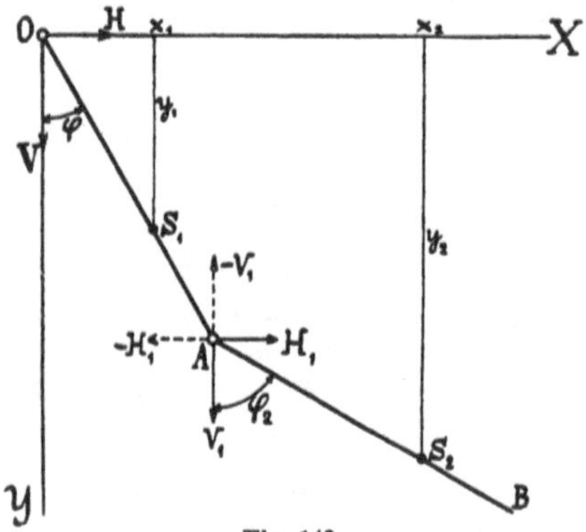

Fig. 148.

Zur Formulierung der Aufgabe gelangen wir nun am nächsten, indem wir unter Einführung der Auflagerkomponenten H und V in O sowie der Komponenten H_1 und V_1 des am Drehzapfen A wirkenden Zwanges die beiden Pendel als freie Körper betrachten und für jedes derselben die beiden Komponenten- und die Momentengleichungen anschreiben. Auf diese Weise erhalten wir sechs Formeln zur Bestimmung der Unbekannten H, V, H_1 V_1, φ_1, φ_2 als Funktionen der Zeit, aus denen sich die beiden Bewegungsgleichungen für φ_1 und φ_2 durch Elimination der Größen H V, H_1 V_1 ergeben. Hierbei ist zu berücksichtigen, daß die Komponenten H_1 und V_1 mit verschiedenen Vorzeichen einzuführen sind, je nachdem man ihre Wirkung auf das Pendel mit festem Drehpunkt oder auf dasjenige mit beweglichem Drehpunkt ins Auge faßt. In Bezug auf das ganze System heben sich diese entgegengesetzt gleichen inneren Kräfte infolgedessen auf.

Wir bezeichnen nun mit x' y' die Koordinaten eines beliebigen Elementes dm_1 des ersten Pendels, mit x'' y'' die entsprechenden eines Elementes dm_2 des Pendels mit beweglichem Drehpunkt. Dann können wir sofort die Bewegungsgleichungen für die x- und y-Richtung des ersten Pendels anschreiben, nämlich

$$\left.\begin{aligned} H - H_1 &= \int d m_1 \frac{d^2 x'}{d t^2} = m_1 \frac{d^2 x_1}{d t^2} \\ V - V_1 + m_1 g &= \int d m_1 \frac{d^2 y'}{d t^2} = m_1 \frac{d^2 y_1}{d t^2} \end{aligned}\right\} \quad . \quad . \quad . \quad (1)$$

Diese Formeln dienen, genau wie oben beim einfachen Pendel, zur Berechnung der Komponenten V und H des Auflagedruckes, nachdem wir die Werte von V_1 und H_1 vorher ermittelt haben. Diese letzteren Gröſsen treten nun zunächst mit denselben Vorzeichen in die Momentengleichung für das erste Pendel ein, auf welches als äuſsere Kraft auſserdem ein im Schwerpunkt angreifende Gewicht $m_1 g$ wirkt. Wir erhalten alsdann, unter $\omega_1 = \frac{d \varphi_1}{d t}$ die Winkelgeschwindigkeit dieses Pendels verstanden, als Momentengleichung

$$m_1 g s_1 \sin \varphi_1 + H_1 r \cos \varphi_1 - V_1 r \sin \varphi_1 = - \Theta_1 \frac{d \omega_1}{d t} \quad . \quad (2)$$

Für das zweite Pendel ergeben sich dann unter Berücksichtigung des entgegengesetzten Vorzeichens von H_1 und V_1 sowie nach Einführung der Schwerpunktskoordinaten x_2 und y_2 analog (1) die Gleichungen

$$\left.\begin{aligned} H_1 &= \int d m_2 \frac{d^2 x''}{d t^2} = m_2 \frac{d^2 x_2}{d t^2} \\ V_1 + m_2 g &= \int d m_2 \frac{d^2 y''}{d t^2} = m_2 \frac{d^2 y_2}{d t^2} \end{aligned}\right\} \quad . \quad . \quad . \quad (3)$$

Bevor wir diese Werte von H_1 und V_1 hieraus in (2) einsetzen, wollen wir die rechten Seiten dieser Formeln noch umgestalten, indem wir statt der Schwerpunktskoordinaten den Schwerpunktsabstand s_2 und die Entfernung $OA = r$, sowie die Ausschlagswinkel φ_1 und φ_2 der Schwerachsen gegen die Vertikale einführen. Aus den Formeln

$$\left.\begin{aligned} x_2 &= r \sin \varphi_1 + s_2 \sin \varphi_2 \\ y_2 &= r \cos \varphi_1 + s_2 \cos \varphi_2 \end{aligned}\right\} \quad . \quad . \quad . \quad . \quad . \quad (4)$$

erhalten wir sofort unter Benutzung der Abkürzungen $\omega_1 = \frac{d \varphi_1}{d t}$, $\omega_2 = \frac{d \varphi_2}{d t}$

$$\left.\begin{aligned} \frac{dx_2}{dt} &= \quad r\omega_1 \cos\varphi_1 + s_2\omega_2 \cos\varphi_2 \\ \frac{dy_2}{dt} &= -r\omega_1 \sin\varphi_1 - s_2\omega_2 \sin\varphi_2 \end{aligned}\right\} \quad . \; . \; . \quad (4a)$$

$$\left.\begin{aligned} \frac{d^2x_2}{dt^2} &= +r\left(\frac{d\omega_1}{dt}\cos\varphi_1 - \omega_1^2\sin\varphi_1\right) \\ &\qquad + s_2\left(\frac{d\omega_2}{dt}\cos\varphi_2 - \omega_2^2\sin\varphi_2\right) \\ \frac{d^2y_2}{dt^2} &= -r\left(\frac{d\omega_1}{dt}\sin\varphi_1 + \omega_1^2\cos\varphi_1\right) \\ &\qquad - s_2\left(\frac{d\omega_2}{dt}\sin\varphi_2 + \omega_2^2\cos\varphi_2\right) \end{aligned}\right\} \quad . \quad (4b)$$

Mit diesen Ausdrücken gehen die Gleichungen (3) über in

$$\left.\begin{aligned} H_1 &= m_2 r\left(\frac{d\omega_1}{dt}\cos\varphi_1 - \omega_1^2\sin\varphi_1\right) \\ &\qquad + m_2 s_2\left(\frac{d\omega_2}{dt}\cos\varphi_2 - \omega_2^2\sin\varphi_2\right) \\ V_1 + m_2 g &= -m_2 r\left(\frac{d\omega_1}{dt}\sin\varphi_1 + \omega_1^2\cos\varphi_1\right) \\ &\qquad - m_2 s_2\left(\frac{d\omega_2}{dt}\sin\varphi_2 + \omega_2^2\cos\varphi_2\right) \end{aligned}\right\} \quad . \quad (3a)$$

Wenn wir ebenso die noch einfacheren Ausdrücke für die Beschleunigungskomponenten des Schwerpunktes S_1 mit Hilfe der Gleichungen $x_1 = s_1 \sin\varphi_1$ und $y_1 = s_1 \cos\varphi_1$ entwickeln, und die Formeln (3a) in (1) einsetzen, so erhalten wir für die Lagerreaktionen H und V in O

$$\left.\begin{aligned} H &= (m_1 s_1 + m_2 r)\left(\frac{d\omega_1}{dt}\cos\varphi_1 - \omega_1^2\sin\varphi_1\right) \\ &\qquad + m_2 s_2\left(\frac{d\omega_2}{dt}\cos\varphi_2 - \omega_2^2\sin\varphi_2\right) \\ V + (m_1 + m_2)g &= -(m_1 s_1 + m_2 r)\left(\frac{d\omega_1}{dt}\sin\varphi_1 + \omega_1^2\cos\varphi_1\right) \\ &\qquad - m_2 s_2\left(\frac{d\omega_2}{dt}\sin\varphi_2 + \omega_2^2\cos\varphi_2\right) \end{aligned}\right\} \quad (1a)$$

Andererseits können wir mit Hilfe von (3a) die Komponenten H_1 und V_1 der inneren Kräfte des Systems aus (2) eliminieren und gelangen so zu der Gleichung

$$\left.\begin{array}{l}(m_1 s_1 + m_2 r)\, g \sin \varphi_1 + (m_2 r^2 + \Theta_1)\dfrac{d\omega_1}{dt} \\ + m_2 r s_2 \left\{\dfrac{d\omega_2}{dt}\cos(\varphi_1 - \varphi_2) + \omega_2^2 \sin(\varphi_1 - \varphi_2)\right\}\end{array}\right\} = 0\,. \quad (5)$$

In derselben ist nun nicht allein der Ausschlagswinkel φ_1 des ersten Pendels, sondern auch derjenige φ_2 des zweiten, beide mit ihren Ableitungen nach der Zeit enthalten. Wir müssen uns daher zur vollen Bestimmung der Aufgabe nach einer weiteren Gleichung umsehen, welche uns die Elimination eines dieser Winkel gestattet. In der Tat fehlt uns noch die Momentengleichung für das zweite Pendel, an deren Stelle wir natürlich auch die Energieformel für das ganze System verwenden dürfen. Es hat dies den Vorteil, daſs in derselben die Hilfskräfte H_1 und V_1, die wir ja schon bestimmt und eliminiert haben, nicht nochmals auftreten, so daſs die Rechnung sich voraussichtlich einfacher gestaltet. Bezeichnen wir die kinetische Energie des ersten Pendels mit J_1, diejenige des zweiten Pendels mit J_2, so entspricht den Zuwüchsen dJ_1 und dJ_2 dieser Werte ein Sinken der Schwerpunkte S_1 und S_2 um dy_1 und dy_2 so zwar, daſs

$$m_1 g\, dy_1 + m_2 g\, dy_2 = dJ_1 + dJ_2 \quad . \quad . \quad . \quad . \quad (6)$$

Hierin haben wir wegen $y_1 = s_1 \cos \varphi_1$, sowie wegen (4)

$$\begin{aligned} dy_1 &= -\, s_1 \sin \varphi_1\, d\varphi_1 \\ dy_2 &= -\, r \sin \varphi_1\, d\varphi_1 - s_2 \sin \varphi_2\, d\varphi_2. \end{aligned}$$

Auſserdem aber ist

$$J_1 = \Theta_1 \frac{\omega_1^2}{2}, \quad \text{also} \quad dJ_1 = \Theta_1 \omega_1 d\omega_1 \quad . \quad . \quad . \quad (7)$$

und wenn wir beachten, daſs nach dem Steinerschen Satze das polare Trägheitsmoment des zweiten Pendels für den Schwerpunkt durch $\Theta_2 - m_2 s_2^2$ gegeben ist, so folgt für dasselbe

$$J_2 = \frac{m_2}{2}\left\{\left(\frac{dx_2}{dt}\right)^2 + \left(\frac{dy_2}{dt}\right)^2\right\} + (\Theta_2 - m_2 s_2)\frac{\omega_2^2}{2}.$$

Mit den Werten von (4a) wird aber hieraus

$$\left.\begin{array}{l} J_2 = m_2 r^2 \dfrac{\omega_1^2}{2} + \Theta_2 \dfrac{\omega_2^2}{2} + m_2 r s_2 \omega_1 \omega_2 \cos(\varphi_1 - \varphi_2) \\ dJ_2 = m_2 r^2 \omega_1 d\omega_1 + \Theta_2 \omega_2 d\omega_2 + m_2 r s_2 d\left\{\omega_1 \omega_2 \cos(\varphi_1 - \varphi_2)\right\} \end{array}\right\} \quad (8)$$

so dafs wir schliefslich für die Energiegleichung (6) schreiben dürfen

$$\left\{(m_2 r^2 + \Theta_1)\frac{d\omega_1}{dt} + (m_1 s_1 + m_2 r)\, g \sin\varphi_1\right\}\omega_1$$
$$+ \left\{\Theta_2 \frac{d\omega_2}{dt} + m_2 s_2\, g \sin\varphi_2\right\}\omega_2$$
$$+ m_2 r s_2 \frac{d}{dt}\left\{\omega_1\omega_2 \cos(\varphi_1 - \varphi_2)\right\} = 0 \quad . \quad (6a)$$

Führen wir die Differentiation der letzten Klammer aus und eliminieren die erste Klammer mit Hilfe von (5), welche Gleichung wir nochmals der Übersicht halber anschreiben, so ist die Bewegung des Doppelpendels durch die beiden simultanen Differentialgleichungen

$$\left.\begin{aligned}
& m_2 s_2 g \sin\varphi_2 + \Theta_2 \frac{d\omega_2}{dt} \\
& \qquad = - m_2 r s_2 \left\{\frac{d\omega_1}{dt}\cos(\varphi_1 - \varphi_2) - \omega_1^2 \sin(\varphi_1 - \varphi_2)\right\} \\
& (m_1 s_1 + m_2 r)\, g \sin\varphi_1 + (m_2 r^2 + \Theta_1)\frac{d\omega_1}{dt} \\
& \qquad = - m_2 r s_2 \left\{\frac{d\omega_2}{dt}\cos(\varphi_1 - \varphi_2) + \omega_2^2 \sin(\varphi_1 - \varphi_2)\right\}
\end{aligned}\right\} \quad (9)$$

bestimmt. Die linken Seiten dieser Formeln tragen ganz den Charakter der Schwingungsgleichungen, welche sonach durch die rechts stehenden Glieder modifiziert erscheinen, d. h. die Schwingung des zweiten Pendels erleidet durch die Bewegung des ersten und umgekehrt diejenige des ersten Pendels, an dem man sich noch die Gesamtmasse des zweiten im Punkte A konzentriert zu denken hat, durch die Eigenbewegung desselben je eine Störung. Leider erweisen sich nun die Differentialgleichungen (9) schon darum nicht in voller Allgemeinheit als integrabel, weil es nicht gelingt, eine der beiden Variabelen φ_1 oder φ_2 aus ihnen zu eliminieren. Wir werden uns daher mit der Verfolgung des Näherungsproblems der kleinen Schwingungen, für welche die Integration durchführbar ist, begnügen müssen. Vorher jedoch erscheint es zweckmäfsig, einige Schlüsse aus den Gl. (9) zu ziehen, welche keine neuen Rechnungsoperationen erfordern und von praktischer Bedeutung sind. Es kann nämlich bei Glocken vorkommen, dafs der Klöppel überhaupt nicht zum Anschlage gelangt, so dafs die Glocke versagt. Dies wird mit Sicherheit dann eintreten, wenn der Klöppel gar keine Relativbewegung zur Glocke besitzt, d. h. wenn das ganze System sich wie ein starrer Körper verhält. Da nun in der Ruhelage die Schwerachsen an Glocke und Klöppel in der Vertikalen zusammenfallen, so werden sie bei Wegfall der Relativbewegung in jeder Lage der Glocke eine Gerade bilden. Wir haben also für diesen Ausnahmefall $\varphi_1 = \varphi_2 = \varphi$, $\omega_1 = \omega_2 = \omega$ zu setzen und damit gehen die Gleichungen (9) über in

$$\left.\begin{aligned} g\,(m_1 s_1 + m_2 r) \sin\varphi + (m_2 r^2 + \Theta_1 + m_2 r s_2)\,\frac{d\omega}{dt} &= 0 \\ g\, m_2 s_2 \sin\varphi + (\Theta_2 + m_2 r s_2)\,\frac{d\omega}{dt} &= 0 \end{aligned}\right\} \quad . \quad (9a)$$

Diese Formeln können aber nur dann für jedes φ bezw. $\frac{d\omega}{dt}$ nebeneinander bestehen, wenn die Bedingung

$$\frac{m_1 s_1 + m_2 r}{m_2 s_2} = \frac{m_2 r^2 + \Theta_1 + m_2 r s_2}{\Theta_2 + m_2 r s_2}$$

erfüllt ist. Führen wir nun noch die reduzierten Pendellängen beider Körper durch

$$\frac{\Theta_1}{m_1 s_1} = l_1, \qquad \frac{\Theta_2}{m_2 s_2} = l_2 \quad . \quad . \quad . \quad . \quad . \quad (10)$$

ein, so erhalten wir als Bedingung für das Versagen der Glocke

$$l_1 - l_2 - r = \frac{m_2 r}{m_1 s_1}(l_2 - s_2) \quad . \quad . \quad . \quad . \quad . \quad (11)$$

Da nun die Masse m_2 des Klöppels gewöhnlich sehr klein gegenüber derjenigen m_1 der Glocke ist, weiterhin r klein gegen s_1 und schliefslich bei normaler Klöppelgestalt auch $l_2 - s_2$ nur wenig von Null verschieden ausfällt, so kann man auch statt (11) angenähert schreiben

$$l_1 = l_2 + r \quad . \quad . \quad . \quad . \quad . \quad . \quad . \quad . \quad (11a)$$

d. h. eine Glocke wird unbrauchbar, wenn ihr Schwingungsmittelpunkt in der Ruhelage mit demjenigen des Klöppels zusammenfällt.

Beispielsweise ermittelte Veltmann[1]) durch Schwingungsversuche an der Kaiserglocke des Kölner Domes eine reduzierte Pendellänge von $l_1 = 3{,}282$ m, diejenige des Klöppels zu $l_2 = 2{,}629$ m, so daſs die Differenz $l_1 - l_2 = 0{,}653$ m betrug, während sich der Abstand der Drehpunkte durch direkte Messungen zu $r = 0{,}667$ m ergab. Die Bedingung (11a) war demnach fast genau erfüllt; in der Tat versagte die Glocke vollständig und konnte erst durch Änderung der Pendellänge des Klöppels später zum Läuten gebracht werden.

Weiterhin gestatten uns die Differentialgleichungen der Bewegung des zusammengesetzten Pendels die Beantwortung der häufig in der Praxis gestellten Frage nach der Möglichkeit, auf einem in Schwingungen begriffenen Körper, z. B. einem Schiffe, die Stellung einer Ebene zu erhalten. Wäre dies durchführbar, so könnte man nicht allein auf einer solchen Ebene Instrumente erschütterungsfrei aufstellen, sondern auch Räume schaffen, in denen Personen nicht durch die Schiffsbewegungen, vor allem das Rollen gestört würden. Die Versuche mit einem in horizontalen Zapfen drehbaren Kasten haben nun nicht zu dem gewünschten Erfolge geführt, worüber auch unsere Gleichungen (9) Aufschluſs geben. Denken wir uns nämlich den Schiffskörper als erstes Pendel, den Kasten als ein zweites darin aufgehängtes und verlangen, daſs dieses letztere bei den Schiffsschwankungen in Ruhe verharrt, so haben wir wie in (9)

$$\varphi_2 = 0, \qquad \omega_2 = 0, \qquad \frac{d\omega_2}{dt} = 0$$

zu setzen, wodurch sich die Gleichungen auf

$$\left.\begin{aligned} s_2 r\left(\frac{d\omega_1}{dt}\cos\varphi_1 - \omega_1^2 \sin\varphi_1\right) &= 0 \\ (m_1 s_1 + m_2 r)\, g \sin\varphi_1 + (m_1 r^2 + \Theta_1)\frac{d\omega_1}{dt} &= 0 \end{aligned}\right\} \quad . \tag{9b}$$

reduzieren. Aus der zweiten dieser Gleichungen folgt aber, unter α_1 den Maximalausschlag des ersten Pendels verstanden,

[1]) Siehe dessen Abhandlung »Über die Bewegung einer Glocke« in Dinglers Polytechnischem Journal 1876 Bd. 220, wo sich auch die Gleichungen (9), wenn auch in ganz anderer Weise abgeleitet, zuerst finden.

$$\omega_1^2 = 2\,g\,\frac{m_1 s_1 + m_2 r}{m_1 r^2 + \Theta_1}(\cos\varphi_1 - \cos\alpha_1).$$

Setzen wir diesen Wert und denjenigen der Winkelbeschleunigung $\frac{d\omega}{dt}$ aus der zweiten Gl. (9b) in die erste ein, so wird aus dieser

$$s_2 r \cdot \frac{m_1 s_1 + m_2 r}{m_1 r^2 + \Theta_1}(2\cos\alpha_1 - 3\cos\varphi_1)\sin\varphi_1 = 0 \quad . \quad (12)$$

In dieser Gleichung kann nun der die Massen enthaltende Faktor nur verschwinden, wenn gleichzeitig s_1 und r zu Null werden, was praktisch unzulässig wäre. Auch der Klammerausdruck kann nicht verschwinden, da absolut genommen allgemein $\varphi_1 \leqq \alpha_1$, also $\cos\varphi_1 = \cos\alpha_1 = 0$, oder $\varphi_1 = \alpha_1 = 90^0$ sein müfste, was unmöglich ist. Somit bleibt nur die Wahl, da auch $\sin\varphi_1$ wegen der Eigenbewegungen des ersten Pendels nicht allgemein verschwindet, entweder $r = 0$, oder $s_2 = 0$ zu machen. Davon ist $r = 0$ schon darum für Schiffe nicht streng realisierbar, weil der Drehpunkt des Schiffes selbst in jedem Augenblicke sich verlegt, während mit $s_2 = 0$ die Durchführung der Achse des zweiten Pendels durch dessen Schwerpunkt dasselbe wohl vom Einflusse der Bewegung des ersten befreien, sein Gleichgewicht aber indifferent gestalten würde. Die Aufgabe der Erhaltung einer Ebene auf Schiffen durch Pendelapparate erweist sich mithin als praktisch unlösbar.

Nach diesen Einschaltungen kehren wir zur Untersuchung der Bewegung des Doppelpendels zurück und zwar unter der Annahme so kleiner Ausschläge beider Schwerachsen aus der Vertikalen, dafs die Quadrate von φ_1 und φ_2 und damit auch von ω_1 und ω_2 vernachlässigt werden können. Alsdann dürfen wir auch schreiben

$$\sin\varphi_1 = \varphi_1, \qquad \sin\varphi_2 = \varphi_2, \qquad \cos(\varphi_1 - \varphi_2) = 1,$$

womit (9) übergeht in

$$\left.\begin{aligned} g\varphi_2 + \frac{\Theta_2}{m_2 s_2}\frac{d^2\varphi_2}{dt^2} + r\frac{d^2\varphi_1}{dt^2} = 0 \\ g\varphi_1 + \frac{m_2 r^2 + \Theta_1}{m_1 s_1 + m_2 r}\frac{d^2\varphi_1}{dt^2} + \frac{m_2 r s_2}{m_1 s_1 + m_2 r}\frac{d^2\varphi_2}{dt^2} = 0 \end{aligned}\right\} \quad (13)$$

Setzen wir nunmehr zur Abkürzung

$$\frac{\Theta_2}{m_2 s_2} = l_2, \qquad \frac{m_2 r^2 + \Theta_1}{m_1 s_1 + m_2 r} = l, \qquad \frac{m_2 r s_2}{m_1 s_1 + m_2 r} = s \quad . \quad (14)$$

so haben wir auch statt (13)

$$\left.\begin{aligned} \varphi_2 + \frac{l_2}{g}\frac{d^2\varphi_2}{dt^2} + \frac{r}{g}\frac{d^2\varphi_1}{dt^2} = 0 \\ \varphi_1 + \frac{l}{g}\frac{d^2\varphi_1}{dt^2} + \frac{s}{g}\frac{d^2\varphi_2}{dt^2} = 0 \end{aligned}\right\} \quad . \quad . \quad . \quad (13a)$$

Eliminieren wir weiterhin aus diesen beiden Formeln z. B. $\frac{d^2\varphi_2}{dt^2}$, so wird

$$\varphi_2 = \frac{l_2}{s}\varphi_1 + \frac{l l_2 - rs}{gs}\frac{d^2\varphi_1}{dt^2}$$

also

$$\frac{d^2\varphi_2}{dt^2} = \frac{l_2}{s}\frac{d^2\varphi_1}{dt^2} + \frac{l l_2 - rs}{gs}\frac{d^4\varphi_1}{dt^4}.$$

Eingesetzt in die zweite Gl. (13a) ergibt dies

$$\varphi_1 + \frac{l + l_2}{g}\frac{d^2\varphi_1}{dt^2} + \frac{l l_2 - rs}{g^2}\frac{d^4\varphi_1}{dt^4} = 0 \quad . \quad . \quad (15)$$

Auf genau dieselbe lineare Differentialgleichung 4. Ordnung würden wir auch durch Elimination von φ_1 aus (13a) gelangen, wie man sofort daraus erkennt, dafs (15) für φ_2 dann gilt, wenn man l_2 und l, bezw. r und s vertauscht. Das allgemeine Integral von (15) besitzt nun die Form

$$\varphi = C_1 e^{k_1 t} + C_2 e^{k_2 t} + C_3 e^{k_3 t} + C_4 e^{k_4 t}, \quad . \quad . \quad . \quad (16)$$

worin die Konstanten C_1, C_2, C_3, C_4 willkürlich sind, die Faktoren k_1, k_2, k_3, k_4 in den Exponenten dagegen, wie man sofort durch Einsetzen von

$$\varphi = Ce^{kt}, \qquad \frac{d^2\varphi}{dt^2} = Ck^2 e^{kt}, \qquad \frac{d^4\varphi}{dt^4} = Ck^4 e^{kt}$$

in (15) erkennt, die Wurzeln der Gleichung

$$1 + \frac{l + l_2}{g}k^2 + \frac{l l_2 - rs}{g^2}k^4 = 0$$

darstellen, mithin durch

$$k^2 = -\frac{g}{2}\,\frac{l + l_2 \pm \sqrt{(l - l_2)^2 + 4rs}}{l l_2 - rs} \quad . \quad . \quad . \quad (17)$$

gegeben sind. So lange

$$l l_2 - rs > 0$$

ist, bleibt auch

$$l + l_2 \pm \sqrt{(l - l_2)^2 + 4rs} > 0$$

und k^2 negativ.[1]) Alsdann aber dürfen wir, mit $i = \sqrt{-1}$ und

$$\left.\begin{aligned} \alpha_1 &= +\sqrt{\frac{g}{2} \cdot \frac{l + l_2 + \sqrt{(l - l_2)^2 + 4rs}}{l l_2 - rs}} \\ \alpha_2 &= +\sqrt{\frac{g}{2} \cdot \frac{l + l_2 - \sqrt{(l - l_2)^2 + 4rs}}{l l_2 - rs}} \end{aligned}\right\} \quad . \quad . \quad (18)$$

für das allgemeine Integral (16) auch schreiben

$$\varphi = C_1 e^{+i\alpha_1 t} + C_2 e^{-i\alpha_1 t} + C_3 e^{+i\alpha_2 t} + C_3 e^{-i\alpha_2 t} \quad . \quad (16a)$$

oder auch nach Zusammenfassen je zweier Glieder mit entgegengesetzt gleichen Exponenten zu je einer Winkelfunktion

$$\varphi_1 = A_1 \sin(\alpha_1 t + \beta_1) + B_1 \sin(\alpha_2 t + \gamma_1)$$
$$\varphi_2 = A_2 \sin(\alpha_1 t + \beta_2) + B_2 \sin(\alpha_2 t + \gamma_2).$$

In diesen Lösungen der beiden Differentialgleichungen (13a) sind nun 8 Integrationskonstanten vorhanden, während nach (16a) nur deren 4 berechtigt erscheinen. In der Tat sind dieselben auch nicht alle unabhängig voneinander, wie man durch Einsetzen der Lösungen in (13a) feststellen kann. Man findet so, dafs

$$\left.\begin{aligned} &\beta_1 = \beta_2 = \beta, \qquad \gamma_1 = \gamma_2 = \gamma \\ &A_2 = \frac{g - \alpha_1^2 l}{\alpha_1^2 s} A_1 = \frac{\alpha_1^2 r}{g - \alpha_1^2 l_2} A_1 \\ &B_2 = \frac{g - \alpha_2^2 l}{\alpha_2^2 s} B_1 = \frac{\alpha_2^2 r}{g - \alpha_2^2 l_2} B_1 \end{aligned}\right\} \quad . \quad . \quad . \quad (19)$$

---

[1]) Dafs z. B. ein aus 2 materiellen Punkten m_1 und m_2 an masselosen Fäden bestehendes Doppelpendel diese Bedingung erfüllt, ergibt sich leicht, indem man hierfür

$$r = l_1 = s_1, \qquad \Theta_1 = m_1 r^2$$
$$l_2 = s_2, \qquad \Theta_2 = m_2 s_2^2,$$

folglich nach (14)

$$l = r, \qquad s = \frac{m_2}{m_1 + m_2} l_2$$

hat. Damit wird aber

$$l l_2 - rs = rs \frac{m_1}{m_2} = l_1 l_2 \frac{m_1}{m_1 + m_2} > 0.$$

und damit gehen die Lösungen über in

$$\left.\begin{aligned}\varphi_1 &= A \sin(\alpha_1 t + \beta) + B \sin(\alpha_2 t + \gamma)\\ \varphi_2 &= \frac{g - \alpha_1^2 l}{\alpha_1^2 s} A \sin(\alpha_1 t + \beta) + \frac{g - \alpha_2^2 l}{\alpha_2^2 s} B \sin(\alpha_2 t + \gamma)\end{aligned}\right\} \quad (20)$$

Nun sollen bei Beginn der Zeitrechnung beide Pendel sich in ihrer vertikalen Ruhelage befinden, d. h. es soll für $t = 0$, $\varphi_1 = 0$, $\varphi_2 = 0$ sein. Dies ist aber, da A und B von Null verschieden und die Faktoren von diesen Konstanten in der zweiten Gl. (20) einander nicht gleich sind, nur möglich, wenn gleichzeitig

$$\beta = 0 \text{ und } \gamma = 0 \quad \ldots \ldots \quad (19\text{a})$$

wird. Erteilt man nun zur Zeit $t = 0$ dem ersten Pendel die Winkelgeschwindigkeit ω_0, während das zweite unbehelligt bleibt, so bestehen die Gleichungen

$$A\alpha_1 + B\alpha_2 = \left(\frac{d\varphi_1}{dt}\right)_0 = \omega_0$$

$$\frac{g - \alpha_1^2 l}{\alpha_1^2 s} A\alpha_1 + \frac{g - \alpha_2^2 l}{\alpha_2^2 s} B\alpha_2 = \left(\frac{d\varphi_2}{dt}\right)_0 = 0,$$

aus denen man erhält

$$A = \frac{\omega_0 \alpha_1}{g} \frac{g - \alpha_2^2 l}{\alpha_1^2 - \alpha_2^2}, \qquad B = \frac{\omega_0 \alpha_2}{g} \frac{g - \alpha_1^2 l}{\alpha_2^2 - \alpha_1^2}. \quad (19\text{b})$$

Damit sind alle Konstanten bestimmt und wir dürfen für die Lösung des Problems schreiben

$$\left.\begin{aligned}\varphi_1 &= \frac{\omega_0}{g(\alpha_1^2 - \alpha_2^2)} \left\{\alpha_1 (g - \alpha_2^2 l) \sin \alpha_1 t - \alpha_2 (g - \alpha_1^2 l) \sin \alpha_2 t\right\}\\ \varphi_2 &= \frac{\omega_0 (g - \alpha_1^2 l)(g - \alpha_2^2 l)}{g(\alpha_1^2 - \alpha_2^2) s} \left\{\frac{1}{\alpha_1} \sin \alpha_1 t - \frac{1}{\alpha_2} \sin \alpha_2 t\right\}\end{aligned}\right\} (20\text{a})$$

Jedes der beiden Pendel vollzieht demnach Schwingungen, welche aus zwei einfachen Sinusbewegungen zusammengesetzt sind und bei geringen Unterschieden der Schwingungsdauern der Elementarschwingungen bezw. der α_1 und α_2 zu Schwebungen führen müssen. Um nun unsere Ergebnisse auf das Problem von Glocke und Klöppel anzuwenden, wollen wir die Formeln vorher noch durch die praktisch vollkommen gerechtfertigte Annahme vereinfachen, daſs die Masse m_2 des Klöppels gegen diejenige m_1 der Glocke vernachlässigt werden darf. Damit aber wird nach Gl. (14)

$$l = \frac{\Theta_1}{m_1 s_1} = l_1, \qquad s = 0 \quad . \quad . \quad . \quad . \quad . \quad (14\mathrm{a})$$

und weiterhin in (18)

$$\left.\begin{aligned} \alpha_1^2 &= \frac{g}{l_2}, & \alpha_2^2 &= \frac{g}{l} = \frac{g}{l_1} \\ g - \alpha_1^2 l &= g\,\frac{l_2 - l_1}{l_2}, & g - \alpha_2^2 l &= 0 \\ g - \alpha_1^2 l_2 &= 0, & g - \alpha_2^2 l_2 &= g\,\frac{l_1 - l_2}{l_1} \end{aligned}\right\} \quad (18\mathrm{a})$$

Damit verschwindet in der ersten Gl. (20a) das erste periodische Glied, während der konstante Faktor in der zweiten Gleichung unbestimmt wird. Setzen wir aber mit (19)

$$\frac{g - \alpha_2^2 l}{s} = \frac{\alpha_2^4 r}{g - \alpha_2^2 l_2},$$

so wird nach dem Übergange zu $s = 0$

$$\left.\begin{aligned} \varphi_1 &= \omega_0 \sqrt{\frac{l_1}{g}} \sin t \sqrt{\frac{g}{l_1}} \\ \varphi_2 &= \omega_0 \frac{r}{l_1 - l_2} \sqrt{\frac{l_1}{g}} \sin t \sqrt{\frac{g}{l_1}} - \omega_0 \frac{r}{l_1 - l_2} \sqrt{\frac{l_2}{g}} \sin t \sqrt{\frac{g}{l_2}} \end{aligned}\right\} (20\mathrm{b})$$

Das erste schwere Pendel (die Glocke) vollzieht demnach ganz unbeeinflufst von dem leichten Klöppel seine Eigenschwingungen, während der Klöppel zusammengesetzte Schwingungen vollführt, deren Ausschläge um so gröfser werden, je kleiner die Differenz $l_1 - l_2$ und je gröfser der Abstand r der beiden Drehpunkte ist. Im Falle der Resonanz verschwindet $l_1 - l_2$ und φ_2 wird unbestimmt zu $\frac{0}{0}$. Denken wir uns aber den Unterschied von l_1 und l_2 und damit von α_1 und α_2 zunächst noch bestehen, so dürfen wir statt der zweiten Gl. (20b) auch setzen

$$\varphi_2 = \frac{\omega_0 r g}{l_1 l_2} \, \frac{\frac{1}{\alpha_2} \sin \alpha_2 t - \frac{1}{\alpha_1} \sin \alpha_1 t}{\alpha_1^2 - \alpha_2^2}$$

$$= \frac{\omega_0 r g}{l_1 l_2 (\alpha_1 + \alpha_2)} \cdot \frac{\frac{1}{\alpha_2} \sin \alpha_2 t - \frac{1}{\alpha_1} \sin \alpha_1 t}{\alpha_1 - \alpha_2}$$

oder nach dem Grenzübergange

$$\varphi_2 = -\frac{\omega_0 r g}{2 \alpha l^2} \frac{d\left(\frac{\sin \alpha t}{\alpha}\right)}{d \alpha}$$

$$= \frac{\omega_0 r}{2 l} \sqrt{\frac{l}{g}} \sin t \sqrt{\frac{g}{l}} - \frac{\omega_0 r}{2 l} t \cos t \sqrt{\frac{g}{l}} \quad . \quad . \quad (20\text{c})$$

Die Amplitude des zweiten Pendels, also des Klöppels, wächst also im Falle der Resonanz proportional der Zeit, so daſs sie sehr bald einen das Gültigkeitsbereich der vorstehenden, nur für kleine Ausschläge zutreffenden Untersuchung überschreiten wird. Im Falle der Bewegung der Glocke mit dem Klöppel sind nun die Ausschläge durchaus nicht mehr unendlich klein, so daſs wir unter β_1 den Maximalausschlag der Glocke, β_2 denjenigen des Klöppels aus der Vertikalen und β_0 den relativen Ausschlag des letzteren verstanden (Fig. 149), für die Schwingungszeiten nach § 15 mit

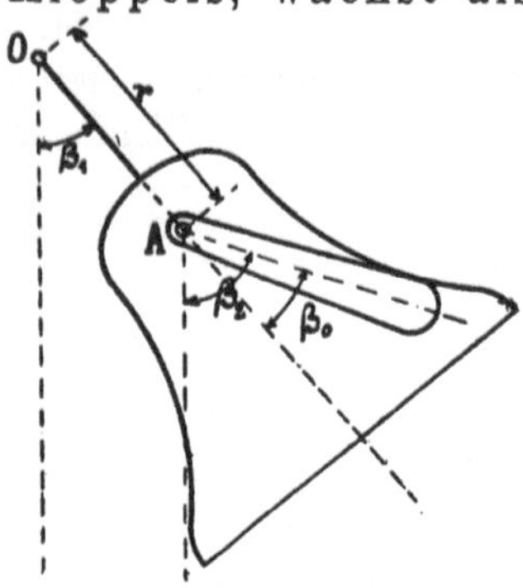

Fig. 149.

$$1 + \left(\frac{1}{2}\right)^2 \sin^2 \frac{\beta_1}{2} + \left(\frac{1 \cdot 3}{2 \cdot 4}\right)^2 \sin^4 \frac{\beta_1}{2} + \ldots = f(\beta_1)$$

zu setzen haben

$$t_1 = 2\pi \sqrt{\frac{l_1}{g}} f(\beta_1), \qquad t_2 = 2\pi \sqrt{\frac{l_2}{g}} f(\beta_2) = 2\pi \sqrt{\frac{l_2}{g}} f(\beta_1 + \beta_0) \quad (21)$$

Im Falle der Resonanz, welche für das harmonische Läuten erwünscht ist, hätte man demnach $t_1 = t_2$, also

$$\frac{l_1}{l_2} = \left(\frac{f(\beta_1 + \beta_0)}{f(\beta_1)}\right)^2 \quad . \quad . \quad . \quad . \quad . \quad . \quad . \quad (22)$$

Wenn dieses Ergebnis auch nicht streng richtig ist, so verdient es doch als Analogieschluſs aus dem Verhalten einfacher Pendel bei unendlich kleinen bezw. endlichen Ausschlägen auf dasjenige von zusammengesetzten Pendeln mangels genauer Formeln einige Beachtung. So findet man z. B. mit $\beta_0 = 25^0$

$$\text{für } \beta = 20^0 \quad 50^0 \quad 80^0 \quad 110^0$$

$$\frac{l_1}{l_2} = 1{,}07 \quad 1{,}13 \quad 1{,}23 \quad 1{,}39,$$

wobei gleichzeitig zu beachten ist, dafs. nicht mit (11a), d. h. $r = l_1 - l_2$, die Glocke ganz unbrauchbar wird.

Schliefslich möge noch auf einige Probleme kurz hingewiesen werden, welche sich unmittelbar an die Theorie des Doppelpendels anschliefsen, bei denen man aber nur dem zweiten Pendel unendlich kleine Ausschläge zuzuschreiben braucht. So benutzt man z. B. bei Gasmaschinen häufig sog. Pendelregulatoren, d. h. an einer geradlinig hin- und hergeführten Stange drehbare Pendel mit einem Winkelhebel (Fig. 150), der in bestimmter Lage die Bewegung der Stange auf eine Ventilspindel B überträgt, in anderen Stellungen dagegen an derselben vorbeigleitet.

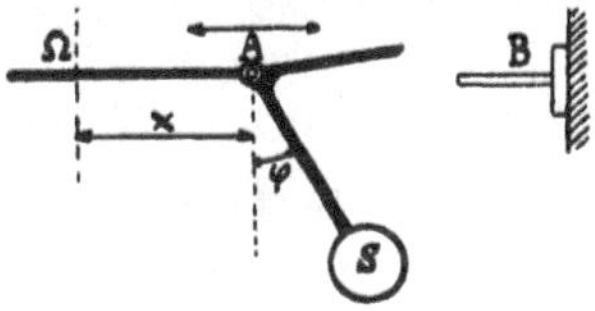

Fig. 150.

Hier ist der Einflufs des Pendels AS auf die Bewegung der mit einem Maschinengetriebe verbundenen Stange naturgemäfs verschwindend, weshalb wir die zweite Gl. (9) nicht weiter zu beachten brauchen. Die geradlinige Bewegung des Punktes A dagegen können wir als Drehung um einen unendlich fernen Pol O auffassen und folglich in der ersten Gl. (9)

$$\varphi_1 = 0, \qquad r\,\omega_1 = \frac{dx}{dt}, \qquad r = \infty, \quad \omega_1 = 0$$

setzen, wobei x von einem beliebigen Anfangspunkte Ω aus zu rechnen ist. Alsdann verschwindet auch $r\,\omega_1^2$ und es bleibt, wenn wir jetzt die überflüssig gewordenen Indizes weglassen,

$$m s g \sin\varphi + \Theta \frac{d^2\varphi}{dt^2} = -\,m s \frac{d^2x}{dt^2} \cos\varphi \quad . \quad . \quad . \quad (23)$$

als Differentialgleichung für den Pendelregulator übrig. Für kleine Ausschläge nimmt dieselbe die Form an

$$m g s \varphi + \Theta \frac{d^2\varphi}{dt^2} = -\,m s \frac{d^2x}{dt^2} \quad . \quad . \quad . \quad . \quad (23\text{a})$$

und wird somit integrabel, wenn die Beschleunigung $\frac{d^2x}{dt^2}$ als Zeitfunktion gegeben ist. In allen praktischen Fällen hat man nun einen solchen Antrieb der Stange, dafs dieselbe in ihrer Achsenrichtung nahezu eine harmonische Bewegung vollzieht, so dafs wir auch unter Einführung der reduzierten Pendellänge l sowie dreier Konstanten a, α und β schreiben dürfen

$$g\varphi + l\frac{d^2\varphi}{dt^2} = -a\sin(\alpha t + \beta) \quad . \quad . \quad . \quad . \quad (23\text{b})$$

Der Pendelregulator[1]) vollzieht demnach einfach erzwungene Schwingungen, welche genau in der früher behandelten Weise untersucht werden können.

Auch die Theorie der sog. Flachregler oder Achsenregulatoren schliefst sich eng an das Problem des Doppelpendels an; indes würde uns dieser Gegenstand hier zu weit führen.

§ 40. Theorie der Hebelwagen.

Zweck der Wagen. Bedingungen für richtige Funktion der doppelarmigen Hebelwage. Empfindlichkeit und Schwingungen derselben. Die einfache Zeigerwage. Robervals Tafelwage. Das Übersetzungsverhältnis und die Brückenwagen.

Unter einer Wage verstehen wir eine Vorrichtung zur Bestimmung von Gewichten bezw. zur Ermittelung von Kräften durch Vergleich mit schon bekannten Gewichten oder Kräften. Dieser Vergleich kann in einfachster Weise dadurch ermöglicht werden, dafs wir die beiden Gewichte an den Enden eines starren Stabes angreifen lassen und denjenigen Punkt des Stabes aufsuchen, der zur Aufrechterhaltung des Gleichgewichts unterstützt werden mufs. Ein solches System ist im wesentlichen schon eine Wage, und zwar, da jede der beiden Kräfte an einem besonderen Hebelarm, den wir vom Unterstützungs- oder Drehpunkte aus zu rechnen haben, angreift, eine doppelarmige Hebelwage. Die Aufgabe der Mechanik ist es nun, die für die Brauchbarkeit einer solchen Wage mafsgebenden Bedingungen festzustellen.

---

[1]) Näheres hierüber siehe in der Abhandlung von Baraz: »Der Pendelregulator mit beweglichem Drehpunkt«. Zeitschrift d. Vereins d. Ingenieure 1894. Die Gl. (23) ist dort direkt abgeleitet.

Zu diesem Zwecke betrachten wir in Fig. 151 einen auf einer horizontalen Schneide in O ruhenden, doppelarmigen Hebel, den sogenannten Wagebalken, vom Gewichte G_0 und dem Schwerpunkte S im Abstande $OS = s$ vom Drehpunkte O. Derselbe trage in den Punkten $A_1 A_2$, welche von O die Abstände $OA_1 = a_1$ und $OA_2 = a_2$ besitzen mögen, zwei weitere horizontale Schnei-

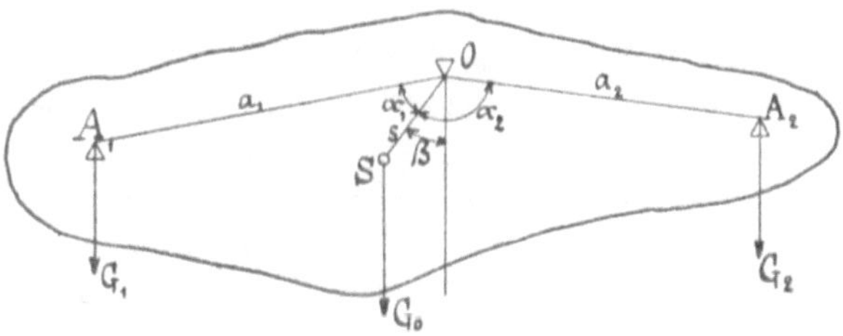

Fig. 151.

den, an denen die Wageschalen zur Aufnahme der miteinander zu vergleichenden Gewichte aufgehängt werden. Diese Schalen einschliefslich ihrer Aufhängevorrichtungen mögen die Gewichte G_1 und G_2 besitzen; die Winkel der Abstände a_1 und a_2 mit der Schwerachse OS durch den Stützpunkt des Wagebalkens seien α_1 und α_2, der Winkel der Schwerachse OS des Balkens mit der Vertikalen in der Ruhelage β. Alsdann ergibt sich für die Ruhelage, da lediglich vertikale Kräfte in Frage kommen, der infolgedessen ebenfalls nur vertikale Auflagedruck V_0 in O aus

$$V_0 + G_0 + G_1 + G_2 = 0 \quad . \quad . \quad . \quad . \quad . \quad (1)$$

Weiterhin aber ist, da die Momente sämtlicher Kräfte um O im Gleichgewichtszustande verschwinden,

$$G_0 s \sin \beta + G_1 a_1 \sin (\alpha_1 + \beta) - G_2 a_2 \sin (\alpha_2 - \beta) = 0 \quad . \quad (2)$$

Belasten wir nun beide Schalen mit demselben Gewichte Q, so soll die Wage ihre ursprüngliche Lage behalten, insbesondere keine Neigung des Wagebalkens, also auch keine Änderung des Winkels β der Schwerachse mit der Vertikalen eintreten. Dies ist aber, da der neue Auflagedruck $V = V_0 + 2Q$ bei starrer Schneidenunterlage (der sogen. Pfanne) von dieser aufgenommen wird, nur möglich, wenn auch für den belasteten Zustand die Momente verschwinden, d. h. wenn

$$G_0 s \sin\beta + (G_1 + Q)\, a_1 \sin(\alpha_1 + \beta)$$
$$- (G_2 + Q)\, a_2 \sin(\alpha_2 - \beta) = 0 \;. \quad (3)$$

ist. Zieht man diese Gleichung von (2) ab, so bleibt, da $Q > 0$

$$a_1 \sin(\alpha_1 + \beta) - a_2 \sin(\alpha_2 - \beta) = 0 \quad . \; . \; . \quad (4)$$

und damit geht wiederum (2) über in

$$G_0 s \sin\beta + (G_1 - G_2)\, a_1 \sin(\alpha_1 + \beta) = 0 \, . \; . \; . \; . \quad (5)$$

Soll nun die Ruhelage der Wage unabhängig sein vom Gewichte des Wagebalkens, wie auch von demjenigen der Schalen, so müssen in dieser Formel beide Terme für sich verschwinden. Das erste Glied kann aber nur zu Null werden, wenn entweder $s = 0$, d. h. wenn der Schwerpunkt des Balkens mit dem Drehpunkt zusammenfällt, oder wenn der Winkel $\beta = 0$ wird. Da mit $s = 0$ die Gleichungen (2) und (3) für jeden beliebigen Wert von β, d. h. für jede Lage des Balkens in Widerspruch mit der oben gestellten Bedingung einer bestimmten Ruhelage erfüllt sind, so bleibt nur die Möglichkeit des Verschwindens von β übrig. Damit wird aber aus Gl. (4)

$$a_1 \sin\alpha_1 = a_2 \sin\alpha_2 \quad . \; . \; . \; . \; . \; . \quad (6)$$

d. h. die Entfernungen der beiden Schneiden A und B von der Schwerachse durch den Drehpunkt O, die sog. Hebelarme der Wage müssen einander gleich sein. Im zweiten Gliede dagegen kann weder a_1 noch $\sin(\alpha_1 + \beta)$ verschwinden, so daſs dieses nur durch

$$G_1 = G_2 = G \quad . \; . \; . \; . \; . \; . \; . \quad (7)$$

in Wegfall kommen kann. Wir erkennen also, daſs die Gleichheit der Schalengewichte eine weitere Bedingung für die richtige Wirkung der Wage darstellt.

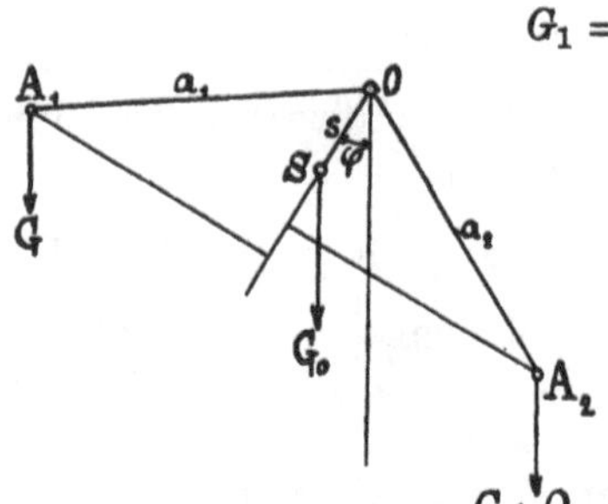

Fig. 152.

Wir wollen uns nun eine solche Wage, bei der die Höhen der beiden Schneiden in der Ruhelage durchaus noch nicht gleich zu sein brauchen, auf einer der beiden Schalen durch das Gewicht Q belastet denken (Fig. 152). Alsdann entsteht ein Ausschlag φ' der Schwerachse OS, der sich aus der Momentengleichung

$$G_0 s \sin \varphi' + G a_1 \sin(\alpha_1 + \varphi') = (G + Q)\, a_2 \sin(\alpha_2 - \varphi')$$

berechnet. Mit Rücksicht auf die Bedingung (6) dürfen wir also auch statt dieser Formel schreiben

$$\{G_0 s + G(a_1 \cos \alpha_1 + a_2 \cos \alpha_2)\} \sin \varphi' = Q a_2 \sin(\alpha_2 - \varphi') \quad (8)$$

Vertauschen wir alsdann die belastete mit der unbelasteten Schale, so wird auf der anderen Seite der Vertikalen durch O ein Ausschlag φ'' der Schwerachse sich einstellen nach der Formel

$$\{G_0 s + G(a_1 \cos \alpha_1 + a_2 \cos \alpha_2)\} \sin \varphi'' = Q a_1 \sin(\alpha_1 - \varphi'') \quad . \ (8a)$$

Wir verlangen nun von unserer Wage, daſs beide Ausschläge miteinander übereinstimmen und erhalten aus (8) und (8a) für $\varphi' = \varphi'' = \varphi$ die Bedingung

$$a_1 \cos \alpha_1 = a_2 \cos \alpha_2 = a \cos \alpha, \quad . \ . \ . \ . \ (9)$$

welche nichts anderes besagt, als daſs die beiden Schneiden A_1 und A_2 in der Ruhelage gleich hoch liegen müssen. Der Ausschlag selbst ergibt sich unter diesen Verhältnissen aus (8) oder (8a) zu

$$\operatorname{tg} \varphi = \frac{Q a \cdot \sin \alpha}{G_0 s + (2G + Q)\, a \cos \alpha} \quad . \ . \ . \ . \ (10)$$

und der Zuwachs mit der einseitigen Belastung, welcher als Maſs für die Empfindlichkeit der Wage benutzt werden kann, aus

$$\frac{1}{\cos^2 \varphi} \frac{d\varphi}{dQ} = \frac{(G_0 s + 2 G a \cos \alpha)\, a \sin \alpha}{[G_0 s + (2G + Q)\, a \cos \alpha]^2}$$

oder mit $\frac{1}{\cos^2 \varphi} = 1 + \operatorname{tg}^2 \varphi$

$$\frac{d\varphi}{dQ} = \frac{(G_0 s + 2 G a \cos \alpha)\, a \sin \alpha}{[G_0 s + (2G + Q)\, a \cos \alpha]^2 + Q^2 a^2 \sin^2 \alpha} \quad . \ (11)$$

Der Ausschlag einer justierten Wage für ein bestimmtes Übergewicht sowie die Empfindlichkeit derselben sind demnach nicht nur von der Gröſse dieses Übergewichtes sondern auch vom Schalengewichte abhängig.

Sollen beide Gröſsen unabhängig vom Schalengewichte sein, so muſs $\cos \alpha = 0$ oder $\alpha = 90^0$ gewählt werden, d. h. die

Schneiden O, A_1 und A_2 der Wage müssen in der Ruhelage des Balkens gleich hoch liegen. Alsdann ist der Ausschlag mit $\sin \alpha = 1$

$$\operatorname{tg} \varphi = \frac{Q a}{G_0 s} \quad \ldots \ldots \ldots \quad (12)$$

und die Empfindlichkeit

$$\frac{d\varphi}{dQ} = \frac{G_0 s a}{G_0^2 s^2 + Q^2 a^2} \quad \ldots \ldots \ldots \quad (13)$$

Diese Anordnung ist schon darum vorteilhaft, weil man hierbei unabhängig von der Gesamtbelastung beider Wagschalen, für ein und dasselbe Zusatzgewicht immer denselben Ausschlag erhält.

Man kann die Empfindlichkeit einer Wage noch über diesen Wert steigern, wenn man $\alpha > 90^0$ wählt, d. h. die Schneide A_1 und A_2 in der Ruhelage über dem Drehpunkt O des Balkens anbringt. Indes mufs man hierbei sehr vorsichtig sein, damit nicht wegen $\cos \alpha < 0$ der Nenner in (10) für eine in Frage kommende Last Q verschwindet, und infolgedessen mit $\varphi = 90^0$ der Wagebalken umschlägt. Dies tritt bei gleich hohen Schneiden nach Gl. (10a) schon für die geringste Belastung einer Schale ein, wenn der Schwerpunkt S des Balkens mit dem Aufhängepunkte O zusammenfällt, weshalb diese schon oben zurückgewiesene Anordnung als gänzlich unbrauchbar erscheint. Man erkennt übrigens, dafs der Ausschlag einer Wage für ein bestimmtes Übergewicht Q um so gröfser ist, je kleiner der Schwerpunktsabstand s und das Balkengewicht ausfällt. Aus diesem Grunde konstruiert man die Balken feiner Wagen stets durchbrochen und hängt sie dicht über ihrem Schwerpunkt auf, wie in Fig. 153 angedeutet ist.

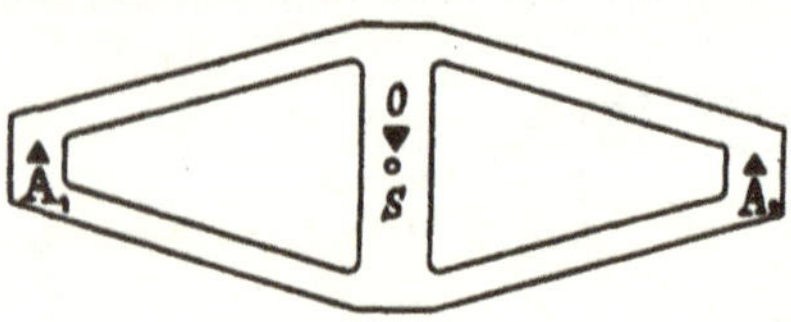

Fig. 153.

Nach den Formeln (10) und (11) könnte es scheinen, als wüchsen Ausschlag und Empfindlichkeit der Wage unter sonst gleichen Verhältnissen mit der Balkenlänge. Berücksichtigt man indes, dafs diese Gröfse auch im Gewichte der Wage auftritt, so zwar, dafs, unter b die mittlere Höhe des Balkens, unter c

die Dicke (senkrecht zur Zeichenebene gemessen) und γ das spezifische Gewicht des Materials verstanden,

$$G_0 = 2\,abc \cdot \gamma$$

ist, worin mit Rücksicht auf die Festigkeit die mittlere Höhe b mit der Armlänge a und der Maximalbelastung Q_1 zunimmt. Wir dürfen darum für den mittleren Armquerschnitt

$$bc = Q_1 f(a)$$

und folglich für das Gewicht

$$G_0 = 2\,a f(a)\, Q_1 \gamma$$

setzen, womit die Formeln (10) bezw. (12) übergehen in

$$\operatorname{tg} \varphi = \frac{Q \sin \alpha}{2\, Q_1 s \gamma f(a) + (2\,G + Q) \cos \alpha} \quad . \quad . \quad (10a)$$

bezw.

$$\operatorname{tg} \varphi = \frac{Q}{2\, Q_1} \frac{1}{s \gamma f(a)} \quad . \quad . \quad . \quad . \quad . \quad . \quad (12a)$$

Da nun $f(a)$ mit wachsendem a zunimmt, so sinkt in Wirklichkeit der Ausschlag und die Empfindlichkeit bei zunehmender Armlänge; feine Wagen werden darum mit möglichst kurzen Balken ausgerüstet.

Die Empfindlichkeit einer Wage macht sich nun auch in derem dynamischen Verhalten geltend, welches wir bisher ganz außer acht gelassen haben. Für die praktische Verwendung der Wage ist dasselbe jedoch von großer Bedeutung, da die Wage auch bei der geringsten Änderung ihrer Belastung in Schwingungen gerät, welche infolge der ebenfalls bisher nicht berücksichtigten Reibung an den Schneiden und des Luftwiderstandes mit der Zeit erlöschen. Da man nun besonders bei feinen Wagen nicht warten kann, bis dies eingetreten ist, so beobachtet man die beiderseitigen Schwingungsausschläge eines mit dem Wagebalken fest verbundenen Zeigers an einer Skala und fügt so lange auf der einen Seite Gewichte hinzu, bis beide Ausschläge einander gleich werden. Dies Verfahren ist natürlich um so zeitraubender, je länger die Schwingungen der Wage andauern. Da es sich nur um kleine Ausschläge handelt, so ist die volle Schwingungsdauer gegeben durch

$$t = 2\pi \sqrt{\frac{l}{g}},$$

worin l die reduzierte Pendellänge des ganzen Systems bedeutet. Nun sei der polare Trägheitsradius des Balkens k, die Schalen vom Eigengewichte G seien jede durch eine Last Q beschwert. Diese Gesamtbelastung $G + Q$ dürfen wir uns, wenn wir von seitlichen Schwingungen der belasteten Schalen absehen, in den Aufhängepunkten A_1 und A_2 konzentriert denken, so dafs ihr Trägheitsradius in Bezug auf den Drehpunkt O des Balkens mit a identisch ist. Der gemeinsame Schwerpunkt beider Zusatzlasten liegt dann um $a \cos \alpha$ unter dem Drehpunkte und wir erhalten für die reduzierte Pendellänge des ganzen Systems

$$l = \frac{G_0 k^2 + 2(G + Q) a^2}{G_0 s + 2(G + Q) a \cos \alpha} \quad . \quad . \quad . \quad . \quad (14)$$

Setzen wir in diese Formel den obigen Wert für G_0 ein, so ergibt sich

$$l = \frac{Q_1 k^2 \gamma f(a) + (G + Q) a}{Q_1 s \gamma f(a) + (G + Q) \cos \alpha}, \quad . \quad . \quad . \quad (14a)$$

ein Ausdruck, der da k^2 ebenfalls rasch mit a steigt, jedenfalls mit wachsender Armlänge zunimmt. Die obige Forderung geringer Armlänge führt demnach auf kurze, reduzierte Pendellängen und damit geringe Schwingungsdauer, wodurch das Arbeiten mit der Wage sehr erleichtert wird.

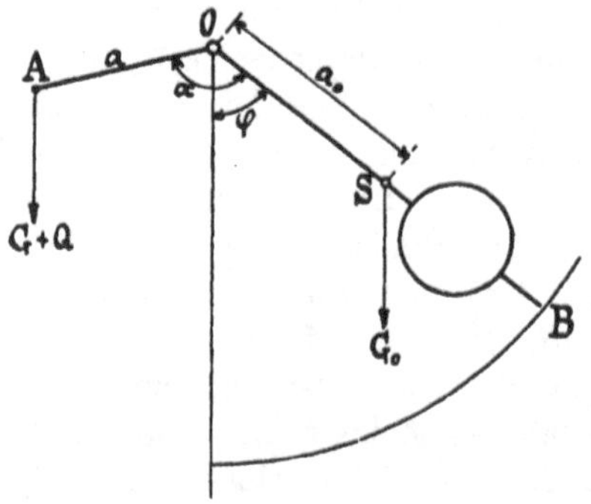

Fig. 154.

Man erkennt übrigens, dafs die Pendellänge (14) und mit ihr die Schwingungsdauer sich mit der Belastung der Wage ändert.

Nahe verwandt mit der vorstehend untersuchten zweiarmigen Hebelwage, welche vorwiegend für exakte Wägungen benutzt wird, ist die sog. einfache Zeigerwage (Fig. 154), welche aus einem in O drehbaren Winkelhebel AOB besteht, an dessen einem Arm bei A die Schale mit den zu wägenden Gegenständen angehängt wird, während am anderen Arm ein Gewicht befestigt ist.

Mit demselben möge der Winkelhebel ein Gesamtgewicht G_0 besitzen, welches wir uns in seinem Schwerpunkt S mit dem Abstande $O\,S = a_0$ von der Achse konzentriert denken können. Der Arm $O\,A = a$, welcher mit der Schwerachse $O\,S\,B$ den Winkel $A\,O\,B = \alpha$ bildet, trägt am Ende das Schalengewicht G und die zu wägende Last Q. Nachdem Gleichgewicht eingetreten ist, bilde der Arm $O\,B$, der gewöhnlich mit einem Zeiger versehen ist, den hiermit auf einer Skala ablesbaren Winkel φ mit der Vertikalen durch O. Alsdann besteht die Momentengleichung

$$(G + Q)\, a \sin(\alpha - \varphi) = G_0 a_0 \sin\varphi,$$

aus der sich für den Ausschlagswinkel φ

$$\operatorname{cotg}\varphi = \operatorname{cotg}\alpha + \frac{G_0 a_0}{(G+Q)\, a \sin\alpha} \quad . \; . \; . \quad (15)$$

ergibt. Bilden die beiden Arme einen rechten Winkel $\alpha = 90^0$ miteinander, so geht (15) über in

$$\operatorname{cotg}\varphi = \frac{G_0 a_0}{(G+Q)\, a} \quad \text{oder} \quad \operatorname{tg}\varphi = \frac{(G+Q)\, a}{G_0 a_0} \quad . \; (15a)$$

Die Empfindlichkeit der Zeigerwage folgt durch Differentiation von (15) zu

$$\frac{1}{\sin^2\varphi}\,\frac{d\varphi}{dQ} = \frac{G_0 a_0}{(G+Q)^2\, a \sin\alpha}$$

oder wegen $\frac{1}{\sin^2\varphi} = 1 + \operatorname{cotg}^2\varphi$

$$\frac{d\varphi}{dQ} = \frac{G_0 a_0 a \sin\alpha}{G_0^2 a_0^2 + (G+Q)^2 a^2 + 2\, G_0\, (G+Q)\, a\, a_0 \cos\alpha} \quad (16)$$

bezw. für $\alpha = 90^0$

$$\frac{d\varphi}{dQ} = \frac{G_0 a_0 a}{G_0^2 a_0^2 + (G+Q)^2 a^2} \quad . \; . \; . \; . \quad (16a)$$

Die Empfindlichkeit der Zeigerwage nimmt also mit wachsender Belastung ab; sie kann aufserdem nicht vom Schalengewichte, welches hier einfach als Bestandteil der einseitigen Belastung erscheint, unabhängig gemacht werden. Die Zeigerwage ist daher auch der justierten Hebelwage mit zwei Schalen nicht gleichwertig.

Obwohl die Teilung der Skala nach Gl. (15) leicht durchgeführt werden kann, so zieht man in der Praxis doch ein rein empirisches Verfahren vor, welches bei den nur geringen Ansprüchen an die Genauigkeit dieser Wagen vollkommen zulässig erscheint.

Die vorstehend besprochenen beiden Arten der zweiarmigen Hebelwage eignen sich nun nicht zur Ermittelung des Gewichtes grofser Lasten; da entweder das Auflegen vieler bekannter Gewichte, wenn solche überhaupt in genügender Zahl vorhanden und der Wagebalken stark genug ausgeführt ist, sehr zeitraubend wird oder aber bei der Zeigerwage der Hebelarm für die Last so kurz gemacht werden mufs, dafs sehr geringe Verschiebungen des Aufhängepunktes schon beträchtliche Fehler hervorrufen. Aufserdem ist es mit Rücksicht auf die Dimensionen des zu wägenden Körpers und dessen Handhabung erwünscht, über von oben frei zugängliche Wageschalen zu verfügen, womit die Aufhängung derselben an Ketten oder Seilen nicht verträglich ist. Bezeichnet man allgemein die zu wägende Last mit Q und das Vergleichsgewicht mit P, so erfordert das Gleichgewicht beider nach dem Prinzip der virtuellen Verschiebungen das Bestehen der Formel

$$P\,dh_1 + Q\,dh_2 = 0,$$

worin dh_1 und dh_2 die aus der Konfiguration des Systems sich ergebenden vertikalen Verschiebungen des Gewichtes und der Last bedeuten. Die einzelnen Teile der Wage brauchen wir in diese Formel darum nicht aufzunehmen, weil sie auch in unbelastetem Zustande für sich im Gleichgewichte stehen und daher eine entsprechende Bedingung erfüllen müssen. Das Verhältnis

$$-\frac{dh_2}{dh_1} = \frac{P}{Q} \quad \ldots\ldots\ldots \quad (17)$$

nennen wir nun das Übersetzungsverhältnis der Wage und bezeichnen dieselbe z. B. als Dezimal- oder Zentesimalwage, wenn das Übersetzungsverhältnis 1 : 10 bezw. 1 : 100 beträgt. Weiterhin verlangen wir, dafs dieses Übersetzungsverhältnis unabhängig ist von der Lage der Last auf ihrer Schale, deren sämtliche Punkte demnach bei kleinen Änderungen der Konfiguration, d. h. Schwingungen, um die Gleichgewichtslage gleiche Vertikalwege zurücklegen müssen.

Diese Bedingung ist z. B. erfüllt bei der Robervalschen Tafelwage (Fig. 155), bei welcher die Schalen mit vertikalen Stangen $A A_1$ $B B_1$ verbunden sind, welche ihrerseits durch zwei um O und O_1 drehbare Doppelhebel $A B$ und $A_1 B_1$ parallel geführt werden. Die Gleichgewichtsbedingung für dieses System bereitete vor der Kenntnis des Prinzips der virtuellen Verschiebungen grofse Schwierigkeiten, so dafs man diese Vorrichtung im 18. Jahrhundert als ein mechanisches Paradoxon bezeichnete. Erst Poinsot gelang der Nachweis der Gleichgültigkeit der Lage der Last Q oder des Gewichtes P auf den Schalen, indem er zeigte, dafs die durch ihre Parallelverschiebung nach $A A_1$ bezw. $B B_1$ entstehenden Kräftepaare, welche, wie wir früher gesehen haben, in ihrer Ebene beliebig verdreht werden können, in den Punkten A und A_1 bezw. B und B_1 in Züge und Druckkräfte in den Hebeln $A B$ und $A_1 B_1$ aufgelöst werden können. Sie setzen sich so zu einem resultierenden Kräftepaar mit den Angriffspunkten O und O_1 zusammen, welches die Säule der Wage umzukippen bestrebt ist, ohne für das Gleichgewicht innerhalb des Systems von Bedeutung zu sein. Da hier, unter $d\varphi$ der gemeinsame elementare Drehwinkel beider Hebel verstanden,

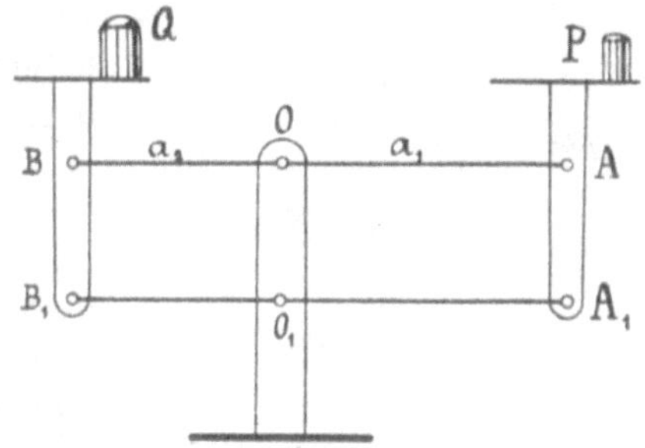

Fig. 155.

$$dh_1 = a_1 d\varphi, \qquad dh_2 = -a_2 d\varphi,$$

so folgt aus (17) für das Übersetzungsverhältnis

$$\frac{a_2}{a_1} = \frac{P}{Q} \quad \ldots \ldots \quad (17a)$$

Gewöhnlich werden allerdings bei dieser Wage beide Arme von gleicher Länge gemacht, so dafs sie wie die doppelarmige Hebelwage eine unmittelbare Gewichtsvergleichung gestattet.

Die Parallelführung der Schale hat übrigens auch bei den zur Ermittelung sehr kleiner Gewichte, z. B. von Briefen gebräuchlichen Zeigerwagen vielfach Eingang gefunden (Fig. 156). Man erreicht dadurch, wie bei der Robervalschen Tafelwage die

Unabhängigkeit der Wägung eines Körpers von seiner Lage auf der Schale, und damit die Anwendbarkeit der Gleichgewichtsbedingungen der einfachen Zeigerwage auf diesen Fall, wobei immer zu beachten ist, dafs der zweite Arm $A_1 O_1$ zum Gewichte des Winkelhebels ebenso beiträgt, wie der ihm parallele AO.

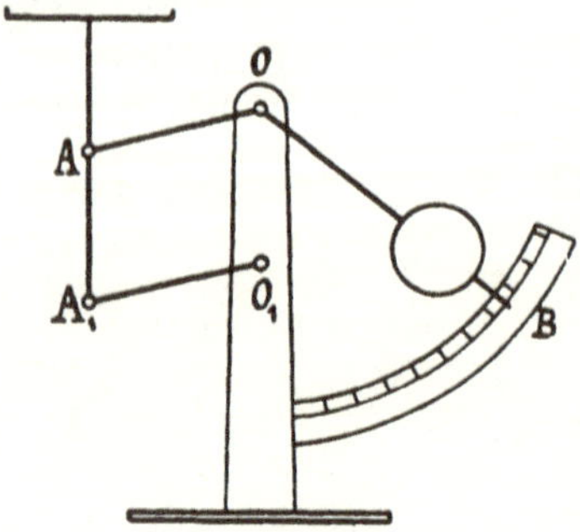

Fig. 156.

Für die Wägung grofser Lasten kommen diese Einrichtungen naturgemäfs nicht in Frage; hierzu dienen die sog. **Brückenwagen**, deren einfachste und gebräuchlichste Form in Fig. 157 schematisch dargestellt ist. An dem Ende A_1 des eigentlichen Wagebalkens hängt die Schale zur Aufnahme der Gewichte, am anderen Ende A_2 ist durch eine Zugstange $A_2 B_1$ eine Platte aufgehängt, welche in O_1 sich auf die Unterlage stützt und eine

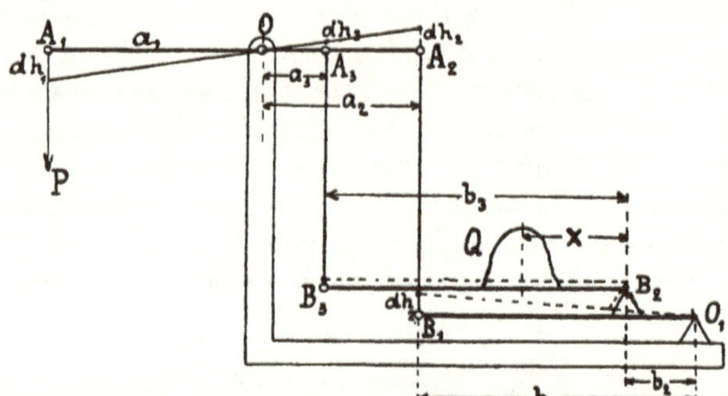

Fig. 157.

weitere Schneide B_2 trägt. Auf dieser ruht die zum Wägen bestimmte sog. Brücke $B_2 B_3$, deren Ende B_3 durch die Zugstange $A_3 B_3$ mit dem Wagebalken selbst verbunden ist. Das ganze System wird so aufgestellt, dafs die leere Schale am Arme OA_1 gerade mit der am anderen Arme OA_2 hängenden Platte bezw. der Brücke derart im Gleichgewichte steht, dafs der Wagebalken $A_1 O A_2$ eine horizontale Lage annimmt. Alsdann brauchen wir bei der Aufstellung der Gleichgewichtsbedingungen für die belastete Wage auf das Eigengewicht ihrer beweglichen Bestandteile keine

Rücksicht zu nehmen und können unsere Untersuchung auf die elementaren Verschiebungen der Last Q auf der Brücke, welche sich im Abstande x vom Drehpunkt B_2 befinden möge, und des in A_1 angreifenden Gewichtes P beschränken.

Das Gewicht P möge nun eine Verschiebung nach unten um dh_1 erleiden, dann entsprechen derselben mit $A_1 O = a_1$, $A_2 O = a_2$, $A_3 O = a_3$ Verschiebungen der Punkte A_2 und A_3 nach oben im Betrage von

$$dh_2 = \frac{a_2}{a_1}\, dh_1, \qquad dh_3 = \frac{a_3}{a_1}\, dh_1 \quad . \; . \; . \; . \; . \; (18)$$

Die Verschiebung dh_2 von A_2 ist also, wenn wir von der bei der Drehung des Armes $A_1 O A_2$ um O sich einstellenden geringen Auslenkung der Stange $A_2 B_1$ aus der Vertikalen als unendlich klein von höherer Ordnung absehen, identisch mit der Verschiebung des Punktes B_1. Der Drehpunkt B_2 der Brücke $O_1 B_1 = b_1$ im Abstande $O_1 B_2 = b_2$ wird infolgedessen um

$$dh_2' = \frac{b_2}{b_1}\, dh_2 = \frac{a_2 b_2}{a_1 b_1}\, dh_1 \, . \; . \; . \; . \; . \; . \; . \; (19)$$

gehoben. Die Hebung dh_3 des Endpunktes der Brücke $B_2 B_3 = b_3$ setzt sich demnach zusammen aus einer Parallelverschiebung dh_2' und einer Drehung um B_2, deren Ergebnis eine weitere Hebung um dh_3' ist, so dafs wir haben

$$dh_3 = dh_2' + dh_3' \, . \; . \; . \; . \; . \; . \; . \; . \; (20)$$

Die Last Q im Abstande $B_2 Q = x$ auf der Brücke erleidet somit eine Verschiebung um

$$dh_4 = dh_2' + \frac{x}{b_3}\, dh_3' = dh_2' + \frac{x}{b_3}\,(dh_3 - dh_2') \quad . \; (21)$$

oder mit Rücksicht auf (18) und (19)

$$dh_4 = \frac{a_2 b_2}{a_1 b_1}\, dh_1 + \frac{x}{b_3}\left(\frac{a_3}{a_1} - \frac{a_2 b_2}{a_1 b_1}\right) dh_1 \quad . \; . \; . \; . \; (22)$$

Wir verlangen nunmehr, dafs das Übersetzungsverhältnis $dh_4 : dh_1$ unabhängig sei von der Lage der Last auf der Brücke, d. h. aber, dafs der Klammerausdruck des zweiten Gliedes, in welchem die Strecke x diese Lage bestimmt, verschwindet. Dies tritt dann ein, wenn

$$\frac{a_3}{a_2} = \frac{b_2}{b_1} \quad \text{. . . . .} \quad (23)$$

und folglich in (21) $d h_4 = d h_2'$ wird, die Brücke also bei der elementaren Änderung der Konfiguration nur eine Parallelverschiebung erleidet. Das Übersetzungsverhältnis selbst folgt damit zu

$$\frac{d h_4}{d h_1} = \frac{P}{Q} = \frac{a_2 b_2}{a_1 b_1} = \frac{a_3}{a_1} \quad \text{. . . . . . .} \quad (26)$$

kann somit an jeder Brückenwage, für welche die Beziehung (23) gilt, sofort abgemessen werden. Vor der Benutzung einer solchen Wage hat man sich daher zunächst von der Erfüllung der Gl. (23) zu überzeugen bezw. einen der Auflagepunkte so lange zu verlegen, bis dieselbe erfüllt ist. Gerät dabei im unbelasteten Zustande der Wagebalken $A_1 O A_2$ aus der horizontalen Lage heraus, so hilft man sich durch Auflegen kleiner Korrektionsgewichte auf eine Hilfsschale an der Aufhängevorrichtung der Schale für die Vergleichsgewichte oder aber durch Verschieben eines sog. Laufgewichtes auf dem Arme $A_1 O$.

Da diese Brückenwagen beim Gebrauch nur kleinen Schwingungen ausgesetzt sind, im Gegensatze zu den Zeigerwagen, so kann man die sämtlichen Drehpunkte als Schneiden ausbilden und Drehzapfen vermeiden, wodurch die Empfindlichkeit für praktische Zwecke ziemlich hoch ausfällt. Diese Wagen sind darum auch im Gegensatze zu Zeigerwagen als eichfähig anerkannt. Trotzdem wollen wir von einer rechnerischen Ermittlung des Ausschlagswinkels bei bestimmtem Übergewichte und der daraus folgenden Empfindlichkeit hier absehen, da dieselbe wegen der gröfseren Zahl von Schneiden und der dort wirkenden Nebeneinflüsse nicht entfernt so zuverlässig ausfallen kann wie bei der einfachen Balkenwage. Die praktische Feststellung dieses Wertes bietet überdies bei einer vorgelegten Wage keine Schwierigkeiten.[1])

---

[1]) Aufser den vorstehend besprochenen gebräuchlichsten Anordnungen gibt es noch eine grofse Menge anderer, oft zu speziellen Zwecken konstruierter Wagen, bezüglich deren Einrichtung und Empfindlichkeit auf die Monographie »Die Konstruktion der Wage« von E. Brauer (Weimar 1880) oder auf Grashofs »Theoretische Maschinenlehre« Bd. II (Hamburg 1883) S. 722 u. ff. verwiesen werden mufs.

§ 41. Die zwangläufige Bewegung eines Stabes.

Die Beschleunigungs- oder Massendrücke bei der Bewegung eines geführten Stabes. Möglichkeit einer äquivalenten Verteilung der Masse auf die Führungspunkte mit Rücksicht auf das Massendruckmoment und die kinetische Energie. Bestimmung der Auflagereaktionen, der Achsial- und Transversalkraft des bewegten dünnen Stabes. Ermittlung des Biegungsmomentes aus der Transversalkraft. Beispiel des an einer vertikalen Wand ohne Reibung herabgleitenden Stabes.

Die Bewegung eines starren ebenenen Gebildes oder Stabes bezeichnen wir dann als eine zwangläufige, wenn dasselbe in zweien seiner Punkte an zwei starre Kurven, die sog. Führungskurven gebunden ist. Das Studium derartiger Bewegungen ist besonders wichtig, weil durch dieselben in der Technik Energieübertragungen vermittelt werden. Dabei sind die beiden Führungskurven oder Führungen stets mit einem und demselben Körper, dem Gestell fest verbunden, während am einen Ende des bewegten Stabes eine treibende Kraft, am anderen dagegen ein Widerstand angreift. Unsere Aufgabe besteht nun einerseits darin, die Änderungen der kinetischen Energie des Stabes unter dem Einfluſs dieser Kräfte zu bestimmen, andererseits aber die Rückwirkung des Bewegungsvorganges auf das Gestell zu ermitteln.

Bezeichnen wir in Fig. 158 die treibende Kraft im Punkte A mit P, den Widerstand, d. h. die in B angreifende äuſsere Kraft mit W, die Komponenten beider in den positiven Achsenrichtungen bezw. mit P_x, P_y und W_x, W_y und setzen ferner voraus, daſs die Bewegungsebene vertikal sein möge, also auch noch das Gewicht G der bewegten Stange in Rücksicht zu ziehen ist, so wird im Gestell, wenn dasselbe in Ruhe verharren soll, eine Auflagereaktion geweckt, deren Komponenten X und Y sich nach dem Satze von D'Alembert aus

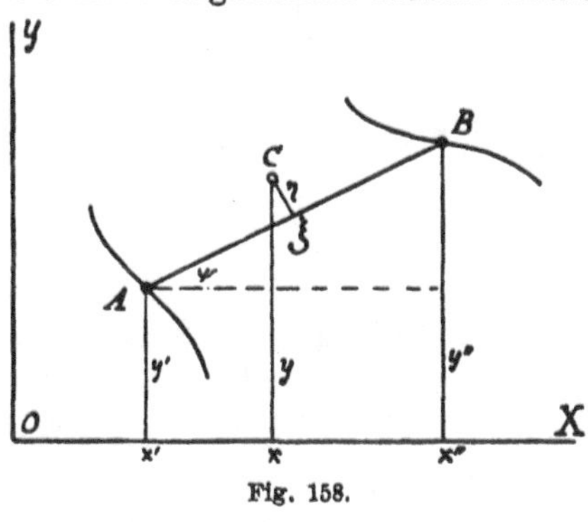

Fig. 158.

$$\left.\begin{aligned} X + P_x + W_x &= \int dm \frac{d^2 x}{dt^2} \\ Y - G + P_y + W_y &= \int dm \frac{d^2 y}{dt^2} \end{aligned}\right\} \quad . \quad . \quad . \quad . \quad (1)$$

berechnen lassen. Die Integrationen auf der rechten Seite dieser Gleichungen haben sich auf alle Elemente dm des bewegten Stabes zu erstrecken; die hierdurch ermittelten Kräfte bezeichnet man in der Technik meist als die **Massendrücke**, seltener als die **Beschleunigungsdrücke** des Stabes. Um die Integrationen in bequemer Weise ausführen zu können, wollen wir die Koordinaten x und y eines beliebigen Punktes C des Stabes mit der Masse dm in den Koordinaten $x'y'$ und $x''y''$ der Führungspunkte A und B, sowie in den relativen Abständen η und ξ von der Verbindungslinie AB bezw. auf dieser von A gemessen ausdrücken. Ist l die unveränderliche Länge dieser Verbindungslinie, so ergibt sich sofort

$$\left.\begin{aligned} x &= x' + \frac{\xi}{l}(x'' - x') - \frac{\eta}{l}(y'' - y') \\ y &= y' + \frac{\xi}{l}(y'' - y') + \frac{\eta}{l}(x'' - x') \end{aligned}\right\} \quad . \quad . \quad . \quad (2)$$

und daraus

$$\int dm \frac{d^2 x}{dt^2} = \frac{d^2 x'}{dt^2}\int dm + \frac{1}{l}\left(\frac{d^2 x''}{dt^2} - \frac{d^2 x'}{dt^2}\right)\int \xi\, dm - \frac{1}{l}\left(\frac{d^2 y''}{dt^2} - \frac{d^2 y'}{dt^2}\right)\int \eta\, dm$$

$$\int dm \frac{d^2 y}{dt^2} = \frac{d^2 y'}{dt^2}\int dm + \frac{1}{l}\left(\frac{d^2 y''}{dt^2} - \frac{d^2 y'}{dt^2}\right)\int \xi\, dm + \frac{1}{l}\left(\frac{d^2 x''}{dt^2} - \frac{d^2 x'}{dt^2}\right)\int \eta\, dm.$$

Wir verlangen nunmehr, dafs der Stabschwerpunkt auf der Verbindungslinie AB und zwar im Abstande s von A liegen möge, alsdann ist, unter m die Gesamtmasse des Stabes verstanden

$$\int dm = m, \quad \int \xi\, dm = sm, \quad \int \eta\, dm = 0, \quad . \quad . \quad (3)$$

und die Gleichungen für die **Massendrücke in den Achsenrichtungen** gehen über in

$$\left.\begin{aligned}\int dm \frac{d^2x}{dt^2} &= m\frac{l-s}{l}\frac{d^2x'}{dt^2} + m\frac{s}{l}\frac{d^2x''}{dt^2}\\ \int dm \frac{d^2y}{dt^2} &= m\frac{l-s}{l}\frac{d^2y'}{dt^2} + m\frac{s}{l}\frac{d^2y''}{dt^2}\end{aligned}\right\} \quad . \quad . \quad . \quad (4)$$

Ebenso hätten wir aber auch aus (2) mit Rücksicht auf (3) erhalten

$$\left.\begin{aligned}\int x\,dm &= m\frac{l-s}{l}x' + m\frac{s}{l}x''\\ \int y\,dm &= m\frac{l-s}{l}y' + m\frac{s}{l}y''\end{aligned}\right\}, \quad . \quad . \quad . \quad (5)$$

womit nur gesagt ist, dafs wir die Gesamtmasse des Stabes, statt sie im Schwerpunkte zu vereinigen, auch auf die Stützpunkte A und B der Führungen verteilen dürfen, wenn der Schwerpunkt auf dieser Verbindungslinie liegt. Aus der Gl. (4) geht nun hervor, dafs dieselbe Verteilung unter der letzten Voraussetzung auch für die Berechnung der Massendrücke zulässig ist, wodurch die letztere in hohem Mafse erleichtert wird. Die Wirkung des bewegten Stabes von der Masse m auf das Gestell in den Achsenrichtungen ist demnach identisch mit der vereinigten Wirkung einer in A konzentrierten Masse $m\frac{l-s}{l}$, welche mit einer in B konzentrierten Masse $m\frac{s}{l}$ durch eine starre masselose Gerade verbunden ist.

Es fragt sich nun weiter, ob diese Zerlegung auch zulässig ist, für die Berechnung des auf das Gestell wirkenden Momentes bezw. für die kinetische Energie der gesamten Stabmasse. Wir setzen zu diesem Zwecke das Moment der Auflagereaktion des Gestelles

$$yX - xY = \mathfrak{M}_1$$

und haben dann nach der Momentengleichung in Bezug auf O

$$\mathfrak{M}_1 + (y'P_x - x'P_y) + (y''W_x - x''W_y) - \int x\,dG$$
$$= \int dm\left(y\frac{d^2x}{dt^2} - x\frac{d^2y}{dt^2}\right)$$

oder auch mit Rücksicht auf $dG = g\,dm$ und (5)

$$\mathfrak{M}_1 + (y' P_x - x' P_y) + (y'' W_x - x'' W_y) - G\left(\frac{l-s}{l} x' + \frac{s}{l} x''\right)$$
$$= \int dm \left(y \frac{d^2 x}{dt^2} - x \frac{d^2 y}{dt^2}\right) \quad . \quad . \quad . \quad . \quad . \quad . \quad (6)$$

Mit Hilfe von Gl. (2) erhalten wir zunächst für das erste Glied unter dem Integral der rechten Seite, da die Relativkoordinaten ξ und η von der Zeit unabhängig sind

$$\begin{aligned} y \frac{d^2 x}{dt^2} = \quad & y' \quad \left\{\frac{d^2 x'}{dt^2} + \frac{\xi}{l}\left(\frac{d^2 x''}{dt^2} - \frac{d^2 x'}{dt^2}\right) - \frac{\eta}{l}\left(\frac{d^2 y''}{dt^2} - \frac{d^2 y'}{dt^2}\right)\right\} \\ & + \frac{y''-y'}{l}\left\{\frac{d^2 x'}{dt^2}\xi + \frac{\xi^2}{l}\left(\frac{d^2 x''}{dt^2} - \frac{d^2 x'}{dt^2}\right) - \frac{\xi\eta}{l}\left(\frac{d^2 y''}{dt^2} - \frac{d^2 y'}{dt^2}\right)\right\} \\ & + \frac{x''-x'}{l}\left\{\frac{d^2 x'}{dt^2}\eta + \frac{\xi\eta}{l}\left(\frac{d^2 x''}{dt^2} - \frac{d^2 x'}{dt^2}\right) - \frac{\eta^2}{l}\left(\frac{d^2 y''}{dt^2} - \frac{d^2 y'}{dt^2}\right)\right\} \end{aligned}$$

und ebenso für das zweite

$$\begin{aligned} x \frac{d^2 y}{dt^2} = \quad & x' \quad \left\{\frac{d^2 y'}{dt^2} + \frac{\xi}{l}\left(\frac{d^2 y''}{dt^2} - \frac{d^2 y'}{dt^2}\right) + \frac{\eta}{l}\left(\frac{d^2 x''}{dt^2} - \frac{d^2 x'}{dt^2}\right)\right\} \\ & + \frac{x''-x'}{l}\left\{\frac{d^2 y'}{dt^2}\xi + \frac{\xi^2}{l}\left(\frac{d^2 y''}{dt^2} - \frac{d^2 y'}{dt^2}\right) + \frac{\xi\eta}{l}\left(\frac{d^2 x''}{dt^2} - \frac{d^2 x'}{dt^2}\right)\right\} \\ & - \frac{y''-y'}{l}\left\{\frac{d^2 y'}{dt^2}\eta + \frac{\xi\eta}{l}\left(\frac{d^2 y''}{dt^2} - \frac{d^2 y'}{dt^2}\right) + \frac{\eta^2}{l}\left(\frac{d^2 x''}{dt^2} - \frac{d^2 x'}{dt^2}\right)\right\} \end{aligned}$$

Gehen wir nunmehr an die Ausführung des Integrals der rechten Seite von (6), wobei wir voraussetzen wollen, dafs d i e M a s s e d e s S t a b e s s y m m e t r i s c h z u r V e r b i n d u n g s l i n i e AB, die wir dann als S t a b a c h s e bezeichnen dürfen, angeordnet sein möge, so erhalten wir unter Berücksichtigung der Gl. (3), sowie Einführung des polaren Trägheitshalbmessers k in Bezug auf A, d. h. mit

$$\int \xi\eta\, dm = 0, \qquad \int (\xi^2 + \eta^2)\, dm = k^2 m \quad . \quad . \quad . \quad (7)$$

den Ausdruck

$$\begin{aligned} & \int dm \left(y \frac{d^2 x}{dt^2} - x \frac{d^2 y}{dt^2}\right) \\ & \quad = \left(y' \frac{d^2 x'}{dt^2} - x' \frac{d^2 y'}{dt^2}\right) \frac{l-s}{l} m + \left(y'' \frac{d^2 x''}{dt^2} - x'' \frac{d^2 y''}{dt^2}\right) \frac{s}{l} m \\ & \quad - \left\{(y''-y') \frac{d^2 (x''-x')}{dt^2} - (x''-x') \frac{d^2 (y''-y')}{d^2 t}\right\}\left(\frac{s}{l} - \frac{k^2}{l^2}\right) m. \end{aligned}$$

Hierin können wir den letzten Term noch umformen und zwar durch Einführung des Neigungswinkels ψ der Stabachse AB gegen den Horizont. Aus

$$x'' - x' = l \cos \psi, \qquad y'' - y' = l \sin \psi \quad . \quad . \quad . \quad (8)$$

folgt nämlich

$$\frac{d\,(x'' - x')}{d\,t} = -\,l \sin \psi \,\frac{d\,\psi}{d\,t}, \qquad \frac{d\,(y'' - y')}{d\,t} = l \cos \psi \,\frac{d\,\psi}{d\,t},$$

so dafs wir haben

$$(y'' - y')\,\frac{d^2\,(x'' - x')}{d\,t^2} - (x'' - x')\,\frac{d^2\,(y'' - y')}{d\,t^2}$$

$$= \frac{d}{d\,t}\left\{\frac{(y'' - y')\,d\,(x'' - x') - (x'' - x')\,d\,(y'' - y')}{d\,t}\right\}$$

$$= -\,l^2\,\frac{d}{d\,t}\left\{(\sin^2\psi + \cos^2\psi)\,\frac{d\,\psi}{d\,t}\right\} = -\,l^2\,\frac{d^2\,\psi}{d\,t^2}.$$

Die endgiltige Formel für das sogenannte **Moment der Massendrücke** oder kürzer das **Massendruckmoment** des **Stabes** AB lautet mithin

$$\int d\,m \left(y\,\frac{d^2\,x}{d\,t^2} - x\,\frac{d^2\,y}{d\,t^2}\right) = \left(y'\,\frac{d^2\,x'}{d\,t^2} - x'\,\frac{d^2\,y'}{d\,t^2}\right)\frac{l - s}{l}\,m$$

$$+ \left(y''\,\frac{d^2\,x''}{d\,t^2} - x''\,\frac{d^2\,y''}{d\,t^2}\right)\frac{s}{l}\,m + \left(\frac{s}{l} - \frac{k^2}{l^2}\right)l^2\,\frac{d^2\,\psi}{d\,t^2}\,m \quad . \ (10)$$

Wir erkennen daraus, dafs die für die Berechnung der Massendrücke selbst unter der Voraussetzung der Verbindungslinie AB als Schwerachse streng giltige **Verteilung der Masse auf die beiden Stützpunkte für die Ermittlung des Momentes nur dann zulässig erscheint, wenn das letzte Glied in (10) vernachlässigt werden darf.** Dies setzt aber, wenn nicht schon die Differenz $\frac{s}{l} - \frac{k^2}{l^2}$ sehr klein gegen 1 ausfällt, kleine Drehbeschleunigungen des Stabes voraus, wie sie glücklicherweise in praktischen Fällen häufig vorliegen. Der Näherungsausdruck

$$\int d\,m \left(y\,\frac{d^2\,x}{d\,t^2} - x\,\frac{d^2\,y}{d\,t^2}\right) = \left(y'\,\frac{d^2\,x'}{d\,t^2} - x'\,\frac{d^2\,y'}{d\,t^2}\right)\frac{l - s}{l}\,m$$

$$+ \left(y''\,\frac{d^2\,x''}{d\,t^2} - x''\,\frac{d^2\,y''}{d\,t^2}\right)\frac{s}{l}\,m \qquad (10a)$$

ist jedenfalls nur dann in voller Strenge giltig, wenn der Stab sich lediglich parallel zu sich selbst bewegt, die Leitkurven also einander kongruent sind.

Ganz ähnlich gestalten sich die Verhältnisse für die kinetische Energie des Stabes, welche sich aus

$$J = \frac{1}{2}\int dm \left\{\left(\frac{dx}{dt}\right)^2 + \left(\frac{dy}{dt}\right)^2\right\} = \frac{1}{2}\int v^2 dm \quad . \; . \; . \quad (11)$$

berechnet. Statt dieses Ausdruckes können wir auch, unter v_0 die Geschwindigkeit des Schwerpunktes und k_0 den polaren Trägheitshalbmesser des Stabes in Bezug auf den Schwerpunkt verstanden, nach § 35 Gl. (14) schreiben

$$J = \frac{m}{2}\left\{v_0^2 + k_0^2 \left(\frac{d\psi}{dt}\right)^2\right\} \quad . \; . \; . \; . \; . \quad (11a)$$

Die beiden Komponenten von v_0 berechnen sich nun aus den Schwerpunktskoordinaten

$$\left.\begin{aligned} x_0 &= x' \frac{l-s}{l} + x'' \frac{s}{l} \\ y_0 &= y' \frac{l-s}{l} + y'' \frac{s}{l} \end{aligned}\right\} \quad . \; . \; . \; . \; . \quad (12)$$

durch Differentiation Bezeichnen wir dieselben mit v_ξ und v_η, sowie die Geschwindigkeitskomponenten von A und B der Kürze halber mit v_x' v_y' bezw. v_x'' v_y'', so erhalten wir

$$\left.\begin{aligned} v_\xi &= v_x' \frac{l-s}{l} + v_x'' \frac{s}{l} \\ v_\eta &= v_y' \frac{l-s}{l} + v_y'' \frac{s}{l} \end{aligned}\right\} \quad . \; . \; . \; . \; . \quad (12\,a)$$

und daraus mit $v_0^2 = v_\xi^2 + v_\eta^2$, $v'^2 = v_x^{2\prime} + v_y'^2$, $v''^2 = v_x''^2 + v_y^{2\prime\prime}$

$$v_0^2 = v'^2 \left(\frac{l-s}{l}\right)^2 + v''^2 \frac{s^2}{l^2} + 2\,\frac{l-s}{l} \cdot \frac{s}{l}\,(v_x' v_x'' + v_y' v_y'').$$

Andererseits ist aber wegen (8)

$$v_x'' - v_x' = -\,l \sin\psi \frac{d\psi}{dt}, \qquad v_y'' - v_y' = l \cos\psi \frac{d\psi}{dt},$$

folglich

$$v_x''^2 + v_x'^2 - 2 v_x' v_x'' = l^2 \sin^2 \psi \left(\frac{d\psi}{dt}\right)^2,$$

$$v_y''^2 + v_y'^2 - 2 v_y' v_y'' = l^2 \cos^2 \psi \left(\frac{d\psi}{dt}\right)^2,$$

oder

$$2 (v_x' v_x'' + v_y' v_y'') = v'^2 + v''^2 - l^2 \left(\frac{d\psi}{dt}\right)^2,$$

so dafs wir für das Quadrat der Schwerpunktsgeschwindigkeit erhalten

$$v_0^2 = v'^2 \frac{l-s}{l} + v''^2 \frac{s}{l} - \left(\frac{s}{l} - \frac{s^2}{l^2}\right) l^2 \left(\frac{d\psi}{dt}\right)^2 \quad . \quad . \quad (13)$$

Führen wir dies in Gl. (11a) ein, und beachten noch, dafs nach dem Steinerschen Satze $k_0^2 = k^2 - s^2$, unter k wieder den durch (7) bestimmten polaren Trägheitsradius der Stange in Bezug auf A verstanden, so ergibt sich für die kinetische Energie des ganzen Stabes

$$J = \frac{v'^2}{2} \frac{l-s}{l} m + \frac{v''^2}{2} \frac{s}{l} m - \frac{l^2}{2} \left(\frac{d\psi}{dt}\right)^2 \left(\frac{s}{l} - \frac{k^2}{l^2}\right) m \quad . \; (14)$$

Es läfst sich also auch die kinetische Energie des Stabes angenähert durch diejenige der auf die Stützpunkte nach dem Schwerpunktsatze verteilten Massen ersetzen, wenn die Winkelgeschwindigkeit des Stabes, bew. seine Auslenkungen aus einer mittleren Lage nur gering sind oder die Differenz $\frac{s}{l} - \frac{k^2}{l^2}$ hinreichend klein gegen 1 ausfällt.

Zur rechnerischen Bestimmung der in unseren Formeln auftretenden Geschwindigkeiten und Beschleunigungen, welche vor allem für die Gröfse der Massendrücke und deren Moment mafsgebend sind, dient die Energiegleichung. Dieselbe besagt nur, dafs der Überschufs der Arbeit der treibenden Kraft $P_x\,dx' + P_y\,dy'$ über die Arbeit des Widerstandes $-(W_x\,dx'' + W_y\,dy'')$ einerseits zur Hebung des Stabgewichtes G um dy_0, anderseits zur Erhöhung der kinetischen Energie J verwendet wird, und lautet somit unter ausdrücklicher Vernachlässigung von Reibungswiderständen

$$P_x\,dx' + P_y\,dy' + W_x\,dx'' + W_y\,dy'' = G\,dy_0 + dJ \; . \; (15)$$

Die Kräfte P und W können wir uns in den meisten Fällen als Funktionen der Koordinaten gegeben denken, seltener als Funktionen der Geschwindigkeit. Immerhin enthält die Gl. (15) bei bekannten Kräftefunktionen noch die Differentiale von x', y', x'', y'', y_0 und ψ. Die beiden letzteren Variablen lassen sich sofort durch (12) bezw. (8) eliminieren, so daſs (15) nur noch $x'\,y'\,x''\,y''$ zu enthalten braucht. Eine weitere Gleichung zwischen diesen Veränderlichen folgt aus (8), nämlich die Bedingung der Zuordnung der Punkte A und B der Führungen durch die Stablänge l

$$(x''-x')^2+(y''-y')^2=l^2 \quad . \quad . \quad . \quad . \quad . \quad (16)$$

oder

$$(x''-x')\,d\,(x''-x')+(y''-y')\,d\,(y''-y')=0\,, \quad . \quad (16a)$$

wozu schlieſslich noch die Kurvengleichungen der Punkte A und B

$$f_1(x',y')=0, \qquad f_2(x'',y'')=0 \quad . \quad . \quad . \quad . \quad (17)$$

bezw. deren Differentialgleichungen

$$\frac{\partial f_1}{\partial x'}\,dx'+\frac{\partial f_1}{\partial y'}\,dy'=0, \qquad \frac{\partial f_2}{\partial x''}\,dx''+\frac{\partial f_2}{\partial y''}\,dy''=0 \quad . \ (17a)$$

treten. Wir haben also im ganzen zur Bestimmung der Abhängigkeit der vier Koordinaten $x'\,y'\,x''\,y''$ von der Zeit t die vier voneinander unabhängigen Formeln (15), (16) und (17), welche theoretisch zur Lösung der Aufgabe ausreichend sind.

Erst nachdem die Geschwindigkeiten und daraus die Beschleunigungen der Stützpunkte A und B ermittelt sind, können wir an die Berechnung der Massendrücke (4) bezw. des Momentes (10) derselben herantreten und daraus schlieſslich die Auflagereaktionen am Gestell mit Hilfe der Gl. (1) und (6) folgern. Wo wir uns dieselben wirksam denken, ist gleichgültig; am einfachsten gestaltet sich die Sache, wenn wir einen der Auflagepunkte des Gestelles nach O hin, den zweiten dagegen in die X-Achse unseres Koordinatensystems verlegen. Alsdann bleibt das Gestell in Ruhe, wenn wir uns in O einen Zapfen angebracht denken, der durch zwei Kräfte X_0 Y_0 ersetzt werden kann, während in dem Stützpunkt auf der X-Achse im Abstande a ein vertikaler Auflagedruck Y_1 wirksam ist. Diese drei Kräfte ersetzen vollständig die Werte von X, Y und $\mathfrak{M}_1$ in unseren Formeln (1) und (6), so zwar, daſs

$$X_0 = X, \qquad Y_0 + Y_1 = Y, \qquad a Y_1 = -\mathfrak{M}_1 \quad . \quad (18)$$

wird (Fig. 159).

Wollen wir dagegen die im Stabe selbst wirksamen Kräfte kennen lernen, so müssen wir vorher die Bahnreaktionen ermitteln, welche in den Stützpunkten A und B normal zu den Führungen angreifen. Bezeichnen wir die Komponenten dieser Bahnreaktionen mit X' Y' und X'' Y'', so wird dieser Forderung durch die Gleichungen

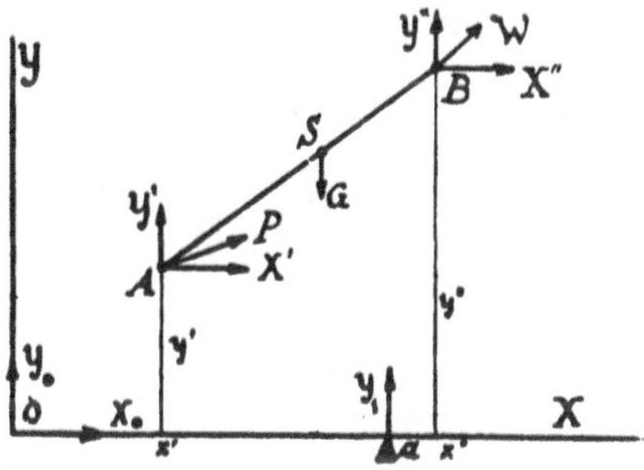

Fig. 159.

$$\left.\begin{aligned} X'\,dx' + Y'\,dy' &= 0 \\ X''\,dx'' + Y''\,dy'' &= 0 \end{aligned}\right\} (19)$$

genügt. Aus denselben geht auch hervor, daſs diese Reaktionen keine Arbeit leisten, mithin auch bei Aufstellung der Energiegleichung nicht zu berücksichtigen waren. Bringen wir nun auſser den Bahnreaktionen in A und B die äuſseren Kräfte P und W an, und berücksichtigen schlieſslich das im Schwerpunkte S angreifende Stabgewicht G, so können wir den Stab unter dem Einflusse aller dieser Kräfte als vollkommen frei betrachten und erhalten damit unter Beachtung von (4) die Gleichungen

$$\left.\begin{aligned} X' + X'' + P_x + W_x &= m\left(\frac{l-s}{l}\frac{d^2x'}{dt^2} + \frac{s}{l}\frac{d^2x''}{dt^2}\right) \\ Y' + Y'' + P_y + W_y &= m\left(\frac{l-s}{l}\frac{d^2y'}{dt^2} + \frac{s}{l}\frac{d^2y''}{dt^2}\right) + G \end{aligned}\right\} \quad . \quad (20)$$

Hierzu kommt noch die Momentengleichung, welche mit (10) und (12) die Form annimmt

$$\left.\begin{aligned} & y'(X' + P_x) - x'(Y' + P_y) \\ & + y''(X'' + W_x) - x''(Y'' + W_y) \\ & + G\left(x'\frac{l-s}{l} + x''\frac{s}{l}\right) \end{aligned}\right\} = \left\{\begin{aligned} & \frac{l-s}{l}\cdot m\left(y'\frac{d^2x'}{dt^2} - x'\frac{d^2y'}{dt^2}\right) \\ & + \frac{s}{l}\,m\left(y''\frac{d^2x''}{dt^2} - x''\frac{d^2y''}{dt^2}\right) \\ & + \left(\frac{s}{l} - \frac{k^2}{l^2}\right) l^2 m\,\frac{d^2\psi}{dt^2} \end{aligned}\right. \quad (21)$$

Eliminiert man aus diesen fünf Gleichungen (19) (20) (21) die vier Komponenten der Bahndrücke, so ergibt sich naturgemäfs die Energiegleichung (15), welche wir zur Bestimmung der Abhängigkeit der Stützpunktskoordinaten $x'\ y'\ x''\ y''$ bezw. ψ von der Zeit und damit der Geschwindigkeiten und Beschleunigungen benutzen können. Um die Momentengleichung (21) brauchen wir uns demnach überhaupt nicht weiter zu kümmern, da die vier Formeln (19) und (20) zur Berechnung der Bahndrucke vollständig ausreichen. Sind dieselben aber bekannt, so ergeben sich die im Stabe wirksamen Kräfte, wenn wir denselben an der zu untersuchenden Stelle $x\,y$ im Abstande z von A einfach durchschneiden (Fig. 160) und das abgeschnittene Stück durch eine in der Stabachse angreifende Kraft mit den Komponenten H und V, sowie das Biegungsmoment $\mathfrak{M}$ ersetzen. Alsdann bestehen, je nachdem man das untere oder obere Stück des Stabes ins Auge fafst, für H und V die Gleichungen

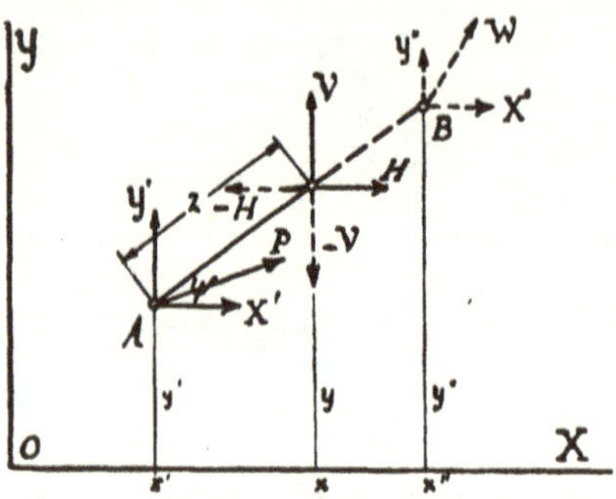

Fig. 160.

$$X' + H + P_x = \int_0^z dm\,\frac{d^2 x}{dt^2}$$

oder

$$X'' - H + W_x = \int_z^l dm\,\frac{d^2 x}{dt^2}$$

bezw.

$$Y' + V + P_y - g\int_0^z dm = \int_0^z dm\,\frac{d^2 y}{dt^2}$$

oder

$$Y'' - V + W_y - g\int_z^l dm = \int_z^l dm\,\frac{d^2 x}{dt^2} \qquad (22)$$

Durch Addition je zweier zusammengehöriger Formeln ergeben sich natürlich unter Wegfall der inneren Kräfte H und V wieder die Gleichungen (20).

Weiterhin aber erhalten wir die in der Stabrichtung wirksame Kraft Q (Zug oder Druck) und die senkrecht dazu am betrachteten Querschnitt angreifende Transversalkraft T aus

$$\left.\begin{aligned} Q &= H\cos\psi + V\sin\psi \\ T &= H\sin\psi - V\cos\psi \end{aligned}\right\} \quad \ldots\ldots \quad (23)$$

Die letztere können wir auch bequem zur Bestimmung des Biegungsmomentes $\mathfrak{M}$ benutzen, da die Transversalkraft einfach als Belastung des Stabes angesehen werden darf, und folglich, wie wir in der Lehre vom Gleichgewicht starrer Systeme gesehen haben, $d\mathfrak{M} = T\,dz$ oder

$$\mathfrak{M} = \int_0^z T\,dz \quad \ldots\ldots\ldots \quad (24)$$

sein mufs. Bei Anwendung dieser Formel, in der die Massenwirkungen des Stabes schon in T enthalten sind, ist man Irrtümern durch falsche Vorzeichen weitaus weniger ausgesetzt als mit der Momentengleichung.

Als Beispiel betrachten wir die Bewegung eines Stabes, der an eine vertikale Wand angelehnt ist und, wenn wir von den Reibungswiderständen an dieser Wand sowie am Boden absehen, lediglich unter dem Einflusse der Schwerkraft steht. Alsdann haben wir in Fig. 161 für die Koordinaten der Stützpunkte A und B mit der Stablänge l und der momentanen Neigung ψ

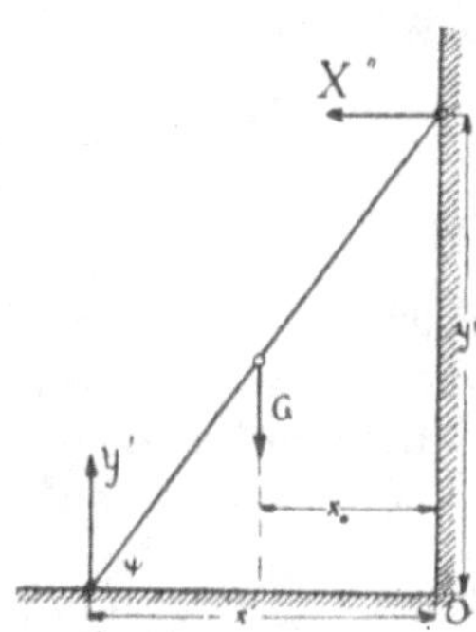

Fig. 161.

$$x' = l\cos\psi, \qquad y' = 0$$
$$x'' = 0, \qquad y'' = l\sin\psi.$$

Damit aber wird

$$\int_0^l dm\,\frac{d^2x}{dt^2} = m\,\frac{l-s}{l}\,\frac{d^2x'}{dt^2} = m\,(l-s)\,\frac{d^2(\cos\psi)}{dt^2}$$

$$\int_0^l dm\,\frac{d^2y}{dt^2} = m\,\frac{s}{l}\,\frac{d^2y''}{dt^2} = m\,s\,\frac{d^2(\sin\psi)}{dt^2}$$

$$\int_0^l dm\left(y\,\frac{d^2x}{dt^2} - x\,\frac{d^2y}{dt^2}\right) = m\left(\frac{s}{l} - \frac{k^2}{l^2}\right) l^2\,\frac{d^2\psi}{dt^2},$$

so dafs wir für die Reaktionskomponenten erhalten

$$\left.\begin{aligned} X' &= 0, & Y' &= G + m s\,\frac{d^2(\sin\psi)}{dt^2} \\ X'' &= m\,(l-s)\,\frac{d^2(\cos\psi)}{dt^2}, & Y'' &= 0 \end{aligned}\right\} \quad . \quad . \quad (20\text{a})$$

Statt die Momentengleichung erst hinzuschreiben, wollen wir gleich die Energieformel anwenden, welche aus jener durch Einsetzen der eben gewonnenen Werte hervorgeht. Wir erhalten die durch das Sinken des Stabschwerpunktes um $\varDelta y_0 = s\,(\sin\psi_0 - \sin\psi)$, wo ψ_0 den anfänglichen Neigungswinkel des ruhig angelehnten Stabes bezeichnet, frei gewordene potentielle Energie $G s\,(\sin\psi_0 - \sin\psi)$, welche der kinetischen Energie in der Stellung ψ gleich sein mufs. Da nun

$$\frac{dy'}{dt} = 0, \quad \frac{dx''}{dt} = 0,$$

so wird mit

$$v' = \frac{dx'}{dt} = -\,l\,\frac{d\psi}{dt}\sin\psi, \qquad v'' = \frac{dy'}{dt} = l\,\frac{d\psi}{dt}\cos\psi,$$

also

$$G s\,(\sin\psi_0 - \sin\psi) = J = \frac{m}{2}\,l^2\left(\frac{d\psi}{dt}\right)^2\left\{\sin^2\psi\left(1 - \frac{2s}{l}\right) + \frac{k^2}{l^2}\right\} \quad (25)$$

Daraus folgt aber, dafs der Stab mit einer Winkelgeschwindigkeit ω auf dem Boden aufschlägt, die sich mit $\psi = 0$ und $G = mg$ zu

$$\omega_0 = \left(\frac{d\psi}{dt}\right)_0 = \sqrt{\frac{2gs\,\sin\psi_0}{k^2}} = \sqrt{\frac{2g h_0}{k^2}} \quad . \quad . \quad (25\text{a})$$

ergibt, wenn wir mit $h_0 = s \sin \psi_0$ die anfängliche Schwerpunktshöhe, für welche noch $\omega = 0$ ist, bezeichnen. Die Horizontalgeschwindigkeit des Stabes beim Aufschlagen, d. i. $v'_0 = l\,\omega \sin \psi$, verschwindet, so daſs der abgerutschte Stab in seiner horizontalen Lage liegen bleibt, wenn er nicht etwa infolge elastischer Stoſswirkung zurückprallt. Für die Winkelbeschleunigung finden wir aus (25) durch Differentiation nach der Zeit

$$\frac{d\omega}{dt} = \frac{d^2\psi}{dt^2} = -\frac{\omega^2 l^2\left(1-\frac{2s}{l}\right)\sin\psi + gs}{l^2\left\{\left(1-\frac{2s}{l}\right)\sin\psi + \frac{k^2}{l^2}\right\}}\cos\psi, \quad . \quad (26)$$

mithin für den Augenblick des Aufschlagens mit $\psi = 0$

$$\left(\frac{d\omega}{dt}\right)_0 = -\frac{gs}{k^2} \quad . \; . \; . \; . \; . \; . \; . \; . \quad (26a)$$

Da nun

$$\frac{d^2(\cos\psi)}{dt^2} = -\frac{d^2\psi}{dt^2}\sin\psi - \omega^2\cos\psi, \quad \frac{d^2(\sin\psi)}{dt^2} = \frac{d^2\psi}{dt^2}\cos\psi - \omega^2\sin\psi$$

und für $\psi = 0$

$$\left(\frac{d^2\cos\psi}{dt^2}\right)_0 = -\omega_0^2 = \frac{2gh_0}{k^2}, \quad \left(\frac{d^2\sin\psi}{dt^2}\right)_0 = \left(\frac{d\omega}{dt}\right)_0 = -\frac{gs}{k^2}$$

ist, so ergeben sich die Bahnreaktionen im Augenblicke des Aufschlagens nach (20a) zu

$$Y_0' = G\left(1-\frac{s^2}{k^2}\right), \quad X_0'' = 2G\frac{(l-s)\,h_0}{k^2} \quad . \; . \quad (20b)$$

Um nun die im Stabe selbst wirkenden Kräfte zu ermitteln, schneiden wir ihn im Abstande z von A, also im Punkte x, y, durch und bringen dort die beiden Kräfte H und V an (Fig. 162). Den Stab selbst wollen wir von jetzt ab als so dünn betrachten, daſs wir uns diese Kräfte an der Stabachse AB selbst angreifend denken und damit von ihrer Verteilung über den Querschnitt an dieser Stelle absehen können. Alsdann ergibt sich für die Kräfte am unteren Stücke, wenn wir mit m_z dessen Masse, mit $G_z = g m_z$ sein Gewicht bezeichnen,

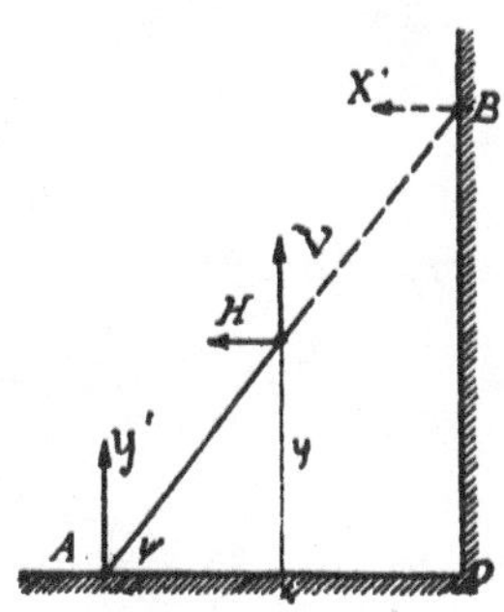

Fig. 162.

$$\left.\begin{aligned} H &= \int_0^z dm \frac{d^2 x}{dt^2} = \frac{d^2 \cos\psi}{dt^2} \int_0^z (l-z)\, dm \\ &\qquad = \frac{d^2 \cos\psi}{dt^2} \left(l m_z - \int_0^z z\, dm \right) \\ V &= G_z - Y' + \int_0^z dm \frac{d^2 y}{dt^2} \end{aligned}\right\} \quad (27)$$

oder wegen (20a)

$$V = G_z - G - \frac{d^2 \sin\psi}{dt^2} \left(ms - \int_0^z z\, dm \right) \quad . \; . \; . \; (27\text{a})$$

Im Stabe wirkt demnach in der Richtung AB ein Druck

$$\left.\begin{aligned} Q &= V \sin\psi - H \cos\psi \\ &= (G_z - G) \sin\psi - \sin\psi \frac{d^2 \sin\psi}{dt^2} \left(ms - \int_0^z z\, dm \right) \\ &\qquad - \cos\psi \frac{d^2 \cos\psi}{dt^2} \left(m_z l - \int_0^z z\, dm \right) \end{aligned}\right\} \quad (28)$$

und senkrecht dazu eine Transversalkraft

$$\left.\begin{aligned} T &= V \cos\psi + H \sin\psi \\ &= (G_z - G) \cos\psi - \cos\psi \frac{d^2 \sin\psi}{dt^2} \left(ms - \int_0^z z\, dm \right) \\ &\qquad + \sin\psi \frac{d^2 \cos\psi}{dt^2} \left(m_z l - \int_0^z z\, dm \right) \end{aligned}\right\} \quad (29)$$

Für $\psi = 0$, d. h. beim Aufschlagen des Stabes gehen diese Werte über in

$$H_0 = \frac{2 g h_0}{k^2} \left(m_z l - \int_0^z z\, dm \right) \quad . \; . \; . \; . \; . \; . \; (28\text{a})$$

$$V_0 = G_z - G + \frac{g s}{k^2} \left(ms - \int_0^z z\, dm \right) \quad . \; . \; . \; (29\text{a})$$

Speziell in den Endpunkten A und B, d. h. für $z = 0$, bezw. $z = l$ wirken beim Aufschlagen die Kräfte

$$H_0' = 0, \quad H_0'' = \frac{2 g h_0}{k^2} (l - s) m = X_0'' \quad . \quad . \quad (28b)$$

$$V_0' = - G\left(1 - \frac{s^2}{k^2}\right) = - Y_0', \quad V_0'' = 0 \quad . \quad . \quad (29b)$$

Schliefslich haben wir noch das Biegungsmoment des Stabes an der Stelle z zu bestimmen. Dasselbe ergibt sich nach Gl. (24) unter Einführung des Wertes für die Transversalkraft aus (29) zu

$$\begin{aligned}\mathfrak{M} = \int_0^z T\,dz = - G z \cos\psi + \cos\psi \int_0^z G_z\,dz \\ - \cos\psi \frac{d^2 \sin\psi}{dt^2}\left(m s z - \int_0^z dz \int_0^z z\,dm\right) \\ + \sin\psi \frac{d^2 \cos\psi}{dt^2}\left(l \int_0^z m_z\,dz - \int_0^z dz \int_0^z z\,dm\right).\end{aligned}$$

Nun ist aber nach den Regeln der partiellen Integration

$$\int_0^z G_z\,dz = G_z z - \int_0^z z\,d\,G_z = G_z z - g \int_0^z z\,dm$$

$$\int_0^z m_z\,dz = m_z z - \int_0^z z\,dm$$

$$\int_0^z dz \int_0^z z\,dm = z \int_0^z z\,dm - \int_0^z z^2\,dm,$$

so dafs wir für das Biegungsmoment erhalten

$$\begin{aligned}\mathfrak{M} = \cos\psi \left\{(G_z - G) z - g \int_0^z z\,dm\right\} \\ - \cos\psi \frac{d^2 \sin\psi}{dt^2}\left\{m s z - z \int_0^z z\,dm + \int_0^z z^2\,dm\right\} \\ + \sin\psi \frac{d^2 \cos\psi}{dt^2}\left\{m_z l z - (l + z) \int_0^z z\,dm + \int_0^z z^2\,dm\right\} \quad . \quad (30)\end{aligned}$$

Wie in den Formeln für den Achsialdruck Q und die Transversalkraft T des Stabes so ist auch hier das erste mit der einfachen Winkelfunktion behaftete Glied identisch mit dem durch die statische Gewichtswirkung hervorgerufenen Biegungsmoment, während die beiden anderen Glieder durch die Bewegung erst hervorgerufen werden, also dynamischer Natur sind.

Für den Stützpunkt A, d. h. mit $z = 0$ verschwinden alle in den grofsen Klammern stehenden Terme, also auch das ganze Biegungsmoment $\mathfrak{M}$, wie vorauszusehen war. Für $z = l$ dagegen geht die Formel (30) nach Einführung der oben entwickelten Werte von $\frac{d^2 \sin \psi}{d t^2}$ und $\frac{d^2 \cos \psi}{d t^2}$ über in

$$\mathfrak{M}_l = - m \left\{ g s \cos \psi + \left[k^2 + l^2 \sin^2 \psi \left(1 - \frac{2 s}{l}\right)\right] \frac{d \omega}{d t} + \omega^2 \sin \psi \cos \psi \left(1 - \frac{2 s}{l}\right)\right\}.$$

Hierin aber verschwindet der Klammerausdruck nach der aus der Energiegleichung abgeleiteten Formel (25), so dafs auch im Stützpunkte B kein Biegungsmoment herrscht. Da diese Forderungen des Verschwindens der Biegungsmomente in den Stützpunkten evident erscheinen, so hat ihre Erfüllung im vorliegenden Falle nur den Werth einer Kontrolle für die Richtigkeit der Formel (30).

Für den Augenblick des Aufschlagens ist schliefslich das Biegungsmoment mit $\psi = 0$, also $- \cos \psi \frac{d^2 \sin \psi}{d t^2} = \frac{g s}{k^2}$

$$\mathfrak{M}_0 = G_z z - G \left(1 - \frac{s^2}{k^2}\right) z - g \left(1 + \frac{s z}{k^2}\right) \int_0^z z\, d m + \frac{g s}{k^2} \int_0^z z^2 d m \tag{30a}$$

Dabei ist nicht zu vergessen, dafs in diesem Augenblicke durch das Auftreffen selbst auf die Unterlage Stofsreaktionen geweckt werden, welche in den obigen Gleichungen naturgemäfs noch nicht enthalten sind.

Handelt es sich um einen Stab mit gleichförmig über seine Länge verbreiteter Masse, so können wir die obigen Formeln unter Einführung des Gewichtes q der Längeneinheit beträchtlich vereinfachen und ihnen eine anschauliche Gestalt geben. Wir haben zunächst für diesen Fall

$$m = \frac{q l}{g}, \quad s = l - s = \frac{l}{2}, \quad G = q l, \quad G_z = q z, \quad m_z = \frac{q}{g} z,$$

$$dm = \frac{q}{g} dz, \qquad \int_0^z z\, dm = \frac{q}{g} \frac{z^2}{2}, \qquad \int_0^z z^2 dm = \frac{q}{g} \frac{z^3}{3},$$

und damit für die Auflagereaktionen

$$\left.\begin{aligned} X' &= 0, & Y' &= q l \left(1 + \frac{1}{2g} \frac{d^2 \sin \psi}{d t^2}\right) \\ X'' &= \frac{q l}{2 g} \frac{d^2 \cos \psi}{d t^2}, & Y'' &= 0 \end{aligned}\right\} \quad (20c)$$

Weiter folgt für den Achsialdruck, die Transversalkraft und das Biegungsmoment

$$Q = q (z - l) \sin \psi - \frac{q}{2g} (l^2 - z^2) \sin \psi \frac{d^2 \sin \psi}{d t^2} - \frac{q z}{g} \left(l - \frac{z}{2}\right) \cos \psi \frac{d^2 \cos \psi}{d t^2} \quad . \quad (28c)$$

$$T = q (z - l) \cos \psi - \frac{q}{2g} (l^2 - z^2) \cos \psi \frac{d^2 \sin \psi}{d t^2} + \frac{q z}{g} \left(l - \frac{z}{2}\right) \sin \psi \frac{d^2 \cos \psi}{d t^2} \quad . \quad (29c)$$

$$\mathfrak{M} = q z \left(\frac{z}{2} - l\right) \cos \psi - \frac{q z}{2 g} \left(l^2 - \frac{z^2}{3}\right) \cos \psi \frac{d^2 \sin \psi}{d t^2} + \frac{q z^2}{2 g} \left(l - \frac{z}{3}\right) \sin \psi \frac{d^2 \cos \psi}{d t^2} \quad . \quad (30b)$$

Die zahlenmäſsige Verwertung dieser Formeln bietet nunmehr keine Schwierigkeiten. Ist allerdings die Massenverteilung des Stabes längs seiner Achse AB nur empirisch gegeben, so bleibt nichts weiter übrig, als die in den Formeln (28), (29) und (30) auftretenden Integrale etwa nach der Methode von Vojacek (S. 284) auf graphischem Wege zu bestimmen.

§ 42. Das Kräftespiel im Kurbelgetriebe.

Die Energiegleichung für das Kurbelgetriebe. Vereinfachung derselben mit Rücksicht auf praktische Verhältnisse. Konstruktion des Tangentialkraftdiagramms. Änderungen der Winkelgeschwindigkeit und Ungleichförmigkeitsgrad; Schwungradberechnung mit Zahlenbeispiel. Zusammenhang zwischen der mittleren und der Totpunktsgeschwindigkeit der Kurbel. Gestellreaktionen am Kurbelgetriebe. Auflagereaktionen der Gleitbahn und des Kurbelkreises. Bestimmung der Achsial- und Transversalkraft sowie des Biegungsmomentes an beliebigen Schubstangenpunkten.

Die wichtigste praktische Anwendung der im vorigen Paragraph abgeleiteten Sätze bietet nun das zur Energieübertragung von einem hin- und hergehenden Körper auf eine rotierende Masse bezw. umgekehrt vorwiegend benutzte Kurbelgetriebe, dessen Zusammensetzung und Bewegungsverhältnisse wir bereits in § 14 kennen gelernt haben. Den auf zwei Leitkurven, von denen die eine geradlinig, die andere kreisförmig gestaltet ist, geführten Stab bildet hier die Schubstange, deren Inanspruchnahme durch Druck bezw. Zug in achsialer Richtung, durch die Transversalkraft senkrecht hierzu und das Biegungsmoment an jeder Stelle wir in folgendem festzustellen haben. Dies ist nach den Lehren des vorigen Paragraphen nur möglich auf Grund der Kenntnis der im Getriebe herrschenden Geschwindigkeiten und Beschleunigungen, die wir darum zuerst aus der Arbeitsgleichung ableiten müssen. Dabei wollen wir, um den mannigfaltigen Lagen des Getriebes in der Praxis gerecht zu werden, voraussetzen, daſs die als X-Achse angenommene Gleitbahn des Kreuzkopfes, welche nach dem zum Anfang gewählten Drehpunkt O der Kurbelwelle gerichtet ist, mit der Horizontalen einen Winkel γ bilden möge, während die Bewegung selbst sich in einer Vertikalebene vollzieht (Fig. 163).

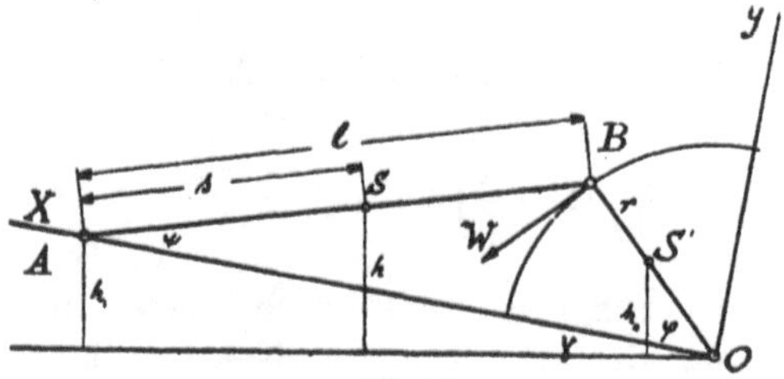

Fig. 163.

Es läuft dies einfach auf eine Drehung des ganzen Achsensystems um den Winkel γ hinaus, wodurch nur für die Gewichtswirkung je eine Komponente in der X- und Y-Richtung entsteht.

Den in der Uhrzeigerrichtung von der positiven X-Achse aus gemessenen Kurbelwinkel $A\,O\,B$ bezeichnen wir wieder mit φ, den Neigungswinkel der Stange $O\,A\,B$ gegen die X-Achse mit ψ; die Stangenlänge sei l, ihr vom Kreuzkopf A gemessener Schwerpunktsabstand s. Die momentane Höhe des Schwerpunktes S über einer Horizontalen durch O werde mit h bezeichnet, diejenige des Kurbelschwerpunktes S' im Abstande von $OS' = s_0$ von O mit h_0. Das Gewicht der Schubstange AB sei wieder $G = mg$, dasjenige der Kurbel OB und aller mit derselben verbundenen rotierenden Massen, z. B. des Schwungrades und der Welle selbst, $G_0 = m_0 g$ und schliefslich das auf den Punkt A etwa entfallende Gewicht anderer mit A verbundener hin- und hergehender Teile (Kolbenstange und Kolben) $G_1 = m_1 g$; die Höhe des Punktes A über dem Horizonte durch O sei h_1.

Ist dann P die in der X-Richtung nach O hin auf den Kreuzkopf A wirkende Kraft (z. B. der Dampfdruck), W der tangential zum Kurbelkreis in B angreifende Widerstand, so ergibt die Energiegleichung, wenn $AO = x'$ gesetzt wird und J die kinetische Energie des ganzen Systems bedeutet

$$P\,dx' - W\,r\,d\varphi = G_0\,d\,h_0 + G\,d\,h + G_1\,d\,h_1 + d\,J \quad . \quad (1)$$

Diese Gleichung ist sofort integrabel, wenn sowohl die treibende Kraft P, als auch der Widerstand W, lediglich von der momentanen Konfiguration des Systems, die allein durch den Kurbelwinkel φ gegeben ist, abhängt. Für den Dampfdruck P trifft dies allerdings, wenn wir von den Reibungswiderständen absehen, immer zu, wenn sich auch sein Wert meistens nur empirisch aus dem Indikatordiagramm, nicht aber analytisch angeben läfst. Den Widerstand W können wir in den meisten praktischen Fällen als konstant ansehen.

Da nun für die einzelnen Schwerpunktshöhen die Gleichungen

$$\left.\begin{aligned} h_0 &= s_0 \sin(\varphi + \gamma) \\ h_1 &= x' \sin\gamma = (l \cos\psi + r\cos\varphi)\sin\gamma \\ h &= r\sin(\varphi+\gamma) - (l - s)\sin(\psi - \gamma) \end{aligned}\right\} \quad . \quad . \quad (2)$$

bestehen und aufserdem die Winkel ψ und φ durch

$$\sin\psi = \frac{r}{l}\sin\varphi \quad . \quad . \quad . \quad . \quad . \quad . \quad . \quad . \quad (3)$$

zusammenhängen, so können wir sofort die Veränderlichen $x' = l \cos\psi + r\cos\varphi$, h_0, h_1 und h durch den Winkel φ ausdrücken. Ähnlich verhält es sich mit den Variablen, welche in den Ausdruck für die kinetische Energie J eingehen. Diese selbst zerfällt in die kinetische Energie der lediglich rotierenden Massen, deren Trägheitshalbmesser k_0 sein möge, in diejenige der hin- und hergehenden Masse m_1, die wir uns im Kreuzkopfe A konzentriert denken können und schliefslich in die kinetische Energie der Schubstange, welche durch die Gl. (14) des vorigen Paragraphen gegeben ist. Wir erhalten also, unter k den polaren Trägheitshalbmesser der Schubstange für A verstanden,

$$2J = \left(m_0 k_0^2 + m\frac{s}{l}r^2\right)\left(\frac{d\varphi}{dt}\right)^2 + \left(m_1 + \frac{l-s}{l}m\right)\left(\frac{dx'}{dt}\right)^2 - m\left(\frac{s}{l} - \frac{k^2}{l^2}\right)l^2\left(\frac{d\psi}{dt}\right)^2 \quad . \quad . \quad (4)$$

Um hieraus die Veränderlichen x' und ψ zu eliminieren, gehen wir auf Gl. (3) zurück, aus der sich durch Differentiation ergibt

$$\cos\psi\frac{d\psi}{dt} = \frac{r}{l}\frac{d\sin\varphi}{dt} = \frac{r}{l}\cos\varphi\frac{d\varphi}{dt}.$$

Da nun immer $r : l$ ein kleiner Bruch ist (zwischen $1:4$ bis $1:6$), so wollen wir die dritten und höheren Potenzen desselben in der Folge vernachlässigen und haben alsdann aus (3) angenähert

$$\left.\begin{aligned} \cos\psi &= 1 - \frac{1}{2}\frac{r^2}{l^2}\sin^2\varphi, \\ \text{bezw.}\quad \frac{d\cos\psi}{dt} &= -\frac{r^2}{l^2}\sin\varphi\frac{d\sin\varphi}{dt} \end{aligned}\right\} \quad . \quad . \quad . \quad (3a)$$

Mit (3) aber wird hieraus

$$\frac{d\psi}{dt} = \frac{r}{l}\cos\varphi\frac{d\varphi}{dt} \quad . \quad . \quad . \quad . \quad . \quad . \quad . \quad (5)$$

Andererseits ist auch

$$\frac{dx'}{dt} = l\frac{d\cos\psi}{dt} + r\frac{d\cos\varphi}{dt}$$

oder mit (3a)

$$\left.\begin{aligned} \frac{dx'}{dt} &= r\left(\frac{d\cos\varphi}{dt} - \frac{r}{l}\sin\varphi\,\frac{d\sin\varphi}{dt}\right) \\ &= -r\left(1+\frac{r}{l}\cos\varphi\right)\sin\varphi\,\frac{d\varphi}{dt} \end{aligned}\right\} \quad . \quad (6)$$

bezw.

$$\left(\frac{dx'}{dt}\right)^2 = r^2\left(1+\frac{r}{l}\cos\varphi\right)^2\sin^2\varphi\left(\frac{d\varphi}{dt}\right)^2$$

Führen wir die Werte von (5) und (6) in die Formel (4) für die kinetische Energie unseres Systems ein, so erkennen wir zunächst, dafs infolge der Vernachlässigung höherer Potenzen von $r:l$ das mit $\left(\frac{d\psi}{dt}\right)^2$ behaftete Glied ganz zu streichen ist, da in demselben $r^2:l^2$ noch mit der praktisch dem Verhältnis $r:l$ gröfsenordnungsgleichen Differenz $\frac{s}{l}-\frac{k^2}{l^2}$ multipliziert ist. Somit vereinfacht sich (4) in

$$2J = \left\{m_0k_0^2 + m\frac{s}{l}r^2 + \left(m_1+\frac{l-s}{l}m\right)r^2\left(1+\frac{r}{l}\cos\varphi\right)^2\sin^2\varphi\right\}\left(\frac{d\varphi}{dt}\right)^2 \quad (4a)$$

Für praktische Zwecke kann man mit der Vereinfachung unbedenklich noch einen Schritt weiter gehen, wenn man berücksichtigt, dafs der Trägheitshalbmesser k_0 der rotierenden Teile, unter denen das Schwungrad oder bei Schiffsmaschinen der Propeller weitaus überwiegt, sehr viel gröfser als der Kurbelradius r ausfällt. Infolgedessen, sowie wegen der gegen m_0 kleinen Massen m_1 und m wird das mit $\sin^2\varphi = \frac{1}{2}-\frac{1}{2}\cos 2\varphi$ behaftete Glied ebenfalls klein gegen die Summe $m_0k_0^2 + m\frac{s}{l}r^2$ und es kann sein Produkt mit $\frac{r}{l}\cos\varphi$ als klein von höherer Ordnung vernachlässigt werden.

Damit aber wird unter Verwendung der Abkürzungen

$$\left.\begin{aligned} m_0k_0^2 + m\frac{r^2}{2}\frac{l+s}{l} + m_1\frac{r^2}{2} &= \Theta_0 \\ \frac{r^2}{2}\left(m_1+\frac{l-s}{l}m\right) &= \Theta \end{aligned}\right\} \quad . \; . \; . \quad (7)$$

von denen praktisch Θ klein gegen Θ_0 sein wird, aus (4a)

$$J = \frac{1}{2}(\Theta_0 - \Theta \cos 2\varphi)\left(\frac{d\varphi}{dt}\right)^2 = \frac{\omega^2}{2}(\Theta_0 - \Theta \cos 2\varphi) \quad . \quad (4b)$$

Für die Kurbelstellung $\varphi = 0$, welche man als die innere Totlage im Gegensatze zu der äußeren Totlage $\varphi = \pi$ bezeichnet, wird $\cos 2\varphi = +1$, und daher

$$J_0 = \frac{\omega_0^2}{2}(\Theta_0 - \Theta) \quad . \quad . \quad . \quad . \quad . \quad . \quad . \quad (4c)$$

D a s K u r b e l g e t r i e b e v e r h ä l t s i c h a l s o w i e e i n r o t i e r e n d e r K ö r p e r m i t p e r i o d i s c h v e r ä n d e r l i c h e m p o l a r e n T r ä g h e i t s m o m e n t.

Für die Arbeit zum Heben der Gewichte G_0, G und G_1 ergibt sich mit Hilfe der Formeln (2), sowie nach Elimination des Winkels ψ durch (3a), während des Durchlaufens des Kurbelwinkels aus der Totlage $\varphi = 0$ bis φ der Ausdruck

$$\left.\begin{aligned}\int_0^{\varphi} \Sigma G\,dh = \left(G_0 s_0 + G r \frac{s}{l}\right) \cos\gamma \sin\varphi \\ + (G_0 s_0 + G r + G_1 r) \sin\gamma\,(\cos\varphi - 1) \\ + \frac{1}{4}\frac{r^2}{l^2}\left\{G_1 l + G(l - s)\right\} \sin\gamma\,(\cos 2\varphi - 1)\end{aligned}\right\} \quad . \quad (8)$$

also wiederum eine p e r i o d i s c h e F u n k t i o n d e s K u r b e l- w i n k e l s φ.

Die gesamte Energiegleichung würde sich demnach sehr einfach gestalten, wenn es gelingt, auch die Differenz der Arbeiten der treibenden Kraft P und des Widerstandes W, d. h. das Integral der linken Seite von Gl. (1) als periodische Funktion des Kurbelwinkels φ darzustellen und mit dem Ausdrucke (8) zu vereinigen. Dies läßt sich in der Tat erreichen, wenn wir für die linke Seite von (1) schreiben

$$\left(P \frac{1}{r} \frac{dx'}{d\varphi} - W\right) r\,d\varphi.$$

Da nun $x' = l \cos\psi + r \cos\varphi$, so ist

$$\frac{dx'}{d\varphi} = -l \sin\psi \frac{d\psi}{d\varphi} - r \sin\varphi.$$

Hierin könnten wir den Winkel ψ durch (3) und (3a) leicht eliminieren. Da jedoch die treibende Kraft P, wie schon erwähnt, meist nur empirisch gegeben ist, so empfiehlt es sich, ihre Vereinigung mit W auf graphischem Wege zu versuchen, wozu wir keiner Vernachlässigungen bedürfen. Wir erhalten nämlich aus (3) ganz streng

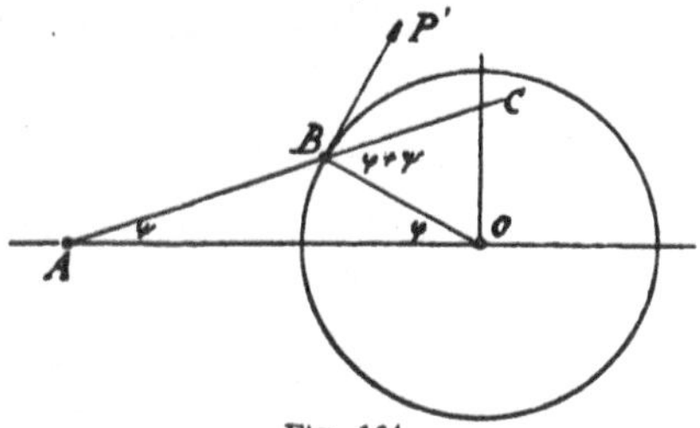

Fig. 164.

$$\frac{d\psi}{d\varphi} = \frac{r}{l}\,\frac{\cos\varphi}{\cos\psi}$$

und damit

$$\frac{1}{r}\,\frac{dx'}{d\varphi} = -\frac{\cos\varphi}{\cos\psi}\sin\psi - \sin\varphi = -\frac{\sin(\varphi+\psi)}{\cos\psi},$$

oder, wenn wir in Fig. 164 die Tangentialkomponente $\frac{P}{r}\,\frac{dx'}{d\varphi} = P'$ setzen

$$P : P = -\frac{\sin OBC}{\cos OAB} = -\frac{\sin OBC}{\sin ACO} = -\frac{\overline{OC}}{r} \quad . \quad . \quad (9)$$

Es verhält sich also die Tangentialkomponente der treibenden Kraft am Kurbelkreis zur treibenden Kraft am Kolben, wie das von der verlängerten Schubstangenachse auf dem Lote zur Gleitbahn in O abgeschnittene Stück zum Kurbelradius. Den so gefundenen sog. Tangentialdruck P' trägt man alsdann als Funktion des Kurbelwinkels auf dem abgewickelten Kurbelkreise auf und erhält das Tangentialdruckdiagramm, welches z. B. für eine doppeltwirkende Dampfmaschine die in Fig. 165a dargestellte Form besitzt. Vereinigt man damit die auf den Kurbelkreis reduzierte Gewichtswirkung, d. h. den aus Gl. (8) abgeleiteten Ausdruck

$$\left.\begin{aligned} \Sigma G\,\frac{dh}{r\,d\varphi} &= \left(G_0\frac{s_0}{r} + G\,\frac{s}{l}\right)\cos\gamma\,\cos\varphi \\ &\quad - \left(G_0\frac{s_0}{r} + G + G_1\right)\sin\gamma\,\sin\varphi \\ &\quad - \frac{1}{2}\,\frac{r}{l}\left(G_1 + G\,\frac{l-s}{l}\right)\sin\gamma\,\sin 2\varphi \end{aligned}\right\}, \quad (8\,\mathrm{a})$$

deren Diagramm in Fig. 165 b graphisch dargestellt ist, so erhält man Fig. 165 c, deren durch Planimetrierung gefundene mittlere Höhe mit dem Mittelwerte des Widerstandes W identisch sein

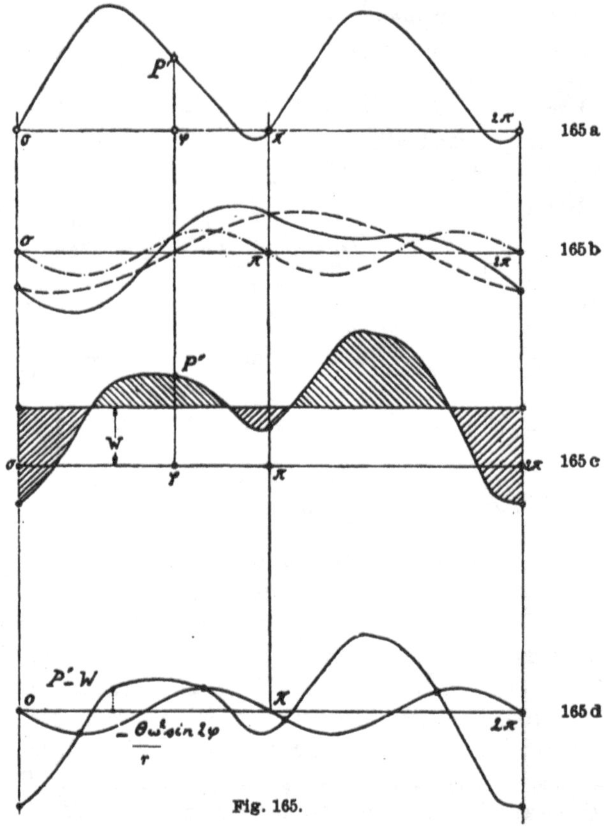

Fig. 165.

mufs, sofern die Maschine im Beharrungszustande arbeitet, d. h. wenn sie während jeder Umdrehung die gesamte eingeleitete Energie auch wieder abgibt. Setzen wir die Ordinate dieses Diagramms

$$P' - \Sigma G \frac{dh}{r\,d\varphi} = P'', \quad \ldots \ldots \quad (10)$$

so folgt ohne weiteres aus der Energiegleichung, dafs

$$J - J_0 = \int_0^{\varphi} (P'' - W)\, r\, d\varphi = \varDelta L, \quad \ldots \quad (11)$$

wenn wir mit ΔL den Überschufs der Arbeit der treibenden Kraft über die zur Überwindung des Widerstandes und zur Hebung der Gewichte während der Zurücklegung des Kurbelwinkels φ verwendete Arbeit bezeichnen. Die Differenz ΔL wird aus dem Diagramm durch Planimetrierung der schraffierten Fläche von $\varphi = 0$ bis φ gewonnen, wobei es ganz gleichgiltig ist, in welchem Mafsstabe die Figur gezeichnet ist, da man aus der entweder nachweisbaren oder vorgeschriebenen Leistung der Maschine die Arbeit während einer Umdrehung kennt. Diese aber entspricht der Rechtecksfläche $2\pi r W$ in unserem Diagramm, so dafs wir ΔL nur als Bruchteil dieser Fläche zu ermitteln brauchen.

Schreiben wir die Energiegleichung unter Einführung von (4b) und (4c) in der Form

$$\omega^2 (\Theta_0 - \Theta \cos 2\varphi) = \omega_0^2 (\Theta_0 - \Theta) + 2\Delta L, \quad . \quad (11a)$$

so können wir daraus bei gegebener Gröfse und Anordnung der Getriebeteile sowie unter Voraussetzung der Kenntnis der treibenden und Widerstandskraft aus der Winkelgeschwindigkeit ω_0 in der Totlage den Wert derselben für jede andere Kurbelstellung berechnen. Um die ausgezeichneten Werte für ω zu bestimmen, schreiben wir statt (11a)

$$\Theta_0 (\omega^2 - \omega_0^2) = \Theta (\omega^2 \cos 2\varphi - \omega_0^2) + 2\Delta L$$

oder angenähert, d. h. unter Vernachlässigung des Produktes kleiner Gröfsen, wie $\frac{\Theta}{\Theta_0} \cdot (\omega^2 - \omega_0^2) \cos 2\varphi$

$$\Theta_0 (\omega^2 - \omega_0^2) = \Theta \omega_0^2 (\cos 2\varphi - 1) + 2\Delta L \quad . \quad . \quad (11b)$$

Differenzieren wir diesen Ausdruck nach φ und beachten, dafs nach (11)

$$\frac{d\Delta L}{d\varphi} = (P'' - W) r,$$

so ergibt sich als B e d i n g u n g f ü r e i n M a x i m u m o d e r M i n i m u m von $\omega^2 - \omega_0^2$

$$P'' - W = \frac{\Theta}{r} \omega_0^2 \sin 2\varphi \quad . \quad . \quad . \quad . \quad . \quad (12)$$

M a n b r a u c h t a l s o n u r, wie es in Fig. 165d unter Benutzung der letzten Diagramme geschehen ist, d i e K u r v e d e r

Differenzen $P'' - W$ mit derjenigen der $\frac{\Theta}{r}\,\omega_0^2 \sin 2\,\varphi$ zum Schnitte zu bringen, um die den ausgezeichneten Werten von $\omega^2 - \omega_0^2$ und damit von ω^2 entsprechenden Kurbelstellungen zu finden. Diese Stellungen werden den Punkten, in denen $P' = W$ ist, um so näher kommen, je kleiner Θ ist, so dafs man diese Punkte fast immer der praktischen Ermittelung der Maxima und Minima zu Grunde legt. Indessen bietet das hier angedeutete genauere Verfahren um so weniger Schwierigkeiten, als man stets den Wert von $\frac{\Theta}{r}\,\omega_0^2$ kennt und damit die Kurve $\frac{\Theta}{r}\,\omega_0^2 \sin 2\,\varphi$ mit wenigen Punkten aus freier Hand entwerfen kann.

Die Maxima und Minima findet man dann mit Hilfe der Gl. (11b), indem man die Fläche, welche $\varDelta L$ bestimmt, bis zu den schon ermittelten Punkten planimetriert. Ist φ_1 der dem absoluten Maximum ω_1 entsprechende und φ_2 der dem absoluten Minimum ω_2 zugehörige Winkel, so hat man, wenn $\varDelta L_1$ und $\varDelta L_2$ die entsprechenden Arbeitsüberschüsse bedeuten,

$$\Theta_0\,(\omega_1^2 - \omega_2^2) = \Theta\,\omega_0^2\,(\cos 2\,\varphi_1 - \cos 2\,\varphi_2) + 2\,(\varDelta L_1 - \varDelta L_2) \quad (13)$$

Sind die Änderungen in der Winkelgeschwindigkeit nur klein, so darf man auch $\omega_1 + \omega_2 = 2\,\omega_0$ angenähert setzen und hat alsdann statt (13)

$$2\,\Theta_0\,\frac{\omega_1 - \omega_2}{\omega_1 + \omega_2} = \frac{\Theta}{2}\,(\cos 2\,\varphi_1 - \cos 2\,\varphi_2) + \frac{\varDelta L_1 - \varDelta L_2}{\omega_0^2} \quad (13\text{a})$$

Den Bruch $2\,\frac{\omega_1 - \omega_2}{\omega_2 + \omega_2} = \delta$ haben wir aber schon in § 15 als den Ungleichförmigkeitsgrad der Umdrehung kennen gelernt. Schreiben wir denselben für eine Maschine willkürlich vor, so dient Gl. (13a) zur Bestimmung des Trägheitsmomentes Θ_0 der rotierenden Schwungmasse. Aus (13a) ergibt sich, dafs der Ungleichförmigkeitsgrad einer Maschine mit Kurbelgetriebe um so kleiner ausfällt, je rascher dieselbe läuft, bezw. dafs das Trägheitsmoment der Schwungmasse bei vorgeschriebener Ungleichförmigkeit um so kleiner gewählt werden kann, je rascher die Maschine läuft.

Wäre übrigens die Formel (12), welche wir zur Ermittlung des ausgezeichneten Wertes von ω benutzten, für alle Kurbelwinkel φ gültig, d. h. würde sich die Differenz des Tangentialdruckes und des Widerstandes proportional sin 2 φ ändern, so wäre die Winkelgeschwindigkeit ω selbst konstant, wie man durch Differentiation von (11a) mit $\omega = \omega_0$ sofort feststellen kann.

Beispielsweise sei eine Maschine gegeben, welche mit $n = 75$ Umdrehungen in der Minute $N = 100$ PS. leistet. Die mittlere Winkelgeschwindigkeit derselben ist somit

$$\omega_m = \frac{\pi n}{30} = 7{,}854, \quad \text{also} \quad \omega_m^2 = 61{,}685 \backsim 62$$

und die Arbeit für eine Umdrehung

$$L = \frac{N \cdot 60 \cdot 75}{n} = 6000 \text{ mkg.}$$

Das Gewicht der Schubstange betrage $G = 250$ kg, dasjenige des Kreuzkopfes, der Kolbenstange und des Kolbens zusammen $G_1 = 250$ kg; die Stangenlänge $l = 2$ m, der Schwerpunktsabstand derselben vom Kreuzkopfzapfen $s = 1{,}2$ m, der Kurbelradius $r = 0{,}4$ m. Dann erhalten wir aus (7) mit $g = 9{,}81$ m

$$\Theta_0 - m_0 k_0^2 = \frac{0{,}4^2}{2 \cdot 9{,}81} \, 250 \cdot \left(\frac{3{,}2}{2} + 1\right) = 5{,}30$$

$$\Theta = \frac{0{,}4^2}{2 \cdot 9{,}81} \, 250 \left(1 + \frac{0{,}8}{2}\right) = 2{,}85.$$

Aus dem Diagramm Fig. 165 bezw. Gl. (12) möge sich nun ergeben haben, dafs für $\varphi_2 = 270°$ das Maximum, für $\varphi_1 = 210°$ das Minimum der Winkelgeschwindigkeit eintritt. Die Planimetrierung der Überschufsflächen bis zu diesen Kurbelstellungen im Tangentialdruckdiagramm habe uns auf die Werte

$$\Delta L_1 = +500 \text{ mkg}, \qquad \Delta L_2 = -250 \text{ mkg}$$

geführt. Da nun $2\varphi_2 = 540°$, $2\varphi_1 = 420°$, also

$$\cos 2\varphi_2 = -1{,}0, \qquad \cos 2\varphi_1 = 0{,}5,$$

so erhalten wir aus (13a) unter Einführung des Ungleichförmigkeitsgrades δ sowie mit der vorläufigen Annahme, dafs $\omega_m \backsim \omega_0$ sei,

$$\delta \Theta_0 = \frac{2{,}85}{2} \cdot (0{,}5 + 1{,}0) + \frac{500 + 250}{62} = 14{,}24.$$

Verlangen wir nunmehr einen Ungleichförmigkeitsgrad von nur $\delta = 0{,}01$, so wird

$$\Theta_0 = 1424$$

und damit

$$m_0 k_0^2 = \Theta_0 - 5{,}30 = 1419.$$

Aus der geringen Differenz $\Theta_0 - m_0 k_0^2$, welche angesichts des Wertes von Θ_0 ganz gut vernachlässigt werden kann, erkennt man schon die überwiegende Bedeutung der lediglich rotierenden Schwungmasse gegenüber den hin- und hergehenden Teilen. Soll nun der Trägheitshalbmesser des Schwungrades $k_0 = 2$ m betragen, so ergibt sich das Gewicht desselben, ausschliefslich der Welle und Kurbel, zu

$$G_0 = m_0 g = \frac{m_0 k_0^2}{k_0^2} g = \frac{1419}{4} \cdot 9{,}81 = 3475 \text{ kg}.$$

Dafs der jeder Kurbelstellung zugehörige Wert der Winkelgeschwindigkeit ω aus (11 b) berechnet werden kann, wenn ω_0 gegeben ist, haben wir schon oben bemerkt. Zeichnet man sich die so erhaltenen Werte von ω als Ordinaten mit den zugehörigen Kurbelwinkeln φ als Abscissen auf, so erhält man ein Diagramm der Änderung der Winkelgeschwindigkeit (Fig. 166),

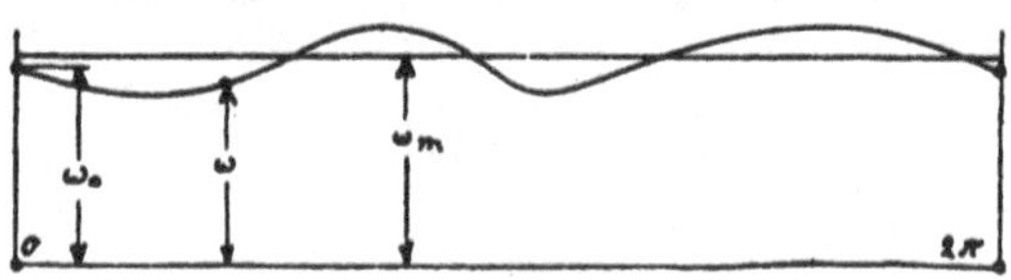

Fig. 166.

welches insofern von Interesse ist, als es den **Zusammenhang des Mittelwertes** ω_m **mit dem Werte** ω_0 **im Totpunkte** ergibt. Halten sich nämlich die Schwankungen $\Delta\omega$ von ω innerhalb mäfsiger Grenzen, so darf man mit $\omega = \omega_m + \Delta\omega$ in dem Ausdruck für die Umdrehungsdauer

$$t = \frac{2\pi}{\omega_m} = \int_0^{2\pi} \frac{d\varphi}{\omega} = \int_0^{2\pi} \frac{d\varphi}{\omega_m + \Delta\omega} \quad . \quad . \quad . \quad . \quad (14)$$

auch angenähert schreiben

$$t = \frac{1}{\omega_m} \int_0^{2\pi} \left(1 - \frac{\Delta\omega}{\omega_m}\right) d\varphi = \frac{2\pi}{\omega_m} - \frac{1}{\omega_m^2} \int_0^{2\pi} \Delta\omega\, d\varphi$$

Da nun aber das erste Glied der rechten Seite schon die Umdrehungsdauer darstellt, so mufs das Integral im zweiten Gliede verschwinden, d. h. **die mittlere Höhe unseres Diagramms der Winkelgeschwindigkeit als Funktion des Kurbelwinkels** φ **stellt angenähert schon die mittlere Winkelgeschwindigkeit** ω_m **dar.**

Dieselbe wird nun nicht mit ω_0 übereinstimmen, wie wir oben zunächst angenommen haben, so daſs wir, wenn ω_m, wie stets in der Praxis, gegeben ist, aus dem Diagramm den wirklichen Wert von ω_0 erst berechnen und mit demselben, streng genommen, unsere Bestimmung von ω aus (11 b) wiederholen müssen. Wegen der Kleinheit der Differenz $\omega_m - \omega_0$ genügt es allerdings immer, einfach den Maſsstab der Winkelgeschwindigkeit im Verhältnisse $\omega_m : \omega_0$ zu modifizieren, das Diagramm selbst aber beizubehalten.[1])

Aus diesem Diagramm läſst sich schlieſslich sofort die Winkelbeschleunigung ableiten, nämlich [siehe auch § 14, Gl. (6) und (7)]

$$\frac{d^2 \varphi}{dt^2} = \frac{d\omega}{dt} = \omega \frac{d\omega}{d\varphi} \backsim \omega_m \frac{d\Delta\omega}{d\varphi}, \quad . \quad . \quad . \quad . \quad (15)$$

so daſs wir nunmehr über die Bewegungsverhältnisse des Kurbelgetriebes vollkommen orientiert sind und in die Untersuchung des Kräftespiels in demselben eintreten können.

Denken wir uns nunmehr, wie früher, das Gestell im Anfang des Koordinatensystems durch einen Zapfen festgehalten, so werden dort die Reaktionen X_0 und Y_0 infolge der Bewegung geweckt werden (Fig. 167). Auſserdem aber möge an einem Punkte C der X-Achse im Abstande $CO = a$ von O eine Stütze angebracht sein, deren Reaktion Y_1 sei. Bei der Aufstellung der Gleichungen für diese Reaktionen ist zunächst zu beachten, daſs z. B. in einer Dampfmaschine die am Kreuzkopf angreifende Kraft P als innere Kraft des ganzen Systems aufzufassen ist, da ihr ein

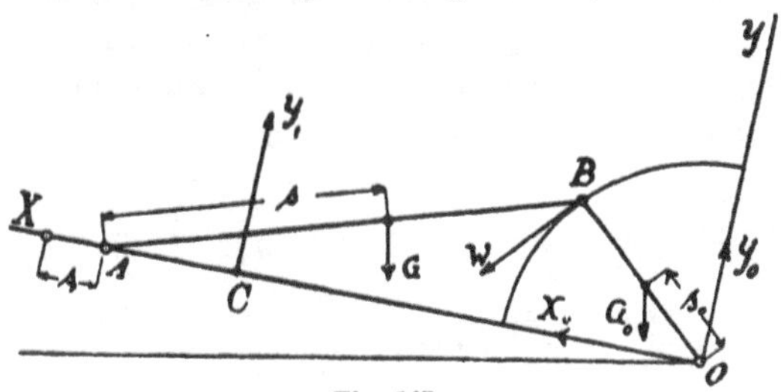

Fig. 167.

[1]) Ein direktes Verfahren zur Bestimmung des Zusammenhanges zwischen ω_0 und ω_m habe ich in meiner »Dynamik der Kurbelgetriebe« (Leipzig 1901) S. 116 entwickelt. In dieser Monographie sind auch verschiedene sich an die Energieübertragung durch das Kurbelgetriebe anschliessende praktisch wichtige Probleme weiter behandelt worden, als es an dieser Stelle möglich ist.

entgegensetzt gleicher Druck am Cylinderdeckel entspricht. Weiterhin liegt der Schwerpunkt der mit A hin- und hergehenden Masse m_1 im allgemeinen nicht mit diesem Punkte zusammen, sondern liegt etwa um s_1 von A entfernt auf der X-Achse. Mit diesen Bemerkungen folgt sodann

$$\left.\begin{aligned} X_0 + W \sin\varphi - (G_1 + G + G_0)\sin\gamma &= \int dm \frac{d^2x}{dt^2} \\ Y_1 + Y_0 - W\cos\varphi - (G_1 + G + G_0)\cos\gamma &= \int dm \frac{d^2y}{dt^2} \\ Y_1 a - Wr - G_1(x' + s_1)\cos\gamma - G_0 s_0 \cos(\varphi + \gamma)& \\ - G\left\{r\cos(\varphi+\gamma) + (l - s)\cos(\psi - \gamma)\right\}& \\ = \int dm \left(x\frac{d^2y}{dt^2} - y\frac{d^2x}{dt^2}\right)& \end{aligned}\right\} \quad (16)$$

Bedeuten nun in Übereinstimmung mit dem vorigen Paragraphen $x'y'$ die Koordinaten des Führungspunktes A, $x''y''$ die dem Kurbelkreise zugehörigen Koordinaten von B, so ist zunächst $y' = 0$, da A sich nur geradlinig in der OX-Richtung bewegt. Weiter dürfen wir mit Rücksicht auf die Gl. (4) und (10) des vorigen Paragraphen für die rechten Seiten, die sich auf sämtliche bewegte Massen erstrecken, auch setzen

$$\left.\begin{aligned} \int dm \frac{d^2x}{dt^2} &= \left(m_1 + \frac{s-l}{l}m\right)\frac{d^2x'}{dt^2} + \left(\frac{s_0}{r}m_0 + \frac{s}{l}m\right)\frac{d^2x''}{dt^2} \\ \int dm\frac{d^2y}{dt^2} &= \left(\frac{s_0}{r}m_0 + \frac{s}{l}m\right)\frac{d^2y''}{dt^2} \\ \int dm\left(x\frac{d^2y}{dt^2} - y\frac{d^2x}{dt^2}\right) &= \frac{s}{l}m\left(x''\frac{d^2y''}{dt^2} - y''\frac{d^2x''}{dt^2}\right) \\ &\quad - \left(\frac{s}{l} - \frac{k^2}{l^2}\right)l^2\frac{d^2\psi}{dt^2}m + m_0k_0^2\frac{d^2\varphi}{dt^2} \end{aligned}\right\}. \quad (17)$$

Infolge der Kreisbewegung des Punktes B vereinfacht sich die letzte Formel noch in

$$\int dm\left(x\frac{d^2y}{dt^2} - y\frac{d^2x}{dt^2}\right) = \left(\frac{s}{l}mr^2 + m_0k_0^2\right)\frac{d^2\varphi}{dt^2} - m\left(\frac{s}{l} - \frac{k^2}{l}\right)l^2\frac{d^2\psi}{dt^2}$$

oder, wenn wir den Winkel ψ noch durch (5) eliminieren,

$$\int dm \left(x \frac{d^2 y}{d t^2} - y \frac{d^2 x}{d t^2}\right) = \left(\frac{s}{l} m r^2 + m_0 k_0^2\right) \frac{d^2 \varphi}{d t^2}$$
$$- m \left(\frac{s}{l} - \frac{k^2}{l}\right) r^2 \left\{\cos \varphi \frac{d^2 \varphi}{d t^2} - \sin \varphi \left(\frac{d \varphi}{d t}\right)^2\right\}$$

und schliefslich nach Zusammenziehung der Glieder mit $\frac{d^2 \varphi}{d t^2} = \frac{d \omega}{d t}$ und $\left(\frac{d \varphi}{d t}\right)^2 = \omega^2$

$$\int dm \left(x \frac{d^2 y}{d t^2} - y \frac{d^2 x}{d t^2}\right)$$
$$= \left\{\frac{s}{l} m r^2 (1 - \cos \varphi) + m_0 k_0^2 + m \frac{k^2}{l^2} r^2 \cos \varphi\right\} \frac{d \omega}{d t}$$
$$- m \left(\frac{s}{l} - \frac{k^2}{l^2}\right) r^2 \omega^2 \sin \varphi \quad . \; . \; . \; . \; . \; . \; . \; . \quad (17a)$$

Sind auch die Schwankungen der Winkelgeschwindigkeit und damit die Winkelbeschleunigung nur klein, so ist man trotzdem nicht berechtigt etwa den ganzen ersten Teil der rechten Seite zu vernachläfsigen, weil jedenfalls das Trägheitsmoment $m_0 k_0^2$ für kleine $\frac{d\omega}{dt}$ sehr grofs im Vergleich zu den anderen Werten ist, mithin das Produkt $m_0 k_0^2 \frac{d\omega}{dt}$ nicht mehr als klein angesehen werden darf. Daher verläfst man auch mit der Annahme konstanter Winkelgeschwindigkeit im Kurbelkreise prinzipiell den Boden der Dynamik und läuft Gefahr, die scheinbare Einfachheit der Formeln mit Trugschlüssen über die im System wirkenden Kräfte zu erkaufen. Wir wollen darum von dieser Annahme, welche, wie wir schon sahen, das Bestehen der im allgemeinen nicht erfüllten Bedingungsgleichung (12) voraussetzt, keinen Gebrauch machen und uns, da jedenfalls $\frac{s}{l} - \frac{k^2}{l^2}$ und $\frac{r}{l}$ vergleichbar sind, mit der Annäherung für (17a)

$$\int dm \left(x \frac{d^2 y}{d t^2} - y \frac{d^2 x}{d t^2}\right) = \left(\frac{s}{l} m r^2 + m_0 k_0^2\right) \frac{d \omega}{d t}$$
$$- m \left(\frac{s}{l} - \frac{k^2}{l^2}\right) r^2 \omega^2 \sin \varphi \quad . \quad (17b)$$

begnügen. Aus demselben Grunde dürfen wir dann aber auch für die in (17) auftretenden Beschleunigungskomponenten, welche in § 14 Gl. (6b) schon entwickelt wurden, schreiben

$$\left.\begin{aligned} \frac{d^2 x'}{dt^2} &= -r\omega^2\left(\cos\varphi + \frac{r}{l}\cos 2\varphi\right) - r\frac{d\omega}{dt}\sin\varphi, \\ \frac{d^2 x''}{dt^2} &= -r\omega^2\cos\varphi - r\frac{d\omega}{dt}\sin\varphi, \\ \frac{d^2 y''}{dt} &= -r\omega^2\sin\varphi + r\frac{d\omega}{dt}\cos\varphi. \end{aligned}\right\} \quad (18)$$

Durch Einsetzen dieser Werte in (17) bezw. (16) sind dann die Gestellreaktionen X_0, Y_0 und Y_1 mit hinreichender Genauigkeit bestimmt.

Handelt es sich dagegen um die Berechnung der in der Schubstange wirkenden Kräfte, so müssen wir dieselbe zunächst durch Anbringung der Reaktionen der Gleitbahn und des Kurbelkreises von den anderen Teilen des Systems isolieren. Diese in Fig. 168 angedeuteten, senkrecht zur Gleitbahn und zum Kurbelkreis stehenden Reaktionen seien mit N und R bezeichnet, während P_1 die auf A nach O hinwirkende treibende Kraft und W_1 der Widerstand am Kurbelzapfen sein mögen.

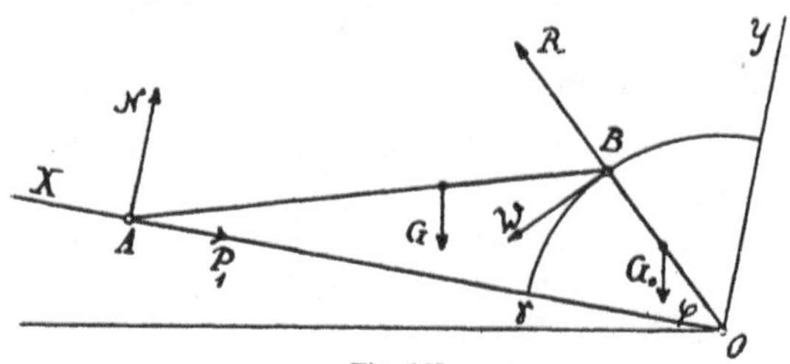

Fig. 168.

Sowohl in P_1, wie auch in W_1 sind schon die Beschleunigungskräfte und Gewichtswirkungen der lediglich hin- und hergehenden Masse m_1 bezw. der Schwungmasse m_0 enthalten, weshalb diese Gröfsen auch nicht mit den oben eingeführten P und W identisch sind. Beachtet man noch, dafs in der X-Richtung das Schubstangengewicht G eine Komponente $G \sin\gamma$, in der Y-Richtung $G \cos\gamma$ besitzt, so ergibt die Zusammenfassung aller dieser Kräfte nach beiden Richtungen

$$\left.\begin{aligned} W_1 \sin\varphi + R\cos\varphi - P_1 - G\sin\gamma &= \int_0^l dm\,\frac{d^2x}{dt^2} \\ N + R\sin\varphi - W_1\cos\varphi - G\cos\gamma &= \int_0^l dm\,\frac{d^2y}{dt^2} \end{aligned}\right\}, \qquad (19)$$

worin die Integrationen der rechten Seite nur noch über die Schubstange selbst zu erstrecken sind, so dafs wir nach Gl. (4) des vorigen Paragraphen, sowie mit Rücksicht auf $y' = 0$ schreiben dürfen

$$\int_0^l dm\,\frac{d^2x}{dt^2} = m\,\frac{l-s}{l}\,\frac{d^2x'}{dt^2} + m\,\frac{s}{l}\,\frac{d^2x''}{dt^2}, \qquad \int_0^l dm\,\frac{d^2y}{dt^2} = m\,\frac{s}{l}\,\frac{d^2y''}{dt^2}.$$

Setzen wir in diese Ausdrücke die Beschleunigungskomponenten aus (18) ein, so folgt

$$\left.\begin{aligned} \int_0^l dm\,\frac{d^2x}{dt^2} &= -\,mr\left(\omega^2\cos\varphi + \frac{d\omega}{dt}\sin\varphi\right) \\ &\qquad - m\,\frac{l-s}{l}\,\frac{r}{l}\,r\,\omega^2\cos 2\varphi \\ \int_0^l dm\,\frac{d^2y}{dt^2} &= -\,m\,\frac{s}{l}\,r\left(\omega^2\sin\varphi - \frac{d\omega}{dt}\cos\varphi\right) \end{aligned}\right\} \qquad (20)$$

und damit erhalten wir für die beiden Reaktionen in (19)

$$\left.\begin{aligned} R &= \frac{P_1 + G\sin\gamma}{\cos\varphi} - W_1\,\mathrm{tg}\,\varphi \\ &\qquad - \frac{mr}{\cos\varphi}\left(\omega^2\cos\varphi + \frac{d\omega}{dt}\sin\varphi\right) \\ &\qquad - m\,\frac{l-s}{l}\,\frac{r}{l}\,r\,\omega^2\,\frac{\cos 2\varphi}{\cos\varphi} \\ N &= \frac{W_1}{\cos\varphi} - (P_1 + G\sin\gamma)\,\mathrm{tg}\,\varphi + G\cos\gamma \\ &\qquad + mr\,\frac{l-s}{l}\,\omega^2\,\mathrm{tg}\,\varphi\left(\cos\varphi + \frac{r}{l}\cos 2\varphi\right) \\ &\qquad + \frac{mr}{\cos\varphi}\,\frac{d\omega}{dt} - m\,\frac{l-s}{l}\,\frac{d\omega}{dt}\cos\varphi \end{aligned}\right\} \qquad (19\mathrm{a})$$

Was schliefslich die beiden in A und B angreifenden Kräfte P_1 und W_1 betrifft, so lassen sich dieselben berechnen, wenn wir sie nach Wegnahme der Schubstange mit umgekehrten Vorzeichen an der hin- und hergehenden Masse m_1 in A bezw. der Schwungmasse m_0 in B angreifen lassen. Es folgt alsdann, wenn P den Dampfdruck und W den Nutzwiderstand bedeutet,

$$\left.\begin{aligned} P_1 &= P + m_1 \frac{d^2 x'}{dt^2} + G_1 \sin\gamma \\ W_1 r &= W r + m_0 k_0^2 \frac{d\omega}{dt} + G_0 s_0 \cos(\varphi + \gamma) \end{aligned}\right\} \quad . \quad (21)$$

Auch hieraus erkennt man wieder die schon oben hervorgehobene Bedeutung der mit dem Trägheitsmoment der rotierenden Schwungmasse multiplizierten Winkelbeschleunigung, deren Vernachläfsigung bei gleichzeitigem Ausgleich der Kurbel etwa durch ein Gegengewicht von demselben statischen Moment, so dafs $s_0 = 0$ wird, auf $W_1 = W$ führen mufs.

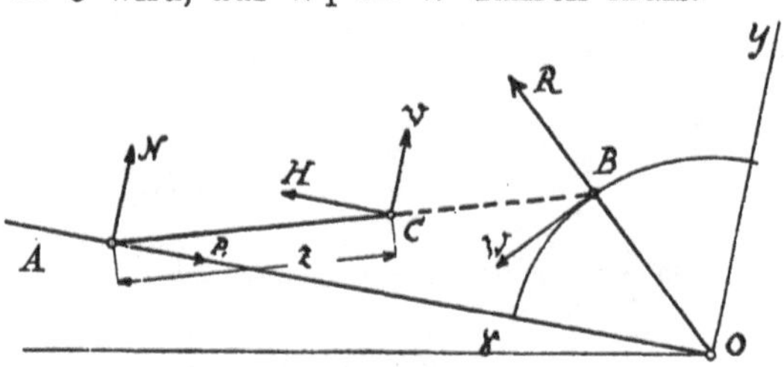

Fig. 169.

Um nunmehr aus den Kräften und Bahnreaktionen an der isoliert gedachten Schubstange die in derselben wirksamen Kräfte zu ermitteln, schneiden wir sie an einem Punkte C im Abstande z von A durch und bringen im Schnitte die Kräfte H und V in der x- und y-Richtung an. Für das untere Stück der Stange gelten dann, unter G_z das Gewicht desselben verstanden, die Gleichungen

$$\left.\begin{aligned} H &= P_1 + G_z \sin\gamma + \int_0^z dm \frac{d^2 x}{dt^2} \\ V &= -N + G_z \cos\gamma + \int_0^z dm \frac{d^2 y}{dt^2} \end{aligned}\right\} \quad . \; . \; . \quad (22)$$

Nun ist aber für einen Punkt der Stange im Abstande z von A

$$x = x' - z \cos \psi, \qquad y = z \sin \psi,$$

oder wegen (3) und (3a)

$$x = x' - z \left(1 - \frac{1}{2} \frac{r^2}{l^2} \sin^2 \varphi\right), \quad y = z \frac{r}{l} \sin \varphi,$$

mithin wird

$$\frac{d^2 x}{dt^2} = \frac{d^2 x'}{dt^2} + z \frac{r^2}{l^2} \left(\omega^2 \cos 2\varphi + \frac{1}{2} \frac{d\omega}{dt} \sin 2\varphi\right)$$

$$\frac{d^2 y}{dt^2} = -z \frac{r}{l} \left(\omega^2 \sin \varphi - \frac{d\omega}{dt} \cos \varphi\right).$$

Vernachlässigen wir wieder das Produkt kleiner Gröfsen $\frac{r}{l} \frac{d\omega}{dt}$, wie in (18), so haben wir auch angenähert

$$\left.\begin{aligned} \frac{d^2 x}{dt^2} &= -r \left\{\omega^2 \left(\cos \varphi + \frac{r}{l} \frac{l-z}{l} \cos 2\varphi\right) - \frac{d\omega}{dt} \sin \varphi\right\} \\ \frac{d^2 y}{dt^2} &= -z \frac{r}{l} \omega^2 \sin \varphi \end{aligned}\right\} \quad (23)$$

Führen wir diese Werte in Gl. (22) ein, so ergeben diese

$$\left.\begin{aligned} H = P_1 &+ G_z \sin \gamma \\ &- r m_z \left(\omega^2 \cos \varphi - \frac{d\omega}{dt} \sin \varphi + \omega^2 \frac{r}{l} \cos 2\varphi\right) \\ &+ \omega^2 \frac{r^2}{l^2} \cos 2\varphi \int_0^z z\, dm \\ V = -N &+ G_z \cos \gamma - \frac{r}{l} \omega^2 \sin \varphi \int_0^z z\, dm \end{aligned}\right\}, \quad (22a)$$

worin m_z die Masse des abgeschnittenen unteren Schubstangenteiles bedeutet. Aus H und V bestimmt sich weiterhin die achsiale Kraft Q in der Stange und die Transversalkraft T, beide im Abstande z von A durch die Gleichungen

$$Q = V \sin \psi - H \cos \psi,$$
$$T = V \cos \psi + H \sin \psi.$$

Handelt es sich nur um geringe Auslenkungen ψ der Stange aus ihrer mittleren Lage OX, wie bei kleinem Verhältnis $r : l$

stets angenommen werden kann, so dürfen wir mit (3), sowie unter Vernachlässigung von $r^2 : l^2$ auch angenähert schreiben

$$\left.\begin{aligned} Q &= V\frac{r}{l}\sin\varphi - H \\ T &= V + H\frac{r}{l}\sin\varphi \end{aligned}\right\} \quad . \; . \; . \; . \; . \quad (24)$$

Dieselbe Vernachlässigung aller mit $r^2 : l^2$ behafteten Terme müssen wir naturgemäfs dann auch bei der Einführung der Werte von V und H in diese Formeln aus (22a) zulassen, und erhalten so

$$\left.\begin{aligned} Q = &- G_z \sin\gamma - P_1 \\ &+ \left\{(G_z \cos\gamma - N)\frac{r}{l} - r m_z \frac{d\omega}{dt}\right\}\sin\varphi \\ &+ r m_z \omega^2 \left(\cos\varphi + \frac{r}{l}\cos 2\varphi\right) \\ T = &\; G_z \cos\gamma - N \\ &+ \left\{G_z \sin\gamma + P_1 - \omega^2 \int_0^z z\,dm\right\}\frac{r}{l}\sin\varphi \\ &- \frac{r m_z}{2}\frac{r}{l}\omega^2 \sin 2\varphi \end{aligned}\right\} \quad . \quad (25)$$

Das am Stabe im Abstande z von A herrschende Biegungsmoment ergibt sich wieder am einfachsten aus der Transversalkraft durch Integration derselben über die ganze Länge des abgeschnittenen Stückes, also durch

$$\mathfrak{M}_z = \int_0^z T\,dz.$$

Die Ausführung dieser Integration führt uns auf die Integrale

$$\int_0^z G_z\,dz = g\int_0^z m_z\,dz = g\,(m_z z - \int_0^z z\,dm)$$

$$\int_0^z dz \int_0^z z\,dm = z\int_0^z z\,dm - \int_0^z z^2\,dm,$$

mit denen der Ausdruck für das Biegungsmoment lautet

$$\left.\begin{aligned}\mathfrak{M}_z = \left(G_z \cos\gamma - N + P_1 \frac{r}{l} \sin\varphi\right) z - g \cos\gamma \int_0^z z\,dm \\ + g\frac{r}{l}\sin\gamma \cdot \sin\varphi \left(m_z z - \int_0^z z\,dm\right) \\ - \frac{r}{l}\,\omega^2 \sin\varphi \left(z\int_0^z z\,dm - \int_0^z z^2\,dm\right) \\ - \frac{r^2}{2l}\,\omega^2 \sin 2\varphi \left(m_z z - \int_0^z z\,dm\right)\end{aligned}\right\} \quad (26)$$

Als Kontrolle für die Richtigkeit dieses Wertes haben wir noch festzustellen, ob derselbe für die Endpunkte A und B verschwindet. Für $z = 0$ findet dies ohne weiteres statt, da hierfür sämtliche Integrale, d. h. die statischen und Trägheitsmomente wegfallen. Mit $z = l$ wird indessen

$$G_z - g m_z = G = m g$$

$$\int_0^l z\,dm = s m, \qquad \int_0^l z^2\,dm = k^2 m$$

und die einzelnen Glieder der rechten Seite verschwinden nicht für sich. Eliminiert man aber den Bahndruck N mit Hilfe von (19a), nachdem man in denselben die Werte für P_1 und W_1 aus Gl. (21) eingesetzt hat, so ergibt sich schließlich rechts ein Ausdruck, der infolge des Bestehens der Energiegleichung mit Rücksicht auf die getroffenen Vernachlässigungen als Ganzes verschwindet.

§ 43. Reibungswiderstände bei der Rotation um feste Achsen.

Die Zapfenreibung und ihr Moment; der Zapfenreibungskoeffizient und Reibungskreis. Die Reibung am Exzenter und am Pronyschen Bremszaum. Stirn- oder Spurzapfen und Antifriktionszapfen. Reibung von Zahnrädern mit Zahlenbeispiel. Mechanischer Wirkungsgrad von Rädervorgelegen und Elementarpaaren. Das Zahndruckdynamometer von Hachette.

Bei den in den letzten Abschnitten untersuchten Bewegungserscheinungen haben wir durchweg von der Existenz von Widerstandskräften abgesehen, vor allem um die Übersichtlichkeit der ohnehin nicht immer sehr einfachen Entwicklungen nicht zu gefährden. Damit ist natürlich nicht gesagt, daſs die unter allen Umständen vorhandenen, vor allem in der Reibung und dem Luftwiderstande begründeten Verluste praktisch keine Rolle spielen. Man kann ihnen aber z. B. bei der Bewegung eines an zwei Kurven zwangläufig geführten Stabes leicht durch einen Abzug an der treibenden Kraft bezw. einen Zusatz zum Nutzwiderstande gerecht werden. Dadurch erreicht man wenigstens die Möglichkeit, ohne sonstige Komplikationen die Energiegleichung anschreiben zu können, wenn auch das schlieſsliche Ergebnis nicht auf groſse Genauigkeit Anspruch machen darf. In einzelnen ziemlich einfachen Fällen ist es jedoch möglich, den Einfluſs der Widerstandskräfte mit ziemlicher Strenge verfolgen zu können, ohne daſs es notwendig wird, neue Hypothesen einzuführen. Es sind dies die Erscheinungen bei der Rotation fester Körper.

Als erstes Beispiel derselben wollen wir die Drehung eines horizontalen zylindrischen Zapfens in seinem Lager untersuchen. Der Zapfen selbst sei mit irgend einem starren Körper, z. B. einem Rade, fest verbunden, welches zunächst mit gleichförmiger Winkelgeschwindigkeit rotieren möge. Alsdann lassen sich die an dem Rade angreifenden inneren Kräfte einschlieſslich der Gewichte zu einer durch die Zapfenmitte gehenden Resultanten und einem Kräftepaare vereinigen, denen eine gleiche und entgegengesetzt gerichtete Kraft R und ein Kräftepaar $\mathfrak{M}$ am Zapfen das Gleichgewicht halten müssen. Das letztere kann aber nur von der Zapfenreibung herrühren, welche ihren Sitz in der Berührungsfläche des Zapfens und des Lagers hat, während die Kraft selbst mit der Lagerreaktion identisch ist, sofern das ganze System keine fortschreitende Bewegung vollzieht. Natürlich muſs auch das Lager, um nicht mit herumgenommen zu werden, durch ein dem Moment der Zapfenreibung $\mathfrak{M}_r$ gleiches Moment abgestützt, oder festgehalten werden.

Die Lagerreaktion bezw. der Lagerdruck einerseits und das Moment der Zapfenreaktion andererseits stehen nun erfahrungsmäſsig in einer bestimmten Beziehung. Ist das Lager nicht geschmiert, so sind beide einander ebenso proportional wie der Reibungswiderstand dem Normaldrucke bei einfach fortschreitender Bewegung, sodaſs wir schreiben dürfen:

$$\mathfrak{M}_r = f_0 R r, \quad . \quad . \quad . \quad . \quad . \quad . \quad . \quad . \quad (1)$$

worin r den Zapfenradius und f_0 den sogenannten Zapfenreibungskoeffizienten bedeutet, den wir absichtlich von dem früher eingeführten Reibungskoeffizienten f unterscheiden. Das Produkt $f_0 r = r_0$ stellt nun aber wiederum eine Länge bezw. einen Hebelarm dar, an dem wir uns die Resultanle der äuſseren Kräfte angreifend denken können. Beschreibt man mit diesem Hebelarm einen Kreis um den Zapfenmittelpunkt, so lautet die Bedingung für die gleichförmige Bewegung, daſs die Resultante der äuſseren Kräfte diesen Kreis gerade berühren muſs. Schneidet sie den Kreis, so ist ihr Moment

$$\mathfrak{M} < \mathfrak{M}_r$$

und die Bewegung wird infolge der Reibung sich verzögern. Geht sie auſserhalb dieses Kreises vorbei, so wird wegen

$$\mathfrak{M} > \mathfrak{M}_r$$

eine Beschleunigung eintreten. Den so definierten Kreis bezeichnet man nach Herrmann wohl auch als den Reibungskreis des Zapfens. Im Falle gleichförmiger Rotation des Zapfens (Fig. 170) wird die den Reibungskreis berührende Resultante denjenigen Punkt A des Lagers treffen, an dem eine Berührung zwischen Zapfen und Lager dann stattfindet, wenn letzteres ausgelaufen ist. Die Resultante steht also hier nicht, wie bei der gewöhnlichen gleitenden Reibung normal zu den aufeinander gleitenden Flächen, sondern bildet mit der Normale an der Berührungsstelle einen Winkel, der mit dem Reibungswinkel der gleitenden Reibung identisch sein muſs. Daraus läſst sich ein gewisser Schluſs auf die Gröſse des Zapfenreibungskoeffizienten ziehen. Zerlegt man nämlich die Resultante R in zwei Komponenten R_n und R_f, von denen die erstere normal zur Berührungsfläche steht, die andere in dieselbe hineinfällt, so erkennt man dann zunächst, daſs

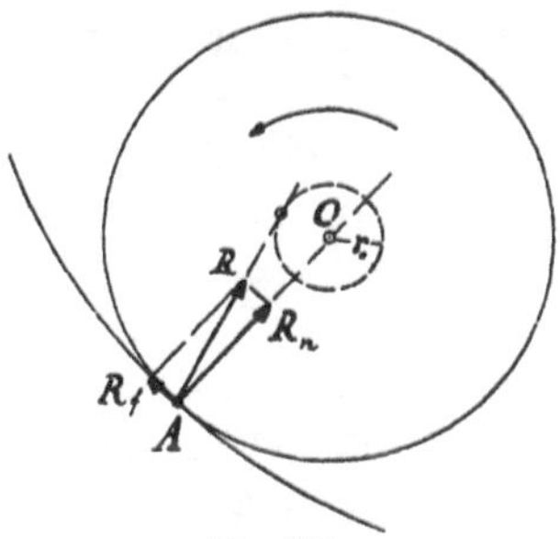

Fig. 170.

die erstere zum Reibungsmoment nichts beiträgt, solange der Zapfen, vom Radius r, wie es der Beharrungszustand erfordert, als Ganzes seine Lage nicht ändert. Mithin ist das Reibungsmoment selbst

$$\mathfrak{M}_r = R_f r$$

oder wegen (1)

$$R_f = f_0 R \quad . \quad . \quad . \quad . \quad . \quad . \quad . \quad . \quad . \quad (2)$$

Ist nun f der Koeffizient der einfachen gleitenden Reibung, so mufs auch

$$R_f = f R_n$$

sein, woraus sich mit Benutzung von $R^2 = R_f^2 + R_n^2$

$$f_0 = \frac{f}{\sqrt{1+f^2}} < f \quad . \quad . \quad . \quad . \quad . \quad . \quad (3)$$

ergibt. **Der Zapfenreibungskoeffizient ist demnach kleiner als derjenige der gleitenden Reibung.**

Die Beziehung (1) gilt erfahrungsgemäfs auch für Zapfen, welche sehr vollkommen von ihrem Lager umschlossen werden. Jedoch ist es in diesem Falle ohne Zuhilfenahme neuer Hypothesen über die Druckverteilung in der Berührungsfläche nicht möglich, den Zapfenreibungskoeffizienten aus demjenigen der einfach gleitenden Reibung herzuleiten. Da derartige Hypothesen zur Aufklärung der Erscheinungen selbst nichts beigetragen haben und aufserdem keine praktische Bedeutung besitzen, so wollen wir uns an dieser Stelle damit nicht länger aufhalten. Wir begnügen uns vielmehr mit dem Hinweis, **dafs das Reibungsmoment (1) in allen Fällen mit dem Zapfendurchmesser wächst, also für dünnere Zapfen unter sonst gleichen Verhältnissen auch kleiner ausfällt.** Daher kommt es, dafs man in der Maschinentechnik gern und mit Erfolg lange und dünne Zapfen anwendet, wobei für den Zusammenhang beider Dimensionen, d. h. der achsialen Länge l im Lager und der Dicke $d = 2r$ ein **mittlerer Flächendruck** p mafsgebend ist, so zwar, dafs

$$R = pld = 2plr \quad . \quad . \quad . \quad . \quad . \quad . \quad . \quad (4)$$

wird. Auf eine gleichmäfsige Verteilung dieses Flächendruckes darf man indessen unter keinen Umständen rechnen. Versuche hierüber liegen übrigens nur für geschmierte Lager vor, deren

Verhalten gelegentlich der Reibung von Flüssigkeiten zu besprechen sein wird.

Immerhin lassen sich mit Hilfe des Reibungskreises einige Tatsachen veranschaulichen, welche technisch von Wichtigkeit sind. Will man z. B. eine Dampfmaschine in Betrieb setzen, so mufs man bekanntlich der Kurbel eine wenn auch geringe Neigung gegen ihre Totlage geben. Den kleinsten Neigungswinkel findet man leicht, wenn man vom Wellenmittel aus eine Tangente an den Reibungskreis des Kurbelzapfens legt, da die Reaktion der Welle multipliziert mit dem Radius des Reibungskreises in diesem Falle das Drehmoment des Dampfdruckes liefert. Ist der Durchmesser des Kurbelzapfens sehr grofs, so wächst auch derjenige

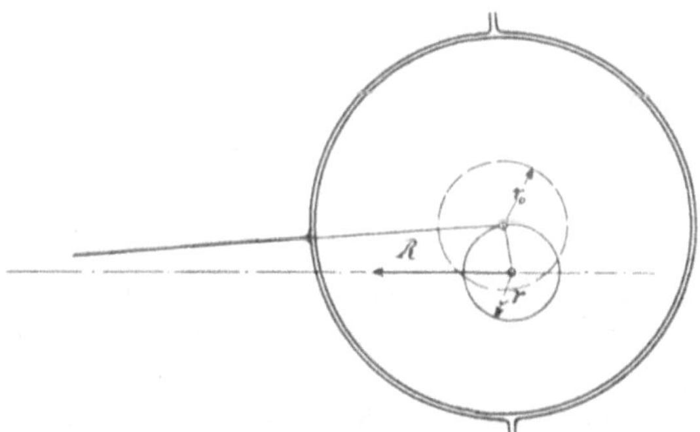

Fig. 171.

seines Reibungskreises. So kann bei einem sog. Exzenter (Fig. 171), d. h. einem Kurbelzapfen, der die ganze Welle selbst umfafst, der Reibungskreis mit dem Radius r_0 unter Umständen gröfser als der Kurbelkreis vom Radius r, hier Exzenterkreis genannt, ausfallen. Alsdann aber schneidet die Reaktion R der Welle stets den Reibungskreis, ihr Moment wird mithin kleiner als das Reibungsmoment und das Exzenter kann überhaupt nicht durch Kräfte in der Richtung der Exzenterstange in Drehung versetzt werden. In der Tat verwendet man Exzenter in der Praxis nur für den umgekehrten Fall, d. h. zur Ableitung hin- und hergehender Bewegungen aus rotierenden und nimmt dabei die ziemlich bedeutenden Reibungswiderstände mit in Kauf.

Eine künstliche Vergröfserung des Reibungsmomentes, wie sie technisch zur Vernichtung von mechanischer Arbeit durch

Bremsen gelegentlich erwünscht ist, läfst sich leicht dadurch erzielen, dafs man die als Lagerschalen aufzufassenden Bremsklötze oder Bremsbacken vermittels Schrauben stark gegen einander und damit an das den Zapfen ersetzende Rad anprefst. Beim

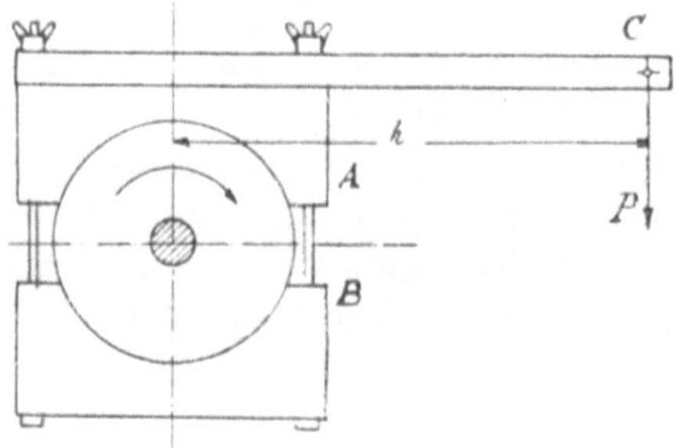

Fig. 172.

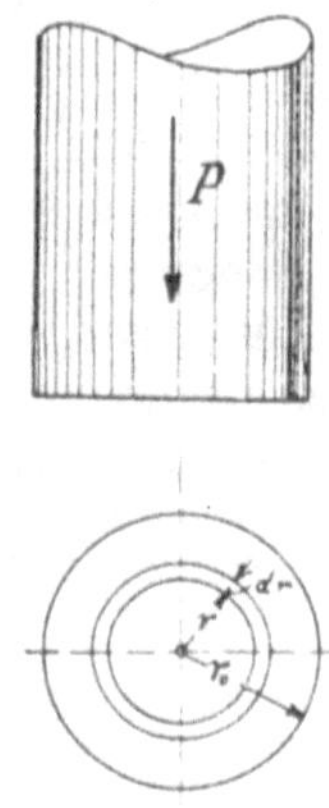

Fig. 173.

Pronyschen Bremszaum (Fig. 172), welcher zur Messung der Arbeit an einer gleichförmig umlaufenden Welle dient, ist mit einem der Bremsbacken A bezw. B ein Hebel h fest verbunden, dessen Ende C auf eine Wage drückt oder auch bei umgekehrter Drehrichtung ein Gewicht P trägt. In ersterem Falle ist der auf den Punkt C entfallende Gewichtsanteil der Bremsvorrichtung von P abzuziehen, im anderen dagegen hinzuzuzählen. Ist P_0 die so erhaltene effektive Bremsbelastung, ω die Winkelgeschwindigkeit der Welle, und $\mathfrak{M}_r$ das Reibungsmoment, so ist offenbar die in der Sekunde geleistete und im Bremszaum vernichtete Arbeit, während der Hebelarm AC ruhig bleibt,

$$L = \omega \mathfrak{M}_r = \omega l P_0.$$

Wichtig ist hierbei, dafs man den Druck der Bremsbacken gegen das Rad und den Reibungskoeffizienten f_0 gar nicht zu kennen braucht, sondern direkt aus der effektiven Belastung und Länge des Bremshebels das Reibungsmoment ermittelt. Diese grofse Einfachheit verbunden mit dem Wegfall irgend welcher Annahme läfst die Ergebnisse von Bremsversuchen für praktische Zwecke als sehr zuverläfsig erscheinen.

Das Reibungsmoment sogenannter Stirn- oder Spurzapfen (Fig. 173), d. h. von Rotationskörpern, welche achsial belastet auf einer senkrecht zur Achse stehenden Ebene rotieren, läfst sich leicht ermitteln, wenn die Gesamtbelastung P hierbei zweifellos über die ganze Berührungsfläche gleichmäfsig verteilt ist. Ist r_0 der Zapfenradius, so ist der Druck auf die Flächeneinheit

$$p = \frac{P}{\pi r_0}$$

und die Belastung in einem Ringelemente von der Breite dr und dem Radius r

$$2\pi p r\, dr = \frac{2 P r\, dr}{r_0}.$$

Das Reibungsmoment folgt hieraus mit dem Reibungskoeffizienten f der gleitenden Reibung zu

$$\mathfrak{M}_r = \frac{2P}{r_0} f \int_0^{r_0} r^2\, dr = \frac{2}{3} P f r_0^2, \quad . \quad . \quad . \quad . \quad (6)$$

so dafs aber auch hier die Proportionalität mit der Belastung erhalten bleibt. Für anders geformte Spurzapfen müssen zur theoretischen Ableitung des Reibungsmomentes wieder Annahmen über die Verteilung der Belastung gemacht werden, deren Wert in hohem Grade zweifelhaft[1]) erscheint. Wir wollen, da überdies

[1]) Bezeichnend hierfür ist der vom Mechaniker Schiele in Manchester 1852 erfundene Antifriktionszapfen, welcher die Eigenschaft haben sollte, dafs die Reibungsarbeit für alle Flächenelemente und damit auch deren Abnutzung konstant bleibt. Ist im Meridianschnitt Fig. 174 P wieder der achsiale Zapfendruck, r_1 der gröfste, r_2 der kleinste Zapfenradius, so ist die willkürlich als konstant angenommene spezifische Achsialbelastung

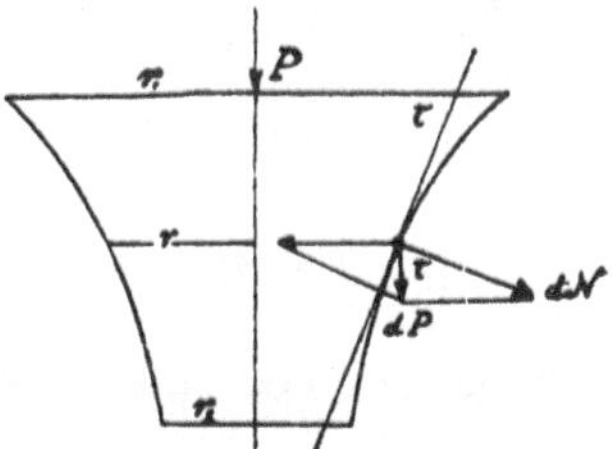

Fig. 174.

$$p = \frac{P}{\pi (r_1^2 - r_2^2)}$$

und der auf die Ringfläche $2\pi r\, dr$ wirkende Druck $dP = 2\pi p r\, dr$. Bezeichnen wir ferner mit τ den Winkel der Erzeugenden des Zapfens mit dem Radius r, so ergibt sich der Normaldruck auf das Element zu

$$dN = \frac{dP}{\cos\tau} = 2\pi p \frac{r\, dr}{\cos\tau}$$

derartige Zapfen praktisch immer ausreichend geschmiert werden müssen, sodaſs die oben erwähnte Flüssigkeitsreibung dabei eine groſse Rolle spielt, von der Aufstellung weiterer Formeln darum lieber ganz absehen.

Viel wichtiger erscheint die wenigstens angenähert ohne Hypothese mögliche Ermittelung des Reibungsmomentes von Zahnrädern. Wir wollen uns dabei auf sog. Stirnräder (zylindrische Räder) beschränken, deren Zahndimensionen klein im Verhältnis zu den Teilkreisradien sind. Wollte man allgemeiner verfahren, so wäre ein Zurückgreifen auf die Formeln des § 5 und spezielle Voraussetzungen über die Zahnform notwendig, ohne daſs die ziemlich schwülstigen Rechnungen uns dann wesentlich Neues bieten.

Wir erinnern uns zunächst aus § 27 (Relativbewegung mit Reibungswiderstand), daſs die Reibung zweier Flächen nur durch ihre relative Verschiebung auf einander bedingt ist. Diese Relativverschiebung gilt es mithin vor allem zu ermitteln. In Fig. 175 seien O_1 und O_2 die Mittelpunkte der sich in A berührenden Teilkreise mit dem Radius r_1 und r_2. Beim gleichzeitigen Durchlaufen der Bogen $AB_1 = r_1\varphi_1 = r_2\varphi_2 = AB_2$ sei der ursprünglich mit A zusammenfallende Berührungspunkt der beiden Zahnprofile nach C gerückt. Er hat mithin auf dem zu O_1 gehörigen Zahne den Weg B_1C, auf dem zu O_2 gehörigen den Weg B_2C zurückgelegt.

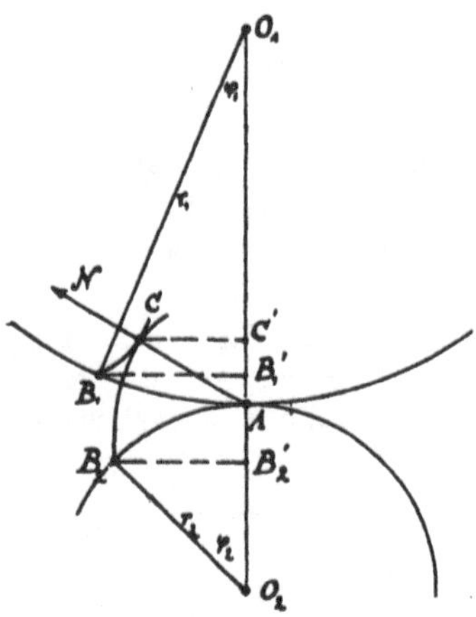

Fig. 175.

---

und das entsprechende Arbeitselement während einer Umdrehung

$$dL = 4\pi^2 p\,\frac{r^2\,dr}{\cos\tau}.$$

Soll nun $dL:dr$ konstant bleiben, so muſs auch $r^2 = C\cos\tau$ sein, woraus sich die Meridiankurve, die sog. Antifriktionskurve punktweise bestimmen läſst. Schon Redtenbacher machte darauf aufmerksam, daſs von diesem Zapfen kein Vorteil zu erwarten sei, was sich in der Tat auch bestätigt hat. Der Grund liegt natürlich in der willkürlichen Annahme der Belastungsverteilung.

Sind nun die Zahndimensionen klein gegen die Radien r_1 und r_2, so kann man die Differenz der beiden nur wenig gegen $O_1 O_2$ geneigten Bogen $B_2 C - B_1 C$ mit der Differenz ihrer Projektionen auf $O_1 O_2$ vertauschen, also

$$B_2 C - B_1 C = B_2' C' - B_1' C' = B_2' B_1'$$

setzen. Diese Länge stimmt demnach angenähert mit der Gleitung Δs der beiden Zähne aufeinander überein. Führen wir nun noch die beiden Drehwinkel φ_1 und φ_2 ein, so folgt

$$\Delta s = B_1' B_2' = r_1 (1 - \cos \varphi_1) + r_2 (1 - \cos \varphi_2).$$

Da wegen der Kleinheit der Zähne auch φ_1 und φ_2 nur kleine Winkel sein können, für welche statt des Sinus der Bogen gesetzt werden darf, so hat man auch

$$\cos \varphi_1 = 1 - \frac{\varphi_1^2}{2}, \quad \cos \varphi_2 = 1 - \frac{\varphi_2^2}{2},$$

also

$$\Delta s = \frac{1}{2} (r_1 \varphi_1^2 + r_2 \varphi_2^2) \quad . \quad . \quad . \quad . \quad . \quad . \quad (7)$$

Das während jeder Elementardrehung konstante Übersetzungsverhältnis der beiden Räder ist nun mit $s = AB_1 = AB_2$ an die Bedingung

$$r_1 \varphi_1 = r_2 \varphi_2 = s \quad . \quad . \quad . \quad . \quad . \quad . \quad . \quad . \quad (8)$$

geknüpft, durch welche die Formel für die Gleitung übergeht in

$$\Delta s = \frac{s^2}{2} \left(\frac{1}{r_1} + \frac{1}{r_2} \right) \quad . \quad . \quad . \quad . \quad . \quad . \quad . \quad . \quad (7a)$$

Bezeichnen wir nunmehr den Normaldruck zwischen den beiden Zähnen mit N, so wird derselbe für jede Stellung der beiden Zähne nicht nur einen anderen Wert, sondern auch eine andere Richtung besitzen. Für unsere Überschlagsrechnung genügt es, unter Vernachlässigung der geringen Neigung gegen die Normale in A auf $O_1 O_2$ dafür einen Mittelwert einzusetzen, der mit dem mittleren Zahndrucke P in A selbst identisch ist. Die beim Durchlaufen des Bogens s verlorene Reibungsarbeit ist alsdann

$$L_r = f P \cdot \Delta s = f \frac{s^2}{2} P \left(\frac{1}{r_1} + \frac{1}{r_2} \right)$$

und der mittlere tangentiale Reibungswiderstand

$$P_r = \frac{L_r}{s} = f\frac{s}{2}P\left(\frac{1}{r_1}+\frac{1}{r_2}\right) \quad . \quad . \quad . \quad . \quad . \quad (9)$$

Bedeutet s den Eingriffsbogen eines Zahnes, so ist bei z_1 Zähnen auf dem Rade um O_1, und z_2 Zähnen um O_2

$$sz_1 = 2\pi r_1, \quad sz_2 = 2\pi r_2 \quad . \quad . \quad . \quad . \quad . \quad (10)$$

so daſs wir schlieſslich für den Reibungswiderstand erhalten

$$P_r = f\pi P\left(\frac{1}{z_1}+\frac{1}{z_2}\right), \quad . \quad . \quad . \quad . \quad . \quad . \quad (11)$$

also einen von der speziellen Zahnform und der Dimension der Räder unabhängigen Näherungsausdruck. Der Reibungswiderstand der Zahnräder wird um so kleiner, je gröſser die Zähnezahlen derselben sind. Ersetzt man beispielsweise eines der Räder durch eine Zahnstange, deren Teilkreisradius und Zähnezahl als unendlich groſs anzusehen sind, so wird der Reibungswiderstand

$$P_r = f\frac{\pi P}{z}, \quad . \quad . \quad . \quad . \quad . \quad . \quad . \quad . \quad (11a)$$

worin z die Zähnezahl des Rades bedeutet.

Bei der Anwendung der Formel (11) für den tangentialen Reibungswiderstand darf man den Umstand nicht aus den Augen verlieren, daſs dieselbe nicht nur einen Näherungsausdruck darstellt, sondern auch lediglich einen Mittelwert für den Reibungswiderstand ergibt. Daher kommt es auch, daſs die Gl. (11) scheinbar dem Prinzip der Gleichheit von Wirkung und Gegenwirkung widerspricht, wenn dem Zahndrucke P des treibenden Rades nur ein Druck $P - P_r$ des getriebenen entgegensteht. In Wirklichkeit besteht dieser Widerspruch natürlich schon darum nicht, weil der Zahndruck gar nicht allgemein tangential zum Teilkreis gerichtet ist, so daſs eine Komponente desselben zur Überwindung des Reibungswiderstandes verfügbar bleibt. Diese Tatsache ist durch unsere Vernachlässigung der Neigung des Zahnprofiles gegen den Radius verwischt worden. Der Wert unserer Betrachtung liegt deshalb auch vorwiegend in der Möglichkeit der Abschätzung der als verloren anzusehenden Reibungsarbeit L_r, aus der wir ja den mittleren Reibungswiderstand bestimmten. Bedeutet L_1 die vom treibenden Rade geleistete Arbeit, L_2 dagegen die vom getriebenen aufgenommene, so ist

$$L_1 = L_r + L_2$$

oder, da für einen beliebigen, auf den Teilkreisen beider Zahnräder gemessenen Weg s

$$L_1 = Ps, \qquad L_r = P_r s$$

so folgt

$$L_2 = (P - P_r) s.$$

Das Verhältnis der Arbeiten der beiden Räder, welches sich mit (11) zu

$$\eta = \frac{L_2}{L_1} = 1 - f\pi \left(\frac{1}{z_1} + \frac{1}{z_2}\right) \quad . \quad . \quad . \quad . \quad (12)$$

berechnet, nennt man nun den mechanischen Wirkungsgrad des Räderpaares. In demselben Sinne kann man auch von einem mechanischen Wirkungsgrad einer rotierenden Welle sprechen, wobei L_r die Reibungsarbeit der Zapfen bedeutet, die sich auf die Zeiteinheit bezogen, aus dem Reibungsmoment durch Multiplikation mit der Winkelgeschwindigkeit ergibt. Besonders einfach gestaltet sich die Ermittlung des Wirkungsgrades für horizontale Tragzapfen, da bei diesen nur das als Produkt aus der Resultante und dem Radius des Reibungskreises definierte Reibungsmoment $\mathfrak{M}_r$ von dem ruhenden Moment $\mathfrak{M}_1$ abzuziehen ist, um das nutzbare Moment $\mathfrak{M}_2 = \mathfrak{M}_1 - \mathfrak{M}_r$ an derselben Welle zu erhalten.

Beispielsweise sei eine Welle gegeben, welche mit $n_1 = 100$ Umdrehungen in der Minute $N_1 = 3$ PS. abzugeben vermag. Durch ein Zahnräderpaar (Fig. 176) soll diese Energie auf eine benachbarte Welle derart übertragen werden, dafs diese $n_2 = 200$ Umdrehungen vollzieht. Der Teilkreisdurchmesser des auf der treibenden Welle sitzenden Rades sei $2\,r_1 = 1{,}0$ m, derjenige des getriebenen Rades folglich $2\,r_2 = 0{,}5$ m, die Zähnezahlen seien entsprechend $z_1 = 40$, $z_2 = 20$.

Dann ergibt sich zunächst der Zahndruck des treibenden Rades aus

$$P_1 = \frac{30.\,75.\,N_1}{\pi\, r_1\, n_1} = 43 \text{ kg}$$

und der tangentiale Reibungswiderstand mit $f = 0{,}1$

$$P_r = \pi f P_1 \left(\frac{1}{z_1} + \frac{1}{z_2}\right) = 1{,}0 \text{ kg}.$$

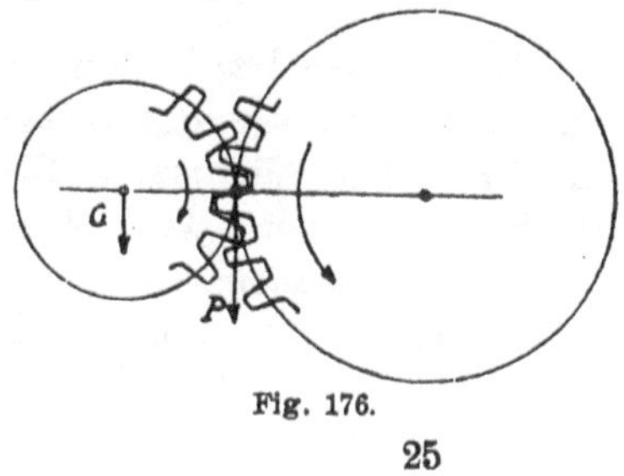

Fig. 176.

Der Wirkungsgrad der Übersetzung der beiden Räder ist mithin

$$\eta_1 = \frac{P_1 - P_r}{P_1} = 1 - \frac{1}{43} = 0{,}977.$$

Die an der getriebenen Welle verfügbare Arbeit ist aber nicht allein durch die Zahnreibung, sondern auch durch die Zapfenreibung bedingt, welche ihrerseits von der Gröfse der Resultante R der äufseren Kräfte abhängt. Diese besteht, wenn die Wellen beide horizontal nebeneinander liegen, aus dem Zahndrucke $P_2 = P_1 - P_r$ und dem Gewicht G des getriebenen Rades samt seiner Welle. Ist $G = 50$ kg, so hat man

$$R = P_2 + G = 92 \text{ kg}$$

und demnach ist das Reibungsmoment bei einem Zapfenradius von $r = 0{,}03$ m und $f_0 = 0{,}11$

$$\mathfrak{M}_r = R f_0 r = 0{,}304 \text{ mkg},$$

während das an der getriebenen Welle wirksame Moment durch

$$\mathfrak{M} = P_2 r_2 = 10{,}5 \text{ mkg}$$

gegeben ist. Diese Welle kann demnach nur noch ein effektives Moment von

$$\mathfrak{M}_2 = \mathfrak{M} - \mathfrak{M}_r = 10{,}2 \text{ mkg}$$

entsprechend einem Wirkungsgrade von

$$\eta_2 = \frac{\mathfrak{M}_2}{\mathfrak{M}} = 0{,}981$$

überwinden, mithin bei $n_2 = 200$ Umdrehungen pro Minute eine Arbeit von

$$N_2 = \frac{2\pi \mathfrak{M}_2 n_2}{60 \cdot 75} = 2{,}85 \; PS$$

abgeben. Der Gesamtwirkungsgrad dieses sog. Rädervorgeleges beträgt demnach

$$\eta = \frac{N_2}{N_1} = \frac{2{,}85}{3} = 0{,}95.$$

Dieser Wert ist identisch mit dem Produkte aus den beiden Wirkungsgraden η_1 der Zahnradübersetzung und η_2 der getriebenen Welle.

Dafs dieser letzte Satz eine allgemeine Bedeutung für die Energieübertragung durch beliebige Mechanismen, welche aus einzelnen Elementenpaaren (Siehe den Schlufs von § 5) zusammengesetzt sind, besitzt, läfst sich leicht durch folgende Überlegung zeigen. Leitet man die Energie L_1 in den Mechanismus ein, so wird von derselben nur der Betrag von

$$L_2 = \eta_1 L_1$$

nach Passieren des ersten Elementenpaares übrig sein, während der Rest $(1 - \eta_1) L_1$ zur Überwindung von Reibungswiderständen verloren ging. Das zweite Elementenpaar übermittelt alsdann nur noch die Energie

$$L_3 = \eta_2 L_2 = \eta_1 \eta_2 L_1$$

unter Vernichtung der Energie $(1 - \eta_2) L_2$. Für n Elementenpaare erhält man auf diese Weise

$$L = \eta_1 \eta_2 \ldots \eta_n L_1, \quad \ldots \ldots \quad (13)$$

so dafs der mechanische Wirkungsgrad eines Mechanismus als Produkt aus den Wirkungsgraden der einzelnen Elementenpaare erscheint.

Eine weitere praktisch wichtige Anwendung der vorstehenden Lehren von der Lager- und Zahnreibung bildet das Zahndruckdynamometer von Hachette, welches die von einer Maschine nach einer anderen etwa durch Riemen übertragene Arbeit ohne Vernichtung derselben (im Gegensatze zum Pronyschen Zaum) zu messen gestattet. Dasselbe besteht im wesentlichen aus zwei auf einem festen Gestell horizontal gelagerten Stirnrädern A und B (Fig. 177) von gleichen Teilkreisdurchmessern $2r_1$ und gleicher Zähnezahl z_1. Zwischen denselben und im Eingriffe mit ihnen befindet sich ein anderes Zahnrad C vom Radius r_2 mit z_2 Zähnen, dessen Lager (Zapfendurchmesser r') in einer vertikalen Gleitbahn verschoben werden kann.

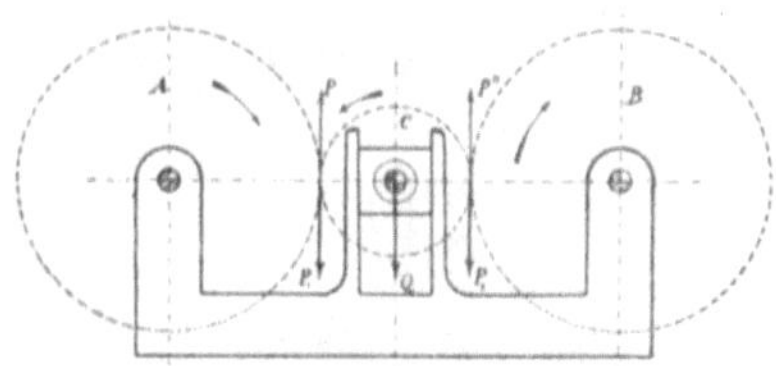

Fig. 177.

An der Achse von A wirke nun ein Drehmoment $\mathfrak{M}$ im Sinne des eingezeichneten Pfeiles, dem an der Übertragungsstelle von A nach C ein Zahndruck P_1 entsprechen möge, so zwar, dafs

$$\mathfrak{M} = r_1 P_1$$

ist. Infolge der Zahnreibung erhält das Rad C nur noch ein Drehmoment $\mathfrak{M}'$ mit dem kleineren Zahndrucke

$$P' = P_1 \left\{ 1 - f\pi \left(\frac{1}{z_1} + \frac{1}{z_2} \right) \right\}, \quad \ldots \quad (14)$$

der sich wiederum bei der Übertragung von C nach B mit dem Zapfenreibungskoeffizienten f_0 auf

$$P'' = P' - Q f_0 \frac{r'}{r_2} \quad . \quad . \quad . \quad . \quad . \quad . \quad (14\text{a})$$

ermäfsigt. Dabei ist vorausgesetzt, dafs das Zwischenrad C durch eine an der Wage gemessene Kraft

$$Q = P_1 + P_2 \quad . \quad . \quad . \quad . \quad . \quad . \quad . \quad (15)$$

am Auf- oder Abwärtsgleiten verhindert wird, worin P_2 den durch

$$P_2 = P'' \left\{ 1 - f\pi \left(\frac{1}{z_1} + \frac{1}{z_2} \right) \right\} \quad . \quad . \quad . \quad . \quad (14\text{b})$$

gegebenen Zahndruck am Rade B bedeutet. Eliminieren wir aus den vorstehenden Gl. (14), (14a) und (14b) P' und P'' unter Vernachlässigung der Produkte der kleinen mit Reibungskoeffizienten behafteten Glieder, so folgt auch

$$P_2 = P_1 \left\{ 1 - 2 f\pi \left(\frac{1}{z_1} + \frac{1}{z_2} \right) \right\} - Q f_0 \frac{r'}{r_2}$$

oder

$$\left. \begin{aligned} P_1 &= \frac{Q}{2} \left\{ 1 + f_0 \frac{r'}{r_2} + f\pi \left(\frac{1}{z_1} + \frac{1}{z_2} \right) \right\} = \frac{Q}{2} (1 + \mu) \\ P_2 &= \frac{Q}{2} \left\{ 1 - f_0 \frac{r'}{r_2} - f\pi \left(\frac{1}{z_2} + \frac{1}{z_2} \right) \right\} = \frac{Q}{2} (1 - \mu) \end{aligned} \right\}, \quad (16)$$

worin der zur Abkürzung eingeführte Wert μ am einfachsten empirisch bestimmt wird, während Q direkt auf der Wage zu messen ist. Die von dem Rade A pro Sekunde abgegebene bezw. von B aufgenommene Arbeit bestimmt sich hiernach, wenn ω dessen Winkelgeschwindigkeit bedeutet, zu

$$\left. \begin{aligned} L_1 &= P_1 r_1 \omega = \frac{Q r_1 \omega}{2} (1 + \mu) \\ L_2 &= P_2 r_1 \omega = \frac{Q r_1 \omega}{2} (1 - \mu) \end{aligned} \right\} \quad . \quad . \quad . \quad . \quad (17)$$

In erster Annäherung erhält man, wenn μ noch nicht bestimmt sein sollte, für die übertragene Arbeit

$$L = \frac{L_1 + L_2}{2} = \frac{Q r_1 \omega}{2}, \quad . \quad . \quad . \quad . \quad (17\text{a})$$

womit man sich in vielen praktischen Fällen begnügen wird.

§ 44. Der Rollenwiderstand.

Das Wesen des Rollenwiderstandes, der Rollenwiderstandskoeffizient. Pendelschwingungen mit stumpfen Schneiden. Bewegung von Lasten auf Walzen mit Zahlenbeispiel. Kugellager.

Läfst man eine zylindrische Walze auf einer horizontalen Unterlage rollen, so wird sie sehr bald zur Ruhe gelangen, trotzdem aufser dem Luftwiderstande keine Reibungskräfte vorhanden sind. Da der Luftwiderstand bei geringen Geschwindigkeiten, um die es sich handelt, zur Erklärung dieser Erscheinung nicht ausreicht, so schliefst man auf das Vorhandensein eines speziellen Rollenwiderstandes, den man wohl auch, obwohl sehr unzutreffend, als rollende Reibung im Gegensatze zur gleitenden Reibung bezeichnet.

Die anscheinend rätselhafte Tatsache eines Widerstandes beim Rollen fester Körper auf einander erklärt sich nun sofort, wenn wir uns erinnern, dafs der landläufige Begriff eines festen Körpers sich bei weitem noch nicht mit mit der Abstraktion der absoluten Starrheit deckt. Drückt man nämlich zwei Körper mit einer Kraft gegen einander, so wird die Berührungsfläche derselben der Sitz der Wirkung und Gegenwirkung der Kraft sein. Im Falle des Rollens eines Zylinders auf einer Ebene ist diese Kraft das Gewicht des Zylinders; eine Berührungsfläche mit der ebenen Unterlage scheint dagegen nicht vorhanden zu sein, da die Berührung nur in seiner erzeugenden Geraden, bei einer Kugel z. B., sogar nur in einem Punkte erfolgt. In Wirklichkeit dagegen werden durch den Druck sowohl der rollende Körper als auch die Unterlage an der Berührungsstelle deformiert, bis eine zur Druckübertragung ausreichende Berührungsfläche vorhanden ist. Danach mufs die zur Überwindung der Rollenreibung nötige Arbeit mit der Formänderungsarbeit des rollenden Körpers und der Unterlage identisch sein.

Nachdem wir uns so über das Wesen des Rollenwiderstandes klar geworden sind, bietet es keine Schwierigkeit mehr, seine Gröfse zu bestimmen. Wir denken uns dabei den rollenden Körper, einen Kreiscylinder vom Radius r und der achsialen Länge l der Einfachheit halber als vollkommen starr, die Unterlage dagegen als nachgiebig. Bei der Bewegung auf derselben möge der Zylinder ein wenig einsinken; die Senkung sei h. Alsdann verteilt sich der ganze Druck P, welchen der Zylinder auf die Unterlage ausübt, auf eine Fläche (Fig. 178), deren Breite $AB = b$ sein möge. In welcher Weise diese Druckverteilung stattfindet, wissen wir nicht, ohne das Verhalten des Unterlagenmateriales genauer zu kennen; außerdem aber gehören derartige Feststellungen in die Mechanik der deformierbaren Körper. Dagegen können wir ohne jede Hypothese einen mittleren Flächendruck p einführen, so zwar, daß

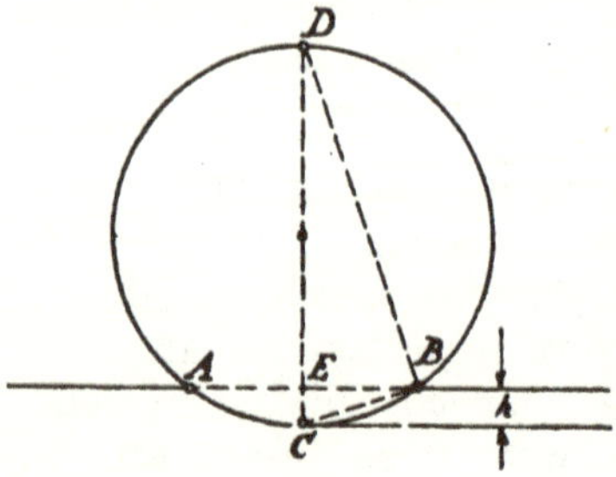

Fig. 178.

$$P = lbp \quad \text{. . . . . (1)}$$

wird. Der wirkliche Flächendruck wird wahrscheinlich bei A und B, wo die Unterlage nur verschwindend wenig eingedrückt ist, sehr gering, an der tiefsten Stelle C dagegen sehr beträchtlich sein.

Bewegen wir jetzt den Zylinder vorwärts, so wird auf seinem ganzen Wege s die Unterlage um h zusammengedrückt werden, wozu, da p schon den mittleren hierzu gehörigen Flächendruck bedeutet, eine Arbeit

$$L_w = l \cdot s \cdot h \cdot p \quad \text{. . . . . (2)}$$

nötig ist. Daraus folgt wegen (1) für den Rollenwiderstand

$$W = \frac{L_w}{s} = \frac{P \cdot h}{b} \quad \text{. . . . . . . (3)}$$

Nun ist aber in dem rechtwinkligen Dreieck CDB die Höhe $EB = \frac{1}{2} b$, und $EC = h$, folglich, wenn wir die geringe Einsenkung gegen den Walzendurchmesser vernachlässigen dürfen, $DE = 2r - h \sim 2r$ und damit

$$\frac{b^2}{4} = (2r - h)\, h \sim 2rh.$$

Eliminieren wir damit die Einsenkung h aus (3), so ergibt sich schließlich für den Rollenwiderstand

$$W = \frac{b}{8} \frac{P}{r} = \zeta \frac{P}{r} \quad \text{. . . . . . (4)}$$

und das Moment des Rollenwiderstandes

$$\mathfrak{M}_w = \zeta P, \quad . \quad . \quad . \quad . \quad . \quad . \quad . \quad . \quad . \quad (5)$$

wenn $\zeta = \frac{b}{8}$ der Rollenwiderstandskoeffizient oder auch der Koeffizient der rollenden Reibung heifst. Derselbe ist durch unsere Betrachtung als eine Länge definiert und zwar als ein Teil der Breite der Berührungsfläche der Walze und der Unterlage. Wir hätten natürlich ebensogut auch die Walze allein oder zugleich mit der Unterlage uns deformiert denken können, ohne dafs an unserm Ergebnis etwas geändert würde, sofern nur die Formänderungen gegenüber den Dimensionen der sich berührenden Körper verschwindend klein bleiben. Die Breite der Berührungsfläche und damit der Rollenwiderstandskoeffizient ist natürlich ebenso wie der Koeffizient der gleitenden Reibung von dem Material des rollenden Körpers und der Unterlage, aufserdem aber noch von der Form der beiden Körper abhängig.[1]) Es läfst sich darum nur auf experimentellem Wege bestimmen. So findet man z. B. für eiserne oder stählerne Walzen (Räder) auf Schienen von demselben Material $f_1 = 0{,}05$ cm, wobei natürlich auch r in cm, $P =$ kg in Gl. (4) einzusetzen ist.

Für Hölzer nimmt der Rollenwiderstandskoeffizient schon Werte bis zu 0,1 cm an und kann für nachgiebige Unterlagsmateriale noch beträchtlich höher steigen. In der Wirklichkeit spielt der Rollenwiderstand wegen seiner Kleinheit, insbesondere bei Verwendung harter Körper, nur selten eine ausschlaggebende Rolle. Hierher gehört z. B. der Einflufs der Abrundung der Schneiden von Pendeln und Wagebalken. Als Drehzentrum O ist in diesen Fällen der Krümmungsmittelpunkt der

---

[1]) Für eine Kugel auf ebener Unterlage hätte man z. B. statt (1)

$$P = \frac{\pi b^2}{4} \cdot p,$$

folglich wegen $\frac{b^2}{4} \sim 2rh$

$$W = \frac{L_w}{s} = bhp = \frac{b}{2\pi}\frac{P}{r}$$

oder

$$= \frac{b}{2\pi}.$$

Schneide aufzufassen, von dessen seitlicher Verschiebung man bei Aufstellung der Energiegleichung absehen kann. Bezeichnet man dann mit $\mathfrak{M}$ das auf diesen Punkt bezogene statische Moment des Pendels oder Wagebalkens, mit Θ sein polares Trägheitsmoment für O und mit G das Gewicht, so ist die Auslenkung φ der Schwerachse OS aus der Vertikalen (Fig. 179) durch die Gleichung für das materielle Pendel unter Hinzutritt des Rollenwiderstandsmomentes $G\zeta$

$$g\,\mathfrak{M}\sin\varphi \pm G\zeta = -\Theta\frac{d^2\varphi}{dt^2}$$

bestimmt, welche für kleine Schwingungen in

$$g\,\mathfrak{M}\cdot\varphi \pm G\zeta = -\Theta\frac{d^2\varphi}{dt^2} \quad . \quad . \quad . \quad . \quad . \quad (6)$$

übergeht. Das Vorzeichen des Rollenwiderstandsmomentes $G\zeta$ ist hierin so zu wählen, dafs derselbe der momentanen Drehrichtung gerade entgegen wirkt. Dadurch wird die Differential-

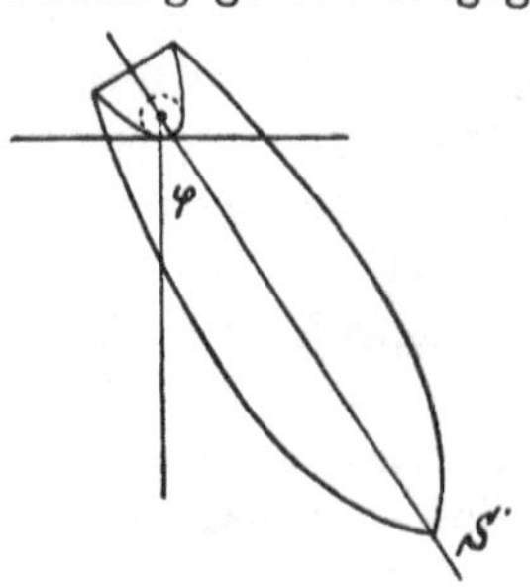

Fig. 179.

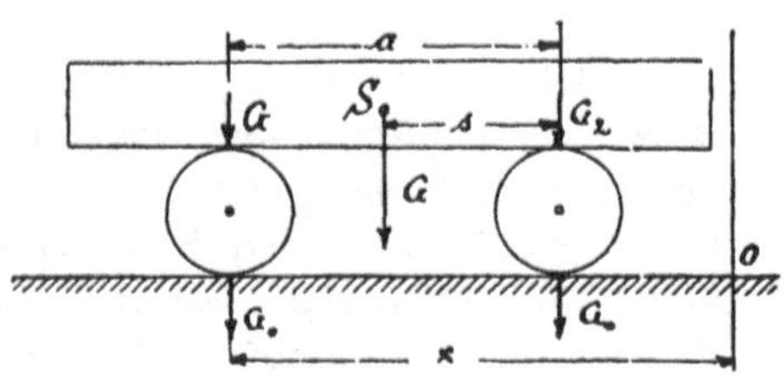

Fig. 180.

gleichung (6) ihrer Form nach identisch mit derjenigen für die ebenen elastischen Schwingungen unter dem Einflusse der Reibung, die wir in § 25 ausführlich untersucht haben. Das dort erhaltene Resultat, dafs durch derartige Reibungsglieder die Schwingungsdauer nicht beeinträchtigt wird, die Schwingungen aber in endlicher Zeit erlöschen, gilt darum auch für unseren Fall.

In der technischen Praxis tritt der Rollenwiderstand als vorwiegendes Hindernis uns bei der Bewegung schwerer Lasten auf Walzen entgegen (Fig. 180). Hierbei rollen die Walzen, von denen wir beispielsweise zwei im Abstande a mit demselben Radius r annehmen wollen, einerseits auf der Unterlage, andererseits aber auch auf der Unterfläche der Last G ab. Der Schwerpunkt S der Last habe den momentanen Abstand s von der zweiten Last, die erste Last dagegen den Abstand von irgend einer Anfangsstellung O. Dann drücken auf die beiden Walzen, deren Gewichte selbst G_0 betragen mögen, die Teillasten

$$G_1 = G\frac{s}{a} \text{ und } G_2 = G\frac{a-s}{a}$$

Der momentane Rollenwiderstand auf der Unterseite der Last G ist alsdann, wenn ζ' den zugehörigen Koeffizienten bedeutet

$$\frac{\zeta'}{r}(G_1 + G_2) = \zeta'\frac{G}{r}$$

und die ihm entsprechende Arbeit auf dem relativen Wegelemente ds

$$\zeta'\frac{G}{r}\,ds.$$

Ebenso ergibt sich der Rollenwiderstand auf der Unterlage mit dem Koeffizienten ζ'' zu

$$\frac{\zeta''}{r}(2\,G_0 + G_1 + G_2) = \zeta''\frac{2\,G_0 + G}{r}$$

und der Arbeitsaufwand auf dem Wege dx

$$\zeta''\frac{2\,G_0 + G}{r}\,dx.$$

Die gesamte Elementararbeit ist mithin

$$d\,L_w = \zeta'\frac{G}{r}\,ds + \zeta''\,\frac{2\,G_0 + G}{r}\,dx,$$

woraus sich durch Integration

$$L_w = \zeta'\,G\,\frac{s-s_0}{r} + \zeta''\,(2\,G_0 + G)\,\frac{x - x_0}{r}$$

ergibt, unter s_0 und x_0 die anfänglichen Werte von s und x verstanden. Da nun die relative Verschiebung $s - s_0$ der Last G gegen die Rollen bei gleichem Durchmesser derselben mit der Verschiebung $x - x_0$ der Rollen auf der Unterlage übereinstimmt, so haben wir auch

$$L_w = \left\{\zeta'\,G + \zeta''\,(2\,G_0 + G)\right\}\frac{s - s_0}{r} \quad . \; . \; . \; . \; (7)$$

Der Gesamtweg der Last setzt sich aber zusammen aus der Verschiebung der Rollen und der relativen der Last gegen dieselben, mithin beträgt derselbe

$$s - s_0 + x - x_0 = 2(s - s_0) = 2(x - x_0).$$

Dann aber ist der beim Verschieben der Last zu überwindende Rollenwiderstand

$$W = \frac{L_w}{2(s - s_0)} = \frac{1}{2r}\left\{\zeta' G + \zeta''(2G_0 + G)\right\} \quad . \quad . \quad (8)$$

Beachtet man, dafs die Walzengewichte ebenfalls von ihrem Radius abhängig sind, so zwar, dafs bei einer Walzenlänge l und einem spezifischen Gewichte γ

$$G_0 = \pi r^2 l \gamma$$

ist, so erhält man statt (8)

$$W = \zeta'' \pi l \gamma r + G\frac{\zeta' + \zeta''}{2r} \quad . \quad . \quad . \quad . \quad . \quad (8a)$$

Dieser Ausdruck wird für

$$r = \sqrt{\frac{G}{2\pi l\gamma}\left(1 + \frac{\zeta'}{\zeta''}\right)} \quad . \quad . \quad . \quad . \quad . \quad . \quad (9)$$

zu einem Minimum vom Betrage

$$W_{mm} = \sqrt{2\pi l\gamma G\zeta''(\zeta' + \zeta'')} \quad . \quad . \quad . \quad . \quad (10)$$

Beispielsweise sei eine Last von 1000 kg auf 2 hölzernen Rollen zu bewegen von je $l = 1$ m $= 100$ cm Länge und $r = 7{,}50$ cm Radius. Das spezifische Gewicht des Rollenmaterials sei $\gamma = 1250$ kg/cbm $= \frac{1{,}25}{1000}$ kg/cbcm; der Koeffizient der Rollenreibung zwischen Last und Rollen $\zeta' = 0{,}05$ cm, derjenige zwischen den Rollen und der Unterlage $\zeta'' = 0{,}2$ cm. Alsdann ergibt sich der Bewegungswiderstand nach (8a) zu

$$W = 0{,}2 \cdot \pi \cdot 100 \cdot \frac{1{,}25}{1000}\, 7{,}5 + 1000\,\frac{0{,}05 + 0{,}2}{15} = 16{,}74 \text{ kg}.$$

Man erkennt daraus, dafs für kleine und leichte Walzen das diesen entsprechende erste Glied in (8a) gegenüber dem zweiten der Last zugehörigen nur von untergeordneter Bedeutung ist.

Verlangen wir dagegen das Minimum des Bewegungswiderstandes, so hätten wir unter Beibehaltung der Rollenlänge l und desselben Rollenmateriales, also auch derselben Widerstandskoeffizienten nach (9) Rollen mit einem Radius von

$$r = \sqrt{\frac{1000 \cdot 1000}{2 \cdot \pi \cdot 100 \cdot 1{,}25}\left(1 + \frac{0{,}05}{0{,}20}\right)} \backsim 40 \text{ cm}$$

zu wählen, denen dann nach (10) ein Widerstand von

$$W = \sqrt{2\pi \cdot 100 \cdot \frac{1{,}25}{1000} \cdot 1000 \cdot 0{,}2 \cdot 0{,}25} \backsim 10 \text{ kg}$$

entspricht. Es liegt auf der Hand, dafs man bei so geringen Kräften auf eine Verminderung des Widerstandes weniger Bedacht nehmen wird, wie auf die Verwendung möglichst wohlfeiler Hilfsmittel, also von Rollen mit kleinem Durchmesser. Dies erscheint umso gerechtfertigter, als die Anwendung grofser Rollendurchmesser eine meist gar nicht erwünschte und mit bedeutendem Arbeitsaufwande verbundene Hebung der Last erfordert, welche in der obigen Betrachtung gar nicht zum Ausdruke gelangt.

Wollte man diese Arbeit zum Heben berücksichtigen, welche natürlich derart erfolgt, dafs man die Last zunächst nur an einem Ende aufhebt und sie dann auf der ersten untergelegten Rolle vorschiebt, so würde man für die Gesamtarbeit auf dem Wege s den Ausdruck

$$L = Ws + 2Gr$$

erhalten, der mit Rücksicht auf (8a) auch in der Form

$$L = (\zeta'' \pi l \gamma s + 2G)r + \frac{\zeta' + \zeta''}{2} G \frac{s}{r} \quad . \quad . \quad . \quad (11)$$

geschrieben werden kann. Gegenüber der Hubarbeit kommen die vom Rollenwiderstand herrührenden, mit dem Wege s belasteten Glieder nur dann in Betracht, wenn dieser Weg ziemlich lang ist. Dann allerdings lohnt sich auch die Verwendung von Rollen mit gröfserem Durchmesser, wenn man es nicht vorzieht, eigentliche Fuhrwerke zu verwenden, deren Bewegung im folgenden Paragraphen behandelt werden soll.

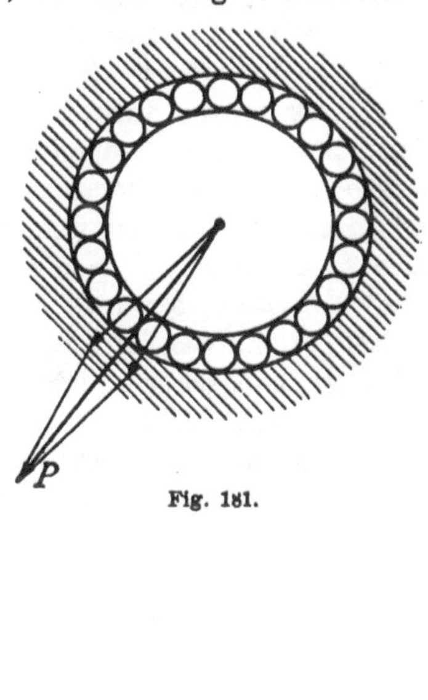

Fig. 181.

Denkt man sich statt der Walzen Kugeln verwendet, und zwar in solcher Zahl, dafs sie sich sämtlich berühren und schliefslich das ganze System kreisringförmig gestaltet, so entsteht ein sog. Kugellager (Fig. 181), wie es in der modernen Technik auch für kleinere Kräfte verwendet wird. Bei demselben verteilt sich der Achsendruck P im allgemeinen auf 2 Kugeln, deren Rollenwiderstand, da ihr Eigengewicht nicht in Betracht kommt, sich aus (8a) mit $\zeta' = \zeta'' = \zeta$ angenähert zu

$$W = \zeta \frac{P}{r} \quad . \quad . \quad . \quad . \quad . \quad . \quad . \quad (8b)$$

ergibt. Da die zwischen den Kugeln wirksamen Kräfte nur Komponenten ihres Eigengewichts sein können, dieses aber vernachlässigt werden kann, so gilt das auch von der gleitenden Reibung zwischen den Kugeln. Das Widerstandsmoment des gesamten Kugellagers mit seinem Zapfenradius r, ist demnach

$$\mathfrak{M}_w = W r_1 = \zeta \frac{r_1}{r} P. \quad . \quad . \quad . \quad . \quad . \quad (12)$$

Bei Verwendung gehärteter Kugeln von nicht zu kleinem Durchmesser, welche in gehärteten bezw. unter starkem Druck geglätteten Rinnen laufen, kann der Quotient $\zeta : r$ so weit herabgezogen werden, daſs das Widerstandsmoment viel kleiner ausfällt als bei gewöhnlicher Zapfenreibung.

§ 45. Die Bewegung der Fuhrwerke.

Gleichförmige Bewegung eines Fuhrwerkes unter dem Einflusse von Zapfenreibung, Rollenwiderstand und Luftwiderstand; Ermittlung der Zugkraft und Zusammenhang derselben bei Lokomotiven mit der Räderreibung. Das Anfahren sowie das freie und gebremste Auslaufen von Fahrzeugen. Einfluſs des Festbremsens von Rädern.

Unter einem Fuhrwerk oder Fahrzeug wollen wir ein zur Aufnahme von Lasten oder Personen zweckmäſsig ausgebildetes Gestell verstehen, welches auf den Achsen von Rollen oder Rädern mit oder ohne Zwischenschaltung elastischer Glieder derart ruht, daſs es mit den Rädern dieselbe fortschreitende Geschwindigkeit besitzt. Rollen demnach die Räder auf der Unterlage ohne zu gleiten, ist notwendig ihre Umfangsgeschwindigkeit mit der fortschreitenden Geschwindigkeit des ganzen Systems identisch. Sind je zwei Räder mit der Achse fest verbunden, so dreht sich diese in zwei Lagern am Gestell, den sog. Achsbüchsen. Umgekehrt können sich auch die Räder auf ihrer mit dem Gestell fest verbundenen Achse drehen. In beiden Fällen ist bei der Bewegung des Fuhrwerkes die Zapfenreibung zu überwinden, zu der noch der Rollenwiderstand der Räder auf der Unterlage und schliefslich der Luftwiderstand hinzutritt.

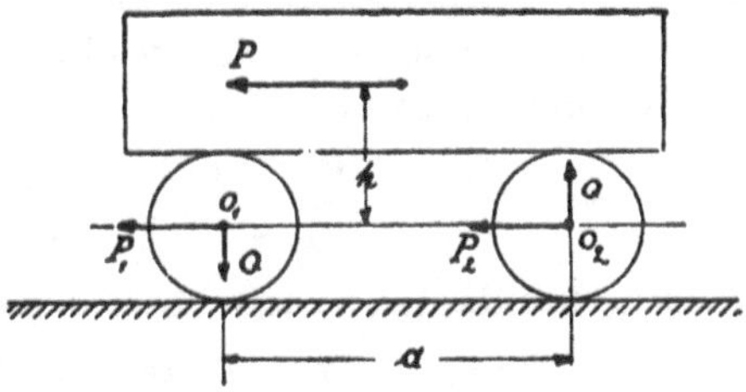

Fig. 182.

Wir denken uns zunächst auf horizontaler ebener Unterlage ein Fuhrwerk, z. B. einen Eisenbahnwagen (Fig. 182) auf zwei Achsen O_1 und O_2 mit Rädern von demselben Radius r. Das Gewicht jedes Rades sei G_0, der Radius des Reibungskreises des Achszapfens r_0. Auf die beiden Achsen entfallen vom Gesamtgewichte G des Wagengestells und seiner Belastung die Beträge G_1 und G_2, so zwar dafs

$$G_1 + G_2 = G.$$

Die Entfernung der beiden Achsen von einander, der sog. Radstand sei $O_1 O_2 = a$, in der Höhe h über der Achsenmitte greife die ebenfalls horizontal gerichtete Zugkraft P an, welche in zwei gleichgerichtete Drucke P_1 und P_2 in den Lagern bei O_1 und O_2 zerfällt so dafs

$$P_1 + P_2 = P \quad . \; . \; . \; . \; . \; . \; . \; . \; . \quad (1)$$

ist. Durch Verlegung der Zugkraft P in die Linie $O_1 O_2$ wird aber ein Kräftepaar Ph geweckt, dem zwei entgegengesetzte gleiche Vertikalkräfte Q an den Lagern mit dem Radstand als Hebelarm das Gleichgewicht halten. Wir haben mithin

$$Ph = Qa \quad . \; . \; . \; . \; . \; . \; . \; . \; . \; . \quad (2)$$

und können nunmehr die sämtlichen Kräfte an den Lagern O_1 und O_2 zusammenfassen. In vertikaler Richtung ist die erste Achse O_1 belastet mit $G_1 + Q$, die Achse O_2 durch $G_2 - Q$, während horizontal die beiden Zugkräfte P_1 und P_2 angreifen. Die Resultanten dieser Kräfte ergeben sich mithin zu

$$\left. \begin{aligned} R_1 &= \sqrt{(G_1 + Q)^2 + P_1^2} \\ R_2 &= \sqrt{(G_2 - Q)^2 + P_2^2} \end{aligned} \right\} \quad . \; . \; . \; . \; . \; . \quad (3)$$

oder unter Anwendung des in § 27 (Anmerkung) vorgetragenen Satzes von Poncelet mit $\alpha = 0{,}961$, $\beta = 0{,}398$, sowie unter Beachtung des Umstandes, dafs die Gewichte G_1 und G_2 erfahrungsmäfsig viel gröfser als die Zugkräfte P_1 und P_2 bezw. Q ausfallen, angenähert zu

$$\left.\begin{aligned} R_1 &= \alpha\,(G_1 + Q) + \beta P_1 \\ R_2 &= \alpha\,(G_1 - Q) + \beta P_2 \end{aligned}\right\} \quad . \quad . \quad . \quad . \quad (3\,\mathrm{a})$$

Diesen Resultanten entsprechen die Zapfenreibungsmomente

$$\left.\begin{aligned} \mathfrak{M}_{r1} &= R_1 r_0 = \alpha r_0\,(G_1 + Q) + \beta r_0 P_1 \\ \mathfrak{M}_{r2} &= R_2 r_0 = \alpha r_0\,(G_1 - Q) + \beta r_0 P_2 \end{aligned}\right\} \quad . \quad . \quad . \quad (4)$$

Aufserdem aber wirken zwischen den Rädern und der Unterlage die Rollenwiderstände proportional der vertikalen Belastung an den Auflagestellen der Räder. Mit einem gemeinsamen Rollenwiderstandskoeffizienten ζ haben wir demnach für diese Widerstände

$$\left.\begin{aligned} W_1 &= (G_0 + G_1 + Q)\,\frac{\zeta}{r} \\ W_2 &= (G_0 + G_2 - Q)\,\frac{\zeta}{r} \end{aligned}\right\} \quad . \quad . \quad . \quad . \quad . \quad . \quad (5)$$

mit den Momenten

$$\left.\begin{aligned} \mathfrak{M}_{w1} &= r W_1 = \zeta\,(G_0 + G_1 + Q) \\ \mathfrak{M}_{w2} &= r W_2 = \zeta\,(G_0 + G_2 - Q) \end{aligned}\right\} \quad . \quad . \quad . \quad (6)$$

Die von den Zugkräften P_1 und P_2 an O_1 und O_2 bei einer Umdrehung der Räder geleistete Arbeit ist demnach, abgesehen vom Luftwiderstand,

$$\begin{aligned} 2\pi r P_1 &= 2\pi\,(\mathfrak{M}_{r1} + \mathfrak{M}_{w1}) \\ 2\pi r P_2 &= 2\pi\,(\mathfrak{M}_{r2} + \mathfrak{M}_{w2}) \end{aligned}$$

oder, nach Einsetzen der Werte der Momente aus (4) und (6)

$$\begin{aligned} P_1 r &= \alpha r_0\,(G_1 + Q) + \beta r_0 P_1 + \zeta\,(G_0 + G_1 + Q) \\ P_2 r &= \alpha r_0\,(G_2 - Q) + \beta r_0 P_2 + \zeta\,(G_0 + G_2 - Q). \end{aligned}$$

Vereinigen wir schliefslich die Zugkräfte P_1 und P_2 auf einer Seite, so lauten unsere Gleichungen

$$\left.\begin{aligned} P_1\,(r - \beta r_0) &= \alpha r_0\,(G_1 + Q) + \zeta\,(G_0 + G_1 + Q) \\ P_2\,(r - \beta r_0) &= \alpha r_0\,(G_2 - Q) + \zeta\,(G_0 + G_2 - Q) \end{aligned}\right\} \quad . \quad (7)$$

Durch Addition ergibt sich aus diesen Formeln die gesamte Zugkraft P unter Fortfall der Kräfte Q, sowie mit $G_1 + G_2 = G$

$$P(r - \beta r_0) = (\alpha r_0 + \zeta) G + 2\zeta G_0 \quad . \quad . \quad . \quad (8)$$

Kennt man diesen Wert, so folgt aus Gl. (2) der Wert für Q und damit schliefslich die einzelnen Beträge P_1 und P_2 der Zugkraft, deren Bestimmung übrigens praktisch kaum von Interesse ist. Die vorstehende Betrachtung gilt ausschliefslich für eine gleichförmige Bewegung, d. h. also für den Beharrungszustand. Bei grofsen Geschwindigkeiten ist der Luftwiderstand rechts noch hinzuzufügen, und zwar als ein mit dem Quadrate der Geschwindigkeit v behaftetes Glied, wodurch (8) übergeht in

$$P(r - \beta r_0) = (\alpha r_0 + \zeta) G + 2\zeta G_0 + \varepsilon v^2 r \quad . \quad . \quad (8a)$$

Wegen der Kleinheit von βr_0 gegen r kann man dafür auch angenähert schreiben

$$P = \left(1 + \frac{\beta r_0}{r}\right)\left(\frac{\alpha r_0 + \zeta}{r} G + 2\frac{\zeta}{r} G_0 + \varepsilon v^2\right) \quad . \quad . \quad (8b)$$

Die so ermittelte Zugkraft mufs natürlich von aufsen her auf das Fahrzeug wirken. Darum mufs, auch wenn der Wagen sich wie z. B. eine Lokomotive selbst fortbewegen bezw. noch andere Fahrzeuge hinter sich herziehen soll, eine äufsere Kraft geweckt werden, welche die Fortbewegung der Räder auf der Unterlage bewirkt. Wäre diese äufsere Kraft nicht vorhanden, so würden die Lokomotivtreibräder unter dem Einflusse des Dampfdruckmomentes sich lediglich drehen. Hier tritt nun die gleitende Reibung der Räder auf den Schienen ein, deren Stärke durch die Belastung und den Reibungskoeffizienten gegeben ist. Sie verhindert das Gleiten und zwingt darum durch ihre Reaktion die Räder zum Fortrollen, so lange die Bewegungswiderstände zusammen nicht gröfser als ihre eigenen Werte sind. Wird, wie z. B. durch Befeuchtung der Schienen (bei Regen) die Reibung zwischen Rad und Schiene bedeutend vermindert, so beginnen die Räder auf der Schiene unter Gleiten sich zu drehen und die Zugwirkung der Lokomotive versagt. Daraus erkennt man, dafs keine Lokomotive, gleichviel von welcher Energiequelle sie angetrieben wird, eine gröfsere Zugkraft auszuüben vermag, als der Reibungswiderstand ihrer Treibräder beim Gleiten auf den

Schienen beträgt. Damit ist übrigens, wie schon aus der Unbestimmtheit des tatsächlichen Reibungswiderstandes hervorgeht, durchaus nicht gesagt, dafs die Zugkraft immer gleich dem ganzen durch das auf den Treibrädern lastende Gewicht bedingten Reibungswiderstande sein mufs, sondern nur, dafs sie sich innerhalb dieser Grenze hält.

Um nun das Verhalten des Fahrzeuges beim Anfahren oder beim Übergang zur Ruhe, d. h. während des sog. Auslaufes zu untersuchen, denken wir uns in Fig. 183 zunächst die Räder vom Wagengestell getrennt und an ihrer Stelle je eine Vertikalkraft V und eine Horizontalkomponente H angebracht, die mit den sonst am Gestell wirkenden Kräften dieselbe Bewegung hervorrufen, welche das auf den Rädern laufende Gestell annimmt. Ist G das gesammte Wagengewicht, von dem die Teile G_1 und G_2 auf die beiden Achsen O_1 und O_2 entfallen, weiterhin P die treibende Kraft und εv^2 der Luftwiderstand, so hat man in horizontaler Richtung noch Reibungskräfte W_1 und W_2 in den Lagern zu beachten, welche, wenn die Räder im Sinne der fortschreitenden Bewegung sich drehen, auf das Gestell beschleunigend wirken. Auf dem Wegelemente ds wird demnach unter dem Einflusse der Kräfte

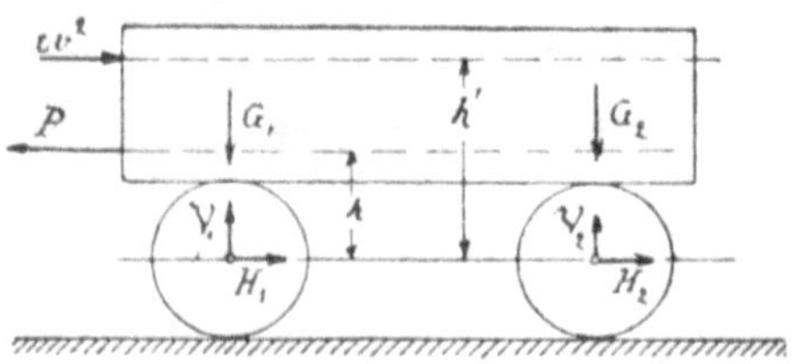

Fig. 183.

$$P + W_1 + W_2 - H_1 - H_2 - \varepsilon v^2$$

die Masse $\frac{G}{g}$ um dv beschleunigt, so dafs wir nach der Arbeitsgleichung haben

$$(P + W_1 + W_2 - H_1 - H_2 - \varepsilon v^2)\, ds = \frac{G}{g} v\, dv \quad . \quad . \quad (9)$$

während in vertikaler Richtung nach der Formel

$$V_1 + V_2 - G = 0 \quad . \quad . \quad . \quad . \quad . \quad . \quad . \quad . \quad (10)$$

Gleichgewicht herrscht. Dazu tritt noch die Momentengleichung, für die wir als Momentanpol die Achse O_1 wählen. Bezeichnet h den Abstand der Richtungslinie der Zugkraft P, h' den der Resultante des Luftwiderstandes εv^2 und x denjenigen eines beliebigen

Gewichtselementes dG des Gestelles von der Radachsenebene, so lautet die Momentengleichung für den Pol O_1

$$Ph - \varepsilon v^2 h' - G_2 a + V_2 a = \int \frac{x}{g} \frac{dv}{dt} dG$$

oder, da alle Elemente dG gleichzeitig dieselbe Beschleunigung $\frac{dv}{dt}$ besitzen, unter Einführung der Schwerpunktshöhe h'' des Gestells über den Radachsen

$$Ph - \varepsilon v^2 h' - G_2 a + V_2 a = \frac{G}{g} h'' \frac{dv}{dt} \quad . \quad . \quad . \quad (11)$$

Aus (10) und (11) erhalten wir nunmehr mit $G_1 + G_2 = G$ sofort die vertikalen Reaktionen der Radachsen

$$\left.\begin{aligned} V_1 &= G_1 + P\frac{h}{a} - \varepsilon v^2 \frac{h'}{a} - \frac{G}{g}\frac{h''}{a}\frac{dv}{dt} \\ V_2 &= G_2 - P\frac{h}{a} + \varepsilon v^2 \frac{h'}{a} + \frac{G}{g}\frac{h''}{a}\frac{dv}{dt} \end{aligned}\right\} \quad . \quad . \quad . \quad (12)$$

Die Reaktionen H und V lassen sich nun zu Resultanten R_1 und R_2 zusammenfassen, für die wir unter Benutzung des Ponceletschen Satzes wegen $V > H$ schreiben dürfen

$$R_1 = \sqrt{V_1^2 + H_1^2} = \alpha V_1 + \beta H_1$$
$$R_2 = \sqrt{V_2^2 + H_2^2} = \alpha V_2 + \beta H_2.$$

Die Neigung dieser Resultanten wird nur wenig von der Vertikalen abweichen, darum werden auch die ihnen entsprechenden Reibungskräfte nahezu horizontal wirken und dürfen somit mit den schon oben eingeführten W_1 und W_2 identifiziert werden. Wir haben also mit dem Reibungskoeffizienten f

$$\left.\begin{aligned} W_1 &= fR_1 = f\alpha V_1 + f\beta H_1 \\ W_2 &= fR_2 = f\alpha V_2 + f\beta H_2 \end{aligned}\right\}, \quad . \quad . \quad . \quad . \quad (13)$$

worin wir die Vertikalkräfte aus (12) einsetzen können, während die Horizontalreaktionen nur mit Hilfe der für die Räder giltigen Gleichungen eliminiert werden können, für welche sie die treibenden Kräfte darstellen. Bei der Aufstellung der Arbeitsformel für die Räder ist nicht aufser acht zu lassen, dafs die Reibungswiderstände W hier nicht nur auf dem Wege ds, sondern auch noch auf dem vom Zapfen beschriebenen Bogen $r'd\varphi$ zu überwinden sind, ferner, dafs ein aus der Gesamtbelastung x und dem

Radgewichte G_0 resultierender Rollenwiderstand an der Berührungsstelle zwischen den Rädern und der Unterlage existiert. Die Gesamtbelastung beider Räderpaare ist aber gegeben durch

$$2\,G_0 + V_1 + V_2 = 2\,G_0 + G \quad . \quad . \quad . \quad . \quad . \quad (14)$$

so dafs wir für den Rollenwiderstand an beiden Räderpaaren zusammen

$$W' = \frac{\zeta}{r}(G + 2\,G_0) \quad . \quad . \quad . \quad . \quad . \quad . \quad (15)$$

erhalten, der auf dem Wegelemente ds zu überwinden ist. Danach lautet die Arbeitsgleichung für die Räderpaare mit Rücksicht darauf, dafs die kinetische Energie derselben aus der Energie der fortschreitenden Bewegung $2\,\frac{G_0}{g}\,\frac{v^2}{2}$ und derjenigen der Rotation $2\,\frac{G_0}{g}\,k^2\,\frac{\omega^2}{2}$ besteht, wobei k den polaren Trägheitsradius eines Räderpaares und ω die Winkelgeschwindigkeit bedeutet,

$$(H_1 + H_2 - W')\,ds - (W_1 + W_2)\,(ds + r'\,d\varphi)$$
$$= 2\,\frac{G_0}{g}\,(v\,dv + k^2\,\omega\,d\omega) \quad . \quad (16)$$

Durch Addition dieser Gleichung zu (9) folgt alsdann für das ganze System unter Herausfallen der hierbei als innere Kräfte geltenden Summe $H_1 + H_2$ die Energiegleichung

$$(P - \varepsilon v^2 - W')\,ds - (W_1 + W_2)\,r'\,d\varphi$$
$$= \frac{1}{g}\,(G + 2\,G_0)\,v\,dv + \frac{2\,G_0}{g}\,k^2\,\omega\,d\omega \quad . \quad . \quad (17)$$

In derselben kommt indessen die Summe der Horizontalreaktionen $H_1 + H_2$ implicite noch in $W_1 + W_2$ vor, so dafs es zweckmäfsig erscheint, unter Einführung von

$$W_1 + W_2 = f\alpha\,(V_1 + V_2) + f\beta\,(H_1 + H_2)$$

oder wegen (10)

$$W_1 + W_2 = f\alpha\,G + f\beta\,(H_1 + H_2)$$

aus den Gl. (9) und (16) die Summe $H_1 + H_2$ zu eliminieren. Dies führt auf die Formel

$$\left(\frac{G}{g}\,v\,\frac{dv}{ds} + \varepsilon v^2 - P - \alpha f G\right)\left(1 - f\beta - f\beta\,r'\,\frac{d\varphi}{ds}\right)$$
$$+ \left\{W' + \alpha f G\left(1 + r'\,\frac{d\varphi}{ds}\right) + \frac{2\,G_0}{g}\left(v\,\frac{dv}{ds} + k^2\,\omega\,\frac{d\omega}{ds}\right)\right\}(1 \quad f\beta) = 0.$$

Vernachlässigen wir die Produkte kleiner Gröfsen, also εf und f^2, setzen also näherungsweise

$$\frac{1 - f\beta - f\beta\, r' \frac{d\varphi}{ds}}{1 - f\beta} = 1 - f\beta\, r' \frac{d\varphi}{ds}$$

und führen noch W' nach (15), sowie den Radius des Reibungskreises $f r' = r_0$ ein, so geht unsere Gleichung über in

$$\frac{1}{g}\left\{G\left(1 - \beta r_0 \frac{d\varphi}{ds}\right) + 2 G_0\right\} v \frac{dv}{ds} + \frac{2 G_0}{g} k^2 \omega \frac{d\omega}{ds}$$
$$+ \varepsilon v^2 - P\left(1 - \beta r_0 \frac{d\varphi}{ds}\right) + \alpha G r_0 \frac{d\varphi}{ds} + \frac{\zeta}{r}(G + 2 G_0) = 0.$$

Da die Räder auf der Unterlage nur rollen sollen, ohne zu gleiten, so wird mit $r\omega = v$ und $r\, d\varphi = ds$ aus dieser Formel

$$\frac{1}{g}\left\{G\left(1 - \beta \frac{r_0}{r}\right) + 2 G\left(1 + \frac{k^2}{r^2}\right)\right\} \frac{dv}{dt} + \varepsilon v^2$$
$$+ G\left(\alpha \frac{r_0}{r} + \frac{\zeta}{r}\right) + \frac{2\zeta}{r} G_0 - P\left(1 - \beta \frac{r_0}{r}\right) = 0 \quad . \quad . \quad (18)$$

Für gleichförmige Bewegung, d. h. $\frac{dv}{dt} = 0$ geht diese Gleichung ersichtlich in die schon oben entwickelte Gl. (8a) über, welche somit durch die vorstehende allgemeinere Betrachtung ihre Bestätigung findet. Für die Anfahrperiode setzt man meistens die Zugkraft konstant und zwar gleich dem Werte, welcher der gleichförmigen Bewegung nach Gl. (8a) entspricht. Alsdann aber ist die Gl. (18) der Form nach identisch mit der in § 31 eingehend behandelten und integrierten Differentialgleichung für den freien vertikalen Fall eines Körpers unter dem Einflusse des Luftwiderstandes, für den wir ja auch hier dasselbe Gesetz angenommen haben. Die dort erhaltene Lösung, welche somit auch für die Anfahrperiode eines Fuhrwerkes gilt, ergab einen asymptotischen Verlauf, d. h. dafs die gleichförmige Geschwindigkeit und mit ihr der Beharrungszustand erst nach unendlich langer Zeit erreicht wird. Wenn dieses Ergebnis mit der praktischen Erfahrung nicht übereinstimmt, so liegt dies, abgesehen von der wahrscheinlich nicht ganz korrekten Form des Luftwiderstandsgesetzes vorwiegend in der Annahme einer konstanten Zugkraft beim Anfahren. Dieselbe wird in Wirklichkeit allmählich gesteigert und zwar bis über den zur Aufrechterhaltung des Beharrungszustandes notwendigen Wert, um dann nach dem Erreichen der beabsichtigten Geschwindigkeit wieder ermäfsigt zu werden. Da sich diese Regulierung der Zugkraft nach persönlichem Ermessen des Lenkers des Fuhrwerkes, z. B. des Lokomotivführers, jedenfalls aber nicht gesetzmäfsig vollzieht, so hat ihre Berücksichtigung bei der Integration an Gl. (18) keinen praktischen Wert.

Die Auslaufperiode dagegen läfst sich, da während derselben die Zugkraft ausgeschaltet ist, unter Voraussetzung der praktischen Richtigkeit der eingeführten Widerstandsgesetze nach (18) ziemlich genau verfolgen. Die durch $P = 0$ vereinfachte Differentialgleichung

$$\frac{1}{g}\left\{G\left(1-\beta\frac{r_0}{r}\right)+2\,G_0\left(1+\frac{k^2}{r^2}\right)\right\}\frac{dv}{dt}+\varepsilon v^2$$

$$+\,G\left(\alpha\frac{r_0}{r}+\frac{\zeta}{r}\right)+2\,\frac{\zeta}{r}\,G_0=0\;.\;\;.\;\;.\;\;.\;\;.\;\;(18a)$$

stimmt wiederum mit einer in § 31 behandelten, welche für das Aufsteigen eines vertikal emporgeworfenen Körpers unter dem Einflusse des Luftwiderstandes gilt, formell überein. Wird dann eines der Räderpaare gebremst, so tritt in dieser Gleichung, ohne dafs sich sonst etwas zu ändern braucht, zu den Reibungswiderständen ein neues Glied, die Bremsreibung hinzu. Bezeichnen wir das Moment derselben mit $\mathfrak{M}_r$, so lautet die Formel für den Auslauf unter der Wirkung dieses gebremsten Räderpaares demnach

$$\frac{1}{g}\left\{G\left(1-\beta\frac{r_0}{r}\right)+2\,G_0\left(1+\frac{k^2}{r^2}\right)\right\}\frac{dv}{dt}+\varepsilon v^2$$

$$+\,G\,\frac{\alpha r_0+\zeta}{r}+2\,\frac{\zeta}{r}\,G_0+\frac{\mathfrak{M}_r}{r}=0\;\;.\;\;.\;\;.\;\;(18b)$$

und man erhält daraus analog Gl. (4b) und (6b) in § 31 für die Dauer t_0 des Auslaufes und den dabei zurückgelegten Weg s_0, wenn v_0 die anfängliche Geschwindigkeit war

$$t_0 = \frac{G\left(1-\beta\frac{r_0}{r}\right)+2G_0\left(1+\frac{k^2}{r^2}\right)}{g\varepsilon\sqrt{G\frac{\alpha r_0+\zeta}{r}+2\frac{\zeta}{r}G_0+\frac{\mathfrak{M}_r}{r}}} \times \operatorname{arctg}\frac{v_0\sqrt{\varepsilon}}{\sqrt{G\frac{\alpha r_0+\zeta}{r}+2\frac{\zeta}{r}G_0+\frac{\mathfrak{M}_r}{r}}} \qquad (19)$$

$$s_0 = \frac{1}{2g\varepsilon}\left\{G\left(1-\beta\frac{r_0}{r}\right)+2G_0\left(1+\frac{k^2}{r^2}\right)\right\} \times \lg n\left\{1+\frac{v_0^2\varepsilon}{G\frac{\alpha r_0+\zeta}{r}+2\frac{\zeta}{r}G_0+\frac{\mathfrak{M}_r}{r}}\right\} \qquad (20)$$

Diese Ergebnisse sind indessen, worauf ausdrücklich hingewiesen werden mufs, nur so lange richtig, als keines der Räderpaare infolge der Bremswirkung zum Gleiten gezwungen wird. Dies tritt aber jedenfalls in kürzester Zeit ein, sobald das Moment der Bremswirkung, der Zapfenreibung und des Rollenwiderstandes zusammengenommen das Moment der gleitenden Reibung des festgebremsten Rades übertreffen. Das ganze Verhalten des Fahrzeuges mit einer derart festgebremsten Achse läfst sich nun ebenso wie oben verfolgen, wenn man an Hand von Fig. 184 einerseits an der Schleifstelle die Kräfte V_1 und $W_1 = f V_1$, andererseits an der sich noch drehenden Achse O_2 die Reaktionskomponenten V_2 und H_2 anbringt und von der Zugkraft überhaupt absieht, während die übrigen Gröfsen ihre frühere Bedeutung behalten. Alsdann erhalten wir statt der Gleichungen (9), (10) und (11)

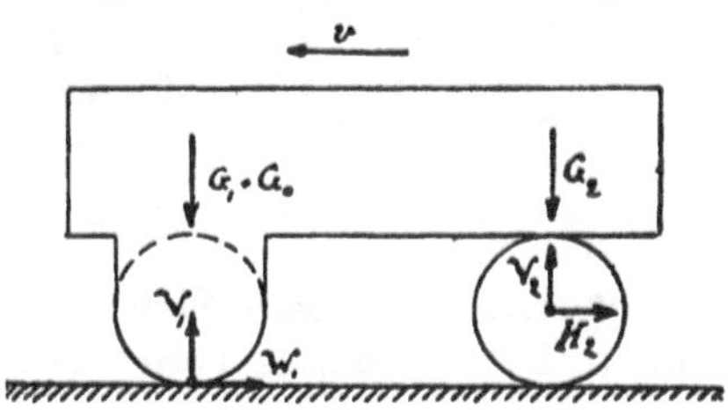

Fig. 184.

$$(W_2 - H_2 - \varepsilon v^2 - f V_1)\,ds = \frac{G}{g}\,v\,dv \quad . \quad . \quad . \quad (9a)$$

$$V_1 + V_2 = G + G_0 \quad . \quad . \quad . \quad . \quad . \quad . \quad (10a)$$

$$V_2 a + f V_1 r - \varepsilon v^2 h' - G_2 a = \frac{G}{g}\,h''\,\frac{dv}{dt} \quad . \quad . \quad (11a)$$

Vernachlässigt man wieder die Produkte mehrerer Reibungskoeffizienten, also εf, f^2 u. s. w., so erhalten wir hieraus

$$\left.\begin{aligned} V_1 &= G_1 + G_0 - \varepsilon v^2 \frac{h'}{a} - \frac{G}{g}\frac{h''}{a}\frac{dv}{dt}\left(1 + f\frac{r}{a}\right) \\ V_2 &= G_2 + \varepsilon v^2 \frac{h'}{a} + \frac{G}{g}\frac{h''}{a}\frac{dv}{dt}\left(1 + f\frac{r}{a}\right) \end{aligned}\right\} \quad (12\text{a})$$

und weiterhin

$$W_2 = f\alpha V_2 + f\beta H_2 \quad . \quad . \quad . \quad . \quad . \quad . \quad (13\text{a})$$

$$W' = \frac{\zeta}{r}(G_2 + G_0) \quad . \quad . \quad . \quad . \quad . \quad . \quad (15\text{a})$$

An Stelle der Gl. (16) für den Energieaustausch an dem noch übrigen rollenden Räderpaar tritt nunmehr

$$(H_2 - W')\,ds - W_2\,(ds + r'd\varphi) = \frac{G_0}{g}(v\,dv + k^2\omega\,d\omega) \quad (16\text{a})$$

Eliminieren wir nunmehr die Gröfsen W_2 und H_2 aus den Formeln (9a), (13a) und (16a), so bleibt wieder unter Vernachlässigung höherer Potenzen der Reibungskoeffizienten, sowie wegen $r\omega = v$, $d\varphi = \omega\,dt$

$$\frac{1}{g}\left\{G\left(1 - \beta\frac{r_0}{r}\right) + G_0\left(1 + \frac{k^2}{r^2}\right)\right\}\frac{dv}{dt} + \varepsilon v^2$$
$$+ W' + fV_1 + \alpha V_2\frac{r_0}{r} = 0.$$

Setzen wir hierin schliefslich die Werte für W', V_1 und V_2 aus (15a) und (12a) ein, so ergibt sich schliefslich

$$\frac{1}{g}\left\{G\left(1 - \beta\frac{r_0}{r}\right) - G\frac{h''}{a}\left(f - \alpha\frac{r_0}{r}\right) + G_0\left(1 + \frac{k^2}{r^2}\right)\right\}\frac{dv}{dt}$$
$$+ \varepsilon v^2 + f(G_1 + G_0) + G_2\frac{\alpha r_0 + \zeta}{r} + \frac{G}{r}G_0 = 0 \quad . \quad (18\text{c})$$

Vergleichen wir diese Formel mit (18b), so erkennen wir, dafs zunächst der hier von der Masse scheinbar abzuziehende Betrag $\frac{G_2}{g}\frac{h''}{a}\left(f - \alpha\frac{r_0}{r}\right)$ wegen der Kleinheit der einzelnen Glieder ganz unerheblich, und weiterhin, dafs an Stelle des Bremswiderstandes $\mathfrak{M}_r : r$ der Reibungswiderstand $f(G_1 + G_0)$ getreten ist. Nun war aber die für das Festbremsen eines Räderpaares notwendige Bedingung

$$\frac{\mathfrak{M}_r}{r} + G_1 \frac{a r_0 + \zeta}{r} + \frac{\zeta}{r} G_0 > f(G_1 + G_0).$$

Dann aber ist auch

$$\varepsilon v^2 + \frac{\mathfrak{M}_r}{r} + G \frac{a r_0 + \zeta}{r} + 2 \frac{\zeta}{r} G_0 > \varepsilon v^2 + f(G_1 + G_0) + G_2 \frac{a r_0 + \zeta}{r} + \frac{\zeta}{r} G_0$$

und daher erleidet der Wagen mit einer festgebremsten Achse einen geringeren Widerstand, als wenn das Räderpaar gerade noch rollen kann. Um also ein recht rasches Anhalten zu erzielen, ist das Festbremsen einer Achse somit durchaus zu vermeiden.

§ 46. Der Stofs fester Körper.

Verschiedene Stofsarten. Das Wesen des Stofses; Stofskraft, Formänderung und Stofsdauer. Stofs vollkommen elastischer und ganz unelastischer Körper. Unvollkommen elastische Körper und Stofskoeffizient. Der Energieverlust beim zentralen Stofse. Der schiefe Zentralstofs; Einflufs der Reibung. Stofs eines freien gegen einen drehbar gelagerten Körper. Stofspunkt und Stofsmittelpunkt. Das Prellen der Hämmer. Genaue Formel für das ballistische Pendel.

Der als Stofs zu bezeichnenden Berührung fester Körper sind wir schon einmal begegnet, und zwar gelegentlich der Lehre vom Antriebe und der Bewegungsgröfse in § 32. Dort haben wir uns allerdings auf das Zusammentreffen zweier materieller Punkte m_1 und m_2 beschränkt, während wir jetzt allgemein ebene feste Systeme ins Auge fassen wollen. Diese Verallgemeinerung führt uns sofort auf zwei verschiedene Arten des Stofses, je nachdem die mit der Normalen zur gemeinsamen Berührungsstelle zusammenfallende Stofskraft P durch die Schwerpunkte beider Gebilde hindurchgeht oder nicht. Im ersten speziellen Falle sprechen wir von einem zentralen Stofse, im anderen allgemeineren von einem exzentrischen Stofse. Auf den Verlauf des Stofses und seine Folgen sind indessen noch die Bewegungsrichtungen der beiden Körper vor dem Zusammentreffen von Einflufs. Wir unterscheiden demnach den geraden von dem schiefen Stofse, je nachdem die relative Bewegungsrichtung der miteinander in Berührung kommenden Elemente der beiden Körper vor dem Stofse mit den Berührungsnormalen zusammenfällt oder nicht. Aus dieser doppelten Unterscheidung ergibt sich naturgemäfs eine grofse Fülle von verschiedenen Erscheinungen, von denen wir in der Folge nur die praktisch wichtigsten untersuchen werden.

Eine Erklärung derselben setzt allerdings voraus, dafs wir von der absoluten Starrheit der sich stofsweise berührenden Körper ebenso absehen, wie wir dies schon gelegentlich der Untersuchung des Rollenwiderstandes tun mufsten. Streng genommen gehört darum die Theorie des Stofses gar nicht in die Mechanik der starren Systeme, sondern bildet einen Bestandteil der Lehre von den Formänderungen wirklicher Körper. Wenn wir sie trotzdem an dieser Stelle behandeln, so geschieht dies nur, weil wir uns mit der Gröfse der Formänderungen, deren Existenz wir zugeben müssen, hier nicht beschäftigen wollen, sondern diesen Teil der Untersuchung der Mechanik deformierbarer Körper ausdrücklich vorbehalten. Wollten wir an der absoluten Starrheit der Körper festhalten, so müfsten wir die Stofskraft P selbst als unendlich grofs zulassen, da nur eine solche auf einem unendlich kleinen Wege und damit während einer unendlich kleinen Zeit dt nach der schon in § 32 aufgestellten Gleichung

$$\int_0^t P dt = m (v - v_0)$$

eine endliche Wirkung, d. i. eine Änderung der Geschwindigkeit und damit der kinetischen Energie hervorrufen kann. Unendlich grofse Kräfte würden aber unter allen Umständen den Zusammenhang der Gebilde, auf welche sie wirken, aufheben, d. h. dieselben einfach zerstören, was beim Stofse erfahrungsgemäfs durchaus nicht immer zutrifft. Dafs es überhaupt vorkommt, deutet darauf hin, dafs die in Wirklichkeit geweckte Stofskraft relativ sehr grofse Werte annehmen kann und auch um so eher annehmen wird, je kleiner die Zeitdauer der Wirkung, die sog. Stofsdauer ist. In der Tat ist diese Stofsdauer in den meisten Fällen fast unmefsbar klein und darum eignet sich die Erscheinung des Stofses selbst vortrefflich zum Hervorrufen so bedeutender Kräfte, dafs einer der zum Stofs gebrachten Körper zertrümmert wird. Besonders leicht werden hiervon sehr harte Körper betroffen, bei denen die Stofsdauer infolge der nur sehr geringen Formänderung an der Berührungsstelle äufserst klein ausfüllt. Solche Körper, welche wie Stahl, Gufseisen, Glas verhältnismäfsig leicht durch Stofswirkungen zertrümmert werden, bezeichnet man wohl auch als spröde.

Die aufserordentliche Gröfse der Stofskraft gegenüber anderen auf die Körper beim Zusammentreffen noch wirkenden Kräften, wie z. B. der Schwere, gestattet uns nun, die letzteren gänzlich zu vernachlässigen und damit unsere Untersuchung des Stofses wesentlich zu vereinfachen. Durch die Vernachlässigung wird nämlich die Änderung des Energieinhaltes der sich stofsenden Körper allein durch die Änderung der kinetischen Energie bestimmt, während diejenige der potentiellen Energie dagegen verschwindet. Stellt sich heraus, dafs die kinetische Energie zweier Körper unmittelbar nach dem Stofse mit derjenigen vor dem Stofse identisch, also keine Änderung der Gesamtenergie des Systems durch den Stofs eingetreten ist, so bezeichnen wir die beiden Körper als vollkommen elastisch. Wir erkennen daraus, dafs hierbei die von der Stofskraft insgesamt geleistete Arbeit verschwindet, bezw. dafs dieselbe in einen gleich grofsen positiven und negativen Teil zerfällt, von denen jeder eine bestimmte, wenn auch noch so kleine Zeitdauer erfordert. Während der ersteren Periode werden beide Körper durch Zusammendrücken an ihrer Berührungsstelle deformiert, während der zweiten dagegen findet eine vollkommene Wiederherstellung der ursprünglichen Gestalt beider Körper statt, sodafs die beiden sich während des Stofses abspielenden und gegenseitig aufhebenden Vorgänge der Zusammendrückung und Wiederausdehnung als umkehrbar bezeichnet werden können.

Im Gegensatz dazu stehen solche Körper, bei denen die Stofskraft während der Berührung mit wachsender Deformation abnimmt und schliefslich ganz verschwindet. Alsdann ist kein Anlafs zu einer Rückbildung mehr vorhanden, sodafs beide Körper im deformierten Zustande verharren. Aufserdem üben aber derartige plastische oder ganz unelastische Körper im deformierten Zustande keine Kraft mehr auf einander aus, welche Ursache einer relativen Beschleunigung sein könnte. Diese fällt somit weg und beide Körper bewegen sich nach dem

Stoſse mit gemeinsamer Geschwindigkeit fort. Die Änderung der gesamten kinetischen Energie, welche hierbei nur negativ sein kann und demnach einen Verlust bedeutet, ist zur nicht umkehrbaren Deformation beider Körper verwendet worden.

In Wirklichkeit gibt es weder vollkommen elastische, noch auch ganz unelastische Körper, sondern nur unvollkommen elastische, deren Verhalten beim Stoſse nur angenähert vorher bestimmt werden kann. Um uns über den Charakter dieser Annäherung ein Bild zu verschaffen, wird es zweckmäſsig sein, den Verlauf des Stoſsvorganges im einfachsten Falle, d. h. des geraden Zentralstoſses sowohl für vollkommen elastische, als auch für ganz unelastische Massen zu verfolgen.

Wir nehmen zwei Massen m' und m'' an, deren Schwerpunkte sich in derselben Geraden bewegen. Vor der Berührung, die ebenfalls auf dieser Geraden erfolgt, sodaſs dieselbe normal zur gemeinsamen Berührungstangente steht, haben die Massen die Geschwindigkeiten v_1, w_1, nach dem Stoſse dagegen v_2, w_2. Alsdann ist der Antrieb der auf die Masse m' wirkenden Stoſskraft P'

$$\int_0^t P' dt = m'(v_2 - v_1)$$

und der auf m'' wirkenden Stoſskraft P''

$$\int_0^t P'' dt = m''(w_2 - w_1).$$

Da infolge des Satzes der Gleichheit von Wirkung und Gegenwirkung für jeden Augenblick $P' + P'' = 0$ ist, so folgt daraus

$$m'(v_2 - v_1) + m''(w_2 - w_1) = 0 \quad . \quad . \quad . \quad . \quad (1)$$

Diese Formel, welche nur besagt, daſs die Änderungen der Bewegungsgröſsen beider Massen durch den Stoſs einander entgegengesetzt gleich sind, wofür man auch wegen

$$m' v_1 + m'' w_1 = m' v_2 + m'' w_2 \quad . \quad . \quad . \quad . \quad (1a)$$

sagen kann, daſs durch den Stoſs die Summen der Bewegungsgröſse beider Massen nicht geändert wird, ist nun ganz unabhängig von der Beschaffenheit der Massen m' und m'', gilt also sowohl für vollkommen elastische, ganz unelastische oder auch unvollkommen elastische

Körper. Die Gl. (1) bezw. (1a) genügt indessen noch nicht zur vollständigen Lösung des Stofsproblems, d. h. zur Bestimmung der Geschwindigkeiten v_2, w_2 nach dem Stofse, wenn die Werte v_1, w_1 vor dem Stofse gegeben sind. Hier tritt nun für vollkommen elastische Körper die Energiegleichung ein, welche, wenn die kinetische Gesamtenergie durch den Stofs keine Änderung erfahren hat, lautet

$$m' \frac{v_2^2 - v_1^2}{2} + m'' \frac{w_2^2 - w_1^2}{2} = 0 \quad . \quad . \quad . \quad . \quad (2)$$

und auch in der Form

$$m' v_1^2 + m'' w_1^2 = m' v_2^2 + m'' w_2^2 \quad . \quad . \quad . \quad . \quad (2a)$$

geschrieben werden kann. Verbindet man (2) mit (1), so folgt sofort

$$v_2 + v_1 = w_2 + w_1 \quad . \quad . \quad . \quad . \quad . \quad . \quad . \quad . \quad (3)$$

und daraus die beiden Endgeschwindigkeiten

$$\left. \begin{aligned} v_2 &= \frac{2 m'' w_1 + (m' - m'') v_1}{m' + m''} \\ w_2 &= \frac{2 m' v_1 + (m'' - m') w_1}{m' + m''} \end{aligned} \right\} \quad . \quad . \quad . \quad . \quad (4)$$

Mit denselben sind wir auch imstande die Gröfse des Antriebes, d. h. des Zeitintegrales der Stofskraft selbst aus den sich berührenden Massen und ihren Geschwindigkeiten vor dem Stofse anzugeben. Wir finden so

$$\int_0^t P' dt = - \int_0^t P'' dt = 2 \frac{m' m''}{m' + m''} (w_1 - v_1) \quad . \quad . \quad (5)$$

Sind die beiden Massen m' und m'' ganz unelastisch, so gilt zunächst wieder die allgemeine Gleichung (1) bezw. (1a) für die Bewegungsgröfse. Da wir nun wissen, dafs in diesem Falle die Geschwindigkeiten beider Körper nach dem Stofse gleich und gleich gerichtet sind, so kommt dazu noch

$$w_2 = v_2 = v, \quad . \quad . \quad . \quad . \quad . \quad . \quad . \quad . \quad (6)$$

so dafs diese gemeinsame Endgeschwindigkeit

$$v = \frac{m' v_1 + m'' w_1}{m' + m''} \quad . \quad . \quad . \quad . \quad . \quad . \quad (7)$$

und der Antrieb der Stofskraft

$$\int_0^t P' dt = -\int_0^t P'' dt = \frac{m' m''}{m' + m''} (w_1 - v_1) \quad . \quad . \quad (8)$$

wird. Aus dem Vergleiche der Formeln (5) und (8) ergibt sich nun der Satz, dafs der Antrieb beim vollkommen elastischen Stofse doppelt so grofs ausfällt wie beim ganz unelastischen Stofse, woraus man wiederum allgemein schliefsen darf, dafs beim Stofse unvollkommener elastischer Körper die Gröfse des Antriebes zwischen beiden Werten (5) und (7) liegen wird. Der Grund dieser Tatsache liegt natürlich einfach darin, dafs beim ganz unelastischen Stofse die zweite Periode der Stofskraftwirkung überhaupt wegfällt, während beim unvollkommen elastischen Stofse die Stofskraft während der zweiten Periode, d. h. der Trennung der Körper von einander infolge der teilweise nicht umkehrbaren Formänderungen nicht wieder dieselbe Höhe erreicht wie beim vollkommen elastischen.

Eine genauere Verfolgung des Stofsvorganges bei unvollkommen elastischen Körpern ist natürlich gänzlich ausgeschlossen, da man über die Formänderungen selbst von vornherein nichts aussagen kann. Man umgeht darum alle derartigen Schwierigkeiten durch Einführung einer Erfahrungszahl, des sog. Stofskoeffizienten, welcher den beiden mit einander in stofsartige Berührung gelangenden Körpern zusammen eine bestimmte Stellung zwischen vollkommen elastischen und ganz unelastischen Körpern anweist. Ist ε dieser Stofskoeffizient, so zwar, dafs

$$0 < \varepsilon < 1$$

wird, so dürfen wir allgemein statt (5) und (8) setzen

$$\left.\begin{aligned} m' (v_2 - v_1) &= \int_0^t P' dt = (1 + \varepsilon) \frac{m' m''}{m' + m''} (w_1 - v_1) \\ m'' (w_2 - w_1) &= \int_0^t P'' dt = (1 + \varepsilon) \frac{m' m''}{m' + m''} (v_1 - w_1) \end{aligned}\right\} \quad . \quad (9)$$

Daraus folgt aber mit Rücksicht auf die allgemein gültig bleibende Formel (1) durch Elimination der Massen m' und m''

$$w_2 - v_2 = \varepsilon (v_1 - w_1) \quad . \quad . \quad . \quad . \quad . \quad . \quad (10)$$

Für vollkommen elastische Körper geht diese Gleichung mit $\varepsilon = 1$ in (3) über, für ganz unelastische, also $\varepsilon = 0$, wird sie dagegen mit (6) identisch. Die Bestimmung des Stofskoeffizienten geschieht am einfachsten durch Aufhängung zweier gleich schwerer Kugeln K' und K'' nebeneinander derart, dafs sie sich in der Ruhelage gerade berühren. Lenkt man dann die Kugel K' soweit aus, dafs ihr Mittelpunkt die Höhe h' über der Ruhelage besitzt, so wird sie beim Herabfallen die andere in Ruhe befindliche Kugel K'' mit der Geschwindigkeit $v_1 = \sqrt{2gh'}$ treffen.

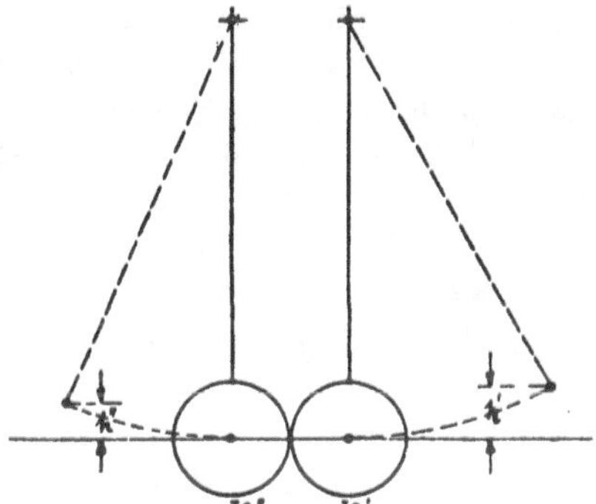

Fig. 185.

Infolge des Stofses wird nun auch diese Kugel in Bewegung versetzt und sich bis zu einer Höhe h'' über der Ruhelage erheben, woraus man ihre Endgeschwindigkeit nach dem Stofse $w_2 = \sqrt{2gh''}$ berechnen kann, während $w_1 = 0$ war. Verbindet man nun die Gl. (10) mit (1), nachdem man $m' = m''$ gesetzt hat, so ergibt sich

$$\left.\begin{aligned} 2v_2 &= (1-\varepsilon)v_1 + (1+\varepsilon)w_1 \\ 2w_2 &= (1+\varepsilon)v_1 + (1-\varepsilon)w_1 \end{aligned}\right\} \quad . \quad . \quad . \quad . \quad (11)$$

Wenn $w_1 = 0$, wie in unserer Anordnung, gesetzt werden darf, so folgt hieraus

$$\left.\begin{aligned} v_2 &= \frac{1-\varepsilon}{2} v_1 \\ w_2 &= \frac{1+\varepsilon}{2} v_1 \end{aligned}\right\} \quad . \quad . \quad . \quad . \quad . \quad . \quad . \quad . \quad (11a)$$

Da man nun auch durch die Erhebung h'_2 der ersten Kugel nach dem Stofse $v_2 = \sqrt{2gh'_2}$ bestimmen kann, so ergibt dieser Versuch sogar zwei Gleichungen für den Stofskoeffizienten ε und kann folglich als Kontrolle für die prinzipielle Zulässigkeit der Formel (9) dienen. Sind die Kugeln vollkommen elastisch, so ist $\varepsilon = 1$ und man erhält aus (10)

$$v_2 = w_1, \qquad w_2 = v_1,$$

d. h. die Körper tauschen beim Stofse ihre Geschwindigkeiten aus. War demnach eine derselben vor dem Stofse in Ruhe, so wird sie die Geschwindigkeit der auf sie treffenden Kugel annehmen, während diese infolge des Stofses zur Ruhe kommt. Von der Richtigkeit dieses Schlusses kann man sich am leichtesten durch Verwendung von Elfenbeinkugeln, welche in der Tat nahezu vollkommen elastisch sind, experimentell überzeugen

Der beim Stofs entstandene Energieverlust J berechnet sich, wie wir schon früher bemerkten, einfach als Differenz der kinetischen Energie der Körper vor und nach dem Stofse. Wir erhalten also

$$J = \frac{m'}{2}(v_1^2 - v_2^2) + \frac{m''}{2}(w_1^2 - w_2^2)$$

Zerlegen wir die Differenzen der Geschwindigkeitsquadrate, so folgt daraus mit Rücksicht auf (1)

$$J = \frac{m'}{2}(v_1 - v_2)(v_1 + v_2 - w_1 - w_2)$$

oder wegen (9) und (10)

$$J = \frac{1 - \varepsilon^2}{2} \frac{m' m''}{m' + m''}(v_1^2 - w_1^2) \quad . \quad . \quad . \quad . \quad (12)$$

Befindet sich vor dem Stofse einer der beiden Körper, z. B. die Masse m'' im Ruhezustande, so ist $w_1 = 0$ und wir erhalten für den Energieverlust

$$J = \frac{1 - \varepsilon^2}{2} \frac{m' m''}{m' + m''} v_1^2 = \frac{1 - \varepsilon^2}{2} \frac{m''}{1 + \frac{m''}{m'}} v_1^2$$

$$= \frac{1 - \varepsilon^2}{2} \frac{m'}{\frac{m'}{m''} + 1} v_1^2 \qquad (12a)$$

Der Energieverlust ist demnach im Falle, dafs der gestofsene Körper vorher ruhte, proportional der kinetischen Energie des stofsenden Körpers vor dem Stofse.

Stöfst z. B. ein Körper gegen eine **feste Wand**, welche selbst keine Bewegung annehmen kann, so ist zunächst wegen $w_1 = w_2 = 0$ aus (10)

$$v_2 = -\varepsilon v_1 \quad . \quad . \quad . \quad . \quad . \quad . \quad . \quad . \quad (10a)$$

Für einen vollkommen elastischen Stofs wird $\varepsilon = 1$, also $v_2 = -v_1$, so dafs die stofsende Masse mit derselben Geschwindigkeit wieder zurückprallt. Für einen ganz unelastischen Stofs wird $\varepsilon = 0$, also $v_2 = 0$, und die stofsende Masse bleibt an der Wand haften. Der Energieverlust ergibt sich hierfür aus der Gleichung (10a) zu

$$J = \frac{1 - \varepsilon^2}{2} m' v_1^2,$$

ein Wert, der mit (12a) übereinstimmt, wenn wir dort $\frac{m'}{m''} = 0$, oder $m'' = \infty$ setzen. In der Tat dürfen wir eine feste Wand als Bestandteil der ganzen Erdmasse betrachten und diese auch gegenüber grofsen Massen m' als unendlich grofs in den Formeln einführen. Aus den beiden Geschwindigkeiten v_2 und v_1, welche man z. B. bei vertikaler Bewegung aus der Fall- und Steighöhe berechnen kann, ergibt sich übrigens mit Gl. (10a) sofort der Stofskoeffizient ε, weshalb diese Bestimmungsmethode schon seit langem besonders beliebt ist.

Der **schiefe Zentralstofs** ist im allgemeinen nur für Kugeln oder zu einer Äquatorialebene symetrische Rotationskörper, welche aufser einer fortschreitenden Bewegung noch eine Rotation um ihre Achse besitzen, von Bedeutung. Wir denken uns dementsprechend in Fig. 186 zwei solcher Körper mit den Massen m' und m'' in der mit der gemeinsamen Äquatorialebene identischen Bildebene zusammentreffend, und zwar mit den Geschwindigkeiten v_1 und w_1. Zerlegen wir dieselben in je zwei Komponenten, von denen die mit dem Index x behafteten die Richtung der Zentrale beider Körper besitzen, die mit dem Index y dagegen senkrecht dazu stehen, so erkennen wir zunächst,

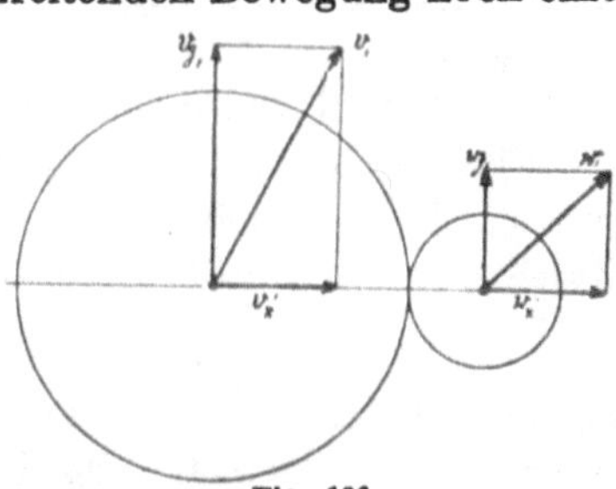

Fig. 186.

dafs für die Normalkomponenten die oben abgeleiteten Sätze für den geraden Zentralstofs unverändert gelten. Wir können somit aus den Gleichungen

$$\left.\begin{aligned} m' (v_{x2} - v_{x1}) &= \int_0^t P' \, dt \\ m'' (w_{x2} - w_{x1}) &= \int_0^t P'' \, dt \end{aligned}\right\} \quad . \quad . \quad . \quad . \quad . \quad (13)$$

und

$$w_{x2} - v_{x2} = \varepsilon (v_{x1} - w_{x1}) \quad . \quad . \quad . \quad . \quad . \quad (14)$$

den Antrieb eliminieren und die Normalkomponenten v_{x2} und w_{x2} nach dem Stofse sofort berechnen. Sind die beiden Körper absolut glatt, so erfahren die Tangentialkomponenten v_{y1} und w_{y1} der Anfangsgeschwindigkeiten, bezw. die ursprünglichen Winkelgeschwindigkeiten w' und w'' keine Änderung und die Bewegung der Körper unmittelbar nach dem Stofse ist durch die Gl. (13) und (14) vollständig beschrieben. Wird beispielsweise der Radius eines der beiden Rotationskörper unendlich grofs, d. h. wird der Körper durch eine feste Wand (Fig. 187) ersetzt, welche vor und nach dem Stofse keine Geschwindigkeit besitzt, so wird für den vollkommen elastischen Anprall, also $\varepsilon = 1$,

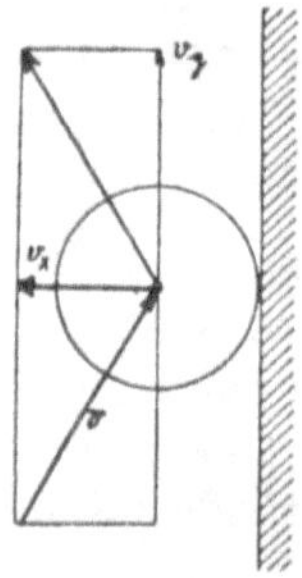

Fig. 187.

$$v_{x2} = - v_{x1}, \qquad v_{y2} = v_{y1}.$$

Ein vollkommen elastischer Rotationskörper, der an eine feste absolut glatte Wand anprallt, setzt demnach seinen Weg auf der anderen Seite der Normale im Berührungspunkte mit demselben Neigungswinkel gegen dieselbe wie vor dem Stofse, fort.

Findet dagegen zwischen den beiden Rotationskörpern Reibung, deren Koeffizient f sein möge, statt, so äufsert sich dieselbe an der Berührungsstelle durch eine Tangentialkraft

$$R = f P \quad . \quad . \quad . \quad . \quad . \quad . \quad . \quad . \quad (15)$$

welche auf einen der Körper verzögernd, auf den andern dagegen beschleunigend wirkt. Da die Tangentialkraft nicht in dem Schwerpunkte der Massen m' und m'' angreift, sondern im Abstande r' bezw. r'' von demselben, so wird sie aufser linearen Beschleunigungen in der y-Richtung auch die Winkelgeschwindigkeit der Körper beeinflussen. Aus den Gleichungen

$$m' \frac{d v_y}{d t} = f P, \qquad m'' \frac{d w_y}{d t} = - f P$$

erhalten wir die linearen Geschwindigkeitsänderungen in der y-Richtung

$$\left.\begin{aligned} \frac{m'}{f}(v_{y2} - v_{y1}) &= \int_0^t P\,dt \\ \frac{m''}{f}(w_{y2} - w_{y1}) &= -\int_0^t P\,dt \end{aligned}\right\} \quad . \quad . \quad . \quad . \quad (16)$$

Den auf der rechten Seite dieser Formeln stehenden Antrieb kennen wir aber schon aus (13) und (14), so dafs durch die Gl. (16) die endlichen Tangentialkomponenten der Geschwindigkeit eindeutig bestimmt sind. Ebenso ergeben sich die endlichen Winkelgeschwindigkeiten ω'_2 und ω''_2 nach Einführung der beiden polaren Trägheitsradien k' und k'' aus den Gleichungen

$$m' k'^2 \frac{d \omega'}{d t} = f P r', \qquad m'' k''^2 \frac{d \omega''}{d t} = - f P r''$$

durch Integration zu

$$\left.\begin{aligned} \frac{m' k'^2}{f r'}(\omega_2' - \omega_1') &= \int_0^t P\,dt \\ \frac{m'' k''^2}{f r''}(\omega_2'' - \omega_1'') &= -\int_0^t P\,dt \end{aligned}\right\}, \quad . \quad . \quad . \quad (17)$$

worin ω_1' und ω_1'' die anfänglichen Winkelgeschwindigkeiten bedeuten.

Aus diesen Formeln erkennt man, dafs, wenn die beiden Körper vor ihrem Zusammentreffen keine Winkelgeschwindigkeiten besafsen, sie durch den Stofs infolge der Reibung in entgegengesetzte Rotationen versetzt werden müssen, was mit der Erfahrung sich auch vollständig deckt.

Ganz ebenso wie bei diesem Probleme wird man die Untersuchung des schiefen exzentrischen Stofses, d. h. des allgemeinsten Falles, zu führen haben. Hierbei treten, da die gemeinsame Normale beider Körper an der Berührungsstelle nicht mehr durch die Schwerpunkte geht, auch ohne Mitwirkung der

Reibung Drehmomente auf, so daſs solche Körper, wenn sie auch vorher nur eine fortschreitende Geschwindigkeit besaſsen, durch den Stoſs in Drehung versetzt werden.

Gelangen zwei Körper miteinander in stoſsweise Berührung, von denen wenigstens einer in seiner Bewegung durch irgend einen Zwang, z. B. durch Führungen an zwei Punkten behindert ist, so gestalten sich die Bewegungsverhältnisse im allgemeinen auch abgesehen vom Einflusse etwaiger Reibungen so verwickelt, daſs eine rechnerische Verfolgung kaum durchführbar erscheint. Wir wollen uns darum in der Folge auch auf die Untersuchung einiger praktisch wichtiger und ziemlich einfacher Fälle beschränken.

Zu diesen gehört vor allem der Stoſs eines freien Körpers gegen einen zweiten, welcher um eine feste Achse O drehbar ist (Fig. 188). Die momentane Geschwindigkeit des freien Körpers m' können wir nun wieder in eine Tangential- und eine Normalkomponente an der Berührungsstelle A zerlegen, von denen die letztere mit der Richtung der Stoſskraft P zusammenfällt und demnach wenigstens bei reibungsfreiem Stoſse allein in Frage kommt. Ist v_1 diese Normalkomponente, sowie ω_1 die Winkelgeschwindigkeit des in O drehbaren Körpers m vor dem Stoſse, so erhalten wir, unter r das Lot von O auf die Normale in A verstanden, mit den Trägheitsradien k der Masse m in Bezug auf O

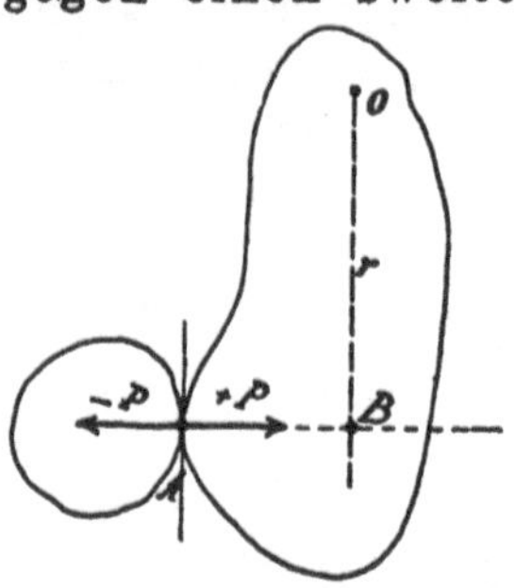

Fig. 188.

$$\left.\begin{aligned} m k^2 \frac{d\omega}{dt} &= P r \\ m' \frac{dv}{dt} &= -P \end{aligned}\right\}, \qquad (18)$$

oder nach Ausführung der Integration für die Endwerte ω_2 und v_2

$$\left.\begin{aligned} \frac{m k^2}{r}(\omega_2 - \omega_1) &= \int_0^t P\,dt \\ m'(v_2 - v_1) &= -\int_0^t P\,dt \end{aligned}\right\} \qquad (18a)$$

Die Addition beider Formeln liefert schliefslich

$$m'(v_2 - v_1) + \frac{mk^2}{r}(\omega_2 - \omega_1) = 0, \quad \ldots \ldots \quad (19)$$

eine Gleichung, welche der Gl. (1) ganz analog gebaut ist und in dieselbe übergeht, wenn wir die linearen Geschwindigkeiten des Stofspunktes A in der Richtung der Stofsnormale

$$w_1 = r\,\omega_1, \qquad w_2 = r\,\omega_2$$

einführen und

$$m\frac{k^2}{r^2} = m''$$

setzen. Infolgedessen dürfen wir auch mit dem Stofskoeffizienten ε statt der Gl. (10) schreiben

$$r\,\omega_2 - v_2 = \varepsilon(v_1 - r\,\omega_1), \quad \ldots \ldots \quad (20)$$

womit dieser Fall auf den geraden Zentralstofs freier Körper zurückgeführt ist. Die beiden Formeln (19) und (20) genügen in der That vollkommen zur Berechnung der beiden Endwerte w_2 und v_2, wenn die Werte w_1 und v_1 vor dem Stofse bekannt und die Stofsstelle bezw. durch dieselbe das Lot r auf ihrer Normale von O aus gegeben ist. Wird $r = 0$, d. h. geht die Stofsnormale durch die Achse O selbst hindurch, so findet nach (18a) keine Änderung der Winkelgeschwindigkeit statt, und der Stofs erfolgt wie derjenige einer Masse m' gegen eine feste Wand.

War der drehbare Körper vor dem Stofse in Ruhe, so gibt sich mit $\omega_1 = 0$ die schliefsliche Winkelgeschwindigkeit desselben aus (19) und (20) durch Elimination von v_2 zu

$$\omega_2 = \frac{(1+\varepsilon)\,v_1}{r + \frac{mk^2}{m'r}} \quad \ldots \ldots \ldots \quad (21)$$

Sie wird zu einem Maximum, wenn der Nenner der rechten Seite ein Minimum ist, d. h. für

$$r = \sqrt{\frac{mk^2}{m'}} = k\sqrt{\frac{m}{m'}} \quad \ldots \ldots \quad (21\,\mathrm{a})$$

Der in dieser Entfernung von der Achse befindliche Fufspunkt des Lotes auf die Stofsnormale heifst wohl auch der Stofspunkt des drehbaren Körpers. Die Lage desselben ist nicht nur von einer eigenen Masse und Gestalt, sondern auch noch von der Masse des stofsenden Körpers abhängig.

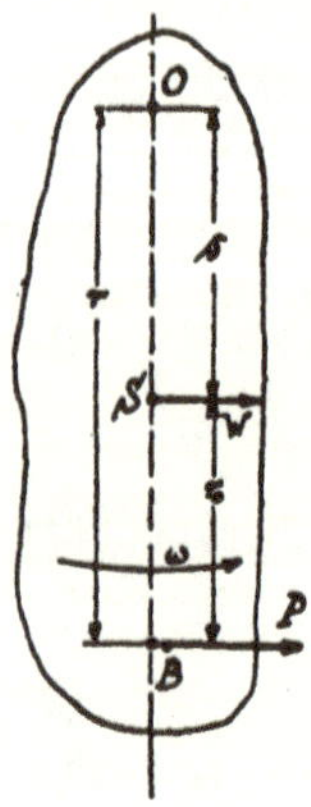

Fig. 189.

Für praktische Zwecke ist es oft erwünscht, die Wirkung des Stofses auf die Achse entweder tunlichst zu vermindern oder ganz aufzuheben. Dies letztere gelingt dann, wenn der Drehpunkt O mit dem Momentanpol der Bewegung des als frei gedachten Körper nach dem Stofse zusammenfällt, weshalb man diesen Pol auch als Mittelpunkt des Stofses oder kürzer als Stofsmittelpunkt bezeichnet. Ist der Körper frei (Fig. 189), so erfährt durch die Stofskraft P einerseits die Gesamtmasse m desselben, welche wir uns im Schwerpunkte S konzentriert denken wollen, eine lineare Beschleunigung, nämlich

$$m \frac{d w}{d t} = P, \quad . \quad . \quad . \quad . \quad . \quad . \quad . \quad . \quad (22)$$

andererseits aber tritt auch eine Winkelbeschleunigung auf, welche sich, unter k_0 den Trägheitshalbmesser von m in Bezug auf den Schwerpunkt sowie unter r_0 das vom Schwerpunkt auf die Stofsnormale gefällte Lot SB verstanden, aus

$$m k_0^2 \frac{d \omega}{d t} = P r_0 \quad . \quad . \quad . \quad . \quad . \quad . \quad . \quad (23)$$

berechnet. Da nun im ersten Momente nach dem Stofse die lineare Geschwindigkeit des Punktes B derjenigen des Schwerpunktes parallel ist, so mufs der Momentanpol O der Bewegung des freigedachten Körpers in der Fortsetzung der Schwerachse BS liegen. Bezeichnen wir seine Entfernung von S mit s, so ist sofort auch die Schwerpunktsgeschwindigkeit

$$w = s \omega \quad . \quad . \quad . \quad . \quad . \quad . \quad . \quad . \quad (24)$$

Damit aber erhalten wir aus (22) und (23)

$$\frac{k_0^2}{r_0} = s,$$

oder nach Einführung des Trägheitshalbmessers k für den Momentanpol und des Abstandes r desselben von der Stofsnormale mit Hilfe von

$$k^2 = k_0^2 + s^2, \qquad r = r_0 + s$$

$$r = \frac{k^2}{s} \quad \ldots \ldots \ldots \quad (25)$$

Dies ist aber nichts anderes als die reduzierte Pendellänge des in O als Pendel aufgehängten Körpers, so dafs wir den Satz haben: Soll ein um O drehbarer Körper durch einen Stofs derart in Rotation versetzt werden, dafs seine Achse keinen Druck erfährt, so mufs die Stofsrichtung im Endpunkte der reduzierten Pendellänge des Körpers in Bezug auf O auf dieser normal stehen. Führt man z. B. mit einem Hammer einen Schlag aus, so wird man im allgemeinen an der Hand, welche den Hammerstiel umfafst, einen kräftigen Stofs fühlen, eine Erscheinung, die als das Prellen der Hämmer bekannt ist. Nur wenn die Hand am Stofsmittelpunkt angreift, tritt kein Prellen auf. Weiterhin ist die Anwendbarkeit des schon in § 32 erwähnten ballistischen Pendels zur Messung von Geschofsgeschwindigkeiten geradezu an die Bedingung geknüpft, dafs dieser Apparat im Stofsmittelpunkte drehbar aufgehängt wird, bezw. dafs er im Schwingungsmittelpunkte vom Geschofs getroffen wird, da sonst die Drehachse kaum dem Stofse Widerstand leisten könnte. Ist v die Geschofsgeschwindigkeit unmittelbar vor dem unter dieser Bedingung erfolgenden Stofse an das bis dahin ruhig vertikal hängende Pendel von der Masse m', m die Geschofsmasse und w die gemeinsame Endgeschwindigkeit infolge des ganz unelastischen Stofses, so hat man, unter k den Trägheitsradius, r die reduzierte Pendellänge verstanden,

$$\left(m + m' \frac{k^2}{r^2}\right) w = m v \quad \ldots \ldots \quad (26)$$

oder wegen (25)

$$\left(1 + \frac{m'}{m} \frac{s}{r}\right) w = v \quad \ldots \ldots \quad (26a)$$

Der gemeinsamen Geschwindigkeit w nach dem Stofse entspricht dann eine Erhebung des Schwerpunktes beim Ausschlage φ der Schwerachse um

$$h = \frac{m r + m' s}{m + m'} (1 - \cos \varphi), \quad \ldots \ldots \quad (27)$$

womit sich die Geschwindigkeit des Geschofses beim Auftreffen zu

$$v = \left(1 + \frac{m'}{m}\frac{s}{r}\right)\sqrt{2gh} \quad . \quad . \quad . \quad . \quad . \quad . \quad (28)$$

ergibt. Vergleicht man diese Formel mit Gl. (4) im § 32, so erkennt man, dafs dort auf den Unterschied zwischen s, r und k keine Rücksicht genommen wurde.

Schliefslich sei noch darauf hingewiesen, dafs die Sätze über den Stofsmittelpunkt auch für das richtige Funktionieren der Glocken insofern von Wichtigkeit sind, als der Klöppel in seinem Stofsmittelpunkte aufgehängt sein, bezw. in einer seiner reduzierten Pendellänge gleichen Entfernung hiervon an die Glocke anschlagen sollte, um ein Prellen zu vermeiden. Das Prellen äufsert sich in diesem Falle durch ein die Harmonie des Geläutes überaus störendes Klirren des Klöppels.

§ 47. Gleichgewicht und stationäre Bewegung ebener Seilsysteme.

Ketten und Seile. Das Seilpolygon und sein Zusammenhang mit dem Kräftepolygon; die Polarachse. Parallele Kräfte und kontinuierliche Belastung. Seilkurven: Parabel und Kettenlinie für ruhende sowie stationär bewegte Seile, Anwendung auf die Verlegung von Kabeln.

Neben den starren Gebilden, speziell den im § 37 besprochenen Fachwerken, deren Konfiguration bei gegebenen Stablängen und hinreichender Stabzahl unabhängig von der Gröfse und Richtung der äufseren Kräfte war, treten uns auch häufig Systeme entgegen, deren Gestalt erst durch die Verteilung und Gröfse der äufseren Kräfte bedingt ist. Das einfachste Beispiel bildet eine Reihe durch Gelenke mit einander verbundener starrer Stäbe (Glieder), eine sog. Kette, welche bei unendlicher Verkürzung ihrer Glieder in einen Faden oder Seil übergeht. Beide Gebilde haben die Eigenschaft, dafs sie nur in Folge der Reibung in den Gelenken, welcher bei den Seilen die sog. Steifigkeit entspricht, Druckspannungen aufnehmen können. Sehen wir demnach von dieser Reibung bezw. Steifigkeit vor der Hand ab, so wird sich die Konfiguration dieses Systems so lange unter dem Einflusse von äufseren Kräften verändern, bis nur noch Zugspannungen darin auftreten. Die weitere Voraussetzung, dafs die Länge solcher Seile sich unter dem Einflusse dieser

Zugspannungen nicht ändert, veranlaſst uns, die aus ihnen bestehenden Gebilde als starr, wenn auch in engerem Sinne, zu betrachten und in der Mechanik starrer Körper abzuhandeln.

Wir denken uns diesen Zustand an einem vollkommen biegsamen, gewichtslosen und reibungsfreien Seile (Fig. 190) derart erreicht, daſs die in den Punkten $C_1, C_2 .. C_n$, die wir wie bei den Fachwerken als Knoten bezeichnen wollen, angreifenden äuſseren Kräfte $P_1, P_2 .. P_n$ mit den an den festen Aufhängepunkten A und B angreifenden Endspannungen S_0 und S_n im Gleichgewichte sind. Dann bildet das Seil ein sog. Seilpolygon oder Seileck $A C_1 C_2 .. C_n B$, an dessen Knoten die äuſseren Kräfte P mit den Spannungen S in den beiden benachbarten Seilstücken im Gleichgewichte sein müssen. Um diese Spannungen zu finden konstruieren wir aus den äuſseren Kräften $P_1 P_2 .. P_n$ das daneben stehende Kräftepolygon, welches durch die beiden, den Strecken $A C_1$, $C_n B$ parallelen Spannungen S_0 und S_n, die sich im Punkte O, dem sog. Pole des Kräftepolygons treffen, geschlossen wird. Verbindet man schlieſslich noch diesen Pol mit den übrigen Ecken des Kräftepolygons, so erhält man die den Seilstücken $C_1 C_2$, $C_2 C_3 .. C_{n-1} C_n$ parallelen Linien S_{12}, S_{23}, $S_{n-1,n}$, welche unmittelbar die Spannungen in diesen Stücken angeben. Der Beweis hierfür liegt einfach darin, daſs je zwei dieser Spannungen mit einer äuſseren Kraft P ein Dreieck mit der Spitze in O bilden. Die Endspannungen S_0 und S_n, welche sich in einem Punkte D der Ebene des Seilpolygons schneiden, lassen sich natürlich wiederum zu einer durch D hindurchgehenden Resultante R zusammensetzen, deren Gröſse und

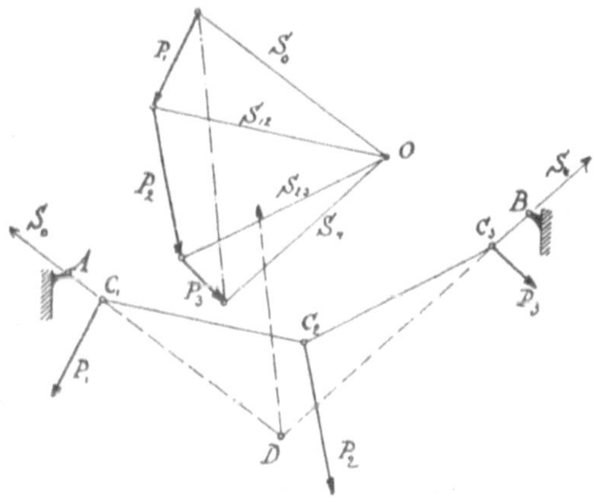

Fig. 190.

Richtung sich sofort aus dem Kräftepolygon als dritte Seite des aus S_0 und S_n gebildeten Dreiecks ergibt.

Denken wir uns nun in Fig. 191 die Kräfte $P_1, P_2 \ldots P_n$ nach Gröfse und Richtung gegeben, so können wir offenbar den Pol O des Kräftepolygons beliebig wählen und alsdann für jeden solchen

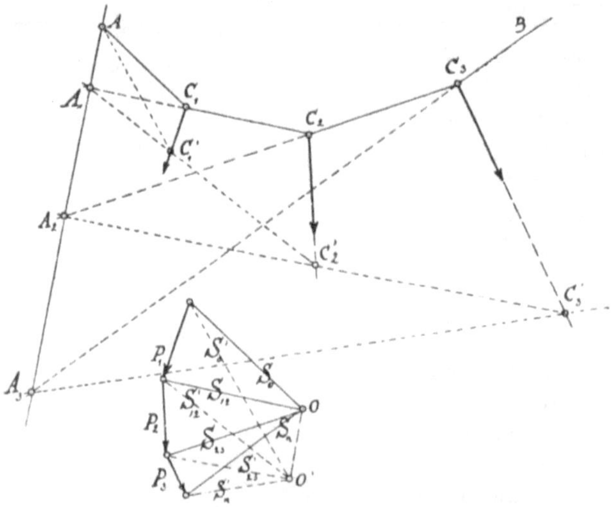

Fig. 191.

Pol durch Parallele zu den Spannungen $S_0, S_{12} \ldots S_n$ zwischen den Kraftrichtungen von irgend einem Punkte, z. B. A, aus das Seilpolygon $C_1 C_2 \ldots C_n$ konstruieren. Wiederholt man mit einem andern Pol O' unter Festhaltung des Ausgangspunktes A das Verfahren, so erhält man ein zweites Seilpolygon $C_1' C_2' \ldots C_n'$ mit den Spannungen $S_0' S_{12}' \ldots S_n'$. Da nun, wie aus dem Kraftpolygon ersichtlich, die beiden entsprechenden Spannungen S_0 und S_0', S_{12} und S_{12}' u. s. w. jedesmal dieselbe Resultante OO' besitzen, so müssen sich auch die entsprechenden Seilspannungen im Seilpolygon auf der Richtungslinie dieser Resultante in den Punkten $A A_1 A_2 \ldots$ schneiden. Diese Richtungslinie ergibt sich aber sofort als Parallele zu OO' durch den beiden Seilpolygonen gemeinsamen Ausgangspunkt A und wird die Polarachse genannt.

Die Polarachse benutzt man nun vorwiegend zum Entwerfen von Seilpolygonen, welche durch gegebene Punkte hindurchgehen sollen, wenn die Kräfte P nach Gröfse und Richtung gegeben sind. Sind A und B zwei solche Punkte, so erhält man zunächst mit dem Pol O' im Kräftepolygon das Seilpolygon $A\,C_1'\,C_2' \ldots C_n$, welches nicht durch B hindurchgeht. Kennt man dann die Polarachse, so verlängert man die letzte Seilspannung S_n' bis zum Schnitte A_n mit derselben und verbindet B mit A_n. Dies ist dann die Richtung der korrespondierenden Spannung S_n, welche die Kraft P_n im Punkt C_n schneidet. Verbindet man diese Punkte wieder mit dem Schnitte A_{n-1} der Spannung $S_n'_{-1,\,n}$ des willkürlich entworfenen Seilpolygons, so erhält man den Punkt C_{n-1} u. s. w. Man erkennt übrigens, dafs diese Konstruktion bei der willkürlichen Lage der Polarachse auf unendlich viele Lösungen führt, die Aufgabe also unbestimmt ist. Sie wird

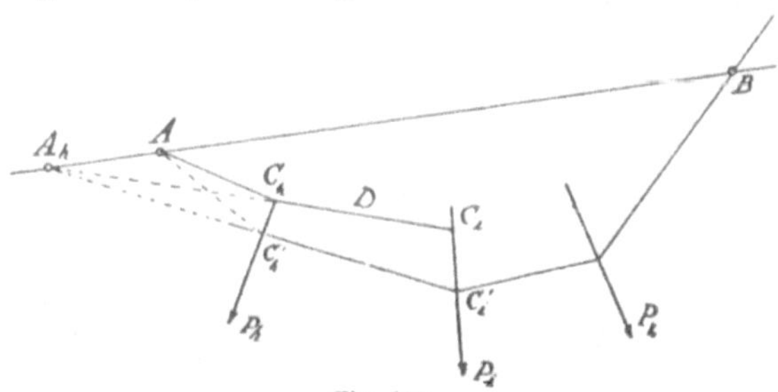

Fig. 192.

erst eindeutig bestimmt, wenn man aufser den Punkten A und B in Fig. 192 noch einen dritten D festlegt, oder auch die Länge des Seiles zwischen A und B als gegeben betrachtet. In beiden Fällen wird man die Linie $A\,B$ sofort als Polarachse wählen. Liegt der Punkt D zwischen den Richtungslinien der Kräfte P_h und P_i, so hat man nur den Schnittpunkt A_h der Spannung S_{hi}' mit der Polarachse mit D zu verbinden, um das entsprechende Stück $C_h\,C_i$ des gesuchten Seilpolygons zu finden. Ist dagegen die Länge des ganzen Seiles vorgeschrieben, so führt das Probieren mit verschiedenen Seilpolygonen und gemeinsamer Polarachse $A\,B$ am raschesten zum Ziele.

Praktisch weitaus am wichtigsten ist nun die Belastung des Seiles ausschliefslich durch parallele Kräfte, z. B. die Gewichte $P_1, P_2 \ldots P_n$, welche sich im Kräftepolygon zu einer Geraden zusammensetzen, deren Gesamtlänge die Summe der beiden

Vertikalreaktionen V_0 und V_n in A und B angibt (Fig. 193). Die Einzelwerte derselben erhält man sofort durch die Horizontale OH im Kräftepolygon. Daraus erkennt man auch, daſs in diesem

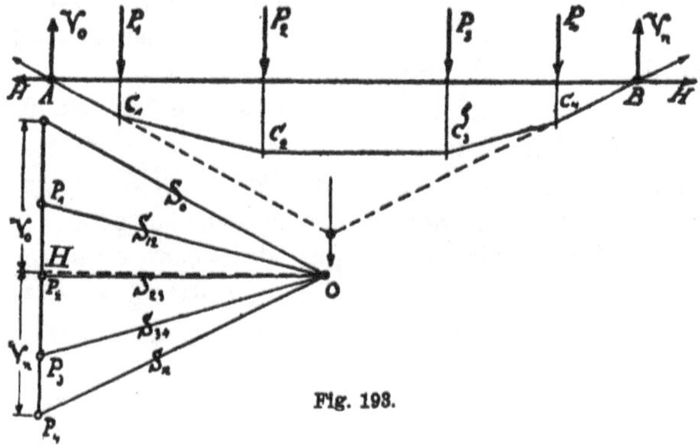

Fig. 193.

Falle alle Spannungen S einschlieſslich der Schluſsspannungen S_0 und S_n dieselbe Horizontalkomponente H (OH im Kräftepolygon) besitzen. Dieser Satz bleibt auch

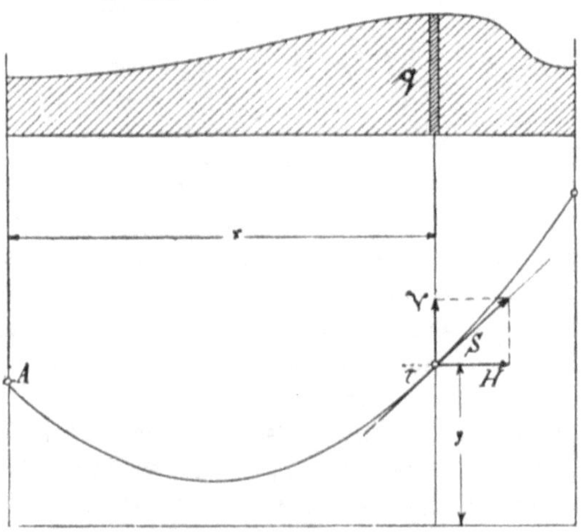

Fig. 194.

noch gültig, wenn die Zahl der Einzellasten P unendlich wächst, während ihre Stärke unbegrenzt abnimmt, d. h. bei kontinuierlicher Belastung des Seiles, wie sie z. B. durch das bisher vernachläfsigte Eigengewicht desselben entsteht. In solchen Fällen, insbesondere wenn die Belastungskurve $q = f(x)$ gegeben ist, empfiehlt es sich, die Gestalt des Seiles, die sog. Seilkurve auf rechnerischem Wege zu ermitteln. Bezeichnen wir in Fig. 194 die Spannung des Seiles an dem ins Auge gefafsten Punkte x, y mit S, so können wir dieselbe sofort in eine Horizontalkomponente H und eine Vertikalkomponente V zerlegen. Ist τ der Neigungswinkel der Tangente der Seilkurve in diesem Punkte mit der Horizontalen, so folgt zunächst

$$\operatorname{tg} \tau = \frac{dy}{dx} = \frac{V}{H} \qquad (1)$$

Differenzieren wir diese Gleichung nach x, so erhalten wir, da H für alle Punkte der Seilkurve denselben Wert besitzt

$$H \frac{d^2 y}{dx^2} = \frac{dV}{dx} \qquad (2)$$

Nun kann aber der Zuwachs der Vertikalkraft V aus der Belastungskurve entnommen werden, da

$$dV = q\,dx \qquad (3)$$

Mithin dürfen wir auch statt (2) schreiben

$$H \frac{d^2 y}{dx^2} = q \qquad (4)$$

und erhalten so die Differentialgleichung der Seilkurve. In dem sehr häufig vorkommenden Falle der gleichförmigen Belastung läfst dieselbe sofort integrieren. Man erhält so

$$H \frac{dy}{dx} = qx + C_1 \qquad (5)$$

$$Hy = \frac{q}{2} x^2 + C_1 x + C_2 \qquad (6)$$

Dies ist die Gleichung einer Parabel. Sind die Punkte A und B durch ihre Koordinaten gegeben, so lassen sich daraus die Integrationskonstanten bestimmen. In der Praxis kommt es nun meistens darauf an, die Horizontalspannung zu berechnen, da diese für die Standfestigkeit der Stützen, welche das Seil oder einen Draht in A und B tragen (z. B. der Telegraphenstangen u. s. w.) mafsgebend ist. Dazu braucht man aber, wie aus (6) ohne weiteres ersichtlich, die Kenntnis eines dritten Punktes der Seilkurve.

Liegen z. B. die Aufhängepunkte A und B mit dem Abstande l beide gleich hoch (Fig. 195), so empfiehlt es sich, die x-Achse

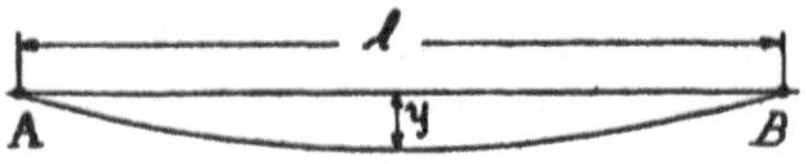

Fig. 195.

durch sie hindurch zu legen. Alsdann verschwindet y für $x = 0$ und $x = l$, mithin auch C_2, während sich die andere Konstante zu

$$C_1 = -\frac{q}{2}\, l$$

ergibt. Die beiden Gl. (5) und (6) vereinfachen sich damit in

$$H\frac{dy}{dx} = q\left(x - \frac{l}{2}\right) \quad \ldots\ldots \quad (5a)$$

$$Hy = \frac{q}{2}\,(x^2 - xl) \quad \ldots\ldots \quad (6a)$$

Für $x = \frac{l}{2}$ wird y zu einem Maximum bezw. Minimum der sog. Pfeilhöhe des Bogens der Seilkurve, nämlich

$$Hy_{\max} = -\frac{ql^2}{8}, \quad \ldots\ldots \quad (6b)$$

woraus man erkennt, dafs die Horizontalspannung um so stärker wird, je flacher der Bogen ausfällt, d. h. je straffer das Seil angezogen ist. Dieses Ergebnis hätte man auch ganz allgemein aus der Differentialgleichung der Seilkurve ableiten können, da der zweite Differentialquotient bekanntlich ein Mafs für die Krümmung der Kurve darstellt. Damit hängt auch der Satz zusammen, dafs es beim Vorhandensein einer Belastungskurve unmöglich ist, das Seil vollkommen geradlinig zu spannen. In diesem Fall müfste nämlich der Tangentenwinkel τ konstant sein, d. h.

$$d\,(\operatorname{tg} \tau) = \frac{dV}{H} = \frac{q\,dx}{H} = 0$$

werden, was nur eintreten kann, wenn entweder q verschwindet, d. h. keine Belastung vorliegt oder wenn die Horizontalspannung $H = \infty$ wird. Dies ist aber in Wirklichkeit überhaupt nicht zu erreichen. Wir müfsten daher, um bei dem oben behandelten Problem geradlinige Stücke im Seilpolygon zu erhalten, vom Eigengewichte des Seiles ausdrücklich abstrahieren.

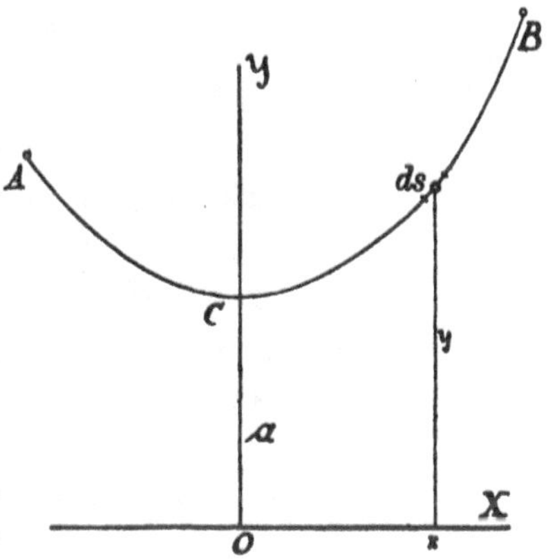

Fig. 196.

Die Kurve, welche ein lediglich seinem Eigengewichte unterworfenes, reibungsfrei biegsames Seil annimmt, ist übrigens nicht mit der eben abgeleiteten Parabel identisch. Der Zuwachs der Vertikalspannung ist nämlich hier dem Bogenelemente selbst proportional, während er bei der Parabel sich gleichmäfsig über die Spannweite verbreitete. Wir haben demnach, unter q das konstante Gewicht der Längeneinheit des Seiles verstanden,

$$dV = q\,ds \quad \ldots\ldots\ldots \quad (7)$$

zu setzen und erhalten damit aus (2) die Differentialgleichung der sog. Kettenlinie

$$H\frac{d^2y}{dx^2} = q\frac{ds}{dx} \quad \ldots\ldots\ldots \quad (8)$$

Rechnen wir sowohl die Abszisse, wie auch den Bogen in Fig. 196 vom tiefsten Punkte der Kurve aus, setzen also für $\frac{dy}{dx} = 0$, $x = 0$ und $s = 0$, so folgt daraus sofort

$$\frac{H}{q}\frac{dy}{dx} = s, \quad \ldots\ldots\ldots \quad (9)$$

wofür wir mit der Abkürzung

$$\frac{H}{q} = a \quad \ldots\ldots\ldots \quad (10)$$

auch schreiben dürfen

$$\frac{dy}{dx} = \frac{s}{a} \quad \text{bezw.} \quad \frac{dx}{dy} = \frac{a}{s} \quad \ldots\ldots \quad (9a)$$

Die Tangente des Neigungswinkels wächst demnach proportional mit dem Bogen der Kettenlinie. Aus den Formeln (9a) folgt nun wieder mit $dx^2 + dy^2 = ds^2$

$$\left.\begin{aligned} dx &= \frac{a\,ds}{\sqrt{a^2+s^2}} \\ dy &= \frac{s\,ds}{\sqrt{a^2+s^2}} \end{aligned}\right\} \quad \ldots\ldots\ldots \quad (11)$$

Die Integration ergibt hierfür mit $x = 0$, $s = 0$ und $y = a$

$$\left.\begin{aligned} x &= a \lg n\left(\frac{s}{a} + \frac{\sqrt{a^2+s^2}}{a}\right) \\ y &= \sqrt{a^2+s^2} \end{aligned}\right\} \quad \ldots\ldots \quad (12)$$

Durch Elimination des Bogens s aus diesen beiden Formeln folgt schliefslich die Gleichung der Kettenlinie

$$y = \frac{a}{2}\left(e^{+\frac{x}{a}} + e^{-\frac{x}{a}}\right) = \frac{H}{2q}\left(e^{+\frac{qx}{H}} + e^{-\frac{qx}{H}}\right) \quad \ldots \quad (13)$$

Die Konstante $a = \frac{H}{q}$ ist hierin mit dem Abstand des tiefsten Punktes der Linie von der Abszissenachse identisch. Handelt es sich um sehr dünne und straff gezogene Drähte oder Fäden mit geringer Spannweite, so ist das Verhältnis des Eigengewichtes der Längeneinheit sowohl, wie auch des ganzen Fadens klein gegen die Horizontalspannung H und man kann die Reihenentwicklung für den Klammerausdruck in (13) mit der zweiten Potenz von $\frac{qx}{H}$ abbrechen. Die Näherungsformel für diesen Fall wird alsdann

$$y = \frac{H}{q} + \frac{qx^2}{H}, \quad \ldots\ldots\ldots \quad (13\text{a})$$

also wieder die Gleichung einer Parabel, deren Gültigkeit für das nur unter der Eigenlast stehende Seil hiernach auf flache und dazu kurze Bogen beschränkt ist.

Mit dem vorstehend behandelten Problem sehr nahe verwandt ist der praktisch wichtige Fall eines Seiles oder Riemens, der etwa zwischen zwei Rollen sich mit gleichförmiger Geschwindigkeit bewegt. Zunächst erkennt man, dafs die obige Grundgleichung (1) auch hierfür gilt, da das Element ds in der Normalenrichtung keine Bewegung vollzieht. Sind x und y die Koordinaten dieses Elementes und zwar der Einfachheit halber sogleich bezogen auf ein System OXY, dessen Y-Achse durch den tiefsten Punkt der Seilkurve hindurchgeht, so erhalten wir die an dem Elemente wirksamen Kräfte, wenn wir uns dasselbe herausgeschnitten und an dem Ende die dort herrschenden Seilspannungen angebracht denken (Fig. 197). Ist wieder q das Seilgewicht der Längeneinheit, so ergeben sich aus dieser Betrachtung sofort die beiden Bewegungsgleichungen

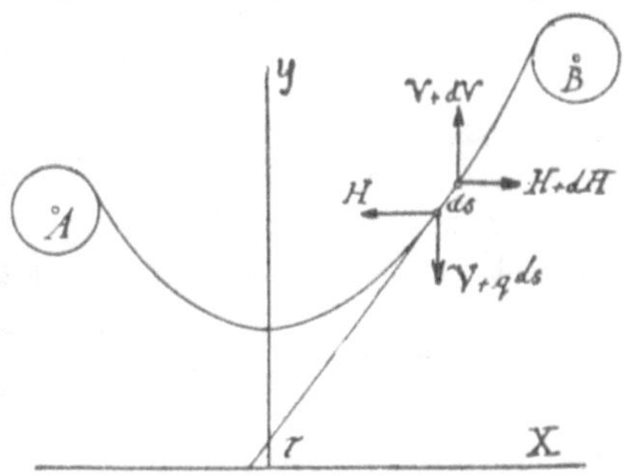

Fig. 197.

$$\left.\begin{aligned} dV - q\,ds &= \frac{q}{g}\,ds\,\frac{d^2 y}{dt^2} \\ dH &= \frac{q}{g}\,ds\,\frac{d^2 x}{dt^2} \end{aligned}\right\} \quad . \; . \; . \; . \; . \quad (14)$$

Bedeutet nun v die konstante Geschwindigkeit des Seiles, so ist, unter τ den Tangentenwinkel verstanden,

$$\frac{dx}{dt} = v \cos \tau, \qquad \frac{dy}{dt} = v \sin \tau,$$

woraus sich die Beschleunigungskomponenten zu

$$\frac{d^2 x}{dt^2} = v^2 \frac{d(\cos \tau)}{ds}, \qquad \frac{d^2 y}{dt^2} = v^2 \frac{d(\sin \tau)}{ds} \quad . \; . \quad (15)$$

ergeben. Mit diesem Werte gehen die Gl. (14) über in

$$\left.\begin{aligned} dV - q\,ds &= \frac{q}{g}\,v^2\,d(\sin \tau) \\ dH &= \frac{q}{g}\,v^2\,d(\cos \tau) \end{aligned}\right\} \quad . \; . \; . \quad (14\text{a})$$

In dieser Form sind sie sofort integrabel. Rechnen wir den Bogen s wie schon bei der ruhig hängenden Kettenlinie vom tiefsten Punkte aus, setzen also $s = 0$ für $\tau = 0$, so erhalten wir, da dort auch $V_0 = 0$ sein mufs

$$\left.\begin{aligned} V &= qs + \frac{qv^2}{g}\sin\tau \\ H &= H_0 + \frac{qv^2}{g}(\cos\tau - 1) \end{aligned}\right\} \quad . \; . \; . \; . \; . \quad (15)$$

Die Integrationskonstante H_0 bedeutet hierin die Seilspannung im tiefsten Punkte. Eliminieren wir schliefslich mit Hilfe der Gl. (1), d. h. mit $V = H \operatorname{tg} \tau$ die beiden Spannungskomponenten, so bleibt die der Gl. (9) ganz analog gebaute Formel

$$s = \left(\frac{H_0}{q} - \frac{v^2}{g}\right) \operatorname{tg} \tau \quad . \; . \; . \; . \; . \; . \quad (16)$$

übrig, deren weitere Behandlung wie oben wiederum eine **Kettenlinie** ergeben mufs. Dieselbe unterscheidet sich von der früheren nur dadurch, dafs $\frac{H_0}{q} - \frac{v^2}{g}$ an Stelle von $\frac{H}{q}$ tritt. Die Seilspannung an einer beliebigen Stelle ergibt sich damit zu

$$S = V \sin\tau + H \cos\tau = \left(H_0 - \frac{qv^2}{g}\right)\frac{1}{\cos\tau} + \frac{qv^2}{g}, \quad . \quad (17)$$

mithin diejenige am tiefsten Punkte, d. i. für $\tau = 0$ in Übereinstimmung mit unserer Definition von H_0 zu $S_0 = H_0$. Schreibt man die Gl. (17) in der Form

$$S - \frac{qv^2}{g} = \left(H_0 - \frac{qv^2}{g}\right)\frac{1}{\cos\tau} = \frac{qs}{\sin\tau}, \quad . \; . \; . \quad (18)$$

so erkennt man, dafs die Spannungen des bewegten Seiles sich von demjenigen des ruhig hängenden lediglich durch Hinzutreten eines von der Zentrifugalbeschleunigung herrührenden Gliedes unterscheiden. Diese Tatsache kann man auch direkt zur Herleitung der Seilkurve benutzen.[1]) Denkt man sich nämlich in Fig. 198 ein Element ds der Seilkurve herausgeschnitten, so ist dasselbe einer der Zentrifugalbeschleunigung $\frac{v^2}{\varrho}$, worin ϱ den Krümungshalbmesser der Seilkurve an der betreffenden Stelle bedeutet, entsprechenden Normalkraft unterworfen. Dieser Nor-

[1]) Siehe **Friedmann**, Beitrag zur Berechnung des Drahtseiltriebes. Zeitschrift d. Vereins deutscher Ingenieure 1894. Eine allgemeinere Theorie stationär bewegter Fäden findet sich bei **Routh**, Dynamik der Systeme starrer Körper Bd. II § 594 u. ff.

malkraft $\frac{q\,ds}{g}\frac{v^2}{\varrho}$ wird aber durch einen Zusatz $\varDelta S$ zur Seilspannung im Ruhezustande das Gleichgewicht gehalten. Projiziert man die beiden gleich grofsen Zusatzspannungen $\varDelta S$ an den Enden des Elementes $ds = \varrho\,d\tau$ auf die Normale, so ergibt sich für das Gleichgewicht dieser Zusatzkräfte in der Normalenrichtung

$$\frac{q\,ds}{g}\frac{v^2}{\varrho} = 2\varDelta S \sin\frac{d\tau}{2} = \varDelta S\,d\tau$$

oder

$$\varDelta S = \frac{qv^2}{g}.$$

Zieht man alsdann diesen Zusatz einerseits von S, andererseits von der Spannung H_0 im tiefsten Punkte der Kurve des beweglichen Seiles ab, so ergeben sich sofort die entsprechenden

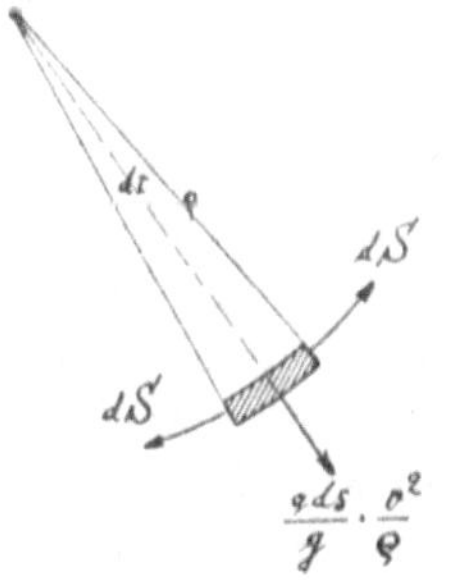

Fig. 198.

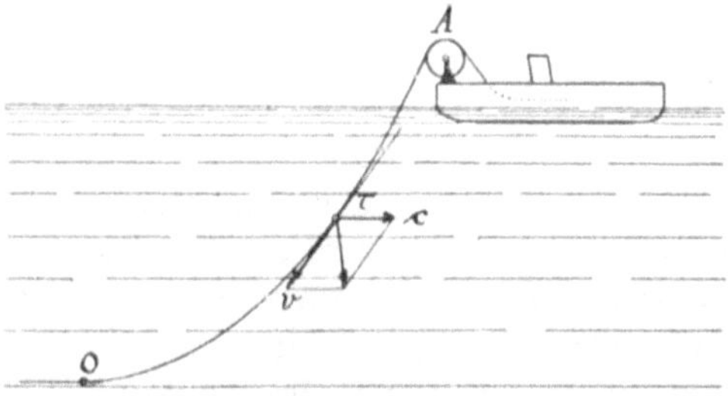

Fig. 199.

Spannungen im ruhenden Seile, womit die Gl. (14a) unmittelbar erfüllt erscheint. Von dem Ansatze (14) unterscheidet sich diese Betrachtung einfach dadurch, dafs wir hier die Kräfte in der Richtung der Normalen und der Tangente zerlegten, während wir oben von den in die Koordinatenrichtungen fallenden Komponenten ausgingen. Man erkennt aus dieser Überlegung aufserdem, dafs die stationäre Bewegung des Seiles immer in derselben Form der Seilkurve sich vollziehen mufs, welche sich lediglich unter dem Einflusse der Schwere im Ruhezustande einstellen würde.

Eine der wichtigsten praktischen Anwendungen dieses Satzes bildet die Verlegung eines Kabels von einem Schiffe aus auf den Meeresgrund. Setzen wir voraus, derselbe sei vollkommen horizontal und das Kabel werde ohne Streckung und Faltung

(d. h. ohne sog. Verlust) verlegt, so mufs die Geschwindigkeit des Kabelmaterials in der Seilkurve mit der Geschwindigkeit des Schiffes übereinstimmen. Die ganze in Fig. 199 dargestellte Seilkurve AO hat demnach ebenfalls dieselbe Horizontalgeschwindigkeit, so dafs sich die wahre Geschwindigkeit eines Seilelementes aus zwei gleich grofsen Komponenten v zusammensetzt. Zerlegen wir die in die Seilkurve selbst fallende Geschwindigkeit in eine horizontale und eine vertikale Komponente, so erhalten wir, unter τ wieder den momentanen Neigungswinkel des Elementes ds gegen den Horizont verstanden,

$$\frac{dx}{dt} = v(1 - \cos\tau), \qquad \frac{dy}{dt} = -v\sin\tau$$

und daraus, wenn wir den Bogen s vom Meeresgrunde, also von O aus messen

$$\frac{d^2x}{dt^2} = +v^2\frac{d(\cos\tau)}{ds}, \qquad \frac{d^2y}{dt^2} = +v^2\frac{d(\sin\tau)}{ds}.$$

Diese Formeln stimmen aber vollständig mit den Gl. (15) überein, so dafs sich auch hier mit (14) die gemeine Kettenlinie ergibt. Dabei ist nur zu beachten, dafs das Gewicht q pro Längeneinheit um den Auftrieb des Wassers zu vermindern, also blofs noch $q' < q$ auf der linken Seite der ersten Gl. (14) einzusetzen ist, während die auf der rechten Seite stehende Masse $q : g$ unverändert bleibt. Unter Berücksichtigung der Bewegungswiderstände des Kabels im Wasser, welche stets sehr erheblich sind, würde sich allerdings das Problem viel verwickelter gestalten.

§ 48. Seilreibung und Seilsteifigkeit.

Einführung der Seilreibung. Abnahme der Seilspannung längs des Umspannungsbogens. Grenzgeschwindigkeit und günstigste Geschwindigkeit für Seilrollen. Verhältnis der Spannungen in einem Seiltriebe. Flaschenzüge; Wirkungsgrad derselben. Seilsteifigkeit. Das Riemendynamometer von Hefner-Alteneck.

Die Energieübertragung zwischen einer Rolle und einem um dieselbe geschlungenen Seil wird durch eine Kraft ermöglicht, welche nichts anderes als die Reibung des Seiles auf dem Rollenumfang sein kann, da ohne dieselbe ein Gleiten stattfinden müſste. Durch diese Reibung ist auch eine stetige Änderung der Seilspannung zwischen der Auflauf- und der Ablaufstelle des Seiles bedingt. Bezeichnen wir die Seilspannung an irgend einem Punkte des Umfangs der Rolle (Fig. 200), deren Radius r sein möge, mit S, so wird sie an einem um $ds = r\,d\varphi$ weiter gelegenen Punkte des Rollenumfangs auf $S + dS$ gestiegen sein. Hieraus ergibt sich durch dieselbe Betrachtung wie am Ende des vorigen Paragraphen ein von dem Seilelemente ds auf die Rolle ausgeübter Normaldruck von $S\,d\varphi$. Durch die Zentrifugalbeschleunigung des zunächst noch vollkommen biegsam angenommenen Seiles wird dieser Normaldruck um den Betrag $\frac{v^2}{r}\,q\,\frac{ds}{g}$ vermindert, wenn v die konstante Seilgeschwindigkeit, und q das Gewicht der Längeneinheit des Seiles bedeutet. Ist f der Reibungskoeffizient des Seiles auf der Rolle, so ergibt sich aus der Gleichsetzung des Reibungswiderstandes mit dem Zuwachs der Seilspannung

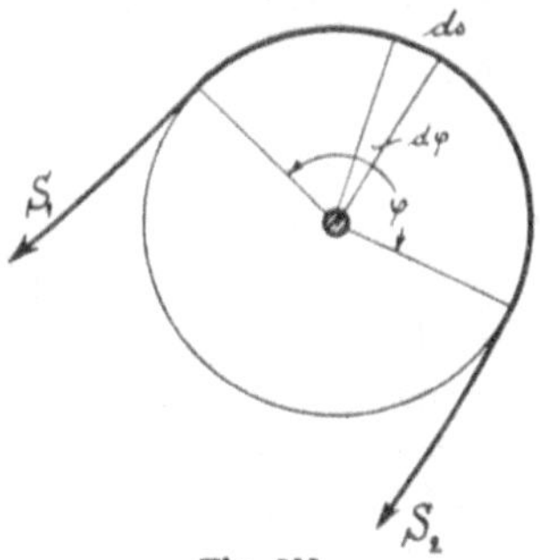

Fig. 200.

$$dS = f\left(S\,d\varphi - \frac{v^2}{r}\,q\,\frac{ds}{g}\right),$$

oder wegen $ds = r\,d\varphi$

$$dS = f\left(S - \frac{v^2 q}{g}\right) d\varphi \quad . \quad . \quad . \quad . \quad . \quad . \quad . \quad (1)$$

Durch Integration zwischen den Grenzen S_1 und S_2 folgt daraus mit dem sog. Umspannungsbogen φ

$$S_1 - \frac{v^2 q}{g} = \left(S_2 - \frac{v^2 q}{g}\right) e^{f\varphi} \quad . \quad . \quad . \quad . \quad . \quad (2)$$

Das an der Rolle wirksame Moment ist alsdann

$$\mathfrak{M} = (S_1 - S_2)\,r = \left(S_1 - \frac{v^2 q}{g}\right)\left(1 - e^{-f\varphi}\right) r\,, \quad . \quad (3)$$

und die Arbeit in der Sekunde berechnet sich zu

$$L = (S_1 - S_2)\,v = \left(S_1 - \frac{v^2 q}{g}\right) v \left(1 - e^{-f\varphi}\right) \quad . \quad . \quad (4)$$

Eine Arbeitsübertragung durch das Seil auf die Rolle bezw. umgekehrt wird unmöglich, wenn das Moment (3) verschwindet. Dies tritt entweder ein für $\varphi = 0$, d. h. wenn das Seil die Rolle nur an einem Punkte berührt, oder wenn

$$S_1 = \frac{v^2 q}{g} \quad . \quad . \quad . \quad . \quad . \quad . \quad . \quad . \quad . \quad (3a)$$

und damit auch $S_2 = S_1$ wird. Für jede Seilspannung existiert hiernach eine Grenzgeschwindigkeit, welche nicht überschritten werden darf, da sonst ein reibungsloses Gleiten auf der Rolle und ein Versagen der Energieübertragung eintritt. Das Seil fällt schliefslich von der Rolle herab.

Soll die vom Seil auf die Rolle oder umgekehrt übertragene Arbeit bei gegebener Spannung ein Maximum sein, so hat man aus $\frac{dL}{dv} = 0$

$$S_1 = \frac{3\, v^2 q}{g} \quad . \quad . \quad . \quad . \quad . \quad . \quad . \quad . \quad (4a)$$

Sowohl die Grenzgeschwindigkeit, wie auch diejenige, welche der maximalen Arbeitsübertragung entspricht, sind unabhängig vom Rollendurchmesser, wenigstens so lange wir vollkommen biegsame Seile voraussetzen. Halten wir die Rolle ganz fest und denken uns das Seil um dieselbe im Ruhestande geschlungen, so können wir mit $v = 0$ aus der Gleichung

$$S_1 = S_2 e^{f\varphi} \quad . \quad . \quad . \quad . \quad . \quad . \quad . \quad . \quad (5)$$

bei bekanntem Reibungskoeffizienten denjenigen Umschlingungswinkel φ berechnen, welcher einem bestimmten Verhältnis $S_1 : S_2$ zugehört, bezw. umgekehrt die Kraft S_2 angeben, mit welcher man bei gegebener Umschlingung φ einer bestimmten Last das Gleichgewicht zu halten im stande ist. Bei dem raschen Wachstum der Exponentialgröfse wird das Verhältnis von Kraft zur Last schon bei wenigen Umschlingungen aufserordentlich klein, wovon man in der Praxis z. B. zum Festhalten von Schiffen durch Taue, welche um rauhe Pflöcke einigemale umgelegt werden, Gebrauch macht. Die Formel (5) kann auch zur experimentellen Bestimmung des Reibungskoeffizienten f durch den Umschlingungsbogen dienen. Bei einem Riemen- oder Seiltriebe, der zur Energieübertragung zwischen zwei parallelen Wellen dient, ist der Treibriemen bezw. das Treibseil um zwei auf den Wellen aufgekeilte Scheiben gelegt, deren Durchmesser alsdann im umgekehrten Verhältnis der Winkelgeschwindigkeiten stehen, da die Umfangsgeschwindigkeiten der Scheiben gleich der Seilgeschwindigkeit v sind. Nennen wir die den Rollen mit den Radien r' und r'' in Fig. 201 entsprechenden Spannungen

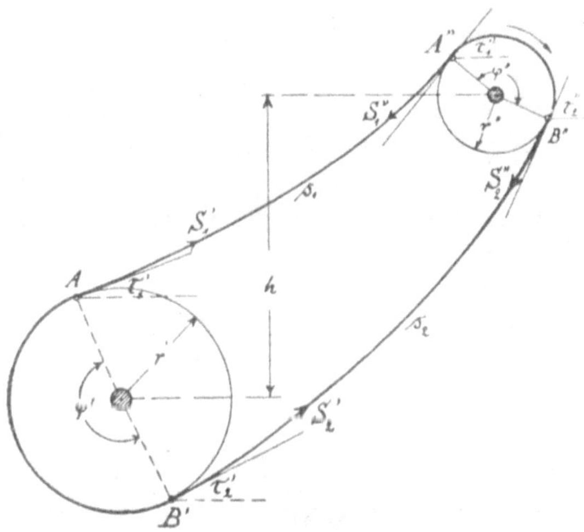

Fig. 201.

S' und S'', so ergibt zunächst die Formel (18) des vorigen Paragraphen den Zusammenhang zwischen der Spannung S, den Tangentenwinkeln τ und der Bogenlänge s von der fraglichen Stelle bis zum Scheitel der Kettenlinie. Bezeichnen wir die Bogenlänge von dem Scheitel bis zum Punkte A' mit s_1', bis zum Punkte A'' mit s_1'', so ist

und ebenso

$$\left.\begin{aligned} A'A'' &= s_1' - s_1'' = s_1 \\ B'B'' &= s_2' - s_2'' = s_2 \end{aligned}\right\} \quad . \; . \; . \; . \; . \quad (6)$$

Entsprechen dann den Punkten $A'A''$, $B'B''$ die Neigungswinkel τ_1' τ_1'' τ_2' τ_2'', so gehen aus Gl. (18) des vorigen Paragraphen die 4 Gleichungen

$$\left.\begin{aligned} S_1' - \frac{q v^2}{g} &= \frac{q s_1'}{\sin \tau_1'}; \quad S_1'' - \frac{q v^2}{g} = \frac{q s_1''}{\sin \tau_1''} \\ S_2' - \frac{q v^2}{g} &= \frac{q s_2'}{\sin \tau_2'}; \quad S_2'' - \frac{q v^2}{g} = \frac{q s_2''}{\sin \tau_2''} \end{aligned}\right\} \; . \; . \quad (7)$$

hervor. Da nun die von der einen Rolle abgegebene Arbeit gleich der von der anderen aufgenommen ist, so folgt

$$(S_1' - S_2')\,v = L = (S_1'' - S_2'')\,v,$$

also

$$S_1' - S_2' = S_1'' - S_2'' = \frac{L}{v}, \quad . \quad . \quad . \quad . \quad . \quad (8)$$

oder nach Einführung der Werte von (7)

$$\frac{s_1'}{\sin \tau_1'} - \frac{s_2'}{\sin \tau_2'} = \frac{s_1''}{\sin \tau_1''} - \frac{s_2''}{\sin \tau_2''}.$$

Diese konstante Differenz können wir nun noch umformen, indem wir $d s \sin \tau = d y$ schreiben, und erhalten alsdann mit Rücksicht auf die für alle Kettenlinien zutreffende Gl. (12) des vorigen Paragraphen

$$\frac{s}{\sin \tau} = \frac{s\,ds}{dy} = \frac{1}{2} \frac{d\,(y^2 - a^2)}{dy} = y \quad . \quad . \quad . \quad . \quad (9)$$

Sind y_1', y_1'' die Ordinaten von A' und A'', y_2', y_2'' diejenigen von B' und B'', so folgt auch

$$\frac{s_1''}{\sin \tau_1''} - \frac{s_1'}{\sin \tau_1'} = y_1'' - y_1', \qquad \frac{s_2''}{\sin \tau_2''} - \frac{s_2'}{\sin \tau_2'} = y_2'' - y_2',$$

und wenn wir außerdem angenähert $y_1'' - y_1' = y_2'' - y_2' = h$, dem Vertikalabstande der beiden Rollenachsen, setzen, so haben wir aus (7)

$$S_1'' - S_1' = S_2'' - S_2' = q\,h \quad . \quad . \quad . \quad . \quad . \quad (10)$$

d. h. die Endspannungen dieses Seiles zwischen zwei Rollen unterscheiden sich angenähert nur durch das Gewicht eines Seilstückes von der Länge der Vertikalabstände der beiden Wellen. Dieser Satz, der für gleich hohe Wellen auf dieselben Spannungen führt, trifft natürlich um so genauer zu, je weniger sich die Rollendurchmesser von einander unterscheiden.

Bei sehr großen Spannungen vernachläßigt man sogar das Seilgewicht vollständig, wie z. B. bei sog. Flaschenzügen zum Heben großer Lasten durch relativ kleine Kräfte. Derartige Einrichtungen sind nichts anderes als Verbindungen einer Anzahl von Seilrollen mit gemeinsamem Treib- oder Zugseil (oder Kette) auf einer festen und einer beweglichen Achse. Ordnen wir das System der Übersicht halber in einer Ebene an, so erhalten wir die in Fig. 202 dargestellte Konfiguration, in der wir außer dem

Seilgewicht auch das Gewicht der beweglichen Rollen vernachlässigen wollen.

Alsdann ist im Gleichgewichte die Summe der sämtlichen nach den beweglichen Rollen gerichteten Seilspannungen identisch mit der zu hebenden Last P. Wir haben demnach

$$S_1 + S_2 + \ldots + S_n = P \quad . \quad . \quad . \quad . \quad . \quad (11)$$

Nun besteht aber das Gleichgewicht auch an jeder einzelnen Rolle, so dafs wir, abgesehen von der Zapfenreibung

$$S_1 = S_2 = \ldots = S_n = S_0$$

setzen könnten, unter S_0 die zum Heben benötigte Kraft verstanden. Infolge der Zapfenreibung, die wir durch Einführung

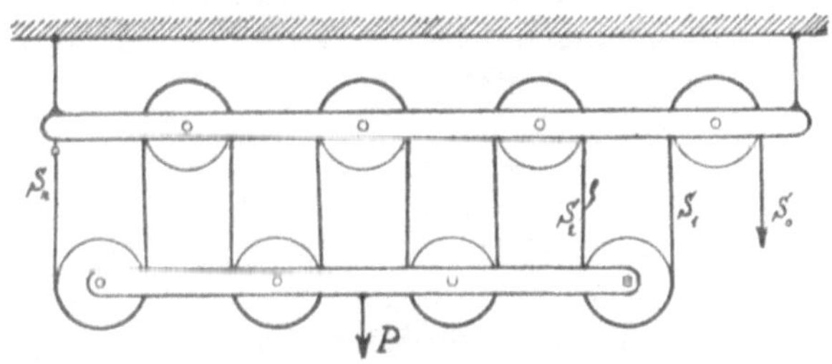

Fig. 202.

des allen Rollen gemeinsamen Radius r_0 des Reibungskreises leicht berücksichtigen können, ergeben sich dann die Momentengleichungen

$$S_0 r = S_1 r + (S_0 + S_1) r_0 \quad \text{oder} \quad S_0 = S_1 \frac{r + r_0}{r - r_0}$$

$$S_1 r = S_2 r + (S_1 + S_2) r_0 \quad \text{»} \quad S_1 = S_2 \frac{r + r_0}{r - r_0}$$

u. s. w.

Setzen wir der Kürze halber den Koeffizienten

$$\frac{r - r_0}{r + r_0} = \eta < 1, \quad . \quad . \quad . \quad . \quad . \quad . \quad (12)$$

den wir auch den **Wirkungsgrad der einzelnen Rolle** nennen dürfen, so lauten unsere Formeln

$$S_1 = \eta S_0, \quad S_2 = \eta S_1 \ldots S_n = \eta S_{n-1} \quad . \quad . \quad . \quad (13)$$

Durch dieselben können wir nunmehr sofort alle Spannungen in S_0 ausdrücken und die entsprechenden Werte

$$S_1 = \eta S_0; \quad S_2 = \eta^2 S_0 \ldots S_n = \eta^n S_0 \quad . \quad . \quad . \quad (13a)$$

in Gl. (11) einführen, wodurch dieselbe übergeht in

$$S_0(\eta + \eta^2 + \dots + \eta^n) = P,$$

oder nach Summierung der Reihe

$$S_0 = \frac{(1-\eta)P}{(1-\eta^n)\eta} \quad \dots\dots\dots \quad (14)$$

Da nun beim Emporziehen die Kraft S_0 den n-fachen Weg zurücklegt, wie die Last G, so ist der Gesamtwirkungsgrad des Flaschenzuges

$$\eta_0 = \frac{P}{nS_0} = \frac{\eta(1-\eta^n)}{n(1-\eta)} \quad \dots\dots\dots \quad (15)$$

Statt die Wirkungsgrade η einzuführen, hätten wir auch von der Gl. (5) Gebrauch machen können. Vergleichen wir dieselbe mit Gl. (13), so ergibt sich

$$\eta = e^{-f\varphi}, \quad \dots\dots\dots \quad (12a),$$

womit nur gesagt ist, dafs es die Seilreibung am Rollenumfange ist, welche die in (12) stehende Zapfenreibung überwindet. In der Tat absorbiert ja die Rolle des Flaschenzuges keine andere als diese Zapfenreibungsarbeit.

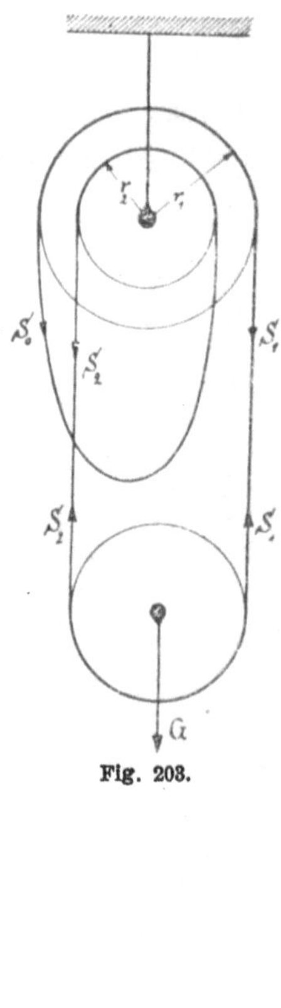

Fig. 203.

Genau so verhält es sich auch mit anderen Flaschenzügen, von denen wir hier nur den häufig angewandten **Differentalflaschenzug** anführen wollen. Derselbe besteht in seiner einfachsten Form aus drei Rollen, von denen die eine beweglich, die beiden andern koachsial und starr mit einander verbunden sind (Fig. 203). Die Radien dieser beiden Rollen seien r_1 und r_2, ihr Wirkungsgrad η_1, derjenige der dritten beweglichen Rolle, an deren Achse die Last G hängt, η_2. Über die drei Rollen ist nun ein Seil derart geschlungen, dafs es von der beweglichen Rolle einerseits nach der kleineren, andererseits nach der gröfseren festen Rolle führt und dann von der kleineren festen Rolle schlaff herabhängt. An diesem letzten Seilstück greift nunmehr die treibende Kraft S_0 mit dem gröfseren Hebelarm r_1 an.

Infolgedessen bestehen die den Formeln (13) analog gebauten Gleichgewichtsbedingungen

$$\left.\begin{aligned} S_0 r_1 + S_2 r_2 &= \frac{S_1 r_1}{\eta_1} \\ S_2 &= \eta_2 S_1 \end{aligned}\right\}, \quad \ldots \ldots \quad (16)$$

wozu wieder unter Vernachlässigung der Seil- und Rollengewichte

$$S_1 + S_2 = G \quad \ldots \ldots \quad (17)$$

tritt. Aus diesen Gleichungen berechnet sich sofort die treibende Kraft

$$S_0 = \frac{G}{1 + \eta_2}\left\{\frac{1}{\eta_1} - \eta_2 \frac{r_2}{r_1}\right\}. \quad \ldots \ldots \quad (18)$$

Würden keine Reibungswiderstände zu überwinden sein, so hätte man $\eta_1 = \eta_2 = 1$ zu setzen und erhielte statt (18)

$$S_0' = \frac{G}{2}\left(1 - \frac{r_2}{r_1}\right) \quad \ldots \ldots \quad (18a)$$

Aus der Verbindung von (18) und (18a) folgt der **Gesamtwirkungsgrad** des Flaschenzuges zu

$$\eta_0 = \frac{S_0'}{S_0} = \frac{1 + \eta_2}{2} \frac{1 - \frac{r_2}{r_1}}{\frac{1}{\eta_1} - \eta_2 \frac{r_2}{r_1}} \quad \ldots \ldots \quad (19)$$

Man erkennt, daſs auf die Wirkung dieses Rollentriebes der Radius der beweglichen Rolle ohne Einfluſs ist. Implicite steckt er allerdings in den obigen Formeln darin, da wir in (17) die beiden Spannungen S_1 und S_2 einander parallel angenommen haben, was nur möglich ist, wenn $2 r_3 = r_1 + r_2$ ist. Häufig stellt man noch die Bedingung, daſs die Last ruhig hängen bleibt, auch wenn S_0 verschwindet, d. h. daſs der Flaschenzug **selbstsperrend** wirken soll. Dies ist aber nur möglich, wenn für die rückläufige Bewegung, bei der G als treibende Kraft erscheint, während $S_0 = 0$ wird, an der festen Rolle

$$S_1 r_1 \eta_1 \leqq S_2 r_2$$

und an der beweglichen Rolle

$$S_2 \eta_2 \leqq S_1.$$

Durch Multiplikation dieser Ungleichungen ergibt sich als Bedingung für die Selbstsperrung

$$\frac{r_2}{r_1} \geqq \eta_1 \eta_2 \quad . \quad . \quad . \quad . \quad . \quad . \quad . \quad . \quad . \quad (20)$$

Um übrigens ein Gleiten auf der kleineren festen Rolle zu vermeiden, wendet man für den Differentialflaschenzug ausschließlich Ketten an, deren Glieder in entsprechende Vertiefungen bezw. Zähne der Rollen eingreifen.

In den vorstehenden Betrachtungen haben wir die Ketten oder Seile als vollkommen biegsam vorausgesetzt, womit nur gesagt war, daſs zum Übergang aus der gestreckten Lage eines Seiles in irgend eine Krümmung bezw. von einer Krümmung in eine andere keine Kraftwirkung, folglich auch kein Arbeitsaufwand nötig sei. Dies trifft nun in Wirklichkeit niemals vollkommen zu. Wir beobachten im Gegenteil, daſs ein Seil an der Auf- oder Ablaufstelle der Rolle durchaus nicht sofort in die Kettenlinie übergeht, sondern, daſs es vor der Auflaufstelle zur Rolle hin konkav, hinter der Ablaufstelle nach der Rolle stets konvex gekrümmt ist. Die Folge davon ist, daſs in Fig. 204 die Hebelarme r' und r'' der beiden Seilspannungen S_1 und S_2 nicht mehr mit dem Rollenhalbmesser übereinstimmen, sondern derart vergröſsert bezw. verkleinert erscheinen, daſs an jeder Stelle ein Arbeitsverlust eintritt. Die Ursache dieser ebenso wohlbekannten, wie bisher nur wenig erforschten Erscheinung bezeichnet man treffend als die Steifigkeit. Sie rührt bei Ketten nur von der Reibung der Kettenglieder an einander her, bei Seilen und Riemen dagegen teilweise auch von den durch die Formänderung geweckten elastischen Kräften, deren Behandlung nicht an diese Stelle gehört. Für die Lösung praktischer Probleme berücksichtigt man die Seilsteifigkeit gewöhnlich durch Verkleinerung der schon oben eingeführten Wirkungsgrade η. Damit aber gilt unsere Theorie der Flaschenzüge auch für steife Seile, so daſs wir hierauf nicht näher einzugehen brauchen.

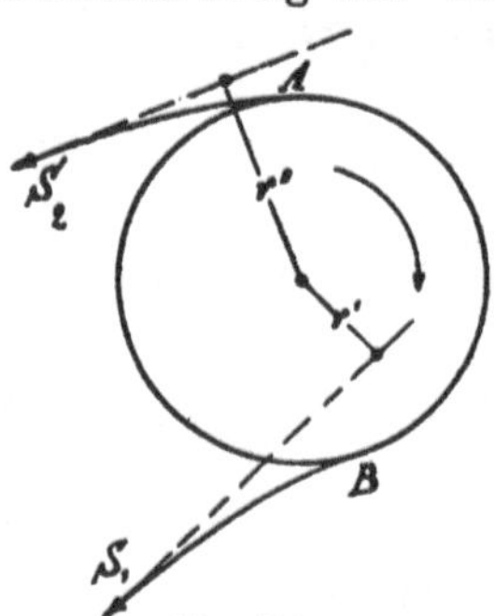

Fig. 204.

Die durch Seile oder Riemen übertragene Arbeit kann man nun unter Einschaltung zweier Spannrollen leicht messen, wie

v. Hefner-Alteneck (1881) durch die Konstruktion seines Riemendynamometers gezeigt hat. In demselben (Fig. 205) sei A die Achse der treibenden, B diejenige der gleich grofsen getriebenen Rolle; beide mögen sich in der Uhrzeigerrichtung drehen, so dafs der untere Riemen stärker gespannt ist als der obere. Genau in der Mitte zwischen A und B befinden sich die beiden mit einander starr verbundenen Spannrollen C_1 und C_2, welche von Riemen mit den Winkeln φ_1 und φ_2 umfafst werden. Alsdann erfährt die untere Rolle C_1 durch die Riemenspannung S_1 einen Druck $2 S_1 \sin \frac{\varphi_1}{2}$ nach unten, die Rolle C_2 dagegen durch die Riemenspannung S_2 ein Druck $2 S_2 \sin \frac{\varphi_2}{2}$ nach oben. Um beide mit einander verbundene Rollen in ihrer Lage zu erhalten, mufs demnach ein vertikaler Gegendruck

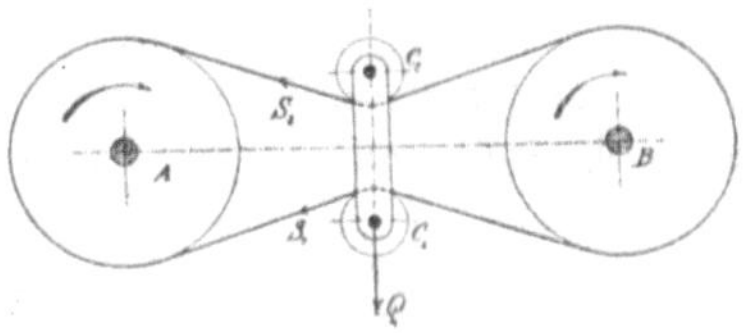

Fig. 205.

$$Q = 2\left(S_1 \sin \frac{\varphi_1}{2} - S_2 \sin \frac{\varphi_2}{2}\right)$$

nach oben wirken, bezw. diese Kraft von einer Wage aufgenommen werden. Haben nun die Spannrollen C_1 und C_2 denselben Durchmesser und werden sie ferner genau so im Gleichgewichte gehalten, dafs ihr Achsenabstand durch die Entfernung AB gerade halbiert wird, so ist auch $\varphi_1 = \varphi_2 = \varphi$ und wir erhalten

$$Q = 2\,(S_1 - S_2) \sin \frac{\varphi}{2}$$

und daraus mit der Umfangsgeschwindigkeit v des Riemens für die von demselben übertragene Arbeit pro Sekunde

$$L = (S_1 - S_2)\, v = \frac{Q v}{2 \sin \frac{\varphi}{2}} \quad . \quad . \quad . \quad . \quad . \quad (21)$$

Um diese einfache Arbeitsberechnung aus der direkt mefsbaren Umfangsgeschwindigkeit v und der Wagenbelastung Q noch bequemer zu gestalten, werden die beiden Rollen meist so dimensioniert und angeordnet, dafs $\varphi = 60^0$, also $\sin\frac{\varphi}{2} = \frac{1}{2}$ wird, und man statt (21) einfach

$$L = Qv$$

schreiben darf. Die Widerstände der Zapfenreibung und der Seilsteifigkeit sind hierbei allerdings nicht berücksichtigt.

§ 49. Ebene Schwingungen eines gespannten Seiles.

Darstellung der Bewegung eines Seiles durch partielle Differentialgleichungen. Vereinfachung derselben für sehr kleine Auslenkungen. Lösung von D'Alembert. Fortschreiten der Ausschläge auf dem Seile und Spiegelung an Fixpunkten. Fortschreitende und stehende Wellen; Knoten und Bäuche. Lösung von D. Bernoulli. Grundschwingung und Oberschwingungen.

Die allgemeinen Bewegungsgleichungen eines Seiles haben wir schon in § 47 durch (14) gegeben und aus denselben das Verhalten bei stationärer Bewegung dadurch abgeleitet, dafs wir die Geschwindigkeit der Seilelemente in der Richtung der Tangente an die Seilkurve konstant setzten. Sehen wir jetzt von dieser Vereinfachung ab, und setzen, unter S die Seilspannung in dem betrachteten Elemente von der Länge ds verstanden, für die Vertikal- und Horizontalkomponente

$$V = S\sin\tau = S\frac{dy}{ds}, \qquad H = S\cos\tau = S\frac{dx}{ds},$$

so dürfen wir die allgemeinen Bewegungsgleichungen auch schreiben

$$\left.\begin{aligned} \frac{q}{g}\frac{\partial^2 y}{\partial t^2} &= \frac{\partial}{\partial s}\left(S\frac{\partial y}{\partial s}\right) - q \\ \frac{q}{g}\frac{\partial^2 x}{\partial t^2} &= \frac{\partial}{\partial s}\left(S\frac{\partial x}{\partial s}\right) \end{aligned}\right\} \quad \ldots\ldots \quad (1)$$

In denselben haben wir statt der geraden d die für partielle Differentiationen üblichen geschwungenen ∂ verwendet, weil auf der linken Seite dieser Gleichungen lediglich Differentialquotienten nach der Zeit, auf der rechten dagegen solche nach dem auf dem Seile gemessenen Abstande des Elementes von irgend einem Punkte vorkommen. Differentialgleichungen dieser Art mit zwei oder mehr unabhängigen Veränderlichen (hier die Zeit t und der

Bogen s) bezeichnet man nun im Gegensatz zu den bisher allein behandelten sog. totalen als partielle Differentialgleichungen. Bevor wir an die Integration derselben herantreten, wollen wir die Aufgabe selbst noch näher präzisieren. Wir setzen zunächst voraus, dafs unser Seil sehr stark gespannt sein soll, so dafs das Gewicht desselben pro Längeneinheit gegenüber der Spannung S vernachlässigt werden darf. Streng genommen kommt diese Annahme auf eine horizontale Auflagerung des Seiles hinaus, so dafs nur noch Bewegungen in einer Horizontalebene möglich sind. Will man sich an diese Vorstellung halten, so mufs man überdies von der Reibung des Seiles auf der Ebene absehen. Jedenfalls kann man nunmehr in der ersten Gl. (1) das konstante Glied q weglassen, ohne dafs damit etwa auf der linken Seite die Masse $q : g$ pro Längeneinheit vernachlässigt werden dürfte.

Ist nun die Seilspannung S von vornherein sehr stark, so werden kleine Auslenkungen des Seiles aus der Ruhelage dieselbe nicht wesentlich modifizieren. Setzen wir daher $S = \text{const.}$ und nehmen aufserdem mit kleinen Ausschlägen an, dafs die Neigung eines Elementes ds zu einer beliebigen Zeit gegenüber der Ruhelage nur sehr gering ist, so dafs man stets

$$\cos\tau = \frac{\partial x}{\partial s} = 1 \text{ oder } \partial x = \partial s$$

setzen darf, so wird sofort

$$\frac{\partial}{\partial s}\left(S\frac{\partial x}{\partial s}\right) = S\frac{\partial\cos\tau}{\partial s} = 0$$

und die zweite Gl. (1) geht über in

$$\frac{\partial^2 x}{\partial t^2} = 0.$$

Denken wir uns also das Seil an irgend einem Punkte festgehalten, z. B. angebunden, so wird keines seiner Elemente eine Beschleunigung in der Richtung der Tangente erfahren, d. h. es werden sich die Abszissen x der einzelnen Elemente mit der Zeit überhaupt nicht ändern. Wir brauchen uns daher jetzt um die zweite Gl. (1) gar nicht mehr zu kümmern und haben es nur noch mit der ersten zu tun, welche mit $S = \text{const.}$ und

$\partial s = \partial x$ unter Vernachlässigung des konstanten Gliedes q übergeht in

$$\frac{q}{g}\frac{\partial^2 y}{\partial t^2} = S\frac{\partial^2 y}{\partial x^2}$$

oder

$$\frac{\partial^2 y}{\partial t^2} = \frac{Sg}{q}\frac{\partial^2 y}{\partial x^2} \quad . \quad . \quad . \quad . \quad . \quad . \quad . \quad . \quad (2)$$

Wir setzen schließlich noch zur Abkürzung

$$\frac{Sg}{q} = \alpha^2 \quad . \quad . \quad . \quad . \quad . \quad . \quad . \quad . \quad . \quad . \quad (3)$$

und haben dann statt (2)

$$\frac{\partial^2 y}{d t^2} = \alpha^2 \frac{\partial^2 y}{\partial x^2} \quad . \quad . \quad . \quad . \quad . \quad . \quad . \quad . \quad (2\text{a})$$

Dieser Gleichung genügt, wie D'Alembert zuerst gezeigt hat, das allgemeine Integral

$$y = f_1(x + \alpha t) + f_2(x - \alpha t), \quad . \quad . \quad . \quad . \quad . \quad (4)$$

worin f_1 und f_2 ganz willkürliche Funktionen bedeuten. Von der Richtigkeit dieses Ansatzes kann man sich sofort durch zweimalige partielle Differentiation nach x und t überzeugen. Die Bewegung ergibt sich demnach als Übereinanderlagerung zweier Bewegungen

$$y_1 = f_1(x + \alpha t) \text{ und } y_2 = f_2(x - \alpha t), \quad . \quad . \quad . \quad (4\text{a})$$

deren jede für sich ganz willkürlich verlaufen kann. Trotzdem läßt diese überaus unbestimmte Formulierung schon einen sehr wichtigen Schluß auf den Verlauf der Erscheinung zu. Wir wollen nämlich einmal für eine dieser Bewegungen annehmen, daß zur Zeit t der Ausschlag y_2 im Abstande x von irgend einem Anfangspunkte aus gerechnet mit dem Ausschlage in x' zur Zeit t' übereinstimmen möge. Alsdann haben wir

$$f_2(x - \alpha t) = f_2(x' - \alpha t')$$

oder

$$x - x' = \alpha(t - t') \quad . \quad . \quad . \quad . \quad . \quad . \quad . \quad (5)$$

und erkennen, daß die Ausschläge y_2 einer der beiden im übrigen noch ganz unbestimmten Bewegungen der Seilelemente sich mit der konstanten Geschwindigkeit $a = \sqrt{\frac{Sg}{q}}$ längs des Seiles fortbewegen. Wenden wir dieselbe Überlegung auf die Funktion f_1 an, so folgt

$$x - x' = -a(t - t'), \quad . \quad . \quad . \quad . \quad . \quad . \qquad (5a)$$

also eine ebenso grofse, aber entgegengesetzte Geschwindigkeit der Ausschläge der andern Bewegung. Daraus folgt wiederum, dafs — jede Bewegung f_1 und f_2 für sich betrachtet — alle Seilelemente hinter einander dieselben Ausschläge erreichen, mithin kongruente Bewegungen zu verschiedenen Zeiten vollziehen. Kehren nun die einzelnen Seilelemente immer wieder nach einer bestimmten Lage zurück, sind also ihre Ausschläge periodisch, so haben wir im Ganzen eine gleichförmig fortwandernde Schwingung vor uns, die wir als Wellenbewegung bezeichnen.

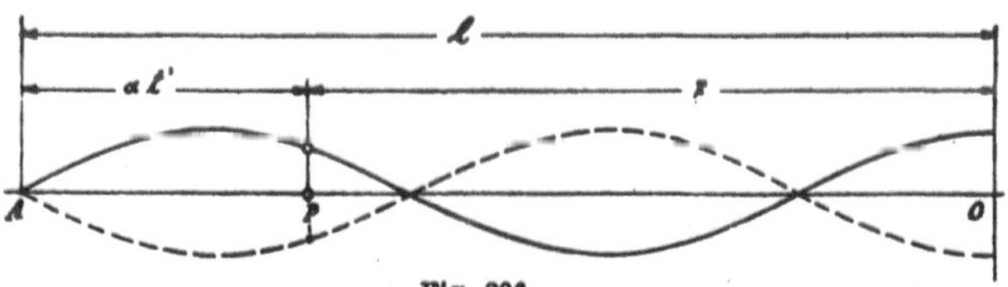

Fig. 206.

Befindet sich nun auf dem Seile (Fig. 206) ein Punkt A, den wir uns festgehalten denken, dauernd im Ruhezustande, so heifst das nichts anderes, als dafs sich für jeden Augenblick an diesem Punkte die Ausschläge der beiden Wellenbewegungen f_1 und f_2 gerade aufheben, oder dafs, wenn $x = l$ die Abszisse des festen Punktes bedeutet,

$$f_1(l + at) + f_2(l - at) = 0 \quad . \quad . \quad . \quad . \quad . \qquad (6)$$

Weiterhin sind die Schwingungen f_1 sowie f_2 unter sich für alle Punkte einander kongruent, da sie für den festgehaltenen Punkt einander für beliebige Zeiten entgegengesetzt gleich sind, so mufs eine entsprechende Übereinstimmung auch für beliebige Punkte P herrschen. Setzen wir für einen solchen $x = l - at'$, so folgt aus (4)

$$y = f_1\{l + a(t - t')\} + f_2\{l - a(t + t')\}$$

oder wegen (6)

$$y = f_1\{l + a(t - t')\} - f_1\{l + a(t + t')\}$$

bezw. nach Wiedereinführung von $x = l - \alpha t'$

$$y = f_1(x + \alpha t) - f_1(x + \alpha t + 2\alpha t') \quad . \quad . \quad . \quad (7)$$

Nun ist aber $2\alpha t'$ die doppelte Strecke zwischen dem betrachteten Punkte P und dem festgehaltenen, d. h. dieselbe Wellenbewegung, welche nach dem festen Punkte läuft, kehrt von dort mit entgegengesetzten Vorzeichen wieder zurück. Diesen Vorgang nennt man die Reflexion oder Spiegelung der Wellen. Durch diese Spiegelung an einem festen Punkte werden demnach die beiden Wellenzüge f_1 und f_2 zu einem einzigen Vorgange verknüpft und gegenseitig bestimmt.

Halten wir nun noch einen zweiten Punkt, z. B. den Anfang $x = 0$ fest, so wird nach (4)

$$f_1(\alpha t) = -f_2(-\alpha t) \quad . \quad . \quad . \quad . \quad . \quad . \quad (8)$$

oder allgemeiner $f_2(x - \alpha t) = -f_1(\alpha t - x)$ und damit

$$y = f_1(\alpha t + x) - f_1(\alpha t - x) \quad . \quad . \quad . \quad . \quad . \quad (9)$$

Setzen wir dann noch in Gl. (7) $t = 0$ und $\alpha t' = l$, so wird für den Anfang $y = 0$, also

$$f_1(x) = f_1(x + 2l) \text{ oder } f_1(x - l) = f_1(x + l) \quad . \quad (10)$$

Die Bewegungserscheinung wiederholt sich demnach bei zwei festen Punkten im Abstande l, der sog. Spannweite nach Durchlaufen von $2l$ und besitzt die Periode

$$t_0 = 2t' = \frac{2l}{\alpha} = 2l\sqrt{\frac{q}{gS}} \quad . \quad . \quad . \quad . \quad . \quad (11)$$

Denken wir uns das gespannte Seil auf beiden Seiten der Fixpunkte unbegrenzt verlängert, so erkennen wir aus Gl. (9) und (10), dafs alle Punkte in den Abständen $-kl$, $+kl$ vom ruhenden Anfang, wo k eine ganze Zahl bedeutet, in Ruhe verharren, und nur die zwischen ihnen befindlichen Punkte Schwingungen vollziehen. Da ferner in Gl. (9) y nur das Vorzeichen ändert, wenn wir x mit $-x$ vertauschen, so haben hierbei alle Punkte in gleichen Abständen vom Anfang zur selben Zeit gleich grofse aber entgegengesetzt gerichtete Ausschläge, während alle Punkte, welche voneinander um die doppelte Spannweite entfernt sind, gleichzeitig kongruente Schwingungen vollziehen. Für $t = t' = \frac{l}{a}$ wird in (9) mit Rücksicht auf (10) $y = 0$, d. h. nach Ablauf der halben Periode passieren alle Seilelemente gleichzeitig die Ruhelage. Eine solche Erscheinung, die man leicht an einem zwischen zwei Fixpunkten gespannten Seile hervorrufen kann, bezeichnet man als eine stehende Wellenbewegung, die Fixpunkte als Knoten und die dazwischen liegenden Ausschläge als die Bäuche derselben.

Da die hier geschilderten Vorgänge periodisch verlaufen, so können wir die bisher willkürlich gebliebene Funktion f als periodische Reihe entwickeln, die Bewegung also als die Übereinanderlagerung harmonischer Einzelschwingungen betrachten. Wir setzen demnach analog der allgemeinen Darstellung in § 13

$$\left.\begin{aligned} f_1(at+x) &= \Sigma a_k \sin\left(\frac{2\pi k\,(at+x)}{2l} + \beta_k\right) \\ f_1(at-x) &= \Sigma a_k \sin\left(\frac{2\pi k\,(at-x)}{2l} + \beta_k\right) \end{aligned}\right\}, \quad . \quad (12)$$

worin a_k den gröſsten Ausschlag und β_k die Phasenverschiebung der k-ten Einzelschwingung bedeutet. Schreiben wir nunmehr zur Abkürzung

$$\left.\begin{aligned} 2\pi k \frac{at}{2l} + \beta_k = 2\pi k \frac{t}{t_0} + \beta_k = u \\ \frac{2\pi k x}{2l} = v \end{aligned}\right\}, \quad . \quad . \quad . \quad (13)$$

so haben wir auch für Gl. (10)

$$y = f_1(at+x) - f_1(at-x) = \Sigma a_k \{\sin(u+v) - \sin(u-v)\}$$

$$y = 2\Sigma a_k \cos u \sin v$$

oder, nach Wiedereinsetzen der Werte von u und v aus (13)

$$y = 2\Sigma a_k \sin\frac{\pi k x}{l} \cos\left(2\pi k \frac{t}{t_0} + \beta_k\right) \quad . \quad . \quad . \quad (14)$$

Man kann also die willkürliche Funktion $f(at+x) - f(at-x)$ als eine Summe von Produkten einfacher harmonischer Funktionen von x und t allein darstellen, worauf zuerst Daniel

Bernoulli aufmerksam gemacht hatte. Für $x = l$ oder beliebige Vielfache davon verschwinden in Übereinstimmung mit der früheren Forderung alle Glieder der Reihe zugleich. Die Koeffizienten a_k und β_k dagegen bleiben willkürlich, bezw. lassen sich nur aus einem gegebenen Anfangszustande nach der für Fouriersche Reihen schon früher erläuterten Methode ermitteln. Sollen übrigens zur Zeit $t = 0$ alle Seilelemente gleichzeitig die Ruhelage passieren, so mufs für alle k

$$\cos \beta_k = 0, \text{ also } \beta_k = \pm \frac{\pi}{2}$$

sein. Damit aber dürfen wir statt (14) auch schreiben

$$y = 2 \Sigma a_k \sin \frac{\pi k x}{l} \sin 2 \pi k \frac{t}{t_0}, \quad . \quad . \quad . \quad . \quad (14\text{a})$$

woraus wiederum hervorgeht, dafs auch nach Ablauf der Zeit $\frac{1}{2} t_0,\ t_0 \ldots . k \frac{t_0}{2}$ u. s. w. alle Elemente gleichzeitig die Ruhelage passieren. Im einfachsten Falle nimmt das Seil die Form einer Sinuslinie an, deren Ausschläge zu beiden Seiten der Knoten entgegengesetzt gerichtet sind. Dies ist übrigens eine ganz allgemeine Eigenschaft der Seilkurve, welche der Gl. (2a) genügt, da für die Fixpunkte

$$\frac{\partial^2 y}{\partial t^2} = 0, \text{ also auch } \frac{\partial^2 y}{\partial x^2} = 0$$

wird, und folglich der Krümmungsradius in den Knoten unendlich grofs wird. Die Knoten sind demnach Wendepunkte der Seilkurve. Jede der in der Reihe (14) enthaltenen Einzelschwingungen stellt übrigens für sich eine Lösung der Differentialgleichung (2a) und damit einen möglichen Bewegungszustand des Seiles dar. Man erkennt daraus, dafs, wenn nur k eine ganze

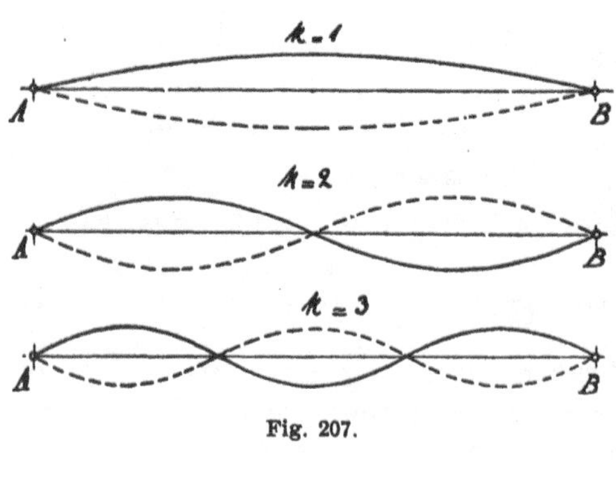

Fig. 207.

Zahl bedeutet, die Spannweite l des Seiles in k Teile zerfällt, die von einander durch Knotenpunkte getrennt sind und mit der Periode $\frac{t_0}{k}$ schwingen können. Die der Spannweite l entsprechende Einzelschwingung mit $k = 1$ und der Periode t_0 bezeichnet man wohl auch als die Grundschwingung des gespannten Seiles, diejenigen mit dazwischen liegenden Knotenpunkten als Oberschwingungen (siehe Fig. 207). Die Wellen selbst, deren Ausschläge durchweg senkrecht zur Ruhelage des Seiles stattfinden, heißen transversale im Gegensatz zu den Longitudinalwellen, welche in elastischen Körpern mit ihrer Fortpflanzungsrichtung zusammenfallen.

Kapitel VI.

Mechanik räumlicher Systeme.

§ 50. Kräfte mit verschiedenen Angriffspunkten im Raume.

Entstehung von Kräftepaaren durch Parallelverschiebung der Komponenten jeder Einzelkraft. Zusammenfassung und Zerlegung solcher Kräftepaare im Raume. Darstellung der Kräftepaare durch gerichtete Strecken (Drehvektor). Die Zentralachse eines Kräftesystems; Mittelpunkt der Kräfte. Parallele Kräfte im Raume; der Schwerpunkt eines Massensystems.

Eine Kraft, welche an irgend einem Punkte eines räumlichen Gebildes, das wir allgemein als einen Körper bezeichnen wollen, angreift, können wir in ihrer eigenen Richtung sofort verschieben, ohne an ihrer Wirkung nach aufsen hin etwas zu ändern, wenn nur der neue Angriffspunkt mit dem ersten starr verbunden war. Verlegen wir jedoch die Kraft parallel zu sich selbst, so bestimmt die neue Lage mit der ursprünglichen eine Ebene, in der durch die Verschiebung nach den in § 34 gewonnenen Sätzen ein Kräftepaar geweckt wird, welches das System um eine Achse senkrecht zu dieser Ebene zu drehen bestrebt sein wird. Verschieben wir weiterhin die Ebene dieses Kräftepaares mit diesem parallel zu sich selbst, so wird an der Wirkung offenbar nichts geändert, so dafs wir schliefsen dürfen, dafs *eine solche Parallelverschiebung von Kräftepaaren auch nach aufsen hin keine Wirkung hervorbringt.* Man beweist diesen Satz gewöhnlich auf folgende Weise: Bringt man in der Ebene $E' // E$ (Fig. 208) die beiden Kräfte des Paares $P' = P$ und

$-P' = -P$ mit demselben Hebelarm $r' = r$ und gleichzeitig die ihnen gleichen und entgegengesetzt gerichteten P'' und $-P''$ an, so kann man einerseits P und P'', andererseits $-P$ und $-P''$ in ihren Ebenen zu je einer im Punkte A angreifenden Resultante vereinigen. Beide Resultanten sind aber einander entgegengesetzt gerichtet und absolut gleich grofs, nämlich $2\,P$, heben sich also auf, so dafs nur noch in der Ebene E' das Kräftepaar P' und $-P'$ übrig bleibt, welches dort nach den Lehren des § 34 beliebig verdreht werden kann.

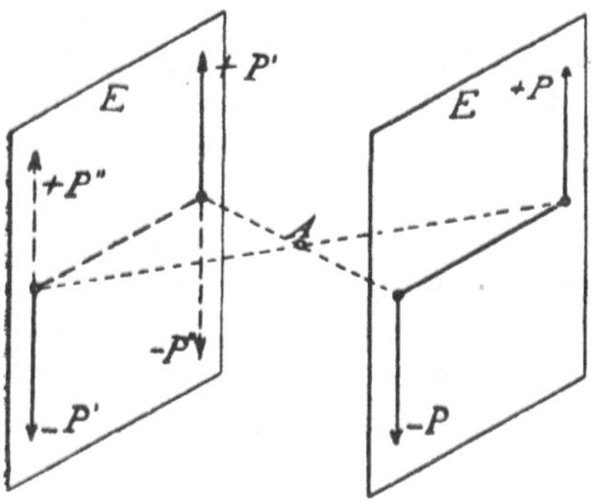

Fig. 208.

Die praktische Anwendung dieses ebenso einfachen, wie wichtigen Satzes liefert jede Transmissionswelle mit mehreren Riemenscheiben, an denen Kräftepaare angreifen, welche sich demnach algebraisch summieren. Ebenso lassen sich die von mehreren parallelen und an einer Welle angreifenden Kurbelgetrieben herrührenden Drehmomente sofort summieren, wovon man in der Maschinentechnik ausgiebigen Gebrauch macht.

Auch die Vereinigung von Kräftepaaren P_1, $-P_1$ und P_2, $-P_2$ in sich schneidenden Ebenen E_1 und E_2 (Fig. 209) bietet keine Schwierigkeit, wenn wir die Kräfte erst so verändern, dafs der Hebelarm r beider Paare gleich grofs wird, und darauf diesen Hebelarm durch passende Verdrehung beider Paare in die Schnittgerade AB verlegen. Alsdann lassen sich sowohl P_1 mit P_2 wie auch $-P_1$ mit $-P_2$ zu zwei gleich grofsen und entgegengesetzt gerichteten Resultanten R und $-R$ vereinigen, welche für sich ein neues Kräftepaar in einer neuen Ebene bilden. Da wir auch diese parallel zu sich

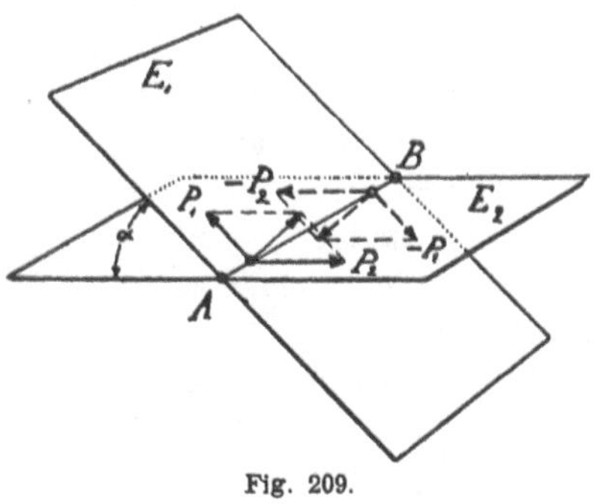

Fig. 209.

selbst verschieben dürfen, wodurch die Achse des resultierenden Paares keine Richtungsänderung erfährt, so erkennt man, dafs sich alle im Raume auftretenden Kräftepaare schliefslich zu einem einzigen vereinigen lassen.

Analytisch bietet diese Zusammenfassung gar keine Schwierigkeiten, da sie ja, wie aus der letzten Figur hervorging, genau nach den Regeln der Vereinigung von Einzelkräften mit gemeinsamem Angriffspunkte erfolgt. Auch die Reduktion der Kräftepaare auf denselben Hebelarm läfst sich sofort vermeiden, wenn wir nicht mehr die Gröfse der Einzelkräfte, sondern die Momente der Kräftepaare, welche sowohl die Einzelkräfte, wie auch die Hebelarme enthalten, ins Auge fassen, bezw. der Zusammensetzung unterwerfen. Wir brauchen dazu nur dem Moment eines Kräftepaares eine Richtung zuzuschreiben, wofür allein diejenige seiner Drehachse, d. h. des Lotes auf die Ebene des Paares in Frage kommen kann, da die Vereinigung zweier Paare durch diejenige von Einzelkräften in einer zu den Ebenen beider Paare senkrechten Ebene erfolgte. Dieser von Poinsot herrührende Gedanke läuft auf die Darstellung von Kräftepaaren durch gerade Strecken hinaus, deren Längen Mafse für die Momente bilden, während ihre Richtung den Drehungssinn bestimmt. Zwei entgegengesetzt gleiche Kräftepaare heben sich daher ebenso auf, wie entsprechende Kräfte mit demselben Angriffspunkt. Von der Behandlung der Kräfte unterscheidet sich diejenige der Kräftepaare mit Hilfe dieser Darstellung durch einen sog. Drehvektor nur dadurch, dafs man beliebig im Raum angeordnete parallele Momente einfach addieren kann, während dies für Kräfte nicht ohne weiteres statthaft ist. Wir müssen dieselben vielmehr zuvor nach einem gemeinsamen Angriffspunkt parallel zu sich selbst verschieben, wodurch, wie schon bemerkt wurde, selbst Kräftepaare geweckt werden, die zu schon vorhandenen noch hinzutreten.

Um diese Verhältnisse analytisch zu untersuchen, sei in Fig. 210 eine solche am Punkte $x\,y\,z$ eines rechtwinkligen Achsensystems angreifende Einzelkraft P in drei den Achsen parallele Komponenten X, Y, Z zerlegt. Verschieben wir nunmehr die X-Komponente allein nach dem Koordinatenanfang, so können wir dies auch dadurch erreichen, dafs wir sie erst parallel zu sich selbst in die XY-Ebene und dann in die X-Achse verlegen. Durch die erste Verschiebung wird ein Kräftepaar zX geweckt mit der Achse OY, durch die zweite ein Kräftepaar $-yX$ mit der Achse OZ.

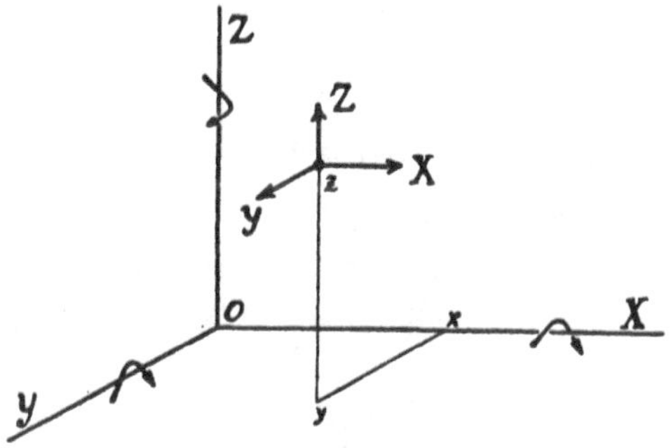

Fig. 210.

Verfahren wir ebenso mit den beiden anderen Komponenten, so liefert jede zwei Kräftepaare, so dafs im ganzen sechs Kräftepaare auftreten, von denen aber je zwei eine gemeinsame Achse besitzen und daher sofort zusammengefafst werden können. Auf diese Weise erhalten wir durch die Verlegung der drei Komponenten nach dem Koordinatenanfang die drei Paare

$$\left.\begin{aligned}\mathfrak{M}_z &= xY - yX \\ \mathfrak{M}_x &= yZ - zY \\ \mathfrak{M}_y &= zX - xZ\end{aligned}\right\}, \quad \ldots\ldots \quad (1)$$

wobei der Index von $\mathfrak{M}$ die Achse des Paares andeutet, während als positiver Drehungssinn derjenige des Uhrzeigers gewählt wurde, wenn man in der Achsenrichtung nach dem Anfang O hinsieht. Die drei Kräftepaare (1) sind natürlich nichts als die Komponenten des Kräftepaares, welches man durch Verlegung der Kraft P selbst nach dem Koordinatenanfang erhalten würde. Multiplizieren wir nämlich die drei Gleichungen (1) der Reihe nach mit den Kraftkomponenten Z, X, Y und addieren, so folgt

$$\mathfrak{M}_x X + \mathfrak{M}_y Y + \mathfrak{M}_z Z = 0 \quad \ldots\ldots \quad (2)$$

d. h. also, dafs die Achsenrichtung des Kräftepaares $\mathfrak{M}$, dessen Komponenten $\mathfrak{M}_x$ $\mathfrak{M}_y$ $\mathfrak{M}_z$ sind, auf der Kraftrichtung von P senkrecht steht, bezw. dafs die Ebene des Kräftepaares mit der durch den Koordinatenanfang und durch P gelegten zusammenfällt. Damit ist das Problem wieder auf ein ebenes zurückgeführt und wir erkennen, dafs, unter l das auf die Kraftrichtung P von O aus gefällte Lot verstanden,

$$\mathfrak{M} = Pl \quad \ldots\ldots\ldots \quad (3)$$

sein mufs. Sind $\alpha\,\beta\,\gamma$ die Winkel von P gegen die drei Achsen, so zwar dafs

$$X = P\cos\alpha,\quad Y = P\cos\beta,\quad Z = P\cos\gamma,$$

so kann man statt (1) auch schreiben

$$\left.\begin{aligned}\mathfrak{M}_z &= (x\cos\beta - y\cos\alpha)\,P\\ \mathfrak{M}_x &= (y\cos\gamma - z\cos\beta)\,P\\ \mathfrak{M}_y &= (z\cos\alpha - x\cos\gamma)\,P\end{aligned}\right\}\quad\ldots\ldots\ (1a)$$

Quadrieren und addieren wir diese drei Formeln und beachten, dafs für das Lot vom Koordinatenanfang O auf die Kraftrichtung die Gleichung

$$l^2 = (x\cos\beta - y\cos\alpha)^2 + (y\cos\gamma - z\cos\beta)^2 + (z\cos\alpha - x\cos\gamma)^2$$

besteht, so erhalten wir mit (3) die nach der oben erläuterten Zusammensetzungsregel fast evidente Beziehung

$$\mathfrak{M}^2 = \mathfrak{M}_x^2 + \mathfrak{M}_y^2 + \mathfrak{M}_z^2\quad\ldots\ldots\ (4)$$

Nach diesen Vorbemerkungen über die Entstehung und Zusammensetzung von Kräftepaaren im Raume läfst sich die Aufgabe der Vereinigung von Kräften mit verschiedenen Angriffspunkten aufserordentlich leicht erledigen. Wir haben nur nötig, die vorstehend durchgeführte Parallelverschiebung einer Kraft P nach dem Koordinatenanfang für jede Einzelkraft vorzunehmen. Sind $X_1\,Y_1\,Z_1$, $X_2\,Y_2\,Z_2\ldots X_n\,Y_n\,Z_n$ die Komponenten derselben, so erhalten wir am Koordinatenanfang durch diese Verlegung als Komponenten der Resultante aller Kräfte

$$\left.\begin{aligned}X &= X_1 + X_2 + \ldots X_n = \Sigma X\\ Y &= Y_1 + Y_2 + \ldots Y_n = \Sigma Y\\ Z &= Z_1 + Z_2 + \ldots Z_n = \Sigma Z\end{aligned}\right\}\quad\ldots\ (5)$$

Aufserdem aber wird durch die Verschiebung jeder Einzelkraft ein Kräftepaar geweckt, dessen Komponenten die Form (1) besitzen, wobei nur die Koordinaten der Angriffspunkte $x_1\,y_1\,z_1$, $x_2\,y_2\,z_2\ldots x_n\,y_n\,z_n$ an Stelle von x, y, z einzuführen sind. Vereinigen wir alle diese Komponenten mit derselben Achse, so erhalten wir die Komponenten eines resultierenden Kräftepaares $\mathfrak{M}$

$$\left.\begin{aligned}\mathfrak{M}_z &= \Sigma\,(x\,Y - y\,X)\\ \mathfrak{M}_x &= \Sigma\,(y\,Z - z\,Y)\\ \mathfrak{M}_y &= \Sigma\,(z\,X - x\,Z)\end{aligned}\right\}\quad\ldots\ldots\ (6)$$

und dürfen also den Satz aussprechen, daſs genau wie in der Ebene, auch im Raume **beliebige Kräfte mit verschiedenen starr miteinander verbundenen Angriffspunkten sich zu einer Resultanten und einem Kräftepaar vereinigen lassen.**

Ist es möglich, die sämtlichen Einzelkräfte zu einer Resultanten zusammenzufassen mit den Komponenten $X\,Y\,Z$ nach Gl. (5) und dem Angriffspunkte $x\,y\,z$, so treten an Stelle der Gl. (6) wieder die Formeln (1).

Der Winkel, welchen die Achse des resultierenden Kräftepaares mit der Resultanten im Anfangspunkte im allgemeinen einschlieſst, ergibt sich, wenn $\alpha\,\beta\,\gamma$ die Neigungen der Resultanten R und $\varkappa\,\lambda\,\mu$ diejenigen der Achse des Kräftepaares gegen die Achsen bedeutet, aus der Gleichung

$$\cos\delta = \cos\alpha\cos\varkappa + \cos\beta\cos\lambda + \cos\gamma\cos\mu$$

mit

$$X = R\cos\alpha, \quad Y = R\cos\beta, \quad Z = R\cos\gamma$$
$$\mathfrak{M}_x = \mathfrak{M}\cos\varkappa, \quad \mathfrak{M}_y = \mathfrak{M}\cos\lambda, \quad \mathfrak{M}_z = \mathfrak{M}\cos\mu$$

zu

$$\cos\delta = \frac{X\mathfrak{M}_x + Y\mathfrak{M}_y + Z\mathfrak{M}_z}{R\mathfrak{M}} \quad . \quad . \quad . \quad . \quad (7)$$

Die Resultante kann man nun immer in zwei Komponenten zerlegen, von denen die eine $R\sin\delta$ in die Ebene des Kräftepaares fällt, während die andere $R\cos\delta$ senkrecht dazu steht (Fig. 211), also die Richtung der Achse des Kräftepaares besitzt. Die Komponente $R\sin\delta$ läſst sich weiterhin nach den Regeln der Zusammensetzung von Kräften und Kräftepaaren in der Ebene mit dem resultierenden Paar zu einer, allerdings nicht mehr durch O hindurchgehenden Einzelkraft zusammenfassen, so daſs wir den Satz aussprechen können: **Beliebige Kräfte im Raume mit verschiedenen starr miteinander verbundenen Angriffspunkten lassen sich immer auf zwei senkrecht zueinander stehende, sich aber nicht schneidende Resultanten zurückführen.**

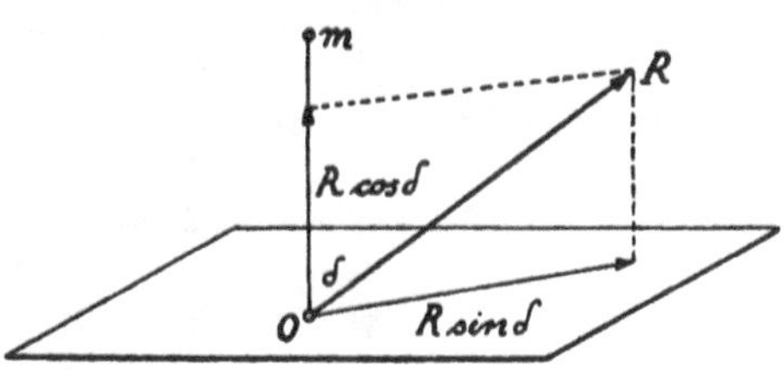

Fig. 211.

Es kann aber auch die Komponente $R \sin \delta$ verschwinden, die Resultante mithin in die Achse des resultierenden Paares fallen. Alsdann sprechen wir von einer Zentralachse des Kräftesystems. Um die Lage derselben zu ermitteln, erinnern wir uns zunächst daran, dafs unsere Ausdrücke (6) für die Komponente des resultierenden Kräftepaares aus der Verlegung aller Kräfte nach dem ganz willkürlichen Koordinatenanfang hervorgegangen sind. Wir müssen demnach für die Bestimmung einer speziellen Lage der Resultanten die Kräfte zunächst nach einem beliebigen Punkte $x'\,y'\,z'$ verlegen, wodurch zwar nicht die Gröfse der Komponenten (5) der Resultante, wohl aber diejenige des Kräftepaares geändert werden. Wir erhalten für die Komponenten des neuen Paares $\mathfrak{M}'$ die Ausdrücke

$$\left.\begin{aligned} \mathfrak{M}_z' &= \Sigma\left\{(x-x')\,Y-(y-y')\,X\right\} = \mathfrak{M}_z - x'\,Y + y'\,X \\ \mathfrak{M}_x' &= \Sigma\left\{(y-y')\,Z-(z-z')\,Y\right\} = \mathfrak{M}_x - y'\,Z + z'\,Y \\ \mathfrak{M}_y' &= \Sigma\left\{(z-z')\,X-(x-x')\,Z\right\} = \mathfrak{M}_y - z'\,X + x'\,Z \end{aligned}\right\}, \quad (8)$$

worin die auf der rechten Seite stehenden Gröfsen $X\,Y\,Z$ wie in (5) die Komponenten der Resultante R bedeuten mögen. Soll nun dieselbe mit der Achse des Kräftepaares $\mathfrak{M}'$ zusammenfallen, so sind die Richtungswinkel beider gegen die Koordinatenachsen identisch und wir haben

$$\frac{\mathfrak{M}_x'}{X} = \frac{\mathfrak{M}_y'}{Y} = \frac{\mathfrak{M}_z'}{Z} = \frac{\mathfrak{M}'}{R} \quad . \quad . \quad . \quad . \quad . \quad (9)$$

Setzen wir die Ausdrücke (8) in diese Gleichungen ein, so ergibt sich

$$\left.\begin{aligned} x'\,Y - y'\,X &= \mathfrak{M}_z - \frac{\mathfrak{M}'}{R}\,Z \\ y'\,Z - z'\,Y &= \mathfrak{M}_x - \frac{\mathfrak{M}'}{R}\,X \\ z'\,X - x'\,Z &= \mathfrak{M}_y - \frac{\mathfrak{M}'}{R}\,Y \end{aligned}\right\} \quad . \quad . \quad . \quad (10)$$

Diese drei Formeln bestimmen den geometrischen Ort von $x'\,y'\,z'$ als eine Gerade, welche mit der gesuchten Zentralachse identisch ist.

Infolge der Beziehungen (9) verschwindet aber auch der Winkel zwischen $\mathfrak{M}'$ und R, so dafs wir wegen (7) schreiben dürfen

$$R\,\mathfrak{M}' = X\,\mathfrak{M}_x' + Y\,\mathfrak{M}_y' + Z\,\mathfrak{M}_z'$$

und nach Einsetzen der Werte von $\mathfrak{M}_x'$ $\mathfrak{M}_y'$ $\mathfrak{M}_z'$ aus (8)

$$R\,\mathfrak{M}' = X\,\mathfrak{M}_x + Y\,\mathfrak{M}_y + Z\,\mathfrak{M}_z \quad .$$

Diese Gleichung gestattet uns, das Moment $\mathfrak{M}'$ aus den Gl. (10) zu eliminieren, wodurch z. B. die rechte Seite der ersten Forme übergeht in

$$\mathfrak{M}_z - \frac{Z}{R^2}(X\mathfrak{M}_x + Y\mathfrak{M}_y + Z\mathfrak{M}_z)$$
$$= \frac{1}{R^2}\left\{\mathfrak{M}_z(R^2 - Z^2) - (\mathfrak{M}_x X + \mathfrak{M}_y Y)Z\right\}$$
$$= \frac{1}{R^2}\left\{\mathfrak{M}_z(X^2 + Y^2) - (\mathfrak{M}_x X + \mathfrak{M}_y Y)Z\right\}.$$

Damit aber zerfällt die Gleichung selbst in zwei Bestandteile, so dafs sie in der Form

$$Y\left(x' - \frac{\mathfrak{M}_z Y - \mathfrak{M}_y Z}{R^2}\right) = X\left(y' - \frac{\mathfrak{M}_x Z - \mathfrak{M}_z X}{R^2}\right)$$

oder auch

$$\frac{1}{X}\left(x' - \frac{\mathfrak{M}_z Y - \mathfrak{M}_y Z}{R^2}\right) = \frac{1}{Y}\left(y' - \frac{\mathfrak{M}_x Z - \mathfrak{M}_z X}{R^2}\right)$$

geschrieben werden kann. Verfahren wir ebenso mit den beiden andern Formeln, so folgt schliefslich als Gleichung für die **Zentralachse**

$$\left.\begin{aligned}\frac{1}{X}\left(x' - \frac{\mathfrak{M}_z Y - \mathfrak{M}_y Z}{R^2}\right) &= \frac{1}{Y}\left(y' - \frac{\mathfrak{M}_x Z - \mathfrak{M}_z X}{R^2}\right)\\ &= \frac{1}{Z}\left(z' - \frac{\mathfrak{M}_y X - \mathfrak{M}_x Y}{R^2}\right)\end{aligned}\right\} \quad (11)$$

Der Punkt auf der Zentralachse, für den diese drei Ausdrücke identisch verschwinden, heifst der **Mittelpunkt der Kräfte**.

Auf graphischem Wege läfst sich die Lage der Zentralachse leicht ermitteln, wenn man sich in Fig. 212 das Moment $\mathfrak{M}$ des resultierenden Paares, dessen Achse mit der Resultante R den Winkel δ bilden möge, in der Ebene der Achse mit der Resultante in zwei Komponenten zerlegt, von denen die eine $\mathfrak{M}\cos\delta$ dieselbe Richtung hat, wie die Resultante selbst, während die andere, $\mathfrak{M}\sin\delta$, auf ihr senkrecht steht, also ein Kräftepaar darstellt, in dessen Ebene die Resultante fällt. Dieses Kräftepaar können wir daher durch Parallelverschiebung der Resultante um eine Strecke a nach O, so dafs

$$aR = \mathfrak{M} \sin \delta \quad . \quad . \quad . \quad . \quad . \quad . \quad . \quad . \quad (12)$$

wird, vollkommen aufheben, so dafs nur noch das Kräftepaar

$$\mathfrak{M}' = \mathfrak{M} \cos \delta \quad . \quad . \quad . \quad . \quad . \quad . \quad . \quad . \quad (13)$$

und die Resultante $+ R$ selbst in der neuen Lage übrig bleiben. Da die Achse von $\mathfrak{M} \cos \delta$ mit R zusammenfällt, so stellt die neue Lage die gesuchte Zentralachse dar. Aufserdem erkennt man, dafs für jede andere Lage der Resultante, d. h. für jedes andere a die Komponente $\mathfrak{M} \sin \delta$ des Kräftepaares nicht ausgeglichen wird, so dafs jedenfalls $\mathfrak{M}' = \mathfrak{M} \cos \delta$ den kleinsten Wert des Momentes $\mathfrak{M}$ im ganzen Raume darstellt.

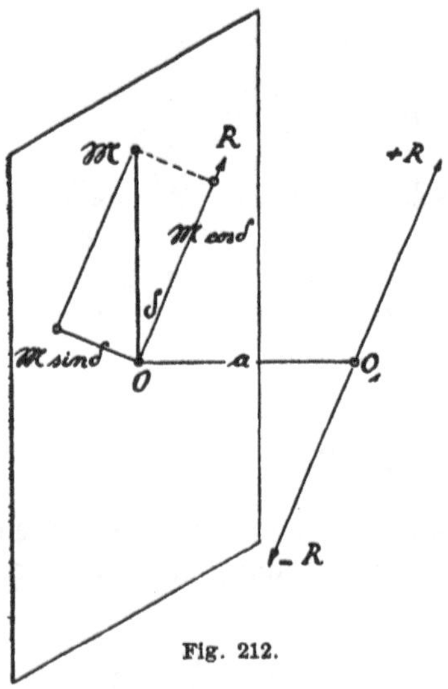

Fig. 212.

Die vorstehenden Formeln vereinfachen sich sehr in dem praktisch wichtigen Falle, dafs alle Kräfte einander parallel sind. Alsdann sind nämlich die Neigungswinkel $\alpha\,\beta\,\gamma$ derselben allen Kräften P und daher auch der Resultante $R = \Sigma P$ gemeinsam, so dafs wir für deren Komponenten schreiben dürfen

$$\left.\begin{aligned} X &= \cos\alpha\, \Sigma P = R \cos\alpha \\ Y &= \cos\beta\, \Sigma P = R \cos\beta \\ Z &= \cos\gamma\, \Sigma P = R \cos\gamma \end{aligned}\right\} \quad . \quad . \quad . \quad . \quad (5a)$$

Die Momentengleichungen (6) gehen damit über in

$$\left.\begin{aligned} \mathfrak{M}_z &= \cos\beta\, \Sigma Px - \cos\alpha\, \Sigma Py \\ \mathfrak{M}_x &= \cos\gamma\, \Sigma Py - \cos\beta\, \Sigma Pz \\ \mathfrak{M}_y &= \cos\alpha\, \Sigma Pz - \cos\gamma\, \Sigma Px \end{aligned}\right\} \quad . \quad . \quad . \quad (6a)$$

und wir haben weiterhin

$$X\mathfrak{M}_x + Y\mathfrak{M}_y + Z\mathfrak{M}_z = 0 \quad . \quad . \quad . \quad . \quad (7a)$$

wie bei einer Einzelkraft Gl. (2). Der Winkel δ der Resultanten mit der Achse des resultierenden Kräftepaares ist demnach 90^0,

d. h. *die Resultante paralleler Kräfte liegt in der Ebene dieses Kräftepaares selbst und kann folglich mit ihm zu einer Einzelkraft zusammengesetzt werden.* Alsdann aber dürfen wir, unter $x'\,y'\,z'$ die Koordinaten eines Punktes der Zentralachse verstanden, auch schreiben

$$\mathfrak{M}_z = x'\,Y - y'\,X$$
$$\mathfrak{M}_x = y'\,Z - z'\,Y$$
$$\mathfrak{M}_y = z'\,X - x'\,Z$$

und erhalten sodann durch Kombination mit (6a) die Gleichung der *Zentralachse* eines Systems paralleler Kräfte

$$\frac{1}{\cos\alpha}\left(x' - \frac{\Sigma P x}{\Sigma P}\right) = \frac{1}{\cos\beta}\left(y' - \frac{\Sigma P y}{\Sigma P}\right)$$
$$= \frac{1}{\cos\gamma}\left(z' - \frac{\Sigma P z}{\Sigma P}\right) \qquad (11a)$$

Da für diese Linie, deren Abstand vom Koordinatenursprung mit $\sin\delta = 1$ sich aus (12) zu

$$a = \frac{\mathfrak{M}}{R} = \frac{\mathfrak{M}}{\Sigma P} \quad \ldots\ldots\ldots \quad (12a)$$

ergibt, das Moment (13) verschwindet, so ist sie mit der *Richtungslinie der Resultante* selbst identisch. Für den *Mittelpunkt der parallelen Kräfte* im Raum erhalten wir durch das Verschwinden der Klammerausdrücke in (11a) die Koordinaten

$$x_0 = x' = \frac{\Sigma P x}{\Sigma P}; \quad y_0 = y' = \frac{\Sigma P y}{\Sigma P}; \quad z_0 = z' = \frac{\Sigma P z}{\Sigma P} \,. \quad (14)$$

Sind im speziellen Fall die parallelen Kräfte Gewichte, so haben wir auch, unter g die Erdbeschleunigung und unter m die in den Angriffspunkten konzentriert gedachten Massen verstanden, mit $P = mg$

$$x_0 = \frac{\Sigma m x}{\Sigma m}, \quad y_0 = \frac{\Sigma m y}{\Sigma m}, \quad z_0 = \frac{\Sigma m z}{\Sigma m}, \quad . \; . \quad (14a)$$

und bezeichnen analog den Beziehungen bei ebenen Systemen den hierdurch definierten Punkt als den *Schwerpunkt des Massensystems.*

§ 51. Die Bewegungsgleichungen räumlicher Systeme.

Die Bewegungsgleichungen zweier mit einander verbundener materieller Punkte. Elimination der Hilfskräfte und Aufstellung des D'Alembertschen Prinzips. Die Bewegung des Schwerpunktes. Der Flächensatz und die invariable Ebene (Gerade). Das Moment der Bewegungsgröfse. Gleichgewichtsbedingungen für räumliche Systeme. Die allgemeine Arbeitsgleichung und das Prinzip der virtuellen Verschiebungen

Genau dieselbe Überlegung, welche uns früher in § 35 zu den Bewegungsgleichungen ebener Systeme führte, dürfen wir jetzt auf räumliche Verhältnisse anwenden. Wir denken uns wieder im einfachsten Falle zwei Massen m_1 und m_2 mit den Koordinaten $x_1\, y_1\, z_1$, $x_2\, y_2\, z_2$ durch eine starre Gerade verbunden, und den Kräften P_1 und P_2 mit den Komponenten $X_1\, Y_1\, Z_1$ bezw. $X_2\, Y_2\, Z_2$ ausgesetzt, Fig. 213. Durch die Existenz der Verbindung ist die Bewegung der beiden Massenpunkte m_1 und m_2 nicht mehr frei, sondern gezwungen. Wir ersetzen daher, um die Gleichungen für die freie Bewegung anwenden zu können, die Verbindungsgerade durch zwei innere Kräfte Q_1 und Q_2, deren Richtungslinien mit der Verbindung $m_1\, m_2$ zusammenfallen und die Winkel $\alpha\beta\gamma$ mit den Achsen bilden. Alsdann bestehen für jeden Einzelpunkt drei, im ganzen also sechs Bewegungsgleichungen, nämlich

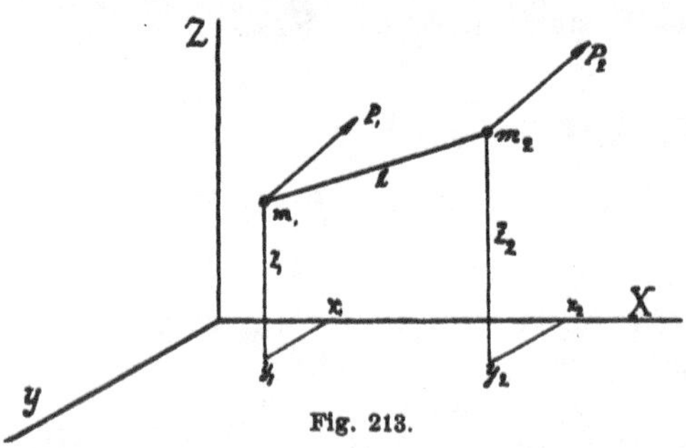

Fig. 213.

$$\left.\begin{aligned} X_1 + Q_1 \cos\alpha &= m_1 \frac{d^2 x_1}{dt^2}, \qquad & X_2 + Q_2 \cos\alpha &= m_2 \frac{d^2 x_2}{dt^2} \\ Y_1 + Q_1 \cos\beta &= m_1 \frac{d^2 y_1}{dt^2}, \qquad & Y_2 + Q_2 \cos\beta &= m_2 \frac{d^2 y_2}{dt^2} \\ Z_1 + Q_1 \cos\gamma &= m_1 \frac{d^2 z_1}{dt^2}, \qquad & Z_2 + Q_2 \cos\gamma &= m_2 \frac{d^2 z_2}{dt^2} \end{aligned}\right\} \quad . \quad (1)$$

Addieren wir die Formeln mit den gleichgerichteten Komponenten, so folgt daraus, da wegen der Gleichheit der Wirkung und Gegenwirkung der inneren Kräfte $Q_1 + Q_2 = 0$ sein mufs,

$$\left.\begin{aligned} X_1 + X_2 &= m_1 \frac{d^2 x_1}{d t^2} + m_2 \frac{d^2 x_2}{d t^2} \\ Y_1 + Y_2 &= m_1 \frac{d^2 y_1}{d t^2} + m_2 \frac{d^2 y_2}{d t^2} \\ Z_1 + Z_2 &= m_1 \frac{d^2 z_1}{d t^2} + m_2 \frac{d^2 z_2}{d t^2} \end{aligned}\right\} \quad . \; . \; . \; . \quad (2)$$

Bilden wir nunmehr die Momente der Komponenten in Bezug auf die einzelnen Achsen, so erhalten wir z. B. für die Z-Achse

$$x_1 Y_1 - y_1 X_1 + Q_1 (x_1 \cos\beta - y_1 \cos\alpha) = m_1 \left(x_1 \frac{d^2 y_1}{d t^2} - y_1 \frac{d^2 x_1}{d t^2}\right)$$

$$x_2 Y_2 - y_2 X_2 + Q_2 (x_2 \cos\beta - y_2 \cos\alpha) = m_2 \left(x_2 \frac{d^2 y_2}{d t^2} - y_2 \frac{d^2 x_2}{d t^2}\right)$$

und ganz analoge Gleichungspaare für die beiden anderen Achsen. Addieren wir die zusammengehörigen Momente und beachten wieder, dafs $Q_1 + Q_2 = 0$, sowie dafs der Abstand l zwischen m_1 und m_2 sich durch

$$l = \frac{x_2 - x_1}{\cos\alpha} = \frac{y_2 - y_1}{\cos\beta} = \frac{z_2 - z_1}{\cos\gamma} \quad . \; . \; . \; . \; . \quad (3)$$

ausdrücken läfst, so erhalten wir drei neue Gleichungen

$$\left.\begin{aligned} & x_1 Y_1 - y_1 X_1 + x_2 Y_2 - y_2 X_2 \\ & \quad = m_1 \left(x_1 \frac{d^2 y_1}{d t^2} - y_1 \frac{d^2 x_1}{d t^2}\right) + m_2 \left(x_2 \frac{d^2 y_2}{d t^2} - y_2 \frac{d^2 x_2}{d t^2}\right) \\ & y_1 Z_1 - z_1 Y_1 + y_2 Z_2 - z_2 Y_2 \\ & \quad = m_1 \left(y_1 \frac{d^2 z_1}{d t^2} - z_1 \frac{d^2 y_1}{d t^2}\right) + m_2 \left(y_2 \frac{d^2 z_2}{d t^2} - z_2 \frac{d^2 y_2}{d t^2}\right) \\ & z_1 X_1 - x_1 Z_1 + z_2 X_2 - x_2 Z_2 \\ & \quad = m_1 \left(z_1 \frac{d^2 x_1}{d t^2} - x_1 \frac{d^2 z_1}{d t^2}\right) + m_2 \left(z_2 \frac{d^2 x_2}{d t^2} - x_2 \frac{d^2 z_2}{d t^2}\right) \end{aligned}\right\} \; . \quad (4)$$

Sind mehr als zwei Massenpunkte vorhanden, an deren jedem eine Kraft P angreift, so existieren für jede Verbindungslinie zwei gleich grofse, entgegengesetzt gerichtete Kräfte Q, welche sich zunächst bei der Addition aller parallelen Komponenten aufheben. Wir erhalten somit an Stelle der Formeln (2) die allgemeineren Ausdrücke

$$\left.\begin{aligned} X = \Sigma X = \Sigma m \frac{d^2 x}{d t^2} \\ Y = \Sigma Y = \Sigma m \frac{d^2 y}{d t^2} \\ Z = \Sigma Z = \Sigma m \frac{d^2 z}{d t^2} \end{aligned}\right\} \quad . \quad . \quad . \quad . \quad . \quad . \quad (5)$$

Auch bei der Bildung der Momente für beliebig viele mit einander verbundene Massenpunkte m fallen die inneren Kräfte heraus, da für jede Verbindungslinie eine Gleichung von der Form (3) besteht, so daſs wir schlieſslich statt (4) allgemeiner schreiben dürfen

$$\left.\begin{aligned} \mathfrak{M}_z = \Sigma (xY - yX) = \Sigma m \left(x \frac{d^2 y}{d t^2} - y \frac{d^2 x}{d t^2}\right) \\ \mathfrak{M}_x = \Sigma (yZ - zY) = \Sigma m \left(y \frac{d^2 z}{d t^2} - z \frac{d^2 y}{d t^2}\right) \\ \mathfrak{M}_y = \Sigma (zX - xZ) = \Sigma m \left(z \frac{d^2 x}{d t^2} - x \frac{d^2 z}{d t^2}\right) \end{aligned}\right\} \quad . \quad (6)$$

Hierin bedeuten die Gröſsen $X = \Sigma X$, $Y = \Sigma Y$, $Z = \Sigma Z$ die Komponenten der Resultante R der äuſseren Kräfte P, während $\mathfrak{M}_x$ $\mathfrak{M}_y$ $\mathfrak{M}_z$ die Komponenten des resultierenden Kräftepaares darstellen. Die Formeln (5) und (6), welche man auch als den allgemeinen Ausdruck des D'Alembertschen Prinzipes bezeichnet, sind übrigens ganz unabhängig von der Art der Verbindung der Massenpunkte unter einander, da auf jeden Fall das Gesetz der Wirkung und Gegenwirkung für die inneren Kräfte, d. h. die Formel $Q_1 + Q_2 = 0$ und weiterhin für jede Verbindungsgerade die rein geometrische Beziehung (3) bestehen bleibt. Mithin gelten die Formeln (5) und (6) auch für sog. elastische Verbindungen und für ganz frei von einander bewegliche Massenpunkte, gleichgiltig ob dieselben auf einander Kräfte, z. B. die allgemeine Schwere, ausüben oder nicht.

Um nun die Wirkung der Kräfte P auf das ganze System von Massenpunkten leichter übersehen zu können, führen wir die Koordinaten $x_0\, y_0\, z_0$ des Schwerpunktes Ω ein, d. h. wir nehmen denselben zum Ausgangspunkte eines neuen beweglichen Koordinatensystems $\xi\, \eta\, \zeta$, dessen Achsen bei der Bewegung den

Achsen des festen Systems XYZ stets parallel bleiben mögen. Alsdann haben wir zu setzen

$$\left.\begin{array}{lll} x = x_0 + \xi, & y = y_0 + \eta, & z = z_0 + \zeta \\ \frac{d^2 x}{dt^2} = \frac{d^2 x_0}{dt^2} + \frac{d^2 \xi}{dt^2}, & \frac{d^2 y}{dt^2} = \frac{d^2 y_0}{dt^2} + \frac{d^2 \eta}{dt^2}, & \frac{d^2 z}{dt^2} = \frac{d^2 z_0}{dt^2} + \frac{d^2 \zeta}{dt^2} \end{array}\right\} \quad (7)$$

Da nun laut der Definition des Schwerpunktes Gl. (14a) des vorigen Paragraphen

$$x_0 \Sigma m = \Sigma m x, \quad y_0 \Sigma m = \Sigma m y, \quad z_0 \Sigma m = \Sigma m z \quad . \quad (8)$$

war, so folgt daraus

$$\Sigma m \xi = 0, \quad \Sigma m \eta = 0, \quad \Sigma m \zeta = 0, \quad . \quad . \quad (8\text{a})$$

d. h. die statischen Momente eines räumlichen Systems verschwinden in Bezug auf irgend welche durch den Schwerpunkt gehende Ebenen. Weiter aber ergibt sich damit

$$\left.\begin{array}{l} \Sigma m \frac{d^2 \xi}{dt^2} = 0 \text{ und } \Sigma m \frac{d^2 x}{dt^2} = \frac{d^2 x_0}{dt^2} \Sigma m \\ \Sigma m \frac{d^2 \eta}{dt^2} = 0 \text{ und } \Sigma m \frac{d^2 y}{dt^2} = \frac{d^2 y_0}{dt^2} \Sigma m \\ \Sigma m \frac{d^2 \zeta}{dt^2} = 0 \text{ und } \Sigma m \frac{d^2 z}{dt^2} = \frac{d^2 z_0}{dt^2} \Sigma m \end{array}\right\}, \quad . \quad (8\text{b})$$

so dafs die Formeln (5) übergehen in

$$X = \frac{d^2 x_0}{dt^2} \Sigma m, \quad Y = \frac{d^2 y_0}{dt^2} \Sigma m, \quad Z = \frac{d^2 z_0}{dt^2} \Sigma m, \quad (5\text{a})$$

d. h. aber: Der Schwerpunkt eines räumlichen Massensystems, welches unter dem Einflusse beliebiger äufserer Kräfte steht, bewegt sich so, als wenn die Gesamtmasse des Systems in ihm vereinigt und die Resultante aller Kräfte dort angreifen würde.

Heben sich die äufseren Kräfte gerade auf, oder sind überhaupt keine solchen vorhanden, so können wir das System als nach aufsen isoliert bezeichnen. Da hierbei X, Y und Z verschwinden, so führen die Gl. (5a) durch Integration unmittelbar auf

$$x_0 = a_1 + c_1 t, \quad y = a_2 + c_2 t, \quad z = a_3 + c_3 t, \quad . \quad (5\text{b})$$

d. h. der Schwerpunkt eines sich selbst überlassenen räumlichen Massensystems bewegt sich gleichförmig und geradlinig fort. Alle diese Sätze sind, wie der Vergleich mit dem Inhalte des § 35 lehrt, nichts als Erweiterungen von Sätzen, welche wir schon für die ebene Bewegung als giltig erkannt haben.

Wir wollen nunmehr die Momentengleichungen dadurch umformen, dafs wir in ihnen die Projektionen der Fahrstrahlen jedes Massenpunktes von einem Zentrum, z. B. dem Koordinatenanfang auf die drei Ebenen einführen. Wie in § 35 haben wir

$$x\frac{d^2y}{dt^2} - y\frac{d^2x}{dt^2} = \frac{d}{dt}\left(x\frac{dy}{dt} - y\frac{dx}{dt}\right).$$

Ist dann r die Projektion des Fahrstrahles des Massenpunktes m vom Koordinatenanfang aus auf die xy-Ebene und φ der momentane Winkel dieser Projektion mit der x-Achse, so ist

$$x\,dy - y\,dx = r^2 d\varphi = 2\,dF_z\,,$$

unter F_z die Projektion der vom wirklichen Fahrstrahl im Raume beschriebenen Fläche auf die xy-Ebene verstanden. Verfahren wir ebenso mit den beiden andern Gleichungen unter Einführung der Flächenprojektionen F_y und F_x, so dürfen wir statt (6) schreiben

$$\left.\begin{aligned}\mathfrak{M}_z &= 2\,\Sigma m\,\frac{d^2F_z}{dt^2}\\ \mathfrak{M}_x &= 2\,\Sigma m\,\frac{d^2F_x}{dt^2}\\ \mathfrak{M}_y &= 2\,\Sigma m\,\frac{d^2F_y}{dt^2}\end{aligned}\right\}\quad\ldots\ldots\quad(6\text{a})$$

Die drei Momentengleichungen führen uns also ganz analog der einen Formel für die ebene Bewegung (§ 35 Gl. 5b) auf drei Flächensätze. Sind schliefslich keine äufseren Kräfte vorhanden, d. h. ist das im übrigen ganz beliebig gestaltete Massensystem sich selbst überlassen, so verschwinden auch die Komponenten $\mathfrak{M}_x\,\mathfrak{M}_y\,\mathfrak{M}_z$ des resultierenden Kräftepaares und die Gl. (6a) werden direkt integrabel. Wir erhalten so mit den Integrationskonstanten $A_1A_2A_3$, $C_1C_2C_3$

$$\left.\begin{aligned}\Sigma m F_x &= A_1 + C_1 t\\ \Sigma m F_y &= A_2 + C_2 t\\ \Sigma m F_z &= A_3 + C_3 t\end{aligned}\right\}\quad\ldots\ldots\quad(6\text{b})$$

Fassen wir nun die Produktsummen $\Sigma m F_x$, $\Sigma m F_y$, $\Sigma m F_z$ als besondere Veränderliche auf, so definieren die drei Formeln (6b) nach Elimination der Zeit t eine Gerade im Raum, deren Richtungswinkel gegen die Achsen durch

$$\cos \varkappa = \frac{C_1}{\sqrt{C_1^2 + C_2^2 + C_3^2}}, \quad \cos \lambda = \frac{C_2}{\sqrt{C_1^2 + C_2^2 + C_3^2}},$$
$$\cos \mu = \frac{C_3}{\sqrt{C_1^2 + C_2^2 + C_3^2}} \quad . \quad . \quad . \quad . \quad . \quad (9)$$

gegeben sind, und welche man nach Laplace als die unveränderliche (invariable) Gerade des keinen äuſseren Kräften unterworfenen Massensystems bezeichnet. Dieser Geraden als Stellung entspricht eine durch den Koordinatenanfang hindurchgehende unveränderliche Ebene, auf die wir die von den einzelnen Fahrstrahlen beschriebenen Flächen ebenfalls projizieren können, so zwar, daſs nach Bildung der Produkte mF

$$\Sigma m F = A + C t$$

und folglich

$$\Sigma m F_x - A_1 = (\Sigma m F - A) \cos \varkappa$$
$$\Sigma m F_y - A_2 = (\Sigma m F - A) \cos \lambda$$
$$\Sigma m F_z - A_3 = (\Sigma m F - A) \cos \mu$$

wird. Es ist übrigens ohne weiteres klar, daſs die Stellung der invariablen Ebene, d. h. die Winkel $\varkappa$, λ, μ der zu ihr normalen invariablen Geraden verschieden ausfallen, je nach der Wahl des Koordinatenursprungs, so daſs man diesen immer mit anzugeben hat. In der Astronomie pflegt man hierfür den Schwerpunkt des Sonnensystems zu wählen und erhält alsdann eine Ebene, welche nur wenig von derjenigen der Ekliptik abweicht. Will man die invariable Ebene mit ihrer Normalen durch den Schwerpunkt als Ursprung eines Koordinatensystems wählen, so ist hierzu noch die Festlegung einer Geraden in der Ebene selbst notwendig, wofür Poisson die Projektion der unveränderlichen Bewegungsrichtung des Schwerpunktes selbst auf die invariable Ebene vorgeschlagen hat. Das so erhaltene Achsensystem bewegt sich alsdann geradlinig ohne Drehung im Raume fort.

An Stelle der Projektionen der von den Fahrstrahlen jedes Punktes überstrichenen Flächen auf die Koordinatenebenen hätten wir auch diejenigen der momentanen Geschwindigkeiten einführen können. Bezeichnen wir dieselben mit v_x', v_y', v_z' (welche Komponenten nicht mit den Projektionen $v_x = \frac{dx}{dt}$, $v_y = \frac{dy}{dt}$, $v_z = \frac{dz}{dt}$ auf die drei Achsen verwechselt werden dürfen) und fällen auf sie in den Ebenen Oyz, Ozx, Oxy Lote l_x, l_y, l_z vom Koordinatenanfang, so wird z. B.

$$x\frac{dy}{dt} - y\frac{dx}{dt} = l_z v_z'.$$

Diesen mit der Masse multiplizierten Ausdruck bezeichnen wir nunmehr wie in § 35 als das Moment der Bewegungsgröfse. Führen wir ihn in die Momentengleichungen (6) ein, so gehen dieselben über in

$$\left.\begin{aligned} \mathfrak{M}_x &= \frac{d}{dt}\Sigma l_x v_x' m \\ \mathfrak{M}_y &= \frac{d}{dt}\Sigma l_y v_y' m \\ \mathfrak{M}_z &= \frac{d}{dt}\Sigma l_z v_z' m \end{aligned}\right\} \quad \ldots\ldots \quad (6\text{c})$$

Die Momente der äufseren Kräfte rufen demnach entsprechende zeitliche Änderungen der Momente der Bewegungsgröfsen hervor.

Verlegen wir schliefslich allgemein alle Kräfte P, welche aus den einzelnen Massenpunkten m des nunmehr nicht mehr als isoliert anzusehenden Systems nach dem Schwerpunkt desselben, so erhalten wir aufser den Gl. (5a) für die Momente mit Rücksicht auf (8a) und (8b)

$$\left.\begin{aligned} \Sigma(\xi Y - \eta X) &= \Sigma m\left(\xi\frac{d^2\eta}{dt^2} - \eta\frac{d^2\xi}{dt^2}\right) \\ \Sigma(\eta Z - \zeta Y) &= \Sigma m\left(\eta\frac{d^2\zeta}{dt^2} - \zeta\frac{d^2\eta}{dt^2}\right) \\ \Sigma(\zeta X - \xi Z) &= \Sigma m\left(\zeta\frac{d^2\xi}{dt^2} - \xi\frac{d^2\zeta}{dt^2}\right) \end{aligned}\right\} \quad . . \quad (6\text{d})$$

Diese Gleichungen haben gegenüber den für einen beliebigen Bezugspunkt giltigen den Vorteil, dafs in ihnen nur mehr die Relativkoordinaten in Bezug auf ein im Schwerpunkt sich kreuzendes, parallel mit sich selbst bewegtes Achsensystem vorkommen. Wir werden von ihnen darum bei der Untersuchung der Bewegung eines starren Körpers mit Vorteil ausgehen können.

Befindet sich das System im Gleichgewichte, so müssen die Beschleunigungen jedes einzelnen Massenpunktes verschwinden. Dies heifst aber nach den Gl. (1) nichts anderes, als dafs an jedem Punkte die gleichgerichteten Komponenten der äufseren Kräfte die entsprechenden der inneren Kräfte aufheben. Weiterhin aber haben wir in diesem Falle nach den Gl. (5) und (6)

$$\left.\begin{array}{lll} \Sigma X = 0, & \Sigma Y = 0, & \Sigma Z = 0 \\ \mathfrak{M}_x = 0, & \mathfrak{M}_y = 0, & \mathfrak{M}_z = 0 \end{array}\right\}, \quad . \quad . \quad (10)$$

worin die inneren Kräfte wiederum nicht mehr vorkommen. Da der Koordinatenursprung, nach dem wir in Gl. (5) und (6) uns die Kräfte verlegt dachten, ganz willkürlich ist, so erkennen wir, dafs im Falle des Gleichgewichts die Komponenten des resultierenden Kräftepaares für jeden Punkt im Raume verschwinden müssen und dafs wir die Kräfte selbst nach der Polygonregel auch im Raume zusammensetzen dürfen. Das Verschwinden der Kraftmomente allein hat nach (6c) zur Folge, dafs die entsprechenden Momente der Bewegungsgröfsen konstant bleiben.

Um die bei der Bewegung eines beliebigen Massensystems von den äufseren Kräften geleistete Arbeit zu berechnen, gehen wir wieder auf den einfachen Fall zweier irgendwie mit einander verbundener Massenpunkte m_1 und m_2 zurück, deren Bewegungsgleichungen durch (1) gegeben sind. Die Elementararbeit jeder Kraftkomponente erhalten wir durch Multiplikation derselben mit dem Wegdifferential derselben Richtung. Auf diese Weise ergibt sich für die gesamte Elementararbeit aus (1)

$$\left.\begin{array}{l} X_1\,dx_1 + Y_1\,dy_1 + Z_1\,dz_1 \\ + X_2\,dx_2 + Y_2\,dy_2 + Z_2\,dz_2 \\ + Q_1\,(dx_1 \cos\alpha + dy_1 \cos\beta + dz_1 \cos\gamma) \\ + Q_2\,(dx_2 \cos\alpha + dy_2 \cos\beta + dz_2 \cos\gamma) \end{array}\right\}$$

$$= \left\{\begin{array}{l} \quad m_1\left(\frac{d^2 x_1}{dt^2}\,dx_1 + \frac{d^2 y_1}{dt^2}\,dy_1 + \frac{d^2 z_1}{dt^2}\,dz_1\right) \\ + m_2\left(\frac{d^2 x_2}{dt^2}\,dx_2 + \frac{d^2 y_2}{dt^2}\,dy_2 + \frac{d^2 z_2}{dt^2}\,dz_2\right). \end{array}\right.$$

Hierin dürfen wir die beiden Klammerausdrücke der linken Seite wegen $Q_2 = - Q_1 = Q$ zusammenfassen in

$$- Q \left\{ d(x_1 - x_2) \cos\alpha + d(y_1 - y_2) \cos\beta + d(z_1 - z_2) \cos\gamma \right\}$$

und dafür auch, wenn l wieder den Abstand der beiden Massen bedeutet, also

$$l^2 = (x_1 - x_2)^2 + (y_1 - y_2)^2 + (z_1 - z_2),$$

$$dl = \frac{x_1 - x_2}{l} d(x_1 - x_2) + \frac{y_1 - y_2}{l} d(y_1 - y_2) + \frac{z_1 - z_2}{l} d(y_1 - y_2)$$

oder

$$- dl = d(x_1 - x_2) \cos\alpha + d(y_1 - y_2) \cos\beta + d(z_1 - z_2) \cos\gamma$$

ist, kurz $+ Q\,dl$ schreiben. Ebenso ist aber auch, unter v_x, v_y, v_z die Komponenten der Geschwindigkeit v eines der Massenpunkte verstanden,

$$\frac{d^2x}{dt^2} dx + \frac{d^2y}{dt^2} dy + \frac{d^2z}{dt^2} dz = v_x dv_x + v_y dv_y + v_z dv_z = v\,dv,$$

so daſs jetzt die Arbeitsgleichung lautet

$$\left.\begin{array}{r} X_1 dx_1 + Y_1 dy_1 + Z_1 dz_1 \\ + X_2 dx_2 + Y_2 dy_2 + Z_2 dz_2 \\ + Q\,dl \end{array}\right\} = m_1 v_1 dv_1 + m_2 v_2 dv_2.$$

Sind mehr als zwei Massenpunkte gegeben, so existiert für jede Verbindungslinie l eine Beziehung, welche die Zusammenfassung der mit den zugehörigen inneren Kräften Q behafteten Glieder in der vorstehend durchgeführten Art gestattet, während die Summe auf der linken Seite sich ohne weiteres ausdehnen läſst. Wir erhalten somit als allgemeine Form der Arbeitsgleichung für ein räumliches System

$$\Sigma (X dx + Y dy + Z dz + Q\,dl) = \Sigma m v\,dv, \quad . \quad . \quad (11)$$

in welchem die Summe $\Sigma (X dx + Y dy + Z dz)$ die Elementararbeit der äuſseren Kräfte, $\Sigma Q\,dl$ diejenige der inneren Kräfte, d. h. die sog. Formänderungsarbeit des Systems und schlieſslich $\Sigma m v\,dv$ den Zuwachs der kinetischen Energie bedeuten. Für ein starres System fällt mit $dl = 0$ die Formänderungsarbeit hinweg und es bleibt nur noch

$$\Sigma (X dx + Y dy + Z dz) = \Sigma m v\,dv \quad . \quad . \quad . \quad (12)$$

Die von den äußeren Kräften an einem materiellen System geleistete Arbeit dient also einerseits zur Erhöhung der kinetischen Energie desselben, andererseits, wenn das System nicht starr ist, zur Leistung von Formänderungsarbeit unter Überwindung innerer Kräfte.

Die Gl. (11) und (12) werden sofort integrabel, wenn die äußeren Kräfte nur Funktionen der Koordinaten sind und sich somit (siehe § 33) als partielle Ableitungen einer Kräftefunktion darstellen lassen, welche die Summe $X dx + Y dy + Z dz$ zu einem vollständigen Differential dL macht. Wenn dies dann auch für die Formänderungsarbeit dL' zutrifft, so können wir die Gl. (11) allgemein integrieren und haben

$$\Sigma L + \Sigma L' = \Sigma \frac{m}{2}(v^2 - v_0^2), \quad . \quad . \quad . \quad . \quad . \quad (13)$$

so daß die algebraische Summe der Arbeiten der äußeren Kräfte und der Formänderung nur durch die anfängliche und schließliche kinetische Energie des Systems bestimmt sind. Befindet sich endlich das System im Gleichgewichtszustande, so verschwindet die Änderung der kinetischen Energie und es bleibt, da hierbei das System stets als starr angesehen werden kann,

$$\Sigma (X dx + Y dy + Z dz) = 0 \quad . \quad . \quad . \quad . \quad . \quad (14)$$

als allgemeiner Ausdruck für das schon in § 35 für ebene Systeme abgeleitete Prinzip der virtuellen Verschiebungen.

§ 52. Gleichgewicht räumlicher starrer Systeme.

Das räumliche Fachwerk; Bedingungen für die Auflagereaktionen. Flechtwerke (Kuppeln). Theorie der Schraube mit Rücksicht auf die Reibung.

Damit ein räumliches starres System, d. h. eine Anzahl starr mit einander verbundener materieller Punkte unter dem Einflusse von Kräften, welche an ihnen angreifen, im Gleichgewichte verharrt, muß nach den Formeln (10) des letzten Paragraphen nicht nur die Resultante sämtlicher Kräfte, sondern auch das resultierende Kräftepaar derselben verschwinden, d. h. aber, die Kräfte müssen sich an irgend einem Punkte des Systems zu einem geschlossenen räumlichen Polygon zusammensetzen lassen. Außerdem aber müssen an jedem einzelnen Systempunkte die dort angreifenden äufseren Kräfte mit den inneren Kräften im Gleichgewichte stehen. Wir können demnach jedes starre System als ein räumliches Fachwerk auffassen, dessen Knotenpunkte die Angriffspunkte der äufseren Kräfte darstellen, während die Stabspannungen (vergl. § 37) den inneren Kräften entsprechen. In der Tat bildet auch die Theorie der räumlichen Fachwerke das vornehmste Anwendungsgebiet der Gl. (10), so dafs es nicht unangebracht sein dürfte, dieselbe in grofsen Zügen an dieser Stelle zu skizzieren. Dabei beschränken wir uns, wie schon in § 37 auf sog. statisch bestimmte Systeme, bei denen die Zahl der aufzustellenden Gleichgewichtsbedingungen gerade zur Berechnung der Stabspannungen ausreicht.

Wie früher bezeichnen wir die Zahl der Knoten eines solchen Fachwerkes mit k, diejenige der Stäbe mit s und die Länge eines derselben mit l_{hi}, wenn er den h-ten Knoten mit dem i-ten verbindet. Alsdann erkennt man sofort, dafs die gröfste mögliche Zahl von Stäben dann vorhanden ist, wenn jeder Knoten mit jedem anderen durch einen Stab verbunden ist, d. h. wenn wie schon bei ebenem Fachwerk

$$s_{\max} = \frac{k(k-1)}{2}$$

wird. Die Koordinaten der k-Knoten seien jetzt $x_1 y_1 z_1$, $x_2 y_2 z_2 \ldots, x_k y_k z_k$, ihre Zahl ist also im Ganzen $3k$; dieselben sind mit den Stablängen l durch die Gleichungen

$$\left.\begin{array}{l}(x_1 - x_2)^2 + (y_1 - y_2)^2 + (z_1 - z_2)^2 = l^2_{12} \\ \quad\vdots \\ (x_h - x_i)^2 + (y_h - y_i)^2 + (z_h - z_i)^2 = l^2_{hi} \\ \quad\vdots \\ (x_{k-1} - x_k)^2 + (y_{k-1} - y_k)^2 + (z_{k-1} - z_k)^2 = l^2_{k-1,k}\end{array}\right\} \quad (1)$$

verbunden, deren Anzahl mit derjenigen s der vorhandenen Stäbe übereinstimmt. Soll das Fachwerk statisch bestimmt sein, so müssen die Stablängen ausreichen zur Bestimmung der Lage der Knotenpunkte, wenn wir aufserdem das System festhalten, bezw. so stützen, dafs es sich nicht bewegen kann. Dies ist aber möglich durch Fixierung eines Knotens, d. h. durch willkürliche Festsetzung seiner drei Koordinaten und einer Ebene durch zwei in diesem Punkte sich treffende Stäbe, deren Stellung drei weitere Koordinaten bestimmt. Es bleiben also nur mehr $3k - 6$

Unbekannte in den s Gleichungen (1) übrig, so dafs für die ein deutige Bestimmtheit aller Koordinaten

$$s = 3k - 6 \quad . \quad . \quad . \quad . \quad . \quad . \quad . \quad . \quad (2)$$

sein mufs. Dies ist gleichzeitig die geringste oder auch notwendige Stabzahl für ein räumliches Fachwerk mit k Knoten. Sollen zwei derartige Fachwerke mit k_1 bezw. k_2 Knoten und s_1 bezw. s_2 Stäben zu einem einzigen vereinigt werden, so hat man zunächst

$$s_1 = 3k_1 - 6, \qquad s_2 = 3k_2 - 6,$$

mithin für das neue Fachwerk von $k_1 + k_2$ Knoten

$$s = 3(k_1 + k_2) - 6 = s_1 + s_2 + 6,$$

d. h. die Vereinigung zweier statisch bestimmter räumlicher Fachwerke zu einem einzigen erfordert die Hinzufügung von 6 Stäben. Ebenso müssen wir, um ein derartiges Fachwerk in zwei ebenfalls statisch bestimmte zu zerlegen, 6 Stäbe zerschneiden.

Fügen wir einem statisch bestimmten räumlichen Fachwerke von $s_1 = 3k_1 - 6$ Stäben einen Knoten hinzu, so mufs die neue Stabzahl für $k_1 + 1$ Knoten

$$s = 3(k_1 + 1) - 6 = s_1 + 3$$

sein, d. h. die eindeutige Verbindung eines Knotens mit den übrigen des Fachwerkes kann nur durch drei Stäbe erzielt werden. Diese Stäbe dürfen überdies nicht in einer Ebene liegen, da sonst für den Knoten immer noch eine, wenn auch nur elementare Verschiebung senkrecht zu dieser Ebene möglich ist.

Bezeichnet man nun die Komponenten der am Knoten i angreifenden äufseren Kraft, welche auch eine Auflagereaktion sein kann, mit X_i, Y_i, Z_i, mit S_{hi} die Spannung in dem Stabe zwischen den Knoten h und i, so zerfällt die letztere in die drei Komponenten

$$S_{hi}\frac{x_h - x_i}{l_{hi}}, \qquad S_{hi}\frac{y_h - y_i}{l_{hi}}, \qquad S_{hi}\frac{z_h - z_i}{l_{hi}}.$$

Da nun an jedem Knoten die dort angreifende äufsere Kraft mit den als innere Kräfte aufzufassenden Stabspannungen im Gleichgewichte stehen mufs, so ergibt sich durch Summierung aller Spannungskomponenten in den von i ausgehenden Stäben nach den drei Achsenrichtungen

$$\left.\begin{aligned} X_i + \Sigma S_{hi} \frac{x_h - x_i}{l_{hi}} &= 0 \\ Y_i + \Sigma S_{hi} \frac{y_h - y_i}{l_{hi}} &= 0 \\ Z_i + \Sigma S_{hi} \frac{z_h - z_i}{l_{hi}} &= 0 \end{aligned}\right\} \quad \ldots \ldots \quad (3)$$

Diese drei Gleichungen lassen sich für jeden Knoten aufstellen, so daſs wir im ganzen $3k$ Gleichgewichtsbedingungen haben, welche jedoch nicht ganz von einander unabhängig sind, da auch die äuſseren Kräfte einschlieſslich der Auflagereaktionen unter sich im Gleichgewichte stehen. Mit Hilfe der 6 dieser Forderung entsprechenden Gleichungen

$$\left.\begin{aligned} \Sigma X_i = 0, \quad & \Sigma Y_i = 0, \quad & \Sigma Z_i = 0 \\ \mathfrak{M}_x = 0, \quad & \mathfrak{M}_y = 0, \quad & \mathfrak{M}_z = 0 \end{aligned}\right\} \quad \ldots \quad (4)$$

lassen sich nun ebenso viele Formeln (3) beseitigen, bezw. deren Zahl durch die Bedingungen (4) auf $3k - 6$, welche wir schon in (2) als die notwendige Stabzahl erkannt haben, zurückführen. Soll ein Fachwerk lediglich durch Auflagereaktionen an Knotenpunkten festgehalten werden, so müssen dieselben sich auf mindestens drei Knoten verteilen. Durch Anbringung dreier Komponenten $X_1\, Y_1\, Z_1$ am Knoten 1 wird nämlich zunächst nur dieser fixiert, alsdann ist jeder andere um ihn noch auf einer Kugelfläche beweglich, woran er jedoch durch zwei Kräfte, deren Richtungslinien zusammen eine Tangentialebene bestimmen, gehindert werden kann. Würde man noch eine dritte hierzu senkrechte Kraft anbringen, so wäre dies für die Beweglichkeit auf der Kugel ohne Belang, so daſs man für zwei Punkte lediglich fünf Auflagebedingungen vorschreiben kann. Die sechste, welche nach unseren obigen Ausführungen noch nötig ist, kann sich daher nur auf einen dritten Punkt beziehen, sie verhindert die Drehung des ganzen Systems um eine durch die beiden ersten Knoten hindurchgehende Gerade. Da nun jeder beliebige starre Körper als ein Fachwerk betrachtet werden kann, so erkennt man auch für diesen die Notwendigkeit von sechs auf wenigstens drei Punkte verteilte Auflagebedingungen zur Aufrechterhaltung des Gleichgewichtes.

Von den räumlichen Fachwerken, welche ersichtlich in verschiedenartigster Weise zusammengesetzt werden können, bietet nun eine Klasse ein besonderes Interesse dar. Es sind dies diejenigen Gebilde, welche einen Innenraum derart umschliefsen, dafs ihre Stäbe sämtlich Mantelflächen derselben begrenzen, ohne den Innenraum selbst zu durchkreuzen. Solche Fachwerke, bei denen der Innenraum frei verfügbar ist, wollen wir mit Föppl als Flechtwerke bezeichnen; zu ihnen gehören auch die sog. Fachwerkskuppeln. Man erkennt sofort, dafs ein Flechtwerk auch als ein Polyeder aufgefafst werden kann, dessen Ecken mit den Knoten, und dessen Kanten mit den Stäben zusammenfallen. Wählt man darum für die Zahl derselben wieder die schon oben benutzten Bezeichnungen und fügt noch die Zahl f der Flächen zwischen den Kanten hinzu, so gilt sofort für das Flechtwerk die bekannte Eulersche Regel für die Polyeder, nämlich

$$s = k + f - 2, \quad . \quad . \quad . \quad . \quad . \quad . \quad . \quad (5)$$

die man sich leicht durch successives Aufbauen des Polyeders von einer Fläche ausgehend ableiten kann. Ist nun das Flechtwerk statisch bestimmt, so mufs es auch die Formel (2) erfüllen, so dafs wir auch statt (5) schreiben dürfen

$$s = \frac{3}{2} f, \qquad k = \frac{f}{2} + 2, \qquad f = \frac{2}{3} s \quad . \quad . \quad . \quad (5a)$$

Da nun sowohl die Stäbe, wie auch die Knoten nur in ganzen Zahlen vorhanden sein können, so ergeben diese Gleichungen, dafs die Stäbe eines statisch bestimmten Flechtwerks nur eine gerade Zahl von Flächen einschliefsen können. Die Stabzahl s mufs überdies durch 3 teilbar sein. Diese Bedingungen sind erfüllt, wenn das Flechtwerk aus lauter Stabdreiecken besteht. Alsdann gehört nämlich jeder Stab zwei Flächen an, während andererseits jede Fläche durch drei Stäbe begrenzt wird. Man hat also $2s = 3f$, so dafs ein aus lauter Stabdreiecken bestehendes Fachwerk, welches einen Raum vollständig umschliefst, ein statisch bestimmtes Flechtwerk darstellt. Auf diese Weise erhält man z. B. ein Flechtwerk, wenn man die Oberfläche einer Kugel oder eines Rotationsellipsoids durch eine Anzahl von Parallelkreisen und Meridianen zerlegt und die als Knoten zu betrachtenden Schnittpunkte nicht nur durch die Sehnen der Parallelkreis- und

Meridianbogen ersetzt, sondern in den entstandenen Bogenvierecken noch je eine Diagonale an bringt. Will man von dem ganzen so entstehenden Flechtwerke (Fig. 214) nur eine Hälfte z. B. als Kuppel benutzen, so müfste man, um der statischen Bestimmtheit zu genügen, auch die als Basis dienende Schnittfläche durch Stäbe in Dreiecke zerlegen. Dies würde allerdings

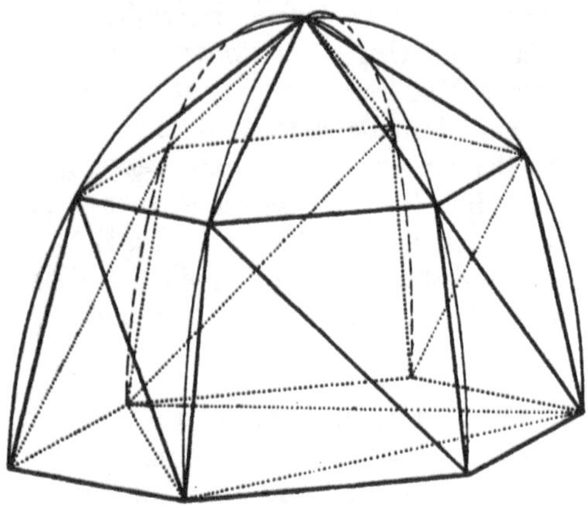

Fig. 214.

den Vorteil des Flechtwerkes, dafs keine Stäbe den Innenraum durchqueren sollen, aufheben, so dafs man gewöhnlich unter Festhaltung von mehr als den absolut nötigen Knoten des Basiskranzes auf die statische Bestimmtheit verzichtet.

Bezüglich weiterer Ausführung dieses wichtigen und interessanten Gegenstandes mufs auf die Lehrbücher der graphischen Statik verwiesen werden.

Die vorstehende Theorie der Fachwerke nimmt auf die Reibung in den Knoten, die man sich, um die statische Bestimmtheit zu wahren, als Kugelgelenke denken mufs, keine Rücksicht. Wir wollen darum als zweites Beispiel für das Gleichgewicht das Verhalten der Schrauben untersuchen, bei denen die Reibung ausschlaggebend ist. Eine Schraubenlinie entsteht bekanntlich dadurch, dafs ein Punkt sich gleichzeitig um eine Achse dreht und in der Richtung derselben proportional seinem Drehwinkel fortschreitet. Wählen wir statt des Punktes eine Kurve, und lassen sie unter proportionalem achsialen Fortschreiten rotieren, so erhalten wir eine Schraubenfläche. Die einzelnen Elemente der erzeugenden Kurve behalten hierbei die ursprüngliche Neigung gegen die Achse bei. Die gewöhnliche Schraubenfläche (Fig. 215) hat zur Erzeugenden eine Gerade, deren Neigung gegen eine Vertikalebene zur Achse β sein möge. Dieser in einer Achsial- oder Meridianebene der Schraube gemessene Winkel hat naturgemäfs an allen Punkten der Fläche denselben Wert. Dagegen ändert die senkrecht zur Erzeugenden stehende Tangente ihre Neigung je nach der Entfernung des Punktes von der Achse. Bezeichnet man nämlich den achsialen Abstand zweier sich entsprechender Punkte der Schraubenfläche, die sog. Ganghöhe mit h, so ist die gesuchte Neigung α der Tangente gegen die Normalebene zur Achse, wenn r den Abstand der Punkte von dieser bedeutet, gegeben durch

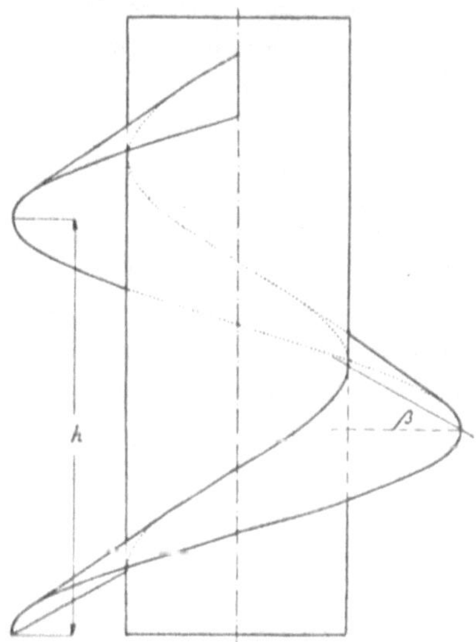

Fig. 215.

$$\operatorname{tg} \alpha = \frac{h}{2 \pi r} \text{ oder } r \operatorname{tg} \alpha = \frac{h}{2 \pi} = \text{const.} \quad . \quad . \quad . \quad (6)$$

Die Schraubenfläche, welche sich praktisch stets an einen zylindrischen Kern anschliefst, ist meistens in radialer Richtung so wenig ausgedehnt, dafs man auf die Änderung von α keine Rücksicht zu nehmen braucht. Wird nun dieser mit einer derartigen Schraubenfläche versehene Kern, die sog. Schraubenspindel von einem Hohlkörper, der Mutter, umgeben, der eine kongruente Schraubenfläche vertieft trägt, so wird die relative Drehung beider Körper eine relative Verschiebung derselben in der Achsenrichtung zur Folge haben. Geometrisch ist dieser Vorgang auch umgekehrt möglich, mechanisch dagegen nur, so lange nicht die Reibung, wie auf der schiefen Ebene mit geringer Neigung dies verhindert, wodurch die Schraube selbstsperrend wird.

Um nun dieses Verhalten zu untersuchen, denken wir uns den achsialen Druck zwischen der Schraubenspindel und der Mutter gleichförmig über die Schraubenfläche verteilt. Alsdann entspricht jedem belasteten Elemente ein ebensolches auf der gegenüberliegenden Seite der Achse. Für die Gesamtwirkung dieser beiden Drücke ist der achsiale Abstand der Elemente offenbar ganz bedeutungslos, so daſs wir uns auch unter Vernachlässigung der Änderung von α die gegenüberliegenden Teile der Schraubenfläche einfach an einander gestoſsen vorstellen können. Strecken wir dann noch die zylindrisch gewundenen Körper gerade, so erhalten wir eine aus zwei Ebenen gebildete Schneide, deren Neigung gegen den Horizont mit α übereinstimmt. Wir wollen nunmehr die Bedingung für das Gleichgewicht zweier Kräfte P und Q an einem sattelartig auf der

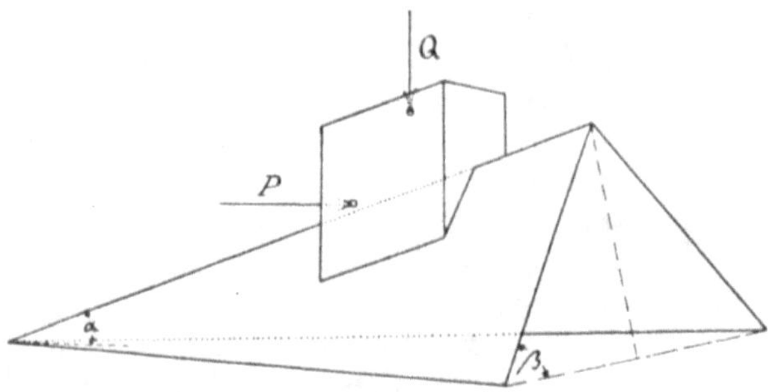

Fig 216.

Schneide sitzenden Körper K untersuchen, wenn P horizontal und Q senkrecht dazu wirkt (siehe Fig. 216). Zunächst stellen wir das ganze System in Fig. 217a und b im Grundriſs und Aufriſs dar und erkennen daraus, daſs normal zur Schneide durch das Zusammenwirken von P und Q eine Kraft

$$N = P \sin \alpha + Q \cos \alpha \quad . \quad . \quad . \quad . \quad . \quad . \quad (8)$$

wirkt, während in ihre Richtung eine Kraft

$$T = P \cos \alpha - Q \sin \alpha \quad . \quad . \quad . \quad . \quad . \quad . \quad (9)$$

fällt. Die Kraft N wiederum verteilt sich gleichmäſsig auf beide Seiten des dachartigen Gebildes. Die horizontalen Komponenten $\frac{N}{2} \operatorname{tg} \beta$ heben sich gegenseitig auf, während die zu den Flächen senkrecht stehenden Komponenten $\frac{N}{2\cos\beta}$ einen Reibungswiderstand vom Gesamtbetrage

$$R = \pm\, 2f\frac{N}{2\cos\beta} = \pm\, f\,\frac{P\sin\alpha + Q\cos\alpha}{\cos\beta} \quad . \; . \; (10)$$

hervorrufen, wobei f den Reibungskoeffizienten bedeutet und das positive oder negative Vorzeichen zu wählen ist, je nachdem

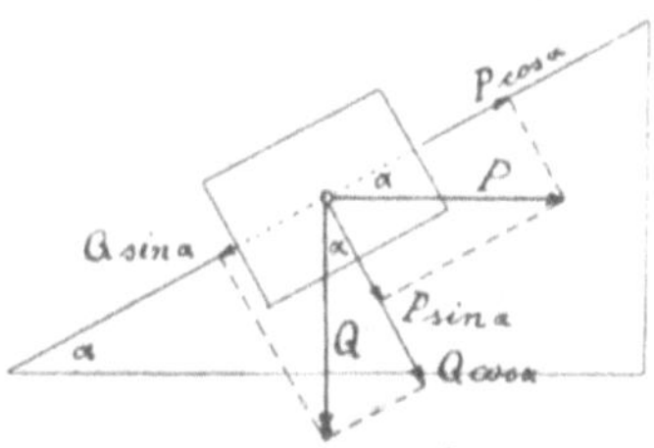

Fig. 217 a.

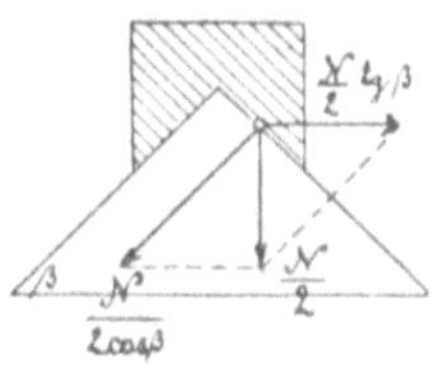

Fig. 217 b.

der sattelförmige Körper auf der Schneide aufwärts oder abwärts bewegt werden soll. Da diese Bewegung nur durch die der Schneide parallele Kraft T hervorgerufen werden kann, so besteht für die Bewegung der Masse m des sattelförmigen Körpers die Gleichung

$$P\cos\alpha - Q\sin\alpha = m\frac{dv}{dt} \pm f\,\frac{P\sin\alpha + Q\cos\alpha}{\cos\beta}, \quad . \; (11)$$

welche für das Gleichgewicht übergeht in

$$P\cos\alpha - Q\sin\alpha = \pm\,\frac{f}{\cos\beta}\,(P\sin\alpha + Q\cos\alpha).$$

Setzen wir nun hierin

$$\frac{f}{\cos\beta} = f' = \operatorname{tg}\varrho', \quad . \; . \; . \; . \; . \; . \; . \; (12)$$

unter ϱ' den der Neigung β entsprechenden Reibungswinkel der Schneide verstanden, so nimmt die Gleichgewichtsbedingung mit

$$P = Q\,\frac{\sin(\alpha \pm \varrho')}{\cos(\alpha \mp \varrho')} = Q\operatorname{tg}(\alpha \pm \varrho') \quad . \; . \; . \; (13)$$

dieselbe Form an, wie für die einfache schiefe Ebene. Nunmehr bietet es keine Schwierigkeit mehr, zur Schraube wieder zurückzukehren. Bei derselben wirkt der Kraft Q am Hebelarm r ein

Moment $\mathfrak{M} = Pr$ entgegen, wenn r den mittleren Radius der Schraubenfläche bedeutet, so daſs man für die **Gleichgewichtsbedingung an der Schraube** auch schreiben kann

$$\mathfrak{M} = Q r \operatorname{tg}(\alpha \pm \varrho') = Q r \frac{\operatorname{tg}\alpha \pm \operatorname{tg}\varrho'}{1 \mp \operatorname{tg}\alpha \operatorname{tg}\varrho'} \quad . \quad . \quad (14)$$

Da nun der Steigungswinkel α direkt nicht bekannt ist, wohl aber die Ganghöhe leicht abgemessen werden kann, so setzt man lieber mit (6) und (12)

$$\mathfrak{M} = Q r \frac{h \pm 2\pi f' r}{2\pi r \mp f' h} \quad . \quad . \quad . \quad . \quad . \quad . \quad (14a)$$

Handelt es sich um flachgängige Schrauben, so wird $\beta = 0$, also $f' = f$. Für praktische Rechnungen kann man die Formel (14a) noch vereinfachen, indem man, da $f'h$ jedenfalls klein gegen den Umfang $2\pi r$ ist, angenähert

$$\mathfrak{M} = Q r (h \pm 2\pi f' r) \frac{1}{2 r \pi} \left(1 \pm \frac{f' h}{2\pi r}\right)$$

oder

$$\mathfrak{M} = \frac{Q h}{2\pi} \left(1 + f'^2 \pm 2\pi f' \frac{r}{h} \pm \frac{f'}{2\pi} \frac{h}{r}\right) \quad . \quad . \quad . \quad (14b)$$

setzt. Das Zusammenwirken von Schraube und Mutter bildet gleichzeitig ein treffendes Beispiel für die **Theorie der Zentralachse** im vorletzten Paragraph. Das Gleichgewicht beider setzt nämlich voraus, daſs die an der Mutter angreifenden Kräfte eine Resultante Q in der Achse besitzen, denen eine Kraft $-Q$ als Resultante aller an der Spindel angreifenden Kräfte gegenübersteht. Infolge der Reibung der Schraubenfläche kann weiterhin ein an der Mutter angreifendes Kräftepaar $\mathfrak{M}$ durch ein gleich groſses mit entgegengesetztem Drehungssinn an der Spindel ausgeglichen werden, wenn die Achsen beider Kräftepaare in die Schraubenachse fallen. Alsdann aber bildet die Schraubenachse selbst die Zentralachse sowohl des an der Spindel, wie auch des an der Mutter angreifenden Kräftesystems.

§ 53. Die Bewegung eines starren Körpers.

Reduktion der Bewegungsgleichungen auf ein Achsensystem durch den Schwerpunkt. Winkelgeschwindigkeiten und Beschleunigungen um feste und bewegliche Achsen. Trägheits und Zentrifugalmomente von Körpern. Das Trägheitsellipsoid und die Hauptachsen eines Körpers Die Eulerschen Gleichungen. Schwingungen der Rotationsachse eines sich selbst überlassenen Körpers. Die kinetische Energie und das Moment der Bewegungsgröfse.

Die an einem starren Körper, d. h. einem kontinuierlichen System starr miteinander verbundener Massenpunkte angreifenden Kräfte konnten wir, wie aus den Darlegungen des vorletzten Paragraphen hervorging, stets zu einer Resultanten und zu einem Kräftepaar vereinigen. Die Bewegung eines solchen Körpers liefs sich andererseits nach § 4 auffassen als die fortschreitende Bewegung eines seiner Punkte und die Drehung des ganzen Systems um eine durch diesen Punkt hindurchgehende Achse. Da nun eine Einzelkraft in ihrer Richtung lediglich eine lineare Beschleunigung, ein Kräftepaar dagegen nur eine Drehbeschleunigung hervorrufen kann, so erkennt man schon aus dieser Nebeneinanderstellung den Zusammenhang der Bewegungserscheinungen mit den Wirkungen von Kräften an einem starren Körper. Zur rechnerischen Verfolgung dieser Wirkungen können wir uns sofort der Formeln des letzten Paragraphen bedienen, welche in ihrer Allgemeingiltigkeit auch die Bewegung starrer Körper umfassen. Da derselbe aus kontinuierlich miteinander zusammenhängenden Massenelementen dm besteht, so haben wir durch diese die früher eingeführten diskreten Massen m und die Summen durch Integrale zu ersetzen. Bedeuten dann wieder x_0, y_0, z_0 die Schwerpunktskoordinaten, ξ, η, ζ die Relativkoordinaten des Massenelementes dm in Bezug auf ein im Schwerpunkt zusammenlaufendes, dem festen Koordinatensystem stets parallel bleibendes Achsenkreuz, so gehen die Gleichungen (5a) und (6) des § 51 über in

$$X = \frac{d^2 x_0}{dt^2} \int dm, \quad Y = \frac{d^2 y_0}{dt^2} \int dm, \quad Z = \frac{d^2 z_0}{dt^2} \int dm \qquad (1)$$

$$\left.\begin{aligned}\mathfrak{M}_\xi &= \int\left(\eta\frac{d^2\zeta}{dt^2} - \zeta\frac{d^2\eta}{dt^2}\right)dm\\ \mathfrak{M}_\eta &= \int\left(\zeta\frac{d^2\xi}{dt^2} - \xi\frac{d^2\zeta}{dt^2}\right)dm\\ \mathfrak{M}_\zeta &= \int\left(\xi\frac{d^2\eta}{dt^2} - \eta\frac{d^2\xi}{dt^2}\right)dm\end{aligned}\right\} \quad . \quad . \quad . \quad . \quad (2)$$

Da die Gleichungen (1) mit denjenigen der Bewegung einer im Punkte x_0, y_0, z_0 konzentrierten Masse $\int dm$ unter dem Einfluſs einer Einzelkraft mit den Komponenten $X\,Y\,Z$ identisch sind, so können wir unter Zurückverweisung auf § 51 die fortschreitende Bewegung des starren Körpers an dieser Stelle überhaupt übergehen, bezw. den Körper uns in seinem Schwerpunkte festgehalten denken. Es bleiben uns mithin nur die Momente (2) zu diskutieren, wobei besonders die Schwierigkeit zu beachten ist, daſs unter dem Integralzeichen sich Ausdrücke befinden, welche nicht konstant, sondern von der Zeit selbst abhängig sind. Es liegt dies daran, daſs die Achsen ξ, η, ζ, obwohl mit dem Körper beweglich, doch sich selbst stets parallel bleiben und mithin nicht an den Rotationen teilnehmen. Wir denken uns nun in Fig. 218 ein mit dem Körper selbst fest verbundenes Achsenkreuz ξ', η', ζ' durch den Schwerpunkt, welches demnach gegen das den Gl. (2) zu Grunde liegende Drehungen vollzieht. In einem gegebenen Momente, den wir jetzt ins Auge fassen wollen, mögen die beweglichen Achsen ξ', η', ζ' mit den im Raume festen Achsen gerade zusammenfallen. Alsdann zerfällt nach § 7 die momentane Winkelgeschwindigkeit des Körpers (um seine Momentachse) in drei Komponenten ω_ξ, ω_η, ω_ζ, die wir sowohl auf das feste, als auch auf das bewegliche System beziehen können. Wir haben demnach

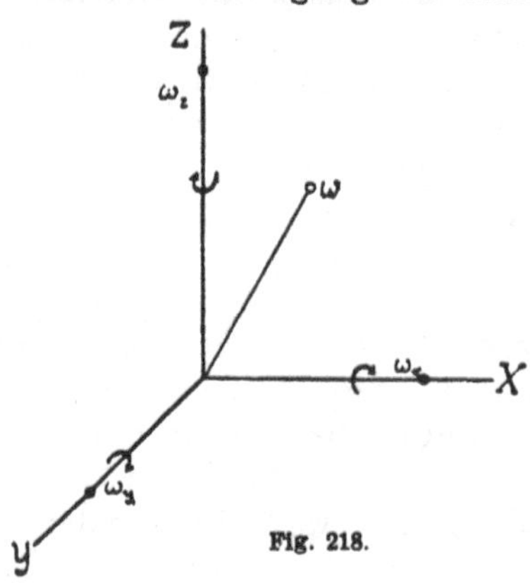

Fig. 218.

$$\omega_\xi = \omega_{\xi'}, \quad \omega_\eta = \omega_{\eta'}, \quad \omega_\zeta = \omega_{\zeta'} \quad . \quad . \quad . \quad . \quad (3)$$

Damit ist indessen noch nicht gesagt, daſs auch die Winkelbeschleunigungen, d. h. die Änderungen der Winkelgeschwindigkeit, bezogen auf beide Achsensysteme, einander gleich sind. Um diese Frage zu prüfen, denken wir uns eine Winkelgeschwindigkeit ω, deren bewegliche Achse mit den Koordinatenachsen x, y, z die Winkel $\varkappa, \lambda, \mu$ bildet. Sie zerfällt demnach in drei Komponenten ω_x, ω_y, ω_z, so zwar, daſs

$$\omega = \omega_x \cos \varkappa + \omega_y \cos \lambda + \omega_z \cos \mu.$$

Durch Differentiation geht die Gleichung über in

$$\frac{d\omega}{dt} = \frac{d\omega_x}{dt} \cos \varkappa + \frac{d\omega_y}{dt} \cos \lambda + \frac{d\omega_z}{dt} \cos \mu$$
$$- \omega_x \sin \varkappa \frac{d\varkappa}{dt} - \omega_y \sin \lambda \frac{d\lambda}{dt} - \omega_z \sin \mu \frac{d\mu}{dt}.$$

Es falle nunmehr in einem bestimmten Momente die Achse von ω mit der z-Achse zusammen, wodurch natürlich $\omega = \omega_z$ wird. Auſserdem ist dann

$$\begin{array}{lll} \varkappa = 90^0, & \lambda = 90^0, & \mu = 0 \\ \cos \varkappa = 0, & \cos \lambda = 0, & \cos \mu = 1 \\ \sin \varkappa = 1, & \sin \lambda = 1, & \sin \mu = 0, \end{array}$$

so daſs wir haben

$$\frac{d\omega}{dt} = \frac{d\omega_z}{dt} - \omega_x \frac{d\varkappa}{dt} - \omega_y \frac{d\lambda}{dt}$$

Infolge des Zusammenfallens von ω mit ω_z ist aber auch

$$\frac{d\varkappa}{dt} = - \omega_y, \quad \frac{d\lambda}{dt} = + \omega_x,$$

so daſs in der Tat

$$\frac{d\omega}{dt} = \frac{d\omega_z}{dt} + \omega_x \omega_y - \omega_x \omega_y = \frac{d\omega_z}{dt}$$

wird. Fällt also die bewegliche Momentanachse eines festen Körpers mit einer im Raume festen Achse zusammen, so stimmt nicht nur die momentane Winkelgeschwindigkeit um die bewegliche Achse mit der auf die feste bezogenen überein, sondern auch die entsprechenden momentanen Winkelbeschleunigungen.

Zur Einführung der Winkelgeschwindigkeiten des Körpers bedienen wir uns der einfachen und nahezu evidenten Gleichungen (1) des § 7, durch welche die Komponenten der elementaren linearen Verschiebung mit den Drehkomponenten verknüpft werden. Diese Drehkomponenten um die x, y, z, bezw. jetzt ξ, η, ζ-Achsen bezeichneten wir dort mit $d\varphi$, $d\psi$, $d\chi$, und haben demnach jetzt zu setzen

$$\frac{d\varphi}{dt} = \omega_\xi, \quad \frac{d\psi}{dt} = \omega_\eta, \quad \frac{d\chi}{dt} = \omega_\zeta.$$

Da nun weiterhin nach Gl. (7) des § 51

$$x - x_0 = \xi, \quad y - y_0 = \eta, \quad z - z_0 = \zeta$$

war, so nehmen die Gleichungen (1) des § 7 nach Division mit dt die Form

$$\left.\begin{aligned} \frac{d\xi}{dt} &= \zeta\omega_\eta - \eta\omega_\zeta \\ \frac{d\eta}{dt} &= \xi\omega_\zeta - \zeta\omega_\xi \\ \frac{d\zeta}{dt} &= \eta\omega_\xi - \xi\omega_\eta \end{aligned}\right\} \quad \ldots\ldots \quad (4)$$

an. Die lineare Beschleunigung in Bezug auf die durch den Schwerpunkt gehende, nicht mit dem Körper fest verbundene ξ-Achse ergibt sich daraus zu

$$\frac{d^2\xi}{dt^2} = \zeta\frac{d\omega_\eta}{dt} - \eta\frac{d\omega_\zeta}{dt} + \omega_\eta\frac{d\zeta}{dt} - \omega_\zeta\frac{d\eta}{dt}$$

oder mit (4)

$$\frac{d^2\xi}{dt^2} = \zeta\frac{d\omega_\eta}{dt} - \eta\frac{d\omega_\zeta}{dt} + \omega_\eta\cdot(\eta\omega_\xi - \xi\omega_\eta) - \omega_\zeta(\xi\omega_\zeta - \zeta\omega_\xi),$$

und ganz analog gestalten sich auch die Ausdrücke für $\frac{d^2\eta}{dt^2}$ und $\frac{d^2\zeta}{dt^2}$. Damit erhalten wir z. B. für die ζ-Achse

$$\left.\begin{aligned} \xi\frac{d^2\eta}{dt^2} - \eta\frac{d^2\xi}{dt^2} &= (\xi^2 + \eta^2)\frac{d\omega_\zeta}{dt} + (\xi^2 - \eta^2)\,\omega_\xi\,\omega_\eta \\ &\quad - \xi\zeta\left(\frac{d\omega_\xi}{dt} - \omega_\eta\,\omega_\zeta\right) - \eta\zeta\left(\frac{d\omega_\eta}{dt} - \omega_\xi\,\omega_\zeta\right) \\ &\quad - \xi\eta\,(\omega_\xi^2 - \omega_\eta^2) \end{aligned}\right\}. \quad (5)$$

Führen wir diesen Ausdruck und die ihm analog gebauten für die η- und ξ-Achse in die Momentengleichungen (2) ein, so können wir, unter ξ, η, ζ jetzt die Koordinaten in Bezug auf das mit dem Körper fest verbundene Achsensystem verstanden, die Winkelgeschwindigkeiten und Winkelbeschleunigungen vor die Integralzeichen setzen und die Integrationen selbst über die ganze Körpermasse ausgeführt denken. Die dabei erhaltenen Gröfsen

$$\Theta_\xi = \int \xi^2 dm, \quad \Theta_\eta = \int \eta^2 dm, \quad \Theta_\zeta = \int \zeta^2 dm \quad . \quad (6)$$

bezeichnen wir als die **Trägheitsmomente des Körpers in Bezug auf die Ebenen** der $\eta\zeta$, $\zeta\xi$, $\xi\eta$-Achsen, die Gröfsen

$$\Psi_\xi = \int \eta\zeta\, dm, \quad \Psi_\eta = \int \zeta\xi\, dm, \quad \Psi_\zeta = \int \xi\eta\, dm \quad . \quad (7)$$

als die entsprechenden **Zentrifugalmomente**. Statt der Ausdrücke (6) bedient man sich häufig auch unter Einführung der Abstände ϱ_ξ, ϱ_η, ϱ_ζ des Massenelementes dm von den drei Achsen mit Hilfe der Gleichungen

$$\varrho_\xi^2 = \eta^2 + \zeta^2, \quad \varrho_\eta^2 = \zeta^2 + \xi^2, \quad \varrho_\zeta^2 = \xi^2 + \eta^2$$

der Gröfsen

$$\Theta_\xi' = \int \varrho_\xi^2 dm, \quad \Theta_\eta' = \int \varrho_\eta^2 dm, \quad \Theta_\zeta' = \int \varrho_\zeta^2 dm, \quad . \quad (8)$$

welche dann die **Trägheitsmomente in Bezug auf die Achsen** ξ, η, ζ heifsen. Aus dem Vergleich mit dem für ebene Gebilde in § 36 entwickelten Ausdrücken erkennt man, dafs die Gröfsen (6) den ebenen Trägheitsmomenten für die Achsen, die Gröfsen (8) dem polaren Trägheitsmomente entsprechen, so zwar, dafs wir auch schreiben dürfen

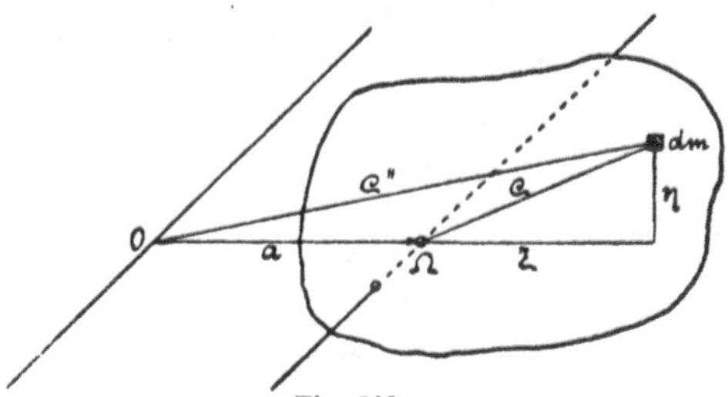

Fig. 219.

$$\Theta_\xi' = \Theta_\eta + \Theta_\zeta, \quad \Theta_\eta' = \Theta_\zeta + \Theta_\xi, \quad \Theta_\zeta' = \Theta_\xi + \Theta_\eta . \quad (8a)$$

Schliefslich können wir aus den Werten (6) den Ausdruck

$$\Theta_0 = \int (\xi^2 + \eta^2 + \zeta^2)\, dm = \int \varrho^2 dm \quad . \quad . \quad . \quad (6a)$$

ableiten und als das **Trägheitsmoment für den Schwerpunkt** bezeichnen. Der Steinersche Satz für die Berechnung von

Trägheitsmomenten in Bezug auf Achsen, welche nicht durch den Schwerpunkt Ω gehen, läfst sich übrigens auch sofort auf den Raum übertragen. Bedeutet in Fig. 219 a den Abstand einer Parallelen zur Schwerachse, für welche das Trägheitsmoment Θ'' bestimmt werden soll, so hat man zunächst das Trägheitsmoment für die Schwerachse selbst

$$\Theta' = \int (\xi^2 + \eta^2)\, dm = \int \varrho^2\, dm$$

und daraus

$$\Theta'' = \int \varrho''^2\, dm = \int \{(\xi + a)^2 + \eta^2\}\, dm$$

$$\Theta'' = \int (\xi^2 + \eta^2)\, dm + a^2 \int dm + 2a \int \xi\, dm.$$

Da nun für jede Schwerachse nach Gl. (8a) des vorigen Paragraphen die statischen Momente verschwinden, so bleibt nur

$$\Theta'' = \Theta' + a^2 m \quad \ldots \ldots \ldots \quad (9)$$

unter $m = \int dm$ die Gesamtmasse des Körpers verstanden. Wir dürfen demnach aussagen: Unter allen Trägheitsmomenten eines starren Körpers für parallele Achsen fällt dasjenige für die Schwerachse am kleinsten aus, und können diesen Satz leicht auch auf parallele Ebenen ausdehnen. Kennen wir nunmehr die Trägheits- und Zentrifugalmomente (6), (7) und (8) für die zueinander senkrechten Schwerachsen ξ, η, ζ eines Körpers, so fragt es sich noch, ob nicht durch die Wahl anderer Achsen ebenso wie für ebene Gebilde die Zentrifugalmomente zum Verschwinden gebracht werden können.

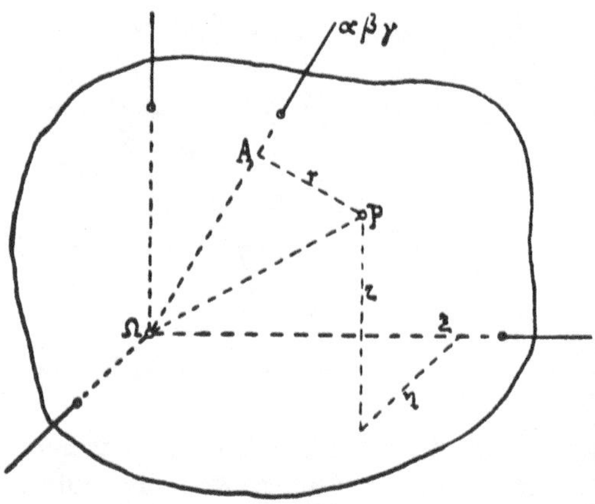

Fig. 220.

Um dies festzustellen, berechnen wir das Trägheitsmoment für eine beliebige Achse mit den Neigungswinkeln α, β, γ, Fig. 220. Der Abstand eines Massenelementes dm mit den Koordinaten ξ, η, ζ von dieser Achse sei $PA = r$. Alsdann hat man

$$r^2 = \overline{\Omega P}^2 - \overline{\Omega A}^2$$

und, da

$$\overline{\Omega P}^2 = \xi^2 + \eta^2 + \zeta^2 = (\xi^2 + \eta^2 + \zeta^2)(\cos^2\alpha + \cos^2\beta + \cos^2\gamma)$$

$$\overline{\Omega A} = \xi\cos\alpha + \eta\cos\beta + \zeta\cos\gamma,$$

so folgt

$$r^2 = (\xi^2 + \eta^2 + \zeta^2)(\cos^2\alpha + \cos^2\beta + \cos^2\gamma) - (\xi\cos\alpha + \eta\cos\beta + \zeta\cos\gamma)^2$$

oder

$$r^2 = (\eta^2 + \zeta^2)\cos^2\alpha + (\zeta^2 + \xi^2)\cos^2\beta + (\xi^2 + \eta^2)\cos^2\gamma - 2\eta\zeta\cos\beta\cos\gamma - 2\zeta\xi\cos\gamma\cos\alpha - 2\xi\eta\cos\alpha\cos\beta \tag{10}$$

Multipliziert man diesen Ausdruck mit dm, und führt nach der Integration die Zentrifugalmomente (7), sowie die Trägheitsmomente (8) ein, so ergibt sich für das gesuchte Trägheitsmoment

$$\Theta = \Theta_\xi'\cos^2\alpha + \Theta_\eta'\cos^2\beta + \Theta_\zeta'\cos^2\gamma - 2\Psi_\xi\cos\beta\cos\gamma - 2\Psi_\eta\cos\gamma\cos\alpha - 2\Psi_\zeta\cos\alpha\cos\beta \tag{11}$$

Das Trägheitsmoment für eine beliebige Achse ist also durch die Trägheits- und Zentrifugalmomente für drei zu einander senkrechte Achsen vollständig bestimmt.

Führen wir nun die Trägheitsradien, wie in § 36 ein, setzen also

$$\Theta = mk^2, \quad \Theta_\xi' = mk_\xi^2, \quad \Theta_\eta' = mk_\eta^2, \quad \Theta_\zeta' = mk_\zeta^2, \tag{12}$$

so haben wir auch statt (11)

$$1 = \frac{k_\xi^2}{k^2}\cos^2\alpha + \frac{k_\eta^2}{k^2}\cos^2\beta + \frac{k_\zeta^2}{k^2}\cos\gamma - 2\frac{\Psi_\xi}{k^2}\cos\beta\cos\gamma - 2\frac{\Psi_\eta}{k^2}\cos\gamma\cos\alpha - 2\frac{\Psi_\zeta}{k^2}\cos\alpha\cos\beta \tag{11a}$$

Dies ist aber für die rechtwinkligen Koordinaten

$$\frac{\cos\alpha}{k}, \quad \frac{\cos\beta}{k}, \quad \frac{\cos\gamma}{k}$$

die Gleichung eines Ellipsoides, des sog. Trägheitsellipsoids dessen drei zu einander senkrechten Hauptachsen

$$\frac{\cos \alpha_0}{k}, \quad \frac{\cos \beta_0}{k}, \quad \frac{\cos \gamma_0}{k}$$

drei Hauptträgheitsmomente Θ_a, Θ_b, Θ_c entsprechen, während die Zentrifugalmomente für dieselbe verschwinden. Diese Hauptträgheitsmomente haben demnach die Eigenschaft, dafs eines von ihnen ein absolutes Maximum, ein zweites ein absolutes Minimum darstellt, während das dritte einen dazwischen liegenden Wert besitzt. Wählen wir nun unsere ξ, η, ζ-Achsen so, dafs sie mit den Hauptachsen des Trägheitsellipsoids zusammenfallen, so dürfen wir $\Theta_\xi' = \Theta_a$, $\Theta_\eta' = \Theta_b$, $\Theta_\zeta' = \Theta_c$, $\Psi_\xi = \Psi_\eta = \Psi_\zeta = 0$ setzen und haben statt (11)

$$\Theta = \Theta_a \cos^2 \alpha + \Theta_b \cos^2 \beta + \Theta_c \cos^2 \gamma \quad . \quad . \quad (11\text{b})$$

Ganz besonders einfach gestaltet sich mit dieser Wahl des Koordinatensystems die aus (5) hervorgehende Integralformel für die ζ-Achse, nämlich

$$\int \left(\xi \frac{d^2 \eta}{d t^2} - \eta \frac{d^2 \xi}{d t^2} \right) d m = \Theta_c \frac{d \omega_\zeta}{d t} + (\Theta_a - \Theta_b) \, \omega_\xi \, \omega_\eta .$$

Bilden wir noch die entsprechenden Ausdrücke für die beiden andern Hauptachsen und verbinden sie, nachdem wir die Indices ξ, η, ζ durch a, b, c ersetzt haben, mit (2), so erhalten wir die wichtigen von Euler 1758 abgeleiteten Gleichungen.

$$\left. \begin{aligned} \mathfrak{M}_a &= \Theta_a \frac{d \omega_a}{d t} + (\Theta_b - \Theta_c) \, \omega_b \, \omega_c \\ \mathfrak{M}_b &= \Theta_b \frac{d \omega_b}{d t} + (\Theta_c - \Theta_a) \, \omega_c \, \omega_a \\ \mathfrak{M}_c &= \Theta_c \frac{d \omega_c}{d t} + (\Theta_a - \Theta_b) \, \omega_a \, \omega_b \end{aligned} \right\} \quad . \quad . \quad . \quad (13)$$

Aus denselben geht hervor, dafs zur Drehung eines schon rotierenden Körpers um eine beliebige Achse ein Moment anzuwenden ist, welches nicht allein durch die beabsichtigte Winkelbeschleunigung, sondern auch durch die Gröfse der vorhandenen Winkelgeschwindigkeit selbst bedingt ist.

Wirken auf den Körper im speziellen Falle keine Drehmomente ein, so nehmen die Gleichungen die Form

$$\left.\begin{aligned}\Theta_a \frac{d\omega_a}{dt} &= (\Theta_c - \Theta_b)\,\omega_b\,\omega_c \\ \Theta_b \frac{d\omega_b}{dt} &= (\Theta_a - \Theta_c)\,\omega_c\,\omega_a \\ \Theta_c \frac{d\omega_c}{dt} &= (\Theta_b - \Theta_a)\,\omega_a\,\omega_b\end{aligned}\right\} \quad \ldots \quad (13\text{a})$$

an, wofür wir auch schreiben können

$$\frac{\Theta_a\,\omega_a\,d\omega_a}{\Theta_c - \Theta_b} = \frac{\Theta_b\,\omega_b\,d\omega_b}{\Theta_a - \Theta_c} = \frac{\Theta_c\,\omega_c\,d\omega_c}{\Theta_b - \Theta_a} = \omega_a\,\omega_b\,\omega_c\,dt \quad (13\text{b})$$

Wir wollen nun voraussetzen, der Körper rotiere mit einer grofsen Winkelgeschwindigkeit um eine seiner Hauptachsen, z. B. um die mit a bezeichnete, während die Winkelgeschwindigkeiten um die beiden anderen Achsen so klein sind, dafs wir ihr Produkt vernachlässigen dürfen. Alsdann folgt aus der ersten Gl. (13a)

$$\Theta_a \frac{d\omega_a}{dt} = 0\,, \qquad \omega_a = \text{const.} \quad \ldots \quad (14)$$

Differentiieren wir nunmehr die beiden anderen Gl. (13a), so erhalten wir

$$\begin{aligned}\Theta_b \frac{d^2\omega_b}{dt^2} &= (\Theta_a - \Theta_c)\,\omega_a \frac{d\omega_c}{dt} \\ \Theta_c \frac{d^2\omega_c}{dt^2} &= (\Theta_b - \Theta_a)\,\omega_a \frac{d\omega_b}{dt}\end{aligned}$$

Die Elimination von $\frac{d\omega_b}{dt}$ und $\frac{d\omega_c}{dt}$ aus diesen Formeln und aus (13a) führt uns dann auf

$$\left.\begin{aligned}\frac{d^2\omega_b}{dt^2} &= \frac{(\Theta_a - \Theta_b)(\Theta_c - \Theta_a)}{\Theta_b\,\Theta_c}\,\omega_a^2\,\omega_b \\ \frac{d^2\omega_c}{dt^2} &= \frac{(\Theta_a - \Theta_b)(\Theta_c - \Theta_a)}{\Theta_b\,\Theta_c}\,\omega_a^2\,\omega_c\end{aligned}\right\} \quad \ldots \quad (15)$$

Das sind aber Differentialgleichungen von derselben Bauart, wie die schon öfters uns entgegen getretenen Schwingungsformeln. Sie führen auf eine einfache periodische Änderung der Winkelgeschwindigkeiten ω_b und ω_c und damit auf entsprechende

Schwankungen der Hauptachse a, wenn auf der rechten Seite

$$(\Theta_a - \Theta_b)(\Theta_c - \Theta_a) < 0,$$

d. h. wenn zugleich

$$\left.\begin{array}{l} \Theta_a - \Theta_b > 0 \text{ und } \Theta_c - \Theta_a < 0 \\ \text{oder} \\ \Theta_a - \Theta_b < 0 \text{ und } \Theta_c - \Theta_a > 0 \end{array}\right\} \quad . \; . \; . \quad (16)$$

ist. Folglich mufs das Trägheitsmoment Θ_a entweder das gröfste oder das kleinste der Hauptträgheitsmomente sein, damit der Körper dauernd um die entsprechende Achse rotieren kann, diese selbst aber nur kleinen Schwankungen unter dem Einflusse äufserer Störungen unterworfen sein soll. Dieses Verhalten haben wir aber bei der Pendelbewegung als das Kriterium der Stabilität kennen gelernt, so dafs eine den Bedingungen (16) genügende Hauptachse des Körpers als eine stabile oder auch als eine freie Achse schlechthin bezeichnet werden kann. Ist dagegen die Bedingung (16) nicht erfüllt, d. h. ist

$$\left.\begin{array}{l} \Theta_b > \Theta_a > \Theta_c \\ \text{oder} \\ \Theta_b < \Theta_a < \Theta_c \end{array}\right\}, \quad . \; . \; . \; . \; . \; . \; . \quad (17)$$

so wird

$$(\Theta_a - \Theta_b)(\Theta_c - \Theta_a) > 0$$

und die Formeln (15) führen uns auf beständig zunehmende Winkelgeschwindigkeiten ω_b und ω_c, so dafs diejenige Hauptachse, für welche das Trägheitsmoment weder ein Maximum noch ein Minimum ist, nur eine labile Achse darstellt.

Haben wir es mit einem Rotationskörper zu tun, so ist auch dessen Trägheitsellipsoid ein Rotationsellipsoid und zwei der Hauptträgheitsmomente werden einander gleich. Alsdann gelten die Gl. (14) und (15) ganz streng, so lange man die Hauptachse a als Rotationsachse wählt, und $\Theta_b = \Theta_c = \Theta$ setzt. Damit aber sind auch die Bedingungen (16) von selbst erfüllt, da $\Theta_a \gtrless \Theta$ sein mufs, so dafs die freie Drehung eines Rotationskörpers um eine Rotationsachse immer stabil verläuft. Es ist schliefslich noch von praktischem Interesse, die Schwingungsdauer der freien Achse kennen zu lernen. Dieselbe ist in den Konstanten der Differentialgleichungen (15) schon enthalten, wie man aus deren Vergleich mit den in der

Theorie der freien ungedämpften Schwingung sofort ersieht. Setzen wir nämlich den Faktor

$$-\frac{(\Theta_a-\Theta_b)(\Theta_c-\Theta_a)}{\Theta_b\cdot\Theta_c}\,\omega_a^2=\alpha^2\,,$$

so ist

$$\omega_b=A'\cos\alpha t+B'\sin\alpha t$$
$$\omega_c=A''\cos\alpha t+B''\sin\alpha t,$$

unter $A'\,A''\,B'\,B''$ willkürliche Integrationskonstanten verstanden. Die diesen Winkelgeschwindigkeiten entsprechenden, durch eine weitere Integration sofort erhältlichen Ausschläge setzen sich demnach zu einer Schwingung zusammen von der Periode

$$t_0=\frac{2\pi}{\alpha}=\frac{2\pi}{\omega_0}\sqrt{\frac{\Theta_b\,\Theta_c}{(\Theta_a-\Theta_b)(\Theta_a-\Theta_c)}},\quad .\;.\;.\;.\quad (18)$$

welche sich für einen Rotationskörper mit $\Theta_b=\Theta_c=\Theta$ vereinfacht in

$$t_0=\frac{2\pi\Theta}{\omega\,(\Theta_a-\Theta)}\quad .\;.\;.\;.\;.\;.\;.\quad (18\text{a})$$

Die Drehachse eines frei bewegten Rotationskörpers wird demnach um so langsamer um ihre Mittellage schwingen, je kleiner die Winkelgeschwindigkeit der Rotation und je geringer der Unterschied der Hauptträgheitsmomente ist. Daraus folgt sofort, daſs für eine Kugel derartige Schwingungen überhaupt ausgeschlossen sind. Dieselbe wird vielmehr stets mit einer konstanten Winkelgeschwindigkeit um irgend eine ihrer Achsen rotieren, wie übrigens auch unmittelbar aus den Eulerschen Gl. (13a) gefolgert werden kann.

Der frei bewegte Körper ist naturgemäſs auch der **Energiegleichung** unterworfen, von der uns vor allem der auf die **kinetische Energie** entfallende Betrag interessiert. Um denselben abzuleiten, gehen wir auf die Gl. (12) des § 51 zurück, welche lautete

$$\Sigma m v\,dv=\Sigma\,(X dx+Y dy+Z dz),\quad .\;.\;.\quad (19)$$

und formen die rechte Seite derselben dadurch um, daſs wir die beliebigen Koordinaten x, y, z eines Massenelementes in zwei Bestandteile, nämlich die Koordinaten x_0, y_0, z_0 des Schwerpunktes und die Relativkoordinaten ξ, η, ζ in Bezug auf ein Achsenkreuz durch den Schwerpunkt ausdrücken. Wir erhalten auf diese Weise unter gleichzeitiger Benutzung der Drehwinkel φ, ψ, χ um die Achsen mit Gl. (4)

$$\left.\begin{aligned} dx &= dx_0 + d\xi = dx_0 + \zeta d\psi - \eta d\chi \\ dy &= dy_0 + d\eta = dy_0 + \xi d\chi - \zeta d\varphi \\ dz &= dz_0 + d\zeta = dz_0 + \eta d\varphi - \xi d\psi \end{aligned}\right\}, \quad . \quad . \quad (20)$$

oder eingesetzt in (19)

$$\begin{aligned} \Sigma mv dv = \Sigma (X dx_0 + Y dy_0 + Z dz_0) + \Sigma (\zeta X - \xi Z) d\psi \\ + \Sigma (\eta Z - \zeta Y) d\varphi + \Sigma (\xi Y - \eta X) d\chi. \end{aligned}$$

Hierin können wir aber die dem ganzen starren System gemeinsamen elementaren Drehwinkel $d\varphi, d\psi, d\chi$ herausnehmen und für die drei letzten Summen die Momente einführen, so dafs wir schreiben dürfen

$$\begin{aligned} \Sigma mv dv = \Sigma (X dx_0 + Y dy_0 + Z dz_0) \\ + \mathfrak{M}_\xi d\varphi + \mathfrak{M}_\eta d\psi + \mathfrak{M}_\zeta d\chi. \quad . \quad . \quad . \quad (21) \end{aligned}$$

Bedeutet nun v_0 die Schwerpunktsgeschwindigkeit, so haben wir auch mit $\int dm = m$ aus (1)

$$\begin{aligned} \Sigma (X dx_0 + Y dy_0 + Z dz_0) &= dx_0 \Sigma X + dy_0 \Sigma Y + dz_0 \Sigma Z \\ &= \left(\frac{dx_0}{dt}\frac{d^2x_0}{dt} + \frac{dy_0}{dt}\frac{d^2y_0}{dt} + \frac{dz_0}{dt}\frac{d^2z_0}{dt}\right)\int dm = m v_0 dv_0. \end{aligned}$$

Wenn wir unser Achsenkreuz $\xi \eta \zeta$ so gewählt haben, dafs es momentan mit den Hauptachsen des Körpers zusammenfällt, während das ursprüngliche Koordinatensystem x, y, z denselben parallel ist, so haben wir auch unter Benutzung der Eulerschen Gl. (13)

$$\begin{aligned} \mathfrak{M}_\xi d\varphi + \mathfrak{M}_\eta d\psi + \mathfrak{M}_\zeta d\chi &= \mathfrak{M}_a d\varphi + \mathfrak{M}_b d\psi + \mathfrak{M}_c d\chi \\ &= \Theta_a \omega_a d\omega_a + \Theta_b \omega_b d\omega_b + \Theta_c \omega_c d\omega_c. \end{aligned}$$

Führen wir diese beiden Ausdrücke in (21) ein, so folgt für die kinetische Energie des starren Körpers

$$\Sigma mv dv = m v_0 dv_0 + \Theta_a \omega_a d\omega_a + \Theta_b \omega_b d\omega_b + \Theta_c \omega_c d\omega_c \quad (22)$$

Die kinetische Energie zerfällt also in einen lediglich der fortschreitenden Bewegung des Schwerpunktes mit der Gesamtmasse und einen der Drehbewegung um den Schwerpunkt entsprechenden Bestandteil, der in Gl. (22) nach den drei Hauptachsen zerlegt erscheint. Bezeichnen wir mit $\alpha\,\beta\,\gamma$ die Neigung der resultierenden Rotationsachse und mit ω die entsprechende Winkelgeschwindigkeit, so ist

$$\omega_a = \omega \cos\alpha, \qquad \omega_b = \omega \cos\beta, \qquad \omega_c = \omega \cos\gamma \quad . \quad (23)$$

mithin wegen (11b)

$$\begin{aligned} \Theta_a\,\omega_a\,d\,\omega_a + \Theta_b\,\omega_b\,d\,\omega_b + \Theta_c\,\omega_c\,d\,\omega_c &= \frac{1}{2}\,d\,(\Theta_a\,\omega_a^2 + \Theta_b\,\omega_b^2 + \Theta_c\,\omega_c^2) \\ &= \frac{1}{2}\,d\,(\Theta_a \cos^2\alpha + \Theta_b \cos^2\beta + \Theta_c \cos^2\gamma)\,\omega^2 \\ &= \frac{1}{2}\,\Theta\,d\,(\omega^2) = \Theta\,\omega\,d\,\omega\,, \quad \ldots \ldots \quad (24) \end{aligned}$$

so daſs wir auch statt (22) kürzer schreiben dürfen

$$\Sigma m v d v = m v_0 d v_0 + \Theta\,\omega\,d\,\omega \quad \ldots \quad (22\text{a})$$

Aus der Gl. (24) geht weiterhin noch hervor, **daſs die Gröſse der resultierenden Winkelgeschwindigkeit proportional dem mit ihrer Achse zusammenfallenden Durchmesser des Trägheitsellipsoids ist.**

Aus den Momentengleichungen läſst sich noch ein weiterer Schluſs für die Drehung um eine beliebige feste oder bewegliche Achse ziehen, wenn wir das **Moment der Bewegungsgröſse** einführen. Setzen wir dasselbe für die ζ-Richtung abkürzungsweise

$$\int \left(\xi \frac{d\eta}{dt} - \eta \frac{d\xi}{dt}\right) dm = B_\zeta$$

und definieren analog B_ξ und B_η, so nehmen die Momentengleichungen (2) die Form an

$$\mathfrak{M}_\xi = \frac{d B_\xi}{dt}, \qquad \mathfrak{M}_\eta = \frac{d B_\eta}{dt}, \qquad \mathfrak{M}_\zeta = \frac{d B_\zeta}{dt} \quad . \quad . \quad (2\text{a})$$

Das Moment der Bewegungsgröſse verhält sich demnach zu dem der äuſseren Kräfte, wie die Geschwindigkeit zur Beschleunigung. Da nun die drei Koordinatenrichtungen vollkommen willkürlich sind, so haben wir auch für eine um $\varkappa$, λ, μ gegen dieselbe geneigte Achse

$$\mathfrak{M} = \frac{dB}{dt} = \frac{d}{dt}(B_\xi \cos \varkappa + B_\eta \cos \lambda + B_\zeta \cos \mu) \quad . \quad (25)$$

Verschwindet nun für eine solche Achse das Moment $\mathfrak{M}$ der äufseren Kräfte, so bleibt während der Bewegung das Moment der Bewegungsgröfse für diese Achse konstant. Man erkennt sofort, dafs dieser Satz immer dann das Anschreiben einer endlichen Gleichung gestattet, wenn man eine solche momentenfreie Achse ausfindig machen kann. Das Verfahren wird natürlich auch sehr erleichtert, wenn es gelingt, die Ausdrücke für B_ξ, B_η, B_ζ so einfach wie möglich zu gestalten. Mit Hilfe der Formeln (4) erhalten wir z. B.

$$B_\zeta = \omega_\zeta \int (\xi^2 + \eta^2)\, dm - \omega_\xi \int \xi \zeta\, dm - \omega_\eta \int \eta \zeta\, dm ,$$

folglich mit (7) und (8)

$$\left.\begin{aligned} B_\xi &= \Theta_\xi' \omega_\xi - \omega_\eta \Psi_\zeta - \omega_\zeta \Psi_\eta \\ B_\eta &= \Theta_\eta' \omega_\eta - \omega_\zeta \Psi_\xi - \omega_\xi \Psi_\zeta \\ B_\zeta &= \Theta_\zeta' \omega_\zeta - \omega_\xi \Psi_\eta - \omega_\eta \Psi_\xi \end{aligned}\right\} \quad . \quad . \quad . \quad . \quad (26)$$

Fallen ξ, η, ζ mit den Hauptachsen zusammen, so verschwinden die Zentrifugalmomente, und wir haben kürzer

$$B_\xi = \Theta_a \omega_a , \qquad B_\eta = \Theta_b \omega_b , \qquad B_\zeta = \Theta_c \omega_c \quad . \quad (26\text{a})$$

Setzen wir diese Ausdrücke in (25) ein, so erhalten wir mit $\mathfrak{M} = 0$, für eine unter den Winkeln $\varkappa, \lambda, \mu$ gegen die Hauptträgheitsachsen geneigte Achse die Gleichung

$$\Theta_a \omega_a \cos \varkappa + \Theta_b \omega_b \cos \lambda + \Theta_c \omega_c \cos \mu = \text{const.}, \quad (27)$$

welche au Einfachheit gewifs nichts mehr zu wünschen übrig läfst.

§ 54. Statische und Trägheitsmomente räumlicher Gebilde.

Beschränkung auf Gebilde mit homogener Massenverteilung. Die Guldinsche Regel für Rotationsflächen und Rotationskörper. Beispiel des Rotationskegels und der Ringflächen. Parallelepipedon und dreiachsiges Ellipsoid. Statische und Trägheitsmomente unregelmäfsig gestalteter Körper.

Die Methoden zur Bestimmung der statischen und Trägheitsmomente räumlicher Gebilde schliefsen sich eng an die in § 36 für ebene Systeme vorgetragenen an. Man hat dabei zu unterscheiden zwischen den Momenten von Kurven- und Oberflächenstücken, die man sich in irgend welcher Weise gesetzmäfsig mit Masse belegt denkt und von Körpern, deren Volumen stetig von der Masse erfüllt ist. Die Bestimmung ist auf analytischem Wege nur dann möglich, wenn einerseits die Gleichungen der Gebilde vorliegen, und man andererseits das Gesetz der Massenverteilung kennt. Wir werden in der Folge nur den bei weitem wichtigsten Fall homogener Massenverteilung ins Auge fassen und die auf die Längeneinheit, Oberflächen- oder Volumeneinheit entfallende Masse gleich 1 setzen. Dadurch erhalten unsere Methoden naturgemäfs einen rein geometrischen Charakter, der durch Einführung der Schwerpunktsabstände von den Koordinatenebenen und der Trägheitshalbmesser noch besonders hervortritt.

Von der Bestimmung der statischen und Trägheitsmomente von Raumkurven können wir bei dem rein mathematischen Interesse, welches diese Gebilde besitzen, vollständig absehen und auch an den **Oberflächen** uns auf solche beschränken, die durch Rotation ebener Kurven entstanden sind. Für diese gilt eine von Guldin entdeckte, sehr bemerkenswerte Regel. Ist nämlich in Fig. 221 OX die Rotationsachse und $y = f(x)$ die Gleichung der Kurve, s ihre Länge zwischen den zwei Endordinaten y_1 und y_2, so ist das Element der von ihr bei der Rotation um den Winkel φ erzeugten Fläche

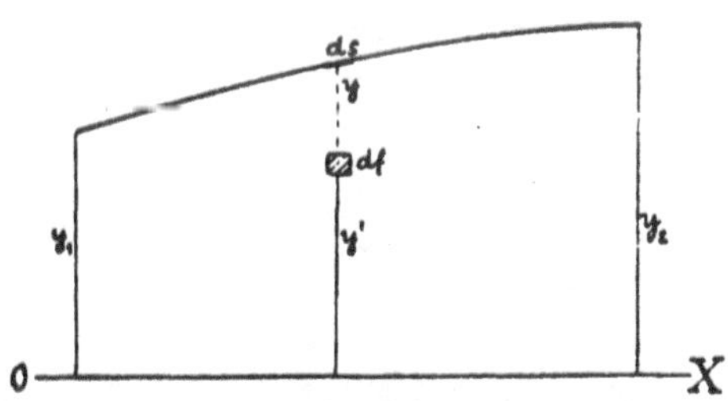

Fig. 221.

$$dF = \varphi y\, ds$$

also, wenn y_0 den Schwerpunktsabstand der Linie s von der Rotationsachse bedeutet,

$$F = \varphi \int y\, ds = \varphi y_0 s \quad \ldots \ldots \quad (1)$$

Der Inhalt einer Rotationsoberfläche ist demnach gleich der Länge der erzeugenden Kurve, multipliziert mit dem Wege, welchen ihr Schwerpunkt bei der Rotation zurückgelegt hat.

Bedeutet ferner f den Flächeninhalt, welchen die Erzeugende mit ihren beiden Endordinaten y_1 und y_2 in der Ebene einschließt (Fig. 221), so ist das Volumen des bei der Drehung um φ entstandenen Rotationskörpers

$$V = \varphi \int y' df = \varphi y_0' f , \quad . \quad . \quad . \quad . \quad . \quad (2)$$

worin y_0' den Schwerpunktsabstand der Fläche f von der Rotationsachse bedeutet. Das Volumen des Rotationskörpers ist demnach gleich der erzeugenden Fläche, multipliziert mit dem Wege ihres Schwerpunktes.

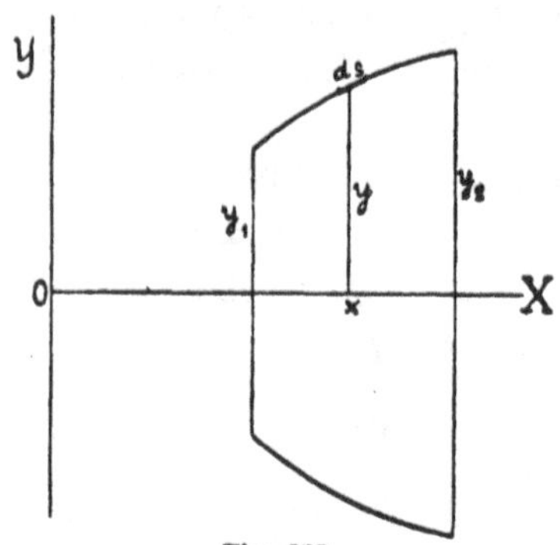

Fig. 222.

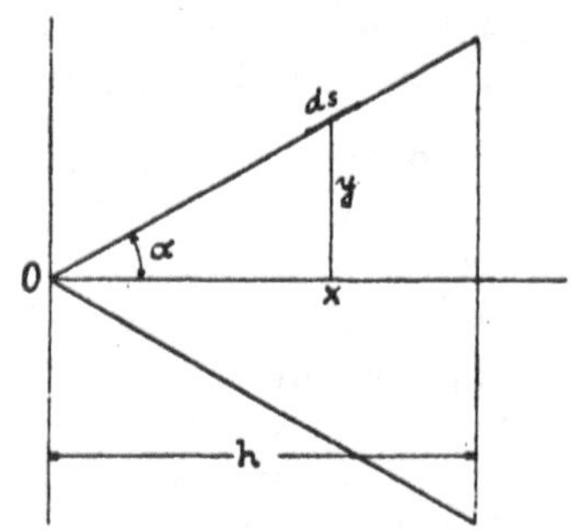

Fig. 223.

Bei vollständiger Rotation (Fig. 222), d. h. hier $\varphi = 2\pi$, die meist allein in Frage kommt, liegt der Schwerpunkt der Rotationsfläche natürlich in der Achse, so daſs nur noch sein Abstand x_0 von irgend einem Anfang O auf der Achse zu bestimmen bleibt. Das statische Moment der Rotationsfläche für eine Ebene, welche in O senkrecht zur Rotationsachse steht, wird alsdann

$$\mathfrak{M}_x = 2\pi \int y x ds \quad . \quad . \quad . \quad . \quad . \quad . \quad . \quad (3)$$

und damit der Schwerpunktsabstand von dieser Ebene mit $F = 2\pi y_0 s$

$$x_0 = \frac{\mathfrak{M}_x}{F} = \frac{1}{y_0 s} \int y x ds \quad . \quad . \quad . \quad . \quad . \quad (3a)$$

Von den Trägheitsmomenten bestimmt sich sofort dasjenige für die Rotationsachse, nämlich

$$\Theta_x' = 2\pi \int y^3 ds \quad . \quad . \quad . \quad . \quad . \quad . \quad . \quad (4)$$

dem der Trägheitshalbmesser

$$k'^2_x = \frac{\Theta_x'}{F} = \frac{1}{y_0 s}\int y^3\, ds \quad . \quad . \quad . \quad . \quad . \quad (4a)$$

entspricht. Weiterhin erhalten wir noch das Trägheitsmoment für die yz-Ebene durch O

$$\Theta_x = 2\pi \int x^2 y\, ds \quad . \quad . \quad . \quad . \quad . \quad . \quad . \quad (5)$$

Um aus diesen beiden Werten das Trägheitsmoment für eine durch O gehende, auf der Rotationsachse senkrechte Achse zu bestimmen, erinnern wir uns, daſs das Moment Θ_x' in Bezug auf die Rotationsachse sich sofort in zwei gleich groſse Momente für zwei sich in der Rotationsachse schneidende Ebenen zerlegen läſst. Durch Zusammenfassen eines dieser Momente mit Θ_x erhalten wir folglich das Trägheitsmoment unserer Oberfläche für eine durch O gehende Achse senkrecht zur Rotationsachse zu

$$\Theta_0 = \Theta_x + \frac{1}{2}\Theta_x' = 2\pi \int x^2 y\, ds + \pi \int y^3\, ds \quad . \quad (6)$$

mit dem Trägheitsradius

$$k_0^2 = \frac{\Theta_0}{F} = \frac{1}{y_0 s}\int x^2 y\, ds + \frac{1}{2 y_0 s}\int y^3\, ds \quad . \quad . \quad . \quad (6a)$$

So ergibt sich z. B. für einen Rotationskegel (Fig. 223) mit der Spitze in O, dem halben Öffnungswinkel α und der Höhe $x = h$, also

$$y = x \operatorname{tg} \alpha, \qquad ds = \frac{dx}{\cos \alpha}, \qquad s = \frac{h}{\cos \alpha}$$

eine Oberfläche

$$F = 2\pi \int y\, ds = \pi h^2 \frac{\operatorname{tg} \alpha}{\cos \alpha},$$

weiterhin sein statisches Moment in Bezug auf O, bezw. der Schwerpunktsabstand

$$\mathfrak{M}_x = 2\pi \frac{\operatorname{tg} \alpha}{\cos \alpha}\int x^2\, dx = \frac{2\pi}{3}\frac{\sin \alpha}{\cos^2 \alpha} h^3; \quad x_0 = \frac{\mathfrak{M}_x}{F} = \frac{2}{3} h$$

und schlieſslich die Trägheitsmomente für die Rotationsachse, die zu derselben senkrechte Ebene durch O und eine in derselben durch O gehende Gerade

$$\Theta_x' = 2\pi \frac{\operatorname{tg}^3\alpha}{\cos\alpha}\int x^3\,dx = \frac{\pi h^4}{2}\,\frac{\operatorname{tg}^3\alpha}{\cos\alpha}$$

$$\Theta_x = 2\pi \frac{\operatorname{tg}\alpha}{\cos\alpha}\int x^3\,dx = \frac{\pi h^4}{2}\,\frac{\operatorname{tg}\alpha}{\cos\alpha}$$

$$\Theta_0 = \Theta_x + \frac{1}{2}\,\Theta_x' = \frac{\pi h^4}{2}\,\frac{\operatorname{tg}\alpha}{\cos\alpha}\left(1 + \frac{1}{2}\operatorname{tg}^2\alpha\right).$$

Ebenso erhalten wir für den vollen Rotationskörper das Volumen

$$V = \pi\int y^2\,dx = \pi\operatorname{tg}^2\alpha\int x^2\,dx = \frac{\pi h^3}{3}\operatorname{tg}^2\alpha$$

und, da die erzeugende Fläche $f = \frac{h^2}{2}\operatorname{tg}\alpha$, ist der Schwerpunktsabstand derselben von der Rotationsachse nach der Guldinschen Regel

$$y_0 = \frac{V}{2\pi f} = \frac{h}{3}\operatorname{tg}\alpha.$$

Das statische Moment $\mathfrak{M}_x$ für die auf der Rotationsachse im Scheitel O senkrecht stehende Ebene, bezw. der Schwerpunktsabstand des Körpers von derselben wird allgemein

$$\mathfrak{M}_x = \pi\int y^2 x\,dx, \qquad x_0 = \frac{\mathfrak{M}_x}{V} = \frac{1}{2\pi y_0 f}\int y^2 x\,dx\,. \quad (7)$$

und die Trägheitsmomente für die Rotationsachse und die Normalebene durch O

$$\Theta_x' = 2\pi\iint y^3\,dx\,dy = \frac{\pi}{2}\int y^4\,dx \quad . \; . \; . \; . \quad (8)$$

$$\Theta_x = \pi\int x^2y^2\,dx \quad . \; . \; . \; . \; . \; . \; . \; . \; . \; . \quad (9)$$

Damit ergibt sich für den vollen Rotationskegel

$$\mathfrak{M}_x = \pi\operatorname{tg}^2\alpha\int x^3\,dx = \frac{\pi h^4}{4}\operatorname{tg}^2\alpha, \quad x_0 = \frac{\mathfrak{M}_x}{V} = \frac{3}{4}h$$

$$\Theta_x' = \pi\,\frac{\operatorname{tg}^4\alpha}{2}\int x^4\,dx = \frac{\pi h^5}{10}\operatorname{tg}^4\alpha$$

$$\Theta_x = \pi\operatorname{tg}^2\alpha\int x^4\,dx = \frac{\pi h^5}{5}\operatorname{tg}^2\alpha$$

$$\Theta_0 = \Theta_x + \frac{1}{2}\,\Theta_x' = \frac{\pi h^5}{20}\operatorname{tg}^2\alpha\,(4 + \operatorname{tg}^2\alpha) = \frac{3}{20}\,V h^2\,(4 + \operatorname{tg}^2\alpha)$$

Von praktischer Bedeutung sind unter den Rotationskörpern noch die **Ringe**, d. h. Körper, welche durch Rotation von geschlossenen ebenen Flächen um eine außerhalb ihres Umfanges in derselben Ebene liegende Achse entstehen. So erhalten wir für einen **Ring mit rechteckigem Querschnitt** (Fig. 224), der Höhe $x = h$ und dem innern und äußern Radius r_1 bezw. r_2 das Trägheitsmoment für die Rotationsachse

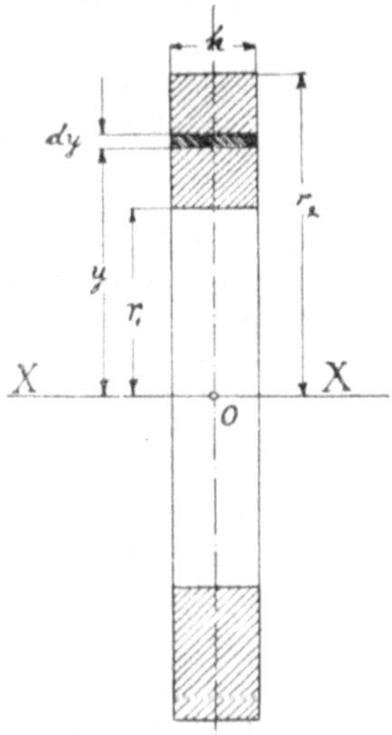

Fig. 224.

$$\Theta_x' = 2\pi h \int_{r_1}^{r_2} y^3 dy = \frac{\pi}{2} h (r_2^4 - r_1^4)$$

und dasjenige für die durch den Mittelpunkt gehende Normalebene zur Achse

$$\Theta_x = \pi(r_2^2 - r_1^2)\int_{-\frac{h}{2}}^{+\frac{h}{2}} x^2 dx = \frac{\pi h^3}{12}(r_2^2 - r_1^2).$$

Das Volumen des Ringes ist, da der Schwerpunktsweg der erzeugenden Fläche $2\pi \frac{r_1 + r_2}{2} = \pi(r_1 + r_2)$, diese selbst aber $h(r_2 - r_1)$ ist, einfach

$$V = \pi h (r_2^2 - r_1^2).$$

Aus diesen Formeln ergeben sich auch die Trägheitsmomente von **Kreiszylindern** in Bezug auf eine die Rotationsachse senkrecht schneidende Achse. Setzt man $r_1 = 0$, $r_2 = r$, so hat man zunächst für die Rotationsachse

$$\Theta_x' = \frac{\pi}{2} h r^4,$$

weiter für eine Ebene senkrecht zur Rotationsachse im Abstande $\frac{h}{2}$ von der Mitte O nach dem Steinerschen Satze mit $V = \pi h r^2$

$$\Theta_x = \frac{\pi h^3 r^2}{12} + V\frac{h^2}{4} = \frac{\pi h^3 r^2}{3}$$

und schliefslich für eine in dieser Ebene liegende Achse

$$\Theta_0 = \Theta_x + \frac{1}{2}\Theta_x' = \frac{\pi h r^2}{3}\left(h^2 + \frac{3}{4}r^2\right) = \frac{V}{3}h^2\left(1 + \frac{3}{4}\frac{r^2}{h^2}\right).$$

Ist der Zylinder sehr lang und dabei dünn, d. h. ist r klein gegen h, so darf man $r^2 : h^2$ vernachläfsigen und hat angenähert

$$\Theta_0 = \frac{V h^2}{3},$$

eine Formel, von der man in der Technik häufig und zwar für lange Stäbe von beliebig gestaltetem Querschnitt Gebrauch macht.

Bei anders als rechteckigen Querschnitten des Ringes gestaltet sich die Ausführung der Integration in der Formel (8) sehr unbequem. Man gelangt in diesem Falle leichter zum Ziele, wenn man den Abstand y des Flächenelementes df des erzeugenden Querschnittes durch Einführung des Schwerpunktsabstandes r des Querschnittes an der Rotationsachse zerlegt, so zwar, dafs

$$y = r + \eta$$

wird. Setzt man dies in Gl. (8) ein und beachtet, $dx\,dy = df$, so folgt für das Trägheitsmoment um die Rotationsachse allgemein

$$\Theta_x' = 2\pi\int y^3\,df = 2\pi\int (r+\eta)^3\,df$$
$$= 2\pi r^3\int df + 6\pi r^2\int \eta\,df + 6\pi r\int \eta^2\,df + 2\pi\int \eta^3\,df.$$

Da sich nun die Hilfskoordinate η auf eine Schwerpunktsachse des Querschnitts bezieht, so ist

$$\int \eta\,df = 0, \quad \int \eta^3\,df = 0$$

und, wenn wir noch die Querschnittsfläche f und den Trägheitshalbmesser k derselben in Bezug auf die zur Rotationsachse parallele Schwerachse einführen, also

$$\int df = f, \quad \int \eta^2\,df = k^2 f$$

setzen, so erhalten wir

$$\Theta_x' = 2\pi r f(r^2 + 3k^2) = V(r^2 + 3k^2)\;.\;\;.\;\;. \quad (10)$$

Damit ist das Problem auf die Ermittlung des Trägheitsmomentes einer Fläche für eine Schwerachse zurückgeführt, welches wir in § 36 eingehend behandelt haben.

Für einen Ring mit kreisringförmigem Querschnitt (Fig. 225), dessen innerer und äufserer Radius ϱ_1 bezw. ϱ_2 ist, während sein Mittelpunkt von der Rotationsachse den Abstand r besitzt, hatten wir in § 36 gefunden

$$k^2 = \frac{\varrho_1^2 + \varrho_2^2}{4}$$

Mithin wird das Trägheitsmoment dieses Körpers für die Rotationsachse, da

$$f = \pi\,(\varrho_2^2 - \varrho_1^2),$$

$$\Theta_x' = 2\,\pi^2 r\,(\varrho_2^2 - \varrho_1^2)\left\{r^2 + \frac{3}{4}\,(\varrho_1^2 + \varrho_2^2)\right\},$$

woraus sich wiederum für den Ring mit vollem Kreisquerschnitt mit $\varrho_1 = 0$ und $\varrho_2 = \varrho$

$$\Theta_x' = 2\,\pi\,r\,\varrho^2\left(r^2 + \frac{3}{4}\,\varrho^2\right)$$

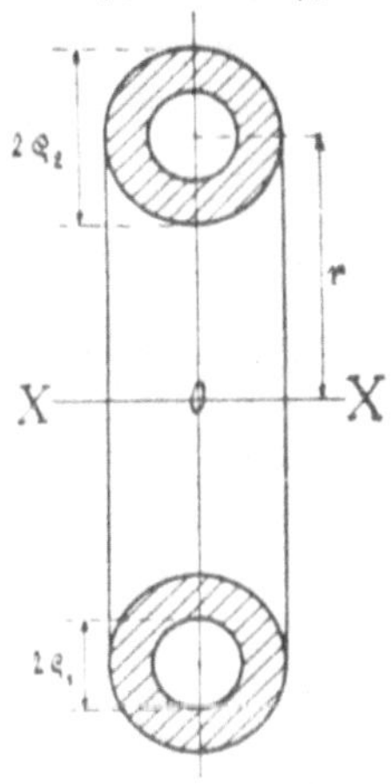

Fig. 225.

ergibt. Bezüglich anderer Ringquerschnitte kann auf die Taschenbücher, z. B. die »Hütte« verwiesen werden.

Von anders gestalteten Körpern wollen wir an dieser Stelle nur mehr das rechtwinklige Parallelepipedon und das dreiachsige Ellipsoid ihrer praktischen Bedeutung wegen behandeln. Für beide fällt per Schwerpunkt mit dem geometrischen Mittelpunkte zusammen, so dafs die statischen Momente für eine beliebige Ebene sofort angebbar sind.

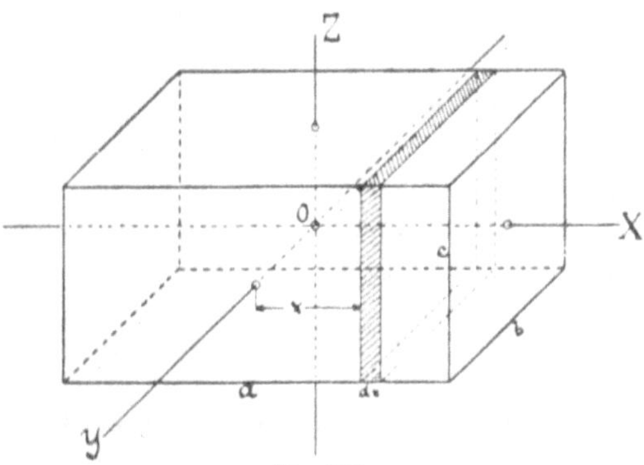

Fig. 226.

Die drei Seitenlängen des Parallelepipedons (Fig. 226) seien a, b, c und zwar parallel den x, y, z-Achsen, welche sich im Schwerpunkt schneiden mögen. Schneiden wir alsdann ein Volumenelement durch zwei in den Abständen x und $x + dx$

von der yz-Ebene heraus, deren Inhalt $cb\,dx$ ist, so folgt für das Trägheitsmoment in Bezug auf die yz-Ebene

$$\Theta_x = bc\int_{-\frac{a}{2}}^{+\frac{a}{2}} x^2\,dx = \frac{a^3bc}{12} = \frac{a^2V}{12}$$

und ganz analog

$$\Theta_y = \frac{ab^3c}{12} = \frac{b^2V}{12}, \qquad \Theta_z = \frac{abc^3}{12} = \frac{c^2V}{12}.$$

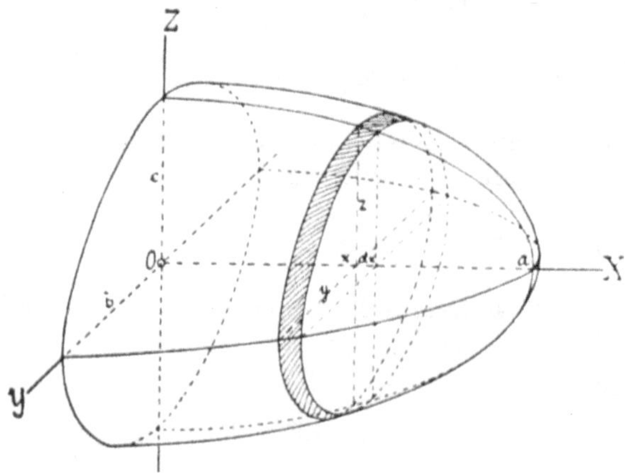

Fig. 227.

Die Trägheitsmomente für die drei Schwerpunktsachsen selbst d. h. die Hauptträgheitsmomente sind dann

$$\Theta_a = \Theta_y + \Theta_z = \frac{abc}{12}(b^2 + c^2) = \frac{V}{12}(b^2 + c^2)$$

$$\Theta_b = \Theta_z + \Theta_x = \frac{abc}{12}(c^2 + a^2) = \frac{V}{12}(c^2 + a^2)$$

$$\Theta_c = \Theta_x + \Theta_y = \frac{abc}{12}(a^2 + b^2) = \frac{V}{12}(a^2 + b^2).$$

Für eine in der Seitenfläche liegende Achse, z. B. diejenige, welche um $\frac{a}{2}$ vom Schwerpunkte entfernt ist, ergibt sich daraus

$$\Theta = \Theta_a' + V\frac{a^2}{4} = \frac{V}{4}\left(a^2 + \frac{b^2 + c^2}{3}\right).$$

Aus dem dreiachsigen Ellipsoid (Fig. 227) schneiden wir im Abstande x eine elliptische Scheibe von der Dicke dx parallel zur yz-Ebene heraus. Sind y und z die beiden Achsen dieser Scheibe, so ist ihr Volumen $\pi y z dx$. Mit den Halbachsen a, b, c des ganzen Ellipsoids hat man aber

$$\frac{y^2}{b^2} + \frac{x^2}{a^2} = 1, \qquad \frac{z^2}{c^2} + \frac{x^2}{a^2} = 1,$$

folglich für das Volumen des Ellipsoids

$$V = \pi \int_{-a}^{+a} y z dx = \pi b c \int_{-a}^{+a} \left(1 - \frac{x^2}{a^2}\right) dx = \frac{4}{3} \pi a b c.$$

Weiter erhält man für das Trägheitsmoment in Bezug auf die yz-Ebene

$$\Theta_x = \pi \int y z x^2 dx = \pi b c \int_{-a}^{+a} \left(x^2 - \frac{x^4}{a^2}\right) dx = \frac{4\pi}{15} a^3 b c = \frac{a^2 V}{5}$$

und ebenso für die beiden anderen Ebenen

$$\Theta_y = \frac{b^2 V}{5}, \qquad \Theta_z = \frac{c^2 V}{5}.$$

Die Hauptträgheitsmomente für die drei Achsen werden demnach

$$\Theta_a = \Theta_y + \Theta_z = \frac{V}{5}(b^2 + c^2)$$

$$\Theta_b = \Theta_z + \Theta_x = \frac{V}{5}(c^2 + a^2)$$

$$\Theta_c = \Theta_x + \Theta_y = \frac{V}{5}(a^2 + b^2).$$

Für die Kugel erhält man speziell mit $a = b = c$

$$\Theta_a = \Theta_b = \Theta_c = \frac{8\pi}{15} a^5 = \frac{2}{5} V a^2$$

und für das Rotationsellipsoid mit der geometrischen Halbachse a, so daſs $b = c$ und $\Theta_b = \Theta_c = \Theta$ wird,

$$\Theta_a = \frac{2}{5} b^2 V, \qquad \Theta = \frac{V}{5}(a^2 + b^2).$$

Das Trägheitsmoment ganz unregelmäfsig gestalteter Körper in Bezug auf eine Achse bestimmt man am einfachsten als Summe der Trägheitsmomente für zwei sich in dieser Achse senkrecht schneidende Ebenen. Diese wiederum erhält man auf graphischem Wege nach dem in § 36 angegebenen Verfahren von Vojaček, indem man den Körper parallel zu beiden Bezugsebenen in gleichen Abständen durchschneidet und den Inhalt

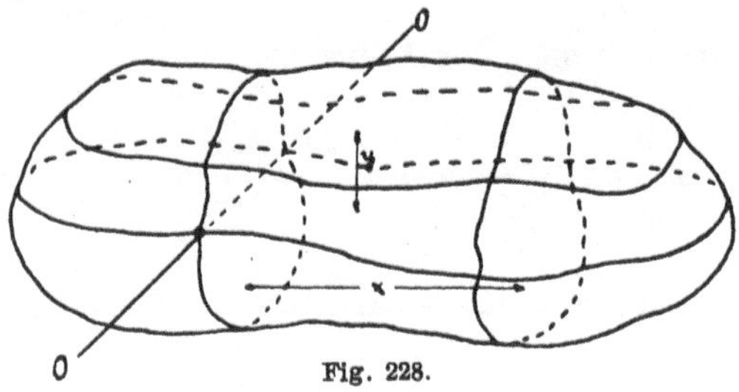

Fig. 228.

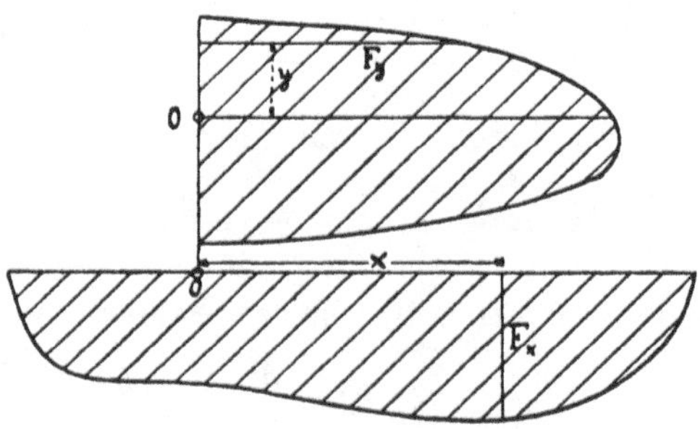

Fig. 229.

dieser Schnittflächen F_x und F_y als Ordinaten ihren Abständen x und y von O zuordnet, siehe Fig. 228 und 229. Sind die Mafsstäbe für die Schnittflächen nach beiden Richtungen dieselben, so mufs auch der Inhalt der beiden Figuren, welcher das Volumen des Körpers darstellt, übereinstimmen. Jedenfalls ist durch dieses Verfahren die Bestimmung der statischen und Trägheitsmomente von Körpern auf diejenige von ebenen Flächen zurückgeführt und bietet uns somit nichts Neues.

Übrigens wird man dieses Verfahren auch nur dann anwenden, wenn der zu untersuchende Körper selbst nicht, sondern nur eine Zeichnung desselben zur Verfügung steht, also z. B. bei der dynamischen Untersuchung einer erst projektierten Maschine.

Sonst verfährt man viel bequemer und dabei natürlich auch genauer durch Feststellung des statischen Momentes mit Hilfe der Wage und Beobachtung der Dauer freier Schwingungen um die Bezugsachse, siehe § 38. Diese empirische Methode hat vor allen anderen noch den Vorteil, dafs sie auch auf Körper von ganz unbekannter Zusammensetzung, d. h. beliebiger Massenverteilung anwendbar ist. Praktischen Schwierigkeiten begegnet aufserdem ihre Anwendung nur bei sehr grofsen Körpergewichten.

§ 55. Die Kreiselbewegung.

Definition des Kreisels und Aufstellung der Bewegungsgleichungen für eine grofse Winkelgeschwindigkeit um die geometrische Achse. Gestalt der Bahn eines Punktes der Kreiselachse; Präzession und Nutation. Die Auflagereaktion des Kreisels. Zahlenbeispiel. Anwendung auf die Bewegung der Geschosse.

Unter einem Kreisel wollen wir einen um seine geometrische Achse sich drehenden Rotationskörper verstehen, der unter dem Einflusse eines Momentes steht. Dieser Definition genügt offenbar einerseits das bekannte Kinderspielzeug, wenn wir von der Reibung der Spitze auf dem Boden und dem Luftwiderstande absehen, andererseits aber auch die Erdkugel, die infolge ihrer Abplattung an den Polen als ein Rotationsellipsoid aufgefafst werden kann. Die Anziehung der Sonne und des Mondes hat darum neben der Beschleunigung der Gesamtmasse auch Drehmomente zur Folge, auf deren Wirkung wir im nächsten Paragraph eingehen werden.

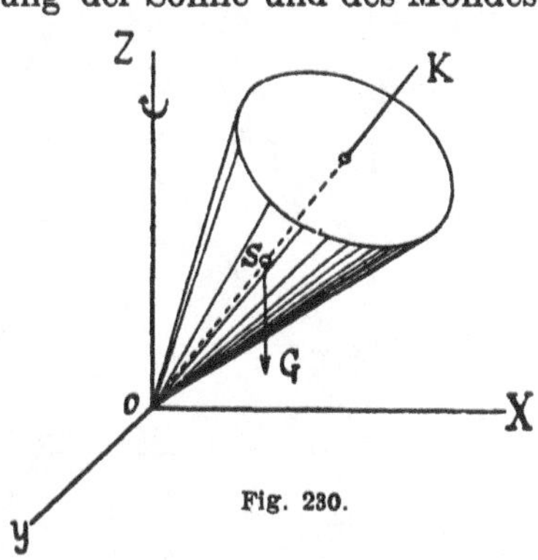

Fig. 230.

Wir wollen uns an dieser Stelle zunächst mit dem einfachen Kreisel beschäftigen, der lediglich unter dem Einflusse der Schwerkraft steht. Das Trägheitsmoment desselben um seine geometrische Achse bezeichnen wir mit Θ_0, die Trägheitsmomente um senkrecht dazu durch die Spitze O hindurchgehende Achsen mit Θ. Obwohl nun, siehe Fig. 230, die Schwerkraft nicht in O, sondern im Schwerpunkte S, dessen Abstand von der Spitze $OS = s$ sein möge, angreift, so können wir doch die Eulerschen Gleichungen sofort auch hier anwenden, da die Centrifugalmomente für drei sich rechtwinklig in der Spitze schneidende, im Körper feste Achsen, von denen eine mit der geometrischen Achse zusammenfällt, aus Symmetriegründen verschwinden.

Der Kreisel werde nun mit irgend einer Winkelgeschwindigkeit ω und einer anfänglichen Neigung ϑ_0 gegen die vertikale Z-Achse auf den Boden gestellt und sich selbst überlassen. Da die einzige äufsere Kraft, das Gewicht G des Kreisels in der Rotationsachse selbst angreift, so existiert kein Moment für diese, und wir haben nach der letzten der Eulerschen Gleichungen für die Winkelgeschwindigkeit $\omega_0 = \omega$ mit $\Theta_c = \Theta_0$

$$\Theta_0 \frac{d\omega}{dt} + (\Theta_a - \Theta_b)\,\omega_a\,\omega_b = 0.$$

Hierin sind aber die Trägheitsmomente $\Theta_a = \Theta_b = \Theta$, folglich hat man

$$\Theta_0 \frac{d\omega}{dt} = 0, \qquad \omega = \omega_0 = \text{const.} \; . \; . \; . \; . \; . \quad (1)$$

d. h. die Winkelgeschwindigkeit des Kreisels um seine geometrische Achse bleibt konstant. Halten wir nun die Spitze des Kreisels fest, so kann derselbe offenbar aufser dieser Rotation noch zwei Drehungen vollziehen, nämlich eine Drehung um die feste Z-Achse und eine solche senkrecht zu derselben. Wir wollen die Winkelgeschwindigkeit der letzteren mit $\omega_a = \frac{d\vartheta}{dt}$ bezeichnen, wobei ϑ die momentane Neigung der Kreiselachse OK gegen die feste Z-Achse bedeutet. Bedeutet dann φ den Winkel, welcher die Ebene ZOK mit irgend einer festen Ebene z. B. ZOX bildet, so ist die momentane Winkelgeschwindigkeit um eine in der Spitze senkrecht zu OK stehende in der Ebene ZOK befindliche, also mit dem Kreisel fest ver-

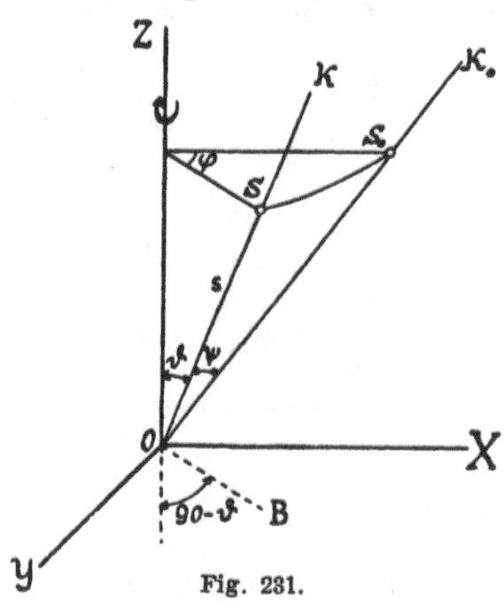

Fig. 231.

bundene Achse ω_b. Wir erhalten für diese einen bequemen Ausdruck durch die Betrachtung der Fig. 231. In derselben möge OK die momentane, OK_0 die anfängliche Stellung der geometrischen Kreiselachse bedeuten, S und S_0 seien die entsprechenden Schwerpunktslagen. Der Bogen SS_0 gehört alsdann einerseits zu dem Winkel $SZS_0 = \varphi$, dessen einer Schenkel $s \sin \vartheta$ ist, andererseits zu dem Bogendreieck SOS_0 mit dem Winkel ψ. Für eine elementare Verschiebung der Achse OK hat man infolgedessen

$$s \sin \vartheta \, d\varphi = s \, d\psi$$

oder, da ω_b sich auf eine Achse OB in der Ebene ZOK und senkrecht zu OK bezieht, mit Rücksicht auf den Drehungsinn

$$\omega_b = -\frac{d\psi}{dt} = -\sin \vartheta \frac{d\varphi}{dt}.$$

Die kinetische Energie J des Kreisels setzt sich somit aus drei Bestandteilen zusammen, welche den drei Winkelgeschwindigkeiten ω, ω_a und ω_b entsprechen, nämlich

$$J = \frac{1}{2}\left\{\Theta_0 \omega_0^2 + \Theta (\omega_a^2 + \omega_b^2)\right\}$$
$$= \frac{1}{2}\Theta_0 \omega_0^2 + \frac{\Theta}{2}\left\{\left(\frac{d\vartheta}{dt}\right)^2 + \left(\frac{d\varphi}{dt}\right)^2 \sin^2 \vartheta\right\}.$$

Die Änderungen dieser Gröfse müssen sich nun mit der Änderung der potentiellen Energie ausgleichen, d. h. sie können nur durch die Hebung oder Senkung des Schwerpunktes bedingt sein. Bezeichnet demnach C eine Konstante, so hat man, da für die Anfangslage die Schwerpunktshöhe über der xy-Ebene $h_0 = s \cos \vartheta_0$, im fraglichen Augenblicke aber $h = s \cos \vartheta$ ist.

$$\Theta_0 \omega_0^2 + \Theta\left\{\left(\frac{d\vartheta}{dt}\right)^2 + \left(\frac{d\varphi}{dt}\right)^2 \sin^2 \vartheta\right\} = C + 2Gs(\cos \vartheta_0 - \cos \vartheta).$$

Diese Energieformel kann man, da auch $\Theta_0 \omega_0^2$ eine Konstante ist, noch dadurch vereinfachen, dafs man

$$C + 2Gs \cos \vartheta_0 - \Theta_0 \omega_0^2 = C_1$$

setzt und hat sodann

$$\Theta\left\{\left(\frac{d\vartheta}{dt}\right)^2 + \left(\frac{d\varphi}{dt}\right)^2 \sin^2 \vartheta\right\} = C_1 - 2Gs \cos \vartheta \quad . \quad . \quad (2)$$

Hierin befinden sich aber zwei abhängige Variabele, nämlich ϑ und φ, deren gesonderte Berechnung als Zeitfunktionen nur mit Hilfe einer weiteren Gleichung möglich ist. Dieselbe gewinnen wir nun sofort durch Anwendung des Satzes von der Zusammensetzung der Momente der Bewegungsgröſsen für eine Achse, welche keinem Drehmoment unterworfen ist. Dies trifft aber für die feste Achse OZ zu, da die Richtung der einzig wirkenden Kraft G parallel zu ihr ist, also kein Drehmoment um dieselbe hervorrufen kann. Das Moment der Bewegungsgröſse um die Kreiselachse ist nun $\Theta_0 \omega_0$, mit einer Komponente $\Theta_0 \omega_0 \cos \vartheta$ in der Z-Richtung; dasjenige um die Achse OB dagegen $\Theta \omega_b = - \Theta \sin \vartheta \frac{d\varphi}{dt}$ mit einer Z-Komponente $+ \Theta \sin^2 \vartheta \frac{d\varphi}{dt}$. Nach Gl. (25) bez. (27) des vorletzten Paragraphen ändert sich nun die Summe dieser Komponenten während der Bewegung nicht, folglich haben wir mit der neuen Konstanten C_2

$$\Theta_0 \omega_0 \cos \vartheta + \Theta \sin^2 \vartheta \frac{d\varphi}{dt} = C_2 \quad . \quad . \quad . \quad . \quad . \quad (3)$$

Die beiden Konstanten C_1 und C_2 bestimmen wir durch die Anfangslage. Dieselbe ist dadurch gekennzeichnet, daſs der mit dem Winkel ϑ_0 gegen die Vertikale eben frei gegebene Kreisel zunächst nur eine Winkelgeschwindigkeit ω_0 um seine geometrische Achse besitzt, daſs also bei Beginn der Bewegung für $\vartheta = \vartheta_0$ gleichzeitig

$$\left(\frac{d\vartheta}{dt}\right)_0 = 0 \quad \text{und} \quad \left(\frac{d\varphi}{dt}\right)_0 = 0$$

sind. Damit ergibt sich aus (2) und (3)

$$\left.\begin{aligned} C_1 &= 2\,G s \cos \vartheta_0 \\ C_2 &= \Theta_0 \omega_0 \cos \vartheta_0 \end{aligned}\right\}, \quad . \quad . \quad . \quad . \quad . \quad . \quad (4)$$

so daſs diese Gleichungen auch lauten

$$\left(\frac{d\vartheta}{dt}\right)^2 + \left(\frac{d\varphi}{dt}\right)^2 \sin^2 \vartheta = \frac{2\,G s}{\Theta} (\cos \vartheta_0 - \cos \vartheta) \quad . \quad . \quad (2a)$$

$$\frac{d\varphi}{dt} \sin^2 \vartheta = \frac{\Theta_0 \omega_0}{\Theta} (\cos \vartheta_0 - \cos \vartheta) \quad . \quad . \quad (3a)$$

Eliminieren wir aus denselben die Winkelgeschwindigkeit $\frac{d\varphi}{dt}$, so ergibt sich

$$\frac{d\vartheta}{dt} = \pm \sqrt{(\cos\vartheta_0 - \cos\vartheta)\left\{\frac{2\,G\,s}{\Theta} - \frac{\Theta_0^2}{\Theta^2}\,\omega_0^2\,\frac{\cos\vartheta_0 - \cos\vartheta}{\sin^2\vartheta}\right\}} \quad (5)$$

Damit diese Winkelgeschwindigkeit stets reell bleibt, darf der Ausdruck unter dem Wurzelzeichen nicht negativ werden, d. h. es mufs zunächst

$$\cos\vartheta_0 > \cos\vartheta \text{ oder } \vartheta > \vartheta_0$$

bleiben. Die geometrische Kreiselachse kann demnach der Vertikalen durch die Spitze niemals näher als beim Beginn der Bewegung kommen. Die Anfangslage ergibt also einen Grenzwert für den Neigungswinkel ϑ. Einen zweiten Grenzwert erhält man aus dem Verschwinden der zweiten Klammer unter der Wurzel in Gl. (5). Setzt man darin $\sin^2\vartheta = 1 - \cos^2\vartheta$ und löst die quadratische Gleichung auf, so folgt für den zweiten Grenzwert

$$\cos\vartheta_1 = \frac{\Theta_0^2\,\omega_0^2}{4\,G\,\Theta\,s} \pm \sqrt{1 + \left(\frac{\Theta_0^2\,\omega_0^2}{4\,G\,\Theta\,s}\right)^2 - \frac{\Theta_0^2\,\omega_0^2}{2\,G\,\Theta\,s}\cos\vartheta_0} \ . \quad (6)$$

Da $\cos\vartheta_1$ jedenfalls nicht gröfser als $+1$ werden kann, so hat in dieser Formel vor der Wurzel nur das negative Vorzeichen einen Sinn. Aus dem Wechsel des Vorzeichens von $\frac{d\vartheta}{dt}$ in Gl. (5) erkennt man also, dafs die geometrische Achse des Kreisels bei der Bewegung zwischen den Lagen ϑ_0 und ϑ_1 hin und her pendelt. In der ersteren Lage ist nach Voraussetzung die Winkelgeschwindigkeit $\left(\frac{d\varphi}{dt}\right)_0 = 0$, während sie für die zweite Grenzlage ϑ_1 nach (2a) und (3a) den Wert

$$\left(\frac{d\varphi}{dt}\right)_1 = \frac{2\,G\,s}{\Theta_0\,\omega_0} \quad \ldots\ldots\ldots \quad (7)$$

annimmt.

Wird der Kreisel vertikal aufgesetzt, ist also $\vartheta_0 = 0$, $\cos\vartheta_0 = 1$, so folgt aus (6) auch $\cos\vartheta_1 = 1$, $\vartheta_1 = 0$, so dafs in diesem Falle der Kreisel ohne Schwankungen vertikal weiter rotiert.

Aus der Formel (6) ergibt sich weiter, dafs $\cos \vartheta_1$ um so gröfser, die äufserste Neigung ϑ_1 der geometrischen Kreiselachse gegen die Vertikale um so kleiner wird, je gröfser die Winkelgeschwindigkeit ω_0 des Kreisels ist und umgekehrt. Nimmt also infolge der Reibung der Spitze am Boden und des Luftwiderstandes die Rotationsgeschwindigkeit ω_0 ab, so werden die Schwankungen des Kreisels zunehmen, bis endlich derjenige Wert von ϑ_2 erreicht ist, bei dem aufser der Spitze noch ein anderer Punkt der Oberfläche den Boden berührt. Der auf diese Weise umgefallene Kreisel wird schliefslich auf dem Boden infolge der ihm noch innewohnenden kinetischen Energie $\frac{1}{2} \Theta_0 \omega_0^2$ weiterrollen, eine Erscheinung, die man jederzeit ebenso leicht beobachten kann, wie das starke Schwanken bei geringer bezw. abnehmender Rotationsgeschwindigkeit. Die Formel (6) bezw. die aus (5) für $\frac{d\vartheta}{dt} = 0$ hervorgehende Gleichung

$$2 G \Theta s (1 - \cos^2 \vartheta_1) = \Theta_0^2 \omega_0^2 (\cos \vartheta_0 - \cos \vartheta_1) \quad . \quad . \quad (8)$$

kann jedenfalls dazu verwendet werden, für einen bestimmten Kreisel, dessen Gewicht, Schwerpunktsabstand von der Spitze und Trägheitsmomente bekannt sind, die kleinste zulässige Umdrehungsgeschwindigkeit ω_0 zu berechnen. Dabei erhält man den in (8) einzusetzenden Maximalwert $\vartheta_1 = \vartheta_2$ aus der Neigung einer Tangentialebene an den Kreiselkörper durch die Spitze (Fig. 232), während ϑ_0 willkürlich bleibt. Es entspricht demnach jeder Anfangsstellung ϑ_0 eine kleinste Winkelgeschwindigkeit.

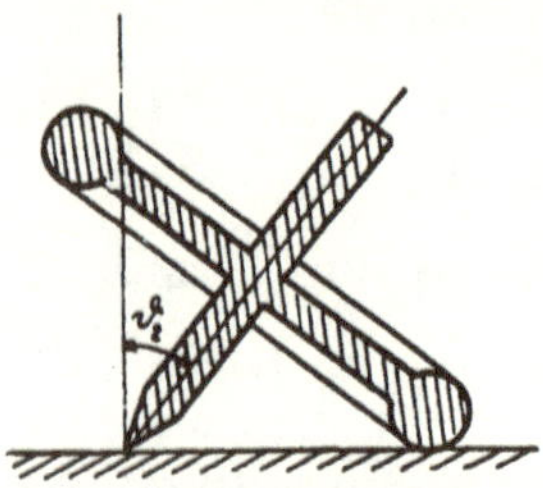

Fig. 232.

Wird der Kreisel, ohne ihm vorher eine Rotation zu erteilen aufgesetzt, so erhält man aus Gl. (5) mit $\omega_0 = 0$ die Formel für die einfache Pendelbewegung, d. h. der Kreisel fällt einfach derart um, dafs sich seine geometrische Achse in einer Vertikalebene dreht.

Berechnen wir schliefslich noch die Winkelgeschwindigkeit $\frac{d\varphi}{dt}$ derjenigen Vertikalebene, in welcher sich die Kreiselachse bewegt, aus (3a) und eliminieren die Zeit mit (4a), so folgt

$$\left(\frac{d\vartheta}{d\varphi}\right)^2 = \frac{\Theta^2 \sin^4\vartheta}{\Theta_0^2\,\omega_0^2\,(\cos\vartheta_0 - \cos\vartheta)}\left\{\frac{2\,G\,s}{\Theta} - \frac{\Theta_0^2\,\omega_0^2}{\Theta}\,\frac{\cos\vartheta_0 - \cos\vartheta}{\sin^2\vartheta}\right\} \tag{9}$$

Es ist dies die Differentialgleichung der von der Kreiselachse auf einer Kugel um die Spitze O beschriebenen Kurve, welche von den zwei Parallelkreisen eingeschlossen ist. Für $\vartheta = \vartheta_0$ wird

$$\frac{d\vartheta}{d\varphi} = \infty,$$

d. h. die Kurve steht auf dem inneren Kreise ϑ_0 senkrecht, Fig. 233. Für $\vartheta = \vartheta_1$ verschwindet dagegen die Klammer in (9) entsprechend der Gl. (7), also ist hier

$$\frac{d\vartheta}{d\varphi} = 0$$

und die Kurve berührt den äufseren Kreis ϑ_1.

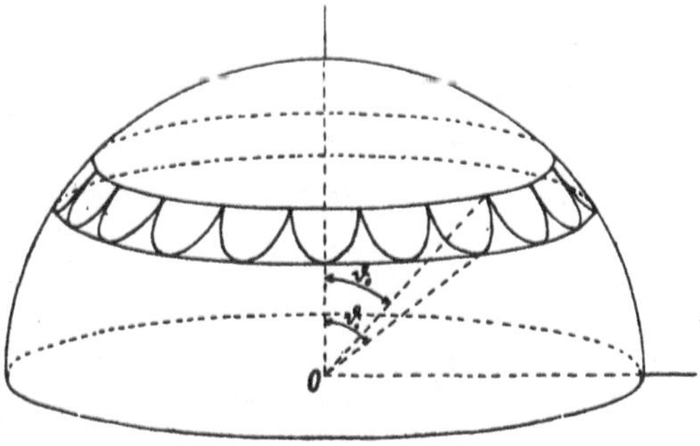

Fig. 233.

Für die weitere Untersuchung wollen wir nunmehr voraussetzen, dafs die Winkelgeschwindigkeit ω_0 des Kreisels um seine geometrische Achse sehr grofs sei; alsdann folgt aus Gl. (8), dafs die Differenz $\cos\vartheta_0 - \cos\vartheta_1$ nur klein sein kann, oder dafs allgemein $\vartheta < \vartheta_1$ nur wenig von der ursprünglichen Neigung ϑ_0 abweichen wird. Dasselbe tritt übrigens auch ein, wenn das Trägheitsmoment Θ_0 sehr grofs gegen Θ ist, also z. B. bei einem ringförmigen Kreisel. Setzen wir dementsprechend, unter $\varDelta$ einen kleinen Zuwachs von ϑ_0 verstanden,

$$\vartheta = \vartheta_0 + \varDelta, \qquad \frac{d\vartheta}{dt} = \frac{d\varDelta}{dt},$$

so haben wir unter Vernachlässigung der höheren Potenzen von $\varDelta$

$$\cos\vartheta_0 - \cos\vartheta = \varDelta \sin\vartheta_0$$
$$\sin^2\vartheta = \sin^2\vartheta_0 + 2\varDelta \sin\vartheta_0 \cos\vartheta_0$$

$$\frac{\cos\vartheta_0 - \cos\vartheta}{\sin^2\vartheta} = \frac{\varDelta \sin\vartheta_0}{\sin^2\vartheta_0\left(1 + 2\varDelta\frac{\cos\vartheta_0}{\sin\vartheta_0}\right)}$$
$$= \frac{\varDelta}{\sin\vartheta_0}\left(1 - 2\varDelta\frac{\cos\vartheta_0}{\sin\vartheta_0}\right) = \frac{\varDelta}{\sin\vartheta_0}.$$

Mit diesen Werten geht die Gl. (5) über in

$$\frac{d\varDelta}{dt} = \pm\sqrt{\frac{2\,Gs}{\Theta}\varDelta\sin\vartheta_0 - \frac{\Theta_0^2\,\omega_0^2}{\Theta^2}\varDelta^2} \quad . \quad . \quad . \quad (5\text{a})$$

Hierin dürfen wir das Quadrat $\varDelta^2$ nicht mehr gegen $\varDelta$ vernachlässigen, weil es mit dem sehr grofsen Werte $\frac{\Theta_0^2\,\omega_0^2}{\Theta^2}$ behaftet ist, die beiden Terme unter der Wurzel somit dieselbe Gröfsenordnung haben. Differenzieren wir nunmehr die Gl. (5a) nochmals nach der Zeit, so ergibt sich

$$\frac{d^2\varDelta}{dt^2} = \frac{d}{d\varDelta}\left(\frac{d\varDelta}{dt}\right)\frac{d\varDelta}{dt} = \frac{Gs}{\Theta}\sin\vartheta_0 - \frac{\Theta_0^2\,\omega_0^2}{\Theta^2}\varDelta,$$

oder anders geschrieben

$$\frac{d^2\varDelta}{dt^2} + \frac{\Theta_0^2\,\omega_0^2}{\Theta^2}\left(\varDelta - \frac{\Theta\,Gs}{\Theta_0^2\,\omega_0^2}\sin\vartheta_0\right) = 0 \quad . \quad . \quad . \quad (10)$$

Dies ist aber wiederum die bekannte Schwingungsgleichung, welche mit $\varDelta = 0$ und $\frac{d\varDelta}{dt} = 0$ für $t = 0$ das Integral

$$\varDelta = \frac{\Theta\,Gs}{\Theta_0^2\,\omega_0^2}\sin\vartheta_0\left(1 - \cos\frac{\Theta_0\,\omega_0}{\Theta}\,t\right) \quad . \quad . \quad . \quad (11)$$

besitzt. Die Periode dieser Schwingung ergibt sich hieraus zu

$$t_1 = \frac{2\pi\,\Theta}{\Theta_0\,\omega_0} \quad . \quad . \quad . \quad . \quad . \quad . \quad . \quad . \quad (12)$$

Führen wir die obigen Näherungsausdrücke auch in die Gl. (3a) für die Winkelgeschwindigkeit der Vertikalebene ZOK ein, so lautet dieselbe

$$\frac{d\varphi}{dt} = \frac{\Theta_0\omega_0}{\Theta}\frac{\cos\vartheta_0 - \cos\vartheta}{\sin^2\vartheta} = \frac{\Theta_0\omega_0}{\Theta}\frac{\Delta}{\sin\vartheta_0}$$

oder mit Rücksicht auf (11)

$$\frac{d\varphi}{dt} = \frac{Gs}{\Theta_0\omega_0}\left(1 - \cos\frac{\Theta_0\omega_0}{\Theta}t\right) \quad . \quad . \quad . \quad . \quad (13)$$

Daraus folgt aber durch Integration mit $\varphi = 0$ für $t = 0$

$$\varphi = \frac{Gs}{\Theta_0\omega_0}\left(t - \frac{\Theta}{\Theta_0\omega_0}\sin\frac{\Theta_0\omega_0}{\Theta}t\right) \quad . \quad . \quad . \quad . \quad (14)$$

Die Bewegung der Vertikalebene, die sog. Präzession (siehe S. 19), zerfällt demnach in einen der Zeit proportional wachsenden und einen periodisch schwankenden Teil. Die Periode dieses schwankenden Teiles ist offenbar mit derjenigen der Schwingung der Achse in der Vertikalebene, siehe Gl. (12), identisch, während die Ausschläge, die hier nicht mit $\sin\vartheta_0$ behaftet sind, gröfser ausfallen als die dazu senkrechten. Beide setzen sich demnach zu einer elliptischen Schwingung zusammen, welche man als die Nutation des Kreisels bezeichnet.

Der gleichförmige Bestandteil der Präzession hat die Winkelgeschwindigkeit $\frac{Gs}{\Theta_0\omega_0}$ und daher die Periode

$$t_0 = \frac{2\pi\Theta_0\omega_0}{Gs} \quad . \quad . \quad . \quad . \quad . \quad . \quad . \quad . \quad (15)$$

Da ω_0 nach Voraussetzung grofs sein sollte, so wird auch diese Periode entsprechend grofs ausfallen, während umgekehrt die Periode der Nutation Gl. (12), welche dem Produkte $\Theta_0\omega_0$ indirekt proportional ist, sehr klein ausfällt. Aus dem Verhältnis der beiden Schwingungsdauern (12) und (15) ergibt sich schliefslich die Zahl der Nutationsschwingungen für einen vollen Kreiselumlauf um die Vertikale durch O zu

$$n = \frac{\Theta_0^2\omega_0^2}{\Theta Gs} \quad . \quad . \quad . \quad . \quad . \quad . \quad . \quad . \quad . \quad (16)$$

Diese Zahl wird in praktischen Fällen meist so grofs, dafs sich die Nutation der Beobachtung gänzlich entzieht und es den Anschein gewinnt, als wenn die Präzession allein vorhanden wäre. Alsdann könnte man die Veränderung des Druckes der

Kreiselspitze auf die Unterlage zum Nachweise der Nutation benutzen. Bezeichnet man die Reaktion der Unterlage mit V, mit z die momentane Höhe eines Massenelementes im Kreisel über der Horizontalebene, mit z_0 diejenige des Schwerpunktes, so besteht die Gleichung

$$V = G + \int \frac{d^2 z}{d t^2} dm = G\left(1 + \frac{1}{g}\frac{d^2 z_0}{d t^2}\right).$$

Für kleine Schwingungen ist aber

$$z_0 = s \cos \vartheta = s \cos \vartheta_0 - s\delta \sin \vartheta_0$$

$$\frac{d^2 z_0}{d t^2} = - s \sin \vartheta_0 \frac{d^2 \Delta}{d t^2}$$

oder wegen (11)

$$\frac{d^2 z_0}{d t^2} = - \frac{G s^2}{\Theta} \cos \frac{\Theta_0 \omega_0}{\Theta} t \sin {}^2\vartheta_0.$$

Setzen wir dann noch $\Theta = mk^2$, $\Theta_0 = m k_0^2$, $G = mg$ so ergibt sich die Reaktion der Unterlage zu

$$V = G\left(1 - \frac{s^2}{k^2} \sin {}^2\vartheta_0 \cos \frac{k_0^2}{k^2} \omega_0 t\right) \quad . \; . \; . \quad (17)$$

Die Schwankungen der Auflagereaktion sind demnach in ihrer Gröfse unabhängig von den Winkelgeschwindigkeiten des Kreisels.

Es sei z. B. ein Kreisel gegeben mit den Trägheitsradien und dem Schwerpunktsabstande

$$k_0 = 4 \text{ cm}, \quad k = 3 \text{ cm}, \quad s = 2{,}5 \text{ cm}.$$

Mit $\Theta_0 = m k_0^2$, $\Theta = m k^2$, $G = mg$, wobei $g = 981$ cm zu setzen ist, erhalten wir alsdann für einen anfänglichen Neigungswinkel $\vartheta_0 = 12^0$ und einen maximalen Winkel $\vartheta_2 = 30^0$ die geringste zulässige Winkelgeschwindigkeit aus (5) oder (6)

$$\omega^2 = \frac{2 g s k^2}{k_0^4} \cdot \frac{\sin {}^2\vartheta_2}{\cos \vartheta_0 - \cos \vartheta_2} = \frac{2 \cdot 981 \cdot 2{,}5 \cdot 9}{256} \cdot \frac{0{,}5^2}{0{,}978 - 0{,}866}$$

$$\omega^2 = 385, \quad \omega = 19{,}6,$$

entsprechend 3,13 Umdrehungen pro Sekunde.

Setzen wir diesen Kreisel unter einen Winkel von $\vartheta_0 = 12^0$ mit 1000 Umdrehungen pro Minute auf, so ist $\omega_0 = 105$ und wir erhalten zunächst die Periode der konstanten Präzession aus (15)

$$t_0 = \frac{2\pi\omega_0 \cdot k_0^2}{g \cdot s} = \frac{2 \cdot 3,14 \cdot 105 \cdot 16}{981 \cdot 2,5} \sim 4,3 \text{ Sek.},$$

während die Periode der Nutation sich aus (12) zu

$$t_1 = \frac{2\pi k^2}{k_0^2 \omega_0} = \frac{2 \cdot 3,14 \cdot 9}{16 \cdot 10 \cdot 5} \sim 0,034 \text{ Sek.},$$

die Zahl der Nutationen während eines Umganges der Kreiselachse also zu

$$n = \frac{4,3}{0,034} = 123,6$$

ergibt. Die gröfste Senkung der Kreiselachse aus der Anfangslage folgt weiter aus (11) zu

$$\Delta = \frac{2k^2 g s}{k_0^4 \cdot \omega_0^2} \sin \vartheta_0 = \frac{2 \cdot 9 \cdot 981 \cdot 2,5}{256 \cdot 105^2} \cdot 0,208 = 0,003$$

entsprechend einem Winkel von 0,172°.

Aus der Gl. (17) erhalten wir schliefslich für die Auflagereaktion

$$V = G\left(1 - 0,028 \cos \frac{k_0^2 \omega}{k^2} t\right),$$

also Schwankungen von nicht ganz ± 3% des Gewichtes. Dieselben sind grofs genug, um an einer Federwage deutlich hervor zu treten, so dafs man durch Aufhängung des Kreisels an einer solchen Wage die Nutation auch quantitativ verfolgen kann.

Die wichtigste praktische Anwendung der Eigenschaften des Kreisels bildet die Theorie der Eigenbewegung von Geschossen unter dem Einflufse des Luftwiderstandes. Wir haben schon früher unter der Annahme, dafs die Masse des Projektils in einem Punkte konzentriert sei, die Flugbahn desselben mit und ohne Luftwiderstand untersucht. Diese Untersuchung würde auch jetzt noch gültig bleiben, wenn das Geschofs eine Kugel wäre. Besitzt es dagegen die jetzt allgemein übliche Zuckerhutform, und wird es bei Beginn der Bewegung in rasche Rotation um seine geometrische Achse versetzt, so bleibt diese Achse zunächst sich parallel. Da nun der Schwerpunkt des Geschosses eine Kurve beschreibt, in deren Tangentialrichtung der Luftwiderstand wirkt, so wird während der Bewegung die geometrische Achse gegen den Luftwiderstand im allgemeinen eine veränderliche Neigung besitzen. Die nächste Folge dieser verschiedenen Neigungen ist nun offenbar eine Veränderung der sog.

Widerstandsfläche des Geschosses, d. h. in Fig. 234 seiner Projektion auf eine Normalebene NN zur Bahntangente durch den Schwerpunkt und mit dieser des Widerstandes selbst. Da die Neigung der Geschofsachse gegen die Bahntangente im allgemeinen zunimmt, so wird dies auch unter sonst gleichen Verhältnissen für den Luftwiderstand gelten, der mithin für zuckerhutförmige Projektile nicht mehr blos als Funktion der Bahngeschwindigkeit aufzufassen ist. Wenn auch die analytische Formulierung dieser Abhängigkeit und damit die Aufstellung einer genaueren Differentialgleichung der Flugbahn keine Schwierigkeiten bietet, so wollen wir uns doch an dieser Stelle mit dem Hinweis auf diesen Einflufs begnügen. Dagegen ist noch hervorzuheben, dafs die Richtungslinie des Luftwiderstandes W infolge der Neigung der Achse gegen die Bahntangente im allgemeinen nicht mehr durch den Geschofsschwerpunkt hindurchgeht und darum ganz wie bei unserem Kreisel die Schwerkraft um eine Vertikalachse durch den Stützpunkt, so hier um eine Parallele OO durch den Schwerpunkt zum Luftwiderstand eine Präzession hervorrufen mufs. Neben derselben treten naturgemäfs auch noch Nutationen auf, die aber bei der meist sehr bedeutenden Winkelgeschwindigkeit ω_0 um die geometrische Geschofsachse nicht sehr erheblich sind. War nun diese Winkelgeschwindigkeit im Sinne der Pfeile der Fig. 234, d. h. vom Schwerpunkte aus gesehen, rechts gerichtet, so wird dies auch nach den Ergebnissen unserer Kreiseltheorie für die Präzession der Geschofsachse selbst zutreffen. Aus dieser Erscheinung hat man versucht, die ziemlich starke und jedenfalls nicht durch die Erdrotation (siehe § 18) allein begründete Rechtsabweichung der Geschosse zu erklären; es will uns jedoch scheinen, als wenn hierfür das Rollen des Geschosses auf einem Polster von komprimierter Luft von gröfserer Bedeutung wäre.

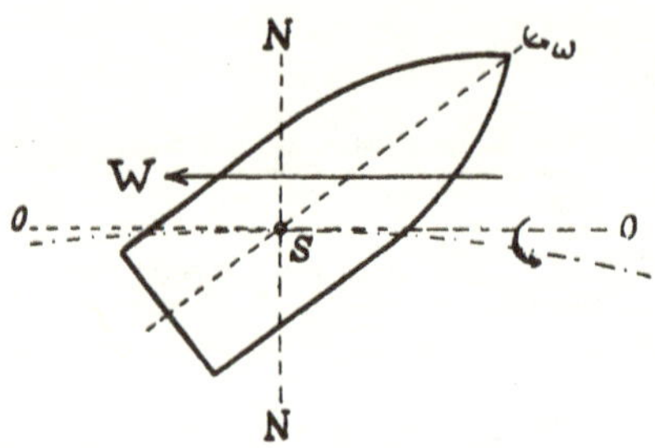

Fig. 234.

§ 56. Die Präzession der Erdachse.

Die Erde als Kreisel. Bedingungen für eine reguläre Präzession. Langsame und rasche Präzession. Das Moment der Anziehung eines äufseren Massenpunktes auf die Erde; Mittelwert dieses Momentes. Die Winkelgeschwindigkeit der langsamen Präzession; Zahlenbeispiel.

Schon am Eingang des letzten Paragraphen haben wir erwähnt, dafs auch die Erde als ein Kreisel aufzufassen sei. Ihre Rotationsachse wird infolgedessen die Erscheinung der Präzession zeigen, deren Winkelgeschwindigkeit wir ableiten wollen. Vorher ist es indessen notwendig, auf einen prinzipiellen Unterschied dieser Kreiselbewegung von der im letzten Paragraphen untersuchten hinzuweisen. Für dieselbe setzten wir nämlich einen um seine geometrische Achse rotierenden Kreisel voraus, der auf eine Horizontalebene mit einem bestimmten Neigungswinkel dieser Achse gegen die Vertikale aufgesetzt und sich dann selbst überlassen wurde. Aus diesen Anfangsbedingungen konnten wir sodann die Integrationskonstanten C_1 und C_2 der Gl. (2) und (3) des letzten Paragraphen festlegen und daraus alle weiteren Bewegungserscheinungen ableiten.

Für die Eigenbewegung des Erdballes sind nun derartige Vorschriften über den Beginn derselben offenbar ganz unzulässig, so dafs nichts übrig bleibt, als sich an den wirklichen Vorgang zu halten. Derselbe verläuft erfahrungsgemäfs so, dafs die Erdachse ihre Richtung im Raume nur sehr langsam ändert, so dafs wir ihren Winkel ϑ mit der Normalen auf der Ekliptik für kurze Zeiträume als ganz unveränderlich ansehen dürfen. Es fragt sich nunmehr, ob ein derartiges Verhalten auch ein gewöhnlicher Kreisel zeigen kann. Wir schreiben, um diese Frage zu entscheiden, die beiden allgemein gültigen Grundgleichungen (2) und (3) des vorigen Paragraphen noch einmal an

$$\left.\begin{aligned} \Theta\left\{\left(\frac{d\vartheta}{dt}\right)^2+\left(\frac{d\varphi}{dt}\right)^2\sin^2\vartheta\right\} &= C_1 - 2\,G s\cos\vartheta \\ \Theta_0\,\omega_0\cos\vartheta+\Theta\,\frac{d\varphi}{dt}\sin^2\vartheta &= C_2 \end{aligned}\right\} \quad . \quad (1)$$

Wenn wir in denselben dem Verhalten der Erdachse entsprechend $\vartheta = \vartheta_0$ und $\frac{d\vartheta}{dt} = 0$ setzen, so bleiben für $\frac{d\varphi}{dt}$ immerhin noch zwei Gleichungen übrig, welche nur dadurch mit einander vereinbar erscheinen, daſs jede von ihnen eine willkürliche Konstante, nämlich C_1 bezw. C_2 enthält. Für die Bestimmung der Präzessionswinkelgeschwindigkeit $\frac{d\varphi}{dt}$ ist somit noch nichts gewonnen, auſser der Einsicht, daſs dieselbe konstant sein wird und Nutationen ausgeschlossen sind. Wir müssen demnach vor allem die beiden Konstanten aus unseren Formeln entfernen, bevor wir die Vereinfachung $\vartheta = \vartheta_0$ einführen. Dies gelingt jedenfalls durch weitere Differentiation nach der Zeit, durch welche die Gl. (1) übergehen in

$$\Theta\left\{\frac{d\vartheta}{dt}\frac{d^2\vartheta}{dt^2} + \frac{d\varphi}{dt}\frac{d^2\varphi}{dt^2}\sin^2\vartheta + \frac{d\vartheta}{dt}\left(\frac{d\varphi}{dt}\right)^2\sin\vartheta\cos\vartheta\right\} - Gs\frac{d\vartheta}{dt}\sin\vartheta = 0$$

$$-\Theta_0\,\omega_0\frac{d\vartheta}{dt}\sin\vartheta + \Theta\frac{d^2\varphi}{dt^2}\sin^2\vartheta + 2\,\Theta\frac{d\varphi}{dt}\frac{d\vartheta}{dt}\sin\vartheta\cos\vartheta = 0.$$

Eliminieren wir aus diesen Formeln $\frac{d^2\varphi}{dt^2}$ und setzen $\frac{d^2\vartheta}{dt^2} = 0$, so erhalten wir schlieſslich

$$\frac{d\vartheta}{dt}\sin\vartheta\left\{\Theta\left(\frac{d\varphi}{dt}\right)^2\cos\vartheta - \Theta_0\,\omega_0\frac{d\varphi}{dt} + Gs\right\} = 0 \quad . \quad (2)$$

Aus dieser Gleichung erkennt man, daſs die vertikale Stellung des Kreisels, d. h. $\sin\vartheta = 0$, $\vartheta = 0$ oder $= \pi$ ebenso möglich ist, wie mit $\frac{d\vartheta}{dt} = 0$ die konische Bewegung der Achse mit konstantem Winkel ϑ gegen die Vertikale. Wirklichen Aufschluſs über die Präzession gewährt uns aber erst die Auflösung des Klammerausdruckes. Dieselbe ergibt für $\frac{d\varphi}{dt}$ die beiden Wurzeln

$$\frac{d\varphi}{dt} = \frac{\Theta_0\,\omega_0}{2\,\Theta\cos\vartheta}\left\{1 \pm \sqrt{1 - \frac{4\,Gs\,\Theta\cos\vartheta}{\Theta_0^2\,\omega_0^2}}\right\}, \quad . \quad . \quad (3)$$

für welche wir bei groſser Winkelgeschwindigkeit ω_0 angenähert schreiben dürfen

$$\frac{d\varphi}{dt} = \frac{\Theta_0\,\omega_0}{2\,\Theta\cos\vartheta}\left\{1 \pm \left(1 - \frac{2\,Gs\,\Theta\cos\vartheta}{\Theta_0^2\,\omega_0^2}\right)\right\}$$

oder auch

$$\left(\frac{d\varphi}{dt}\right)_1 = \frac{\Theta_0\,\omega_0}{\Theta\cos\vartheta} - \frac{Gs}{\Theta_0\,\omega_0} \quad \ldots\ldots \quad (3a)$$

$$\left(\frac{d\varphi}{dt}\right)_2 = \frac{Gs}{\Theta_0\,\omega_0} \quad \ldots\ldots\ldots\ldots \quad (3b)$$

Die erste dieser Wurzeln gibt uns gleichzeitig die Präzession der Umdrehungsachse eines sich selbst überlassenen freien Rotationskörpers. Für diesen verschwindet nämlich mit s das Moment der Schwerkraft und es bleibt nur

$$\left(\frac{d\varphi}{dt}\right)_1 = \frac{\Theta_0\,\omega_0}{\Theta\cos\vartheta},$$

also eine gleichförmige oder »reguläre« Präzession der geometrischen Achse mit einer der Rotationsgeschwindigkeit ω_0 proportionalen Winkelgeschwindigkeit. Daraus folgt, dafs die Kreiselbewegung bei sehr hoher Umdrehungszahl um die geometrische Achse nahezu so verlaufen kann, als wenn der Kreisel ein frei im Raume befindlicher Rotationskörper wäre. Die durch (3a) gegebene Präzession kann übrigens auch negativ sein, d. h. in umgekehrtem Sinne verlaufen, wie die Rotation des Kreisels um seine geometrische Achse. Dies kommt daher, dafs für die Existenz derselben in (3) nur die Bedingung

$$\frac{\Theta_0\,\omega_0}{\Theta\cos\vartheta} > \frac{4\,Gs}{\Theta_0\,\omega_0}, \text{ nicht aber } \frac{\Theta_0\,\omega_0}{\Theta\cos\vartheta} > \frac{Gs}{\Theta_0\,\omega_0}$$

erfüllt sein mufs. Genügt der Kreisel dieser Bedingung nicht, d. h. wird die Wurzel in (3) imaginär, weil entweder ϑ zu grofs oder $\Theta_0\,\omega_0$ zu klein ist, so ist eine reguläre Präzession überhaupt unmöglich, und der Kreisel fällt einfach um.

Welche von den beiden Präzessionen (3a) und (3b) in Wirklichkeit eintritt, läfst sich nicht von vornherein aussagen. Tatsache ist jedenfalls, dafs man die zweite (3b), die man wegen ihrer geringen Winkelgeschwindigkeit wohl auch als die langsame bezeichnet im Gegensatz zu der für kleine Werte von s und grofse Werte von $\Theta_0\,\omega_0$ zu beträchtlicher Gröfse ansteigenden raschen Präzession (3a), weitaus am häufigsten bei Kreiseln beobachtet. Sie bildet ja auch, wie die Formel (14) des letzten

Paragraphen lehrt, den konstanten Teil der allgemeineren Kreiselbewegung.

Die Präzession der Erdachse, zu deren Ermittlung wir nunmehr übergehen, bietet nur insofern eine Schwierigkeit, als es hierfür nicht mehr zulässig erscheint, die Gröſse Gs einzuführen, da ja die Erde selbst frei im Raume schwebt. Um diese Schwierigkeit zu beseitigen und doch unsere früheren Formeln benutzen zu können, wollen wir statt dieser Gröſse das Moment selbst einführen, welches die geometrische ζ-Achse des Kreisels um

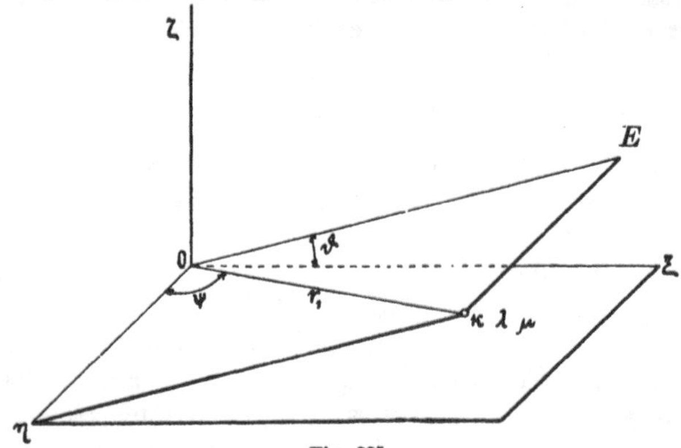

Fig. 235.

eine fest mit demselben verbundene η-Achse senkrecht zur ersteren zu drehen bestrebt ist. Nennen wir dieses Moment $\mathfrak{M}_\eta$, so dürfen wir offenbar schreiben

$$\mathfrak{M}_\eta = Gs \sin \vartheta$$

oder

$$Gs = \frac{\mathfrak{M}_\eta}{\sin \vartheta} \quad \ldots \ldots \ldots \quad (4)$$

und haben nunmehr an Stelle von (3a) und (3b)

$$\left(\frac{d\varphi}{dt}\right)_1 = \frac{\Theta_0\,\omega_0}{\Theta \cos \vartheta} - \frac{\mathfrak{M}_\eta}{\Theta_0\,\omega_0 \sin \vartheta} \quad \ldots \quad (4a)$$

$$\left(\frac{d\varphi}{dt}\right)_2 = \frac{\mathfrak{M}_\eta}{\Theta_0\,\omega_0 \sin \vartheta} \quad \ldots \ldots \ldots \quad (4b)$$

Unsere Aufgabe läuft damit auf die Bestimmung des Momentes $\mathfrak{M}_\eta$ hinaus. Zu diesem Zwecke denken wir uns, da die fortschreitende Bewegung des Erdschwerpunktes O auf die Rotationen ohne Einfluſs ist, denselben festgehalten und konstruieren von ihm ausgehend ein mit dem Erdkörper fest verbundenes Achsensystem (Fig. 235). Die ζ-Achse falle wie früher mit der geometrischen Rotationsachse zusammen und bilde also die ausgezeichnete Hauptträgheitsachse, während die Lage der beiden anderen Hauptachsen ξ und η in der Äquatorebene willkürlich ist. Wir dürfen daher die η-Achse in die Schnittgerade der Äquatorebene mit der Ebene E der Ekliptik verlegen, und bezeichnen die konstante Neigung beider Ebenen, d. h. die sog. Schiefe der Ekliptik, mit ϑ.

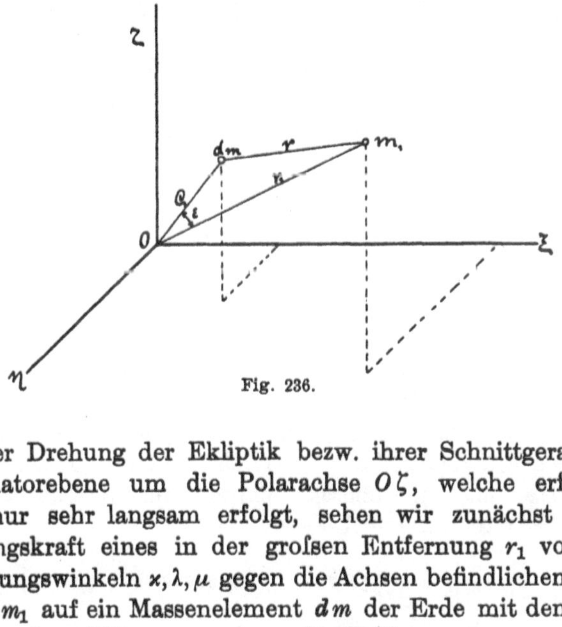

Fig. 236.

Von einer Drehung der Ekliptik bezw. ihrer Schnittgeraden mit der Äquatorebene um die Polarachse $O\zeta$, welche erfahrungsgemäſs nur sehr langsam erfolgt, sehen wir zunächst ab. Die Anziehungskraft eines in der groſsen Entfernung r_1 von O mit den Neigungswinkeln $\varkappa, \lambda, \mu$ gegen die Achsen befindlichen Massenpunktes m_1 auf ein Massenelement dm der Erde mit den Koordinaten ξ, η, ζ zerfällt nun, unter r die Entfernung m_1 von dm verstanden (Fig. 236), in die drei Komponenten

$$\left.\begin{aligned} dX &= f\frac{m_1\,dm}{r^2}\cos(r,\xi) = f\frac{m_1\,dm}{r^3}(r_1\cos\varkappa - \xi) \\ dY &= f\frac{m_1\,dm}{r^2}\cos(r,\eta) = f\frac{m_1\,dm}{r^3}(r_1\cos\lambda - \eta) \\ dZ &= f\frac{m_1\,dm}{r^2}\cos(r,\zeta) = f\frac{m_1\,dm}{r^3}(r_1\cos\mu - \zeta) \end{aligned}\right\}, \quad . \quad (5)$$

worin f die Gaufssche Zahl, d. h. die Anziehungskraft zweier Masseneinheiten in der Entfernung 1 bedeutet. Aus diesen Elementarkräften ergeben sich weiterhin die elementaren Momente um die drei Achsen zu

$$\left.\begin{aligned} d\mathfrak{M}_\xi &= \eta\, dZ - \zeta\, dY = f\frac{m_1\, dm}{r^3} r_1 (\eta \cos\mu - \zeta \cos\lambda) \\ d\mathfrak{M}_\eta &= \zeta\, dX - \xi\, dZ = f\frac{m_1\, dm}{r^3} r_1 (\zeta \cos\varkappa - \xi \cos\mu) \\ d\mathfrak{M}_\zeta &= \xi\, dY - \eta\, dX = f\frac{m_1\, dm}{r^3} r_1 (\xi \cos\lambda - \eta \cos\varkappa) \end{aligned}\right\} . \quad (6)$$

Aus diesen Formeln haben wir zunächst die für jedes Massenelement der Erde bei gegebener Entfernung r_1 der anziehenden Masse m_1 verschiedene Länge r zu eliminieren. Bezeichnen wir den Winkel der Entfernung $O\,dm = \varrho$ des Massenelementes vom Erdschwerpunkt mit der Geraden r_1 mit ε, so haben wir

$$r^2 = r_1^2 + \varrho^2 - 2 r_1 \varrho \cos\varepsilon$$

oder wegen

$$\cos\varepsilon = \frac{\xi \cos\varkappa + \eta \cos\lambda + \zeta \cos\mu}{\varrho}$$

$$r^2 = r_1^2 \left\{1 + \frac{\varrho^2}{r_1^2} - \frac{2}{r_1} (\xi \cos\varkappa + \eta \cos\lambda + \zeta \cos\mu)\right\}.$$

Da nun r_1 stets sehr viel gröfser ist als ϱ, so können wir zunächst $\varrho^2 : r^2$ unbedenklich vernachlässigen und aufserdem unter Vernachlässigung der höheren Potenzen und Produkte von $\xi : r_1$, $\eta : r_1$, $\zeta : r_1$ angenähert schreiben

$$\left.\begin{aligned} r &= r_1 \left\{1 - \frac{1}{r_1} (\xi \cos\varkappa + \eta \cos\lambda + \zeta \cos\mu)\right\} \\ \frac{1}{r^3} &= \frac{1}{r_1^3} \left\{1 + \frac{3}{r_1} (\xi \cos\varkappa + \eta \cos\lambda + \zeta \cos\mu)\right\} \end{aligned}\right\} . \quad (7)$$

Mit diesem Ausdrucke geht aber die erste der Formeln (6) über in

$$\begin{aligned} d\mathfrak{M}_\xi = {} & \frac{f m_1\, dm}{r_1^2} (\eta \cos\mu - \zeta \cos\lambda) \\ & + \frac{3 f m_1\, dm}{r_1^3} (\eta\xi \cos\varkappa \cos\mu + \eta^2 \cos\lambda \cos\mu + \eta\zeta \cos^2\mu) \\ & - \frac{3 f m_1\, dm}{r_1^3} (\zeta\xi \cos\varkappa \cos\lambda + \zeta\eta \cos\lambda^2 + \zeta^2 \cos\lambda \cos\mu). \end{aligned}$$

Integrieren wir nunmehr über die ganze Erdmasse m, so können wir vor allem die für alle Elemente dm gleichen Gröfsen $\cos \varkappa$, $\cos \lambda$, $\cos \mu$ vor die Integralzeichen setzen und erhalten, da die statischen und Zentrifugalmomente für die Hauptachsen $O\xi$, $O\eta$, $O\zeta$ verschwinden,

$$\mathfrak{M}_\xi = \frac{3fm_1}{r_1^3} \cos \lambda \cos \mu \int (\eta^2 - \zeta^2)\, dm.$$

Unter Einführung der Hauptträgheitsmomente

$$\Theta_a = \int (\eta^2 + \zeta^2)\, dm, \quad \Theta_b = \int (\zeta^2 + \xi^2)\, dm, \quad \Theta_c = \int (\xi^2 + \eta^2)\, dm$$

dürfen wir dann für die Momente der gesamten Anziehungskraft auf die Erde schreiben

$$\left.\begin{aligned} \mathfrak{M}_\xi &= \frac{3fm_1}{r_1^3} (\Theta_c - \Theta_b) \cos \lambda \cos \mu \\ \mathfrak{M}_\eta &= \frac{3fm_1}{r_1^3} (\Theta_a - \Theta_c) \cos \varkappa \cos \mu \\ \mathfrak{M}_\zeta &= \frac{3fm_1}{r_1^3} (\Theta_b - \Theta_a) \cos \varkappa \cos \lambda \end{aligned}\right\} \quad . \; . \; . \; . \quad (8)$$

Betrachten wir schliefslich die Erde als einen Rotationskörper mit der geometrischen Achse $O\zeta$, so haben wir auch $\Theta_c = \Theta_0$, $\Theta_a = \Theta_b = \Theta$ oder

$$\left.\begin{aligned} \mathfrak{M}_\xi &= \frac{3fm_1}{r_1^3} (\Theta_0 - \Theta) \cos \lambda \cos \mu \\ \mathfrak{M}_\eta &= \frac{3fm_1}{r_1^3} (\Theta - \Theta_0) \cos \varkappa \cos \mu \\ \mathfrak{M}_\zeta &= 0 \end{aligned}\right\} \quad . \; . \; . \; . \quad (8a)$$

Aus dem Verschwinden des Momentes für die Polarachse $O\zeta$ schliefsen wir sofort, dafs die Rotationsgeschwindigkeit ω_0 der Erde um dieselbe durch die Anziehung anderer Weltkörper nicht beeinträchtigt wird. Dieses Ergebnis bildet gleichsam die Rechtfertigung für unsere Zeitmessung, die ja auf der Konstanz von ω_0 beruht. Jedenfalls brauchen wir uns nur noch mit den beiden ersten der Gl. (8a) zu befassen. In denselben ist bisher der Umstand, dafs die äufsere Masse, für die wir die Sonne substituieren können, in der Ebene der Ekliptik sich bewegt, gar nicht zum Ausdruck gelangt. Wir erreichen dies dadurch, daſs wir die Winkel $\varkappa$, λ, μ durch die Schiefe der Ekliptik ϑ und einen Winkel ψ des Fahrstrahles r_1 mit der Achse $O\eta$ ausdrücken (Fig. 235). Mit den so erhaltenen Beziehungen

$$\cos\varkappa = \sin\psi\cos\vartheta, \quad \cos\lambda = \cos\psi, \quad \cos\mu = \sin\psi\sin\vartheta \quad (9)$$

wird aus (8a)

$$\left.\begin{aligned} \mathfrak{M}_\xi &= \frac{3fm_1}{r_1^3}(\Theta_0 - \Theta)\sin\psi\cdot\cos\psi\cdot\sin\vartheta \\ \mathfrak{M}_\eta &= \frac{3fm_1}{r_1^3}(\Theta - \Theta_0)\sin^2\psi\cos\vartheta\sin\vartheta \end{aligned}\right\} \quad . \; . \; . \; . \; (8b)$$

Der Winkel ψ des Fahrstrahles, dessen Länge wir unter der Annahme einer kreisförmigen Bahn für m, als konstant betrachten dürfen, ändert sich aber mit der Zeit und zwar im Verhältnis zu anderen Änderungen der Konfiguration des Systems, also z. B. der Stellung der Ebene der Ekliptik, sehr rasch. Die Folge davon ist natürlich eine periodische Änderung der Werte von $\mathfrak{M}_\xi$ und $\mathfrak{M}_\eta$, so zwar, daſs $\mathfrak{M}_\xi$ in der kurzen Zeit eines Umlaufes von m_1 zweimal zwischen einem positiven und einem absolut gleich groſsen negativen Maximalwerte schwankt, während $\mathfrak{M}_\eta$ zwischen Null und einem positiven Maximum schwankt. Die Gesamtwirkung erhalten wir darum am einfachsten durch Bildung der Mittelwerte von $\sin\psi\cos\psi$ und $\sin^2\psi$ während einer Umdrehung und finden

$$\frac{1}{2\pi}\int_0^{2\pi}\sin\psi\cos\psi\,d\psi = 0, \quad \frac{1}{2\pi}\int_0^{2\pi}\sin^2\psi\,d\psi = \frac{1}{2}.$$

Damit verschwindet aber auch der Mittelwert von $\mathfrak{M}_\xi$ und es bleibt für denjenigen von $\mathfrak{M}_\eta$ der Ausdruck

$$\mathfrak{M}_\eta = \frac{3}{2}\frac{fm_1}{r_1^3}(\Theta - \Theta_0)\cos\vartheta\sin\vartheta \quad . \; . \; . \; . \; (10)$$

Man erkennt übrigens, daſs dieser Mittelwert auch durch die Annahme einer gleichförmigen Verteilung der Gesamtmasse m_1 auf der ganzen scheinbaren Bahn, mit der Radius r_1 sich ergeben würde. Auſserdem muſs daran erinnert werden, daſs diese Mittelwertbildung nur zulässig ist, wenn die Stellung der Ekliptik sich nur sehr langsam ändert.

Es kann mithin für die weitere Verwendung des Momentes (10) nur die für eine langsame Präzession gültige Formel (4b) in Frage kommen, welche damit übergeht in

$$\frac{d\varphi}{dt} = \frac{3}{2} f \frac{m_1}{r_1^3} \frac{\Theta - \Theta_0}{\Theta_0 \omega_0} \cos \vartheta \quad . \quad . \quad . \quad . \quad . \quad (11)$$

Bewegen sich in der Ekliptik mehrere Massen in kreisförmigen Bahnen, so ergibt jede derselben ein Moment von der Form (10), deren Summe alsdann in (4b) einzusetzen ist. Man erhält auf diese Weise für die Winkelgeschwindigkeit der Präzession

$$\frac{d\varphi}{dt} = \frac{3}{2} f \frac{\Theta - \Theta_0}{\Theta_0 \omega_0} \cos \vartheta \, \Sigma \frac{m}{r^3} \quad . \quad . \quad . \quad . \quad (12)$$

Es sei nunmehr a der Äquatorialradius der Erde, b der Polarradius, dann ist nach den Formeln des § 52 unter Einführung der numerischen Exzentrizität ε der Meridianellipse

$$\frac{\Theta - \Theta_0}{\Theta_0} = \frac{a^2 - b^2}{2 b^2} = \frac{\varepsilon^2}{2}.$$

Weiterhin ist, unter g_0 die Erdbeschleunigung am Pole verstanden, nach § 23, Gl. (11)

$$f = \frac{g_0 b^2}{m},$$

so dafs wir auch an Stelle von (11) und (12) schreiben können

$$\frac{d\varphi}{dt} = \frac{3}{4} \frac{\varepsilon^2}{\omega_0} \frac{g_0}{r_1} \frac{m_1}{m} \left(\frac{b}{r_1}\right)^2 \cos \vartheta \quad . \quad . \quad . \quad . \quad (11a)$$

bezw.

$$\frac{d\varphi}{dt} = \frac{3}{4} \frac{\varepsilon^2 g_0 b^2}{m \omega_0} \cos \vartheta \, \Sigma \frac{m}{r^3} \quad . \quad . \quad . \quad . \quad (12a)$$

Setzen wir nun für die Sonne

$$m_1 = 355\,000\, m, \quad r_1 = 23\,700 \cdot b \backsim 150\,000\,000\,000 \text{ m},$$

so wird mit $\varepsilon = 0{,}082$, $\vartheta = 23^\circ 27'$, $\cos \vartheta = 0{,}92$ und $\omega_0 = 0{,}000073$, $g_0 = 9{,}81$ m pro Sek. die Winkelgeschwindigkeit der durch die Sonne verursachten Präzession pro Sekunde

$$\left(\frac{d\varphi}{dt}\right)_1 = \frac{3}{4} \frac{0{,}082^2 \cdot 9{,}81 \cdot 355\,000 \cdot 0{,}92}{150\,000\,000\,000 \cdot 0{,}000\,073 \; 23\,700^2} = \frac{2\pi}{240 \cdot 10^{10}}.$$

Für den **Mond** haben wir

$$m_2 = \frac{1}{88} m, \quad r_2 = 60 \cdot b \sim 382\,000\,000 \text{ m},$$

also die zugehörige Präzession der Erdachse

$$\left(\frac{d\varphi}{dt}\right)_2 = \frac{3}{4} \cdot \frac{0{,}082^2 \cdot 9{,}81 \cdot 0{,}92}{382\,000\,000 \cdot 88 \cdot 0{,}000\,073 \cdot 60^2} = \frac{2\pi}{123 \cdot 10^{10}}.$$

Die Gesamtpräzession infolge der vereinigten Wirkung beider Himmelskörper wird demnach unter der angenähert richtigen Voraussetzung, daſs auch der Mond sich in der Ebene der Ekliptik bewegt,

$$\frac{d\varphi}{dt} = \left(\frac{d\varphi}{dt}\right)_1 + \left(\frac{d\varphi}{dt}\right)_2 = \frac{2\pi}{10^{10}}\left(\frac{1}{240} + \frac{1}{123}\right) = \frac{2\pi}{80{,}1 \cdot 10^{10}}.$$

Dem entspricht eine **Umlaufszeit der Erdachse** um die Normale zur Ekliptik von

$$t_0 = 80{,}13 \cdot 10^{10} \text{ Sek.} \sim 25\,400 \text{ Jahren},$$

ein Wert, der mit dem aus Beobachtungen abgeleiteten von 25 800 Jahren sehr befriedigend übereinstimmt. Hätten wir dagegen unsere Werte in Gl. (4a) eingesetzt, so würden wir eine Umlaufszeit von etwa 0.0025 Jahren erhalten, welche weder durch die Beobachtung bestätigt wird noch auch mit den Annahmen unserer Rechnung über die äuſserst langsame Bewegung der Erdachse im Gegensatz zu der scheinbaren Bewegung von Sonne und Mond um dieselbe verträglich wäre.

§ 57. Das materielle Zentrifugalpendel und die Theorie der Regulierung.

Zurückführung der Bewegung eines materiellen Zentrifugalpendels auf zwei Winkel und deren Ableitungen. Die Reaktionskräfte und Reaktionsmomente am horizontalen Drehzapfen. Die Bewegungsgleichung des Regulators; Einfluſs des Hülsengewichts. Zusammenwirken des Regulators mit der Maschine; Einfluſs der Dämpfung. Wirkung eines periodisch veränderlichen Drehmoments der Maschine: Das Zucken der Regulatoren.

Wir betrachten jetzt die Bewegung eines starren Körpers, der um eine fest mit ihm verbundene, horizontale Achse drehbar ist, während diese selbst noch um eine Vertikalachse rotiert. Für den Fall eines materiellen Punktes haben wir dieses Problem als Beispiel der räumlichen, gezwungenen Relativbewegung schon in § 20 behandelt und haben nunmehr festzustellen, ob die dort gewonnenen Ergebnisse auf eine Masse mit endlichem Volumen ausgedehnt werden können.

Dabei wollen wir, um die Aufgabe nicht von vornherein zu verwickelt zu gestalten, in Übereinstimmung mit den praktischen Anwendungen dieser Bewegung voraussetzen, daſs der Körper von einer Ebene (Fig. 237), durch die Vertikalachse OZ, welche die Horizontalachse CC im Punkte Ω senkrecht schneidet, in zwei symmetrische Hälften geteilt wird, so daſs auch der Körperschwerpunkt S in diese Ebene fällt. Die Strecke $O\Omega = a$ ist alsdann sofort der kürzeste Abstand der festen Vertikalachse von der

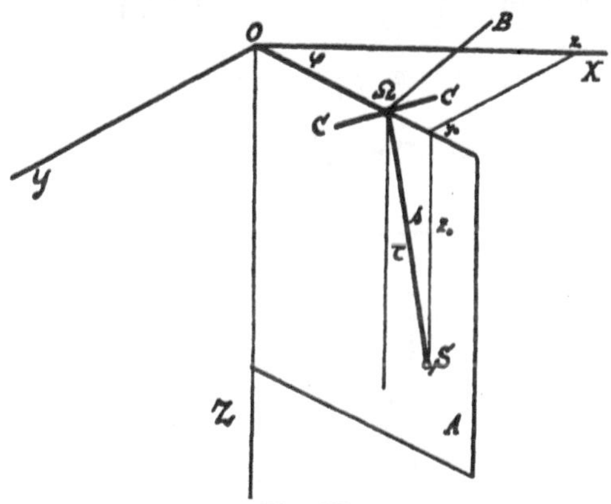

Fig. 237.

rotierenden Achse $C\Omega C$. Verbinden wir dann noch den Schwerpunkt S mit Ω durch eine Gerade ΩS bezw. ΩA und konstruieren ebenfalls in der Ebene $OZ\Omega$ die Gerade $\Omega B \perp \Omega A$, so bilden die drei Achsen ΩA, ΩB, ΩC ein orthogonales Achsenkreuz, welches mit dem Körper selbst starr verbunden, einerseits um OZ, andererseits um $C\Omega C$ rotieren kann. Durch den Winkel φ der Symmetrieebene des Körpers mit der festen Ebene XOZ und den Winkel τ der Schwerachse ΩS mit der Vertikalen ist alsdann die Lage des Körpers im Raume vollständig bestimmt. So erhalten wir zunächst für die absoluten Schwerpunktskoordinaten, wenn der Schwerpunktsabstand von der horizontalen beweglichen Achse $\Omega S = s$ gesetzt wird,

$$x_0 = (a + s \sin \tau) \cos \varphi, \quad y_0 = (a + s \sin \tau) \sin \varphi, \quad z_0 = s \cos \tau \tag{1}$$

und daraus die Beschleunigungskomponenten der Gesamtmasse m, wenn wir noch die Abkürzungen

$$\frac{d\varphi}{dt} = \omega; \qquad \frac{d\tau}{dt} = \varepsilon \quad \ldots \ldots \quad (2)$$

einführen,

$$\left.\begin{aligned}
\frac{d^2 x_0}{dt^2} &= -(a + s\sin\tau)\left(\frac{d\omega}{dt}\sin\varphi + \omega^2\cos\varphi\right) \\
&\quad - 2s\omega\varepsilon\cos\tau\sin\varphi + s\cos\varphi\left(\frac{d\varepsilon}{dt}\cos\tau - \varepsilon^2\sin\tau\right) \\
\frac{d^2 y_0}{dt^2} &= +(a + s\sin\tau)\left(\frac{d\omega}{dt}\cos\varphi - \omega^2\sin\varphi\right) \\
&\quad + 2s\omega\varepsilon\cos\tau\cos\varphi + s\sin\varphi\left(\frac{d\varepsilon}{dt}\cos\tau - \varepsilon^2\sin\tau\right) \\
\frac{d^2 z_0}{dt^2} &= -s\left(\frac{d\varepsilon}{dt}\sin\tau + \varepsilon^2\cos\tau\right)
\end{aligned}\right\} \quad (3)$$

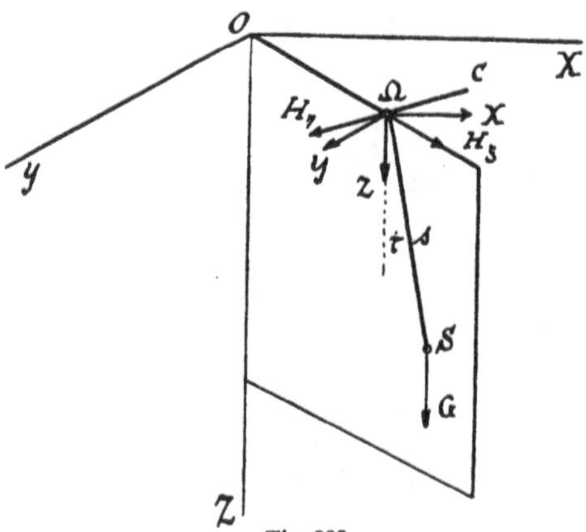

Fig. 238.

Diesen Beschleunigungen entsprechen nun, wenn wir uns den Körper in Ω von der Achse $C\Omega C$ losgelöst, also frei beweglich denken, nach dem Prinzip von D'Alembert drei Reaktionskomponenten X, Y, Z in Ω, welche wir unter Einführung der Masse m bezw. des Gewichtes $G = mg$ des Körpers aus den Gleichungen

$$\left.\begin{aligned}
X &= \int \frac{d^2 x}{dt^2}\,dm = m\,\frac{d^2 x_0}{dt^2} \\
Y &= \int \frac{d^2 y}{dt^2}\,dm = m\,\frac{d^2 y_0}{dt^2} \\
G + Z &= \int \frac{d^2 z}{dt^2}\,dm = m\,\frac{d^2 z_0}{dt^2}
\end{aligned}\right\} \quad \ldots \ldots \quad (4)$$

erhalten. Da nun die Richtung der festen x- und y-Achse ganz beliebig ist, so interessieren uns statt der Komponenten X und Y vielmehr diejenigen, welche in die Richtung $O\Omega$ und senkrecht dazu fallen und die wir mit H_ξ und H_η bezeichnen wollen. Alsdann ergibt Fig. 238

$$H_\xi = X\cos\varphi + Y\sin\varphi = m\left(\frac{d^2x_0}{dt^2}\cos\varphi + \frac{d^2y_0}{dt^2}\sin\varphi\right)$$

$$H_\eta = Y\cos\varphi - X\sin\varphi = m\left(\frac{d^2y_0}{dt^2}\cos\varphi - \frac{d^2x_0}{dt^2}\sin\varphi\right)$$

oder nach Einsetzen der Werte von (3)

$$\left.\begin{aligned} H_\xi &= -(a + s\sin\tau)\,m\,\omega^2 - m s\varepsilon^2\sin\tau + ms\frac{d\varepsilon}{dt}\cos\tau \\ H_\eta &= +(a + s\sin\tau)\,m\frac{d\omega}{dt} + 2ms\omega\varepsilon\cos\tau \\ Z &= -G - ms\left(\frac{d\varepsilon}{dt}\sin\tau + \varepsilon^2\cos\tau\right) \end{aligned}\right\} \quad . \quad (5)$$

Befindet sich das System im Beharrungszustande, d. h. rotiert der Körper gleichförmig um die Vertikalachse ohne Änderung seiner Schwerpunktshöhe, so vereinfachen sich die Gl. (5) mit

$$\frac{d\omega}{dt} = 0, \qquad \varepsilon = 0, \qquad \frac{d\varepsilon}{dt} = 0$$

in

$$H_\xi = -(a + s\sin\tau)\cos\omega^2, \qquad H_\eta = 0, \qquad Z = -G \quad (5a)$$

In der Praxis werden nun ausnahmslos die Zentrifugalpendel paarweise verwendet, so zwar, dafs zwei genau gleich geformte und gleich schwere Körper auf beiden Seiten der Vertikalachse symmetrisch angeordnet sind. Alsdann ruft der zweite ebenfalls Horizontal- und Vertikalreaktionen hervor, von denen die ersteren die vom andern Körper an der Achse OZ geweckten gerade aufheben, während sich die Vertikalreaktionen in jedem Falle addieren. Wenn auf diese Weise die Vertikalachse durch die paarweise Wirkung zweier Zentrifugalpendel entlastet wird, so gilt dies doch nicht von dem Arme $O\Omega$ bezw. der rotierenden Achse $C\Omega C$. Wir dürfen nämlich nicht vergessen, dafs durch diese Achse das Zentrifugalpendel mit dem lediglich um die Vertikalachse rotierenden System zusammenhängt und dafs infolgedessen Ω der Angriffspunkt der Reaktionskomponenten H_ξ, H_η und Z bildet. Die Kräfte H_η und Z stellen demnach für den Punkt Ω des Armes $O\Omega = a$ Transversalkräfte (siehe § 37) dar, während H_ξ ersichtlich eine Zugspannung bedeutet.

Aufser den soeben bestimmten Reaktionskräften wirken aber noch auf den Pendelkörper bei Ω Momente, welche bei Lösung der Verbindung an dieser Stelle ebenso wie äufsere Momente in Rechnung zu bringen sind. Alsdann aber können wir die Pendelmasse als ganz frei beweglich betrachten und die Eulerschen Gleichungen (13) aus § 53 darauf anwenden. Bezeichnen wir die Winkelgeschwindigkeiten um die drei Hauptachsen bezw. um die Parallelen zu denselben mit ω_a, ω_b, ω_c, die Trägheitsmomente um die Achsen ΩA, ΩB, $C\Omega C$ dagegen mit Θ_a, Θ_b, Θ_c, so sind die Hauptträgheitsmomente nach dem Steinerschen Satze gegeben durch

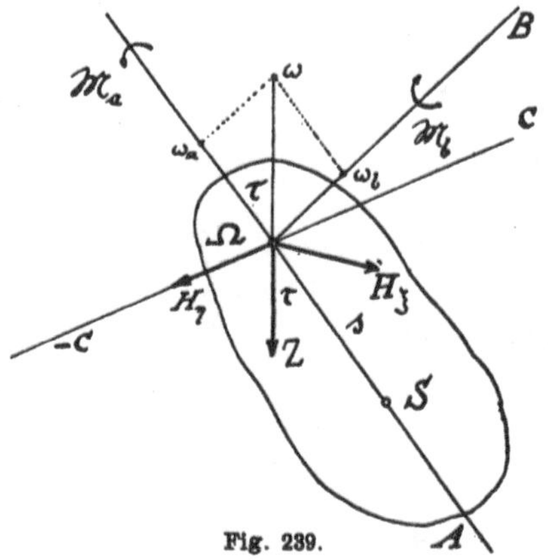

Fig. 239.

$$\Theta_a\,, \qquad \Theta_b - s^2 m\,, \qquad \Theta_c - s^2 m \quad . \quad . \quad . \quad . \quad (6)$$

Das Reaktionsmoment in Ω für die Achse $O\Omega$ sei nun $\mathfrak{M}_a$, dasjenige für die Achse ΩB dagegen $\mathfrak{M}_b$, während für die Achse $C\Omega C$, um welche der Pendelkörper selbst schon vor Aufhebung der Verbindung reibungslos drehbar war, kein Reaktionsmoment existiert. Zu diesen Reaktionsmomenten haben wir nun noch die Momente der Reaktionskräfte H_ξ, H_η, Z in Bezug auf die Hauptachsen hinzuzufügen und diese Summen als äufsere Momente in die Eulerschen Formeln einzusetzen. Dieselben gehen damit über in

$$\left.\begin{aligned}
\mathfrak{M}_a &= \Theta_a \frac{d\omega_a}{dt} - (\Theta_b - s^2 m - \Theta_c + s^2 m)\,\omega_b\,\omega_c \\
\mathfrak{M}_b - H_\eta\, s &= (\Theta_b - s^2 m) \frac{d\omega_b}{dt} - (\Theta_c - s^2 m - \Theta_a)\,\omega_c\,\omega_a \\
Z s \sin\tau - H_\xi\, s \cos\tau &= (\Theta_c - s^2 m) \frac{d\omega_c}{dt} \\
&\qquad - (\Theta_b - s^2 m - \Theta_a)\,\omega_a\,\omega_b
\end{aligned}\right\} \quad . \quad (7)$$

Die hierin auftretenden Winkelgeschwindigkeiten ω_a und ω_b ergeben sich nun sofort als Komponenten von ω um die Vertikalachse, während ω_c für die Achse $C\Omega C$ offenbar mit der schon benutzten Winkelgeschwindigkeit ε identisch ist. Mit diesen Werten

$$\omega_a = \omega \cos \tau , \qquad \omega_b = \omega \sin \tau , \qquad \omega_c = \varepsilon , \quad . \quad . \quad (8)$$

ihren Ableitungen

$$\left.\begin{aligned} \frac{d\omega_a}{dt} &= \frac{d\omega}{dt} \cos \tau - \omega \varepsilon \sin \tau \\ \frac{d\omega_b}{dt} &= \frac{d\omega}{dt} \sin \tau + \omega \varepsilon \cos \tau \\ \frac{d\omega_c}{dt} &= \frac{d\varepsilon}{dt} = \frac{d^2\tau}{dt^2} \end{aligned}\right\} , \quad . \quad . \quad . \quad . \quad (9)$$

sowie unter Einführung der Ausdrücke für H_ξ, H_η, Z aus (5) gehen die ersten beiden Gl. (7) über in

$$\left.\begin{aligned} \mathfrak{M}_a &= \Theta_a \frac{d\omega}{dt} \cos \tau - (\Theta_a + \Theta_b - \Theta_c)\, \omega \varepsilon \sin \tau \\ \mathfrak{M}_b &= (m a s + \Theta_b \sin \tau) \frac{d\omega}{dt} \\ &\qquad + (\Theta_a + \Theta_b - \Theta_c + 2 m s^2)\, \omega \varepsilon \cos \tau \end{aligned}\right\} . \quad (10)$$

Für konstante Winkelgeschwindigkeit ω sowie relative Ruhe des Pendelkörpers gegen das rotierende Achsensystem, also $\varepsilon = 0$ verschwinden diese beiden Reaktionsmomente. Reduziert sich die Pendelmasse auf einen materiellen Punkt in S, so wird mit $\Theta_a = 0$, $\Theta_b = \Theta_c = m s^2$ auch $\mathfrak{M}_a = 0$ und $\mathfrak{M}_b = H_\eta\, s$. Die beiden Momente kann man andererseits aber auch zu je einem Moment mit vertikaler und horizontaler Achse in Ω zusammensetzen. Von diesen wird das erstere $\mathfrak{M}_\zeta$ die Drehachse $C \Omega C$ bezw. den Arm $O \Omega$ auf Biegung in Anspruch nehmen, das letztere $\mathfrak{M}_\xi$ dagegen die Drehachse $C \Omega C$ zu verbiegen, den Arm $O \Omega$ zu verdrehen bestrebt sein. Wir erhalten für diese Momente die Werte

$$\left.\begin{aligned} \mathfrak{M}_\xi &= \mathfrak{M}_b \cos \tau - \mathfrak{M}_a \sin \tau \\ &= \left\{ m a s + (\Theta_b - \Theta_a) \sin \tau \right\} \frac{d\omega}{dt} \cos \tau \\ &\qquad + (\Theta_a + \Theta_b - \Theta_c + 2 m s^2 \cos^2 \tau)\, \omega \varepsilon \\ \mathfrak{M}_\zeta &= \mathfrak{M}_b \sin \tau + \mathfrak{M}_a \cos \tau \\ &= (m a s \sin \tau + \Theta_a \cos^2 \tau + \Theta_b \sin^2 \tau) \frac{d\omega}{dt} \\ &\qquad + 2 m s^2 \omega \varepsilon \cos \tau \sin \tau \end{aligned}\right\} , \quad (10a)$$

welche naturgemäfs ebenfalls für $\omega = \text{const.}$ und $\varepsilon = 0$ verschwinden. Wir gehen nunmehr zur letzten Gl. (7) für die Drehung um die Achse $C\Omega C$ über und erhalten nach Einsetzen der Werte von H_ξ und Z aus (5) sowie mit Rücksicht auf (8) nach Kürzung verschiedener Terme

$$\Theta_c \frac{d^2\tau}{dt^2} = \left\{ mas + (\Theta_b - \Theta_a)\sin\tau \right\} \omega^2 \cos\tau - mgs\sin\tau \quad . \quad (11)$$

Diese Formel ist nichts anderes als die Differentialgleichung der relativen Bewegung des materiellen Zentrifugalpendels; in ihr tritt im Gegensatz zu den Gleichungen für die Reaktionsmomente, welche weder Glieder mit ω^2 noch solche mit $\frac{d^2\tau}{dt^2} = \frac{d\varepsilon}{dt}$ enthalten, die Winkelbeschleunigung $\frac{d\omega}{dt}$ und die Winkelgeschwindigkeit ε als solche nicht auf. Für einen materiellen Punkt in S erhalten wir aus (11) wegen $\Theta_a = 0$, $\Theta_b = \Theta_c = ms^2 = ml^2$

$$\frac{d^2\tau}{dt^2} = \frac{a + l\sin\tau}{l}\,\omega^2\cos\tau - \frac{g}{l}\sin\tau\,, \quad . \quad . \quad (11\text{a})$$

also dieselbe Gleichung wie in § 20 Gl. (5). Da die Formeln (11) und (11a) genau denselben Aufbau besitzen und auch dieselben Variabeln enthalten, so müssen sie auch bei gleichen Vorzeichen ihrer Konstanten auf dieselbe Bewegungserscheinung führen. Diese aber haben wir schon in § 20 als **Schwingungen um relative Ruhelagen für die Schwerachse** erkannt, welche hier mit $\frac{d^2\tau}{dt^2} = 0$ der Bedingung

$$a + \frac{\Theta_b - \Theta_a}{ms}\sin\tau = \frac{g}{\omega^2}\,\text{tg}\,\tau \quad . \quad . \quad . \quad . \quad (12)$$

genügen. Vergleicht man dieselbe mit der aus (11a) hervorgehenden, so erkennt man ihre Übereinstimmung, wenn

$$\frac{\Theta_b - \Theta_a}{ms} = l \quad . \quad . \quad . \quad . \quad . \quad . \quad . \quad . \quad (13)$$

gesetzt werden darf. Wir wollen darum diesen dem ebenen Pendel analogen Wert die **reduzierte Länge des materiellen Zentrifugalpendels** nennen. Besteht das Pendel aus einer schweren Kugel vom Radius r_0 und dem Schwerpunktsabstande s

von Ω, an einer dünnen Stange (Fig. 240), so hat man, wenn m' die Kugelmasse, m'' die Stangenmasse bedeutet,

$$\Theta_c = \Theta_b \sim m' s^2 \left(1 + \frac{2}{5}\frac{r_0^2}{s^2}\right) + \frac{m''}{3}(s - r_0)^2$$

$$\Theta_a \sim \frac{2}{5} m' r_0^2.$$

Ist nun r_0 klein gegen s, so darf man jedenfalls $r_0^2 : s^2$ und damit Θ_a gegen Θ_b und Θ_c vernachlässigen, also angenähert für (13) setzen

$$\frac{\Theta_b - \Theta_a}{m s} = \frac{\Theta_c}{m s} = l, \quad . \; . \; . \; . \; . \quad (13\text{a})$$

wodurch (11) vollkommen mit (11a) identisch wird. Meistens ist auch die Stangenmasse gegenüber derjenigen der Kugel so

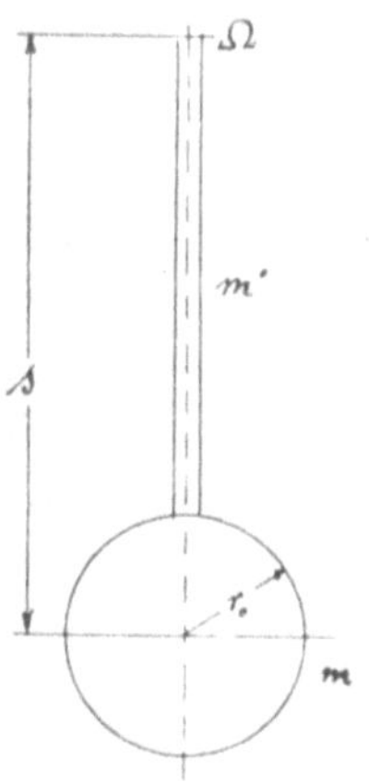

Fig. 240.

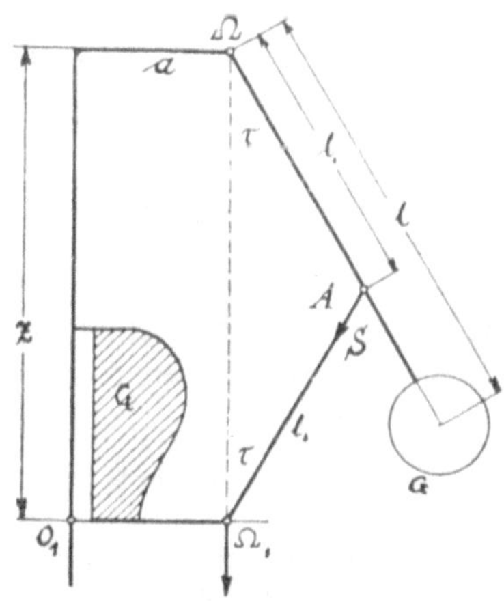

Fig. 241.

unerheblich, dafs man das ihr entsprechende Glied in Θ_b und Θ_c, welches überdies noch mit dem Faktor 1 : 3 behaftet ist, ohne weiteres vernachlässigen darf. Hiervon wollen wir nun bei der Aufstellung der **Bewegungsgleichungen des Regulators**, dessen Hauptbestandteil ein Zentrifugalpendel bildet, Gebrauch machen. In Fig. 241 ist ein solcher Regulator zur Hälfte dargestellt, dessen Pendelarm in A mit einem weiteren Arme $A\Omega_1$ gelenkig derart verbunden ist, dafs mit wachsendem Ausschlage τ das Gewicht G_1, welches auf dem unteren vertikal verschiebbaren Arme $O_1 \Omega_1$ ruht, gehoben wird. Der Einfachheit halber setzen wir

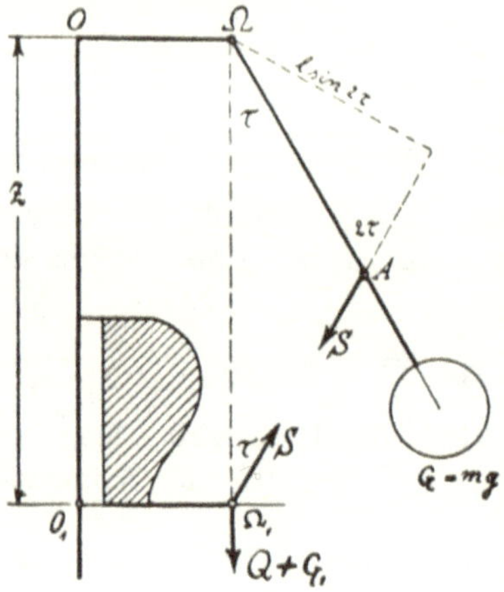

$$O\Omega = O_1\Omega_1 = a$$
$$A\Omega = A\Omega_1 = l_1,$$
mithin
$$\sphericalangle A\Omega\Omega_1 = A\Omega_1\Omega = \tau.$$

Wir können nunmehr die Bewegungsgleichung für das Pendel $\Omega A G$ sofort aufstellen, wenn wir die in A angreifende Stange zunächst durch die in ihr wirkende Zugkraft S ersetzen (Fig. 242). Alsdann ergibt die Momentengleichung für das Pendel, dessen Masse m im Abstande l von Ω konzentriert gedacht sei,

$$l^2 m \frac{d^2\tau}{dt^2} = ml(a + l\sin\tau)\,\omega^2\cos\tau - mlg\sin\tau - Sl_1\sin 2\tau \quad (14)$$

Andererseits haben wir für die Bewegung des Gewichtes $G_1 = m_1 g$ der sog. Regulatorhülse, wenn deren Vertikalabstand $O_1 O = z$ gesetzt und der äußere Widerstand (Reibung u. s. w.) mit Q bezeichnet wird,

$$G_1 + Q - S\cos\tau = m_1 \frac{d^2 z}{dt^2} \quad . \quad . \quad . \quad . \quad . \quad (15)$$

Führen wir den sich hieraus ergebenden Wert von S in (14) ein, so geht diese Gleichung mit $mg = G$ über in

$$l^2 m \frac{d^2\tau}{dt^2} = ml(a + l\sin\tau)\,\omega^2\cos\tau$$
$$- (Gl + 2(G_1 + Q)\,l_1)\sin\tau + 2m_1 l_1 \frac{d^2 z}{dt^2}\sin\tau \quad (14a)$$

Da nun

$$z = 2l_1\cos\tau, \quad . \quad . \quad . \quad . \quad . \quad . \quad . \quad . \quad (16)$$

also

$$\frac{d^2 z}{dt^2} = -2l_1\frac{d^2\tau}{dt^2}\sin\tau - 2l_1\left(\frac{d\tau}{dt}\right)^2\cos\tau$$

wird, so dürfen wir statt (14a) auch schreiben

$$(m l^2 + 4 m_1 l_1^2 \sin^2 \tau) \frac{d^2 \tau}{d t^2} = m l (a + l \sin \tau) \omega^2 \cos \tau$$

$$- (G l + 2 (G_1 + Q) l_1) \sin \tau - 4 l_1^2 m \left(\frac{d \tau}{d t}\right)^2 \cos \tau \sin \tau \quad (14b)$$

Dies ist schon die **Differentialgleichung der Bewegung des Regulators**, deren Integration allerdings auch für konstante Umdrehungsgeschwindigkeit ω der Spindel nicht durchführbar ist. Es bleibt uns daher, um weitere Schlüsse hieraus zu ziehen, nichts als die schon öfters geübte Beschränkung auf **kleine Schwingungen** um Gleichgewichtslagen τ_0 übrig. Wir setzen dementsprechend

$$\tau = \tau_0 + \Delta \tau$$

und dürfen dann angenähert schreiben

$$\left.\begin{aligned} \sin \tau &= \sin \tau_0 + \Delta \tau \cos \tau_0 \\ \cos \tau &= \cos \tau_0 - \Delta \tau \sin \tau_0 \end{aligned}\right\} \quad . \quad . \quad . \quad . \quad . \quad (17)$$

Aufserdem aber können wir alsdann die Produkte kleiner Gröfsen

$$\left(\frac{d \tau}{d t}\right)^2 = \left(\frac{d \Delta \tau}{d t}\right)^2 \text{ und } \Delta \tau \frac{d^2 \Delta \tau}{d t^2}$$

vernachlässigen und erhalten somit aus (14b)

$$\left.\begin{aligned} (m l^2 + 4 m_1 l_1^2 \sin^2 \tau_0) \frac{d^2 \Delta \tau}{d t^2} &= m l (a + l \sin \tau_0) \omega^2 \cos \tau_0 \\ &\quad - (G l + 2 G_1 l_1) \sin \tau_0 \\ - 2 Q l_1 \sin \tau_0 + m l (l \cos 2 \tau_0 &- a \sin \tau_0) \omega^2 \Delta \tau \\ - 2 Q l_1 \Delta \tau \cos \tau_0 - (G l &+ 2 G_1 l_1) \Delta \tau \cos \tau_0 \end{aligned}\right\} (18)$$

Ist nun die Kraft Q, welche man wohl auch als die **Verstellungskraft des Regulators** bezeichnet, unveränderlich in ihrer Gröfse und Richtung, so hat man für die Gleichgewichtslage des Regulators für die Umdrehungsgeschwindigkeit ω

$$\Delta \tau = 0 \text{ und } \frac{d^2 \Delta \tau}{d t^2} = 0,$$

also auch

$$2 Q l_1 + 2 G_1 l_1 + G l = m l (a + l \sin \tau_0) \omega^2 \frac{\cos \tau_0}{\sin \tau_0} \quad . \quad (19)$$

Damit aber vereinfacht sich die Gl. (18) in

$$(m l^2 + 4 m_1 l_1^2 \sin^2 \tau_0) \frac{d^2 \Delta \tau}{d t^2} = - m l \omega^2 \frac{a + l \sin^3 \tau_0}{\sin \tau_0} \Delta \tau , \qquad (18a)$$

woraus man sofort erkennt, dafs auch der Regulator, wie das einfache Zentrifugalpendel um seine Gleichgewichtslagen Schwingungen vollzieht, so lange

$$\frac{a}{\sin \tau_0} + l \sin^2 \tau_0 > 0. \quad . \quad . \quad . \quad . \quad . \quad . \qquad (20)$$

Ist diese Bedingungsgleichung nicht erfüllt, so haben wir es mit einer labilen Gleichgewichtslage τ_0 zu tun, in welcher der Regulator praktisch unbrauchbar wird. Aufserdem aber geht aus (19) hervor, dafs durch Vergröfserung des Hülsengewichts G_1 unter sonst gleichen Verhältnissen der Regulator einer höheren Umdrehungsgeschwindigkeit ω angepafst wird, wovon man in der Praxis häufig Gebrauch macht. Mit diesen Bemerkungen über das Verhalten des Regulators bei einer bestimmten Winkelgeschwindigkeit der Spindel ist indessen das Wesen der Regulierung überhaupt noch nicht berührt worden, da dieses auf dem Zusammenwirken des Regulators mit der zu regulierenden Maschine beruht. Die Winkelgeschwindigkeit derselben, welche derjenigen des starr mit ihr gekuppelten Regulators direkt proportional ist, darf nämlich nicht ohne weiteres als konstant betrachtet werden; sie ist vielmehr mit der Differenz der in die Maschine eingeleiteten und von ihr abgegebenen Energie umsomehr variabel, je kleiner das Trägheitsmoment der rotierenden Massen ausfällt. Immerhin aber können wir auch hier voraussetzen, dafs die Schwankungen $\Delta \omega$ von ω so gering ausfallen, dafs die Quadrate derselben, sowie die Produkte $\Delta \tau \, \Delta \omega$ vernachlässigbar bleiben und darum für Gl. (18) mit $\omega = \omega_0 + \Delta \omega$ schreiben

$$\left.\begin{aligned} (m l^2 + 4 m_1 l_1^2 \sin^2 \tau_0) \frac{d^2 \Delta \tau}{d t^2} &= m l (a + l \sin \tau_0) \omega_0^2 \cos \tau_0 \\ &+ 2 m l (a + l \sin \tau_0) \omega_0 \Delta \omega \cos \tau_0 \\ &+ m l (l \cos 2 \tau_0 - a \sin \tau_0) \omega_0^2 \Delta \tau \\ &- (2 Q l_1 + G l + 2 G_1 l_1)(\sin \tau_0 + \Delta \tau \cos \tau_0) \end{aligned}\right\} (18b)$$

Weiterhin nehmen wir jetzt an, daſs die Kraft Q, welche sich der Verschiebung der Regulatorhülse entgegenstellt, auch die gleitende Reibung R in den Gelenken des Regulators und des Stellzeuges, d. h. der Verbindung des Regulators mit der Steuerung der Maschine, sowie einen Bewegungswiderstand umfaſst, welcher der Geschwindigkeit $\frac{dz}{dt}$ bezw. $l_1 \frac{d\Delta\tau}{dt} \sin\tau_0$ [siehe Gl. (16)] direkt proportional ist. Eine solche Dämpfung schaltet man in der Praxis meist durch eine sog. Ölbremse, auch Katarakt genannt, in das Stellzeug ein. Alsdann dürfen wir setzen

$$Q = Q_0 \pm R + \mu l_1 \frac{d\Delta\tau}{dt} \sin\tau_0, \quad . \quad . \quad . \quad (19\,a)$$

worin Q_0 eine Kraft von konstanter Gröſse und Richtung bedeutet, während der Reibungswiderstand R sein Vorzeichen wechseln kann. Beim Einsetzen dieses Ausdrucks in (18b) vernachlässigen wir nun das Produkt $\Delta\tau \frac{d\Delta\tau}{dt}$ und erhalten so

$$\left.\begin{aligned}(m l^2 + 4 m_1 l_1^2 \sin^2\tau_0) \frac{d^2\Delta\tau}{dt^2} &= m l (a + l \sin\tau_0) \omega_0^2 \cos\tau_0 \\ &\quad - (2 Q_0 l_1 \pm 2 R l_1 + 2 G_1 l_1 + G l) \sin\tau_0 \\ &\quad + 2 m l (a + l \sin\tau_0) \omega_0 \Delta\omega \cos\tau_0 \\ &\quad + m l (l \cos 2\tau_0 - a \sin\tau_0) \omega_0^2 \Delta\tau \\ &\quad - 2 \mu l_1^2 \frac{d\Delta\tau}{dt} \sin^2\tau_0 \\ &\quad - (2 Q_0 l_1 \pm 2 R l_1 + 2 G_1 l_1 + G l) \Delta\tau \cos\tau_0\end{aligned}\right\} (18c)$$

Für die Ruhelage verschwinden nun wieder alle Glieder mit den veränderlichen Gröſsen $\Delta\omega$ und $\Delta\tau$ bezw. ihren Ableitungen, so daſs diese der Bedingungsgleichung

$$2 (Q_0 \pm R + G_1) l + G l = m l (a + l \sin\tau_0) \omega_0^2 \frac{\cos\tau_0}{\sin\tau_0} \quad . \quad (19\,b)$$

genügt. Eliminieren wir damit die Glieder der rechten Seite aus (18c), so erhalten wir für die Regulatorbewegung

$$\left.\begin{aligned}(m l^2 + 4 m_1 l_1^2 \sin^2\tau_0) \frac{d^2\Delta\tau}{dt^2} + 2 \mu l_1^2 \frac{d\Delta\tau}{dt} \sin^2\tau_0 & \\ + m \omega_0^2 l \frac{a + l \sin^3\tau_0}{\sin\tau_0} \Delta\tau & \\ = 2 m l (a + l \sin\tau_0) \omega_0 \Delta\omega \cos\tau_0 &\end{aligned}\right\} . \quad (21)$$

Dies ist aber die Differentialgleichung[1]) einer erzwungenen gedämpften Schwingung, deren Störungsglied auf der rechten Seite den Schwankungen der Umdrehungsgeschwindigkeit des Regulators und damit der Maschine selbst proportional ist. Bezeichnen wir mit n das Übersetzungsverhältnis beider Winkelgeschwindigkeiten, so ist diejenige der Maschine $\frac{\omega}{n}$ und wir erhalten, unter der Voraussetzung, daſs nur die rotierenden Teile der Maschine mit einem Gesamtträgheitsmoment Θ_0 in Frage kommen, während die kinetische Energie etwaiger hin- und hergehender Organe dagegen ebenso wie diejenige des Regulators selbst verschwinden, aus der Energiegleichung

$$\frac{\Theta_0}{2}\left(\frac{\omega^2}{n^2}-\frac{\omega_0^2}{n^2}\right)=\varDelta L \quad . \quad . \quad . \quad . \quad . \quad (22)$$

Hierin bedeutet $\varDelta L$ wie in § 42 den Arbeitsüberschuſs der treibenden Kraft P über den Widerstand W von der Stelle ab gerechnet, wo $\omega = \omega_0$ war. Wir können demnach, unter $\frac{\varphi}{n}$ den entsprechenden Drehwinkel der Maschine verstanden, dafür auch schreiben

$$\frac{\Theta_0}{2}\left(\frac{\omega^2}{n^2}-\frac{\omega_0^2}{n^2}\right)=\int\limits_0^{\frac{\varphi}{n}}(P-W)\,r\,d\left(\frac{\varphi}{n}\right), \quad . \quad . \quad (22\text{a})$$

[1]) Diese Gleichung enthält die konstanten Glieder Q_0 und R nicht mehr, welche vielmehr in die Gleichgewichtsbedingung (11a) eingegangen sind. Das liegt natürlich nur daran, daſs wir uns diese Kräfte summarisch im Punkte Ω_1 (Fig. 241 und 242) angreifend gedacht haben, während die Reibung R sich in Wirklichkeit auf alle Gelenke verteilen kann und alsdann auch in der Schwingungsgleichung (21) zum Ausdruck gelangen müſste. Beachten wir dagegen die Bemerkungen am Schlusse von § 25, daſs der Reibungswiderstand bei kleinen Schwingungen ebenso wirkt, wie eine Dämpfung, so erkennen wir, daſs es nicht nötig ist, der Gl. (21) neue Glieder hinzuzufügen, um sie den wirklichen Verhältnissen anzupassen. Auf diese eigentümliche, der Dämpfung äquivalente Wirkung der gleitenden Reibung hat übrigens schon Stodola in seiner Abhandlung »Das Siemensche Regulierprinzip und die amerikanischen Inertieregulatoren« (Zeitschrift d. Vereins d. Ingenieure 1898, siehe dort Anm. 2 S. 514 erste Spalte aufmerksam gemacht.

oder mit $\omega = \omega_0 + \varDelta\omega$ und Vernachlässigung von $\varDelta\omega^2$

$$\Theta_0 \frac{\omega_0}{n^2} \varDelta\omega = \int_0^{\frac{\varphi}{n}} (P - W)\, r\, d\left(\frac{\varphi}{n}\right).$$

Setzen wir nun noch angenähert

$$\varphi = \omega_0 t$$

und differenziieren, so folgt

$$\frac{\Theta_0}{n} \frac{d\varDelta\omega}{dt} = (P - W)\, r \quad . \quad . \quad . \quad . \quad . \quad (22\text{b})$$

Die Differenz $P - W$ ist nun im allgemeinen, vor allem bei Dampfmaschinen und verwandten Motoren eine periodische Funktion des Drehwinkels, also angenähert auch der Zeit. Wir wollen indessen zunächst voraussetzen, daſs, wie bei Turbinen, während einer Umdrehung selbst diese Differenz verschwindet und nur durch den Einfluſs des Regulators endliche Werte annimmt. Da dies stets durch die Verschiebung der Hülse erfolgt, so sind die Werte von $P - W$ der Änderung von z in Gl. (16) proportional, so zwar, daſs bei sinkender Hülse, also abnehmender Winkelgeschwindigkeit ω die Differenz $P - W$ zunimmt. Wir dürfen somit schreiben

$$(P - W)\, r = P_0 \varDelta z = -2 P_0 l_1 \varDelta\tau \sin\tau_0, \quad . \quad . \quad (23)$$

wodurch (22b) übergeht in

$$\frac{d\varDelta\omega}{dt} = -2 n l_1 \frac{P_0}{\Theta_0} \varDelta\tau \sin\tau_0 \, . \quad . \quad . \quad . \quad . \quad (24)$$

Bevor wir diesen Wert in unsere Differentialgleichung (21) der Regulatorbewegung einführen können, müssen wir dieselbe noch einmal nach τ differenziieren und erhalten so

$$\left.\begin{aligned}(m l^2 + 4 m_1 l_1^2 \sin^2\tau_0) \frac{d^3\varDelta\tau}{dt^3} + 2\mu l_1^2 \frac{d^2\varDelta\tau}{dt^2} \sin^2\tau_0 \\ + m\omega_0^2 l \frac{a + l\sin^3\tau_0}{\sin\tau_0} \frac{d\varDelta\tau}{dt} \\ + 2 n m \omega_0 l_1 l (a + l\sin\tau_0) \frac{P_0}{\Theta_0} \varDelta\tau \sin 2\tau_0 = 0\end{aligned}\right\} . \quad (25)$$

Zu derselben Gleichung wären wir auch für $\varDelta\omega$ gelangt, wenn wir $\varDelta\tau$ und seine Ableitungen aus (24) in Gl. (21) eingesetzt hätten. Mit den Abkürzungen

$$\left.\begin{aligned} 2\,n\,m\,\omega_0 l_1 l\,(a+l\sin\tau_0)\frac{P_0}{\Theta_0}\sin 2\tau_0 &= A_0 \\ m\,\omega_0{}^2 l\,\frac{a+l\sin{}^3\tau_0}{\sin\tau_0} &= A_1 \\ 2\,\mu\,l_1{}^2\sin{}^2\tau_0 &= A_2 \\ m\,l^2+4\,m_1 l_1{}^2\sin{}^2\tau_0 &= A_3 \end{aligned}\right\} \quad . \quad . \quad (26)$$

schreiben wir nunmehr für (25)

$$A_3\frac{d^3\varDelta\tau}{d\,t^3}+A_2\frac{d^2\varDelta\tau}{d\,t^2}+A_1\frac{d\varDelta\tau}{dt}+A_0\varDelta\tau=0 \quad . \quad (25\text{a})$$

Das allgemeine Integral dieser Differentialgleichung

$$\varDelta\tau=C_1 e^{k_1 t}+C_2 e^{k_2 t}+C_3 e^{k_3 t} \quad . \quad . \quad . \quad . \quad (27)$$

enthält drei willkürliche Konstante C_1, C_2, C_3, während die Koeffizienten k_1, k_2, k_3, wie man sich durch Einsetzen von $\varDelta\tau = C e^{kt}$ in (25) überzeugt, Wurzeln der kubischen Gleichung

$$A_3 k^3+A_2 k^2+A_1 k+A_0=0 \quad . \quad . \quad . \quad . \quad (27\text{a})$$

darstellen. Wenn die Koeffizienten A_0, A_1, A_2, A_3 durchweg positiv sind, so werden die drei Wurzeln k_1, k_2, k_3 entweder sämtlich reell und negativ oder aber zwei derselben sind konjugiert komplex und nur eine Wurzel bleibt reell und negativ. Im ersteren Falle nähert sich der Regulator asymptotisch seiner Ruhelage und ebenso die Winkelgeschwindigkeit ω ihrem Normalwerte ω_0. Im andern Falle haben wir mit

$$k_1=-k_0, \qquad k_{23}=p\pm q\,i \quad . \quad . \quad . \quad . \quad . \quad (28)$$

für die Lösung der Differentialgleichung

$$\varDelta\tau=C_1 e^{-k_0 t}+e^{pt}\left(C_2 e^{+qit}+C_3 e^{-qit}\right)$$

oder auch, unter B und β zwei neue Konstante verstanden,

$$\varDelta\tau=C_1 e^{-k_0 t}+B e^{pt}\sin(q\,t+\beta) \quad . \quad . \quad . \quad (29)$$

Das erste Glied hierin verschwindet wiederum asymptotisch, das zweite dagegen stellt eine Schwingung dar, deren Amplitude unbegrenzt zu- oder abnimmt, je nachdem p positiv oder negativ wird. Die Bedingung, welche die Konstanten von (27a) hierfür zu erfüllen haben, ergibt sich aus den Gleichungen zwischen den drei Wurzeln k_1, k_2, k_3 bezw. ihren Werten aus (28)

$$k_1 + k_2 + k_3 = -\frac{A_2}{A_3} \quad \text{oder} \quad 2p - k_0 = -\frac{A_2}{A_3}$$

$$k_1 k_2 + k_2 k_3 + k_3 k_1 = +\frac{A_1}{A_3} \quad \text{oder} \quad p^2 + q^2 - 2pk_0 = +\frac{A_1}{A_3}$$

$$k_1 k_2 k_3 = -\frac{A_0}{A_3} \quad \text{oder} \quad (p^2 + q^2)\,k_0 = +\frac{A_0}{A_3}$$

Multiplizieren wir die ersten beiden dieser Gleichungen mit einander und addieren sie zur dritten, so folgt

$$\frac{A_0 A_3 - A_1 A_2}{A_3{}^2} = 2p\left\{(p - k_0)^2 + q^2\right\}.$$

Hieraus erkennt man, dafs p stets dasselbe Vorzeichen besitzt, wie die Differenz $A_0 A_3 - A_1 A_2$, welche sofort aus (26) berechnet werden kann. **Die Schwingungen des Regulators und mit ihnen die Schwankungen der Winkelgeschwindigkeit der von ihnen beherrschten Maschine werden also mit der Zeit unbegrenzt ab- oder zunehmen, je nachdem**

$$A_0 A_3 \lesseqgtr A_1 A_2 \quad . \; . \; . \; . \; . \; . \; . \quad (29\text{a})$$

ausfällt. Nur im ersten Falle ist der Regulator praktisch brauchbar, die Regulierung versagt dagegen vollständig, wenn entweder A_1 oder A_2 verschwindet, bezw. wenn A_1 negativ werden sollte. Diese letztere haben wir aber schon in (20) als Bedingung dafür kennen gelernt, dafs der Ausschlag τ_0 einer labilen Ruhelage entsprach, während das Verschwinden von A_2 mit $\mu = 0$, also dem Wegfalle der Dämpfung, identisch ist. Daraus folgt wiederum, **dafs ein gänzlich ungedämpfter Regulator im allgemeinen unbrauchbar ist, dafs man aber jeden Regulator, für den die Bedingung (20) erfüllt ist, durch Einschaltung einer Ölbremse mit regulierbarem Widerstand (d. h. μ) zu ordnungsmäfsigem Zusammenarbeiten mit einer Maschine zwingen kann.**

Dies gelingt um so eher, je gröfser das Trägheitsmoment Θ_0 der Schwungmasse in der Maschine, welches im Nenner von A_0 erscheint, ausfällt.

Bei der Anwendung der vorstehenden zuerst von Wischnegradsky[1]) angestellten Untersuchung auf praktische Fälle darf nun nicht übersehen werden, dafs ihre Gültigkeit streng genommen auf solche Maschinen beschränkt ist, deren Drehmoment und Winkelgeschwindigkeit unter normalen Verhältnissen konstant sind, d. h. für Turbinen. Bei anderen Maschinen, z. B. Dampfmaschinen sind beide Gröfsen periodisch veränderlich, und zwar ist zunächst die Winkelgeschwindigkeit nach Gl. (11b) in § 42 durch

$$\Theta_0 (\omega^2 - \omega_0^2) = \Theta \omega_0^2 \left(\cos 2 \frac{\varphi}{n} - 1\right) + 2 n^2 \Delta L \quad . \quad (22c)$$

gegeben, worin Θ_0 das Trägheitsmoment der lediglich rotierenden Massen, Θ das auf den Kurbelradius reduzierte Trägheitsmoment der hin- und hergehenden Teile, n wieder das Übersetzungsverhältnis zwischen Maschine und Regulator und $\frac{\varphi}{n}$ den Drehwinkel bedeutet. Aufserdem aber hat man auch für ΔL bezw. $(P - W) r$ eine Fouriersche Reihe in (22c) einzusetzen, wobei man sich unbedenklich die Vereinfachung $\varphi = \omega_0 t$ gestatten darf. Sind aufserdem noch die periodischen Glieder dieser Reihe unabhängig vom Regulatorausschlag, so dürfen wir statt (23) schreiben

$$\left.\begin{aligned} (P - W) r = P_0 \Delta z + P_1 \cos \frac{\omega_0 t}{n} + P_2 \cos 2 \frac{\omega_0 t}{n} + \ldots \\ + R_1 \sin \frac{\omega_0 t}{n} + R_2 \sin 2 \frac{\omega_0 t}{n} + \ldots \end{aligned}\right\} \quad (23a)$$

und mit (22c) an Stelle von (24)

$$\frac{d \Delta \omega}{d t} = \frac{\Theta}{\Theta_0} \frac{\omega_0^2}{n} \sin \frac{2 \omega_0 t}{n} + n \frac{P - W}{\Theta_0} r \quad . \quad . \quad (24a)$$

Führen wir diese Werte in die noch einmal differenziierte Gl. (21) ein, so erhalten wir schliefslich mit Rücksicht auf die Abkürzungen (26)

$$A_3 \frac{d^3 \Delta \tau}{d t^3} + A_2 \frac{d^2 \Delta \tau}{d t^2} + A_1 \frac{d \Delta \tau}{d t} + A_0 \Delta \tau = f\left(\frac{\omega_0 t}{n}\right), \quad (25c)$$

[1]) Siehe dessen Abhandlung: »Über direkt wirkende Regulatoren«, Civilingenieur 1877.

worin $f\left(\frac{\omega_0 t}{n}\right)$ eine periodische Reihe andeuten soll, deren Koeffizienten sich leicht anschreiben lassen. Das allgemeine Integral dieser Gleichung ergibt sich nun als Übereinanderlagerung einer Eigenschwingung (29) und einer erzwungenen Schwingung, welch letztere wiederum als periodische Funktion durch eine Fouriersche Reihe $F\left(\frac{\omega_0 t}{n}\right)$ darstellbar ist, deren Koeffizienten sich aus $f\left(\frac{\omega_0 t}{n}\right)$ nach den früher entwickelten Methoden ermitteln lassen. Das Integral hat also im Gegensatz zu (29) die Form

$$\varDelta \tau = C_1 e^{-k_0 t} + B e^{pt} \sin(q t + \beta) + F\left(\frac{\omega_0 t}{n}\right) \quad . \quad (30)$$

Ohne dafs wir die Koeffizientenberechnung der Reihe $F\left(\frac{\omega_0 t}{n}\right)$ hier durchzuführen brauchen, erkennen wir doch die Möglichkeit des Eintretens von Resonanz, sobald die Eigenschwingungsdauer des Regulators mit derjenigen eines der Impulsglieder übereinstimmt, d. h. also wenn q und $\frac{\omega_0}{n}$ in einem rationalen Verhältnis zu einander stehen. Alsdann wird der Regulator periodische Zuckungen vollziehen, welche indessen um so weniger bedenklich sind, je gröfser das in den Nennern aller Koeffizienten der Reihen f und F stehende Trägheitsmoment Θ_0 der rotierenden Maschinenteile ist.

§ 58. Der Massenausgleich mehrkurbliger Maschinen.

Die Massendrücke mehrerer paralleler Kurbelgetriebe an gemeinsamer Welle. Die reduzierten Momente der hin- und hergehenden, bezw. der rotierenden Teile. Schlicks Ausgleichsbedingungen für die Massendrücke. Die Massendruckmomente und ihr teilweiser Ausgleich nach Schlick. Bedingung des Anspringens der Maschinen in jeder Lage. Anwendung auf Vierkurbelmaschinen; der Schubertsche Satz. Die symmetrische ausgeglichene Vierkurbelmaschine; Beispiel des Schnelldampfers »Deutschland«. Das Massendruckmoment um die Maschinenwelle. Bedingungen für den gleichförmigen Gang der Maschine.

Gelegentlich der Untersuchung der zwangläufigen Bewegung eines Stabes (§ 41) haben wir als Bestandteile der Rückwirkung desselben auf das mit den Leitkurven verbundene Gestell auch die sog. Massendrücke kennen gelernt. Bei stationären

Maschinen werden diese Kräfte von dem gewöhnlich aus einer schweren Stein- oder Betonmasse bestehenden Fundament aufgenommen, bezw. durch dasselbe auf die Erde selbst übertragen und so unschädlich gemacht. Anders liegt der Fall bei Maschinen, welche auf Fahrzeugen, also z. B. auf Lokomotiven oder Schiffen, aufgestellt sind. Wirken auf ein solches System von aufsen keine Kräfte ein, bezw. heben sich die äufseren Kräfte vollständig gegenseitig auf, so wird sich der Gesamtschwerpunkt in irgend einer Richtung, also im normalen Fall horizontal gleichförmig vorwärts bewegen. Das schliefst aber nicht aus, dafs infolge der relativen Bewegung einzelner Maschinenteile gegen den Gesamtschwerpunkt des Systems auch der Schwerpunkt des Fahrzeuges und des an ihm befestigten Maschinengestells Relativbewegungen gegen den Gesamtschwerpunkt vollzieht. Ist das Fahrzeug ein starrer Körper, so werden diese Bewegungen in Verschiebungen und Drehungen der Gesamtmasse mit Ausnahme der relativ bewegten Maschinenteile bestehen; ist es dagegen elastisch, so treten dazu noch Schwingungen auf, welche im Falle von Resonanz äufserst heftig und für den Zusammenhang sogar gefährlich werden können.

Allen diesen Schwierigkeiten geht man offenbar durch Festhaltung des Schwerpunktes der Maschine relativ zu dem des Fahrzeuges, sowie durch Verhinderung von Änderungen der relativen Winkelbewegungsgröfse aus dem Wege und bezeichnet eine Maschine, welche diese Forderungen erfüllt, als eine vollkommen ausgeglichene. Um zu beurteilen, welchen Bedingungen eine solche Maschine zu genügen hat, brauchen wir nur in den Formeln des D'Alembertschen Prinzips die Relativbewegungen der Maschinenteile gegen das Fahrzeug einzuführen. Die Maschine denken wir uns, da ein einzelnes Kurbelgetriebe offensichtlich nicht für sich ausgeglichen werden kann, aus einer Anzahl von Kurbelmechanismen mit parallelen Bewegungsebenen und gemeinsamer Welle zusammengesetzt (Fig. 243). Das Wellenmittel falle mit der z-Achse zusammen, ihren Schnittpunkt O mit der Ebene des ersten Kurbelgetriebes wählen wir als Koordinatenanfang, die innere Totlage desselben wie in § 42 als positive x-Richtung, senkrecht dazu die y-Achse. Weiterhin setzen wir in Übereinstimmung mit den weitaus meisten praktischen Ausführungen voraus, dafs die Bewegungsrichtungen der lediglich hin- und hergehenden Teile aller Getriebe einander parallel seien, mithin, da sie sämtlich die Wellenachse schneiden, mit dieser in der Ebene XOZ liegen. Befindet sich nun die erste Kurbel in der inneren Totlage, so mögen die anderen Kurbeln mit ihr die sog. Schränkungswinkel $\alpha_2, \alpha_3 \ldots \alpha_n$, in der positiven Drehrichtung gemessen, bilden.

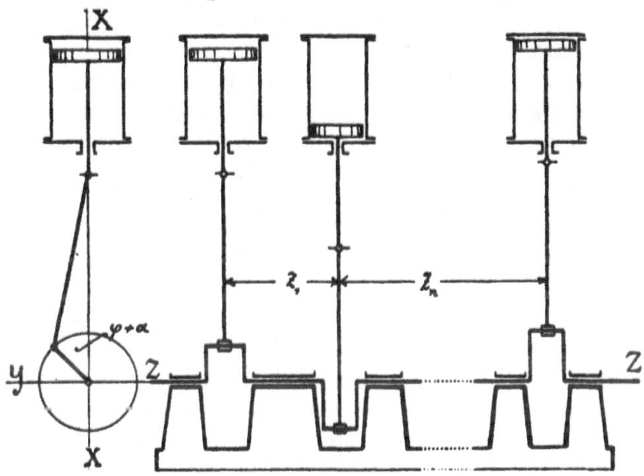

Fig. 243.

Einem beliebigen Kurbelwinkel φ im ersten Getriebe gegen die Totlage entsprechen demnach bei starrer Welle die Winkel $\varphi + \alpha_2$, $\varphi + \alpha_3 \ldots \varphi + \alpha_n$ für die anderen Getriebe, so daſs φ für das ganze System die gemeinsame unabhängige Variable darstellt. Ebenso hat natürlich auch die Winkelgeschwindigkeit $\omega = \frac{d\varphi}{dt}$ und die Winkelbeschleunigung $\frac{d\omega}{dt}$ in jedem Augenblicke für alle Getriebe denselben Wert. Bezeichnen wir nun die Massendruckkomponenten mit X, Y, Z, so haben wir nach der in § 41 gegebenen Definition bezw. nach den Schwerpunktskoordinaten x_0, y_0, z_0 und der Gesamtmasse Σm der bewegten Teile

$$\left.\begin{aligned} X &= \Sigma\int dm\,\frac{d^2x}{dt^2} = \frac{d^2x_0}{dt^2}\,\Sigma m \\ Y &= \Sigma\int dm\,\frac{d^2y}{dt^2} = \frac{d^2y_0}{dt^2}\,\Sigma m \\ Z &= \Sigma\int dm\,\frac{d^2z}{dt^2} = \frac{d^2z_0}{dt^2}\,\Sigma m \end{aligned}\right\} \quad \ldots \ldots (1)$$

Daraus erkennen wir schon in Übereinstimmung mit den vorstehenden Bemerkungen, daſs die Massendrücke selbst verschwinden, wenn der gemeinsame Schwerpunkt der bewegten Teile seine Lage nicht ändert, d. h., daſs mit dem Ausgleich der Massendrücke derjenige der Gewichtswirkungen notwendig verbunden ist. Für die z-Richtung, in der die Maschinenteile gegen ihr Gestell bezw. das Fahrzeug keine Relativbewegungen vollziehen, ist diese Bedingung ohne weiteres erfüllt, so daſs wir uns um die Komponente $Z = 0$ nicht weiter zu kümmern brauchen.

Ist nun m die Masse der Schubstange, m' diejenige der lediglich in der x-Richtung hin- und hergehenden Teile, m'' diejenige der rotierenden Teile des Getriebes mit dem Schränkungswinkel α, bedeuten ferner x', y' und x'', y'' die Koordinaten des Kreuzkopfes und des Kurbelzapfens, l die Schubstangenlänge, r den Kurbelradius, s den Schwerpunktsabstand der Stange vom Kreuzkopf, s'' denjenigen der Kurbel vom Wellenmittel dieses Getriebes, so haben wir nach Gl. (17) § 42 für dasselbe

$$\left.\begin{aligned} \int dm\,\frac{d^2x}{dt^2} &= \left(m' + \frac{s-l}{l}\,m\right)\frac{d^2x'}{dt^2} + \left(\frac{s''}{r}\,m'' + \frac{s}{l}\,m\right)\frac{d^2x''}{dt^2} \\ \int dm\,\frac{d^2y}{dt^2} &= \left(\frac{s''}{r}\,m'' + \frac{s}{l}\,m\right)\frac{d^2y''}{dt^2} \end{aligned}\right\} \quad . \quad (2)$$

und nach Gl. (18) desselben Paragraphen angenähert mit $\varphi + \alpha$ statt φ:

$$\left.\begin{aligned} \frac{d^2x'}{dt^2} &= -r\omega^2\left\{\cos(\varphi+\alpha) + \frac{r}{l}\sin 2(\varphi+\alpha)\right\} - r\,\frac{d\omega}{dt}\sin(\varphi+\alpha) \\ \frac{d^2y'}{dt^2} &= 0 \\ \frac{d^2x''}{dt^2} &= -r\omega^2\cos(\varphi+\alpha) - r\,\frac{d\omega}{dt}\sin(\varphi+\alpha) \\ \frac{d^2y''}{dt^2} &= -r\omega^2\sin(\varphi+\alpha) + r\,\frac{d\omega}{dt}\cos(\varphi+\alpha) \end{aligned}\right\} \quad (3)$$

Setzen wir nun abkürzungsweise

$$\left(m' + \frac{s-l}{l}\,m\right)r = M', \quad \left(\frac{s''}{r}\,m'' + \frac{s}{l}\,m\right)r = M'' \quad . \quad (4)$$

und bezeichnen diese Werte als die reduzierten Momente der hin- und hergehenden bezw. rotierenden Teile des Kurbelgetriebes, so ergibt die Einführung von (3) in (2) für die Massendruckkomponenten des fraglichen Getriebes

$$\left.\begin{aligned}\int dm\,\frac{d^2x}{dt^2} &= -(M'+M'')\left\{\omega^2\cos(\varphi+\alpha)+\frac{d\omega}{dt}\sin(\varphi+\alpha)\right\}\\ &\qquad -M'\frac{r}{l}\,\omega^2\sin 2(\varphi+\alpha)\\ \int dm\,\frac{d^2y}{dt^2} &= \qquad -M''\left\{\omega^2\sin(\varphi+\alpha)-\frac{d\omega}{dt}\cos(\varphi+\alpha)\right\}\end{aligned}\right\}\quad(2\text{a})$$

Daraus folgen schliefslich die Massendrücke des ganzen Systems durch Summierung, wobei wir nach Auflösung der Winkelfunktionen die allen gemeinsamen Gröfsen ω, $\frac{d\omega}{dt}$, $\cos\varphi$, $\cos 2\varphi$, $\sin 2\varphi$ vor die Summenzeichen setzen dürfen,

$$\left.\begin{aligned}X = &-\omega^2\cos\varphi\,\Sigma(M'+M'')\cos\alpha+\omega^2\sin\varphi\,\Sigma(M'+M'')\sin\alpha\\ &-\frac{d\omega}{dt}\sin\varphi\,\Sigma(M'+M'')\cos\alpha-\frac{d\omega}{dt}\cos\varphi\,\Sigma(M'+M'')\sin\alpha\\ &-\omega^2\sin 2\varphi\,\Sigma M'\frac{r}{l}\cos 2\alpha-\omega^2\cos 2\varphi\,\Sigma M'\frac{r}{l}\sin 2\alpha\\ Y = &-\left(\omega^2\sin\varphi-\frac{d\omega}{dt}\cos\varphi\right)\Sigma M''\cos\alpha\\ &-\left(\omega^2\cos\varphi+\frac{d\omega}{dt}\sin\varphi\right)\Sigma M''\sin\alpha\end{aligned}\right\}\quad(1\text{a})$$

Diese Ausdrücke können aber für alle Kurbelwinkel φ bezw. alle möglichen Winkelgeschwindigkeiten ω nur verschwinden, wenn gleichzeitig

$$\begin{aligned}\Sigma M'\cos\alpha &= 0 & \Sigma M'\sin\alpha &= 0\\ \Sigma M''\cos\alpha &= 0 & \Sigma M''\sin\alpha &= 0\\ \Sigma M'\frac{r}{l}\cos 2\alpha &= 0 & \Sigma M'\frac{r}{l}\sin 2\alpha &= 0\end{aligned}$$

wird. Da nun praktisch das Verhältnis $r:l$ für alle Getriebe desselben Systems gleich grofs gewählt wird, so können wir es in der dritten Gleichungsgruppe auch wegheben. Aufserdem aber ist es üblich, die Momente M'' der lediglich rotierenden

Massen für sich durch Gegengewichte an den Kurbeln auszugleichen, so daſs sich die Bedingungen für den Ausgleich der Massendrücke auf die Formeln

$$\left.\begin{array}{ll}\Sigma M' \cos \alpha \;\;= 0 & \Sigma M' \sin \alpha \;\;= 0 \\ \Sigma M' \cos 2\alpha = 0 & \Sigma M' \sin 2\alpha = 0\end{array}\right\} \quad . \; . \quad (5)$$

beschränken, worin nur noch die reduzierten Momente M' der hin- und hergehenden Teile vorkommen. Diese Bedingungsgleichungen sind erfüllt, wenn die beiden aus den reduzierten Momenten M' mit den einfachen und doppelten zugehörigen Schränkungswinkeln gebildeten Polygone sich schlieſsen.

Mit diesem einfachen Ergebnis ist das Problem indessen noch nicht erschöpft, da die einzelnen Gebilde nicht in einer Ebene liegen, die Massenwirkungen also auch Momente zur Folge haben. Es sind dies nichts anderes als die Änderungen der sog. Winkelbewegungsgröſsen, für die wir mit $\frac{d^2 z}{dt^2} = 0$ auch schreiben können

$$\left.\begin{array}{l}\mathfrak{M}_x = \Sigma \int dm \left(z \frac{d^2 y}{dt^2} - y \frac{d^2 z}{dt^2}\right) = \quad \Sigma \int z \frac{d^2 y}{dt^2} dm \\ \mathfrak{M}_y = \Sigma \int dm \left(x \frac{d^2 z}{dt^2} - z \frac{d^2 x}{dt^2}\right) = - \Sigma \int z \frac{d^2 x}{dt^2} dm \\ \mathfrak{M}_z = \Sigma \int dm \left(y \frac{d^2 x}{dt^2} - x \frac{d^2 y}{dt^2}\right)\end{array}\right\} \quad . \; . \quad (6)$$

Sehen wir von der weiteren Verfolgung der dritten Gleichung (6) zunächst ab, so erkennen wir, daſs wegen der Parallelität der Getriebeebenen die Abstände z für alle Teile eines einzelnen Getriebes denselben Wert haben, also auch an Stelle der ersten beiden Formeln (6) mit Rücksicht auf (1) für die Massendruckmomente um die x- und y-Achse

$$\mathfrak{M}_x = \Sigma z \int dm \frac{d^2 y}{dt^2}, \qquad \mathfrak{M}_y = - \Sigma z \int dm \frac{d^2 x}{dt^2}$$

geschrieben werden darf. Die hierin vorkommenden Integrale haben wir aber schon in (2a) ermittelt; durch deren Einführung erhalten wir nach Herausnahme der allen Getrieben gemeinsamen Gröſsen die den Formeln (1a) ganz analog gebauten Gleichungen

$$\left.\begin{aligned}\mathfrak{M}_x &= -\left(\omega^2 \sin\varphi - \frac{d\omega}{dt}\cos\varphi\right)\Sigma M'' z \cos\alpha \\ &\qquad -\left(\omega^2\cos\varphi + \frac{d\omega}{dt}\sin\varphi\right)\Sigma M'' z \sin\alpha \\ \mathfrak{M}_y &= \omega^2\cos\varphi\,\Sigma(M'+M'')z\cos\alpha \\ &\qquad - \omega^2\sin\varphi\,\Sigma(M'+M'')z\sin\alpha \\ &+\frac{d\omega}{dt}\sin\varphi\,\Sigma(M'+M'')z\cos\alpha + \frac{d\omega}{dt}\cos\varphi\,\Sigma(M'+M'')z\sin\alpha \\ &+\omega^2\sin 2\varphi\,\Sigma M'\frac{r}{l}z\cos 2\alpha + \omega^2\cos 2\varphi\,\Sigma M'\frac{r}{l}z\sin 2\alpha\end{aligned}\right\} \quad (6a)$$

Sollen auch diese Momente verschwinden, so müssen, wenn die Verhältnisse $r:l$ wieder allen Getrieben gemeinsam und aufserdem die rotierenden Massen für sich ausgeglichen sind, die Summen $\Sigma M'' z \cos\alpha$, $\Sigma M'' z \sin\alpha$ also identisch verschwinden, die weiteren Bedingungen

$$\left.\begin{aligned}\Sigma M' z \cos\alpha &= 0 \qquad & \Sigma M' z \sin\alpha &= 0 \\ \Sigma M' z \cos 2\alpha &= 0 \qquad & \Sigma M' z \sin 2\alpha &= 0\end{aligned}\right\} \quad . \quad . \; (7)$$

erfüllt sein, d. h. es **müssen auch die aus den einfachen und doppelten Schränkungswinkeln gebildeten Polygone von Produkten der reduzierten Momente und der Abstände der zugehörigen Getriebenebenen vom Anfang sich schliefsen.** Sind die rotierenden Massen nicht in jedem Getriebe für sich, d. h. durch Gegengewichte ausgeglichen, so müssen auch für sie zwei Gleichungspaare

$$\left.\begin{aligned}\Sigma M'' \cos\alpha &= 0 \qquad & \Sigma M'' \sin\alpha &= 0 \\ \Sigma M'' z \cos\alpha &= 0 \qquad & \Sigma M'' z \sin\alpha &= 0\end{aligned}\right\} \quad . \quad . \; (8)$$

bestehen, welche ersichtlich wieder auf zwei geschlossene Polygone für die M'' und $M''z$ führen.

Die Gesamtheit der drei Gleichungsgruppen (5), (7) und (8) ergibt nun alle **Bedingungen für den praktischen Massenausgleich einer mehrkurbligen Maschine,** und zwar die Formeln mit den einfachen Schränkungswinkeln die Bedingungen des **Ausgleichs erster Ordnung,** diejenigen mit den doppelten den **Ausgleich zweiter Ordnung.** Zu Ausgleichsbedingungen noch höherer Ordnung würde man gelangen, wenn man in den Formeln für die Beschleunigungen im Kurbelgetriebe die Glieder mit weiteren Vielfachen des Kurbelwinkels (siehe § 14) beibehalten hätte. Da dieselben jedoch nur sehr kleine absolute Werte besitzen, so haben sie auch keine praktische Bedeutung. Früher hat man sogar ausschliefslich die Erfüllung der Ausgleichsbedingungen erster Ordnung angestrebt und sich mit überaus unvollkommener, nur teilweiser Beseitigung der Massendrücke durch Gegengewichte, ohne Rücksicht auf die Massendruckmomente, z. B. bei Lokomotiven, begnügt. Erst der moderne Schiffsmaschinenbau erforderte infolge der immer wachsenden Dimensionen der Schiffe, welche durch die zur Erreichung grofser Geschwindigkeiten notwendigerweise rasch umlaufenden Maschinen in Schwingungen versetzt wurden, eine genauere Lösung, welche nach mannigfachen anderweitigen Versuchen dem deutschen Ingenieur Schlick 1893 (D. R. Patent No. 80974) gelang und seitdem mit vollkommenem praktischem Erfolge allgemein da Anwendung gefunden hat, wo man bei höchster Fahrgeschwindigkeit auf gröfste Betriebssicherheit Wert legt. Im Gegensatz zu seinen Vorgängern gibt Schlick, ohne Hinzufügung von Ausgleichsgetrieben, den Schränkungswinkeln, Getriebeabständen und hin- und hergehenden Massen unter voller Wahrung der Festigkeit der Teile und der Manövrirfähigkeit des ganzen Systems einfach solche Werte, dafs die Bedingungen (5) und (7) so weit als möglich erfüllt werden. Unter der Manövrirfähigkeit ist hierbei die Möglichkeit des Anlaufens der Maschine von jeder Kurbelstellung aus zu verstehen, weshalb man auch das Zusammenfallen von Totlagen zweier Getriebe tunlichst vermeidet.

Bei der Anwendung der vorstehend entwickelten Theoreme über den Massenausgleich ist zunächst zu beachten, dafs die Gleichungen für die reduzierten Momente M und die Abstände z homogen sind, so dafs nur Verhältnisse dieser Gröfsen miteinander in Beziehung treten. Bei n Getrieben haben wir demnach in den Formeln (5) und (7) $n-1$ Verhältnisse $\frac{M'}{M'_1}$, $n-2$ Abstandsverhältnisse $\frac{z}{z_2}$ und schliefslich $n-1$ Schränkungswinkel α, im Ganzen also $3n-4$ Unbekannte in 8 Gleichungen. Daraus geht hervor, dafs zur Erfüllung der Bedingungen (5) und (7) mindestens $n=4$ Getriebe notwendig sind, d. h. dafs die

Massenwirkungen von Zwei- und Dreikurbelmaschinen nicht ausgeglichen werden können. In der Tat beziehen sich denn auch fast alle Untersuchungen über den Massenausgleich auf Vierkurbelmaschinen, welche sonach für den modernen Schiffsbetrieb die Hauptrolle spielen. Den vier Bedingungen für die rotierenden Massen genügt man, nach dem Vorschlage von Schlick, jetzt ausschliefslich durch Anbringung zweier Gegengewichte an den beiden äufsersten Kurbeln mit voller Strenge.

Setzen wir nunmehr abkürzungsweise die Verhältnisse

$$\left.\begin{array}{c}\frac{M_2'}{M_1'} = \mu_2, \ \frac{M_3'}{M_1'} = \mu_3, \ \frac{M_4'}{M_1'} = \mu_4 \\ \frac{z_3}{z_2} = \zeta_3, \ \frac{z_4}{z_2} = \zeta_4\end{array}\right\}, \quad . \ . \ . \ . \quad (9)$$

wobei sich die Indices auf die entsprechenden Getriebe beziehen, so gehen die Ausgleichsbedingungen (5) und (7) für die Vierkurbelmaschine mit $\alpha_1 = 0$ und $z_1 = 0$ über in

$$\left.\begin{array}{l}1 + \mu_2 \cos \alpha_2 + \mu_3 \cos \alpha_3 + \mu_4 \cos \alpha_4 = 0 \\ \mu_2 \sin \alpha_2 + \mu_3 \sin \alpha_3 + \mu_4 \sin \alpha_4 = 0 \\ 1 + \mu_2 \cos 2\alpha_2 + \mu_3 \cos 2\alpha_3 + \mu_4 \cos 2\alpha_4 = 0 \\ \mu_2 \sin 2\alpha_2 + \mu_3 \sin 2\alpha_3 + \mu_4 \sin 2\alpha_4 = 0\end{array}\right\} \quad (5a)$$

$$\left.\begin{array}{l}\mu_2 \cos \alpha_2 + \mu_3 \zeta_3 \cos \alpha_3 + \mu_4 \zeta_4 \cos \alpha_4 = 0 \\ \mu_2 \sin \alpha_2 + \mu_3 \zeta_3 \sin \alpha_3 + \mu_4 \zeta_4 \sin \alpha_4 = 0 \\ \mu_2 \cos 2\alpha_2 + \mu_3 \zeta_3 \cos 2\alpha_3 + \mu_4 \zeta_4 \cos 2\alpha_4 = 0 \\ \mu_2 \sin 2\alpha_2 + \mu_3 \zeta_3 \sin 2\alpha_3 + \mu_4 \zeta_4 \sin 2\alpha_4 = 0\end{array}\right\} \quad (7a)$$

Ziehen wir jetzt die zweite Gl. (5a) von der entsprechenden in (7a) ab, so erhalten wir

$$\mu_3 (\zeta_3 - 1) \sin \alpha_3 + \mu_4 (\zeta_4 - 1) \sin \alpha_4 = 0 \quad . \ . \quad (10)$$

und weiterhin durch Elimination von μ_2 aus den ersten beiden Gl. (7a)

$$\mu_3 \zeta_3 \sin (\alpha_3 - \alpha_2) + \mu_4 \zeta_4 \sin (\alpha_4 - \alpha_2) = 0 \quad . \ . \quad (11)$$

Aus diesen Formeln folgt sofort mit Rücksicht auf (9)

$$\frac{z_3 - z_2}{z_4 - z_2} \cdot \frac{z_4}{z_3} = \frac{\sin \alpha_4 \sin (\alpha_3 - \alpha_2)}{\sin \alpha_3 \sin (\alpha_4 - \alpha_2)} \quad . \ . \ . \ . \quad (12)$$

Diese von Prof. Schubert aufgedeckte Beziehung besagt, dafs, wie in Fig. 244 angedeutet, die Endpunkte der auf einer Geraden abgetragenen Getriebeabstände auf den Verlängerungen der Radien im Kurbelkreise liegen.

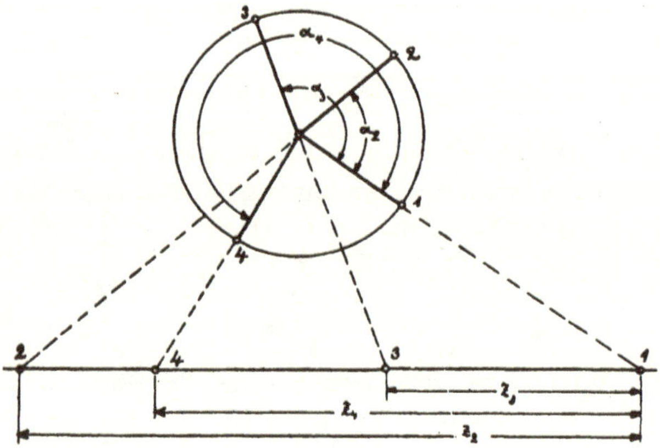

Fig. 244.

Eliminieren wir dagegen μ_2 aus den letzten beiden Gl. (7a), so folgt

$$\mu_3 \zeta_3 \sin 2 (\alpha_3 - \alpha_2) + \mu_4 \zeta_4 \sin 2 (\alpha_4 - \alpha_2) = 0$$

Diese Formel ist aber, da wegen der Manövrirfähigkeit der Maschine weder $\alpha_3 - \alpha_2$, noch auch $\alpha_4 - \alpha_2$ verschwinden dürfen, mit (11) nur verträglich, wenn

$$\cos (\alpha_3 - \alpha_2) = \cos (\alpha_4 - \alpha_2)$$

d. h., wenn $(\alpha_3 - \alpha_2) = \pm (\alpha_4 - \alpha_2)$ oder $\alpha_3 = \alpha_4$ bezw. $\alpha_3 + \alpha_4 = 2 \alpha_2$. Andererseits ergibt sich auch, wenn das Doppelverhältnis (12) auch für die Doppelwinkel gelten soll, wegen der letzten Beziehung $\cos \alpha_3 = \cos \alpha_4$, oder $\alpha_3 = \pm \alpha_4$ und damit entweder $\alpha_3 = \alpha_4 = \alpha_2$ oder $\alpha_2 = 0$. Diese Beziehungen sind aber mit der Forderung, daſs keine Totlagen zusammenfallen sollen, unverträglich, so daſs die letzten beiden Bedingungsgleichungen (7a) für die Vierkurbelmaschine praktisch unerfüllbar werden, die Massendruckmomente zweiter Ordnung also nicht ausgeglichen werden können. Mit dieser ebenfalls von Schubert sowie gleichzeitig von Knoller als notwendig erkannten Einschränkung wollen wir in aller Kürze noch den praktisch allein wichtigen Fall der symmetrischen Vierkurbelmaschine behandeln. Bei derselben sind die Kurbeln im Kurbelkreise symmetrisch zu einer Achse AA angeordnet (Fig. 245), woraus man sofort die

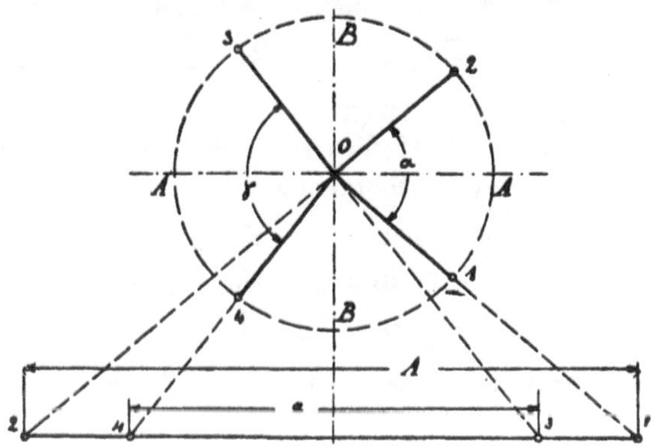

Fig. 245.

symmetrische Verteilung der Getriebe um eine Achse BB erkennt. Setzen wir dementsprechend die Strecken

$$\left.\begin{array}{c} z_2 = A, \quad z_4 - z_3 = a \\ z_3 = z_2 - z_4 = \dfrac{A-a}{2}, \; z_4 = z_3 + a = \dfrac{A+a}{2} \end{array}\right\} . \quad (13)$$

und die Winkel

$$\left.\begin{array}{c} \alpha_2 = \alpha, \quad \alpha_4 - \alpha_3 = \gamma \\ \alpha_3 - \alpha_2 = 180^0 - \dfrac{\alpha+\gamma}{2}, \; \alpha_4 - \alpha_2 = 180^0 - \dfrac{\alpha-\gamma}{2} \end{array}\right\} , \quad (14)$$

so vereinfacht sich (12) zunächst in

$$\frac{A+a}{A-a} = \frac{\sin\dfrac{\alpha+\gamma}{2}}{\sin\dfrac{\alpha-\gamma}{2}} = \frac{\sin\dfrac{\alpha}{2}\cos\dfrac{\gamma}{2} + \cos\dfrac{\alpha}{2}\sin\dfrac{\gamma}{2}}{\sin\dfrac{\alpha}{2}\cos\dfrac{\gamma}{2} - \cos\dfrac{\alpha}{2}\sin\dfrac{\gamma}{2}}$$

oder

$$a \operatorname{tg}\frac{\gamma}{2} = A \operatorname{tg}\frac{\alpha}{2}, \quad . \; . \; . \; . \; . \; . \; . \quad (15),$$

eine Beziehung, welche man aus der Figur auch direkt hätte entnehmen können.

Weiterhin erkennt man, ohne die Formeln (5a) erst zu Rate zu ziehen, schon aus der Figur, dafs einerseits die beiden in

3 und 4 angreifenden reduzierten Momente M'_3 und M'_4, andererseits die in 1 und 2 angreifenden M'_1 und M'_2 einander gleich sein müssen, wenn die Maschine in jeder Lage im Gleichgewichte bleiben soll. Wir können somit in unseren Formeln

$$\mu_2 = 1, \quad \mu_3 = \mu_4 = \mu \quad \ldots \ldots \quad (16)$$

setzen und diejenigen herausgreifen, welche sich am bequemsten behandeln lassen. Es sind dies zweifellos die zweite und vierte Gl. (5a), welche mit (16) übergehen in

$$\left.\begin{aligned} \sin \alpha_2 + \mu (\sin \alpha_3 + \sin \alpha_4) &= 0 \\ \sin 2\alpha_2 + \mu (\sin 2\alpha_3 + \sin 2\alpha_4) &= 0 \end{aligned}\right\} \quad . . \quad (5b)$$

Durch Elimination von μ wird hieraus

$$2 \cos \alpha_2 (\sin \alpha_3 + \sin \alpha_4) = \sin 2\alpha_3 + \sin 2\alpha_4$$

oder

$$2 \cos \alpha_2 \sin \frac{\alpha_3 + \alpha_4}{2} \cos \frac{\alpha_3 - \alpha_4}{2} = \sin (\alpha_3 + \alpha_4) \cos (\alpha_3 - \alpha_4)$$

und schliefslich mit Rücksicht auf (14), d. h. unter Einführung von

$$\alpha_3 + \alpha_4 = 360 + \alpha, \quad \alpha_3 - \alpha_4 = -\gamma, \quad . . (14a)$$

sowie nach Auflösung von $\cos \alpha$ und $\cos \gamma$ in Funktionen der halben Winkel

$$\cos \frac{\alpha}{2} \cos \frac{\gamma}{2} = \frac{1}{2} \quad \ldots \ldots \quad (17)$$

Aus der ersten Formel (5b) erhalten wir endlich noch mit (14a)

$$\mu = -\frac{\sin \alpha_2}{\sin \alpha_3 + \sin \alpha_4} = \frac{\cos \frac{\alpha}{2}}{\cos \frac{\gamma}{2}} \quad . . . \quad (18)$$

Auch diese Beziehung hätte man sofort als Gleichgewichtsbedingung aus der Fig. 245 ablesen können.

Für die Berechnung einer Schlickschen symmetrischen Vierkurbelmaschine stehen uns hiernach die drei Gl. (15), (17) und (18) zur Verfügung, in denen die 4 Unbekannten

$$\frac{a}{A}, \quad \cos \frac{\alpha}{2}, \quad \cos \frac{\gamma}{2}, \quad \mu$$

vorkommen. Eine dieser Gröfsen kann man also willkürlich festsetzen und wählt mit Rücksicht auf den disponiblen Raum hierfür stets das Abstandsverhältnis $a : A$, aus dem sich die andern Werte dann eindeutig ergeben.[1])

Beispielsweise besitzen die hin- und hergehenden Teile der symmetrischen Maschinen des Schnelldampfers »Deutschland« die folgenden Gewichte

Getriebenummer		1	2	3	4
Kolben, Stange und Kreuzkopf	$m'g =$	9130	9020	14084	14084 kg
Schubstangenanteil	$\frac{s-l}{l}\,m g =$	2620	2730	2730	2730 »
also ist	$\frac{M'g}{r} =$	11750	11750	16814	16814 »
oder	$\mu =$	1	1	1,43	1,43.

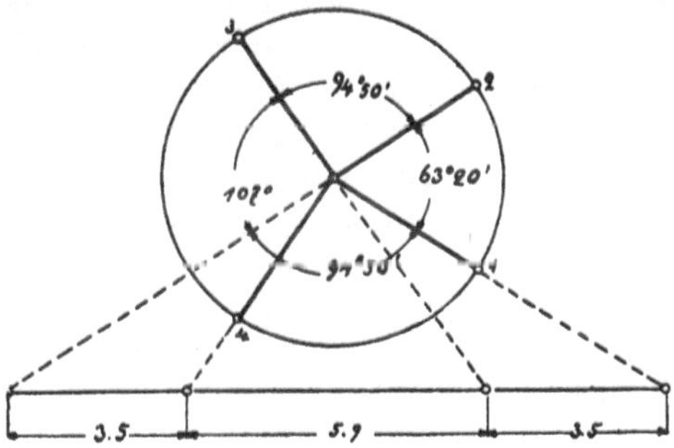

Fig. 246.

Mit den Kurbelwinkeln $\alpha = 63^{\circ}\,20'$, $\gamma = 107^{\circ}$ (siehe Fig. 246) erhalten wir weiter

$$\cos\frac{\alpha}{2} = 0{,}851 \qquad \cos\frac{\gamma}{2} = 0{,}595$$

$$\operatorname{tg}\frac{\alpha}{2} = 0{,}617 \qquad \operatorname{tg}\frac{\gamma}{2} = 1{,}351.$$

Es ist mithin entsprechend Gl. (18)

$$\frac{\cos\frac{\alpha}{2}}{\cos\frac{\gamma}{2}} = \frac{0{,}851}{0{,}595} = 1{,}43 = \mu$$

[1]) Bezüglich weiterer Ausführung dieser Rechnungen verweise ich auf die Originalabhandlungen Schlicks in den »Transactions of the Institution of Naval Architects«, auf meine Monographie »Dynamik der Kurbelgetriebe«, Leipzig 1901, sowie Schuberts »Theorie des Schlickschen Massenausgleiches«, Leipzig 1901, der ich das obenstehende Beispiel entlehnt habe.

und entsprechend Gl. (17)

$$\cos\frac{\alpha}{2}\ \cos\frac{\gamma}{2} = 0{,}506 \sim \frac{1}{2}.$$

Schliefslich ist mit $a = 5{,}9$ m, und $A = 12{,}9$ m das Abstandsverhältnis

$$\frac{a}{A} = \frac{5{,}9}{12{,}9} = 0{,}457 = \frac{0{,}617}{1{,}351} = \frac{\operatorname{tg}\frac{\alpha}{2}}{\operatorname{tg}\frac{\gamma}{2}}$$

in Übereinstimmung mit Gl. (15). Die Maschinen dieses Schnelldampfers sind demnach als soweit ausgeglichen zu bezeichnen, als dies überhaupt praktisch durchführbar ist.

Wir haben nun noch zu untersuchen, ob das bisher nicht berücksichtigte Massendruckmoment um die z-Achse ganz oder angenähert beseitigt werden kann. Führen wir in die dritte Gl. (6) den Ausdruck (17a) aus § 42 ein, indem wir gleichzeitig wieder $\varphi + \alpha$ an Stelle von φ und analog den Bezeichnungen dieses Paragraphen m'' für die rotierende Masse setzen, so ergibt sich nach Herausnahme der allen Getrieben gemeinsamen Gröfsen

$$\left.\begin{aligned} \mathfrak{M}_z = {} & \frac{d\omega}{dt}\,\Sigma\left(\frac{s}{l}\,m r^2 + m'' k''^2\right) \\ & - \left(\frac{d\omega}{dt}\cos\varphi - \omega^2 \sin\varphi\right)\Sigma m\left(\frac{s}{l} - \frac{k^2}{l^2}\right) r^2 \cos\alpha \\ & + \left(\frac{d\omega}{dt}\sin\varphi + \omega^2\cos\varphi\right)\Sigma m\left(\frac{s}{l} - \frac{k^2}{l^2}\right) r^2 \sin\alpha \end{aligned}\right\} . \quad (19)$$

Hierin bedeutet k'' das polare Trägheitsmoment der rotierenden Masse für die z-Achse, k dasjenige der Schubstange für den Kreuzkopfzapfen, während die Bedeutung der andern Buchstaben unverändert ist. Aus dieser Formel erkennt man nun ohne weiteres, dafs der Einflufs der Auslenkung der Schubstangen auf das Massendruckmoment $\mathfrak{M}_z$ nur dann zum Verschwinden gebracht werden kann, wenn man die Gröfsen $m\left(\frac{s}{l} - \frac{k^2}{l^2}\right) r^2$ den reduzierten Momenten M' der zugehörigen hin- und hergehenden Teile proportional macht und gleichzeitig dafür sorgt, dafs die Schwerpunkte bezw. Schwingungsmittelpunkte aller Schubstangen dieselben Abstände vom Kreuzkopfzapfen besitzen. Dies bietet praktisch kaum irgend welche Schwierigkeiten, da sich die einzelnen Schubstangen ohnehin nur durch ihre Querdimensionen unterscheiden. Demnach würden als neue Ausgleichsbedingungen zu den allgemeinen Formeln (5), (7) und (8) noch die Gleichungen

$$\Sigma m \left(\frac{s}{l} - \frac{k^2}{l^2}\right) r^2 \cos \alpha = 0, \qquad \Sigma m \left(\frac{s}{l} - \frac{k^2}{l^2}\right) r^2 \sin \alpha = 0 \quad (20)$$

hinzutreten, mit deren Erfüllung die ausgeglichene Maschine nach Aufsen sich praktisch gerade so verhält, wie eine lediglich rotierende Masse. Die Gröfse und Wirkung des Momentes $\mathfrak{M}_z$ hängt demnach lediglich von den Änderungen der Winkelgeschwindigkeit ab. Diese wiederum ergibt sich aus der Energiegleichung, welche wir für ein Kurbelgetriebe schon in § 42 Gl. (11) bezw. (11a) abgeleitet haben. Für eine Mehrkurbelmaschine lautet dieselbe

$$\begin{aligned}\omega^2 \Sigma \Theta_0 = \omega_0^2 \Sigma (\Theta_0 - \Theta) + \cos 2\varphi \Sigma \Theta \cos 2\alpha \\ - \sin 2\varphi \Sigma \Theta \sin 2\alpha + 2\Delta L, \quad . \quad (21)\end{aligned}$$

worin nach unseren Bezeichnungen zu setzen ist

$$\left.\begin{aligned}\Theta_0 &= m'' k''^2 + m \frac{s}{l} r^2 + \frac{1}{2}\left(m' + \frac{l-s}{l} m\right) r^2 \\ \Theta &= \frac{1}{2}\left(m' + \frac{l-s}{l} m\right) r^2 = \frac{M' r}{2} \\ \Delta L &= \Sigma \int_0^\varphi (P - W)\, r\, d\varphi\end{aligned}\right\} \quad . \quad (22)$$

Ist die Maschine nun ausgeglichen, so wird nach (5) bei durchweg gleichen Kurbelradien

$$\left.\begin{aligned}\Sigma \Theta \cos 2\alpha = \frac{r}{2} \Sigma M' \cos 2\alpha = 0 \\ \Sigma \Theta \sin 2\alpha = \frac{r}{2} \Sigma M' \sin 2\alpha = 0\end{aligned}\right\} \quad . \quad . \quad . \quad (23)$$

und Gl. (22) vereinfacht sich sofort in

$$\Theta_0 \omega^2 = 2\Delta L + \omega_0^2 \Sigma (\Theta_0 - \Theta)$$

oder nach Differentiation, sowie mit Rücksicht auf die Bedeutung von ΔL in (22)

$$\frac{d\omega}{dt} \Sigma \Theta_0 = \Sigma (P - W)\, r, \quad . \quad . \quad . \quad . \quad . \quad (22a)$$

d. h. **bei ausgeglichenen Maschinen sind die Schwankungen der Winkelgeschwindigkeit der Welle den Schwankungen von $\Sigma(P-W)r$, also bei konstantem Widerstand W am Kurbelzapfen denen des Drehmomentes der treibenden Kraft P direkt proportional.** Handelt es sich um ein System doppeltwirkender Dampfmaschinen, so wirkt in jeder derselben ein Drehmoment von der in Fig. 165a (§ 42) gezeichneten Form, welche durch eine Fouriersche Reihe analytisch dargestellt werden kann, in der die Glieder mit dem doppelten Kurbelwinkel offensichtlich alle anderen an Bedeutung weitaus übertreffen werden. Wir werden demnach unserer Aufgabe des Ausgleichs der Schwankungen im Gesamtdrehmomente praktisch sehr nahe gerecht, wenn wir uns auf diese Glieder beschränken und

$$P = P_m(1 + b\cos 2\varphi + c\sin 2\varphi) \quad . \quad . \quad . \quad (24)$$

setzen, worin P_m den Mittelwert von P, sowie b und c Koeffizienten bedeuten, welche für alle Zylinder nahezu dieselben Werte besitzen. Für ein Getriebe mit dem Schränkungswinkel α haben wir demnach

$$P = P_m\left\{1 + b\cos 2(\varphi+\alpha) + c\sin 2(\varphi+\alpha)\right\} \ . \quad (24\text{a})$$

und damit für die gesamte Drehkraft einer Reihe von Getrieben mit gemeinsamer Welle nach Fig. 165a

$$\begin{aligned}\Sigma P = \Sigma P_m &+ (b\cos 2\varphi + c\sin 2\varphi)\,\Sigma P_m\cos 2\alpha\\ &+ (c\cos 2\varphi - b\sin 2\varphi)\,\Sigma P_m\sin 2\alpha.\end{aligned}$$

Befindet sich die Maschine im Beharrungszustande, d. h. erreicht nach Verlauf einer Umdrehung die kinetische Energie immer wieder denselben Wert, so mufs das konstante Widerstandsmoment ΣWr mit der Summe der mittleren Drehmomente $\Sigma P_m r$ übereinstimmen, so dafs wir in (22a) angenähert schreiben dürfen

$$\begin{aligned}\frac{d\omega}{dt}\Sigma\Theta_0 = (b\cos 2\varphi &+ c\sin 2\varphi)\,r\Sigma P_m\cos 2\alpha\\ &+ (c\cos 2\varphi - b\sin 2\varphi)\,r\Sigma P_m\sin 2\alpha\,, \quad (22\text{c})\end{aligned}$$

wobei wir den Kurbelradius r als einen allen Getrieben gemeinsamen Wert vor die Summenzeichen setzen dürfen. Dieser Ausdruck verschwindet aber nur, wenn gleichzeitig

$$\Sigma P_m\cos 2\alpha = 0, \qquad \Sigma P_m\sin 2\alpha = 0\,, \quad . \quad . \quad (25)$$

d. h. **wenn die mittleren Drehmomente der einzelnen Getriebe sich mit den doppelten Kurbelwinkeln zu einem geschlossenen Polygon vereinigen lassen, darf man die gröfste Gleichförmigkeit des resultierenden Drehmomentes und die geringsten Schwankungen der Winkelgeschwindigkeit erwarten.**[1]) Diese auch für nicht ausgeglichene Maschinen angenähert gültige Regel führt nun z. B. bei zwei Getrieben, bei denen das Polygon aus einer in sich zurücklaufenden Linie besteht, sofort auf gleiche Arbeitsverteilung und einen Schränkungswinkel von 90°, bei Dreikurbelmaschinen mit gleicher Arbeitsverteilung auf Schränkungswinkel von 120°. Bei Vierkurbelmaschinen würde die

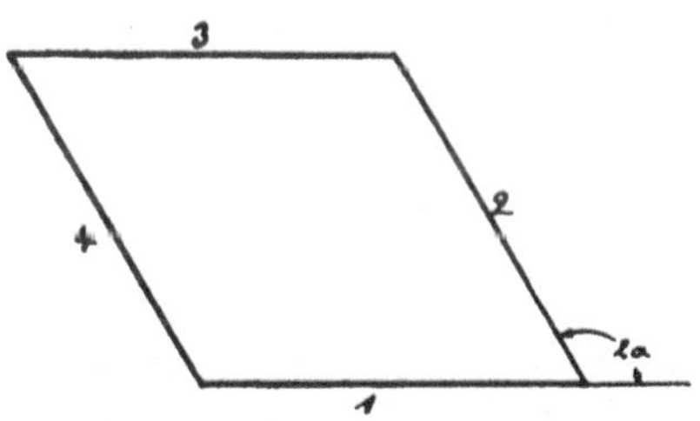

Fig. 247.

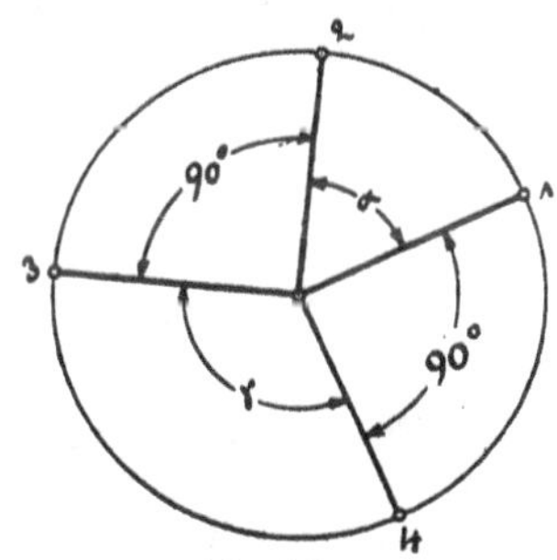

Fig. 248.

gleiche Arbeitsverteilung auf einem Rhombus für die P_m führen, dem, da je zwei gegenüberliegende Seiten einander parallel und entgegengesetzt gerichtet sind, im Kurbelkreis zwei sich gegenüberstehende rechte Winkel entsprechen (Fig. 247 und 248). Dann aber ist auch $\alpha + \gamma = 180^0$, also $\cos\frac{\alpha}{2} = \sin\frac{\gamma}{2}$, mithin nach der Ausgleichsformel (17)

$$2\cos\frac{\alpha}{2}\cos\frac{\gamma}{2} = 2\sin\frac{\gamma}{2}\cos\frac{\gamma}{2} = \sin\gamma = 1$$

oder $\gamma = \alpha = 90^0$. Da nun diese Kreuzstellung mit den Bedingungen des Massenausgleichs, wie man sofort aus dem Schubertschen Diagramm, sowie aus Gl. (15) erkennt, mit $a = A$

[1]) Siehe meine Abhandlung »On the uniformity of turning moments of marine engines«; Proc. of Inst. of Naval Architects 1900.

auf das Zusammenfallen zweier Getriebe führt, so ist die gleiche Arbeitsverteilung bei Vierkurbelmaschinen dann mit dem Massenausgleich nicht vereinbar, wenn man auf größte Gleichförmigkeit des Ganges Wert legt.

Geht man dagegen vom Massenausgleiche aus, so sind damit auch schon die Winkel α und γ durch die drei Formeln (15), (17) und (18) bestimmt. Konstruiert man mit diesen Winkeln

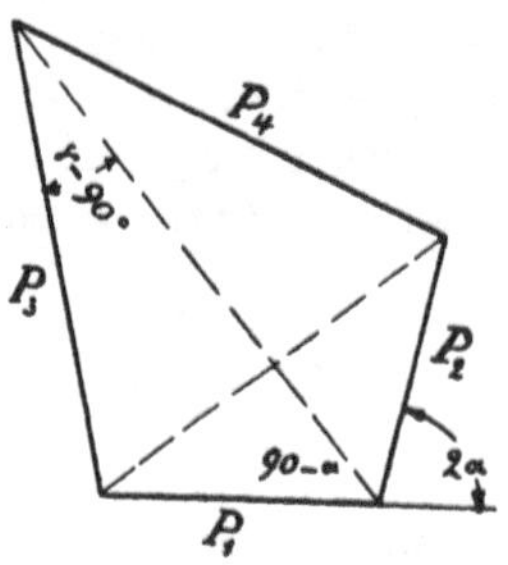

Fig. 249.

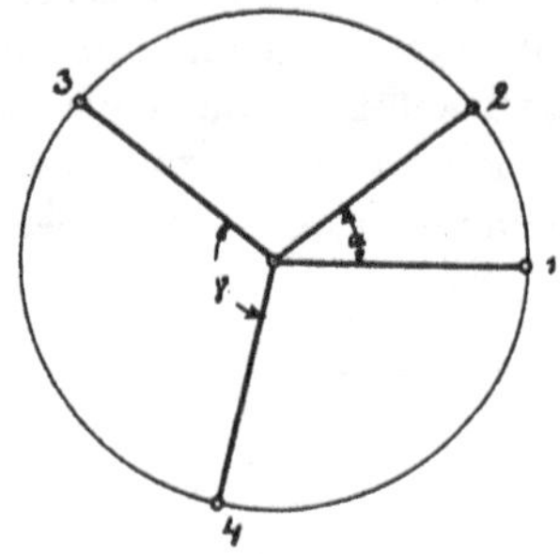

Fig. 250.

(siehe Fig. 249 und 250) das Polygon der P_m, die wir jetzt mit P_1, P_2, P_3 und P_4 bezeichnen wollen, so ergibt sich sofort für die Arbeitsverteilung

$$\left.\begin{aligned} \frac{P_1}{P_3} = \frac{P_2}{P_4} &= -\frac{\cos\gamma}{\cos\alpha} \\ \text{und} \qquad P_1 = P_2, &\quad P_3 = P_4 \end{aligned}\right\} \quad \ldots\ldots \quad (26)$$

Die höchste Gleichförmigkeit der Drehmomente ist demnach mit dem Schlickschen Massenausgleich erster und zweiter Ordnung vereinbar, wenn man auf gleiche Arbeitsverteilung in den Getrieben verzichtet.

In meiner schon angezogenen Monographie »Dynamik der Kurbelgetriebe« habe ich einige Beispiele aus der Praxis angeführt, aus denen die Übereinstimmung der Ergebnisse der vorstehenden Theorie des Ausgleichs der Drehmomente mit der Erfahrung hervorgeht.

§ 59. Theorie der Dimensionen und Modelle.

Mafse und Einheiten derselben. Grundeinheiten und abgeleitete Einheiten. Dimensionen geometrischer und mechanischer Gröfsen. Das absolute Centimeter-Gramm-Sekundensystem und das technische Meter-Kilogramm-Sekundensystem. Das Gaufssche Massenmafs. Theorie der Modelle und Anwendung derselben auf die Ermittelung des Schiffswiderstandes.

Im Verlaufe des Studiums der Mechanik haben wir eine Reihe von Gröfsen kennen gelernt, deren jede für sich mit einem besonderen Mafse gemessen werden mufste. Die in der Bewegungslehre auftretenden Gröfsen waren noch rein geometrischer Natur, d. h. sie liefsen sich durch Längen und Bogen oder Winkel bezw. Winkelfunktionen ausdrücken. Als Mafs für die Länge bezw. Strecken benutzten wir willkürlich das Meter, während Winkel und Winkelfunktionen als Verhältniswerte von Längen zu einander durch reine Zahlen gegeben und darum von der Wahl des Längenmafses unabhängig waren. Es steht natürlich auch nichts im Wege, statt des Meters ein anderes Längenmafs zu benutzen, wie man sich denn auch in der reinen Physik hierzu stets des Centimeters als sog. Grundeinheit bedient. Beim Übergang von einem Mafssystem zum andern kommt demnach, so lange es sich nur um Strecken handelt, lediglich das Verhältnis der Grundeinheiten in Betracht. Hat also eine Strecke die Länge von l Meter oder l' Centimeter, so ist

$$l' = 100\, l.$$

Aus der Länge ergibt sich nun durch Multiplikation mit einer andern Länge die Fläche, aus dieser wieder durch Multiplikation mit einer dritten Länge das Volumen. Die Einheiten für diese Gröfsen lassen sich dann auch in derselben Weise aus der Grundeinheit ableiten, so dafs man das in der Technik gebräuchliche Quadratmeter und Kubikmeter, bezw. das in der Physik angewandte Quadratcentimeter und Kubikcentimeter als abgeleitete Einheiten im Gegensatze zu dem als Grundeinheit dienenden Längenmafs bezeichnet.

Sind l_1, l_2, l_3 drei Strecken, so kann man dieselben durch drei Zahlenfaktoren α_1, α_2, α_3 in der Grundeinheit l eines beliebigen Mafssystems ausdrücken, hat also

$$l_1 = \alpha_1 l, \qquad l_2 = \alpha_2 l, \qquad l_3 = \alpha_3 l.$$

Daraus folgt z. B. für eine rechteckige Fläche von der Länge l_1 und der Breite l_2

$$F = l_1 l_2 = \alpha_1 \alpha_2 l^2$$

und für ein Parallelepipedon von den Seitenlängen l_1, l_2, l_3 das Volumen

$$V = l_1 l_2 l_3 = \alpha_1 \alpha_2 \alpha_3 l^3.$$

Da sich nun alle irgendwie begrenzten Flächen in elementare Rechtecke und alle Volumina in unendlich kleine Parallelepipeda zerlegen lassen, so können wir, unter β und γ unbenannte Zahlen verstanden, welche aus der Summierung der unendlich klein gewordenen Produkte $\alpha_1 \alpha_2$ bezw. $\alpha_1 \alpha_2 \alpha_3$ hervorgegangen sind, auch ganz allgemein schreiben

$$F = \beta l^2, \qquad V = \gamma l^3.$$

Hierin bezeichnet man die Potenzen der Grundeinheit, also l^2 und l^3 als die Dimensionen der Fläche bezw. des Volumens und schreibt wohl auch unter Weglassung des Zahlenfaktors

$$F = [l^2], \qquad V = [l^3] \quad . \; . \; . \; . \; . \; . \; . \; . \quad (1)$$

Folgerichtig hat man dann für die Dimension einer Strecke selbst $l = [l]$ und einer unbenannten Zahl, also z. B. einer Winkelfunktion $\alpha = [l^0]$.

Gehen wir nun von der Geometrie zur Mechanik über, so tritt uns als neues Element zunächst die Zeit entgegen, für die wir ebenfalls einer Grundeinheit als Maſsstab bedürfen. Wir wählten hierfür die Sekunde, und gelangten damit zu dem Begriffe der Geschwindigkeit v als des von einem Punkt in der Zeiteinheit zurückgelegten Weges. Ist αl in Längeneinheiten der in der Zeit βt zurückgelegte Weg, worin t die Grundeinheit der Zeit bedeutet, so haben wir

$$v = \frac{\alpha}{\beta} \frac{l}{t} = \frac{\alpha}{\beta} l \cdot t^{-1},$$

und somit als Dimension der Geschwindigkeit

$$v = [l t^{-1}] \quad . \; . \; . \; . \; . \; . \; . \; . \; . \; . \quad (2)$$

Da die Winkelgeschwindigkeit das Verhältnis einer linearen Geschwindigkeit zu einer Strecke darstellt, so haben wir für sie

$$\omega = \frac{v}{l} = [t^{-1}] \quad . \; . \; . \; . \; . \; . \; . \; . \quad (2a)$$

Ganz analog ergibt sich für die Beschleunigung als Zuwachs der Geschwindigkeit in der Zeiteinheit

$$\frac{dv}{dt} = [lt^{-2}], \quad \ldots \ldots \ldots \quad (3)$$

sowie für die Winkelbeschleunigung

$$\frac{d\omega}{dt} = [t^{-2}] \quad \ldots \ldots \ldots \quad (3a)$$

Die Beschleunigung wiederum lernten wir als die Wirkung einer Kraft P auf eine Masse m derart kennen, daſs

$$P = m\frac{dv}{dt}$$

war. Führen wir auch für die Masse eine neue Grundeinheit ein, so folgt für die Dimension der Kraft

$$P = [mlt^{-2}] \quad \ldots \ldots \ldots \quad (4)$$

Als Grundeinheit für die Masse bedient man sich nun in der Physik nach dem Vorgange von Gaufs und Weber der Masse eines Grammgewichtes oder schärfer der in 1 cbcm Wasser von 4° C. bei atmosphärischem Druck enthaltenen Masse, während man in der Technik der Kraft selbst im Kilogrammgewicht eine Grundeinheit erteilt. Demnach definiert man in der Physik die Einheit der Kraft durch die Beschleunigung der Masseneinheit (d. i. eines Grammgewichtes) um 1 cm in 1 Sekunde und bezeichnet diese Gröſse als eine Dyne. Da nun die Masse von 1 g erhalten wird durch Division des Gewichtes durch die Beschleunigung der Schwere, also 981 cm/sek², so ist

$$1 \text{ Dyne} = \frac{1}{981} \text{ g-Gewicht} = \frac{1}{981\,000} \text{ kg-Gewicht.}$$

Das mit Hilfe der Grammmasse, des Centimeters und der Sekunde durchgeführte Maſssystem bezeichnet man nun in der Physik als das absolute oder Centimeter-Gramm-Sekundensystem im Gegensatz zu dem technischen Meter-Kilogramm-Sekundensystem, in welch letzterem das Kilogramm überdies als Einheit für die Kraft zu verstehen ist, so daſs die technische Masseneinheit mit der Beschleunigung von 9,81 m/sek² sich zu 9,81 kg ergibt. Der Grund, warum sich die Physiker dem älteren technischen Maſssystem nicht angeschlossen haben, liegt in der für äufserst genaue Messungen allerdings nicht mehr zu vernachlässigenden Abhängigkeit der Erdbeschleunigung von dem Beobachtungsorte, welcher man durch die Definition der Masse im absoluten Mafssystem vollständig aus dem Wege geht. Für praktische Zwecke spielt dieser Umstand jedoch keine derartige Rolle, dafs man seinetwegen der mit der Definition eines Gewichtes als Krafteinheit verbundenen Bequemlichkeit und Anschaulichkeit zu entsagen brauchte.

Man könnte übrigens die Masse selbst mit Hilfe des Newtonschen Anziehungsgesetzes durch die beiden andern Grundeinheiten definieren, worauf schon Gaufs hingewiesen hat Verbindet man nämlich die Formel für dasselbe

$$P = f\frac{m \cdot m}{l^2}$$

mit derjenigen für die Kraft als Produkt aus Masse und Beschleunigung, so folgt

$$m = \frac{l^2}{f}\frac{dv}{dt}$$

oder, wenn wir die Gaufssche Zahl f als unbenannten Faktor betrachten und zu den Dimensionen übergehen, wegen (3)

$$m = [l^3 t^{-2}] \quad . \quad . \quad . \quad . \quad . \quad . \quad . \quad . \quad (5)$$

Demnach wäre die Masseneinheit durch die Beschleunigungseinheit in der Einheit der Entfernung definiert. Andererseits hat man auch nach dem dritten Kepplerschen Gesetze in Übereinstimmung mit (5)

$$m = m' + m'' = \frac{4\pi}{f}\frac{l^3}{t^2},$$

wobei man sich die Masse auf zwei Punkte mit den Beträgen m' und m'' verteilt zu denken hat. l bedeutet hier die gröfste Entfernung der Punkte von einander, t die gemeinsame Umlaufszeit beider Punkte um den Schwerpunkt. Die Formel bleibt auch noch gültig, wenn z. B. m'' unendlich klein und $m' = m$ wird, so dafs man die Masseneinheit auch dadurch definieren könnte, dafs sie von einem Massenelement im Abstande 1 in der Zeit 1 umkreist wird. Würde man z. B. als Entfernungseinheit den Erdabstand von der Sonne und als Zeiteinheit das Jahr wählen, so würde die Sonnenmasse sehr nahe mit der Masseneinheit übereinstimmen.

Nach dieser Abschweifung kehren wir zu den Dimensionen der mechanischen Gröſsen zurück, die wir sogleich unter Weglassung etwaiger konstanter Zahlenfaktoren anschreiben wollen. Wir erhalten für den Antrieb oder die Bewegungsgröſse

$$A = mv = [m l t^{-1}], \quad \ldots \ldots \quad (7)$$

weiter für das Moment der Bewegungsgröſse oder die Flächengeschwindigkeit

$$B = mlv = [m l^2 t^{-1}], \quad \ldots \ldots \quad (8)$$

für die Arbeit, bezw. Energie, sowie für das statische Moment oder die Flächenbeschleunigung

$$\mathfrak{M} = L = P \cdot l = m \frac{v^2}{2} = [m l^2 t^{-2}] \quad \ldots \quad (9)$$

und die als Leistung bezeichnete Arbeit in der Zeiteinheit

$$N = \frac{P \cdot l}{t} = [m l^2 t^{-3}] \quad \ldots \ldots \quad (10)$$

Als Einheit der Arbeit dient im absoluten Maſssystem das Erg, d. h. die Arbeit, welche 1 Dyne auf dem Wege von 1 cm verrichtet, während im technischen Maſssystem hierfür das Meterkilogramm (mkg) und für die Leistung die Pferdestärke, d. h. 75 Sekundenmeterkilogramm verwendet werden. Danach ist

$$1 \text{ mkg} = 981\,000\,000 \text{ Ergs.}$$

Aus dieser ungeheuer groſsen Verhältniszahl erkennt man deutlich, wie wenig das absolute Maſssystem — abgesehen von seiner wissenschaftlichen Bedeutung — den Bedürfnissen der Technik, welche schon aus praktischen Gesichtspunkten mit möglichst geringstelligen Zahlen auszukommen sucht, gerecht wird.

Was nun die Anwendung der Lehre von den Dimensionen betrifft, so erstreckt sich dieselbe zunächst auf die Möglichkeit einer sicheren und bequemen Kontrolle verwickelter Formeln der Mechanik und Physik. Die einzelnen Glieder derselben setzen sich häufig aus mehreren Faktoren zusammen, deren jeder eine bestimmte Dimension besitzt. Die Dimension des Produktes ergibt sich alsdann durch Addition der Exponenten gleicher Grundeinheiten und muſs, wenn die Formel einen Sinn haben soll, für alle Glieder identisch sein.

Weiterhin beruht auch die Theorie der Modelle auf der Lehre von den Dimensionen. Unter dem Modell einer mechanischen Vorrichtung, z. B. einer Maschine, versteht man dabei eine verkleinerte Nachbildung derselben, welche sich unter dem Einflusse von Kräften, die denen des Originals proportional sind, derart bewegt, dafs auch die durchlaufenen Wege und die dazu gebrauchten Zeiten dauernd in demselben Verhältnisse zu den entsprechenden Gröfsen des Originals stehen. Ist also m die Masse des Originals, P die treibende Kraft, l der zurückgelegte Weg und t die Zeit, so hat man bekanntlich

$$P = m \frac{d^2 l}{d t^2} \quad \text{. . . . .} \quad (11)$$

Das Modell dagegen habe die Masse m', die an derselben wirkende Kraft sei P', der Weg l' und die dazu gebrauchte Zeit t', so dafs hierfür

$$P' = m' \frac{d^2 l'}{d t'^2} \quad \text{. . . . .} \quad (11\text{a})$$

gilt. Sollen nun die oben genannten Proportionalitäten bestehen, so haben wir unter Einführung der Faktoren μ, $\varkappa$, λ, τ

$$m' = \mu m, \qquad P' = \varkappa P, \qquad l' = \lambda l, \qquad t' = \tau t, \quad . \quad (12)$$

womit (11a) übergeht in

$$\varkappa P = \frac{\mu \lambda}{\tau^2} m \frac{d^2 l}{d t^2}$$

oder wegen (11)

$$\varkappa \tau^2 = \mu \lambda \quad \text{. . . . .} \quad (13)$$

Tritt zu der äufseren Kraft noch das Gewicht des Systems oder eine Komponente desselben hinzu, so haben wir statt (11) und (11a) auf der linken Seite $P + G$ bezw. $P' + G'$ stehen und erkennen, dafs der Proportionalitätsfaktor von P' auch für G' gelten mufs, wenn anders die beiden Gleichungen in einander übergeführt werden sollen. Nun ist aber

$$\frac{P'}{P} = \varkappa, \qquad \frac{G'}{G} = \frac{m' g}{m g} = \mu,$$

also gilt für diesen Fall aufser der Bedingung (13) noch

$$\varkappa = \mu \quad \text{. . . . .} \quad (14)$$

Damit aber wird aus (13) selbst

$$\tau^2 = \lambda \quad . \quad . \quad . \quad . \quad . \quad . \quad . \quad . \quad (15)$$

eine Gleichung, welche für Pendel, bei denen das Gewicht selbst die treibende Kraft bildet, auf den bekannten Satz führt, dafs die Pendellängen sich wie die Quadrate der Schwingungszeiten verhalten. Bezeichnen wir die Geschwindigkeiten entsprechender Punkte des Originals und des Modells bezw. mit v und v', so haben wir auch nach der Lehre von den Dimensionen

$$v = [l t^{-1}], \qquad v' = [l' t'^{-1}] = \frac{\lambda}{\tau} v.$$

Aus (15) folgt aber

$$\left(\frac{\lambda}{\tau}\right)^2 = \lambda,$$

so dafs wir auch für das Verhältnis der sog. korrespondierenden Geschwindigkeiten

$$\frac{v'}{v} = \sqrt{\lambda} \quad . \quad . \quad . \quad . \quad . \quad . \quad . \quad . \quad (16)$$

schreiben dürfen. Von diesem Satze macht man besonders bei der Anstellung von Schleppversuchen mit Schiffsmodellen nach dem Vorgange von Froude Gebrauch, bei denen infolge der Zusammenwirkung des Modells und des Originals mit derselben Flüssigkeit d. h. Wasser, die Bedingung (14) ebenfalls erfüllt sein mufs. Da nun weiter infolge der identischen mittleren Dichte des Modells mit dem Original[1])

$$\mu = \lambda^3$$

ist, so folgt für das Verhältnis der treibenden Kräfte auch

$$\varkappa = \frac{P'}{P} = \lambda^3 = \left(\frac{v'}{v}\right)^6 \quad . \quad . \quad . \quad . \quad . \quad . \quad (17)$$

---

[1]) Damit ist übrigens nicht gesagt, dafs beide aus demselben Material bestehen müssen, sondern nur, dafs die Gewichte der eingetauchten Teile sich wie die Volumina derselben verhalten, was ja auch für die verdrängte Wassermenge zutrifft. Die Versuchsmodelle werden jetzt der leichten Bearbeitung wegen aus Paraffin hergestellt. Näheres über Schleppversuche kann in Whites ›Handbuch für Schiffbau‹, deutsch von Schlick und van Hüllen, nachgelesen werden, sowie bezüglich neuerer Methoden in dem Referate von Schütte, ›Untersuchungen über Hinterschiffsformen u. s. w., ausgeführt in der Schleppversuchstation des Norddeutschen Lloyd‹; Jahrbuch der Schiff bautechnischen Gesellschaft, II. Bd., 1901.

Um z. B. die Maschinenstärke eines Schnelldampfers von 200 m Länge für eine Fahrtgeschwindigkeit von 20 Knoten, d. h. rund 10 m pro 1 Sekunde an einem Modell von 4 m Länge festzustellen, so wird man demselben eine Geschwindigkeit erteilen von

$$v' = 10 \cdot \sqrt{\frac{4}{200}} = 1{,}41 \text{ m pro Sek.}$$

Der Schiffswiderstand des Modells sei nun $P' = 1{,}0$ kg, alsdann ergibt sich derjenige des Originals zu

$$P = 50^3 \cdot 10 = 125\,000 \text{ kg},$$

bei $v = 10$ m Geschwindigkeit pro Sekunde entsprechend einer Leistung

$$N = Pv = 1\,250\,000 \text{ mkg/Sek.} \sim 16\,700 \; PS.$$

In Wirklichkeit werden die Maschinen eines solchen Schiffes hauptsächlich wegen der unvollkommenen Wirkung der Schrauben etwa 30000 PS indizieren.

Kapitel VII.

Abrifs der geschichtlichen Entwickelung der Mechanik starrer Systeme.

§ 60. Die Mechanik vor dem Auftreten Newtons.

Pädagogische Gesichtspunkte in unserer Darstellung der Mechanik. Historische Entwickelung. Aristoteles. Archimedes Heron, Hipparchos und Ptolemäos. Leonardo da Vinci. Coppernicus und Keppler, Benedetti, Stevin, Galilei, Descartes, Roberval und Pascal. Huygens, Wallis und Wren.

Bei der Darstellung des Lehrgebäudes der Mechanik der starren Systeme, die wir auch als die Mechanik im engeren Sinne bezeichnen können, waren für uns lediglich pädagogische Gesichtspunkte mafsgebend. Aus diesem Grunde knüpften wir zunächst an bekannte geometrische Begriffe an und entwickelten daraus die rein geometrische Bewegungslehre. Durch den der Erfahrung entnommenen Zeitbegriff gelangten wir zu der Geschwindigkeit und Beschleunigung, mit denen uns schon die Bewältigung zahlreicher Aufgaben sowie die Erklärung mancher Naturvorgänge gelang. Weitere Erfahrungstatsachen führten uns auf die träge Masse und den Kraftbegriff, aus denen sich zwanglos derjenige der mechanischen Arbeit entwickeln liefs. Die Momente lernten wir dann gelegentlich der Wirkung von Kräften mit verschiedenen Angriffspunkten kennen und waren damit in den Stand gesetzt, die Bewegungserscheinungen von Körpern rechnerisch zu behandeln und die so gewonnenen Ergebnisse mit der Erfahrung zu vergleichen. Wenn wir dabei gewisse störende Nebenwirkungen (Widerstandskräfte) im Auge behielten, so ergab sich eine so gute Übereinstimmung, dafs wir mit einer gewissen Befriedigung auf das Lehrgebäude der Mechanik zurückzublicken wohl berechtigt sind.

Der historischen Entwicklung sind wir allerdings trotz der gelegentlichen Anführung der Namen hervorragender Forscher bei diesem Gedankengange kaum gerecht geworden, da wir sonst auf eine systematische Darstellung des Zusammenhangs der Erscheinungen hätten verzichten müssen. Es liegt dies einerseits daran, dafs erst eine grofse Fülle von Erfahrungstatsachen vorliegen mufste, bis man zur Erkenntnis von Gesetzmäfsigkeiten in denselben gelangte, weiterhin aber auch an der verhältnismäfsig späten Ausgestaltung der mathematischen Hilfsmittel, welche zur Verknüpfung der verschiedenen Beobachtungen unumgänglich notwendig waren. Die Vertrautheit mit diesem wissenschaftlichen Rüstzeug läfst uns jetzt die Schwierigkeiten kaum noch ahnen, an denen früher auch in scheinbar einfachen Fällen die scharfsinnigsten Köpfe scheiterten. Dazu kommt, dafs die Fähigkeit, richtig Beobachtungen anzustellen und dieselben wahrheitsgetreu wiederzugeben, sich in der Geschichte der Menschheit ebenfalls nur langsam entwickelt hat.

Trotzdem war man sich über den Wert der Erfahrung als Grundlage der Naturforschung schon im Altertume klar, wie aus dem folgenden Satze des Philosophen Aristoteles (384—322 v. Chr.), der seiner Schrift »De generatione animalium« III. entnommen ist, hervorgeht: »Man mufs der Beobachtung mehr Glauben schenken als der Theorie, und dieser nur, wenn sie zu den gleichen Resultaten führt wie die Erscheinung.« Wenn Aristoteles aus der Betrachtung des freien Falles den bis zu Galileis Zeiten für allgemein gültig gehaltenen Schlufs zog, dafs von zwei Körpern gleichen Volumens derjenige schwerer ist, welcher rascher herabfällt, so tat er dies durchaus im Einklang mit dem oben stehenden Grundsatz, sowie unter Verzicht auf die ihm wahrscheinlich auch noch nicht geläufige Analyse der, wie wir jetzt wissen, zusammengesetzten Erscheinung. Charakteristisch ist ferner für diese älteste Periode der Naturbetrachtung der fast vollständige Mangel wirklicher Messungen, auf Grund deren man erst zur Erkenntnis gesetzmäfsiger Beziehungen gelangen konnte. Hierzu bedurfte es allerdings einer geometrischen Schulung, wie sie trotz einiger älterer Entdeckungen (z. B. des Satzes von Pythagoras) damals noch nicht bestand. Nachdem diesem Mangel durch die grundlegenden »Elemente« Euklids (ca. 300 v. Chr.) und die Untersuchungen über die Kegelschnitte von Apollonius (im 3. Jahrhundert v. Chr.) abgeholfen war, konnte Archimedes (287 bis 212 v. Chr.), wohl der scharfsinnigste Forscher des klassischen Altertums, an die wissenschaftliche Begründung der Mechanik herantreten. Wir verdanken ihm die Entdeckung des Hebelgesetzes und im Zusammenhange damit die statische Theorie des Schwerpunktes ebener Gebilde neben der Begründung der Hydrostatik, auf die wir hier ebensowenig einzugehen haben, wie auf seine hervorragenden, rein mathematischen Lösungen. In Bezug auf die Mechanik starrer Körper ist das Altertum überhaupt kaum über die Arbeiten des Archimedes hinausgekommen; der auf anderen Gebieten äufserst fruchtbare Heron (um 120 v. Chr.) begnügte sich im wesentlichen mit einer Ausdehnung des Hebelgesetzes auf Zahnradübersetzungen und die sogenannten einfachen Maschinen, d. i. Hebel, Keil, Schraube, Rad und Welle, Flaschenzug, während der schon viel spätere Mathematiker Pappos (um 390 n. Chr.) die Schwerpunktstheorie auf Körper ausdehnte und die vom Jesuiten Guldin neuentdeckte und nach ihm benannte Berechnungsmethode von Rotationsflächen lehrte. Dynamische Probleme sind, wie man aus dieser kurzen Übersicht erkennt, im Altertum überhaupt nicht in Angriff genommen worden. Dagegen erhielt die Kinematik, soweit sie sich auf die Beschreibung von Bewegungen erstreckte, eine intensive, wenn auch ganz einseitige Förderung durch das Studium der scheinbaren Bahnen der Himmelskörper, vor allem derjenigen der Sonne und des Mondes. Dem Astronomen Hipparchos (im 2. Jahrhundert v. Chr.) gelang es, diesen Erscheinungen durch die Theorie der Epicykeln in so hohem Mafse gerecht zu werden, dafs seine auf dieser Grundlage berechneten Sonnen- und Mondtafeln, z. B. für die Voraussage von Finsternissen, lange Zeit hindurch brauchbar blieben. Die uns durch Ptolemäos (im 2. Jahrhundert n. Chr.) in seiner »Megale Syntaxis« (Almagest) betitelten Astronomie überlieferte Epicykelntheorie des Hipparchos läuft im Wesentlichen auf die Entwicklung der Koordinaten eines Punktes, im gegebenen Falle eines Himmelskörpers, in eine Reihe periodischer Glieder hinaus, so dafs wir für eine ebene Bewegung

$$x = a_0 + a_1 \cos \alpha_1 t + a_2 \cos \alpha_2 t + \ldots$$
$$y = b_0 + a_1 \sin \alpha_1 t + a_2 \sin \alpha_2 t + \ldots$$

schreiben dürfen, worin jedes einzelne Glied als Projektion eines der Kreisradien $a_1\, a_2$ u. s. w. auf eine der beiden Achsen angesehen werden kann. Diese Darstellungsmethode erscheint ohne exakte Begründung recht verwickelt und ist in der Tat später oftmals als falsch oder absurd bezeichnet worden. Demgegenüber sei hier besonders hervorgehoben, dafs man, wie Möbius in seinen »Elementen der Mechanik des Himmels« (1843) gezeigt hat, jede beliebige Bewegung mit derartigen Reihen darzustellen imstande ist, und darum auch die ganze moderne Störungstheorie darauf aufbauen konnte. Hipparchos kann defshalb wohl als deren Begründer und gleichzeitig als derjenige der Theorie periodischer Reihen angesehen werden. Allerdings findet sich in den Schriften der Alten über die dynamische Bedeutung der einzelnen Terme solcher Reihen bezw. über die Herkunft derselben schon darum keine Spur, weil man weder die gegenseitige Einwirkung der Himmelskörper aufeinander kannte, noch auch unseren allgemeinen Kraftbegriff besafs. Dies hinderte indessen nicht die praktische Bewältigung mannigfacher technischer Probleme und zwar mit Maschinen (meistens Hebezeugen, Rollen u. a.), deren Einzelteile aus Holz geformt und zweifellos nur empirisch bemessen waren. Näheres hierüber hat uns der römische Baumeister Vitruvius (um 15 v. Chr.) in seinem Werke »De architectura« berichtet.[1])

Der Niedergang des römischen Reiches, die Staatengründungen der Germanen, Araber und Osmanen, sowie die absolute

---

[1]) Siehe u. a. die äufserst lehrreiche Sammlung von Abhandlungen »Beiträge zur Geschichte des Maschinenbaues« von Beck, Berlin 1899, welche wir in diesem Abschnitt öfters zu Rate gezogen haben. Im übrigen sei auf Rühlmanns »Geschichte der technischen Mechanik«, Leipzig 1885 und das geistvolle Werk von E. Dühring: »Kritische Geschichte der allgemeinen Prinzipien der Mechanik, Berlin 1873, für eingehendere Studien verwiesen. Schliefslich sind noch die historischen Einleitungen über die Prinzipe der Statik und Dynamik in der »Mécanique analytique« von Lagrange in hohem Mafse beachtenswert.

Herrschaft religiöser Gesichtspunkte im geistigen Leben während des ganzen Mittelalters liefsen nicht nur keine Fortschritte in den Naturwissenschaften aufkommen, sondern drängten auch noch das überlieferte Wissen von der Berührung mit den Menschen in den Staub der Klosterbibliotheken zurück. In dieser kläglichen Periode entwickelte sich unter fälschlicher Berufung auf Aristoteles jene unfruchtbare Scholastik, welche jede geistige Regung in Fesseln schlug oder grausam erstickte. Erst nach der Erfindung der Buchdruckerkunst (um 1450) liefs sich der menschliche Geist nicht mehr halten; angeregt durch das Studium der auf diese Weise breiteren Schichten zugänglich gewordenen Schriften des Altertums treten bald Forscher auf, welche auch die Mechanik als Grundlage aller Naturwissenschaft durch neue Untersuchungen bereicherten. Unter ihnen ragt Leonardo da Vinci (1452—1519) vor allem durch seine Vielseitigkeit als Meister aller Künste und praktisch erfolgreicher Ingenieur hervor. Er beschäftigte sich u. a. zuerst mit der Bewegung auf der schiefen Ebene und auf dem vertikalen Kreisbogen, wodurch er der Entdeckung des Pendelgesetzes sehr nahe kam. Weiter verdanken wir ihm die Erkenntnis des Wesens der gleitenden Reibung, vor allem ihrer Unabhängigkeit von der Gröfse der Berührungsfläche der reibenden Körper. Auch erkannte er klar die grofse Bedeutung der Mathematik für die Mechanik, welche er geradezu als das »Paradies der mathematischen Wissenschaften« bezeichnet. Leonardo scheint auch die Eigendrehung der Erde und damit die Relativbewegung der Körper auf ihrer Oberfläche im Gegensatze zur absoluten Bewegung derselben erkannt zu haben, ebenso wie er die Bewegungen in einfache und zusammengesetzte unterschied. Die erstgenannte Tatsache brachte allerdings erst Nikolaus Coppernicus (1473—1543) in Verbindung mit seiner Lehre von der Bewegung aller Planeten einschliefslich der Erde um die Sonne (»De revolutionibus orbium coelestium« 1543), wohl unter dem Eindrucke der Entdeckung Amerikas durch Colon (Columbus) 1492, zur allgemeinen Geltung. Wenn auch hierdurch die Mechanik keine unmittelbare Förderung erfuhr, so war doch die Wirkung des Werkes von Coppernicus eine ungeheure im Sinne der Befreiung von unhaltbaren Anschauungen. Nur auf dieser Basis konnte Johann Keppler (1571—1630) mit Hilfe der langjährigen Beobachtungen Tycho Brahes (1546—1601), der übrigens selbst das Coppernicanische System niemals anerkannt hatte, seine drei berühmten Gesetze der Planetenbewegung in den Schriften »Astronomia nova« 1609 und »Harmonices mundi« 1619 aufstellen, wodurch er zugleich der Himmelsmechanik die kinematische Grundlage schuf. Ihm selbst lagen trotz seines auch anderweitig hervortretenden mathematischen Scharfsinnes mechanische Überlegungen fern, er begnügte sich vielmehr mit einer möglichst genauen Beschreibung der Naturvorgänge, für welche dann auch seine Gesetze geradezu als mustergültig anzusehen sind.

Inzwischen hatte man aber auch anderwärts, besonders in Italien, welches damals in der Blütezeit der Renaissance stand, nicht geruht. Der Mathematiker Benedetti (1530—1590) stellte fest, daſs im luftleerem Raume die Fallgeschwindigkeit für alle Körper denselben Wert hatte und erkannte, daſs ein krummlinig bewegter Körper nach Aufhören des Bahnzwanges in der Tangente weiter fliegen müsse. Damit war er dem Trägheitsgesetze schon sehr nahe gekommen und hatte gleichzeitig zuerst dynamische Fragen mit unverkennbarem Erfolge angeschnitten. In der Statik begründete der Holländer S. Stevin (1548—1620) auf höchst originelle Weise die Theorie des Gleichgewichtes auf der schiefen Ebene, indem er aus der Symmetrie des freihängenden Teiles ADB einer darüber gelegten Kette auf das Gleichgewicht der beiden anderen Stücke AC und BC unter sich schloſs (Fig. 251). Es war dies nicht mehr und nicht weniger als ein empirischer Beweis des Satzes vom Kräfteparallelogramm, was Stevin in der Tat auch klar ausgesprochen hat. Daſs in dieser Periode die Mathematik durch Ausbildung der Lehre von den algebraischen Gleichungen und der Logarithmen wesentliche Fortschritte machte und so als Werkzeug für das Studium der Naturvorgänge immer geeigneter wurde, sei nur nebenbei erwähnt.

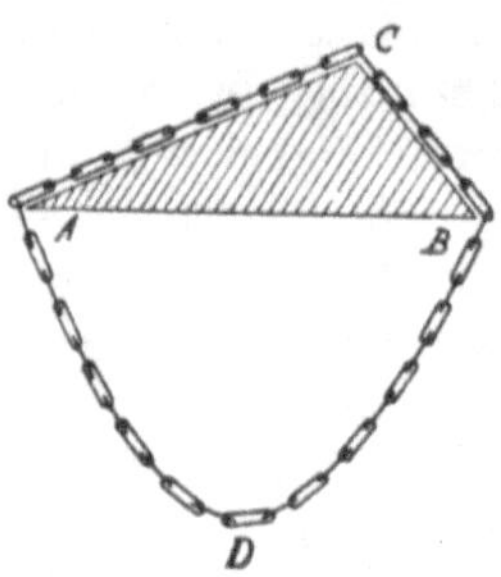

Fig. 251.

Dadurch, daſs die oben genannten Gelehrten ihre Kräfte wesentlich an einzelnen Problemen maſsen, erkannten sie nicht den Zusammenhang der Erscheinungen. Allerdings gehörte dazu bei der nur schwach entwickelten Empirie und der Ungenauigkeit der Maſsinstrumente, vor allem der Uhren, ein Genie, wie es in Galileo Galilei (1564—1642) gerade zur rechten Zeit erstand. Schon als junger Mann studierte er eifrig die einfacheren Bewegungserscheinungen, trat scharf der scholastischen Afterweisheit entgegen und bekannte sich zu dem Coppernicanischen Weltsystem, dessen Abbild im Kleinen er in den Jupitertrabanten mit Hilfe des selbst konstruierten Fernrohrs den staunenden Zeitgenossen zeigte. Seine Studien über die gleichförmig beschleunigte Bewegung gab er erst gegen Ende seines Lebens in Form von italienisch, also nicht in der lateinischen Gelehrtensprache geschriebenen Dialogen heraus, welche auch heute noch als Muster klarer Beobachtungsgabe und scharfer Schluſsfolgerung jedem hierfür empfänglichen Leser den gröſsten Genuſs bereiten. Von diesen Dialogen ist der 1638 unter dem Titel »Discorsi e dimonstrazioni matematiche intorno a due nuove scienze attenenti alla meccanica ed ai movimenti locali« für die Entwickelung der Mechanik der bei weitem Wichtigste.[1]) Zur Ableitung der Fallgesetze bediente sich Galilei des graphischen Verfahrens und prüfte alle Ergebnisse sofort durch Versuche, in deren Anordnung er eine wunderbare Virtuosität entwickelte. So erkannte er, daſs die Erdbeschleunigung auch die Ursache der Pendelbewegung war, stellte das konstante Verhältnis zwischen den Pendellängen und dem Quadrate der Schwingungsdauer fest und gab endlich die Parabel als Flugbahn im luftleeren Raume an. Hierbei machte er zum ersten Male mit voller Klarheit vom Trägheitsgesetze Gebrauch und bezeichnete die Bewegung als Wirkung einer Kraft, womit die Grundlagen der Dynamik festgelegt waren. Merkwürdig ist jedenfalls, daſs, obwohl Galilei von dem Prinzip der virtuellen Verschiebungen, z. B. für das Gleichgewicht an Flaschenzügen Gebrauch macht, allerdings ohne sich der Tragweite desselben bewuſst zu werden, er den Satz vom Kräfteparallelogramm nicht gekannt hat. Die Untersuchung des Stoſses fester Körper führten ihn schlieſslich noch zur Aufstellung des uns heute als Bewegungsgröſse geläufigen Produktes aus Masse und Geschwindigkeit.

---

[1]) In deutscher Übersetzung als Bd. 11, 24 u. 25 der Ostwaldschen Klassiker der exakten Wissenschaften, 1890 und 1891 neu erschienen.

Trotzdem der Ruhm der Entdeckungen Galileis sich rasch über Europa verbreitete, so dafs sogar eine Schrift von ihm zuerst in französischer Übersetzung (1634) erschien, fand er in seinen wissenschaftlichen Bestrebungen keine unmittelbaren Nachfolger. Vielleicht haben die Verfolgungen, welche er durch die damals allmächtige Inquisition zu erdulden hatte, auf seine Zeitgenossen abschreckend gewirkt. Jedenfalls tritt von jetzt ab der teilweise protestantische Norden Europas auf naturwissenschaftlichem Gebiete in den Vordergrund, während die rein romanischen Völker immer mehr der geistigen Verkümmerung anheimfallen. Der durch klare philosophische Denkweise bekannte Franzose Descartes (1596—1650) öffnete wohl durch seine Begründung der analytischen Geometrie der zukünftigen Entwickelung neue Bahnen, arbeitete aber auf dem Gebiete der Mechanik selbst ohne nennenswerten Erfolg, da er statt der bewährten empirischen Methode Galileis zu folgen, metaphysisch operierte. Fermat (1608—1665), dem wir die ersten Ansätze der Differentialrechnung und eine wohl ausgebildete Theorie der Maxima und Minima verdanken, begnügte sich mit einem aus dem optischen Brechungsgesetz gezogenen Analogieschlufse, welcher in letzter Linie auf das spätere Prinzip der kleinsten Wirkung hinausläuft. Einige dynamische Probleme nahm Roberval (1602—1675), am meisten durch seine als mechanisches Paradoxon angesehene Wage bekannt, mit Verständnis in Angriff, z. B. die Lehre vom Mittelpunkte des Stofses, während der Philosoph Pascal (1623—1662) den Begriff der mechanischen Arbeit beim Heben eines Gewichtes wohl zuerst erfafste.

Weit in den Schatten gestellt wurden aber alle diese Leistungen durch den Holländer Christian Huygens (1629—1695), der auf allen Gebieten der Physik mit ungemeinem Scharfsinn bahnbrechend wirkte. Sein für die Mechanik wichtigstes Werk ist das 1673 erschienene »Horologium oscillatorium«, in dem er zunächst die Pendeluhren untersuchte und wesentliche Verbesserungen derselben, z. B. die Hemmung, vorschlug. Weiterhin lehrte er den Tautochronismus beim Fall in der Cycloide, die er auch im Zusammenhang mit der Theorie der Evoluten geometrisch studierte, leitete die reduzierte Länge eines materiellen Pendels ab und entwickelte die Formel für die Dauer unendlich kleiner Schwingungen. Damit ergänzte er zugleich die

Sätze Galileis, der das Verhältnis des Quadrates der Schwingungszeiten zu der Pendellänge als konstant und zwar ohne Rücksicht auf den Ausschlag betrachtet hatte. In einem der Zentrifugalkraft gewidmeten Abschnitte desselben Werkes gab Huygens schließlich die Theorie des Zentrifugalpendels. Von großer Bedeutung, wenn auch damals nicht hinreichend gewürdigt, war die Aufstellung der Undulationstheorie des Lichtes im »Tractatus de lumine« 1690, die erste systematische Theorie der Schwingungsbewegung.

Zu gleicher Zeit begann man in England, sich intensiv mit Mechanik zu beschäftigen und zwar, getreu den Überlieferungen Bacons, vorerst auf empirischer Grundlage. Die Gesetze des Stoßes unelastischer Körper entdeckte 1668 der Mathematiker Wallis (1616—1702), während gleichzeitig der Architekt Wren (1632—1723) und kurz darauf auch Huygens unabhängig voneinander die Sätze über den Stoß elastischer Körper der Royal Society vorlegten.

§ 61. Von Newton bis auf Lagrange.

Newton und Hooke. Varignon, Leibniz und die Gebrüder Bernoulli. Taylor, Euler, Daniel Bernoulli und D'Alembert. Lagrange und seine Formulierung des D'Alembertschen Prinzips. Die Bewegungsgleichungen von Lagrange für verschiedene Freiheitsgrade. Die Methode der Variationsrechnung. Laplace und Legendre. Coulomb.

Überblicken wir den Entwickelungsgang der Mechanik von Galilei bis auf Huygens, so springt nicht allein die rapide Vermehrung der positiven Kenntnisse in diesem halben Jahrhundert in die Augen, sondern auch die wesentlich gesteigerte Schärfe in der Beobachtung und wissenschaftlichen Analyse der Naturvorgänge. Das Interesse an denselben, bei Beginn des geistigen Aufschwunges in der Renaissancezeit noch auf wenige hervorragende Geister beschränkt, hatte weite Kreise ergriffen, welche von einer systematischen Gestaltung der Mechanik vor allem eine reiche philosophische Ausbeute erhofften. Die durch Coppernicus und Keppler klar gestellte Bewegung der Himmelskörper forderte gebieterisch die Zurückführung auf ein gemeinsames Grundprinzip, welches der phantasiereiche Descartes (1644) in seinen Wirbelströmen um die Sonne gefunden zu haben glaubte. So gern diese Hypothese auch vom wissenschaftlichen Publikum aufgegriffen wurde, so konnten sich doch nüchterne Forscher nicht verhehlen, dafs damit der Boden der Erfahrung verlassen war. Für uns, die wir das Wesen der Zentralbewegung vollkommen übersehen, ist die Descartes'sche Hypothese besonders darum merkwürdig, weil sie Erscheinungen, bei denen ausgesprochenermafsen keine Drehbeschleunigungen auftreten können, auf solche zurückführen wollte. Zu dieser Einsicht konnte man allerdings erst nach Einfügung der Kepplerschen Gesetze in ein System der Mechanik gelangen, welches zunächst die irdischen Erfahrungen in logischem Zusammenhange enthielt. Diese uns ganz selbstverständlich erscheinende Forderung lag damals durchaus nicht auf der Hand, so dafs Isaak Newton (1643—1727), dem die Durchführung des hier angedeuteten Problems in vollendeter Weise gelang, erst dann an die weitere Ausarbeitung seiner Untersuchungen über die allgemeine Schwere schritt, als er die Identität der Beschleunigung des Mondes in seiner Bahn mit der Erdbeschleunigung zahlenmäfsig nachweisen konnte.

Von diesem Augenblicke datiert denn auch die systematische Entwickelung der Mechanik zur exakten Wissenschaft auf erfahrungsmäfsiger Grundlage. Mit seinem Ausspruche »Hypotheses non fingo« verwies Newton reine Spekulationen und willkürliche Annahmen aus dem von ihm in grofsen Zügen entworfenen Gebäude, welches nur der streng mathematische Schlufsfolgerung für die Verknüpfung von Naturerscheinungen Platz gewährte. Die Form, deren sich Newton in seinem grofsartigen Werke »Philosophiae naturalis principia mathematica« (1687) bediente, ist dagegen von der uns gewohnten Behandlungsweise noch durchaus verschieden. Allerdings stellte er an die Spitze seines Lehrganges die bis heute als Erfahrungssätze gültig gebliebenen Axiome der Trägheit der Massen, der Proportionalität der Kraft mit der Beschleunigung sowie der Wirkung und Gegenwirkung, denen er die Zusammensetzung der Bewegungen und der Kräfte nach der Parallelogrammregel als Zusätze angliedert. Hieraus entwickelt er die ganze Dynamik nach Euklidischer, also rein geometrischer Methode, in der man die zur Bewältigung krummliniger Bewegungen nicht zu entbehrenden Infinitesimalbetrachtungen, welche Newton zweifellos seit etwa 1666 geläufig waren, kaum noch herauszuchälen vermag. Die Theorie der Bewegung der Himmelskörper auf Grund der allgemeinen Schwere, auf deren Erklärung er sich nach dem obigen Ausspruche nicht einliefs, betrachtete er lediglich als Anwendung der allgemeinen Dynamik, worauf übrigens schon Hooke (1635—1703) in einer bemerkenswerten Schrift »An attempt to prove the motion of the earth« 1674 hingewiesen hatte, ohne doch das quadratische Anziehungsgesetz auszusprechen. Weiterhin untersuchte Newton zuerst systematisch die Lehre von der Bewegung in widerstehenden Mitteln, sowie diejenige des Stofses und leitete die Darstellung dieser Gebiete durch eigene sorgfältige Versuche ein, in denen er sich ebenso als gewifsenhafter Beobachter wie als scharfsinniger Theoretiker zeigte. Newton unterschied übrigens die »rationelle«, d. h. rein theoretisch aufzubauende Mechanik von der »praktischen«, worunter er die ausführende Technik verstand. Unsere heutige technische Mechanik würde von ihm zweifellos der »mechanica rationalis« zugerechnet werden.

Mit statischen Problemen beschäftigte sich Newton nur nebenbei, er behandelte sie, seiner ganzen Geistesrichtung entsprechend, als Specialfälle der Dynamik, welche überhaupt das Interesse der Zeitgenossen ausschliefslich in Anspruch nahm. Die schönen Arbeiten des Franzosen Varignon (1654—1722), dem wir die Darstellung des Kräfte- und Seilpolygons sowie die Aufdeckung ihres Zusammenhanges verdanken, fanden darum in dieser klassischen Periode nur eine geringe Beachtung. So kam es, dafs die graphische Statik, obwohl von Varignon begründet, doch erst nach zweihundert Jahren sich weiter zu entwickeln vermochte. Die ganze auf Newton folgende Periode war dem Ausbau der Dynamik gewidmet und zwar vor allem der Lösung zahlreicher Spezialprobleme, die zum grofsen Teile noch heute feste Bestandteile der Lehrbücher bilden. Wesentlich unterstützt wurde diese Arbeit durch die von Leibniz (1646—1716) schon 1775 und zwar unabhängig von Newtons sog. Fluxionsrechnung (die sich in den »Prinzipien« hinter dem Namen der »ersten und letzten Verhältnisse« d. h. Grenzbetrachtungen versteckte) erfundene, aber erst 1684 und 1686 veröffentlichte Differential- und Integralrechnung. Leibniz selbst beschäftigte sich nur vorübergehend mit der Mechanik, die er durch den Begriff der lebendigen Kraft (kinetische Energie) im Gegensatze zu »toten Kräften« (d. h. Kräften, die sich das Gleichgewicht halten) bereicherte. Dagegen erwarb er sich groſse Verdienste dadurch, daſs er neue Probleme öffentlich stellte und so die Fachgenossen, unter denen die schweizer Brüder Jakob Bernoulli (1654 bis 1744) und Johann Bernoulli (1667—1748) besonders durch ihre Untersuchungen aus der Integralrechnung sowie durch die Aufstellung und Integration von Differentialgleichungen hervorragten, zur Lösung erfolgreich anregte. Auf diese Weise entstanden die eleganten Sätze über die Isochronen (1690), die Kettenlinie (1691) und die Brachistochrone (1697). Johann Bernoulli verdanken wir auch die erste allgemein richtige Fassung des Prinzips der virtuellen Verschiebungen (oder wie man damals sagte »virtuellen Geschwindigkeiten«, womit nur der differenzielle Charakter der Verschiebungen angedeutet werden sollte), welches er in einem Briefe an Varignon vom Jahre 1717 aufstellte.

Es ist unverkennbar, daſs die von Leibniz vorgeschlagene und bis heute unverändert beibehaltene Formulierung der Infinitesimalrechnung auf die weitere Entwickelung überaus günstig eingewirkt hat. Besonders klar geht dies aus den relativ geringen Leistungen der Engländer hervor, welche sich anfänglich durchweg der schwerfälligen Fluxionsrechnung des groſsen Newton bedienten, ohne doch seine Gewandtheit in deren Handhabung zu besitzen. Nur nach einer Richtung haben wir einen wichtigen Fortschritt zu konstatieren; er betrifft die Aufstellung der bekannten Reihe (1717) durch Taylor (1685—1731), der auch das Problem der schwingenden Saiten bezw. des gespannten Seiles in Angriff nahm und aus ihren Dimensionen sowie der Spannung die Schwingungszahl berechnete.

Die fortwährende Vergröſserung des wissenschaftlichen Materials durch Einzeluntersuchungen, welche je nach der Individualität der Autoren eine andere Behandlungsweise erfuhren, weiterhin die Tatsache, daſs auf dem europäischen Kontinente und in England die Methode der Analysis und mit ihr die der Problemlösung erhebliche Verschiedenheiten aufwies, erschwerten das Studium der Mechanik ungemein und weckten das Bedürfnis nach einer zusammenfassenden Darstellung auf einheitlicher analytischer Grundlage. An diese Arbeit konnte sich naturgemäſs nur ein Mann heranwagen, der, wie Leonhard Euler (1707—1783), ein Schüler und Landsmann Johann Bernoullis mit vollständiger Beherrschung des Stoffes eine virtuose Gewandtheit in der mathematischen Analyse vereinigte. In seiner »Mechanica seu motus scientia« (1736) entwickelt Euler, nachdem er in der Vorrede die Notwendigkeit seiner Methode durch ihre allgemeine Anwendbarkeit unter Wegfall der Kunstgriffe bei der synthetischen Behandlung begründet hatte, die vollständige Theorie der freien und gezwungenen Bewegung des materiellen Punktes. Von ihm rührt u. a. die Zerlegung der wirkenden Kraft bezw. der Beschleunigung in Tangential- und Normalkomponenten dar. In einem später erschienenen Werke, der »Theoria motus corporum solidorum« (1765) dehnt er seine Untersuchung auf starre Körper aus, deren Bewegung er durch die bekannten 6 Differentialgleichungen der Dynamik beschrieb. welche allerdings eine noch weiter gehende Gültigkeit besitzen. Besonders elegant und, wie wir gesehen haben auch äufserst nützlich, ist seine Transformation der drei Momentengleichungen auf eine Form, in der die Hauptträgheitsmomente des Körpers als Parameter auftreten. Dafs die denselben entsprechenden Hauptachsen des Körpers gleichzeitig freie Achsen des Körpers darstellen können, hatte vor Euler bereits 1755 der Göttinger Professor Segner (1704—1777) festgestellt. Trotz seiner rein theoretischen Geistesrichtung brachte Euler doch praktischen Problemen das vollste Verständnis entgegen. So bildete er, nachdem allerdings schon 1717 Joh. Bernoulli die Gleichung der ballistischen Kurve bei quadratischem Widerstandsgesetz in wenig bequemer Form aufgestellt hatte, 1753 praktische Methoden für die stückweise Berechnung der Flugbahn aus, welche bis auf den heutigen Tag vorbildlich geblieben sind. Auch die Theorie der gleitenden Reibung wurde von Euler gefördert, der aus ihr zuerst die Formel für die Spannungsänderung von Seilen am Rollenumfange ableitete. Weiterhin verdankt man ihm die ersten systematischen und überhaus inhaltreichen Lehrbücher der Differential- und Integralrechnung (1755 und 1768—1770). Von den zahlreichen anderen von ihm in Angriff genommenen bezw. zum Abschlufs gebrachten Probleme aus allen Gebieten der Mathematik und Physik erwähnen wir hier nur noch dasjenige der schwingenden Saiten, welches ihn in eine lebhafte Diskussion mit Daniel Bernoulli (1700 bis 1782), dessen Sohn Johannes und mit dem Franzosen D'Alembert (1717—1783) verwickelten. Es handelt sich dabei vorwiegend um die Frage, ob die von D. Bernoulli 1753 gegebene Lösung in Form einer Reihe periodischer Glieder dieselbe Allgemeinheit besitzt, wie die von D'Alembert und Euler schon 1747 aufgestellte Formel

$$y = f_1(at + x) + f_2(at - x).$$

Der Streit, in den später noch Lagrange eingriff, wurde erst entschieden, als man über die groſse Allgemeinheit periodischer Funktionen hinreichende Klarheit besaſs. Während die sonstigen Leistungen Daniel Bernoullis sich hauptsächlich auf das auch von Euler mit Erfolg behandelte Gebiet der Hydrodynamik erstrecken, also nicht an dieser Stelle zu besprechen sind, müssen wir uns mit den beiden anderen französischen Gelehrten bei ihrer groſsen Bedeutung für die weitere Ausbildung der Mechanik eingehender beschäftigen. D'Alemberts Hauptwerk, der »Traité de dynamique«, erschien 1743, also nicht lange nach Eulers klassischem ersten Lehrbuche. In demselben bemerkt der Verfasser, daſs er durch Anwendung eines neuen Grundsatzes einer Reihe von Problemen der Mechanik, welche von anderer Seite entweder falsch angefaſst oder ganz übergangen wurden, mit Leichtigkeit zu lösen im stande sei. Es ist das nichts anderes als daſs Prinzip der verlorenen, d. h. unter sich im Gleichgewicht befindlichen Kräfte, an einem bewegten Systeme, vermöge dessen dynamische Probleme formell auf statische zurückgeführt werden können. Für den starren Körper hatte Euler dieses Prinzip — ohne es indessen als solches ausdrücklich hinzustellen — schon angewandt, woraus seine 6 Gleichungen resultierten. D'Alembert zeigte nun, daſs man damit ganz allgemein jede Aufgabe zu formulieren vermag und gab, da die weitere Behandlung rein mathematischer Natur war, so der Mechanik einen gewissen Abschluſs. Mit dem von Johann Bernoulli aufgestellten Prinzipe der virtuellen Verschiebungen verfügte nunmehr die Mechanik über zwei sowohl von der Art der Kräfte, wie auch von der Anordnung des ihren Wirkungen unterworfenen materiellen Systems unabhängige, also ganz allgemein gültige Sätze. Der schon oben genannte italienische Mathematiker Lagrange (1736—1813), einer der gröſsten Analytiker aller Zeiten, erkannte nun, daſs sich beide in eine einzige Formel zusammenfassen lieſsen, wobei er noch den Begriff der virtuellen

Verschiebungen selbst schärfer falste bezw. ausdehnte. Bezeichnet man nämlich, unter X, Y, Z die Komponenten einer äufseren Kraft verstanden, welche in einem Punkte x, y, z angreift, die virtuellen Verschiebungen dieses Punktes mit δx, δy, δz (im Gegensatze zu den tatsächlich eintretenden dx, dy, dz), so besteht, wie wir oben (§ 51) gesehen haben, Gleichgewicht, wenn

$$\Sigma\,(X\delta x + Y\delta y + Z\delta z) = 0 \quad . \quad . \quad . \quad . \quad . \quad (1)$$

ist. Anderseits hatte D'Alembert gezeigt, dafs bei einem bewegten System irgendwie zusammenhängender materieller Punkte wegen der Gleichheit der Wirkung und Gegenwirkung die Differenzen der treibenden (oder auch eingeprägten) und der Trägheitskräfte (Massendrücke) sich das Gleichgewicht halten. Bedeutet also m eine im Punkte x, y, z des Systems konzentrierte Masse, so haben für dieselbe diese Differenzen oder auch die Komponenten der verlorenen Kraft die Form

$$X - m\frac{d^2x}{dt^2}, \qquad Y - m\frac{d^2y}{dt^2}, \qquad Z - m\frac{d^2z}{dt^2}.$$

Ersetzen wir demnach in der Formel für das Prinzip der virtuellen Verschiebungen die Kraftkomponenten X, Y, Z am ruhenden System durch die ebenfalls im Gleichgewicht befindlichen Komponenten der verlorenen Kräfte im bewegten System, so lautet dasselbe

$$\Sigma\left\{\left(X - m\frac{d^2x}{dt^2}\right)\delta x + \left(Y - m\frac{d^2y}{dt^2}\right)\delta y + \left(Z - m\frac{d^2z}{dt^2}\right)\delta z\right\} = 0 \quad . \quad . \quad (2)$$

Diese Gleichung wird gewöhnlich als die **Lagrangesche Form des D'Alembertschen Prinzipes** bezeichnet. Sie umfalst in der Tat alle Bewegungserscheinungen unter dem Einflufse der äufseren Kräfte mit den Komponenten X, Y, Z und kann leicht durch Auflösung der virtuellen Verschiebungen in blofse Translations- und davon unabhängige Drehungskomponenten in die bekannten sechs Differentialgleichungen D'Alemberts zerlegt werden, zu denen wir in unseren Darlegungen (§ 51) auf direktem Wege gelangten. Wenn somit durch die Lagrangesche Fassung sachlich nichts Neues geleistet wird, so mufs man ihr doch die gröfste Einfachheit und höchste mathematische Eleganz zugestehen. Die Schrift, in welcher Lagrange die obige Formel ableitete, ist seine berühmte im Jahre 1788 in erster Auflage erschienene »Mécanique analytique«, in welcher er sich nach der Vorrede die Aufgabe stellte, »die Theorie der Mechanik und die Kunst, die darauf bezüglichen Probleme zu lösen, auf allgemeine Formeln zurückzuführen, deren einfache Entwickelung alle für die Lösung notwendigen Gleichungen ergibt.« Der rein analytische Charakter dieses Fundamentalwerkes wird durch nichts besser gekennzeichnet, als durch die weiteren Worte aus der Vorrede: »Man wird in diesem Werke keine geometrischen Figuren finden.« Wenn auch Lagrange dieses Verfahren später in seiner »Theorie der Funktionen« durch die Bemerkung zu rechtfertigen suchte, dafs er die Mechanik als eine analytische Geometrie von vier Dimensionen, nämlich der drei Raumkoordinaten und der Zeit betrachtet, so wird man doch nicht leugnen können, dafs der Mangel jeglicher Anschauung, wie sie die bildliche Darstellung nun einmal gewährt, für das Verständnis des Gegenstandes nicht förderlich ist.

Lagrange stellte übrigens das Prinzip der virtuellen Verschiebungen in der ersten Auflage seiner Mechanik als Erfahrungssatz an die Spitze des ersten der Statik gewidmeten Teiles. Im Jahre 1796 gab er dagegen in der Abhandlung »Sur le principe des vitesses virtuelles« einen auf dem Gleichgewichte eines Systems von Flaschenzügen aufgebauten Beweis, den er dann auch in die zweite, teilweise erst nach seinem Tode erschienene Auflage seines Hauptwerkes aufnahm. Technische Anwendungen der Mechanik hatte Lagrange trotz dieses sich an die Praxis anlehnenden Beweises wohl kaum im Auge; die inneren Kräfte eines Systems, welche für die Inanspruchnahme der Einzelteile ausschlaggebend sind, interessierten ihn darum so wenig, dafs er sie möglichst aus seinen Bewegungsgleichungen zu eliminieren trachtete. Aus diesem Grunde haben wir auch von diesen Gleichungen in der vorliegenden Schrift keinen Gebrauch gemacht, sondern uns mit den Formeln des D'Alembertschen Prinzips begnügt, mit denen unter Einführung der inneren Kräfte jedes einzelne Glied eines materiellen Systems als frei beweglich angesehen werden konnte. Besonders wertvoll erweist sich dieser Ansatz dann, wenn Reibungswiderstände in Frage kommen, deren Gröfse den inneren Kräften des Systems, im speziellen Falle dem Normaldrucke zweier Körper gegeneinander proportional sind. Da indessen in einigen neueren, auch für Techniker lesenswerten Schriften[1]) von den Lagrangeschen Gleichungen ein umfaſsender Gebrauch gemacht wird, so dürfte eine kurze Entwickelung derselben an dieser Stelle wohl am Platze sein. Dabei haben wir zwei Systeme von Gleichungen zu unterscheiden, von denen das erstere dem Gedankengange in dieser Schrift noch am nächsten steht und darin zuerst in Anlehnung an die »Analytische Mechanik« von Rausenberger (1888) abgeleitet werden soll. Wir setzen mit Lagrange ein System von n materiellen Punkten voraus, auf welche ebenso viele Kräfte, also $3n$ Komponenten XYZ wirken mögen, während gleichzeitig k Bedingungsgleichungen zwischen den Koordinaten der n Punkte, also

$$\left.\begin{array}{l} f_1\ (x_1 y_1 z_1,\ x_2 y_2 z_2 \ldots) = 0 \\ f_2\ (x_1 y_1 z_1,\ x_2 y_2 z_2 \ldots) = 0 \\ \vdots \qquad \vdots \qquad \vdots \\ f_k\ (x_1 y_1 z_1,\ x_2 y_2 z_2 \ldots) = 0 \end{array}\right\} \quad \ldots \ldots \quad (3)$$

bestehen. Kommen in jeder dieser Gleichungen nur die Koordinaten eines der Massenpunkte vor, so stellen dieselben offenbar Oberflächen dar, an welcher die Bewegung der Punkte geknüpft ist. Hat dagegen z. B. eine Bedingungsgleichung die Form

$$(x_1 - x_2)^2 + (y_1 - y_2)^2 + (z_1 - z_2)^2 - l^2 = 0,$$

worin $l =$ const., so besagt sie, daſs die Massen m_1 und m_2 durch eine starre Gerade verbunden sind. Wir erkennen somit, daſs durch die Formeln (3) der allgemeinste Fall der gezwungenen Bewegung gegeben ist. Nunmehr möge das System eine unendlich kleine Verschiebung vollziehen, wodurch sich die Koordinaten der Massenpunkte um δx_1, δy_1, δz_1, δx_2, δy_2, $\delta z_2 \ldots$ allgemein also um δx, δy, δz verändern. Diese Verschiebungen genügen dann offenbar den aus (3) hervorgehenden Differentialgleichungen

$$\left.\begin{array}{l} \dfrac{\partial f_1}{\partial x_1}\,\delta x_1 + \dfrac{\partial f_1}{\partial y_1}\,\delta y_1 + \dfrac{\partial f_1}{\partial z_1}\,\delta z_1 + \dfrac{\partial f_1}{\partial x_2}\,\delta x_2 + \ldots = 0 \\ \dfrac{\partial f_2}{\partial x_1}\,\delta x_1 + \dfrac{\partial f_2}{\partial y_1}\,\delta y_1 + \dfrac{\partial f_2}{\partial z_1}\,\delta z_1 + \dfrac{\partial f_2}{\partial x_2}\,\delta x_2 + \ldots = 0 \end{array}\right\} \ . \ (3\text{a})$$

u. s. w.

---

[1]) Ich denke hier vor allem an das schöne Referat von C. Heun: »Die kinetischen Probleme der wissenschaftlichen Technik«, Leipzig 1900.

Um diese Ausdrücke nun in die Bewegungsgleichung (2) einzuführen, brauchen wir sie nur der Reihe nach mit zunächst noch unbestimmt gelassenen Koeffizienten, den sog. Lagrangeschen Multiplikatoren, zu multiplizieren und sämtlich zu (2) zu addieren. Auf diese Weise erhalten wir die neue Gleichung

$$\left.\begin{aligned} &\Sigma\left(X_i - m_i \frac{d^2 x_i}{d t^2} + \lambda_1 \frac{\partial f_1}{\partial x_i} + \lambda_2 \frac{\partial f_2}{\partial x_i} + \ldots + \lambda_k \frac{\partial f_k}{\partial x_i}\right) \delta x_i \\ + &\Sigma\left(Y_i - m_i \frac{d^2 y_i}{d t^2} + \lambda_1 \frac{\partial f_1}{\partial y_i} + \lambda_2 \frac{\partial f_2}{\partial y_i} + \ldots + \lambda_k \frac{\partial f_k}{\partial y_i}\right) \delta y_i \\ + &\Sigma\left(Z_i - m_i \frac{d^2 z_i}{d t^2} + \lambda_1 \frac{\partial f_1}{\partial z_i} + \lambda_2 \frac{\partial f_2}{\partial z_i} + \ldots + \lambda_k \frac{\partial f_k}{\partial z_i}\right) \delta z_i \end{aligned}\right\} = 0, \quad (2\text{a})$$

in welcher i den Index eines Massenpunktes bedeutet, so daſs die Summen von $i = 1$ bis $i = n$ zu bilden sind. Die noch unbestimmten k Multiplikatoren λ sind nun aus der Bedingung zu berechnen, daſs ebensoviel, also wieder k der in (2a) enthaltenen Klammerausdrücke verschwinden. Die übrigbleibenden $3n-k$ Ausdrücke sind dann mit Verschiebungen δx, δy, δz behaftet, welche an keine Bedingungen gebunden ganz willkürlich angenommen werden können. Dann aber verschwindet die linke Seite von (2a) für alle derartigen Verschiebungen nur, wenn die Koeffizienten derselben für sich verschwinden, d. h., wenn im Verein mit den Bestimmungsgleichungen der λ für jeden Massenpunkt m_i des Systems die drei Gleichungen

$$\left.\begin{aligned} X_i - m_i \frac{d^2 x_i}{d t^2} + \lambda_1 \frac{\partial f_1}{\partial x_i} + \lambda_2 \frac{\partial f_2}{\partial x_i} + \ldots + \lambda_k \frac{\partial f_k}{\partial x_i} = 0 \\ Y_i - m_i \frac{d^2 y_i}{d t^2} + \lambda_1 \frac{\partial f_1}{\partial y_i} + \lambda_2 \frac{\partial f_2}{\partial y_i} + \ldots + \lambda_k \frac{\partial f_k}{\partial y_i} = 0 \\ Z_i - m_i \frac{d^2 z_i}{d t^2} + \lambda_1 \frac{\partial f_1}{\partial z_i} + \lambda_2 \frac{\partial f_2}{\partial z_i} + \ldots + \lambda_k \frac{\partial f_k}{\partial z_i} = 0 \end{aligned}\right\} . \quad (4)$$

bestehen. Diese Formeln sind offenbar nichts anderes als Verallgemeinerungen der in § 16 unter (7a) gegebenen Gleichungen für die gezwungene Bewegung. Dividieren wir sie mit m_i, so stellt $X_i : m_i$ die x-Komponente der wirklichen Beschleunigung, dagegen die Summe

$$\frac{\lambda_1}{m_i}\frac{\partial f_1}{\partial x_i}+\frac{\lambda_2}{m_i}\frac{\partial f_2}{\partial x_i}+\ldots+\frac{\lambda_k}{m_i}\frac{\partial f_k}{d x_i}$$

die entsprechende Komponente der Zwangsbeschleunigung von m_i dar. Die Summen der mit den Multiplikatoren λ behafteten Glieder in (4) sind natürlich mit den inneren bezw. verlorenen Kräften D'Alemberts identisch, wie schon aus dem Vergleich mit (2) hervorgeht. Die praktische Verwendung der Gleichungen (4) ist übrigens äufserst unbequem wegen des langwierigen Ermittelungsverfahrens der λ; die Gleichungen (4) haben darum ein vorwiegend theoretisches Interesse, weil man aus ihnen den Zusammenhang der Zwangsbeschleunigungen mit den Bedingungsgleichungen (3) sofort übersieht. Prinzipiell ist die von uns z. B. bei der Behandlung des materiellen Doppelpendels (§ 39) befolgte Methode der Einführung der inneren Kräfte zwischen je zwei Systemgliedern natürlich identisch mit der Auflösung der Gleichungen (4), welche somit nichts als eine andere Form des D'Alembertschen Prinzips darstellen.

Eine viel umfassendere Anwendung hat die andere Gruppe von Bewegungsgleichungen erfahren, welche Lagrange ebenfalls zuerst aufgestellt und zur Lösung von Problemen, z. B. der Kreiselbewegung benutzt hat. Diese neue Form knüpft an den Begriff der Freiheitsgrade eines Körpers an, welche durch die Zahl der von einander unabhängigen Koordinaten in einem materiellen System gegeben sind. So besitzt z. B. ein um eine feste Achse drehbares starres Gebilde (Pendel) nur einen Freiheitsgrad, da die Lage aller seiner Punkte durch den Ausschlagswinkel z. B. der Schwerachse mit einer Geraden durch den Pol bestimmt ist. Ein in der Ebene frei beweglicher materieller Punkt besitzt dagegen zwei Freiheitsgrade entsprechend den beiden von einander unabhängigen Koordinaten x und y desselben, ebenso auch das an ein anderes Pendel angehängte zweite, vorausgesetzt, dafs alle Bewegungen in der Ebene stattfinden. Ein nur in einem Punkte festgehaltener starrer Körper verfügt weiterhin, da er sich um drei Momentanachsen frei zu drehen vermag, über drei und, wenn man noch den Fixpunkt mit seinen drei von einander unabhängigen Koordinaten freigibt, über sechs Freiheitsgrade u. s. w. Es ist nun durchaus nicht nötig, dafs die unabhängigen Veränderlichen, welche die Freiheitsgrade bestimmen, mit den gewöhnlichen Koordinaten identisch zu sein brauchen. Es können vielmehr auch Abstände von irgend welchen anderen Ebenen als den Koordinatenebenen oder Winkel u. s. w. sein, sodafs wir sie allgemein mit q bezeichnen wollen. Sind dann k solcher unabhängiger Variabelen $q_1\, q_2 \ldots q_k$ vorhanden, so kann man sich die Koordinaten eines System punktes mit ebensoviel Freiheitsgraden durch

$$\left.\begin{aligned} x &= \varphi\,(t\; q_1\, q_2 \ldots q_k) \\ y &= \psi\,(t\; q_1\, q_2 \ldots q_k) \\ z &= \chi\,(t\; q_1\, q_2 \ldots q_k) \end{aligned}\right\} \quad \ldots\ldots \quad (5)$$

gegeben denken. Die x-Komponente der Geschwindigkeit dieses Punktes ergibt sich hieraus durch Differentiation nach t zu

$$v_x = \frac{dx}{dt} = \frac{\partial x}{\partial t} + \frac{\partial x}{\partial q_1}\frac{dq_1}{dt} + \frac{\partial x}{\partial q_2}\frac{dq_2}{dt} + \cdots + \frac{\partial x}{\partial q_k}\frac{dq_k}{dt}$$

oder, wenn wir abkürzungsweise nach dem Vorgange von Lagrange die Geschwindigkeiten

$$\frac{dq_1}{dt} = q_1', \quad \frac{dq_2}{dt} = q_2' \;.\,.\; \quad \frac{dq_k}{dt} = q_k' \quad \ldots \quad (6)$$

setzen,

$$v_x = \frac{\partial x}{\partial t} + \frac{\partial x}{\partial q_1} q_1' + \frac{\partial x}{\partial q_2} q_2' + \,.\,.\, + \frac{\partial x}{\partial q_k} q_k' \quad \ldots \quad (7)$$

Da in den Differentialquotienten

$$\frac{\partial x}{\partial t}, \quad \frac{\partial x}{\partial q_1}, \quad \frac{\partial x}{\partial q_2} \cdots \frac{\partial x}{\partial q_k}$$

jedenfalls keine der Gröfsen $q_1'\, q_2' \ldots q_k'$ vorkommen kann, so ergibt sich aus (7) auch

$$\frac{\partial v_x}{\partial q_1'} = \frac{\partial x}{\partial q_1}, \quad \frac{\partial v_x}{\partial q_2'} = \frac{\partial x}{\partial q_2}, \ldots \frac{\partial v_x}{\partial q_k'} = \frac{\partial x}{\partial q_k} \quad .\;. \quad (8)$$

eine Beziehung, von der wir weiter unten Gebrauch machen werden. Zunächst also denken wir uns in den Ausdruck für die kinetische Energie J

$$J = \frac{1}{2} \Sigma m\,(v_x^2 + v_y^2 + v_z^2) \quad \ldots\ldots \quad (9)$$

den Wert für v_x aus (7) und die ganz analog gebauten für v_y und v_z eingesetzt, wodurch J als Funktion von t, $q_1\, q_2 \ldots q_k$ und aufserdem von $q_1'\, q_2' \ldots q_k'$ erscheint. Den partiellen Differentialquotienten von J nach irgend einer dieser letzteren Geschwindigkeiten, die wir allgemein q', entsprechend der allgemeinen Koordinate q bezeichnen wollen, können wir dann auch schreiben

$$\frac{\partial J}{\partial q'} = \Sigma\, m \left(v_x \frac{\partial v_x}{\partial q'} + v_y \frac{\partial v_y}{\partial q'} + v_z \frac{\partial v_z}{\partial q'}\right)$$

oder wegen (8)

$$\frac{\partial J}{\partial q'} = \Sigma\, m \left(v_x \frac{\partial x}{\partial q} + v_y \frac{\partial y}{\partial q} + v_z \frac{\partial z}{\partial q}\right) \quad . \; . \; . \quad (9a)$$

Durch eine abermalige Differentiation dieses Ausdruckes nach der Zeit t wird daraus

$$\frac{d}{dt}\left(\frac{\partial J}{\partial q'}\right) = \Sigma\, m \left(v_x \frac{\partial v_x}{\partial q} + v_y \frac{\partial v_y}{\partial q} + v_z \frac{\partial v_z}{\partial q}\right)$$
$$+ \Sigma\, m \left(\frac{dv_x}{dt}\frac{\partial x}{\partial q} + \frac{dv_y}{dt}\frac{\partial y}{\partial q} + \frac{dv_z}{dt}\frac{\partial z}{\partial q}\right) \quad . \; . \; . \; . \; . \quad (9b)$$

Nun ist aber andererseits

$$\Sigma\, m \left(v_x \frac{\partial v_x}{\partial q} + v_y \frac{\partial v_y}{\partial q} + v_z \frac{\partial v_z}{\partial q}\right) = \frac{\partial J}{\partial q} \quad . \; . \; . \quad (10)$$

so daſs wir mit

$$\frac{dv_x}{dt} = \frac{d^2x}{dt^2}, \quad \frac{dv_y}{dt} = \frac{d^2y}{dt^2}, \quad \frac{dv_z}{dt} = \frac{d^2z}{dt^2}$$

auch statt (9b) schreiben dürfen

$$\frac{d}{dt}\left(\frac{\partial J}{\partial q'}\right) - \frac{\partial J}{\partial q} = \Sigma\, m \left(\frac{d^2x}{dt^2}\frac{\partial x}{\partial q} + \frac{d^2y}{dt^2}\frac{\partial y}{\partial q} + \frac{d^2z}{dt^2}\frac{\partial z}{\partial q}\right) \; . \quad (11)$$

Die rechte Seite dieser Gleichung läſst sich nun weiterhin mit Hilfe der Lagrangeschen Form des D'Alembertschen Prinzips Gl. (2) umformen, wenn man berücksichtigt, daſs aus (5)

$$\delta x = \frac{\partial x}{\partial t}\,\delta t + \frac{\partial x}{\partial q_1}\,\delta q_1 + \ldots + \frac{\partial x}{\partial q_k}\,\delta q_k \quad . \; . \quad (5a)$$

und analoge Ausdrücke für δy und δz sich ergeben. Führen wir diese in (2) ein, so erhalten wir, da wegen der Willkürlichkeit der unabhängigen Variabelen t, $q_1\; q_2 \ldots q_k$ die Koeffizienten derselben verschwinden müssen, aus (2)

$$\Sigma\, m \left(\frac{d^2x}{dt^2}\frac{\partial x}{\partial q} + \frac{d^2y}{dt^2}\frac{\partial y}{\partial q} + \frac{d^2z}{dt^2}\frac{\partial z}{\partial q}\right) = \Sigma \left(X\frac{\partial x}{\partial q} + Y\frac{\partial y}{\partial q} + Z\frac{\partial z}{\partial q}\right)$$

Die rechte Seite dieser Gleichung ist aber, wenn die äuſseren Kräfte eine Kräftefunktion U besitzen, so daſs

$$\Sigma X = \frac{\partial U}{\partial x}, \qquad \Sigma Y = \frac{\partial U}{\partial y}, \qquad \Sigma Z = \frac{\partial U}{\partial z}$$

wird, nichts anderes als $\frac{\partial U}{\partial q}$, womit (11) schlieſslich übergeht in

$$\frac{d}{dt}\left(\frac{\partial J}{\partial q'}\right) - \frac{\partial J}{\partial q} = \frac{\partial U}{\partial q} \quad \ldots \ldots \quad (12)$$

Für jede der unabhängigen Variabelen $q_1\, q_2 \ldots q_h$ und damit für jeden Freiheitsgrad des Systems besteht nun eine solche Gleichung, welche ersichtlich keine der inneren Kräfte des Systems enthält. Wir wollen nunmehr die Anwendung dieser Lagrangeschen Gleichungen an einem einfachen Beispiele zeigen und wählen hierfür das sog. sphärische Pendel. Ein materieller Punkt von der Masse m sei an einer starren Geraden von der Länge l um den Koordinatenanfang O beliebig drehbar (Fig. 252); sein geometrischer Ort wird demnach eine Kugelfläche um O mit dem Radius l sein. In einer bestimmten Stellung legen wir nunmehr durch das Pendel und die nach unten positive Z-Achse eine Ebene, welche mit der XZ-Ebene den Winkel φ bildet. Die momentane Auslenkung des Pendels aus der Vertikalen sei $\tau = \sphericalangle\, m\, OZ$. Alsdann können wir die Koordinaten x, y, z durch l, τ und φ ausdrücken und erhalten

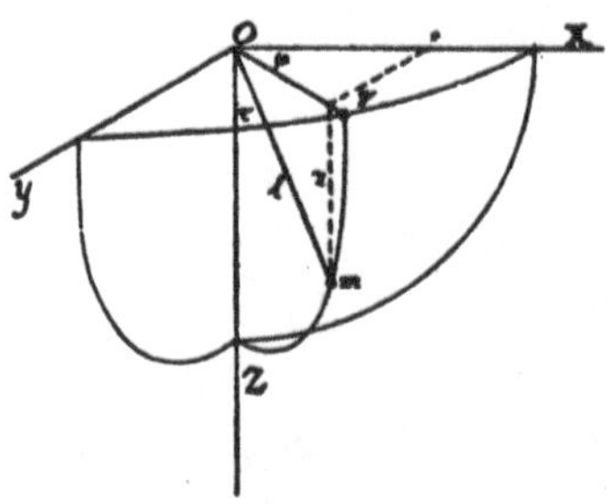

Fig. 252.

$$x = l \sin \tau \cos \varphi$$
$$y = l \sin \tau \sin \varphi$$
$$z = l \cos \tau.$$

Das sphärische Pendel besitzt hiernach zwei Freiheitsgrade entsprechend den beiden unabhängigen Variabelen τ und φ, welche an Stelle der q in die Gl. (12) eingehen. Daraus ergeben sich die Geschwindigkeitskomponenten zu

$$v_x = \frac{dx}{dt} = l\left(\cos\tau\cos\varphi\frac{d\tau}{dt} - \sin\tau\sin\varphi\frac{d\varphi}{dt}\right)$$

$$v_y = \frac{dy}{dt} = l\left(\cos\tau\sin\varphi\frac{d\tau}{dt} + \sin\tau\cos\varphi\frac{d\varphi}{dt}\right)$$

$$v_z = \frac{dz}{dt} = -l\sin\tau\frac{d\tau}{dt}.$$

Setzen wir diese Ausdrücke mit den Lagrangeschen Abkürzungen

$$\frac{d\tau}{dt} = \tau' \quad \text{und} \quad \frac{d\varphi}{dt} = \varphi'$$

in die Gleichung für die kinetische Energie ein, so nimmt dieselbe die Form

$$J = \frac{m}{2}(v_x^2 + v_y^2 + v_z^2) = \frac{m l^2}{2}(\tau'^2 + \varphi'^2 \sin^2\tau)$$

an. Daraus folgt aber sofort

$$\left.\begin{aligned} \frac{\partial J}{\partial\tau} &= m l^2 \varphi'^2 \sin\tau\cos\tau, & \frac{\partial J}{\partial\tau'} &= m l^2 \tau' \\ \frac{\partial J}{\partial\varphi} &= 0, & \frac{\partial J}{\partial\varphi'} &= m l^2 \varphi' \sin^2\tau \end{aligned}\right\} \quad . \ (14)$$

Andererseits ist aber die Kräftefunktion nur abhängig von der Höhenlage des Punktes, also mit einer Konstanten z_0 bezw. τ_0

$$U = mg(z - z_0) = mgl(\cos\tau - \cos\tau_0),$$

folglich

$$\frac{\partial U}{\partial\tau} = -mgl\sin\tau, \quad \frac{\partial U}{\partial\varphi} = 0 \quad . \ . \ . \ . \ (15)$$

Führen wir nunmehr die partiellen Differentialquotienten (14) und (15) in die Lagrangeschen Gleichungen für die beiden Freiheitsgrade τ und φ, nämlich

$$\left.\begin{aligned} \frac{d}{dt}\left(\frac{\partial J}{\partial\tau'}\right) - \frac{\partial J}{\partial\tau} &= \frac{\partial U}{\partial\tau} \\ \frac{d}{dt}\left(\frac{\partial J}{\partial\varphi'}\right) - \frac{\partial J}{\partial\varphi} &= \frac{\partial U}{\partial\varphi} \end{aligned}\right\} \quad . \ . \ . \ . \ . \ (12\text{a})$$

ein, so erhalten wir

$$\left.\begin{aligned} \frac{d\tau'}{dt} - \varphi'^2 \sin\tau\cos\tau + \frac{g}{l}\sin\tau &= 0 \\ \frac{d}{dt}(\varphi' \sin^2\tau) &= 0 \end{aligned}\right\} \quad . \ . \ . \ (16)$$

Die letzte dieser Gleichungen liefert sofort mit einer Konstanten c

$$\varphi' \sin^2 \tau = c, \qquad \varphi' = \frac{c}{\sin^2 \tau}, \quad . \quad . \quad . \quad (16a)$$

womit wir φ' aus der ersten Gleichung eliminieren können und auf

$$\frac{d\tau'}{dt} - c^2 \frac{\cos \tau}{\sin^3 \tau} + \frac{g}{l} \sin \tau = 0 \quad . \quad . \quad . \quad . \quad (16b)$$

geführt werden. Multiplizieren wir diese Gleichung mit $d\tau = \tau' dt$ und integrieren, so erhalten wir

$$\tau'^2 + \frac{c^2}{\sin^2 \tau} - \frac{2g}{l} \cos \tau = \text{Const.}$$

oder auch wegen (16a)

$$(\tau'^2 + \varphi'^2 \sin^2 \tau) - 2\frac{g}{l} \cos \tau = \text{Const.} \quad . \quad . \quad . \quad (17)$$

Dies ist aber nichts anderes als die Energiegleichung des Systems, welche wir natürlich auch direkt hätten hinschreiben können. Die weitere Verfolgung des Problems, insbesondere die Ermittelung der Schwingungsdauer und der Gestalt der sphärischen Bahnkurve gehört in die Lehrbücher der analytischen Mechanik; hier kam es nur darauf an, zu zeigen, daſs die Methode von Lagrange uns rasch zu den Differentialgleichungen der Bewegung (16a) und (16b) führt, ohne daſs wir auf die Bahnreaktionen Rücksicht zu nehmen brauchen. Die Kenntnis der letzteren ist aber, wenigstens bei technischen Problemen, für die Vollständigkeit der Lösung unerläſslich, und darum haben die Lagrangeschen Gleichungen trotz der mathematischen Eleganz in ihrer Handhabung für die technische Mechanik nur eine untergeordnete Bedeutung.

Man kann übrigens diesen Gleichungen noch eine einfachere Gestalt dadurch geben, daſs man die Gröſse $J + U = L$, d. h. die Differenz der kinetischen und potentiellen Energie einführt. Mit Rücksicht darauf, daſs U nur eine Funktion der allgemeinen Koordinaten q, nicht aber ihrer Ableitungen ist, verschwindet $\frac{\partial U}{\partial q'}$ und wir erhalten statt (12) auch

$$\frac{d}{dt}\left(\frac{\partial L}{\partial q'}\right) - \frac{\partial L}{\partial q} = 0 \quad . \quad . \quad . \quad . \quad . \quad . \quad (18)$$

Aus dieser Formel zog Lagrange noch einen weiteren Schlufs, zu dem wir am einfachsten mit Hilfe der von ihm ausgebildeten Variationsrechnung, deren Grundlagen allerdings schon Euler geschaffen hatte, gelangen. Es handelt sich hierbei immer um die Ermittelung derjenigen Funktion L der Variabelen t, q und q', durch welche das bestimmte Integral

$$F = \int_{t_1}^{t_2} L\,dt = \int_{t_1}^{t_2} L\,(t, q, q')\,dt \quad . \quad . \quad . \quad . \quad (19)$$

zwischen den Grenzen t_1 und t_2 zu einem Maximum oder Minimum wird. Offenbar läuft dies, da $q' = \frac{dq}{dt}$, bei nur einer abhängigen Veränderlichen q auf die Bestimmung der Gleichung einer zwischen den Punkten $t_1 q_1$ und $t_2 q_2$ verlaufenden Kurve hinaus, welche die Bedingung (19) erfüllen mufs.

Wir denken uns diese Kurve in Fig. 253 mit den Ordinaten q einmal gezeichnet und fügen noch einen anderen Verlauf derselben hinzu, der sich nur unendlich wenig von dem ersteren unterscheidet. Die Abweichungen der Ordinaten der zweiten Kurve von denen der ersteren nennen wir ihre Variationen und bezeichnen sie unter Benutzung des schon oben für willkürliche Verschiebungen eingeführten Zeichens δ mit δq. Dann verändert sich auch der Differentialquotient q' beim Übergang von einer Kurve zur anderen in $q' + \delta q'$ und das Integral (19) in

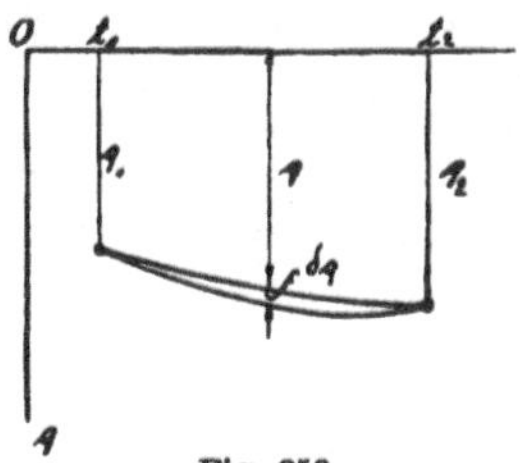

Fig. 253.

$$F + \delta F = \int_{t_1}^{t_2} (L + \delta L)\,dt = \int_{t_1}^{t_2} L\,(t, q + \delta q,\ q' + \delta q')\,dt \quad (19\text{a})$$

Aus (19) und (19a) folgt aber durch Subtraktion

$$\delta F = \int_{t_1}^{t_2} \left\{ L\,(t, q + \delta q,\ q' + \delta q') - L\,(t, q, q') \right\} dt.$$

Entwickeln wir den Ausdruck für $L + \delta L$ nach der Taylorschen Reihe für die beiden Variabelen q und q', so geht die Gleichung unter Weglassung der höheren Potenzen von δq und $\delta q'$ über

$$\delta F = \int_{t_1}^{t_2} \left(\frac{\partial L}{\partial q} \delta q + \frac{\partial L}{\partial q'} \delta q' \right) dt \quad . \quad . \quad . \quad . \quad (20)$$

Nun ist aber laut Definition des Differentialquotienten

$$q' = \frac{dq}{dt}, \qquad \delta q' = \frac{\delta\, dq}{dt} = \frac{d\,(q + \delta q) - dq}{dt} = \frac{d\,\delta q}{dt},$$

womit nur ausgedrückt ist, daſs man die Zeichen δ und d in ihrer Reihenfolge vertauschen kann. Setzen wir dies in (20) ein, so erhalten wir

$$\delta F = \int_{t_1}^{t_2} \frac{\partial L}{\partial q} \delta q\, dt + \int_{t_1}^{t_2} \frac{\partial L}{\partial q'}\, d\,\delta q,$$

oder nach Zerlegung des zweiten Gliedes durch partielle Integration

$$\delta F = \int_{t_1}^{t_2} \frac{\partial L}{\partial q} \delta q\, dt + \left(\frac{\partial L}{\partial q'} \delta q \right)_{t_1}^{t_2} - \int_{t_1}^{t_2} \frac{d}{dt} \left(\frac{\partial L}{\partial q'} \right) \delta q\, dt \quad . \quad (20a)$$

Hierin verschwindet aber das zweite Glied mit δq an den beiden Grenzen t_1 und t_2 (siehe Fig. 253) und es bleibt nur übrig

$$\delta F = \int_{t_1}^{t_2} \left\{ \frac{\partial L}{\partial q} - \frac{d}{dt} \left(\frac{\partial L}{\partial q'} \right) \right\} \delta q\, dt \quad . \quad . \quad . \quad (20b)$$

Soll nun F ein Maximum oder Minimum werden, so muſs die Variation δF auf dem ganzen Integrationswege verschwinden. Dies ist aber, da weder δq noch dt verschwinden, nur möglich, wenn

$$\frac{\partial L}{\partial q} - \frac{d}{dt} \left(\frac{\partial L}{\partial q'} \right) = 0$$

wird, eine Bedingung, die formell mit der Lagrangeschen Gl. (18) für die Koordinate q übereinstimmt. Denken wir uns nun die vorstehenden Betrachtungen auf alle vorhandenen Freiheitsgrade, d. h. auf Funktionen von der Form $L\,(t, q_1\, q_2 \,.\,.\, q_k, q_1'\, q_2' \,.\,.\, q_k')$ ausgedehnt, was prinzipiell gar keinen Schwierigkeiten begegnet, und beachten weiter, daſs $L = J + U$ war, so dürfen wir auch statt der Gleichungen von Lagrange

$$\delta F = \delta \int_{t_1}^{t_2} (J + U)\, dt = 0 \quad . \quad . \quad . \quad . \quad . \quad (21)$$

schreiben, eine Formel, die unter dem Namen des **Hamiltonschen Prinzips** bekannt ist, obwohl sie im Grunde von Lagrange herrührt und mit dessen Bewegungsgleichungen inhaltlich übereinstimmt. Da es sich, wie aus der hier nicht weiter durchgeführten Feststellung des Vorzeichens der sog. zweiten Variation $\delta^2 F$ hervorgeht, bei (21) um ein Minimum von F handelt, so dürfen wir auch das Hamiltonsche Prinzip dahin zusammenfassen, **dafs beim Vorhandensein einer Kraftfunktion die Bewegung eines Systems zwischen zwei gegebenen Lagen so von statten geht, dafs das Zeitintegral der Differenz zwischen kinetischer und potentieller Energie ein Minimum wird.** Wir übergehen hier die anderen, auf ähnliche Weise gewonnenen Minimalprinzipe der Mechanik, von denen Lagrange vor allem das von **Maupertuis** (1698—1759) aus philosophischen Gründen 1746 geforderte Prinzip der kleinsten Wirkung formulierte, da sie sachlich nichts Neues bieten.[1]) Dagegen erscheint es zweckmäfsig, die oben erläuterte Methode der Variationsrechnung auf ein Beispiel anzuwenden. Es sei die von den Brüdern Bernoulli zuerst behandelte Aufgabe gestellt, die **Brachistochrone**, d. h. diejenige Kurve in einer Vertikalebene zu ermitteln, auf welcher ein vom Koordinatenanfang O ohne Anfangsgeschwindigkeit ausgehender Körper am raschesten einen Punkt x, y erreicht (Fig. 254).

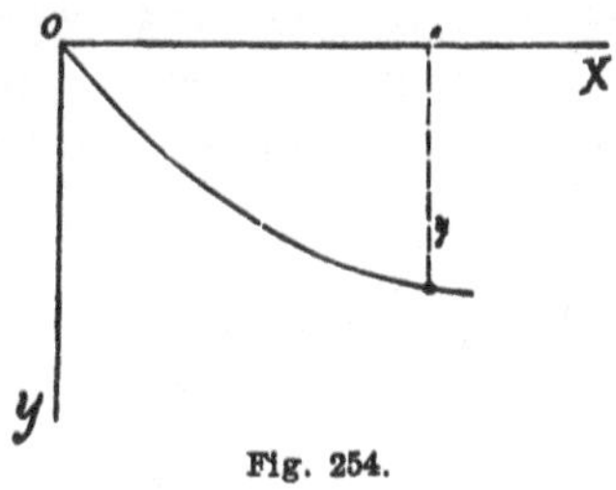

Fig. 254.

Wir knüpfen zur Lösung dieses Problems an die bekannte Beziehung an, dafs die Geschwindigkeit bei der Fallbewegung

[1]) Siehe hierüber sowie über verwandte sog. Prinzipe der Mechanik das ausgezeichnete Werk von E. **Mach** »Die Mechanik in ihrer Entwickelung historisch-kritisch dargestellt«, 3. Aufl. 1897, sowie die Monographie von A. **Vofs** »Die Prinzipien der rationellen Mechanik«, in der Encyklopädie der math. Wissenschaften Bd. IV 1. 1901.

durch die Fallhöhe y allein, also, wenn ds das Bahnelement und dt das Zeitdifferential bedeutet, durch

$$\frac{ds}{dt} = \sqrt{2gy}$$

gegeben ist. Daraus folgt unmittelbar die Fallzeit

$$t = \frac{1}{\sqrt{2g}} \int_0^y \frac{ds}{\sqrt{y}}$$

oder, da

$$ds = dx \sqrt{1 + \left(\frac{dy}{dx}\right)^2} = dx \sqrt{1 + y'^2}$$

ist,

$$t\sqrt{2g} = \int_0^y \left(\frac{1 + y'^2}{y}\right)^{\frac{1}{2}} dx \quad . \quad . \quad . \quad . \quad . \quad . \quad (22)$$

Dieser Ausdruck, welcher mit (19) übereinstimmt, wenn wir $t\sqrt{2g} = F$ und $L = \left(\frac{1 + y'^2}{y}\right)^{\frac{1}{2}}$, sowie unter dem Integralzeichen als unabhängige Variabele x statt t und als abhängige y statt q, bezw. y' statt q' setzen, wird nun zu einem Maximum oder Minimum, wenn die Bedingung

$$\frac{\partial L}{\partial y} - \frac{d}{dx}\left(\frac{\partial L}{\partial y'}\right) = 0 \quad . \quad . \quad . \quad . \quad . \quad . \quad . \quad (23)$$

erfüllt ist. Nun ist aber

$$\frac{\partial L}{\partial y} = -\frac{1}{2}(1 + y'^2)^{\frac{1}{2}} y^{-\frac{3}{2}}$$

$$\frac{\partial L}{\partial y'} = (1 + y'^2)^{-\frac{1}{2}} y' \cdot y^{-\frac{1}{2}}.$$

Durch abermalige Differentiation der letzteren Formel und Einsetzen in (23) erhalten wir sodann unter Weghebung verschiedener Faktoren

$$y'' = -\frac{1}{2}\,\frac{1 + y'^2}{y}$$

oder mit $y'' = \frac{dy'}{dx} = \frac{dy'}{dy} \cdot \frac{dy}{dx} = y'\,\frac{dy'}{dy}$

$$\frac{2\,y'\,dy'}{1 + y'^2} = -\frac{dy}{y} \quad . \quad . \quad . \quad . \quad . \quad . \quad . \quad (23\text{a})$$

Das Integral dieser Gleichung lautet mit einer Konstanten C

$$1 + y'^2 = \frac{C}{y}$$

oder

$$dx = dy \left(\frac{y}{C - y}\right)^{\frac{1}{2}} \quad . \quad . \quad . \quad . \quad . \quad . \quad (24)$$

Dies ist erst die Differentialgleichung der gesuchten Kurve, deren Integration am raschesten gelingt nach Einführung einer Hilfsvariabelen φ vermittelst der Gleichung

$$y = \frac{C}{2}(1 - \cos\varphi) \quad . \quad . \quad . \quad . \quad . \quad . \quad (25)$$

Wir haben nämlich dann

$$dy = \frac{C}{2}\sin\varphi\, d\varphi,$$

$$\frac{y}{C - y} = \frac{1 - \cos\varphi}{1 + \cos\varphi} = \left(\frac{1 - \cos\varphi}{\sin\varphi}\right)^2,$$

mithin statt (24) die Differentialgleichung

$$dx = \frac{C}{2}(1 - \cos\varphi)\, d\varphi,$$

deren Integral mit $\varphi = 0$ für $x = 0$ lautet

$$x = \frac{C}{2}(\varphi - \sin\varphi) \quad . \quad . \quad . \quad . \quad . \quad . \quad (26)$$

Dieses bildet aber mit (25) zusammen die in § 3 (Seite 16) abgeleitete Gleichung der Cycloide, welche somit die Eigenschaft der kürzesten Fallzeit besitzt, da offenbar ein Maximum der letzteren gar nicht in Frage kommen kann. Mit diesem Beispiele wollen wir die Betrachtungen über die von Lagrange in die Mechanik eingeführten mathematischen Methoden abschließen und nur noch hinzufügen, daſs wir diesem groſsen Analytiker auch die erste systematische Theorie der kleinen Schwingungen verdanken, deren Würdigung für die Technik erst in neuester Zeit eingesetzt hat.

Der auſserordentliche Erfolg, mit dem Lagrange die Analyse zur Behandlung mechanischer Probleme heranzog, übte naturgemäſs auf seine Zeitgenossen einen groſsen Einfluſs aus und bestimmte auch wesentlich die Arbeitsrichtung seiner Nachfolger.

Von den ersteren ragt besonders durch eine umfassende Anwendung der Mechanik auf astronomische Probleme Laplace (1749—1827) hervor, der mit seiner »Mécanique céleste« (1799) u. a. auch die unveränderliche Ebene, des sich selbst überlassenen Weltsystems begründete und als Bezugsbasis für die Bahnbestimmungen vorschlug. Auſserdem verdankt man diesem Forscher die Anfänge der Potentialtheorie, auf welche er durch seine Untersuchungen des Einflusses der Gestalt der Himmelskörper auf ihre Bewegungen geführt wurde. Gleichzeitig begründete der Mathematiker Legendre (1752—1833) die für die Durchführung zahlreicher Bewegungsprobleme, z. B. des oben angeschnittenen sphärischen Pendels notwendige Theorie der elliptischen Funktionen (1786), auf die wir allerdings hier nicht näher eingehen können. Dasselbe gilt von seiner Entdeckung der »Methode der kleinsten Quadrate« (1806) zur Ermittelung der wahrscheinlichen Werte einer Anzahl von Unbekannten, welche empirisch durch eine gröſsere Anzahl von Gleichungen bestimmt, mathematisch also überbestimmt sind. In der analytischen Periode von Euler bis auf Lagrange trat naturgemäſs das Experiment wenigstens für die Mechanik in den Hintergrund, da man die Erfahrungsgrundlagen für hinreichend gesichert hielt. Nur auf dem Gebiete der Reibung haben wir der grundlegenden Versuche von Coulomb (1736—1806) zu gedenken, der daraus die bis heute festgestellten Schlüsse zog, daſs der Reibungswiderstand zweier fester Körper unabhängig von der Gröſse der Berührungsfläche und direkt proportional dem Normaldrucke ist. Auch unterschied Coulomb schon zwischen der Reibung der Ruhe und derjenigen der Bewegung und dehnte seine Versuche, über die er in dem von der französischen Akademie preisgekrönten Werke »Théorie des machines simples, en ayant égard au frottement de leurs parties et à la roideur des cordages« 1781 berichtete, auch auf das Verhalten der Seile aus.

§ 62. Die neuere Entwickelung der technischen Mechanik.

Die Entstehung des Gegensatzes zwischen Theorie und Praxis. Fourier, Monge, Carnot, Prony und Hachette. Poisson, Gaufs und Weber, Green. Poinsot. Gerstner. Robert Mayer. Navier, Coriolis und Poncelet. Lechatelier, Yvon Villarceau, Résal. Weisbach, Redtenbacher, Zeuner. Die abstrakte Richtung: Jacobi, Lejeune-Dirichlet, Hamilton. Möbius. Die graphische Statik: Culmann, Ritter, Cremona, Mohr, Henneberg, Foeppl, Müller-Breslau, Land, Grübler und Hauck. Die Kinematik: Ampère, Willis, Reuleaux. Neuere dynamische Ansätze: Radinger, Proell. Wischnegradsky, Routh, Veltmann, Schlick, Stodola.

Wenn wir von Lagrange eine neue Periode in der Geschichte der Mechanik datieren, so geschieht dies gewifs nicht aus dem Grunde, dafs wir mit ihm, wie E. Dühring in seiner geistvollen, von uns mehrfach benutzten »kritischen Geschichte der Prinzipien der Mechanik« es tut, die Entwickelung derselben im wesentlichen für abgeschlossen halten. Auch die ziemlich eingehende Erörterung der Methoden Lagranges im vorigen Paragraphen war nur dadurch gerechtfertigt, dafs wir von denselben im Texte unseres Buches nirgends Gebrauch gemacht, sondern uns ausschliefslich mit dem Prinzipe von D'Alembert zur Lösung von Problemen begnügt haben. Da uns dasselbe nirgends im Stiche läfst und auch die Gleichungen von Lagrange implicite ebenso umfafst, wie diejenigen von Euler für die Drehung eines starren Körpers, so erscheint Lagrange vielmehr als Begründer einer formalen Richtung, welche im 19. Jahrhundert alle anderen Bestrebungen zeitweilig in den Hintergrund drängte und häufig eine Überschätzung der analytischen Behandlung gegenüber dem Inhalte derselben zur Folge hatte. In dieser Einseitigkeit, welche in Deutschland ihren Gipfel in den Vorlesungen über Dynamik von Jacobi erreichte, scheint mir der Ursprung des Gegensatzes von Theorie und Praxis zu liegen, welcher gegen Ende des Jahrhunderts eine besonders scharfe und sachlich keineswegs förderliche Zuspitzung erfuhr.

Die Trennung der Mechanik in eine analytische und technische vollzog sich zwar nicht sofort, aber es zeigte sich doch bald, dafs die Vertreter der beiden Richtungen, von denen diejenigen der letzteren zunächst allerdings nur unter den praktischen Schöpfern der jung aufstrebenden Maschinentechnik zu suchen waren, die gegenseitige Fühlung verloren. So kam es, daſs die Theorie der periodischen Funktionen, welche Fourier (1768—1830) durch seine »Théorie analytique la chaleur« (1807—1822) in ausgezeichneter Weise begründete, bis zum Schluſs des Jahrhunderts von technischer Seite kaum gekannt und jedenfalls für die technische Mechanik nicht benutzt wurde. Die während der Revolutionsperiode durch Monge (1746—1818) ins Leben gerufene »École polytechnique« zu Paris, an der u. a. Lagrange und Laplace als Professoren wirkten, konnte, trotzdem sie wesentlich als rein wissenschaftliche Vorbereitungsanstalt für die Fachhochschulen, z. B. die »École des mines«, »École des ponts et chaussées« u. a. dienen sollte, die einmal in Fluſs geratene Entwickelung nicht mehr aufhalten, obwohl sich gerade in Frankreich noch am ehesten Männer fanden, welche auf ein Zusammenarbeiten von reiner Wissenschaft und Praxis hindrängten. Unter diesen ragen besonders hervor Lazarus Carnot (1753—1823), der Kriegsminister der Revolution, durch die Bestimmung des Arbeitsverlustes beim Stoſse fester Körper, und Prony (1755—1839), durch seine trefflichen Vorlesungen über Mechanik an der École des ponts et chaussées und den zur Arbeitsmessung von ihm zuerst angewendeten Bremszaum bekannt, während Hachette (1769—1834) das erste brauchbare Transmissionsdynamometer konstruierte. Hierher gehört auch der Mathematiker Poisson (1781—1840), der in seinem weit verbreiteten »Traité de Mécanique« (1811) die analytischen Entwickelungen einerseits durch eingehendere Behandlung des Textes, andererseits durch zahlreiche Figuren unterstützte und dadurch einem gröſseren Lesekreise gerecht wurde, als das Fundamentalwerk Lagranges. Beispielsweise hat sich die von ihm gegebene Darstellung der äuſseren Ballistik bis heute in den Lehrbüchern der Mechanik erhalten; auch wurde von ihm zuerst (1812) die allgemein gültige Differentialgleichung der Potentialfunktion anfgestellt, welche die von Laplace entdeckte als Spezialfall umfaſst. Man beschäftigte sich damals im Anschluſs an astronomische Probleme viel mit der Anziehung von Ellipsoiden nach dem Newtonschen Gesetze, woraus dann die Potentialtheorie hervorging, die u. a. von Gauſs (1777—1855) seit 1811 bis ans Ende seiner langen wissenschaftlichen Laufbahn mit Vorliebe gepflegt und durch verschiedene wichtige Theorien bereichert wurde.[1]) Daran schlossen sich die Arbeiten des Engländers Green (1793—1841), von dem das Wort Potentialfunktion[2]) überhaupt eingeführt wurde. Da alle diese Untersuchungen ihre gröfste Bedeutung in der Theorie der Elektrizität und des Magnetismus gewinnen, so können wir uns an dieser Stelle um so eher mit einem einfachen Hinweise begnügen, als sie auch methodisch sich in den Bahnen Lagranges bewegen. Gaufs schuf auch im Verein mit seinem Göttinger Kollegen W. Weber das absolute Mafssystem, dessen sich die Physiker heute ausschliefslich bedienen, während die Maschinentechnik sich mit dem für ihre Zwecke praktischeren Sekunden-Meter-Kilogramm-System begnügt.

Geradezu überraschend wirkte in dieser Periode das Auftreten Poinsots (1777—1859), der in seinem »Elements de statique« (1804) eine ganz neue Auffassung der Momentengleichungen durch Einführung des Begriffes der Kräftepaare lehrte. Er zeigte, wie wir in § 50 gesehen haben, dafs diese Paare ebenso wie Kräfte selbst durch Strecken dargestellt und nach der Polygonregel zusammengesetzt werden können und trug damit nicht nur zur Veranschaulichung der Grundlagen der Mechanik, sondern auch zu ihrer geistigen Durchdringung mehr bei, als irgend einer der Nachfolger von Euler und D'Alembert. In der 1834 der Pariser Akademie vorgelegten »Théorie nouvelle de la rotation des corps« überträgt er seine Anschauungen auch auf die Kinematik mit einem bewundernswürdigen Geschick. Wir verdanken ihm vor allem die Sätze über die Zusammen-

---

[1]) Siehe die Bändchen von Ostwalds ‚Klassikern der exakten Wissenschaften No. 2 C. F. Gaufs »Allgemeine Lehrsätze in Beziehung auf die im verkehrten Verhältnisse des Quadrats der Entfernung wirkenden Anziehungs- und Abstofsungskräfte (1840), sowie No. 19 »Über die Anziehung homogener Ellipsoide«, Abhandlungen von Laplace (1872), Ivory (1809), Gaufs (1813), Chasles (1838) und Dirichlet (1839). Auch die 1826 erschienenen »Untersuchungen über die Länge des Sekundenpendels« von Bessel (Ostwalds Klassiker No. 7), welche eine sehr scharfe Bestimmung der Erdbeschleunigung g ergaben, gehören dieser Periode an

[2]) Ostwalds Klassiker, Bd. 61, G. Green, »Ein Versuch, die mathematische Analysis auf die Theorien der Elektrizität und den Magnetismus anzuwenden« (1828).

setzung und Zerlegung von Rotationen (§ 3 u. ff. dieses Buches), weiterhin die Entdeckung des Trägheitsellipsoids, dessen Abrollen auf der invariablen Ebene der Bewegung des starren Körpers selbst äquivalent ist und daher zur Veranschaulichung derselben dienen kann. Dazu kommt der Begriff der Momentanachse, an den sich zwanglos diejenigen der Polhodie- und Herpolhodiekegel sowie der allgemeinen Schraubenbewegung anschliefsen. Bei aller Wertschätzung dieser wunderbaren Vorstellungsweise darf man jedoch nicht vergessen, dafs zur Verfolgung der dynamischen Seite des Problems die analytische Formulierung, welche Poinsot als etwas nicht in der Sache Begründetes anzusehen geneigt war, unentbehrlich ist trotz der damit verbundenen »langen Umschweife des Calcüls« (nach Poinsot Ausdrucksweise). Merkwürdigerweise finden sich in der ersten Ausgabe der Rotationstheorie von 1834 keine Figuren, worin E. Dühring (a. a. O. S. 445) seltsam genug einen »methodischen Vorzug« gegenüber der zweiten Auflage von 1851 erblickt.

Obwohl Poinsot eine Zeitlang als Professor an der École polytechnique wirkte, so lag ihm doch die Inangriffnahme technischer Probleme, denen sein Streben nach Anschaulichkeit gewifs in hohem Mafse förderlich gewesen wäre, fern. Auch der mehr nach der analytischen Richtung zuneigende Poisson begnügte sich, auf derartige Anwendungen der Arbeitsgleichung in einem Anhange zur 2. Auflage seiner Mechanik (1833) hinzuweisen, und zwar mit Bezugnahme auf die inzwischen erschienenen Arbeiten von Coriolis, Navier und Poncelet, welche als die eigentlichen Begründer der technischen Mechanik anzusehen sind. Bevor wir hierauf näher eingehen, müssen wir erst bemerken, dafs inzwischen auch auf deutscher Seite einige schwache Ansätze zur Schaffung einer für praktische Zwecke geeigneten Behandlung der Mechanik gemacht wurden, welche sich an die Namen Gerstner, Woltmann und Eytelwein knüpfen. Während die positiven Leistungen der beiden letzteren vorwiegend auf dem Gebiete der Hydraulik liegen, hat sich Gerstner (1756—1832) nicht nur durch eine brauchbare Theorie der Hängebrücken, sondern auch durch seine Aufdeckung des Wesens der Rollenreibung in seinem »Handbuche der Mechanik« (1831) verdient gemacht. Weitere Fortschritte wurden wohl durch die kläglichen politischen und wirtschaftlichen Verhältnisse in Deutschland und Österreich während der ersten Hälfte des 19. Jahrhunderts beeinträchtigt, welche die besseren Köpfe geradezu auf abstrakte, von der wenig anmutenden Wirklichkeit unberührte Wissenschaftsgebiete hindrängten. Aus dieser Zeit der Blüte Hegelscher uud Schellingscher Philosophie, in der die grofsartige Ausdehnung der Energiegleichung auf die gesamte Natur (1842) durch Robert Mayer (1814—1878) kein Verständnis fand, stammt der noch heute weit verbreitete Gelehrtendünkel, der in jeder Anwendung einer wissenschaftlichen Thatsache eine Verunreinigung derselben erblickt. In Frankreich und England war für solche Vorurteile kein Boden vorhanden, sodafs dort der technischen Entwickelung und zwar dem Volkscharakter entsprechend, in Frankreich nach der theoretischen, in England, wo James Watt und Robert Stephenson ihre Triumphe feierten, nach der praktischen Seite hin keine Hindernisse begegneten. Der britische Erfindungsgeist lieferte so den französischen Theoretikern das Material für ihre wertvollen Untersuchungen, während man in Deutschland diesem glücklichen Zusammenarbeiten gleichgültig zuschaute, bis die wachsende Bedeutung der aus England importierten Eisenbahntechnik auch hier die Geister weckte.

Von den drei oben schon genannten Franzosen betreffen die Hauptleistungen Naviers (1785—1836) allerdings vorwiegend das Gebiet der Elastizitätslehre, worin er sich mit Vorliebe auf solche Körper beschränkt, deren Querdimensionen gegenüber ihrer Länge vernachlässigt werden können. Damit ermöglichte er die auch für die Mechanik starrer Systeme so bedeutungsvolle mathematische Theorie stabförmiger Körper (1819), für welche es gestattet ist, ohne erhebliche Fehler die an einem Punkt der Stabachse (d. i. die Verbindungslinie der Schwerpunkte aller aufeinanderfolgender Querschnitte) angreifenden äufseren Kräfte auf den zugehörigen Querschnitt gleichartig zu verteilen. Auch entwickelte er in seinem »Rapport et mémoire sur les ponts suspendus« (1823), eine sehr allgemeine Theorie der Seilkurven mit Rücksicht auf verschiedene Belastungen derselben. Trugen diese Arbeiten Naviers noch einen durchweg statischen Charakter, so tritt bei Coriolis (1792—1843) die technische Dynamik schon vollständig in den Vordergrund. Schon seine erste Arbeit (1832) handelte über die Trägheitskräfte des damals bei Dampfmaschinen ausschlieſslich gebräuchlichen Balanziergetriebes, die er schon ganz in der uns gewohnten Weise auffaſste und mit der Wirkung des Schwungrades auf die Gleichförmigkeit des Ganges in Beziehung brachte. Am meisten bekannt ist dagegen seine Entdeckung der nach ihm benannten Zusatzbeschleunigung bei der Relativbewegung (Kap. III dieses Buches), auf die er einfach durch Differentiation der Koordinatentransformations-Gleichungen (1835) geführt wurde. Schlieſslich gab er in seiner »Mécanique des corps solides et calcul de l'effet des machines« (1829 und 1844) eine zusammenhängende Darstellung der technischen Mechanik, in der das Energieprinzip unter dem Namen des Prinzips der »Transmission der Arbeit« eine ausschlaggebende Rolle spielt.

Eine systematische dynamische Theorie der Maschinen war dieses Werk von Coriolis trotz seines Titels darum noch nicht, weil es ganz im Gegensatz zu seiner oben genannten ersten Abhandlung zu wenig in die wichtigen Einzelheiten einging. Die Lösung dieser jedenfalls genügend vorbereiteten Aufgabe war vielmehr Poncelet[1]) (1788—1867) vorbehalten, der sich ursprünglich vorwiegend mit rein mathematischen Problemen beschäftigt und durch seinen noch heute hochgeschätzten »Traité des propriétés projectives des figures« 1822 die sog. projektive Geometrie ebenso begründet hatte, wie seinerzeit Monge die darstellende. Durch die wenig freundliche Aufnahme, welche dieses Werk bei der damals ausschlaggebenden analytischen Schule mit Cauchy an der Spitze fand, abgeschreckt, wandte sich Poncelet, von Beruf Ingenieuroffizier, der Maschinentechnik zu, der er durch seinen »Cours de mécanique appliquée aux machines» im Jahre 1826 eine feste theoretische Grundlage schuf. Im statischen Teile erweitert er vor allem die Untersuchungen von Navier und leitet im dynamischen Teil die Untersuchnng der Maschinen durch eine ebenso einfache wie klare Analyse derselben ein, wobei er ebenso wie Coriolis überall vom Energieprinzip und dem von ihm formulierten Begriff der mechanischen Arbeit ausgeht. Er hebt an der Maschine zunächst die Organe hervor, welche die Energie von auſsen aufnehmen bezw. dahin abgeben

[1]) Siehe u. a. die treffliche Kennzeichnung der Leistungen Poncelets in der schon angezogenen Schrift von K. Heun, S. 9 ff.

und betrachtet den zur Übertragung dieser Arbeit notwendigen, selbst Arbeit verzehrenden Mechanismus durchaus nach dynamischen Gesichtspunkten, d. h. unter Berücksichtigung der jetzt als Massenwirkungen bezeichneten Trägheitskräfte. Dabei treten sowohl die Wirkung der Schwungräder, wie auch diejenige der Zentrifugalregulatoren um so klarer hervor, als sich Poncelet nicht mit der Untersuchung des Beharrungszustandes begnügt, sondern auch die Bewegung während der Anlauf- und Auslaufperiode in seine Betrachtungen einbezieht. Um die klassische Behandlnng der Stofserscheinungen und Reibungswiderstände bei Poncelet zu kennzeichnen, sei die wörtliche Anführung der darauf bezüglichen Stelle seines Hauptwerkes nach Heun (a. a. O. S. 12) gestattet. Poncelet schreibt: »Um die in dem Systeme stattfindenden Verluste an lebendiger Kraft zu berechnen, mufs man sich die Maschine in ihre verschiedenen einzelnen Bestandteile zerlegt denken und untersuchen, was für jeden dieser Bestandteile gesondert stattfindet. Dann sieht man leicht ein, dafs wenn irgend zwei Bestandteile einer zusammengesetzten Maschine zusammenstofsen, in jedem derselben Kompressionskräfte P, P' hervorgeruten werden, welche nach der Normalen im Berührungspunkte wirken, sowie bewegende Kräfte $\psi = m \frac{dv}{dt}$, welche von der Geschwindigkeitsänderung jeder Masse herrühren. Aufserdem veranlassen diese verschiedenen Kräfte an den Lagern und Zapfen Reaktionen, welche wir allgemein mit N bezeichnen wollen und welche Reibungen hervorrufen, die durch fN ausgedrückt werden können. Nun findet aber nach dem Prinzip der virtuellen Geschwindigkeiten jeden Augenblick zwischen den in jedem Falle nach einer entsprechenden und leicht zu bestimmenden Richtung genommenen verschiedenen Kräften P, P' ψ, fN Gleichgewicht statt, und da der Körper nur eine einzige geometrische Bewegung annehmen kann, so giebt es auch nur eine Gleichung des Gleichgewichtes. Aber, da es nicht darauf ankommt, den Wert der Kräfte P, P' und der Geschwindigkeit für jeden Augenblick der Stofsperiode zu bestimmen und da aufserdem das Gesetz der bewegenden Kräfte ψ unbekannt ist, so untersucht man nur, was im Augenblicke der gröfsten Zusammendrückung stattfindet, um daraus die Geschwindigkeit der verschiedenen Massen und den Verlust an lebendiger Kraft abzuleiten. Die oben erwähnte Gleichgewichtsgleichung ist aber zu diesem Zwecke hinreichend, wenn sie auf die verschiedenen Bestandteile der Maschine angewendet wird, und wenn man sie vom Augenblicke des Anfangs der Kompression bis zum Ende derselben integriert annimmt. Diese Gleichung gibt also, wenn die Geschwindigkeit eines Teiles vor dem Stofs als bekannt vorausgesetzt wird, die Geschwindigkeit desselben nach dem Stofse und folglich die aller anderen Punkte der Maschine. Wenn man demnach von der lebendigen Kraft, welche vor dem Stofse stattfindet, die in dem Moment der gröfsten Kompression stattfindende abzieht, so erhält man den Ausdruck der verlorenen lebendigen Kräfte.«

Wie aus den vorstehenden Zeilen, die wir ebensogut unserem Kapitel über das Kräftespiel im Kurbelgetriebe hätten anfügen können, hervorgeht, setzt Poncelet die Reibung zwischen Elementenpaaren in Maschinen mit Coulomb dem Normaldrucke proportional; die mit dieser Annahme verbundenen analytischen Schwierigkeiten beim Richtungswechsel der Bewegung, welche bei uns besonders in § 25 hervortraten, veranlassen ihn dann zur Einführung von Mittelwerten, wobei ihm seine auch von uns (§ 27) benutzte Näherungsformel $\sqrt{x^2+y^2}=\alpha x+\beta y$ für die Berechnung von Kräfteresultanten gute Dienste leistet. Bestärkt wurde Poncelet hierin wohl durch die Versuchsergebnisse von Morin (1795—1880) über die gleitende Reibung, welcher die älteren Sätze von Coulomb in der Hauptsache bestätigte. Wir wissen allerdings jetzt, dafs die für Mechanismen mafsgebenden Widerstände vorwiegend durch die Schmierung bedingt sind und darum der Geschwindigkeit proportional gesetzt werden dürfen, womit die Unstetigkeiten bei der Annahme eines dem Normaldrucke proportionalen Bewegungswiderstandes verschwinden.

Mit seiner dynamischen Auffassung bestimmter Aufgaben trat Poncelet gerade zur rechten Zeit hervor, um das dynamische Verständnis der in der Lokomotive verwirklichten rasch laufenden Dampfmaschine anzubahnen. Die Arbeiten über die »Stabilität der bewegten Lokomotive« unter dem Einflufs der Massenwirkung ihrer Getriebeteile aus der Feder der Ingenieure Lechatelier (1849), Yvon Villarceau (1852) und Résal[1])

---

[1]) Annales du Mines, Bd. 3, 1853.

(1853), von denen der erstere auch dem Ausgleichsproblem etwas näher trat, sind direkte Anwendungen der Ponceletschen Grundsätze auf einen speziellen und praktisch wichtigen Fall. Schon vorher hatte in England, wo man in technischen Kreisen theoretischen Untersuchungen gegenüber sich noch ziemlich spröde verhielt, der Astronom Airy sich mit den Schwingungen des Wattschen Regulators beschäftigt und zu ihrer Verminderung 1840 den jetzt als Katarakt allgemein gebräuchlichen Flüssigkeitswiderstand vorgeschlagen.[1]) Auch in Deutschland begann nunmehr das Interesse sich zu regen; 1835—1636 veröffentlichte Weisbach (1806 bis 1871) in seinem »Handbuche der Bergmaschinen-Mechanik«, aus dem später das »Lehrbuch der Ingenieur- und Maschinentechnik« 1846 hervorging, eine elementare Einleitung in die Mechanik, 1856 untersuchte er das Kräftespiel an der Lokomotive in seiner Abhandlung[2]) »Die Mechanik des Dampfwagens«, nachdem kurz zuvor (1855) Redtenbacher (1809 bis 1863) in den »Gesetzen des Lokomotivbaues« eine zusammenhängende Darstellung der schon von den oben genannten Franzosen berührten Schwingungen der Lokomotive und ihren störenden Wirkungen gegeben hatte, welche dann durch Weisbachs scharfsinnigen Schüler Zeuner (geb. 1828) in der Abhandlung[3]) »Über das Wanken der Lokomotive« (1861) verbessert und weiter ausgebaut wurde. Redtenbacher, dem wir aufserdem eine ganz im Ponceletschen Geiste geschaffene, noch heute lesenswerte, für Ingenieure bestimmte Einführung in die Mechanik unter dem Titel »Die Prinzipien der Mechanik und des Maschinenbaues« (1852) verdanken, wandte sich allerdings später fast ausschliefslich konstruktiven Aufgaben zu, während Zeuner, wohl unter dem Einflusse der Arbeiten von Clausius, die damals in voller Entwickelung begriffene mechanische Wärmetheorie der Maschinentechnik zugänglich machte und sie gleichzeitig durch wertvolle eigene Beiträge bereicherte.

Da in dieser Periode die analytische Mechanik unter den Händen Jacobis und Lejeune-Dirichlets in Deutschland sowie Hamiltons in England sich immer abstrakter entwickelte,

---

[1]) Memoirs of the Astronomical Society, Bd. 20, 1851.

[2]) Civilingenieur, 1856.

[3]) Programm der polytechnischen Schule zu Zürich, 1861.

wobei vorwiegend die aus den bekannten Bewegungsgleichungen folgenden Minimaleigenschaften in Form sogenannter »Prinzipe« festgelegt und studiert wurden, so darf es nicht Wunder nehmen, dafs von einer Einwirkung auf die oben erwähnten Fortschritte in der technischen Richtung bezw. umgekehrt keine Rede mehr war. Die Trennung unserer Wissenschaft in eine mathematische und in eine technische Mechanik war damit vollzogen und so weit gediehen, dafs wir beispielsweise das treffliche, 1837 erschienene »Lehrbuch der Statik« des Mathematikers und Astronomen Möbius[1]) (1790—1868), der schon 1827 in seinen »Barycentrischen Calcül« die Lehre vom Schwerpunkte als eine rein geometrische Disziplin ausgebildet hatte, auf technischer Seite kaum erwähnt, geschweige denn benutzt finden. Diese Entfremdung wurde durch die einseitige theoretische Entwickelung der deutschen Universitäten, welche noch im 18. Jahrhundert eingedenk ihres Namens auch alle Anwendungsgebiete der sog. reinen Wissenschaften mit Verständnis gepflegt hatten, immer mehr gesteigert. Es war dies um so mehr zu bedauern, als gerade in der ersten Hälfte des 19. Jahrhunderts durch die mit der Verwendung der Dampfkraft überall rasch aufstrebende Industrie der Technik eine grofse Zahl von Problemen gestellt wurden, deren Lösung ein tiefes Eindringen in die Mechanik erforderte. Da die Universitäten dem hieraus erwachsenen Bildungsbedürfnis der angehenden Techniker nicht entgegenkamen, blieb nur die Gründung eigener Fachschulen übrig, in denen die Anfangsgründe der exakten Wissenschaft zunächst auch nur in elementarer Behandlung gelehrt wurden. So entstanden die polytechnischen Schulen in Wien (1815 durch Prechtl gegründet), in Berlin (1821 durch Beuth), Karlsruhe (1825), München und Nürnberg (1827), Dresden (1828), Hannover (1831), Stuttgart (1840) und schliefslich Zürich (1857), aus denen die heutigen technischen Hochschulen sich entwickelten. Auf diesen Anstalten wurden durch Lehrer, die zum gröfsten Teile selbst aus

---

[1]) Freunde einer elementaren Darstellung schwieriger Probleme werden die ausgezeichneten »Elemente der Mechanik des Himmels« (1843) dieses Schülers von Gaufs, mit um so gröfserem Genusse lesen, als denselben ein trefflicher Abrifs der Grundlehren der Dynamik vorausgeschickt ist.

der Praxis hervorgegangen waren, Methoden zur Anwendung der Mechanik ausgebildet, mit denen die Technik in der zweiten Hälfte des Jahrhunderts ihre Erfolge errungen hat. Da man sich mit der Durchbildung derselben — mit Ausnahme Redtenbachers — nicht an die analytische Mechanik der Franzosen anschlofs und aufserdem mit Rücksicht auf die mangelhafte Vorbildung und die geringen mathematischen Neigungen der studierenden Techniker meist von der Anwendung der Infinitesimalrechnung absah[1]), so war natürlich ein tieferes Eindringen in die Dynamik, etwa nach dem Vorbilde Poncelets, unmöglich. Man war damit auf die Behandlung statischer Probleme und solcher der geometrischen Bewegungslehre, welche beide eine umfassende Anwendung graphischer Methoden gestatteten, beschränkt. In der Tat nahm der Ausbau der graphischen Statik und der Kinematik in der zweiten Hälfte des 19. Jahrhunderts die besten Kräfte in Anspruch und beherrschte in gleicher Weise die technischen Schulen und die technische Litteratur.

Die graphische Statik, d. h. die Ermittelung der Gleichgewichtsbedingungen und Kräfte auf graphischem Wege war seitdem Varignon (siehe oben § 61) den Zusammenhang zwischen den Kräfte- und Seilpolygon aufgedeckt hatte, besonders in der Praxis niemals ganz aus der Übung gekommen, ohne indessen zu einem systematischen Ausbau zu gelangen. Derselbe wurde erst notwendig, als die Eisenbahntechnik verwickelte Hochbauten, vor allem Brücken, benötigte, deren analytische Berechnung sich als umständlich und zeitraubend erwies. Die von Culmann (1821—1881), der selbst über umfassende praktische Erfahrungen als Eisenbahningenieur verfügte, 1866 in erster Auflage veröffentlichte »Graphische Statik« war direkt aus diesem Bedürfnis herausgewachsen, lehnte sich aber noch zu sehr an die für die

[1]) Vergleiche hierüber die Vorrede der ersten Auflage der »Ingenieur- und Maschinenmechanik« von Weisbach (1846) mit derjenigen von Redtenbachers »Prinzipien der Mechanik und des Maschinenbaues« (1852). Den späteren Auflagen des ersten Bandes seines Werkes schickte Weisbach einen — allerdings etwas dürftigen — Abrifs der Differential- und Integralrechnung unter dem Namen »Hilfslehren aus der Analysis« voraus, den auch der Herausgeber der letzten Auflage (1876), G. Herrmann, beibehalten hat.

meisten Techniker unzugängliche Geometrie der Lage an, welche durch die Untersuchungen von Steiner und v. Staudt nicht lange vorher einen gewissen Abschluſs erreicht hatte. Culmann verschmähte im Gegensatze zu Ritter, dessen einfaches halbgraphisches Verfahren zur Ermittelung der Stabspannungen in einem statisch bestimmten Fachwerke[1]) wir in § 37 wiedergegeben haben, jede Rechnung, und hielt an der Verwendung der Geometrie der Lage auch in der 2. Auflage seines Buches (1875) fest. Hierin sind ihm seine Nachfolger, unter denen Cremona[2]), dem wir die für die Berechnung verwickelter Fachwerke besonders wertvollen Kräftepläne verdanken, sowie Mohr[3]), Henneberg[4]) und Foeppl[5]), welche die allgemeine Theorie der statisch bestimmten Fachwerke zu einem gewissen Abschluſs brachten, mit Recht nicht gefolgt, sodaſs die moderne graphische Statik analytische und graphische Methoden je nach ihrer Zweckmäſsigkeit, die nur von Fall zu Fall beurteilt werden kann, durcheinander verwendet. Foeppl deutete in seiner unten angeführten grundlegenden Schrift u. a. an, daſs man zu den Stabspannungen seines Fachwerkes auf analytischem Wege auch durch Wegnahme des ins Auge gefaſsten Stabes und Ersatz desselben durch die in ihm wirkenden Kräfte, d. h. der Stabspannungen selbst, nach dem Prinzip der virtuellen Verschiebungen gelangen könne. Diese sog. kinematische Methode hat dann Müller-Breslau[6]) zu groſser Vollendung gebracht und in die Praxis eingeführt. Auch die trefflichen Arbeiten des früh verstorbenen Ingenieurs Land[7]), eines Schülers von Mohr,

---

[1]) Ritter: »Elementare Theorie und Berechnung eiserner Dach- und Brückenkonstruktionen«, 1863.

[2]) Cremona: »Le figure reciproche nella Statica grafica«, 1872.

[3]) Mohr: »Beitrag zur Theorie des Fachwerkes«, Zeitschrift des Architekten- u. Ing.-Vereins zu Hannover, 1874 und 1875.

[4]) Henneberg: »Technische Mechanik I, Statik der starren Systeme«, 1886.

[5]) Foeppl: »Theorie des Fachwerks«, 1880, und »Vorlesungen über technische Mechanik, Bd. II., Graphische Statik«, 1900; auſserdem die kleine Schrift: »Das Fachwerk im Raume«, 1892.

[6]) Müller-Breslau: »Die graphische Statik der Baukonstruktionen«, 2. Aufl., 1897, Bd. I.

[7]) Land: »Kinematische Theorie der statisch bestimmten Träger«, Schweizerische Bauzeitung, 1887.

sowie derjenigen Grüblers[1]) bewegen sich in dieser Richtung, welche mit unverkennbarem Erfolg eine Wiederannäherung an die analytische Mechanik anstrebt, bezw. deren Methoden für die praktische Technik nutzbar zu machen sucht. Anderseits finden wir in der Neuzeit, der die zuletzt angeführten Leistungen schon angehören, auch tüchtige Mathematiker, wie G. Hauck[2]) u. a. bemüht, ihrerseits die von der Technik gestellten Probleme mathematisch zu bearbeiten, wobei ältere, weniger beachtete Untersuchungen, z. B. von Rankine (1864) und Maxwell (1867 und 1870), wieder zur Geltung kamen. Auf die Einzelheiten dieses Entwicklungsganges sowie auf die spezielle Kennzeichnung der verschiedenartigen Wege zur Lösung der Aufgaben können wir uns naturgemäfs hier nicht weiter einlassen und müssen daher auf die Originalarbeiten selbst verweisen. Das Studium der Beziehungen derselben untereinander wird durch das auch von uns benutzte kurze Referat von Henneberg »Über die Entwickelung und die Hauptaufgaben der Theorie der einfachen Fachwerke« im Jahresbericht für 1894 der Deutschen Mathematiker-Vereinigung sehr erleichtert.

Einen ganz ähnlichen Entwickelungsgang wie die graphische Statik, hat auch die Kinematik durchlaufen. Ihre Anfänge sind in einer Vorlesung von Monge über reine Bewegungslehre (1794) zu suchen; weiterhin zeigte der vorwiegend durch seine epochemachenden Entdeckungen auf dem Gebiete der Elektrizität bekannte Ampère (1775—1836) in dem Werke »Sur la philosophie des sciences« (1834), dafs man durch Trennung der Bewegungslehre von der Statik und Dynamik zahlreiche Bewegungsprobleme einfacher durchzuführen im stande sei. Von ihm rührt auch der Name dieser neuen Disziplin (französisch Cinématique) her, deren praktische Bedeutung aber erst in England durch das äufserst reichhaltige, wenn auch systemlos geschriebene Buch »Principles of mecanism« (1841) von Willis (1800—1875) und zwar zunächst von den praktischen Maschinenbauern anerkannt wurde. Dieses Werk enthält u. a. eine ziemlich voll-

[1]) Grübler: »Beitrag zur Theorie des ebenen einfachen Fachwerkes«, Rigaische Industriezeitung, 1887 u. 1888.

[2]) Hauck: »Über die reziproken Figuren der graphischen Statik«, Zeitschrift für reine und angewandte Mathematik, Bd. 100.

ständige Theorie der Zahnräder[1]), an welche Reuleaux später direkt anknüpfen konnte. Dieser baute in seiner »Theoretischen Kinematik« (1875) auf den Begriffen der Zwangläufigkeit, der kinematischen Paarung und der kinematischen Kette ein ganzes System auf, welches lange Zeit den Unterricht in der Maschinentechnik auf deutschen Hochschulen beherrschte und anfänglich jedenfalls zur Orientierung in der Mannigfaltigkeit der Mechanismen gute Dienste leistete. Im letzten Jahrzehnt des vergangenen Jahrhunderts trat dann, hauptsächlich hervorgerufen durch das anspruchsvolle Auftreten der aus der Reuleauxschen Schule hervorgegangenen Vertreter der Kinematik, welche selbst in einen öden Schematismus auszuarten begann, eine Reaktion ein, die mit einer starken Zurückdrängung dieses Lehrfaches endigte. Die an die Kinematik geknüpften bezw. künstlich gesteigerten Erwartungen konnte sie, da sie nicht auf dem Boden der Dynamik stand, natürlich auch dann nicht erfüllen, als sie sich mit der sog. graphischen Statik der Maschinengetriebe verband, eine Disziplin, welche besonders von G. Herrmann[2]) ausgebildet und auch von Reuleaux[3]) mit Vorliebe gepflegt wurde. Willkürliche Vorschriften über Geschwindigkeiten zum Entwerfen kinematischer Diagramme oder zur Ermittlung von Beschleunigungen, von denen die Masssendrücke abhängen, lassen sich nun einmal nicht a priori aufstellen und führen stets bei der Weiterverfolgung der Probleme auf unlösbare Widersprüche[4]).

Daher hatte auch die Ausdehnung graphischer Methoden auf die Dynamik nur in einigen wenigen Fällen praktischen Erfolg, wie z. B. bei schnelllaufenden Dampfmaschinen mit schweren Schwungmassen, welche nur geringe Änderungen der Winkelgeschwindigkeit zulassen. Diese Aufgabe wurde in der Tat durch Radingers (1842—1901) kleines epochemachendes

[1]) Dieselbe erschien vorher unter dem Titel »The Teeth of Wheels« im Report of the British Association for 1837.

[2]) Siehe u. a. dessen Anhang zu Bd. III, 1 der »Ingenieur und Maschinenmechanik« von Weisbach, 1876.

[3]) Reuleaux »Der Konstrukteur«, 3. Aufl., 1872.

[4]) Auf die weitere Entwickelung der Kinematik, insbesondere auf die mannigfachen wertvollen Beiträge, welche ihr von seiten der Mathematiker geliefert wurden, kann hier nicht eingegangen werden. Wir begnügen uns darum mit einem Hinweise auf das umfassende »Lehrbuch der Kinematik« von L. Burmester, 1886—1887.

Werk »Über Dampfmaschinen mit hoher Kolbengeschwindigkeit« (1870. 3. Aufl. 1892) in höchst befriedigender Weise gelöst. Radinger konstruierte auf Grund der Annahme konstanter Winkelgeschwindigkeit das Diagramm der Massendrücke der hin- und hergehenden Teile, verband dasselbe alsdann mit dem Indikatordiagramm und ermittelte aus den so resultierenden effektiven Kolbendrücken den Verlauf der Tangentialkräfte. Aus der Kombination der letzteren mit der Kurve des Widerstandes am Kurbelzapfen konnten dann rückwärts bei bekanntem Trägheitsmoment der Schwungmasse die Schwankungen der Winkelgeschwindigkeit oder umgekehrt bei vorgelegtem Ungleichförmigkeitsgrad das Trägheitsmoment der Schwungmasse rechnerisch oder graphisch ermittelt werden. Dadurch, dafs Radingers Ausführung dieses Gedankenganges mehrere Ungenauigkeiten anhaften, wird der Bedeutung seines Verfahrens ebensowenig Eintrag getan, wie durch den Umstand, dafs es als ausgesprochene Näherungmethode bei gröfseren Schwankungen der Winkelgeschwindigkeit, wie sie z. B. in Schiffsmaschinen auftreten, unbrauchbar, bezw. zu umständlich wird. Auch die von v. Bach 1896 hervorgehobene Tatsache, dafs sich schon 1862 in der Zeitschrift des Vereins deutscher Ingenieure die Anwendung ähnlicher Überlegungen auf das Kurbelgetriebe von Sägegattern nachweisen läfst, beweist nur, dafs die Ponceletschen Ideen nicht durchgehends vergessen worden waren, während ihnen doch diejenige Fassung fehlte, welche sie erst befähigte, zum Gemeingut der Ingenieure zu werden.

Eine Rückkehr zur strengen dynamischen Behandlung der Maschinengetriebe hatte Radingers Auftreten darum auch noch nicht zur Folge. Zahlreiche daran anschliefsende Publikationen brachten mehr oder weniger genaue, meist aber recht verwickelte Konstruktionen des Beschleunigungsdiagramms im Kurbelmechanismus, ohne sich doch über den kinematischen Standpunkt erheben zu können. Dies gilt u. a. für den mit Unrecht so überschriebenen »Versuch einer graphischen Dynamik« (1874) des Ingenieurs Proell, der in mehreren Abhandlungen[1]) über seine — übrigens gut bewährten — Regulatorkonstruktionen doch immer von statischen Gesichtspunkten ausging. Und doch war es gerade das Regulierungsproblem, d. h. die Untersuchung des Zusammenwirkens des Regulators mit der von ihm beherrsch-

[1]) Meist im »Zivilingenieur« abgedruckt.

ten Maschine, welches nur auf streng dynamischer Grundlage gelöst werden konnte. Dasselbe hängt, wie wir in § 57 gesehen haben, innig mit der Theorie der kleinen Schwingungen zusammen und wurde in der Tat auf dieser Grundlage von dem russischen Ingenieur und späteren Finanzminister Wischnegradsky[1]) 1877 ziemlich vollständig erledigt. An diese Untersuchung schlossen sich eine Reihe bis in die letzten Jahre fortgesetzter Abhandlungen französischer Autoren[2]) über die Theorie der Regulatoren, von denen wir nur Dwelshauvers-Dery, Leauté und Lebeau nennen wollen. Gleichzeitig erfuhr die Theorie der kleinen Schwingungen und mit ihr die theoretische Mechanik selbst durch eine Arbeit von Routh »A treatise on the stability of a given state of motion« (1877) eine wesentliche Erweiterung, indem hier allgemein die Bedingungen festgelegt wurden, unter denen die Störung eines Bewegungszustandes vorübergehend ist (d. h. auf kleine Schwingungen führt) oder nicht. Gewisse Ansätze dieser Theorie finden sich schon in Thomsons und Taits »Natural Philosophy« (deutsche Ausgabe von Helmholtz und Wertheim, 1871), ein durch seine Reichhaltigkeit bekanntes und allgemein geschätztes Werk. Eine kurze Übersicht des interessanten Gedankenganges von Routh, auf den wir hier nicht näher eintreten können, gibt dieser selbst in seinem Lehrbuche »Dynamics of a system of rigid bodies« (4. Aufl. 1882—84), sowie Heun in seinem schon mehrfach angeführten Referate. Jedenfalls erwies sich die Beschränkung der Untersuchungen auf kleine Schwingungen auch bei technischen Problemen als notwendig, wenn man sich nicht, wie es Veltmann bei der Behandlung des Problems von Glocke und Klöppel[3]) tat, mit der Feststellung der Bedingungen des Nichtfunktionierens begnügen will. Einstweilen allerdings interessierte man sich in der ausübenden Technik noch kaum für derartige Schwingungserscheinungen; sie wurden als theoretischer Luxus angesehen und demzufolge auch in den Schriften über technische Mechanik nur flüchtig gestreift. Das verbreitetste Lehrbuch über diesen

---

[1]) Civilingenieur, 1877 u. Comptes Rendus de l'Ac. de Science, 1876.

[2]) Siehe hierüber die Literaturangaben der kleinen, aber lesenswerten Monographie von Lecornu: »Régularisation du mouvement dans les machines«, 1898.

[3]) Dinglers »Polytechnisches Journal« 1876.

Gegenstand aus der Feder des schon oben erwähnten Ritter beschränkt sich ausschliefslich auf solche Probleme, welche ohne Zuhilfenahme der Analysis erledigt werden konnten. Die sog. höheren Theorien verwies Ritter in die analytische Mechanik, die er in einem besonderen Bande für weiter strebende Ingenieure behandelte. Auf diesem Wege sind ihm dann auch andere Verfasser, wie Keck und ganz neuerdings sogar Foeppl gefolgt, welche in ihren Lehrbüchern der Mechanik durchgehends den elementaren Kursus von dem höheren äufserlich scharf trennen. Dies hat die sehr natürliche Folge, dafs der elementare Teil von den Studierenden umsomehr bevorzugt wird, als die schwierigen Theorien des höheren Kursus nicht immer durch eine hinreichende Zahl praktisch wichtiger Aufgaben illustriert wurden. Foeppl hat unstreitig gerade hierin Wandel geschaffen, dabei aber das Eindringen in den Stoff einmal durch die weitgehende Benutzung der Vektorenrechnung noch dazu in einer ihm eigentümlichen Form, dann aber durch Verwendung der für Techniker weniger geeigneten Bewegungsgleichungen von Lagrange zur Lösung gerade der interessantesten Aufgaben erschwert. Zweifellos sollte hiermit die in den Lehrbüchern der analytischen Mechanik, von denen wir besonders diejenigen von Kirchhoff[1]) und Voigt[2]) hervorheben, herrschende formale Allgemeinheit vermieden werden, welche durch Häufung von Richtungskosinussen und Indices trotz der damit erreichten Symmetrie der Gleichungen den Leser ermüdet und ihn bei nicht ausreichender mathematischer Schulung den Kern der Sache leicht übersehen läfst. Im vorliegenden Buche haben wir diese Schwierigkeiten dadurch zu umgehen versucht, dafs wir die Probleme der ebenen Bewegung, welche sich verhältnismäfsig einfach formulieren lassen und überdies eine gröfsere praktische Bedeutung besitzen, voraus-

[1]) Kirchhoff: »Vorlesungen über mathematische Physik, I. Bd., Mechanik«, 4. Aufl., 1897. In diesem hochangesehenen Werke findet sich auch der vielfach zitierte Ausspruch, dafs die möglichst genaue Beschreibung der Naturvorgänge das Ziel unserer ganzen Forschung sei.

[2]) Voigt: »Elementare Mechanik«, 2. Aufl., 1901. Dieselbe zeichnet sich durch grofse Strenge und einen gewissen Reichtum von Anwendungen aus; die Bezeichnung »elementar« soll wohl nur den Ausschlufs der sog. Minimalprinzipe der Mechanik und der Lagrangeschen Gleichungen andeuten. Auch die Störungstheorie ist konsequenter Weise übergangen worden.

schickten und daraus erst die Mechanik der räumlichen Systeme derart entwickelten, dafs sie als Erweiterung der Mechanik ebener Systeme erscheint. Das Schwingungsproblem haben wir ziemlich eingehend behandelt, schon um das Verständnis des im letzten Jahrzehnt vielfach diskutierten Massenausgleiches anzubahnen. Es ist das unleugbare Verdienst des Ingenieurs O. Schlick, den Einflufs der Massenwirkungen in Schiffsmaschinen zuerst gründlich studiert und dann (1893) eine vollkommen ausreichende Methode zur Beseitigung derselben angegeben zu haben, während seine Vorläufer, darunter der amerikanische Ingenieur Taylor (1891), über prinzipielle Erörterungen bezw. praktisch unzulängliche Vorschläge kaum hinausgekommen sind. Der sich an Schlicks Patent anschliefsende, äufserst lebhafte Streit unter den deutschen Professoren der Technik hat wenigstens den Erfolg gehabt, das Interesse an rein dynamischen Problemen wieder in den Vordergrund zu rücken.

Allerdings herrscht im Unterrichte und in der technischen Literatur die statische Auffassung noch immer ziemlich unumschränkt, wie z. B. eine Durchsicht der nach dieser Richtung hin mustergültigen »Maschinenelemente« von C. v. Bach (1. Aufl. 1880, 8. Aufl. 1901) lehrt; andererseits aber finden jetzt auch rein dynamische Arbeiten, wie die bedeutsame, über Wischnegradsky erheblich hinausgehende Untersuchung von Stodola[1]) über »das Siemenssche Regulierprinzip und die amerikanischen »Inertie-Regulatoren« (1899), sowie des Verfassers »Dynamik der Kurbelgetriebe« (1901), in der hauptsächlich auf die Bedeutung der Fourierschen Reihen für die Verfolgung von Schwingungserscheinungen in der Technik hingewiesen wird, eine Beachtung in den Kreisen der Praktiker, welche noch vor 10 Jahren kaum erhofft werden konnte. Es unterliegt somit keinem Zweifel, dafs wir uns auch auf dem Gebiete der Dynamik nach langer Entfremdung einer Periode des Zusammenarbeitens zwischen den mathematisch geschulten Vertretern der Theorie und den in der Praxis stehenden Ingenieuren nähern, welche für die Wissenschaft und Technik in gleicher Weise fruchtbar zu werden verspricht.

[1]) Zeitschrift des Vereins deutscher Ingenieure, 1899.

Sachregister.

Namensregister.

Berichtigungen.

S. 134. In Fig. 69 ist für die Zwangsbeschleunigung in der Ebene $\Xi O Z$ zu setzen q' an Stelle von q; vgl. auch Fig. 70.

S. 362. In Fig. 165d ist das Minus-Vorzeichen vor $\frac{\Theta}{r}\,\omega^2 \sin 2\varphi$ wegzulassen und dementsprechend die zugehörige Kurve umzuzeichnen.

S. 369. Zeile 3 von oben lies $\frac{k^2}{l^2}$ anstatt $\frac{k^2}{l}$.

S. 371. Zeile 1 von unten fehlt im letzten Term der Faktor r.

S. 381. Zeile 5 und 8 lies r_0^2 anstatt r_0. Damit wird auf derselben Seite Gl. (6)

$$\mathfrak{M}_r = \frac{2P}{r_0^2} f \int_0^{r_0} r^2\,dr = \frac{2}{3} P f r_0.$$

S. 394. Zeile 8 von unten lies 17,25 kg anstatt 16,74 kg.

S. 395. Zeile 3 von oben lies 6,26 kg anstatt 10 kg.

S. 403. Zeile 10 von oben lies in Gl. (18)

$$2\,G_0\left(1+\frac{k^2}{r^2}\right) \quad \text{anstatt} \quad 2\,G\left(1+\frac{k^2}{r^2}\right).$$

S. 405. Zeile 1 von oben lies im Nenner

$$g\sqrt{\varepsilon\left(G\,\frac{\alpha r_0+\zeta}{r}+2\,\frac{\zeta}{r}\,G_0+\frac{\mathfrak{M}_r}{r}\right)}.$$

S. 406. Zeile 3 und 4 von oben lies

$$\left.\begin{aligned} V_1 &= \left(G_1+G_0-\frac{G}{g}\frac{h''}{a}\frac{dv}{dt}\right)\left(1+f\frac{r}{a}\right)-\varepsilon v^2\,\frac{h'}{a} \\ V_2 &= G_2-(G_1+G_0)f\frac{r}{a}+\frac{G}{g}\frac{h''}{a}\frac{dv}{dt}\left(1+f\frac{r}{a}\right)+\varepsilon v^2\,\frac{h'}{a} \end{aligned}\right\} \quad (12a)$$

S. 568. Zeile 8 von oben lies 1,0 anstatt 10.

www.ingramcontent.com/pod-product-compliance
Lightning Source LLC
LaVergne TN
LVHW092123300926
849161LV00002B/203